机构与机器人动力学研究

余跃庆 等 著

科学出版社
北 京

内 容 简 介

本书围绕现代机构及机器人动力学研究问题，以精选的100篇学术论文为主体，反映了机构及机器人动力学领域的研究成果和进展，主要包括：高速机构动力平衡、弹性机构动力学分析与综合、柔顺机构建模及动力学特性、冗余度柔性机器人动力学与控制、柔性机器人协调操作系统动力学分析与规划、柔性并联机器人动力学特性及其改善、欠驱动机器人动力学与控制共七章。其中，前三章主要讨论机构动力学，后四章则围绕机器人动力学展开，内容涉及机构及机器人动力学分析与综合的主要理论和方法。

本书可供从事机构及机器人动力学研究的本科生、研究生、教师及相关工程技术人员学习参考。

图书在版编目(CIP)数据

机构与机器人动力学研究 / 余跃庆等著. —北京：科学出版社，2015.12
ISBN 978-7-03-046532-0

Ⅰ.①机… Ⅱ.①余… Ⅲ.①机器人－结构动力学－研究 Ⅳ.①TP242

中国版本图书馆 CIP 数据核字(2015)第 285461 号

责任编辑：毛 莹 朱晓颖 张丽花 / 责任校对：桂伟利 郭瑞芝
责任印制：徐晓晨 / 封面设计：迷底书装

科学出版社 出版
北京东黄城根北街 16 号
邮政编码：100717
http://www.sciencep.com

北京凌奇印刷有限责任公司 印刷

科学出版社发行 各地新华书店经销

*

2015 年 12 月第 一 版 开本：889×1194 1/16
2015 年 12 月第一次印刷 印张：51 1/2
字数：1 559 000

POD定价： 298.00元
(如有印装质量问题，我社负责调换)

前　言

机械科学与工程是一门古老的学科，在人类发展的历史上，尤其是在以蒸汽机和内燃机为代表的工业革命中起到了巨大作用，今天，以计算机、微电子及生物技术等为代表的新技术革命浪潮，为这门古老学科带来了新的生机，它还将在人类的科技进步和社会发展中扮演重要角色。然而，无论如何发展，机械系统的核心都是决定其结构、运动及动力特性的机构，因此，研究各种机构的组成以及运动和动力分析与综合理论及方法的机构学就成为机械科学中一门主要基础和前沿学科，特别是在机械产品的创新中具有不可替代的地位和作用。

机器人是现代社会中的高科技产物，它是集机械学、电子学、控制理论、信息学、传感技术等多个学科于一体的交叉学科，在社会进步和工业发展中发挥着越来越重要的作用，不断吸引着广大学者的热情关注。从主体结构上讲，机器人是机械和控制两大部分的组合体，其控制部分起着指挥和灵魂作用，而其本体则是机械装置，最终是由它来完成机器人的动作，实现机器人的功能的，因此，机械的性能是影响和决定机器人整体工作品质的重要因素。这些机械装置的核心还是机构，串联机器人的机械结构就是开链机构，并联机器人的机械结构则是闭链机构，所以，机器人机构学成为机器人学和机构学研究领域的重要分支。本书将一般机构与机器人机构放到一起讨论，主要研究两者之间共性的机构学问题。

机构的结构学、运动学和动力学是机构学的三大组成部分，目前国内外在机构及机器人领域的研究大多集中在结构学及运动学方面，主要表现为内容多、成果多、创新多，因而引起的关注也多，而动力学方面则相对较少，从内容到成果再到创新都较少，所以得到的关注也就少。然而，从机构学的学科发展来讲，这是不平衡的。结构学、运动学是机构学的基础和前提，而动力学则是在此基础上的综合与提高，三方面应该平衡发展。结构学及运动学研究解决的是机构及机器人的功能问题，是能不能的问题；而动力学研究解决的是其性能问题，是好不好的问题。机械科学发展到现在，机械产品的功能问题大多已经解决，而性能问题则远未完成，而且永无止境。从一个完整机械产品的角度讲，在解决了功能这一基本要求之后，其性能如何是该产品是否具有竞争力的决定因素，国内产品的弱势往往就在于此。实际产品的性能高低与动力学关系更加紧密，尤其在以高速、精密、低耗等为代表的现代机械中，其动态性能是十分重要的指标，在考虑变形、间隙、误差等因素的现代机构及机器人中，如弹性机构、柔性机器人、柔顺机构等，其动力学问题更加突出，此时已没有单纯的机构运动学问题，而是反映其真实运动和受力特性的机构动力学问题。因此，研究和解决动力学问题是提高和改善现代机构和机器人工作性能和品质的关键，这一点应该引起机构学者的充分重视。

现代机构及机器人的动力学问题与一般机械动力学、机械振动、转子动力学、机床动力学等有较大差别，主要体现为机构整体的宏观大范围高速运动与构件局部的微观小范围高频振动这两方面的高度非线性耦合，而非单一（高维非线性）运动，有关的理论和方法还不够成熟，很难直接应用现有软件进行分析和设计，因此，研究难度较大，必须从深入探讨机构及机器人内在本质特征入手，建立起能够反映其动力学特性的理论和方法。

机构及机器人动力学研究包括分析和综合（设计）两方面，分析方面大多是基于分析力学的基本原理和方法展开的，机构学本身的创新不很明显，而综合（设计）则能体现机构学的特色和创新，但目前此方面研究还远远不够，在理论和方法上都有较大发展空间。另外，动力学与控制学具有天然的联系，这使机构学研究更加广泛和深入，开展机构动力学研究是机械系统向智能化发展的必经之路。因此，现代机构及机器人的动力学研究是十分必要且具有重要意义的，还有很多内容等待人们去研究和探索，应该认识到，只有从结构学、运动学和动力学三方面同时入手，才能全面改善和提高现代机构及机器人的功能和性能。

高速、精密、轻质、智能化等是现代机械的重要标志和发展趋势，由此引发的机构动力平衡、弹性机构学、柔顺机构学，以及具有冗余和欠驱动特性的串联、并联及协调操作形式的柔性机器人动力学与控制，成为机构及机器人动力学研究领域的前沿课题和研究方向，他们的共同特征主要集中在机构及机器人的惯性作用和柔性变形这两个明显的动力学特性指标上，本书就是围绕这一研究主线来阐述其研究和发展过程的。

追溯机械工程近三百年的发展历史，机械运转速度的不断提高是最为突出的特征，它是推动机构动力学发展的首要因素。随着机器速度的提高，构件的惯性作用明显增加，其作用已远远超过机械的外载，由此产生的振动、噪声等问题严重影响机器的工作性能和使用寿命。因此，如何减少或降低这种惯性作用就成为高速机械必须解决的重要问题，机构动力平衡就是为解决这一问题而开展的研究，它是机构学，特别是机构动力学研究领域的重要前沿课题之一。

机器转速的提高不仅带来惯性的增加，同时也使得机械构件不能再保持其刚性特征，因而产生了一定变形，另外，现代机械设计的轻型化要求也使得人们开始采用弹性或柔性构件来进行机械设计，因此，考虑构件变形特征的弹性机构学就应运而生，将人们从传统刚性机构学的研究提升到柔性机构学的新高度。

传统机械系统或机构都是由刚性构件靠运动副连接而成的，这在高速、精密、微型等高性能的要求下就暴露出一些不可避免的问题，如由运动副带来的间隙、摩擦、磨损及润滑，由机械结构决定的加工、安装、误差等，这些问题使得机器的精度降低、寿命减少、成本增加，因而，其工作性能不能满足现代科技发展对机械装备的要求，柔顺机构（Compliant Mechanisms）的出现则从机构设计这一角度为根本解决这些问题提供了新的、更彻底的方法，它在降低成本和提高性能这两大方面比传统刚性机构具有明显优势，给机械科学和工程带来了革命性的冲击和变化，是现代机构学中一个新的分支。

与机构学的发展历程相似，对于高速工作的机器人，其关节柔性（或弹性）变形已经不可忽略，同时，随着机械产品设计轻型化的发展，机器人杆件（连杆）的柔性变形也更加明显，因此，机器人构件（关节和连杆）的柔性变形成为影响机器人性能的重要因素，不能忽略。另一方面，与传统刚性机器人相比，这种具有柔性部件的柔性机器人还有很多优点，如驱动器小、能量消耗低、操作速度快、结构紧密、有较高的载荷质量比等，柔性机器人的这些特性，引起了广大学者的密切关注。因此，由传统刚性部件组成的机器人已经不能满足现代社会的要求，与之相应的机器人分析方法和设计技术也面临严峻挑战，柔性机器人就成为机器人领域的研究新方向。

冗余度机器人由于具有更多的自由度，因而具有灵活、多变的特性，常用于解决如避障、奇异等刚性机器人的运动学问题，同时也可以用来解决柔性机器人的柔性变形和弹性振动等动力学问题，因此，将柔性机器人与冗余度机器人有机结合起来，就构成了冗余度柔性机器人这一研究新课题。

单个串联机器人，即使是冗余度机器人，由于其刚度较小，因此在减小柔性变形和弹性振动以及提高机器人性能方面都有一定局限性，如果采取多个柔性机器人协调操作的方式，可从本质上改善这种状况。另一方面，多机器人的协调操作系统中也存在并且必须要考虑其构件中的柔性变形问题，因此，开展柔性机器人协调操作系统的研究也成为机器人领域的一个新方向。

解决串联机器人刚度低的另一个有效方法是采用并联机构的原理构成并联机器人，而并联机器人的一个重要特征就是运转速度高，要实现高精度，其关节及杆件中的柔性变形也同串联机器人一样不可忽略，因此，柔性并联机器人动力学也成为机器人及机构动力学领域的另一个新的研究方向。

在高速、精密、轻质的现代机器人设计中，为了有效减轻机器人的重量，除了采用较轻的柔性构件外，更有效的方法是直接减少驱动电机的数量，使某些关节成为欠驱动的自由关节（或被动关节），因此，研究既有柔性构件又有自由关节的欠驱动柔性机器人就自然发展成为一个重要的交叉新方向。

以上这些研究方向，都是围绕机构及机器人的惯性作用和柔性变形这两个动力学指标展开的，从不同角度研究了现代机构及机器人的动力学问题，用不同方法逐步改善和提高了机构及机器人的性能，这是在机构及机器人动力学的研究过程中，随着新问题的不断出现和研究的不断深入而逐渐自然形成的，充分体现了学术研究和创新过程，本书就沿着这个思路和发展过程循序渐进地阐述机构与机器人动力学研究的主要内容。

本书的主要研究思路和方法是，按照从动力学分析到综合的研究及发展顺序展开，以认识和改善高速及柔性机构及机器人动力学特性为主线，从机构学角度充分利用构件的惯性及柔性等机械特性，同时与控制方法相结合，从机构及机器人的内部结构和外部控制两方面入手，综合改善和提高机构和机器人的整体动力学性能和工作品质，因此，形成了较为独特的学术思想和比较完整的研究体系，构成了机构及机器人动力学专题。尽管如此，本书并不能涵盖机构及机器人动力学领域的全部内容和研究方向，而只是其中的一部分。

本书作者长期在机构与机器人动力学领域进行了系统和深入的研究，取得了一系列成果，在国内外产生了一定影响。本书总结了作者 1985～2015 年这 30 年间的研究成果，从国内外发表的 300 多篇论文中精选出了 100 篇具有代表性的论文，按照研究过程的时间先后顺序和研究问题的不断深入依次给出，包括机构及机器人动力学分析与综合的主要理论和方法，各部分之间密切相关、互为依托，从不同方面研究了机构及机器人动力学的核心问题，形成了一套比较完整的理论和方法，具有一定特色和学术价值。

本书在表面形式上像是一本论文选集，而在实际内容上却是一本独辟蹊径的学术专著，但又与目前出版的众多专著大不相同，目的是以最原始的方式直接反映出研究成果的最初形式，使读者能更好地学习和体会其研究思路、方法和过程，具有学术参考价值。同时，本书与出版的一般论文集也有所不同，它不是所有论文的简单罗列，而是按照不同专题精选有代表性论文，分章节组织在一起，每章前都有引言，首先概述问题的提出，国内外发展状况及存在问题，然后重点阐述本章研究的思路和特色，接着简述本章内容安排和各篇论文的主要内容，最后是对后续研究工作及发展趋势的一些思考。因此，通过阅读本书，读者能够比较系统地了解和掌握本书作者的研究思路和方法体系，可以达到阅读专著的效果。

为了让读者直接了解研究成果的原始状态，本书中的论文基本都是按照当时发表的形式给出的，虽然现在看来其中可能存在一些问题，有些图表及曲线的质量也不太高，但在本书编辑时除了个别文字以外基本没有修改，这样真实地体现了当时的研究状况，因为在实际研究过程中总会出现各种各样的问题。另外，每篇论文后面都给出了该文的原始出版信息，既便于读者查找，同时也能从侧面表现出该研究成果在国内外不同级别的专业期刊及学术会议中的影响和水平。论文既有中文论文也有英文论文，并没有完全分开，而是按内容的相关性交叉排列的，其中，英文论文约占 1/3，直接提供原文，没有翻译，这可能更有利于读者直接了解研究内容的原始描述，这对于相关专业的研究工作者来说应该是有一定帮助的。另外，由于每篇论文都要保证其独立性、系统性和完整性，因此，一些密切相关的文章中可能存在一些重复之处，如在基本原理、方程及实验条件等方面，但这些都为了引出各篇文章的主要研究内容而做的必要衔接和铺垫，而在具体研究结果等主要内容上则会显示出各自特点和明显差异。

本书前两章内容是作者在攻读硕士及博士研究生期间，在北京工业大学白师贤教授指导下完成的论文，这些论文本应该是与导师联合发表的，但在发表时导师却将自己的名字划去了，这充分表现出白先生不图名利、甘于奉献的崇高境界和高尚品格，但作为学生，虽然有些论文在致谢中进行了说明，但总感到这是无法弥补的终生遗憾和愧疚之情。本书出版之际，正值白老师九十华诞，学生谨向导师长期的精心培育和悉心指导表示最真诚的谢意和深深的歉意，恭祝老师健康长寿，幸福快乐！

本书后五章内容是作者与合作的博士后以及指导的博士和硕士研究生共同完成的论文，作者主要起到启发引导和总体规划的作用，具体研究工作和论文写作都是由学生及合作者完成的，这里，向与本人合作过的博士后、博士及硕士研究生，如宋轶民、蔡胜利、张绪平、窦建武、张成新、刘迎春、陈炜、杜兆才、刘庆波、王雯静、刘善增、田浩、杨继运、钟正虎、毛立军、岳瑛、王瑞茂、梁浩、林晶、蒋斌、苏祥、陈知泰、马春荣、方道星、周刚、张学涛、王华伟、成立峰、张志丹、冯忠磊、任志全、刘一宏、李茜、徐齐平、周鹏、张雨、梁浩及朱舜昆等表示衷心的感谢。此外，在本书的排版及校对过程中得到了吕强及毛冬冬等研究生的帮助，在此一并表示感谢。

作者自 1978 年开始一直在北京工业大学学习和工作，至今已有 38 年，我从一个本科大学生成长为一名高校教师和科研工作者，在人才培养、科学研究和学科建设方面做了一些工作，得到学校各级领导、老师和同事的支持和帮助，尤其是前 5～20 年，他们在我最需要帮助的起步和成长阶段所给予我的热情鼓励和精心培养，让我终生难忘。本书中介绍的研究成果都是在北京工业大学完成的，本书的出版正是对此工作的一个总结，以此表示对母校的一片深情和谢意。

另外，在本书出版的时候，作者还要感谢多年来在我学习和工作中给予我热情支持和大力帮助的前辈和同行，如：张启先院士、唐锡宽教授、曹唯庆教授、梁崇高教授、邹慧君教授、谢存禧教授、黄真教授、杨挺力教授、张策教授、申永胜教授、张春林教授、翁海珊教授、廖启征教授、高峰教授、张宪民教授、王德伦教授、蓝兆辉教授、谢进教授等，在此一并表示最真挚的谢意。

本书所涉及的研究工作得到了国家自然科学基金、博士点基金、留学回国人员基金、教育部优秀年轻教师基金、北京市自然科学基金、北京市教委科技发展计划、北京市科技新星计划、北京市拔尖创新人才计划、北京市重点学科建设、北京市学术创新团队建设等项目的大力支持，在此一并表示衷心的感谢。

在本书出版过程中，得到科学出版社毛莹编辑的热情帮助，在此表示感谢。

由于作者水平和时间有限，书中不可避免会有疏漏和不足之处，敬请有关专家、学者和读者批评指正。

余跃庆

2015 年 9 月

于北京工业大学

目　　录

第 1 章　高速机构动力平衡

引　　言

机器在运转过程中，除了受到外载作用外，还受到各部件本身的惯性作用，这种惯性作用随着机器转速的提高而迅速增加，在现代高速机械系统中，其作用已远远超过了外载。这种随机构运转而周期性变化的强惯性作用是产生机器振动、噪声和疲劳等现象的主要原因，大大影响了机构的运动和动力性能，尤其是在现代高速、精密机械中，克服这种不利的惯性作用就成为必须解决的重要问题。机构动力平衡就是为解决这一问题而开展的研究，它是机构学领域，特别是机构动力学重要的前沿课题之一。

机构动力平衡是以减小机构惯性造成的机械振动为目的的机构动力学综合。平衡的对象有震动力、震动力矩、输入扭矩和运动副反力等反映机构惯性作用的动力特性指标。机构的震动力(Shaking Force，也称摆动力)是指机构由于惯性作用而传给机架的合力，而震动力矩(Shaking Moment，也称摆动力矩)则是指机构由于惯性作用而传给机架的合力矩。这两项指标十分重要，它们直接反映机构惯性在机架上的作用，是造成机座振动的主要原因。因此，在机构动力平衡研究中，大部分工作都是围绕着机构震动力和震动力矩的平衡展开的。输入扭矩(Input Torque)是指机构输入轴上用于克服惯性作用的平衡力矩。显然，它与震动力矩相关，同时，又直接影响机构转速的均匀性。运动副反力(Bearing Reaction Force)的平衡与否影响着机构的噪声和寿命，反映机构各运动副元件间的相互作用状况，而所有接地副反力的总效应即构成机构的震动力和震动力矩。因此，运动副反力的平衡与震动力、震动力矩及输入扭矩的平衡都是密切相关的。以上这些动力平衡指标从不同角度反映了机构的惯性作用，相互之间又都有紧密联系，机构的动力平衡特性正是由这些指标决定的。因此，它们的平衡问题是机构动力学综合的重要专题之一。

机构动力平衡可以分为完全平衡和部分平衡两个方面。所谓完全平衡(Complete Balancing)是指从理论上能通过某种方式使某个特性指标所反映的机构惯性作用完全消失的平衡，这当然是最理想的效果。但是，为达到这一目的所采取的措施往往会对其他指标产生不利影响，并且在实际中这种平衡有时很难精确实现。另一方面，有些指标，如各运动副反力是不能达到完全平衡的，或者是从综合效果考虑不需要达到完全平衡的。这种情况下，一般采取机构的部分平衡(Partial Balancing)方式。现代科技的发展，特别是计算机和最优化技术的应用为实现机构最优动力平衡提供了有利条件，使得此方面得到较快发展。当然，从整个机构动力平衡发展状况来看，完全平衡领域取得的成果较多，已形成系统的理论和方法，而部分平衡的成果和方法则相对较少。

机构动力平衡研究开始较早，已有上百年的历史，而真正在连杆机构的平衡方面取得实质性进展是从 20 世纪 70 年代初，由美国学者 Berkof 博士开始的，到 80 年代末期已经取得了重大成就，无论是完全平衡还是部分平衡都已得到了比较完善的解决，机构平衡的大部分成果都集中在此范围内，主要是沿着 Berkof 博士的思路发展的，将平面机构的平衡原理和方法不断完善，并推广到空间机构，其中，以陈宁新为代表的中国学者在空间机构震动力完全平衡方面作出了重要贡献。随后，人们在多项动力指标的综合平衡、机构动力性能的综合改善等方面进行了新的探索。

机构震动力矩的平衡，尤其是完全平衡，是以震动力平衡为条件的。因此，震动力平衡的方法，如配重法、附加机构法等，也在震动力矩的平衡中得到应用。但仅靠配重法却不能完全平衡机构的震动力矩，还需要用附加其他形式的惯性构件来抵消原机构的惯性力矩。加对齿轮和附加杆组方法有效地解决了这一问题，使一般平面机构的震动力和震动力矩得到了完全平衡。但空间机构远比平面机构复杂得多，平面机构的平衡方法，尤其是震动力矩的完全平衡，在空间机构上不能应用，必须用新的思路去寻找新的途径，这是机构动力平衡中最难解决的问题，本章重点介绍在这方面所取得的研究进展。

机构速度的提高不仅引出了刚性机构的动力平衡问题，而且也带来了弹性及柔性机构的动力平衡问题，使得机构动力平衡的研究向纵深方向发展。最初，人们沿用刚性机构平衡的思路进行弹性机构的动力平衡，即用增加配重或直接减少构件重量的方法解决弹性机构的平衡，从表面上看似乎平衡效果非常明显，但事实上，这有悖于人们设计弹性机构的初衷，因为为了实现轻量化，弹性机构都是以最小重量为设计目标的。首先，弹性机构的总重量是不能增加的，用增加配重的方法来平衡显然破坏了这一基本要求。其次，弹性机构中的构件重量也是不能再减少的，或者反过来说，如果其构件重量还可以降低，那么这样的机构就还不能称为真正达到轻量化要求的弹性机构。因此，上述平衡工作还基本上属于刚性机构平衡的范畴。造成这一现象的主要原因就是对弹性机构的动力学特性不够了解，对其平衡的本质问题没有认清。本章给出了专门针对弹性及柔性机构特点而提出的主动平衡思想，为有效解决弹性和柔性机构动力平衡的问题开辟了新的途径。

由于在各篇论文的综述部分都会针对具体问题深入讨论其发展历史、主要成果以及存在问题等，并在文后列出详细的参考文献，使读者能够对整个领域有一个比较全面的了解，因此，为避免重复，本节只是粗略地给出了机构动力平衡问题的一个总体概述，目的是引出本章的研究内容和重点所在，并没有深入具体问题，所以也就没有给出参考文献。后面各章的引言部分也做了同样处理，不再逐个说明。

本章内容主要分为两个部分，共由 10 篇论文组成。

1.1 节空间机构，主要讨论刚性空间机构震动力和震动力矩的完全平衡及最优平衡问题，由 4 篇论文构成。其中，文 1 是空间机构震动力矩完全平衡方面取得的最初成果，以 RSCR 机构为例，首次提出了用附加杆组方法来分步解决空间机构震动力矩完全平衡难题的新思路。文 2 则基于这一思路归纳出了一般空间机构震动力矩完全平衡的相对平衡原理和方法，并给出了多个空间机构完全平衡实例。文 3 又将这一理论扩展到具有不规则力传递特性的特殊空间机构中。至此，大多数空间机构震动力和震动力矩的完全平衡问题基本得到解决。文 4 则在此基础上讨论了空间机构震动力和震动力矩的最优综合平衡问题，使得空间机构动力平衡的研究内容更加全面。这些研究及成果促进了空间机构动力平衡研究的发展。

1.2 节弹性机构，主要研究了弹性及柔性机构的动力平衡问题，由 6 篇论文构成。其中，文 5 首先探讨了机构质量改变对弹性机构的震动力、震动力矩、输入扭矩及运动副反力等惯性指标，以及动应力、动能及变形能等动力学特性指标的影响，文 6 则继续深入讨论了弹性惯性力在弹性机构动力学特性中的作用，这些研究为后面提出适合于弹性机构动力平衡的新方法提供了理论依据。文 7 提出了用附加扭簧实现弹性机构动力平衡的方法，有效地解决了弹性机构震动力、震动力矩、输入扭矩和运动副反力的最优平衡问题，文 8 则进一步用实验研究结果验证了这种平衡方法的有效性。文 9 提出了用冗余驱动方法解决柔性机构动力平衡的新思路，文 10 则从理论和实验研究的角度进一步提高了弹性机构动力平衡研究水平。这些工作将弹性及柔性机构动力平衡的研究提升到了一个新的阶段。

机构动力平衡研究虽然取得很大进展，但它仍是机构学领域的一个重要研究课题，还有一些问题没有解决。例如，震动力和震动力矩虽然是机构动力平衡中最主要的两项指标，但为达到此目标所付出的代价太大，尤其是完全平衡时，机构或机器上需附加的配重及杆组等过多，这在很大程度上增加了机构的重量，使得机器变得十分笨重，这自然要增加机器运转所需的输入动力，其运行费用和能耗也必将随之加大，因此，在机构完全平衡的理论发展到一定阶段之后，不应该再单纯追求理想的完全平衡效果和更高的理论研究水平，而是应该更多地从实际工程应用的角度出发，找到更加合理的平衡新方法和手段，使机器在运转过程中更加符合其工作要求。

其次，震动力和震动力矩平衡以后，对机构的输入扭矩和运动副反力等动力学指标及性能产生了很大的副作用，因此，应该把震动力、震动力矩、输入扭矩和运动副反力等多个反映机构动力学性能的指标同时纳入机构动力平衡的目标之中，使得机构各项动力学指标达到最优综合平衡。

另外，弹性或柔性机构的动力平衡问题本身就是一个非线性动力学问题，它与刚性机构的平衡有本质区别，因此，如果沿用刚性机构平衡的思路和方法，不会取得很好的效果，应该与控制理论和方法等密切结合，这样有可能达到理想的平衡效果。

更进一步，从广义上讲，机构动力平衡属于机构动力学综合的范畴，因此，完全可以将机构动力平衡融入机构综合或设计过程中，在开展机构动力学综合或设计开始时，就将机构的动力平衡指标直接纳入设计目标或约束之中，一次性完成设计，这样设计出的机构已经满足了动力平衡方面的要求，不需要再对该机构施加平衡措施，也就不会出现增加重量、费用及能耗等问题。所以，不能再走先设计后平衡的老路，应该取消或淡化机构动力平衡专题，将其融入设计过程中，直接完成机构整体动力性能最优设计，这应该是机构动力学平衡及综合或设计的发展方向。

1.1 空 间 机 构

§ 1 Complete Shaking Force and Shaking Moment Balancing of the RSCR Spatial Mechanism

Yu Yueqing

Section of the Theory of Machines and Mechanisms, Beijing Polytechnic University, Beijing 100022, *China*

Abstract: *The complete shaking force and shaking moment balancing of spatial linkages which has not been accomplished until now is studied for the first time in this paper. The shaking force and shaking moment of RSCR mechanism is completely balanced by adding balancing dyads and counterweights. The complete balancing equations are given. This balancing method can also be extended to many other spatial linkages. As an example, the complete balancing of the planar 4R mechanism is shown in the paper.*

1. Introduction

The shaking force and shaking moment balancing of linkages is an important subject in dynamic balancing of mechanisms,it has an event of theoretical and practical significance. The research on this aspect has been carried on for many years, and large amount of rich fruits have been reaped. Since Prof. Berkof put forward "the Method of Linear Independent Vactor"[1], witch laid the theoretical fundation of the full shaking force balancing of linkages by the method of mass redistribution, Lowen, Tepper, Walker, Elliot, Bagci and Chen etc. have made brilliant contribution[2-7], which made the shaking force balancing of (planar and spatial) linkages perfectly solved. But no great progress on the full shaking moment balancing has been made. As is known, the full shaking force balancing is the necessary condition of the full shaking moment balancing of linkages. When the shaking force balancing is achieved, the shaking moment will increase evently, and it can not be fully balanced by the method of mass redistribution. The difficulty and complexity of the full shaking moment balancing are showed clearly. Therefore,there are only some special planar mechanisms of which shaking moment are fully balanced by other methods, e.g., addition of gears[8], balancing idler loops[9], but no general and common balancing method has been found. For spatial mechanisms, there is no paper presented up to now. This difficulty is studied for the first time in this paper, and it is succeeded. The shaking force and shaking moment of the RSCR spatial mechanism are completely balanced by adding balancing dyads and counterweights. From that, we can find a general method of complete balancing for some kind of spatial linkages. Easy for illustration, the complete balancing of planar 4R mechanism is showed as an example firstly.

2. Complete balancing of planar 4R mechanism

The planar 4R mechanism is showed as Fig.1, the dot line expresses the additional balancing dyads, the m^* expresses the counterweight.

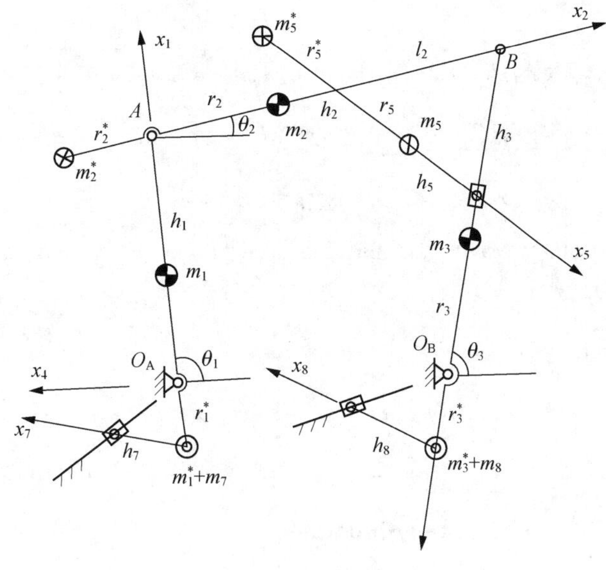

Fig.1

2.1　Shaking force balancing

According to the stationary of the total mass center of the mechanism, we get the shaking force balancing equations as follows:

$$m_5^* \cdot r_5^* = m_5 \cdot r_5 \tag{1}$$

$$m_2^* \cdot r_2^* = m_2 \cdot r_2 + (m_5 + m_5^*)(h_2 - l_2) \tag{2}$$

$$(m_7 + m_1^*) \cdot r_1^* = m_1 \cdot r_1 + (m_2 + m_2^* + m_5 + m_5^*)h_1 \tag{3}$$

$$(m_8 + m_3^*) \cdot r_3^* = m_3 \cdot r_3 \tag{4}$$

2.2　Shaking moment balancing

The shaking moment of the mechanism respect to point $O_A(\bar{M}_{OA})$ can be expressed as:

$$\bar{M}_{OA} = -\bar{H}_{OA}$$

Where, $\bar{H}_{OA}$ is the moment of momentum of the mechanism, and

$$\bar{H}_{OA} = \sum_{i=1}^{n} m_i \cdot \bar{r}_i \times \dot{\bar{r}}_i + \sum_{i=1}^{n} \bar{H}_i'$$

When the shaking force is fully balanced, i.e., the total center of the mechanism is stationary, so according to the principle of moment of momentum,we can obtain

$$\bar{H}_{OA} = \sum_{i=1}^{n} (\bar{H}_i' + \bar{H}_i'') = \sum_{i=1}^{n} \bar{H}_i$$

Here, $\bar{H}_i''$ is similar to $\bar{H}'$, also an angular momentum.Therefore, the $\bar{H}_{OA}$ is an angular momantum too, it is only relative to the rotation of all links of the mechanism, but not to the translation of mass center. If we can make some links rotate conversely to the original links of the machanism, the shaking moment (angular momentum) can be fully balanced. From Fig. 1, we can see that links 5, 7 and 8 rotate conversely to the links 2, 1 and 3 respect to links 3, 4 and 4, respectively. Full shaking moment balancing equations can be obtained as follows

$$-M_{OA} = \dot{H}_{OA} = A\ddot{\theta}_1 + B\ddot{\theta}_2 + C\ddot{\theta}_3$$

Here,

$$A = m_1(k_1^2 + r_1^2) + m_1^*(k_1^{*2} + r_1^{*2}) + (m_2 + m_2^* + m_5 + m_5^*)h_1^2 - m_7(k_7^2 - r_1^{*2})$$

$$B = m_2(k_2^2 + r_2^2) + m_2^*(k_2^{*2} + r_2^{*2}) + (m_5 + m_5^*)(h_2 - l_2)^2 - m_5(k_5^2 + r_5^2) - m_5^*(k_5^{*2} + r_5^{*2})$$

$$C = 2m_5(k_5^2 + r_5^2) + 2m_5^*(k_5^{*2} + r_5^{*2}) + m_3(k_3^2 + r_3^2) + m_3^*(k_3^{*2} + r_3^{*2}) - m_8(k_8^2 - r_3^{*2})$$

M_{OA} equals zero, obviously when A, B and C are all vanish. So we can get the full shaking moment balancing equations as follows

$$m_7(k_7^2 - r_1^{*2}) - m_1^*(k_1^{*2} + r_1^{*2}) - (m_2^* + m_5^*)h_1^2 = m_1(k_1^2 + r_1^2) + (m_2 + m_5)h_1^2 \tag{5}$$

$$m_5^*(k_5^{*2} + r_5^{*2}) - m_2^*(k_2^{*2} + r_2^{*2}) - m_5^*(h_2 - l_2)^2 = m_2(k_2^2 + r_2^2) + m_5(h_2 - l_2)^2 - m_5(k_5^2 + r_5^2) \tag{6}$$

$$m_8(k_8^2 - r_3^{*2}) - 2m_5^*(k_5^{*2} + r_5^{*2}) - m_3^*(k_3^{*2} + r_3^{*2}) = 2m_5(k_5^2 + r_5^2) + m_3(k_3^2 + r_3^2) \tag{7}$$

Now, the Eqs. (1)~(7) are the shaking force and shaking moment balancing conditions of the planar 4R mechanism. The solutions of these equations can be found easily.

3. Complete balancing of the RSCR mechanism

The RSCR mechanism is shown as the solid lines in Fig. 2. The dot lines express the additional dyads. Pair P is a prism pair which can move alang the $\overline{Z}_z$ on the link 3 and rotate following the link 3. Owing to

$$l_5 = l_2,\ r_7 = r_1^*,\ r_8 = r_3^*$$

the moment of momentum of links 1, 2 and 3 can be balanced by links 7, 5 and 8, respectively. The m_i^* are counterweights which can balance the shaking force. Therefore, the complete balancing equations may be obtained.

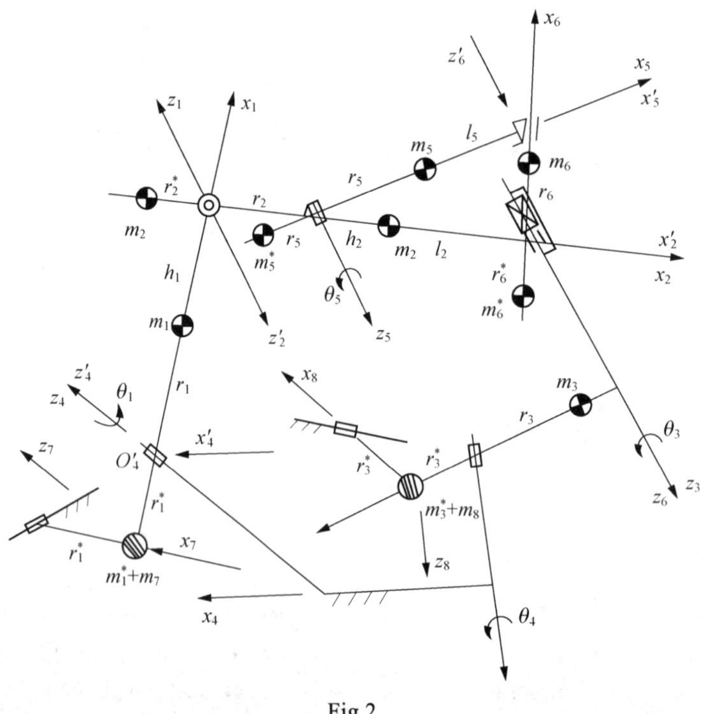

Fig.2

3.1 Shaking force balancing

According to the stationary of the total mass center of the mechanism, the shaking force balancing equations can be got as follows:

$$m_6^* \cdot r_6^* = m_6 \cdot r_6 \tag{8}$$

$$m_5^* \cdot r_5^* = m_5 \cdot r_5 \tag{9}$$

$$m_2^* \cdot r_2^* = m_2 \cdot r_2 + (m_5 + m_5^*)(h_2 - l_2) + (m_6 + m_6^*)h_2 \tag{10}$$

$$(m_1 + m_1^*) \cdot r_1^* = (m_6 + m_6^* + m_5 + m_5^* + m_2 + m_2^*)h_1 + m_1 \cdot r_1 \tag{11}$$

$$(m_8 + m_3^*) \cdot r_3^* = m_3 \cdot r_3 \tag{12}$$

3.2 Shaking moment balancing

The moment of momentum of the mechanism respect to the point O_4' is

$$\bar{H}'_{OA} = [A]\dot{\theta}_i \bar{Z}_1^{(4')} + [C_{4'2}][B][C_{4'2}]^{\mathrm{T}} \cdot \dot{\theta}_3 \bar{Z}_2^{(4')} + [C_{4'2}][\theta_{23}][C][\theta_{23}]^{\mathrm{T}}[C_{4'2}]^{\mathrm{T}} \dot{\theta}_4 \bar{Z}_3^{(4')}$$

Where,

$$[A] = [C_{4'1}]\{[J_1] + [J_1^*] + [m_1 r_1^2 + (m_1^* + m_1) r_1^{*2} + (m_2 + m_2^* + m_5 + m_5^* + m_6 + m_6^*) h_1^2] \begin{bmatrix} 0 & & \\ & 1 & \\ & & 1 \end{bmatrix}$$

$$-[C_{17}][J_7][C_{17}]^{\mathrm{T}}\} \cdot [C_{4'1}]^{\mathrm{T}}$$

$$[B] = [\theta_{25}][[J_5] + [J_5^*] + (m_5 r_5^2 + m_5^* r_5^{*2}) \begin{bmatrix} 0 & & \\ & 1 & \\ & & 1 \end{bmatrix}][\theta_{25}]^{\mathrm{T}} - ([J_2] + [J_2^*])$$

$$-[m_2 r_2^2 + m_3^* r_3^{*2} + (m_5 + m_5^*)(h_2 - l_2)^2 + (m_6 + m_6^*) h_2^2] \begin{bmatrix} 0 & & \\ & 1 & \\ & & 1 \end{bmatrix}$$

$$[C] = [\alpha_{23}][[C_{38}][J_8][C_{38}]^{\mathrm{T}} - [J_3] - [J_3^*] - (m_3 r_3^{*2} + m_3^* r_3^{*2} + m_3 r_3^2) \begin{bmatrix} 0 & & \\ & 1 & \\ & & 1 \end{bmatrix}][\alpha_{23}]^{\mathrm{T}}$$

$$-[\theta_{23}]^{\mathrm{T}}[\theta_{26}][[J_6] + [J_6^*] + (m_6 r_6^2 + m_6^* r_6^{*2}) \begin{bmatrix} 0 & & \\ & 1 & \\ & & 1 \end{bmatrix}][\theta_{26}]^{\mathrm{T}}[\theta_{23}]$$

$$-[\theta_{23}]^{\mathrm{T}}[\theta_{25}] \cdot [[J_5] + [J_5^*] + (m_5 r_5^2 + m_5^* r_5^{*2}) \begin{bmatrix} 0 & & \\ & 1 & \\ & & 1 \end{bmatrix}][\theta_{25}]^{\mathrm{T}}[\theta_{23}] - [\theta_{23}]^{\mathrm{T}}\{[J_2] + [J_2^*]$$

$$+[m_2 r_2^2 + m_2^* r_2^{*2} + (m_6 + m_6^*) h_2^2 + (m_5 + m_5^*)(h_2 - l_2)^2] \begin{bmatrix} 0 & & \\ & 1 & \\ & & 1 \end{bmatrix}\}[\theta_{23}]$$

When

$$J_{7z} = J_{1z} + J_{1z}^* + m_1 r_1^2 + (m_1^* + m_7) r_1^{*2} + (m_2 + m_2^* + m_5 + m_5^* + m_6 + m_6^*) h_1^2 \tag{13}$$

we get

$$[A]\dot{\theta}_1 \bar{Z}_1^{(4')} = \bar{0}$$

If

$$
\begin{aligned}
& J_{5z}^{*}+m_3^{*}r_5^{*2}-J_{2z}^{*}-m_2^{*}r_2^{*2}-m_5^{*}(h_2-l_2)^2-m_6^{*}h_2^2 \\
&=J_{2z}+m_2r_2^2+m_5(h_2-l_2)^2+m_3h_2^2-J_{5z}-m_5r_5^2
\end{aligned} \tag{14}
$$

then

$$
[C_{4'2}][B][C_{4'2}]^{\mathrm{T}}\dot{\theta}_3\bar{Z}_2^{(4')}=\bar{0}
$$

and if

$$
J_{8y}-J_{3y}-J_{3y}^{*}=J_{8z}-J_{3z}-J_{3z}^{*} \tag{15}
$$

$$
J_{6x}+J_{6x}^{*}=J_{6y}+J_{6y}^{*}+m_6r_6^2+m_6^{*}r_6^{*2} \tag{16}
$$

$$
J_{5x}+J_{5x}^{*}=J_{5y}+J_{5y}^{*}+m_5r_5^2+m_5^{*}r_5^{*2} \tag{17}
$$

$$
J_{2x}+J_{2x}^{*}=J_{2y}+J_{2y}^{*}+m_2r_2^2+m_2^{*}r_2^{*2}+(m_6+m_6^{*})h_2^2+(m_5+m_5^{*})(h_2-l_2)^2 \tag{18}
$$

$$
\begin{aligned}
& J_{3x}+J_{3x}^{*}+J_{6x}+J_{6x}^{*}+J_{5x}+J_{5x}^{*}+J_{2x}+J_{2x}^{*} \\
&=J_{3y}+J_{3y}^{*}+J_{6y}+J_{6y}^{*}+J_{5y}+J_{5y}^{*}+J_{2y}+J_{2xy}^{*}+J_m
\end{aligned} \tag{19}
$$

$$
J_{8x}=J_{8y} \tag{20}
$$

$$
J_{8z}=J_{3z}+J_{3z}^{*}+J_{6z}+J_{6z}^{*}+J_{5z}+J_{5z}^{*}+J_{2z}+J_{2z}^{*}+J_m \tag{21}
$$

So

$$
[C_{4'2}][\theta_{23}][C][\theta_{23}]^{\mathrm{T}}[C_{4'2}]^{\mathrm{T}}\dot{\theta}_4\bar{Z}_3^{(4')}=\bar{0}
$$

Here

$$
\begin{aligned}
J_m=&(m_8+m_3^{*})r_3^{*2}+m_3r_3^2+m_6r_6^2+m_6^{*}r_6^{*2}+m_5r_5^2 \\
&+m_5^{*}r_5^{*2}+m_2r_2^2+m_2^{*}r_2^{*2}+(m_6+m_6^{*})h_2^2+(m_5+m_5^{*})(h_2-l_2)^2
\end{aligned}
$$

Therefore, the Eqs. (8)~(21) are the complete shaking force and shaking moment balancing conditions of the RSCR mechanism. In general, suitable solution can always be found.

4. Conclusions

The complete shaking force and shaking moment balancing of the RSCR spatial mechanism can be accomplished by the addition of balancing dyads and counterweights. Owing to the generality of this mechanism, we can extend this balancing method to some kind of spatial linkages in which there is only one spherical pair at most, e.g.,Bennett mechanism, RRCRC mechanism. The planar 4R mechanism is a special example.

Acknowledgements

The author is deeply grateful to Prof. Shi-Xian Bai for his guidence and help on this paper.

References

[1] Berkof R S, Lowen G G. Trans. ASME. J. Engng Ind., 1969, 91(B):21-26

[2] Tepper F R, Lowen G G. Trans. ASME J. Engng Ind.,1972, 94(B):789-796

[3] Walker M J, Oldham K. M.M.T.,1978,13(2):175-185

[4] Walker M J. Oldham K. M.M.T.,1979, 14(3):201-207

[5] Elliot J L, Tesar D. Trans. ASME J. Engng Ind., 1977,99(B):715-722

[6] Bagci C. Trans. ASME J. Mechanisms, Transmissions and Automation in Design, 1983, 105(4): 609-616

[7] Chen N X. M. M. T., 1984, 19(2):234-255

[8] Berkof R S. M. M. T., 1973, 8(6):397-410

[9] Bagci C.Trans. ASME J. Mech. Des., 1982, 104(2): 482-493

Appendix 1

Analysis of the Planar 4R Mechanism

Each angular velocity of links ω_i are as follows:

$$\omega_i = \dot{\theta}_i \qquad (i{=}1,2,3)$$
$$\omega_5 = 2\dot{\theta}_3 - \dot{\theta}_2$$
$$\omega_7 = -\dot{\theta}_1$$
$$\omega_8 = -\dot{\theta}_5$$

Each moment of momentum of links H_i are as follows:

$$H_1 = [m_1(k_1^2 + r_1^2) + m_1^*(k_1^{*2} + r_1^{*2}) + (m_2 + m_2^* + m_5 + m_5^*)h_1^2 + m_7 r_1^{*2}]\dot{\theta}_1$$
$$H_2 = [m_2(k_2^2 + r_2^2) + m_2^*(k_2^{*2} + r_2^{*2}) + (m_5 + m_5^*)(h_2 - l_2)^2]\dot{\theta}_2$$
$$H_3 = [m_3(k_3^2 + r_3^2) + m_3^*(k_3^{*2} + r_3^{*2}) + m_8 r_3^{*2}]\dot{\theta}_3$$
$$H_5 = [m_5(k_5^2 + r_5^2) + m_5^*(k_5^{*2} + r_5^{*2})](2\dot{\theta}_3 - \dot{\theta}_2)$$
$$H_7 = -m_7 k_7^2 \dot{\theta}_1$$
$$H_8 = -m_8 k_8^2 \dot{\theta}_3$$

Appendix 2

Analysis of the RSCR Mechanism

Each angular velocity of links $\bar{\omega}_i$ are as follows:

$$\bar{\omega}_1 = \dot{\theta}_1 \bar{Z}_4^{(4')}$$
$$\bar{\omega}_2 = -\dot{\theta}_4 \bar{Z}_3^{(4')} - \dot{\theta}_3 \bar{Z}_2^{(4')}$$
$$\bar{\omega}_3 = -\dot{\theta}_4 \bar{Z}_3^{(4')}$$
$$\bar{\omega}_5 = \dot{\theta}_5 \bar{Z}_2^{(4')} - \dot{\theta}_4 \bar{Z}_3^{(4')} = \dot{\theta}_3 \bar{Z}_2^{(4')} - \dot{\theta}_4 \bar{Z}_3^{(4')}$$
$$\bar{\omega}_6 = \bar{\omega}_3 = -\dot{\theta}_4 \bar{Z}_3^{(4')}$$
$$\bar{\omega}_7 = -\dot{\theta}_1 \bar{Z}_4^{(4')}$$
$$\bar{\omega}_8 = \dot{\theta}_4 \bar{Z}_3^{(4')}$$

Each moment of momentum of links H_i are as follows:

$$\bar{H}_1 = [C_{4'1}]\{[J_1] + [J_1^*] + [m_1 r_1^2 + m_1^* r_1^{*2} + m_7 r_1^{*2} + (m_2 + m_2^* + m_5 + m_5^* + m_6 + m_6^*)h_1^2]\begin{bmatrix} 0 & & \\ & 1 & \\ & & 1 \end{bmatrix}\}[C_{4'1}]^{\mathrm{T}} \dot{\theta}_1 \bar{Z}_4^{(4')}$$

$$\bar{H}_2 = -[C_{4'2}]\{[J_2] + [J_2^*] + [m_2 r_2^2 + m_2^* r_2^{*2} + (m_5 + m_5^*)(h_2 - l_2)^2 + (m_6 + m_6^*)h_2^2]\begin{bmatrix} 0 & & \\ & 1 & \\ & & 1 \end{bmatrix}\}[C_{4'2}]^{\mathrm{T}}(\dot{\theta}_3 \bar{Z}_2^{(4')} + \dot{\theta}_4 \bar{Z}_2^{(4')})$$

$$\bar{H}_3 = -[C_{4'3}]\{[J_3]+[J_3^*]+[m_3 r_3^2 + (m_3^* + m_8) r_3^{*2}]\begin{bmatrix} 0 & & \\ & 1 & \\ & & 1 \end{bmatrix}\}[C_{4'3}]^{\mathrm{T}} \dot{\theta}_4 \bar{Z}_3^{(4')}$$

$$\bar{H}_5 = [C_{4'5}]\{[J_5]+[J_5^*]+(m_5 r_5^2 + m_5^* r_5^{*2})\begin{bmatrix} 0 & & \\ & 1 & \\ & & 1 \end{bmatrix}\}[C_{4'5}]^{\mathrm{T}} (\dot{\theta}_3 \bar{Z}_2^{(4')} - \dot{\theta}_4 \bar{Z}_3^{(4')})$$

$$\bar{H}_6 = -[C_{4'6}]\{[J_6]+[J_6^*]+(m_6 r_6^2 + m_6^* r_6^{*2})\begin{bmatrix} 0 & & \\ & 1 & \\ & & 1 \end{bmatrix}\}[C_{4'6}]^{\mathrm{T}} \dot{\theta}_4 \bar{Z}_3^{(4')}$$

$$\bar{H}_7 = -[C_{4'1}][C_{17}][J_7][C_{17}]^{\mathrm{T}}[C_{4'1}]^{\mathrm{T}} \dot{\theta}_1 \bar{Z}_4^{(4')}$$

$$\bar{H}_8 = [C_{4'3}][C_{38}][J_8][C_{38}]^{\mathrm{T}}[C_{4'3}]^{\mathrm{T}} \dot{\theta}_4 \bar{Z}_3^{(4')}$$

（in *Proceedings of 4th IFToMM International Symposium on Linkages and Computer Aided Design Methods*, Bucharest, Romania, 1985, II-2: 463-470）

§ 2　Research on Complete Shaking Force and Shaking Moment Balancing of Spatial Linkages

Yu Yueqing

Section of the Theory of Machines and Mechanisms, Beijing Polytechnic University, Beijing 100022, *China*

Abstract: *The complete shaking force and shaking moment balancing of spatial linkages is a very difficult problem on dynamic balancing of mechanisms, it is overcome for the first time by the way of adding dyads between links of mechanisms in this paper. The general formulae and equations of the complete balancing of spatial open chain containing axial pair and spatial single loop mechanism containing no more than one spherical pair are shown. The specific mechanisms, such as Bennett mechanism, RSCR mechanism, and RRRSR mechanism are completely balanced as examples.*

1. Introduction

The complete shaking force and shaking moment balancing is important to the dynamic balancing of mechanisms, both theoretically and practically. The major achievement on this field is full shaking force balancing. "The method of linearly independent vectors" by Berkof[1], laid its foundation. Lowen, Tepper, and Walker etc. developed this theory and made it more perfect. They have solved the problem of full shaking force balancing of general planar linkages by the method of internal mass redistribution[2-4]. Chen etc. extended this method to spatial linkages[5, 6]. Bagci etc. made a special contribution on "irregular force transmission mechanism", both of planar and spatial mechanisms[7, 8]. Therefore, the study of full shaking force balancing of mechanisms is satisfactory.

Nowadays, the complete shaking force and shaking moment balancing still remain on some special planar mechanisms[9-14]. There is no general method which can solve this problem for general linkages, especially for spatial mechanisms; both kinematic and dynamic properties of spatial mechanisms are much more complicated than that of planar mechanisms, many formulae and balancing methods of planar mechanisms cannot be applicable to spatial linkages. Therefore, there is no achievement of complete shaking force and shaking moment balancing of spatial mechanisms can be found until now.

In this paper, a first attempt on this field was made and an encouraging success has been obtained by the way of adding balancing dyads between the links of mechanism. The Complete balancing equations of spatial open chain containing axial pair and of spatial single loop mechanism containing no more than one spherical pair have been derived. The complete balancing of Bennett mechanism, RSCR mechanism and RRRSR mechanism are also shown.

In order to explain this balancing method clearly, we analyze the Bennett mechanism as an example and then we studied general case and other mechanisms.

2. Complete balancing of Bennett mechanism

The Bennett mechanism is shown as the solid lines in Fig. 1. From Ref. [5], we know that only two counterweights, we define them as m_8 and m_7, can fully balance the shaking force of the mechanism. The shaking force balancing equations are as follows:

$$m_5 l_1 = m_1 \gamma_1 + m_2 \left(1 - \frac{\gamma_2}{h_2}\right) h_1 \tag{1a}$$

$$m_7 l_3 = m_3 (h_3 - \gamma_3) + m_2 \frac{\gamma_2}{h_2} h_3 \tag{2a}$$

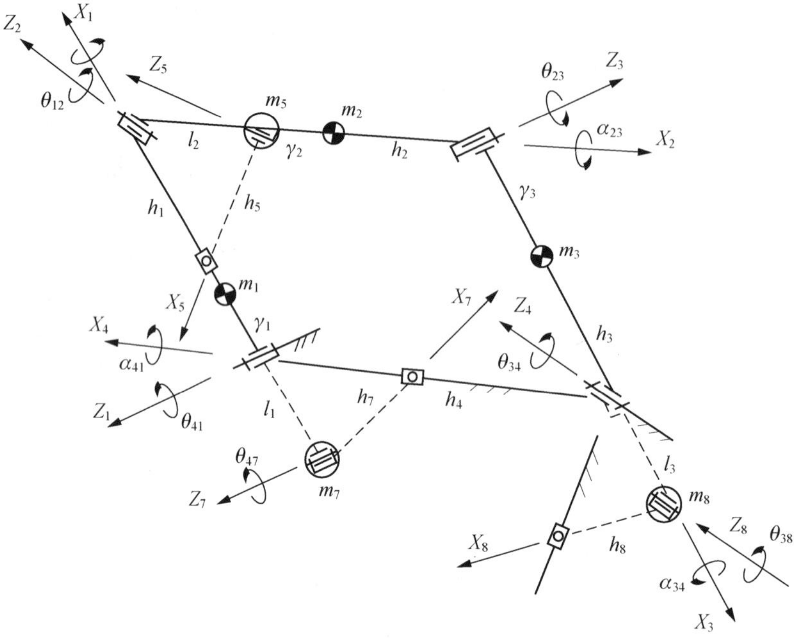

Fig.1　Bennett mechanism

According to the formulae in Ref. [8], the shaking moment of the mechanism respect to point O_4 can be expressed as

$$\bar{\mathrm{M}}_{O_4} = -\dot{H}_{O_4}$$

Where, $\dot{H}_{O_4}$ is the moment of momentum of the mechanism respect to O_4 and

$$\dot{H}_{O_4} = \sum_{i=1}^{3} m_i \bar{\gamma}_i \times \bar{\gamma}_i + \sum_{i=1}^{3} \bar{H}_i'$$

From Appendix 1,we know that when shaking force is fully balanced, then

$$\sum_{i=1}^{3} m_i \bar{\gamma}_i \times \bar{\gamma}_i = \sum_{i=1}^{3} \bar{H}_i''$$

here, $\bar{H}_i''$ is similar to $\bar{H}_i'$, also an angular momentum, so

$$\bar{H}_{O_4} = \sum_{i=1}^{3} (\bar{H}_i' + \bar{H}_i'') = \sum_{i=1}^{3} \bar{H}_i$$

That is to say that the total moment of momentum of the mechanism is a pure angular momentum, it is only relative to the rotations of all the links of the mechanism, but not to the translations of the mass centers. If we can make some additional links, rotate conversely to those existing links of the mechanism, the shaking moment (or angular momentum) of the mechanism can be fully balanced. Based upon this analysis, we find a method of adding dyads between links of the mechanism which can produce the effect we desire. The dyad is composed of one link and a slider, and added between the two existing links of the mechanism. The link is connected to one existing link with an R pair, and the slider can slide on the other existing link. Three dyads, links 7, 5 and 8 and their sliders, are added with R pair on the links 1, 2 and 3, respectively, shown as the dotted lines in Fig. 1. When

$$l_i = h_{j+4}, \quad Z_i // Z_{j+4}, \qquad i=1,2,3, \quad j=1,3,4$$

we obtain that links 7, 5 and 8 rotate conversely to the links 1, 2 and 3 relative to links 4, 3 and 4, respectively. In this case, the angular momentum caused by the links 1, 2 and 3 is cancelled by that caused by the links 7, 5 and 8. So, the shaking moment of the whole mechanism is fully balanced. This is the main idea of the complete balancing method of adding dyads. Now we derive the balancing equations.

If we use the two weights of dyads, links 8 and 7 and their sliders, as the counterweights in shaking force balancing, complete balancing of the Bennett mechanism can be accomplished by the three dyads only. Then, the shaking force balancing equations become as follows:

$$m_7 l_1 = m_1 \gamma_1 + \left[m_2 \left(1 - \frac{\gamma_2}{h_2} \right) + m_5 \left(1 - \frac{l_2}{h_2} \right) \right] h_1 \tag{1b}$$

$$m_8 l_3 = m_3 (h_3 - \gamma_3) + \left(m_2 \gamma_2 + m_5 l_2 \right) \cdot \frac{h_3}{h_2} \tag{2b}$$

The total moment of momentum (angular momentum) of the whole linkage with respect to point O_4 can be expressed as follows:

$$\bar{H}_{O_4} = [A]\dot{\theta}_{41} Z_1^{(4)} + [B]\dot{\theta}_{12} Z_2^{(4)} + [C]\dot{\theta}_{34} Z_4^{(4)}$$

Here

$$[A] = [C_{41}][\theta_{12}]\Bigg[\Bigg[[\theta_{12}]^{\mathrm{T}}\Bigg\{[J_1] - [C_{17}][J_7][C_{17}]^{\mathrm{T}} + \left[m_1\gamma_1^2 + m_2\left(1-\frac{\gamma_2}{h_2}\right)h_1^2 + m_5\left(1-\frac{l_2}{h_2}\right)h_1^2 + m_7 l_1^2 \right]$$

$$\times \begin{bmatrix} 0 & & \\ & 1 & \\ & & 1 \end{bmatrix}\Bigg\}[\theta_{12}] + [\alpha_{12}]\Big\{[J_2] + [C_{25}][J_5][C_{25}]^{\mathrm{T}} - \left[m_2\gamma_2(h_2-\gamma_2) + m_5 l_2(h_2 - l_2) \right]$$

$$\times \begin{bmatrix} 0 & & \\ & 1 & \\ & & 1 \end{bmatrix}\Big\}[\alpha_{12}]^{\mathrm{T}}\Bigg]\Bigg][\theta_{12}]^{\mathrm{T}}[C_{41}]^{\mathrm{T}} - [C_{38}][J_8][C_{38}]^{\mathrm{T}}\Bigg\}[C_{43}]^{\mathrm{T}}$$

∵

$$[C_{42}]^{\mathrm{T}} Z_2^{(4)} = (0,0,1)^{\mathrm{T}}$$

∴When

$$J_{5z} = J_{2z} - m_2\gamma_2(h_2 - \gamma_2) - m_5 l_2 (h_2 - l_2) \tag{3}$$

then

$$[B]\dot{\theta}_{12} Z_2^{(4)} = \bar{0}$$

∵

$$[C_{25}] = [\theta_{25}], \ [C_{17}] = [\theta_{17}]$$

∴If

$$J_{5x} = J_{5y} \tag{4}$$

$$J_{2y} + J_{3y} = J_{2z} + J_{5z} \tag{5}$$

$$\begin{aligned} & J_{7z} + m_2\gamma_2(h_2 - \gamma_2) + m_5 l_2 (h_2 - l_2) \\ & = J_{1z} + J_{2z} + J_{5z} + m_1\gamma_1^2 + m_2\left(1 - \frac{\gamma_2}{h_2}\right)h_1^2 + m_7 l_1^2 + m_5\left(1 - \frac{l_2}{h_2}\right)h_1^2 \end{aligned} \tag{6}$$

so

$$[A]\dot{\theta}_{41}\bar{Z}_1^{(4)} = \bar{0}$$

At last, if

$$J_{8z} = J'_{3z} + m_3(h_3 - \gamma_3)^2 + \left(m_2 \frac{\gamma_2}{h_2} + m_5 \frac{l_2}{h_2}\right) h_2^3 + m_8 l_3^2 \tag{7}$$

then

$$[C]\dot{\theta}_{34}\bar{Z}_4^{(4)} = \bar{0}$$

∴
$$\bar{M}_{O_4} = -\dot{H}_{O_4} = \bar{0}$$

i.e., Eqs. (1)~(7) are the complete shaking force and shaking moment balancing equations. There are only seven simple conditions and three dyads required. They can be satisfied easily in practice. Here is a numeral example. The parameters of a Bennett mechanism are as follows:

$$h_1 = h_3 = 15\text{cm}, \quad h_2 = h_4 = 25\text{cm}$$
$$\alpha_{12} = \alpha_{34} = 30°, \quad \alpha_{41} = \alpha_{23} = 17.5°$$
$$m_1 = m_2 = 720\text{g}, \quad m_2 = 250\text{g}$$
$$J_{1z} = J'_{3z} = 27000\text{g}\cdot\text{cm}^2, \quad J_{2y} = 27600\text{g}\cdot\text{cm}^2, \quad J_{2x} = 47500\text{g}\cdot\text{cm}^2$$
$$\gamma_1 = \gamma_3 = 7.5\text{cm}, \quad \gamma_2 = 11\text{cm}$$

We get the parameters of the dyads from equations (1)~(7) as follows:

$$h_5 = l_2 = 6.5\text{cm}, \quad l_1 = h_7 = 11.0\text{cm}, \quad l_3 = h_8 = 10.0\text{cm}$$
$$m_5 = 65\text{g}, \quad m_7 = 747\text{g}, \quad m_8 = 730\text{g}$$
$$J_{5z} = 1184\text{g}\cdot\text{cm}^2, \quad J_{5x} = J_{5y} = 21084\text{g}\cdot\text{cm}^2$$
$$J_{7z} = 202577\text{g}\cdot\text{cm}^2, \quad J_{8z} = 147638\text{g}\cdot\text{cm}^2$$

From the above example, we can see that the method of adding dyads is very effective to the shaking moment balancing of Bennett mechanism. But according to this balancing principle, this method can be applicable to many other mechanisms, so long as their links are connected by axial pairs. Next, we discuss this general case in detail.

3. General balancing equations

3.1 Spatial open chain containing axial pairs

As we know, the relative motion between two arbitrarily links connected by an axial pair is composed of a relative rotation and a relative translation. Similar to that in the Section 2, we get that when the shaking force is fully balanced (or the total mass center of the links is located at the connecting point) the linear moment of momentum caused by the relative translation of mass center changes into a form of angular momentum (Appendix 1). Therefore, the moments of momentum of the two kinks are pure angular momentum produced only by the relative rotation. So, we also can add a dyad between these two links, like that in Section 2, to rotate conversely to the one link relative to the other one. At this time, the two angular momentum caused by two converse rotations will cancel each other out. If every two links like this of a spatial open chain is added with a such dyad (Fig.2), the total shaking moment of the chain can be fully balanced. This is the key thought of the method of adding dyads. For simplicity, we derive a spatial open chain which is made up of *i*-links connected by R pair only. The other case, such as C pair, is being studied in the special mechanisms below.

The spatial open chain is shown as solid lines in Fig.3. The dot lines $\left(\text{link } n+j, j=1,2,\cdots,i\right)$ express the additional dyads. According to the stationary of the total mass center of the whole linkage, we get the shaking force balancing equations as follows:

$$\sum_{k=j+1}^{i}(m_k+m_{n+k})\overline{0'_{j+1}0^{lj'}i}+m_j\overline{\gamma}_j^{(j')}+m_{n+j}\overline{\gamma}_{n+j}^{(j')}=\overline{0},\quad j=1,2,\cdots,i \qquad (8)$$

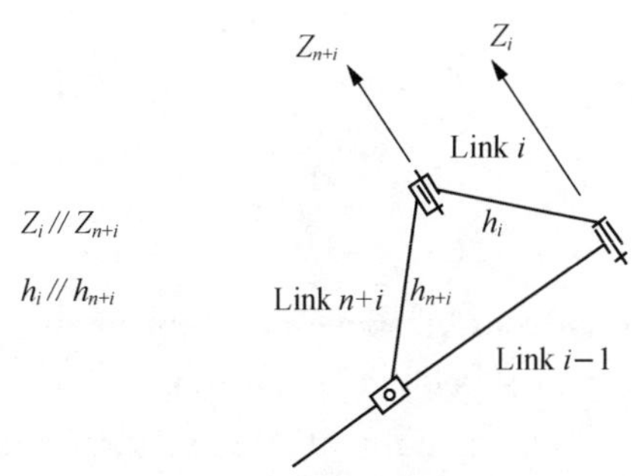

Fig.2　A dyad

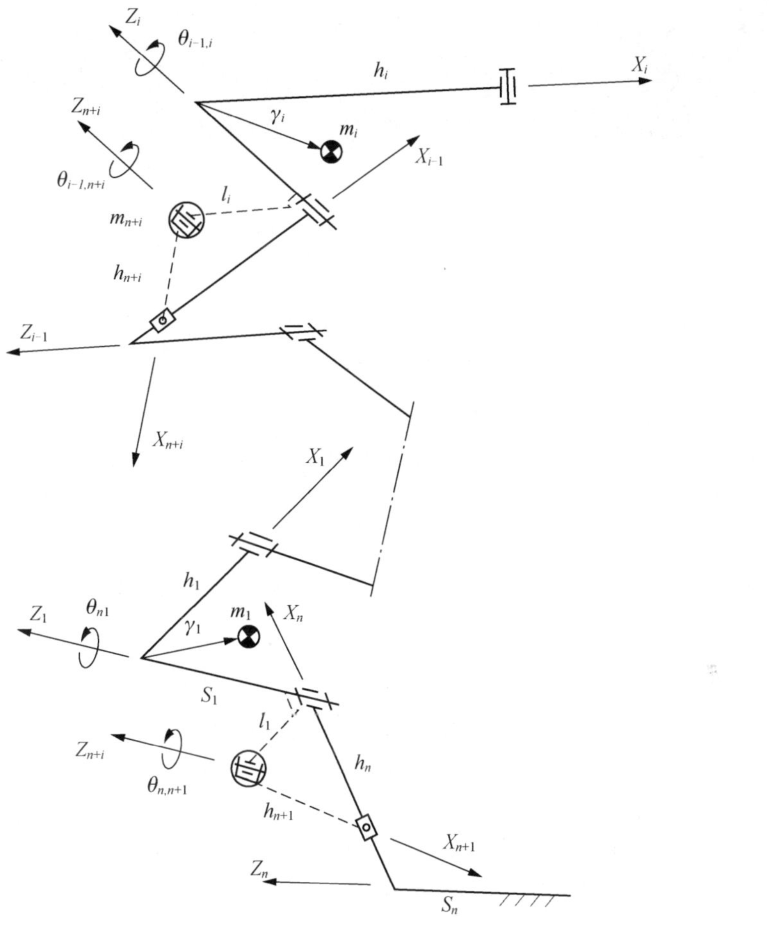

Fig.3　Open chain linkage

Now, we analyze the link $i, i-1$ and $n+i$. Due to the length of L_{n+i} is equal to that of L_i and $\overline{Z}_i$ is parallel to $\overline{Z}_{n+i}$, so we obtain

$$\dot{\theta}_{i-1,1}\overline{Z}_i^{(i-1)}=-\dot{\theta}_{i-1,n+i}\overline{Z}_{n+i}^{(i-1)}$$

i.e. link $n+i$ rotates conversely to link ***i*** in the reference of link $i-1$. Then

$$\overline{\omega}_i^{(n)}=\overline{\omega}_{i-1}^{(n)}+\dot{\theta}_{i-1,i}\overline{Z}_i^{(n)}$$

$$\overline{\omega}_{n+1}^{(n)}=\overline{\omega}_{i-1}^{(n)}-\dot{\theta}_{i-1,i}\overline{Z}_i^{(n)}$$

so

$$\overline{H}_i+\overline{H}_{n+i}=[C_{ni}]([J_i]+[I_i])[C_{n+1}]^{\mathrm{T}}\varpi_i^{(n)}+[C_{n,n+1}][J_{n+i}][C_{n,n+1}]^{\mathrm{T}}\cdot\varpi^{(n)}{}_{n+1}$$

$$=[C_{ni}]([J_i]+[I_i]+[C_{i,n+i}][J_{n+i}][C_{i,n+i}]^{\mathrm T})[C_{ni}]^{\mathrm T}\bar{\omega}_{i-1}^{(n)}+[C_{ni}]([J_i]+[I_i]$$
$$-[C_{i,n+i}]\times[J_{n+i}][C_{i,n+i}]^{\mathrm T})[C_{ni}]^{\mathrm T}\dot{\theta}_{i-1,i}\bar{Z}_i^{(n)}$$

If

$$[J_i]+[I_i]=[C_{i,n+i}][J_{n+i}][C_{i,n+i}]^{\mathrm T}$$

the second term of above equation vanishes, i.e. the moment of momentum caused by two rotations of links i and $n+i$ relative to the link $i-1$ cancel each other out. The first term is the moment of momentum caused by the motions of links i and $n+1$ following link $i-1$. They, together with the link $i-1$, can be balanced relatively by the link $n+i-1$. On the analogy of this, the sum of the moment of momentum of the whole chain respect to the fixed point, O_n can be expressed as follows:

$$\bar{H}o_n=\sum_{j=1}^{i}(\bar{H}_j+\bar{H}_{n+j})$$
$$=\sum_{j=1}^{i}\left\{\sum_{k=j+1}^{i}\{[C_{nk}][[J_k]+[I_k]+[C_{k,n+k}][J_{n+k}][C_{k,n+k}]^{\mathrm T}][C_{nk}]^{\mathrm T}\}+[C_{nj}][[J_j]+[I_j]\right.$$
$$\left.-[C_{j,n+j}][J_{n+j}][C_{j,n+j}]^{\mathrm T}[C_{j,n+j}]^{\mathrm T}][C_{nj}]^{\mathrm T}\right\}\dot{\theta}_{j-1,j}\bar{Z}_j$$

Owing to

$$\bar{M}o_n=-\dot{\bar{H}}o_n$$

we get the shaking moment balancing equations as follows:

$$[C_{nj}][C_{j,n+j}][J_{n+i}][C_{j,n+j}]^{\mathrm T}[C_{nj}]^{\mathrm T}$$
$$=\sum_{k=j+1}^{i}\{[C_{nk}][[J_k]+[I_k]+[C_{k,n+k}][J_{n+k}]\times[C_{k,n+k}]^{\mathrm T}\}[C_{nk}]^{\mathrm T}+[C_{nj}]([J_j]+[I_j])[C_{nj}]^{\mathrm T}$$
$$j=1,2,\cdots,i \qquad (9)$$

The complete shaking force and shaking moment balancing equations of the spatial open chain have been given as Eqs. (8) and (9).

3.2 Spatial single loop mechanism containing no more than one spherical pair

It is known that the relative motion of two links connected by a spherical pair is more complicated than that by an axial pair, and it cannot be defined by a fixed axis. Therefore, the balancing dyads cannot be used to complete balancing in this case. While, if there is only one spherical pair in a single loop mechanism, we can also use dyads to its complete balancing by dividing the loop into two open chains from the spherical pair, in each chain there is no spherical pair connecting two links. Thus, this single loop can be balanced completely very easily.

Single loop mechanism is shown as the solid lines in Fig.4. The left part from the spherical pair to the frame (from link 1 to i) is the same as the open chain in Fig. 3, so its balancing equations are also same as Eqs. (8) and Eqs. (9).

Similar to the derivation we can get the full shaking force balancing equations of the right part linkage, from link $i+1$ to $n-1$ as follows:

$$\sum_{k=i+1}^{j-1}(m_k+m_{n+k})\cdot\overline{0'_{j-1},0^{(j)}}_j+m_j\bar{\gamma}_j^{(j)}+m_{n+j}\gamma_{n+j}^{(j)}=\bar{0},\quad j=i+1,\ i+2,\cdots,n-1 \qquad (10)$$

The sum of moment of momentum of this part (including additional dyads L_{n+i}, $j=i+1$, $i+2,\cdots,n-1$) with respect to point O_n is as follows:

$$\bar{H}_{O_n}=\sum_{j=i+1}^{n-1}(\bar{H}_j+\bar{H}_{n+j})$$

$$= \sum_{j=i+1}^{n-1} \left\{ \sum_{k=i+1}^{j-1} \{[C_{nk}][[J_k]+[I_k]+[C_{k,n+k}][J_{n+k}][C_{k,n+k}]^{\mathrm{T}}][C_{nk}]^{\mathrm{T}}\} \right.$$

$$\left. +[C_{nj}][J_j]+[I_j]-[C_{j,n+j}][J_{n+j}]\times[C_{j,n+j}]^{\mathrm{T}}][C_{nj}]^{\mathrm{T}}\}(-\dot{\theta}_{j,j+1}Z^{(n)}{}_{j+1}) \right.$$

$$j=i+1,i+2,\cdots,n-1$$

So, the full shaking moment balancing equations of this part can be obtained as follows:

$$[C_{nj}][C_{j,n+j}][J_{n+j}][C_{j,n+j}]^{\mathrm{T}}[C_{nj}]^{\mathrm{T}}$$

$$= \sum_{k=i+1}^{j-1} \{[C_{nk}][[J_k]+[I_k]+[C_{k,n+k}][J_{n+k}][C_{k,n+k}]^{\mathrm{T}}]\,[C_{nk}]^{\mathrm{T}}\}+[C_{nj}]([J_j]+[I_i])[C_{nj}]^{\mathrm{T}}$$

$$j=i+1,i+2,\cdots,n-1 \tag{11}$$

Eqs.(8)~ (11) are the complete shaking force and shaking moment balancing equations of the single loop mechanism.

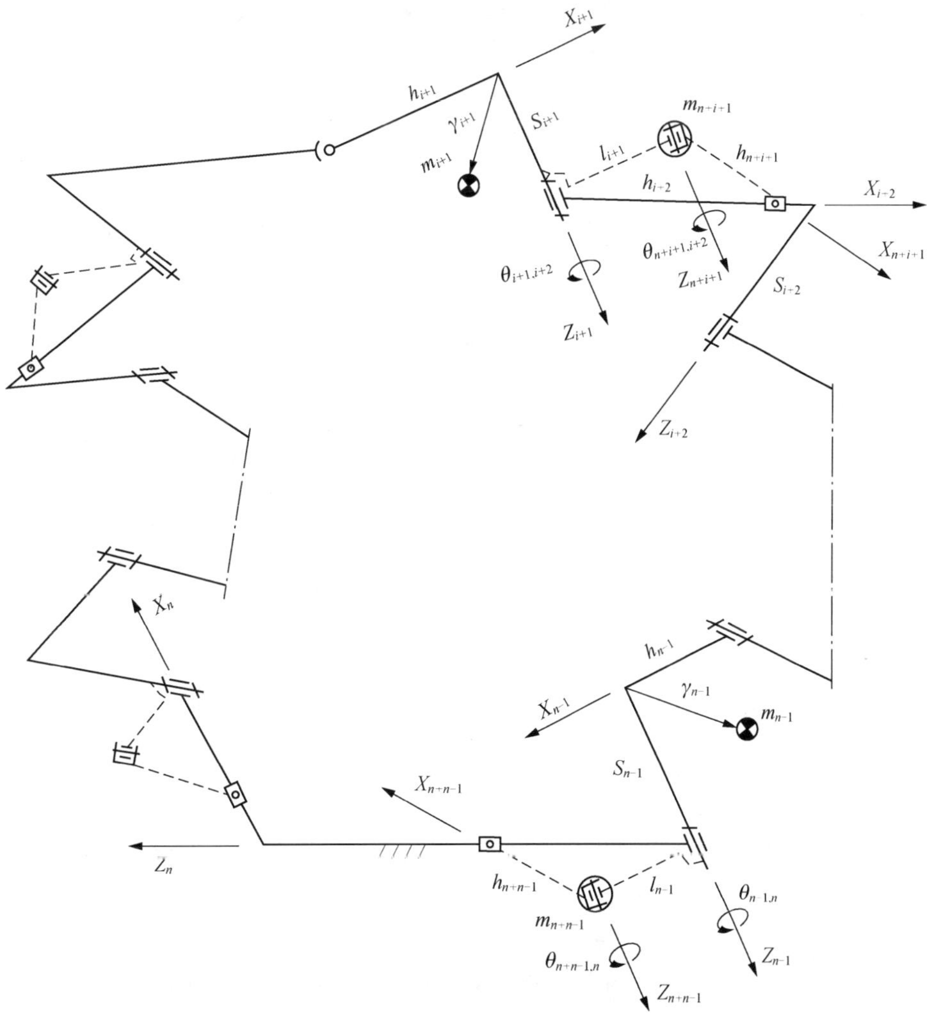

Fig.4　Single loop mechanism

Because of the consideration of generality, it seems that the balancing equations above are too many and too complicated, but for special mechanisms, they can be quite simplified. The examples will show further.

It is because that the complete shaking force and shaking moment balancing of spatial linkages is very complicated and difficult in itself, naturally solving this problem is comparatively complicated. Even in planar mechanisms, the complete balancing results are not very simple[9, 11]. The key problem is how to find a method to achieve complete balancing, and next is how to simplify it.

Now, the general theory of complete balancing of spatial linkages has been obtained. Then, we use it to settle two special mechanisms.

4. Complete balancing of RSCR mechanism

The RSCR mechanism is shown as the solid lines in Fig. 5. There is a C pair we did not discuss in Section 3. Here a P pair and a link 6 are added on link 3, so they can slide along Z following link 2 and rotate following link 3. Therefore, the link 2 connects with link 6 by a C pair and a P pair equal to by an R pair. Thus, the method of adding dyads can be used to balance this mechanism is completely as above.

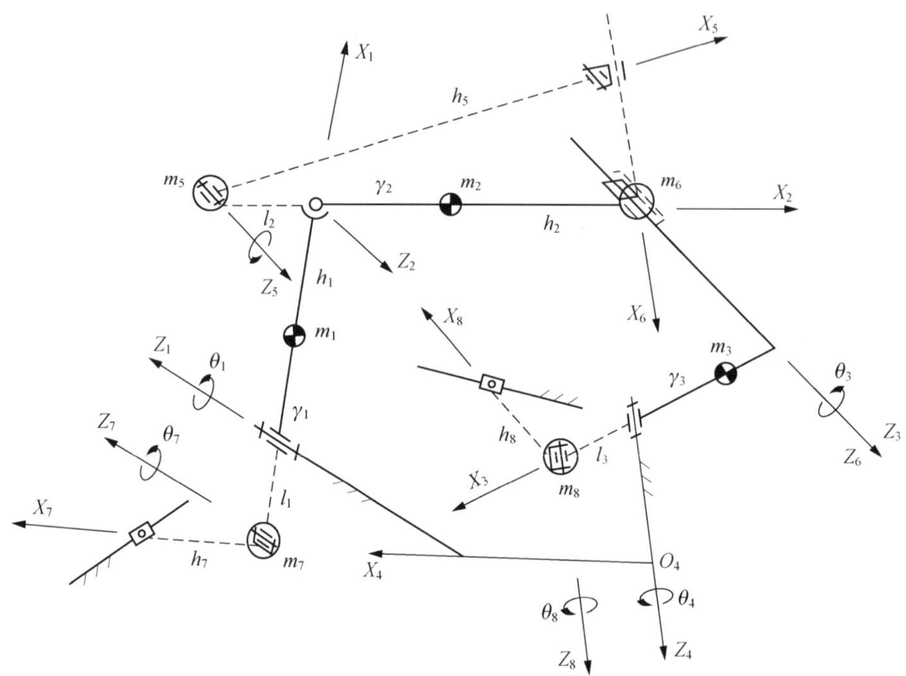

Fig.5　RSCR mechanism

Owing to

$$h_5 = l_2,\ \ l_1 = h_7,\ \ l_3 = h_8$$

the shaking moment caused by links 1, 2 and 3 can be fully balanced by links 7, 5 and 8, respectively, and shaking force balancing can be obtained at same time.

According to the stationary of the total mass center of the mechanism, shaking force balancing equations are as follows:

$$m_5(l_2 - h_2) = m_2\gamma_2 + m_6 + h_2 \tag{12}$$

$$m_7 l_1 = m_1\gamma_1 + (m_5 + m_2 + m_6)h_1 \tag{13}$$

$$m_8 l_3 = m_3\gamma_3 \tag{14}$$

The moment of momentum of the whole mechanism respect to point O_4 is as follows:

$$A_{o_4} = [A]\dot{\theta}_1 z_1^{(4)} + [C_{42}][B][C_{42}]^{\mathrm{T}} \cdot \dot{\theta}_3 Z_3^{(4)} + [C_{42}][\theta_{23}][C][\theta_{23}]^{\mathrm{T}}[C_{42}]^{\mathrm{T}}\dot{\theta}_4 Z_4^{(4)}$$

(Appendix 2)

where,

$$[A]=[C_{4'1}]\{[J_1]+[m_1\gamma_1^2+m_7l_1^2+(m_2+m_5+m_6)h_1^2]\begin{bmatrix}0&&\\&1&\\&&1\end{bmatrix}-[C_{17}][J_7][C_{17}]^{\mathrm{T}}\}[C_{41}]^{\mathrm{T}}$$

$$[B]=[\theta_{25}][J_5][\theta_{25}]^{\mathrm{T}}-\left\{[J_2]+[m_2\gamma_2^2+m_6h_2^2+m_5(l_2-h_2)^2]\begin{bmatrix}0&&\\&1&\\&&1\end{bmatrix}\right\}$$

$$[C]=[\alpha_{23}]\left\{[C_{38}][J_8][C_{38}]^{\mathrm{T}}-[J_3]-(m_8l_3^2+m_3\gamma_3^2)\begin{bmatrix}0&&\\&1&\\&&1\end{bmatrix}\right\}[\alpha_{23}]^{\mathrm{T}}$$
$$-[\alpha_{23}]T\cdot[\theta_{36}]\{[J_6]\}[\theta_{36}]^{\mathrm{T}}[\alpha_{23}]-[\theta_{23}]^{\mathrm{T}}[\theta_{25}]\times[J_5][\theta_{25}]^{\mathrm{T}}[\theta_{23}]$$
$$-[\theta_{23}]^{\mathrm{T}}\left\{[J_2]+[m_2\gamma_2^2+m_6h_2^2+m_5(l_2-h_2)^2]\begin{bmatrix}0&&\\&1&\\&&1\end{bmatrix}\right\}[\theta_{23}]$$

When

$$J_{7z}=J_{1z}+m_1\gamma_1^2+m_7l_1^2+(m_2+m_5+m_6)h_1^2 \tag{15}$$

then

$$[A]\dot{\theta}_1\bar{Z}_1^{(4)}=\bar{0}$$

If

$$J_{5z}=J_{2z}+m_2\gamma_2^2+m_6h_2^2+m_5(l_2-h_2)^2 \tag{16}$$

$\because$ $$[C_{42}]^{\mathrm{T}}Z_2^{(4)}=(0,0,1)^{\mathrm{T}}$$

$\therefore$ $$[C_{42}][B][C_{42}]^{\mathrm{T}}\dot{\theta}_3\bar{Z}_3^{(4)}=\bar{0}$$

If

$$J_{5x}=J_{5y} \tag{17}$$

$$J_{6x}=J_{6y} \tag{18}$$

$$J_{2x}=J_{2y}+m_2\gamma_2^2+m_6+h_2^2+m_5(l_2-h_2)^2 \tag{19}$$

$$J_{8y}=J_{8x} \tag{20}$$

$$J_{8y}-J_{3y}=J_{8z}-J_{3z}-J_{6z}+J_{6y} \tag{21}$$

$$J_{8z}=J_{3z}+J_{6z}+2J_{5z} \tag{22}$$

$$J_{3x}=J_{3y} \tag{23}$$

so

$$[C_{42}][\theta_{23}][C][\theta_{23}]^{\mathrm{T}}[C_{42}]^{\mathrm{T}}\dot{\theta}_4Z_4^{(4)}=\bar{0}$$

Because the shaking moment of the whole mechanism respect to the point O_4' is expressed as

$$\bar{M}_{o_4'}=-\dot{\bar{A}}_{o_4'}$$

therefore when Eqs. (15)～(23) are satisfied, then

$$\bar{M}_{o_4}=\bar{0}$$

Now, the complete shaking force and shaking moment balancing equations of the RSCR mechanism have been obtained as Eqs. (12)~ (23). In general, suitable solution can be found.

5. Complete balancing of RRRSR mechanism

According to the structure analysis of mechanisms, it is known that there is no more than one spherical pair in all 5-bar, 6-bar and 7-bar spatial single loop mechanism, therefore the method of adding balancing dyads can be widely used to the complete balancing of these mechanisms. Here, we give a general spatial 5-bar mechanism, the RRRSR mechanism, as an example.

The RRRSR mechanism is shown in Fig.6. Links 6~9 and relevant sliders are additional dyads. Substituting the parameters of this mechanism into the formulae and equations in Section 3 above, we can get the shaking force balancing equations as follows:

$$m_7^* \cdot \gamma_7^* = m_7 l_2 \tag{24}$$

$$m_{2A}^* \gamma_{2A}^* = m_{2A} \cdot S_2 \tag{25}$$

$$(m_7 + m_7^* + m_2 + m_{2A}^*)h_1 + m_1 x_1 = m_6 l_1 \tag{26}$$

$$m_3^* \cdot \gamma_3^* = m_8(l_3 + h_3) + m_{2B} h_3 + m_3(h_3 - x_3) \tag{27}$$

$$m_9 l_4 = (m_8 + m_3 + m_3^* + m_{2B})h_4 - m_4 x_4 \tag{28}$$

Here

$$m_{2A} = \left(1 - \frac{x_2}{h_2}\right) m_2,\ m_{2B} = \frac{x_2}{h_2} m_2$$

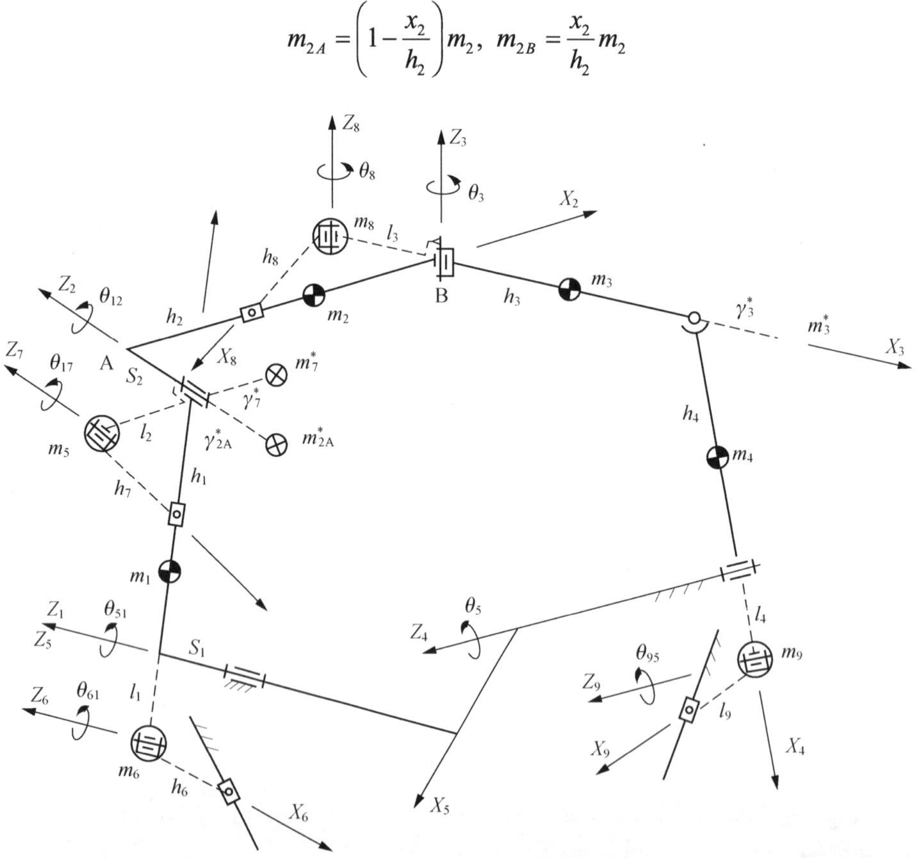

Fig.6　RRRSR mechanism

The moment of momentum of the whole mechanism respect to point O_5 is as follows:

$$A_{O_5}=[A]\dot{\theta}_{51}\bar{Z}_1^{(5)}+[B]\dot{\theta}_{12}\bar{Z}_2^{(5)}+[C]\dot{\theta}_{23}\bar{Z}_3^{(5)}+[D]\dot{\theta}_{45}\bar{Z}_4^{(5)}$$

Here

$$\begin{aligned}[A]=[C_{51}]\Bigg\{&\Bigg\{[J_1]+[(m_7+m_7^*+m_{2A}+m_{2A}^*)\times h_1^2+m_1x_1^2+m_6l_1^2]\begin{bmatrix}0&&\\&1&\\&&1\end{bmatrix}\\&-[C_{16}][J_6][C_{16}]^{\mathrm{T}}\Bigg\}\cdot[C_{51}]^{\mathrm{T}}+[C_{52}]\Bigg\{[J_2]+[C_{27}][J_7][C_{27}]^{\mathrm{T}}+[m_7l_2^2+m_7^*\gamma_7^{*2}\\&-m_2x_2(h_2-x_2)]\begin{bmatrix}0&&\\&1&\\&&1\end{bmatrix}+(m_{2A}s_2^2+m_{2A}^*\gamma_{2A}^{*2})\begin{bmatrix}1&&\\&1&\\&&0\end{bmatrix}[C_{52}]^T\Bigg\}\\&+[C_{53}]\Bigg\{[J_3]+[C_{38}][J_8][C_{38}]^{\mathrm{T}}+[m_{2B}h_3^2+m_8(l_3+h_3)^2+m_3(h_3-x_3)^2+m_3^*\cdot\gamma_3^{*2}]\begin{bmatrix}0&&\\&1&\\&&1\end{bmatrix}\Bigg\}\cdot[C_{53}]^{\mathrm{T}}\end{aligned}$$

$$\begin{aligned}[B]=[C_{52}][\theta_{23}]\Bigg[&[\theta_{23}]^{\mathrm{T}}\Bigg\{[J_2]+[ml_2^2+m_7^*\gamma_7^{*2}-m_2x_2(h_2-x_2)]\begin{bmatrix}0&&\\&1&\\&&1\end{bmatrix}\\&+(m_{2A}s_2^2+m_{2A}^*\gamma_{2A}^{*2})\begin{bmatrix}1&&\\&1&\\&&0\end{bmatrix}-[C_{27}][J_7][C_{27}]^{\mathrm{T}}\Bigg\}[\theta_{23}]+[\alpha_{23}]\Bigg\{[J_3]+[m_8(l_3+h_3)^2+m_3^*\gamma_3^{*2}\\&+m_{2B}h_3^2+m_3(h_3-x_3)^2]\begin{bmatrix}0&&\\&1&\\&&1\end{bmatrix}+[C_{38}][J_8][C_{38}]^{\mathrm{T}}\Bigg\}[\alpha_{53}]^{\mathrm{T}}][\theta_{23}]^{\mathrm{T}}[C_{52}]^{\mathrm{T}}\end{aligned}$$

$$\begin{aligned}[C]=[C_{53}]\Bigg\{&[J_3+[m_8(l_3+h_3)^2+m_3^*\cdot\gamma_3^{*2}+m_{2B}h_3^2+m_2(h_3-x_3)^2]\begin{bmatrix}0&&\\&1&\\&&1\end{bmatrix}\\&-[C_{38}][J_8][C_{38}]^{\mathrm{T}}\Bigg\}[C_{53}]^{\mathrm{T}}\end{aligned}$$

（Appendix 4）

$$[D]=-[C_{54}]\Bigg\{[J_4]+[(m_8+m_3^*+m_{2B}+m_3)h_4^2+m_4x_4^2+m_9l_4^2]\begin{bmatrix}0&&\\&1&\\&&1\end{bmatrix}-[C_{49}][J_9][C_{49}]^{\mathrm{T}}\Bigg\}[C_{54}]^{\mathrm{T}}$$

If

$$J_{9z}=J_{4z}+(m_8+m_3+m_{2B}+m_3^*)h_4^2+m_4x_4^2+m_9l_4^2 \tag{29}$$

then

$$[D]\dot{\theta}_{45}\bar{Z}_4^{(5)}=\bar{0} \tag{30}$$

and when

$$J_{8z}=J_{3z}+m_8(l_3+h_3)^2+m_3^*\cdot\gamma_3^{*2}+m_{2B}h_3^2+m_3(h_3-x_3)^2 \tag{31}$$

then

$$[C]\dot{\theta}_{23}\overline{Z}_3^{(5)}=\overline{0}$$

∵

$$[C_{38}]=[\theta_{38}]$$

∴

$$J_{8z}=J_{8y} \tag{32}$$

$$J_{3y}+J_{8y}=J_{3z}+J_{8z} \tag{33}$$

$$J_{2x}+m_2x(h_2-x_2)=J_{2y}+m_7l_2^2+m_7^*\gamma_7^{*2} \tag{34}$$

$$J_{7y}=J_{7x} \tag{35}$$

$$J_{7z}=J_{2z}+2J_{8z}+m_7l_2^2+m_7^*\cdot\gamma_7^{*2}-m_2x_2(h_2-x_2) \tag{36}$$

then

$$[B]\dot{\theta}_{12}\overline{Z}_2^{(5)}=\overline{0}$$

When

$$J_{3x}=J_{3y}+m_{2B}h_3^2+m_8(l_3+h_3)^2+m_3(h_3-x_3)^2+m_3^*\cdot\gamma_3^{*2} \tag{37}$$

$$J_{2y}+J_{7y}+m_{2A}s_2^2+m_{2A}^*\gamma_{2A}^{*2}=J_{2z}+J_{7z} \tag{38}$$

$$J_{6z}=J_{1z}+2J_{7z}+m_1x_1^2+m_6l_1^2+(m_7+m_7^*+m_{2A}+m_{2A}^*)h_1^2 \tag{39}$$

then

$$[A]\dot{\theta}_{s_1}\overline{Z}_1^{(5)}=\overline{0}$$

∴

$$\overline{M}_{o_5}=-\dot{\overline{H}}_{o_5}=\overline{0}$$

i.e. the shaking moment of the RRRSR mechanism respect to the point O_5 is fully balanced.

Here, we have got the complete shaking force and shaking moment balancing equations shown as Eqs. (24)~(39).

6. Conclusions

The complete shaking force and shaking moment balancing of spatial linkages is studied for the first time in this paper, and considerable achievement has been got. Some conclusions can be drawn as follows:

(1) The shaking force and shaking moment of spatial single loop linkages which contain no more than one spherical pair can be completely balanced by the way of adding dyads.

(2) The method of adding dyads is very effective to the full shaking moment balancing of mechanism especially, and also to the full shaking force balancing.

(3) The method of adding dyads can be used directly to general spatial 5-bar, 6-bar, and 7-bar mechanisms, planar mechanisms and majority of spatial 4-bar mechanisms.

(4) The balancing method used in this paper is also suit to multi-loop linkages and "irregular force transmission mechanisms" etc. This research will be done in future.

Acknowledgements

The author wishes to express his deep thanks to Professor Shi-Xian Bai for his guidance and help on this paper.

References

[1] Berkof R S, Lowen G G. Trans. ASME J. Engng Ind.,1969,91B: 21-26

[2] Tepper F R, Lowen G G. Trans. ASME J. Engng Ind., 1972, 94B:789-796

[3] Walker M J, Oldham K. Mech. Mack. Theory, 1978,13: 175-185

[4] Walker M J, Oldham K. Mech. Mach. Theory, 1979,14: 201-207

[5] Chen N X. Mech. Mach. Theory, 1984,19: 234-255

[6] Chen N X, Chang Q X. Proc. 6th IFToMM Congress on the Theory of Machines and Mechanisms. Paper CH16, New Delhi, 1983

[7] Bagci C. Mech. Mach. Theory, 1979,14: 267-284

[8] Bagci C. Trans. AMSE J. Mech. Transmiss, Automat. Design, 1983,105: 609-616

[9] Berkof R S. Mech. Mach. Theory, 1973, 8: 397-410

[10] Bagci C. Proc. 4th OSU Appl. Mechanisms Conf. Paper No. 25,1975

[11] Bagci C. Trans. AMSE J. Mech. Design, 1982,104: 482-493

[12] Elliot J L, Tesar D. Trans. ASME J. Engng Ind., 1977, 99B: 715-722

[13] Kaufman R E, Sandor G N. Trans. ASME J. Engng Ind.,1971,93B: 620-626

[14] Dresig H, Jacobi U P. Machinenbautechnik, 1974, 23: 5-8

Appendix 1

Two mass particles *m* and *m** are attached to a massless rigid bar *AB* which moves in 3-dimensional space, $\overline{pn}$ is a vector along *AB*. Obviously, the moment of momentum of the two-particles system with respect to point *O* is

$$\begin{aligned}&m\cdot\overline{\gamma}_m\times\dot{\gamma}+m^*\cdot\overline{\gamma}_{m^a}\times\dot{\gamma}_{m^a}\\&=m(\overline{h}+\overline{\gamma})\times(\dot{\overline{h}}+\dot{\overline{\gamma}})+m^*(\overline{h}+\overline{\gamma}^*)\times(\dot{\overline{h}}+\overline{\gamma}^*)\\&=(m+m^*)\overline{h}\times\dot{\overline{h}}+m\cdot\overline{\gamma}\times\dot{\overline{\gamma}}+m^*\cdot\overline{\gamma}^*\times\overline{\gamma}^*+(m\overline{\gamma}+m^*\overline{\gamma}^*)\times\dot{\overline{h}}+\overline{h}\times(m\dot{\overline{\gamma}}+m^*\gamma^*)\end{aligned}$$

If

$$m\overline{\gamma}+m^*\overline{\gamma}^*-\overline{0}$$

i.e. *m* and *m** are balanced relative to point *P*. So

$$m\dot{\overline{\gamma}}+m^*\cdot\dot{\overline{\gamma}}^*=\overline{0}$$

the above equation is simplified as:

$$m\cdot\overline{\gamma}_{\mathrm{m}}\times\dot{\overline{\gamma}}_{\mathrm{m}}+m^*\cdot\overline{\gamma}_{\mathrm{m}^a}\times\dot{\overline{\gamma}}_{\mathrm{m}^a}=(m+m^*)\overline{h}\times\dot{\overline{h}}+m\overline{\gamma}\times\dot{\overline{\gamma}}+m^*\overline{\gamma}^*\times\gamma^* \tag{a}$$

Eq.(a) shows that the sum of moments of momentum of mass point *m* and *m** with respect to point *O* is equal to the moment of momentum of a mass point at *P*, with mass *m* + *m**, with respect to *O* plus the relative moments of momentum of *m* and *m** with respect to point *P* respectively. For a mechanism, if *m* and *m** are two mass on a same link *i*, and *P* is the connecting point (not translate pair) of this link with another link, then the mass point *P* can be considered as a mass point with *m*+*m** on the neighboring link. Therefore, the moments of momentum of *m* and *m** with respect to point *O* change into the moment of momentum of mass point *P*, with mass *m* +*m**with respect to *O* on the neighboring link and the relative moments of momentum (angular momentum) of *m* and *m** with respect to point *P*. Here we define the relative angular momentum as $\overline{H}_i''$

$$\overline{H}_i''=[C_{ni}][I_i][C_{ni}]^{\mathrm{T}}\cdot\varpi_i^{(n)}$$

Combining with angular momentum of the link $\bar{H}_i''$, the total moment of momentum of link i is as follows:

$$\bar{H}_i''=\bar{H}_i''+\bar{H}_i''=[C_{ni}]([J_i]+[I_i])[C_{ni}]^{\mathrm{T}}\cdot\varpi_i^{(n)}$$

Owing to arbitrority of the link i (vector AB), the above result is suited to all links of a mechanism, and point P can be a fixed point.

On the other hand, equation (a) can be written as:

$$(m+m^*)\bar{h}\times\dot{\bar{h}}=m\bar{\gamma}_{\mathrm{m}}\times\dot{\bar{\gamma}}_{\mathrm{m}}+m^*\dot{\bar{\gamma}}_{\mathrm{m}^a}\times\bar{\gamma}_{\mathrm{m}^a}-(m\bar{\gamma}\times\dot{\bar{\gamma}}+m^*\dot{\bar{\gamma}}^*\times\dot{\bar{\gamma}}^*) \tag{b}$$

and

$$\bar{h}=\overline{OP}$$

so Eq. (b) shows that if the mass point P, with mass $m+m^*$,is substituted dynamically by two mass m and m^*, the moment of momentum of mass P can be expressed by the moments of momentum of m and m^*, and minus the relative angular momentums of m and m^* with respect to point P. This result is used in Bennett mechanism and RRRSR mechanism.

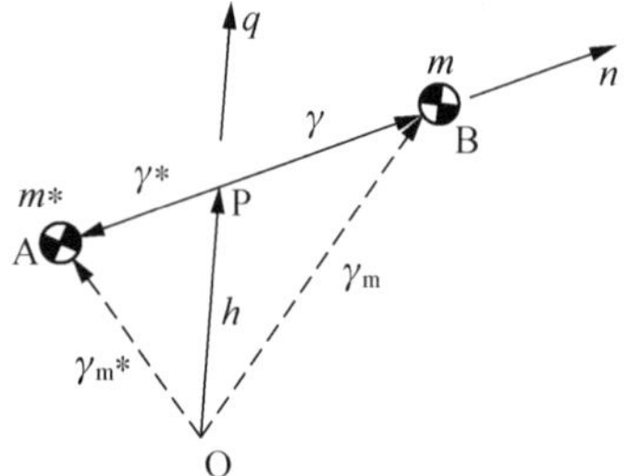

Appendix 2

Analysis of RSCR Mechanism

$$\bar{\omega}_1^{(4)}=\dot{\theta}_1Z_1^{(4)}$$

$$\bar{\omega}_1^{(4)}=-\dot{\theta}_1Z_1^{(4)}(Z_7^{(4)}//Z_1^{(4)})$$

$$\bar{\omega}_2^{(4)}=-\dot{\theta}_4Z_4^{(4)}-\dot{\theta}_3Z_3^{(4)}$$

$$\bar{\omega}_3^{(4)}=-\dot{\theta}_4Z_4^{(4)}$$

$$\bar{\omega}_8^{(4)}=\dot{\theta}_4Z_5^{(4)}(Z_8^{(4)}//Z_4^{(4)})$$

$$\bar{\omega}_5^{(4)}=\dot{\theta}_5Z_5^{(4)}-\dot{\theta}_4Z_4^{(4)}=\dot{\theta}_3Z_3^{(4)}-\dot{\theta}_4Z_4^{(4)}$$

$$\bar{\omega}_6^{(4)}=\bar{\omega}_3^{(4)}=-\dot{\theta}_4Z_4^{(4)}$$

$$H_1=[C_{41}]\left\{[J_1]+[m_1\gamma_1^2+m_7l_1^2+(m_5+m_6+m_2)\cdot h_1^2]\begin{bmatrix}0&&\\&1&\\&&1\end{bmatrix}\right\}[C_{41}]^{\mathrm{T}}\cdot\dot{\theta}_1Z_1^{(4)}$$

$$H_7=-[C_{41}][C_{17}][J_7][C_{17}]^{\mathrm{T}}[C_{4'1}]^{\mathrm{T}}\cdot\dot{\theta}_1Z_1^{(4)}$$

$$H_2=-[C_{42}]\left\{[J_2]+[m_2\gamma_2^2+m_3(l_2-h_2)^2+m_6h_2^2\begin{bmatrix}0&&\\&1&\\&&1\end{bmatrix}\right\}\cdot[C_{42}]^{\mathrm{T}}(\dot{\theta}_3Z_3^{(4)}+\dot{\theta}_4Z_4^{(4)})$$

$$H_5 = [C_{42}][C_{25}][J_5][C_{25}]^{\mathrm{T}}[C_{42}]^{\mathrm{T}} \cdot (\dot{\theta}_3 Z_3^{(4)} - \dot{\theta}_4 Z_4^{(4)})$$

$$H_6 = -[C_{43}][C_{36}][J_6][C_{36}]^{\mathrm{T}}[C_{43}]^{\mathrm{T}} \cdot \dot{\theta}_4 Z_4^{(4)}$$

$$H_3 = -[C_{43}]\left\{ [J_3] + (m_3\gamma_3^2 + m_3 l_3^2) \times \begin{bmatrix} 0 & & \\ & 1 & \\ & & 1 \end{bmatrix} \right\}[C_{43}]^{\mathrm{T}} \dot{\theta}_4 Z_4^{(4)}$$

$$H_8 = [C_{43}][C_{38}][J_8][C_{38}]^{\mathrm{T}}[C_{43}]^{\mathrm{T}} \cdot \dot{\theta}_4 Z_4^{(4)}$$

Appendix 3

Analysis of Bennett Mechanism

$$\bar{\omega}_1^{(4)} = \dot{\theta}_{41} Z_1^{(4)}$$

$$\bar{\omega}_2^{(4)} = \dot{\theta}_{41} Z_1^{(4)} + \dot{\theta}_{12} Z_2^{(4)}$$

$$\bar{\omega}_3^{(4)} = -\dot{\theta}_{34} Z_3^{(4)}$$

$$\bar{\omega}_5^{(4)} = \dot{\theta}_{41} Z_1^{(4)} - \dot{\theta}_{12} Z_2^{(4)} (Z_5^{(4)} // Z_2^{(4)})$$

$$\bar{\omega}_8^{(4)} = \dot{\theta}_{34} Z_3^{(34)} (Z_6^{(4)} // Z_3^{(4)})$$

$$\bar{\omega}_7^{(4)} = -\dot{\theta}_{41} Z_1^{(4)} (Z_7^{(4)} // Z_1^{(4)})$$

$$H_1 = [C_{41}]\left\{ [J_1] + [m_1\lambda_1^2 + m_7 l_1^2 + m_2\left(1 - \frac{\gamma_2}{h_2}\right)h_1^2 + m_5\left(1 - \frac{l_2}{h_2}\right)h_1^2] \times \begin{bmatrix} 0 & & \\ & 1 & \\ & & 1 \end{bmatrix} \right\}[C_{41}]^{\mathrm{T}} \dot{\theta}_{41} Z_1^{(4)}$$

$$H_2 = [C_{42}]\left\{ [J_2] - [m_2\gamma_2(h_2 - \gamma_2) + m_5 l_2(h_2 - l_2)\begin{bmatrix} 0 & & \\ & 1 & \\ & & 1 \end{bmatrix} \right\} \times [C_{42}]^{\mathrm{T}} (\dot{\theta}_{41} Z_1^{(4)} + \dot{\theta}_{12} Z_2^{(4)})$$

$$H_3 = [C_{43}]\left\{ [J_3] + [m_3\gamma_3^2 + m_8 l_3^2 + \left(m_2 \frac{\gamma_2}{h_2} + m_5 \frac{l_2}{h_2}\right)h_3^2 \cdot \begin{bmatrix} 0 & & \\ & 1 & \\ & & 1 \end{bmatrix} \right\} [C_{43}]^{\mathrm{T}} (-\dot{\theta}_{34} Z_3^{(4)})$$

$$H_5 = [C_{42}][C_{25}][J_5][C_{25}]^{\mathrm{T}} (\dot{\theta}_{41} Z_1^{(4)} - \dot{\theta}_{12} Z_2^{(4)})$$

$$H_8 = [C_{43}][C_{38}][J_8][C_{38}]^{\mathrm{T}}[C_{43}]^{\mathrm{T}} \dot{\theta}_{34} Z_3^{(4)}$$

$$H_7 = -[C_{41}][C_{17}][J_7][C_{17}]^{\mathrm{T}}[C_{41}]^{\mathrm{T}} \dot{\theta}_{41} Z_1^{(4)}$$

Appendix 4

Analysis of RRRSR Mechanism

$$\bar{\omega}_1^{(5)} = \dot{\theta}_{51} Z_1^{(5)}$$

$$\bar{\omega}_2^{(5)} = \dot{\theta}_{51} Z_1^{(5)} + \dot{\theta}_{12} Z_2^{(5)}$$

$$\bar{\omega}_3^{(5)} = \dot{\theta}^{51} Z_1^{(5)} + \dot{\theta}_{12} Z_2^{(5)} + \dot{\theta}_{23} Z_3^{(5)}$$

$$\bar{\omega}_4^{(3)} = -\dot{\theta}_{45} Z_4^{5}$$

$$\bar{\omega}_6^{(5)} = -\dot{\theta}_{51} Z_1^{(5)} (Z_6^{(5)} // Z_1^{(5)})$$

$$\bar{\omega}_7^{(3)} = \dot{\theta}_{51} Z_1^{(5)} - \dot{\theta}_{12} Z_2^{(5)} (Z_7^{(5)} // Z_2^{(5)})$$

$$\bar{\omega}_8^{(5)} = \dot{\theta}_{51} Z_1^{(5)} + \dot{\theta}_{12} Z_2^{(5)} - \dot{\theta}_{23} Z_3^{(5)} (Z_8^{(5)} // Z_3^{(5)})$$

$$\bar{\omega}_9^{(5)} = \dot{\theta}_{45} Z_4^{(5)} (Z_9^{(3)} // Z_4^{(5)})$$

$$H_1 = [C_{51}] \left\{ [j_1] + [m_1 x_1^2 + m_6 l_1^2 + (m_{2A} + 2_{2A}^* + m_7 + m_7^*) h_1^2] \begin{bmatrix} 0 & & \\ & 1 & \\ & & 1 \end{bmatrix} \right\} \times [C_{51}]^{\mathrm{T}} \cdot \dot{\theta}_{51} Z_1^{(5)}$$

$$H_2 = [C_{52}] \left\{ [j_2] + [m_7 l_2^2 + m_7^* \gamma_7^{*2} - m_2 x_2 (h_2 - x_2)] \cdot \begin{bmatrix} 0 & & \\ & 1 & \\ & & 1 \end{bmatrix} \right.$$

$$\left. + (m_{2A} s_2^2 + m_{2A}^* \gamma_{2A}^{*2}) \begin{bmatrix} 1 & & \\ & 1 & \\ & & 0 \end{bmatrix} \right\} [C_{52}]^{\mathrm{T}} \times (\dot{\theta}_{51} Z_1^{(5)} + \dot{\theta}_{12} Z_2^{(5)})$$

$$H_3 = [C_{53}] \left\{ [J_3] + [m_8 (l_3 + h_3)^2 + m_3 (h_3 - x_3)^2 + m_3^* \gamma_3^* \right.$$

$$\left. + m_{2B} h_3^2 \times \begin{bmatrix} 0 & & \\ & 1 & \\ & & 1 \end{bmatrix} \right\} [C_{53}]^{\mathrm{T}} (\dot{\theta}_{51} Z_1^{(5)} + \dot{\theta}_{12} Z_2^{(5)} + \dot{\theta}_{23} Z_3^{(5)}$$

$$H_4 = [C_{54}] \left\{ [J_4] + [(m_k + m_{2B} + m_3 + m_3^*) h_4^2 + m_9 l_4^2 + m_4 (h_4 - x_4)^2 \times \begin{bmatrix} 0 & & \\ & 1 & \\ & & 1 \end{bmatrix} \right\} [C_{54}]^{\mathrm{T}} (-\dot{\theta}_{45} Z_4^{(5)})$$

$$H_6 = [C_{51}][C_{16}][J_6][C_{16}]^{\mathrm{T}}[C_{51}]^{\mathrm{T}} (-\dot{\theta}_{51} Z_2^{(5)})$$

$$H_7 = [C_{52}][C_{27}][J_7][C_{27}]^{\mathrm{T}}[C_{52}]^{\mathrm{T}} (\dot{\theta}_{51} Z_1^{(5)} + \dot{\theta}_{12} Z_2^{(5)} - \dot{\theta}_{23} Z_3^{(5)})$$

$$H_8 = [C_{53}][C_{38}][J_8][C_{38}]^{\mathrm{T}}[C_{53}]^{\mathrm{T}} (\dot{\theta}_{51} Z_1^{(5)} + \dot{\theta}_{12} Z_2^{(5)} - \dot{\theta}_{23} Z_3^{(5)})$$

$$H_9 = [C_{54}][C_{49}][J_9][C_{49}]^{\mathrm{T}}[C_{54}]^{\mathrm{T}} \dot{\theta}_{45} Z_4^{(5)}$$

Appendix 5

Nomenclature

θ_{ij} = the angle from $\bar{X}_j$ to $\bar{X}_i$

α_{ij} = the angle from $\bar{Z}_j$ to $\bar{Z}_i$

axial pair= pair with apparent axis as R,C,P pair

R,C,P,S pair = the revolute, cylindrical, prismatic, spherical pair

m_i = the mass of link i

s_i , h_i = the length of link i on Z, X axis

γ_i = the mass center of m_i in coordinates O_j

l_i = the distance of the mass center of counterweight of link i to the O_j

$\overline{\gamma}_i^{(j)}$ = the vector of γ_i in coordinates O_j

$\dot{\theta}_{ij}$ = angular velocity of link j relative to link i

$\varpi_i^{(j)}$ = angular velocity of link i in coordinates O_j

$Z_i^{(j)}$ = the vector of axis Z_i in coordinates O_j

H_i = moment of momentum of link i

$[C_{ij}]$ = rotation matrices from O_j to O_i

$$[C_{ij}]=[\theta_{ij}][\alpha_{ij}]=\begin{bmatrix}\cos\theta_{ij} & -\sin\theta_{ij} & 0\\ \sin\theta_{ij} & \cos\theta_{ij} & 0\\ 0 & 0 & 1\end{bmatrix}\times\begin{bmatrix}1 & 0 & 0\\ 0 & \cos\alpha_{ij} & -\sin\alpha_{ij}\\ 0 & \sin\alpha_{ij} & \cos\alpha_{ij}\end{bmatrix}$$

$[J_i]$ = rotating inertia matrix of link i, in this paper it is assumed as:

$$[J_i]=\begin{bmatrix}J_{ix} & & \\ & J_{iy} & \\ & & J_{iz}\end{bmatrix}$$

$[J_i']=[J_i]$ measured in coordinates O_i'

$[I_i]$ = the changed rotating inertia matrix of link i and its counterweight owing to shaking force balancing.

(in *Mechanism and Machine Theory*, 1987, 22(1): 27-37)

§ 3　Complete Shaking Force and Shaking Moment Balancing of Spatial Irregular Force Transmission Mechanisms Using Additional Links

Yu Yueqing

*Section of the Theory of Machines and Mechanisms, Beijing Polytechnic University, Beijing*100022*, China*

Abstract: *The complete shaking force and shaking moment balancing of spatial mechanisms with force transmission irregularities is obtained by the method of dyads, developed in a previous paper, and triads (additional links) in this paper. Balancing equations for the complete shaking force and shaking moment of this kind of mechanisms, such as RSPC and RRCRC mechanism arc given. A numerical example is included.*

1. Introduction

The shaking force and shaking moment of a mechanism exerting to its frame must be balanced in order to attain the dynamic efficiency and extend the fatigue life of the mechanism. Methods of shaking force and shaking moment balancing of mechanisms have been developed in recent years[1-9]. The method of linearly independent vectors has been the most suitable method for the full shaking force balancing of mechanisms and applied in both planar and spatial mechanisms[1-5]. The complete shaking force and shaking moment balancing is much more complicated than the full shaking force balancing of a mechanism, only some special plănar mechanisms were completely balanced[6-8]. Very limited amount of investigations on the complete shaking force and shaking moment balancing of spatial mechanisms is seen. In fact Ref.[9], appears to be the only study in this field, and an encouraging achievement in some types of mechanisms have been obtained by the method of addition of balancing dyads. This success paved the way to achieve the complete shaking force and shaking moment balancing of various kinds of spatial mechanisms.

This article presents the complete shaking force and shaking moment balancing of another kind of mechanism, spatial irregular force transmission mechanism, which was not dealt with in Ref. [9].

It is necessary to review the general theory of the Ref. [9] firstly. The exact condition that must be satisfied for the full shaking force balancing of a mechanism is the stationary of the total mass center of the whole mechanism. The method of linearly independent vectors, through the internal mass redistribution or counterweights, can be used to achieve the full shaking force balancing of a mechanism. When the shaking force of a mechanism is fully balanced, the shaking moment of the mechanism becomes a pure torque which is only relative to the rotations of the moving links of the mechanism, but not to the translations of mass centers of the links. Therefore, dyads which rotate conversely to every existing link of the mechanism can be used to balance the shaking moment of the mechanism. This is the main principle of Ref. [9], and the general Theory of the complete balancing of shaking force and shaking moment in some kind of spatial single loop mechanisms in which there is no more than one spherical pair has been attained. From this result, it can be shown that the shaking force balancing is the necessary condition of the shaking moment balancing and it is realized by the way of internal mass redistribution (counterweights) of this kind of mechanisms. In such a mechanism, the inertia force acting on each moving link due to its own mass is transferable to the frame of the mechanism. This transfer is possible for each moving link of the mechanism that has at least one path of the no-sliding pair chain connection to the frame of the mechanism, or it satisfies the "contour theorem"[2]. Under this condition, the method of internal mass redistribution is applicable for the shaking force balancing, then the complete shaking force and shaking moment balancing of such kind of mechanism can be achieved from Ref. [9]. While, there is another kind of spatial mechanism in which some moving links have not the path of the no-sliding pair chain connection to the frame of the mechanism, in other words, such a mechanism does not satisfy the "contour theorem". In Ref. [5], these mechanisms were termed as "irregular force transmission mechanisms", so the shaking force of the mechanism can not be balanced by counterweights. In this case, the general theory and method of Ref. [9] can not be applied directly to this kind of mechanism. Can it be achieved for the complete shaking force and shaking moment balancing of these mechanisms, and how can it be completed? The purpose of this paper is to overcome this difficulty.

On the research of balancing of mechanisms with force transmission irregularities, little achievements have been obtained. Refs. [3, 5] are the two most successful papers in which the shaking force balancing of both planar and spatial mechanisms were achieved by the methods of adding balancing idler loops and RRR dyads or linearly moving counter balancers. While, these methods are useful to the shaking force balancing, but not effective to the shaking moment balancing of mechanisms, it is because the additional balancers are not or can not be completely shaking moment balanced themselves, and the addition of these balancers will make the shaking moment of the whole mechanism much greater than that before the addition. Evidently, the whole dynamic behavior of the mechanism becomes worse. This method is not feasible in practical mechanisms. Until now, no paper concerning the complete shaking force and shaking moment balancing of irregular force transmission mechanisms has been found.

This paper presents a new method to achieve complete balancing of shaking force and shaking moment in mechanisms with force transmission irregularities. Triads (sometimes with counterweights) are used to balance the shaking force of the mechanism, they do not produce additional shaking moment to the existing mechanism. Then, dyads, like that in Ref. [9], can be used to balance the shaking moment of the mechanism. Quite few numbers of additional links are needed to reach both the shaking force and shaking moment balancing of the mechanism. The RSPC and RRCRC mechanism are completely balanced as examples. Simple balancing equations are also given in this paper.

2. Complete balancing of RSPC mechanism

In order to illustrate the balancing method of this paper clearly, a simple example of the complete balancing of RSPC mechanism is worked out firstly.

The RSPC mechanism is shown as the solid lines in Fig.1. Here, R, S, P and C express the revolute, spherical, prism and cylindrical pairs, respectively m_i is mass of link i. $\overline{\gamma_i}(\overline{\gamma_i^{(i)}})$ is the vector of mass center in coordinates O_i. h_i and S_i are the lengths of link i in axis $\overline{x_i}$ and $\overline{Z_i}$ respectively. θ_{ij}, α_{ij} are angles from $\overline{x_j}$ to $\overline{x_i}$,and $\overline{Z_j}$ to $\overline{Z_i}$ respectively.

It can be seen that this mechanism is a mechanism with a irregular force transmission because link 3 is not having a no-sliding pair chain connection to the frame of the mechanism. The inertia force caused by m_3 can not transfer to the frame of the mechanism regularly, and so it can not be balanced by counterweights. Here, a triad is used to solve the problem of inertia force balancing of the link 3. This triad is a planar symmetrical slide mechanism, it is composed of two links, links 7 and 8, and two sliders, and is connected to the existing mechanism through a spherical pair. The structure of the triad is shown in Fig. 1 as the dotted lines on the right hand side. Because the lengths of links 7 and 8 are the same, the motions of these two links are converse. If m_7 is equal to $m_3+m_3^*+m_8$, then the inertia forces caused by m_3, m_3^*

and m_8 can be balanced by m_7. In this case, the shaking force of the whole mechanism can be balanced by the triad and other counterweights. Owing to the opposite motions of links 7 and 8, the inertia moments caused by these two links cancel each other automatically. Therefore, no additional dynamic behavior acts to the existing mechanism. This is the advantage of the triad, and this method is very simple and can be easily applied to practical mechanisms.

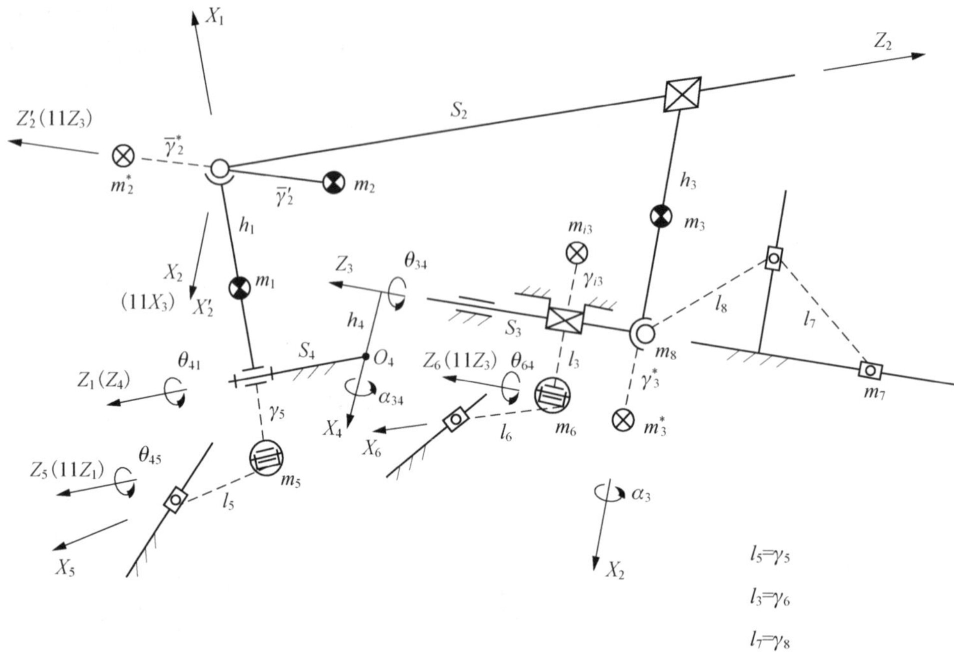

Fig.1　RSPC mechanism

Now, the balancing of shaking force in the mechanism with force transmission irregularity is achieved, the general theory and method of Ref.[9] can be applied to the complete shaking force and shaking moment balancing of the mechanism.

The connection between links 2 and 3 is a prism pair in Fig. 1, the relative motion of these two links is only a slide, but not a rotation. Then, they have the same rotation and produce the inertia moments in the same direction of axis $\overline{Z_3}$. Therefore, only one dyad can balance the inertia moments caused by the rotations of links 2 and 3. The dyad is composed of two links, links l_3 and l_6 and a slider, it connects to the link 3 with a prism pair which can rotate with the link 3, but not slide along axis $\overline{Z_3}$. Because the length of link l_6 is equal to that of link l_3, the rotation of the two links in a plan are converse in respect to the frame of the mechanism, and so the inertia moment caused by link l_6 can cancel that caused by the links 2, 3 and l_3. The theory of the method of dyads can be seen in detail in Ref. [9].

Similar to the dyad above, another dyad, composed of links l_1, l_5 and a slide, is attached to the link 1 of the mechanism to balance the inertia moment caused by link 1. The inertia forces caused by m_2 and m_1, are balanced by m_2^* and Here, only the dyad (and its mass m_5) can balance both inertia force and moment caused by the link 1. On this point of view, it improves the method of Ref. [9].

The balancing links and counterweights are all expressed as dotted lines in Fig. 1. The complete, shaking force and shaking moment balancing of the whole mechanism is achieved now. The balancing equations can be determined as follows.

From the stationary center of total mass of the whole mechanism[1], the shaking force balancing equations can be obtained as follows:

$$m_2 x_2' + m_2^* \gamma_2^* = 0 \tag{1}$$

$$m_5 \gamma_5 = m_1 x_1 + (m_2 + m_2^*) h_1 \tag{2}$$

$$m_3 x_3 + m_3^* \gamma_3^* = 0 \tag{3}$$

$$m_7 = m_3 + m_3^* + m_8 \tag{4}$$

$$m_6 l_3 = m_{l_3} \gamma_{l_3} \tag{5}$$

According to the definition in Ref. [10], the shaking moment of the whole mechanism with respect to the point O_4 can be expressed as:

$$\overline{M}_{O_4} = -\dot{\overline{H}}_{O_4}$$

Here, $\overline{H}_{O_4}$ is the moment of momentum of the mechanism, but it is an angular momentum only because of the balance of shaking force (Ref. [9]), and it can be written as

$$\overline{H}_{O_4} = [A]\dot{\theta}_{41} \overline{Z}_1^{(4)} + [B]\dot{\theta}_{34} \overline{Z}_3^{(4)}$$

Here

$$[A] = [C_{41}]\left\{[J_1] + [J_{75}] - [C_{15}][J_5][C_{15}]^{\mathrm{T}} + \left[m_1 x_1^2 + m_5 \gamma_5^2 + (m_2 + m_2^*) h_1^2\right]\begin{bmatrix} 0 & & \\ & 1 & \\ & & 1 \end{bmatrix}\right\}[C_{41}]^{\mathrm{T}}$$

$$[B] = -[C_{34}]^{\mathrm{T}}\left\{[J_3] + [J_{l_3}] - [C_{36}][J_6][C_{36}]^{\mathrm{T}} + \left[m_3 x_3^2 + m_3^*(\gamma_3^*)^2 + m_6 l_3^2 + m_{l_3} \gamma_{l_3}^2\right]\begin{bmatrix} 0 & & \\ & 1 & \\ & & 1 \end{bmatrix}\right.$$

$$\left. + [C_{34}]^{\mathrm{T}}\left[[J_2'] + \left[m_2 (Z_2')^2 + m_2^*(\gamma_2^*)^2\right]\begin{bmatrix} 1 & & \\ & 1 & \\ & & 0 \end{bmatrix}\right][C_{23}]\right\}[C_{34}]$$

(Appendix 1)

It is noted that $[C_{ij}]$ is the rotation matrix from coordinates O_j to O_i, and

$$[C_{ij}] = [\theta_{ij}][\alpha_{ij}] = \begin{bmatrix} \cos\theta_{ij} & -\sin\theta_{ij} & 0 \\ \sin\theta_{ij} & \cos\theta_{ij} & 0 \\ 0 & 0 & 1 \end{bmatrix}\begin{bmatrix} 1 & 0 & 0 \\ 0 & \cos\alpha_{ij} & -\sin\alpha_{ij} \\ 0 & \sin\alpha_{ij} & \cos\alpha_{ij} \end{bmatrix}$$

$[J_i]$ is rotating inertia matrix of link i and in this paper it is assumed as

$$[J_i] = \begin{bmatrix} J_{ix} & & \\ & J_{iy} & \\ & & J_{iz} \end{bmatrix}$$

$$\overline{\gamma}_i = (x_i, y_i, z_i)^{\mathrm{T}}$$

Due to

$$[C_{15}] = [\theta_{15}],\quad [C_{2'3}] = [E]$$

and

$$[C_{41}]^{\mathrm{T}} \overline{Z}_1^{(4)} = (0,0,1)^{\mathrm{T}}$$

so if

$$J_{5z}=J_{1z}+J_{75z}+m_1\chi_1^2+m_5\gamma_5^2+(m_2+m_2^*)h_1^2 \tag{6}$$

then

$$[A]\dot{\theta}_{41}\overline{Z}_1^{(4)}=\overline{0}$$

Owing to

$$[C_{36}]=[\theta_{36}],\ [C_{34}]\overline{Z}_3^{(4)}=(0,0,1)^{\mathrm{T}}$$

when

$$J_{6z}=J_{3z}+J_{l_3z}+J'_{2z}+m_3Z_3^2+m_3^*(Z_3^*)^2+m_6l_3^2+m_{l_3}\gamma_{l_3}^2(m_2+m_2^*)h_1^2 \tag{7}$$

then

$$[B]\dot{\theta}_{34}\overline{Z}_3^{(4)}=\overline{0}$$

Therefore, it can be obtained that

$$\overline{H}_{O_4}=\overline{0}$$

and so

$$\overline{M}_{O_4}=\overline{0}$$

That is to say that Eqs. (6) and (7) are the fully shaking moment balancing conditions. Now, we obtain that the complete shaking force and shaking moment balancing of the RSPC mechanism can be achieved by Eqs. (1)~(7). There are only seven simple equations for the complete balancing. This example indicates that the balancing method and the solution are both succinct and valid.

Here is a numeral result of the above example. The parameters of an RSPC mechanism are as follows:

$$h_1=15\text{cm},\quad s_1=0,\quad h_2=0,\quad s_2=30\text{cm},\quad h_3=20\text{cm},\quad s_3=25\text{cm},\quad h_4=2.5\text{cm}$$

$$s_4=22.4\text{cm},\quad \alpha_{23}=60^\circ,\quad \alpha_{34}=35^\circ,\quad m_1=480\text{g},\quad m_2=300\text{g},\quad m_3=680\text{g}$$

$$x_1=7.5\text{cm},\quad x_2'=-13.0\text{cm},\quad x_3=-8\text{cm},\quad J_{1z}=16500\text{g}\cdot\text{cm}^2,\quad J'_{2Z}=3000\text{g}\cdot\text{cm}^2,\ J_{3z}=18700\text{g}\cdot\text{cm}^2$$

The solution can be obtained from equation (1) ~ equation (7).

$$m_5=1650\text{g},\quad m_3^*=1088\text{g},\quad m_1=1968\text{g},\quad m_8=200\text{g}$$

$$m_6=250\text{g},\quad m_{l_3}=375\text{g},\quad \gamma_2^*=8.7\text{cm},\quad \gamma_5=9\text{cm}$$

$$\gamma_3^*=5\text{cm},\quad l_3=12\text{cm},\quad \gamma_{l_3}=8\text{cm},\quad l_7=l_8=10\text{cm}$$

$$J_{7s^2}=11000\text{g}\cdot\text{cm}^2,\quad J_{5z}=356900\text{g}\cdot\text{cm}^2,\quad J_{1r^2}=16500\text{g}\cdot\text{cm}^2,\quad J_{6z}=168920\text{g}\cdot\text{cm}^2$$

3. Complete balancing of RRCRC mechanisms

Here is a complicated example of the complete balancing of shaking force and shaking moment in the RRCRC 5-bar mechanism with force transmission irregularity.

The RRCRC mechanism is shown as the solid lines in Fig. 2. The dotted lines express additional links. The principle and method of the complete balancing of this mechanism is similar to that stated above! It should be noted that only the additional links, 3 dyads and a triad, are used here to realize both shaking force and shaking moment balancing except only one counterweight. It shows that additional links is effective not only to shaking force balancing, but also to shaking moment balancing.

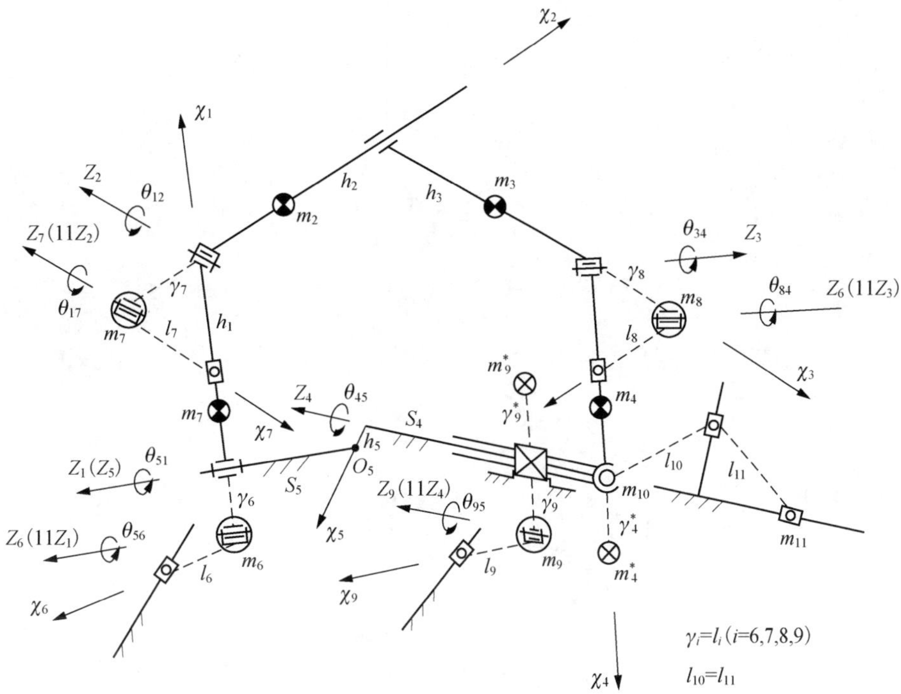

Fig.2　RRCRC mechanism

Now, the complete balancing equations can be obtained as follows. First, the shaking force balancing equations can be written directly from the stationary center of total mass of the mechanism

$$m_2\chi_2 = m_7\gamma_7 \tag{8}$$

$$m_1\chi_1 + (m_2 + m_7)h_1 = m_6\gamma_6 \tag{9}$$

$$m_8\gamma_8 + m_3\chi_3 = 0 \tag{10}$$

$$(m_3 + m_8)h_4 = m_4^*\gamma_4^* + m_4\chi_4 \tag{11}$$

$$m_{11} = m_3 + m_8 + m_4 + m_4^* + m_{10} \tag{12}$$

$$m_9\gamma_9 = m_9^*\gamma_9^* \tag{13}$$

From Appendix 2, the moment of momentum of the whole mechanism respect to the point O_5 can be obtained as follows:

$$\overline{H_{O_5}} = \sum \overline{H}i = [A]\dot{\theta}_{51}\overline{Z}_1^{(5)} + [B]\dot{\theta}_{12}\overline{Z}_2^{(5)} + [C]\dot{\theta}_{34}\overline{Z}_3^{(5)} + [D]\dot{\theta}_{45}\overline{Z}_4^{(5)}$$

Here

$$[A] = [C_{51}]\left\{[J_1] + \left[m_1\chi_1^2 + m_6\gamma_6^2 + (m_2 + m_7)h_1^2\right]\begin{bmatrix} 0 & & \\ & 1 & \\ & & 1 \end{bmatrix}\right.$$
$$\left. + [C_{12}]\left[[J_2] + [C_{27}][J_7][C_{27}]^{\mathrm{T}} + (m_2\chi_2^2 + m_7\gamma_7^2)\begin{bmatrix} 0 & & \\ & 1 & \\ & & 1 \end{bmatrix}\right][C_{12}]^{\mathrm{T}} - [C_{16}][J_6][C_{16}]^{\mathrm{T}}\right\}[C_{51}]^{\mathrm{T}}$$

$$[B] = [C_{52}]\left\{[J_2] + (m_2\chi_2^2 + m_7\gamma_7^2)\begin{bmatrix} 0 & & \\ & 1 & \\ & & 1 \end{bmatrix} - [C_{27}][J_7][C_{27}]^{\mathrm{T}}\right\}[C_{52}]^{\mathrm{T}}$$

$$[C]=-[C_{35}]^{\mathrm{T}}\left\{[J_3]+(m_3\chi_3^2+m_8\gamma_8^2)\begin{bmatrix}0&&\\&1&\\&&1\end{bmatrix}-[C_{38}][J_8][C_{38}]^{\mathrm{T}}\right\}[C_{35}]$$

$$[D]=-[C_{45}]^{\mathrm{T}}\left\{[C_{34}]^{\mathrm{T}}\left[[J_3]+[C_{38}][J_8][C_{38}]^{\mathrm{T}}+(m_3\chi_3^2+m_8\gamma_8^2)\begin{bmatrix}0&&\\&1&\\&&1\end{bmatrix}\right][C_{34}]+[J_4]\right.$$

$$\left.+\left[m_9\gamma_9^2+m_9^*(\gamma_9^2)^2+m_4\chi_4^2+m_4^*(\gamma_4^2)^2+(m_3+m_8)h_4^2\right]\begin{bmatrix}0&&\\&1&\\&&1\end{bmatrix}-[C_{49}][J_9][C_{49}]^{\mathrm{T}}\right\}[C_{45}]$$

For the item $[B]\dot{\theta}_{12}\overline{Z}_2^{(5)}$,

$\because$

$$[C_{27}]=[\theta_{27}],\quad [C_{52}]^{\mathrm{T}}\overline{Z}_2^{(5)}=(0,0,1)^{\mathrm{T}}$$

$\therefore$ if

$$J_{7z}=J_{2z}+m_2\chi_2^2+m_7\gamma_7^2 \tag{14}$$

then

$$[B]\dot{\theta}_{12}\overline{Z}_2^{(5)}=\overline{0}$$

For the item $[C]\dot{\theta}_{34}\overline{Z}_3^{(5)}$,

$\because$

$$[C_{38}]=[\theta_{38}],\quad [C_{35}]^{\mathrm{T}}\overline{Z}_3^{(5)}=(0,0,1)^{\mathrm{T}}$$

$\therefore$ when

$$J_{8z}=J_{3z}+m_3\chi_3^2+m_8\gamma_8^2 \tag{15}$$

then

$$[C]\dot{\theta}_{34}\overline{Z}_3^{(5)}=\overline{0}$$

For the item $[D]\dot{\theta}_{45}\overline{Z}_4^{(5)}$,

$\because$

$$\begin{aligned}[D]&=-[C_{45}]^{\mathrm{T}}\left\{[C_{34}]^{\mathrm{T}}\left[J_f\right][C_{27}]+[J_5]\right\}[C_{45}]\\&=-[C_{45}]^{\mathrm{T}}[\theta_{43}]\left\{[x_{43}]\left[J_f\right][x_{43}]^{\mathrm{T}}+[\theta_{43}]^{\mathrm{T}}[J_5][\theta_{43}]\right\}[\theta_{43}]^{\mathrm{T}}[C_{45}]\end{aligned}$$

$\because$

$$[C_{38}]=[\theta_{38}]$$

$\therefore$ when

$$J_{8x}=J_{8y} \tag{16}$$

$$J_{3y}+J_{8y}=J_{3z}+J_{8z} \tag{17}$$

then

$$[x_{43}]\left[J_f\right][x_{43}]^{\mathrm{T}}=\left[J_f\right]$$

$\because$

$$[C_{49}]=[\theta_{49}],\quad [C_{45}]\overline{Z}_4^{(5)}=(0,0,1)^{\mathrm{T}}$$

$\therefore$ If

$$J_{9z}=2J_{8z}+J_{4z}+m_9\gamma_9^2+m_9^*(\gamma_9^*)^2+m_4\chi_4^2+m_9^*(\gamma_4^*)^2+(m_3+m_8)h_4^2 \tag{18}$$

then

$$[D]\dot{\theta}_{45}\overline{Z}_4^{(5)}=\bar{0}$$

For the last item $[A]\dot{\theta}_{51}\overline{Z}_1^{(5)}$,

$$[A]=[C_{51}]\{[J_7]+[C_{12}][J_0][C_{12}]\}[C_{67}]^{\mathrm{T}}$$
$$=[C_{51}][\theta_{12}]\{[\theta_{12}]^{\mathrm{T}}[J_7][\theta_{12}]+[\alpha_{12}][J_0][\alpha_{12}]^{\mathrm{T}}\}[\theta_{12}]^{\mathrm{T}}[C_{81}]^{\mathrm{T}}$$

∵

$$[C_{27}]=[\theta_{27}]$$

∴ when

$$J_{7z}=J_{7y} \tag{19}$$

$$J_{2y}+J_{7y}=J_{2z}+J_{7z} \tag{20}$$

then

$$[\alpha_{12}][J_0][\alpha_{12}]^{\mathrm{T}}=[J_0]$$

∵

$$[C_{16}]=[\theta_{16}]$$

$$[C_{45}]^{\mathrm{T}}\overline{Z}_1^{(5)}=(0,0,1)^{\mathrm{T}}$$

∴ if

$$J_{6z}=2J_{7z}+J_{1z}+m_1\chi_1^2+m_6\gamma_6^2+(m_2+m_7)h_1^2 \tag{21}$$

then

$$[A]\dot{\theta}_{51}\overline{Z}_1^{(5)}=\bar{0}$$

and

$$\overline{H_{O_5}}=\bar{0}$$

∵

$$\overline{M_{O_5}}=\overline{H_{O_5}}$$

∴

$$\overline{M_{O_5}}-\bar{0}$$

We know that Eqs. (14) ~(21) are the fully shaking moment balancing conditions of the mechanism, and Eqs. (8)~(21) are the complete shaking force and moment balancing conditions of the RRCRC mechanism. The solution of these equations can be easily found for practical mechanisms.

4. Conclusions

The complete shaking force and shaking moment balancing of spatial irregular force transmission mechanisms is researched on the basis of Ref. [9] in this paper. Some conclusions can be drawn as follows:

(1) The complete balancing of shaking force and shaking moment in spatial mechanisms with force transmission irregularities can be achieved by the way of additional balancing links (dyads and triads).

(2) The method or triads is very useful to the shaking force balancing of this kind or mechanisms, and it does not affect the shaking moment balancing of the mechanisms.

(3) The theory and method or dyads developed in Ref. [9] can be applied to the irregular force transmission mechanisms with thc hclp of thc triads.

(4) The other kinds of spatial mechanisms such as multi-loop mechanisms can also be completely balanced on the basis of this paper. The study on this aspect will be given in future.

Acknowledgements

The author wishes to thank Professor Shi-Xian Bai for his guide and support on this research.

References

[1] Berkof R S, Lowen G G. Trans. ASME J. Engng Ind., 1969, 91 (B) : 21-26

[2] Tepper F R, Lowen G G. Trans. ASME, J. Engng Ind., 1972, 94 (B) :789-796

[3] Gagci C. Trans. ASME J. Mech. Transmiss. Automat Design, 1983, 105: 609-616

[4] Chen N X. Mech. Mach. Theory, 1984,19: 234-255

[5] Bagci C. Mech. Mach, Theory ， 1979,14: 267-284

[6] Berkof R S. Mech. Mach. Theory, 1973,8: 397-410

[7] Bagci C. Proc. 4th OSU Appl. Mechanisms Conf. Paper No. 25, 1975

[8] Bagci C. Trans. AMSE J. Mech. Design, 1982, 104: 482-493

[9] Yu Y Q. Mech. Mach. Theory, 1987,22: 27-37

[10] Berkof R S, Lowen G G. Trans. ASME J. Engng Ind., 1971, 93 (B) :53-60

Appendix 1

Analysis of RSPC Mechanism

(1) Angular velocities of links $\overline{w}_i$

$$\overline{\omega}_1 = \dot{\theta}_{41} \overline{Z}_1^{(4)}$$

$$\overline{\omega}_2 = \overline{\omega}_3 = -\dot{\theta}_{34} \overline{Z}_3^{(4)}$$

$$\overline{\omega}_5 = \dot{\theta}_{45} \overline{Z}_5^{(4)} = -\dot{\theta}_{41} \overline{Z}_1^{(4)}$$

$$\overline{\omega}_6 = \dot{\theta}_{46} \overline{Z}_6^{(4)} = \dot{\theta}_{34} \overline{Z}_3^{(4)}$$

(2) Moments of momentum of links $\overline{H}_i$

$$\overline{H}_i = [C_{ni}]([J_i]+[I_i])[C_{ni}]^{\mathrm{T}} \overline{\omega}_i$$

$$\overline{H}_1 = [C_{41}]\{J_1\}[C_{41}]^{\mathrm{T}} \dot{\theta}_{41} \overline{Z}_1^{(4)}$$

$$\overline{H}_2 = [C_{34}]^{\mathrm{T}}[C_{2'3}]^{\mathrm{T}} \left\{ [J_2'] + \left[m_2 (Z_2')^2 + m_2^* (\gamma_2^2)^2 \right] \begin{bmatrix} 1 & & \\ & 1 & \\ & & 0 \end{bmatrix} \right\} [C_{2'3}][C_{34}](-\dot{\theta}_{34} \overline{Z}_3^{(4)})$$

$$\overline{H}_3 = [C_{34}]^{\mathrm{T}} \left\{ [J_3] + \left[J_{l_3} \right] \left[m_3 \chi_3^2 + m_3^* (\gamma_3^2)^2 + m_{l_3} \gamma_{l_3}^2 + m_6 l_3^2 \right] \times \begin{bmatrix} 0 & & \\ & 1 & \\ & & 1 \end{bmatrix} \right\} [C_{34}](-\dot{\theta}_{34} \overline{Z}_3^{(4)})$$

$$\overline{H}_5 = [C_{41}][C_{15}][J_5][C_{15}]^{\mathrm{T}}[C_{41}]^{\mathrm{T}} (-\dot{\theta}_{41} \overline{Z}_1^{(4)})$$

$$\overline{H}_6 = [C_{34}]^{\mathrm{T}}[C_{36}][J_6][C_{36}]^{\mathrm{T}}[C_{34}] \dot{\theta}_{34} \overline{Z}_3^{(4)}$$

$$\overline{H}_{O_5} = \sum \overline{H}_i$$

Appendix 2

Analysis of RRCRC Mechanism

(1) Angular velocities of links $\overline{\omega}_i$

$$\overline{\omega}_1 = \dot{\theta}_{51}\overline{Z}_1^{(5)}$$

$$\overline{\omega}_2 = \dot{\theta}_{51}\overline{Z}_1^{(5)} + \dot{\theta}_{12}\overline{Z}_2^{(5)}$$

$$\overline{\omega}_3 = -\dot{\theta}_{45}\overline{Z}_4^{(5)} - \dot{\theta}_{34}\overline{Z}_3^{(5)}$$

$$\overline{\omega}_4 = -\dot{\theta}_{45}\overline{Z}_4^{(5)}$$

$$\overline{\omega}_6 = \dot{\theta}_{56}\overline{Z}_6^{(5)} = -\dot{\theta}_{51}\overline{Z}_1^{(5)}$$

$$\overline{\omega}_7 = \dot{\theta}_{51}\overline{Z}_1^{(5)} + \dot{\theta}_{17}\overline{Z}_7^{(5)} = \dot{\theta}_{51}\overline{Z}_1^{(5)} - \dot{\theta}_{12}\overline{Z}_2^{(5)}$$

$$\overline{\omega}_8 = \dot{\theta}_{45}\overline{Z}_4^{(5)} - \dot{\theta}_{84}\overline{Z}_8^{(5)} = -\dot{\theta}_{45}\overline{Z}_4^{(5)} + \dot{\theta}_{34}\overline{Z}_3^{(5)}$$

$$\overline{\omega}_9 = -\dot{\theta}_{95}\overline{Z}_9^{(5)} = \dot{\theta}_{45}\overline{Z}_4^{(5)}$$

(2) Moments of momentum of links $\overline{H}_i$

$$\overline{H}_i = [C_{ni}]([J_i]+[I_i])[C_{ni}]^{\mathrm{T}}\overline{\omega}_i$$

$$\overline{H}_1 = [C_{51}]\left\{[J_1]+[m_1\chi_1^2+m_6\gamma_6^2+(m_2+m_7)h_1^2]\begin{bmatrix}0&&\\&1&\\&&1\end{bmatrix}\right\}[C_{51}]^{\mathrm{T}}\dot{\theta}_{51}\overline{Z}_1^{(5)}$$

$$\overline{H}_2 = [C_{51}][C_{12}]\left\{[J_2]+(m_2\chi_2^2+m_7\gamma_7^2)\times\begin{bmatrix}0&&\\&1&\\&&1\end{bmatrix}\right\}[C_{12}]^{\mathrm{T}}[C_{51}]^{\mathrm{T}}(\dot{\theta}_{51}\overline{Z}_1^{(5)}+\dot{\theta}_{12}\overline{Z}_2^{(5)})$$

$$\overline{H}_3 = [C_{12}]^{\mathrm{T}}[C_{51}]^{\mathrm{T}}\left\{[J_3]+(m_3\chi_3^2+m_8\gamma_8^2)\times\begin{bmatrix}0&&\\&1&\\&&1\end{bmatrix}\right\}[C_{34}][C_{45}](-\dot{\theta}_{45}\overline{Z}_4^{(5)}-\dot{\theta}_{34}\overline{Z}_3^{(5)})$$

$$\overline{H}_4 = [C_{45}]^{\mathrm{T}}\left\{[J_4]+\left[m_4\chi_4^2+m_4^*(\gamma_4^*)^2+(m_3+m_8)h_4^2+m_9\gamma_9^2+m_9^*(\gamma_9^*)^2\right]\times\begin{bmatrix}0&&\\&1&\\&&1\end{bmatrix}\right\}[C_{45}](-\dot{\theta}_{45}\overline{Z}_4^{(5)})$$

$$\overline{H}_6 = [C_{51}][C_{16}][J_{16}][C_{16}]^{\mathrm{T}}[C_{51}]^{\mathrm{T}}(-\dot{\theta}_{51}\overline{Z}_1^{(5)})$$

$$\overline{H}_7 = [C_{52}][C_{27}][J_7][C_{27}]^{\mathrm{T}}[C_{52}]^{\mathrm{T}}(\dot{\theta}_{51}\overline{Z}_1^{(5)}-\dot{\theta}_{12}\overline{Z}_2^{(5)})$$

$$\overline{H}_8 = [C_{35}]^{\mathrm{T}}[C_{38}][J_8][C_{38}]^{\mathrm{T}}[C_{35}](-\dot{\theta}_{45}\overline{Z}_4^{(5)}+\dot{\theta}_{34}\overline{Z}_3^{(5)})$$

$$\overline{H}_9 = [C_{45}]^{\mathrm{T}}[C_{49}][J_9][C_{49}]^{\mathrm{T}}[C_{45}]\dot{\theta}_{45}\overline{Z}_4^{(5)}$$

$$\overline{H}_{O_5} = \sum\overline{H}_i$$

(in *Mechanism and Machine Theory*, 1988, 23(4): 279-285)

§ 4 Optimum Shaking Force and Shaking Moment Balancing of the RSS'R Spatial Linkage

Yu Yueqing

Section of the Theory of Machines and Mechanisms, Beijing Polytechnic University, Beijing 100022, *China*

Abstract: *The shaking force and shaking moment of the RSS'R spatial mechanism are balanced by adding a dyad to its output link in this paper. The results show that the addition of dyad gives a good effect on shaking moment balancing especially, and also on shaking force balancing. When a counterweight is attached to its input link again, a satisfactorily optimum balancing is obtained.*

1. Introduction

With the development of electronic computer and optimization techniques, the partial dynamic balancing of linkages has found a wide application to engineering in recent years.

The addition of counterweights is the main method widely used in partial dynamic balancing. The major work in this respect is on planar mechanisms. In Refs.[1-5], the optimum RMS (root-mean-square).shaking moment balancing of full force balanced planar mechanisms was investigated systematically. Both theoretical and practical progresses have been made. Ref. [6] gave us the theory of isomomental ellipses on RMS shaking moment of unbalanced planar mechanisms, which replenished theoretically the above work. Walker and others considered the balance of shaking force and moment, bearing force and moment, and input torque of planar mechanisms simultaneously, which improved the whole dynamic characteristics of the mechanisms[7-11]. Gill and Freudenstein made an attempt at optimum shaking force and shaking moment balancing of spherical mechanisms by the method of counterweights, but the decrease of the force and moment is very little[1]. In Ref. [12], the addition of links was used in dynamic balancing (a planar 4R mechanism is added on input link of the original mechanism), but only the balance of input torque fluctuation of mechanism was obtained. From the literature we find that the method of counterweights has a good effect on shaking force balancing, but not efficient to shaking moment balancing, especially to the full force balanced mechanisms, and otherwise often make a worst trend on shaking moment balancing[6, 13].In general, the shaking moment can not be fully balanced by internal mass redistribution[1]. From the study of complete shaking force and shaking moment balancing of linkages, the method of adding links or dyads has a special effect on shaking moment balancing, and also has an effect on shaking force balancing. It is also useful in partial balancing. But, the literature on this respect is very little, especially that on spatial linkages has not been found.

In this paper, the shaking force and shaking moment of the RSS'R spatial mechanism, which can not be completely balanced are optimally balanced by adding a dyad between its output link and the frame. Certain achievement of partial balancing, especially on shaking moment balancing, has been made. With the help of a counterweight added on the input link of the mechanism, a satisfactory balancing is obtained, in which the shaking force is almost fully balanced and shaking moment decreases to about 60% of the unbalanced mechanism.

2. Optimizing balancing

Now, we discuss the optimizing shaking force and shaking moment balancing of the RSS'R mechanism by the way of adding dyads. The structural parameters and its coordinates of the mechanism are shown as the solid lines in Fig.1. First, we determine the way of adding dyads. There are three ways to add the dyad (or link) on the existing mechanism. The first one is adding on the input link of the mechanism, such as in Ref. [12], which is useful to balance the input torque fluctuation of the mechanism, but not suited to more complex problems of shaking force and shaking moment balancing. The second one is adding on the coupler link of the mechanism, but in this case the dynamic analysis of the whole spatial mechanism is very complicated. The last one is on the output link of the mechanism. When a -SS'R dyad is chosen to be added on the output link, this part of the link also forms an RSS'R mechanism shown as the dotted lines in Fig. 1. This makes the dynamic analysis and computing program simplified (same as the existing mechanism), and it is suited to the purpose of our problem, so this method of adding dyad is used in this paper.

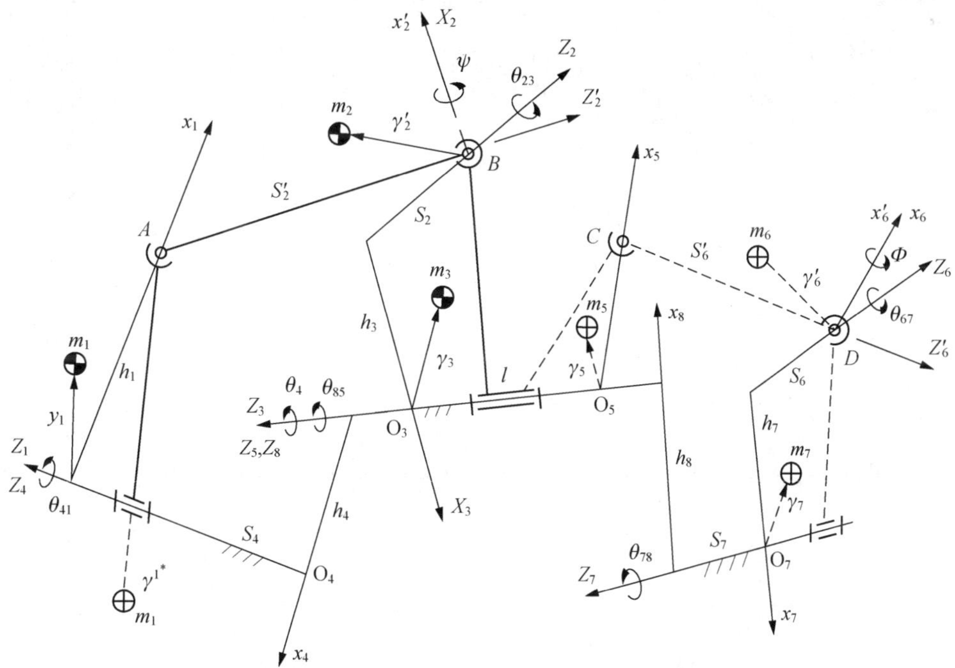

Fig. 1　RSS'R mechanism and –SS'R dyad

The main object of this paper is to partially balance the shaking force and shaking moment of the RSS'R mechanism. The curves of F.M.T. of the mechanism are shown as the solid lines in Figs. 2~10, in which we find that in the partial region there is a greater fluctuation, but in other regions they are comparatively smoother. Therefore, we take the weighted sum in same dimension of the absolute maximum values first, and then of the RMS values, of the shaking force and shaking moment as the objective functions of optimization, i.e.:

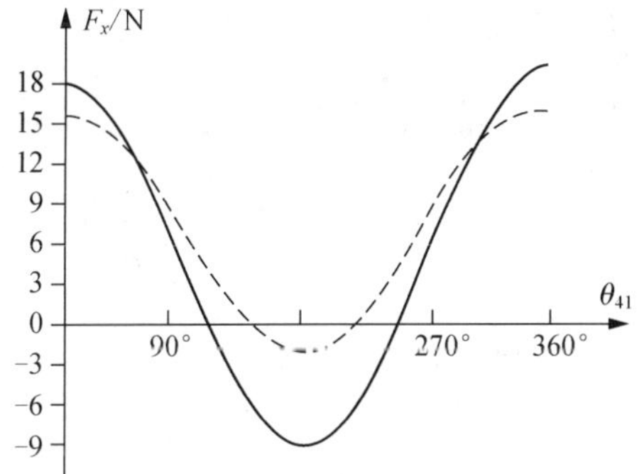

Fig.2　F_x of only addition of dyad for balancing

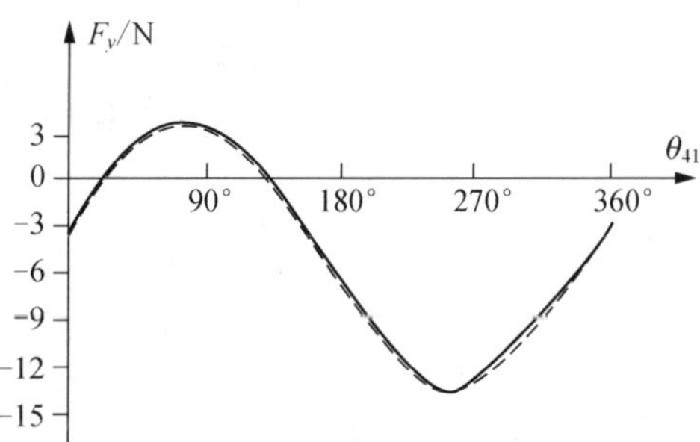

Fig.3　F_y of only addition of dyad for balancing

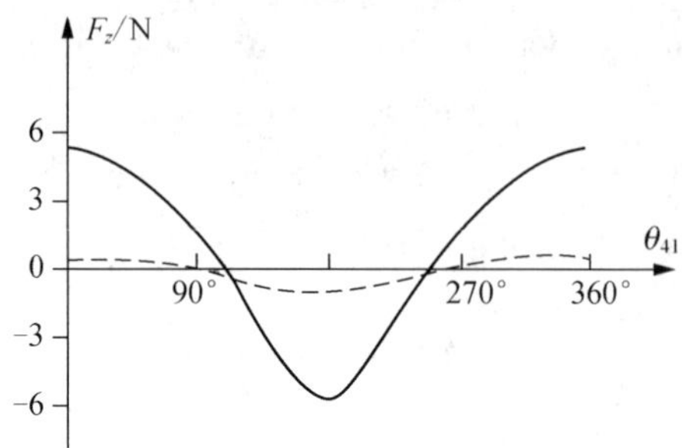

Fig.4　F_z of only addition of dyad for balancing

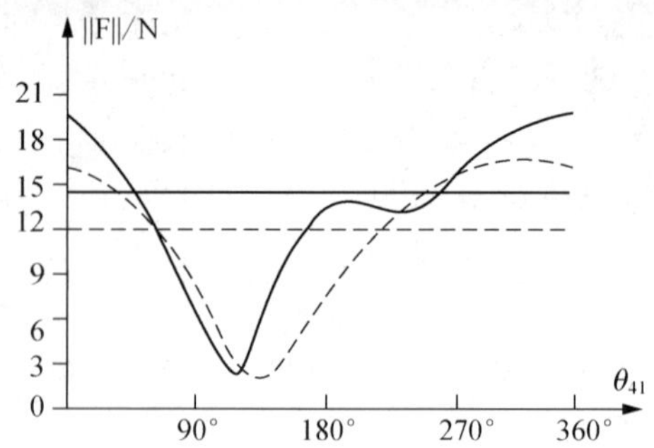

Fig.5　F of only addition of dyad for balancing

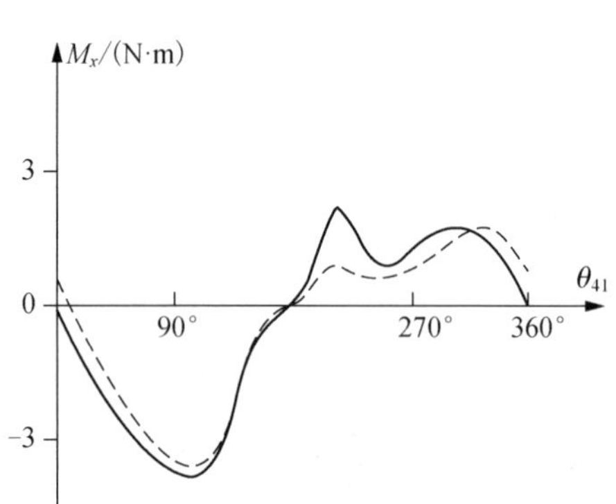

Fig.6　M_x of only addition of dyad for balancing

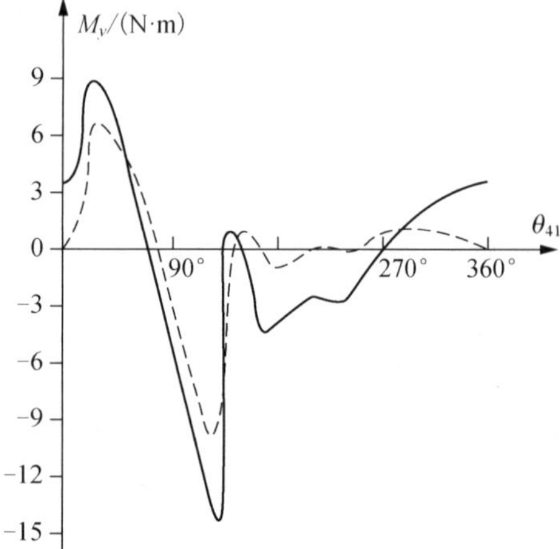

Fig.7　M_y of only addition of dyad for balancing

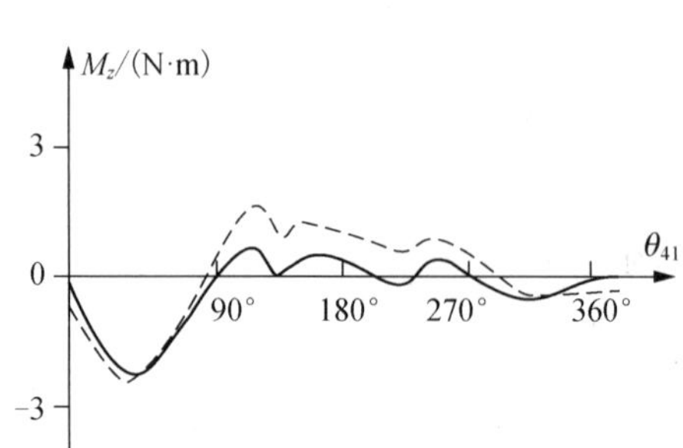

Fig.8　M_z of only addition of dyad for balancing

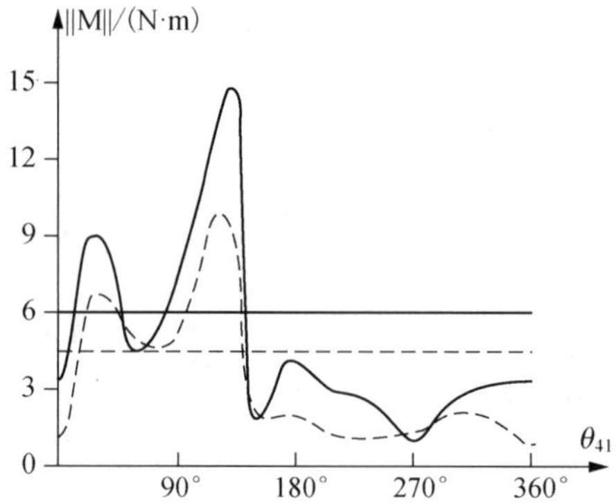

Fig.9　M of only addition of dyad for balancing

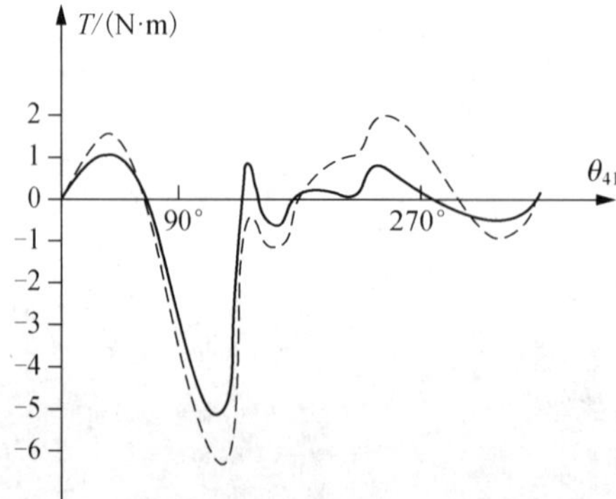

Fig.10　T of only addition of dyad for balancing

$$F_{obj1} = A_{11}W_1\|F\|_{max} + A_{12}\|M\|_{max}$$
$$F_{obj2} = A_{21}W_2F_{RMS} + A_{22}M_{RMS}$$

The structural parameters of the original RSS'R mechanism are as follow:

$$\alpha_{23} = 90°, \alpha_{34} = 90°, h_1 = 6.71\text{cm}, h_3 = 6.00\text{cm}, h_4 = 5.00\text{cm}, S_2' = 24.15\text{cm}$$
$$S_3 = 0.00\text{cm}, S_4 = 27.38\text{cm}, m_1 = 540.00\text{g}, m_2 = 273.00\text{g}, m_3 = 523.20\text{g}$$
$$J_{1z} = 10436.50\text{g}\cdot\text{cm}^2, J_{2x} = 16982.00\text{g}\cdot\text{cm}^2$$
$$J_{2y} = 17783.00\text{g}\cdot\text{cm}^2, J_{2z} = 298.50\text{g}\cdot\text{cm}^2, J_{3z} = 9156.20\text{g}\cdot\text{cm}^2$$
$$x_1 = 1.57\text{cm}, z_2' = -11.60\text{cm}, x_3 = 1.30\text{cm}$$

here, A_{ij} $(i,j=1,2)$ are the weight factors, W_k $(k=1,2)$ are the dimensional coefficients. This novel optimization of two objectives has shown its evident superiority in practical calculating.

Shown as in Fig.1, we take all the structural parameters of the dyad as the optimizing parameters. They are:

$$\alpha_{67}, \alpha_{78}, \theta_{84}, \theta_{53}, h_5, h_7, h_8, S_6, S_7, S_8, m_5, m_6, m_7, J_{5z}, J_{6x}, J_{6y}, J_{6z}, x_5, x_7, z_6'$$

Here, a_{ij} is the angle between Z_i and Z_j, θ_{ij} is the angle between $\bar{X}_i$ and $\bar{X}_j$, h_i, S_i, x_i, z_i are shown as the Fig. 1. m_i is the mass of link i, $J_{ix(y,z)}$ is the rotating inertia of link i respect to its axis $\bar{X}_i(\bar{y},\bar{z})$. There are 21 parameters in total which gives a wide space for search in organization.

The calculating formulae of the shaking force and shaking moment of the whole mechanism is obtained according to the fundamental formulae of Ref. [1].The O_4 is the reference point chosen. The detail is complicated and is omitted here.

Because of the complexity of the property of the optimizing objective, its minimization requires a suitable optimization method. Here, a new multiplier method is used. Its FORTRAN program is a common optimization subroutine, named "OPTIMA", programmed by the mathematics department of Beijing Polytechnic University. It has many advantages, especially compared with the widely used method of penalty function, such as easy convergence, quick convergent rapidity, no ill property, low requirement for initial values. The practical effect is satisfactory. The Optimizing result is analysed as follows.

3. Results and discussion

3.1 Addition of dyad only

The optimum parameters of the dyad arc as follows:

$$\alpha_{67} = -153.75°,\ \alpha_{78} = 4.78°,\ \theta_{84} = 89.89°,\ \theta_{53} = 2.14°,\ h_6 = 8.33\text{cm},\ h_7 = 10.32\text{cm},\ h_8 = 55.79\text{cm}$$
$$S_6' = 64.3\text{cm},\ S_7 = S_8 = 0.0\text{cm},\ m_5 = 596.07\text{g},\ m_6 = 63.98\text{g},\ m_7 = 102.36\text{g}$$
$$J_{5z} = 9151.65\text{g}\cdot\text{cm}^2,\ J_{6x} = 6004.75\text{g}\cdot\text{cm}^2,\ J_{6y} = 4755.14\text{g}\cdot\text{cm}^2$$
$$J_{6z} = 123.05\text{g}\cdot\text{cm}^2,\ J_{7z} = 4583.28\text{g}\cdot\text{cm}^2$$
$$x_5 = 2.50\text{cm},\ z_6' = -4.15\text{cm},\ x_7 = 6.82\text{cm}$$

The counterweight on the input link 1 is:

$$m_1^* = 576.03\text{g}, \gamma^*_1 = 3.00\text{cm}$$

The curves of shaking force (F) and shaking moment (M) along $\bar{X}, \bar{Y}, \bar{Z}$ axis respectively, the RMS values and input torque (T) of the unbalanced mechanism, expressed in solid lines, and balanced mechanism, expressed in dot lines, are shown as Figs. 2~10, respectively. Various characteristic indexes are listed in Table 1. We can find:

(1) The value of M_y which plays a main part in shaking moment, decreases by about one-quarter over that of existing mechanism, and so does the RMS value. This shows that the additional dyad is efficient for shaking moment balancing.

(2) The value of F_x which is the main part of shaking force, decreases by about one-third after balancing, and the value of F_z decreases to nearly one-tenth that is considerable. This result indicates that the additional dyad also has an effect on shaking force balancing.

(3) The values of F_y, M_x, M_z have not changed much. This illustrates that the shaking force and shaking moment caused mainly by the input link have not been balanced by the dyad. This problem will be solved below.

In brief, the method of additional dyads only is effective to optimum balancing of mechanisms and encouraging achievements have been obtained (compared with that in Ref. [14]).

Table 1

	Shaking force F/N				Shaking moment $\bar{M}$/(N·m)				Input torque/(N·m)
	F_x	F_y	F_z	$\|F\|$	M_x	M_y	M_z	$\|\bar{M}\|$	T
Before balancing									
Absolute maximum	18.6649	13.7472	5.76173	19.8382	3.83640	14.4005	1.95015	14.7868	5.09730
Maximum difference	28.0420	17.0689	11.5334	17.4561	5.72760	23.4382	3.10663	12.9473	6.27630
RMS value				14.1353				6.12831	1.69828
After balancing									
Absolute maximum	15.9499	13.5226	0.85180	16.8111	4.00872	11.4094	2.21609	12.0194	6.47435
Maximum difference	18.3058	17.0760	1.50320	15.7909	5.72560	18.1167	4.40628	10.8175	8.40828
RMS value				12.4485				4.73269	2.35935
The ratio of balanced to unbalanced mechanism									
Absolute maximum	84.45	100.37	14.29	84.74	104.50	79.23	113.64	81.45	127.02
Maximum difference	65.28	100.04	13.03	90.46	99.97	77.26	141.84	83.55	133.97
RMS value				88.07				77.23	138.93

3.2 Addition of a counterweight besides the dyad

Basing on the above, a counterweight is added to the input link of existing mechanism as shown in Fig.1. Because the input link rotates at a constant angular velocity, only the counterweight can balance the shaking force and shaking moment caused by the input link. The various curves are shown as the dotted lines in Figs.11~19 and the characteristic indexes are listed in Table 2. We can see obviously that every value of shaking force has fallen significantly. They are almost fully balanced. This great improvement proves our analysis. In addition to the reduction of shaking force, the value of M_x has a considerable decrease of about 60% and M_y goes down. This makes the total RMS value of shaking moment have a reduction of 40%. In general, the whole balancing effect of shaking force and shaking moment is satisfactory.

Table 2

	Shaking force F/N				Shaking moment $\bar{M}$/(N·m)				Input torque /(N·m)
	F_x	F_y	F_z	$\|F\|$	M_x	M_y	M_z	$\|\bar{M}\|$	T
Before balancing									
Absolute maximum	18.6649	13.4742	5.96173	19.8382	3.83640	14.4005	1.95015	14.7868	5.09730
Maximum difference	28.0420	17.0689	11.5334	17.4561	5.72760	23.4382	3.10663	12.9473	6.27630
RMS value				14.1353				6.12831	1.69828

Contd...

	Shaking force F/N				Shaking moment $\bar{M}$/(N·m)				Input torque /(N·m)
	F_x	F_y	F_z	$\|F\|$	M_x	M_y	M_z	$\|\bar{M}\|$	T
After balancing									
Absolute maximum	0.481878	0.0501986	0.851795	0.882295	1.80429	9.93664	2.21609	10.2261	6.47435
Maximum difference	0.905812	0.0877986	1.403146	0.515038	2.04817	15.95776	4.40628	9.53090	8.40828
RMS value				0.611376				3.90541	2.35935
The ratio of balanced to unbalanced mechanism									
Absolute maximum	2.58	7.42	14.29	4.50	47.03	69.00	113.64	69.16	127.02
Maximum difference	3.23	5.14	12.17	2.95	35.76	68.08	141.84	73.61	133.97
RMS value				4.33				63.73	138.93

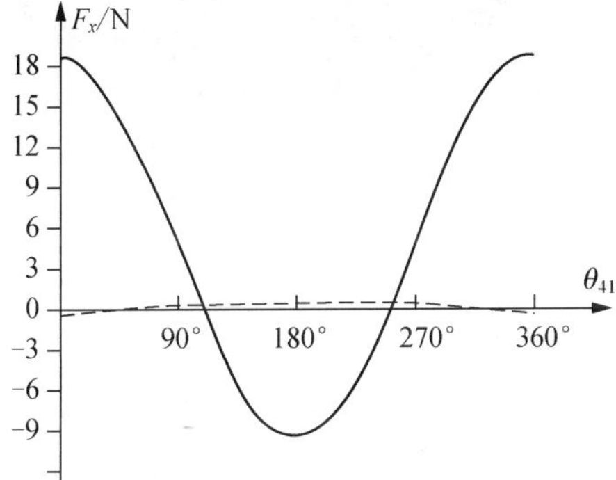

Fig.11　F_x of addition of dyad and counterweight for balancing

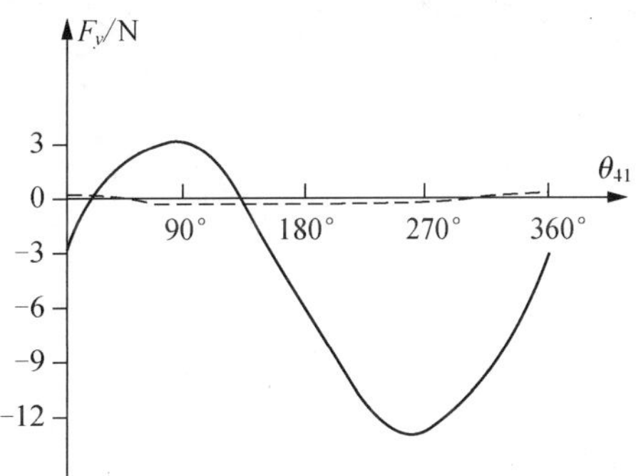

Fig.12　F_y of addition of dyad and counterweight for balancing

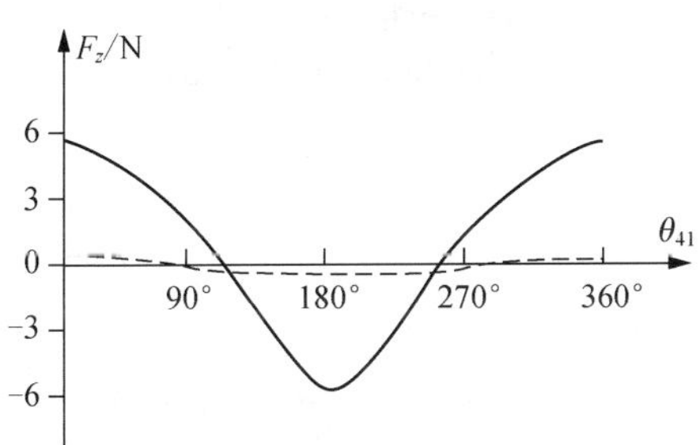

Fig.13　F_z of addition of dyad and counterweight for balancing

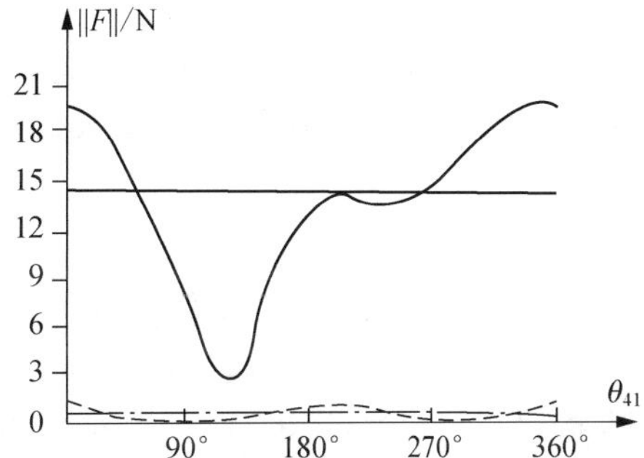

Fig.14　F of addition of dyad and counterweight for balancing

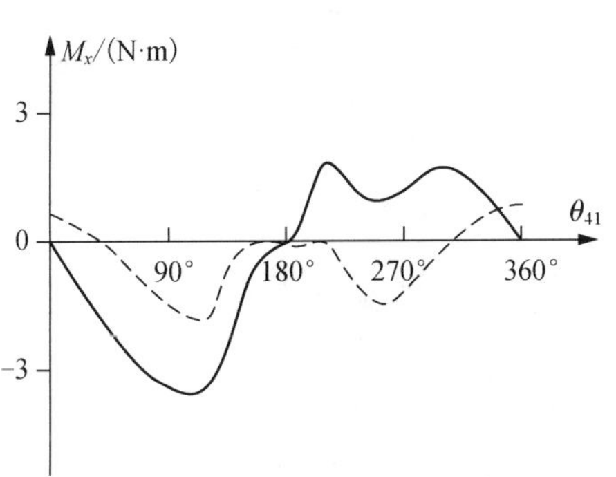

Fig.15　M_x of addition of dyad and counterweight for balancing

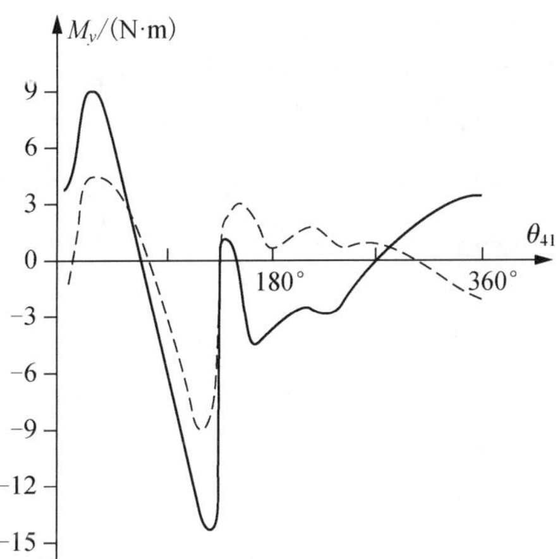

Fig.16　M_y of addition of dyad and counterweight for balancing

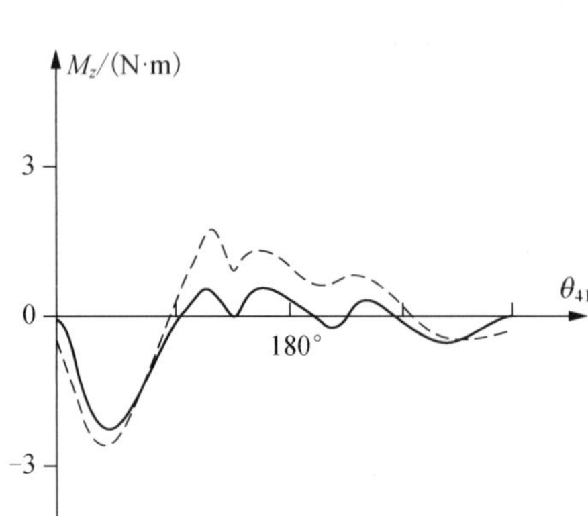

Fig.17　M_z of addition of dyad and counterweight for balancing

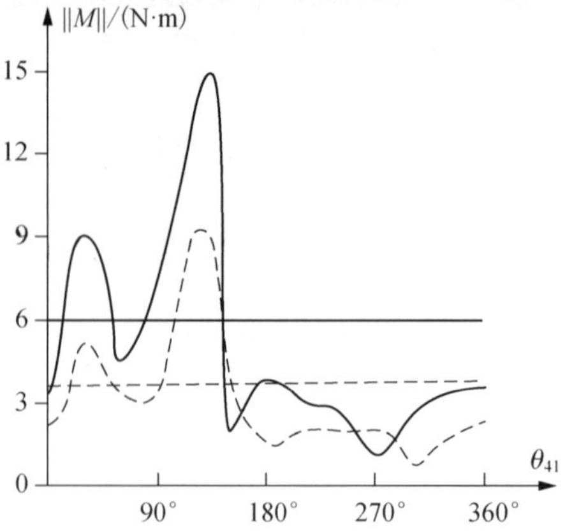

Fig.18　M of addition of dyad and counterweight for balancing

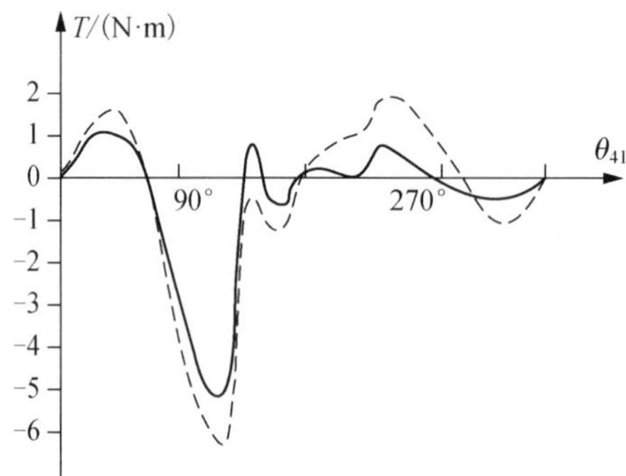

Fig.19　T of addition of dyad and counterweight for balancing

So far as the input torque, its value is the same and a very little increase can be seen. This result shows that it is possible to reduce the fluctuation of input torque of spatial mechanisms by the method of adding dyads.

4. Conclusions

To sum up the results one can draw the following conclusions:

(1) The partial shaking force and shaking moment balancing of the RSS'R spatial mechanism can be achieved by the way of adding dyad on the output link of the mechanism.

(2) The method of adding dyads is more efficient and advantageous than that of counterweights for shaking moment balancing of linkages, and it also has an effect on shaking force balancing.

(3) Combining the method of adding dyads and counterweights, one can get a better balancing result.

(4) It is also an effective method of partial dynamic balancing to attach balancing dyads between the coupler link and the frame of a mechanism to be balanced. This remains to be studied in future.

Acknowledgements

The author gratefully acknowledges the guidance and support of Professor Shi-Xian Bai during the whole process of this research and greatly thanks for the assistance and cooperation of Mr. Ming-Ren Shi and Mr. Zhi-Wei Wang on the optimization.

References

[1] Bcrkof R S, Lowcn G G. Trans. ASME J. Engng Ind.,1971,93B: 53-60

[2] Lowen G G, Bcrkof R.S. Trans. ASME J. Engng Ind., 1971,93B: 39-6
[3] Carson W L, Stephens J M. Mech. Mach. Theory, 1978,13:649-658
[4] Tepper FR, Lowen G G. Trans. ASME J. Engng Ind., 1975,97B: 643-651
[5] Hains R S.Mech. Mach. Theory, 1981, 16: 185-190
[6] Tepper F R G, Lowcn G. Trans ASME J. Engng Ind., 1973, 95B: 665-71
[7] Wiederrich J L, Roth B. Trans. ASME J. Engng Ind., 1976, 98B: 1289-1295
[8] Gontc F L, George G R, Mayne R W, et al. Trans. ASME J. Engng Ind., 1975,97B: 662-670
[9] Walker M J, Hains R S. Mech. Mach. Theory, 1982, 17: 327-334
[10] Walker M J, Hains R S. Mech. Mach. Theory, 1982,17: 355-360
[11] Lee T W, Cheng C. Trans. ASME J. Mech. Transmiss. Automat. Design, 1984,106: 242-251
[12] Ogawa K, Funabashi H. Trans. ASME J. Engng Ind., 1969,91B: 97-102
[13] Lowcn G G, Tepper F R, Bcrkof R S. Mech. Mach. Theory, 1974,9: 29-323
[14] Gill G S, Freudenstein F. Trans. ASME J. Mech. Transmiss. Automat. Design, 1983,105: 471-477

（in *Mechanism and Machine Theory*, 1987, 22（1）: 27-37）

1.2 弹性机构

§ 5 Dynamic Response to Mass Reduction in Flexible Mechanisms

Yu Yueqing[1], Smith M R[2]

[1]*Section of the Theory of Machines and Mechanisms, Beijing Polytechnic University, Beijing, China*

[2]*Department of Mechanical, Materials and Manufacturing Engineering, University of Newcastle upon Tyne, Newcastle upon Tyne, United Kingdom*

Abstract: *A new investigation into the kineto-elastodynamic (KED) behaviour of flexible mechanisms is presented. The characteristic response of inertia forces, such as the shaking force and moment, input torque and bearing reaction, in addition to dynamic stress and energy are studied as the mass of a planar four-bar linkage is reduced.*

1. Introduction

In the study of machine design, particularly for elastic mechanisms, the minimisation of mass or weight has been widely accepted as the optimal objective function to meet the needs of modern industry in which high speed, high precision and light weight are required[1-4]. This light-weight design can in some cases lead to a decrease of stiffness of the mechanism, and as a consequence, the problem of elastic deformation has become more and more important in the designing process of flexible mechanisms. A considerable achievement has been obtained in the study of kineto-elastodynamics (KED) of such kind of mechanisms[5-7]. Encouraging progress on the KED balancing of flexible mechanisms has been made in recent years by both adding counterweights[8-10] and reducing the mass of the mechanism[11, 12].

It is evident that the inertia forces caused by the rigid-body motion of a mechanism can be reduced greatly through the decrease of mass in the mechanism, and this is now a well established technique. However, the KED inertia forces due to both the rigid-body and elastic motion of a flexible mechanism may not be balanced efficiently, and may even become greater in many cases. Moreover, this balancing method is of little use in the balancing of a flexible mechanism which has already been designed on the condition of having minimum weight. The strategy of reducing mass is consequently not necessarily efficient for the dynamic balancing of flexible mechanisms.

In order to find a proper method to solve the problem of balancing in flexible mechanisms, it is necessary to investigate firstly the dynamic response of inertia forces, especially KED ones, to the reduction of mass in the mechanism, from which some important characteristics and trends may be found. This basic research has not however been exhaustively carried out prior to the study of KED balancing and design of flexible mechanisms.

In this paper, the dynamic behaviour, especially relating to the KED inertia force of flexible mechanisms, is investigated. The dynamic responses of various kinds of inertia-related characteristics, such as input torque, bearing reaction, shaking force and moment, are examined by changing the mass in a flexible mechanism. Other important factors, for example stress, kinetic and elastic deformational energy of the mechanism, are also included in an example of a planar four-bar linkage.

2. Formulation

In order to carry out a comprehensive study of the dynamic behaviour of flexible mechanisms, it is necessary firstly to set out all the relevant formulae, especially those regarding the KED inertia forces.

It is known that a flexible mechanism can be treated as a dynamic system composed of several elements by applying the Finite Element Technique which has been widely used in the KED analysis of mechanisms. For example, a general four-bar 4R planar linkage shown in Fig. 1 can be divided into five elements, i.e., e_1~e_5, indicated in the figure. The equations of motion of each element in the mechanism can be presented in the following matrix form:

$$[m]_i\{\ddot{u}\}_i+[k]_i\{\dot{u}\}_i=\{p\}_i-[m]_i\{\ddot{u}_{\mathrm{r}}\}_i,\quad i=1,2,\cdots,5 \tag{1}$$

where, $[m]_i$ and $[k]_i$ are the elemental mass and stiffness matrices, respectively. $\{u\}_i$ is the nodal deflection vector of the element and it has 8 components. $\{\ddot{u}\}_i$ is the second derivative of $\{u\}_i$. $\{\ddot{u}_{\mathrm{r}}\}_i$ indicates the corresponding acceleration vector of the rigid-body motion of the element. $\{p\}_i$ represents the external load acting at the nodes of the element. All terms in Eq. (1) are measured in the coordinates $o_i x_i y_i$ which are parallel to the global OXY axes in Fig.1.

By bringing together every elemental equation such as that in Eq. (1), the dynamic equation of the whole system or mechanism can be obtained in a form similar to that of Eq. (1) as follows:

$$[M]\{\ddot{U}\}+[K]\{U\}=\{P\}-[M]\{\ddot{U}_{\mathrm{r}}\} \tag{2}$$

Here, each term refers to the whole mechanism and when the effect of damping is considered, Eq. (2) becomes

$$[M]\{\ddot{U}\}+[C]\{\dot{U}\}+[K]\{U\}=\{P\}-[M]\{\ddot{U}_{\mathrm{r}}\} \tag{3}$$

where, $[C]$ is the damping matrix for the mechanism. Many methods have been developed to find the solution of the differential equation[5-7], and the corresponding items in Eq. (1), i.e. $\{u\}_i$ and $\{\ddot{u}\}_i$, can be obtained directly from the translation of $\{U\}$ and $\{\ddot{U}\}$ in Eq. (2) or Eq. (3).

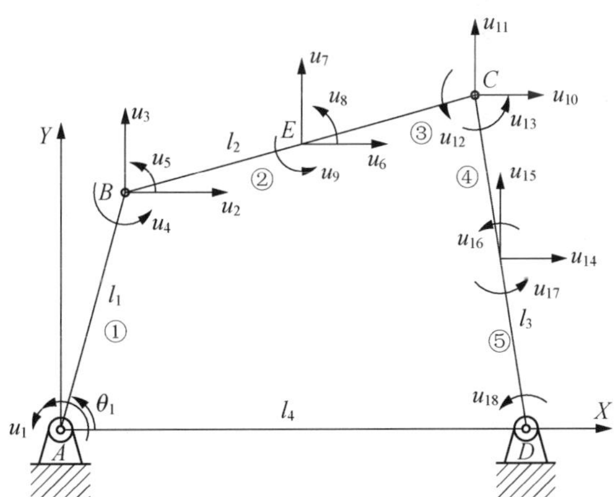

Fig.1　Planar four-bar linkage with elastic links

From Eq. (1) we may obtain the following

$$\{P\}_i=[m]_i\left(\{\ddot{u}\}_i+\{\ddot{u}_r\}_i\right)+[k]_i\{u\}_i\{p\}_i=\left(p_{i1},p_{i2},\cdots,p_{i8}\right)^{\mathrm{T}},\quad i=1,2,\cdots,5 \tag{4}$$

The bearing reaction force of the ith element, defined as $\{R\}_i$ where

$$\{R\}_i = (R_{i1}, R_{i2}, \cdots, R_{i8})^{\mathrm{T}}, \quad i = 1, 2, \cdots, 5 \tag{5}$$

is included in $\{P\}_i$ here, and so can now be found. For the element 1, for example, we have

$$\{R\}_1 = \{P\}_1 \tag{6}$$

The component R_{13} in $\{R\}_1$ is equal to the input torque of the mechanism, i.e.

$$T_{\mathrm{in}} = R_{13} \tag{7}$$

The shaking force of the mechanism, which is equal to the negative sum of the bearing forces at joint A and D, can be obtained from the following formulae

$$\begin{aligned} |F_{\mathrm{s}}| &= \sqrt{F_{\mathrm{sx}}^2 + F_{\mathrm{sy}}^2} \\ F_{\mathrm{sx}} &= -R_{11} - R_{51} \\ F_{\mathrm{sy}} &= -R_{12} - R_{52} \end{aligned} \tag{8}$$

The shaking moment of the mechanism with respect to point A can be represented as follows:

$$M_A = -T_{\mathrm{in}} - R_{52} \times h_4 = -R_{13} - R_{52} \times h_4 \tag{9}$$

In addition to the criteria mentioned in Eqs. (4) ~ (8) relating to inertia forces, there are other important items which should be considered in the study of flexible mechanisms. The maximum dynamic stress in any link is very important and can be represented as follows[13]:

$$|\sigma_i|_{\max} = \frac{h_i}{2} E \left| \sum_m \frac{\partial^2 \{u\}_i}{\partial x_m^{\ 2}} \right| + E \left| \sum_m \frac{\partial \{u\}_i}{\partial x_n} \right|$$

$$m = 2,3,4,6,7,8, \quad n = 1,5, \quad i = 1,2,\cdots,5 \tag{10}$$

where, h_i expresses the cross-sectional height of the ith element. E is the elasticity modulus of material. The elastic deformation energy is another useful criterion to evaluate the effect of elasticity in the mechanism and can be obtained from the following formula.

$$E_{\mathrm{d}} = \frac{1}{2} \sum_{i=1}^{5} \{u\}_i^{\mathrm{T}} [k]_i \{u\}_i \tag{11}$$

In addition, the kinetic energy of the mechanism can be obtained simply as follows:

$$E_{\mathrm{k}} = \frac{1}{2} \sum_{i=1}^{5} \{\dot{u}_{\mathrm{a}}\}_i^{\mathrm{T}} [m]_i \{\dot{u}_{\mathrm{a}}\}_i, \quad \{\dot{u}_{\mathrm{a}}\}_i = \{\dot{u}\}_i + \{\dot{u}_{\mathrm{r}}\}_i \tag{12}$$

Combining Eqs. (11) and (12), one obtains the total energy of the mechanism as

$$E_{\mathrm{t}} = E_{\mathrm{d}} + E_{\mathrm{k}} \tag{13}$$

Eqs. (4) ~ (13) define all the necessary dynamic criteria for the purpose of this investigation.

3. Dynamic response

The purpose of the present work is to investigate the dynamic response to the change of mass in a flexible mechanism. It can be shown from Eq. (2) that the mass and stiffness matrices will change with the reduction of mass of the mechanism. The solution of Eq. (2) therefore, as well as dynamic properties of the mechanism will also vary. It is interesting to examine the nature of this variation and this can be achieved through the example of a planar 4R mechanism shown in Fig. 1.

The structural parameters of the mechanism are selected as follows:

$$l_1 = 108.0\text{mm},\quad l_2 = 279.4\text{mm}$$
$$l_3 = 270.5\text{mm},\quad l_4 = 254.0\text{mm}$$

The whole mechanism is made up of aluminum with elasticity modulus of 71 GPa and mass density of $2710\ \text{kg/m}^3$. The mechanism is assumed to be running at a constant input speed of 500 r/min. The material damping ratio is 0.03 and the allowable stress limit is 35MPa.

Without loss of generality, the cross-sections of the three moving links in the mechanism are chosen as rectangles with width b and height h. The initial values of these cross-sectional parameters are determined as follows:

$$b_{10} = 55.0\text{mm},\quad b_{20} = b_{30} = 30.0\text{mm}$$
$$b_{40} = b_{50} = 30.0\text{mm},\quad h_{10} = 33.99\text{mm}$$
$$h_{20} = h_{30} = 18.54\text{mm},\quad h_{40} = h_{50} = 18.54\text{mm}$$

The bearings at the ends of the coupler link BC are represented by two lumped masses chosen initially as 30.0g, each.

$$M_0 = M_{B0} = M_{C0} = 30.0\text{g}$$

In the following investigation, it is assumed that both width and height of any link, as well as the lumped masses, are reduced similarly as follows:

$$\begin{cases} b_{ij} = b_{i0} \times (1 - 0.05 \times j) \\ h_{ij} = h_{i0} \times (1 - 0.05 \times j) \\ M_{Bj} = M_{Cj} = M_0 \times (1 - 0.05 \times j) \end{cases},\quad j = 0,1,2,\cdots,19,\quad i = 1,2,\cdots,5 \tag{14}$$

The ratio of cross-sectional height to width is maintained constant throughout as

$$\frac{h_{ij}}{b_{ij}} = 0.618$$

As the width and height decrease, the cross-sectional area of a link becomes smaller, which results in the reduction of mass or weight of the link, and also that of the mechanism. Thus, the mass of the mechanism decreases similarly from the initial value at each step. Here, a factor δ is introduced to indicate the relative reduction of mass, i.e.,

$$\delta = \frac{m_0 - m_j}{m_0} \times 100\%,\quad j = 0,1,2,\cdots,19 \tag{15}$$

where, m_j represents the mass of the changed mechanism and m_0 indicates the initial mass. Corresponding dynamic responses have been obtained through automatic computation and are shown by the solid lines in Figs. 2~10. The dotted lines here are the results obtained by the method of rigid-body mechanics or kineto-elastostatics（KES）for comparison.

It can be seen from Figs. 2~7 that whereas the KES response varies smoothly with reduction of the cross-sectional dimensions of the links, the KED responses exhibit significantly different behaviour. A number of peaks, corresponding to resonances in some or all of the links during the motion of the mechanism, are seen to occur in the inertia forces and stresses induced by them as the mass is reduced. Figs. 2~5 show respectively peak shaking force, peak shaking moment, peak input torque necessary to maintain constant input speed and the maximum force at bearing B. In Figs. 6 and 7, the maximum stress and maximum elastic deformation energy are shown. Again the KES solutions change smoothly whereas the KED solutions pass through a series of peaks. Beyond a value of j=12 (corresponding to a mass reduction of 60% of the initial values), the stress rises rapidly beyond the allowable limit with a corresponding rise in deformation energy. The KES solutions rise at a much slower rate giving the impression of acceptable levels with much weaker links. The importance of the correct, more relevant method of analysis is demonstrated clearly here with the KED results indicating clearly when the mass reduction brings about unacceptable weakening of the mechanism links.

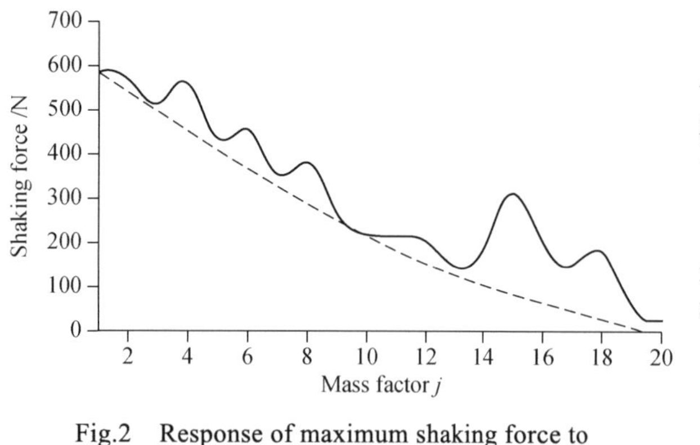

Fig.2　Response of maximum shaking force to mass reduction

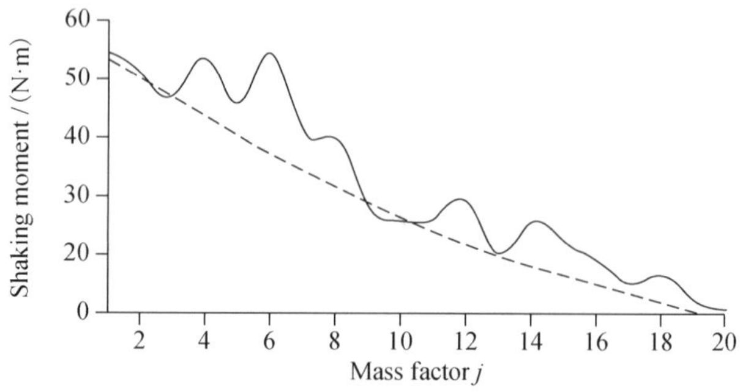

Fig.3　Response of maximum shaking force to mass reduction

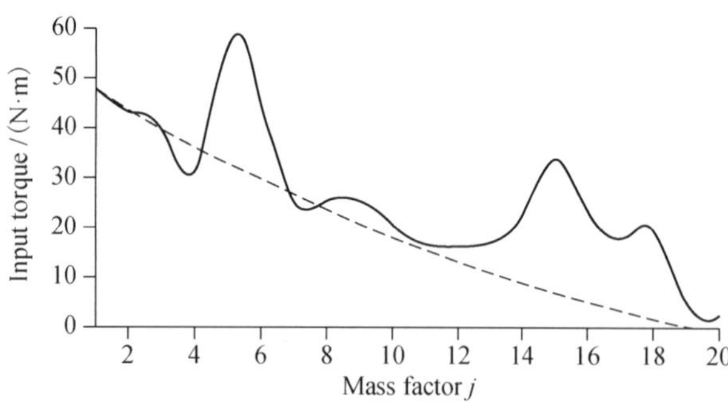

Fig.4　Response of maximum input torque to mass reduction

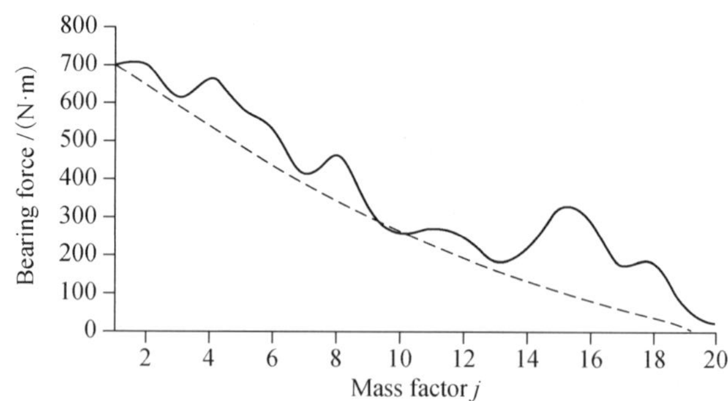

Fig.5　Response of maximum bearing force at joint B to mass reduction

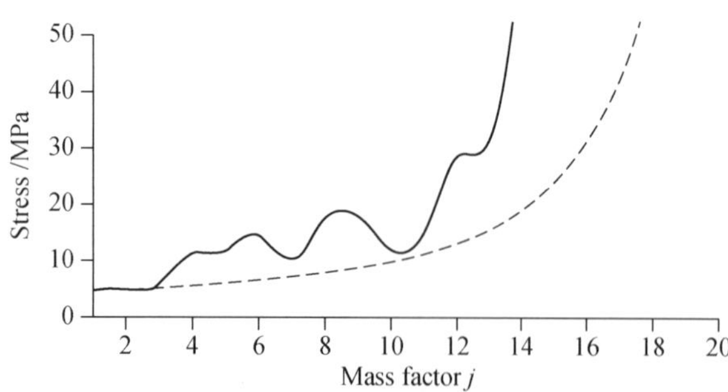

Fig.6　Response of maximum stress within mechanism to mass reduction

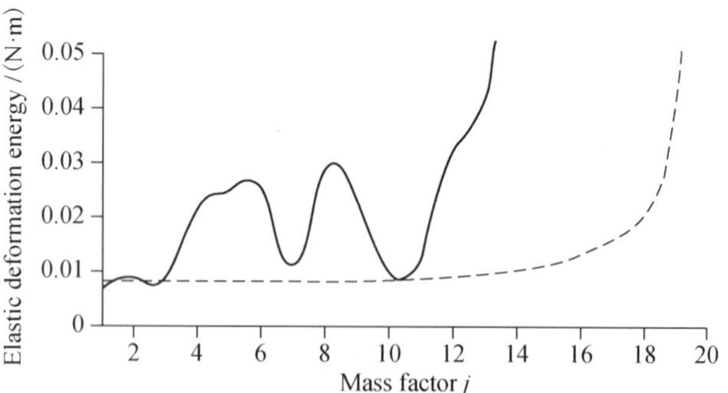

Fig.7　Response of maximum elastic deforamtion energy to mass reduction

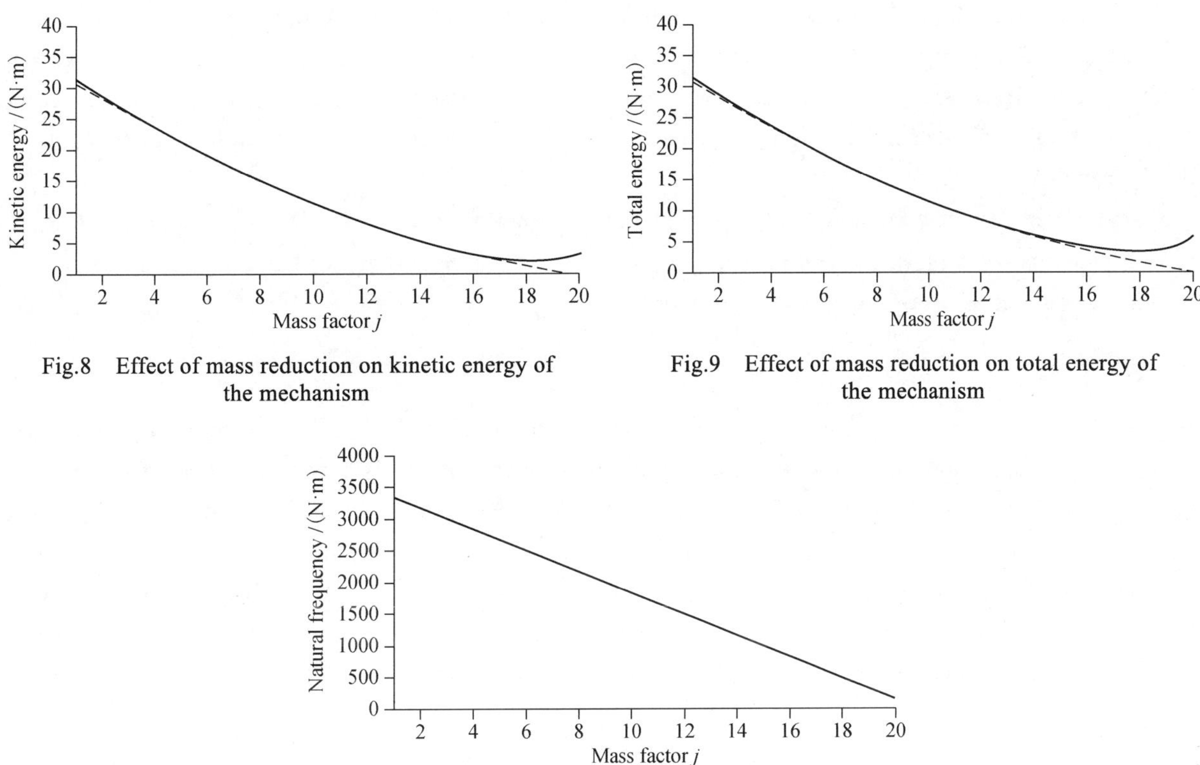

Fig.8　Effect of mass reduction on kinetic energy of the mechanism

Fig.9　Effect of mass reduction on total energy of the mechanism

Fig.10　Effect of mass reduction on averaged natural frequency of the mechanism

The inertia-related forces and moments shown in Figs. 2~5 all exhibit a downward trend as link mass is reduced, the KES (rigid body) component being the main contribution to the total in each case except for important critical conditions. In Fig. 4, for instance, at a mass factor value of j=5 (75% of the initial mass value) the maximum KED input torque rises to twice that of the corresponding KES value, indicating the presence of large vibrations in the elastic links. Similar instances are evident throughout the entire range of mass variation, indicating most clearly the need for correct and full analysis of the conditions existing in flexible linkages when elasticity effects can have a significant effect upon the dynamic performance. The difference between the two methods is essentially a result of taking into account, in the KED case, not only the mass reduction but also the accompanying increases in link flexibility which causes a reduction in the natural frequency of the mechanism. Fig.10 shows the change of natural frequency, averaged over one cycle, as the link mass is reduced.

A comparison of the results in Figs. 7 ~ 9 shows that the elastic deformational energy plays a very small part (less than one percent) in the total energy of the mechanism although it varies considerably itself with the reduction of mass. The kinetic and total energy of both the rigid-body and flexible mechanism are consequently almost the same during the whole process of mass reduction. However, there are some small differences in the region far beyond the stress limit of the mechanism and this result can be explained as follows. The elastic deformational displacement is much smaller than that of the rigid-body motion in the flexible mechanism. This small displacement can bring about great changes in some items, such as stress and inertia forces, but it can do only little work in the whole motion of the mechanism. Nevertheless, the elastic deformation energy is the most sensitive criterion for evaluation and examination of the elastic properties in the dynamic behaviour of a flexible mechanism.

Considering all of the criteria for the particular example examined here, it can be seen that a mass reduction of 50% achieves a useful reduction in force levels and an increase in stress to a level still well below the limit. For this particular set of conditions, there is no effective difference between KES and

KED force or stress levels. However, at different levels of mass reduction, serious increases in both forces and stresses may be induced which cannot be predicted without a full KED analysis. For example, mass factor values of j=8 and j=15 create approximately 100% increases in maximum stress or inertia forces respectively. The 50% mass reduction in this case could therefore be selected as an optimal design solution for the flexible mechanism.

It can therefore be concluded from the above discussion that an investigation of the dynamic response to the change of mass and other parameters is very necessary before further studies on design and balancing of a flexible mechanism are carried out.

4. Conclusions

The dynamic response of the forces and stresses in the flexible links of a planar four-bar linkage to changes in mass of those links has been examined. Significant differences between the results of analyzing the fully flexible mechanism and rigid body equivalent have been demonstrated to highlight the necessity for a full kineto-elastodynamic analysis when link elasticity is expected to be an important factor. A numerical example is used to show how it may be possible to reduce the link mass, thereby gaining the advantage of inertia force reduction, without significant increase in stress levels. The full KED analysis is necessary, however, to ensure avoidance of unacceptably high stress levels.

References

[1] Imam I, Sandor, G N. High-speed mechanism design-a general analytical Approach. ASME Journal of Engineering for Industry, 1975, 97:609-628

[2] Thornton WA, Willmert K D, Khan KR. Mechanism optimization via optimality criterion Techniques. ASME Journal of Mechanical Design, 1979, 101:392-397

[3] Cleghorn W L, Fenton R G, Tabarrok B. Optimum design of high-speed flexible mechanisms. Journal of Mechanism and Machine Theory, 1981, 16: 399-406

[4] Sung C K, Thompson B S. Material selection: an important parameter in the design of high-speed linkages. Journal of Mechanism and Machine Theory, 1984, 19: 389-396

[5] Erdman A G, Sandor G N. Kineto-elastodynamics- a review of the state of the art and trends. Journal of Mechanism and Machine Theory, 1972, 7: 19-33

[6] Lowen G G, Chassipis C. The elastic behaviour of linkages. Journal of Mechanism and Machine Theory, 1986,21: 33-42

[7] Thompson B S, Sung C K. A survey of finite element techniques for mechanism design. Journal of Mechanism and Machine Theory, 1986,21: 351-359

[8] Jandrasits W G, Lowen, G G. The elastic-dynamic behaviour of a counter weighted rock link with an overhanging endmass in a four-bar linkage, part I: theory. ASME Journal of Mechanical Design, 1979, 101: 77-88

[9] Jandrasits W G, Lowen G G. The elastic-dynamic behaviour of a counterweighted rock link with an overhanging endmass in a four-bar linkage, part II: application and experiment. ASME Journal of Mechanical Design, 1979,101: 89-98

[10] Balasubramonian A, Roghavacharyulu E. Influence of balancing weights on vibratory response of the coupler of a four-bar mechanism, part i: theory. Proc. 7th World Congress on the Theory of Machines and Mechanisms, Spain, 1987, 443-446

[11] Zobairi M A K, Rao S S, Sahay B. Kineto-elastodlmamic balancing of 4r-four-bar mechanism combining kinematic and dynamic stress consideration. Journal of Mechanism and Machine Theory, 1986, 21: 307-315

[12] Zobairi M A K, Rao S S, Sahay B. Kineto-elastodynamic balancing of 4r-four-bar mechanism by internal mass redistribution. Journal of Mechanism and Machine Theory, 1986, 21:317-323

[13] Yu Y Q, Smith M R. An approach to cross-sectional parameters in the dynamics of flexible mechanisms. Journal of Mechanism and Machine Theory, 1993

(in *ASME Machine Elements and Machine Dynamics*, 1994, 71, 527-533)

§ 6 On the Contribution of Kineto-Elastodynamic Inertia to Dynamic Behaviour of Flexible Mechanisms

Yu Yueqing[1],Smith M R[2]

[1]*Section of the Theory of Machines and Mechanisms, Beijing Polytechnic University, Beijing* 100022, *China*

[2]*Department of Mechanical, Materials and Manufacturing Engineering, University of Newcastle upon Tyne, Newcastle upon Tyne, NE17RU, U.K.*

Abstract: *An overall investigation of the contribution of kineto-elastodynamic (KED) behavior of high-speed flexible mechanisms is presented. Various kinds of dynamic criteria for evaluating a high-speed mechanism, such as shaking force and moment, input torque, bearing reaction, stress and energy of the mechanism, are all examined. The effect of the KED inertia on dynamic characteristics of the mechanism has been demonstrated by taking an example of a fully-stressed planar four-bar linkage. These results can be useful for the study on the KED balancing and optimal design of flexible mechanisms.*

1. Introduction

With the development of modern machinery, more and more light-weight mechanisms are working at high speeds. This higher speed and lighter weight result mainly in the increase of inertia force and elastic deflection of the mechanism, as a result of which dynamic behaviour of the mechanism changes and become worse in most cases. As a consequence, research on the dynamic balancing of inertia forces and kineto-elastodynamics (KED) of mechanisms has grown rapidly in recent years.

The study of dynamic balancing of rigid-body mechanisms has made great progress both theoretically and practically since the 1970's, especially in the complete and optimum shaking force balancing of planar linkages[1-6]. Lowen, Berkof, Tepper and Walker and Oldham, etc. have made important contributions in this field. A considerable achievement has also been obtained in the dynamics of elastic or flexible mechanisms, especially in the KED analysis and design methods of planar linkages[7-12].

More recently, a new aspect combining these two fields has been explored, in which the dynamic balancing of elastic, mechanisms has been studied[3-21]. Some interesting results have been obtained and corresponding balancing methods have been proposed. However, a systematic study is necessary to develop this area further. It can be found in most of the previous work that the links of the mechanisms are so designed that the maximums tresses are far from the allowable limit. This means that the mechanisms used there are not fully-stressed and do not meet the widely accepted design criterion for a flexible mechanism[10], the KED inertia or elasticity playing only a very small role (less than three percent) in the dynamic behaviour of these mechanisms. Therefore, the balancing of these mechanisms seems more alike to the balancing of rigid-body rather than flexible mechanisms. The inertia force caused by the rigid-body motion of the mechanism has been reduced greatly by adding counterweights or reducing mass of the mechanism, but the KED inertia force may not have been balanced and even become worse although the balancing of the whole mechanism appears acceptable. These balancing methods may not therefore be suitable for the balancing of completely elastic mechanisms. Moreover, there is no clear comparison between the result including KED inertia and that excluding it, so the exact contribution of the KED inertia to the dynamic behavior of flexible mechanisms can not be found easily. Furthermore, only few dynamic criteria, such as shaking force and moment, and stress have been considered in previous work with the result that the complete dynamic behavior of high-speed flexible mechanisms has not been demonstrated completely.

In this paper, the contribution of KED inertia to the dynamic behaviour of a fully-stressed flexible mechanism is investigated. Various kinds of dynamic criteria for evaluating a high-speed mechanism are considered, such as the shaking force and moment, input torque and stress (which have been included in previous work), as well as bearing reaction, kinetic and deformational energy of the mechanism which have not hitherto been dealt with. The effect of KED inertia on these criteria is demonstrated clearly through a comparison of the results obtained with and without considering it. Some important tendencies and characteristics are discussed and explained, from which new criteria for the examination and design of high-speed flexible mechanisms can be proposed. It is hoped that these results will be useful in further research on the KED balancing of flexible mechanisms.

2. Dynamic analysis

The dynamic equation of a planar elastic four-bar mechanism shown in Fig.1 can be generally expressed in the following matrix form by applying the Finite Element Technique[9]:

$$[M]\{\ddot{U}\}+[C]\{\dot{U}\}+[K]\{U\}=\{P\}-[M]\{\ddot{U}_{\mathrm{r}}\} \tag{1}$$

where, $[M]$,[C] and $[K]$ represent the global mass, damping and stiffness matrices of the mechanism. $\{U\}$ is the global elastic deflection vector at all nodes of the linkage which is composed of five elements, and has 18 components, shown as $U_1 \sim U_{18}$ in the figure. $\{\dot{U}\}$ and $\{\ddot{U}\}$ are the first and second derivatives of $\{U\}$, respectively. $\{P\}$ indicates the global external load applied at every node of the mechanism. Generally, the variation of external forces can not be predicted and so here $\{P\}$ is not considered in the solution process of Eq. (1). The shaking force and moment and input torque of the mechanism are not included in $\{P\}$ because they are unknown and so the corresponding terms of elastic deflection do not appear in $\{P\}$. $\{\ddot{U}_{\mathrm{r}}\}$ is the global acceleration vector of the rigid-body motion of the mechanism.

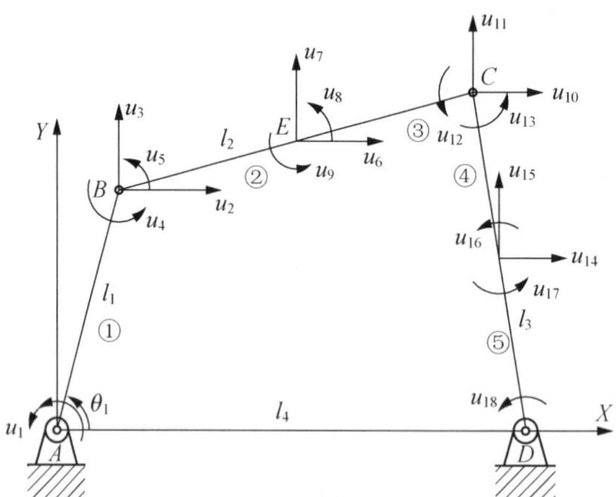

Fig.1 Flexible planar four-bar linkage

It is known that some dynamic criteria of the mechanism, such as bearing forces, can not be obtained directly from the solution of Eq. (1) because they are the inner forces and counteract each other in the whole dynamic system of the mechanism. However, from the modelling of Eq. (1), the dynamic equation of each element in the mechanism can be written as follows:

$$[m]\{\ddot{u}\}+[k]\{u\}=\{p\}-[m]\{\ddot{u}_{\mathrm{r}}\} \tag{2}$$

where, each term has a definition similar to that in Eq. (1), but is defined for an element instead of the whole mechanism. In this case, bearing reactions are the external load and are included in $\{p\}$ in Eq. (2). We can therefore obtain the forces directly from the solution of Eq. (2) for every element of the mechanism as follows:

$$\{p\}_i=[m]_i\left(\{\ddot{u}\}_i+\{\ddot{u}_{\mathrm{r}}\}_i\right)+[k]_i\{u\}_i$$

$$\{p\}_j=\left(p_{i1},p_{i2},\cdots,p_{i8}\right)^{\mathrm{T}}$$

$$i=1,2,\cdots,5 \tag{3}$$

Here, $\{u\}_i$, $\{\ddot{u}\}_i$ and $\{\ddot{u}_{\mathrm{r}}\}_i$ can be obtained by translating the corresponding term from the solution of Eq. (1). For the element 1, for example, in Fig.1, the bearing force $\{R\}_i$ is exactly the same as $\{p\}_i$ and the component R_{13} is equal to the input torque by which the mechanism is driven, i.e.

$$T_{\mathrm{in}}=R_{13} \tag{4}$$

Similarly, the shaking force of the mechanism which is defined as the negative sum of the linear bearing forces in joint A and D can be obtained as follows:

$$\begin{cases} F_{\mathrm{s}}=\sqrt{F_{\mathrm{s}x}^2+F_{\mathrm{s}y}^2} \\ F_{\mathrm{s}x}=-R_{11}-R_{51} \\ F_{\mathrm{s}y}=-R_{12}-R_{52} \end{cases} \tag{5}$$

The shaking moment of the mechanism with respect to point A can be obtained as well from Eqs. (4) and (5) as follows:

$$M_A=-T_{in}-R_{52}\times l_4=R_{13}-R_{52}\times l_4 \tag{6}$$

The maximum stress in each element can be obtained from the following formula:

$$|\sigma_i|_{\max}=\frac{1}{2}h_iE\left|\sum_m\frac{\partial^2\{u\}_j}{\partial x_i^2}\right|+E\left|\sum_n\frac{\partial\{u\}_j}{\partial x_i^2}\right|$$

$$m=2,3,4,6,7,8\,,\quad n=1,5\,,\quad i=1,2,\cdots,5 \tag{7}$$

where, h_i expresses the height of the i th link cross-section. x_i is the distance between one node and the point of concern in the element, and E is the Young's modulus of the material.

The energy, especially the kinetic energy, is a very important criterion in the study of dynamics and balancing of rigid-body mechanisms[22]. However, it does not yet appear to have been dealt with in the research on flexible mechanisms. In this investigation, the effect of elasticity or KED inertia on the kinetic energy E_k, as well as elastic deformational energy E_d and total energy E_i, of flexible mechanisms, are studied for the first time. They can be obtained directly from the solution of Eq. (1) as follows:

$$E_{\mathrm{k}}=\frac{1}{2}\{\dot{U}_{\mathrm{a}}\}^{\mathrm{T}}[M]\{\dot{U}_{\mathrm{a}}\}$$

$$\{\dot{U}_{\mathrm{a}}\}=\{\dot{U}_{\mathrm{r}}\}+\{\dot{U}\} \tag{8}$$

$$E_{\mathrm{d}}=\frac{1}{2}\{U\}^{\mathrm{T}}[K]\{U\} \tag{9}$$

$$E_i=E_{\mathrm{k}}+E_{\mathrm{d}} \tag{10}$$

It can be deduced directly from Eq. (8), based on the assumption of small elastic deflection[9], that

$$\{\ddot{U}_{\mathrm{a}}\}=\{\ddot{U}_{\mathrm{r}}\}+\{\ddot{U}\} \tag{11}$$

from which the role of KED acceleration in the whole acceleration of the mechanism can clearly be seen. The subscripts a and r indicate the absolute and rigid-body values, respectively.

3. Example and discussion

An example of a four-bar 4R planar flexible linkage shown in Fig. 1 is taken here for the purpose of this investigation. The structural parameters of the mechanism are chosen as[23]:

$$l_1=108.0\text{mm},\ l_2=279.4\text{mm},\ l_3=270.5\text{mm},\ l_4=254.0\text{mm}$$

The other initial data are as follows. The whole mechanism is made of aluminum with elasticity modulus of 71GPa and mass density of 2710kg/m^3.The allowable stress limit of the material is 35MPa and the material damping ratio is 0.03. The input crank speed is assumed to be constant at 500 r/min. The two lumped bearing masses at the ends of the coupler at point *B* and *C* are assumed to be 20 g each. All three moving links are considered to be elastic and their cross sections are selected as rectangles with width b and height has follows:

$$b_1=10.0\text{mm},\quad h_1=16.7\text{mm}$$

$$b_2=10.0\text{mm},\quad h_2=6.3\text{mm}$$

$$b_3=10.0\text{mm},\quad h_3=7.0\text{mm}$$

The dynamic response of this mechanism has been obtained through computation and is presented in Figs. 2 ~ 8 which show the maximum stress, shaking force and moment, input torque, bearing reaction, elastic deformational energy and acceleration of the midpoint of the coupler in the mechanism. The solid lines in these figures represent the dynamic behaviour of the mechanism including the contribution of KED inertia, while the dotted lines show that without it for the purpose of comparison. The most important characteristic values, such as the maximum value, root-mean-square (RMS) value, the contribution factor 4 and difference factor ζ are listed in Table 1. Here

$$\begin{cases}\eta=\dfrac{V_{\text{KED}}-V_{\text{KES}}}{V_{\text{KED}}}\times 100\% \\ \zeta=\dfrac{V_{\text{KED}}-V_{\text{KES}}}{V_{\text{KES}}}\times 100\%\end{cases} \tag{12}$$

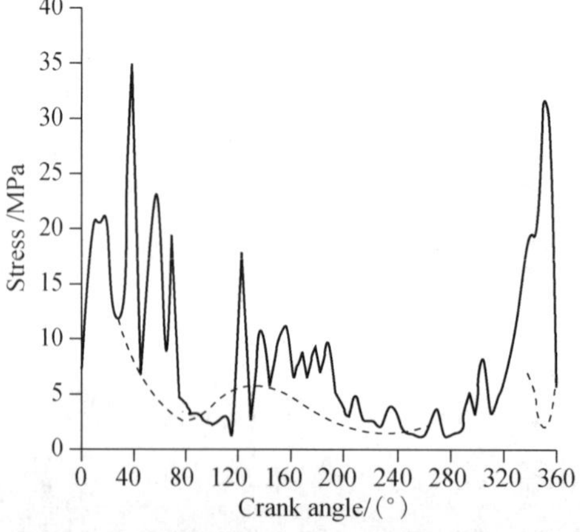

Fig.2　Maximum stress for whole mechanism

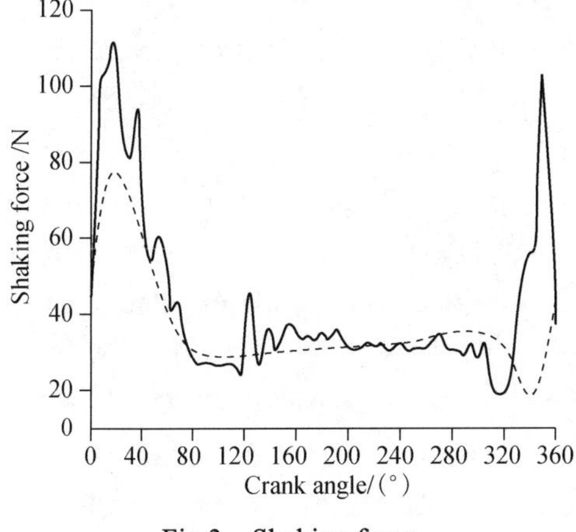

Fig.3　Shaking force

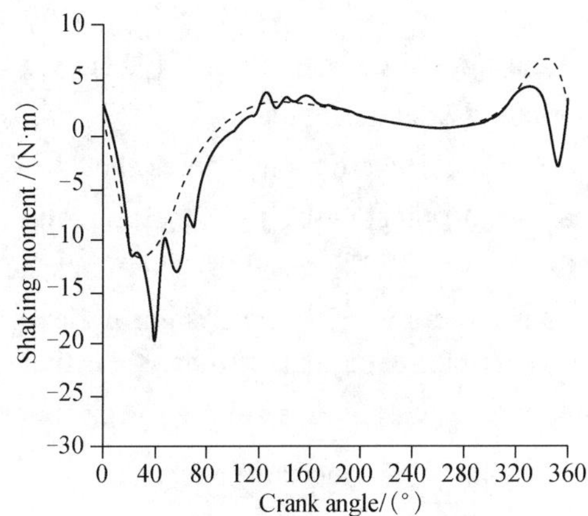

Fig.4　Shaking moment

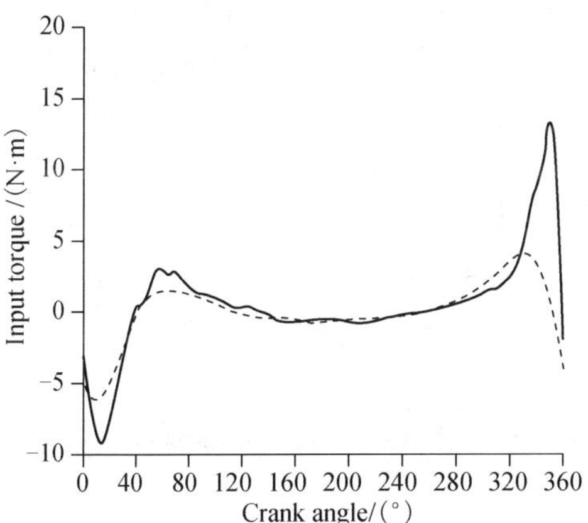

Fig.5　Input torque

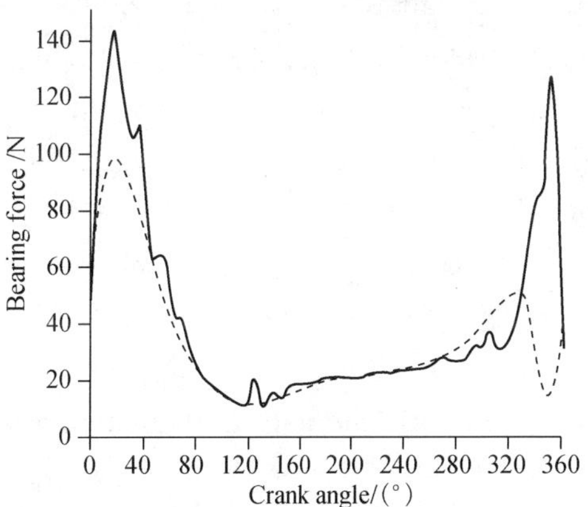

Fig.6　Bearing force at joint B

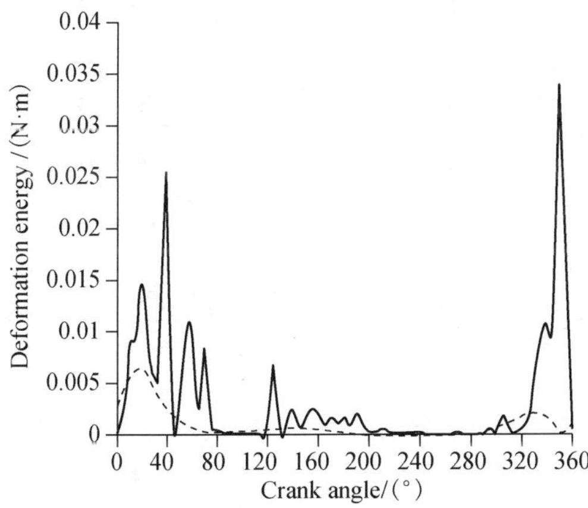

Fig.7　Elastic deformational energy

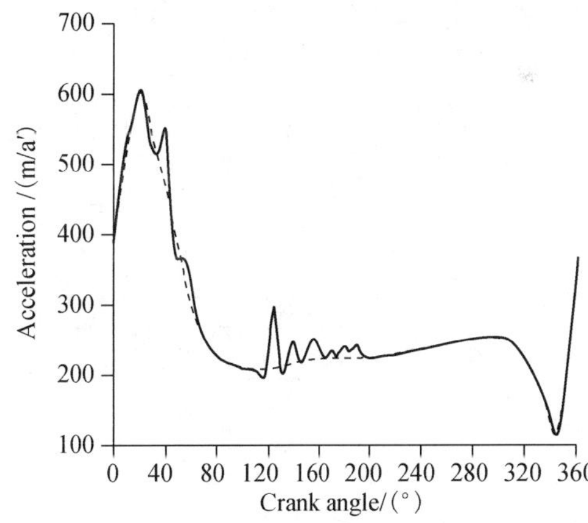

Fig.8　Acceleration of midpoint of coupler link

Both the results with and without KED inertia are given in the table. The latter are obtained by the kineto-elastostatic (KES) method, in which the higher order items of the elastic deflection $\{U\}$, viz. $\{\dot{U}\}$ and $\{\ddot{U}\}$, are ignored, i.e.

$$\{U\}_{\text{KES}} = -[K]^{-1}[M]\{\ddot{U}_{\text{r}}\}$$

$$\{\dot{U}\}_{\text{KES}} = \{\ddot{U}\}_{\text{KES}} = \{0\} \tag{13}$$

Table 1 shows that the maximum stresses in all three moving links of the mechanism are very close to the allowable limit of the material thus confirming that this mechanism is in the fully stressed state. As a result, the effect of elasticity or KED inertia on the dynamic behavior of the flexible mechanism is fully and efficiently demonstrated.

It can be seen from the figures that the KED inertia strongly influences the dynamic response of the mechanism. In most cases, the absolute values of the KED solution are larger, in some cases much larger, than those of the KES solution. This is especially true for the absolute maximum values which are very important factors in dynamic design of flexible mechanisms. The rate of variation or vibration frequency of the KED curves is much higher than that of KES solution. In certain regions, such as $0° \leqslant \theta_1 \leqslant 80°$ and $320° \leqslant \theta_1 \leqslant 360°$, the solid curves show sharp peaks while the dotted lines do not. All of these results prove that the KED inertia makes a very important contribution to the overall dynamic behavior of the fully-stressed flexible mechanism. This conclusion is quite different from that in previous work.

Some important characteristics of the behaviour of this completely elastic mechanism can be summed up from the figures and Table 1. The differences between the results with and without the KED inertia vary for different criteria. The biggest one is that in the elastic deformational energy of the mechanism. Thus, this criterion may be taken as the most sensitive factor representing the effect of KED inertia or elastic deflection on the dynamics of flexible mechanisms. This conclusion can be explained by referring to Eq. (9) that includes the double function of the elastic deflection $\{U\}$. At the same time, however, this deformation energy plays a very small part (less than three percent) in the kinetic as well as total energy of the mechanism. This may be because the elastic motion of links is much smaller than the rigid-body motion of the mechanism after all. This interesting result is presented for the first time in this investigation and may be useful for the further research on balancing of energy in flexible mechanisms.

Table 1 Characteristic values

Item	σ_M	σ_1	σ_2	σ_3	R_A	R_B	R_C	R_D	F_s	M_A	T_{in}	E_d	E_k	E_g
Unit	MPa	MPa	MPa	MPa	N	N	N	N	N	N·m	N·m	N·m	N·m	N·m
KED_{max}	36.2	30.0	36.2	31.4	152.9	146.7	102.2	79.8	112.9	21.0	13.9	0.03	4.3	4.3
KES_{max}	14.6	14.6	11.5	10.0	105.2	98.9	75.0	62.2	78.9	12.3	6.6	0.006	4.2	4.2
KED_{RMS}	11.6	8.1	9.1	7.2	58.0	53.5	37.3	29.7	47.9	5.4	3.7	0.007	1.93	1.93
KES_{RMS}	6.0	4.8	4.8	4.1	46.1	40.6	27.4	25.2	39.3	4.5	2.2	0.002	1.92	1.92
Unit	%	%	%	%	%	%	%	%	%	%	%	%	%	%
η_{max}	59.8	51.4	68.2	68.0	31.2	32.6	26.6	22.0	30.1	41.4	52.6	81.2	1.6	2.4
η_{RMS}	47.9	40.1	47.6	42.8	20.5	24.1	26.5	15.2	17.9	16.6	41.1	74.0	0.4	0.5
ζ_{max}	148.6	106.0	214.8	213.0	45.3	48.3	36.3	28.3	43.1	70.6	110.8	431.2	1.6	2.4
ζ_{RMS}	92.0	67.0	90.8	74.7	25.7	31.8	36.0	18.0	21.8	19.9	69.7	284.8	0.4	0.6

It is interesting that the effect of KED inertia on the classical criteria which are generally mentioned in the dynamics of rigid-body mechanisms, such as shaking force and moment, input torque and bearing force, is weaker than on those which are quoted in flexible mechanisms, such as stress, deflection and deformation energy. This result indicates that the KED inertia has a direct effect on the latter, but only an indirect influence on the former. This may be due to the fact that the elastic deflection $\{U\}$ plays a more important role than its higher order terms $\{\dot{U}\}$ and $\{\ddot{U}\}$ in Eq. (1). However, it should be noted that the contribution of these higher order terms can not be ignored in the dynamics of flexible mechanisms. Fig. 8 shows the variation of acceleration at the mid-point of the coupler link in the mechanism. It can be seen that although the acceleration itself does not change very much, its effects on the other items of dynamic behavior of the mechanism are very strong. The results of this study may be helpful in determining the most efficient criterion in evaluating and improving the dynamic characteristics of flexible mechanisms.

4. Conclusions

The contribution of KED inertia to the dynamic behaviour of a planar flexible four-bar mechanism has been investigated systematically. Several important conclusions can be drawn as follows.

(1) The KED inertia plays an important part in the dynamic characteristics of flexible mechanisms.

(2) The KES method is not suitable for the study of dynamic behavior of flexible mechanisms.

(3) The effect of the KED inertia can be demonstrated completely in the fully-stressed flexible mechanism.

(4) Each dynamic criterion responds differently to the influence of KED inertia, forces, moments, etc being affected less than stresses and elastic deflections.

(5) The deformational energy has been shown to be most sensitive to the variation of KED inertia, while the energy of the whole mechanism motion is least sensitive.

(6) The examination of these criteria should be included in the preliminary stages of the optimal design of high-speed flexible mechanisms.

References

[1] Berkof R S, Lowen G G. Trans. ASME J. Engng Ind., 1969, 91: 21-26

[2] Tepper F R, Lowen G G. Trans. ASME J. Engng Ind., 1972, 94: 786-796

[3] Berkof R S. Mech. Mach. Theory, 1973, 8: 394-410

[4] Conte F L, Gorge G R, Mayne R W, et al. Trans. ASME J. Engng Ind., 1976, 98: 1289-1295

[5] Walker J, Oldham K. Mech. Mach. Theory, 1978, 13: 175-185

[6] Kochev I S. Mech. Mach. Theory, 1991, 26: 275-284

[7] Erdman A G, Sandor G N. Mech. Mach. Theory,1972, 7: 19-23

[8] Sadler J P. Trans. ASME J. Engng Ind.,1975, 97: 561-565

[9] Midha A, Erdman A G, Frohrib D A. Mech. Mach. Theory, 1978, 13: 603-618

[10] Thornton W A, Willmert K D, Khan M R. Trans. ASME J. Mech. Design, 1979, 101: 392-397

[11] Cleghorn W L, Fenton R G, Tabarrok B. Mech. Mach. Theory, 1981, 16: 407-424

[12] Thompson B S, Sung C K. Mech. Mach. Theory, 1986, 21: 351-359

[13] Jandrasits W G, Lowen G G. Trans. ASME J. Mech. Design,1979, 101: 77-88

[14] Jandrasits W G,Lowen G G. Trans. ASME J. Mech. Design, 1979, 101: 89-98

[15] Zobairi M A K, Rao S S, Sahay B. Mech. Mach. Theory, 1986, 21: 307-315

[16] Zobairi M A K, Rao S S, Sahay B Mech. Mach. Theory,1986:, 21: 317-323

[17] Balasubramonian A, Raghavacharyulu E. Proc.7th World Congr. on TMM, Span, 1987: 443-446

[18] Balasubramonian A, Raghavacharyulu E. Proc.7th World Congr. on TMM, Span, 1987: 447-450

[19] Balasubramonian A, Raghu E. ASMEDE-Trends and developments in mechanisms. Machines and Robots, 1988, 15-2: 373-380

[20] Li Z. Proc.8th World Congr. on TMM, Prague, Czechoslovakia, 1991, 1: 189-192

[21] Kochev I S. Mech. Mach. Theory, 1992, 27: 59-68

[22] Kochev I S. Mech. Mach. Theory, 1988, 23: 481-489

[23]Yang Z, Sadler J P. Trans. ASME J. Mech. Design, 1990, 112: 175-182

(in *Proc. International Conference on Advances in Mechanical Engineering*, Bangalore, India 1995, 1: 115-122)

§7　弹性机构动力平衡的有效新方法

余跃庆　古英

（北京工业大学，北京　100022）

摘　要：从改善弹性机构动力特性的角度研究了机构弹性动力平衡的本质问题。提出了附加弹性元件的新方法，有效地解决了弹性机构震动力、震动力矩、输入扭矩波动和运动副反力的平衡难题。首次推导出具有弹性元件的弹性连杆机构动力学方程，从理论上阐述了此平衡方法的有效性。仅用附加一根扭簧的简单方法实现了平面四杆机构的弹性动力平衡，效果明显。

关键词：弹性机构；动力平衡；弹性元件

1. 引言

高速、精密、轻质是现代高性能机器的重要标志和发展方向，机构的弹性动力平衡是改善和提高机器性能的前沿课题[1]。最早涉及弹性机构动力平衡问题的是文献[2,3]，主要讨论了用传统的在刚性机构中加配重的方法来平衡时其机构弹性动力学特性和影响。真正研究机构弹性动力平衡方法是从文献[4,5]开始的。它同时考虑了刚性和弹性运动引起的惯性力影响，并用在机构上加配重和缩减杆件截面的办法初步解决了弹性机构震动力最优平衡问题。之后，文献[1,6,7]也对机构弹性动力平衡进行了进一步研究。但弹性机构动力平衡的根本问题还未很好地解决。

从目前研究成果可以看出，主要平衡方法都是靠加配重或减少杆件截面来实现的。然而，这两种方法对于弹性机构来讲是不适合的。在机构弹性动力学综合研究中我们知道，弹性机构主要是根据轻型化要求而产生的，其机构设计总是按照机构重量最小为原则进行的，此时，机构中各杆基本上处于满应力状态。显然，附加配重必然增加机构重量，违背弹性机构设计要求。而再减少杆件截面将导致机构破坏，更是不可行的。因此，必须从新的角度研究弹性机构的本质特性，从而找出适用于真正弹性机构的平衡方法。

本文首次提出了附加弹性元件的新方法，有效地解决了弹性机构动力平衡问题。此方法不改变原机构杆件截面及总重量，却能大大改善弹性机构的动力特性，从而使其震动力、震动力矩、输入扭矩波动以及运动副反力等各项指标得以平衡。文中首先推导了包括附加弹性元件的弹性机构系统动力学方程，由此对平衡方法进行了理论分析。然后，以文献[4]中所得四杆机构为例，用在机构上附加一扭簧的简单方法，较好地实现了弹性机构的动力平衡，充分体现出这一新平衡方法的有效性和优越性。

2. 理论分析

根据前面分析可知，弹性机构动力平衡问题与刚性机构情况有本质区别，不能用配重或缩减截面的方法来解决，其主要问题应该是如何减小由于机构弹性运动而产生的附加惯性力作用。本文采用给机构附加弹性元件的办法，利用弹性元件的变形能来抵消或减弱机构弹性运动，从而达到弹性动力平衡的目的。具体办法是在原弹性机构上加一根扭转弹簧。在刚性机构动力平衡研究中知道，附加弹簧对机构震动力和震动力矩的平衡是不起任何作用的[8]。但对于弹性机构，情况将有根本改变。下面从此弹性机构系统动力学方程角度对附加弹簧的平衡原理进行分析。不失一般性，这里以平面铰链四杆机构为例进行推导。

4R 机构如图 1 所示，其三根运动杆均为弹性杆。为简单实用，在机构输出杆与机架连接处 D 加一根扭簧，其两端分别连在此两相邻杆上。这样，弹性机构与附加扭簧构成了一个新的动力学系统。为分析方便，我们把此系统分为连杆机构和扭簧两个部分。先分别分析，再建立统一方程。

对于连杆机构部分，可直接应用有限元法建立动力学方程。整个机构分为五个单元，如图 1 中所示。每个单元有八个弹性位移变量，全机构共有 18 个弹性位移变量，在 OXY 坐标系中表示为广义坐标 $u_1 - u_{18}$，由文献[9]可知，此连杆机构系统动力学方程为

$$[M]\{\ddot{u}\}+[C]\{\dot{u}\}+[K]\{u\}=\{P\} \tag{1}$$

式中，$[M]$、$[C]$、$[K]$ 分别为机构的系统质量、阻尼和刚度矩阵；$\{u\}$ 为系统弹性位移向量；$\{\dot{u}\}$ 和 $\{\ddot{u}\}$ 为 $\{u\}$ 的一阶及二阶导数；$\{P\}$ 为系统外载，其中包括机构由于刚体运动产生的惯性力。由于方程(1)的建立在机构弹性动力学研究中已很成熟[10]，这里将推导过程略去。

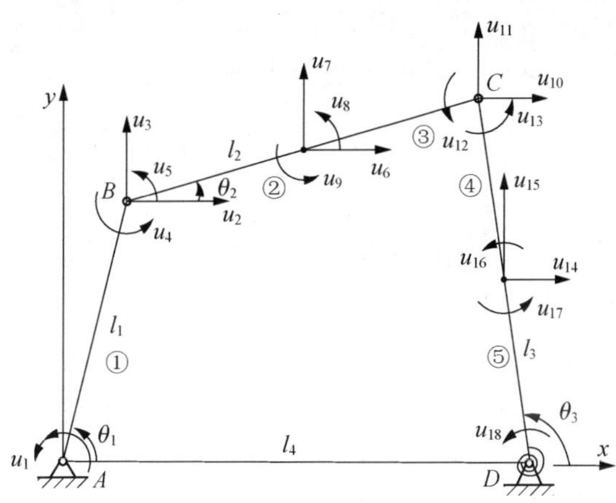

图 1　4R 机构及弹簧系统

对于扭簧部分，当忽略其质量不计时，它只有弹性变形势能

$$V = k_s\left[\left(\theta_3+u_3\right)-\phi_s\right]^2/2 \tag{2}$$

式中，k_s 为扭转刚度系数；θ_3 为杆 3 的刚体位移角度；u_3 为杆 3 的弹性位移角度；ϕ_s 为扭簧原始角度。上式对 u_3 求偏导，有

$$\partial V/\partial u_3 = k_s u_3 + k_s\left(\theta_3-\phi_3\right) \tag{3}$$

代入拉氏方程

$$\frac{\mathrm{d}}{\mathrm{d}_t}\left(\frac{\partial T}{\partial \dot{u}_3}\right)-\frac{\partial T}{\partial u_3}+\frac{\partial V}{\partial u_3}=0 \tag{4}$$

可得此扭簧动力学方程为

$$k_s u_3 = -k_s\left(\theta_3-\phi_3\right) \tag{5}$$

把 u_3 换到机构整体坐标系 OXY 中对应为 u_{18},这样，式(5)可写成

$$k_s u_{18} = -k_s\left(\theta_3-\phi_3\right) \tag{6}$$

现在，将机构部分和扭簧部分合并为一个动力学系统，其动力学方程则是式(1)与式(6)的组合，有

$$[M]\{\ddot{u}\}+[C]\{\dot{u}\}+\left([K]+\left[k_s'\right]\right)\{u\}=\{P\}+\{Q'\} \tag{7}$$

式中，

$$\left[k_s'\right]=\begin{bmatrix} [0]_{17\times17} & & & 0 \\ & & & 0 \\ 0 & \cdots & 0 & k_s \end{bmatrix}$$

$$\{Q'\}=\begin{pmatrix}0\\ \vdots\\ 0\\ -k_s(\theta_3-\phi_3)\end{pmatrix}_{18\times 1} \tag{8}$$

其他项与式(1)中相同。应当注意，当把机构与扭簧作为一个动力系统时，机架对此系统有外力作用。除了两铰链处运动副反力已包括在$\{P\}$中，机架对扭簧之外力(弹簧力的反力)为

$$q=-k_s(\theta_3+u_{18}-\phi_s) \tag{9}$$

因此，需将式(9)与式(7)合并，才是机构扭簧系统的真实动力学方程，即

$$[M]\{\ddot{u}\}+[C]\{\dot{u}\}+([K]+[k_s])\{u\}=\{P\}+\{Q\} \tag{10}$$

式中，$[k_s]=2[k_s']$；$\{Q\}=2\{Q'\}$。

比较式(1)和式(10)可以看出，附加了扭簧后的机构弹性动力学方程发生了改变，增加了$[k_s]$和$\{Q\}$两项。因此，方程式(10)的解，即机构的弹性运动将与式(1)时有所不同，由机构弹性运动产生的惯性力也将随之发生变化。所以，只要适当选择扭簧特性参数就可能使这种变化向着有利于改善机构性能的方向发展，从而达到机构弹性动力平衡的目的。以上理论分析说明，附加扭簧的平衡方法是从改善机构弹性动力状况这个根本性角度来实现弹性机构平衡目的的，它与其他方法有本质区别，不是以牺牲或破坏机构特性(如轻质、满应力等)为代价去达到平衡目的的，而是在全面改善机构内在特性基础上实现平衡的，是根本解决弹性机构动力平衡的有效途径。

下面通过实例说明用附加扭簧方法进行弹性机构动力平衡的具体过程。

3. 平衡实例

由前述分析可知，弹性机构动力平衡是通过附加弹性元件以减少机构中由于弹性运动而引起的惯性作用。显然，一般情况下是不能完全消除这种作用的，也就是说弹性机构不能达到完全平衡，而只能是部分平衡。因此，应用最优化技术实现弹性机构的最佳平衡是解决问题的有效方法。

众所周知，进行优化过程的主要问题就是优化变量、目标函数和约束条件的选择。对于本文讨论的如图 1 所示附加扭簧平衡四杆机构的问题来讲，原机构的结构尺寸、截面参数及材料都是根据弹性机构设计而确定的，为了更好地说明问题，这里就选择文献[4]中经过缩减截面的平衡设计结果作为原始机构,其参数如表 1 所示。因此，本文的优化变量只能是所加扭簧的参数，即扭簧的刚度系数k_s和初始角度ϕ_s，可表示为

$$\{x\}=(x_1,x_2)^{\mathrm{T}}=(k_s,\phi_s)^{\mathrm{T}} \tag{11}$$

表 1

	曲柄	连杆	摇杆	机架
杆长/mm	366.3	841.2	602.0	853.2
截面宽/mm	15.3	10.2	10.2	
截面高/mm	5.3	5.1	5.1	

材料：铝，质量密度ρ=2.71×10^{3}kg/m^3，弹性模量 E=7.0×10^{10}Pa，剪切模量 G = 3.0×10^{10}Pa，材料阻尼系数ξ=0.05，转速 n=300r/min。

在机构动力平衡研究中，震动力、震动力矩、输入扭矩和运动副反力是重要的平衡指标。从机构平衡角度讲，首先要解决的就是机构惯性力作用下机架的振动问题，震动力和震动力矩是直接反映机架振动的动力指标。因此，通常选择它们作为弹性机构平衡的目标函数是比较合理的。这里，将震动力和震动力矩的同量纲加权和确定为四杆机构弹性动力平衡的优化目标函数，即

$$f(x)=w_1F_{s\max}+w_2M_{s\max}/L_4 \tag{12}$$

式中，w_1 和 w_2 为加权因子；L_4 为机架长；$F_{s\max}$ 和 $M_{s\max}$ 分别为机构一个运动周期中震动力和震动力矩的绝对最大值。

为了使优化过程在适当的区域内进行，得到较理想的结果，需要选择一定的约束条件。由于本文目的是解决弹性机构平衡，与平衡相关的几个重要指标，如震动力、震动力矩、输入扭矩、副反力等都应有所限制。另外，对于弹性机构来讲，机构中各杆应力状况是反映其动力特性的重要指标，必须满足应力条件。因此,整个约束条件可表示为

$$c(x):\quad \begin{aligned} &F_{s\max}-[F_s]\leqslant 0\\ &M_{s\max}-[M_s]\leqslant 0\\ &T_{\text{in}\max}-[T_{\text{in}}]\leqslant 0\\ &F_{b\max}-[F_b]\leqslant 0\\ &\sigma_{\max}-[\sigma]\leqslant 0 \end{aligned} \tag{13}$$

式中，T_{in}、F_b、σ 分别表示输入扭矩、副反力和应力。括号表示许用值或限制量,对本文来讲，其大小就是原机构(即文献[4]经优化设计所得机构)的相应数值,详见表 2 中平衡前一栏。这样选取,既不会破坏原机构性能,也便于比较不同平衡方法的效果。

表 2

		$F_{s\max}$ /N	$M_{s\max}$ /(N·m)	$T_{\text{in}\max}$ /(N·m)	$F_{A\max}$ /N	$F_{B\max}$ /N	$F_{C\max}$ /N	$F_{D\max}$ /N	$\sigma_{1\max}$ /MPa	$\sigma_{2\max}$ /MPa	$\sigma_{3\max}$ /MPa
平衡前	幅值	122.5	75.21	22.08	132.32	110.13	54.01	86.55	68.02	66.21	39.35
平衡后	幅值	56.01	39.43	11.56	66.15	59.11	29.23	55.04	38.89	36.08	29.30
	下降幅度(%)	54.28	47.57	47.64	50.01	46.33	45.88	36.41	42.83	45.51	25.54

现在，只要应用适当的优化技术，就可以进行四杆机构弹性动力最优平衡了。这里,我们采用一种较先进的变尺度约束优化方法[12]，当变量初值选为 $x_1=k_s=7.0\text{Nm/rad}$ 及 $x_2=\phi_s=2.0\text{rad}$ 时，得到以下优化结果：

$$x_1=k_s=8.83\text{N}\cdot\text{m/rad},\qquad x_2=\phi_s=2.03\text{rad}$$

机构各动力指标变化曲线如图 2～图 6 中实线所示。为便于比较，将原机构相应曲线也画在图中，用虚线表示。另外，将各项指标的最大值及平衡后下降幅度用数据形式列于表 2 中。

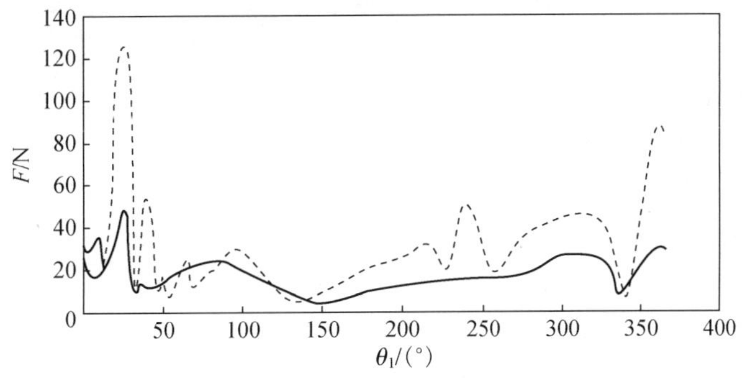

图 2　震动力

从以上图表中明显看出，平衡前后机构各项动力指标都有很大变化。首先是曲线波动变缓，高频振动部分明显减小，这正好说明机构中由弹性变形运动所引起的惯性力得到了很好的限制。其次，各动力指标数值上下降幅度较大，达到 55%，平衡效果明显。也就是说机构中由弹性运动产生的惯

性作用基本上得到平衡,其余部分惯性力主要是机构的刚体运动引起的，附加弹簧对此部分是无能为力的，如需要，可采用刚性机构平衡的常用办法来解决。以上结果充分说明附加扭簧的新方法对于弹性机构动力平衡是十分有效的。同时，也从数值上证明了前面理论分析的正确性。

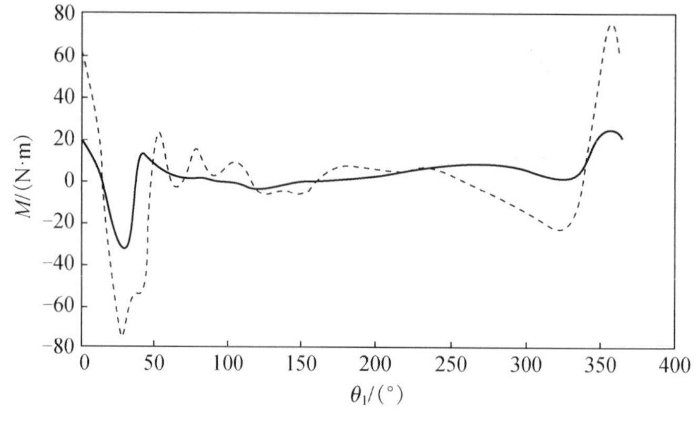

图 3　震动力矩

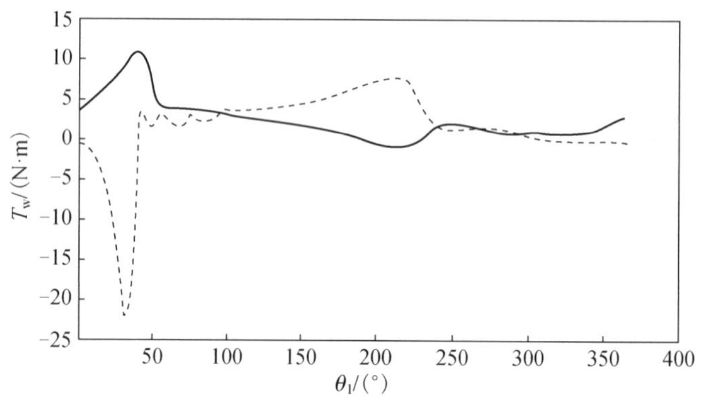

图 4　输入扭矩

进一步观察所有指标平衡前后变化情况还可以发现，在附加扭簧之后，机构各项动力指标都呈下降趋势，这与刚性机构平衡中各指标相互矛盾的现象大不相同。对于这种弹性机构平衡中出现的特殊现象可解释如下。由动力学方程(10)可知，在附加扭簧以后弹性机构动力学方程中系统刚度和外载有所改变。这必将引起机构弹性运动的改变，由弹性运动产生的惯性作用也就随之变化。同时，与弹性变形直接相关的副反力及应力也跟着改变。因此，所有动力指标都是随着机构弹性变形运动的减缓而同时减小的。所以，可以看出，附加扭簧方法是通过改变机构弹性运动及动力特性来实现平衡的，它不是像其他方法那样靠各部分惯性力的相互抵消来达到机构整体平衡的。这种方法不仅能使弹性机构整体上平衡，还能同时改善机构内部动力性能，这对改善和提高弹性机构性能是十分有利的，与其他平衡方法相比具有明显的优越性。

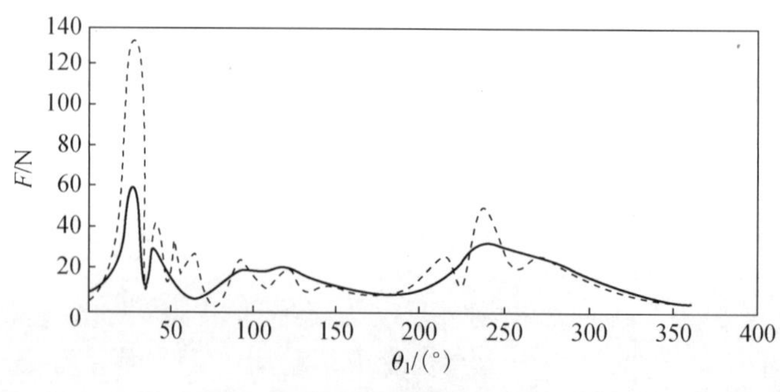

图 5　运动副反力

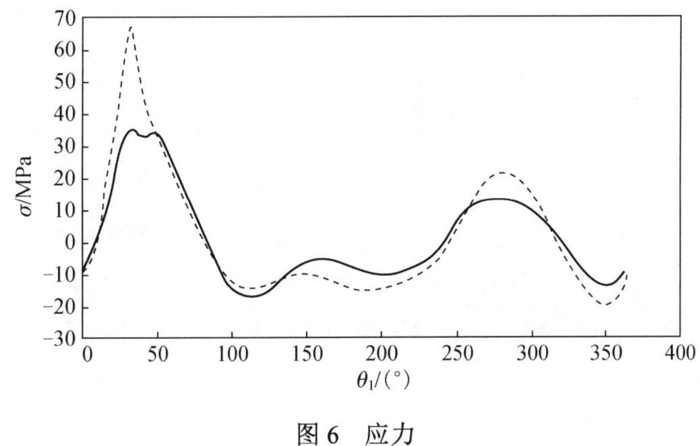

图 6　应力

4. 结论

本文在详细分析了弹性机构动力平衡中存在的问题基础上，首次提出了附加弹性元件的新平衡方法，避免了其他方法的不足，有效地解决了弹性机构的动力平衡问题，使机构震动力、震动力矩、输入扭矩波动、运动副反力及应力等多项动力指标同时大幅度下降，从整体上改善了弹性机构动力性能。理论分析和数值算例说明附加扭簧方法具有简单、有效、易行等特点。由于篇幅有限，这里只介绍了附加一根扭簧情况，实际上还可以有多种形式，如在机构不同位置附加多根扭簧及拉簧等[9]，可达到更好的平衡效果。

参考文献

[1] 黄永强，王子良. 连杆机构的弹性动力平衡. 机械工程学报，1991, 27: 91-97

[2] Jandrasits W G, Lowen G G. The elastic-dynamic behavior of a counter weighted rock link with and overhanging endmass in a four-bar linkage. J. Mech. Des., 1979, 101: 77-98

[3] Balasubramonian A, Raghav acharyulu E. Influence of balancing weights on vibratory response of the coupler of a four-bar mechanism. Proc. 7th World Congr., 1987, 1: 443-450

[4] Zobairi M A K, Bao S S, Sahay B. Kineto-Elastodynamic balancing of 4r-four-bar mechanisms by combining kinematics and dynamic stress considerations. Mech. Mach. Theory, 1986, 21: 307-315

[5] Zobairi M A K, Rao S S, Sahay B. Kineto-Elastodynamic balancing of 4r-four-bar mechanisms by internal mass redistribution. Mech. Mach. Theory, 1986, 21: 317-323

[6] 聂松辉，刘宏昭，曹惟庆. 弹性连杆机构的综合动力平衡. 机械工程学报，1991,27:335-338

[7] Li Z. The Characteristics and balancing of the shaking force and moment of elastic linkage. Proc. 8th World Conger., 1991, 1: 189-192

[8] 白师贤，张渊. 用弹簧平衡机构输入扭矩的理论和实验研究. 第二届全国机构学年会，泰安，1984

[9] 古英. 弹性连杆机构动力平衡研究. 北京：北京工业大学，1996

[10] 张策，等. 弹性连杆机构的分析与设计. 北京：机械工业出版社，1989

[11] Niu M Q, Pernestri E. Optimum balancing of four-bar linkages. Mech. Mach. Theory, 1991, 26: 337-348

[12] 余俊，周济. 优化方法程序 OPB-1 原理及使用说明. 北京：机械工业出版社，1989

（原载《机械科学与技术》，1998，17(1)：1-4）

§8　附加扭簧进行机构弹性动力平衡的理论和实验研究

林晶　余跃庆　邱银福

（北京工业大学，北京　100022）

摘　要：对附加弹簧的弹性机构的动力平衡进行了理论分析，首次从实验的角度对这一问题进行了研究。通过一平面 4R 机构，综合分析了附加扭簧对弹性机构动力平衡的影响，并对影响的机理进行了分析。

关键词：扭簧；弹性机构；动力平衡

1. 引言

随着机械产品向高速、重载、轻巧的方向发展，构件的弹性振动对机构动力学性能的影响不能再被忽略。因而，机构弹性动力学成为机构学领域的前沿课题。现已在各方面取得了很大的进展，但在弹性机构动力平衡方面的研究还很不充分。文献[1]利用尺寸优化和加配重的方法对弹性机构的动力平衡进行了研究。这是此领域最早也是最重要的成果。文献[2,3]等也对这一问题进行了研究，但从这些文献的研究的方法和内容上看更多的是刚性机构动力平衡思想的延续，并没有真正针对弹性机构的特性来进行考虑。文献[4]用附加弹簧的方法对弹性机构动力平衡进行了理论分析，推导了附加弹簧后的弹性机构的动力学模型，并进行了平面 4R 机构的最优平衡，使此问题有了新的进展，但没有从实验的角度进行研究。

本文在文献[5]的基础上从理论和实验两方面对附加弹簧的弹性机构动力平衡进行研究,进一步分析弹簧对弹性机构动力学性能的影响和作用。

2. 理论分析

文献[5]研究了分别在平面 4R 机构的 D 副和 C 副(图 1)附加扭簧的弹性机构的动力平衡问题。从实验和实际应用的角度考虑，本文将只对在 D 副附加扭簧的弹性机构进行研究。首先应用文献[5]所给出的有限元法对弹性机构进行建模，将机构划为 5 个单元，第 1 个单元取 4 个单元广义坐标，第 2～4 单元分别取 7 个单元广义坐标，第 5 单元由于附加弹簧后相当于有外载，因此也取 7 个单元广义坐标，这样共有 19 个系统广义坐标，如图 1 所示。此时各单元的动力学方程为

$$\boldsymbol{m}_{\mathrm{e}}\ddot{u} + \boldsymbol{c}_{\mathrm{e}}\dot{u} + \boldsymbol{k}_{\mathrm{e}}u = \boldsymbol{p}_{\mathrm{e}} \tag{1}$$

式中，$\boldsymbol{m}_{\mathrm{e}}$、$\boldsymbol{c}_{\mathrm{e}}$、$\boldsymbol{k}_{\mathrm{e}}$ 分别为单元质量,阻尼和刚度矩阵；$\boldsymbol{p}_{\mathrm{e}}$ 为单元广义力列阵；u、$\dot{u}$ 及 $\ddot{u}$ 分别为单元广义坐标列阵、广义速度列阵及广义加速度列阵。

机构处于任一位置时弹簧的弹性势能为

$$U = \frac{1}{2}S_{\mathrm{k}}[\theta_3 + u_{53} - \psi]^2 \tag{2}$$

式中，S_{k} 为扭簧的刚度；θ_3 为摇杆的刚体转角；u_{53} 为弹簧所在单元即第 5 单元第 3 个广义坐标；ψ 为扭簧的初始角。

把式(2)代入拉格朗日方程可得

$$S_{\mathrm{k}}u_{53} = -S_{\mathrm{k}}(\theta_3 - \psi) \tag{3}$$

将式(3)代入第 5 单元的动力学方程,再将各单元方程装配组合成系统方程

$$\boldsymbol{M}\ddot{\boldsymbol{U}} + \boldsymbol{C}\dot{\boldsymbol{U}} + \boldsymbol{K} + \boldsymbol{K}'\boldsymbol{U} = \boldsymbol{P} + \boldsymbol{P}' \tag{4}$$

式中，$\boldsymbol{M}$、$\boldsymbol{C}$ 分别为系统的质量和阻尼矩阵；$\boldsymbol{K}$ 为不加扭簧时系统的刚度矩阵；$\boldsymbol{P}$ 为不加扭簧时系统的广义力列阵；$\boldsymbol{U}$、$\dot{\boldsymbol{U}}$ 及 $\ddot{\boldsymbol{U}}$ 分别为系统广义位移、广义速度及广义加速度列阵；$\boldsymbol{K}'$ 为附加扭簧后系统刚度矩阵增加的部分，$\boldsymbol{P}'$ 为附加扭簧后系统广义力列阵增加的部分，它们的具体形式是

$$\boldsymbol{K}' = \begin{array}{r} \\ \\ \\ 18\text{行}\rightarrow \\ \\ \end{array}\!\!\overset{\downarrow 18\text{列}}{\begin{bmatrix} 0 & \cdots & 0 & 0 & 0 \\ \vdots & & \vdots & \vdots & \vdots \\ 0 & \cdots & 0 & \cdots & 0 \\ 0 & \cdots & \cdots & -S_{\mathrm{k}} & 0 \\ 0 & \cdots & \cdots & \cdots & 0 \end{bmatrix}}, \quad \boldsymbol{P}' = \begin{bmatrix} 0 \\ \vdots \\ S_{\mathrm{k}}(\theta_3 - \psi) \\ 0 \end{bmatrix} \leftarrow 18\text{行} \tag{5}$$

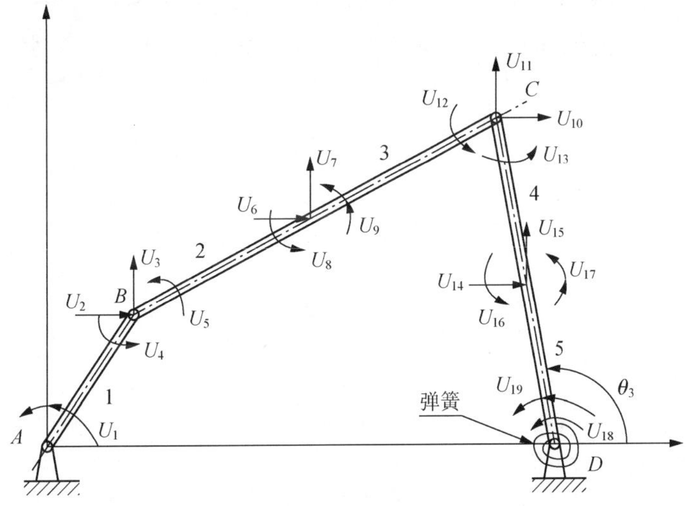

图 1　机构示意图

从方程的角度来讲扭簧的加入改变了方程的广义力列阵及刚度矩阵，但由于 S_{k} 的大小相对于原刚度矩阵的元素来说比较小，对刚度矩阵的影响也比较小，它主要影响的是广义力列阵。

通过求解方程(4)就可以得到机构广义坐标、广义速度、广义加速度值。也就可以得到各单元的响应 $\boldsymbol{U}$、$\dot{\boldsymbol{U}}$ 及 $\ddot{\boldsymbol{U}}$，将它们代入整体坐标系下的单元动力学方程就可以求得各副反力。通过第 1、5 单元接地端的副反力，根据式(6)就可以求出机构的震动力。

$$\mathrm{SF} = [(F_{\mathrm{A}x} + F_{\mathrm{D}x})^2 + (F_{\mathrm{A}y} + F_{\mathrm{D}y})^2]^{1/2} \tag{6}$$

式中，$F_{\mathrm{A}x}$ 表示 A 副 X 方向的副反力；$F_{\mathrm{A}y}$ 表示 A 副 Y 方向的副反力；$F_{\mathrm{D}x}$ 表示 D 副 X 方向的副反力；$F_{\mathrm{D}y}$ 表示 D 副 Y 方向的副反力。

由于扭簧的刚度和初始角是影响机构动力学方程的主要参数，这样通过改变扭簧的刚度和初始角就可以改变机构的震动力。因此可以通过非线性规划求得震动力的优化解，从而达到对机构进行部分平衡的目的。

下面进行计算机仿真，机构各参数如表 1 和表 2 所示。

表 1　机构参数(一) (曲柄输入转速：100 r/ min)

	长度/m	宽度/m	厚度/m	材料	密度/(kg·m^{-3})	剪切模量/GPa	弹性模量/GPa
曲柄	0.3663	0.0153	0.0051	钢	7800	80	200
连杆	0.8412	0.0102	0.0051	钢	7800	80	200
摇杆	0.6020	0.0102	0.0051	钢	7800	80	200
机架	0.8532						

表 2　机构参数(二)

	集中质量/kg	转动惯量/(10^{-5}kg·m^2)		集中质量/kg	转动惯量/(10^{-5}kg·m^2)
A 副	0.196	3.92	C 副	0.490	9.81
B 副	0.415	8.56	D 副	0.375	16.8

以机构震动力的最大值(峰值)为优化目标，扭簧的刚度和初始角为优化变量，以各杆最大应力不超过许用应力为约束，采用梯度投影法进行优化。优化变量初值为(10,1)，得到的优化解为(13.08, 1.385)。图 2 为附加扭簧前后机构震动力的变化情况，此时机构总震动力的最大值下降了 11%。

为了更清晰地看出弹簧对弹性部分震动力的平衡作用，采用文献[6]所提出的刚性坐标轴法，即将机构总的震动力除去刚体震动力部分，只分析其弹性部分，图 3 为加弹簧前后机构震动力弹性部分的变化图。从图 3 中可以看出，此时由于弹性变形引起的机构震动力的最大值下降了 26%，并且此震动力在各位置都有不同程度的下降。这一结果充分说明了附加弹簧对弹性机构震动力的平衡有很好的作用。

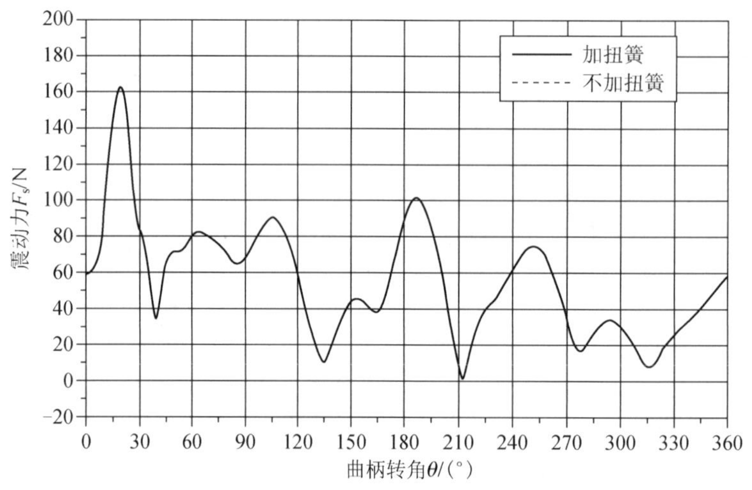

图 2　机构总震动力图

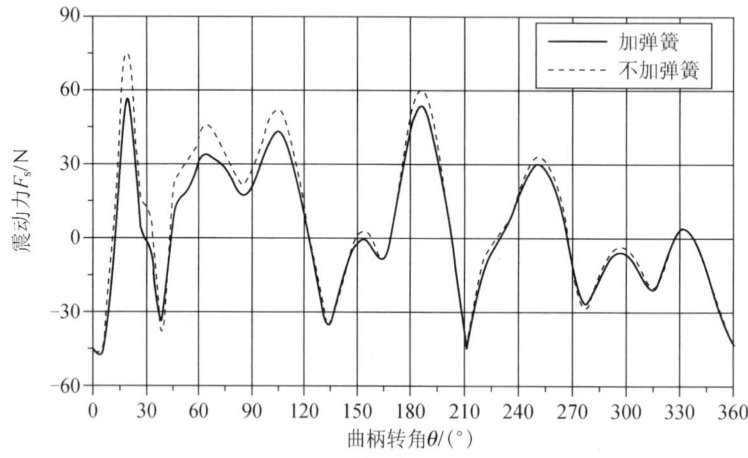

图 3　弹性震动力图

3. 实验研究

为了验证上述理论分析的正确性，下面通过实验来进行分析。由于直接测定震动力尤其是其弹性部分比较困难，本实验通过测定附加扭簧后摇杆中点的应变来间接地说明问题。图 4 是实验测得的附加扭簧后摇杆中点的应变曲线，图 5 为不加扭簧时的应变曲线，它们都经过 10Hz 的低通滤波。图 6 和图 7 为与它们相对应的理论分析结果。

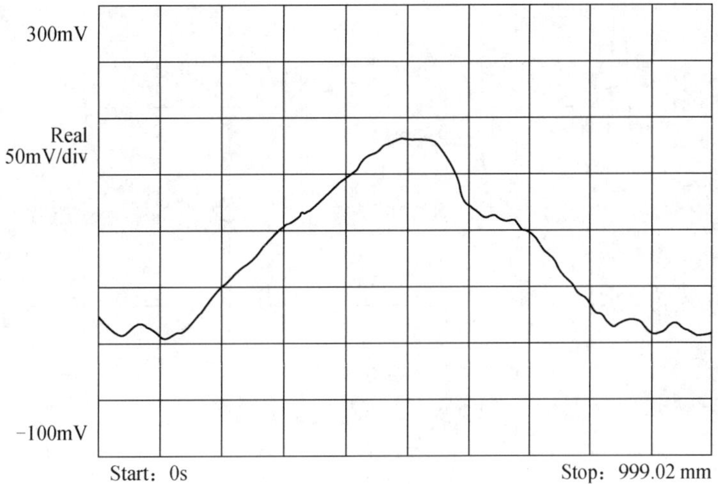

图 4　加扭簧的实验曲线

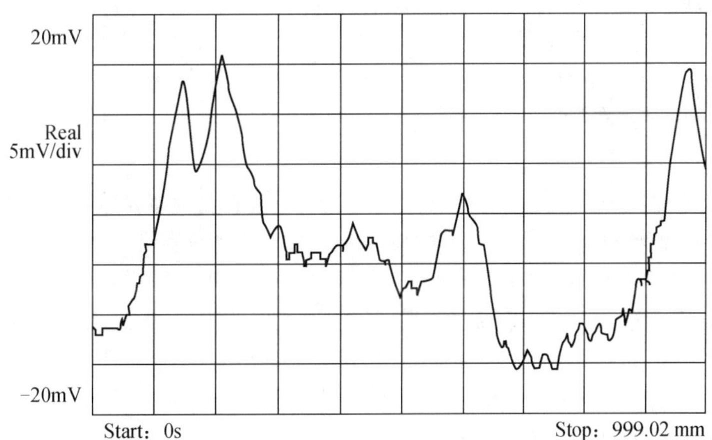

图 5　不加扭簧的实验曲线

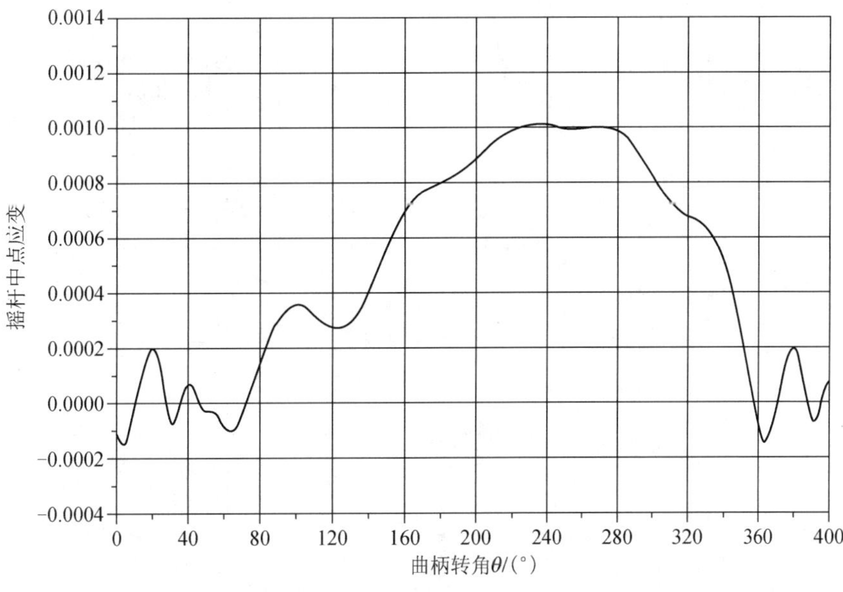

图 6　加扭簧后的理论曲线

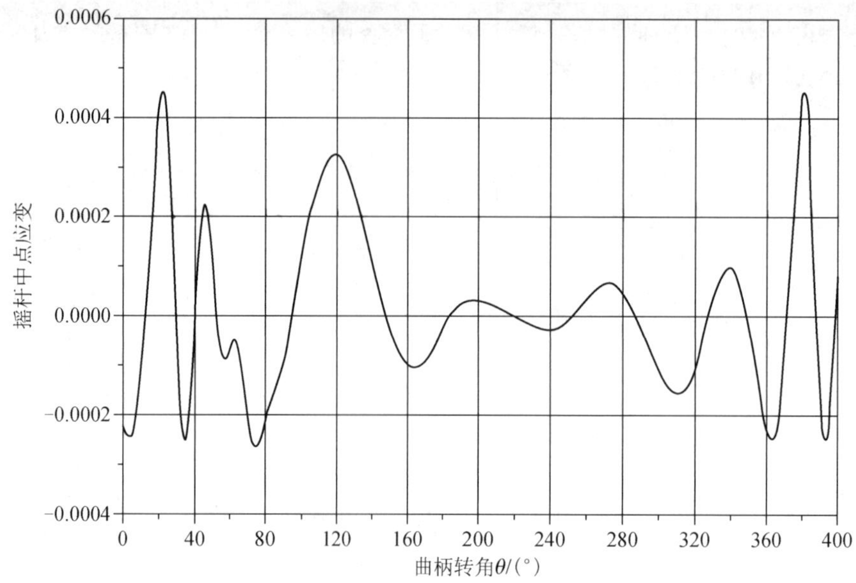

图 7　不加扭簧的理论曲线

从图 4～图 7 的比较看出，附加扭簧前后的实验结果与理论分析曲线从变化趋势上说是基本相符的。但由于实验台本身存在着间隙、摩擦、扭振等一些理论上不易计入的因素，因此，两者在数值上存在着一定的偏差。总的来说，理论分析与实验结果在说明附加扭簧的作用上还是比较一致的。

以往的研究已表明弹簧对刚性机构震动力的平衡没有效果，而为什么会对弹性机构起作用呢？下面进一步分析。

弹性机构震动力的来源比刚性机构要复杂，除了含有刚性震动力外还有弹性杆弹性振动所产生的弹性震动力，而且弹性震动力与刚性震动力是耦合在一起的。弹性杆弹性振动所产生的 KED 惯性力可表示为$m\ddot{u}$，在以往的对弹性机构动力平衡的研究中采用改变截面尺寸的方法对于刚性部分相对比较大的弹性机构来讲，m 在一定范围内下降不会使机构的弹性震动力有很大的增加。而对于弹性部分较大的机构来讲，m 的下降会使 $\ddot{u}$ 的变化很剧烈，从而使弹性震动力 $m\ddot{u}$ 增加很大，这样就使弹性震动力以及总震动力增大。这两种情况在文献[1]中都体现出来了。

附加弹簧对弹性较大的机构就不会产生上述的不良后果，因为加弹簧并不会减小 m，也就不会使机构的弹性增大，相反它的加入增加了机构的当量刚度和当量阻尼，从而改变了弹性杆弹性振动的加速度 $\ddot{u}$。图 8 和图 9 分别表示了加弹簧前后摇杆中点以及连杆中点的加速度绝对值的变化情况。

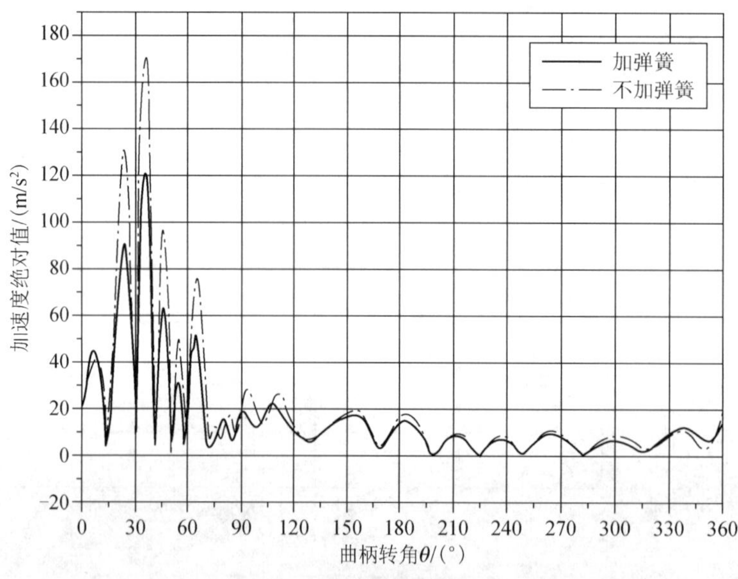

图 8　摇杆中点加速度图

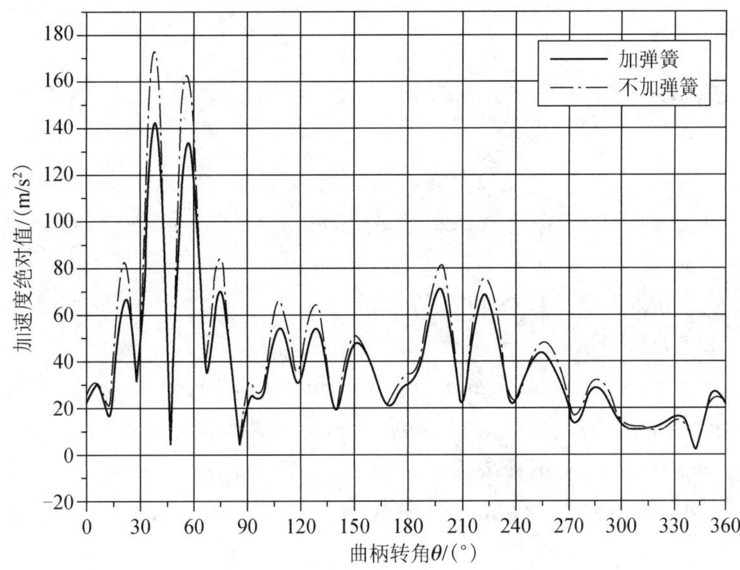

图 9　连杆中点加速度图

从图中可以看出，其最大值分别下降了 23%和 18%。在 D 副附加扭簧后无论是摇杆中点还是连杆中点的加速度值都有所下降，因此，机构弹性震动力及总的震动力都有所下降，如图 2 和图 3 所示。也正好说明了上述分析的合理性。同时，从图中还可以看出，附加扭簧后摇杆中点的应力明显增大，这主要是扭簧引起的静变形造成的，这一点是附加扭簧所带来的不利影响。

4. 结束语

结果表明附加弹簧可以有效地实现弹性机构的动力平衡。通过对附加弹簧平衡弹性机构的机理进行分析可知，附加弹簧后机构构件弹性振动加速度有所改变。因而使机构的弹性振动得到抑制，从而实现了对弹性机构的动力平衡。同时也发现附加弹簧会带来机构构件静变形增大的不利影响。

参考文献

[1] Zobairi M A K, Rao S S, Sahay B. Kineto-elastodynamic balancing of 4r four-bar mechanisms combining kinematic and dynamic stress considerations. Mech.Mach.Theory,1986, 21(4):307-315

[2] 黄永强,王子良.连杆机构的弹性动力平衡.机械工程学报,1991,27(1):91-97

[3] 聂松辉,刘宏昭,曹惟庆.弹性连杆机构的综合动力平衡.机械工程学报,1991, 27(4):335-338

[4] 余跃庆,古莫.弹性连杆机构平衡的有效新方法.机械科学与技术,1998,17(1):1-4

[5] 张策.弹性连杆机构的分析与设计.2版. 北京：机械工业出版社,1997

[6] 岳士岗.柔性连杆机构的震动力优化.北京工业大学学报,1994,20(4):91-96

[7] 马良埕.应变电测与传感技术. 北京：中国计量出版社,1993

（原载《机械科学与技术》，2001，20(6):910-912）

§ 9　Active Balancing of a Flexible Linkage with Redundant Drives

Yu Yueqing, Lin Jing

Department of Machine Design, College of Mechanical Engineering Beijing Polytechnic University, Beijing 100022, *China*

Abstract: *The dynamic balancing of flexible linkages, which is a challenging topic in the dynamics of mechanisms, is accomplished by active control with redundant drives for the first time in the present study. The mathematical model and dynamic equations of flexible mechanisms with redundant actuators are derived. The optimum shaking force and shaking moment balancing of a flexible linkage have been obtained through an active way of additional actuators. The effectiveness and advantage of redundant drives on the dynamic balancing of flexible mechanisms is fully demonstrated by an example of four-bar linkages.*

1. Introduction

The dynamic balancing of high-speed mechanisms is a very important subject in the field of mechanisms. A great deal of achievement has been obtained in both complete and partial balancing of linkages [1]. The methods of counterweights and additional links have been widely used in the dynamic balancing of planar and spatial linkages [2,3]. The problems of shaking force balancing and shaking moment balancing have been solved successfully [4, 5]. However, almost all the works in this field were limited to rigid body mechanisms. It is well known that elastic deformation has a significant effect on the dynamics of high-speed mechanisms. The kineto-elasto dynamics (KED) of flexible mechanisms has attracted more and more attention [6]. In addition to the inertia force caused by the rigid body motion of a mechanism, the KED inertia force due to elastic vibration should also be eliminated for flexible mechanisms. This problem becomes more complicated than that of a rigid one.

It is encouraging that progress has been made in the KED balancing of flexible mechanisms. The elastic behavior of a counterweighted four-bar linkage was first investigated theoretically and experimentally by Jandrasits and Lowen [7, 8]. Furthermore, Balasubramonian and Raghavacharyulu [9, 10] dealt with the influence of endweight counterweights on the elastodynamic behavior of a planar four-bar crank-rocker mechanism with an elastic coupler link. The significance of KED inertia on the dynamics of flexible mechanisms has been recognized in these works. The KED balancing of flexible mechanisms was studied first by Zobairi et al. [11, 12]. The optimum balancing or design of an elastic four-bar linkage was achieved by the way of internal mass redistribution and size reduction of link cross-sectional areas. However, it is well known that the minimum mass or weight has been widely accepted as the objective in the optimal design of flexible mechanisms. This design criterion means that the link cross-sectional areas of a flexible mechanism have already been determined as the minimum ones before the mechanism is balanced. In this case, every link of the mechanism works almost at a fully stressed condition, and so the cross-sectional areas of links can not be reduced any more. Therefore, the method of reducing link cross-sectional areas can no longer be suitable to the dynamic balancing of such kind of flexible mechanisms. Moreover, it is evident that the method of internal mass redistribution cannot be used in the balancing of flexible mechanisms too. This is because mass redistribution means, in general, the addition of counterweights that results in the great increase of mass or weight of mechanisms. The mechanism to be balanced in Refs. [11] and [12] might be a rather heavy and rigid linkage because the contribution of KED inertia force was very small (about 3 percent) compared with that of a rigid one in the mechanism. In this way, the balancing of such a mechanism seems to be the balancing of a rigid body mechanism rather than a flexible linkage.

Oliver et al. [13] presents a control method to reduce the tracer point deflection of flexible linkage by using a microprocessor that can be believed as a redundant drive. Although only the kinematic control of flexible linkage has been accomplished in this work, the method of redundant drive has shown a good effect on the improvement of kinematic and dynamic characteristics of flexible mechanisms. Furthermore, the dynamic balancing of a rigid body linkage has been achieved by active control with redundant drive [14, 15]. The shaking moment of mechanism has been balanced on the condition of complete shaking force balancing by counterweights. This result demonstrates the disadvantage of redundant drive on the dynamic balancing of rigid body mechanisms. The method of additional drives can be more effective in the dynamic balancing of flexible mechanisms, in which both shaking force and shaking moment can be balanced without counterweights. However, little investigation into this aspect has been presented up to now. The dynamic balancing of flexible mechanisms is still a challenging problem.

An active balancing of flexible mechanisms is presented for the first time in this study by using redundant drives. The dynamic equation of a flexible mechanism with redundant actuators is derived at first. The principle of redundant drives is then illustrated theoretically. The optimum shaking force and shaking moment balancing of a flexible four-bar linkage is completed through the addition of two redundant drives. The numerical results show the superiority of new methods over previous works. Some conclusions are drawn from the discussion of an example.

2. Dynamic equations

The objective of the present study is to reduce or eliminate the elastic vibration due to KED inertia of flexible mechanisms. The way to access this goal is to add proper redundant drives on the mechanism. As is well known, the number of prime drive (PD) must be equal to that of degree of freedom for a rigid body mechanism in order to maintain the defined motion. If the total number of all drives is greater than that of PD, there must exist redundant drives (RD) in the mechanism system. For a flexible mechanism with redundant drives, the gross motion of a flexible mechanism can be attained by the prime drive, while the redundant drives can be used to control the elastic motion and KED behavior of the mechanism. The dynamic balancing of flexible mechanism can, therefore, be achieved in this way.

First, it is necessary to derive the dynamic equation of a flexible mechanism with redundant drives. Without the loss of generality, a planar four-bar linkage is taken here as an example for illustration shown in Fig. 1. The rigid body motion of linkage is determined by the prime drive mounted on input link 1 at joint A. Two redundant drives are installed at joint C and joint D, named RD1 and RD2, respectively, to control the elastic vibration of mechanism. By applying the Finite Element Technique that has been widely used in the KED analysis of flexible mechanisms [16], the whole flexible linkage can be treated as a dynamic system consisting of five beam elements. The input link is considered as one cantilever beam because of the heavy inertia of prime drive. The other two links are divided into two simple beams, respectively. Each beam element has 8 degrees of freedom of elastic displacements, where 4 linear displacements expressed by a straight single arrow, 2 angular displacements labeled with a circular single arrow, 2 curvatures presented by a double arrow. The whole linkage has 21 degrees of freedom of elastic displacements represented by $\boldsymbol{U}_1 \sim \boldsymbol{U}_{21}$ in the global coordinates AXY in Fig. 1. By using the Lagrange equation, the equation of motion of each element can be derived as in the following matrix form:

$$[m]_i\{\ddot{u}\}_i+[c]_i\{\dot{u}\}_i+[k]_i\{u\}_i=\{p\}_i+\{f\}_i+\{q\}_i \quad i=1,2,\cdots,5 \tag{1}$$

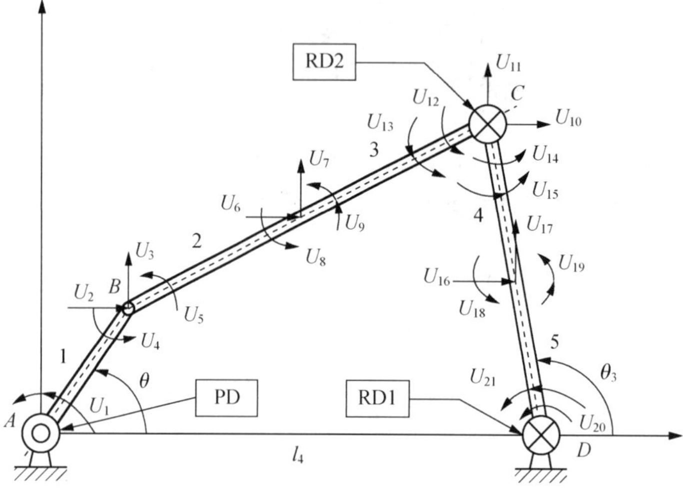

Fig.1 A flexible four-bar linkage with redundant drives

Where, $[m]_i$, $[c]_i$ and $[k]_i$ are the element mass, damping and stiffness matrices of the ith element, respectively. $\{\dot{u}\}_i$ is the modal deflection vector of the ith element. $\{\dot{u}\}_i$ and $\{\ddot{u}\}_i$ are the first and second derivations of $\{\dot{u}\}_i$, respectively. $\{p\}_i$ represents the general force acting on the nodes of element, in which the inertia forces due to the rigid body motion of element is included. $\{f\}_i$ indicates the forces acting on the element by other joined elements, i.e., the bearing reaction forces of the element. It is an internal force for the whole mechanism and can be cancelled with each other and so disappear in the dynamic equation of mechanism system as shown later. $\{q\}_i$ expresses the external load acting on the element, in which the effect of redundant drive is included. In this case, we have

$$\begin{cases}\{q\}_3=(0,0,0,0,0,0,M_2,0)^{\mathrm{T}}\\ \{q\}_4=(0,0,0,0,0,0,-M_2,0)^{\mathrm{T}}\\ \{q\}_5=(0,0,M_1,0,0,0,0,0)^{\mathrm{T}}\end{cases} \tag{2}$$

Where, M_1 and M_2 are the output torques of RD1 and RD2, respectively. It should be noted that $\{q\}_i$ might vanish if there is no redundant drive installed.

By bringing together all the element equations as shown in Eq. (1), the dynamic equation of the whole linkage system with redundant drives can be obtained as follows:

$$[M]\{\ddot{U}\}+[C]\{\dot{U}\}+[K]\{U\}=\{P\}+\{Q\} \tag{3}$$

Where, each term represented by a capital letter is similar to that of Eq. (1), but referred to the whole linkage system. It should be noted that a lumped mass of 150 g has been included in the system mass matrix $[M]$ for considering the weight of redundant drive RD2. $\{Q\}$ indicates the external load due to the addition of RD1 and RD2 as follows.

$$\{Q\}=(0,0,0,0,0,0,0,0,0,0,0,M_2,0,-M_2,0,0,0,0,0,M_1,0)^{\mathrm{T}} \tag{4}$$

In contrast, the dynamic equation of a flexible mechanism without redundant drives is well known[16] and can be presented as follows:

$$[M]\{\ddot{U}\}+[C]\{\dot{U}\}+[K]\{U\}=\{P\} \tag{5}$$

Where, every term is similar to that of Eq. (3). By comparing Eq. (3) with Eq. (5), it is evident that there is a clear change in the dynamic equation of flexible mechanism when the redundant drives are installed. It is due to the addition of $\{Q\}$, the dynamic response, as well as dynamic characteristics, such as elastic vibration of the flexible mechanism, that can be changed consequently. Therefore, the KED inertia force caused by elastic vibration of the mechanism can be controlled actively through an optimization of redundant drives. This is the key point of the new method proposed in this study for the dynamic balancing of flexible mechanism with redundant drives. It is quite different in the balancing theory from those of previous works. Because of the multiple choices of redundant driving torques, the dynamic balancing of flexible mechanisms can be accomplished by the way of active control.

3. Active balancing

The dynamic balancing of flexible mechanisms can be achieved through optimization because the complete balancing is impossible and even unnecessary for a flexible mechanism. The key work of an optimization is to select the design variable, objective and constraint properly. For the dynamic balancing of flexible mechanisms by active control with redundant drives, it is evident that the driving torques M_1 and M_2 of the two redundant actuators must be determined. There are many types of function that can be used for the driving torques, such as cosine, polynomials, etc. The cosine function may be one of the simplest forms. It is easy to control in practical application and so widely used in the control of mechanical system. Therefore, the following form of cosine function is adopted in this study.

$$\begin{cases} M_1 = A_1\cos(n_1\theta + \varphi_1) \\ M_2 = A_2\cos(n_2\theta + \varphi_2) \end{cases} \tag{6}$$

Where, A_1 and A_2 represent the amplitudes of cosine function. n_1 and n_2 are the two factors relative to the period of function. φ_1 and φ_2 express the phase angles. θ indicates the angular displacement of crank. These items, except θ, should be determined for the redundant drives and are, therefore, selected as the variables in the optimization process as follows.

$$\{X\} = (x_1, x_2, \cdots, x_6)^{\mathrm{T}} = (A_1, A_2, n_1, n_2, \varphi_1, \varphi_2)^{\mathrm{T}} \tag{7}$$

As we all know, the shaking force and shaking moment are the most important criteria for the dynamic balancing of mechanisms. Thus, the objective for the optimum balancing of flexible mechanism can be chosen in the following simple form:

$$f(x) = W_1 |F_{\mathrm{s}}(x)|_{\max} + W_2 |M_{\mathrm{s}}(x)|_{\max} \tag{8}$$

Where, $|F_{\mathrm{s}}(x)|_{\max}$ and $|M_{\mathrm{s}}(x)|_{\max}$ are the dimensionless maximum values of shaking force and shaking moment of the mechanism, respectively. W_1 and W_2 are the weighted factors.

It is well known in the KED analysis of flexible mechanisms that the maximum stress of a mechanism $|\sigma(x)|_{\max}$ is a very important index for evaluating the dynamic behavior of flexible mechanisms. It must be restricted into a reasonable limit. The constraint in the optimization process, in this case, can be presented as follows:

$$C(x) = |\sigma(x)|_{\max} - [\sigma] \tag{9}$$

Where, $[\sigma]$ is the allowable stress of the material used in the mechanism.

Now, the complete optimization process for the active balancing of flexible linkage with two redundant drives can be written in the following mathematical formula:

$$\begin{aligned} &\min\ f(x) = W_1 |F_{\mathrm{s}}(x)|_{\max} + W_2 |M_{\mathrm{s}}(x)|_{\max} \\ &x \in \{x\} = (x_1, x_2, \cdots, x_6)^{\mathrm{T}} = (A_1, A_2, n_1, n_2, \varphi_1, \varphi_2)^{\mathrm{T}} \\ &\text{s.t. } C(x) = |\sigma(x)|_{\max} - [\sigma] \end{aligned} \tag{10}$$

In order to obtain the shaking force and shaking moment of flexible mechanism, the following derivations are necessary.

From the solution of $\{U\}$, $\{\dot{U}\}$ and $\{\ddot{U}\}$ in Eq. (3), the corresponding items in Eq. (1), i.e. $\{u\}_i$, $\{\dot{u}\}_i$ and $\{\ddot{u}\}_i$ can be obtained directly. Thus, the bearing reaction forces of the element $\{f\}_i$ can be known as follows.

$$\begin{gathered}\{f\}_i=[m]_i\{\ddot{u}\}_i+[c]_i\{\dot{u}\}_i+[k]_i\{u\}_i-\{p\}_i-\{q\}_i\\ \{f\}_i=(f_{i1},f_{i2},\cdots,f_{i8})^{\mathrm{T}},\quad i=1,2,\cdots,5\end{gathered}\tag{11}$$

Consequently, the reaction forces at joint and joint can be obtained as:

$$\begin{cases}F_{AY}=f_{12}\\ F_A=\sqrt{F_{AX}^2+F^2{}_{AY}}\\ F_{DX}=f_{51}\\ F_{DY}=f_{52}\\ F_D=\sqrt{F^2{}_{DX}+F^2{}_{DY}}\\ T_{\mathrm{in}}=f_{13}\end{cases}\tag{12}$$

Where, T_{in} is the input torque of prime drive. Therefore, the shaking force and shaking moment of the flexible mechanism can be obtained as follows:

$$\begin{cases}F_{\mathrm{s}}=\sqrt{(F_{AX}+F_{DX})^2+(F_{AY}+F_{DY})^2}\\ M_{\mathrm{s}}=-\dfrac{l_4}{2}(F_{DY}-F_{AY})-T_{\mathrm{in}}-M_1\end{cases}\tag{13}$$

4. Numerical results

In this part, a numerical example of flexible four-bar linkage with two redundant drives is taken as follows. The structural and cross-sectional parameters of linkage are listed in Table 1. The constraint on the allowable stress of steel $[\sigma]$ is 350 MPa. The operating speed of crank is assumed, as usual, to be constant at 180 r/min in this study. The variation of input speed is a very complicated problem and is therefore neglected here.

Table 1　The parameters of mechanism

	Length /mm	Width /mm	Height /mm	Material	Density /(kg·m^{-3})	S Modula /GPa	Y Modula /GPa
Crank	366.3	15.3	5.1	Steel	7800	80	200
Coupler	841.2	10.2	5.1	Steel	7800	80	200
Rocker	602.0	10.2	5.1	Steel	7800	80	200
Frame	853.2						

When the initial values of variables are selected as

$$\{x\}_{\mathrm{ini}}=(10,10,1,1,0,0)^{\mathrm{T}}$$

and the weighted factors W_1 and W_2 are chosen as 0.4 and 1.0 based on the quantitative difference between the shaking force and shaking moment of original mechanism, the optimum result is obtained by applying an advanced optimization technique, improved variable dimension constrained optimization method[17], as follows:

$$\{x\}_{\mathrm{opt}}=(18.0449,26.1276,4.259,2.905,-7.2414,0.5879)^{\mathrm{T}}$$

Thus, we have

$$M_1 = 18.0449\cos(4.259\theta - 7.2443)$$
$$M_2 = 26.1276\cos(2.9059\theta + 0.5879)$$

The optimum results of shaking force and shaking moment of the mechanism with redundant drives are shown in solid lines in Figs.2 and 3, respectively. For comparison, the corresponding shaking force and shaking moment of the mechanism without redundant drives are also presented in dotted lines in these figures. In order to show the effect of redundant drives on the KED balancing of flexible mechanisms, the shaking and shaking moment due to KED inertia only are drawn in Figs. 4 and 5 by deleting those caused by the rigid body motion from the total inertia force and moment of the mechanism. The solid and dotted lines represent the results with and without redundant drives, respectively.

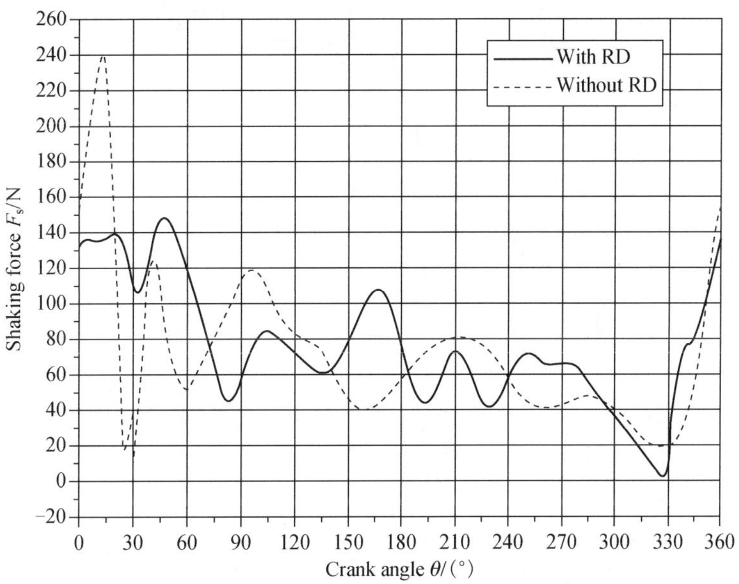

Fig.2　Shaking force of mechanism

It can be seen clearly from Figs. 2 and 3 that there are evident reductions for both the shaking force and shaking moment of the flexible mechanism after using redundant drives. The maximum values of shaking force and shaking moment have been decreased by 40 percent and 55 percent, respectively. The fluctuations of shaking force and shaking moment become smoother after balancing. This encouraging result indicates sufficiently that the new method of additional redundant drives is very useful to the dynamic balancing of flexible mechanisms.

Furthermore, by comparing Figs. 4 and 5 with Figs. 2 and 3, we can find that the KED inertia force plays a very important part (over 80 percent) in the whole inertia force of flexible mechanism. This is quite different from that of[11, 12] and it can be believed as a genuine KED balancing of a flexible linkage. The redundant drives have an advanced effect on the balancing of KED inertia force. The maximum shaking force and shaking moment due to KED inertia have been reduced by 27 percent and 41 percent, respectively. It is the great reduction of KED inertia that makes the encouraging balancing of the whole mechanism.

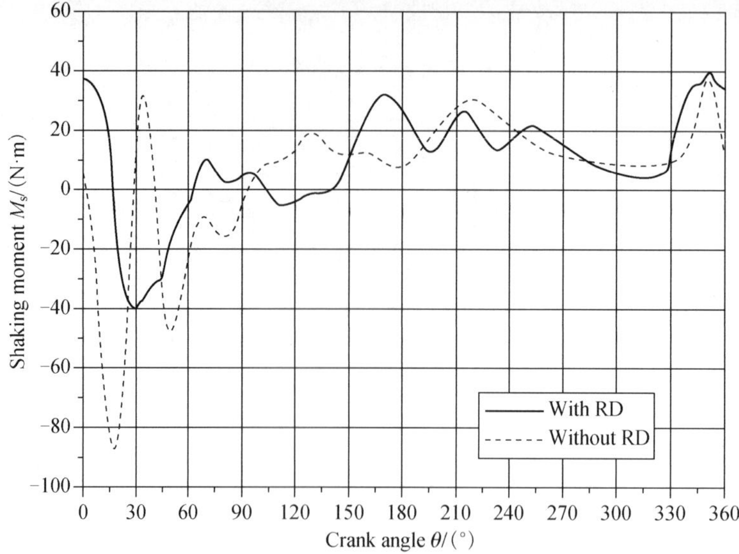

Fig.3　Shaking moment of mechanism

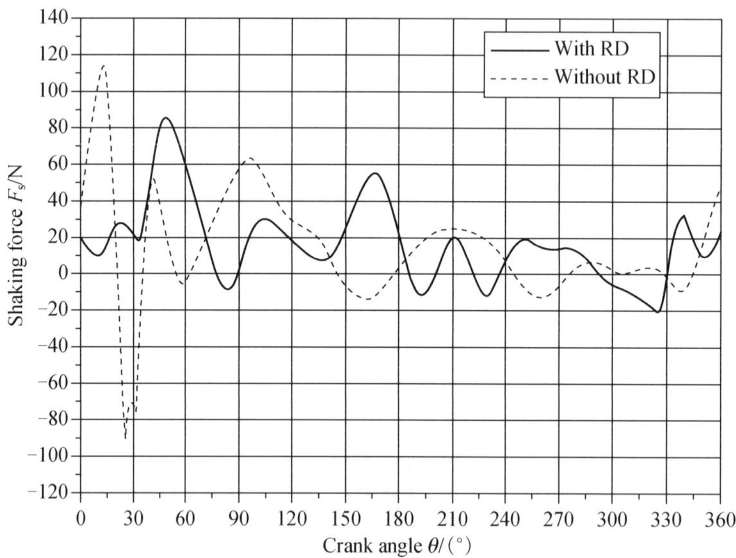

Fig.4　KED shaking force

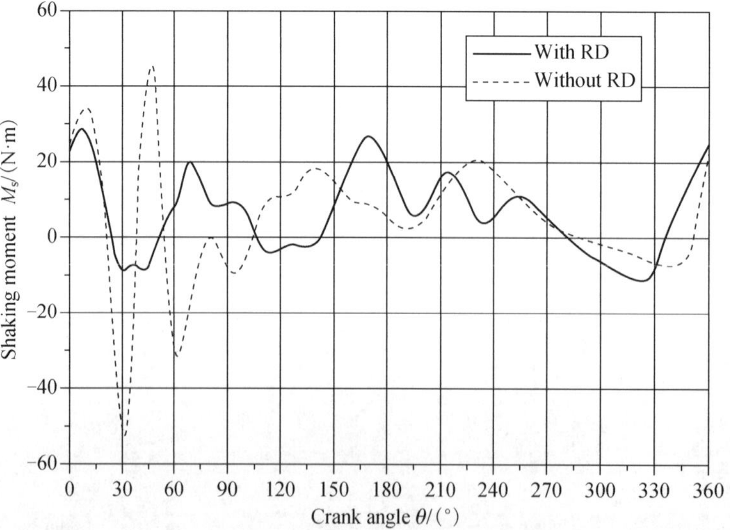

Fig.5　KED shaking moment

Moreover, compared with the balancing of rigid body mechanism by redundant drives [15] in which only the shaking moment has been reduced under the condition of complete shaking force balancing by counterweights, the shaking force and shaking moment of flexible mechanism have been balanced simultaneously, without any addition of counterweights, through redundant drives only in this study. It is also well known that shaking force and shaking moment cannot be balanced, in general, at the same time by using a single method, neither counterweights nor additional links, in the dynamic balancing of rigid body mechanisms [1]. Therefore, the advantage of a new method using redundant drives has been well demonstrated for the dynamic balancing of flexible linkage.

Finally, it can be seen from Fig. 6 that the driving torques of redundant actuators work in very simple ways. Only parts of the drives are needed to input to reduce the peak value of shaking force and shaking moment which occur at the beginning in the motion cycle of the mechanism. In this way, the dynamic balancing of flexible linkage can be controlled actively through the easy inputs of two redundant drives. This is a superiority of the new method over the passive ways used in previous works for the dynamic balancing of flexible mechanisms. It can also be seen in Fig. 6 that although the driving torques of M_1 and M_2 are zero in the part of 30°~ 330°, the shaking force and shaking moment of the mechanism in this part has also been changed a little as shown in Figs. 2 ~ 5. This interesting result may be because the elastic vibration of links will not stop fully when M_1 and M_2 act on and so will affect the initial condition of elastic vibration at $\theta=30°$, and consequently change the elastic behavior of the mechanism in the following part.

5. Conclusions

A novel method has been developed in this study for the challenging problem of dynamic balancing of flexible mechanisms. The theoretical analysis and numerical results of a flexible four-bar linkage illustrate that the redundant actuators are very useful to the optimum balancing of flexible linkages. The new balancing method has clear advantages in the way of active control and convenient application compared with previous works. The method presented in this paper is a general way to deal with the dynamic balancing of flexible mechanisms. For a special case, it is reasonable to use either one of the two redundant drives individually. Details can be seen in Ref.[17].

Acknowledgments

Financial support from the National Natural Science Foundation of China (Grant No. 59975001) and the Natural Science Foundation of Beijing (Grant No. 3012003) is appreciated.

References

[1] Lowen G G, Tepper F R, Berkof R S. Balancing of linkages—an update. Mech. Mach. Theory, 1983,18: 213-220

[2] Walker M J, Oldham K. A general theory of force balancing using counterweights. Mech. Mach. Theory, 1978, 13: 175-185

[3] Bagci C. Complete balancing of space mechanisms, part 1: shaking force balancing. ASME J. Mech. Des., 1983, 105: 609-616

[4] Kochev I S. Contribution to the theory of torque, shaking force and shaking moment balancing of planar linkages. Mech. Mach. Theory, 1991, 26: 275-284

[5] Yu Y Q. Research on complete shaking force and shaking moment balancing of spatial linkages. Mech. Mach. Theory, 1987, 22: 27-37

[6] Thompson B S, Sung C K. A survey of finite element technique for mechanism design. Mech. Mach. Theory, 1986,

21: 351-359

[7] Jandrasits W G, Lowen G G. The elastic-dynamic behavior of a counterweighted rock link with an overhanging endmass in a four-bar linkage, part 1: theory. ASME J. Mech. Des., 1979, 101: 77-88

[8] Jandrasits W G, Lowen, G. G. The elastic-dynamic behavior of a counterweighted rock link with an overhanging endmass in a four-bar linkage, part 2: application and experiment. ASME J. Mech. Des., 1979, 101: 89-98

[9] Balasubramonian A, Raghavacharyulu E. Influence of balancing weights on vibratory response of the coupler of a four bar mechanism, part 1: theory. Proceedings 7th World Congress on the Theory of Machines and Mechanisms, Spain, 1987, 1: 443-446

[10] Balasubramonian A, Raghavacharyulu E. Influence of balancing weights on vibratory response of the coupler of a four bar mechanism, part 2: example mechanism and experimental results. Proceedings, 7th World Congress on the Theory of Machines and Mechanisms, Spain, 1987, 1: 447-450

[11] Zobairi M A K, Rao S S, Sahay B. Kineto-elastodynamic balancing of 4R-four-bar mechanisms combining kinematic and dynamic stress considerations. Mech. Mach. Theory, 1986, 21: 307-315

[12] Zobairi M A K, Rao S S, Sahay B. Kineto-elastodynamic balancing of 4R-four-bar mechanisms by internal mass redistribution. Mech. Mach. Theory, 1986, 21: 317-323

[13] Oliver, J H, Myscock D A, Thompson B S. The synthesis of flexible linkage by balancing tracer point quasi-static deflections using microprocessor and advanced materials technologies. Mech. Mach. Theory, 1985, 22: 103-114

[14] Angeles J M, Thuemmel T. Active control for the complete dynamic balancing of linkages. Flexible Mechanisms, Dynamics, and Analysis, 22nd ASME Mechanism Conference, DE, 1992, 47: 305-310

[15] Thuemmel T. Dynamic balancing of linkage by active control with redundant drive. Proceedings 9th IFToMM World Congress, Milan, Italy, 1995, 2: 970-975

[16] Nath P K, Ghosh A. Kineto-elastodynamic analysis of mechanism by finite element method. Mech. Mach. Theory, 1980, 15: 179-197

[17] Lin J. Theoretical and experimental study on the dynamic balancing of flexible mechanisms. M. Sc. thesis, Beijing Polytechnic University, Beijing, 2000

（in *Trans. ASME J. Mech. Des.*, 2003, 125（1）: 119-123）

§ 10　Analytical and Experimental Study on the Dynamic Balancing of Flexible Mechanisms

Yu Yueqing, Jiang Bin

College of Mechanical Engineering and Applied Electronics Technology, Beijing University of Technology, Beijing 100022*, China*

Abstract: *An analytical and experimental study on the dynamic balancing of flexible mechanisms is presented by the way of redundant drive in this study. The dynamic model of flexible mechanism with a redundant actuator is developed at first. The optimum shaking force and shaking moment balancing of a flexible four-bar linkage has then been obtained using an additional actuator. Finally, the experimental study on the dynamic balancing of the flexible mechanism is presented. Both the numerical simulation and experimental result demonstrate the advantage of redundant drives on the dynamic balancing of flexible mechanisms.*

Keywords: *dynamic balancing; flexible mechanism; redundant drive*

1. Introduction

The dynamic balancing of high-speed mechanisms is an advanced topic in the dynamics of mechanisms. A great deal of achievement has been obtained in dynamic balancing of rigid-body linkages [1-5]. It is well known that the elastic deformation has a significant effect on the dynamic behavior of high-speed mechanisms [6, 7]. In addition to the inertia force caused by the rigid-body motion of a flexible mechanism, the inertia force due to the elastic vibration of flexible links plays an important role in the dynamics of flexible mechanisms and so should also be eliminated. However, the problem of dynamic balancing of the flexible mechanism becomes more complicated than that of the rigid-body one.

The elastic behavior of a counterweighted four-bar linkage was first investigated theoretically and experimentally by Jandrasits and Lowen[8,9]. Furthermore, Balasubramonian and Raghavacharyulu [10,11] dealt with the effect of endweight counterweights on the elastodynamic behavior of a planar four-bar crank-rocker mechanism with an elastic coupler link. The significance of the kineto-elastodynamic（KED） inertia on the dynamics of flexible mechanisms has been illustrated well in these works. The KED balancing of flexible mechanisms was studied firstly by Zobairi et al. [12, 13]. The optimum balancing or design of an elastic four-bar linkage was achieved by the way of internal mass redistribution and size reduction of link cross-sectional areas. However, the link cross-sectional areas of a flexible mechanism have already been determined as the minimum ones and so cannot be reduced further based on the design criterion of minimum mass or weight which has been widely accepted as the objective in the optimal design of flexible mechanisms. Therefore, the method of reducing link cross-sectional areas can no longer be valid to the dynamic balancing of such kind of flexible mechanisms. Moreover, it is evident that the method of counterweights cannot be used to the balancing of flexible mechanisms too because the addition of counterweights may result in a great increase in mass or weight of the flexible mechanisms.

Oliver et al. [14] presented a control method to reduce the tracer point deflection of a flexible linkage by using a microprocessor that can be believed as a redundant drive. Although the kinematic control of flexible linkage has been accomplished only in this work, the method of redundant drive has shown a good effect on the improvement of both kinematic and dynamic characteristics of flexible mechanisms. Furthermore, the dynamic balancing of a rigid-body linkage has been achieved by the active control with redundant drive [15-17]. The method of additional drives can be more effective in the dynamic balancing of flexible mechanisms. An encouraging progress has been made in this aspect [18]. However, only the theoretical research has been presented in the dynamic balancing of flexible mechanisms using redundant drives. It is necessary and important to investigate this problem further via experimental study.

In this paper, both analytical and experimental studies are presented in the dynamic balancing of flexible mechanisms using redundant drives. The dynamic model of flexible mechanism with a redundant actuator is developed at first. The method of redundant drives is then illustrated theoretically. The optimum shaking force and shaking moment balancing of a flexible four-bar linkage is completed by the way of additional drive. An experimental study on the dynamic balancing of the linkage is presented as following. Some conclusions are drawn from the discussion of results.

2. Dynamic model

The method of dynamic balancing for flexible mechanisms using redundant drives has been developed and illustrated in detail in Ref. [18]. Based upon this theoretical study, the present study develops further from the point of view of experimental study. Because only one redundant drive is used here for the convenience of experimental study and industrial application, the dynamic equation of flexible mechanism with a redundant drive in this study is not quite the same as that of Ref. [18]. It is derived briefly as follows.

A flexible planar four-bar linkage with a redundant drive is shown in Fig. 1. The rigid-body motion of linkage is determined by the prime drive mounted on the input link, link 1, at joint A. The redundant drive is installed at joint D of the output link, link 3, to control the elastic vibration of mechanism. Applying the Finite Element Technique that has been widely used in the KED analysis of flexible mechanisms [19-21], the whole flexible linkage can be treated as a dynamic system consisted of five beam elements. The input link is considered as a cantilever beam because of the heavy inertia of prime drive. The other two links are divided into two simple beams, respectively. Each beam element has 8 degree of freedom of elastic displacements when the quintic polynomial is used to describe transversal deformation [19]. The whole linkage has 19 degree of freedom of elastic displacements represented by U_1-U_{19} in the global coordinates AXY in Fig. 1. Using Lagrange equation, the dynamic equation of each element can be obtained as the following matrix form:

$$[m]_i\{\ddot{u}\}_i+[c]_i\{\dot{u}\}_i+[k]_i\{u\}_i=\{p\}_i+\{f\}_i+\{q\}_i, i=1,2,\cdots,5 \tag{1}$$

where, $[m]_i$, $[c]_i$ and $[k]_i$ are the element mass, damping and stiffness matrices of the ith element, respectively. $\{u\}_i$ is the nodal deflection vector of the ith element. $\{\dot{u}\}_i$ and $\{\ddot{u}\}_i$ are the first and second derivations of $\{u\}_i$, respectively. $\{p\}_i$ represents the general force acting on the nodes of element, in which the inertia forces due to the rigid-body motion of element is included. $\{f\}_i$ indicates the forces acting on the element by adjacent elements, i.e. the bearing reaction forces of the element. These forces are the internal forces for the whole mechanism and can be cancelled each other and so are disappear in the dynamic equation of mechanism system as shown later. $\{q\}_i$ expresses the external load acting on the ith element, in which the effect of redundant drive is included. In this case, we have

$$\{q\}_5=(0,0,M_D,0,0,0,0,0,)^T \tag{2}$$

where, M_D is the output torque of the redundant drive.

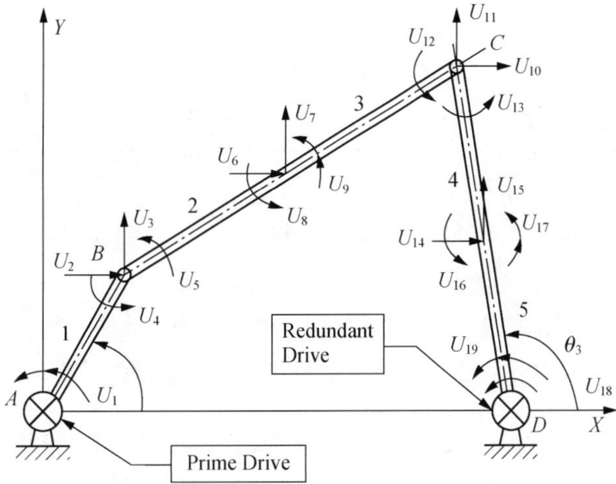

Fig.1　A flexible 4R mechanism with a redundant drive

Putting all the element equations as shown in Eq. (1) together, the dynamic equation of the whole linkage system with a redundant drive can be obtained as follows:

$$[M]\{\ddot{U}\}+[C]\{\dot{U}\}+[K]\{U\}=\{P\}+\{Q\} \tag{3}$$

where, each term represented by capital letter is similar to that of Eq. (1), but referred to the linkage system. $\{Q\}$ indicates the external load due to the redundant drive as follows:

$$\{Q\}=(0,0,0,0,0,0,0,0,0,0,0,0,0,0,0,0,0,M_{\mathrm{D}},0)^{\mathrm{T}} \tag{4}$$

On contrast, the dynamic equation of a flexible mechanism without redundant drive is well known [19-21] and can be presented as follows:

$$[M]\{\ddot{U}\}+[C]\{\dot{U}\}+[K]\{U\}=\{P\} \tag{5}$$

where, every term is similar to that of Eq. (3). By comparing Eq. (3) with Eq. (5), it is evident that there is a clear change on the dynamic equation of flexible mechanism when the redundant drive is installed. It is owing to the addition of term $\{Q\}$, the dynamic response, as well as dynamic characteristics, such as elastic vibration of the flexible mechanism, can be changed consequently. Therefore, the KED inertia force caused by elastic vibration of the mechanism can be balanced through an optimum design of the redundant drive.

3. Optimum balancing

The dynamic balancing of flexible mechanisms can be achieved via optimization techniques. The key work of an optimization is to select the objective, design variables and constraints properly. As we all know, the shaking force and shaking moment are the most important criteria for the dynamic balancing of mechanisms. Thus, the objective for the optimum balancing of flexible mechanism can be chosen as the following simple form:

$$f(x)=W_1\left|F_{\mathrm{S}}(x)\right|_{\max}+W_2\left|M_{\mathrm{S}}(x)\right|_{\max} \tag{6}$$

where, $\left|F_{\mathrm{S}}(x)\right|_{\max}$ and $\left|M_{\mathrm{S}}(x)\right|_{\max}$ are the dimensionless maximum values of shaking force and shaking moment of the mechanism, respectively. W_1 and W_2 are the weighted factors. Of course, other forms of the objective can be selected according to specific requirements in application.

For the dynamic balancing of flexible mechanisms using redundant drives, it is evident that the driving torques, M_{D}, of the redundant actuator must be determined. A step motor is selected here as the redundant drive from the point of view of experimental study in this paper. It can be seen from the solid lines before control in Figs. 3 and 4 which present the shaking force and shaking moment of the flexible mechanism without redundant drive, respectively, that the maximum shaking force and moment appear in the region of 0° ~ 60°. The magnitudes of shaking force and shaking moment in the other parts are much lower. Therefore, the maximum shaking force and shaking moment of the flexible mechanism can be reduced greatly when a redundant driving torque is applied in the region of 0° ~ 60° only. So, the step motor of redundant drive can be determined in the following form:

$$M_D = C,\ 0 \leqslant \theta \leqslant 0.1715\pi \ \text{or} \ 2\pi - 0.073\pi \leqslant \theta \leqslant 2\pi$$
$$M_D = 0,\ 0.1715\pi < \theta < 2\pi - 0.073\pi \tag{7}$$

In this case, the design variable for the optimum balancing of the flexible mechanism becomes very simple and can be expressed as the following form:

$$\{x\} = \{M_D\} \tag{8}$$

It is well known in the KED analysis of flexible mechanisms that the maximum stress of a mechanism, $|\sigma(x)|_{\max}$, is a very important index in evaluating the dynamic behavior of flexible mechanisms. It must be restricted into a reasonable limit. So, the constraint in the optimization process of this study can be presented as follows:

$$C(x) = |\sigma(x)|_{\max} = [\sigma] \tag{9}$$

where, $[\sigma]$ is the allowable stress of the material used in the mechanism.

Now, the complete optimization for the dynamic balancing of the flexible linkage with a redundant drive can be written in following mathematical formula:

$$\min f(x) = W_1 |F_S(x)|_{\max} + W_2 |M_S(x)|_{\max}$$
$$x \in \{x\} = \{M_D\}$$
$$\text{s.t.} \quad C(x) = |\sigma(x)|_{\max} = [\sigma] \tag{10}$$

An example of flexible planar 4R mechanism with a redundant drive is presented here as follows. The geometric and cross-sectional parameters of the mechanism are referred from Ref. [12] and listed in Tables 1 and 2. The length of frame is 0.8532 m. The operating speed of crank is 80 r/min. The material of each link is steel with the density of $7.8 \times 10^3 \text{kg/m}^3$, the elastic modulus of $2 \times 10^{11}\text{Pa}$, and the shear modulus of $8 \times 10^{10}\text{Pa}$. The damping constant of the mechanism is 0.05.

When the initial values of design variable is selected as

$$\{x_0\} = \{4.0\}$$

and the weighted factors W_1 and W_2 are chosen the same as 0.5, the optimum result can be obtained as

$$\{x^*\} = \{5.7\}$$

i.e.

$$M_D = 5.7,\ 0 \leqslant \theta \leqslant 0.1715\pi \ \text{or} \ 2\pi - 0.073\pi \leqslant \theta \leqslant 2\pi$$
$$M_D = 0,\ 0.1715 < \theta < 2\pi - 0.073\pi$$

Table 1 Structure parameters

	Length/m	Width/m	Height/m
Crank	0.3663	0.0153	0.0051
Coupler	0.8412	0.0100	0.006
Rocker	0.6020	0.0100	0.006

Table 2 Inertial parameters

	Concentrated mass/kg	Moment of inertia/ ($\times 10^{-5}$kg·m^2)
Joint *B*	0.415	8.56
Joint *C*	0.490	9.81
Joint *D*	0.375	46.8

The control torque of step motor is shown in Fig. 2. The shaking forces and shaking moments of flexible mechanism with and without the control of redundant drive are presented in Figs. 3 and 4, respectively. The maximum shaking force and shaking moment, as well as the maximum strains at the midpoint of coupler and rocker of the mechanism are listed in Table 3.

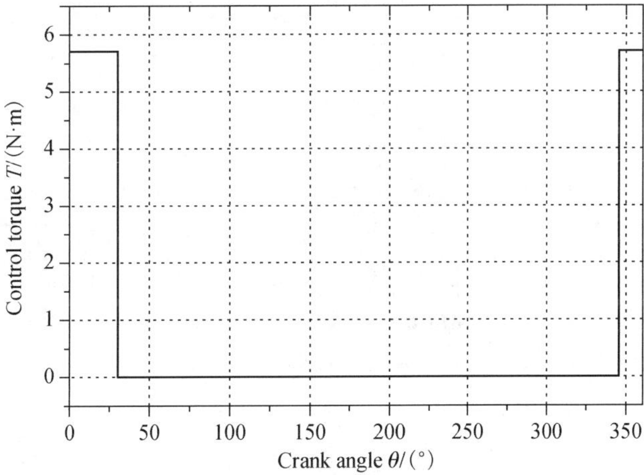

Fig.2 Control torque of redundant drive

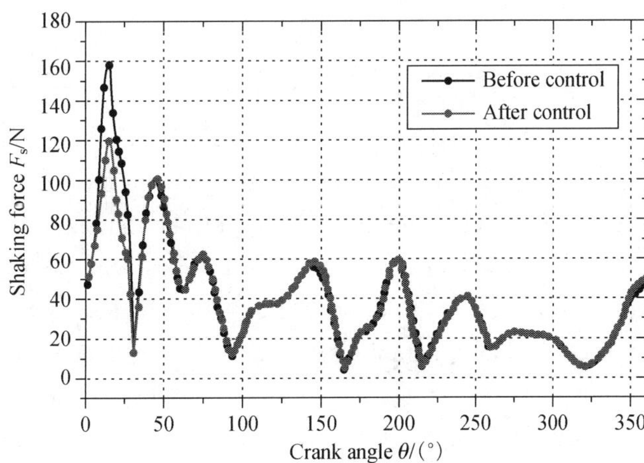

Fig.3 Shaking force of mechanism

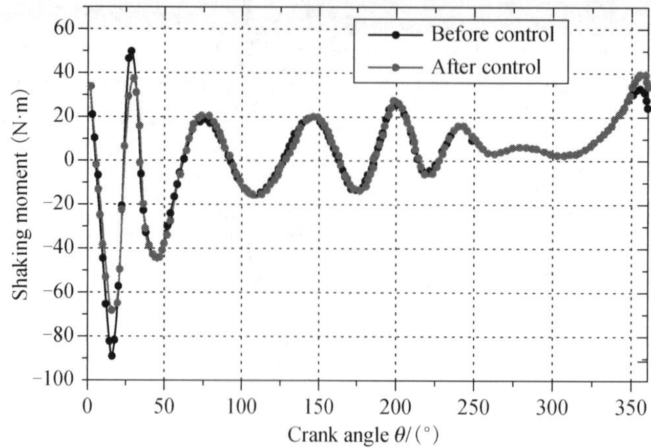

Fig.4 Shaking moment of mechanism

Table 3 Maximum values of numerical simulation

	Shaking force/N	Shaking moment/ (N·m)	Strain of coupler/ ($\times10^{-4}$)	Strain of rocker/ ($\times10^{-4}$)
Unbalanced mechanism	159.0575	88.6124	5.4627	4.6912
Balanced mechanism	120.2916	67.2342	4.3295	3.4019
Reduction	24.37%	24.12%	20.07%	27.48%

It can be seen from these figures that the method of redundant drive has a positive effect on the dynamic balancing of flexible mechanisms. The maximum values of shaking force and shaking moment have been decreased by 24.37% and 24.12%, respectively. This result indicates that the inertia force and moment caused by the elastic vibration of flexible mechanism has been reduced efficiently. The rest part of inertia force and moment caused mainly by the rigid-body motion of the mechanism can be balanced only by the way of counterweights or additional links instead of redundant drives.

The method of redundant drive has been shown useful to the dynamic balancing of flexible mechanisms through the numerical simulation above. This result will be tested further by experimental study in the following section.

4. Experimental study

4.1 Experimental set-up

The experimental test table of a flexible planar 4R linkage with a redundant drive has been made as shown in Fig. 5. The structural parameters of the linkage are same as those in the analytical study shown in Tables 2 and 3. The relevant experimental set-up scheme is presented in Fig. 6. The mechanism is primly driven by an AC motor. The 34HS300D step motor is selected to be the redundant drive in the experiment. Its maximum torque is 6.0 N·m, the moment of inertia is 3000 g·cm^2 and the initial operating speed is 240 r/min. The driver and controller for the step motor are SH-2H090M and STC-01Z, respectively.

Because the shaking force and shaking moment of flexible mechanism come mainly from the elastic vibration of flexible links, the strains of coupler and rocker of the mechanism are measured here to reflect directly the elastic vibration of linkage. In this way, the shaking force and shaking moment of the mechanism can be illustrated indirectly. Both the strains at the midpoint of couple and rocker for the mechanism with and without the redundant drive are measured via foil gauges at first and then transmitted into an oscillograph in the experiment. The experimental results are shown in Figs. 7 ~ 10.

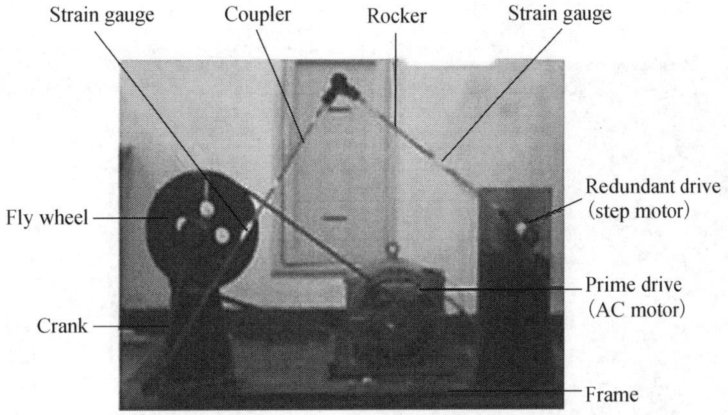

Fig. 5　Experimental flexible 4R linkage with a redundant drive

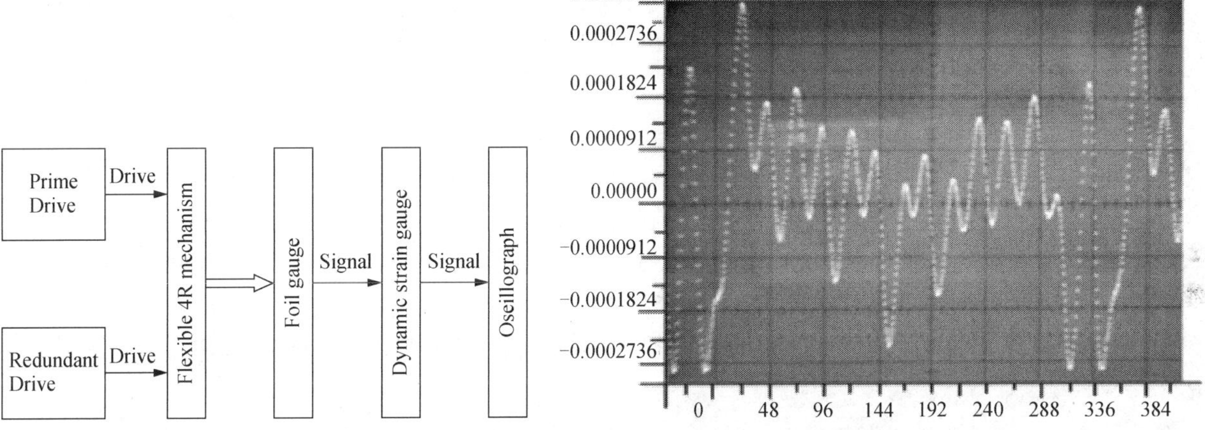

Fig. 6　Scheme of experimental set-up

Fig. 7　Strain of coupler without redundant drive

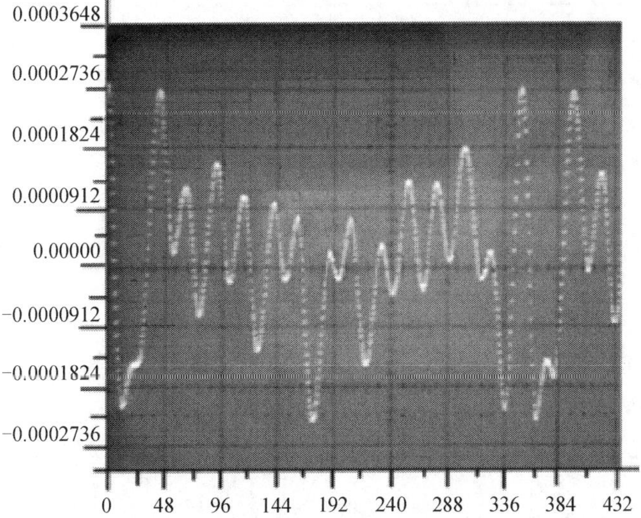

Fig. 8　Strain of coupler with redundant drive

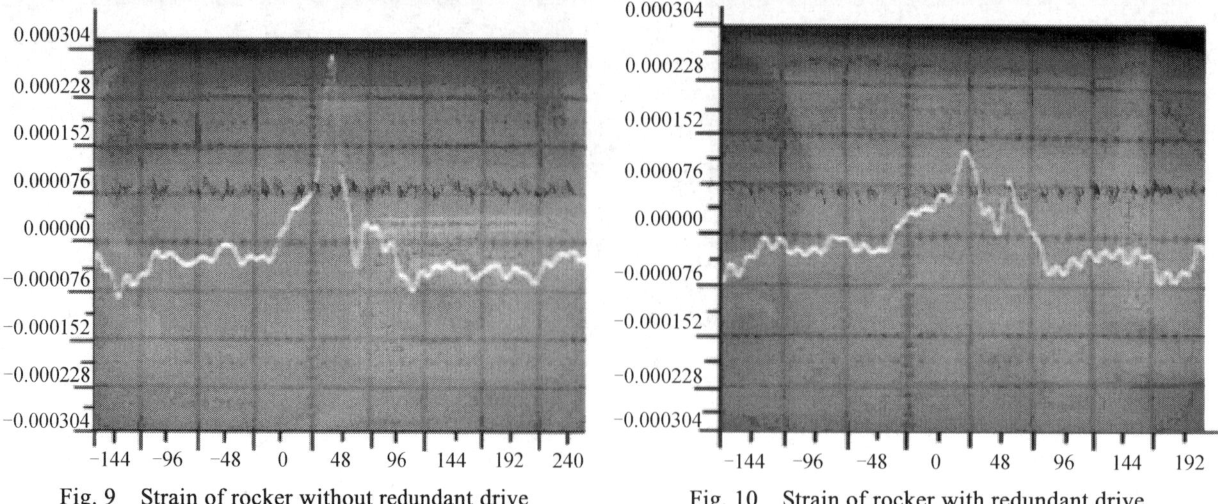

Fig. 9 Strain of rocker without redundant drive

Fig. 10 Strain of rocker with redundant drive

4.2 Results and discussion

Comparing the experimental results with and without the redundant drive, it can be seen clearly that there are evident reductions, especially for the peak value in the start part of the motion cycle, in the strains of coupler and rocker of the mechanism.

The maximum values are listed in Table 4. The maximum reduction in the strains of couple and rocker are 27.5% and 55.0%, respectively. This experimental result illustrates the significant contribution of redundant drive on the reduction of elastic vibration, as well as the dynamic balancing, of the flexible mechanism.

Table 4 Maximum values of experimental study

	Unbalanced mechanism / ($\times10^{-4}$)	Balanced mechanism/ ($\times10^{-4}$)	Reduction/%
Strain of coupler	3.648	2.645	27.5
Strain of rocker	3.040	1.368	55.0

Figs. 11 and 12 show the numerical results of the strains at the midpoints of couple and rocker of the mechanism with and without the control of redundant drive, respectively. The corresponding maximum values have been expressed in Table 3. Comparing these numerical results obtained from analytical method with those obtained from the experiment, one can know that the experimental curves agree with the

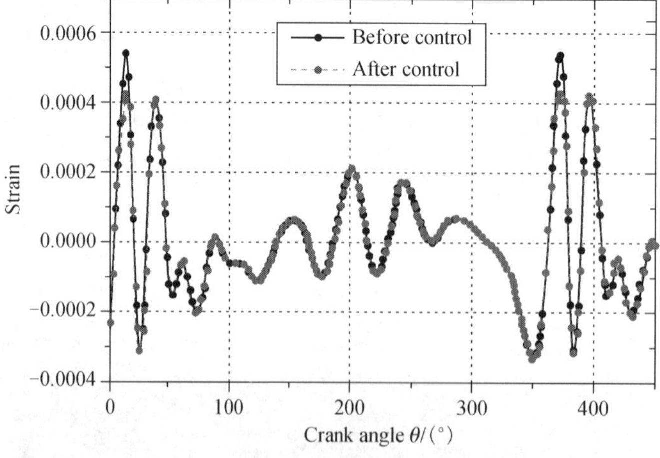

Fig. 11 Strain at midpoint of coupler

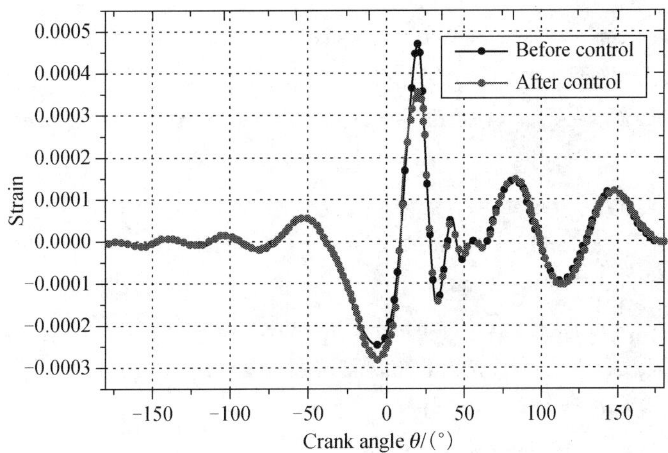

Fig. 12　Strain at midpoint of rocker

numerical simulations. Although there is a difference between the theoretical and experimental results due to the friction, clearance, fluctuation of input speed and other miscalculated factors in the experiment that have been ignored in the theoretical analysis of the mechanism, the maximum values are in the same level and they are appear almost at the same positions for both the analytical and experimental curves. This result shows that the analytical method developed in the above section of this paper has been tested well by the experimental results. Therefore, it can be concluded now that the redundant drive is a useful way to the dynamic balancing of flexible mechanisms.

5. Conclusions

The dynamic balancing of flexible mechanisms using redundant drives has been investigated theoretically and experimentally in this paper. The optimum shaking force and shaking moment balancing of a flexible four-bar linkage has been obtained. The experimental results agree with the numerical simulations. The analytical and experimental results of this study indicate that the method of redundant drive is effective on the dynamic balancing of flexible mechanisms. This study can be improved further, for example, to use a DC servo motor to improve the relevance for industrial application of redundant drives.

Acknowledgments

The financial supports from National Natural Science Foundation of China (Grant No. 50575002) and Beijing Education Committee (Grant No. KM200610005003, PHR (IHL8), and BNSF 3062004) are appreciated.

References

[1] Lowen G G, Tepper F R, Berkof R. Balancing of linkages-an update. Mechanism and Machine Theory, 1983, 18(3):213-220

[2] Walker M J, Oldham K. A general theory of force balancing using counterweights. Mechanism and Machine Theory, 1978,13 (2):175-185

[3] Bagci C. Complete balancing of space mechanisms, part 1: shaking force balancing. ASME Journal of Mechanical Design, 1983, 105: 609-616

[4] Kochev I S. Contribution to the theory of torque, shaking force and shaking moment balancing of planar linkages. Mechanism and Machine Theory,1991, 26 (3): 275-284

[5] Yu YQ. Research on complete shaking force and shaking moment balancing of spatial linkages. Mechanism and Machine Theory, 1987, 22 (1):27-37

[6] Thompson B S, Sung C K. A survey of finite element technique for mechanism design. Mechanism and Machine Theory, 1986, 21 (4): 351-359

[7] Thompson B S, Zuccaro D, Gamache D, et al. An experimental and analytical study of the dynamic response of a linkage fabricated from a unidirectional fiber-reinforced composite laminate. ASME Journal of Mechanisms, Transmissions and Automation in Design,1983, 105 (3): 525-533

[8] Jandrasits W G, Lowen G G. The elastic-dynamic behaviour of a counterweighted rock link with an overhanging endmass in a four- bar linkage, part I: theory. ASME Journal of Mechanical Design, 1979, 101: 77-88

[9] Jandrasits W G, Lowen G G. The elastic-dynamic behaviour of a counterweighted rock link with an overhanging endmass in a four- bar linkage, part II: application and experiment. ASME Journal of Mechanical Design, 1979, 101: 89-98.

[10] Balasubramonian A, Raghavacharyulu E. Influence of balancing weights on vibratory response of the coupler of a four bar mechanism, part 1: theory// Proceedings of 7th World Congress on Theory of Machines and Mechanisms, Spain, 1987, 1: 443-446

[11] Balasubramonian A, Raghavacharyulu E. Influence of balancing weights on vibratory response of the coupler of a four-bar mechanism, part 2: example mechanism and experimental results// Proceedings of 7th World Congress on Theory of Machines and Mechanisms, Spain, 1987, 1: 447-450

[12] Zobairi M A K, Rao S S, Sahay B. Kineto-elastodynamic balancing of 4R-four-bar mechanisms combining kinematic and dynamic stress considerations. Mechanism and Machine Theory, 1986,21 (4): 307-315.

[13] Zobairi M A K, Rao S S, Sahay B. Kineto-elastodynamic balancing of 4R-four-bar mechanisms by internal mass redistribution. Mechanism and Machine Theory, 1986, 21 (4): 317-323

[14] Oliver J H, Myscock D A, Thompson B S. The synthesis of flexible linkage by balancing tracer point quasi-static deflections using microprocessor and advanced materials technologies. Mechanism and Machine Theory, 1985, 20 (2): 103-114

[15] Angeles J M, Thuemmel T. Active control for the complete dynamic balancing of linkages// Proceedings of 22nd ASME Mechanism Conference, 1992, DE 47: 305-310

[16] Thuemmel T. Dynamic balancing of linkage by active control with redundant drives// Proceedings of 9th IFToMM World Congress, Milan, Italy, 1995, 2: 970-975

[17] Thuemmel T, Brandl M. Active balancing of joint forces in high-speed linkages by redundant drives and learning control// ASME Mechanism Conference, 1996, Irvine, California, Paper 96-DETC-MECH-1572: 1-10

[18] Yu Y Q, Lin J. Active balancing of a flexible linkage with redundant drives. ASME Journal of Mechanical Design, 2003,125: 119-123

[19] Baghat B M, Willmert K D. Finite element vibrational analysis of planar mechanisms. Mechanism and Machine Theory, 1976, 11 (1): 47-71

[20] Nath P K. A. Ghosh, Kineto-elastodynamic analysis of mechanism by finite element method. Mechanism and Machine Theory, 1980,15 (2): 179-197

[21] Nath P K, Ghosh A. Steady state response of mechanisms with elastic links by finite element method. Mechanism and Machine Theory, 1980, 15 (2): 199-211

(in *Mechanism and Machine Theory*, 2007, 42 (5): 626-635)

第 2 章　弹性机构动力学分析与综合

引　言

在工业生产中，提高生产率和降低成本是人们不断追求的目标。因此，提高机器转速和减轻构件重量就成为必然和直接的手段，这给机构学带来了新的课题。一方面，由于机构转速的提高，除了第 1 章讨论过的因惯性作用增加而造成机器的振动和噪声等问题外，机构中各构件将不像在低速工作状态下具有刚体性能，而是表现出有弹性变形的特征；另一方面，由于减轻构件重量的要求，各杆件设计用料需尽量减少，整个机构变得轻薄，杆件本身已明显具有弹性变形。因此，以上两方面原因使得以高速、轻型为主要特征的现代机械已不可避免地出现弹性变形。这种变形不仅改变了机构的运动特性，同时也对其动力特性产生较大的影响。对于这种机构，如果再应用刚体力学的方法进行分析和设计，就与实际机构的真实性能具有较大差距。所以，必须从新的角度出发，按照弹性构件对机构进行研究。这就是机构学领域中一个新的分支——弹性机构动力学产生的直接原因。

众所周知，刚性机构的运动和动力分析及设计已经是一个很复杂的工作了，如果再将机构杆件的弹性特性考虑进去，用古典的刚体力学和弹性力学的方法进行机构分析和设计就显得更加困难，有时甚至无法解决。有限元技术、现代计算方法和计算机技术的飞速发展和广泛应用，给这一问题的解决带来了新的生机，为开展机构弹性动力学研究，尤其是在建模和非线性微分方程求解方面提供了有效工具和便利条件，使得这一问题的研究得以展开并继续深入下去，这是弹性机构动力学产生的间接原因。

对机构的弹性变形，人们首先考虑的是其不利影响，如使机构运动失真、弹性振动和疲劳破坏等。因此，人们在开始研究机构弹性动力学时，总是力争减少这种由于弹性变形带来的不利影响。随着研究的不断深入人们发现，弹性变形还可能对机构设计起到积极的作用，如在机构运动综合中，当刚性机构不能实现或误差较大时，若采用弹性构件设计则可能实现或使误差大大减小，采用弹性机构设计甚至可以达到比刚性机构更高的精度。另外，机构质量的减轻也有利于惯性作用的降低，利用弹性杆件还可以减小或优化机构驱动力矩，也可以改善机构运动副反力状态，特别是对于高精度、高性能的现代机械设计来说，弹性机构更能适应和满足设计要求。这也是产生和继续深入展开弹性机构动力学这一研究新方向的另一个重要原因。因此可以这样说，在以高速、精密、轻型为主要特征的现代高性能机械设计中，弹性机构动力学是机构学领域中必不可少、很有发展前景的前沿新方向。

弹性机构动力学就是将机构中各杆件视为弹性变形体，对机构在外力和惯性力作用下的真实运动规律和受力状况进行分析，并提出相应的设计方法进行机构综合，也称机构运动弹性动力学(Kineto-Elasto Dynamics，KED)。主要研究内容大致可分为机构 KED 分析和设计两个方面。机构KED研究始于20世纪70年代初，经历了70年代和80年代两个重要发展时期，以美国著名学者Sandor教授和他的几代学生为主要代表。在整个 KED 研究中，很大一部分成果都属于弹性连杆机构 KED 分析的范畴，主要集中在弹性机构动力学模型建立和动力学方程求解两个方面。在建模方面，主要采用有限元方法及集中参数法等，在求解方面，多数围绕非线性微分方程组的数值解法。弹性机构 KED 设计方面也取得了一定成果，主要是应用最优化技术和最佳准则方法进行的优化设计，但无论是在量还是质两个方面与 KED 分析相比都有较大差距。分析其原因，主要因为人们过多地将注意力集中在 KED 分析方法上，而对弹性机构本身的内在本质特性了解不够，致使 KED 设计难以深入下去。其实，开展弹性机构动力学研究的主要和最终目的是，充分利用弹性机构的特性，设计出满足人们更高要求的弹性机构，因此，仅仅有了完善的KED分析方法是远远不够的，它只是一个工具，如果没有应用这个工具去深入认识弹性机构的内在特性，从而进一步利用这些特性设计出高性能的弹性机构，那么这些方法和工具就失去了存在的价值，也使问题研究本末倒置。基于以上认识，本章研究内容更多地集中在深入探索和利用弹性机构的特性，设计出高性能的弹性机构。

本章内容分为两个部分，共由10篇论文组成。

2.1节特性分析，主要对弹性连杆机构所具有的动力学特性进行了深入分析，由6篇论文构成。其中，文11首先给出了一种求解弹性机构动力学方程的高效迭代算法，避免了求解时变非线性微分方程的复杂过程，为后面深入探讨弹性机构本征特性，开展弹性机构动力学设计提供了有效工具。文12则通过对RSS'R空间弹性机构的实验研究，检验了该算法的正确性和有效性。文13从理论分析和实验研究两方面对弹性空间机构的临界转速问题进行了深入探讨，揭示了弹性机构随转速变化而出现的共振现象，并总结出弹性机构产生共振的三种影响因素及其变化规律。文14研究了杆件截面形状对机构动力学指标的影响，文15则探索了杆件截面尺寸这一重要设计参数的改变对弹性机构动力学特性的作用，文16进一步明确了机构固有频率与其结构、截面、材料三方面设计参量之间的内在关系。这些研究，探索和总结出了弹性机构所具有的动力学特征和规律，为后面开展弹性机构设计提供了重要的理论依据。

2.2节最优设计，主要研究了弹性及柔性机构的动力学设计问题，由2篇论文构成。其中，文17针对RSS'R柔性空间机构，以机构总重量最轻为目标，提出了一种基于多变量技术的最优设计方法。文18则是在2.1节研究成果的基础上，将弹性机构的动力学特性及其影响规律融入设计过程中，提出了一种弹性机构主动设计的新思路，有效克服了以往设计中出现的盲目性和被动性问题，提高了弹性机构的设计水平和质量。

弹性机构动力学研究虽然取得一定进展，但它目前仍是机构学领域的一个研究课题，后续研究还应继续深入。首先，弹性机构虽然考虑了构件变形的影响，但此变形大多还是在线弹性或小变形的范围内，而随着人们对机构工作性能要求的不断提高，这种弹性变形必将会发展到非线性的柔性大变形，弹性机构就会变为柔性机构，因此，开展柔性机构动力学研究势在必行，实际上这在后来的机构学研究发展中已经成为事实。而在开展柔性机构动力学研究中还应注意以下几方面问题。在动力学分析方面，不应一味地追求模型精确性，而是在建模或分析精度与求解或分析速度之间找到最佳平衡点，建立最合理的分析方法；在动力学综合方面，还要更加深入地认识和挖掘柔性机构的内在特征，充分发挥其作用，在改善柔性机构的动力学特性和提高其动力学品质两个方面下工夫，提升柔性机构动力学整体研究水平。

2.1 特性分析

§11　连杆机构运动弹性动力分析的一种高效新方法

余跃庆
（北京工业大学，北京　100022）

摘　要：在以分布质量为模型的有限元分析基础上，提出了一种用以求解弹性机构稳态解的新的迭代近似方法（QDA 方法），它成功地用求解代数方程组的方法代替了运动弹性动力（KED）分析中求解微分方程的复杂过程，大大节省了计算机机时。结果表明，QDA 方法计算精度较高。运算速度快，是一种高效的近似方法。

关键词：运动弹性动力学；弹性连杆机构；动应变

1. 引言

机构的运动弹性动力学是近年来发展起来的机构学中前沿课题，它吸引了越来越多的学者的广泛重视和研究，并在一些领域里取得了较大发展。

在我国，由于起步较晚，这门学科正处于发展中。到目前为止，大多数的研究成果都属于平面弹性机构的运动、动力分析范围和弹性机构的综合问题，空间机构及其成果极为有限[1,2]。

Erdman 等开创机构运动弹性动力学这门新学科，运用运动弹性动力学分析方法（KED 方法）对弹性机构进行分析，目前此法已被广泛采用[3]。KED 方法是运用有限元分析方法建立起弹性机构的动力学微分方程组并求解。此过程的完成有赖于微分方程组的求解，需要花费大量计算机时，对于较复杂的机构有时甚至无法求解。因此，如何减少计算机时成为非常重要的、迫切需要解决的问题。文献[4～8]对微分方程组求解过程的简化进行了较为深入的研究，但多数研究只是在机构模型和微分方程的简化以及数值解上，计算机时减少的幅度并不是很大。一些不求解微分方程的近似方法为研究弹性机构问题开辟了新的途径[9, 10]。最简单有效的方法就是准静态分析法（KES 方法），它使机构的弹性动力分析过程大为简化，但此方法没有考虑由弹性运动引起的惯性作用。因此，随着机构转速的增高，计算误差就越来越大，对于高速机构不能满足精度要求。其他一些近似方法也存在类似的问题。所以，如何解决精度和机时的矛盾，找出能同时满足两方面要求的分析方法是广大学者一直在努力研究的课题。

本文提出了一种新的与 KED 分析近似的方法，即 QDA 方法（Quasi-Dynamic Analysis Method）。此法将机构弹性动力微分方程组的求解过程用线性方程组的迭代求解来完成。这样，既能大大节省计算机时，又将弹性运动引起的惯性作用反映在动力学方程中。这种方法与 KED 方法相近，在精度上比 KES 方法更有保证，并能同时满足精度和机时的要求。下面给出 1 个平面四杆机构和 1 个空间四杆机构的 KED 分析算例，并与 KED 方法所得结果进行比较，从而可看出 QDA 方法的优越性。

2. 机构模型

本文以有限元法为基础，选择一般分布质量的杆件模型进行 KED 分析。图 1 为平面四杆机构，杆 1 为输入杆。文献[11]曾指出，一般情况下，机构中各杆分为 2～3 个单元，对 KED 分析就足以满足精度要求。因此，本文将四杆机构的连杆（2）和输出杆（8）各分为两个单元；对于曲柄（一般可认为是惯性较大的悬臂梁）可以看作一个单元。这样，将整个机构分为 5 个单元。

下面讨论各个单元的位移函数模型的选择。轴向位移取为线性函数形式已被公认，而在横向位移模式的选择上则有几种不同形式。大多数学者选取三次多项式作为横向位移函数模型，因为它既能满足有限元方法及弹性理论中对含有刚体位移及常应变、单元内具有连续性、单元间有协调性的要求，又能满足较高的精度要求。近年来，有些学者选择五次多项式或更高次多项式作为横向位移函数[1,7, 10, 12]。这使得单元内的计算精度有所提高。但根据弹性理论[13]，函数是双协调函数为位移函数满足协调性的充要条件。显然，五次多项式不是双协调函数，在不附加其他条件的情况下不能满足单元间的协调性条件的要求。而上述文献中未能提到这种附加条件。对五次函数模型能否满足协调性问题，从理论上和数值上也都没有予以证明。因此，本文仍以三次多项式作为横向位移函数模型，每个单元取 6 个节点位移变量。整个机构 5 个单元，共有 15 个独立的结点位移变量。将它们同时表示在固定坐标系中，(u_1-u_{15})为广义弹性位移变量，如图 1 所示。

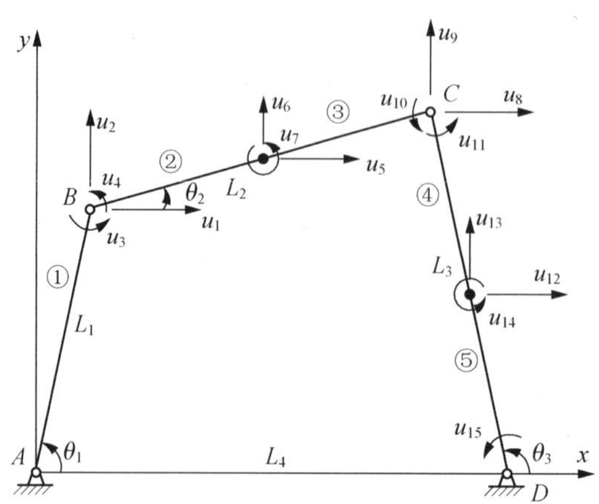

图 1 平面四杆机构

在 KED 分析中，各单元的弹性动力分析都可以归结为弹性体的振动问题，此弹性体振动可以认为是在刚体运动附近的微小弹性振动。在小弹性变形(位移)假设中，刚体运动和弹性运动的高阶耦合项可以忽略不计。因此，本文中采用小变形假设。

在高阶项被忽略时，机构的弹性动力学微分方程可以表示为

$$[M]\{\ddot{u}\}+[c]\{\dot{u}\}+[K]\{u\}=-\{[M]\}\{\ddot{u}_{\mathrm{r}}\} \tag{1}$$

式中，$[M]$、$[K]$为整个机构系统的质量和刚度矩阵；$[c]$为阻尼矩阵；$\{u\}$为广义弹性位移变量列阵；$\{\ddot{u}_{\mathrm{r}}\}$为刚体运动加速度向量。

下面用 QDA 方法来求解这个微分方程组。

3. QDA 方法

QDA 方法的核心就是用代数方程组的迭代求解来近似代替微分方程组(1)的求解。

首先将微分方程组(1)改写成

$$[K]\{u\}=-[M]\left(\{\ddot{u}_{\mathrm{r}}\}+\{\ddot{u}\}\right)-[c]\{\dot{u}\} \tag{2}$$

当按常用方法取阻尼项为比例阻尼时

$$[c]=[M][C']$$

则方程(2)可进一步写成

$$\{u\}=[K]^{-1}[M]\left(\{\ddot{u}_{\mathrm{r}}\}+\{\ddot{u}\}+[c']\{\dot{u}\}\right) \tag{3}$$

一般情况下，$\{\ddot{u}\}$和$\{\dot{u}\}$两项与$\{\ddot{u}_{\mathrm{r}}\}$项相比是微小量，因此可以暂时忽略。用 KES 方法得到

$$\{u\}_{\mathrm{KES}}=-[K]^{-1}[M]\{\ddot{u}_{\mathrm{r}}\} \tag{4}$$

随着机构转速的增高，KES 解的误差越来越大。由于在整个 KED 解中它占有很大的比重，KED 解只是在 KES 解的附近的微小变化。因此，我们可以把已得到的 KES 解当作所求真解的初始解的一部分，即

$$\{u\}_0=\{u\}_{\text{KES}} \tag{5}$$

由此，用下面差分公式

$$\{\dot{u}\}=\frac{\{u\}_{(\theta+\Delta\theta)}-\{u\}_{(\theta-\Delta\theta)}}{2\cdot\Delta\theta}\cdot\dot{\theta} \tag{6}$$

$$\{\ddot{u}\}=\frac{\{u\}_{(\theta+\Delta\theta)}+\{u\}_{(\theta-\Delta\theta)}-2\{u\}_{(\theta)}}{(\Delta\theta)^2}\cdot(\dot{\theta})^2 \tag{7}$$

得到$\{\dot{u}\}_0$和$\{\ddot{u}\}_0$。这里，$\{u\}_{(\theta+\Delta\theta)}$和$\{u\}_{(\theta-\Delta\theta)}$是某一时刻$\{u\}_{(\theta)}$的前后增量。将$\{u\}_0$、$\{\dot{u}\}_0$和$\{\ddot{u}\}_0$代入方程(3)，可以得到一组初始解

$$\{u\}_1=-[K]^{-1}[M]\left(\{\ddot{u}_{\text{r}}\}+\{\ddot{u}\}_0+[c']\{\dot{u}\}_0\right) \tag{8}$$

式中，角标 0 表示第一次迭代。

显然，由于$\{u\}_1$包括了$\{\dot{u}\}$和$\{\ddot{u}\}$项，因而比$\{u\}_0$更精确，更接近真解。再以$\{u\}_1$为初始解继续上述迭代过程，则有如下迭代公式

$$\{u\}_i=-[K]^{-1}[M]\left(\{\ddot{u}_{\text{r}}\}+\{\ddot{u}\}_{i-1}+[c']\{\dot{u}\}_{i-1}\right) \tag{9}$$

式中，角标i和$i-1$为迭代次数，当

$$\left|\{u\}_i-\{u\}_{i-1}\right|<\varepsilon \tag{10}$$

式中，ε为预定的精度要求指标，可以近似认为

$$\{u\}_i=\{u\}_{i-1}$$

这样，方程(9)就近似等价于方程(3)。也就是说$\{u\}_i$可以认为是 KED 解。这里称为 QDA 解。

以上是 QDA 方法的求解过程。在这过程中，首先是将微分方程(3)变成代数方程(9)，这从根本上简化了 KED 分析过程。在方程(9)的迭代过程中，$\{\ddot{u}_{\text{r}}\}$项始终不变。只是$\{\dot{u}\}$和$\{\ddot{u}\}$两项有所变化，其值是通过简单的差分过程得到的。因此整个求解过程的计算量很小，大大提高了运算速度。由于考虑了由弹性运动所引起的惯性变化，因而使得 QDA 解比 KES 解精确得多。方程(9)形式上与方程(3)非常接近，在理论上使其精度有了保证。可以说，QDA 方法是一种与 KED 方法高效近似的方法，能够取代 KED 分析的复杂过程。

下面讨论一下 QDA 方法的收敛性。根据数值方法理论，QDA 方法的收敛准则为

$$\left|\frac{\partial\{u\}_i}{\partial\{u\}_{i-1}}\right|<1 \tag{11}$$

不失一般性，由方程(6)、方程(7)和方程(9)可得式(11)的转化形式为

$$\frac{2\dfrac{M}{K}(\dot{\theta})^2}{(\Delta\theta)^2}<1 \tag{12}$$

可以看出，只要适当选取步长量$\Delta\theta$（式中，M、K为$[M]$、$[K]$中的元素），在一般情况下其收敛性是可以得到保证的。而且$\Delta\theta$的选择范围较宽，总能找到适当的值。由于$\Delta\theta$的实际量很小，不会影响计算时取点数和计算精度。

4. 算例

上面从理论上讨论了 QDA 方法的求解过程及精确性和省时性。为了进一步证实这一点，下面用两个机构 KED 分析的具体算例予以说明。

4.1 平面四杆机构

为了更好地说明 QDA 方法的优越性，这里选用了文献[11]中用 KED 方法分析过的同样机构进行 QDA 分析，以便于比较。机构参数如下：

$$L_1 = 12.7\text{cm}, \quad L_2 = 27.94\text{cm}, \quad L_3 = 36.67\text{cm}, \quad L_4 = 25.4\text{cm}$$

输入角速度为常数125rad/s，(1200r/min，顺时针方向)；各杆材料为钢材，弹性模量为$2.067\times10^{11}\text{Pa}$，质量密度为$7.751\times10^3\text{kg/m}^3$；各杆均为截面积为$1.61\text{cm}^2$的圆棒，对中性轴转动惯量为$0.866\text{cm}^4$，忽略阻尼作用。

全部 QDA 分析过程编成 FORTRAN 程序在 IBM-4381 计算机上自动完成。

图 2～图 5 分别表示弹性位移在u_1、u_3、u_8方向上分量和连杆中点处最大动应力曲线。各图中，实线表示 QDA 结果，虚线为文献[11]所得的 KED 结果。

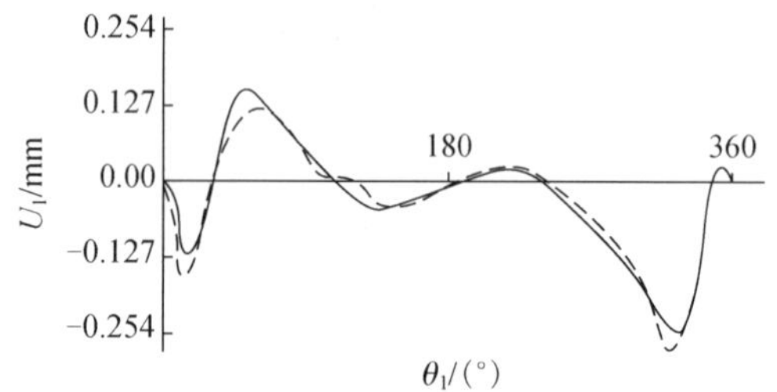

图 2　u_1方向弹性变形曲线

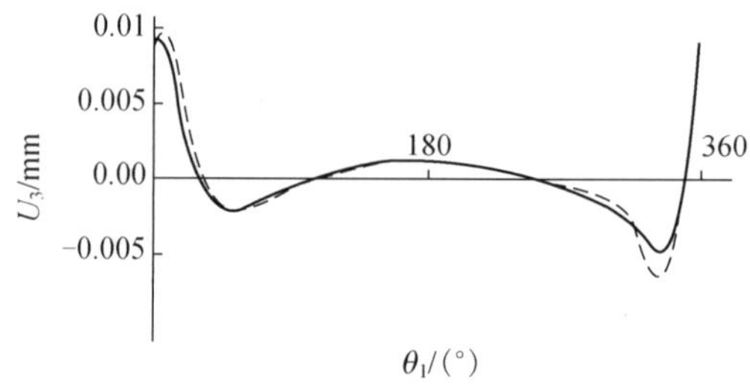

图 3　u_3方向弹性变形曲线

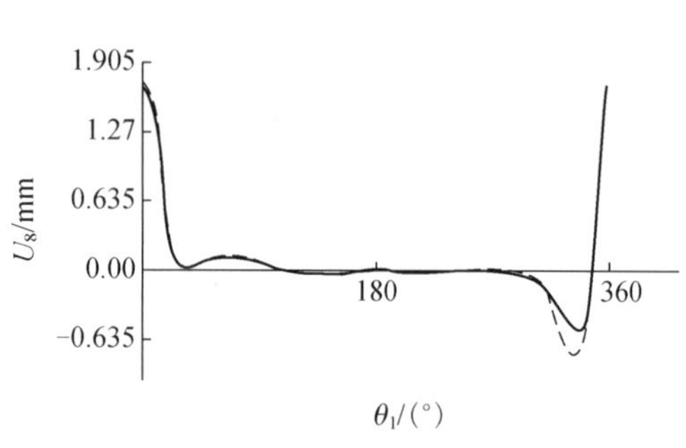

图 4　u_8方向弹性变形曲线

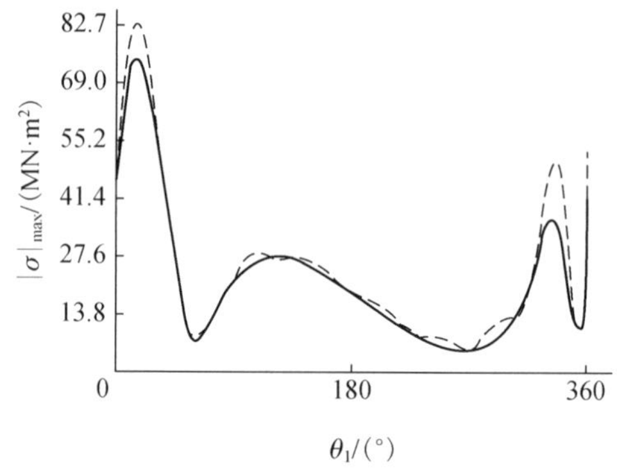

图 5　最大应力曲线

比较两种曲线可以看出，两曲线差距很小，基本吻合。这充分说明 QDA 方法在计算精度上完全可以满足 KED 分析要求。另一方面，从运算时间上看，迭代次数为 2～11 次，整个 QDA 分析用 CPU 时间 37s。用 KES 方法需 12s。即 QDA 分析机时为 KES 分析的 3 倍左右。从其他文献中可知，KED 分析机时至少是 KES 分析的十几倍。因此，QDA 方法至少比 KED 方法节省计算机时 70%以上。这一结果与前面的理论分析相符，达到预期效果。

4.2 RSS'R 空间机构

到目前为止，空间机构 KED 分析方面的文献非常有限，关键问题是由于计算难度较大，需要大量计算机时，有时甚至无法完成。因此，就更需要一种既简单又能达到精度要求的近似方法来代替 KED 方法，QDA 方法正好能满足这个要求，下面通过一个较复杂的 RSS′R 空间机构进行说明。

RSS′R 机构如图 6 所示。整个机构分成 5 个单元，曲柄①为一个单元，连杆②和输出杆③各为两个单元，每个单元含有 12 个节点位移变量，整个机构共 31 个独立的广义弹性位移变量。具体的动力学微分方程及相关公式的推导见文献[14]。方程(8)和公式(9)对空间机构仍然成立，只是其中各项形式有所变化。机构结构参数如下：

$h_1 = 6.71\text{cm}$，$h_2 = 24.15\text{cm}$，$h_3 = 6.0\text{cm}$，$s_3 = 0.0\text{cm}$，$h_4 = 5.0\text{cm}$，$s_4 = 37.38\text{cm}$

$a_{2'3} = 0^\circ$，$a_{3'4} = 90^\circ$

各杆材料均为铝材，弹性模量为 $7.104 \times 10^{10}\text{Pa}$，质量密度为 $2712\,\text{kg/m}^3$。杆①、杆③截面为矩形，杆②为圆柱，各截面尺寸为

$$y_1 = 0.57\text{cm}, z_1 = 0.10\text{cm}, d_2 = 0.4\text{cm}, y_3 = 0.67\text{cm}, z_3 = 0.10\text{cm}$$

在 s 和 s' 付上设有分别为 20g 和 30g 的集中质量，曲柄转速为 400r/min，计算结果如下。

图 7～图 9 分别表示杆①～杆③上中点动应变曲线，实线为 QDA 结果，虚线为 KES 结果。从图上可以看出，两种曲线变化趋势比较理想，全部 QDA 分析机时为 246s，KES 解机时为 47s。这对于一个如此复杂的空间机构来说，其结果是令人满意的。

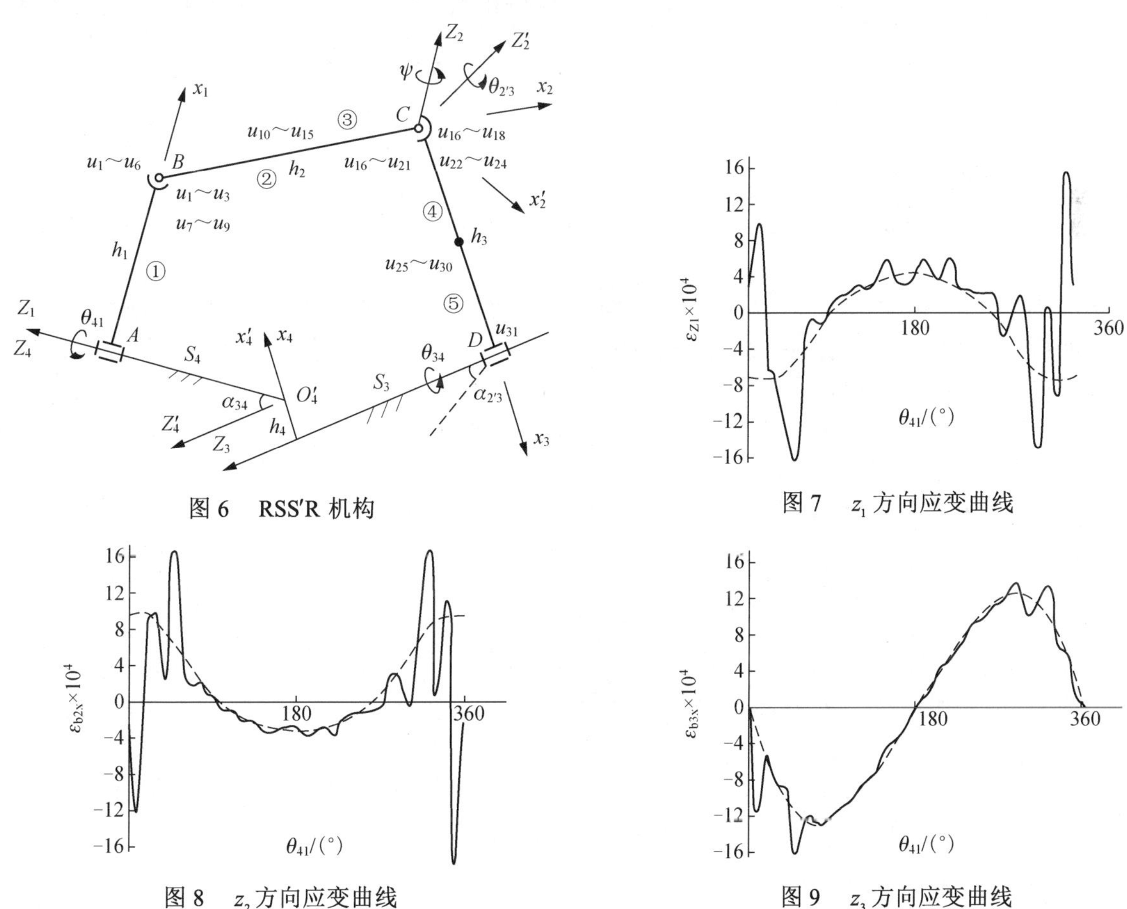

图 6　RSS′R 机构

图 7　z_1 方向应变曲线

图 8　z_2 方向应变曲线

图 9　z_3 方向应变曲线

5. 结论

本文提出了一种新的高效近似方法，用以代替复杂的 KED 方法进行高速机构的运动弹性动力分析。它把 KED 分析中的微分方程求解方式转化为代数方程求解方式，大大简化了计算过程，节省机时 70%以上，并保证了精度要求，其结果与 KED 方法比较接近，成功地解决了 KED 分析中计算精度与节省机时的矛盾。通过实际计算可以看出，这种新方法具有精度高、收敛快、省机时等优点，特别是对于复杂的空间机构的 KED 分析，其优越性更加明显。

致谢

本文是在白师贤教授的指导和帮助下完成的，在此表示衷心的感谢。

参考文献

[1] Zhang C, Grandin H T. Optimum design of flexible mechanisms. Trans. ASME. Jl Mech. Transmiss. Automat. Design, 1983, 105: 267-272

[2] Sunada W, Dubowsky S. The application of finite element methods to the dynamic analysis of flexible spatial and co-planar linkage systems. Trans, ASME, Jl Mech. Design, 1981, 103: 643-651

[3] Erdman A G, Sandor G N, Oakberg R C. A General method for Kineto-Elasto dynamic analysis and synthesis of mechanisms. Trans. ASME, Jl Engng Ind, 1972, 94(B): 1193-1205

[4] Imam I, Sandor G N, Kramer S N. Deflection and stress analysis in high speed planar mechanisms with elastic links. Trans. ASME, Jl Engng Ind, 1973, 95(B): 541-548

[5] Midha A, Erdman A G, Frohrib D A. an approximate method for the dynamic analysis of elastic linkages. Trans. ASME, Jl Engng Ind, 1977, 99(B): 449-455

[6] Midha A, Erdman A G, Frohrib D A.A closed-form numerical algorithm for the periodic response of high-speed elastic linkage. Trans. ASME, Jl Mech. Design, 1979, 101: 154-162

[7] Nath P K, Glosh A, steady state response of mechanisms with elastic links by finite element method. Mech, Mach. Theory, 1980, 15: 199-211

[8] Cleghorn W L, Fenton R G, Tabarrok B. Steady state vibrational response of high-speed flexible meehanisms. Mech. Mach. Theory, 1984, 19: 417-423

[9] Bagci C, Kalayeioglu S. Elastodynamics of planar mechanisms using planar actual finite line elements, lamped mass systems, matrix-exponential method, and the method of “Critical-Geometry-Kineto-Elasto-Statics” (CGKES). Trans. ASME, Jl Mech. Design, 1979, 101: 417-427

[10] Yang A T, Pennoek G R, Hsia L M. Stress fluctuation in high speed mechanisms. Trans. ASME, Jl Mech. Design, 1981, 103: 736-742

[11] Bahgat B M, Willmert K D. Finite element vibrational analysis of planar meehanisms. Mech. Mach. Theory, 1976, 11: 47-71

[12] Cleghorn W L, Fenton R G, Tabarrok B. Finite element analysis of high-speed flexible meehanisms. Mech. Mach. Theory, 1981, 16: 407-427

[13] 王龙甫. 弹性理论. 北京：科学出版社，1978：80-171

[14] 余跃庆. 高速空间连杆机构运动弹性动力学分析、综合及特性的系统研究. 北京工业大学，1990

（原载《北京工业大学学报》1990, 16(3):17-23）

§ 12 弹性空间机构动态响应分析的理论与实验研究

余跃庆 张渊 邱银福

(北京工业大学，北京 100022)

摘 要：本文从模型建立、方程求解和实验几方面对空间机构弹性动力响应问题进行了系统研究。应用有限元法建立了一般弹性空间机构动力学分析模型及方程，提出了一种高效求解方法，并通过 RSS'R 空间机构算例及实验较好地验证了上述理论和方法的正确性和有效性。

关键词：弹性；空间机构；动态

1. 引言

机构的弹性动力学研究是机构学领域中一个前沿课题。到目前为止，绝大部分成果都属于平面机构的运动弹性动力学(KED)分析范围[1]。然而，对于空间机构的 KED 研究，其成果无论在数量上还是质量上都相差甚远。进行空间机构的 KED 研究，必须首先建立一整套适于空间机构 KED 分析的模型、方程及其求解的系统分析方法，才能进一步研究其动态特性及 KED 综合问题。在现有文献[2-4]中，仅对某些特殊的空间机构，如共平面的偏置机构、机器人机构等进行了 KED 分析，但没有给出适用于一般空间机构的通用模型、方程及求解方法，在分析精度和计算速度等方面也都有待改进。空间机构的 KED 实验研究还未曾见到有文章发表。本文从建模、求解和实验几方面对一般弹性空间机构 KED 分析进行了系统研究，得出了一套适用性较广的有效分析方法。

2. 模型的建立

2.1 单元模型

按照有限元方法，可将一般空间连杆机构划分为若干个基本单元体来进行此机构的 KED 分析。空间矩形梁单元具有代表性，如图 1 所示。梁单元上有 i 、 j 两个结点，结点位移为

$$\begin{cases}\{\delta\}=\left(\delta_i,\delta_j\right)^{\mathrm{T}}\\ \{\delta_i\}=(u_i,v_i,\omega_i,\theta_{xi},\theta_{yi},\theta_{zi})^{\mathrm{T}}\\ \{\delta_j\}=(u_j,v_j,\omega_j,\theta_{xj},\theta_{yj},\theta_{zj})^{\mathrm{T}}\end{cases} \tag{1}$$

单元内任一点 P 处将产生 U、V、W 三个方向和 θ 一个角度的位移，可表示为

$$\{f\}=\left(U,V,W,\theta\right)^{\mathrm{T}} \tag{2}$$

在结点位移 $\{\delta\}$ 和内点位移 $\{f\}$ 之间存在着一定的函数关系，用矩阵 $[N]$ 表示为

$$\{f\}=[N]\{\delta\} \tag{3}$$

根据机构杆件变形特性以及有限元理论，为保证位移函数的完备性和协调性，这里选择位移函数为三次多项式形式。再由边界条件可确定关系矩阵 $[N]$，推导过程省略，详见文献[5]。

当已知梁单元的变形位移后，相应的应力 $\{\sigma\}$ 和应变 $\{\varepsilon\}$ 不难求得，为

$$\{\sigma\}=E\{\varepsilon\}$$

$$\{\varepsilon\}=\left(\varepsilon_0,\varepsilon_{by},\varepsilon_{bz},\varepsilon_t\right)^{\mathrm{T}}=\left(\frac{\mathrm{d}U}{\mathrm{d}x},-y\frac{\mathrm{d}^2V}{\mathrm{d}x^2},-z\frac{\mathrm{d}^2W}{\mathrm{d}x^2},\frac{G}{E}\frac{J_{\mathrm{k}}}{ab^2}\cdot\frac{\mathrm{d}\theta}{\mathrm{d}x}\right)^{\mathrm{T}}=[B]\{\delta\} \tag{4}$$

式中，各符号及表达式详见文献[5]。

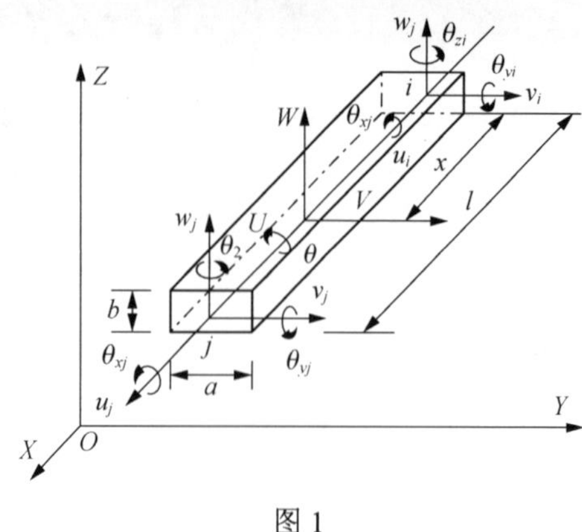

图 1

2.2　动力学方程

根据机构 KED 分析中普遍采用的瞬态结构假设[1]，以结点弹性位移$\{\sigma\}$为广义坐标的空间梁单元在某一瞬态的 Lagrange 方程为

$$\frac{\mathrm{d}}{\mathrm{d}t}\left\{\frac{\partial T}{\partial \dot{\delta}}\right\}-\left\{\frac{\partial T}{\partial \delta}\right\}+\left\{\frac{\partial \bar{U}}{\partial \delta}\right\}=(P) \tag{5}$$

式中，T、$\bar{U}$、P 分别为单元体的动能、变形能和外载。其中

$$T=\frac{1}{2}\int_{0}^{t} m(x)\{f_{\mathrm{a}}\}^{\mathrm{T}}\{f_{\mathrm{a}}\}\mathrm{d}x \tag{6}$$

式中，$m(x)$为单元体质量密度函数；$\{f_{\mathrm{a}}\}$为单元体内点的绝对运动速度。

根据小变形假设[5]，梁单元的绝对运动可以表示为刚体运动$\{f_{\mathrm{r}}\}$和弹性变形运动$\{f\}$的合成，即有

$$\{f_{\mathrm{a}}\}=\{f_{\mathrm{r}}\}+\{f\} \tag{7}$$

由式(3)及刚体运动特性可以证明

$$\{f_{\mathrm{a}}\}=[N]\{\delta_{\mathrm{a}}\}=[N](\{\delta_{\mathrm{r}}\}+\{\delta\}) \tag{8}$$

这样，将式(7)和式(8)代入式(6)可有

$$T=\frac{1}{2}\{\delta_{\mathrm{a}}\}^{\mathrm{T}}[M]\{\delta_{\mathrm{a}}\} \tag{9}$$

式中，$[M]$为单元体的质量矩阵，可按下式求得

$$[M]=\int_{0}^{l} m(x)[N]^{\mathrm{T}}[N]\mathrm{d}x \tag{10}$$

详见文献[5]，对于参数已知的单元体它是常数矩阵。

按照定义，变形能$\bar{U}$应为

$$\bar{U}=\frac{1}{2}\iiint_{v}\{\varepsilon\}^{\mathrm{T}}\{\sigma\}\mathrm{d}V \tag{11}$$

由式(4)可得

$$\bar{U}=\frac{1}{2}\{\delta\}^{\mathrm{T}}[k]\{\delta\} \tag{12}$$

式中，$[k]$为单元体的刚度矩阵，也为常数矩阵

$$[k]=E\iiint_{v}[B]^{\mathrm{T}}[B]\mathrm{d}V \tag{13}$$

将式(9)和式(11)代入式(5)可得梁单元的动力学方程

$$[m]\{\ddot{\delta}\}+[k]\{\delta\}=\{p\}-[m]\{\{\ddot{\delta}_{\mathrm{r}}\} \tag{14}$$

若将一空间机构各杆件划分为若干个空间梁单元，并将各单元结点位移经过坐标转换后表示在统一的固定坐标系中，则可得到若干个形如式(14)的动力学方程。再把这些方程按一定顺序排列起来，并用$\{U\}$表示整个机构的广义弹性位移变量，则可得到类似于式(14)的整个空间机构的弹性动力学方程式为

$$[M]\{\ddot{U}\}+[K]\{U\}=\{P\}-[M]\{\ddot{U}_{\mathrm{r}}\} \tag{15}$$

与式(14)相对应，上式中各参数均为整个机构系统参数。若将机构弹性运动中阻尼作用以常用的比例阻尼形式反映在弹性变形过程中，则可得到一般空间机构弹性动力学方程为

$$[M]\{\ddot{U}\}+[C]\{\dot{U}\}+[C]\{U\}=\{P\}-[M]\{\ddot{U}_{\mathrm{r}}\} \tag{16}$$

这是典型的有阻强迫振动微分方程组，广泛适用于一般空间机构的 KED 分析。

3. 方程的求解

3.1　QDA 方法

进行某一空间机构的 KED 分析，就需要机构的整个运动循环中求解许多个瞬态的形如式(16)的多变量复杂微分方程组，非常费时。对于复杂空间机构，要得到稳态解有时是非常困难的，这是空间机构 KED 研究进展缓慢的一个重要原因。为解决此问题，这里提出一种新的高效近似求解方法，用来替代传统的 KED 分析求解方法。

首先将式(16)改写，并注意到取比例阻尼时常有$[C]=[M][C']$关系，则有

$$\{U\}=[K]^{-1}\{P\}-[K]^{-1}[M]\left(\{\ddot{U}_{\mathrm{r}}\}+\{\ddot{U}\}+[C']\{\dot{U}\}\right) \tag{17}$$

当忽略弹性位移的第一、二阶高阶导数项时有

$$\{U\}_{\mathrm{KES}}=[K]^{-1}\{P\}-[M]\{\ddot{U}_{\mathrm{r}}\}) \tag{18}$$

这就是通常的准静态(KES)解。经验表明，机构的 KED 解是在 KES 解基础上的微小波动，KES 解在很大程度上决定了 KED 解的性质，一般情况下可以近似代替 KED 解。由式(18)可以看出，KES 解是由机构刚体运动决定的代数方程求解出来的，因此它所耗的计算机时只有 KED 解的百分之几。但由于未考虑弹性变形对惯性力的影响，因此随着机构转速的提高，KES 解的误差加大，影响分析精度，故需改进。这里提出的在 KES 解基础上改进的新的迭代公式如下

$$\begin{gathered}\{U\}_i=[K]^{-1}\{P\}-[K]^{-1}[M]\left(\{\ddot{U}_{\mathrm{r}}\}+\{\ddot{U}\}_{i-1}+[c']\{\dot{U}\}_{i-1}\right.\\ \{U\}_0=\{U\}_{\mathrm{RES}}\end{gathered} \tag{19}$$

式中，$\{\dot{U}\}$和$\{\ddot{U}\}$可由数值计算中的差分方法求得，角标i和$i-1$为迭代次数。当满足

$$\left|\{u\}_i-\{U\}_{i-1}\right|<\varepsilon \tag{20}$$

则可近似认为

$$\{U_0\}=\{U\}_{i-1}=\{U\}$$

这样，式(19)的解就近似等价于式(17)或式(16)的 KED 解。这里，ε为预定的精度指标；$\{U\}$称为 QDA 解。这种求解方法称为 QDA 方法。

由式(19)可以看出，QDA 方法是在 KES 解基础上的代数迭代求解过程，因此，在计算速度上

与 KES 分析是同一级别，而比 KED 分析则快若干倍；另一方面，QDA 解比 KES 解多考虑了 $\{\dot{U}\}$ 和 $\{\ddot{U}\}$ 项的影响，从根本上改善了 KES 分析的误差因素，计算精度上与 KED 方法保持在同一水平。所以，QDA 方法是进行机构 KED 分析的一种可靠的高效近似方法。

3.2　算例

这里选择典型的 RSS′R 空间机构为例说明空间机构 KED 分析过程及 QDA 方法。RSS′R 机构如图 2 所示，其中各坐标系的选取参照文献[6]，机构结构参数如下

$$h_1 = 67.1\,\text{mm}, \quad h_2 = 241.5\,\text{mm}$$

$$h_3 = 60.0\,\text{mm}, \quad s_3 = 0.0\,\text{mm}$$

$$h_4 = 50.0\,\text{mm}, \quad s_4 = 273.8\,\text{mm}$$

$$a_{2'3} = 0^\circ, \quad a_{34} = 90^\circ$$

机构中各杆均为钢材，弹性模量 $E = 7.104\times10^{10}\,\text{Pa}$，质量密度 $\rho = 2712\text{kg}/\text{m}^3$，两连架杆为矩形截面，连杆 2 为圆棒，各杆截面尺寸分别为 $a_1 = 6.7\text{mm}$，$b_1 = 2.0\text{mm}$，$d_2 = 4.0\text{mm}$，$a_3 = 6.5\text{mm}$，$b_3 = 2.1\text{mm}$。

按照有限元方法把整个机构分为五个单元。其中，输入杆 1 作为悬臂梁处理为一个单元，其他两杆各分为两个单元。整个机构共有广义弹性位移坐标 31 个，都在固定坐标系 $O_4x'_4y'_4z'_4$ 中度量。机构中 B、C 两球副按质量为 29.1g 和 49.6g 的集中质量处理。机构曲柄转速为 400r/min。按式(16)模型分析，用 QDA 方法求解，当机构外载 $\{P\}=\{0\}$ 时，计算结果如图 3 所示。可以看出：QDA 曲线恰好在 KES 曲线上下波动，这与前面理论分析相符，与 KED 解近似。另外，QDA 分析所用机时为 246s(IBM-4381 机)，大约为 KES 分析(47s)的三倍，两者属同一水平，比一般 KED 分析至少节省机时 75%以上，效果显著。

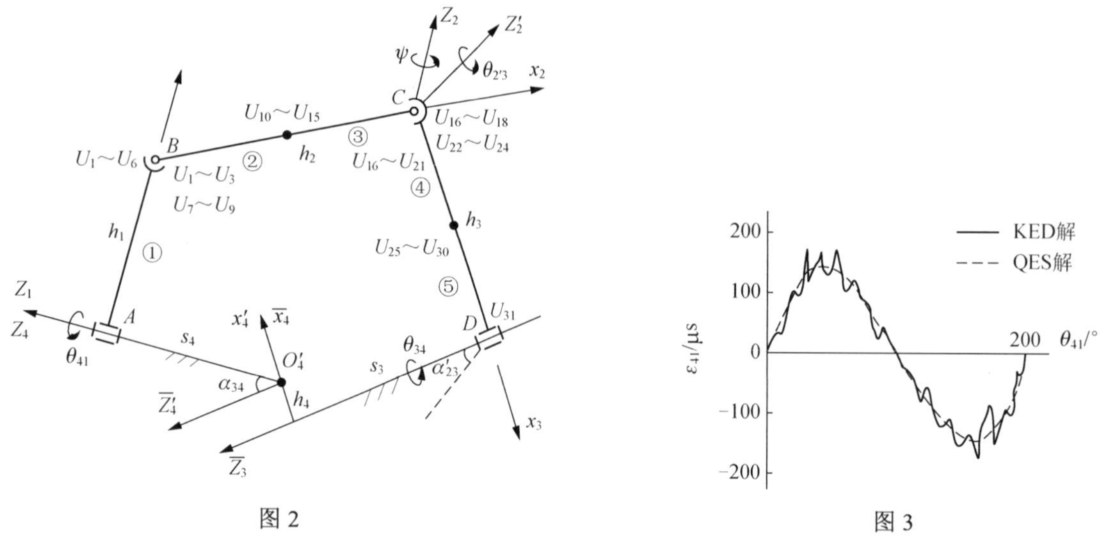

图 2　　图 3

4. 实验研究

为检验前面所提出的一般空间机构 KED 分析的理论和方法，下面进行 RSS′R 机构实验研究。机构实验台及其测试系统如图 4 所示。通过测量机构摇杆中点处动应变得到实验曲线如图 5 所示。图中实线是在100*Hz* 滤波条件下得到的(机构曲柄转动频率为 42Hz)，它表示 KED 曲线；而虚线则在 10Hz 的低通滤波条件下测出的，它相当于 KES 曲线。比较实验和相应的理论分析曲线(图 3 和图 5)可以看出：两种情况下 KED 及 KES 曲线无论是数值上还是在变化趋势上都是基本一致的。尤其是 KED 曲线上两者没有本质区别。这充分说明了本文提出的一般空间机构 KED 分析的理论和方法是正确、有效的，QDA 方法一般在机构转速不超过 1200r/min 的情况下都是适用的[7]。当然，由于实

验机构在制造、加工及实验测试手段等方面不可避免与理论模型有一定误差，因此在数值上理论分析与实验结果还有些差距，但这并不影响以上结论的正确性。

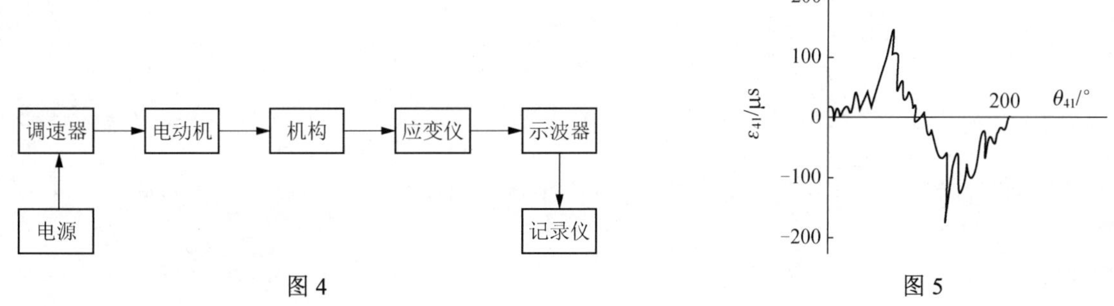

图 4　　　　图 5

5. 结论

本文从建模、求解、实验三方面对弹性空间机构动态响应分析进行了系统研究，得出以下结论。

(1) 式(16)适用于一般空间机构 KED 分析模型。

(2) QDA 方法是一种可靠、高效、近似于 KED 方法。

(3) 数值计算和实验研究说明本文提出的分析理论和方法是正确、有效和切实可行的。

参考文献

[1] Lowen G G, Chrissapis C. The elastic behavior of linkages: an update. Mech. Mach. Theory, 1986, 21: 33-42

[2] Stamps F R, Bagci C. Dynamics of planar elastic high-speed mechanisms considering three-dimensional offset geometry fanalytical and experimental investigations. ASME Jl Mech. Transmiss. Automat. Design, 1983, 105: 498-510

[3] Sunada W H, Dubowsky S. The application of finite element methods to the dynamic analysis of flexible spatial and co-planar linkage systems. ASME Jl Mech. Design, 1981, 103: 643-651

[4] Ween F V D. A finite element approach to three-dimensional Kineto-Elasto dynamics. Mech. Mach. Theory, 1988, 23: 491-500

[5] 余跃庆，高速空间连杆机构运动弹性动力学分析、综合及特性的系统研究. 北京工业大学，1990.

[6] 张启先. 空间机构分析与综合(上册). 北京：机械工业出版社，1984

[7] 余跃庆. 连杆机构运动弹性动力分析的一种高效新方法.北京工业大学学报, 1990,16(3): 17-23

(原载《机械工程学报》1993，29 (1): 90-95)

§ 13 New Investigation on Critical Running Speeds of a High-Speed Elastic Space Mechanism

Yu Yueqing, Qiu Yinfu, Zhang Yuan

Section of the Theory of Machines and Mechanisms, Beijing Polytechnic University,Beijing 100022, *China*

Abstract: *An analytical and experimental investigation on critical running speeds of high-speed spatial linkages with elastic members is presented. First, the elastic resonance caused by the change of operating speeds of a completely elastic RSS'R spatial mechanism has been studied theoretically. Some important factors that greatly affect the dynamic properties of the elastic mechanism in the state of resonance have been round. Three key characteristic indices for evaluation and determination of the critical running speeds of an elastic mechanism are also given. Second, an experimental study is presented to verify the theory developed in the paper. The strain gauge technique is applied to obtain dynamic responses in the links of an RSS'R mechanism. The experimental results show fairly good agreement with the analytical theory.*

1. Introduction

Research on the kineto-elastodynamics (KED) of linkages has advanced rapidly in recent years[1]. Most of the studies have dealt with developing techniques for determination of the KED responses in the links of a planar mechanism in motion. Although some studies have considered the KED synthesis or design of planar linkages, the achievement in this field is much less than that in KED analysis. This may be because the dynamic behaviour of elastic mechanisms has not been well understood by designers.

Some progress has been made in finding elastodynamic characteristics of planar mechanisms, especially in the investigation of critical running speeds of elastic mechanisms, which is one of the major concerns in KED design of a high-speed mechanism[2-9]. Encouraging conclusions were obtained in these works, which showed that resonance occurred in an elastic mechanism at certain running speeds corresponding to an integer division of the integrated average of the fundamental natural frequency of the mechanism. This regularity was proved by numerical and experimental methods based on the theory of mechanical vibration.

Compared with the theoretical work done, very little experimental work has been done in the study of elastic mechanisms. Alexander and Lawrence set up a foundation of experimental investigations on high-speed linkages with elastic members[2,3], which has been a successful model for the later experimental work. Kalaycioglu, Lowen, Thompson, Bagci and others also made important contributions to the experimental study of elastic mechanisms[5-7,10-13]. Critical running speeds of elastic mechanisms have been dealt with experimentally in Refs.[2, 3, 5, 6]. The strain gauge technique was commonly used in these experiments. Almost all these experimental studies tested the relevant theory in KED analyses of elastic mechanisms.

However, earlier work on critical running speeds of elastic mechanisms was limited to special planar or co-planar three-dimensional off-set linkages, and the relevant theory seems to be not very exact for explanation of the resonance of elastic mechanisms. The critical running speed or resonance of general spatial linkages should be considered, because of the advanced research demands in space science.

This paper presents an investigation on the critical running speeds of high-speed spatial linkages with elastic members. An important achievement in determining the dynamic properties of an elastic mechanism in the state of resonance caused by the change of operating speeds of the mechanism has been obtained through the KED analysis of a typical RSS'R spatial mechanism. The necessary conditions and key factors affecting the resonance of an elastic mechanism are determined. To test or verify this new theory, an RSS'R spatial mechanism is selected for experimental study, and the dynamic responses in the coupler and output link of the mechanism to change of its operating speeds are determined by using a strain gauge technique. A comparison between the experimental result and the relevant theoretical analysis is also presented, through which the validity of the newly developed theory has been proved.

2. Necessary Conditions for Resonance in Elastic Mechanisms

According to the assumptions of small elastic deflection and instantaneous structure which are widely used in the KED analysis of mechanisms, the dynamic equations of an elastic mechanism, both for a planar and a spatial linkage, can be written in the following matrix form through the application of the finite element technique[14, 15]:

$$[m]\{\ddot{u}\}+[c]\{\dot{u}\}+[k]\{u\}=\{F\} \tag{1}$$

Here, $[m]$, $[c]$ and $[k]$ express respectively the global mass, damping and stiffness matrices of the whole mechanism. $\{u\}$ is the global elastic deflection vector at all nodes of the linkage, and $\{\dot{u}\}$ and $\{\ddot{u}\}$ are the first and second time derivatives of $\{u\}$, respectively. $\{F\}$ denotes the global external applied load vector; it also includes the inertia forces caused by the rigid-body motion of the mechanism. Further details on Eq. (1) can be found in Ref. [15].

Eq. (1) is a set of standard differential equations of the forced vibration with physical damping. The dynamic responses of these equations mainly depend on the solution of the fundamental mode shapes of the equations. Without losing generality, the mode shape of Eq. (1) can be expressed as follows:

$$\ddot{u}+2\xi p\dot{u}+p^2u=f \tag{2}$$

Here, $p=\sqrt{(k/m)}$ denoting the natural frequency of the mechanism, $\xi=c/2mp$. As it is a periodic function, the external force f can be expanded by Fourier series as follows:

$$f(t)=\frac{A_0}{2}+\sum_{j=1}^{n}A_j\sin(j\omega t+\psi_j) \tag{3}$$

where

$$\tan\psi_j=a_i/b_j,\ A_j=\sqrt{(a_j^2+b_j^2)}$$

$$a_j=\frac{\omega}{\pi}\int f(t)\cos j\omega t\mathrm{d}t,\quad j=0,1,2,\cdots,n$$

$$b_j=\frac{\omega}{\pi}\int f(t)\sin j\omega t\mathrm{d}t,\quad j=0,1,2,\cdots,n$$

and ω is the running speed of the mechanism. Then, Eq. (2) becomes

$$\ddot{u}+2\xi p\dot{u}+p^2u=\frac{A_0}{2}+\sum_{j=1}^{n}A_i\sin(j\omega t+\psi_i) \tag{4}$$

The steady-state solution of Eq. (4) can be obtained as follows:

$$u = \frac{A_0}{2p} + \sum_{j=1}^{n} \frac{B_j A_j}{p^2} \sin(j\omega t + \psi_j - \theta_j) \tag{5}$$

where,

$$B_j = 1/\sqrt{[(1-\lambda_j^2)^2 + 4\xi^2\lambda_j^2]}$$

$$\lambda_j = j\omega / p$$

$$\theta_j = \arctan(2\xi\lambda_j / (1-\lambda_j^2))$$

and B_j is defined as the amplifying factor in the theory of mechanical vibration. Only if

$$\lambda_j = 1$$

i.e.

$$j\omega = p \tag{6}$$

will

$$B_j = B_{j\max}$$

and the value of u increases sharply. At this time, the vibration system is in the state of resonance. For an elastic mechanism in motion, if its natural frequency p is j times the angular speed of its shaft ω at some time, then the whole mechanism is provided with the condition of possible resonance. If resonance occurs, the corresponding angular speed of is defined as the critical running speed of the elastic mechanism. At this time, the dynamic properties, stresses and deflections in the links of the mechanism increase sharply and may exceed the allowable limits, so the mechanism cannot work normally. Therefore, the problem of critical running speeds must be considered carefully in the design of elastic mechanisms.

As is well known, an operating mechanism is a time-varying system, so the natural frequency of the mechanism changes continuously with time t or the positions of all links of the mechanism. Thus, there must always be a short moment for every running speed ω within a cycle of mechanism motion in which Eq. (6) is satisfied; that is to say, the mechanism system always possesses the condition of possible resonance. In fact, resonance takes place only at some special running speed ω in a practical mechanism. Therefore, it can be concluded that Eq. (6) is only a necessary condition, but not a sufficient one, for the resonance of an elastic mechanism. This means that the elastic resonance of a mechanism does not take place if only the necessary condition, Eq. (6), is satisfied. This is the main difference between the resonance (vibration) of a time-varying system in an elastic mechanism and a constant system of mechanical vibration; also, the former is much more complicated than the latter. However, the simple condition of p and ω is not sufficient to determine the appearance of resonance in an elastic mechanism. There must be other factors which significantly affect properties of the resonance. These important factors will be investigated further, later in this paper.

3. Key factors of resonance in elastic mechanisms

3.1 KED analysis of an RSS'R mechanism

To study the dynamic properties of resonance in an elastic mechanism, first, an investigation of the KED response with change of running speeds of an RSS'R typical space mechanism is presented.

A general RSS'R mechanism and its coordinates are shown in Fig. 1. The geometrical parameters of the linkage are as follows:

$$h_1 = 67.1\text{mm},\ \ h_2 = 241.5\text{mm},\ h_3 = 60.0\text{mm},\ h_4 = 50.0\text{mm},$$
$$s_3 = 0.0\text{mm},\ s_4 = 273.8\text{mm},\ \alpha_{23} = 0^\circ,\ \alpha_{34} = 90^\circ$$

All three moving links of the mechanism are considered to be elastic. Based on the finite element method, which has been used widely in the KED analysis of linkages, the whole system of the elastic mechanism is divided into five elements, i.e. the input shaft is treated as one element of the cantilever beam because of the heavy inertia of its driving motor, and the coupler and output link are each considered as two elements. The total global elastic deflection of the mechanism has 31 components expressed at each node in the figure.

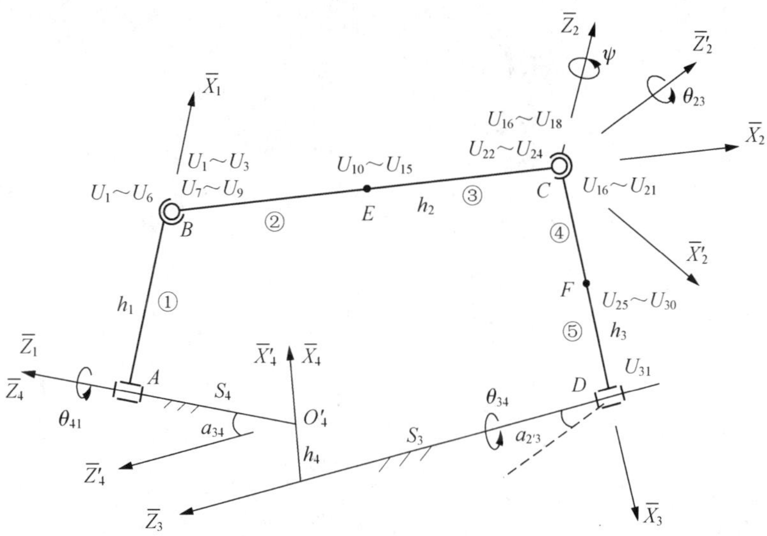

Fig.1　RSS'R mechanism

The input and output links are chosen to have a square cross-section. The coupler link is a round bar. The cross-sectional parameters of these links are determined from KED optimum synthesis of the mechanism with minimum weight as follows[15]:

$$y_1 = 3.5\ \text{mm},\quad z_1 = 1.5\ \text{mm},\quad d_2 = 4.0\ \text{mm},\quad y_3 = 3.0\ \text{mm},\quad z_3 = 1.5\ \text{mm}$$

The total weight of the mechanism is only 97.8g when the links are made of steel, including two concentrated masses of 25g and 30 g for the spherical and sphere-pin pair at points B and C, respectively. The modulus of elasticity of steel is $2.07\times10^{12}\,\text{g}/\text{s}^2$ per cm and its density is $7.751\text{g}/\text{cm}^3$. The detail of the KED analysis of the RSS'R mechanism can be seen in the Ref. [15].

When the running speed of the input shaft of the mechanism varies on a large scale（100 ~ 1000 r/min）, the corresponding dynamic strains at the mid-points E and F of the coupler and the output link have been obtained through KED analyses, respectively. The amplitude-frequency curves of these KED responses are shown in Figs. 2 and 3. The problem of resonance in an elastic space mechanism can be solved through the analysis of these curves as follows.

3.2　Appearance of resonances

From examination of Figs. 2 and 3, some tendencies of the KED responses in an elastic mechanism to changes in running speed can be found. For instance, the curves are multi-peak curves, and most of the peaks appear near those points where the integrated average of the fundamental natural frequency of the whole mechanism within a cycle of its motion, p_a is an integer multiple of that of the running speed of the mechanism, ω_0 . In this example, p_a has been computed as $p_\text{a} = 935.04\text{s}^{-1}$. Therefore, at some particular running speeds, called critical points or speeds, $p_a = n\omega_0$ $(n = 9\sim20)$. According to the vibration theory mentioned above, resonance of the mechanism should occur at these points. When ω_0 is greater than 600 r/min, this appearance of resonance is strong, and the values of peaks increase regularly with the increase in running speed ω_0, whereas, if ω_0 is less than 600 r/min, the resonance appears irregular, and its effect is considerably reduced. This new irregular resonance phenomenon cannot be explained by the theory of mechanical vibration. Further study of this special appearance of resonance in the elastic mechanism is necessary.

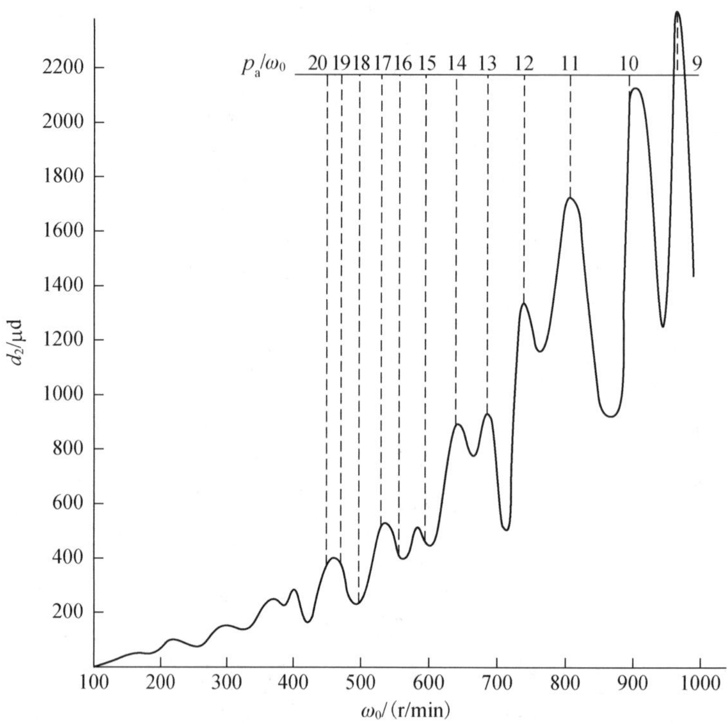

Fig.2　KED responses in the coupler link

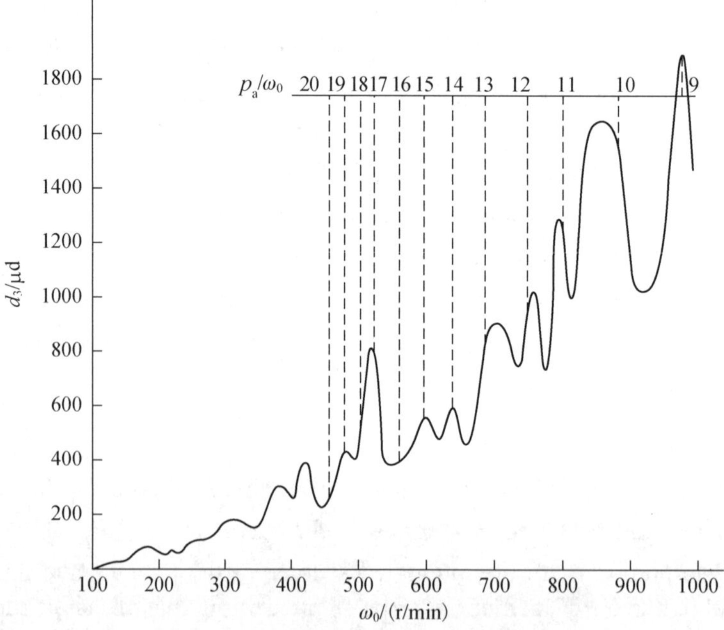

Fig.3　KED responses in the output link

3.3　Key factors of resonance

An elastic mechanism in motion can be considered as a vibrational system with variable parameters. The dynamic properties of such a system depend mainly on two factors: one is the exciting frequency, i.e. the running speed of the mechanism ω_0, and the other is the natural frequency of the whole mechanism p. Here, ω_0 is the external cause which provides the necessary condition of the vibration, and p is the internal cause of the vibration which is determined by the physical constructional parameters and the motion of the mechanism.

After a mechanism has been designed, the property of p in a cycle of the mechanism motion, i.e. the curve for p, is not changeable. If the running speed ω_0 varies and at some times satisfies the following condition.

$$p_c = n\omega_{0c}$$

then the mechanism possesses the necessary condition for resonance. Here, ω_{0c} is called the critical exciting frequency and p_c is called the critical point of the p-curve. There may be several of these points on p -curve, but resonance does not occur at all of them. Whether or not resonance occurs depends on the property of the p-curve and the relation between p_c and ω_{0c}, so some regular and some irregular resonance phenomena appear in Figs.2 and 3. Therefore, it can be deduced that the key factors in resonance of an elastic mechanism are the properties of the p-curve at the critical points.

It is evident that the more critical points a p-curve has, the more opportunities there are for resonance in the mechanism. Therefore, the number of critical points, or the excited times for resonance, is one of the key factors for resonance in an elastic mechanism.

It is well known that the fundamental frequency plays the most important role in determining the natural frequency of a mechanism, and the main property of a p-curve can be expressed approximately by its fundamental p-curve. Such a fundamental p-curve is fairly regular in shape. In general, the straight line of the integrated average of such a p-curve, named p_a, has more crossing-points with the curve than has any other straight line. For example in this paper, the number of crossing-point of p_a and the p-curve is 14, but that of other straight lines and the p-curve is 12 at most. This means that resonance in an elastic mechanism takes place with the strongest possibility near p_a.

This opportunity of resonance is very important, especially for a high-speed elastic mechanism, because the time for a cycle in the motion of such a mechanism is very short and every resonance will continue for a short period. The increase of this opportunity, or the excited times, may produce an alternation of the individual small resonances, and several such alternations may cause a stronger resonance of the system. This is why resonance often appears when p_a and ω_0 of a mechanism have the relation of integer ratio in the above example. This conclusion has also been proved in earlier research [2-9]. It is evident that elastic resonance may occur at other points on the p-curve besides p_a, although this possibility is much smaller.

The properties of p-curve near the critical points include its size and shape. As mentioned above, the size of a p-curve can be expressed by its average p_a. According to Eq.(5) and Eq.(6), if the operating speed of a mechanism is fixed at one value of $a>0_i$ and Eq.(6) is satisfied, then the greater the p_a is, the greater the ratio of p_a to ω_0 becomes, and the less important is the corresponding item in the solution of u in Eq.(5), and, thus, the more evident is the effect of decline in vibration. Therefore, in the example of this paper, when the integer ratio of p_a to ω_0 is greater than 20, i.e. $\omega_0 > 500$ r/min, resonance of the mechanism is very weak, or no resonance may take place. In contrast, when j is less than 15, i.e. $\omega_0 > 600$

r/min, the resonance becomes very strong. Therefore, it can be concluded that the second key factor in resonance of an elastic mechanism is the relation in size between p_{a} and ω_0, or the level of decline of vibration. Resonance occurs when the ratio of p_{a} to ω_0 is less than 20.

According to the theory of mechanical vibration, resonance, if it occurs, should continue for a short time within a short scale of the relative frequency. If the fluctuation of the p-curve for a mechanism is fairly small, the time between the critical points becomes comparatively long, and the excited time for resonance is then sufficient for resonance of the mechanism to occur. Therefore, the third key factor in resonance of an elastic mechanism is the excited time for the resonance, which depends on the fluctuation of the p-curve for the mechanism.

The fluctuation of a p-curve for a mechanism can be measured by the root-mean-square (RMS) value of the curve. This conclusion is proved briefly as follows.

Fig.4 shows a general periodic curve (the solid line A). The dotted line expresses the integrated average of the curve, A_{a}, $\Delta A_{\mathrm{p}i}$ and ΔA_{ci} denote the upper and lower differences of the curve from the average A_{a} at reference points, respectively. Thus, the rms value of the curve can be written as follows:

$$A_{\mathrm{R}}=\sqrt{\frac{1}{n}\sum_{i=1}^{n}A_i^2}=\sqrt{\left\{\frac{1}{n}\left[\sum_{k=1}^{i}(A_{\mathrm{a}}+\Delta A_{\mathrm{p}k})^2+\sum_{k=1}^{j}(A_{\mathrm{a}}-\Delta A_{\mathrm{v}i})^2\right]\right\}},\quad i+j=n \tag{7}$$

In general, if there are sufficient reference points, it is true for a periodic curve that

$$\Delta A_{\mathrm{p}k}=\Delta A_{\mathrm{v}i}=\Delta A_i,\quad i=j \tag{8}$$

Therefore, Eq. (7) becomes

$$A_{\mathrm{R}}=\sqrt{\left[A_{\mathrm{a}}^2+\frac{1}{n}\sum_{i=1}^{n}(\Delta A_i)^2\right]}$$

or

$$(A_{\mathrm{R}}-A_{\mathrm{a}})=\frac{1}{n(A_{\mathrm{R}}+A_{\mathrm{a}})}\cdot\sum_{i=1}^{n}(\Delta A_i)^2 \tag{9}$$

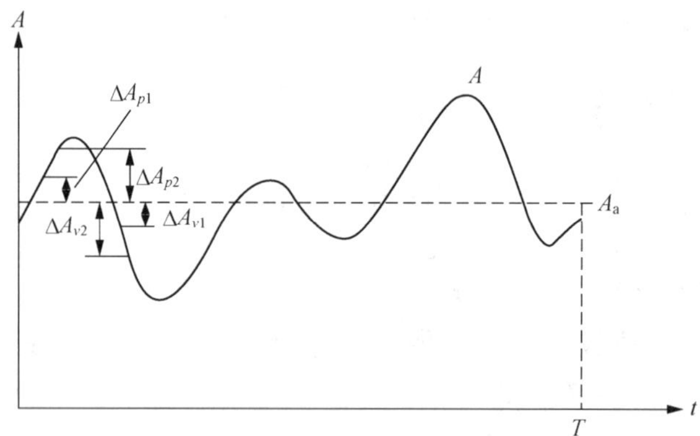

Fig.4　A periodic curve

Eq. (9) shows that the difference between A_{R} and A_{a} is proportional to the fluctuation ΔA_i of the curve. It is evident that the smaller the difference between A_{R} and A_{a}, the smoother the curve becomes. Therefore, the rms value of a p-curve can be used as a criterion to evaluate the third important factor key for resonance of an elastic mechanism. The criterion is defined as the relative difference of p_{R} and p_{a}, as follows:

$$\delta = \frac{p_{\mathrm{R}} - p_{\mathrm{a}}}{p_{\mathrm{R}} + p_{\mathrm{a}}} < \varepsilon \tag{10}$$

Here, ε is a standard for the evaluation, which is different for different mechanisms. In general, a value of 0.1 is reasonable for ε. In the example of this paper,

$$\delta = \frac{1072 - 935}{1072 + 935} = 0.07 < 0.1$$

Therefore, resonance does occur in the RSS'R mechanism.

Three key factors affecting the resonance of an elastic mechanism have now been found. Not only the generality, but also the speciality appearing in the resonance have been explained by the new theory developed here through the example of the RSS'R space mechanism. This theory can be used in any other mechanisms to evaluate and determine the occurrence of elastic resonance or the critical running speeds of the mechanism.

4. Experimental study

4.1 The RSS'R mechanism

To test and vcrify the new theory developed above, a typical space mechanism, the RSS'R mechanism, is chosen here for an experimental investigation on critical running speeds of elastic linkages. The analytical model and its geometrical parameters of the mechanism are as shown in Fig. 1. The corresponding experimental model of the mechanism is shown in Fig. 5.

Fig.5　Experimental RSS'R mechanism

The construction and cross-sectional parameters of the three moving links and relative pairs of the mechanism are shown in Fig. 6.

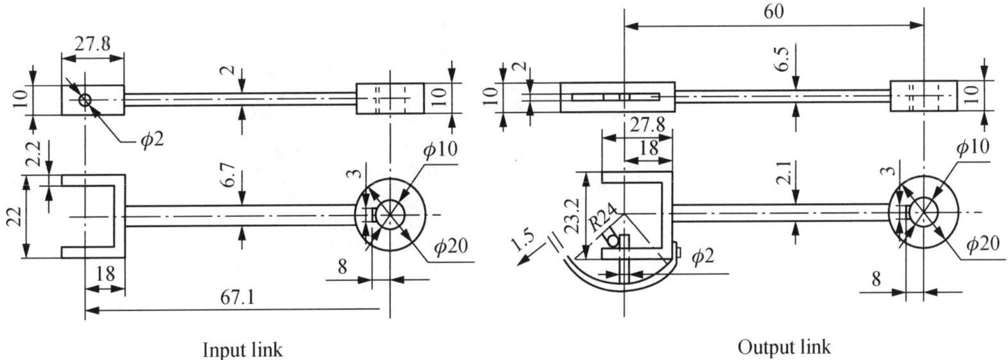

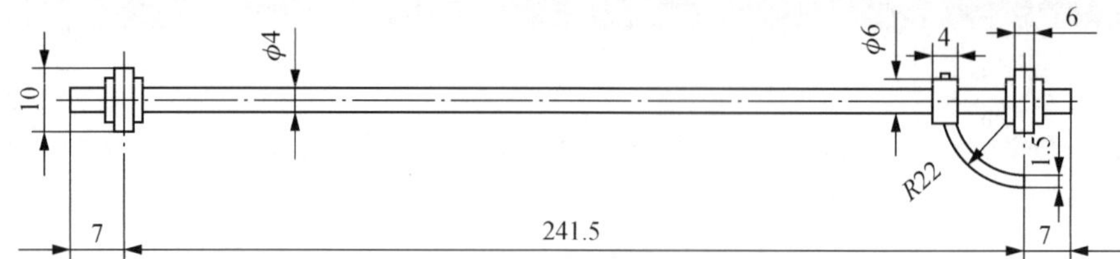

Fig.6　Sketch of links of the mechanism

The key construction of the spherical (S) and sphere-pin (S') pair in the mechanism are composed of two lightweight ball bearings which are made to a comparatively high accuracy. The total weights of the S pair and the S' pair are respectively 29 g and 49 g. All the elements of the experimental mechanism are made of steel with a mass density ρ of $7.75\times10^3\,\mathrm{kg/m^3}$ and modulus of elasticity E of 207GPa. The total weight of the whole mechanism is only about 120 g so that the elastic property of the mechanism can be well reflected in the experiment. This result of the constructional design is obtained from the optimum synthesis of the mechanism with minimum weight in Ref. [15].

4.2　Experimental set-up

Fig.7 is a flowchart of the experimental set-up. The corresponding apparatus used in the experiment is shown in Fig. 8.

The dynamic responses of the coupler link and output link of the mechanism are measured at the same time using the strain gauge technique, which has been used widely in experimental mechanics and in experimental studies on elastic mechanisms. The dynamic signals of the reflections in the experiment are shown and recorded through the signal analyser, storage oscilloscope and camera. Therefore, the curve of the dynamic response in the experiment can be obtained easily.

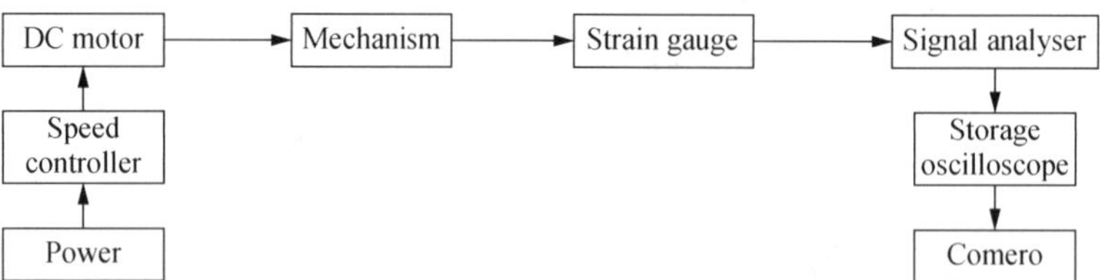

Fig.7　Flowchart of the experimental apparatus

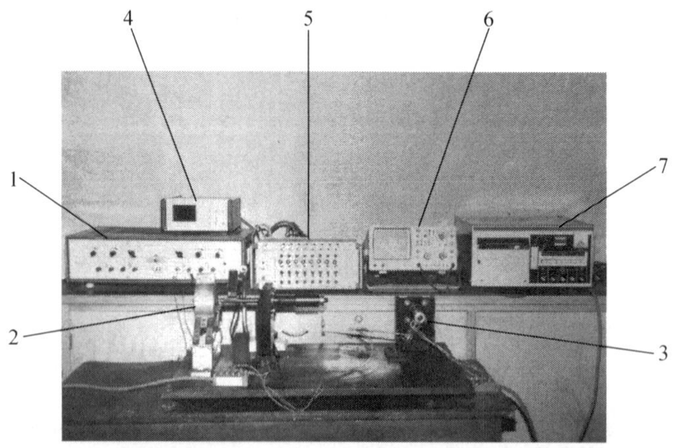

Fig.8　Experimental set-up

1. WYJ-9B electrical source; 2. adjustable D.C. motor; 3. RSS'R mechanism;
4. PNZ-Ⅱ intelligent two-way speedometer; 5. portable signal conditioners (Multi-ACE 6G02);
6. HM205-2 storage oscilloscope; 7. recording oscillometer

4.3 Experimental procedure

The purpose of this experiment is to verify the theory on critical running speeds of elastic mechanisms. Therefore, the experimental procedure is to change the operating speeds of the RSS'R mechanism consecutively from 150r/min to 700r/min, and measure the corresponding responses at the mid-points of the coupler and output link in the mechanism at the same times. The operating speed is adjusted to 23 values in the experiment as follows:

150, 175, 200,227,250,270, 300, 323, 349, 373, 402, 427, 452,478, 502, 531, 549, 580, 604,630, 657,674,695 (r/min)

5. Results and discussion

The experimental result for RSS'R mechanism is shown in the curves in Figs. 9 and 10. The former expresses the variation of the maximum dynamic strain at the mid-point of the coupler link in the mechanism with the change of operating speeds in the input shaft from 150 to 700 r/min, and the latter is the curve of the output link. Corresponding curves obtained by an analytical method are also shown (by dotted lines) in these figures.

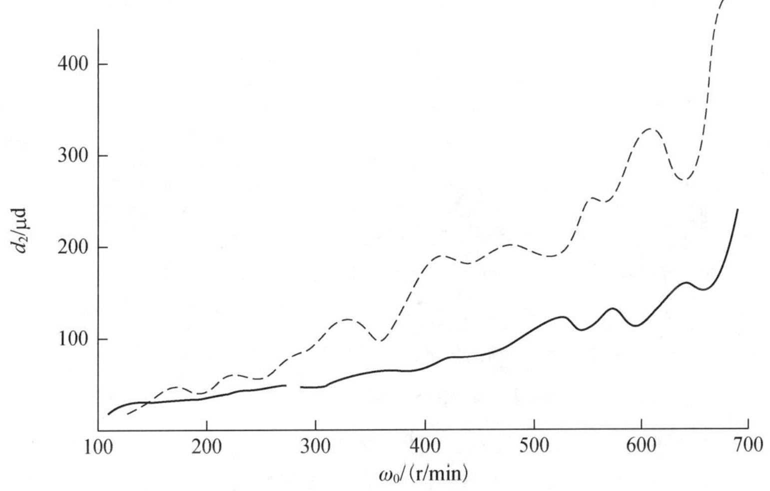

Fig.9 Strains at the mid-point of the coupler link

It can be seen from these figures that both experimental and analytical curves vary smoothly with the change of running speeds of the mechanism. In other words, no evident resonance appears in this elastic mechanism.

According to the theory stated above, whether resonance occurs in an elastic mechanism depends on the properties and relations of three important factors: the integrated average (p_a) and RMS value (p_R) of the fundamental natural frequency of the mechanism in a cycle of its motion, and the running speed of the mechanism (ω_0). Resonance occurs often when the following three conditions are satisfied:

$$p_a = n\omega_0$$

$$n < 20$$

$$\frac{p_R - p_a}{p_R + p_a} < 10\%$$

For the mechanism in this experiment, p_a is as high as 1335.3 s^{-1}. Thus, at almost the highest running speed, i.e. at $\omega_0 = 671$ r/min ($70.3s^{-1}$),

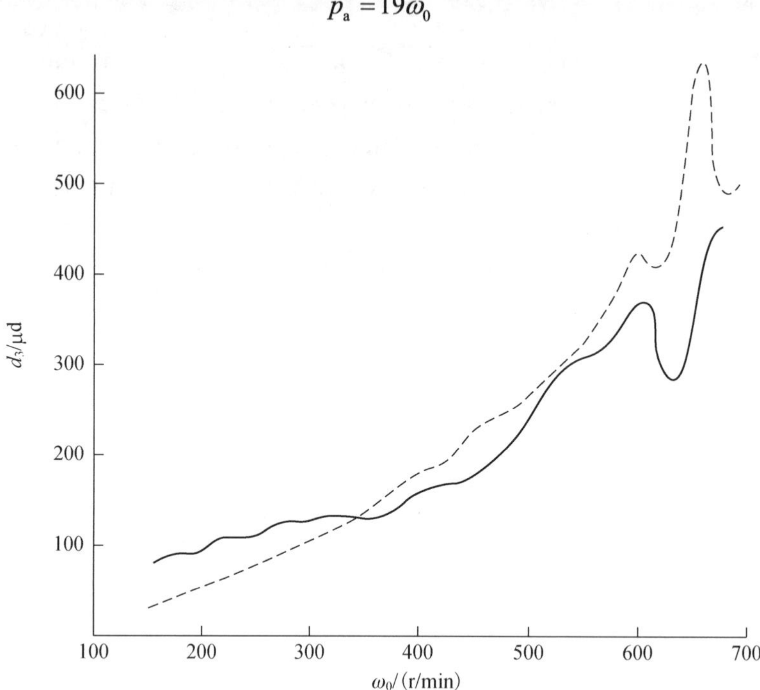

Fig.10　Strains at the mid-point of the output link

This means that the ratio of p_a to ω_0 is over 20 for most of the running speeds in the experiment. The second condition for resonance cannot be satisfied in this region. Therefore, the response to resonance in the experiment declines to a very low level although other conditions for resonance are satisfied. It is difficult to determine the critical running speed for this experimental mechanism. This result shows that p_a and its relation to ω_0 are very important criteria for determining the appearance of elastic resonance in mechanisms, and it also proves experimentally the new theory on resonance.

The reason for the high natural frequency of the experimental mechanism is that this RSS'R mechanism is designed based on an optimum synthesis with minimum weight of the mechanism under the constraint of elastic deflections and strains in its links in Ref. [15]. Such optimum design results in a mechanism with low weight and high stiffness, and consequently the natural frequency of the mechanism becomes fairly high. However, this kind of mechanism meets the demands of modem mechanical design in industry. Therefore, it can be concluded that the mechanism designed through optimum synthesis with minimum weight has a very weak response to resonance and better dynamical properties. This conclusion is believed to be very useful and helpful for mechanism design in industry.

According to the theory stated above, the third important criterion in evaluating the appearance of resonance in an elastic mechanism is that the relative difference of p_R to p_a should be less than 10%. For this experimental mechanism, this is given by

$$\delta = \frac{p_R - p_a}{p_R + p_a} = \frac{1441.3 - 1335.3}{1441.3 + 1335.3} = 4\% < 10\%$$

If only this criterion is considered, it is possible that resonance may occur in the mechanism. However, this is only one of three key conditions for resonance in a mechanism. In general, resonance occurs often when these three conditions are satisfied at the same time. As mentioned above, the second condition cannot be satisfied at most of the running speeds in the experiment. Therefore, little resonance appears in the experiment. When ω_0 is close to 700 r/min, the ratio of p_a to ω_0 is less than 20; for example, when $\omega_0 = 671$ r/min and $n = 19$, a comparatively evident occurrence of resonance can be seen, although the effect of declination is still fairly strong at this time. This result further proves the validity of the three important criteria in evaluating and determining the resonance properties of an elastic mechanism.

It can also be found in Figs. 9 and 10 that the shapes or tendencies of experimental and theoretical curves are similar, which indicates the agreement of their dynamic properties, especially in terms of resonance occurrence, although there are some differences in size or value between these two curves. This result is mainly caused by the errors in the experimental system. Some factors which can produce such errors have been found as follows:

(1) Because of limitations in the construction of the experimental mechanism, there is some difference between the experimental mechanism and its analytical model. This difference leads to an increase in the stiffness of the experimental mechanism. As a result, the experimental values are lower than theoretical values.

(2) The effects of friction and clearance in the links and bearings of the experimental mechanism play an important role in such a lightweight elastic mechanism, but these effects are not considered in the theoretical KED analysis of the mechanism.

(3) Errors caused by the manufacture and assembly of the mechanism are inevitable in the experiment.

(4) Because of the thin and lengthy nature of the links of the mechanism, any error present has a great effect on results obtained by sticking strain gauges on the links.

(5) The weight of connecting wires of gauges, and vibration on the foundation of the mechanism also have effects on the experiment.

6. Conclusions

The problem of resonance and critical running speeds in elastic space mechanisms has been investigated theoretically and experimentally using the example of an RSS'R mechanism. The necessary conditions and key factors for resonance have been found, which is a useful achievement in this field of study. Some conclusions can be drawn as follows:

(1) The resonance of an elastic mechanism depends on the property and relationship between the external exciting frequency or running speed ω_0 and internal natural frequency p of the mechanism.

(2) The exciting frequency ω_0 can provide the necessary condition for resonance of an elastic mechanism when Eq. (6) is satisfied. The key, causes for resonance are determined by the property of a p-curve, the fundamental natural frequency in a cycle of mechanism motion.

(3) The size and shape of the p-curve have very important effects on its properties. The excited times or critical points, excited time and decline level are the three key factors for resonance of an elastic mechanism.

(4) The integrated average p_a and the rms value p_R of the fundamental natural frequency, and the running speed ω_0 of an elastic mechanism are the most important characteristic parameters which can be used to reflect and evaluate the occurrence of resonance in a mechanism.

(5) Resonance of an elastic mechanism often occurs when p_a is an integer multiple of ω_0, the ratio of p_a to ω_0 is less than 20, and the relative difference of p_R and $p_a(\delta)^{'}$ is less than 10%.

(6) Besides the generality in vibration, some specialties exist in the elastic resonances of mechanisms.

(7) The experimental study provides a fairly good proof of the newly developed analytical theory.

The properties of resonance or critical running speeds of elastic mechanisms are very important in the KED study of linkages, especially in the KED design or synthesis of elastic mechanisms. The critical running speed is one of the expressions of resonance in an elastic mechanism. Other properties reflecting the resonance of the elastic linkage are being studied further, and results will appear in future papers.

Acknowledgements

The author would like to express his deep thanks to Professor Shi-Xian Bai for his kind guidance and support throughout this research. The support of the Computer Center, Beijing Polytechnic University, is also appreciated. This project was supported by the National Natural Science Foundation of China.

References

[1] Lowen G G, Chassapis C. Mech. Mach. Theory,1986, 21: 33-42

[2] Alexander R M, Lawrence K L. ASME J. Engng Ind.,1974, 66 (B) : 268-274

[3] Alexander R M, Lawrence K L. ASME J. Engng Ind. 1975, 97 (B) : 791-794

[4] Chu S C, Pan K C. ASME J. Engng Ind., 1975, 97 (B) : 542-550.

[5] Kalaycioglu S, Bagci C. ASME J. Mech. Des., 1979, 101: 210-223

[6] Stamps F R, Bagci C. ASME J. Mech. Transm. Autom. Des.,1983, 105: 498-510

[7] Jandrasits W G, Lowen G G. ASME J. Mech. Des.,1979,101: 77-98

[8] Cleghom W L, Tabarrok B, Fenton R G. Mech. Mach. Theory,1984, 19, 307-317

[9] Chang C, Chen S X, Wang Z L, et al. Chinese J. Mech. Engng,1986, 22, 81-92

[10] Gotebiewski E P, Sadler J P. ASME J. Engng Ind.,1976 98 (B) : 1266-1271

[11] Thompson B S, Zuccaro D, Gamache D,et al. ASMEJ. Mech. Transm. Autom, Des., 1983, 105: 526-533

[12] Turcic D A, Midha A. ASME, Paper 83-WA/DSC-38,1983

[13] Liou F W, Erdman A. G. Mech. Mach. Theory,1989, 24: 257-266

[14] Midha A, Erdman A G, Frohrib D A. Mech. Mach. Theory,1978, 13:603-618

[15] Yu Y Q, Dissertation Ph D. Beijing Polytechnic University, Beijing,1990

(in *Mechanism and Machine Theory*,1992, 27 (4) : 391-402)

§ 14　The Effect of Link Form on the Dynamic Response of Flexible Mechanisms

Yu Yueqing[1], Smith M R[2]

[1]Section of the Theory of Machines and Mechanisms, Department of Basic Science,Beijing Polytechnic University, Beijing 100022, China

[2]Department of Mechanical, Materials and Manufacturing Engineering University of Newcastle upon Tyne, Newcastle upon Tyne, NE17RU, UK

Abstract: An investigation into the effect of different kinds of link form on the dynamic response of flexible mechanisms is presented. A comparison between the rectangular and cylindrical form of cross-sections and their relationship with the natural frequency of the mechanism is studied.A numerical analysis of the dynamic behaviour of a planar four-bar mechanism is then made. Various kinds of dynamic criteria, such as stress,inertia forces and energy of the flexible mechanism are examined as the link cross-sections are decreased.

Keywords: *flexible mechanisms; dynamic response; cross-sectional shape*

1. Introduction

High-speed machines suffer from the problem of increasing inertia loads and elastic deflection which causes vibration, noise, break-down etc. of the mechanism. Improvement of the dynamic properties of high-speed mechanisms has therefore become a major task in both theoretical research and practical application in the modem machine industry. Recent achievements have been obtained in the field of kineto-elastodynamic (KED) design and balancing of flexible mechanisms[1-9] owing to the developments in KED analysis methods[10-12].

In these studies, cross-sectional parameters were chosen as the most important factors to achieve the objective of KED design and balance of the mechanism and some encouraging results have been obtained. The authors have reported recent research on the effect of cross-sectional parameters on dynamic characteristics of flexible mechanisms[13-15]. The variation of the dynamic criteria affected by inertia forces and other factors has been investigated by way of changing the cross-sectional size, shape, height and width of links, which has demonstrated that such parameters play an important role in the dynamics of flexible mechanisms. This study has provided a very useful insight into KED synthesis of mechanisms but space restrictions here allow the description of only one aspect of the work, that involving links with rectangular and circular cross-sections.

In this paper, an investigation of different kinds of link form and their influence on the dynamic behaviour of flexible mechanisms is presented. An analytical comparison between the rectangular and circular form of cross-section is made firstly from the point of view of natural frequency of mechanism. The relative theory is then examined and applied to the case of a planar four-bar linkage. The corresponding dynamic responses such as stress, energy and inertia forces of the mechanism are examined.

2. Theoretical analysis

The natural frequency of a mechanism, especially the fundamental natural frequency, is a key factor affecting the dynamic response of the mechanism. It has been shown[15] that the natural frequency of a mechanism ω is determined by the cross-sectional parameters of links and the following formula holds:

$$\omega \propto \sqrt{\frac{J}{A}} \tag{1}$$

where, J and A represent the second moment of area and area of the cross-section of the links. For a rectangular form of cross-section, we have:

$$\begin{aligned} J &= bh^3/12 \\ A &= bh \end{aligned} \tag{2}$$

and for a cylindrical form, we have

$$\begin{aligned} J &= \pi d^4/64 \\ A &= \pi d^2/4 \end{aligned} \tag{3}$$

where, b and h are the width and height of the rectangular cross-section respectively, and d is the diameter of the cylinder. Substituting Eqs. (2) and (3) into Eq. (1), one obtains

$$\begin{aligned} \omega_{\mathrm{r}} &\propto h \\ \omega_{\mathrm{c}} &\propto d \end{aligned} \tag{4}$$

where, ω_{r} and ω_{c} represent the natural frequency of the mechanism with links of rectangular and cylindrical crosssections, respectively. Eq. (4) indicates that the natural frequency is proportional to the linear dimension of the cross-section in both cases.

For simplification, it is assumed that

$$A_{\mathrm{r}} = A_{\mathrm{c}} = 1 \tag{5}$$

in which case the masses of the two mechanisms will be equal. A comparison of the two natural frequencies can therefore be made directly.

Firstly, it is easy to obtain the following:

$$\begin{aligned} d &= 2/\sqrt{\pi} \\ J_{\mathrm{c}} &= 1/4\pi \end{aligned} \tag{6}$$

and if

$$b = h = 1 \tag{7}$$

then

$$J_{\mathrm{r}} = 1/12$$

Hence

$$\begin{aligned} J_{\mathrm{r}} &> J_{\mathrm{c}} \\ \omega_{\mathrm{r}} &> \omega_{\mathrm{c}} \end{aligned} \tag{8}$$

Secondly, if

$$b > h \tag{9}$$

for example

$$b = 2h = \sqrt{2}$$

then

$$J_{\mathrm{r}} = 1/24$$

and it is easily proved that

$$J_r < J_c \\ \omega_r < \omega_c \tag{10}$$

Thirdly, when

$$b < h \tag{11}$$

for example

$$b = h/2 = \sqrt{2}/2$$

then

$$J_r = 1/6$$

So,we have

$$J_r > J_c \\ \omega_r > \omega_c \tag{12}$$

Furthermore,if

$$\omega_r = \omega_c \tag{13}$$

or

$$J_r = J_c$$

i.e.

$$bh^3/12 = 1/4\pi$$

it must follow that

$$bh^3 = 3/\pi \tag{14}$$

We can summarise the three cases from Eq. (6) to Eq. (12) as follows.

$$\text{If} \quad b > h\text{, then} \quad \omega_r < \omega_c \tag{15}$$

but

$$\text{if} \quad b \leqslant h\text{, then} \quad \omega_r > \omega_c \tag{16}$$

The stiffer the mechanism, the higher the natural frequency and, as a consequence, the weaker the effect of elasticity on the dynamic behaviour of the mechanism. The proper choice of link forms, as well as cross-sectional parameters therefore, may bring about better dynamic performance of the flexible mechanism to be designed. This is a necessary step in the KED synthesis of mechanisms.

3. Numerical analysis

To examine the analytical theory in the above section, an example of a planar four-bar 4R linkage is taken (Fig. 1). For the KED analysis, the whole mechanism is treated as a dynamic system which is composed of five elements, shown as $E_1 \sim E_5$ in the figure, by applying the Finite Element Technique[12]. The structural parameters of the mechanism are as follows:

$$l_1 = 108.0\text{mm},\ l_2 = 279.4\text{mm},\ l_3 = 270.5\text{mm},\ l_4 = 254.0\text{mm}$$

The three moving links are all considered elastic and made of aluminium with mass density of $2710\text{kg}/\text{m}^3$,elasticity modulus of 71 GPa and damping ratio of 0.03. The allowable stress limit of the material is 35MPa . The mechanism works at a constant running speed of 500r/min .

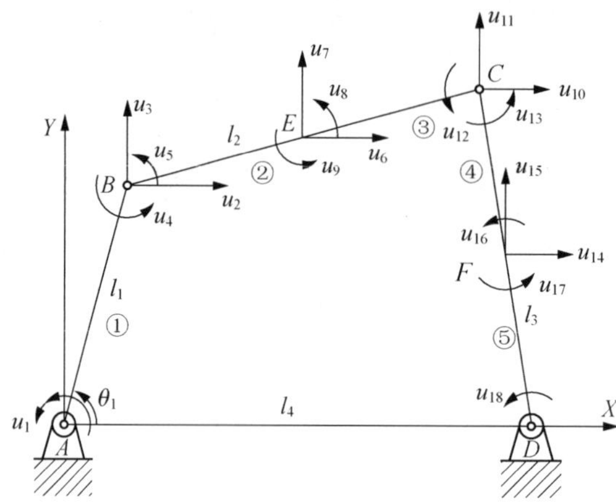

Fig.1　Four bar linkage with flexible links

For comparison, the link cross-sections are chosen as rectangular and circular. The cross-sectional areas of links in the two cases are assumed to be equal, with the following initial values:

$$A_{10} = 1869.45\text{mm}^2,\quad A_{20} = 556.2\text{mm}^2,\quad A_{30} = 556.2\text{mm}^2$$

Thus, for the round-bar mechanism, the initial diameters of the three links are

$$d_{10} = 48.788\text{mm},\quad d_{20} = 26.612\text{mm},\quad d_{30} = 26.612\text{mm}$$

For the mechanism with rectangular form links, there are two situations. The first is when the height is greater than the width, called the "deep link" case. The initial data are

$$h_{10} = 55.0\text{mm},\quad h_{20} = 30.0\text{mm},\quad h_{30} = 30.0\text{mm}$$
$$b_{10} = 33.99\text{mm},\quad b_{20} = 18.54\text{mm},\quad b_{30} = 15.54\text{mm}$$

The second case is just the opposite, i.e. the width is greater than the height, called the "wide link" case, and we have

$$h_{10} = 33.99\text{mm},\quad h_{20} = 18.54\text{mm},\quad h_{30} = 18.54\text{mm}$$
$$b_{10} = 55.0\text{mm},\quad b_{20} = 30.0\text{mm},\quad b_{30} = 33.0\text{mm}$$

We now investigate the effect upon the dynamic behaviour of the mechanism as the link cross-sections are reduced in the following manner.

Case 1:

$$d_{ij} = d_{i0} \times (1 - 0.05j)$$

Case 2:

$$(h_{ij} > b_{ij})$$
$$h_{ij} = h_{i0} \times (1 - 0.05j)$$
$$b_{ij} = 0.618 \times h_{ij}$$

Case 3:

$$(h_{ij} < b_{ij})$$
$$b_{ij} = b_{i0} \times (1 - 0.05j)$$
$$h_{ij} = 0.618 \times h_{ij}$$
$$i = 1,2,3 \tag{17}$$
$$j = 0,1,2,\cdots,19$$

There are two lumped bearing masses assumed to be located at points B and C in the coupler of the mechanism. They change simultaneously according to the following rule

$$M_{Bj} = M_{Cj} = 100 \times (1 - 0.05 \times j), \quad j = 0,1,2,\cdots,19 \tag{18}$$

The resulting dynamic responses of various characteristics of the mechanism (average fundamental natural frequency, stress, elastic deformational energy, shaking force and moment, input torque and bearing reaction) were obtained and are shown in Figs.2 ~ 8. The solid curves indicate the results for the mechanism with circular cross-section links while the chain-dotted and dotted curves represent the resufts for the mechanisms with "deep" and "wide" rectangular form links respectively.

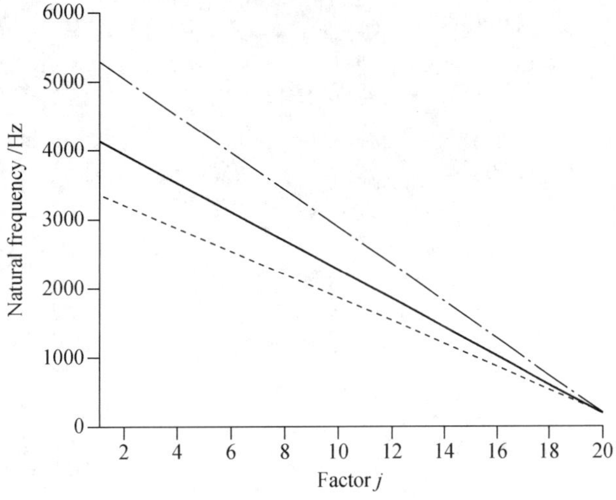

Fig.2　Average natural frequency

Fig.2 shows that the average natural frequency of the flexible mechanisms in all three cases varies linearly, thereby confirming Eq.(4). Moreover, by comparing the magnitudes in the three cases, the theoretical conclusion expressed in Eqs.(15) and (16) is also confirmed.

A comparison of the curves in the three cases in Figs.3 ~ 8 shows that there are significant and important differences in the dynamic responses. In general, there is a decrease in dynamic forces as link mass reduces, while stress levels increase due to increasing amplitude of vibration. As expected, the mechanism with wide links shows the greatest dynamic response.(Figs. 7 and 8) with strong "resonanees" at values of $j = 4,6,8$. In contrast, the response in the mechanism with deep links is lower, with "resonances" indicated in the region of $j = 7,12$. The mechanism with circular cross-section links has a generally intermediate dynamic behaviour but also shows a tendency to "resonate" at values of $j = 9,11$.

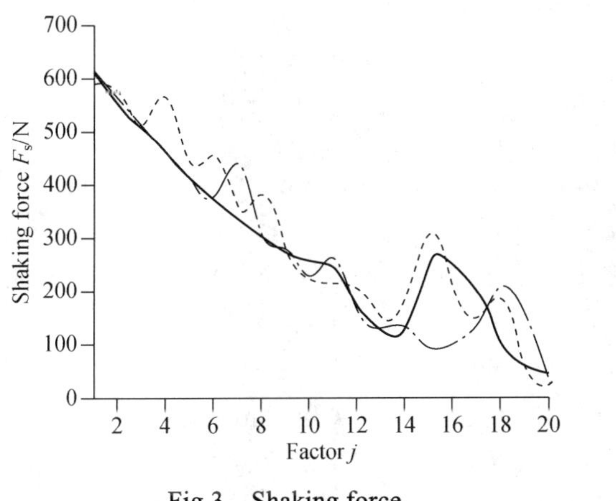

Fig.3　Shaking force

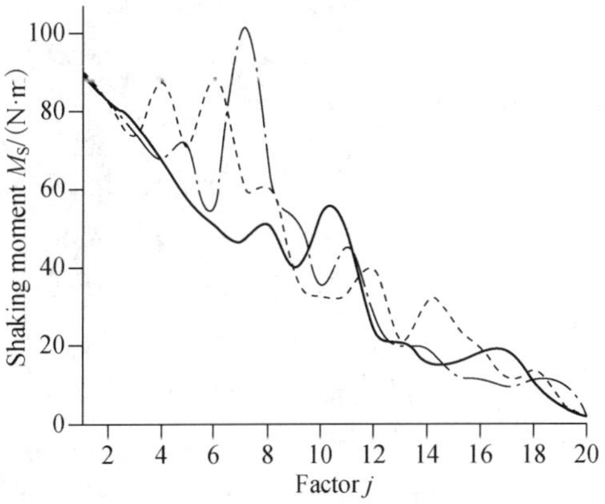

Fig.4　Shaking moment

The dynamic forces, while displaying a steady downward trend, also contain a number of peaks corresponding to the above-mentioned resonances and each proposed design must be examined in detail, as here, to ensure acceptable behaviour at the design speed. The differences in dynamic responses are due to the differences in natural frequency which is determined by the link form of the mechanism in each case. The selection of link form or cross-sectional parameters is therefore a vital step in the design of mechanism links and has a significant influence on dynamic behaviour. The simple examples examined here illustrate this point well.

It will be noted that when j has a value greater than approximately 12, the maximum stress of the mechanism is beyond the limit of material, indicating large amplitude vibrations of the links as the dimensions become impractically small.

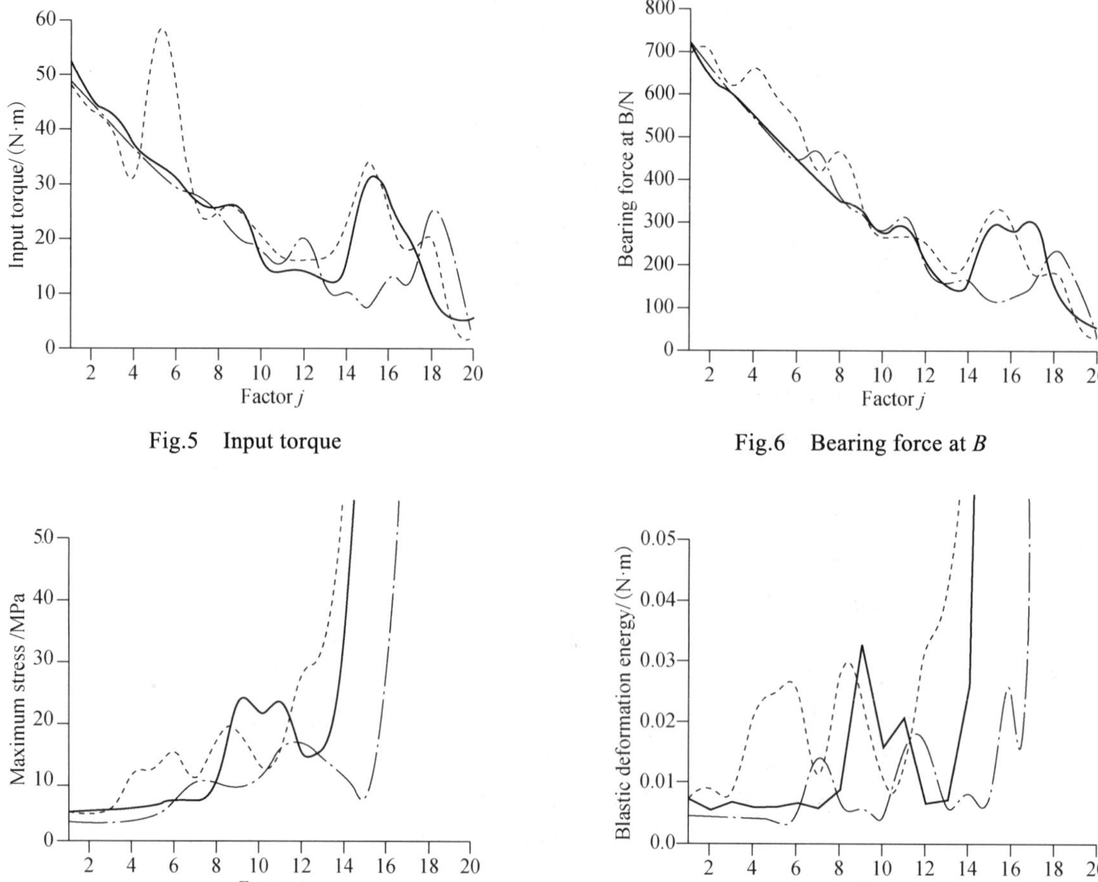

Fig.5　Input torque

Fig.6　Bearing force at B

Fig.7　Maximum stress

Fig.8　Elastic deformation energy

4. Conclusion

The results of part of a comprehensive study on the dynamic behaviour of flexible mechanisms are reported here briefly. The effect of different kinds of link form on the dynamic responses of flexible mechanisms is investigated theoretically and numerically. Through an examination of circular and rectangular cross-sections of links, it has been shown that the natural frequency of a mechanism has a linear relation with the linear dimension of the cross-section. However, the dynamic behaviour of the mechanism varies in a complicated manner, mainly dependent on the relationship between the speed of operation and the natural frequency. Proper selection of the link form and examination of the mechanism dynamic behaviour is therefore a necessary step in the optimal KED design and balancing of flexible mechanisms.

References

[1] Imam I, Sandor G N. Mech. Mach. Theory,1973, (8): 487-516

[2] Imam I, Sandor G N. J. Engng Ind.,1975,97: 609-628

[3] Khan M R, Thornton W A, Willmert K.D. J. Mech. Des.,1978, 100: 319-327

[4] Thornton W A, Willmert K D, Khan M R. J. Mech. Design,1979, 101:392-397

[5] Cleghorn W L, Fenton R G, Tabarrok B. Mech. Mach. Theory,1981,16:399-406

[6] Chang C, Grandin HT. J. Mech. Transmn. Automat. Des.,1983,105: 267-272

[7] Yu Y Q. Mech. Mach. Theory,1993,(28): 625-630

[8] Zobairi M A K, Rao SS,Sahay B. Mech. Mach. Theory, 1986,21: 307-315

[9] Zobairi M A K, Rao SS,Sahay B. Mech. Mach. Theory, 1986, 21: 317-323

[10] Erdman A G, Sandor G N. Mech. Mach. Theory, 1972,7:19-33

[11] Lowen G G, Chassipis C. Mech. Mach. Theory, 1986, 21: 33-42

[12] Thompson B S, Sung C K. Mech. Mach. Theory, 1986, 21: 351-359

[13] Yu Y Q, Smith M R. ASME Mechanisms Conference, Minneapolis Sept, 1994, DE 71: 527-533

[14] Yu Y Q, Smith M R. Effect of Cross-Sectional Shape on the Dynamic Behaviour of Flexible Mechanisms, submitted to Mech. Mach. Theory,

[15] Yu Y Q, Smith M R. An Approach to Cross-Sectional Parameters in the Dynamics of Flexible Mechanisms, submitted to Mech. Mach.Theory

(in *Proc. 9th IFToMM World Congress on the Theory of Machines and Mechanisms*, Milan, Italy, 1995,2: 975-979)

§ 15 The Effect of Cross-Sectional Parameters on the Dynamics of Elastic Mechanisms

Yu Yueqing[1], Smith M R[2]

[1]*Section of the Theory of Machines and Mechanisms, Department of Basic Science,Beijing Polytechnic University, Beijing* 100022, *China*

[2]*Department of Mechanical, Materials and Manufacturing Engineering, University of Newcastle upon Tyne, Newcastle upon Tyne, NE*17*RU, U K*

Abstract: *An investigation into the dynamic behaviour of an elastic planar mechanism is presented. The effects of varying cross-sectional parameters on such dynamic characteristics as natural frequency, inertia forces, stress and elastic deformation energy of the mechanism is examined by changing the width and height of links with rectangular cross-section. The relationship between the natural frequency and these parameters of the mechanism is derived theoretically and illustrated by means of a numerical example. By appropriate choice of cross-sectional dimensions, significant reductions in inertia force and stress are shown to be achievable.*

1. Introduction

In recent years, the ever-increasing demand for higher productivity in industry has created new problems for designing high-speed machines with better kinematic and dynamic performance. The elastodynamic behaviour of such kinds of mechanism has attracted more and more researchers and considerable attention has been given to the kineto-elastodynamic (KED) analysis of mechanisms[1-3]. The study of mechanisms with elastic or flexible members is now turning to considerations of characteristic dynamic behaviour and the design or synthesis of the mechanism. An encouraging achievement has been obtained in the KED design of mechanisms by way of non-linear optimisation[4-7], optimality criterion techniques[8-10] and kinematic refinement technique[11]. Some progress has been made on aspects of non-linear vibration, critical running speeds and stability of elastic mechanisms[12-16]. The problem of KED balancing of mechanisms has been dealt with by way of adding counterweights[17-19] and reducing cross-sectional areas of links[20, 21].

It has been demonstrated in all of these previous works that the size and shape of the link cross-section plays a very important part in the dynamics of elastic mechanisms. The variation of this parameter has a significant effect on the inherent properties and dynamic behaviour, and is therefore a critical variable in the design process. However, the influence of this parameter, for example its relationship with intrinsic properties (such as natural frequency) and dynamic responses (such as the KED inertia forces) of the elastic mechanism have not yet been illustrated clearly in an analytical way. A further investigation in this area is consequently necessary to improve the understanding of dynamic performance and design of elastic mechanisms.

An approach to the function of cross-sectional parameters in the dynamic behaviour of elastic mechanisms is presented in this paper. The relationship between the natural frequency and cross-sectional parameters of the mechanism is derived theoretically and illustrated by means of a numerical example. The dynamic responses of KED inertia forces and other important dynamic criteria to the change of both cross-sectional width and height are compared in this example of a planar four-bar linkage and it is shown that the KED inertia force of the mechanism may be reduced by up to 50% without changing its mass.

2. Theoretical analysis

It is well known in the study of KED analysis of mechanisms that the dynamic equation of an elastic mechanism as shown in Fig. 1 can generally be written in the following form by applying the Finite Element Technique[3]:

$$[M]\{\ddot{U}\}+[C]\{\dot{U}\}+[K]\{U\}=\{Q\} \tag{1}$$

where, $[M]$, $[C]$ and $[K]$ are the global mass, damping and stiffness matrices of the mechanism system, respectively. $\{U\}$ indicates the global elastic deformation vector at all nodes of the mechanism. $[\dot{U}]$ and $[\ddot{U}]$ are the first and second time derivatives of $\{U\}$, respectively. $\{Q\}$ represents the global external load applied at each node of the mechanism, in which the inertia force caused by the rigid-body motion of the mechanism is included. It should be noted here that each term in Eq. (1) refers to a particular position of the mechanism determined by the input link (or time), and these will change as the geometry of the mechanism changes. Moreover, the higher order non-linear contributions, such as the gyroscopic and geometric stiffening terms are ignored here having been shown to be insignificant in earlier work as is well described for instance by Thompson and Sung[3].

Eq. (1) is a typical differential equation of a forced, damped vibration system. The natural frequency, ω_{m}, of this mechanism system at a certain moment in its motion cycle can be obtained from the solution of eigenvalue, λ, of this system, i.e.

$$\det\left(\lambda[I]-[K]^{-1}[M]\right)=0,\quad \lambda=1/\omega_m^{\ 2} \tag{2}$$

where, $[I]$ is the unit matrix. The fundamental natural frequency of the mechanism $\omega_{\mathrm{m}1}$ coresponds to the first eigenvalue of the system λ_1.

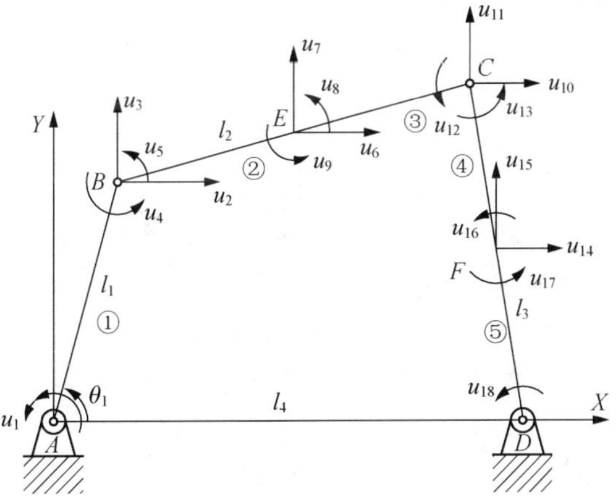

Fig. 1 Planar four-bar linkage with elastic links

It is known from the modelling of Eq. (1) that the mass and stiffness matrices of the whole mechanism system are composed of several elemental mass and stiffness matrices, $[m]$ and $[k]$, which can be expressed in the following form[22]:

$$[m]=\rho a[L_{\mathrm{m}}],\quad [k]=Ej[L_{\mathrm{k}1}]+Ea[L_{\mathrm{k}2}] \tag{3}$$

where, $[L_{\mathrm{m}}]$, $[L_{\mathrm{k}1}]$ and $[L_{\mathrm{k}2}]$ are the matrices dependent only on the length of element or link L. Here,

a and j indicate the cross-sectional area and second moment of area of the element, respectively, which are determined by the cross-sectional parameters of the element or link, ρ expresses the mass density and E represents the elasticity modulus of the material of which the element is made. As for Eq. (2), the natural frequency of the element ω_e can also be obtained by solving the following equation

$$\det\left(\omega_e^2[I]-[d]\right)=0, \quad [d]=[m]^{-1}[k] \tag{4}$$

From Eqs. (3) and (4), one can obtain the following relationships:

$$[d]=\frac{j}{a}[d_{L1}]+[d_{L2}], \quad [d_{L1}]=\frac{E}{\rho}[L_m]^{-1}[L_{k1}], \quad [d_{L2}]=\frac{E}{\rho}[L_m]^{-1}[L_{k2}] \tag{5}$$

where, $[d_{L1}]$ and $[d_{L2}]$ are constant matrices when the configurational and material parameters of the element or link do not change. It can therefore be shown from Eqs. (4) and (5) that

$$\omega_e \propto \sqrt{\frac{j}{a}} \tag{6}$$

That is to say the natural frequency of an element is proportional to the square root of the ratio of the cross-sectional second moment of area to the area of the element.

In the case of the commonly used rectangular link cross-sections with width b and height h, we have

$$j=\frac{1}{12}bh^3, \quad a=bh \tag{7}$$

and in this case, Eq. (6) can be simplified to

$$\omega_e \propto h \tag{8}$$

This shows that the natural frequency of an element is linearly proportional to the cross-sectional height, but is independent of changes in the cross-sectional width.

Since the natural frequency of a mechanism at any time in its motion cycle is determined by those of its elements, we can deduce that a relationship similar to that of Eq. (6) exists for the whole mechanism. For a complete motion cycle of the mechanism, the averaged natural frequency of the mechanism can be used to represent this relationship, as will be done in the following example. In the case of rectangular link cross-sections, the natural frequency will vary directly with the changes of cross-sectional heights of links, but will change very little, if at all, with that of cross-sectional widths, depending upon the nature of the variation of those widths.

The KED analysis of elastic mechanisms has shown that the fundamental natural frequency plays a dominant role in the dynamic response of the mechanism. Therefore, it can be predicted from the frequency analysis above that the variation of cross-sectional heights of links will result in significant changes in the dynamic character of a flexible mechanism whereas changes of cross-sectional width of links may be expected to have little or no effect. The following numerical example illustrates this clearly.

3. Example

A planar four-bar linkage is shown in Fig. 1 in which AB is the input crank, BC is the coupler link and CD is the output link. The structural parameters are adopted from Ref. [23] as follows:

$$l_1=108.0\text{mm}, \quad l_2=279.4\text{mm}, \quad l_3=270.5\text{mm}, \quad l_4=254.0\text{mm}$$

By applying the Finite Element Technique[3], the whole mechanism system is divided into five elements, $e_1 \sim e_5$ in the figure, i.e. the input crank is treated as one element of a cantilever beam due to the heavy inertia of the driving motor while the coupler and output links are each composed of two elements of a simply-supported beam. The whole mechanism has 18 elastic deformation freedoms shown as $U_1 \sim U_{18}$ in Fig. 1. The three moving links of the mechanism are made of aluminium with mass density of 2710 kg/m^3, elasticity modulus of 71 GPa and damping ratio of 0.03. The allowable stress limit of the material is 35 MPa and the running speed of the mechanism is assumed to be constant at 500 r/min. The cross-sections of the three links are all chosen as rectangles and their initial dimensions are as follows:

$$b_{10} = h_{10} = 30.0\text{mm}, \quad b_{20} = h_{20} = 25.0\text{mm}, \quad b_{30} = h_{30} = 20.0\text{mm}$$

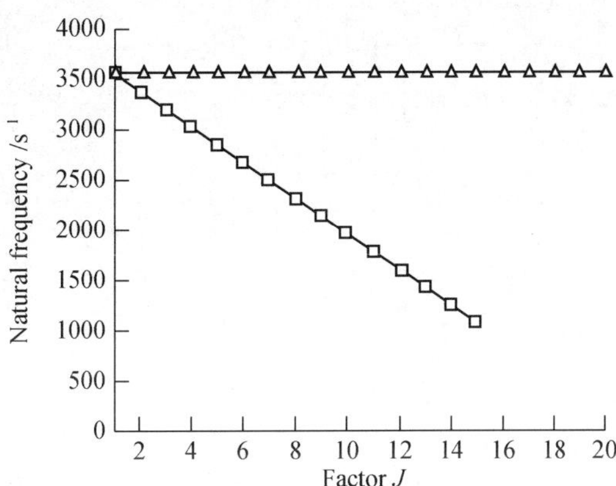

Fig.2 Effect of changes in cross-sectional parameters on averaged natural frequency of the mechanism

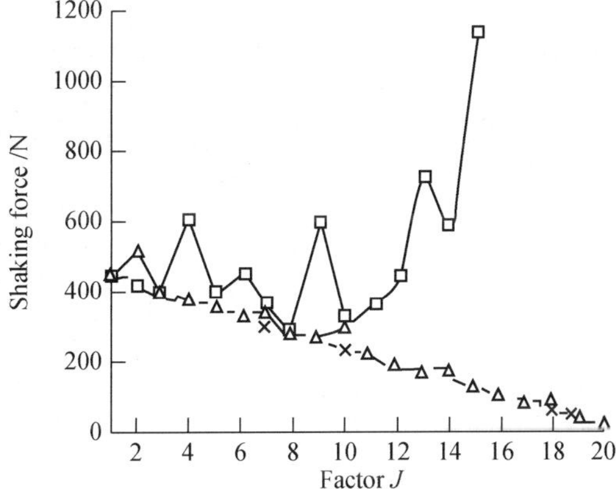

Fig. 3 Response of maximum shaking force to change of cross-sectional parameters

The object of the present study is to investigate the dynamic response of the mechanism to changes of cross-sectional width or height. There are therefore two procedures to follow. One, which we shall call Case 1, is to change the cross-sectional heights of all three moving links simultaneously while keeping cross-sectional widths constant using the following rule:

$$h_{ij} = h_{i0} \times \left(1 - 0.05(J-1)\right), \quad b_{ij} = b_{i0}, \quad i = 1,2,3, \quad J = 1,2,\cdots,20 \tag{9}$$

The other procedure, called Case 2, is to change the cross-sectional widths of the links while keeping the heights unchanged using the following formulae:

$$b_{ij} = b_{i0} \times \left(1 - 0.05(J-1)\right), \quad h_{ij} = h_{i0}, \quad i = 1,2,3, \quad J = 1,2,\cdots,20 \tag{10}$$

These two symmetric or parallel procedures change the mass or mass matrix of the mechanism similarly for the purpose of comparison.

The corresponding changes in various kinds of dynamic criteria (such as the average fundamental natural frequency, maximum stress, kinetic and elastic deformational energy) as well as inertia forces (for example, maximum shaking force and moment, input torque and bearing reaction) of the mechanism are shown in Figs. 2 ~ 9. The solid lines in the figures indicate the KED solutions for Case 1. The chain-dotted lines are those for Case 2 while the dotted lines represent the kineto-elastostatic（KES）solutions in each case.

A further procedure was carried out in order to investigate the relationship between the natural frequency of the elastic mechanism and cross-sectional parameters of each link. The cross-sectional height or width of one link was varied in a way similar to rule（9）or（10）while keeping those of the other two links of the mechanism constant. The corresponding variations of natural frequency of the mechanism are shown in Fig. 10 where the solid and chain-dotted lines represent the responses to the change of cross-sectional height and width of a link, respectively.

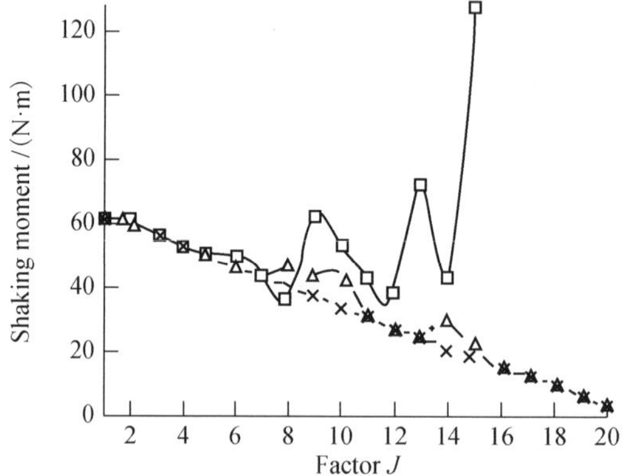

Fig.4　Response of maximum shaking moment to change of cross-sectional parameters

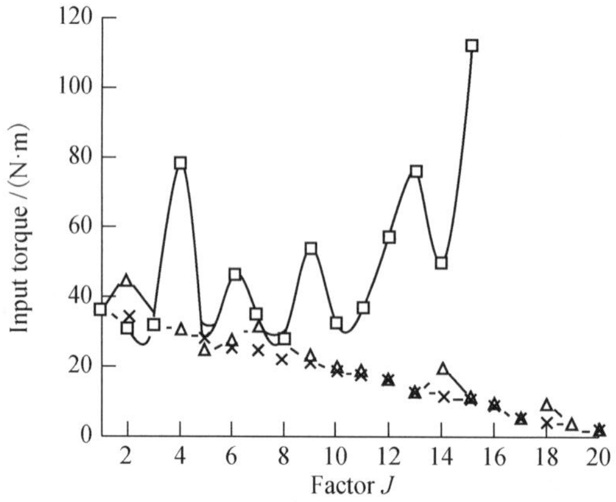

Fig.5　Response of maximum input torque to change of cross-sectional parameters

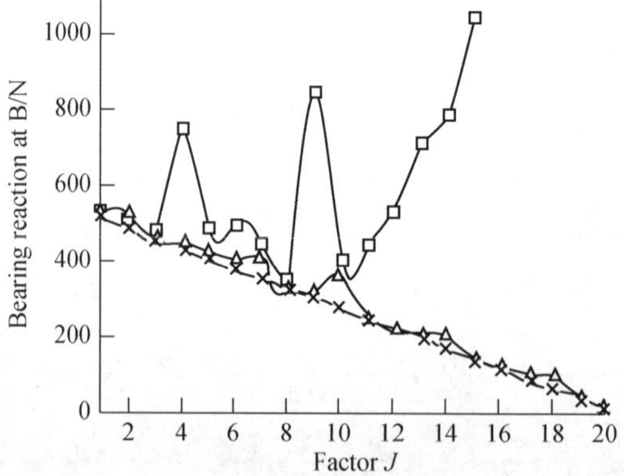

Fig.6　Response of maximum bearing force at joint *B* to change of cross-sectional parameters

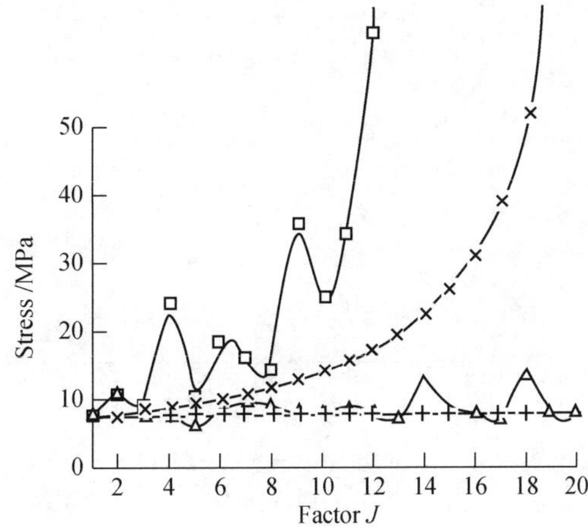

Fig.7　Response of maximum stress within the mechanism to change of cross-sectional parameters

4. Discussion

Fig.2 ~ 9 show the variations of a number of important characteristics of the mechanism arising from changes in link cross-section dimensions. Fig.2 confirms the expected result that natural frequency (in this case the natural frequency averaged over one cycle of the mechanism) is independent of changes in link widths and is a linearly decreasing function of the link heights. This is because the cross-sectional parameters, the height and width, of every link change simultaneously in this case. This change results in the variation of every element of the global mass and stiffness matrices of the whole mechanism at the same rate. Hence the global mass and stiffness matrices change, as the elemental ones, proportionally with the variation of cross-sectional heights. As a result, the variation of natural frequency of the mechanism is also linearly dependent upon the simultaneous changes of cross-sectional heights of every link, but independent of changes in link widths.

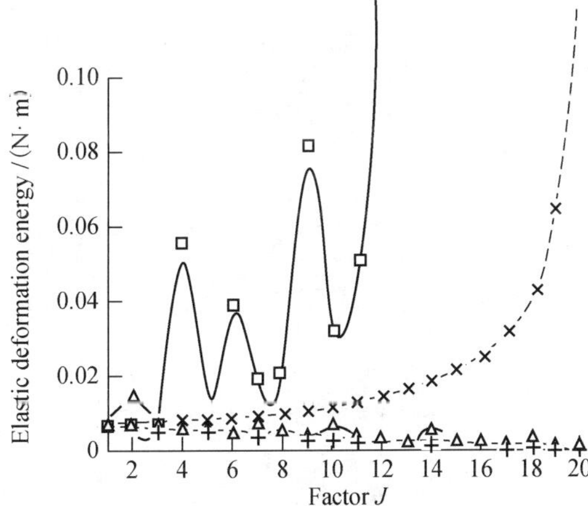

Fig.8　Response of maximum elastic deformation energy to change of cross-sectional parameters

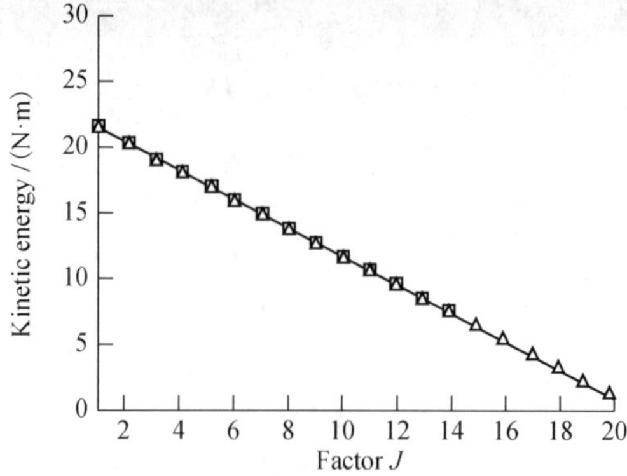

Fig.9　Effect of change of cross-sectional parameters on kinetic energy of the mechanism

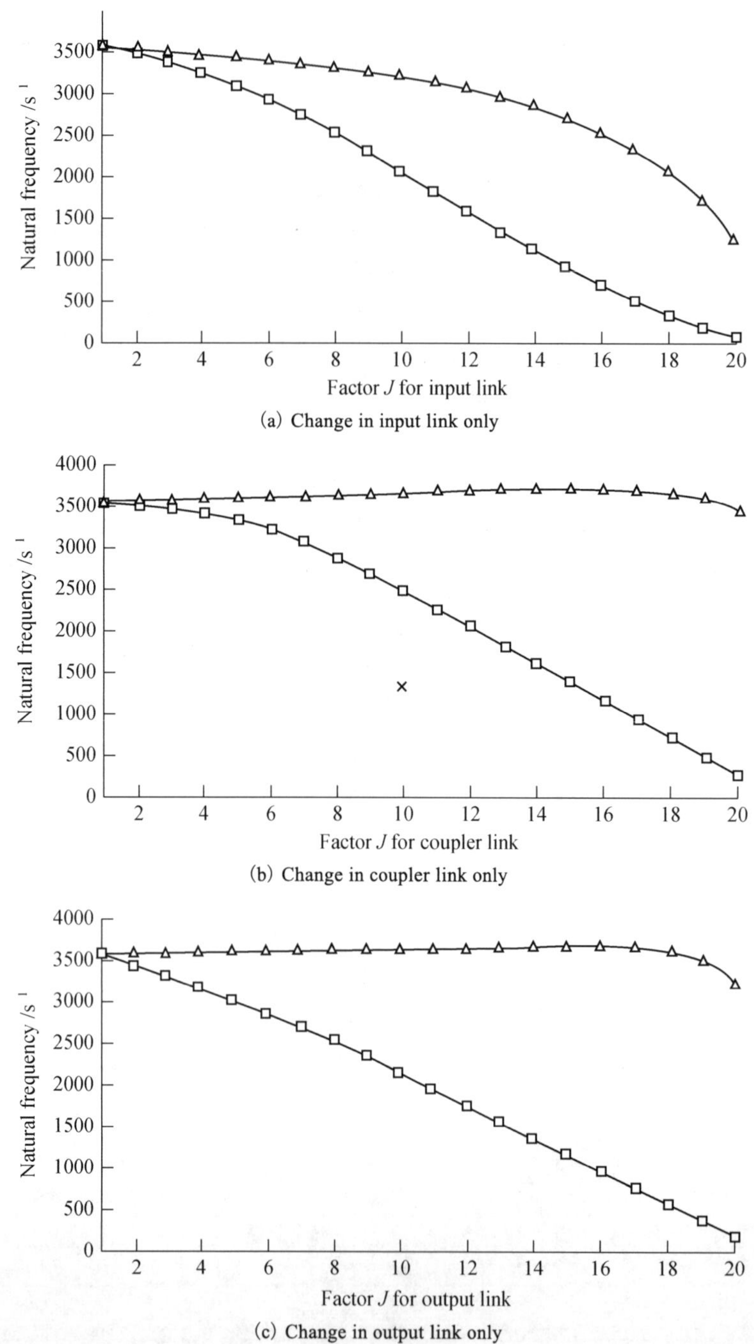

Fig.10　Effect of changes in cross-sectional parameters on averaged natural frequency of the mechanism

Fig.10 shows the effect of change of cross-sectional parameters of individual links upon the averaged natural frequency of the mechanism while those of the other two links remain constant. In Case 1 (change of thickness) there is an approximately linear decrease whereas for Case 2 (change of width) the effect is much reduced especially for the coupler and output links. For the input link however, there is a noticeable reduction in natural frequency [Fig.10(a)], the rate of which increases for larger values of parameter J (corresponding to very small values of width). This is due to the fact that although the natural frequency of a link does not change with the variation of its cross-sectional width [Eq.(8)], the change of width in one link may alter the mass and stiffness matrices of this link, which can then result in the variation of only some parts in the global mass and stiffness matrices. These global matrices do not therefore change in proportion to the variation of the link width. In this way, the natural frequency of the mechanism does not satisfy exactly the simple rule (8) and changes slightly with the variation of the link width. The effect upon the natural frequency of the crank is more marked than for the other two links because of the different boundary conditions applied to the crank.

Nevertheless, there are clear differences between the two cases in Fig. 10. That is to say the effect of changing the cross-sectional height of a link on the natural frequency of the mechanism is much stronger than that of changing the width. This result supports numerically the analytical deduction made in Section 2.

Fig.3 ~ 8 indicate significant differences between the dynamic behaviour of the mechanism in Case 1 and Case 2 and between the KES and KED solutions. In both cases, there is a linear reduction in mass of the linkage so that characteristics associated with inertia forces (Figs. 3 ~ 6) all show a linear reduction in the KES analysis. This is equivalent to a rigid body analysis, ignoring the effects of elasticity, and consequently the results for both cases are the same.

At the same time, the maximum stress in the mechanism (Fig. 7) does not change significantly in Case 2 (constant thickness) whereas in Case 1 it increases at an accelerating rate due to the linear decrease of link thickness. A similar increase in elastic deformation energy occurs (Fig. 8) for Case 1 while in Case 2 it decreases towards zero with the reduction of width. It is important to note here that these KES solutions are quite different from KED ones and so are inadequate to predict the dynamic behaviour of elastic mechanisms.

Turning now to the results of the KED analysis, the most significant outcome is the clear difference between the two cases in which link thickness and width are changed. As is to be expected in Case 2, since there is no change of natural frequency, the dynamic characteristics follow quite closely the KES solution. In Case 1 however, the effect of changing link thickness, and its consequent effect upon frequency, is seen (Figs. 3 ~ 6). A number of resonant conditions[16] are generated (e.g. for values $J=4,9,13$) which produce large increases in the inertia force maxima. At $J=16$, which corresponds to impractically thin links, the mechanism becomes over-stressed and values are not shown above this point. Indeed, at a considerably lower value of $J(=9)$, the stress in the mechanism has exceeded the allowable limit (Fig. 7).

The nonlinear character of the dynamic response of the Case 1 mechanism makes it important to be able to choose the most appropriate dimensions for safe operation. For the present example with an operating speed of 500 r/min, a value of $J=8$ for instance yields force levels which are close to those for Case 2. However, for the case of $J=7$, i.e. increased link thickness, all characteristics increase rather than decrease as might be expected from "common sense" experience. Depending upon the operating conditions of any particular mechanism, it may be possible that a decrease of link thickness will bring about an improvement in operation (e.g. from $J=4$ to $J=5$ and from $J=9$ to $J=10$). When designing the flexible links, careful attention to such possibilities and the avoidance of resonances is of the greatest importance.

By comparing each criterion, especially for Case 1, it can be found that the variations of different characteristics with the change of cross-sectional parameters are not the same. The response of bearing reaction, stress and elastic deformational energy of the mechanism are similar since these criteria are the direct reflections of the elastic behaviour in links or the mechanism. On the other hand, the shaking force, shaking moment and input torque are different compound responses of the bearing reactions at joints A and D and so behave somewhat differently. Of all of these criteria, the elastic deformation energy appears to be the most sensitive factor with respect to the change of cross-sectional parameters. It should therefore be chosen as an efficient objective in the KED balancing or optimal design of elastic mechanisms.

To demonstrate the effectiveness of the KED approach to balancing, the following simple example is instructive. When J is equal to 9, the inertia forces, such as the shaking force and moment, input torque and bearing reaction, of the mechanism in Case 1 are all very high, and the mechanism is working in a fully stressed condition (Fig. 7). The cross-sectional parameters of this mechanism are as follows:

$$b_1 = 30.0\text{mm}, h_1 = 18.0\text{mm}, b_2 = 25.0\text{mm}, h_2 = 15.0\text{mm}, b_3 = 20.0\text{mm}, h_3 = 12.0\text{mm}$$

By exchanging the widths and height of every link, i.e. letting

$$b_1 = 18.0\text{mm}, h_1 = 30.0\text{mm}, b_2 = 15.0\text{mm}, h_2 = 25.0\text{mm}, b_3 = 12.0\text{mm}, h_3 = 20.0\text{mm}$$

we obtain the equivalent Case 2 mechanism. In this case, although the weight of the mechanism is the same as that in Case 1, the values of the dynamic characteristics have been reduced greatly (Figs. 3 ~ 6). For example, the maximum KED shaking force and shaking moment of the mechanism have been reduced by approx. 50% and 30%, respectively. When the KES contributions (which are the same for each case) have been allowed for, these reductions will be nearer to 100% and 80%, respectively. The balanced and unbalanced mechanisms have the same weight, but quite different dynamic behaviour. This encouraging result indicates that an appropriate choice of cross-sectional dimensions may be an efficient way to solve the problem of KED balancing in elastic mechanisms. This illustrative and perhaps common sense result nevertheless shows the importance of using KED analysis when designing or balancing mechanisms with elastic links.

5. Conclusions

An investigation into the effects of change of the cross-sectional parameters of links in the dynamics of elastic mechanisms has been completed. Important conclusions can be drawn as follows. The cross-sectional parameters of links play a very important role in the dynamic characteristics of elastic mechanisms. The natural frequency of a mechanism is a function of cross-sectional parameters of links and the commonly used case of rectangular links has been used to show that it varies directly with the change of link heights, but changes very little with that of link widths. The change of cross-sectional height also has a much stronger effect than that of width on the dynamic behaviour. Adjusting these parameters properly is an efficient way to deal with the KED design and balancing of elastic mechanisms. This study can easily be expanded to elastic mechanisms with other forms of link cross-sections.

References

[1] Erdman A G, Sandor G N. Mech. Mach. Theory, 1972, 7: 19

[2] Lowen G G, Chassipis C. Mech. Mach. Theory, 1986, 21: 33

[3] Thompson B S, Su ng C K. Mech. Mach. Theory, 1986,21: 351

[4] Erdman A G, Sandor G N, Oakberg R G. J. Engng Ind., 1972, 94: 1193

[5] Imam I, Sandor G N. J. Engng Ind., 1975, 97:609

[6] Kakatsios A J, Tricamo S J. J. Mech. Transm. Automn. Des., 1987, 109: 338

[7] Yu Y Q. Mech. Mach. Theory, 1993,28: 625

[8] Khan M R, Thornton W A, Willmert K D. J. Mech. Des., 1978, 100: 319

[9] Thornton W A, Willmert K D, Khan M R. J. Mech. Des., 1979, 101: 392

[10] Cleghorn W L, Fenton R G, Tabarrok B. Mech. Mach. Theory, 1981,16: 399

[11] Zhang C, Grandin H T. J. Mech. Transm. Automn. Des., 1983, 105: 267

[12] Thompson B S, Sung C K. J. Mech. Transm. Automn. Des., 1984,106: 482

[13] Turcic D A, Midha A, Bosnik J R. J. Dynamic System Meas. Control, 1984, 106: 255

[14] Cleghorn W L, Tabarrok B, Fenton R G. Mech. Mach. Theory, 1984, 19: 307

[15] Nagarajan S, Turcic D A. Mech. Mach. Theory, 1990, 25: 209

[16] Yu Y Q, Qiu Y F, Zhang Y, Mech. Mach. Theory, 1992, 27: 391

[17] Jandrasits W G, Lowen G G. J. Mech. Des., 1979, 101: 77

[18] Jandrasits W G, Lowen G G. J. Mech. Des., 1979, 101: 89

[19] Balasubramonian A, Raghavacharyulu E. Proc. 7th World Congr. Theory Mach. Mech., Spain, 1987, 443

[20] Zobairi M A K, Rao S S, Sahay B. Mech. Mach. Theory, 1986, 21: 307

[21] Zobairi M A K, Rao S S, Sahay B. Mech. Mach. Theory, 1986, 21: 317

[22] Midha A, Erdman A G, Frohrib D A. Mech. Mach. Theory, 1978, 13: 603

[23] Yang Z, Sadler J P. J. Mech. Des., 1990, 112: 175

(in *Mechanism and Machine Theory*, 1996, 31(7): 947-955)

§ 16　弹性连杆机构参量振动频率特性分析

余跃庆

（北京工业大学，北京　100022）

摘　要：推导了弹性机构的固有频率与各种设计参量之间的内在关系，并通过一个四杆机构实例分析了机构固有频率和动应力等特性指标对机构杆件截面参数改变的动态响应，这一研究将为进行高性能机构设计提供重要的理论依据。

关键词：弹性机构；参量；振动；固有频率；连杆机构

1. 引言

高速机构的弹性动力学特性已越来越受到重视。目前在连杆机构弹性动力学分析和设计方面已取得重要成果[1]，在非线性振动现象、临界转速等特性研究上也取得一定进展[2-6]，但对弹性机构的内在特性并未完全深入了解，致使近几年在高性能的弹性机构设计方面进展较缓慢。以研究弹性机构本质特性为目的参量振动频率特性研究是最近刚开始研究的新方向，主要是以机构参量变化条件下其模态振动响应为内容，目前仅有文献[7]对平面曲柄滑块机构的模态特性进行了分析,通过改变滑块质量、连杆长度及截面尺寸来观察机构的固有频率及其振型的响应，得出了一些有价值的特性和规律，这为弹性机构设计提供了新的思路。但文献[7]仅仅是对简单曲柄滑块机构进行了探讨，其中只有连杆是弹性构件，其曲柄及滑块仍为刚性件，且对各参量与横态之间的内在关系没有给出理论分析。因此，对更具有普遍意义的弹性杆一般平面机构参量振动频率特性的研究是十分必要的。

本文对一般弹性四杆机构的参量振动频率特性进行分析，首次推导出机构固有频率与各种设计参量如截面、结构及材料参数之间的关系，通过实例分析了机构前三阶固有频率对各杆截面参数变化的动态响应，机构中动应力响应情况也同时给出。通过对结果的分析总结出了一些特性规律，这对改善弹性机构性能、设计高性能机构具有重要指导作用。

2. 参量分析

一般情况下弹性连杆机构有三种基本参量，即结构参量、截面参量和材料参量，它们从本质上决定了机构的动力特性。机构的固有频率是评估其内在特性的一个重要指标，因此，机构的基本参量与其特性指标之间必然存在着一定的内在联系，下面从频率分析入手来确定这种关系。

由机构弹性动力学(KED)分析可知[8]，一般弹性连杆机构在其运动循环中的某一瞬间的动力学方程可表示成如下形式

$$[M]\{\ddot{U}\}+[K]\{U\}=\{F\}-[M]\{\ddot{U}_{\mathrm{r}}\} \tag{1}$$

式中，$[M]$，$[K]$为机构系统质量和刚度矩阵；$\{U\}$为弹性位移矢量；$\{\ddot{U}\}$，$\{\ddot{U}_{\mathrm{r}}\}$为弹性和刚性加速度矢量；$\{F\}$为外载。

机构的固有频率ω可直接由式(1)的特征根求得为

$$\det(\lambda[I]-[K]^{-1}[M])=0,\quad \lambda=1/\omega^2 \tag{2}$$

式中，$[I]$为单位矩阵。

显然，机构的固有频率ω是由其质量和刚度矩阵$[M]$和$[K]$决定的。由于$[M]$和$[K]$构成复杂，不易直接分析，这里从机构各杆件或单元分析入手。类似地，机构中每一单元的固有频率ω_{e}，可由下式决定

$$\det(\lambda_{\mathrm{e}}[I]-[k_{\mathrm{e}}]^{-1}[m_{\mathrm{e}}])=0,\quad \lambda_{\mathrm{e}}=1/\omega_{\mathrm{e}}^2 \tag{3}$$

式中，$[m_e]$、$[k_e]$ 为单元的质量和刚度矩阵。

当杆件轴向弹性位移很小时有[8]

$$[m_e] = \rho Al[l_e]$$

$$[k_e] = EJ(1/l^3)[l_\sigma]$$

$$[l_e] = \begin{bmatrix} a_{11} & a_{12} & a_{13} & a_{14} & a_{15} & a_{16} & a_{17} & a_{18} \\ & a_{22} & a_{23}l & a_{24}l^2 & a_{25} & a_{26} & a_{27}l & a_{28}l^2 \\ & & a_{33}l^2 & a_{34}l^2 & a_{35} & a_{36}l & a_{37}l^2 & a_{38}l^3 \\ & & & a_{44}l^1 & a_{45} & a_{46}l^2 & a_{47}l^3 & a_{48}l^4 \\ & & & & a_{55} & a_{56} & a_{57} & a_{58} \\ \text{对} & & \text{称} & & & a_{66} & a_{67}l & a_{68}l^2 \\ & & & & & & a_{77}l^2 & a_{78}l^3 \\ & & & & & & & a_{83}l^4 \end{bmatrix}$$

$$[l_\sigma] = \begin{bmatrix} b_{11} & b_{12} & b_{13} & b_{14} & b_{15} & b_{16} & b_{17} & b_{18} \\ & b_{22} & b_{23}l & b_{24}l^2 & b_{25} & b_{26} & b_{27}l & b_{28}l^2 \\ & & b_{33}l^2 & b_{34}l^3 & b_{35} & b_{36}l & b_{37}l^2 & b_{38}l^2 \\ & & & b_{44}l^4 & b_{45} & b_{46}l^2 & b_{47}l^3 & b_{48}l^4 \\ & & & & b_{55} & b_{56} & b_{57} & b_{58} \\ & \text{对} & & \text{称} & & b_{66} & b_{67}l & b_{68}l^2 \\ & & & & & & b_{77}l^2 & b_{78}l^3 \\ & & & & & & & b_{88}l^4 \end{bmatrix} \tag{4}$$

式中，$[l_1]$、$[l_3]$ 为两个仅与单元长度 l 有关的相似矩阵；ρ、E 为杆件材料的质量密度和弹性模量；A, J 为单元的截面面积和惯性矩。

因此，由式(3)和式(4)不难推导出下面关系式

$$\omega_1 \propto \sqrt{\frac{J}{A}} \times \sqrt{\frac{E}{\rho}} \times \frac{1}{l^2} \tag{5}$$

式(5)明确表明了机构某单元固有频率与其各种参量之间的定性关系，其中第一部分 J/A 由单元的截面参数决定，第二部分 E/ρ 由构件的材料参数确定，第三部分 $1/l^2$ 则是由单元结构参数决定的。这些参数中，第一部分截面参数在机构弹性动力学中已被证明是最有效的设计变量[8]，至于结构参数及材料参数情况将在另文中研究。因此，当单元的结构参数和材料参数确定，即 E、ρ、l 不再变化时，式(5)可简化为

$$\omega_1 \propto \sqrt{\frac{J}{A}} \tag{6}$$

这说明，此时单元的固有频率仅与其截面惯性矩与面积之比的平方根成正比。进一步分析，从量纲上看出，J/A 表示单元截面的一维参数。例如，当截面为圆形时有

$$\sqrt{\frac{J}{A}} = d/4 \qquad (d\text{ 为圆截面直径})$$

当截面为矩形时有

$$\sqrt{\frac{J}{A}} = \frac{\sqrt{3}}{6}h \qquad (h\text{ 为矩形高度})$$

这是两种最常用的截面形状。这样，可将式(6)写成

$$\omega_e \propto x \tag{7}$$

式中，x 表示单元截面一维参数。当截面为圆形和矩形时，x 分别等于 d 和 h 。式(7)说明机构单元固有频率仅与其一维截面参数成正比。

对于机构来说，由式(3)可知其固有频率是由其系统质量和刚度矩阵[M]、[K]决定的，而此[M]、[K]又是由各单元矩阵 $[m_1]$ 和 $[k_1]$ 组成的。因此，机构的固有频率特性是由其上各单元的固有频率直接决定的。所以，可以推断，机构固有频率与其截面、结构及材料参量之间也存在着与式(5)～式(7)类似的关系。在材料和结构参量不变的条件下，机构固有频率的变化与其各杆截面一维参数的改变是成正比的。这种定性关系虽不能用来直接定量求出机构固有频率值及其变化大小，但对于机构参量改变而带来的固有频率变化趋势和由此而产生的机构动力特性的评估有着重要意义，下面通过实例进一步说明。

3. 实例讨论

一平面四杆机构及其坐标系如图 1 所示。机构的三根运动杆件都是弹性杆，应用有限元方法，将整个机构分成 5 个单元(①～⑤)，每个单元有 8 个结点弹性位移[8]，整个机构共有 18 个弹性位移变量 $u_1 \sim u_{18}$ 。

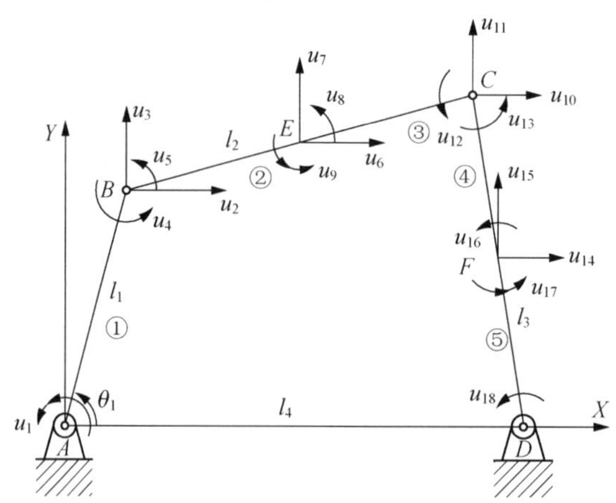

图 1　平面四杆机构

机构的结构参数参见文献[9]，选择如下：

$$l_1 = 108.0\text{mm}，\quad l_2 = 279.4\text{mm}，\quad l_3 = 270.5\text{mm}，\quad l_4 = 254.0\text{mm}$$

机构各杆都是铝材，其密度 ρ 为 2710kg/m^3，弹性模量 E 为 71GPa。各杆截面形状都选为圆形，其直径 d 为参变量，初始值分别为

$$d_1 = 17.0\text{mm}，\quad d_2 = 10.5\text{mm}，\quad d_3 = 10.0\text{mm}$$

在整个研究过程中分别改变各杆直径大小，各种情况如表 1 所示，机构曲柄转速为 500r/min 。此时机构基本处于满应力状态(表 2)，机构弹性特性可充分体现出来。

表 1

状态	过程	直径 d_1/mm	直径 d_2/mm	直径 d_3/mm
原始	1	17.0	10.5	10.0
1	2	18.0	C	C
	3	19.0	C	C

续表

状态	过程	直径 d_1/mm	直径 d_2/mm	直径 d_3/mm
2	2	C	11.5	C
	3	C	12.6	C
3	2	C	C	11.0
	3	C	C	12.0
4	2	18.0	11.5	11.0
	3	18.0	11.5	12.0

注：C 为不变量

表 2

状态	过程	频率				应力			
		f_{m1} / Hz	f_{m2} / Hz	f_{m3} / Hz	f_{min} / Hz	$\sigma_{1\max}$ / MPa	$\sigma_{2\max}$ / MPa	$\sigma_{3\max}$ / MPa	$\sigma_{\max}$ / MPa
原始	1	1606.4	1713.6	3800.8	1375.1	24.28	31.25	35.55	35.55
1	2	1627.1	1713.9	3800.8	1438.4	17.79	32.65	30.08	32.65
	3	1642.4	1717.7	4083.7	1488.2	14.50	33.11	25.49	33.11
2	2	1642.9	1803.6	4374.6	1368.2	25.24	19.25	35.45	35.45
	3	1643.6	1913.4	3609.6	1348.9	23.17	13.74	28.57	28.57
3	2	1618.8	1843.8	3815.0	1378.9	24.20	24.70	23.25	24.70
	3	1619.5	1972.6	3845.6	1371.7	26.95	23.00	19.49	26.95
4	2	1744.1	1881.5	3984.1	1457.3	20.41	9.60	13.65	20.44
	3	1879.0	2048.6	4173.1	1534.3	16.33	21.67	7.91	21.67

在一个运动循环中机构前三阶固有频率 $f_i\ (i=1,2,3)$ 变化曲线以及相应的机构中各杆及机构最大动应力 $\sigma_j\ (j=1,2,3)$ 和 $\sigma_{\max}$ 响应曲线都通过机构弹性动力分析求出，由于篇幅所限，这里仅将响应最强烈的第 4 种状态下的响应曲线给出，如图 2～图 5 所示。所有情况下的重要特性指标，如机构各阶固有频率的平均值 $f_{mi}\ (i=1, 2, 3)$ 和最低值 $f_{\min}$、各杆及整个机构中最大动应力值 $\sigma_{j\max}\ (j=1, 2, 3)$ 和 $\sigma_{\max}$ 等都列在表 2 中，以便分析。

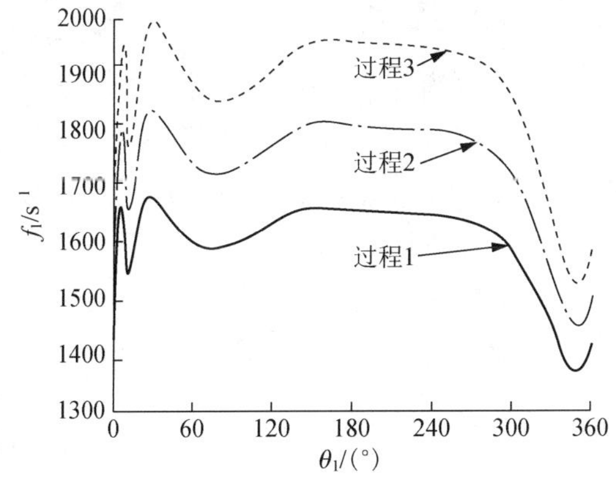

图 2　状态 4 时机构第一阶固有频率变化曲线

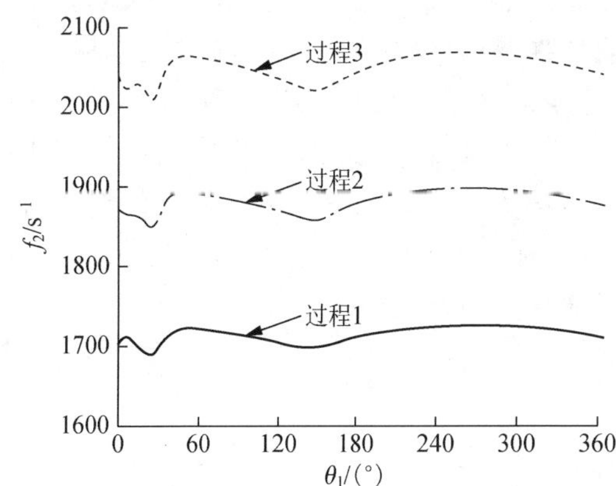

图 3　状态 4 时机构第二阶固有频率变化曲线

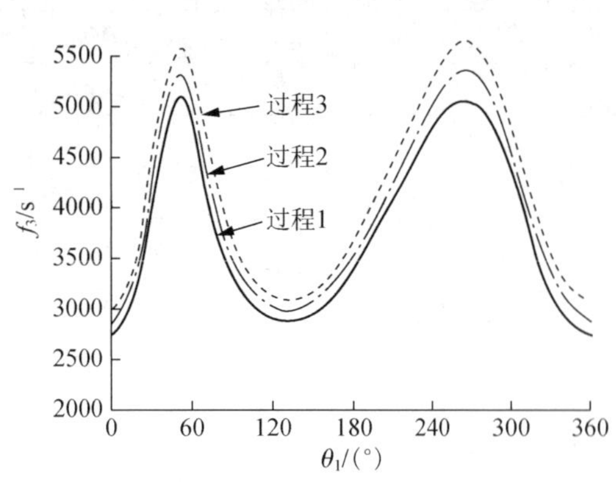

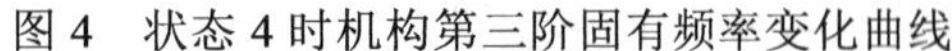
图 4　状态 4 时机构第三阶固有频率变化曲线

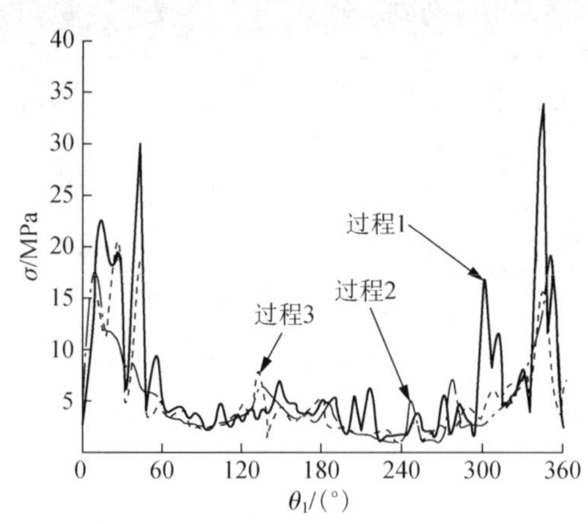

图 5　状态 4 时机构最大动应力变化曲线

首先进行频率分析。从表 2 中可以看出，在各种情况下机构前三阶固有频率总的来说都随着机构杆件截面尺寸的增加而提高。特别是在第 4 种状态下这种频率的响应规律更加明显，从图 2～图 4 的频率变化曲线中更加清楚地表明了这点，这就恰好证明了本文前面的理论分析结论。另外，在前 3 种状态下，各杆参数相同的变化对机构固有频率的影响虽总趋势相同，但在程度上却各有差异。其中，连杆参数变化的效果较为明显。这主要是因为机构中各杆(单元)质量和刚度参量在机构系统质量和刚度矩阵中占有不同的地位，起着不同的作用。这种差异并非由各杆参量数量上的差别引起，如连杆与输出杆参量在数值上是很接近的，但各自作用却大不相同。这种现象在弹性机构的设计和综合问题中具有重要的指导作用。如何选择最有效的杆件参数作为设计变量将直接影响设计结果的好坏。另一个值得注意的问题是，在第 2 和第 3 种状态中，虽然机构固有频率平均值都比原始状态有所提高，但机构固有频率最低值却比原始状态时有所减小。这种现象在弹性机构的设计中尤为重要，必须加以注意，因为在频率最低点附近很可能发生机构的弹性共振现象[2-6]。

下面进行应力分析。从表 2 及图 5 中可以看出，机构中各杆动应力都随着其截面参量的增加而降低。由式(5)可知机构刚度随截面尺寸的增加速率要比随质量的增加速率大，因此，截面参数增加的综合效应是使机构固有频率提高，弹性变形减小，从而动应力降低。另外，与频率分析相比，机构动应力随机构截面参量的变化比固有频率更为敏感。所以，动应力也是评价弹性机构动力特性的重要指标之一，尤其是各杆件及机构中最大动应力的大小，在弹性机构设计中必须加以检验和控制。

另外，与频率响应相似，机构不同杆件截面参数的变化对机构动应力的影响也不同。在本例中，连杆及输出杆尺寸的变化对整个机构动态响应起了主要作用。这一现象再次说明适当选择最佳杆件参量是实现弹性机构最优设计的关键因素之一。

比较机构应力变化与前三阶固有频率响应情况可以看出，机构动应力随截面参量变化规律与机构第一阶固有频率(基频)的响应基本是同步的，而第二阶及第三阶固有频率的响应则与动应力变化情况相差较远。这充分说明，基频在整个机构固有频率中占有主导地位，它决定了弹性机构的动力特性，而高阶频率的作用则相对要弱得多，不能起决定性作用。所以，基频是评价弹性机构动力特性的重要指标。

4. 结论

本文从理论和数值分析角度对弹性机构参量振动频率响应问题进行了研究。首次明确揭示了机构固有频率与其结构、截面、材料三方面参量之间的内在关系。当结构和材料参量确定后，机构固有频率与其杆件截面一维参数呈正比关系。不同杆件参量变化对机构动态响应有不同影响。基频是反映弹性机构内在本质特性的重要指标，适当选择杆件截面参量是改善弹性机构动态特性，实现最优设计的重要途径。

参考文献

[1] Lowen G G, Chassapis C. The elastic behaviour of linkages: an update. Mech. Mach. Theory, 1986, 21: 33-42

[2] Kalaycioglu S, Bagci C. Determination of the critical operating speeds of planar mechanisms by the finite element method using planar actual line elements and lumped mass systems. J. Mech. Des., 1979, 101: 210-223

[3] Sung C K. Thompson B S, Xing T M, et al. An experimental study of the nonlinear elastodynamic response of linkage mechanisms. Mech. Mach. Theory, 1986, 21: 121-133

[4] Cleghorn W L,Tabarrok B, Fenton R G. Critical running speeds and stability of high-speed flexible mechanisms. Mech. Mach. Theory,1984, 19: 307-317

[5] Yu Y Q, Qiu Y F. Zhang Y. New investigation on critical running speeds of a high-speed elastic space mechanism. Mech. Mach. Theory, 1992, 27: 391-402

[6] 张策，陈树勋，王子良，等. 论弹性连杆机构的低阶谐振现象. 机械工程学报，1986，22（1）: 81-92

[7] Midha A, Karam D. Thompson B S.The elastic slider-crank mechanism: a study of the intrinsic configuration-dependent modal properties. ASME Flexible Mechanisms, Dynamics, and Analysis, 1992, 47: 337-346

[8] 张策，陈树勋，王子良等.弹性连杆机构的分析与设计. 北京：机械工业出版社，1989

[9] Yang Z, Sadler J P. Finite element modeling of spatial robot manipulators. J. Mech. Des., 1990, 112: 175-182

（原载《机械工程学报》，1996, 32(2): 47-53）

2.2 最优设计

§ 17 Optimum Design of the RSS'R Flexible Space Mechanism via Multiplier Techniques

Yu Yueqing

Section of the Theory of Machines and Mechanisms, Beijing Polytechnic University, Beijing 100022, *China*

Abstract: *This paper presents a new procedure for the optimum design of a flexible space mechanism. An advanced optimization technique of the multiplier method is applied to design a completely elastic linkage having minimum mass while keeping stresses and deflections in the links under prescribed limits. Numerical solutions for the example of the RSS'R spatial mechanism, using the new procedure, are found to be more valid than those of the previously published works.*

1. Introduction

In recent years, considerable attention has been given to the analysis of flexible mechanisms. However, only a limited amount of work has been carried out in the design of the mechanism. Significant developments concerned with the optimum design of flexible mechanisms were obtained in Refs. [1-3]. The linear and nonlinear optimization techniques were used for the kineto-elasto-dynamic (KED) synthesis of planar linkages with minimum mass under the constraints of stresses or deflections in the links. The optimality criterion technique was introduced into the KED design of planar mechanisms in Refs. [4, 5] in which the advantage of this method in reducing iterations in the design procedure was well proved. Later, this technique was improved in Refs.[6, 7]. Other KED designs of planar mechanisms have also been obtained[8-10]. However, the research on KED syntheses of spatial mechanism is very little[11].

In this paper, a new procedure for the optimum design of a flexible space linkage is presented. An advanced optimization technique, BFGS multiplier method, is applied to design a completely elastic RSS'R space mechanism having minimum mass while keeping stresses and deflections in the links under prescribed limits. Several numerical solutions for the optimum design of the mechanism have been obtained through this procedure.

2. Optimum design procedures

In the design of a space mechanism with flexible members, many important factors, such as the mass, operating speeds, stresses and deflections in the links of the mechanism, should be considered in the first place. The minimum mass seems to be one of the most desirable criterions for a flexible mechanism. Therefore, the objective of the optimum design for a flexible space mechanism can be determined to minimize the mass of the linkage, and expressed in the following form:

$$\min F(x) = \sum_{i=1}^{n} \rho_i(x) \cdot A_i(x) \cdot l_i(x), \quad x \in \{x\} \tag{1}$$

where, $\rho_i(x)$ expresses the mass density of the i th link or element in the mechanism, $l_i(x)$ and $A_i(x)$

indicate the length and cross-sectional area of the ith element, respectively, n is the total number of the elements, x denotes the design variable in optimization, it has several components. In order to reduce the mass of a flexible mechanism, to change the cross-sectional areas of links is one of the most efficient ways. Thus, the cross-sectional parameters of the links are hereby determined as the optimization variables, and expressed as follows:

$$\{x\} = \{x_1, x_2, \cdots, x_m\}^{\mathrm{T}} \tag{2}$$

here, m is the number of the variables.

The stresses and deflections in the links are believed to be the most significant indexes to the kinematic and dynamic properties of a flexible mechanism. Experience shows that the less the mass of a mechanism is, the greater the stresses and deflections of the links. Therefore, the two items must be restricted under prescribed limits in the design procedure of a flexible mechanism, and are determined as the inequality constraints in optimization as follows:

$$\begin{aligned} \text{s.t. } C_1(x) &= |\sigma|_{\max} - [\sigma] \leqslant 0 \\ C_2(x) &= |\delta|_{\max} - [\delta] \leqslant 0 \end{aligned} \tag{3}$$

here, $|\sigma|_{\max}$ and $|\delta|_{\max}$ are the absolute maximum stress and deflection in all links of the mechanism in a cycle of its motion, respectively. $[\sigma]$ and $[\delta]$ are the allowable stress and deflection, respectively.

As the variables, objective and constraints have been determined as above, the optimum design of a flexible space mechanism can be taken through an optimization procedure. The main steps of the whole process are presented as follows.

Step 1

Kinematic synthesis of a spatial rigid-body mechanism through the variation of link lengths or geometrical parameters of the mechanism.

Step 2

In order to reduce computational time, a rough kineto-elasto-static (KES) design of the mechanism obtained from Step 1 is first executed through the variation of cross-sectional parameters of the links to minimize the mass of the flexible mechanism under constraints of stresses and deflections in the links.

Step 3

Accurate KED design on the basis of Step 2.

A flow chart of the whole procedure for the optimum design of a flexible space mechanism is shown in Fig. 1.

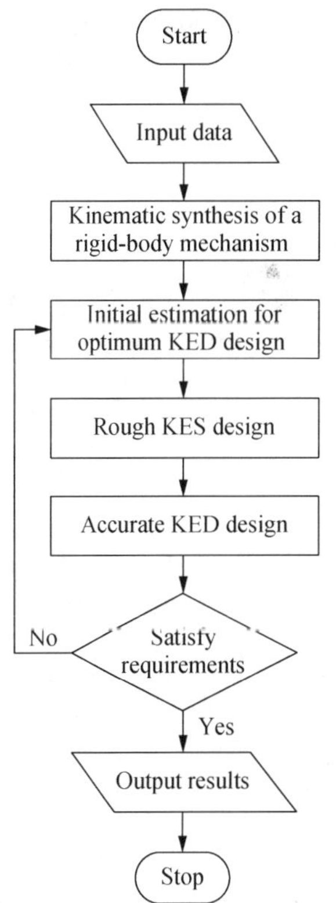

Fig.1　A flow chart of the optimum design for a flexible space mechanism

3. Multiplier method in optimization

Almost all KED designs of flexible mechanisms were accomplished through the optimization methods so far. This is because of the complexity of the KED design in which many time-consuming steps in the KED analysis of a mechanism are required. Therefore, the result of the KED design of a mechanism depends highly on the properties of an optimization method used in the design procedure. An advanced optimization technique, called BFGS multiplier method, is hereby introduced to solve the difficulty in the KED design of a flexible space mechanism. A brief illustration of this new method is presented as follows.

A general problem of an optimization with constraints can be written as the following form:

$$\begin{aligned} &\min f(x),\ x\in\{x\} \\ &\text{s.t.}\ C_i(x)=0,\ i\in E=\{1,\cdots,l\} \\ &\quad\ C_i(x)\leqslant 0,\ i\in I=\{l+1,\cdots,l+m\} \end{aligned} \tag{4}$$

where, $f(x)$ is the objective in the optimization, and x is the variable. $C_i(x)$ includes equality and inequality constraints. Using the penalty method which has been widely used in mechanical designs the KED synthesis of flexible mechanisms[1-3, 12], the solution of the Eq. (4) can be obtained from a non-constrained problem as follows:

$$\min E(x,\mu)=f(x)+\frac{\mu}{2}\left(\sum_{i=1}^{l}C_i(x)+\sum_{i=l+1}^{l+m}\left[\max\{0,C_i(x)\}\right]^2\right) \tag{5}$$

If the penalty factor μ tends towards infinity or extremely large, then the solution of Eq. (4) can be replaced approximately by that of Eq. (5). However, when μ is infinity or very large, a very small deviation in searching directions in the optimization process could produce very large errors in the solution. This is called in optimization theory the morbidity of the penalty method[12, 13]. This morbidity leads to some shortcomings of the penalty method in the convergency, convergent rapidity and initial estimate. In order to overcome these disadvantages, a new optimization technique, multiplier method, has been developed in the field of optimization[13, 14].

Using the multiplier method, the problem of Eq. (4) becomes

$$\begin{aligned} \max \Phi(x,\lambda,\mu)=&f(x)+\sum_{i=1}^{l}\lambda_i C_i(x)+\sum_{i=l+1}^{l+m}\lambda_i\left[\max\{0,C_i(x)\}\right]^2 \\ &+\frac{\mu}{2}\left(\sum_{i=1}^{l}C_i(x)+\sum_{i=l+1}^{l+m}\left[\max\{0,C_i(x)\}\right]^2\right) \end{aligned} \tag{6}$$

where, $\Phi(x,\lambda,\mu)$ is called the additional Lagrange function, λ_i is the multiplier and it can be found through the following formula of iterations:

$$\begin{cases} \lambda_i^{(k+1)}=\lambda_i^{(k)}+\mu^{(k)}\cdot C_i\left(x^{(k)}\right), & i=1,\cdots,l \\ \lambda_i^{(k+1)}=\max\left\{0,\lambda_i^{(k)}+\mu^{(k)}\cdot C_i\left(x^{(k)}\right)\right\}, & i=l+1,\cdots,l+m \end{cases} \tag{7}$$

At this time, if $\mu^{(k)}$ is large enough, unnecessary to be infinity or very large, then the solution of Eq. (4) can be obtained by solving Eqs. (6) and (7). This process makes the value of μ vary within a certain range. Therefore, the morbidity of penalty method is overcome by the multiplier technique. Otherwise, the properties of convergency, convergent rapidity and initial estimation in the penalty method are also improved a lot in the multiplier method. These characteristics of the multiplier technique have been proved theoretically and numerically in optimization researches[12, 13].

Due to advantages of the multiplier technique, one of the most effective multiplier methods, the BFGS method, is applied in this paper for the first time to solve the complicated design of a flexible space mechanism. The computer subroutine of the BFGS method was programmed by the Mathematical Department of Beijing Polytechnic University.

4. Example of an RSS'R Mechanism

An example of an RSS'R mechanism is presented here to illustrate the new optimum design procedure of a flexible space mechanism.

The RSS'R mechanism configuration and generalized elastic displacements, $u_1 \sim u_{31}$, are shown in Fig.2. All three moving links of the mechanism are considered as flexible ones. The finite element method is applied to the KED analysis of the mechanism in the model of mass-distributed beam element. The whole mechanism is divided into five elements, i.e. one element for the input link because of its heavy inertia, two elements for the coupler and output link, respectively. Each element has 12 nodal elastic displacements. The KED analysis of the mechanism can be completed by solving following differential equations:

$$[M]\{\ddot{u}\}+[C]\{\dot{u}\}+[K]\{u\}=\{P\}-[M]\{\ddot{u}_{\mathrm{r}}\} \tag{8}$$

where, $[M]$, $[C]$ and $[K]$ are the global mass, damping and stiffness matrixes of the mechanism, respectively. $\{\ddot{u}_{\mathrm{r}}\}$ expresses the rigid-body acceleration of the mechanism. $\{P\}$ is the external load applying at the mechanism. The procedure for the KED analysis of a space linkage was given in Ref. [11].

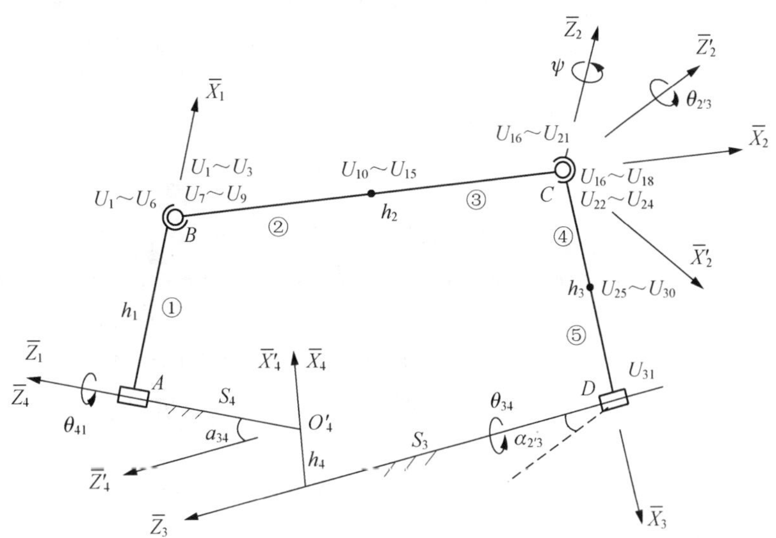

Fig.2　An RSS'R mechanism

Table 1 lists the input parameters for the optimum design of the RSS'R flexible mechanism. At this time, the design problem expressed by Eqs. (1) ~ (3) is written as follows:

$$\min f(x)=\sum_{i=1}^{3}\rho_i \cdot l_i \cdot A_i(x)$$

$$\{x\}=(y_1, z_1, d_2, y_3, z_3)^{\mathrm{T}}$$

$$\text{s.t. } C_1(x)=|\sigma|_{\max}-[\sigma]\leqslant 0$$

$$C_2(x)=|\delta|_{\max}-[\delta]\leqslant 0 \tag{9}$$

Table 1　Input parameters for the optimum design

Link	Shape of cross-section	Modulus of elasticity for steel/Pa	Modulus of elasticity for aluminum/Pa	Mass density for steel /(kg·m^{-3})	Mass density for aluminum /(kg·m^{-3})	$[\sigma]_{n1}$ /Pa	$[\sigma]_{A_1}$ /Pa	$[\delta]$ /mm
Input	Rectangular	2.07×10^{11}	7.104×10^{10}	7.751×10^{3}	2.712×10^{3}	3.5×10^{8}	3.5×10^{7}	1
Coupler	Circular	2.07×10^{11}	7.104×10^{10}	7.751×10^{3}	2.712×10^{3}	3.5×10^{8}	3.5×10^{7}	1
Output	Rectangular	2.07×10^{11}	7.104×10^{10}	7.751×10^{3}	2.712×10^{3}	3.5×10^{8}	3.5×10^{7}	1

According to the flow chart in Fig. 1, the whole procedure for the optimum design of the RSS'R flexible space mechanism was programmed in FORTRAN computer language and operated on an IBM-4381 computer.

The geometrical parameters of the RSS'R mechanism were obtained from the kinematic synthesis on angular function generation of the rigid-body mechanism as follows:

$$h_1 = 67.1\text{ mm},\quad h_2 = 241.5\text{ mm},\quad h_3 = 60.0\text{mm},\quad s_3 = 0.0\text{mm}$$

$$h_4 = 50.0\text{mm},\quad s_4 = 273.8\text{mm},\quad \alpha_{23} = 0°,\quad \alpha_{34} = 90°$$

The operating speed of the mechanism is assumed to be constant at 400 r/min. The two spherical bearings at the ends of the coupler link are supposed as two lumped masses with 20 g at point *B* and 30 g at point *C*, respectively.

Starting from the initial estimate of the cross-sectional variable as follows:

$$\{x\}_0 = (10,10,10,10,10)^{\mathrm{T}}$$

four solutions for the optimum design of the RSS'R flexible space mechanism were worked out in the different compositions of link material. The cross-sectional parameters of the links and some important characteristics of the mechanism designed in different cases are listed in Table 2. Cases 1 and 2 indicate that all links of the mechanism are made out of aluminum and steel, respectively. In Case 3, only the coupler link is aluminum, the other two links are steel. In Case 4, the output link is made of steel, the other links are aluminum.

It is evident in Table 2 that the total mass of the RSS'R mechanism obtained in all cases is very small. They are only about 60 ~ 70 g in which the mass of 50 g for the two lumped masses of the spherical bearings is included. However, in the previously published designs, the mass of a 4-bar planar mechanism is at least 7000 g[7]. This may be partly because that the criterion of fully stressed mechanisms was used in these designs for flexible mechanisms. But, it is possible in general that there exist several solutions of a flexible mechanism satisfying the condition of fully stressed design. Therefore, the mass of the mechanism obtained through a fully stressed design may be not a minimum one. The results of this paper prove this fact and demonstrate at same time that the new procedure presented in this paper is highly valid in minimizing the mass of a flexible space mechanism.

It can be found in Table 2 that the maximum stresses in the input and output link are very close to the allowable limits. That is to say that two fully stressed links have been obtained approximately by the new design procedure for flexible mechanisms. This solution reaches the design level of that obtained by the fully stressed method. This indicates that the design criterion of minimizing the mass of a mechanism through the change of cross-sectional parameters while keeping stresses and deflections in the links under prescribed limits is effective to design a completely elastic or fully stressed mechanism.

Table 2　Optimum results of KED designs

Cases	y_1/mm	z_1/mm	d_2/mm	y_3/mm	z_3/mm	mass/g	$\|\delta\|_{max}$ /mm	$\|\sigma_1\|_{max}$ /Pa	$\|\sigma_2\|_{max}$ /Pa	$\|\delta_3\|_{max}$ /Pa
1	2.0	4.6	5.0	7.3	2.0	66.9	0.085	3.48×10^7	0.98×10^7	3.40×10^7
2	2.0	2.1	4.0	5.5	1.0	78.3	0.39	3.46×10^8	0.091×10^8	3.35×10^8
3	1.0	1.8	4.0	4.3	0.7	60.6	0.55	3.19×10^8	3.46×10^7	3.50×10^8
4	2.0	4.7	5.0	6.8	0.7	66.8	0.55	3.61×10^7	2.15×10^7	3.50×10^8

Through the example of the RSS'R mechanism in this paper, the advantages of the multiplier technique has been well tested in the optimization procedure. This new method can meet the needs of solving complicated problems as the optimum design of flexible space mechanisms. Comparing the four cases in Table 2, one can conclude that suitable choices of the link material may get a better solution. The solution in Case 3 may be considered as the best design in all results.

5. Conclusions

A new procedure has been presented for determining the optimum design of a flexible space mechanism. For the example of an RSS'R mechanism, the optimum solutions were found having less mass of the mechanism, compared to the previously published designs. This demonstrates that the design criterion and optimization method used in this paper are valid to this kind of design problem.

Acknowledgements

The author gratefully thanks Professor Bai Shi-Xian for his guidance on this research and would like to express his appreciation to the Computer Center of Beijing Polytechnic University for assistance on computation. The project was supported by the National Natural Science Foundation of China.

References

[1] Erdman A G, Sandor G N. Trans. ASME J. Engng Ind., 1972, 94(B): 1193-1205

[2] Imam I, Sandor G N. Mech. Mach. Theory, 1973,8: 497-516

[3] Imam I, Sandor G N.Trans. ASME J. Engng Ind., 1975, 97(B): 609-628

[4] Khan M R, Thornton W A, Willmert K D. Trans. ASME J. Mech. Des., 1978, 100: 319-327

[5] Thornton W A, Wilimert K D, Khan M R. Trans. ASME J. Mech. Des., 1979, 101: 392-397

[6] Cleghorn W L, Fenton F G, Tabarrok B. Mech. Moch. Theory, 1981, 16: 399-406

[7] Zhang C, Grandin H T. Trans. ASME J. Mech. Transm. Automn. Des., 1983, 105: 267-272

[8] Sung C K, Thompson B S. Mech. Mach. Theory, 1984,19: 389-396

[9] Oliver J H, Wysocki D A, Thompson B S. Mech. Mach. Theory, 1985,20: 103-114

[10] Kakatsios A J, Tricamo S J. Trans. ASME J. Mech. Transm. Automn. Des., 1987,109: 338-347

[11] Yu Y Q, Systematic research on the kineto-elastodynamic analysis, synthesis,property of high-speed spatial linkages. Ph.D. dissertation, Beijing Polytechnic University, 1990

[12] Fox R L. Optimization Methods for Engineering Design. Addison-Wesley, Reading. Mass., 1971

[13] Deng N Y, Zhu M F. Optimization Methodv.Shen Yang, Liao Ning Education Press, 1987

[14] Bertsekas D P. Constrained Optimization and Lagrange Multiplier Methods. New York: Academic Press, 1982

(in *Mechanism and Machine Theory*, 1993, 28(5): 625-630)

§ 18　Active Design of a Flexible Space Mechanism with Optimal Characteristics

Yu Yueqing

Section of the Theory of Machines and Mechanisms, Department of Basic Science, Beijing Polytechnic University, Beijing 100022, *China*

Abstract: *A new method for the optimum synthesis of flexible mechanisms is presented in this paper. The concept of characteristic parameters is proposed firstly and applied into the design process of a flexible mechanism, which leads the design to an active way. The difficulties of selecting an initial value and searching a global optimal solution in optimisation are overcome through a fore process of the dynamic characteristic analysis of flexible mechanism in spectrogram forms. The computation time is reduced greatly in this active design procedure. As an example, the design of a flexible RSS' R space mechanism with optimal dynamic characters is obtained successfully by this method. The encouraging result is, through comparison, found to be superior to that obtained by general methods.*

1. Introduction

In recent years, the elastodynamic behaviour of high-speed mechanisms has been concerned with by more and more researchers. Since the study of kineto-elastodynamic (KED) analysis of flexible mechanisms was well developed[1, 2], considerable attention has been given to the KED design or synthesis of the mechanism. Erdman, Imam and Sandor laid the foundation of optimum design of elastic mechanisms by the method of non-linear optimisation[3-5]. An encouraging achievement has been obtained in the KED design of planar linkages[6-13]. The optimality criterion techniques were applied in this study and proved to be valid in reducing iterations in the design process[6-9]. The cross-sectional parameters of links were widely chosen as efficient variables in these publications to minimise the weight or mass of the mechanism to be designed. The effect of material parameters in the dynamic synthesis of flexible linkages were discussed in Refs. [10, 11]. In Ref. [12], both the kinematic parameters and link cross-sections were allowed to vary to bound the trajectory accuracy and minimise the shaking force of the mechanism. A new iterative procedure was developed in Ref. [13] for the synthesis of elastic multi-body systems. The problem of KED synthesis for spatial mechanisms was dealt with firstly in Ref. [14].

However, some problems have not yet been solved in the KED design of mechanisms, which may resist further development in this field. As all know, the design methods used in previous works largely depends on the optimisation techniques applied in the design process. Thus, the design result relies on selection of initial values and the determination of interval values of design variables in the optimisation. But, from the point of view of optimisation techniques or mathematics, the problem of initial and interval values of variables remain the key difficulties which have not been well solved theoretically until now. These problems may lead to the instability of final results obtained from different initial and interval values of variables. This means that the design of a flexible mechanism determined by this approach may be only a local optimal solution, but not global one. In other words, there might be other better solutions if these two kinds of values are chosen as more reasonable ones. However, a large amount of computation time must be required if a global solution could be found in the way of changing the initial and interval values of variables continuously.

The main cause of this problem is that the dynamic characteristics of flexible mechanisms have not been illustrated clearly and applied into the design process of the mechanism. This kind of design seems to be a passive process of a mathematical optimisation with a model of mechanism. In fact, it should be noted that an optimum design of a flexible mechanism is not a pure optimisation in mathematics, but, should be an integrated process of characteristic analysis and optimal synthesis of the mechanism. This point might have not been recognized and attention enough paid in previous studies.

A new method for the optimum design of flexible mechanisms is developed in this study. The concept of the characteristic parameter is proposed firstly and introduced into the design process. Through a fore process of KED analysis of the mechanism to be designed in spectrogram forms, a reasonable initial value and feasible interval value of design variables are determined before the optimisation procedure is continued, which may result in the achievement of a global optimal solution of the design. Computation time is also reduced greatly in this active design process. With the help of the multiplier technique in optimisation[15], an example of the optimum design of a flexible RSS'R space mechanism with optimal characteristics is obtained successfully. By comparison, this result is proved to be much better than that obtained by general methods.

2. Design process

A process of designing a flexible mechanism is to properly determine various kinds of parameters of the mechanism to satisfy certain requirements of kinematic and dynamic performances. It is known that the mass or weight of a mechanism is a very important criterion in modern designs of high-speed flexible mechanisms. It can therefore be determined as the objective of optimal design of the mechanism, as that in almost all previous works. The cross-sectional parameters of links are very efficient to minimise the mass of a mechanism, and hereby should be selected as the design variables in optimisation. The elastic deflection and dynamic stress in links or mechanism are believed to be the significant factors which represent the kinematic and dynamic behaviour of a flexible mechanism. So, they can be chosen as the constraints in optimisation. Therefore, the optimum design of a flexible mechanism can be presented as the following mathematical form:

$$\min F(x)=\sum_{i=1}^{n}\rho_i(x)\cdot A_i(x)\cdot l_i(x),\qquad x\in\{x\}=(x_1,x_2,\cdots,x_m)^{\mathrm{T}}$$

$$\text{s.t.}C_1(x)=|\delta|_{\max}-[\delta]\leqslant 0$$

$$C_2(x)=|\delta|_{\max}-[\delta]\leqslant 0 \tag{1}$$

where, m and n represent the number of variables and elements, respectively. $\rho_i(x)$ expresses the mass density of the ith link or element in the mechanism, $l_i(x)$ and $A_i(x)$ indicate the length and cross-sectional area of the ith element, respectively, x denotes the design variable in optimisation. δ and σ are the elastic deflection and dynamic stress of the mechanism, respectively, $[\delta]$ and $[\sigma]$ are their corresponding allowable limits. This part of modeling design formulae is similar to and so can be referred to that in Ref. [15].

Now, in general, an optimum design of a flexible mechanism can be obtained by applying a proper technique in optimisation, as that in Ref. [15]. However, it is known from the discussion in the above section that one solution obtained from an arbitrary or limit experienced selection of initial and interval values of variables may not be the global optimal solution of the design. In order to overcome this difficulty, dynamic characteristics varying with the change of design variables of the flexible mechanism to be designed should be understood clearly before the optimisation procedure is carried out.

A new fore process, the determination of characteristic parameters for the optimum design, is proposed here. The KED character of the flexible mechanism varying with the change of each variable is analysed firstly in the process. After that, a spectrogram of these dynamic characters is produced, from which the most reasonable parameters of initial and interval values of variables can be determined clearly. These parameters are called here the characteristic parameters of the design. They have three important functions in the design process of a flexible mechanism. First, to select a reasonable initial value of variables for optimisation. Second, to determine a feasible interval of variables, which guides the optimisation into a proper searching region to obtain a global optimal solution. Finally, to examine the solution obtained if it is in or near an insatiable region, such as in the state of elastic resonance of flexible mechanisms[4,16,17]. This is the key point and major contribution of this study to the optimum design of flexible mechanisms. The dynamic characteristics of flexible mechanisms are taken into account and applied in the design process.

So, this new design is an active synthesis process of characteristic analysis and optimum design of the flexible mechanism, rather than a passive optimisation in mathematics.

The whole process of designing a flexible mechanism by the new method, called the optimal characteristic method, is shown in a flowchart in Fig.1. It is composed of three main stages which differ from that in Ref. [15] as follows:

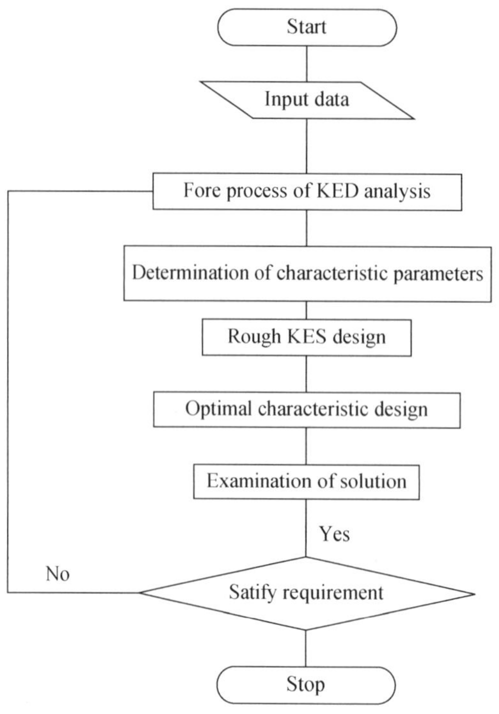

Fig.1 A flow chart of design process

Stage 1. A fore process. It includes the characteristic analysis of the mechanism to be designed in spectrogram forms due to the change of each variable and the determination of characteristic parameters, i.e. reasonable initial and interval values of variables, for the following optimisation.

Stage 2. Optimal characteristic design of the mechanism.

Stage 3. Examination of solutions.

It can be seen from the flowchart that this design process seems to be more complicated than the usual methods because there are apparently more KED analysis procedures and so more computation time would be needed. But, in fact, the computation time for the whole design process is reduced in this new design. This is because although a limit amount of KED analysis is required in the fore process to obtain characteristic parameters, these parameters can provide a reasonable selection of initial and interval values of variables. After a kineto-elastostatic (KES) design aiming to save computation time, it leads to the achievement of global solution in the optimal design more easily and directly. This means that the researching time in the optimisation procedure will be reduced greatly through this fore process. On contrast, much more searching time in optimisation will be spent in previous methods to find out a global result from different local solutions in different regions. It is well known that a lot of time on computing objective and constraints, i.e. the KED analysis of the mechanism in this design, is required in each research work. As a result, several times of computation time, compared with the new process, are consumed in these passive designs. Therefore, it can be concluded now that the computation time used in this new design process will be saved a lot. This design is an active process with a clear guide. A simple optimisation technique can meet the need of this kind of design.

3. Example

In order to show the advantage and application of the new design method developed in this paper, an example is given here for the optimum design of a flexible RSS'R space mechanism with optimal characteristics.

An RSS'R space mechanism is shown in Fig. 2. All three moving links of the mechanism are made of steel and considered as flexible ones. The whole mechanism is divided, by applying the FEM, into five elements. Each element has 12 nodal elastic displacements. Thus, 31 global elastic displacements of the whole mechanism are shown as U_1~U_{31} in the figure. The detail of the modelling and KED analysis of spatial mechanisms can be seen in Ref. [14].

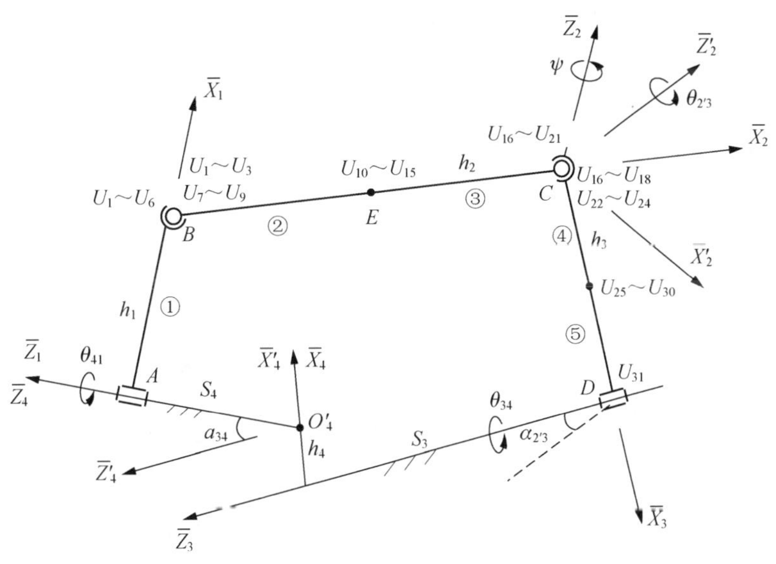

Fig.2

The operating speed of the mechanism is assumed to be constant at 600 r/min. The two spherical bearings at the ends of the coupler link of the mechanism are modelled as two lumped masses with 25 g at point B and 30 g at point C, respectively. The modulus of elasticity of steel is 207 GPa and the density of the mass is 7751kg/m^3. The allowable limits of elastic deformation $[\delta]$ and stress $[\sigma]$ are 1.2 mm and 350 MPa, respectively.

The geometrical or structural parameters of the RSS'R mechanism are obtained from a kinematic synthesis of the rigid-body mechanism, which is not the main concern of this research and so the procedure is omitted here. The result is given directly as follows:

h_1=67.1mm, h_2=241.5mm, h_3 =60.0mm, s_3=0.0mm

h_4=50.0mm, s_4=273.8mm, $\alpha_{2'3}$=0°, α=90°

Without the loss of generality, the cross-sections of the input and output links, link 1 and link 3, are chosen as the form of rectangular with width *a* and height *b*. The coupler link, link 2, is a round bar with diameter *d*. The cross-sectional parameters of the three links (five elements) are determined as the variables in the optimisation design and written as follows:

$$\{x\} = (x_1, x_2, x_3, x_4, x_5)^{\mathrm{T}} = (a_1, b_1, d_2, a_3, b_3)^{\mathrm{T}} \tag{2}$$

It has been known from Refs. [15, 17] that both the change in size and shape, especially for a spatial mechanism, of a link play important roles in the dynamic responses of flexible mechanisms. Thus, all these factors should be included in the design process. Rewrite Eq. (2) in the following form:

$$\{x'\} = (x_1', x_2', x_3', x_4', x_5')^{\mathrm{T}} = (\lambda_1, b_1, d_2, \lambda_3, b_3)^{\mathrm{T}} \tag{2'}$$

Where,

$$\lambda_1 = a_1 / b_1, \quad \lambda_3 = a_3 / b_3$$

The variation of *A* indicates the change of cross-sectional shape of a link in the mechanism. Now, to change each variable individually in a large region as follows:

$$0.1 \leqslant \lambda_1, \lambda_3 \leqslant 10.0, \quad 1.0 \leqslant b_1, b_3 \leqslant 5.0\text{mm}, \quad 0.5 \leqslant d_2 \leqslant 10.0\text{mm} \tag{3}$$

the corresponding dynamic characters of the mechanism in spectrogram forms are obtained, shown in Figs. 3 ~ 7. Here, ε_i represents the maximum strain in the *i*th link when the variable of this link is changed. The dynamic responses in other links to this change are also obtained at the same time. However, it can be known from Ref. [14] that the response in the link whose variable changes is, in general, more direct and stronger than that in the other links of the mechanism. So, the figures of other links are omitted here.

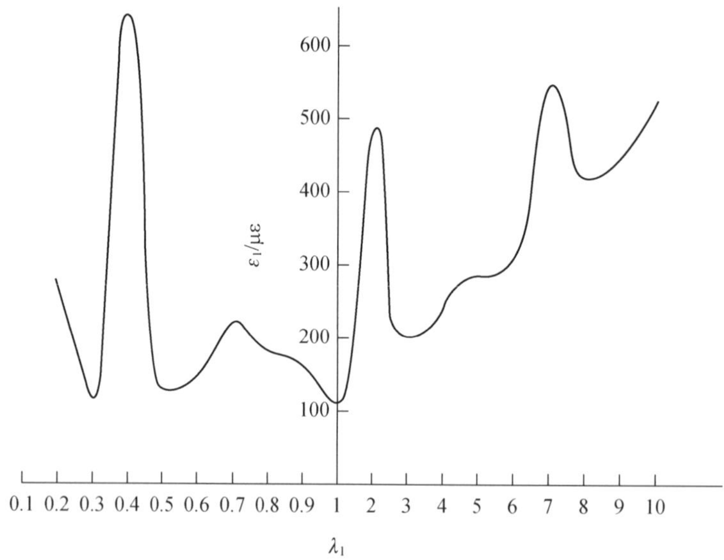

Fig.3

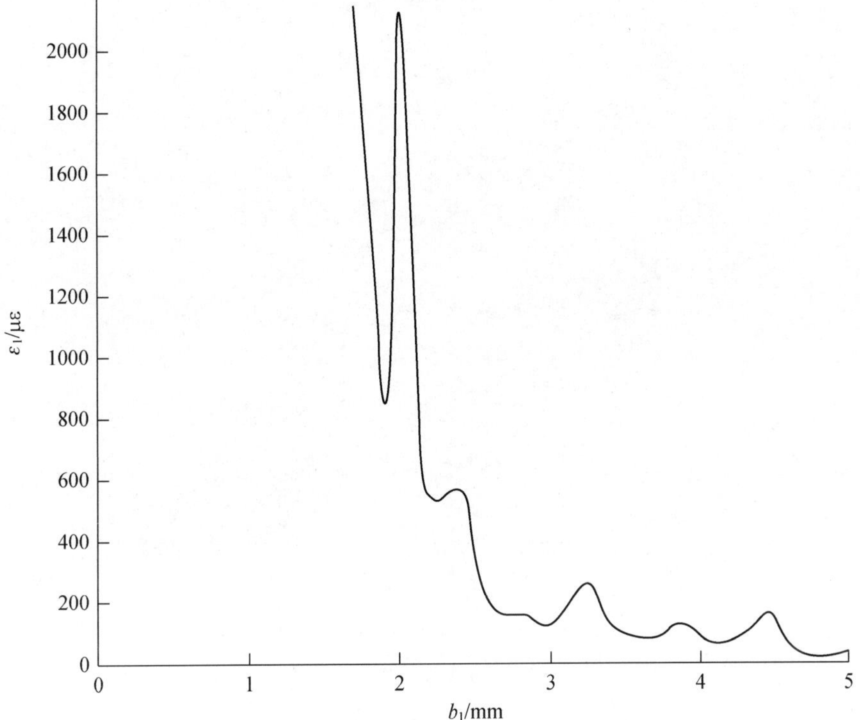

$\varepsilon_1/\mu\varepsilon$
2000
1800
1600
1400
1200
1000
800
600
400
200
0
0
1
2
3
4
5
b_1/mm

$\varepsilon_2/\mu\varepsilon$
2000
1800
1600
1400
1200
1000
800
600
400
200
0
0
1
2
3
4
5
6
7
8
9
10
d_2/mm

Fig.4

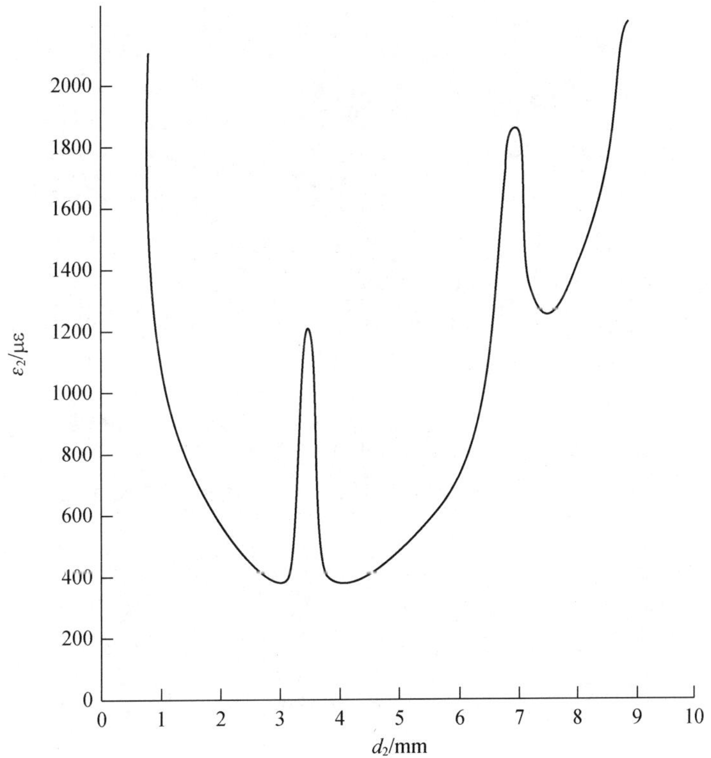

Fig.5

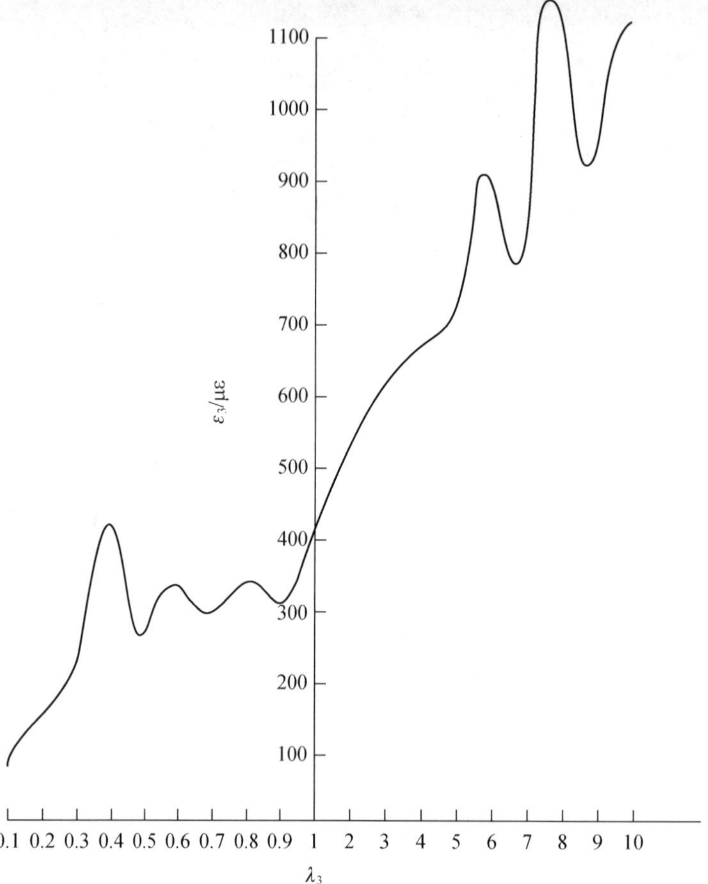

1100
1000
900
800
700
600
500
400
300
200
100
ε/με
0.1 0.2 0.3 0.4 0.5 0.6 0.7 0.8 0.9 1 2 3 4 5 6 7 8 9 10
λ₃

2200
2000
1800
1600
1400
1200
1000
800
600
400
200
0
ε/με
0 1 2 3 4 5
b₃/mm

Fig.6

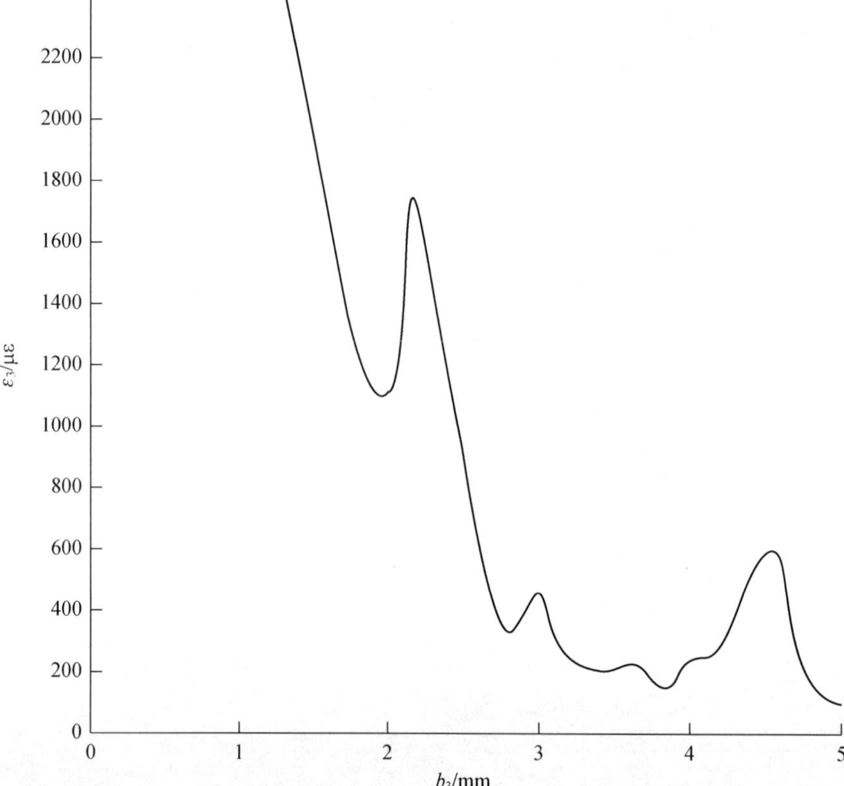

Fig.7

It can be seen that the dynamic behaviour of the flexible mechanism changes a lot with the variation of design variables. Even, sometimes, elastic resonances of the flexible mechanism[14, 17] occur, e.g. when:

$$\lambda_1 = 0.4,\ b_1 = 2.0,\ d_2 = 3.5,\ \lambda_3 = 8.0,\ b_3 = 2.2$$

The dynamic behaviour of the mechanism to be designed is unstable and very dangerous near these points. So, it should be avoided to guide the searching in optimisation into or near these areas when selecting initial and interval values of variables. By analysing the dynamic characteristics of the mechanism in these figures, reasonable initial and interval values of variables for the optimum design are determined easily as follows:

$$x_1^0 = 10.8\text{mm},\ x_2^0 = 2.7\text{mm},\ x_3^0 = 2.0\text{mm},\ x_4^0 = 1.7\text{mm},\ x_5^0 = 1.7\text{mm}$$

$$C_3(x): 1.32 \leqslant x_1 \leqslant 24.0,\ C_4(x): 2.20 \leqslant x_2 \leqslant 4.0,\ C_5(x): 1.50 \leqslant x_3 \leqslant 3.0$$

$$C_6(x): 1.12 \leqslant x_4 \leqslant 8.0,\ C_7(x): 1.40 \leqslant x_5 \leqslant 2.0 \tag{4}$$

Now, putting these parameters into the optimisation process, according to the flowchart in Fig. 2, the final optimal solution, after examination, of the flexible RSS'R mechanism is obtained through the application of a multiplier technique in optimisation (details in Ref. [15]) as follows

$$a_1 = 1.4\text{mm},\ b_1 = 2.2\text{mm},\ d_2 = 1.8\text{mm},\ a_3 = 1.7\text{mm},\ b_3 = 1.5\text{mm}$$

The whole design process of the mechanism is operated on an IBM-4381 computer.

In order to compare this new design method with the previous one, the various kinds of parameters and dynamic criteria of the mechanism obtained in this paper and that in Ref. [15] are listed in Table 1. All other data of the mechanism used in both cases are the same. It can be seen obviously from the table that the objective in the new optimum design, i.e. the weight or mass of three moving links of the mechanism, expressed as m_l in Table 1, is much lighter, reduced by 73%, than that obtained in Ref. [15]. The total weight of the new mechanism is only 62.6 g. This encouraging result shows that the new design method is very efficient in obtaining the global solution of optimum design, and the solution in Ref. [15] is only a local optimum result. It just proves numerically the theoretical analysis in above sections of this paper. Such a big difference between the two results is only due to the difference between them in selecting the initial and interval values of variables in the optimisation procedure. Where, the design of Ref. [15] starts from $\{x^0\} = (10, 10, 10, 10, 10)^{\mathrm{T}}$ and the corresponding interval of variables is $\{x\} > \{0\}$. Therefore, it can be concluded that the determination of characteristic parameters through the fore process of KED analysis in spectrogram forms is necessary and very useful to the optimum design of a flexible mechanism.

Moreover, by comparing the other dynamic criteria in Table 1, such as the maximum stress which is one of the most important criteria in the design of flexible mechanisms, it can be found that the new mechanism has superior dynamic properties than that of Ref. [15] even though it runs at higher operating speed. Therefore, it can be said that a flexible space mechanism with optimal dynamic characters has been obtained through the new design process.

It should be pointed out that the KED analysis in the fore process is not the exact dynamic responses of a real mechanism or the mechanism designed. This is why a design result is required to be examined in the design process. However, it can be believed that the dynamic behaviour of the mechanism to be designed could be included and shown in the characteristic spectrogram of this proposed mechanism. This spectrogram has been proved valid in improving the design of the mechanism. Only some figures of the whole spectrogram of the mechanism are shown in this paper. More details can be seen in Ref. [14].

Table 1　Element dimensions and the members they represent

Index	a_1	b_1	d_2	a_3	b_3	$\|\delta\|_m$	$\|\sigma_1\|_m$	$\|\sigma_2\|_m$	$\|\sigma_3\|_m$	m_1	m	m_B	m_C	ω
Unit	mm	mm	mm	mm	mm	mm	MPa	MPa	MPa	g	g	g	g	r/min
New	1.4	2.2	1.8	1.7	1.5	1.1	243	323	332	7.6	62.6	25	30	600
Old	2.2	2.1	4.0	5.5	1.0	0.4	346	91	335	28.6	78.3	20	30	400

4. Conclusions

A new method for the optimum design of flexible mechanisms has been developed successfully in this paper. The difficulties of selecting initial values of variables and searching global solutions in optimisation process have been overcome through the determination of characteristic parameters. The fore process of KED analysis in spectrogram forms is necessary and valid to the whole design process of the mechanism. The example of the optimum design of an RRS'R flexible space mechanism has well proved numerically the superiority of this new method to previous methods in obtaining optimal design and reducing computation time. This study leads the design of flexible mechanisms to an active way. It can be expanded to the design of any other kinds of flexible mechanisms.

Acknowledgements

The author gratefully thanks Professor Shi-Xian Bai for his direction to his research. This project was supported by the National Natural Science Foundation of China.

References

[1] Lowen G G, Chassipis C. Mech. Mach. Theory, 1986, 21: 33

[2] Thompson B S, Sung C K. Mech. Mach. Theory, 1986, 21: 351

[3] Erdman A G, Sandor G N. J. Engng Ind., 1972,94: 1193

[4] Imam I, Sandor G N. Mech. Mach. Theory, 1973, 8: 497

[5] Imam I, Sandor G N. J. Engng Ind., 1975, 97: 609

[6] Khan M R, Thornton W A, Willmert K D. J. Mech. Des., 1978, 100: 319

[7] Thornton W A, Willmert K D, Khan M R. J. Mech. Des., 1979, 101:392

[8] Cleghorn W L, Fenton R G, Tabarrok B. Mech. Mach. Theory, 1981, 16: 399

[9] Zhang C, Grandin H T. J. Mech. Transm. Automn. Des., 1983, 105: 267

[10] Sung C K, Thompson B S. Mech. Mach. Theory, 1984,19: 389

[11] Oliver J H, Wysocki D A, Thompson B S. Mech. Mach. Theory, 1985, 20: 103

[12] Kakatsios A J, Tricamo S J. J. Mech. Transm. Automn. Des., 1987, 109: 338

[13] Boutaghou Z E, Erdman A G, Tamma K T. ASME, Flexible Mechanism, Dynamics, Robot Trajectories, 1990, DE 24: 15-28

[14] Yu Y Q. Dissertation PhD. Beijing Polytechnic University, 1990

[15] Yu Y Q. Mech. Mach. Theory 2, 1993, 8: 625

[16] Yu Y Q, Qiu Y F. Zhang Y. Mech. Mach. Theory, 1992, 27: 391

[17] Yu Y Q, Smith M R. Proc. Int. Conf. Spatial Mechanism, High Class Mechanism, High Class Mechanism, Kazakhstan, 1994

(in *Mechanism and Machine Theory*, 1995, 30 (3): 451-459)

第3章　柔顺机构建模及动力学特性

引　言

传统机械或机构都是由构件通过运动副连接来实现运动、力和能量的传递和转换的，然而，由运动副带来的间隙、误差、摩擦、磨损及润滑等直接问题，以及相应在加工、安装、维护等方面的间接问题，使得机器的精度降低、寿命减少、成本增加，不能满足现代机械在高速、精密、微型等方面的要求。柔顺机构主要是靠机构中柔性构件（关节和杆件）的变形来实现机构的主要功能，它同样可以进行运动、力和能量的传递和转换。柔顺机构比第 2 章中讨论的弹性及柔性机构研究又大大前进了一步，它除了考虑机构中杆件变形外，更主要是针对柔性关节，但不是考虑如何避免构件变形产生的负面影响，而是积极地利用关节及杆件的变形来改善和提高柔顺机构的性能。由于在结构上减少甚至没有了运动副，因此，柔顺机构从构件数目上就比传统机构要少很多，由此带来的最直接效果就是大大减少了机构的重量及加工、安装的时间和费用。同时，它避免或大大减少了机构中的间隙、摩擦、磨损及润滑等复杂问题，从而可以提高机构精度、增加可靠性、减少维护。所以，柔顺机构在降低成本和提高性能这两大方面与传统刚性机构相比，具有明显的优势，它给机械科学和工程带来了革命性的冲击和变化，是现代机构和机械设备发展的新方向，也是现代机构学中一个重要新分支。

从 20 世纪 80 年代后期开始，柔顺机构就引起了机械科学家和工程师们的高度重视，其研究成果已经在一些日常和有要求特殊的行业上应用，如日常用品、自行车、汽车、精密测量等，尤其是在轻型、微型化领域有着广泛的应用前景，例如，在微机电系统（MEMS）中，柔顺机构有着巨大的优势和潜力，它可以较大地提高 MEMS 中机械尺寸的微小化程度和机构的工作性能，从而大大促进 MEMS 领域的发展。

柔顺机构的研究主要分为两大类，一类是从结构力学的角度对柔顺机构的建模、数值分析方法以及软件等方面进行了较为广泛的研究，虽然取得了大量成果，但这些研究基本上是针对柔性或柔顺结构的，并非真正意义上的柔顺机构，其主要对象大多是运动范围很小的精密柔性结构，如 MEMS 中的微结构和微操作系统等，这些柔性结构主要用于精密定位，很少有运动速度及加速度上的要求，更没有动力学问题，因此，直接应用拓扑优化方法和有限元分析软件就可以很方便地完成这种柔性结构的分析和设计。但对于运动范围较大且有运动速度、加速度及动力学要求的一般柔顺机构来说，这种方法就显示出较大的局限性。机构与结构最重要的区别就是它能运动，而且可以实现大范围、甚至是高速度及高加速度的运动，而柔顺机构与刚性机构的主要不同则是其构件具有较大的柔性变形，因此，开展柔顺机构研究工作就必须以柔顺机构的大范围整体运动和构件大变形这两个基本特性为出发点，第二类柔顺机构研究就是基于此而开展的。

柔顺机构虽然具有很多优点，但也面临重大挑战，其中最大的挑战就是柔顺机构在分析和设计方面的困难，这需要综合应用机构分析和综合及柔性构件变形方面的知识。由于柔性构件要经受大变形，所以线性梁方程不再适用，必须用非线性方程来描述由于大变形造成的几何非线性。正因为存在这些困难，最初的柔顺机构是靠试凑方法来设计的。但这种方法仅适用于那些执行相对简单任务的系统，因而在许多应用场合通常都很难满足要求。所以，需要更有效的方法来改进这些初始设计。“伪刚体模型”（Pseudo-Rigid-Body Model）就是一种能够针对具有非线性大变形构件和大范围整体运动的柔顺机构进行分析和设计的简单方法，它用具有等效力-变形关系的刚体构件来模拟柔性部件的变形运动，这样，刚性机构的理论就可以用来分析柔顺机构，伪刚体模型就是以这样的方式在刚体机构与柔顺机构理论之间架起了一座桥梁，这种方法对于柔顺机构的设计来说尤其有效。美国学者 Howell 博士提出了这种“伪刚体模型”，在柔顺机构的分析和设计方面取得重要进展，对于奠定柔顺机构研究的基础和加快柔顺机构研究的进展起到了重要作用，引导了柔顺机构研究的新方向。

“伪刚体模型”方法虽然简单，但其分析精度随着构件变形的加大而显得越来越不能满足要求，因此，需要进一步改进和完善“伪刚体模型”，本章前一部分内容就是围绕这个问题展开的。

另一方面，纵观国内外在柔顺机构领域发展，大部分研究成果都是围绕着柔顺机构的结构设计和运动分析开展的，而在柔顺机构动力学方面的研究却很少。但是，在有更高速、更精密要求的条件下，特别是在高性能的 MEMS 中，动力学问题的研究对于柔顺机构的性能提高和快速发展就显得更加重要。所以，开展柔顺机构动力学研究，无论是对机构学理论的发展，还是对机械工业的进步，都具有重要的理论意义和应用价值。本章在柔顺机构动力学理论分析及实验研究方面进行了探索，旨在建立柔顺机构动力学分析模型和设计方法，从动力学角度深刻地认识、了解和掌握柔顺机构的特性，从而改善柔顺机构的性能，提高柔顺机构的设计水平，促进柔顺机构这一新研究领域向纵深发展。

并联机构具有刚度大、精度高、速度高、承载能力强、误差小等优点，因此，从 21 世纪开始就成为机构学领域的一个研究热点，由此拓展的并联机器人也成为机器人学的前沿课题，具有重要的理论意义和广泛的应用前景。通常，并联机构及机器人多是由刚性构件靠运动副连接而成，在高速、精密、微型等现代机械中暴露出一些不可避免的问题，这使得并联机构及机器人的工作性能不能满足现代科技发展对机械装备的要求，而柔顺机构的出现则从机构结构的角度为解决这些问题提供了新的思路和途径。本章后一部分研究工作就是用柔顺关节替代传统运动副构造出柔顺并联机构及机器人，将柔顺机构与并联机器人两个领域融合到一起，开拓出了柔顺并联机构及机器人交叉新方向。

本章内容主要分为两方面，共由 16 篇论文组成。

3.1 节伪刚体模型，主要介绍了基于伪刚体模型的柔顺机构运动学及动力学建模研究进展，由 7 篇论文构成。其中，文 19～文 20 是关于柔顺机构动力学建模的文章，文 19 基于等效原理建立了柔顺机构的伪刚体动力学模型，并通过与有限元方法和柔性机构分析方法对比说明了该模型的优越性。文 20 采用数值拟合方法，推导出柔顺杆的动能和势能，从而应用拉格朗日方程建立了平行导向柔顺机构的动力学模型。这些研究都是以单自由度伪刚体模型为基础开展的，其分析精度有限，文 21～文 25 则在建立新的伪刚体模型方面进行了一系列探索。文 21 提出了具有二自由度的 2R 伪刚体新模型，它比单自由度模型精度明显提高，同时还克服了三自由度 3R 伪刚体模型建模困难的问题，具有很好的应用价值。文 22 考虑轴向变形的影响，提出了复合载荷作用下的二自由度 PR 伪刚体新模型，文 23 则建立了复合载荷作用下的三自由度 PRR 伪刚体模型，相比以上各种模型，模拟精度进一步提高。在此基础上，文 24 和文 25 分别建立了基于 2R 和 PR 伪刚体模型的柔顺机构动力学模型，并给出了柔顺机构动态响应及其特性分析。这些研究使柔顺机构的伪刚体模型不断完善。

3.2 节动力学特性，主要从理论和实验两方面深入探讨柔顺机构的内在本质特性，由 9 篇论文构成。其中，文 26 分析了柔顺机构中柔性关节的应力特性。文 27 对柔顺机构的频率特征进行了分析，并探讨了柔顺机构设计参量与固有频率之间的关系。文 28 以椭圆形柔性铰链为研究对象，讨论了铰链最小厚度、切口几何参数、杆件厚度与柔顺机构固有频率的关系，总结出一些有参考价值的规律。文 29 对含有柔性铰链的柔顺机构驱动性能进行了研究，分析了柔性铰链刚度和未变形杆件初始位置对柔顺机构驱动性能的影响。文 30 在应用有限元方法建立柔顺机构动力学方程的基础上，分析了柔顺机构的固有频率及模态对各设计变量的灵敏度，进行了柔顺机构应力和应变分析。文 31～文 33 从实验研究角度对柔顺机构进行了进一步研究。其中，文 31 研制了一种近似常力柔顺机构，并在不同的初始位置、输入角度及运转速度条件下对机构滑块末端所受压力进行了一系列实验研究。文 32 设计并制作出简单的片簧型柔顺关节，用以代替传统转动副，应用到并联机器人中，构成了新的柔顺关节并联机器人，开展了相应的实验研究。文 33 进一步开发出了开槽薄壁型柔顺关节，提高了柔顺并联机器人的工作性能。在此基础上，文 34 建立了该柔顺关节并联机器人系统的动力学建模，为实现机器人的轨迹跟踪提出了相应的控制策略。这些研究为改善柔顺机构及机器人的性能、提高设计及应用水平提供了理论依据和思路。

柔顺机构是机构学领域近年来发展起来的一个新的研究方向，本章所介绍的只是我们在此领域所做工作的阶段性成果，虽然已经取得了重要进展，但还有广阔的发展空间。其中，在伪刚体模型方面还有较大潜力。现有伪刚体模型基本上都是针对没有拐点的柔顺机构开展研究的，但实际上，当所受外力和外力矩作用方向相反时，柔性梁的变形曲线就会出现拐点，这种情况在复杂受力条件的大变形柔顺机构中是经常出现的，有时甚至不止一个拐点，而是具有多个拐点，目前用椭圆积分等解析方法在这方面的研究已经取得一定成果，但其分析和求解工程十分复杂，实际应用有一定难度，如果能提出相应的伪刚体模型，将把该问题研究推向新的高度。事实上，我们已经开始了这方面的研究，由于有关论文在此书交稿时尚未刊出，故未收录在本书中，详见北京工业大学学报 2015 第 11 期。另外，以上关于伪刚体模型的研究还都处于运动学和静力学层面，显然，只要有了新的伪刚体运动学模型，就能够建立相应的伪刚体动力学模型，从而开展柔顺机构的动力学分析与设计研究。柔顺机构发展迅速，这些研究工作都有望在近期展开并完成，还有更多新课题等待人们去解决。

3.1　伪刚体模型

§ 19　Dynamic Modeling of Compliant Mechanisms Based on the Pseudo-Rigid-Body Model

Yu Yueqing[1], Howell L L[2],Yue Ying [1], He Maogen[1]

[1] *College of Mechanical Engineering and Applied Electronics Technology,Beijing University of Technology, Beijing* 100022, *China*

[2] *Department of Mechanical Engineering, Brigham Young University, Provo, UT* 84602, *U.S.A.*

Abstract: *Based on the principle of dynamic equivalence, a new dynamic model of compliant mechanisms is developed using the pseudo-rigid-body model. The dynamic equation of general planar compliant mechanisms is derived. The natural frequency of a compliant mechanism is obtained in the example of a planar compliant parallel-guiding mechanism. The numerical results show the effectiveness and advantage of the proposed method compared with the methods of FEA and flexible mechanisms.*

1. Introduction

Compliant mechanisms have many advantages compared with conventional rigid-body mechanisms, such as part-count reduction, reduced assembly time, simplified manufacturing processes, increased precision, reduced wear, reduced weight, and so on[1].Thus, the study and application of compliant mechanisms has attracted increasing attention in recent years and a great deal of research has been done in the area of compliant mechanisms[2-10]. Most of these works are focused on the structural and kinematic analysis and design of compliant mechanisms. However, the study of the dynamics of compliant mechanisms is lacking, only some special subset（flexure joints）of compliant mechanisms was dealt with[11]. In fact, dynamic effects are very important in improving the design of compliant mechanisms, especially for complex mechanisms and for the microelectromechanical system（MEMS）. For example, the dynamic behavior of bistable micromechanisms[12-14] is critical to their performance.

The problem of dynamics of compliant mechanisms has been dealt with by some researchers recently. Lyon et al. discussed the natural frequency of compliant parallel-guiding mechanisms using the pseudo-rigid-body model directly[15, 16]. Boyle et al. presented the analytical and experimental study on the dynamic response of compliant constant-force compression mechanisms[17]. The results in these studies show the possibility of using the pseudo-rigid-body model in the dynamics of compliant mechanisms. Li and Kota dealt with the dynamic analysis of compliant mechanisms using the finite element technique[18]. These works are the primary studies on the dynamic analysis of compliant mechanisms done to date. Much work is still needed to further the study of both dynamic analysis and dynamic design of compliant mechanisms. A simple and effective dynamic model would serve the needs best.

The pseudo-rigid-body model（PRBM）is a simple method that has been used effectively in the kinematic analysis and design of compliant mechanisms[2, 5, 7]. It was proposed based on the static and kinematic analysis of compliant and rigid-body mechanisms. It has also been tested numerically and experimentally in effectively simulating the dynamics of some special compliant mechanisms[15-17]. It is necessary to investigate the PRBM in both theoretical and numerical way in the dynamic analysis of general compliant mechanisms.

The dynamic modeling of compliant mechanisms is studied in this work. First, a new dynamic model of compliant mechanisms is proposed based on the principle of dynamic equivalence. The dynamic equation of planar compliant mechanisms is developed using the pseudo-rigid-body model. The dynamic analysis in natural frequency of a compliant parallel-guiding mechanism is then presented. Finally, the numerical simulation of two kinds of compliant mechanisms is completed in comparison with the methods of FEA and flexible mechanisms.

2. Dynamic modeling

2.1 The pseudo-rigid-body model

The pseudo-rigid-body model (PRBM) is a simple method that has been used effectively in the kinetostatic analysis and design of compliant mechanisms[2, 5, 7]. The advantage of the PRBM is that it provides an easy means of simplifying the large-deflection nonlinear analysis of compliant mechanism by applying the existing theory of rigid-body mechanisms directly. Before it can be extended to the dynamics of compliant mechanisms in this study, it is necessary to review briefly the main point of the PRBM. More detail about the PRBM can be found in Ref. [1].

A flexible beam with length of l, as shown in Fig.1, can be approximated with 99.5% accuracy using the corresponding PRBM shown in Fig.2. The PRBM is composed of a massless rigid-body link with length γl and a torsion spring with constant K at the pin joint. It is known that

$$K = \gamma K_\theta \frac{EI}{l} \tag{1}$$

where, γ is the characteristic radius factor, K_θ is the stiffness coefficient, E is the Young's modulus of the material, and I is the area moment of inertia of the beam. There is an approximate linear relationship between the beam end angle, θ_o, in Fig.1 and the pseudo-rigid-body angle, Θ, in Fig.2 as

$$\theta_o = c_\theta \Theta \tag{2}$$

where, the constant c_θ is termed the parametric angle coefficient.

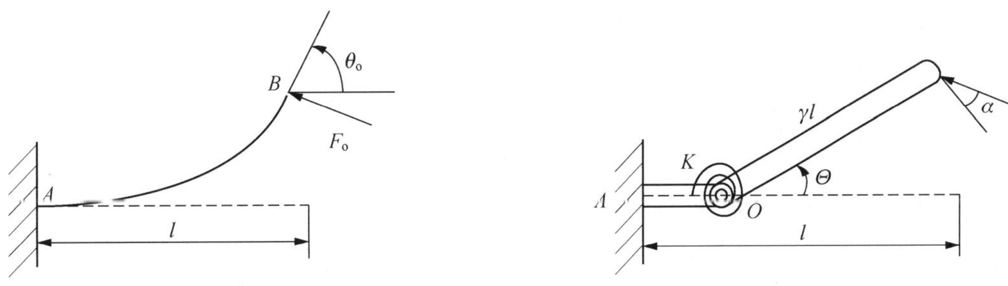

Fig.1　Flexible beam with end force　　Fig.2　The PRBM

This is a simple system of the rigid-body link and spring. The well-known mechanics for the rigid-body link and spring can be applied directly to solve the complicated problem of flexible members. A compliant mechanism can be modeled as several PRBMs and, therefore, can be analyzed easily using the PRBM. Modeling each flexible segment within a compliant mechanism with its equivalent PRBM results in a PRBM for the entire mechanism.

2.2 The pseudo-rigid-body dynamic model

A new dynamic model for compliant mechanisms based on the PRBM can be developed according to the principle of dynamic equivalence[19] as follows.

Without losing generality, a planar four-bar compliant mechanism is presented here to illustrate the principle and application of the pseudo-rigid-body dynamic model (PRBDM). The compliant mechanism and the corresponding PRBDM are shown in Figs. 3 and 4, respectively. The kinematic parameters and characteristics of the PRBDM are the same as those of the PRBM, i.e.,

$$r_2 = \gamma_2 l_2, \quad r_4 = \gamma_4 l_4 \tag{3}$$

This keeps the motion of the compliant mechanism in Fig.3 approximately unchanged in the PRBDM of Fig.4.

In addition to the kinematic parameters in the PRBM, some dynamic parameters are proposed here for the PRBDM. Four dynamic torsion springs ($K_{d1}, K_{d2}, K_{d3}, K_{d4}$) and two lumped masses (m_2^3, m_4^3), as shown in Fig.4, are added in the PRBDM. In general, the dynamic springs are not the same as the springs with constant K in the PRBM because the masses are not considered in the static and kinematic analysis of compliant mechanisms. The goal of the PRBDM is to create a model that is a simple mass-spring system with lumped parameters. Generally, one lumped mass and two torsion springs are needed for the dynamic equivalence of one flexible link.

The kinetic energy of the PRBDM system can be represented by three lumped masses m_2^3, m_4^3, and m_3, and the potential energy of the system can be presented by the four dynamic springs $K_{d1}, K_{d2}, K_{d3}, K_{d4}$. Therefore, the dynamic equation of the system can be obtained easily, as shown later.

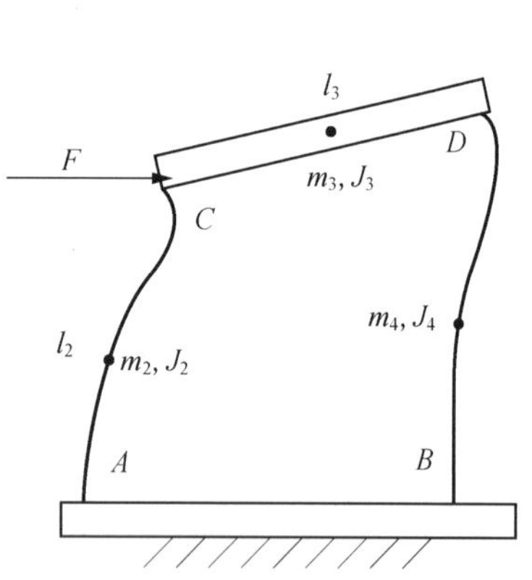

Fig.3 A compliant mechanism

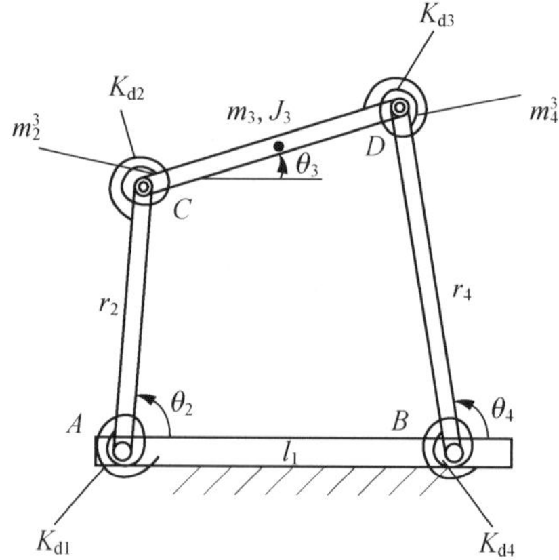

Fig.4 The PRBDM

The dynamic behavior of the flexible link, l_2 in Fig.3, can be presented dynamically by the mass-spring system of the PRBDM, i.e., two dynamic torsion springs, K_{d1} at point A and K_{d2} at point C, and a lumped mass, m_2^3, at point C in Fig.4. Link l_4 is indicated similarly as two dynamic torsion springs, K_{d3} at point D and K_{d4} at point B, and a lumped mass, m_4^3, at point D in Fig.4. The link r_2 and link r_4 are the two massless links that are the same as those in the PRBM. According to the principle of dynamic equivalence, the kinetic energy of lumped masses, m_2^3 and m_4^3, should be equal to that of the flexible links, l_2 and l_4, respectively, and the potential energy of the dynamic torsion springs, (K_{d1} and K_{d2}) and (K_{d3} and K_{d4}), should also be equal to that of flexible links, l_2 and l_4, respectively. The kinetic energy of the coupler link in Fig.3 stays unchanged and is the same as that in Fig.4. These conditions of dynamic equivalence can be derived as shown in the following sections.

2.3 Equivalence of kinetic energy

For link r_2 and m_2^3 in the PRBDM of Fig.4, the dynamic equivalence of kinetic energy can be expressed as follows:

$$\frac{1}{2}m_2^3V_C^2=\frac{1}{2}m_2V_{m2}^2+\frac{1}{2}J_2\omega_2^2 \tag{4}$$

Due to

$$V_C=r_2\omega_2,\quad V_{m2}=\frac{1}{2}r_2\omega_2 \tag{5}$$

we have

$$m_2^3=\frac{1}{4}m_2+\frac{J_2}{r_2^2} \tag{6}$$

where, m_2 and J_2 are the mass and mass moment of inertia of link l_2 for the original flexible link of the compliant mechanism in Fig.3.

For the link r_4 and m_4^3 in Fig.4, a similar result can be obtained as

$$m_4^3=\frac{1}{4}m_4+\frac{J_4}{r_4^2} \tag{7}$$

where, m_4 and J_4 are also referring to the original flexible beam in Fig.3.

Therefore, the kinetic energy of the PRBDM system is

$$T=\frac{1}{2}m_2^3V_C^2+\frac{1}{2}m_4^3V_D^2+\frac{1}{2}m_3V_{m3}^2+\frac{1}{2}J_3\omega_3^2 \tag{8}$$

or

$$T=\frac{1}{2}m_2^3r_2^2(\dot{\theta}_2)^2+\frac{1}{2}m_4^3r_4^2(\dot{\theta}_4)^2+\frac{1}{2}m_3V_{m3}^2+\frac{1}{2}J_3(\dot{\theta}_3)^2 \tag{9}$$

It is well-known from the kinematic analysis of the rigid-body motion of four-bar linkage that

$$\dot{\theta}_3=f(\theta_2,\dot{\theta}_2),\quad \dot{\theta}_4=g(\theta_2,\dot{\theta}_2),\quad V_{m3}=h(\theta_2,\dot{\theta}_2)$$

So, Eq.（9）can be expressed in the following form:

$$T=\frac{1}{2}M_d(\dot{\theta}_2)^2 \tag{10}$$

where, M_d expresses the generalized mass of the PRBDM system.

2.4 Equivalence of potential energy

2.4.1 Segment with end-force load

The flexible link 2 can be treated as two dissymmetric cantilever beams with an applied force at the free end. One of the two beams and the corresponding PRBM are shown in Figs. 1 and 2, respectively.

The elastic deformation energy of the flexible beam from the applied force, F_o, shown in Fig.1, can be expressed as the work done by F_o as

$$W=\int_0^s F_o\mathrm{d}s \tag{11}$$

This integration is complicated for the nonlinear large-deflection flexible segment and it is difficult to obtain the energy directly. Therefore, a simple method is needed. From the theory of the PRBM, it is known that the path of the end-point B and the force, F_{o}, of the PRBM in Fig.2 are very close (with an error smaller than 0.5%) to those of the flexible beam in Fig.1. So, Eq. (11) can be obtained approximately from the corresponding data in the PRBM. Because the path of end-point B in Fig.2 is a circle with a radius of γl, the displacement $\mathrm{d}s$ can be obtained as

$$\mathrm{d}s = \gamma l \mathrm{d}\Theta \tag{12}$$

Therefore, Eq. (11) becomes

$$W = \int_0^s F_{o} \mathrm{d}s = \int_0^{\Theta} F_{t} \gamma l \mathrm{d}\Theta \tag{13}$$

where,

$$F_{t} = F_{o} \cos\alpha \tag{14}$$

and α is the angle between F_{o} and F_{t}, where F_{t} is the component of the F_{o} transverse to the path.

For the PRBM in Fig.2, the torque at the pin joint O, T, is the torsional spring constant, K, times the angular deflection, Θ:

$$T = K\Theta \tag{15}$$

This torque can also be expressed as the transverse force, F_{t}, multiplied by the moment arm:

$$T = F_{t} \gamma l \tag{16}$$

Combining Eqs. (15) and (16) results in

$$F_{t} = \frac{K\Theta}{\gamma l} \tag{17}$$

Substituting Eqs. (14) and (17) into Eq. (13) yields

$$W = \frac{1}{2} K\Theta^2 \tag{18}$$

On the other hand, for the PRBDM of the flexible beam, the potential energy of a dynamic torsion spring, K_{d}, is:

$$U = \frac{1}{2} K_{d} \Theta^2 \tag{19}$$

Comparing Eqs. (18) and (19), it can be concluded that

$$K_{d} = K \tag{20}$$

That is to say that the stiffness constant of the dynamic torsional spring in the PRBDM is approximately the same as that of the spring in the PRBM in the case of end-force segments. So, the PRBM can be used directly to the dynamics of compliant mechanisms with the end-force beams. This result has already been applied for some special compliant mechanisms in Ref. [15-17], while the general case has just been described above.

2.4.2 Segment with end-moment load

For the case of a flexible beam with an applied moment at the free end, M_{o}, as shown in Fig.5, the corresponding PRBM of the beam can be presented in Fig.6.

For the flexible beam in Fig.5, the work done by the moment, M_{o}, in the motion of angular rotation at the beam end, θ_{o}, can be expressed as

$$W_{f} = \int_0^{\theta_{o}} M_{o} d\theta_{o} \tag{21}$$

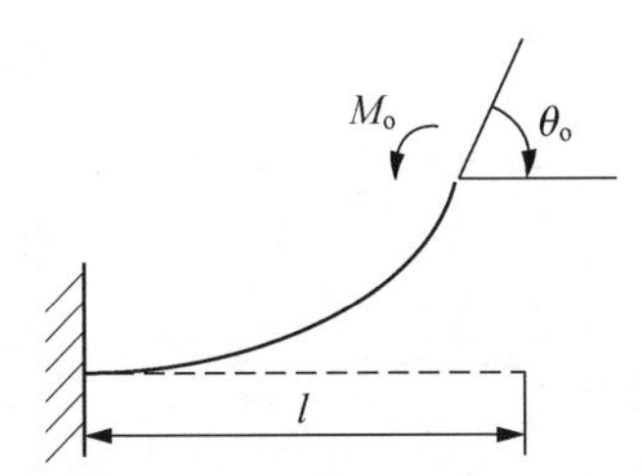

Fig.5 Flexible beam with end moment

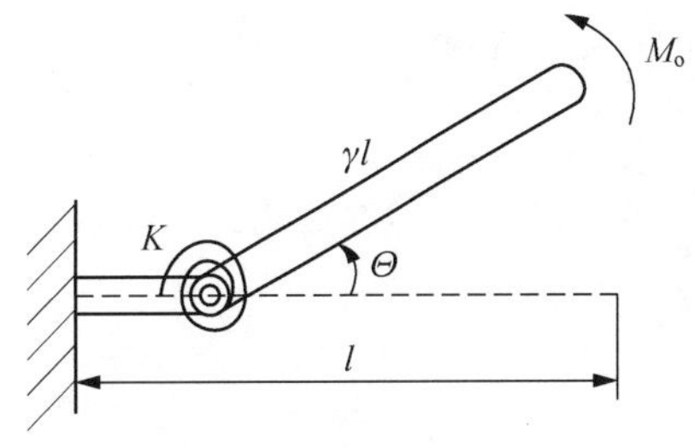

Fig.6 The PRBM

In the PRBM in Fig.6, we have

$$M_o = K\Theta \tag{22}$$

And from the theory of the PRBM, we know that there is a nearly linear relationship between θ_o in Fig.5 and Θ in Fig.6, or

$$\theta_o = c_\theta \Theta \tag{23}$$

where c_θ is a constant [1]. The moments, M_0, in both Figs. 5 and 6 are the same. So, substituting Eqs. (22) and (23) into Eq. (21) yields

$$W_f = \int_0^\Theta K\Theta c_\theta \mathrm{d}\Theta = \frac{1}{2}c_\theta K\Theta^2 \tag{24}$$

For the PRBM in Fig.6, on the other hand, it is well known and has been proven that the work done by the moment, M_0, in the motion of angular rotation at the end of the rigid body, Θ, from 0 to Θ is

$$W_r = \int_0^\Theta M_o \mathrm{d}\Theta = \int_0^\Theta K\Theta \mathrm{d}\Theta = \frac{1}{2}K\Theta^2 \tag{25}$$

This work is also equal to the potential energy of the torsional spring in Fig.6.

Comparing Eqs. (24) and (25), one can find that there is a difference between the work in the PRBM, W_r, and that in the flexible beam, W_f. This means that the PRBM cannot be used directly to the dynamic analysis of compliant mechanisms with end-moment segments.

Therefore, in order to meet the need of dynamics of compliant mechanisms, the dynamic spring of the PRBDM can be improved based on the PRBM as follows.

$$K_d = c_\theta K \tag{26}$$

At this time, the potential energy of the dynamic torsion spring of the PRBDM is

$$E = \frac{1}{2}K_d\Theta^2 = \frac{1}{2}c_\theta K\Theta^2 \tag{27}$$

and it is equal to the work done by the end moment in Fig.5.

Combining Eq. (20) for the case of the end-force segment and Eq. (26) for that of the end-moment beam together, a uniform formula of K_d for the PRBDM can be expressed as follows.

$$K_d = A_k K$$

$$A_k = 1.0 \quad \text{for the segment with end-force load}$$

$$A_k = c_\theta \quad \text{for the segment with end-moment load} \tag{28}$$

It should be noted that a proper coefficient A_k should be selected for the different case of end load in the dynamics of compliant mechanisms.

3. Dynamic equations

Now, let us go back to the PRBDM of the four-bar compliant mechanism in Fig.4. Owing to the symmetric form of link 2 and the two dynamic torsional springs, K_{d1} and K_{d2}, it is evident that

$$\begin{aligned} K_{d1} &= K_{d2} = A_{k2}K_2 \\ K_2 &= \gamma_2 K_{\theta 2}\frac{E_2 I_2}{L_2} \end{aligned} \tag{29}$$

It should be noted that here L_2 is the length of the beam in Fig.1 and the flexible link l_2 can be modeled as two such beams. So, we have

$$l_2 = 2L_2 \tag{30}$$

and

$$K_2 = 2\gamma_2 K_{\theta 2}\frac{E_2 I_2}{l_2} \tag{31}$$

For link 4, a similar equation can be obtained as

$$\begin{aligned} K_{d3} &= K_{d4} = A_{k4}K_4 \\ K_4 &= 2\gamma_4 K_{\theta 4}\frac{E_4 I_4}{l_4} \end{aligned} \tag{32}$$

Therefore, the total potential energy of the PRBDM system of the whole compliant mechanism in Fig.4 can be presented as follows:

$$U = \frac{1}{2}\sum_{i=1}^{4} K_{di}\psi_i^2 \tag{33}$$

where, ψ_i is the angular displacement of the dynamic spring K_{di}, and

$$\begin{cases} \psi_1 = \theta_2 - \theta_{20} \\ \psi_2 = (\theta_2 - \theta_{20}) - (\theta_3 - \theta_{30}) \\ \psi_3 = (\theta_4 - \theta_{40}) - (\theta_3 - \theta_{30}) \\ \psi_4 = \theta_4 - \theta_{40} \end{cases} \tag{34}$$

By substituting the kinetic energy T of Eq. (10) and potential energy U of Eq. (33) into the Lagrange equation

$$\frac{\mathrm{d}}{\mathrm{d}t}\left(\frac{\partial T}{\partial \dot{\theta}_2}\right) - \frac{\partial T}{\partial \theta_2} + \frac{\partial U}{\partial \theta_2} = Q \tag{35}$$

the general dynamic equation of the PRBDM system for the compliant mechanism can be obtained in the following form:

$$M_d \ddot{\theta}_2 + K_d \theta_2 = P \tag{36}$$

This is a typical second-order differential equation of the undamped vibration system. The natural frequency of the system can be obtained as

$$\omega_n = \sqrt{\frac{K_d}{M_d}} \tag{37}$$

It should be noted that although the effect of dumping, especially the viscoelastic behavior, has not been included in the dynamic equation of compliant mechanism due to its complexity, the natural frequency that is one of the most important characteristics in the dynamic analysis of vibration system can still be obtained conveniently from the simple calculation of Eq. (37), whether the dumping term is included in Eq. (36) or not.

4. A compliant parallel-guiding mechanism

In order to show the dynamic equation obtained above more clearly, a planar compliant parallel-guiding mechanism that has been widely used in the area of compliant mechanisms is presented here as an example. For this special mechanism, the problem discussed above simplifies because

$$m_2 = m_4, \quad J_2 = J_4, \quad r_2 = r_4$$

Thus, Eqs. (6) and (7) become

$$m_2^3 = m_4^3 = \frac{1}{4} m_2 + \frac{J_2}{r_2^2}$$

Due to

$$\dot{\theta}_2 = \dot{\theta}_4, \quad \dot{\theta}_3 = 0, \quad V_{m3} = r_2 \dot{\theta}_2$$

Eq. (9) changes to

$$T = \frac{1}{2}[(m_2^3 + m_4^3) + m_3] r_2^2 (\dot{\theta}_2)^2 = \frac{1}{2}\left[\left(\frac{1}{2} m_2 + 2\frac{J_2}{r_2^2}\right) + m_3\right] r_2^2 (\dot{\theta}_2)^2$$

$$= \frac{1}{2}\left[\left(\frac{1}{2} m_2 + m_3\right) r_2^2 + 2J_2\right] (\dot{\theta}_2)^2 \tag{38}$$

Owing to

$$K_{d1} = K_{d2} = K_{d3} = K_{d4} = A_{k2} K_2$$

$$K_2 = 2\gamma_2 K_{\theta 2} \frac{E_2 I_2}{l_2}, \quad A_{k2} = 1.0$$

Eq. (33) is simplified as

$$U = \frac{4\gamma_2 K_{\theta 2} E_2 I_2}{l_2} \theta_2^2 \tag{39}$$

and Eq. (36) becomes

$$\left[\left(\frac{1}{2} m_2 + m_3\right) r_2^2 + 2J_2\right] \ddot{\theta}_2 + \frac{8\gamma_2 K_{\theta 2} E_2 I_2}{l_2} \theta_2 = P \tag{40}$$

Therefore, the natural frequency of the compliant mechanism is

$$\omega_n^d = \sqrt{\frac{8\gamma_2 K_{\theta 2} E_2 I_2}{\left[\left(\frac{1}{2} m_2 + m_3\right) r_2^2 + 2J_2\right] l_2}} \text{(rad/ s)} \tag{41}$$

or

$$\omega_n^d = \frac{1}{\pi} \sqrt{\frac{2\gamma_2 K_{\theta 2} E_2 I_2}{\left[\left(\frac{1}{2} m_2 + m_3\right) r_2^2 + 2J_2\right] l_2}} \text{(Hz)} \tag{42}$$

5. Dynamic analysis method of flexible mechanisms

At the same time, the compliant mechanism can be considered to be a flexible linkage mechanism and the method that has been used in the dynamic analysis of flexible mechanisms can be applied here to obtain the natural frequency of the compliant mechanism.

It is well-known in the study of flexible mechanisms that the dynamic equation of a planar flexible mechanism as shown in Fig.7 can be generally expressed in the following form by applying the finite element technique[20]:

$$[M]\{\ddot{U}\}+[C]\{\dot{U}\}+[K]\{U\}=\{Q\} \tag{43}$$

Where, $[M]$, $[C]$, and $[K]$ are the global mass, damping and stiffness matrices of the mechanisms system, respectively. $\{U\}$ indicates the global elastic deformation vector at all nodes of the mechanism. $\{\dot{U}\}$ and $\{\ddot{U}\}$ are the first and second time derivatives of $\{U\}$, respectively. $\{Q\}$ represents the global external load applied at each node of the mechanism.

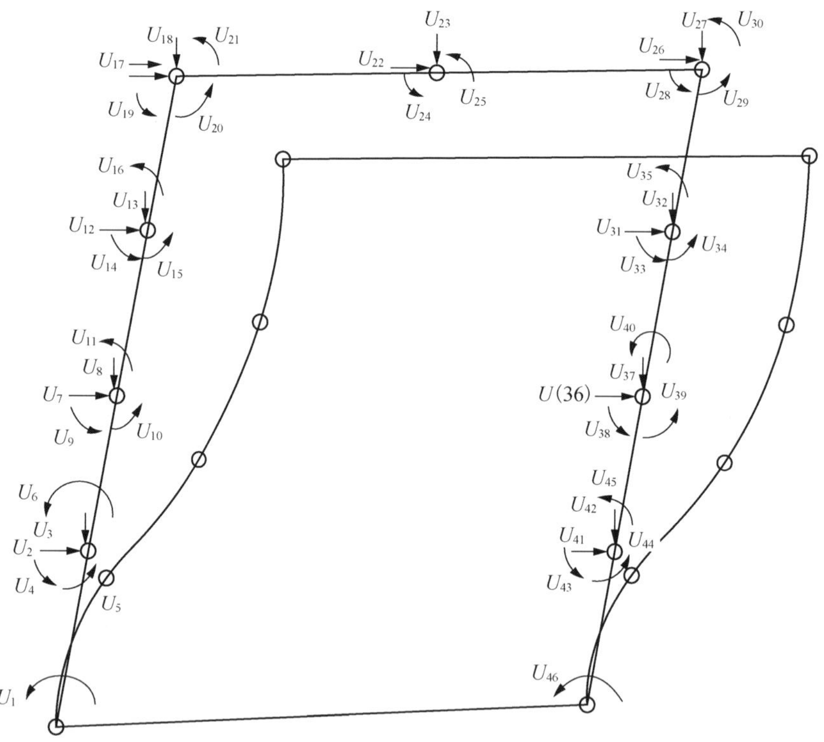

Fig.7 Flexible mechanism

Eq. (43) is a typical differential equation of a forced, damped vibration system. The natural frequency, $\omega_{\rm m}$, of this mechanism system at a certain moment in its motion cycle can be obtained from the solution of the eigenvalue, λ, of the system, i.e.,

$$\det(\lambda[I]-[K]^{-1}[M])=0, \quad \lambda=1/\omega_{\rm m}^2 \tag{44}$$

where, $[I]$ is the identity matrix. The fundamental natural frequency, $\omega_{\rm m1}$, of the mechanism corresponds to the first eigenvalue of the system λ_1. It should be noted that the natural frequency of the mechanism changes in the different positions of the mechanism motion cycle. This is the distinct difference between the dynamic analysis of flexible mechanism and the static one obtained from the method in the previous section, as well as the structural analysis, such as FEA method. The kinematic and dynamic characteristics of flexible or compliant mechanisms, such as singular configuration, stress or strain, can be dealt with in this way.

Considering both the convergence and accuracy for the solution of Eq. (44), each flexible link of the mechanism is divided into four elements and the coupler link is divided into two elements. So, the compliant mechanism system can be divided into ten cantilever beam elements with eight node displacements, as shown in Fig.7. The whole mechanism has 46 elastic deformation freedoms shown as $U_1 \sim U_{46}$ in Fig.7. Therefore, there are 46 equations in Eq. (44) for the mechanism. The dynamic response, including the natural frequency, of the flexible mechanism can be obtained from the solution of Eq. (44).

6. Numerical examples

6.1 Case of a polypropylene mechanism

A numerical example of a compliant parallel-guiding mechanism is presented. It is constructed of polypropylene and the parameters of the mechanism are as follow:

$$l_2 = 118.6\text{mm},\quad h_2 = 1.8\text{mm},\quad b_2 = 6.35\text{mm},\quad m_3 = 11.0\text{g}$$
$$E_2 = 1.38\times10^9\ \text{Pa},\quad \rho_2 = 9.0\times10^{-4}\ \text{g/cm}^3$$

where, h_2 is the width of link 2, and b_2 is the out-of-plane thickness of link 2. When $\gamma_2 = 0.85$ [1], we know

$$r_2 = \gamma_2 l_2 = 0.85\times118.6\text{mm} = 100.81\text{mm}$$
$$m_2 = l_2 \times h_2 \times b_2 \times \rho_2 = 1.22\text{g}$$
$$J_2 = \frac{1}{12} m_2 l_2^2 = 1430.0\text{g}\cdot\text{mm}^2$$
$$I_2 = \frac{1}{12} b_2 \times h_2^3 = 3.086\text{mm}^4$$

Therefore, the natural frequency of the compliant parallel guiding mechanism can be obtained easily from Eq. (42) as

$$\omega_n^d = 11.646\text{Hz}$$

The calculation time is just 0.015 s.

Using the dynamic analysis method of flexible mechanisms, the natural frequency of the compliant mechanism is obtained from Eq. (44) as ω_{m1}=11.409 Hz with the computation time of 0.390 s. The rclativc crror of thc PRBDM with respect to the method of flexible mechanism is

$$\varepsilon = \frac{|11.646 - 11.409|}{11.409} = 2.08\%$$

It can be seen that the error obtained from the PRBDM is small. However, the computation is much simpler for the method proposed in this paper. It is much less (about 1/26) than that from the method for flexible mechanisms. This result shows the effectiveness and advantage of the PRBDM in the dynamic analysis of compliant mechanisms. This provides a level of simplicity that allows its use in the design of compliant mechanisms for specific dynamic behavior.

For comparison, the natural frequency of the compliant mechanism was also calculated using FEA software (ANSYS 7.0) by dividing each flexible link into 10 beam elements and the result is $\omega_{n1} = 11.411\text{Hz}$ with the computation time of 0.685 s. So, the relative error of the PRBDM with respect to the FEA method is

$$\varepsilon = \frac{|11.646 - 11.411|}{11.411} = 2.06\%$$

This result also indicates the validity of the PRBDM and improves further the prediction accuracy from that obtained in Ref. [15]~[17] in the dynamic analysis of compliant mechanisms. The advantage to using the PRBDM over the FEM in computation time (about 1/42) is shown well too.

6.2 Case of a steel mechanism

Here is another example of the compliant parallel-guiding mechanism constructed of steel. The corresponding parameters of the mechanism are as follows:

$$l_2 = 355.6\text{mm}, \quad h_2 = 0.89\text{mm}, \quad b_2 = 31.5\text{mm}, \quad \text{m}_3 = 285.4\text{g}$$
$$E_2 = 2.07\times10^{11}\,\text{Pa}, \quad \rho_2 = 7.8\,\text{g/cm}^3, \quad \gamma_2 = 0.85$$

This results in

$$r_2 = \gamma_2 l_2 = 0.85\times 355.6\text{mm} = 302.26\,\text{mm}$$
$$m_2 = l_2\times h_2\times b_2\times \rho_2 = 77.761\,\text{g}$$
$$J_2 = \frac{1}{12}m_2 l_2^2 = 819415.4\,\text{g}\cdot\text{mm}^2$$
$$I_2 = \frac{1}{12}b_2\times h_2^3 = 1.851\,\text{mm}^4$$

The natural frequency of the mechanism can be obtained from Eq. (42) as $\omega_{\text{n}}^{\text{d}} = 3.966\,\text{Hz}$ with the calculation time of 0.016s in this case.

At the same time, the natural frequency of the compliant mechanism is obtained from Eq. (44) for the dynamic analysis of flexible mechanisms as $\omega_{\text{m1}} = 4.012\,\text{Hz}$ with the computation time of 0.391 s. So, the relative error of the PRBDM with respect to the method of flexible mechanisms is

$$\varepsilon = \frac{|3.966 - 4.012|}{4.012} = 1.14\%$$

For comparison, the natural frequency of the compliant mechanism is also calculated using the ANSYS software with the computation time of 0.669 s and the result is $\omega_{\text{n1}} = 3.882\,\text{Hz}$. So, the relative error of the PRBDM method with respect to the FEA method is

$$\varepsilon = \frac{|3.966 - 3.882|}{3.882} = 2.16\%$$

These results also illustrate the effectiveness and advantages of the PRBDM in the dynamic analysis of compliant mechanisms.

7. Conclusions

The dynamic model of compliant mechanisms has been developed in this study based on the theory of dynamic equivalence. A new simple PRBDM has been proposed based on the PRBM. The dynamic equation of the general planar compliant mechanism has been derived. The validity of the PRBM in the dynamic analysis of compliant mechanism with end-force segments has also been shown theoretically. The numerical results illustrate the effectiveness and advantage of the PRBDM in predicting the natural frequency of compliant parallel-guiding mechanisms through the comparison with the results obtained from ANSYS and the method of flexible mechanisms. The method of the PRBDM developed in this paper can be used to further study the dynamic analysis and design of other types of compliant mechanisms.

Acknowledgments

The financial supports of the Chinese Government and the Education Committee of Beijing are appreciated.

References

[1] Howell L L. Compliant Mechanisms New York: Wiley, 2001

[2] Howell L L, Midha A.A method for the design of compliant mechanism with small-length flexural pivots. ASME J. Mech. Des., 1994, 116: 280-289

[3] Kota S, Ananthasuresh G K, Crary G S, et al. Design and fabrication of Microelectromechanical systems. ASME J. Mech. Des., 1994, 116: 1081-1088

[4] Ananthasuresh G K, Kota S. Designing compliant mechanisms. Mech. Eng. (Am. Soc. Mech. Eng.), 1995, 117: 93-96

[5] Howell L L, Midha A. Evaluation of equivalent spring stiffness for use in a pseudo-rigid-body model of large deflection compliant mechanisms. ASME J. Mech. Des., 1996, 118: 126-131

[6] Murphy M D, Midha A, Howell L L. The topological synthesis of compliant mechanisms. Mech. Mach. Theory, 1996, 31: 185-199

[7] Howell L L, Midha A.A loop-closure theory for the analysis and synthesis of compliant mechanisms. ASME J. Mech. Des., 1996, 118: 121-125

[8] Frecker M I, Ananthasuresh G K, Nishiwaki S, et al. Topological synthesis of compliant mechanisms using multi-criterion optimization. ASME J. Mech. Des., 1997, 119: 238-245

[9] Saxena A, Ananthasuresh G K.On an optimal property of compliant topologies. Struct. Multidiscip. Optim., 2000, 19: 36-49

[10] Mankame N D, Ananthasuresh G K. A novel compliant mechanism for converting reciprocating translation into enclosing curved paths. J. Mech. Des., 2004, 126: 667-672

[11] McInroy J E, Hamaan J. C. Design and control of flexure jointed hexapods. IEEE Trans. Rob. Autom., 2000, 16: 372-381

[12] Parkinson B M, Jenson B D, Roach G M. Optimization-based design of a fully-compliant bistable micromechanism. Proceedings of 2000 ASME Design Engineering Technical Conferences, DETC2000/MECH-14119, 2000

[13] Baker M S, Howell L L. On-chip actuation of an in-plane compliant bistable micro-mechanism. J. Microelectromech. Syst., 2002, 11: 566-573

[14] Masters N D, Howell L L. A self-retracting fully-compliant bistable micromechanism. J. Microelectromech. Syst., 2003, 12: 273-280

[15] Lyon S M, Evans M S, Erickson P A, et al. Dynamic response of compliant mechanisms using the pseudo-rigid-body model. Proceedings of 1997 ASME Design Engineering Technical Conferences, DETC97/VIB-4177, 1997

[16] Lyon S M, Evans M S, Erickson P A, et al. Prediction of the first modal frequency of compliant mechanism using the pseudo-rigid-body model. ASME J. Mech. Des., 1999, 121: 309-313

[17] Boyle C, Howell L L, Magleby S P, et al. Dynamic modeling of compliant constant-force compression mechanisms. Mech. Mach. Theory, 2003, 38: 1469-1487

[18] Li Z, Kota S. Dynamic analysis of compliant mechanisms. Proceedings of ASME 2002 Design Engineering Technical Conferences, DETC2002/MECH-34205, 2002

[19] Erdman A G, Sandor G N, Mechanism Design: Analysis and Synthesis. 3rd ed. Prentice Upper Sadler River: Hall, 1997

[20] Midha A, Erdman A G, Forhrib D A. Finite element approach to mathematical modeling of high-speed elastic linkages. Mech. Mach. Theory, 1978, 13: 603 618

(in *Transactions ASME Journal of Mechanical Design*, 2005, 127(4): 760-765)

§ 20 New Approach to the Dynamic Modeling of Compliant Mechanisms

Wang Wenjing, Yu Yueqing

College of Mechanical Engineering and Applied Electronics Technology, Beijing University of Technology, Beijing 100124, China

Abstract: *A new dynamic model of compliant mechanisms is developed based on the pseudo-rigid- body model. The kinetic energy and potential energy of various kinds of compliant segments are derived using numerical methods at first. The dynamic equation of planar compliant mechanisms is then developed based on the Lagrange equation. The natural frequency is obtained in the example of a planar compliant parallel-guiding mechanism. The numerical results show the advantage of the proposed method for the dynamic analysis of compliant mechanisms.*

1. Introduction

Compliant mechanisms gain some or all their motion from the relative flexibility of their members rather than from rigid-body joints only. Compared with conventional rigid-body mechanisms, compliant mechanisms have many advantages such as part-count reduction, reduced assembly time, simplified manufacturing processes, increased precision, reduced wear, and reduced weight[1]. Therefore, more and more researchers have paid attention to this new field generating much research work in recent years. Saxena and Ananthasuresh[2] proposed a synthesis method for compliant mechanisms by studying geometrically nonlinear (large displacements) finite elements, and a sensitivity analysis was also per-formed on several examples. Xu and Ananthasuresh[3] proposed a freeform shape optimization algorithm dedicated to skeletal structures. Remarkable works in the domain of compliant mechanisms that undergo large deflection include the work of Howell[1] and Midha et al.[4, 5]. Similarly, Kimball and Tsai[6] analyzed the flexural beams in compliant mechanisms by means of the pseudo-rigid-body model (PRBM). Bert and Wu[7] analyzed the nonlinear response of torsional couplings that include flexible links. Carricato et al.[8] presented the inverse static analysis of planar mechanisms with flexural pivots by studying the equilibrium configurations. Quennouelle and Gosselin[9] presented a model that can simultaneously consider the kinematics and the statics of parallel compliant mechanisms. In Ref. [10], the Cartesian stiffness matrix of parallel compliant mechanisms was developed. Su[11] proposed a 3R PRBM that comprises of four rigid links joined by three revolute joints and three torsion springs. Wang[12] presented a kinetoelastic formulation for compliant mechanism optimization, which is applied to the problem of optimizing a compliant translational joint.

In fact, the impact of dynamic behavior is of great importance in improving the design of compliant mechanisms, especially for complex mechanisms and for a microelectromechanical system (MEMS). In recent years, the dynamics of compliant mechanisms has been dealt with by some researchers. Lyon et al.[13,14] discussed the natural frequency of compliant parallel-guiding mechanisms using the pseudo-rigid-body model directly. Boyle et al.[15] presented the analytical and experimental study on the dynamic response of compliant constant-force compression mechanisms. In Ref. [16], a new dynamic model of compliant mechanisms based on the principle of dynamic equivalence was developed using the pseudo-rigid-body model. The natural frequency of a planar compliant parallel-guiding mechanism was obtained. Wang et al.[17] proposed a dynamic model of parallel compliant mechanisms based on the flexible model combined with the boundary condition resulted from PRBM. The effect of sectional, structural, and material characteristic parameters on the mechanism natural frequency was discussed, respectively, based on the dynamic model. Li and Kota[18] dealt with the dynamic analysis of compliant mechanisms using the finite element technique. Lan et al.[19] presented the generalized multiple shooting method for analyzing the dynamics of an elastic mechanism. In Ref. [20], the driving characteristics of planar compliant mechanisms were studied based on the pseudo-rigid-body model. In order to improve the performance and operation accuracy of compliant mechanisms, both dynamic analysis and dynamic design of compliant mechanisms need to be further studied. A simple and effective dynamic model will meet the needs best.

The dynamic modeling of compliant mechanisms is studied in this paper. First, based on the pseudo-rigid-body model, the large deflection equations of various kinds of compliant segments are derived using numerical methods. The kinetic energy and potential energy of compliant segments are then obtained. The dynamic equation and natural frequency of planar compliant mechanisms are developed based on the Lagrange equation. Finally, a numerical example of a compliant parallel-guiding mechanism is given in comparison with other methods.

2. Kinetic energy of compliant segments

In order to develop the dynamic equation of compliant mechanisms, the kinetic energy and potential energy that are the key elements in the Lagrange equation should be studied. The kinetic energy and potential energy of compliant segment must be obtained first. For different kinds of compliant segments, the kinetic energy is derived as follows.

2.1　Segment with end-moment load

The compliant segment with end-moment load is shown in Fig.1 (a). l is the length of the compliant segment. The coordinates of arbitrary point P on the compliant segment can be expressed by (x, y). θ is the rotation angle of the compliant segment at this point and s is the length of compliant segment OP, respectively. Using the Bernoulli–Euler equation results in

$$\begin{cases} x = \dfrac{EI}{M}\sin\theta \\ y = \dfrac{EI}{M}(1-\cos\theta) \end{cases}, \quad \theta = \frac{Ms}{EI} \tag{1}$$

where, E is the Young's modulus of the material and I is the area moment of inertia of the segment. Based on the boundary conditions of cantilever beam, the coordinates and the rotation angle θ of the fixed-point O are all zero. So, at the fixed-point O and end-point A, Eq. (1) becomes

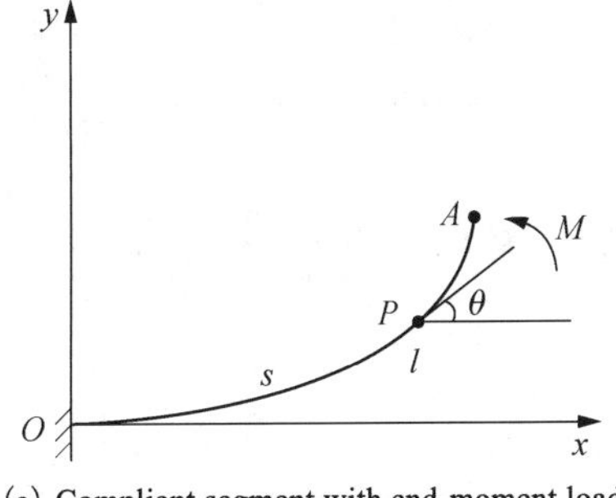

(a) Compliant segment with end-moment load

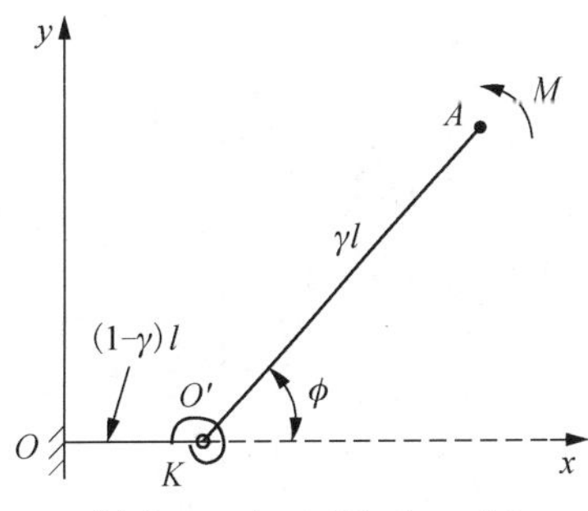

(b) Its pseudo-rigid-body model

Fig.1

$$\begin{cases} x_o = 0 \\ y_o = 0 \\ \theta_o = 0 \end{cases} \tag{2}$$

and

$$\begin{cases} x_A = \dfrac{EI}{M} \cdot \sin\theta_A \\ y_A = \dfrac{EI}{M}(1-\cos\theta_A) \\ \theta_A = \dfrac{Ml}{EI} \end{cases} \tag{3}$$

Fig.1 (b) shows the PRBM of the compliant segment with end-moment load. It is assumed that the nearly circular path can be accurately modeled by two rigid links that are joined at a pivot[1]. γ is the characteristic radius factor. The angle of the pseudo-rigid link is the pseudo-rigid-body angle, ϕ. Based on the PRBM, we obtain

$$\begin{cases} x_A = (1-\gamma)l + \gamma l \cos\phi \\ y_A = \gamma l \sin\phi \\ \theta_A = c_\theta \cdot \phi \end{cases} \tag{4}$$

where, $\gamma = 0.7346$ and $c_\theta = 1.5164$. The compliant segment can be approximated with 99.5% accuracy using the corresponding PRBM. Thus, the coordinates and the rotation angle of the end- point A are the same when using the Bernoulli–Euler equation and PRBM. Combining Eqs. (3) and (4) results in

$$\begin{cases} x_A = \dfrac{l\sin c_\theta \cdot \phi}{c_\theta \cdot \phi} \\ y_A = \dfrac{l(1-\cos c_\theta \cdot \phi)}{c_\theta \cdot \phi} \\ \theta_A = c_\theta \cdot \phi \end{cases} \tag{5}$$

Combining Eqs. (1), (2) and (5), the coordinates of point P can be obtained as

$$\begin{cases} x = \dfrac{l\sin\dfrac{c_\theta \cdot \phi \cdot s}{l}}{c_\theta \cdot \phi} \\ y = \dfrac{l\left(1-\cos\dfrac{c_\theta \cdot \phi \cdot s}{l}\right)}{c_\theta \cdot \phi} \end{cases} \tag{6}$$

It can be seen from Eq. (6) that the coordinates of the point P of the compliant segment are the functions of pseudo-rigid-body angle ϕ, and the angle ϕ is a function of time. Differentiating the large deflection curve with respect to time, the velocity of arbitrary point P is

$$\begin{cases} \dfrac{\mathrm{d}x}{\mathrm{d}t} = \left(-l\sin\dfrac{c_\theta \cdot \phi \cdot s}{l} \cdot \dfrac{1}{c_\theta} + \dfrac{s}{\phi}\cos\dfrac{c_\theta \cdot \phi \cdot s}{l}\right)\dfrac{\mathrm{d}\phi}{\mathrm{d}t} \\ \dfrac{\mathrm{d}y}{\mathrm{d}t} = \left(l\left(1-\cos\dfrac{c_\theta \cdot \phi \cdot s}{l}\right) \cdot \dfrac{1}{c_\theta} + \dfrac{s}{\phi}\sin\dfrac{c_\theta \cdot \phi \cdot s}{l}\right)\dfrac{\mathrm{d}\phi}{\mathrm{d}t} \end{cases} \tag{7}$$

Then, the kinetic energy of the compliant segment is

$$T_l = \frac{1}{2}\int_0^l \left(\left(\frac{\mathrm{d}x}{\mathrm{d}t}\right)^2 + \left(\frac{\mathrm{d}y}{\mathrm{d}t}\right)^2 \right) \rho A \mathrm{d}s \tag{8}$$

Where, ρ is the material density of the compliant segment and A is the cross sectional area of the compliant segment. Combining Eqs. (7) and (8), the kinetic energy of the compliant segment can be expressed as

$$T_l = \frac{1}{6} m l^2 \left(\frac{\mathrm{d}\phi}{\mathrm{d}t}\right)^2 \cdot K_\phi \tag{9}$$

$$K_\phi = \frac{c_\theta^{\ 3}\left[6c_\theta\phi - 12\sin(c_\theta\phi) + (c_\theta\phi)^3 + 6c_\theta\phi\cdot\cos(c_\theta\phi)\right]}{\phi^5} \tag{10}$$

where, m is the mass of the compliant segment and K_ϕ is the equivalent kinetic energy coefficient. Eq. (10) indicates that the equivalent kinetic energy coefficient K_ϕ is the function of the pseudo-rigid-body angle ϕ. However, Eq. (10) is very complicated. The equivalent kinetic energy coefficient K_ϕ can be approximated as a polynomial using numerical method. Considering both the accuracy and simplicity, the quadratic polynomial can be chosen as

$$K_\phi = a\phi^2 + b\phi + c \tag{11}$$

The accuracy of the pseudo-rigid-body model for the segment with end-moment load is high when the pseudo-rigid-body angle $\phi < \phi_{\max}$. Ranging ϕ from 0 deg. to $\phi_{\max}$, the equivalent kinetic energy coefficient $K_{\phi i}\ (i = 1, 2, \cdots, N)$ can be approximated with different pseudo-rigid-body angles ϕ_i. So, the coefficients a, b and c in the quadratic polynomial can be determined based on the approximated theory.

$$a = -0.02201, \quad b = -0.01029, \quad c = 0.34621$$

So

$$K_\phi = -0.02201\phi^2 - 0.01029\phi + 0.34621 \tag{12}$$

In order to check the accuracy of Eq. (12), the equivalent kinetic energy coefficient K_ϕ is also calculated using Eq. (10). As shown in Fig.2, when the pseudo-rigid-body angle varies from 0 rad to 1.5 rad, the relative error is smaller than 0.5%. This result illustrates that the approximation of equivalent kinetic energy coefficient K_ϕ is acceptable.

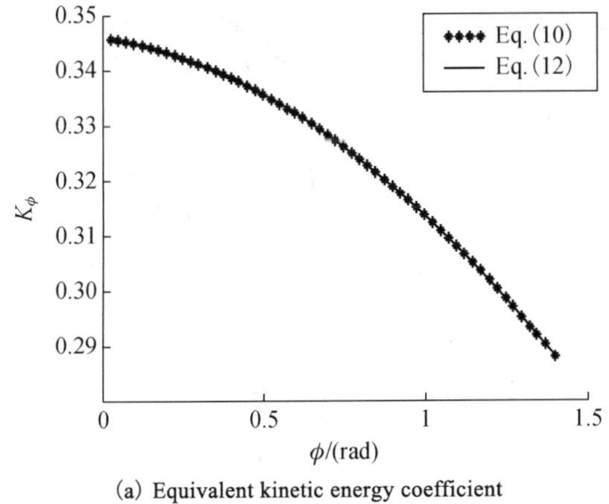

(a) Equivalent kinetic energy coefficient

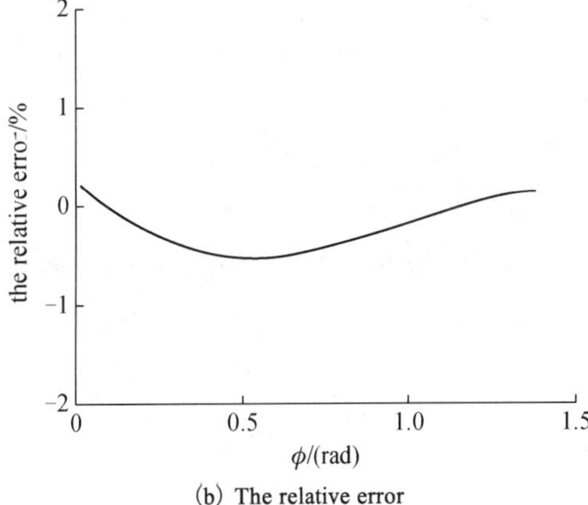

(b) The relative error

Fig.2

2.2 Segment with end-force load

The compliant segment with an applied force at the free end is shown in Fig.3 (a). l is the length of the compliant segment. The coordinates of point P on the compliant segment can be expressed as (x, y). θ is the rotation angle of the compliant segment at this point and s is the length of compliant segment OP, respectively. From the Bernoulli–Euler equation, we know

$$\frac{y''}{\left(1+y'^2\right)^{3/2}}=\frac{F\cdot\left(x_A-x\right)}{EI} \tag{13}$$

The boundary conditions are

$$\begin{cases} x_o=0 \\ y_o=0 \\ \theta_o=0 \end{cases} \tag{14}$$

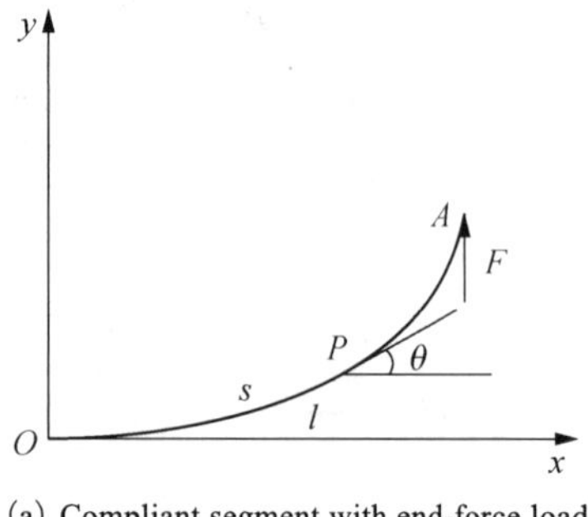

(a) Compliant segment with end-force load

(b) Its pseudo-rigid-body model

Fig.3

Fig.3 (b) shows the pseudo-rigid-body model of the compliant segment with end-force load. γ is the characteristic radius factor. The angle of the pseudo-rigid link is the pseudo-rigid-body angle, ϕ. From the PRBM, we can derive

$$\begin{cases} x_A=(1-\gamma)l+\gamma l\cos\phi \\ y_A=\gamma l\sin\phi \\ \theta_A=c_\theta\phi \end{cases} \tag{15}$$

where, γ= 0.8517 and c_θ= 1.2385. So, the coordinates of the point P can be approximated by numerical methods. First, the deflection of the compliant segment can be obtained for the pseudo-rigid-body angle, ϕ, according to Eqs. (13)~(15). Second, the curve of the compliant segment at an arbitrary pseudo-rigid-body angle, ϕ, is the function of the relative length l_s and $l_s=s/l$. Obviously, there is a relation between the coefficient of each item in the curve of the compliant segment and the pseudo-rigid-body angle. According to the fitted polynomial, the coefficient of each item can be determined. Therefore, the coordinates of the point P can be obtained as

$$\begin{cases} x=fx_3(\phi)s^3/l^2+fx_2(\phi)s^2/l+fx_1(\phi)s+fx_0(\phi)l \\ y=fy_4(\phi)s^4/l^3+fy_3(\phi)s^3/l^2+l+fy_1(\phi)s+fy_0(\phi)l \end{cases} \tag{16}$$

Where,

$$fx_0(\phi)=0.0108\phi^4-0.0185\phi^3+0.0066\phi^2-0.0031\phi+0.0002$$
$$fx_1(\phi)=-1.8852\phi^4+0.3457\phi^3-0.1008\phi^2+0.0589\phi+0.9955$$
$$fx_2(\phi)=-0.0789\phi^3-0.6287\phi^2+0.0096\phi-0.0017$$
$$fx_3(\phi)=0.3102\phi^3-0.1911\phi^2+0.0918\phi-0.0085$$
$$fy_0(\phi)=-0.0058\phi^4+0.0104\phi^3-0.0064\phi^2+0.0016\phi-0.0001$$
$$fy_1(\phi)=0.2224\phi^4-0.4104\phi^3+0.2559\phi^2+0.0646\phi+0.0049$$
$$fy_2(\phi)=-0.0952\phi^3+0.5803\phi^2+1.0276\phi+0.0248$$
$$fy_3(\phi)=-0.4863\phi^3-0.4598\phi^2-0.2261\phi-0.0209$$
$$fy_4(\phi)=0.3508\phi^3+0.0318\phi^2-0.0212\phi+0.0027$$

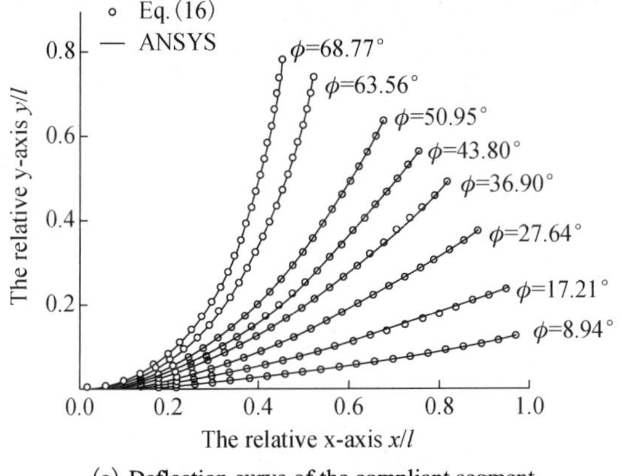

(a) Deflection curve of the compliant segment

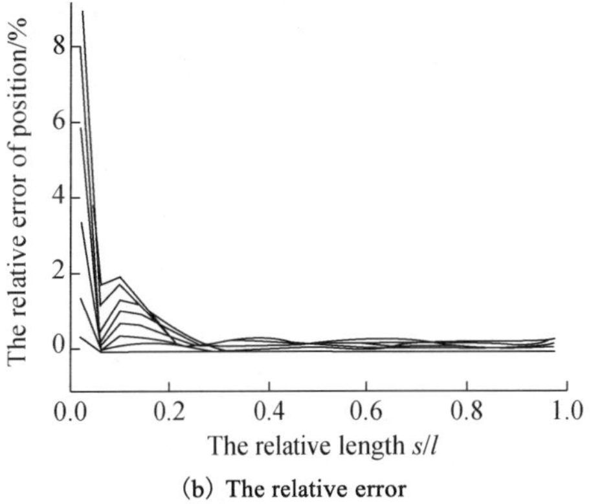

(b) The relative error

Fig.4

It can be seen from Eq. (16) that the coordinates (x, y) of point P are the functions of both the relative length l_s and pseudo-rigid- body angle ϕ, and the angle ϕ is the function of time.

Fig.4(a) shows the comparison between the fitted polynomial and ANSYS. The relative error is very small (less than 1%), as shown in Fig.4(b). When the relative length l_s is greater than 0.2, the relative error becomes smaller than 0.05%. This result indicates that the fitted polynomial is feasible.

Differentiating Eq. (16) with respect to time, the velocity of the point P is

$$\begin{cases}\dfrac{\mathrm{d}x}{\mathrm{d}t}=\left(\dfrac{\partial fx_3}{\partial\phi}\cdot\dfrac{s^3}{l^2}+\dfrac{\partial fx_2}{\partial\phi}\cdot\dfrac{s^2}{l}+\dfrac{\partial fx_1}{\partial\phi}\cdot s+\dfrac{\partial fx_0}{\partial\phi}\cdot l\right)\cdot\dfrac{\mathrm{d}\phi}{\mathrm{d}t}\\ \dfrac{\mathrm{d}y}{\mathrm{d}t}=\left(\dfrac{\partial fy_4}{\partial\phi}\cdot\dfrac{s^4}{l^3}+\dfrac{\partial fy_3}{\partial\phi}\cdot\dfrac{s^3}{l^2}+\dfrac{\partial fy_2}{\partial\phi}\cdot\dfrac{s^2}{l}+\dfrac{\partial fy_1}{\partial\phi}\cdot s+\dfrac{\partial fy_0}{\partial\phi}\cdot l\right)\cdot\dfrac{\mathrm{d}\phi}{\mathrm{d}t}\end{cases}\tag{17}$$

Then, the kinetic energy of the compliant segment is

$$T_l=\frac{1}{2}\int_0^l\left(\left(\frac{\mathrm{d}x}{\mathrm{d}t}\right)^2+\left(\frac{\mathrm{d}y}{\mathrm{d}t}\right)^2\right)\rho A\mathrm{d}s\tag{18}$$

where, ρ is the material density of the compliant segment, A is the cross sectional area of the compliant segment. Combining Eqs. (17) and (18) yields the kinetic energy of the compliant segment

$$T_l=\frac{1}{3}ml^2\left(\frac{\mathrm{d}\phi}{\mathrm{d}t}\right)^2K_\phi\tag{19}$$

$$K_\phi = \frac{3}{2}\int_0^l \left(\left(\frac{\mathrm{d}x}{\mathrm{d}t}\right)^2 + \left(\frac{\mathrm{d}y}{\mathrm{d}t}\right)^2\right) \cdot \frac{1}{l^3\phi^2}\mathrm{d}s \tag{20}$$

where, m is the mass of compliant segment and K_ϕ is the equivalent kinetic energy coefficient and can be expressed by Eqs. (16) and (17). However, it is very complicated. In order to simplify the calculation, the equivalent kinetic energy coefficient K_ϕ can be approximated as a biquadratic polynomial using the similar method mentioned in Sec. 2.1. Ranging ϕ from 0 deg to $\phi_{\max}$, the equivalent kinetic energy coefficient $K_{\phi i}$ can be calculated with different pseudo-rigid-body angles ϕ_i. So, (ϕ_i, $K_{\phi i}$) can be obtained and the biquadratic polynomial can be determined as

$$K_\phi = 0.20594\phi^4 + 0.01295\cdot\phi^3 - 0.47834\cdot\phi^2 + 0.36498\cdot\phi + 0.10425 \tag{21}$$

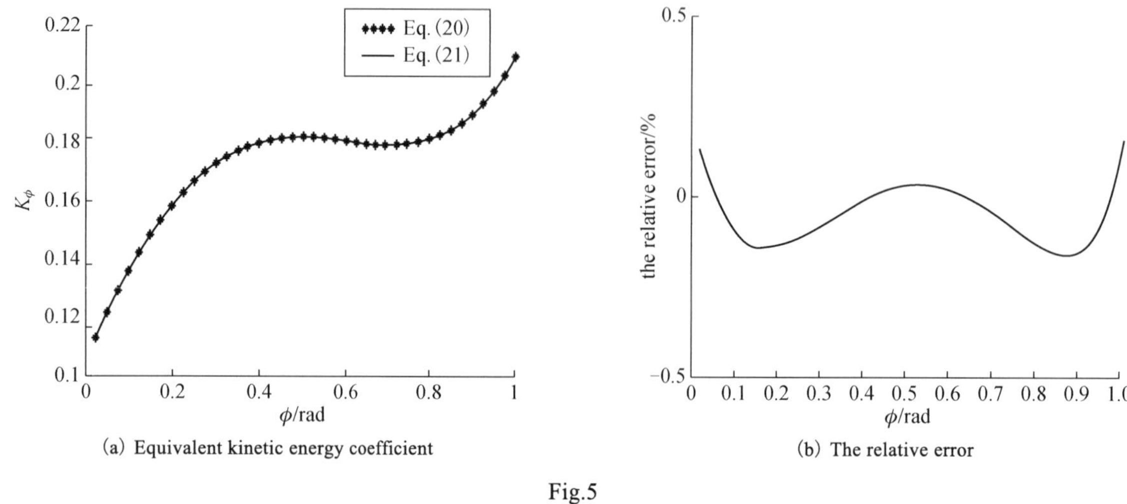

(a) Equivalent kinetic energy coefficient　　(b) The relative error

Fig.5

Fig.5 (a) shows the equivalent kinetic energy coefficient derived from Eq. (21) compared with that from Eq. (20). From Fig 5 (b), it can be seen that the relative error is smaller than 0.4%.This indicates that the approximation of the equivalent kinetic energy coefficient K_ϕ is reasonable.

2.3 Fixed-guided compliant segment

Fig.6 (a) shows a fixed-guided compliant segment. l is the length of the compliant segment. The coordinates of point P on the compliant segment can be expressed by (x, y). θ is the rotation angle of the compliant segment at this point and s is the length of compliant segment OP, respectively. Using the Bernoulli–Euler equation results in

$$\frac{y''}{\left(1+y'^2\right)^{3/2}} = \frac{M + F(x_A - x)}{EI} \tag{22}$$

The boundary conditions are

$$\begin{cases} x_o = 0 \\ y_o = 0 \\ \theta_o = 0 \end{cases} \tag{23}$$

And

$$\begin{cases} x_A = x_A \\ y_A = y_A \\ \theta_A = 0 \end{cases} \tag{24}$$

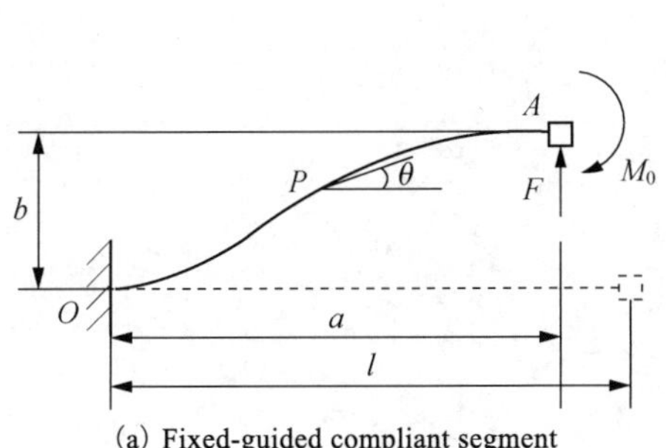

(a) Fixed-guided compliant segment

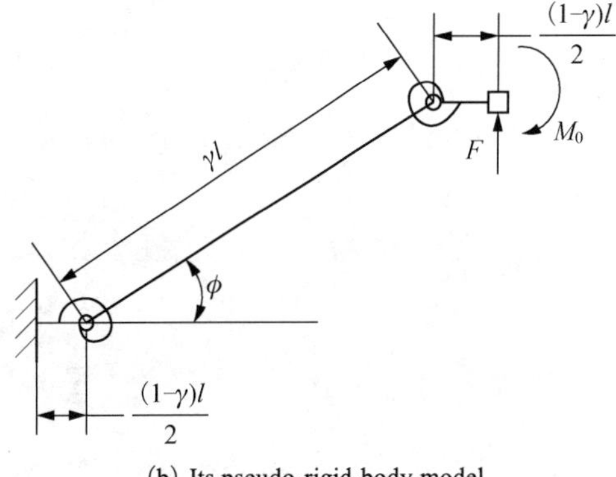

(b) Its pseudo-rigid-body model

Fig.6

Fig.6(b) shows the pseudo-rigid-body model of the fixed- guided compliant segment. γ is the characteristic radius factor. The angel of the pseudo-rigid link is the pseudo-rigid-body angel, ϕ.From the PRBM, we know

$$\begin{cases} x_A = (1-\gamma)l + \gamma l\cos\phi \\ y_A = \gamma l\sin\phi \end{cases} \tag{25}$$

where, $\gamma = 0.8517$. Similar to Sec. 2.2, the coordinates of the point P can be approximated by fitted polynomial as

$$\begin{cases} x = \left(fx_3(\phi)\cdot l_s^3 + fx_2(\phi)\cdot l_s^2 + fx_1(\phi)\cdot l_s + fx_0(\phi)\right)\cdot l \\ y = \left(fy_3(\phi)\cdot l_s^3 + fy_2(\phi)\cdot l_s^2 + fy_1(\phi)\cdot l_s + fy_0(\phi)\right)\cdot l \end{cases} \tag{26}$$

Where,

$$fx_0(\phi) = 0.00566\phi^3 - 0.01054\phi^2 + 0.00032\phi - 0.00001$$

$$fx_1(\phi) = -0.15235\phi^3 + 0.34988\phi^2 - 0.00857\phi + 1.00030$$

$$fx_2(\phi) = 0.54720\phi^3 - 2.31160\phi^2 + 0.03039\phi - 0.00106$$

$$fx_3(\phi) = -0.36482\phi^3 + 1.54110\phi^2 - 0.02027\phi + 0.00071$$

$$fy_0(\phi) = -0.00735\phi^3 - 0.00047\phi^2 + 0.00007\phi$$

$$fy_1(\phi) = 0.24703\phi^3 + 0.00588\phi^2 - 0.00092\phi$$

$$fy_2(\phi) = -1.07200\phi^3 - 0.03326\phi^2 + 2.53950\phi - 0.00021$$

$$fy_3(\phi) = 0.71454\phi^3 + 0.02225\phi^2 - 1.69300\phi + 0.00014$$

Fig.7(a) shows the comparison between the deflection curve derived from the fitted polynomial and that from ANSYS for different pseudo-rigid-body angles ϕ. The relative error is about 5% when $l_s < 0.1$, as shown in Fig.4(b). But, when the relative length l_s is greater than 0.2, the relative error becomes smaller than 0.05%. This result illustrates that the fitted polynomial is also acceptable.

Differentiating Eq. (26) with respect to time, the velocity of the point P is

$$\begin{cases} \dfrac{\mathrm{d}x}{\mathrm{d}t} = \left(\dfrac{\partial fx_3}{\partial\phi}\cdot l_s^3 + \dfrac{\partial fx_2}{\partial\phi}\cdot l_s^2 + \dfrac{\partial fx_1}{\partial\phi}\cdot l_s + \dfrac{\partial fx_0}{\partial\phi}\right)\cdot l\cdot\dfrac{\mathrm{d}\phi}{\mathrm{d}t} \\ \dfrac{\mathrm{d}y}{\mathrm{d}x} = \left(\dfrac{\partial fy_3}{\partial\phi}\cdot l_s^3 + \dfrac{\partial fy_2}{\partial\phi}\cdot l_s^2 + \dfrac{\partial fy_1}{\partial\phi}\cdot l_s + \dfrac{\partial fy_0}{\partial\phi}\right)\cdot l\cdot\dfrac{\mathrm{d}\phi}{\mathrm{d}t} \end{cases} \tag{27}$$

Then, the kinetic energy of the compliant segment is

$$T_l = \frac{1}{2}\int_0^l \left(\left(\frac{dx}{dt}\right)^2 + \left(\frac{dy}{dt}\right)^2\right)\rho A ds \tag{28}$$

Combing Eqs. (26) and (27) results in

$$T_l = \frac{1}{3}ml^2\left(\frac{d\phi}{dt}\right)^2 \cdot K_\phi \tag{29}$$

$$K_\phi = \frac{3}{2}\cdot\int_0^l \left[\left(\frac{dx}{dt}\right)^2 + \left(\frac{dy}{dt}\right)^2\right]\frac{1}{(l\phi)^2}dl_s \tag{30}$$

where, m is the mass of compliant segment and K_ϕ is the equivalent kinetic energy coefficient. Similar to Sec. 2.2, K_ϕ can be approximated by cubic polynomial as

$$K_\phi = 0.00645\phi^3 + 0.00612\phi^2 + 0.00083\phi + 0.28594 \tag{31}$$

Fig.8 (a) and 8 (b) show the equivalent kinetic energy coefficient obtained from Eq. (31) compared with that from Eq. (30).The relative error is very small (less than 0.01%). So, it also indicates that the approximation of the equivalent kinetic energy coefficient K_ϕ is feasible.

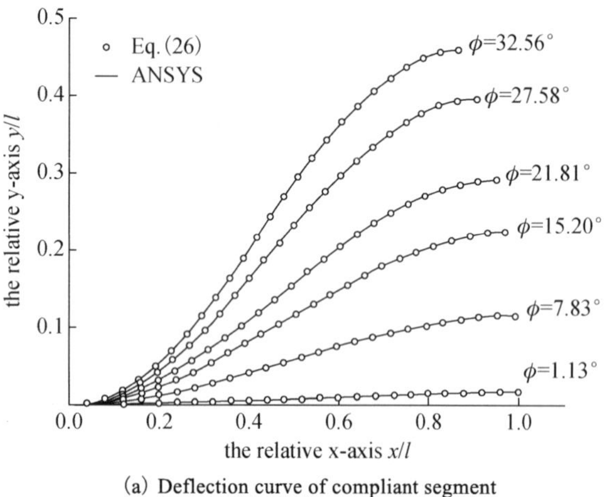

(a) Deflection curve of compliant segment

the relative error /%

the relative length s/l

(b) The relative error

Fig.7

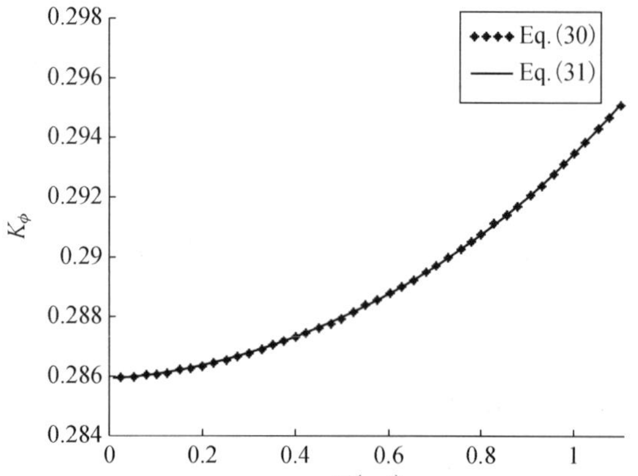

(a) Comparison of the equivalent kinetic energy coefficient

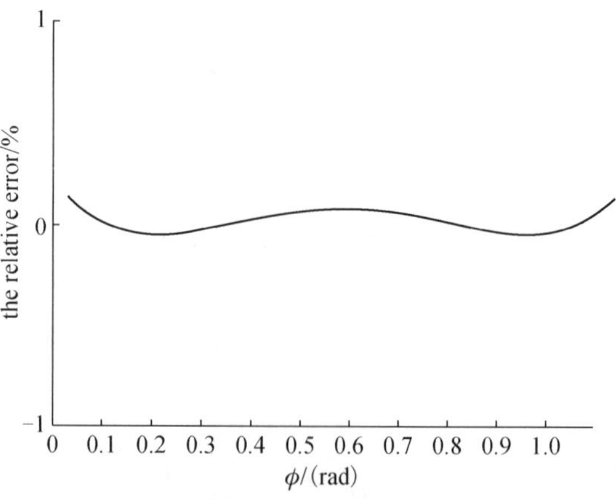

(b) The relative error

Fig.8

3. Potential energy of compliant segments

3.1　Segment with end-force load

The elastic deformation energy of the compliant segment with applied force, F, shown in Fig.3 (a), can be expressed as the work done by F as

$$V_l = W = \int_0^s F \cdot \mathrm{d}s \tag{32}$$

From the theory of PRBM, it is known that the path of the endpoint A in Fig.3 (b) is very close (with an error smaller than 0.5%) to that of the compliant segment in Fig.3 (a). So, Eq. (32) can be obtained approximately using PRBM. Because the path of endpoint A in Fig.3 (b) is a circle with a radius of γl, the displacement ds can be expressed as

$$\mathrm{d}s = \gamma l \mathrm{d}\phi \tag{33}$$

Therefore, Eq. (32) becomes

$$W = \int_0^s F \cdot \mathrm{d}s = \int_0^\phi F_t \gamma l \mathrm{d}\phi \tag{34}$$

where, F_t is the component of F transverse to the path. According to Ref. [1], we have

$$F_t = K_\theta \frac{EI}{l^2}\phi \tag{35}$$

where, K_θ is the stiffness constant. Combining Eqs. (32)~(35), the potential energy of the compliant segment with end-force load is

$$V_l = \frac{1}{2}\gamma K_\theta \frac{EI}{l}\phi^2 \tag{36}$$

where, E is Young's modulus of the material and I is the area moment of inertia of the compliant segment.

3.2　Segment with end-moment load

For the case of a compliant segment with an applied moment at the free end, M, as shown in Fig.1 (a), the corresponding PRBM of the beam can be presented in Fig.1 (b). For the compliant segment in Fig.1 (a), the work done by the moment, M, in the motion of angular rotation at the link end, θ, can be expressed as

$$V_l = W = \int_0^\theta M \mathrm{d}\theta \tag{37}$$

According to Ref. [1], then

$$M = \gamma K_\theta c_\theta \frac{EI}{l}\phi \tag{38}$$

$$\theta = c_\theta \phi \tag{39}$$

where K_θ is the stiffness coefficient, and c_θ is termed the parametric angle coefficient. Substituting Eqs. (38) and (39) into Eq. (37) yields the potential energy of compliant segment with a moment applied to the free end as

$$V_l = \frac{1}{2}c_\theta \gamma K_\theta \frac{EI}{l}\phi^2 \tag{40}$$

3.3　Fixed-guided compliant segment

The compliant segment with end loads is shown in Fig.6 (a). One end of the beam is fixed, while the other is guided in that the angle of that end of the link does not change. According to Ref. [1], the half-beam has a force at one end only, so it is similar to the compliant segment described in Sec. 3.1. The PRBM of the half-beam is then the same as discussed previously and only the half link length is used. So, the PRBM of the link can be presented in Fig.6 (b). According to Eq. (36), the potential energy of the half-beam is

$$V_l = \gamma K_\theta \frac{EI}{l} \phi^2 \tag{41}$$

Therefore, the potential energy of the whole compliant segment is

$$V_l = 2\gamma K_\theta \frac{EI}{l} \phi^2 \tag{42}$$

4. Dynamic equation

The total kinetic energy and potential energy of a compliant mechanism system can be obtained now. By summing up all the kinetic and potential energies of every segments or links and substituting the total kinetic energy T and potential energy V into the Lagrange equation,

$$\frac{\mathrm{d}}{\mathrm{d}t}\left(\frac{\partial T}{\partial \dot{\phi}}\right) - \frac{\partial T}{\partial \phi} + \frac{\partial V}{\partial \phi} = Q \tag{43}$$

the dynamic equation of the system can be developed, where Q represents the external load. Without losing generality, a planar compliant mechanism is presented here to illustrate the application of the new dynamic model. The compliant mechanism and the corresponding PRBM are shown in Fig.9. For this mechanism, the links AB and CD are the fixed-guided compliant segments. So, the kinetic energy of the compliant segments can be obtained from Eqs. (29) and (31) as

$$T_{AB} = T_{CD} = \frac{1}{3} m_2 l_2^2 \left(\frac{\mathrm{d}\phi}{\mathrm{d}t}\right)^2 \cdot K_\phi \tag{44}$$

According to the PRBM of the compliant parallel-guiding mechanism, the kinetic energy of the rigid link BC is

$$T_{BC} = \frac{1}{2} m_3 \gamma_2^2 \left(\frac{\mathrm{d}\phi}{\mathrm{d}t}\right)^2 \tag{45}$$

It is known that $r_2 = \gamma l_2$, where γ=0.8517. Then, the total kinetic energy of the mechanism is

$$T = T_{AB} + T_{CD} + T_{BC} = \left(\frac{2}{3} m_2 K_\phi + \frac{1}{2} m_3 r_2^2\right) \cdot l_2^2 \left(\frac{\mathrm{d}\phi}{\mathrm{d}t}\right)^2 \tag{46}$$

According to Sec. 3.3, the total potential energy of compliant mechanism can be obtained from Eq. (41) as

$$V = 4\gamma K_\theta \frac{EI_2}{l_2} \phi^2 \tag{47}$$

Substituting the kinetic energy T of Eq. (46) and potential energy V of Eq. (47) into Eq. (43), the dynamic equation of the compliant parallel-guiding mechanism can be obtained in the following form:

$$\left(\frac{4}{3} m_2 K_\phi + m_3 r^2\right) \cdot l_2^2 \frac{\mathrm{d}^2\phi}{\mathrm{d}t^2} - \frac{2}{3} m_2 l_2^2 \cdot \frac{\partial K_\phi}{\partial \phi} \cdot \left(\frac{\mathrm{d}\phi}{\mathrm{d}t}\right)^2 + 8\gamma K_\theta \frac{EI_2}{l_2} \phi = Q \tag{48}$$

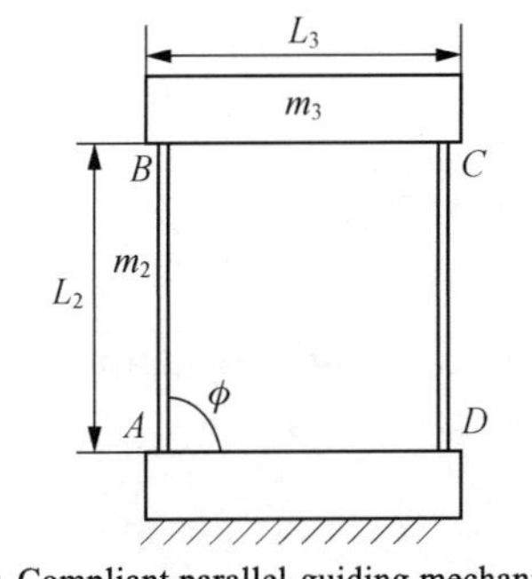

(a) Compliant parallel-guiding mechanism

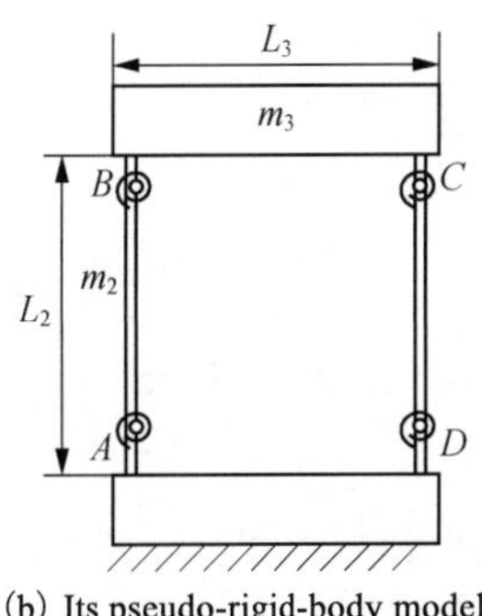

(b) Its pseudo-rigid-body model

Fig.9

Eq. (48) is a second-order differential equation. It is different from the model presented in Refs. [14]~[16]. First, the pseudo-rigid-body angle ϕ has the effect on the coefficient of second-order item—$\mathrm{d}^2\phi/\mathrm{d}t^2$ .Second, there is an item—$(\mathrm{d}\phi/\mathrm{d}t)^2$—in this differential equation. This result may be because that the large deflection on the kinetic energy of compliant mechanisms is considered adequately in the dynamic modeling of this paper. So the dynamic model developed above can reflect the dynamic characteristics more accurately. The natural frequency is one of the most important characteristics in the dynamic analysis of the compliant mechanism. According to Ref. [21], the natural frequency of compliant mechanism can be calculated. The following numerical example illustrates this clearly.

5. Example

A numerical example of a compliant parallel-guiding mechanism and its pseudo-rigid-body model are shown in Fig.9. It is constructed of steel and the parameters of the mechanism are as follows:

$$l_2 = l_4 = 200\text{mm},\ b = 20.5\text{mm},\ h = 1\text{mm},\ l_3 = 200\text{mm}$$

$$m_3 = 645.504\text{g},\ E = 207\text{GPa},\ \rho = 7.8\text{g/cm}^3$$

where b and h are the width and out-of-plane thickness of the compliant segment, respectively. When $\gamma =$ 0.8517[1], we know

$$m_2 = m_4 = b \times h \times l \times \rho = 31.488\text{g}$$

$$r = \gamma \times l = 170.34\text{mm}$$

Therefore, the natural frequency of the compliant parallel-guiding mechanism can be obtained from Eqs. (31) and (48) as

$$f = 6.3796\text{Hz}$$

For comparison, the natural frequency of the compliant mechanism was also calculated using finite element analysis (FEA) software (ANSYS) and the result is f_{ANSYS} = 6.3379 Hz. The relative error of the proposed method with respect to the FEA method is

$$\xi_1 = \frac{f - f_{\text{ANSYS}}}{f_{\text{ANSYS}}} \times 100\% = \frac{6.3796 - 6.3379}{6.3379} \times 100\% = 0.66\%$$

Using the dynamic analysis method proposed in Ref. [16], the natural frequency of the compliant mechanism is $f_{r[16]}$ = 6.4628 Hz. The relative error of this method with respect to the FEA method is

$$\xi_2 = \frac{f_{r[16]} - f_{\text{ANSYS}}}{f_{\text{ANSYS}}} \times 100\% = \frac{6.4628 - 6.3379}{6.3379} \times 100\% = 1.98\%$$

According to the dynamic analysis method proposed in Ref.[14], the natural frequency of the compliant mechanism is $f_{r[14]} = 7.0236$ Hz. As a result, the relative error of this method with respect to the FEA method is

$$\xi_3 = \frac{f_{r[14]} - f_{\text{ANSYS}}}{f_{\text{ANSYS}}} \times 100\% = \frac{7.0236 - 6.3379}{6.3379} \times 100\% = 10.82\%$$

It can be seen from the above results that the error obtained from the new dynamic model is smaller than other methods. This indicates that this new dynamic model further improves the accu- racy from those obtained in Refs. [14]and[16]. This result shows the effectiveness and advantage of the new dynamic model in the dynamic analysis of compliant mechanisms.

6. Conclusions

The dynamic model of compliant mechanisms has been developed in this study based on numerical method and pseudo-rigid-body model. The new dynamic equation of the planar compliant mechanism has been derived. The numerical results illustrate the effectiveness and advantage of this model in predicting the natural frequency of compliant parallel-guiding mechanisms in comparison with other methods. The model developed in this paper can be used to the further study on the dynamic analysis and design of other types of compliant mechanisms.

Acknowledgments

The financial supports from the National Natural Science Foundation of China（Grant No. 50875002）and the Beijing Education Committee（Grant No. KM200610005003）are appreciated.

References

[1] Howell L L. Compliant Mechanisms.New York: Wiley, 2001

[2] Saxena A, Ananthasuresh G K. Topology synthesis of compliant mechanisms for non-linear forced-deflection and curved path specifications. ASME J. Mech. Des., 2001, 123: 33-42

[3] Xu D, Ananthasuresh G K. Freeform skeletal shape optimization of compliant mechanisms. ASME J. Mech. Des., 2003, 125: 253-261

[4] Howell L L, Midha A. Parametric deflection approximations for end-loaded, large-deflection beams in compliant mechanisms. ASMEJ. Mech. Des., 1995, 117: 156-165

[5] Howell L L, Midha A. A loop-closure theory for the analysis and synthesis of compliant mechanisms. ASME J. Mech. Des., 1996, 118: 121-125

[6] Kimball C, Tsai L W. Modeling of flexural beams subjected to arbitrary end loads. ASME J. Mech. Des., 2002,124: 223-235

[7] Bert C W, Wu S. Dynamic analysis of nonlinear torsional flexible couplings with elastic links. ASME J. Mech. Des., 2003,125: 509-517

[8] Carricato M, Parenti-Castelli V, Duffy J. Inverse static analysis of a planar system with flexural pivots. ASME J. Mech. Des., 2001,123: 43-50

[9] Quennouelle C, Gosselin C M. A quasi-static model for planar compliant parallel mechanisms. ASME J. Mech. Rob., 2009, 1: 021012

[10] Quennouelle C, Gosselin C M. Stiffness matrix of compliant parallel mechanisms. Advances in Robot Kinematics: Analysis and Design, Berlin, Springer Science Business Media, Deutschland GmbH, 2008, 331-341

[11] Su H J. A pseudo-rigid-body 3R model for determining large deflection of cantilever beams subjects to tip loads. ASME J. Mech. Rob., 2009,1: 021008

[12] Wang M Y. A kinetoelastic formulation of compliant mechanism optimization. ASME J. Mech. Rob., 2009, 1: 021011

[13] Lyon S M, Evans M S, Erickson P A, et al. Dynamic response of compliant mechanisms using the pseudo-rigid-body model. Proceeding of ASME Design Engineering Technical Conference Paper No.DETC97/VIB-4177, 1997

[14] Lyon S M, Erickson P A, Evans M S, et al. Prediction of the first modal frequency of compliant mechanism using the pseudo-rigid-body model. ASME J. Mech. Des., 1999, 121: 309-313

[15] Boyle C, Howell L L, Magleby S P, et al. Dynamic modeling of compliant constant-force compression mechanisms. Mech. Mach. Theory, 2003, 38: 1469-1487

[16] Yu Y Q, Howell L L, Lusk C,et al. Dynamic modeling of compliant mechanisms based on the pseudo-rigid-body model. ASME J. Mech. Des., 2005, 127: 760-765

[17] Wang H W, Yu Y Q, Wang W J, et al. Dynamic modeling and frequency analysis of compliant parallel guided mechanism. Machine Design and Research, 2008,24(2): 42-46

[18] Li Z, Kota S. Dynamic analysis of compliant mechanisms. Proceedings of the DETC'02 ASME 2002 Design Engineering Technical Conferences and Computer and Information in Engineering Conference, 2002: 1-10

[19] Lan C-C, Lee K-M, Liou J-H. Dynamics of highly elastic mechanisms using the generalized multiple shooting method: simulations and experiments. Mech. Mach. Theory, 2009, 44: 2164-2178

[20] Wang W J,Yu Y Q, Driving characteristics analysis of planar compliant mechanisms. Chin. J. Mech. Eng., 2009, 20(2): 127-130

[21] Shao R P. Dynamics of Mechanical Systems. Beijing: China Machine Press, 2005

(in *Transactions ASME Journal of Mechanisms and Robotics*, 2010, 2 / 021003: 1-8)

§ 21　A Pseudo-Rigid-Body 2R Model of Flexural Beam in Compliant Mechanisms

Yu Yueqing, Feng Zhonglei, Xu Qiping

College of Mechanical Engineering and Applied Electronics Technology, Beijing University of Technology, Beijing 100124, *China*

Abstract: *Based on the pseudo-rigid-body model (PRBM), a 2R PRBM that consists of three rigid links joined by two revolute joints and two torsion springs is proposed in this study. A method of parametric approximation to the deflection path and deflection angle of a flexural beam is developed for the 2R PRBM. A two-dimensional optimization for the characteristic radius factors and a linear regression for the spring stiffness coefficient are presented. Although the model parameters are dependent on the loading conditions, the 2R PRBM is useful in increasing the modeling accuracy of the 1R PRBM and reducing the computation time of the 3R PRBM. The advantage of the new model is also illustrated through a comparison of deformation energies among the various kinds of PRBM and the flexural beam. An application example of compliant mechanism is presented using the 2R PRBM. The 2R PRBM is significant to expand the applications of pseudo-rigid-body model in the analysis and design of compliant mechanisms, particularly in the further study on the dynamics of compliant mechanisms.*

Keywords: *pseudo-rigid-body model; 2R PRBM; flexural beam; compliant mechanism*

1. Introduction

The compliant mechanism is a new type of mechanism that uses the elastic deformation of components to accomplish the transmission of motion and force. Differing from the traditional rigid mechanism whose motion and function are accomplished by kinematic pairs, the main motion and function of a compliant mechanism are accomplished by the deformation of flexural components and then the motion, force and energy are also transmitted and transformed[1]. Compared with conventional rigid-body mechanisms, compliant mechanisms have many advantages in cost-reduction and performance-improvement such as part-count reduction, reduced assembly time, simplified manufacturing processes, reduced friction, wear, backlash and noise[2]. Compliant mechanisms bring revolutionary impacts and changes to the mechanical disciplines and engineering. As a new branch of modern mechanisms and machinery equipment, compliant mechanisms have a wide range of applications in the mechanical design, especially in the micro-electro-mechanical-system (MEMS)[3]. Therefore, an increasing attention has been attracted into the study of compliant mechanisms in recent years.

From the perspective of structural mechanics, Ananthasuresh et al.[4,5] and Frecker et al.[6] made extensive investigations and a number of achievements in the modeling, numerical analysis methods and software development of compliant mechanisms. Hetrick and Kota[7] introduced the topology optimization method to the design of compliant mechanisms. This method combined the size and shape optimization to perform the dimensional synthesis of mechanisms while simultaneously considering practical design specifications such as kinematic and stress constraints. An improved objective formulation based on maximizing the energy throughput of a linear static compliant mechanism was developed considering specific force and displacement operational requirements.

In the study of flexural mechanisms, Burns and Crossley[8] proposed a basic analysis method to simulate the flexural beam although the linear torsion spring was used and some assumptions were proposed. This pioneering work laid the foundation of the pseudo-rigid-body model (RPBM)[1] proposed later. The PRBM based on the structure and kinematics of rigid-body mechanism made an important progress in simplifying the analysis of compliant mechanisms. The main idea of PRBM is that in the motion of compliant mechanisms, the flexural beam is equivalent to a model comprised of two rigid links joined by one revolute joint and one torsion spring to represent the resistance of a beam's deflection. The PRBM can be used to simulate the motion of the flexural beam end by the rigid links joined at pivots and predict the force–deflection relationship by adding springs[9]. A parametric deflection approximation method for end-loaded, large-deflection beams in compliant mechanisms was applied to establish a simulation relationship between the PRBM and the flexural beam[10]. The path of the flexural beam end was accurately described by the end of the PRBM within 0.5% deflection error. An investigation of the spring stiffness in the PRBM was performed to simplify the complex force–deflection relationship in large deflection compliant mechanisms[11]. Then the idea of PRBM was also applied to the modeling of initially curved, large-deflection beams in compliant mechanisms[12]. Saxena and Kramer[13] modified the PRBM by introducing two linear springs to restrain the change of characteristic radius factor for different load modes. Lyon et al.[14] decomposed a flexural beam into two segments, each of which is approximated by one PRBM. Saggere and Kota[15] proposed a finite element model in which a flexural beam can be modeled as several segments of PRBM.

From the perspective of manipulator kinematics, the joint connecting two links can be considered as a revolute pair. The model introduced above can be called 1R PRBM because the two links are connected with one joint, as shown in Fig.1 (a). The advantage of 1R model is its simplicity and so it is widely used in the analysis of compliant mechanisms. The workspace of 1R manipulator is the boundary of a circle, however, the deflection path of a flexural beam end is not an absolute circle. Therefore, the deflection path simulated by the 1R PRBM is not accurate in the whole range but approximate in certain ranges only. A qualification of deflection error is desired to decide the range of simulation. For example, when the qualification of deflection error is set to be 0.5%, the range of the deflection angle to be simulated is 0°~124.4°. Moreover, although the path of flexural beam end can be simulated by 1R PRBM, the deflection angle of the beam end cannot be simulated because the 1R PRBM has only one degree of freedom (1-DOF). For the special case of modeling flexural beams with inflection points when the end moment load acts in the opposite direction as the end force, a 2-DOF PRBM[16] was proposed to improve the 1R PRBM.

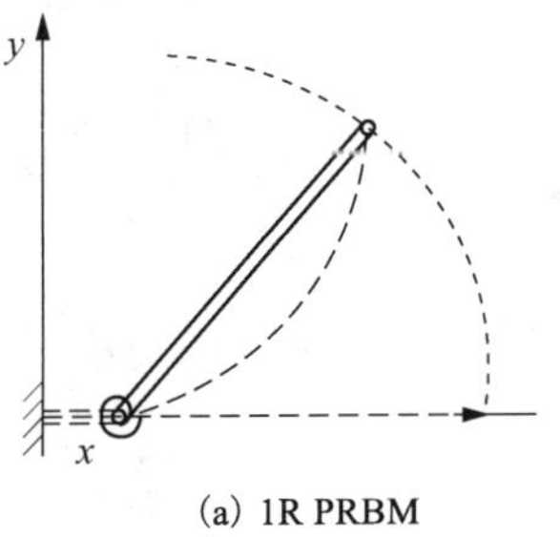

(a) 1R PRBM

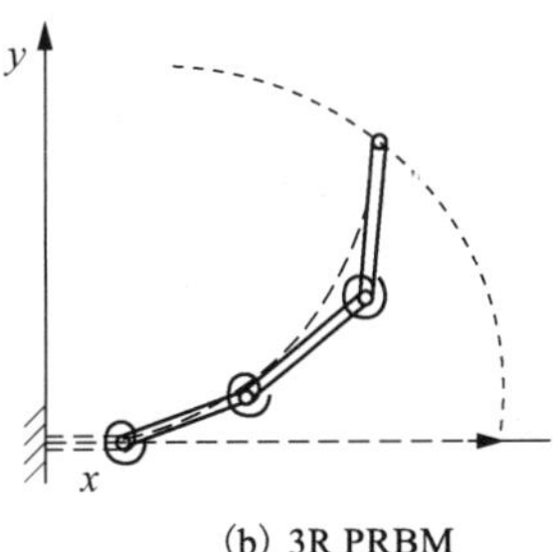

(b) 3R PRBM

Fig.1

Su[17] proposed a 3R PRBM that comprises four rigid links joined by three revolute joints and three torsion springs as shown in Fig.1 (b). It is well known that a 3R manipulator that has 3 DOF can accomplish accurately arbitrary location and pose of a planar link or beam, so the 3R PRBM can predict both the path and deflection angle of a flexural beam in a larger range compared with the 1R PRBM. The greatest strength of the 3R PRBM is its load independence no matter what kind of end-load is applied. The condition of load independence is satisfied by limiting the spring stiffness for two extreme loads, pure moment and vertical force. The benefit of load independence is critical for applications where loads vary significantly. However, the limitation of the 3R PRBM is that the inverse kinematic solution is harsh because three pseudo-rigid-body angles can be obtained only when the three parameters of beam end (two location parameters and one pose angle) must be fully given and so the computation time is very long. This may lead to the difficulty in the dynamics of compliant mechanisms.

On contrast, a 2R PRBM that has 2 DOF can provide a better solution for the angular deflection approximation than the 1R PRBM, and only two location parameters of the beam end are needed to solve and so the inverse kinematic solution of the 2R PRBM is much simpler than that of the 3R PRBM. This is significant to the dynamic analysis and design of compliant mechanisms.

In order to improve the modeling accuracy of the 1R PRBM and computation consumption of the 3R PRBM for the further study on the dynamics of compliant mechanisms, a 2R PRBM is proposed at first in this study. Three typical flexural cantilever beams with different end loads and the corresponding 2R PRBM are presented. The method of parametric approximation to the deflection path and deflection angle of the flexural beam is then introduced to optimize the characteristic radius factors and a linear regression for the spring stiffness coefficient of the 2R PRBM is presented. From the viewpoint of deformation energy, a comparison among the various kinds of PRBM and the flexural beam is made. An application example of compliant mechanism is also presented using the 2R PRBM. Some conclusions are made finally.

2. 2R PRBM with end force

2.1 Kinematical analysis

Fig.2 shows a flexural cantilever beam with a force at free end and the corresponding 2R PRBM. The path of the beam end may be accurately modeled by three rigid links joined at two pivots. Torsion springs represent the resistance of the beam deflection. Referencing to the 1R PRBM[1] and 3R PRBM[17], the length of each rigid link in the 2R PRBM is $\gamma_i l$ (i=0,1,2), and γ_i is called the characteristic radius factor. The product $\gamma_i l$ is the characteristic radius. The pseudo-rigid-body approximation will be used to parameterize the deflection path, angular deflection of beam end, and the pseudo-rigid-body angle represented by the load–deflection relations in Θ_i (i=1,2). The slope angle of the 2R PRBM is the angle between the pseudo-rigid-body link $\gamma_i l$ (i=1,2) and its undeflected position, $\Theta = \Theta_1 + \Theta_2$, as shown in Fig.2 (b).

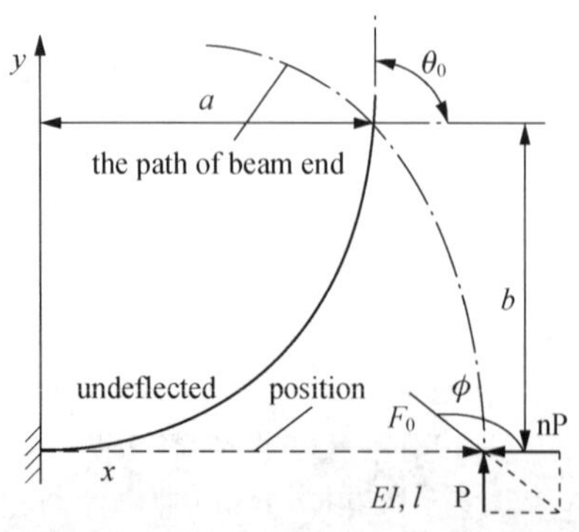

(a) Flexural cantilever beam with end force

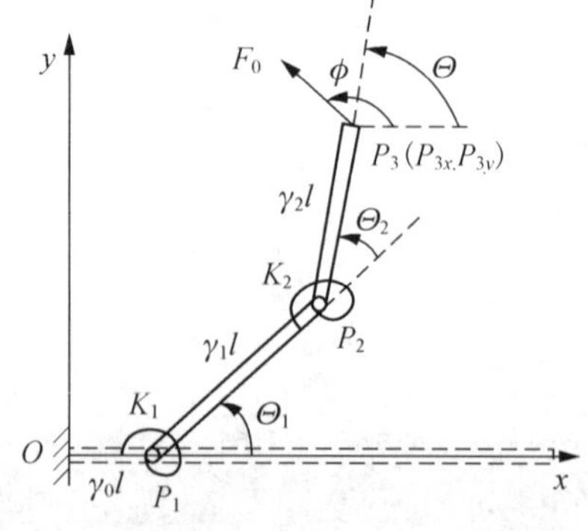

(b) Corresponding 2R PRBM

Fig.2

Similar to the 1R PRBM, the nomenclature in this study is presented as follows. The coordinates x and y of the beam deflection are a and b. The vertical component of the force is P. The axial force is nP (where a positive value of n represents a compressive force applied in the undeflected beam). F is the total force and

$$F = P\sqrt{n^2+1} \tag{1}$$

The angle of this force ϕ is

$$\phi = \arctan\frac{1}{-n} \tag{2}$$

The negative sign allows the arctangent function to be corrected in the proper quadrant.

The deflection angles of two torsion springs are Θ_1, Θ_2. The characteristic radius factors of three pseudo-rigid-body links are γ_0, γ_1, γ_2, and satisfying

$$\gamma_0+\gamma_1+\gamma_2=1 \tag{3}$$

The end point $P_3=(P_{3x},P_{3y})^{\mathrm{T}}=\left(a/l,b/l\right)^{\mathrm{T}}$ and the slope angle Θ of 2R PRBM are

$$\begin{cases} P_{3x}=\gamma_0+\gamma_1 c_1+\gamma_2 c_{12} \\ P_{3y}=\gamma_1 s_1+\gamma_2 s_{12} \\ \Theta=\Theta_1+\Theta_2 \end{cases} \tag{4}$$

Where, $c_1=\cos\Theta_1$, $s_1=\sin\Theta_1$, $c_{12}=\cos\Theta$, and $s_{12}=\sin\Theta$.

Inversely, if the end point P_3 is given, each pseudo-rigid-body angle Θ_i (i=1, 2) can be obtained from the inverse kinematics of the 2R PRBM. The vector from P_1 to P_3 is $P_{13}=(P_x,P_y)^{\mathrm{T}}$ and

$$P_x=P_{3x}-\gamma_0 \tag{5}$$

$$P_y=P_{3y} \tag{6}$$

$$\Theta_2=\cos^{-1}\left(\frac{P_x^2+P_y^2-\gamma_1^2-\gamma_2^2}{2\gamma_1\gamma_2}\right) \tag{7}$$

$$\Theta_1=\cos^{-1}\frac{P_x\left(P_x^2+P_y^2+\gamma_1^2-\gamma_2^2\right)\pm P_y\sqrt{4\gamma_1^2\left(P_x^2+P_y^2\right)-\left(P_x^2+P_y^2+\gamma_1^2-\gamma_2^2\right)^2}}{2\gamma_1\left(P_x^2+P_y^2\right)} \tag{8}$$

For a convenient comparison, we set n = 0, i.e. the beam end is applied with a vertical force. For the 1R PRBM with n=0, the characteristic radius factor γ is 0.8517. Here, we define the characteristic radius factor of the horizontal link of fixed end as γ_0, and $\gamma_0=1-\gamma=0.1483$. This definition will be helpful to show the effect of γ_0 in the 2R PRBM.

When the deflection angle of beam θ_0 is given, the position of end point P_3 (P_{3x},P_{3y}) can be obtained from the elliptic integral method[1, 18-20]. Substituting (P_{3x},P_{3y}) into Eqs. (5)~(8) with a given γ_0 to calculate the pseudo-rigid-body angles, an exclusive θ_0 can be determined with a certain γ_0 from the relation $\Theta_2=0$ no matter what values of γ_1 and γ_2 are. γ_0 means that link P_1P_2 and link P_2P_3 are collinear.

Therefore, in the 2R PRBM, γ_0 decides the deflection angle of the beam to be simulated when $\Theta_2=0$, i.e. the farthest end point the 2R PRBM can reach. For example, if γ_0=0.12, the deflection angle of beam to be simulated is 85.302° when $\Theta_2=0$. That is to say, no matter what values of γ_1 and γ_2 are, link P_1P_2 and link P_2P_3 are collinear in the same position of the beam end. The deflection angle of beam becomes much smaller if γ_0 is increased. It should be noted that if $\Theta_2=0$, the 2R PRBM is equivalent to the 1R PRBM. For the convenience in the following part, we can define here that the deflection angle of the beam as the limit angle of the 2R PRBM θ_{limit} when $\Theta_2 = 0$, the scope of $(0 \sim \theta_{\text{limit}})$ is the action scope. The limit angles θ_{limit} and action scopes with different γ_0 are listed in Table 1.

Table 1 Limit angle θ_{limit} and action scope with different γ_0

γ_0	Limit angle/(°)	Action scope/(°)
0.06	89.9	0~89.9
0.08	89.7	0~89.7
0.1	88.5	0~88.5
0.12	85.3	0~85.3
0.14	77.1	0~77.1

2.2 Parametric approximation to deflection angle of beam

The 1R PRBM keeps the path of the beam end accurate approximately in a certain range, but the slope angle at the beam end of 1R PRBM provides some error as shown in Fig.3. Therefore, the constant c_θ, called the parametric angle coefficient, is proposed with the relation $\theta_0 = c_\theta \Theta$. For the 2R PRBM, a parametric approximation is performed for the deflection angle of the beam to improve the 1R PRBM. The limit of angle error is the main consideration in the optimization of characteristic radius factors.

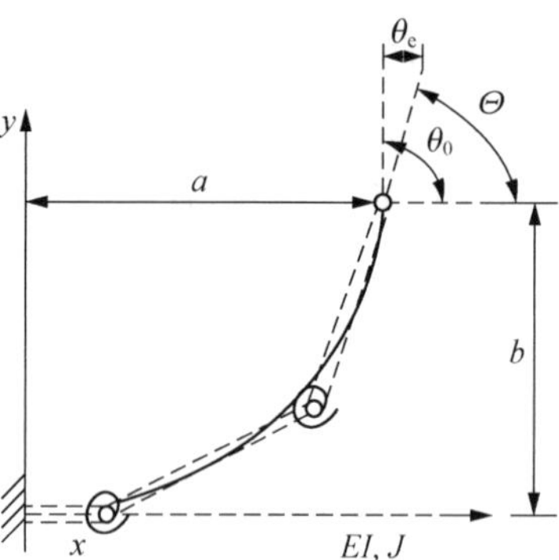

Fig.3 Determination of error in angular deflection approximation

The acceptable values for each characteristic radius factor γ_i can be determined from the maximum acceptable percentage error in the angle deflection. The value of γ_i can be obtained by solving a group of characteristic radius factor γ_i subject to the parametric constraints

$$f(\Theta) = \left|\frac{\theta_e}{\theta_0}\right| = \left|\frac{\Theta - \theta_0}{\theta_0}\right| \leqslant \left|\left(\frac{\Theta - \theta_0}{\theta_0}\right)_{\max}\right|, \quad 0 < \theta < \theta_0 \tag{9}$$

Where, θ_e is the absolute angle error, and $\frac{\theta_e}{\theta_0}$ is the relative angle error. θ_0 is the deflection angle of the beam. Θ is the slope angle of the 2R PRBM with a relation $\Theta = \Theta_1 + \Theta_2$, Θ_1 and Θ_2 are determined from Eqs. (8) and (7). The position of end point P_3 can be obtained from the elliptic-integral approach. Fig.3 shows the angle error in the parametric approximation.

The maximum deflection angle of the beam can be defined as the parametric maximum angle $\theta_{0\max}$. In the range of acceptable error, the deflection angle at the beam end and the slope angle in 2R PRBM are equal approximately. The goal of parametric approximation to the deflection angle of beam is to diminish the angle error existed in the 1R PRBM.

2.3 Characteristic radius factors

The optimization technique described above is used to find the optimal value of characteristic radius factors γ_i. In fact, this is a two-dimensional searching process. Fig.4 shows the optimization flow chart.

The main idea of the optimization algorithm is to find the characteristic radius factors γ_i through two-dimensional search technique to satisfy the maximum deflection angle of the beam, θ_0, within the limit of maximum angle error. To achieve this goal, one can set $\left|\left(\dfrac{\Theta-\theta_0}{\theta_0}\right)_{\max}\right|=1\%$, divide the range of $\gamma_i \in [0, 1]$ (i=0,1,2) with step size 0.02, use the mathematical tool software MATLAB, and finally gain the optimal characteristic radius factors. When n=0, the values of characteristic radius factors are obtained as follows.

$$\gamma_0 = 0.1,\ \gamma_1 = 0.54,\ \gamma_2 = 0.36$$

This result represents that the approximation of angle error is smaller than 1% with the parametric maximum angle $\theta_{0\max}$=83.5°. In this range, the simulation of the path of the beam end is highly accurate. The error between the slope angle of 2R PRBM and the deflection angle of flexural beam is smaller than 1%, as shown in Fig.5. Therefore, in the applications of the 2R PRBM, the slope angle of the 2R PRBM can be considered nearly the same as the deflection angle of the beam.

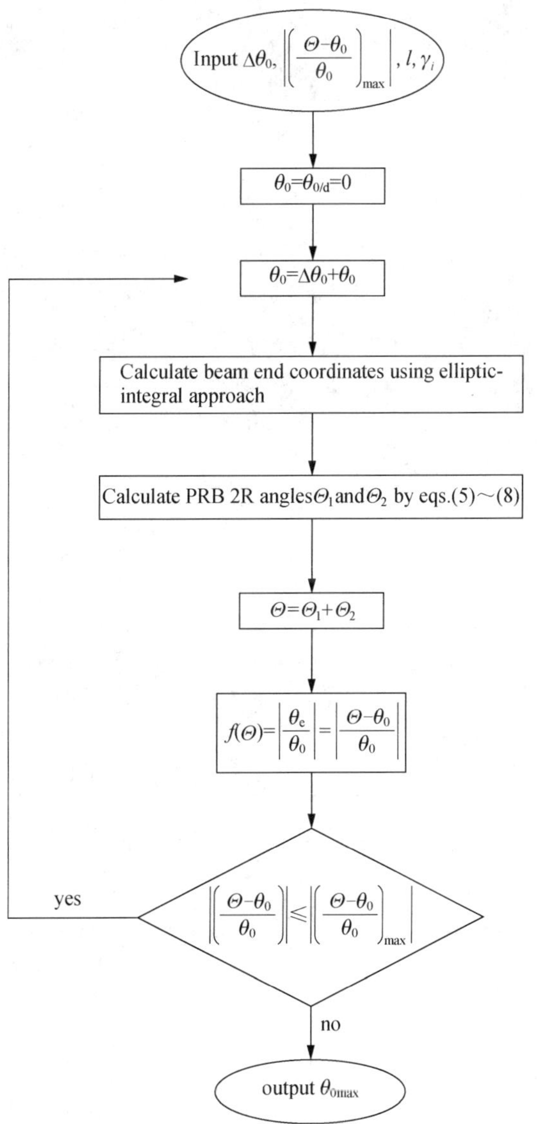

Fig.4　Optimization of characteristic radius factors

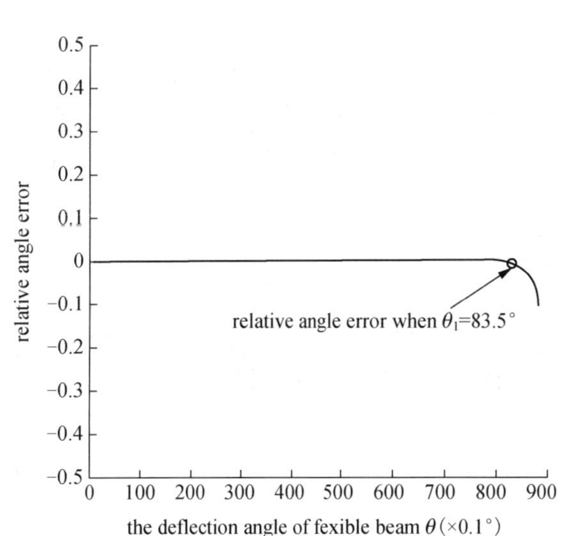

Fig.5　Relative error between slope angle of 2R PRBM and deflection angle of beam

2.4 Stiffness coefficient and spring constant

The resistance to deflection of the flexural beam may be described by the nondimensionalized torsion spring constant $K_{\Theta i}$, called the stiffness coefficient. Combined with the geometric and material properties, the stiffness coefficient is used to determine the spring constant of the torsion spring in the 2R PRBM.

For a given external load exerted at the end of the 2R kinematic chain, the torques at the two pivots is

$$\begin{Bmatrix} \tau_1 \\ \tau_2 \end{Bmatrix} = \left[\boldsymbol{J}^{\mathrm{T}} \right] \begin{Bmatrix} F_x l \\ F_y l \end{Bmatrix} \tag{10}$$

where, $F_x = F_0 \cos\phi$ and $F_y = F_0 \sin\phi$. The matrix $\left[\boldsymbol{J}^{\mathrm{T}} \right]$ is

$$\left[\boldsymbol{J}^{\mathrm{T}} \right] = \begin{bmatrix} -\gamma_1 s_1 - \gamma_2 s_{12} & \gamma_1 c_1 + \gamma_2 c_{12} \\ -\gamma_2 s_{12} & \gamma_2 c_{12} \end{bmatrix}$$

The spring torque is proportional to the pseudo-rigid-body angles, i.e.

$$\begin{Bmatrix} K_1 \Theta_1 \\ K_2 \Theta_2 \end{Bmatrix} = \left[\boldsymbol{J}^{\mathrm{T}} \right] \begin{Bmatrix} F_x l \\ F_y l \end{Bmatrix} \tag{11}$$

And

$$\begin{cases} \begin{bmatrix} \Theta_1 & 0 \\ 0 & \Theta_2 \end{bmatrix} \begin{Bmatrix} K_1 \\ K_2 \end{Bmatrix} = \left[\boldsymbol{J}^{\mathrm{T}} \right] \begin{Bmatrix} F_x l \\ F_y l \end{Bmatrix} \\ \begin{bmatrix} 1/\Theta_1 & 0 \\ 0 & 1/\Theta_2 \end{bmatrix} \begin{bmatrix} \Theta_1 & 0 \\ 0 & \Theta_2 \end{bmatrix} \begin{Bmatrix} K_1 \\ K_2 \end{Bmatrix} = \begin{bmatrix} 1/\Theta_1 & 0 \\ 0 & 1/\Theta_2 \end{bmatrix} \left[\boldsymbol{J}^{\mathrm{T}} \right] \begin{Bmatrix} F_x l \\ F_y l \end{Bmatrix} \\ \begin{Bmatrix} K_1 \\ K_2 \end{Bmatrix} = \begin{bmatrix} 1/\Theta_1 & 0 \\ 0 & 1/\Theta_2 \end{bmatrix} \left[\boldsymbol{J}^{\mathrm{T}} \right] \begin{Bmatrix} F_x l \\ F_y l \end{Bmatrix} \end{cases} \tag{12}$$

$\begin{Bmatrix} K_1 \\ K_2 \end{Bmatrix}$ can be written in the following form

$$\begin{Bmatrix} K_1 \\ K_2 \end{Bmatrix} = \begin{Bmatrix} \gamma_1 K_{\Theta 1} \\ \gamma_2 K_{\Theta 2} \end{Bmatrix} (EI/l) \tag{13}$$

$$\begin{Bmatrix} K_{\Theta_1} \\ K_{\Theta_2} \end{Bmatrix} = \begin{bmatrix} 1/\Theta_1 & 0 \\ 0 & 1/\Theta_2 \end{bmatrix} \left[\boldsymbol{J}^{\mathrm{T}} \right] \begin{Bmatrix} \dfrac{F_x l^2}{\gamma_1 EI} \\ \dfrac{F_y l^2}{\gamma_2 EI} \end{Bmatrix} \tag{14}$$

$$\begin{Bmatrix} K_{\Theta_1} \\ K_{\Theta_2} \end{Bmatrix} = [H]^{\mathrm{T}} \begin{Bmatrix} \alpha^2 \cos\phi \\ \alpha^2 \sin\phi \end{Bmatrix} \tag{15}$$

Where,

$$[H]^{\mathrm{T}} = \begin{bmatrix} 1/\Theta_1 & 0 \\ 0 & 1/\Theta_2 \end{bmatrix} \left[\boldsymbol{J}^{\mathrm{T}} \right]$$

$$\alpha^2 = \frac{F_0 l^2}{EI}$$

For the 2R PRBM of beam with a vertical force, φ=90°

$$\begin{Bmatrix} K_{\Theta 1} \\ K_{\Theta 2} \end{Bmatrix} = [H]^{\mathrm{T}} \begin{Bmatrix} 0 \\ \alpha^2 \end{Bmatrix}$$

and therefore,

$$K_{\Theta 1} = \frac{\alpha^2(\gamma_1 \cos\Theta_1 + \gamma_2 \cos\Theta)}{\Theta_1}$$
$$K_{\Theta 2} = \frac{\alpha^2(\gamma_2 \cos\Theta)}{\Theta_2} \tag{16}$$

For the equations above, a linear regression process[21] is applied here to determine the approximated values of spring stiffness coefficients. The results are presented in Figs. 6 and 7.

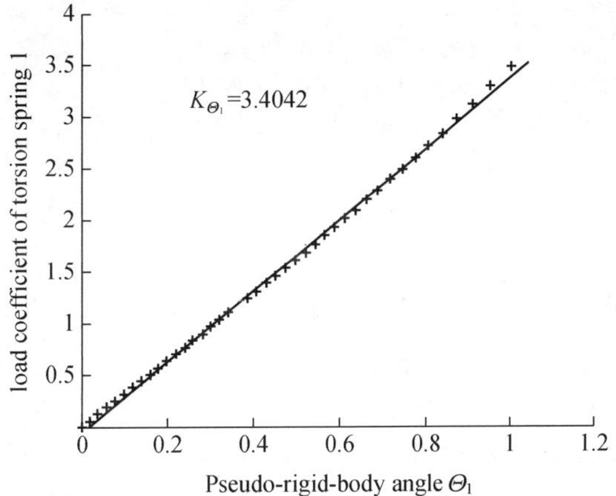

Fig.6　Linear regress of K_{Θ_1} for 2R PRBM with end force

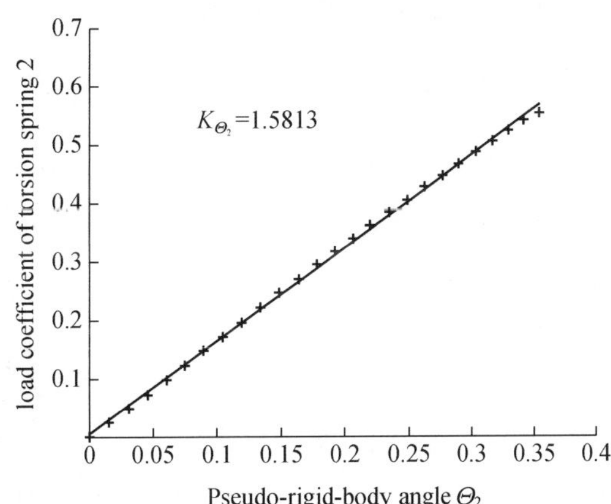

Fig.7　Linear regress of K_{Θ_2} for 2R PRBM with end force

The spring constant K_1, K_2 depends on the stiffness coefficient K_{Θ_1}, K_{Θ_2}, geometry I/l, characteristic radius factor γ_1, γ_2 and material properties E, i.e.

$$\begin{cases} K_1 = \gamma_1 K_{\Theta_1} \dfrac{EI}{l} \\ K_2 = \gamma_2 K_{\Theta_2} \dfrac{EI}{l} \end{cases} \tag{17}$$

Now, the five key characteristic parameters of the 2R PRBM with a vertical end force have been determined and can be summarized as follows:

$$\gamma_0 = 0.1, \quad \gamma_1 = 0.54, \quad \gamma_2 = 0.36, \quad K_{\Theta_1} = 3.4042, \quad K_{\Theta_2} = 1.5813$$

2.5 Comparison of tip locus between flexural beam and PRBMs

Fig.8 shows the tip locus of the flexural beam, 1R PRBM, 2R PRBM and 3R PRBM with end force load when n=0.

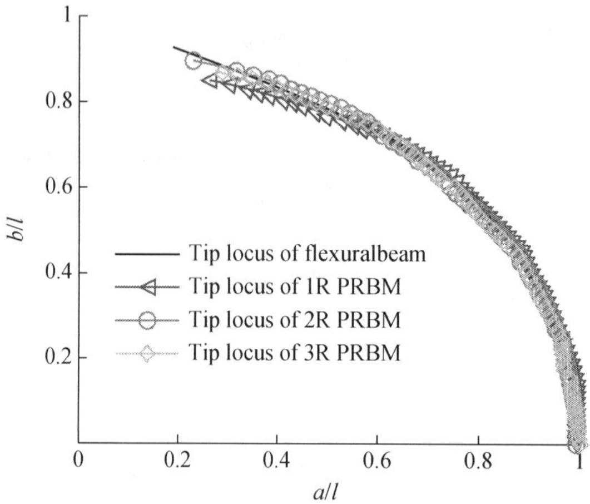

Fig.8 Comparison of tip locus between flexural beam and PRBMs with end forces

From the figure, it can be seen that the locus of the 2R PRBM and the 3R PRBM is much closer to the one of the flexural beam than that of the 1R PRBM. The curve of the 1R PRBM deviates the locus of the flexural beam at $\theta_{0\max}$=77.1° while that of the 2R PRBM does at θ_{limit}=88.5° with only an error less than 1%. In this case, the error of deflection path for the 1R PRBM is over 3% at θ_{limit}=88.5°. Therefore, it can be concluded that the 2R PRBM has a higher simulation precision than the 1R PRBM.

2.6 Characteristic parameters of 2R PRBM with different force loads

The discussion above is focused on the case of a flexural beam with a vertical force load. The other cases for the beams with different force loads can be obtained in a similar way and the corresponding results for the characteristic parameters of the 2R PRBM are listed in Table 2. This result indicates that the 2R PRBM can be used to simulate the deflection of flexural beams with various force loads.

Table 2 Characteristic parameters of 2R PRBM different force loads

n	φ/(°)	γ_0	γ_1	γ_2	$\theta_{0\max}$/(°)	K_{Θ_1}	K_{Θ_2}	range of θ_{limit}/(°)
0.0	90.0	0.1	0.54	0.36	83.5	3.4042	1.5813	0~ 88.5
0.5	116.6	0.1	0.54	0.36	112.7	3.2544	1.1983	0~ 115.5
1.0	135.0	0.12	0.56	0.32	123.4	2.2432	1.0517	0~ 132.4
1.5	146.3	0.12	0.56	0.32	138.5	1.8218	0.8040	0~ 144.4
2.0	153.4	0.12	0.56	0.32	110.0	1.3378	0.6840	0~ 151.9
3.0	161.6	0.1	0.54	0.36	105.3	1.0140	0.4922	0~ 161.3
4.0	166.0	0.1	0.54	0.36	106.1	0.7740	0.3816	0~ 165.7
5.0	168.7	0.1	0.54	0.36	106.6	0.6239	0.3105	0~ 168.6
7.5	172.4	0.1	0.54	0.36	107.4	0.4187	0.2109	0~ 172.2
10.0	174.3	0.1	0.54	0.36	107.8	0.3145	0.1595	0~ 174.1
−0.5	63.4	0.08	0.52	0.4	62.3	3.5169	1.3174	0~ 63.0
−1.0	45.0	0.08	0.52	0.4	44.6	2.7519	1.0613	0~ 43.9
−1.5	33.7	0.08	0.52	0.4	32.8	2.1501	0.8038	0~ 33.4
−2.0	26.6	0.08	0.52	0.4	25.8	1.7358	0.6465	0~ 26.3

Contd...

n	φ/(°)	γ_0	γ_1	γ_2	$\theta_{0\,max}$/(°)	K_{Θ_1}	K_{Θ_2}	range of θ_{limit}/(°)
−3.0	18.4	0.08	0.52	0.4	17.9	1.2093	0.4507	0~ 18.2
−4.0	14.0	0.08	0.52	0.4	13.6	0.9242	0.3536	0~ 13.9
−5.0	11.3	0.08	0.52	0.4	10.9	0.7519	0.2567	0~ 11.2

3. 2R PRBM with end moment

A flexural beam with a moment at free end as shown in Fig.9 (a) is considered now. Similar to the case of beam with end force discussed in Section 2, the 2R PRBM of cantilever beam with end moment can be presented in Fig.9 (b).

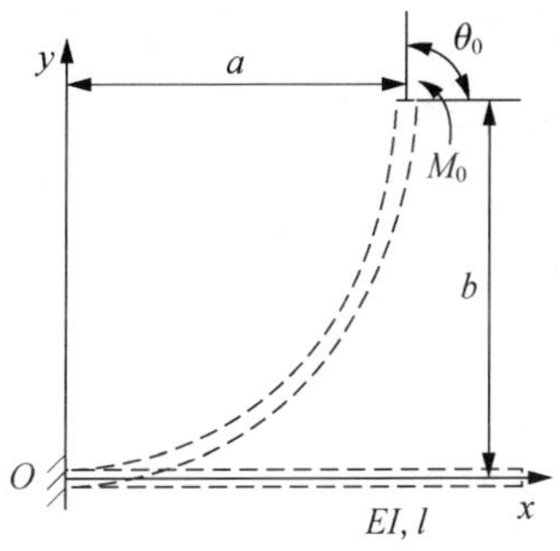

(a) Cantilever beam with end moment

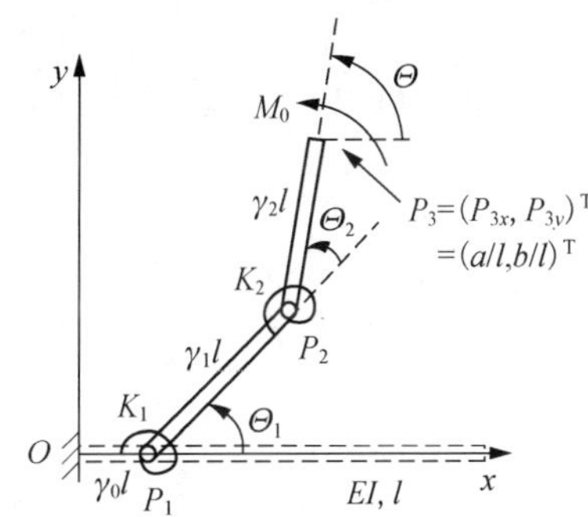

(b) Corresponding 2R PRBM

Fig.9

For a given external load M_0 exerted at the end of the 2R kinematic chain as shown in Fig.9, both of the torques at two pivots are equal to M_0

$$\begin{Bmatrix}\tau_1\\ \tau_2\end{Bmatrix}=\begin{Bmatrix}M_0\\ M_0\end{Bmatrix} \tag{18}$$

The spring torque is proportional to the pseudo-rigid-body angles, i.e.

$$\begin{Bmatrix}K_1\Theta_1\\ K_2\Theta_2\end{Bmatrix}=\begin{Bmatrix}M_0\\ M_0\end{Bmatrix} \tag{19}$$

and

$$\begin{cases}\begin{bmatrix}\Theta_1 & 0\\ 0 & \Theta_2\end{bmatrix}\begin{Bmatrix}K_1\\ K_2\end{Bmatrix}=\begin{Bmatrix}M_0\\ M_0\end{Bmatrix}\\ \begin{bmatrix}1/\Theta_1 & 0\\ 0 & 1/\Theta_2\end{bmatrix}\begin{bmatrix}\Theta_1 & 0\\ 0 & \Theta_2\end{bmatrix}\begin{Bmatrix}K_1\\ K_2\end{Bmatrix}=\begin{bmatrix}1/\Theta_1 & 0\\ 0 & 1/\Theta_2\end{bmatrix}\begin{Bmatrix}M_0\\ M_0\end{Bmatrix}\\ \begin{Bmatrix}K_1\\ K_2\end{Bmatrix}=\begin{bmatrix}1/\Theta_1 & 0\\ 0 & 1/\Theta_2\end{bmatrix}\begin{Bmatrix}M_0\\ M_0\end{Bmatrix}\end{cases} \tag{20}$$

$\begin{Bmatrix}K_1\\ K_2\end{Bmatrix}$ is written in the following form

$$\begin{Bmatrix}K_1\\ K_2\end{Bmatrix}=\begin{Bmatrix}\gamma_1 K_{\Theta_1}\\ \gamma_2 K_{\Theta_2}\end{Bmatrix}(EI/l)$$

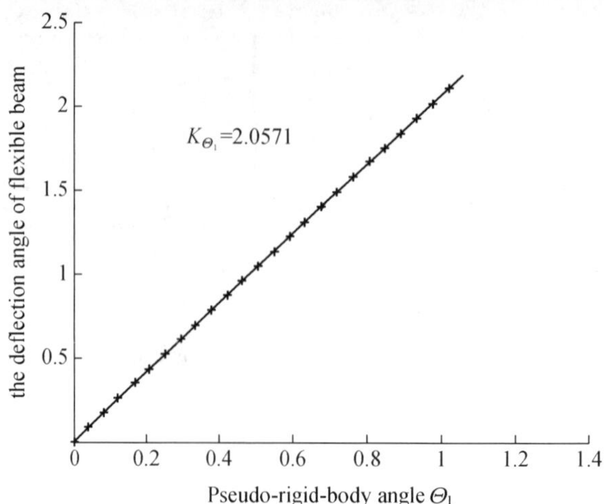

Fig.10　Linear regress of $K_{\Theta 1}$ for 2R PRBM with end moment

so

$$\begin{Bmatrix} K_{\Theta_1} \\ K_{\Theta_2} \end{Bmatrix} = \begin{bmatrix} \frac{1}{\Theta_1} & 0 \\ 0 & \frac{1}{\Theta_2} \end{bmatrix} \begin{Bmatrix} \dfrac{M_0 l}{\gamma_1 EI} \\ \dfrac{M_0 l}{\gamma_2 EI} \end{Bmatrix}$$

$$\begin{Bmatrix} K_{\Theta_1} \\ K_{\Theta_2} \end{Bmatrix} = \begin{bmatrix} \frac{1}{\Theta_1} & 0 \\ 0 & \frac{1}{\Theta_2} \end{bmatrix} \begin{Bmatrix} \dfrac{\theta_0}{\gamma_1} \\ \dfrac{\theta_0}{\gamma_2} \end{Bmatrix} \tag{21}$$

where,

$$\theta_0 = \frac{M_0 l}{EI}$$

The final results are

$$\begin{cases} K_{\Theta 1} = \dfrac{\theta_0}{\gamma_1 \Theta_1} \\ K_{\Theta 2} = \dfrac{\theta_0}{\gamma_2 \Theta_2} \end{cases} \tag{22}$$

A similar method of linear regress applied to the 2R PRBM with end force can be used here to find the approximated values of spring stiffness coefficient for the 2R PRBM with end moment. The results are presented in Figs. 10 and 11.

The characteristic radius factors γ_i of the 2R PRBM with end moment can also be determined similarly using the optimization technique for the 2R PRBM with end force presented in Section 2.When the parametric maximum angle is $\theta_{0\,\max}$=124.7°, the results are as follows.

$$\gamma_0 = 0.16, \quad \gamma_1 = 0.66, \quad \gamma_2 = 0.18$$

Now, the five characteristic parameters of the 2R PRBM with end moment can be summarized as follows:

$$\gamma_0 = 0.16, \quad \gamma_1 = 0.66, \quad \gamma_2 = 0.18, \quad K_{\Theta 1} = 2.0571, \quad K_{\Theta 2} = 1.9175$$

Fig.12 shows the tip locus of the flexural beam, 1R PRBM, 2R PRBM and 3R PRBM with end moment load.

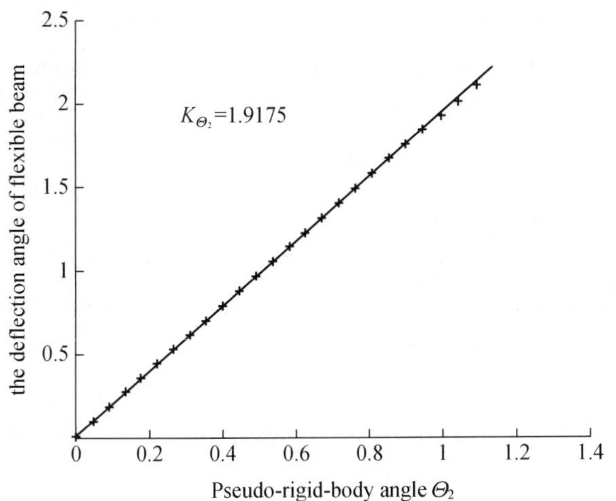

Fig.11 Linear regress of $K_{\Theta 2}$ for 2R PRBM with end moment

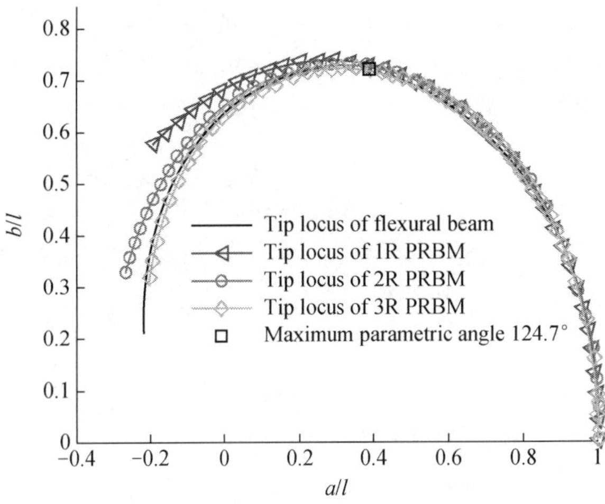

Fig.12 Comparison of tip locus between flexural beam and PRBMs with end moments

From the figure, it can be seen that the locus of the 2R PRBM and 3R PRBM is very close to the locus of the flexural beam in a large range of maximum parametric angle（0°~124.7°）while the curve of 1R PRBM deviates a lot from that angle. The relative error of the 2R PRBM at θ_{limit}=124.7° is just less than 0.12%. However, the error of the 1R PRBM is over 1.31%（about 10 times）in this case. Although the curve of 2R PRBM has a little difference from that of 3R PRBM and flexural beam after θ_{limit}=124.7°, the relative error is less than 1%. This result indicates that the 2R PRBM has a high precision in modeling the large deflection beam with end moment load.

It can be concluded now from the two cases discussed above that the 1R PRBM is valid to simulate the deflection path of a flexural beam end only, but not the deflection angle. On contrast, the 2R PRBM, similar to the 3R PRBM, is effective to perform an accurate modeling for both the deflection path and deflection angle of a flexural beam.

4. 2R PRBM with combined end force and moment

Now, let's consider the general and complicated case of a flexural beam with both end force and moment loads. It has been shown above that although the 2R PRBM has the advantage of improving simulation precision of the 1R PRBM and reducing iterative process of the 3R PRBM, the model parameters of the 2R PRBM are still dependent on the loading conditions because it has 2 DOF only. Therefore, it is difficult to use the 2R PRBM to solve the complicated problem of a flexural beam with combined force and moment load. A simple method is proposed here to overcome the problem. The characteristic parameters of the 2R PRBM with combined loads can be obtained by limiting the spring stiffness coefficients with two extreme end loads, the pure moment and the vertical force, in the optimization. So, the characteristic radius factors of the 2R PRBM with end force and moment can be determined and presented directly as follows.

$$\gamma_0 = 0.1, \quad \gamma_1 = 0.44, \quad \gamma_2 = 0.46$$

The spring stiffness coefficients of the 2R PRBM with pure end moment can be also determined

$$K_{\text{m1}} = 3.4403, \quad K_{\text{m2}} = 2.0596$$

And those with vertical end force are

$$K_{f1}=3.5629,\quad K_{f2}=2.0938$$

It can be seen that the spring stiffness coefficients of the 2R PRBM for the two extreme end loads are very close, therefore the spring stiffness coefficients of the 2R PRBM with combined end force and moment can be determined easily as the average values of the two extreme conditions as follows.

$$K_{\Theta 1}=3.4710,\quad K_{\Theta 2}=2.0682$$

This simple method can be useful for the complicated case of combined force and moment loads.

It should also be noted that although the 2R PRBM discussed above is proposed for the general case of modeling the flexural beam with end moment load acting in the same direction as the end force, it can also be applied to the special case for modeling the flexural beam with inflection points when the end moment load acts in the opposite direction as the end force. This was well illustrated in Ref. [16]. The model structures of the 2R PRBM in these two cases are the same, but their characteristic parameters may be different.

5. Deformation energies in PRBMs

The advantage of the 2R PRBM can be illustrated further from the point of view of deformation energy in this section. The deflection occurs when an external load is applied to the flexural beam, and the strain energy is stored in the beam. For the PRBM, the deformation energy is stored in the torsion springs. Therefore, the ability of deformation energy storage is an important criterion for the evaluation of PRBM, especially in the dynamics of compliant mechanisms. The strain energies in the flexural beam and the deformation energies in various PRBMs are investigated as follows.

5.1 Strain energy in a flexural beam

It is known from the elastic mechanics that the strain energy of a flexural beam with large deflection can be presented in the general form as

$$U=\int_0^{\theta_0} M\mathrm{d}\theta \tag{23}$$

For the end moment load, we have

$$M=\frac{EI}{l}\theta \tag{24}$$

So, the strain energy of the beam can be determined as

$$U=\int_0^{\theta_0}\frac{EI}{l}\theta\mathrm{d}\theta=\frac{1}{2}\frac{EI}{l}\theta_0^2 \tag{25}$$

Where, θ_0 is the deflection angle of the beam end.

For the case of vertical end force load, it is known that

$$\mathrm{d}\theta=\frac{M\mathrm{d}x}{EI} \tag{26}$$

$$M=F(a-x) \tag{27}$$

So, the strain energy of the beam can be presented as

$$U=\int_0^{\theta_0} M\mathrm{d}\theta=\int_0^a\frac{M^2\mathrm{d}x}{EI}=\int_0^a\frac{F^2(a-x)^2\mathrm{d}x}{EI}=\frac{1}{3}\frac{F^2}{EI}a^3 \tag{28}$$

Using the lateral load factor

$$\alpha^2 = \frac{Fl^2}{EI} \tag{29}$$

and

$$\frac{a}{l} = \frac{1}{\alpha\eta^{5/2}}\left\{-n\eta\left[F(t)+F(\gamma,\ t)+2(E(\gamma,\ t)-E(t))\right]+\sqrt{2\eta(\eta+\lambda)}\cos\gamma\right\} \tag{30}$$

details about Eqs. (29) and (30) can be seen in Ref. [1], Eq. (28) becomes

$$U = \frac{1}{3}\frac{EI}{l}\left(\frac{a}{l}\right)^3\alpha^4 \tag{31}$$

Therefore, the strain energy of the beam can be determined by the elliptic integral method[1, 18-20].

5.2 Deformation energies in PRBMs

The deformation energies of various PRBMs are stored in the torsion springs and can be presented generally as follows.

$$U_{\text{PRBM}} = \frac{1}{2}\sum_i K_i\Theta_i^2 = \frac{1}{2}\frac{EI}{l}\sum_i \gamma_i K_{\Theta i}\Theta_i^2 \tag{32}$$

For the 1R PRBM,

$$U_{1\text{R}} = \frac{1}{2}K\Theta^2 = \frac{1}{2}\frac{EI}{l}\gamma K_\Theta\Theta^2 \tag{33}$$

For the 2R PRBM,

$$U_{2\text{R}} = \frac{1}{2}K_1\Theta_1^2 + \frac{1}{2}K_2\Theta_2^2 = \frac{1}{2}\frac{EI}{l}\left(\gamma_1 K_{\Theta 1}\Theta_1^2 + \gamma_2 K_{\Theta 2}\Theta_2^2\right) \tag{34}$$

For the 3R PRBM,

$$U_{3\text{R}} = \frac{1}{2}K_1\Theta_1^2 + \frac{1}{2}K_2\Theta_2^2 + \frac{1}{2}K_3\Theta_3^2 = \frac{1}{2}\frac{EI}{l}\left(\gamma_1 K_{\Theta 1}\Theta_1^2 + \gamma_2 K_{\Theta 2}\Theta_2^2 + \gamma_3 K_{\Theta 3}\Theta_3^2\right) \tag{35}$$

Comparing Eqs. (32) ~ (35) with Eqs. (25) and (31), it can be seen that the deformation energies of various PRBMs can be obtained easily by simple calculation, but the determination of strain energy in a flexural beam, especially for the case of end force load, is more complicated by using the elliptic integrals or numerical methods. This is one advantage of the PRBMs.

5.3 Comparison between flexural beam and PRBMs

From the equations above, a comparison between the strain energy in the flexural beam and the deformation energies in the PRBMs with force and moment loads can be presented now.

Firstly, the case of end moment is discussed. The characteristic parameters of the PRBMs are listed as follows.

For the 1R PRBM,

$$\gamma = 0.7346,\quad K_\Theta = 2.0643$$

For the 2R PRBM,

$$\gamma_0 = 0.16,\quad \gamma_1 = 0.66,\quad \gamma_2 = 0.18,\quad K_{\Theta 1} = 2.0571,\quad K_{\Theta 2} = 1.9175$$

For the 3R PRBM,

$$\gamma_0 = 0.1,\quad \gamma_1 = 0.35,\quad \gamma_2 = 0.4,\quad \gamma_3 = 0.15,\quad K_{\Theta 1} = 3.51,\quad K_{\Theta 2} = 2.99,\quad K_{\Theta 3} = 2.58$$

With these parameters, the strain energy in the flexural beam and the deformation energies in the PRBMs with end moments can be obtained from Eqs. (25), (33) ~ (35) when the deflection angle of the beam θ_0 is given. The numerical results are shown in Fig.13. It should be noted that because there is a common part of constant $\frac{EI}{l}$ in Eqs. (25), (31), (33) ~ (35) and so this part is not necessary for the comparison between the strain energy in the flexural beam and the deformation energies in the PRBMs. Therefore, the numerical results presented here do not include this part and the strain or deformation energies in the figures are the nondimensionalized values.

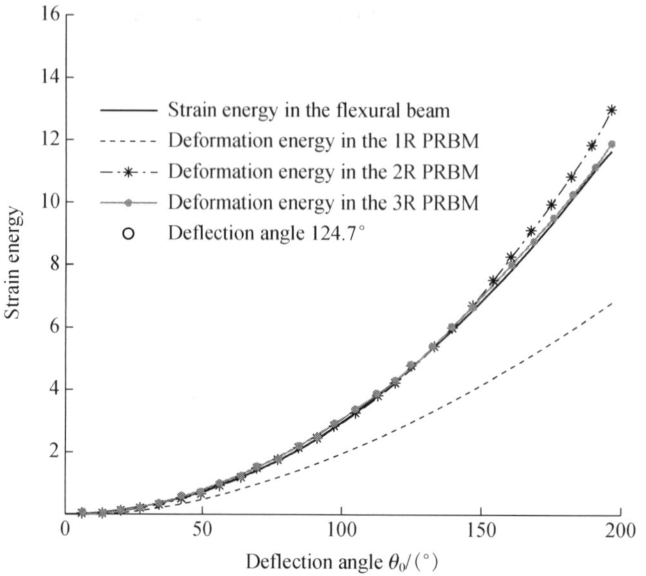

Fig.13　Comparisons between flexural beam and PRBMs with end moments

It can be seen from the figure that the curves of deformation energy for the 2R PRBM and 3R PRBM are approximately coincident with that of the flexural beam in the most range of the maximum parametric angle while the curve of 1R PRBM deviates a lot. When the deflection angle of the beam is at the maximum parametric angle (124.7°), the strain energy in the flexural beam is 4.7368. In this case, the deformation energies in the 2R PRBM and 3R PRBM are 4.7958 and 4.8374, with the relative error of 1.25% and 2.12% compared to the strain energy in the flexural beam, respectively. On contrast, the deformation energy in the 1R PRBM is 3.0415 with a large error of 35.79%. This result shows obviously that the energy storage ability of the 2R PRBM and 3R PRBM is almost the same and much stronger than that of the 1R PRBM. It can be concluded that the deformation energy of the 2R and 3R PRBM determined from Eqs. (34) and (35) can be used to present the strain energy of a flexural beam.

Secondly, the case of end force load is presented as follows. The characteristic parameters of the PRBMs are listed as follows.

For the 1R PRBM,

$$\gamma = 0.8517, \quad K_{\Theta} = 2.6762$$

For the 2R PRBM,

$$\gamma_0 = 0.1, \quad \gamma_1 = 0.54, \quad \gamma_2 = 0.36, \quad K_{\Theta 1} = 3.4042, \quad K_{\Theta 2} = 1.5813$$

For the 3R PRBM,

$$\gamma_0 = 0.1, \quad \gamma_1 = 0.35, \quad \gamma_2 = 0.4, \quad \gamma_3 = 0.15, \quad K_{\Theta 1} = 3.51, \quad K_{\Theta 2} = 2.99, \quad K_{\Theta 3} = 2.58$$

With these parameters, the strain energy in the flexural beam and the deformation energies in various PRBMs with end forces can be obtained from Eqs. (31), (33) ~ (35) and shown in Fig.14.

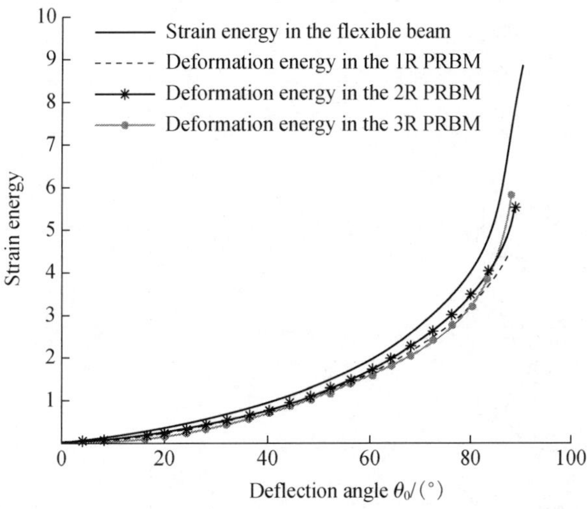

Fig.14　Comparisons between flexural beam and PRBMs with end forces

It can be seen from Fig.14 that the curves of the deformation energy in the 1R, 2R and 3R PRBMs are close in the whole range of parametric maximum angle while the curve of 1R PRBM deviates a little in the last part. This is a little different to the case of moment load. The result also shows the validity and convenience of PRBMs in the study of strain energy of a flexural beam.

6. Application example of a compliant mechanism

The following is an application example for the modeling of a compliant mechanism using the 2R PRBM.

The compliant mechanism and its 2R PRBM are shown in Fig.15. The crank *BA* and coupler *AQ* are the two rigid links joined by a revolute pair. The link *OQ* is the only flexural beam connecting the coupler and frame of the compliant mechanism. When $A_u/l=-1/\sqrt{2}$, $A_v/l=1/\sqrt{2}$, $r/l=1-\sqrt{2}/2$, and $B=\left(0,1/\sqrt{2}\right)$, the deflection positions of point *Q* at the end of flexural beam in the mechanism can be obtained using the 2R PRBM with different angles of crank *BA* and some results are shown in Fig.16. The dotted lines are the results obtained from the 2R PRBM and the solid ones are those from the software ANSYS for comparison. It can be seen from these figures that the two sets of deflection position at the end point of flexural beam are very close. This result indicates that the 2R PRBM is useful in the modeling of compliant mechanisms.

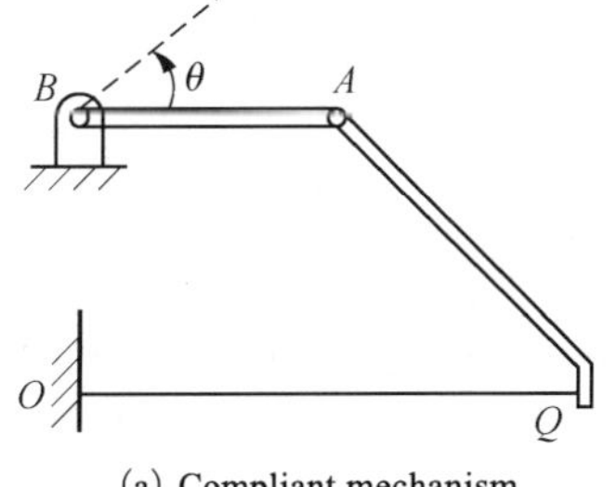

(a) Compliant mechanism

(b) 2R PRBM

Fig.15

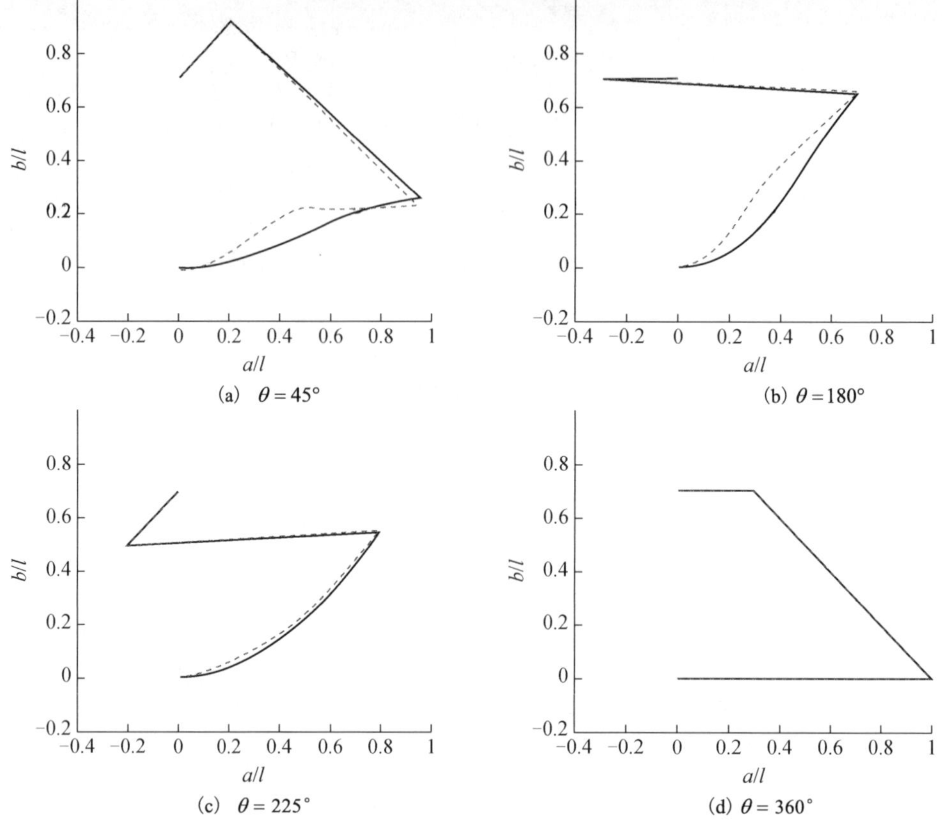

(a) $\theta = 45°$　(b) $\theta = 180°$　(c) $\theta = 225°$　(d) $\theta = 360°$

Fig.16　Deflection positions of compliant mechanism

7. Conclusions

Based on the parametric approximation to the deflection path and deflection angle of the beam, a pseudo-rigid-body 2R model has been developed in this study to simulate the flexural beam in compliant mechanisms. Although the model parameters are dependent on the loading conditions, the 2R PRBM can improve the simulation precision of the 1R PRBM and reduce the iterative process of the 3R PRBM. The importance of the new model has also been illustrated from the viewpoint of deformation energy and in the application example of a compliant mechanism. The advantage of 2R PRBM will have an impact to the dynamics of compliant mechanisms and this further study will be presented in the near future.

Acknowledgments

This work is supported by the National Natural Science Foundation of China (Grant No. 51175006).

References

[1] Howell L L. Compliant Mechanisms. New York: John Wiley & Sons, 2001

[2] Roach G M, Lyon S M, Howell L L. A compliant, overrunning ratchet and pawl clutch with centrifugal. throw-out, Proceedings of the 1998 ASME Design Engineering Technical Conferences, DETC98/MECH-5. 819, 1998

[3] Jensen B D, Howell L L. Salmon L.G. Design of two-link, in-plane, bistable compliant micro-mechanisms. ASME Transactions, Journal of Mechanical Design,1999,121 (3) :416-423

[4] Kota S, Ananthasuresh G K, Crary G S,et al. Design and fabrication of microelectromechanical systems. ASME Transactions, Journal of Mechanical design,1994,116 (4) : 1081-1088

[5] Saxena A, Ananthasuresh G K. On an optimal property of compliant topologies. Structure and Multidisciplinary Optimization, 2000,19:36-49

[6] Frecker M I, Ananthasuresh G K, Nishiwaki S, et al. Topological synthesis of compliant mechanisms using multi-criterion optimization. ASME Transactions, Journal of Mechanical Design,1997, 119 (1):238-245

[7] Hetrick J A, Kota S. An energy formulation for parametric size and shape optimization of compliant mechanisms. ASME Transactions, Journal of Mechanical Design, 1999,121: 229-233

[8] Burns R H, Crossley F R E. Kinetostatic synthesis of flexural link mechanisms, ASME Paper 68-Mech-36, 1968

[9] Midha A, Howell L L. A method for the design of compliant mechanism with small-length flexural pivots. ASME Transactions, Journal of Mechanical Design, 1994,116 (1): 280-289

[10] Howell L L, Midha A. Parametric deflection approximations for end-loaded, large-deflection beams in compliant mechanisms. ASME Transactions, Journal of Mechanical Design, 1995, 117 (1): 156-165

[11] Midha A, Howell L L. Evaluation of equivalent spring stiffness for use in a pseudo-rigid-body model of large deflection compliant mechanisms. ASME Transactions, Journal of Mechanical Design,1996, 118 (1): 126-131

[12] Midha A, Howell L L. Parametric deflection approximations for initially curved, large-deflection beams in compliant mechanisms. Proceedings of the 1996 ASME Design Engineering Technical Conferences, DETC 96/MECH-1215, 1996

[13] Saxena A, Kramer S N. A simple and accurate method for determining large deflections in compliant mechanisms subjected to end forces and moments. ASME Journal of Mechanical Design, 1998, 120 (3): 392-400

[14] Lyon S M, Howell L L, Roach G M. Modeling flexural segments with force and moment end loads via the pseudo-rigid-body model. Proceedings of the ASME International Mechanical Engineering Congress & Exposition, 2000

[15] Saggere L, Kota S. Synthesis of planar, compliant four-bar mechanisms for compliant-segment motion generation. ASME Journal of Mechanical Design,2001, 123 (4): 535-541

[16] Kimball C, Tsai LW. Modeling of flexural beams subjected to arbitrary end loads. ASME Journal of Mechanical Design,2002, 124 (2): 223-235

[17] Su H. A pseudo-rigid-body 3R model for determining large deflection of cantilever beams subjects to tip loads. Transactions of the ASME Journal of Mechanism and Robotics,2009, 1 (2): 021008

[18] Byrd P F, Friedman M D. Handbook of Elliptic Integrals for Engineering and Physicists. Berlin: Springer-Verlag, 1954

[19] Hancock H. Elliptic Integrals. New York: Dover, 1958

[20] Greenhill AG. The Applications of Elliptic Functions. New York: Dover, 1959

[21] Weisberg S. Applied Linear Regression. 3rd ed. New York: Wiley Interscience, 2005

(in *Mechanism and Machine Theory*, 2012, 55: 18-33)

§22　复合载荷作用下柔顺机构的 PR 伪刚体新模型

余跃庆　徐齐平　周　鹏

（北京工业大学，北京　100124）

摘　要：基于伪刚体模型，综合考虑平面柔顺机构中柔性杆件的横向变形和轴向变形影响，提出具有移动副的两自由度伪刚体新模型。分别用移动副和转动副描述柔顺杆件的轴向位移和横向位移，模拟末端受力和力矩复合载荷作用时柔顺杆的变形，建立了平面柔顺机构的 PR 伪刚体模型，通过三维搜索得出了模型的最优特征半径系数，应用线性回归方法得到了模型的刚度系数。通过与 1R、2R 伪刚体模型以及柔顺杆的数值算例对比，说明了 PR 伪刚体模型的优越性。

关键词：柔顺机构；伪刚体模型；移动副；复合载荷

1. 引言

柔顺机构是一种利用构件自身的柔性变形来完成运动、力和能量的传递或转换的新型机构[1]。它与传统刚性机构相比，具有构件数量和装配时间少、加工工序简化、无运动副间隙及其带来的摩擦、磨损、振动和噪声等优点[2]。近年来，柔顺机构已得到机械学者和工程师的高度重视，研究成果在很多场合得到应用，如柔顺超越离合器、微型柔顺双稳态开关和微型发动机等，特别是在微机电系统(Micro electro-mechanical systems, MEMS)中有着巨大的优势和潜力[2]。正是由于其具有诸多优点和应用价值，柔顺机构引起了广泛的关注，成为机构学的前沿领域和研究热点，已在柔顺机构的结构和运动分析与设计方面取得了大量成果。

柔顺机构的一个重要问题是建立高效的模型。由于柔顺机构中构件大变形引起的几何非线性使得柔顺机构的分析过程较为复杂。为了简化柔顺机构的分析过程，HOWELL 等[3-5]提出了“伪刚体模型”，如图 1(a)所示，将自由端受力的柔顺杆等效为由一个转动副(R 副)连接的两个刚性杆件，并在铰接处安装一个扭转弹簧，用来模拟柔顺杆末端的运动轨迹。LYON 等[6]把柔顺杆分解成了两段，每段用伪刚体模型来近似模拟。SAXAENA 等[7]通过引入两个线性弹簧来限制特征半径系数的方法对伪刚体模型进行了修正。但此 1R 模型的模拟精度不高，SU[8]提出了一种 3R 伪刚体模型，如图 1(b)所示，它比 1R 伪刚体模型的模拟精度高，并且不受载荷形式限制，但其运动学反解条件较为苛刻，导致迭代过程烦琐，计算量太大。冯忠磊等[9]提出了一种 2R 伪刚体模型，如图 1(c)所示，既弥补了 1R 伪刚体模型模拟精度的不足，又在较大程度上简化了 3R 伪刚体模型的迭代过程。然而，以上研究都没有反映出柔顺杆的轴向变形。当柔顺杆受到力和力矩复合载荷作用时，柔顺杆会产生较大的轴向位移，而仅含有转动副(R 副)的伪刚体模型显然不能很好地反映出这种变形。

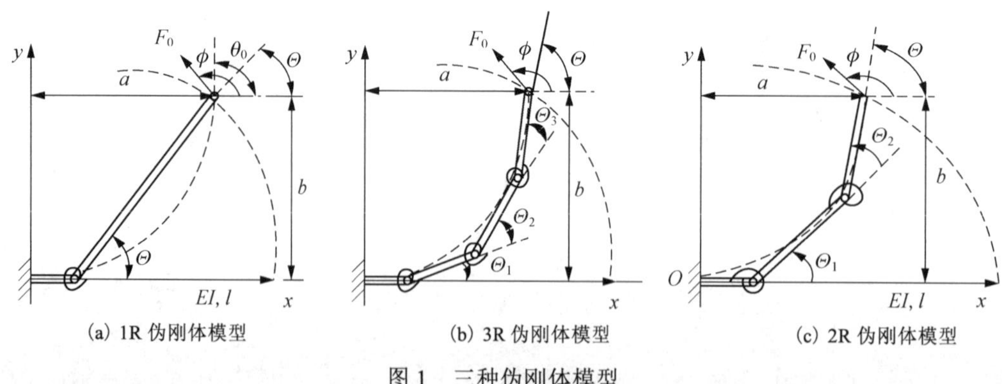

(a) 1R 伪刚体模型　　(b) 3R 伪刚体模型　　(c) 2R 伪刚体模型

图 1　三种伪刚体模型

为解决上述问题，本文提出了一种用移动副(P 副)来描述柔顺杆的轴向变形，同时用 R 副来模拟柔顺杆横向变形的 PR 伪刚体新模型。首先，建立末端受复合载荷作用下柔顺杆的 PR 伪刚体模型，然后通过三维搜索得出模型的特征参数。最后，通过与柔顺杆、1R 和 2R 伪刚体模型的数值分析对比，说明该模型的优越性。

2. PR 伪刚体模型

图 2(a)为一末端受复合载荷(力 F_0 和力矩 M_0)的平面柔顺杆，θ_0 为柔顺杆的末端转角，a、b 分别为柔顺杆末端点的水平坐标和竖直坐标，l 为柔顺杆未变形时的长度，ϕ 为力的作用方向与水平方向之间的角度。

图 2(b)为 PR 伪刚体模型，该模型由三个刚性杆组成，由一个移动副(P)和一个转动副(R)连接，在两个运动副上分别加一个弹簧和一个扭簧。其中，各刚性构件的长度为 $\gamma_i l(i=0,1)$，γ_i 为各刚性杆的特征半径系数，满足 $\gamma_0+\gamma_1=1$。$\Delta\gamma_0$ 为变特征半径系数，$\Delta\gamma_0 l$ 为移动副的位移量。K，K_1 分别为弹簧常数和扭簧常数，k_Θ、k_L 分别为扭簧刚度系数和弹簧刚度系数，表示储能能力。Θ 为 PR 伪刚体模型的末端倾角。归纳起来，以上特征系数 γ_i、$\Delta\gamma_0$、Θ 和刚度系数 k_Θ、k_L 可统称为 PR 伪刚体模型的特征参数，下面分别确定。

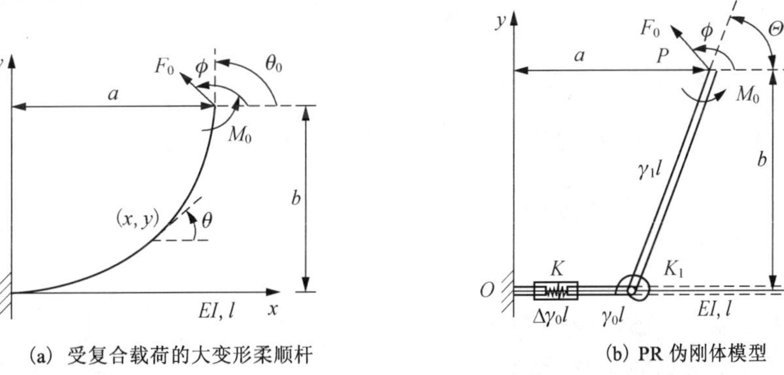

(a) 受复合载荷的大变形柔顺杆　　(b) PR 伪刚体模型

图 2　受复合载荷的大变形柔顺及其 PR 伪刚体模型

3. 特征参数确定

首先，进行运动和受力分析。PR 伪刚体模型的末端倾角 Θ 如图 2(b)所示，垂直方向的分力为 F，轴向分力为 nF，F_0 为总合力

$$F_0=F\sqrt{n^2+1} \tag{1}$$

由图 2(a)可得 PR 伪刚体模型末端点位置 $\boldsymbol{P}=\left(P_x,P_y\right)^{\mathrm{T}}=\left(a/l,b/l\right)^{\mathrm{T}}$ 为

$$\begin{cases}P_x=\gamma_0+\Delta\gamma_0+\gamma_1\cos\Theta\\ P_y=\gamma_1\sin\Theta\end{cases} \tag{2}$$

由式(2)可以得到

$$\begin{cases}\Theta=\arcsin\left(\dfrac{P_y}{\gamma_1}\right)\\ \Delta\gamma_0=P_x-\gamma_1\cos\Theta+\gamma_1-1\end{cases} \tag{3}$$

然后，根据作用在 PR 运动链末端的复合外载荷，可求出铰接处的转矩和横向作用力为

$$\begin{cases}T=F_x l(-\gamma_1\sin\Theta)+F_y l(\gamma_1\cos\Theta)+M_0\\ F_x=-K\Delta\gamma_0 l\end{cases} \tag{4}$$

水平和垂直作用力分别为 $F_x=F_0\cos\phi$ 和 $F_y=F_0\sin\phi$。末端载荷 F_0 和 M_0 在铰链处产生转矩，使柔顺杆发生变形。转矩 T 为扭簧常数 K_1 与角变形 Θ 的乘积，即 $T=K_1\Theta$。因此 $\begin{pmatrix}\Theta & 0\\ 0 & -\Delta\gamma_0 l\end{pmatrix}\begin{pmatrix}K_1\\ K\end{pmatrix}=$

$\begin{pmatrix} -\gamma_1\sin\Theta & \gamma_1\cos\Theta & 1 & 0 \\ 0 & 0 & 0 & 1 \end{pmatrix}\begin{pmatrix} F_x l \\ F_y l \\ M_0 \\ F_x \end{pmatrix}$柔顺杆的抗弯性和抗伸缩性可以用归一化的扭簧刚度系数 k_Θ 和弹簧刚度系数 k_{L} 来描述

$$\begin{pmatrix} K_1 \\ K \end{pmatrix} = \begin{pmatrix} \dfrac{EI}{l} & 0 \\ 0 & \dfrac{EI}{l^3} \end{pmatrix}\begin{pmatrix} k_\Theta \\ k_{\mathrm{L}} \end{pmatrix}$$

整理得

$$\begin{pmatrix} k_\Theta \\ k_{\mathrm{L}} \end{pmatrix} = \begin{pmatrix} \dfrac{-\gamma_1\sin\Theta}{\Theta}\dfrac{F_x l^2}{EI} + \dfrac{\gamma_1\cos\Theta}{\Theta}\dfrac{F_y l^2}{EI} + \dfrac{M_0 l}{\Theta EI} \\ -\dfrac{F_x}{\Delta\gamma_0}\dfrac{l^2}{EI} \end{pmatrix}$$

为了化简上式，力和力矩（F_0, M_0）可以归一化为力和力矩载荷指数 $\alpha^2 = F_0 l^2/2EI$、$\beta = M_0 l/EI$。定义载荷指数 $\kappa = \beta^2/4\alpha = \rho\beta/2$（力矩和力的比例关系）可得

$$\begin{cases} k_\Theta = \dfrac{\alpha^2\gamma_1(-\sin\Theta\cos\phi + \cos\Theta\sin\phi) + \beta}{\Theta} \\ k_{\mathrm{L}} = -\dfrac{\alpha^2\cos\phi}{\Delta\gamma_0} \end{cases} \tag{5}$$

由于复合载荷情况下特征参数的确定过程十分复杂，并不能直接由式(5)求出，所以，本文的解决思路：先由单独受力和力矩两种极端载荷（$\kappa=0$ 和 $\kappa=\infty$）的情况得出相应的特征系数 Θ，γ_i 和 $\Delta\gamma_0$，然后针对复合载荷情况进行优化，得到最优特征系数，最后，推导出刚度系数 k_Θ，k_{L}。

首先，通过椭圆积分[1]得出柔顺杆末端的位置，由式(3)得出伪刚体转角 Θ。再分别计算单独受力（$\beta=0$）和力矩（$\alpha^2=0$）情况下的刚度系数 k_Θ，所得两数值虽然不同，但是受复合载荷作用得到的 k_Θ 值必定介于这两数值之间。由式(5)可知，如果特征系数 γ_i 给定，其刚度系数 k_Θ 即可求出。因此，可以优选出某个特征系数，使得受力载荷和力矩载荷情况下的刚度系数差最小，即此时的特征系数为最优系数。优化此系数是一个三维搜索过程，如图 3 所示。

由图 3 得到的单独受力矩载荷作用下的刚度系数为 k_{m}，力载荷作用下的刚度系数为 k_{f}。满足条件 $\left\{\gamma_1 \middle| \min(k_{\mathrm{m}} - k_{\mathrm{f}})^2\right\}$ 为最优特征半径系数。

通过以上方法得到 PR 伪刚体模型的最优特征半径系数为

$$\gamma_0 = 0.177,\quad \gamma_1 = 0.823$$

在力矩和力两种载荷下 PR 模型的扭簧刚度系数分别为

$$k_{\Theta(M)} = 1.71,\quad k_{\Theta(F)} = 1.32$$

以上是对两种极端载荷状态下刚度系数的计算。下面将针对不同的载荷系数 κ，计算相对应的扭簧刚度系数 k_Θ。

图 4 为选取不同载荷系数 $\kappa \in [4,400]$ 所对应的刚度系数 k_Θ。可以看出，$\kappa = 55$ 之前 k_Θ 有小幅度的变化，但之后基本保持一个稳定数值。为此 k_Θ 可以取为

$$k_\Theta = \sum_{i=55}^{i=400} k_{\Theta i}/346$$

由此得到

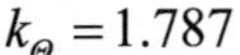

$$k_{\Theta}=1.787$$

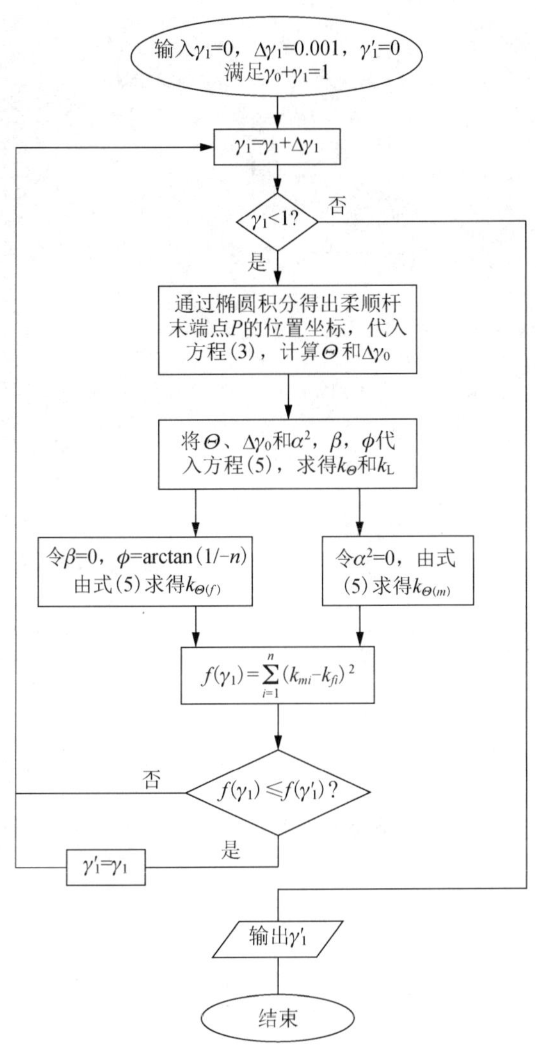

图 3　特征半径系数优化框图

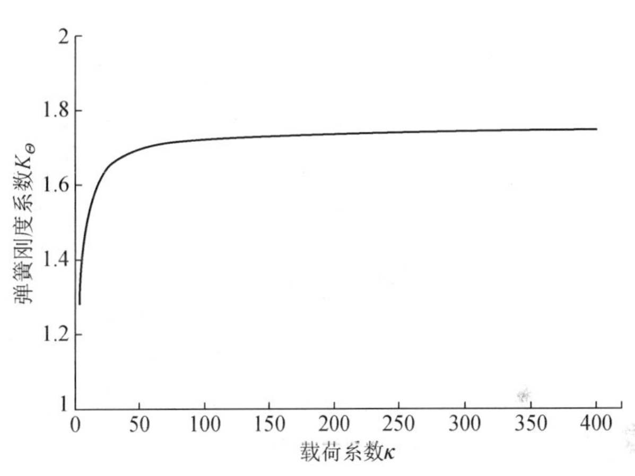

图 4　不同载荷系数κ时的刚度系数K_Θ

对于不同的载荷系数κ，由式(3)可以得到不同的Θ，$\Delta\gamma_0$，如图 5 所示。

从图 5(a)中可以看出，在不同载荷系数情况下，伪刚体转角Θ与柔顺杆转角θ_o基本呈线性关系。因此，可以通过线性回归方法得到θ_o与Θ之间的近似线性关系，其可以表示为

$$\Theta=C_0\theta_0 \quad (C_0=0.56) \tag{6}$$

式中，常数C_θ为参量角系数$(0<C_\theta\leqslant 1)$，由此可以确定 PR 伪刚体模型的末端倾角Θ。

从图 5(b)中也可以看出，不同载荷系数κ下的特征长度系数$\Delta\gamma_0$曲线基本重合。采用最小二乘多项式拟合方法对所得N组数据$(\Theta,\ \Delta\gamma_{0i})$进行多项式拟合。选用四次多项式形式，拟合结果如下

$$\Delta\gamma_0=-0.1308\Theta^4+0.1389\Theta^3-0.1128\Theta^2+0.0111\Theta \tag{7}$$

这样，特征半径系数$\Delta\gamma_0$可由式(7)确定。由于力载荷指数α^2可由椭圆积分得到，因此，由式(5)可得出弹簧刚度系数

$$k_{L}=20.15$$

至此，PR 伪刚体模型的特征参数全部确定。

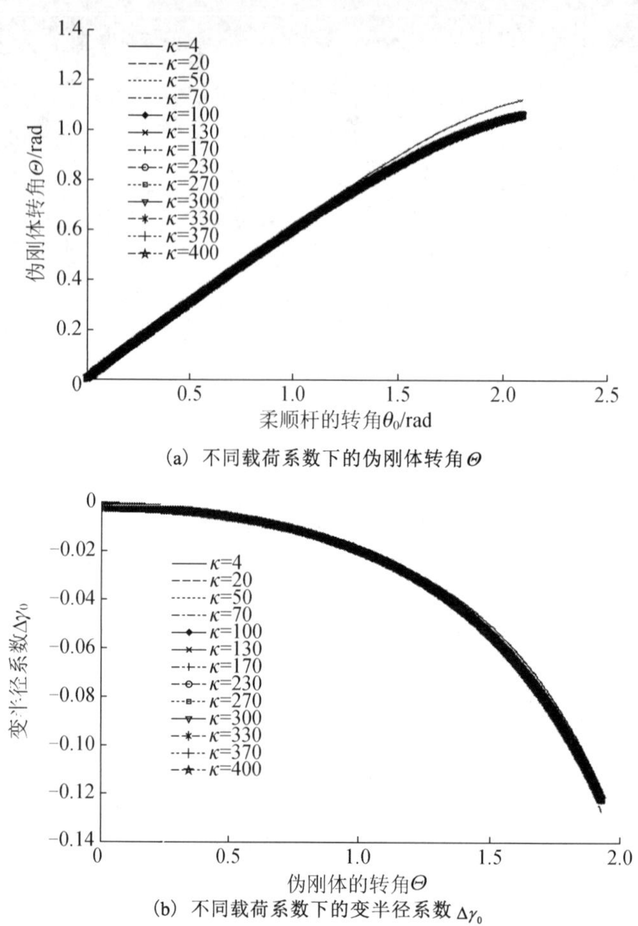

(a) 不同载荷系数下的伪刚体转角Θ

(b) 不同载荷系数下的变半径系数 $\Delta\gamma_0$

图 5　不同载荷系数下的伪刚体转角和变半径系数

4. 精度分析

为了检验 PR 伪刚体模型的精确性，图 6(a)分别给出了末端受复合载荷作用下 1R、2R 和 PR 伪刚体模型的末端轨迹以及用椭圆积分方法求出的柔顺杆末端变形轨迹，并将它们作对比。

从图 6(a)中可以看出，三种模型在较小变形范围 a/l 为 0.9～1.0 内基本都能跟随柔顺杆的末端轨迹。但在大变形范围 a/l 为 0.5 以下，1R 模型末端轨迹偏离最大，这是由于该模型只有 1 个自由度。虽然 2 自由度的 2R 模型比 1R 模型模拟的效果好，但与同样 2 自由度的 PR 模型相比，其模拟精度还是比较低的。由于 PR 模型与 2R 模型都是 2 自由度模型，因而在模拟柔顺杆末端轨迹方面有一定程度的相似性，但 2R 模型由于仅含有转动副，因此不能反映柔顺杆的轴向变形，而 PR 模型中由于含有移动副，因此可以直接模拟柔顺杆的轴向变形情况，所以，从能否描述柔顺杆轴向变形的角度来看，PR 模型与 2R 模型具有较大的本质差别。虽然 2R 甚至 3R 模型相对于 1R 模型在改进模拟精度上确实有较大的进展，但这些模型中都没有移动副，因此，都不能完整反映柔顺杆的真实变形状况，而 PR 模型却在描述柔顺杆横向大变形的同时模拟了其轴向变形特征，所以，PR 模型具有明显的先进性。

图 6(b)为各种模型的末端误差曲线，进一步分析可以看出，在 $\theta_0 = 1.5\,\mathrm{rad}$ 以前，PR 模型比 1R 和 2R 模型的误差都有明显的降低，1R 伪刚体模型的最大相对误差 e=6.18%，2R 伪刚体模型为 3.09%，而 PR 伪刚体模型仅为 0.31%，相比 1R 和 2R 模型分别降低了 95%和 90%，模拟精度提高十分明显，说明在此变形范围内柔顺杆的轴向变形起着很重要的作用。但在末端转角超过 $\theta_0 = 1.5\,\mathrm{rad}$ 以后，PR 模型的误差也逐渐增大，并有向 2R 模型曲线靠拢的趋势，这说明在此变形区间内，轴向载荷的作用逐步减少，而横向载荷作用下的弯曲效果逐渐增强，这种随着柔顺杆变形增大而产生的

横、纵载荷作用的非线性变化规律更真实地反映出柔顺杆在同时受力和力矩复合载荷作用时的变形状况，与 1R 及 2R 模型的线性变化规律有明显区别，因此，很好地显示出 PR 模型的优势所在。

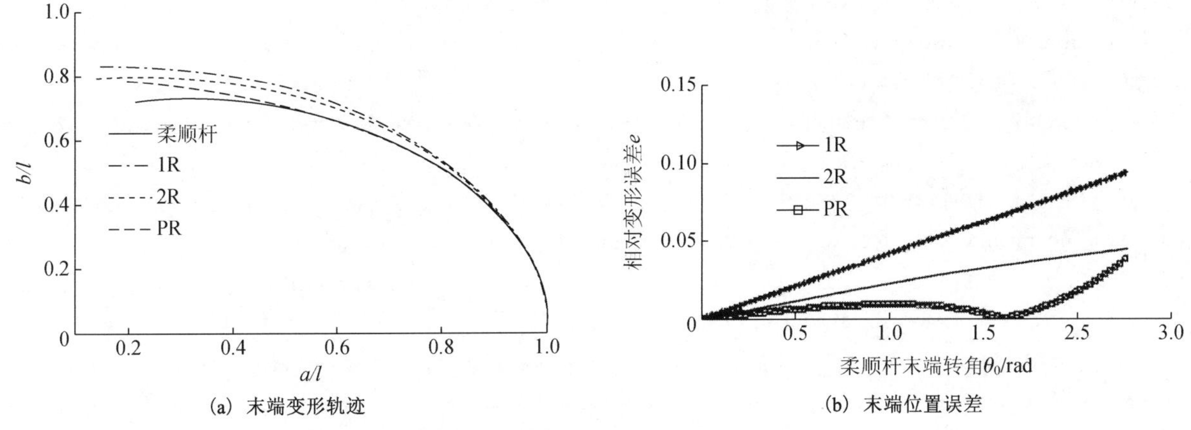

(a) 末端变形轨迹　　(b) 末端位置误差

图 6　末端变形轨迹及末端位置误差

由于移动副主要反映柔顺杆的轴向变形，所以，下面用轴向变形在整个柔顺杆轴向移动过程中所占的比例进一步说明移动副的作用。$x=l-a$ 为柔顺杆末端的轴向移动分量，Δr_{0l} 为 PR 伪刚体模型中移动副的位移量，它反映柔顺杆的轴向变形，因此，定义 $pl=\left|\Delta\gamma_0 l/x\right|=\left|\Delta\gamma_0 l/(l-a)\right|$ 则可表示轴向变形在柔顺杆整个轴向位移中所占的比例。

如图 7 所示，当 $\theta_0=1\,\text{rad}$ 时，pl=2.5%，可知在小范围变形内，轴向变形影响很小；而当 $\theta_0=2\,\text{rad}$ 时，pl 则上升为 16.9%，当 $\theta_0=2.5\,\text{rad}$ 时，pl 达到 35%，这说明柔顺杆在发生大变形时，轴向变形在整个轴向移动中所占的比例较大，已经不能忽略，采用带有移动副的 PR 伪刚体模型可以很好地模拟柔顺杆的轴向位移，而仅采用转动副的 1R 及 2R 伪刚体模型则在此方面存在明显的不足。因此，PR 伪刚体模型在提高柔顺机构分析精度方面起到了积极作用。

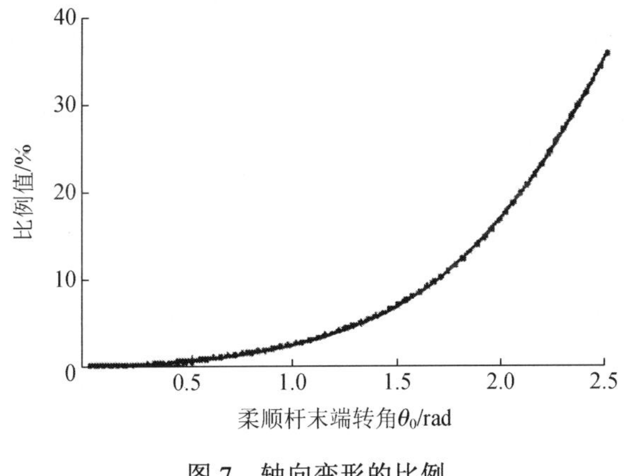

图 7　轴向变形的比例

5. 结论

(1) 与 1R 及 2R 伪刚体模型相比，PR 模型的模拟精度有明显提高。

(2) PR 模型不仅能够模拟柔顺杆的横向大变形，而且能够真实地反映出轴向变形及其在整个变形中的作用。

因此，PR 伪刚体新模型完整地描述了柔顺机构的变形特征，对于提高柔顺机构的分析精度与设计水平具有理论意义和应用价值。

参考文献

[1] Howell L L. Compliant Mechanisms. New York：John Wiley & Sons, 2001: 1-30.

[2] Jensen B D, Howell L L, Salmon L G. Design of two-link, in-plane, bistable compliant micro mechanisms. ASME Transactions, Journal of Mechanical Design, 1999, 121(3): 416-423.

[3] Howell L L, Midha A. Parametric deflection approximations for end loaded large deflection beams in compliant mechanisms. Transaction of the ASME, Journal of Mechanical Design, 1995, 117(3): 156-165.

[4] Midha A, Howell L L. Evaluation of equivalent spring stiffness for use in a pseudo-rigid-body model of large deflection compliant mechanisms. ASME Transactions, Journal of Mechanical Design, 1996, 118(1): 126-131.

[5] Midha A, Howell L L. A method for the design of compliant mechanism with small-length flexural pivots, ASME Transactions. Journal of Mechanical Design, 1994, 116 (1): 280-289.

[6] Lyon S M, Howell L L, Roach G. M. Modeling flexible segments with force and moment end loads via the pseudo-rigid-body model //Proceedings of the ASME International Mechanical Engineering Congress & Exposition, 2000, Pennsylvania, 2000: 70-95.

[7] Saxena A, Kramer S N. A Simple and accurate method for determining large deflections in compliant mechanisms subjected to end forces and moments. ASME Journal of Mechanical Design. 1998, 120(3): 392~400.

[8] Su H J. A pseudo-rigid-body 3R model for determining large deflection of cantilever beams subject to tip loads. Journal of Mechanisms and Robotics, 2009, 1: 021008-1~9.

[9] 冯忠磊,余跃庆,王雯静. 模拟柔顺机构中柔顺杆件末端特征的 2R 伪刚体模型.机械工程学报，2011，47(1)：36-42.

（原载《机械工程学报》，2013，49(15)：9-14）

§ 23 A Novel Model of Large Deflection Beams with Combined end Loads in Compliant Mechanisms

Yu Yueqing, Zhu Shunkun, Xu Qiping, Zhou Peng

College of Mechanical Engineering and Applied Electronics Technology, Beijing University of Technology, Beijing 100124, China

Abstract: *Based on the Pseudo-Rigid-Body Model (PRBM), a new model with three degrees of freedom is proposed for the large deflection beams with combined end loads in compliant mechanisms. The lateral and axial deflections of flexural beams are modeled using four rigid links connected by one prismatic (P) pair with a compression spring and two revolute (R) joints with torsion springs. The flexural cantilever beam subject to end force and moment loads is simulated by PRR pseudo-rigid-body model. The characteristic parameters of the PRR PRBM are determined via the optimization and numerical fitting techniques. Compared with the 2R, PR and 3R models, the new PRR PRBM shows the superiority in simulating the large deflection beams of compliant mechanisms through numerical examples.*

Keywords: *compliant mechanism; pseudo-rigid-body model (PRBM); PRR model; lateral and axial deflection; combined end force and moment loads*

1. Introduction

Traditional mechanisms are usually composed of rigid members connected with kinematic pairs. Some inevitable problems of such kind of mechanisms are exposed for the requirements of high-speed, high-precision, high-performance, and high-efficiency mechanical systems. For rigid body mechanisms, the clearances and frictions are the two main factors that affect the accuracy and especially the dynamic behaviors of mechanisms[1]. In addition, the assembly costs occupy a large proportion in labor costs, and designers always try to reduce the assembly costs. These problems are very difficult to overcome for the conventional hinge mechanisms, but easy to solve for the compliant mechanisms. Midha and Her[2] proposed a mechanism that transfers motion and force mainly relying on the elastic deformation of its links and named it as compliant mechanism for the first time. The compliant mechanism is different from general rigid mechanisms for it gains the mobility from the deflection of its flexible members, offers many advantages such as increased precision, reduced backlash and parts number, ability to store energy[3]. Therefore, compliant mechanisms have attracted more and more attentions of researchers in the field of mechanical engineering because of its particular functions and broad application prospects. However, a major difficulty of designing compliant mechanisms lies in modeling the large deflection of flexural beams.

Many methods for modeling and designing compliant mechanisms have been proposed. In Ref. [4], a method was proposed to simulate the flexural beam using the linear torsion spring. This basic work laid the foundation of the pseudo-rigid-body model (PRBM) proposed later. In Refs. [5]~[7], the definition of elements in compliant mechanism was improved and important contributions were made to the study of compliant mechanism. The concept of fragment was developed in the classification of compliant mechanisms that can be divided into several fragments in accordance with different cross sections[8]. In Ref. [9], an extensive investigation was made in the modeling, numerical analysis methods and software development of compliant mechanisms. A finite element model was proposed[10] in which a flexural beam can be modeled as several segments of PRBM, however, the kinematic equations are very difficult to solve in applications. In Ref. [11], a method to determine the degree of freedom of compliant mechanisms was presented based on the segments and connection types among segments. Banerjee et al. [12] used a non-linear shooting method and decomposition method to obtain large deflection of a cantilever beam subjected to loading at intermediate locations besides end forces and moments. Chen and Zhang[13] used a comprehensive elliptic integral solution to solve large deflections of flexural beam with multiple inflection points.

Based on the structural and kinematic analysis of rigid body mechanisms, Howell and Midha proposed the Pseudo-Rigid-Body Model (PRBM) which played a very important role in simplifying the complicated modeling of compliant mechanism[14,15]. A PRBM of cantilever beam with end-force load was established to simulate the tip locus of beam end by 1R PRBM shown in Fig.1(a) which consists of two rigid links joined with a revolute joint and a torsion spring[16]. The pseudo-rigid-body models subjected to three different end loads were established in Ref. [17]. A loop-closure theory for the analysis and synthesis of compliant mechanisms was presented later[18]. The parameters of 1R PRBM for compliant mechanisms are different with the various loads and the accuracy is not high enough. In Ref. [19], the PRBM was modified by introducing two linear springs to restrain the change of characteristic radius factor for different load modes. Kimball and Tsai[20] used PRBM to model the large deflection of a cantilever beam with an inflection point. Furthermore, Su proposed a 3R pseudo-rigid-body model[21], as shown in Fig.1(b), to simulate the large deflection of flexural beam subjected to tip loads. Although it has higher simulation precision than that of 1R pseudo-rigid-body model, the inverse kinematic solution and the iterative process are very difficult to obtain the characteristic parameters of the 3R PRBM. In Ref. [22], an improved particle swarm optimizer was used to determine the optimal characteristic parameters of 3R PRBM. It showed better performance in predicting large deflections of cantilever beams with pure end force load or moment load. However, deflections of cantilever beams with combined end force and moment load was not discussed. In Ref. [23], a 2R pseudo-rigid-body model was proposed to improve the simulation accuracy of 1R PRBM and simplify the iterative process of 3R PRBM. The 2R PRBM is composed of three rigid links joined by two pin joints and torsion springs, as shown in Fig.1(c). The pseudo-rigid-body model was also applied to predict the motion of the human spine[24]. Based on the PRBM for large beam deflections, a method was introduced to synthesize the three-link and four-link compliant mechanisms that exhibit prescribed force-deflection responses[25]. Midha and et al[26] used the concept of PRBM to present a simple method of analyzing a fixed-guided compliant beam with an inflection point for several kinds of boundary conditions.

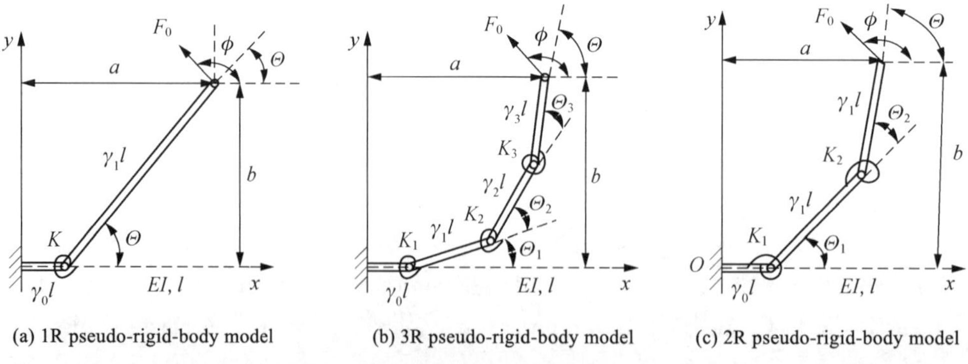

(a) 1R pseudo-rigid-body model　(b) 3R pseudo-rigid-body model　(c) 2R pseudo-rigid-body model

Fig.1　Three pseudo-rigid-body models

From the point of view of degree of freedom of mechanisms, the simulating precision of 1R PRBM is not very high because it has single degree of freedom. The 2R PRBM has two degrees of freedom and it can be used to simulate the end position and/or slope of a flexural link, but two out of three parameters are independent. The 3R pseudo-rigid-body model has three degrees of freedom and so it can describe both the end position and slop of a flexural beam. However, although the 1R, 2R and 3R pseudo-rigid-models contain pin joints and can be used to simulate the bending deformation of a flexural beam only, they are not useful to describe the axial deformation of the beam. If a flexible beam is subjected to combined end force and moment loads, the axial deformation of the beam cannot be presented by the pseudo-rigid-body models with revolute pairs only. In Ref. [27], a PR pseudo-rigid-body model with a prismatic pair was developed to simulate both of the axial and lateral deformation of a flexural beam. Compared with the 1R and 2R models, the PR PRBM has higher simulation precision for the flexural beam with force or moment load. However, the simulation accuracy of the PR PRBM is still needed to increase to deal with the flexible beam subjected to combined end force and moment loads. Therefore, a further study should be made to improve the simulating ability of the pseudo-rigid-body models in the analysis and design of compliant mechanisms.

A new PRR pseudo-rigid-body model is proposed in this study to simulate the large deflection beam with combined end force and moment loads. The axial deformation of a flexural beam is described by one sliding link with a prismatic pair and a compression spring. The lateral deflection of the beam is simulated by two rotating links with pin joints and torsion springs. The characteristic parameters of the PRR PRBM are determined via the optimization and numerical fitting techniques. A numerical comparison among the 2R, PR, 3R and PRR pseudo-rigid-body models is presented. The result shows the superiority of the new PRR PRBM in simulating the large deflection beams with combined end force and moment loads in compliant mechanisms.

2. PRR pseudo-rigid-body model

A large deflection cantilever beam with combined force and moment loads at end is shown in Fig.2(a). θ_0 is the deflection angle of the beam, a and b are the horizontal and vertical coordinates of the tip point of the beam, respectively. l is the undeflected length of the flexible beam, and ϕ is the angle between the force direction and horizontal direction. In order to simulate the large deflection of the flexural beam with end force and moment loads, a PRR Pseudo-Rigid-Body Model (PRR PRBM) is proposed here, as shown in Fig.2(b). It consists of four rigid links joined by a prismatic (P) pair with a compression spring and two revolute (R) pairs with torsion springs. In this way, the axial deformation of flexural beam can be described by the sliding link with P pair and compression spring, and the main lateral deflection of the beam can be simulated by the two rotating links joined by the two pin joints and torsion springs. Because the PRR PRBM has three degrees of freedom and so it can be used to simulate accurately both the end position and slop of the flexural beam.

The length of each rigid link in the PRR PRBM is presented as $\gamma_i l (i=0,1,2)$, and γ_i is called the characteristic radius factor[2], satisfying $\gamma_0+\gamma_1+\gamma_2=1$. $\Delta\gamma_0$ is the variable characteristic factor and $\Delta\gamma_0 l$ indicates the axial displacement of the sliding link. K_1, K_2 and K are the torsion spring stiffness constants and the compression spring stiffness constant, respectively. These factors and constants are the key characteristic parameters of the PRR PRBM to simulate the large deflection beam with combined end force and moment loads in compliant mechanisms and they will be determined in the following part.

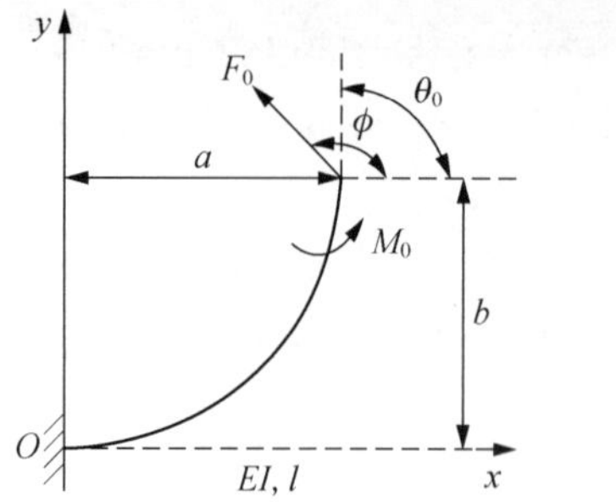

(a) Flexural beam with combined end force and moment loads

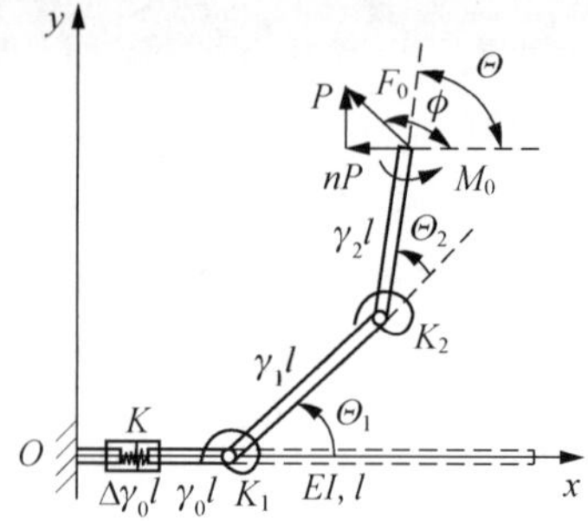

(b) PRR pseudo-rigid-body model

Fig.2　Flexural beam with combined end force and moment loads and the PRR PRBM

3. Characteristic parameters

Because the process to determine the characteristic parameters of the PRR PRBM is complicated, this section is divided into five subsections for better understanding. It is organized as follows. An elliptic integration of deflection for a flexural beam is presented at first in Section 3.1. The kinematic and static equations of the PRR PRBM are derived in Sections 3.2 and 3.3, respectively. The optimal characteristic parameters and spring stiffness coefficients of the PRR PRBM are determined in Sections 3.4 and 3.5, respectively.

3.1　Elliptic integration of deflection

When a flexural beam is subjected to a combined force and moment at end, as shown in Fig.2(a), the internal torque of the beam at any point can be presented as:

$$M = F_0\left[(a-x)\sin\phi-(b-y)\cos\phi\right]+M_0 \tag{1}$$

Where, a is the horizontal distance from the fixed end to the free end, and b is the vertical distance of the free end from its undeflected position.

Substituting Eq. (1) into the Bernoulli-Euler equation, we have

$$\frac{M}{EI}=\frac{\mathrm{d}\theta}{\mathrm{d}s}=\frac{\mathrm{d}^2y/\mathrm{d}x^2}{[1+(\mathrm{d}y/\mathrm{d}x)^2]^{3/2}} \tag{2}$$

From the theory of elliptic integrals[3], it can be derived from above differential equations that

$$\frac{\mathrm{d}^2\theta}{\mathrm{d}s^2}=\frac{F_0}{EI}\sin(\theta-\phi) \tag{3}$$

Integrating Eq. (3) with the boundary condition $\frac{\mathrm{d}\theta}{\mathrm{d}s}=\frac{M_0}{EI}$ when $\theta=\theta_0$, we have:

$$\frac{\mathrm{d}\theta}{\mathrm{d}s}=\frac{1}{l}\sqrt{\frac{2F_0l^2}{EI}[\cos(\theta_0-\phi)-\cos(\theta-\phi)]+\left(\frac{M_0l}{EI}\right)^2} \tag{4}$$

Defining

$$\alpha^2=\frac{F_0l^2}{2EI} \tag{5}$$

$$\beta=\frac{M_0l}{EI} \tag{6}$$

Eq. (4) becomes:

$$\frac{\mathrm{d}\theta}{\mathrm{d}s}=\frac{1}{l}\sqrt{4\alpha[\cos(\theta_0-\phi)-\cos(\theta-\phi)]+\beta^2} \tag{7}$$

It can be obtained by solving the differential equation that

$$\alpha^2=\sqrt{2}\int_0^{\theta_0}\frac{\mathrm{d}\theta}{\sqrt{\left[\eta\cos\left(\theta_0-\phi\right)-\eta\sin\left(\phi-\theta\right)\right]+\kappa}} \tag{8}$$

Where, $\eta=\sqrt{n^2+1}$.

Defining the load index $\kappa=\dfrac{\beta^2}{2\alpha^2}$, the dimensionless coordinates of the tip point $Q=\left(\dfrac{a}{l},\dfrac{b}{l}\right)$ of the flexural beam can be presented briefly as follows:

$$\frac{a}{l}=\frac{1}{\alpha\sqrt{2}}\int_0^{\theta_0}\frac{\cos\theta\,\mathrm{d}\theta}{\sqrt{\eta\left[\cos\left(\theta_0-\phi\right)-\cos\left(\theta-\phi\right)\right]+\kappa}} \tag{9}$$

$$\frac{b}{l}=\frac{1}{\alpha\sqrt{2}}\int_0^{\theta_0}\frac{\sin\theta\,\mathrm{d}\theta}{\sqrt{\eta\left[\cos\left(\theta_0-\phi\right)-\cos\left(\theta-\phi\right)\right]+\kappa}} \tag{10}$$

With these derivations above, the kinematic and static equations of the PRR pseudo-rigid-body model for the large deflection beam with end force and moment loads in compliant mechanisms can now be derived as follows.

3.2 Kinematic equations

The slope angle of the PRR PRBM can be presented as Θ, and the deflection angles of two torsion springs are described as Θ_1, Θ_2, as shown in Fig.2(b). P indicates the vertical force and nP represents the horizontal force. So, the total force F can be expressed as follows.

$$F_0=P\sqrt{n^2+1} \tag{11}$$

The angle between the force direction and the horizontal direction ϕ is

$$\phi=\arctan\frac{1}{-n} \tag{12}$$

Because the slope angle Θ of the PRR PRBM in Fig.2(b) should be equal to the deflection angle θ_0 of the flexural beam in Fig.2(a), the following equations can be written as:

$$\begin{cases}\dfrac{\mathrm{a}}{l}=\gamma_0+\Delta\gamma_0+\gamma_1\cos\Theta_1+\gamma_2\cos(\Theta_1+\Theta_2)\\ \dfrac{b}{l}=\gamma_1\sin\Theta_1+\gamma_2\sin(\Theta_1+\Theta_2)\\ \theta_0=\Theta_1+\Theta_2\end{cases} \tag{13}$$

So, the following relationship can be derived from the above equation:

$$\begin{cases}\Theta_1=\sin^{-1}\left(\dfrac{\dfrac{b}{l}-\gamma_2\sin\theta_0}{\gamma_1}\right)\\ \Theta_2-\theta_0-\sin^{-1}\left(\dfrac{\dfrac{b}{l}-\gamma_2\sin\theta_0}{\gamma_1}\right)\\ \Delta\gamma_0=\dfrac{a}{l}-\gamma_2\cos\theta_0-\gamma_1\cos\Theta_1-\gamma_0\end{cases} \tag{14}$$

3.3 Static equations

For a given combined loads exerted at the end of the PPR PRBM, and the torque and lateral force at the pivot are:

$$\begin{cases} T_1 = F_x l(-\gamma_1 \sin\Theta_1 - \gamma_2 \sin\Theta) + F_y l(\gamma_1 \cos\Theta_1 + \gamma_2 \cos\Theta) + M_0 \\ T_2 = F_x l(-\gamma_2 \sin\Theta) + F_y l(\gamma_2 \cos\Theta) + M_0 \\ F_x = -K\Delta\gamma_0 l \end{cases} \tag{15}$$

Where, the horizontal force and vertical force can be expressed as $F_x = F_0 \cos\phi$ and $F_y = F_0 \sin\phi$, respectively. It should be noted that K in Eq. (15) represents the stiffness constant of compression spring in the PPR PRBM. The torques T_1, T_2 at the hinges are the product of the torsion spring stiffness constant K_1, K_2 and the angle Θ_1, Θ_2, respectively:

$$\begin{cases} T_1 = K_1\Theta_1 \\ T_2 = K_2\Theta_2 \end{cases} \tag{16}$$

From Eq. (15), we have:

$$\begin{bmatrix} \Theta_1 & 0 & 0 \\ 0 & \Theta_2 & 0 \\ 0 & 0 & -\Delta\gamma_0 \end{bmatrix} \begin{bmatrix} K_1 \\ K_2 \\ K \end{bmatrix} = \begin{bmatrix} -\gamma_1 \sin\Theta_1 - \gamma_2 \sin\Theta & \gamma_1 \cos\Theta_1 + \gamma_2 \cos\Theta & 1 & 0 \\ -\gamma_2 \sin\Theta & \gamma_2 \cos\Theta & 1 & 0 \\ 0 & 0 & 0 & 1 \end{bmatrix} \begin{bmatrix} F_x l \\ F_y l \\ M_0 \\ \dfrac{F_x}{l} \end{bmatrix} \tag{17}$$

Let

$$\left[J^{\mathrm{T}}\right] = \begin{bmatrix} -\gamma_1 \sin\Theta_1 - \gamma_2 \sin\Theta & \gamma_1 \cos\Theta_1 + \gamma_2 \cos\Theta & 1 & 0 \\ -\gamma_2 \sin\Theta & \gamma_2 \cos\Theta & 1 & 0 \\ 0 & 0 & 0 & 1 \end{bmatrix} \tag{18}$$

and

$$\begin{bmatrix} K_1 \\ K_2 \\ K \end{bmatrix} = \begin{bmatrix} \dfrac{1}{\Theta_1} & 0 & 0 \\ 0 & \dfrac{1}{\Theta_2} & 0 \\ 0 & 0 & \dfrac{-1}{\Delta\gamma_0} \end{bmatrix} \left[J^{\mathrm{T}}\right] \begin{bmatrix} F_x l \\ F_y l \\ M_0 \\ \dfrac{F_x}{l} \end{bmatrix} \tag{19}$$

The resistance to deflection and flexibility of the flexural beam can be described by the dimensionless torsion spring stiffness coefficients $K_{\Theta_1}, K_{\Theta_2}$ [3] and compression spring stiffness coefficient K_L, respectively, as follows:

$$\begin{bmatrix} K_1 \\ K_2 \\ K \end{bmatrix} = \begin{bmatrix} \dfrac{EI}{l} & 0 & 0 \\ 0 & \dfrac{EI}{l} & 0 \\ 0 & 0 & \dfrac{EI}{l^3} \end{bmatrix} \begin{bmatrix} K_{\Theta_1} \\ K_{\Theta_2} \\ K_L \end{bmatrix} \tag{20}$$

Therefore

$$\begin{bmatrix} \dfrac{EI}{l} & 0 & 0 \\ 0 & \dfrac{EI}{l} & 0 \\ 0 & 0 & \dfrac{EI}{l^3} \end{bmatrix} \begin{bmatrix} K_{\Theta_1} \\ K_{\Theta_2} \\ K_L \end{bmatrix} = \begin{bmatrix} \dfrac{1}{\Theta_1} & 0 & 0 \\ 0 & \dfrac{1}{\Theta_2} & 0 \\ 0 & 0 & \dfrac{-1}{\Delta\gamma_0} \end{bmatrix} \begin{bmatrix} J^{\mathrm{T}} \end{bmatrix} \begin{bmatrix} F_x l \\ F_y l \\ M_0 \\ \dfrac{F_x}{l} \end{bmatrix} \tag{21}$$

or

$$\begin{bmatrix} K_{\Theta_1} \\ K_{\Theta_2} \\ K_L \end{bmatrix} = \begin{bmatrix} \dfrac{l}{EI} & 0 & 0 \\ 0 & \dfrac{l}{EI} & 0 \\ 0 & 0 & \dfrac{l^3}{EI} \end{bmatrix} \begin{bmatrix} \dfrac{1}{\Theta_1} & 0 & 0 \\ 0 & \dfrac{1}{\Theta_2} & 0 \\ 0 & 0 & \dfrac{-1}{\Delta\gamma_0} \end{bmatrix} \begin{bmatrix} J^{\mathrm{T}} \end{bmatrix} \begin{bmatrix} F_x l \\ F_y l \\ M_0 \\ \dfrac{F_x}{l} \end{bmatrix} \tag{22}$$

It can be obtained from the above equations that:

$$\begin{bmatrix} K_{\Theta_1} \\ K_{\Theta_2} \\ K_L \end{bmatrix} = \begin{bmatrix} \dfrac{l}{EI\Theta_1}(-\gamma_1 \sin\Theta_1 - \gamma_2 \sin\Theta) & \dfrac{l}{EI\Theta_1}(\gamma_1 \cos\Theta_1 + \gamma_2 \cos\Theta) & \dfrac{l}{EI\Theta_1} & 0 \\ \dfrac{l}{EI\Theta_2}(-\gamma_2 \sin\Theta) & \dfrac{l}{EI\Theta_2}(\gamma_2 \cos\Theta) & \dfrac{l}{EI\Theta_2} & 0 \\ 0 & 0 & 0 & \dfrac{-l^3}{\Delta\gamma_0 EI} \end{bmatrix} \begin{bmatrix} F_x l \\ F_y l \\ M_0 \\ \dfrac{F_x}{l} \end{bmatrix} \tag{23}$$

and

$$\begin{bmatrix} K_{\Theta_1} \\ K_{\Theta_2} \\ K_L \end{bmatrix} = \begin{bmatrix} \dfrac{F_0\cos(\phi)l^2}{EI\Theta_1}(-\gamma_1 \sin\Theta_1 - \gamma_2 \sin\Theta) + \dfrac{F_0\sin(\phi)l^2}{EI\Theta_1}(\gamma_1 \cos\Theta_1 + \gamma_2 \cos\Theta) + \dfrac{M_0 l}{EI\Theta_1} \\ \dfrac{F_0\cos(\phi)l^2}{EI\Theta_2}(-\gamma_2 \sin\Theta) + \dfrac{F_0\sin(\phi)l^2}{EI\Theta_2}(\gamma_2 \cos\Theta) + \dfrac{M_0 l}{EI\Theta_2} \\ \dfrac{-F_0\cos(\phi)l^2}{\Delta\gamma_0 EI} \end{bmatrix} \tag{24}$$

In order to simplify the above equation, and the end force and the moment F_0, M_0 can be express as the dimensionless force index $\alpha^2 = \dfrac{F_0 l^2}{2EI}$ and torque index $\beta = \dfrac{M_0 l}{EI}$ [3], respectively. Therefore,

$$\begin{cases} K_{\Theta_1} = \dfrac{2\alpha^2\cos\phi}{\Theta_1}(-\gamma_1 \sin\Theta_1 - \gamma_2 \sin\Theta) + \dfrac{2\alpha^2\sin\phi}{\Theta_1}(\gamma_1 \cos\Theta_1 + \gamma_2 \cos\Theta) + \dfrac{\beta}{\Theta_1} \\ K_{\Theta_2} = \dfrac{2\alpha^2\cos\phi}{\Theta_2}(-\gamma_2 \sin\Theta) + \dfrac{2\alpha^2\sin\phi}{\Theta_2}(\gamma_2 \cos\Theta) + \dfrac{\beta}{\Theta_2} \\ K_L = \dfrac{-2\alpha^2\cos\phi}{\Delta\gamma_0} \end{cases} \tag{25}$$

Now, it can be summarized that there are totally seven characteristic parameters in the PRR PRBM as follows: the characteristic radius factors $\gamma_0, \gamma_1, \gamma_2$, the variable characteristic factor $\Delta\gamma_0$, the torsion spring stiffness coefficients K_{Θ_1}, K_{Θ_2} and the compression spring stiffness coefficient K_L. The goal of this study is to find the optimal parameters, and it will be discussed in the following section.

3.4 Optimal characteristic factors

It is well known that it is very difficult to obtain the characteristic parameters of the PRR PRBM subjected to combined end force and moment loads. Therefore, a simple and effective way is proposed in this study to overcome this difficulty. At first, it is helpful to investigate the effects of load ratio n and load index κ on the stiffness coefficients of springs in the PRR PRBM. Fig.3 shows the plot of the spring stiffness when the load ratio n changes in a very large range from 1 to 10. It can be seen clearly from the figure that the spring stiffness is little correlated to the load ratio of horizontal force to vertical one. Hence, the effect of load ratio n is very small. However, the effect of load index κ is quite different. It is known that the load condition is close to a pure force when $\kappa = 0$ and it is a pure moment when $\kappa = \infty$. However, these two extreme load conditions are far from the case of PRR PRBM subjected to combined end force and moment loads and so they are not considered here. Fig.4 shows the variation of spring stiffness coefficients with change of load index κ from 1 to 50. It can be seen in Fig.4 that the stiffness coefficient changes monotonically while the load index κ increases greatly from 1 to 10 and almost remains constant when κ changes from 10 to 50. This result shows that the change range from 1 to 50 is a sufficient scale to obtain a proper value of load index κ for combined end force and moment loads. So, the variation range of κ from 1 to 50 is selected in this study. Therefore, it can be deduced that the optimal characteristic parameters γ_i could be the one that has the minimum of the square of difference of the spring stiffness between the two cases (κ=1 and κ=50). Based on the analysis above, two special cases of load index κ=1 and κ=50 are dealt with at first in this study. The optimal characteristic factors $\gamma_0, \gamma_1, \gamma_2$ and $\Delta\gamma_0$ can be then obtained through optimization techniques. The stiffness coefficients K_{Θ_1}, K_{Θ_2} and K_L can be determined finally. The optimal characteristic parameters of the PRR PRBM subjected to combined end force and moment loads can be found. This is a three-dimensional search and the whole process to determine the characteristic parameters of the PRR PRBM can be presented as an optimization procedure as shown in the flow chart of Fig.5. The optimal characteristic radius factors of the PRR PRBM subjected to combined end force and moment loads can be determined via the optimization as follows:

$$\gamma_0 = 0.2,\ \gamma_1 = 0.52,\ \gamma_2 = 0.28$$

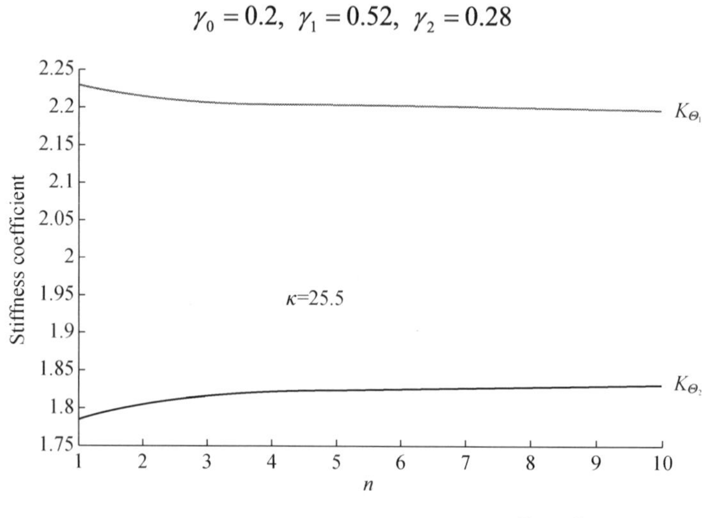

Fig.3　Stiffness K_{Θ_i} vs. load ratio $n \in [1,10]$

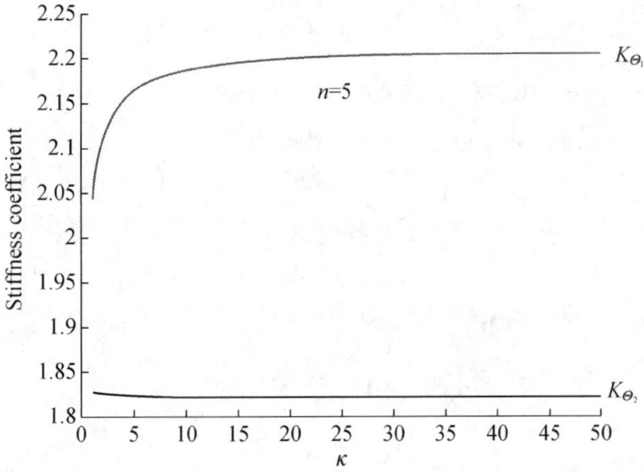

Fig.4　Stiffness K_{Θ_i} vs. load index $\kappa \in [1,50]$

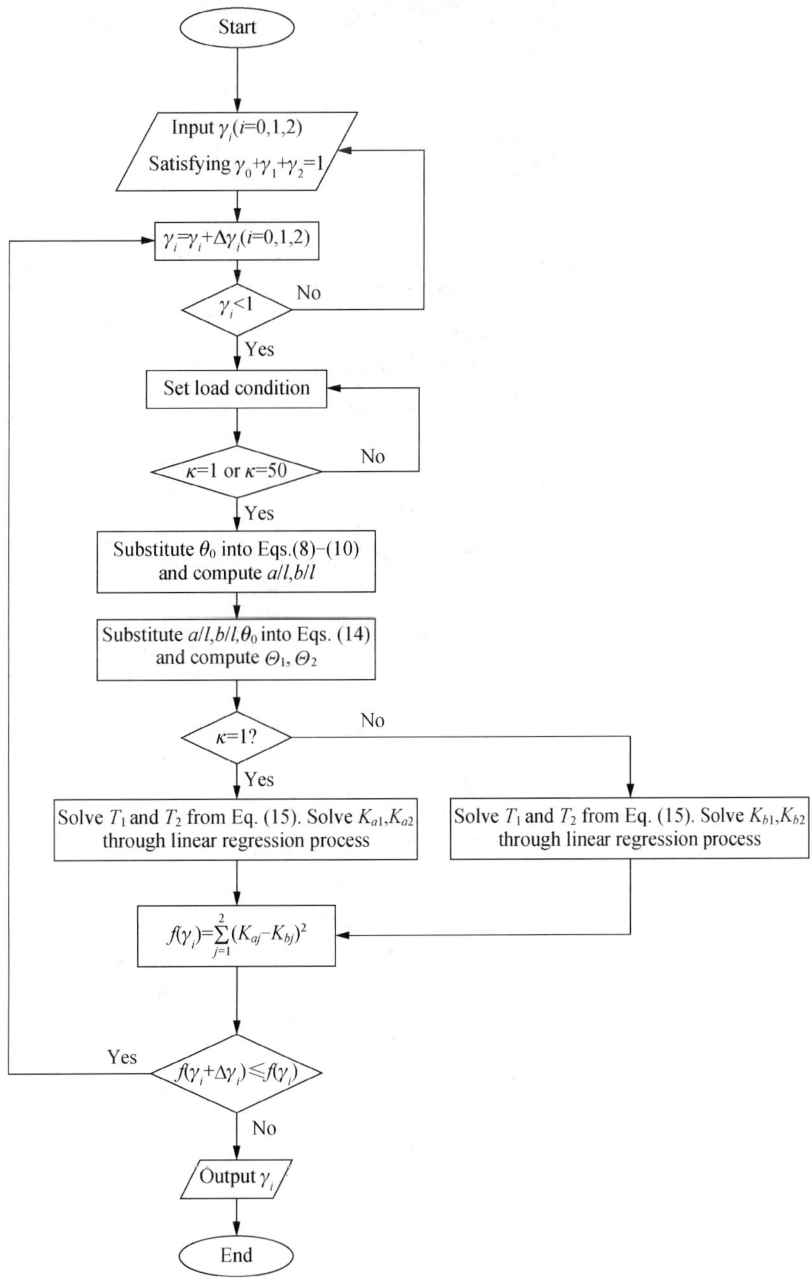

Fig.5　Optimization procedure of characteristic parameters for PRR PRBM

3.5 Optimal spring stiffness coefficients

Now, the torsion spring stiffness coefficients of the PRR PRBM can be determined from the characteristic radius factors obtained above. When the PRR PRBM is subjected to a combined end load (κ=1), a linear regression process[28] can be applied here to determine the approximate value of the torsion spring stiffness coefficient K_{a_1} at the first pin joint from Eq. (25). The linear fitting curve is shown in Fig.6. Similarly, when the PRR PRBM is subjected to a combined end load (κ=50), the linear regression process can also be applied to determine the approximate value of torsion spring stiffness coefficient K_{b_1} at the first pin joint from Eq. (25). The linear fitting curve is shown in Fig.7.

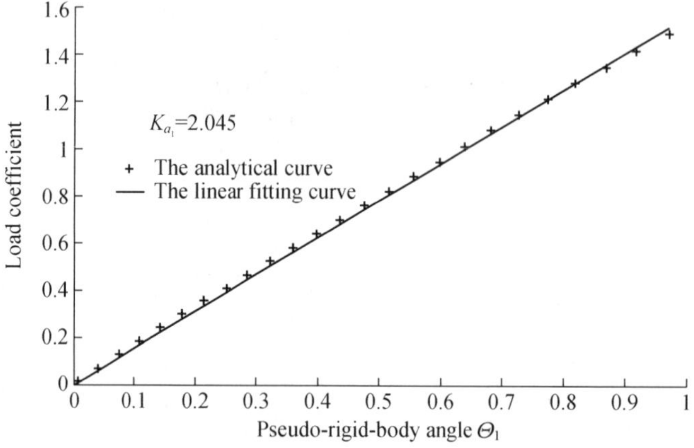

Fig.6　Linear regression of stiffness coefficient K_{a_1} for (κ=1)

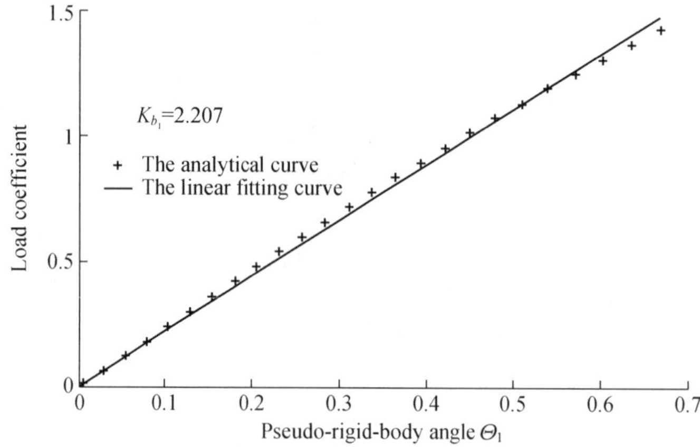

Fig.7　Linear regression of stiffness coefficient K_{b_1} for (κ=50)

In a similar way, the torsion spring stiffness coefficients K_{a_2} (κ=1) and K_{b_2} (κ=50), at the second pin joint of the PRR PRBM can be determined, too. The results are shown in Fig.8 and Fig.9, respectively.

Therefore, the torsion spring stiffness coefficients of the PRR PRBM can be determined as follows. The corresponding values at the two cases are:

$$K_{a1} = 2.045,\quad K_{b1} = 2.207$$
$$K_{a2} = 1.828,\quad K_{b2} = 1.823$$

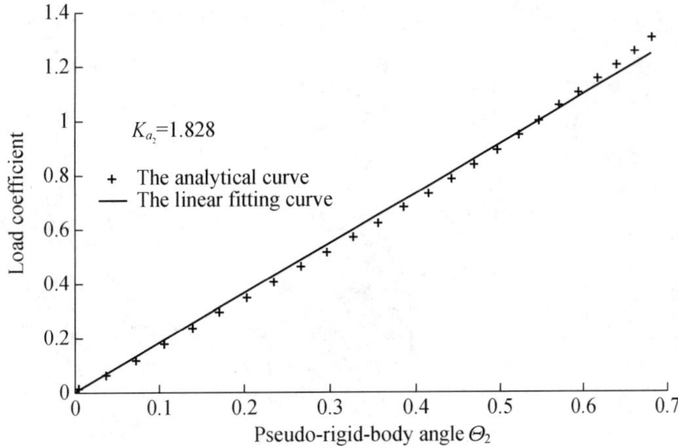

Fig.8　Linear regression of stiffness coefficient K_{a_2} for (κ=1)

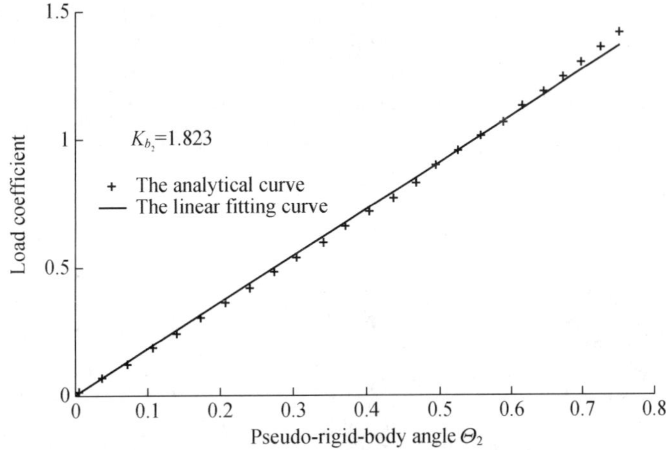

Fig.9　Linear regression of stiffness coefficient K_{b_2} for (κ=50)

As shown in Fig.6~9, the spring stiffness K_{Θ_1} increases from 2.045 ($\kappa=1$) to 2.207 ($\kappa=50$) while K_{Θ_2} decreases from 1.828 ($\kappa=1$) to 1.823 ($\kappa=50$). It can be seen that the relative errors of the two cases ($\kappa=1$ and $\kappa=50$) are small and the spring stiffness changes slightly within $\kappa\in[10,50]$. So, the average value of the two cases can be selected as an acceptable solution for the PRR PRBM subjected to combined end force and moment loads. Although this may be not a mathematical justification, the numerical results obtained in Section 4 will show the effectiveness of this simple method. The torsion spring stiffness coefficients of the PRR PRBM can be determined at κ=25.5 as follows:

$$K_{\Theta_1}=1.930,\quad K_{\Theta_2}=2.032$$

The torsion spring stiffness constants K_1, K_2 depend on the torsion spring stiffness coefficients K_{Θ_1}, K_{Θ_2}, geometrical relationship I/l, and material properties E, respectively, and can be expressed as:

$$K_1=K_{\Theta_1}\frac{EI}{l},\quad K_2=K_{\Theta_2}\frac{EI}{l} \tag{26}$$

For the variable characteristic factor $\Delta\gamma_0$ in eqn. Eq. (14), it can be expressed by the slope angle Θ of PRR PRBM. Applying the Least Square Polynomial Fitting Method[29], a Quintic Polynomial of Θ is used here to fit $\Delta\gamma_0$. The value of $\Delta\gamma_0$ can be determined for each value of Θ, and it can be fitted as shown in Fig.10. Therefore, the fitting curve of $\Delta\gamma_0$ can be presented in following equation:

$$\Delta\gamma_0 = -0.033\Theta^5 + 0.1528\Theta^4 - 0.2584\Theta^3 + 0.1638\Theta^2 - 0.0494\Theta \tag{27}$$

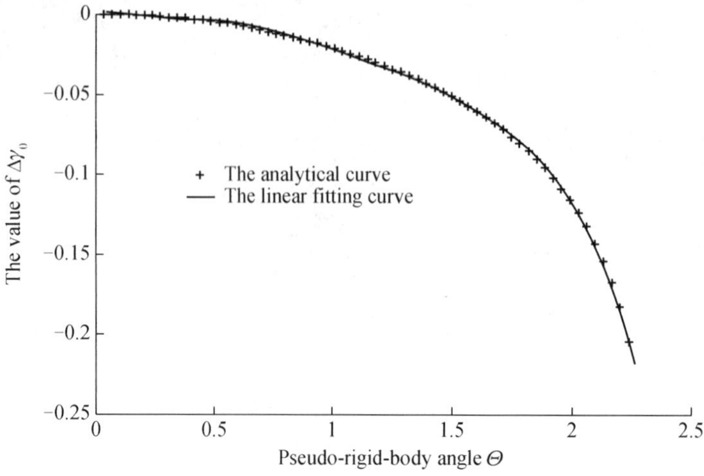

Fig.10 Fitting curve of $\Delta\gamma_0$

When $\Delta\gamma_0$ has been obtained, the stiffness coefficient of compression spring K_L in the PRR PRBM can be determined with α^2 solved from Eq. (8). Using the linear regression process [25], K_L can be fitted as shown in Fig.11.

$$K_L = 0.871$$

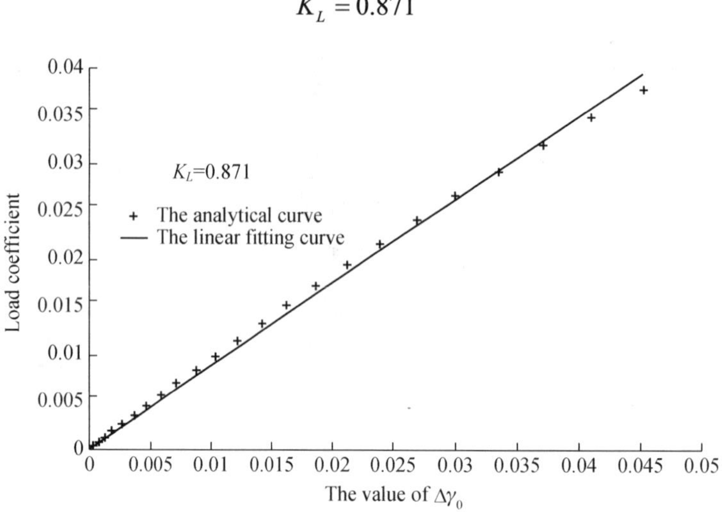

Fig.11 Fitting curve of stiffness coefficient K_L

Now, all the characteristic parameters of the PRR PRBM have been determined and, therefore, the new model has been developed to simulate the large deflection beam with combined end force and moment loads in compliant mechanisms.

4. Precision analyses

Fig.12 shows the tip locus of the PRR, 2R, PR and 3R pseudo-rigid-body model, as well as the flexural beam with combined end force and moment loads. It can be seen from Fig.12 that the four pseudo-rigid-body models can mainly follow the tip locus of the flexural beam in a small deformation condition. However, the curve of 2R PRBM deviates off the tip locus of the flexural beam in the large deflection area. This is because the 2R model has two degree of freedom only and so its simulation accuracy is low. Compared with the 2R PRBM, the PR PRBM has also two degrees of freedom, but it can improve greatly the accuracy due to the sliding link with a prismatic pair and compression spring that describes the axial deformation of the flexural beam. Moreover, the PRR PRBM has three degree-of-freedom and so increases the simulation precision further. Although the 3R PRBM can well follow the tip locus of the flexural beam because it has three degrees of freedom too, the trajectory curve of the PRR PRBM is much closer to that of the actual flexural beam curve. So, the PRR PRBM is more accurate than the 3R PRBM. This result indicates further the important role of the prismatic pair in the pseudo-rigid-body model and the superiority of PRR PRBM in increasing the simulation accuracy for the large deflection beam with combined end force and moment loads in compliant mechanisms. At same time, it also shows the effectiveness of the simple method proposed in Section 3.

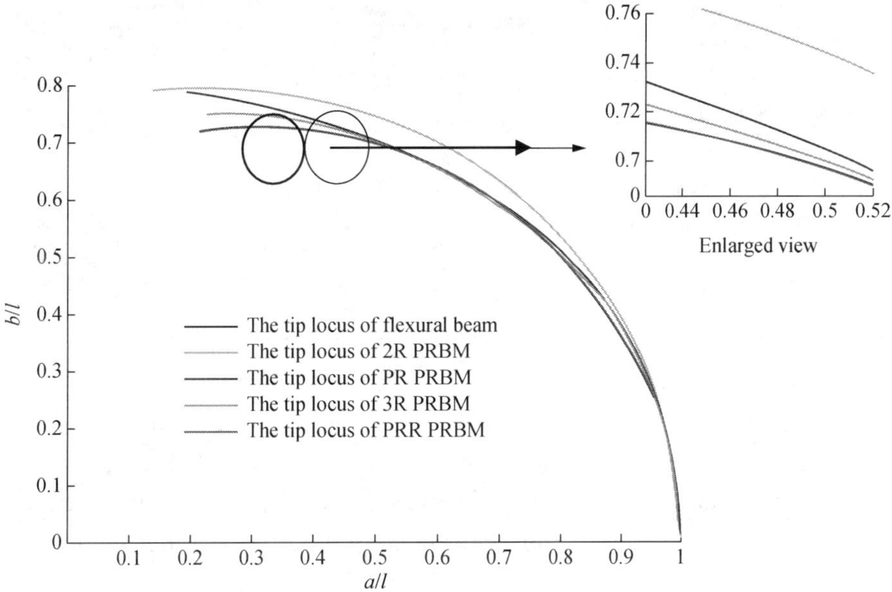

Fig.12　Comparison of tip locus between the flexural beam and PRBMs

A discussion on the simulating errors of the four pseudo-rigid-body models can be made to illustrate further the advantage of the PRR PRBM. The relative deflection error between the tip locus of a pseudo-rigid-body model and that of the flexural beam can be defined here as:

$$e = \frac{\sqrt{(a-a_0)^2+(b-b_0)^2}}{l} \tag{28}$$

Where, (a_0, b_0) is the tip locus of pseudo-rigid-body models. a and b are the horizontal and vertical distance of the flexural beam, respectively.

The relative errors of the four pseudo-rigid-body models are shown in Fig.13. The maximum errors at $\theta_{0\max}=2.3\text{rad}$ for the 2R, PR, 3R and PRR pseudo-rigid-body model are 4.37%, 3.68%, 1.2%, and 0.98%, respectively, as listed in Table1. It can be seen from the figures that the minimum relative error is obtained in the PRR PRBM while the maximum one is got in the 2R PRBM. The relative error of the PR and that of 3R PRBM are in the middle. The average relative errors of the four PRBMs are also listed in Table. 1. It can be seen that average errors of these PRBMs follow the same tendency as the maximum ones. The average error of the PRR, 3R, PR and 2R PRBM increases from small to large. These results agree well to the conclusions obtained from Fig.12.

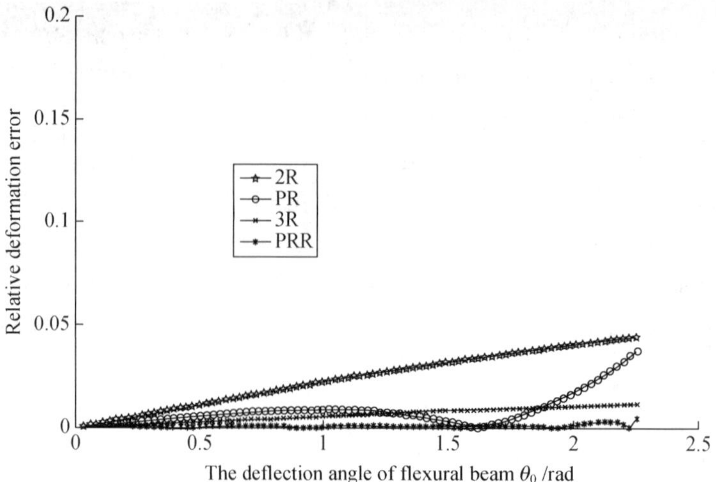

Fig.13　Relative errors of pseudo-rigid-body models

Table 1　The relative deflection error of PRBMs

	2R	PR	3R	PRR
max error	4.37%	3.68%	1.2%	0.98%
average error	2.37%	0.85%	0.63%	0.09%

A further discussion about the effect of axial deflection in a flexural beam with combined force and moment loads is made here. The proportion of axial deflection over the total one can be useful to show clearly the advantage of the PRR pseudo-rigid-body model. Let $x = l - a$, it is defined as the transverse deflection of the flexural beam, and $\Delta\gamma_0 l$ is defined as the axial displacement in the PRR PRBM. The axial deflection ratio pl can be used to represent the proportion of axial deflection over the transversal one in a flexural beam as follows.

$$pl = \left|\Delta\gamma_0 l / x\right| = \left|\Delta\gamma_0 l / (l - a)\right| \tag{29}$$

In Fig.14, pl is 1% when $\theta_0 = 0.70\text{rad}$, and so it can be known that the axial deformation has a little effect in the small deflection condition. However, pl is 5% when $\theta_0 = 1.48\text{rad}$, and it is over 20% when $\theta_0 = 2.24\text{rad}$. This result shows that the axial deflection has a great effect in the total deformation and cannot be neglected for the large deflection beam with combined end force and moment loads in compliant mechanisms. Therefore, it can be concluded that the axial deflection of a flexural beam can be well simulated by the slider with a prismatic pair and compression spring in the PRR PRBM.

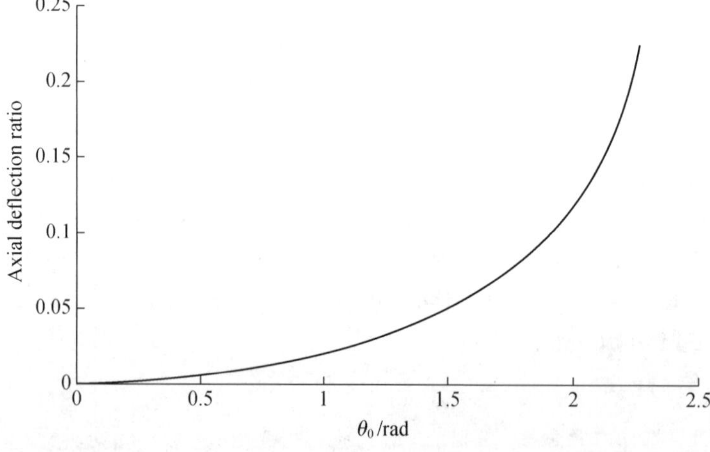

Fig.14　Axial deflection ratio

It can be summarized now from the above numerical results that the PRR and 3R PRBM with three degrees of freedom have higher simulation precision than the PR and 2R PRBM with two degrees of freedom in tracking the tip locus of a flexural beam. Obviously, the increase in degree of freedom can improve the simulation accuracy. In the same condition of degree of freedom, the PRR and PR PRBM with a prismatic pair show better performance than the 3R and 2R PRBM with pin joints only, respectively. Therefore, the axial deflection of a flexural beam can be simulated well by the sliding link with a prismatic pair and compression spring and the simulation precision can be improved remarkably using the PRR PRBM.

5. Conclusions

The impacts of lateral and axial deformations of large deflection beams in compliant mechanisms have been investigated comprehensively and a new PRR pseudo-rigid-body model has been developed in this study. Although it is smaller than the lateral one, the axial deflection plays a significant role in the large deflection of flexural beam with combined end force and moment loads and can be well simulated using the sliding link with a prismatic pair and compression spring in the PRR PRBM. The difficulty in determining the characteristic parameters of the PRR PRBM has been overcome by a simple and effective approach. Compared with the 2R, PR and 3R pseudo-rigid-body models, the new PRR PRBM has superiority in representing the deformation behavior of the large deflection links in compliant mechanisms. Therefore, the new model developed in this paper has theoretical significance and application value in the analysis and design of compliant mechanisms.

Acknowledgements

The financial support of this study was from the National Natural Science Foundation of China (Grant No.51175006 & No. 51575006).

References

[1] Jensen BD, Howell LL, Salmon LG. Design of two-link, in-plane, bistable compliant micro mechanisms. ASME Trans., J. Mech. Des., 1999, 121: 416-423

[2] Her AI, Midha A. Compliance number concept for compliant mechanisms and type synthesis. ASME Trans., J Mech. Des., 1987, 109: 348-355

[3] Howell LL. Compliant Mechanisms. New York: John Wiley & Sons, 2001

[4] Burns RH, Crossley FRE. Kinetostatic synthesis of flexural link mechanisms. ASME Paper 68-Mech-36,1968

[5] Kota S, Ananthasuresh GK, Crary SB, et al. Design and fabrication of micro-electromechanical systems. ASME Trans., J Mech. Des., 1994,116: 1081-1088

[6] Saxena A, Ananthasuresh GK. On an optimal property of compliant topologies. Struct Multidisc Optim, 2000,19: 36-49

[7] Ananthasuresh GK, Kota S, Kikuchi N. Strategies for systematic synthesis of compliant mechanisms. ASME Trans., Dyn. Syst. Contr. Divis., 1994, 116: 677-686

[8] Midha A, Norton TW, Howell LL. On the nomenclature, classification, and abstractions of compliant mechanisms. ASME Trans. J. Mech. Des., 1994, 116: 270-279

[9] Frecker MI, Ananthasuresh GK, Nishiwaki S. Topological synthesis of compliant mechanisms using multi-criteria optimization. ASME Trans., J. Mech. Des., 1997, 119: 38-45

[10] Saggere L, Kota S. Synthesis of planar, compliant four-bar mechanisms for compliant-segment motion generation. ASME Trans., J. Mech. Des., 2001, 123: 535-541

[11] Ananthasuresh GK, Howell LL. Case studies and a note on the degrees-of-freedom in compliant mechanisms. ASME Trans., J. Mech. Des., 1996, 118: 1-12

[12] Banerjee A, Bhattacharya B, Mallik A K. Large deflection of cantilever beams with geometric non-linearity: analytical and numerical approaches. International Journal of Non-Linear Mechanics, 2008, 43(5): 366-376.

[13] Zhang A M, Chen G M. A comprehensive elliptic integral solution to the large deflection problems of thin beams in compliant mechanisms. ASME Trans., J. Mech. Des., 2013, 5: 021006-1.

[14] Howell LL, Midha A. A method for the design of compliant mechanism with small-length flexural pivots. ASME Trans., J. Mech Des., 1994, 116: 280-289

[15] Howell LL, Midha A. Evaluation of equivalent spring stiffness for use in a pseudo-rigid-body model of large deflection compliant mechanisms. ASME Trans., J. Mech. Des., 1996, 118: 126-140

[16] Howell LL, Midha A. Parametric deflection approximations for end loaded large deflection beams in compliant mechanisms. ASME Trans., J. Mech. Des., 1995, 117: 156-165

[17] Lyon SM, Howell LL, Roach GM. Modeling flexible segments with force and moment end loads via the pseudo-rigid-body model. Proceedings of the ASME International Mechanical Engineering Congress & Exposition, 2000: 1-13

[18] Howell LL, Midha A. A loop-closure theory for the analysis and synthesis of compliant mechanisms. ASME Trans., J. Mech. Des., 1996, 118: 121-125

[19] Saxena A, Kramer SN. A simple and accurate method for determining large deflections in compliant mechanisms subjected to end forces and moments. ASME Trans., J. Mech. Des., 1998, 120: 392-400

[20] Kimball C, Tsai L W. Modeling of flexural beams subjected to arbitrary end loads. ASME Trans., J. Mech. Des., 2002, 124(2): 223-235.

[21] Su HJ. A pseudo-rigid-body 3R model for determining large deflection of cantilever beams subject to tip loads. ASME Trans, J Mechanis Robot, 2009, 1: 021008-1-9

[22] Chen G, Xiong B, Huang X. Finding the optimal characteristic parameters for 3R pseudo-rigid-body model using an improved particle swarm optimizer. Prec. Eng. 2011, 35: 505-511

[23] Feng ZL, Yu YQ, Xu, QP. A pseudo-rigid-body 2R model of flexural beam in compliant mechanisms. Mech Mach Theory, 2012, 55: 18-33

[24] Halverson AP, Bowden AE, Howell LL. A pseudo-rigid-body model of the human spine to predict implant-induced changes on motion. ASME Trans, J Mechanis Robot, 2011, 3: 041008-1-7

[25] Leishman LC, Colton MB. A pseudo-rigid-body model approach for the design of compliant mechanism springs for prescribed force-deflections. Proceedings of the 35th ASME Mechanisms and Robotics Conference, DETC2011, 2011: 47590

[26] Midha A, Bapat S G, Mavanthoor A, et al. Analysis of a fixed-guided compliant beam with an inflection point using the pseudo-rigid-body model (PRBM) concept. Proceedings of the Asme International Design Engineering Technical Conferences and Computers and Information in Engineering Conference 2012, 2012, 4, Pts A and B

[27] Zhou P, Yu YQ. A new PR pseudo-rigid-body model of compliant mechanisms subject to combined loads. Proceedings of the 2012 international Conference on Mechanism and Machine Science (CCMMS2012), 2012, Paper GMD-1

[28] Weisberg S. Applied Linear Regression. 3rd ed. New York: Wiley Interscience, 2005

[29] Xue G. Numerical Analysis. Boca Raton: CRC Press, 2009

(in *Precision Engineering*, 2015, DOI:10.1016/j.precisioneng.2015-09-03)

§24 基于 2R 伪刚体模型的柔顺机构动力学建模及特性分析

李茜[1,2] 余跃庆[1] 常星[3]

(1. 北京工业大学，北京 100124；
2. 山西工程职业技术学院，太原 030009；
3. 太原重工股份有限公司，太原 030024)

摘 要：柔顺机构是利用机构中柔性构件的自身变形来实现运动、力和能量的传递和转换的一种新型机构，是机构学研究领域的前沿课题之一。以柔顺机构中的柔顺杆为研究对象，基于 2R 伪刚体模型提出末端受不同载荷形式(力矩或垂直力)作用下的动力学新模型，分析其动能和变形能，应用拉格朗日方程推导其动力学方程。通过与 1R 伪刚体动力学模型对比，从方程特征、响应曲线等方面分析各动力学模型的特点，从而展示基于 2R 伪刚体模型的动力学模型优越性，并以平行导向柔顺机构为例验证了模型的有效性。分析结果表明，基于 2R 伪刚体模型的动力学模型不仅可以反映柔顺杆整体大范围变形状况，而且描述出杆件内部局部变形状况，可以更真实地体现柔顺机构的动力学特性，更加适合于柔顺机构的动力学分析与设计。

关键词：柔顺机构；2R 伪刚体模型；动力学

1. 引言

柔顺机构是主要依靠机构中的柔性构件(杆件)的变形来实现机构的主要运动和功能的机构，它能够实现运动、力和能量的传递和转换。与传统机构相比，柔顺机构积极地利用杆件变形来改善和提高机构的性能，在很多场合具有明显的优势[1]。由于柔顺机构在结构上减少甚至没有运动副，因此柔顺机构在构件数目上比传统机构要少得多，从而具有减小所需空间、间隙和摩擦、磨损等优势，达到降低成本和提高机构精度的目的。正是由于诸多优点，柔顺机构引起了广泛的关注，成为机构学界研究领域的新热点[2]。

目前，柔顺机构的研究工作主要集中在结构学和运动学方面。为了简化柔顺机构的分析，HOWELL[1]提出了 1R 伪刚体模型法(Pseudo-rigid-body model, PRBM)，该文用具有等效力-变形关系的刚体构件来模拟柔性部件的变形，从而将刚性机构的理论用来分析柔顺机构。HOWELL 等[3]将自由端受力的悬臂梁等效为铰接在一起的刚性杆件，并在关节处加一个扭转弹簧，由此得到悬臂梁末端受力载荷作用时的伪刚体模型，用来分析悬臂梁末端的运动轨迹。之后他们还提出了柔顺机构的分析与综合的封闭环理论，并应用伪刚体模型方法对柔顺机构进行分析[4]。HETRIK 等[5]拓扑优化方法也应用到柔顺机构的设计过程中，利用满足运动约束和能量最大化条件的目标函数对机构进行优化设计，得到高性能、高效率的机构。Su[6]针对 1R 伪刚体模型存在的模拟精度较低的问题，提出一种 3R 伪刚体模型，并用有限元软件作了误差分析，表明 3R 伪刚体模型具有更高的准确性。但是 3R 伪刚体模型参数过多，计算过程复杂。针对此问题，冯忠磊等[7]提出了以末端转角参数化近似方法为基础的 2R 伪刚体模型，得出了模型最优特征半径系数和刚度系数，结果表明 2R 伪刚体模型既达到较高的模拟精度，同时也简化了 3R 伪刚体模型复杂的迭代过程。目前，虽然 2R 伪刚体模型停留在运动学方面的研究，但是可以预测它在动力学方面会有更加明显的优越性。

目前，在柔顺机动力学方面的研究相对薄弱。SCOTT 等[8]以平行导向柔顺机构为例，运用伪刚体模型方法分析机构的固有频率等特性。LI 等[9]采用有限元法对柔顺机构的动力学性能问题进行了分析,并通过动力学分析软件对 MEMS 实例进行了分析。谢先海等[10]则采用基于刚体-弹簧模型的多刚体离散元方法建立柔顺机构的多刚体离散元模型，并进行了柔顺机构静力及动态分析。YU 等[11]基于动力学等效原理，建立了“伪刚体动力学模型”，并推导出平面柔顺机构的动力学方程。王华伟等[12]在充分考虑柔性杆大变形特性的基础上,根据欧拉—伯努利方程,建立了平行导向柔顺机构的动力学模型。以上关于柔顺机动力学方面的研究都还比较初步，基本上都是基于单自由度模型的分析，不能完全反映出柔顺机构的动力学特性，也不能满足柔顺机构动力学分析和设计的要求，这将直接影响柔顺机构研究整体水平的提高，对柔顺机构的研究和应用向纵深发展十分不利。本文研究目的就是为解决这方面问题。

本文在 2R 伪刚体运动学模型的基础上，提出柔顺机构的 2 自由度伪刚体动力学模型。首先以柔顺机构中的主要变形构件——柔顺杆为研究对象建立 2 自由度伪刚体动力学模型，分别推导其在两种载荷模式下的动力学方程，并进行动力学特性分析，通过与单自由度伪刚体动力学模型比较，表明 2 自由度伪刚体动力学模型的优越性。然后以平行导向柔顺机构为例，利用该模型进行动力学特性分析。

2. 基于 2R 伪刚体模型的动力学模型

柔顺杆是柔顺机构中的主要变形构件，因此本文首先以柔顺杆为研究对象建立其 2 自由度伪刚体动力学模型。

图 1 为柔顺杆末端受载荷作用及其 1R 伪刚体模型，该模型是由两根刚性杆和一个扭簧组成的单自由度系统，简称单自由度伪刚体模型，由于系统中含有 1 个转动副，又简称为 1R 伪刚体模型。图 1 中柔顺杆的杆长为 l，质量为 m，柔顺杆末端受到力矩 M_0 作用后，其末端的坐标为 (a,b)。扭簧的扭簧常数分别为 K，各刚性构件 0 杆、1 杆的长度分别为 $\gamma_i l$ $(i=0,1)$，γ_i 为各刚性构件的特征半径系数，且 $\gamma_0+\gamma_1=1$。在末端受到力矩(垂直力)时，末端转角为 θ_0，ϕ 为刚性杆等效转角，$\theta_0=c_\theta\phi$，其中柔顺杆末端受力矩作用时 $c_\theta=1.5164$，柔顺杆末端受垂直力作用时 $c_\theta=1.2385$。

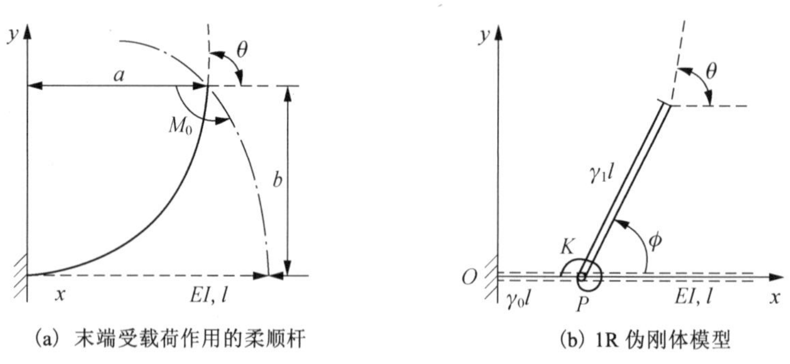

(a) 末端受载荷作用的柔顺杆　(b) 1R 伪刚体模型

图 1　柔顺杆末端受载荷作用及其 1R 伪刚体模型

图 2 为本文提出的柔顺杆末端受到载荷作用时基于 2R 伪刚体模型的动力学模型，本文将针对末端受垂直力和力矩作用两种载荷进行统一建模。2R 伪刚体模型是由三根刚性杆和两个扭簧组成的 2 自由度系统，简称 2 自由度伪刚体模型，由于系统中含有 2 个转动副，又简称为 2R 伪刚体模型。如图 2 所示，柔顺杆的杆长为 l，在末端受到力矩(垂直力)时，末端转角为 θ。两个扭簧的扭簧常数分别为 K_1，K_2，各刚性构件 0 杆、1 杆、2 杆的长度分别为 $\gamma_i l$ $(i=0,1,2)$，质量为 $m_i=\gamma_i m$，γ_i 为各刚性构件的特征半径系数，且 $\gamma_0+\gamma_1+\gamma_2=1$。0 杆对应柔顺杆的固定端，2 杆对应柔顺杆的末端，1 杆相对于 0 杆的转角为 θ_1，2 杆相对于 1 杆的转角为 θ_2，且 $\theta=\theta_1+\theta_2$。下面首先分析柔顺杆的动能和变形能，然后基于拉格朗日方程推导其动力学方程。

2.1　动能分析

如图 1(b)和图 2(b)所示，各刚性构件 0 杆、1 杆、2 杆对应的各质心点坐标分别为 (x_i,y_i) $(i=0,1,2)$，由此可以得出各点的位置方程如式(1)和式(2)所示

$$\begin{cases} x_1=\gamma_0 l+\dfrac{1}{2}\gamma_1 l\cos\theta_1 \\ y_1=\dfrac{1}{2}\gamma_1 l\sin\theta_1 \end{cases} \tag{1}$$

$$\begin{cases} x_2 = \gamma_0 l + \gamma_1 l\cos\theta_1 + \dfrac{1}{2}\gamma_2 l\cos(\theta_1+\theta_2) \\ y_2 = \gamma_1 l\sin\theta_1 + \dfrac{1}{2}\gamma_2 l\sin(\theta_1+\theta_2) \end{cases} \tag{2}$$

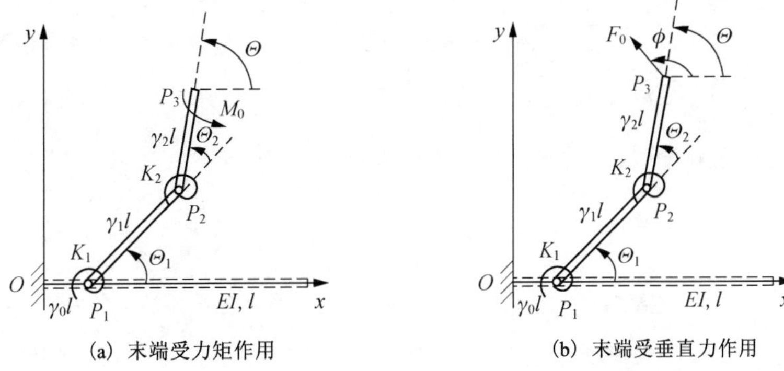

图 2　柔顺杆末端受载荷作用的 2R 伪刚体模型

通过位置方程求导可得各质心点的速度方程式，如式(3)和式(4)所示

$$\begin{cases} \dot{x}_1 = -\dfrac{1}{2}\gamma_1 l\sin\theta_1\dot{\theta}_1 \\ \dot{y}_1 = \dfrac{1}{2}\gamma_1 l\cos\theta_1\dot{\theta}_1 \end{cases} \tag{3}$$

$$\begin{cases} \dot{x}_2 = -\gamma_1 l\sin\theta_1\dot{\theta}_1 - \dfrac{1}{2}\gamma_2 l\sin(\theta_1+\theta_2)(\dot{\theta}_1+\dot{\theta}_2) \\ \dot{y}_2 = \gamma_1 l\cos\theta_1\dot{\theta}_1 + \dfrac{1}{2}\gamma_2 l\cos(\theta_1+\theta_2)(\dot{\theta}_1+\dot{\theta}_2) \end{cases} \tag{4}$$

由于 0 杆部分固定，则系统的总动能由 1 杆、2 杆两部分的动能构成，因此系统的总动能

$$E_k = E_{k_1} + E_{k_2} = \frac{1}{2}m_1 v_1^{\,2} + \frac{1}{2}J_1\dot{\theta}_1^{\,2} + \frac{1}{2}m_2 v_2^{\,2} + \frac{1}{2}J_2\dot{\theta}_2^{\,2} \tag{5}$$

式中，v_i 为刚性构件 i 杆的速度；J_i 为刚性构件 i 杆的转动惯量。

将式(3)和式(4)代入式(5)，化简得

$$E_k = Aml^2\dot{\theta}_1^2 + Bml^2\dot{\theta}_2^2 + Cml^2\dot{\theta}_1\dot{\theta}_2 \tag{6}$$

式中，

$$A = \frac{1}{6}\gamma_1^3 + \frac{1}{2}\gamma_1^2\gamma_2 + \frac{1}{2}\gamma_1\gamma_2^2\cos\theta_2 + \frac{1}{6}\gamma_2^3$$

$$B = \frac{1}{6}\gamma_2^3$$

$$C = \frac{1}{2}\gamma_1\gamma_2^2\cos\theta_2 + \frac{1}{3}\gamma_2^3$$

2.2　变形能分析

当柔顺杆振动时，柔顺杆的变形能储存在伪刚体模型的扭簧中，扭簧常数可由下式来确定

$$K = K_\theta \gamma \frac{EJ}{l}$$

式中，K_θ 为刚度系数；E 为柔顺杆材料的弹性模量；I 为惯性矩[7]。所以柔顺杆的总变形能

$$E_{\mathrm{p}}=\frac{1}{2}\sum_{i}K_i\theta_i^2=\frac{EJ}{2l}(\gamma_1K_{\theta_1}\theta_1^2+\gamma_2K_{\theta_2}\theta_2^2) \tag{7}$$

2.3 动力学方程

由分析力学可知，拉格朗日方程式为

$$\frac{\mathrm{d}}{\mathrm{d}t}\left(\frac{\partial E_{\mathrm{k}}}{\partial\dot{\theta}_i}\right)-\frac{\partial E_{\mathrm{k}}}{\partial\theta_i}+\frac{\partial E_{\mathrm{p}}}{\partial\theta_i}=P_i，\quad i=1,2 \tag{8}$$

根据上述计算，将柔顺杆 2R 伪刚体模型的动能和势能分别代入拉格朗日方程式，可以得到该柔顺杆的动力学方程。

将式(6)和式(7)代入式(8)，整理得动力学方程组为

$$\begin{cases}D_{11}\ddot{\theta}_1+D_{12}\ddot{\theta}_2+D_{111}\dot{\theta}_1^2+D_{122}\dot{\theta}_2^2+D_{112}\dot{\theta}_1\dot{\theta}_2+D_{121}\dot{\theta}_2\dot{\theta}_1+D_1\theta_1=0\\D_{21}\ddot{\theta}_1+D_{22}\ddot{\theta}_2+D_{211}\dot{\theta}_1^2+D_{222}\dot{\theta}_2^2+D_{212}\dot{\theta}_1\dot{\theta}_2+D_{221}\dot{\theta}_2\dot{\theta}_1+D_2\theta_1=0\end{cases} \tag{9}$$

将方程式(9)写成矩阵形式为

$$\begin{pmatrix}D_{11}&D_{12}\\D_{21}&D_{22}\end{pmatrix}\begin{pmatrix}\ddot{\theta}_1\\\ddot{\theta}_2\end{pmatrix}+\begin{pmatrix}D_{111}&D_{122}\\D_{211}&D_{222}\end{pmatrix}\begin{pmatrix}\dot{\theta}_1^2\\\dot{\theta}_2^2\end{pmatrix}+\begin{pmatrix}D_{112}&D_{121}\\D_{212}&D_{221}\end{pmatrix}\begin{pmatrix}\dot{\theta}_1\dot{\theta}_2\\\dot{\theta}_2\dot{\theta}_1\end{pmatrix}+\begin{pmatrix}D_1&0\\0&D_2\end{pmatrix}\begin{pmatrix}\theta_1\\\theta_2\end{pmatrix}=\begin{pmatrix}0\\0\end{pmatrix} \tag{10}$$

式中，D_{ii} 为刚体杆 i 的有效惯量，$D_{ii}\ddot{\theta}_i$ 为刚体杆 i 的加速度 $\ddot{\theta}_i$ 在刚体杆 i 上产生的惯性力矩，$D_{11}=(\frac{1}{3}\gamma_1^3+\gamma_1^2\gamma_2+\frac{1}{3}\gamma_2^3+\gamma_1\gamma_2^2\cos\theta_2)ml^2$，$D_{22}=\frac{1}{3}\gamma_2^3ml^2$；

D_{ij} 为刚体杆 i 和 j 间的耦合惯量，$i\neq j$，$D_{ij}\ddot{\theta}_i$、$D_{ij}\ddot{\theta}_j$ 为刚体杆 i、j 的加速度 $\ddot{\theta}_i$、$\ddot{\theta}_j$ 在刚体杆 j、i 上产生的惯性力矩，$D_{12}=D_{21}=(\frac{1}{3}\gamma_2^3+\frac{1}{2}\gamma_1\gamma_2^2\cos\theta_2)ml^2$；

D_{ijj} 为向心加速度系数，$D_{ijj}\dot{\theta}_j^2$ 为刚体杆 j 的速度 $\dot{\theta}_j$ 在刚体杆 i 处引起的向心力，$D_{111}=0$，$D_{122}=-\frac{1}{2}\gamma_1\gamma_2^2\sin\theta_2ml^2$，$D_{222}=0$，$D_{211}=\frac{1}{2}\gamma_1\gamma_2^2\sin\theta_2ml^2$；

D_{ijk} 为科氏加速度系数，$i\neq k$，$\left(D_{ijk}\dot{\theta}_j\dot{\theta}_k+D_{ikj}\dot{\theta}_k\dot{\theta}_j\right)$ 为刚体杆 j 和 k 处的速度 $\dot{\theta}_j$ 和 $\dot{\theta}_k$ 引起的作用于刚体杆 i 处的科氏力，$D_{112}=-\gamma_1\gamma_2^2\sin\theta_2ml^2$，$D_{121}=D_{212}=D_{221}=0$；

D_i 为扭簧 i 处的变形能影响项，$D_1=\gamma_1\frac{EJ}{l}K_{\theta_1}$，$D_2=\gamma_2\frac{EJ}{l}K_{\theta_2}$。

所有这些系数均为广义坐标 θ_1 和 θ_2 的函数，同时也与质量 m、杆长 l、特征半径系数 γ_i 和刚度系数 K_{θ_i} 有关。

式(9)和式(10)为柔顺杆末端受到力矩或垂直力作用的动力学方程通式，由于柔顺杆末端受到力矩和垂直力作用时的特征半径和刚度系数各不相同，各参数见表 1[7]，以下对两种载荷情况分别做讨论。

表 1 不同受力情况下的特征半径和刚度系数

不同受力	特征半径系数 γ_1	特征半径系数 γ_2	刚度系数 K_{θ_1}	刚度系数 K_{θ_2}
垂直力作用	0.54	0.36	3.4042	1.5813
力矩作用	0.66	0.18	2.0571	1.9175

将表中参数代入式(9)化简如下。

(1) 末端受垂直力作用。

$$
\begin{cases}
(0.173+0.07\cos\theta_2)ml^2\ddot{\theta}_1+(0.0156+0.035\cos\theta_2)ml^2\ddot{\theta}_2 \\
\qquad -0.07\sin\theta_2 ml^2\dot{\theta}_1\dot{\theta}_2-0.035\sin\theta_2 ml^2\dot{\theta}_2^2+1.8383\dfrac{EJ}{l}\theta_1=0 \\
(0.0156+0.035\cos\theta_2)ml^2\ddot{\theta}_1 \\
\qquad +0.035\sin\theta_2 ml^2\dot{\theta}_1^2+0.5693\dfrac{EJ}{l}\theta_2=0
\end{cases} \tag{11}
$$

(2) 末端受力矩作用。

$$
\begin{cases}
(0.1762+0.0214\cos\theta_2)ml^2\ddot{\theta}_1+(0.0019+0.0107\cos\theta_2)ml^2\ddot{\theta}_2 \\
\qquad -0.0214\sin\theta_2 ml^2\dot{\theta}_1\dot{\theta}_2-0.0107\sin\theta_2 ml^2\dot{\theta}_2^2+1.3577\dfrac{EJ}{l}\theta_1=0 \\
(0.0019+0.0107\cos\theta_2)ml^2\ddot{\theta}_1+0.0019ml^2\ddot{\theta}_2 \\
\qquad +0.0107\sin\theta_2 ml^2\dot{\theta}_1^2+0.3452\dfrac{EJ}{l}\theta_2=0
\end{cases} \tag{12}
$$

基于类似的方法可推导出柔顺杆的 1R 伪刚体模型的动力学方程

$$
\frac{1}{3}\gamma^3 ml^2\ddot{\theta}_1+K_d\theta_1=0 \tag{13}
$$

式中，$K_{\mathrm{d}}=A_{\mathrm{k}}K$。

柔顺杆末端受力矩时 $A_{\mathrm{k}}=1.5164$，柔顺杆末端受垂直力时 $A_{\mathrm{k}}=1.0000$[11]。

对比式(9)与式(13)可以看出，基于 1R 伪刚体模型的动力学方程是只含有一个变量 θ_1 的微分方程式，而基于 2R 伪刚体模型的动力学方程是含有两个变量 θ_1,θ_2 的变系数二阶微分方程组。该方程组不仅包含有效惯量和变形能项，还包含有耦合惯量、向心加速度系数和科氏加速度系数。因此基于 2R 伪刚体模型的动力学方程不仅能反映柔顺杆各部分的动力学特性，而且能表示出刚体杆 i 或 j 在刚体杆 j 或 i 处产生的惯性力矩、向心力和科氏力，从而反映了 1 杆与 2 杆的内在关联，即更真实地反映柔顺杆的变形状况。这是 2 自由度伪刚体动力学模型比单自由度伪刚体动力学模型在本质上的区别和改进。下面将通过数值算例做进一步说明。

3. 动态响应分析

设柔顺杆材料为聚丙烯，杆长 $l=300\text{mm}$，$h=1.11\text{mm}$，末端初始角度为 73°，利用 Matlab 求解各伪刚体动力学模型方程式的响应曲线。下面分别给出 1R 伪刚体模型和 2R 伪刚体模型的情况。

3.1　1R 伪刚体模型

利用 Matlab 求解基于 1R 伪刚体模型的动力学方程式(13)得 $\theta(t)$ 的响应曲线，如图 3 所示。

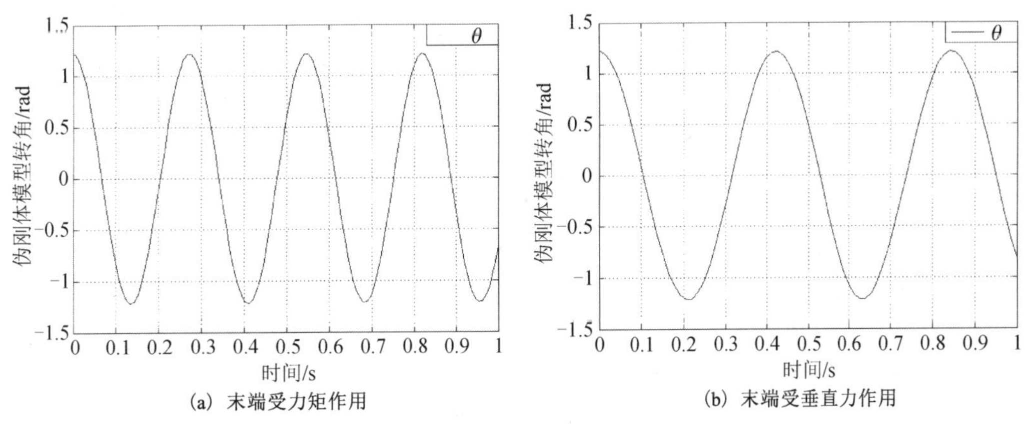

(a) 末端受力矩作用　(b) 末端受垂直力作用

图 3　1R 伪刚体模型响应曲线

由图 3 可以看出，基于 1R 伪刚体模型的动力学模型响应曲线是单一的简谐运动，这只表现出柔顺杆的整体振荡现象，而没有反映出杆件局部的变形运动。

3.2 2R 伪刚体模型

3.2.1 末端受垂直力作用

利用 Matlab 求解式(11)得 $\theta_1(t),\theta_2(t)$ 的转角、角速度及角加速度曲线，如图 4~图 6 所示。

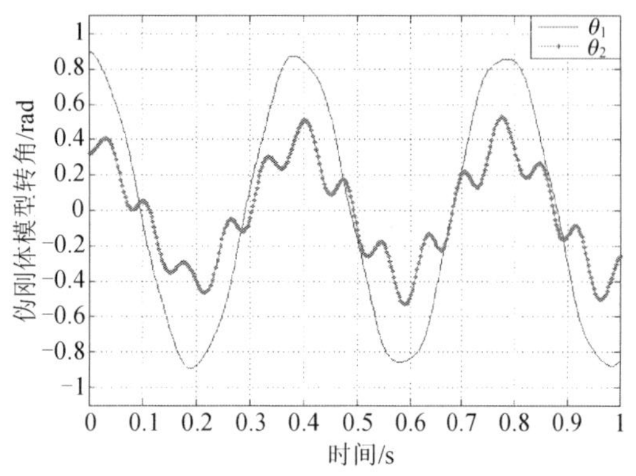

图 4 受垂直力作用的 2R 伪刚体模型位移曲线

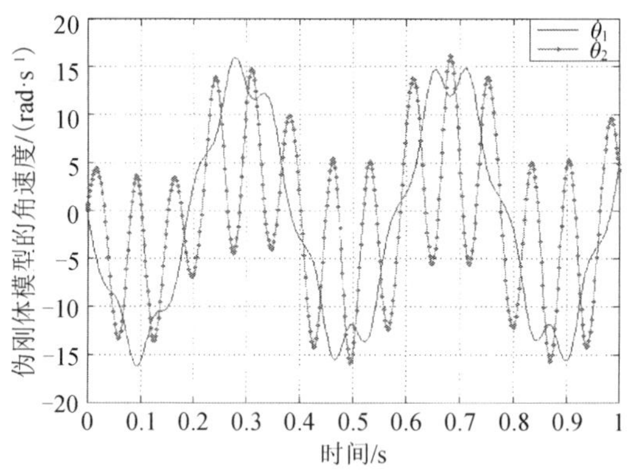

图 5 受垂直力作用的 2R 伪刚体模型角速度曲线

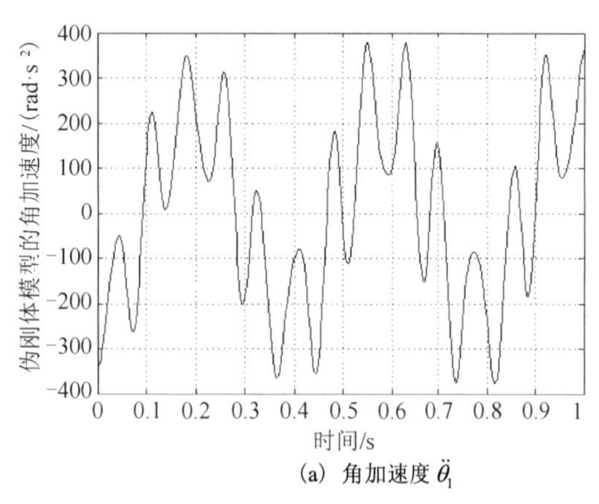

(a) 角加速度 $\ddot{\theta}_1$

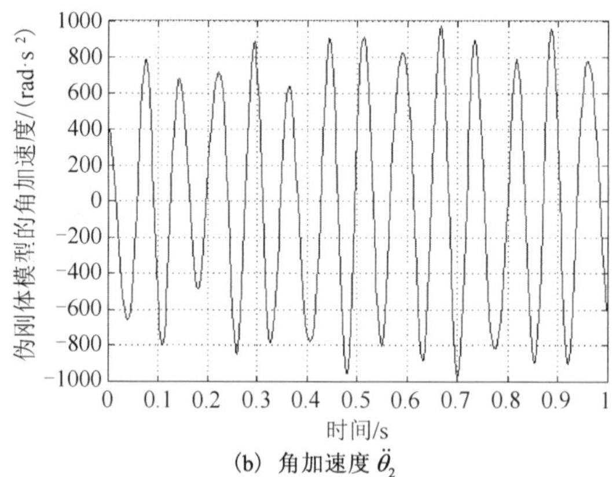

(b) 角加速度 $\ddot{\theta}_2$

图 6 受垂直力作用的 2R 伪刚体模型角加速度曲线

由图 4 可知，$\theta_1(t)$ 做低频振荡，$\theta_2(t)$ 依附于 $\theta_1(t)$ 上进行高频振荡，但 $\theta_2(t)$ 的振幅小于 $\theta_1(t)$。在角速度及角加速度变化曲线中，$\theta_2(t)$ 的角速度及角加速度大于 $\theta_1(t)$ 的角速度及角加速度。而且对于各转角，角加速度的变化与其角速度的变化曲线相对应。这表明柔顺杆在末端受到垂直力作用的情况下，柔顺杆末端 2 杆在随着柔顺杆整体部分做低频振荡的同时，2 杆还在做高频振荡，且 2 杆的振幅小于 1 杆的振幅。这比较形象地表现了柔顺杆的变形运动过程。相比之下，采用 1R 模型则只能得出如图 3 所示的一维简谐振荡响应曲线，这充分说明了本文提出的 2R 动力学模型在真实反映柔顺机构动力学特性方面所具有的优越性。

为了更清晰地研究柔顺杆的实际振荡过程，根据柔顺杆 2R 伪刚体模型可以得到各时刻点 2R 伪刚体模型的 θ_1,θ_2 的取值，从而绘制出相应的位形图，如图 7 所示。图 7(a)、(b)分别为末端转角 90°～−90°和−90°～90°。可以看出，当 1 杆由①运动到⑩完成 90° 的摆动时，2 杆已经完成若干个周期的摆动，这与图 4 相呼应，也表明了相对于 1 杆而言，2 杆的运动周期较短，变化较快，反映出柔顺杆的变形及其振动情况。

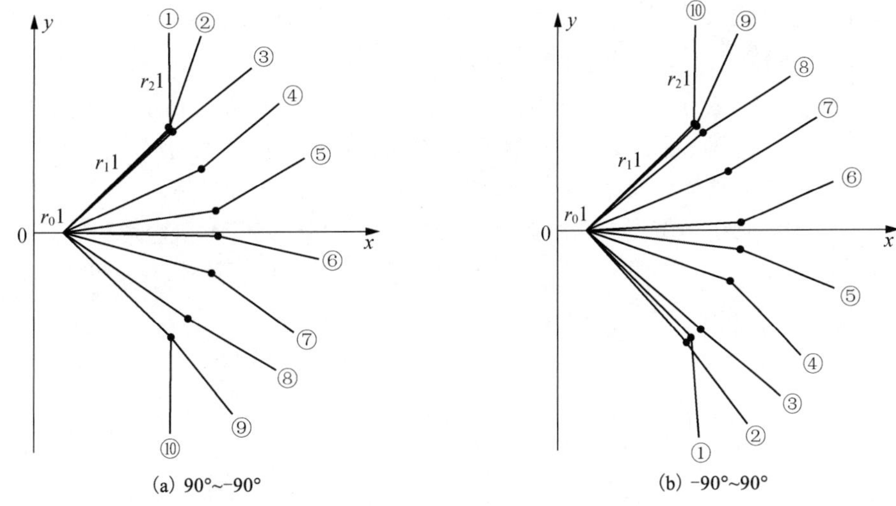

(a) 90°~−90°　　(b) −90°~90°

图 7　受垂直力作用的 2R 伪刚体模型位形图

3.2.2　末端受力矩作用

与末端受垂直作用的初始条件相同，利用 Matlab 求解式(12)得 θ_1和θ_2 的响应曲线、角速度曲线及角加速度曲线如图 8～图 10 所示。

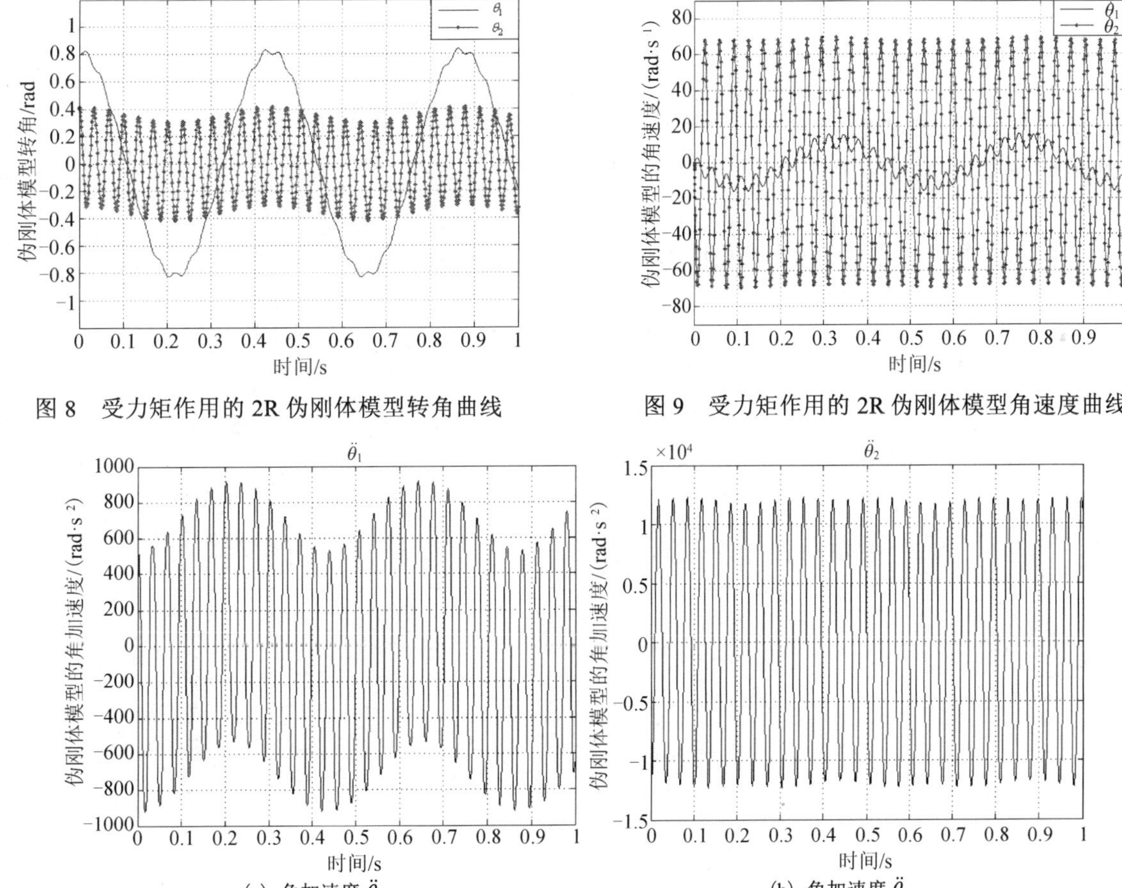

图 8　受力矩作用的 2R 伪刚体模型转角曲线

图 9　受力矩作用的 2R 伪刚体模型角速度曲线

(a) 角加速度 $\ddot{\theta}_1$　　(b) 角加速度 $\ddot{\theta}_2$

图 10　受力矩作用的 2R 伪刚体模型加速度曲线

由图 8～图 10 可以看出，与末端受垂直力的情况类似，末端受力矩的 2R 伪刚体模型中，$\theta_2(t)$ 也是在随着 $\theta_1(t)$ 进行振荡的同时作高频振荡，$\theta_2(t)$ 的振幅小于 $\theta_1(t)$ 。但是在力矩作用时，$\theta_2(t)$ 对 $\theta_1(t)$

的依附性不明显，此时 $\theta_2(t)$ 的频率比末端受垂直力作用时 $\theta_2(t)$ 的频率高。从速度及加速度曲线来看，$\theta_2(t)$ 的速度及加速度明显大于 $\theta_1(t)$ 的速度及加速度。$\theta_2(t)$ 与 $\theta_1(t)$ 的变化差值比受垂直力作用时要大，说明柔顺杆在末端受力矩作用的情况下，末端 2 杆在随着柔顺杆整体部分做低频振荡的同时，2 杆在做更明显的高频振荡，但是 2 杆和 1 杆振动频率的差值比垂直力作用下大。

图 11 所示为柔顺杆末端受力矩的 2R 伪刚体模型在不同时刻下的位形图，图 11(a) 和 11(b) 分别为末端转角 90°～-90°和-90°～90°。可以看出，当 1 杆从①运动到⑩完成 90° 的摆动时，2 杆已经完成了多个周期的摆动，这与图 8 所示相符。同时表明相对于 1 杆而言，2 杆的运动周期短、变化快。

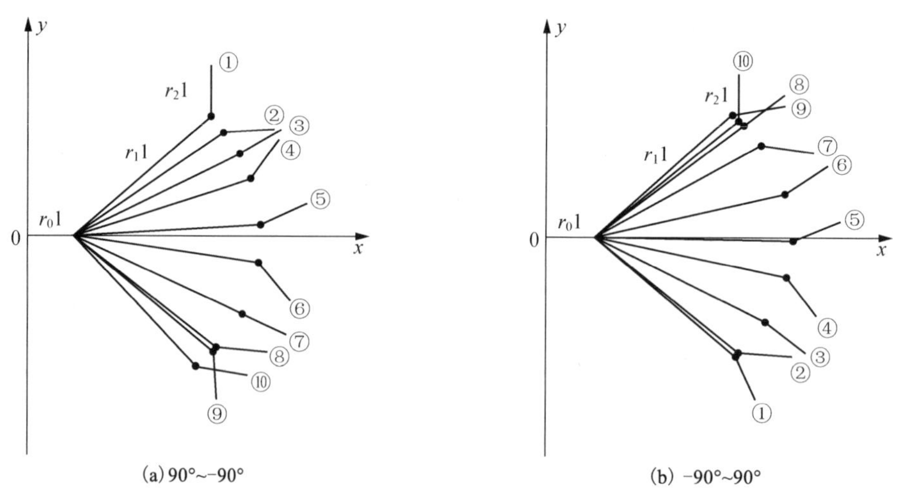

图 11　受力矩作用的 2R 伪刚体模型位形图

由图 4～图 11 看出，基于 2R 伪刚体模型的动力学模型不仅可以描述出柔顺杆的整体大范围变形状况，而且可以描述出柔顺杆随着整体大范围运动的同时还存在局部变形运动，这与柔顺杆的真实变形运动状态相符。因此，基于 2R 伪刚体模型的动力学模型比基于 1R 伪刚体模型的动力学模型有更明显的优越性。

4. 平行导向柔顺机构分析

平行导向柔顺机构是典型的柔顺机构。下面以该机构为例，建立其基于 2R 伪刚体模型的动力学模型并作动力学特性分析。图 12 所示为平行导向柔顺机构及其基于 2R 伪刚体模型。l_1和l_3 为刚性杆，l_2和l_4 为柔顺杆。l_2 和 l_4 的一端被固定，另一端被导向。此时柔顺杆的变形形状是关于中心线反对称的，其伪刚体模型可由两个反对称的半段杆组合而成，每个半段杆的末端受垂直力[1]。

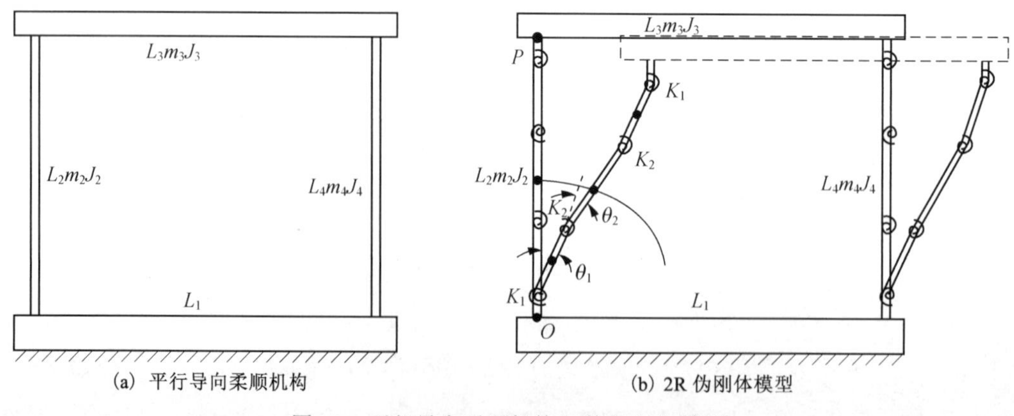

图 12　平行导向柔顺机构及其伪刚体模型

根据前面推导柔顺杆基于 2R 伪刚体模型的动力学方程的方法，可得系统的动力学方程为

$$\begin{pmatrix} D_{11} & D_{12} \\ D_{21} & D_{22} \end{pmatrix}\begin{pmatrix} \ddot{\theta}_1 \\ \ddot{\theta}_2 \end{pmatrix}+\begin{pmatrix} D_{111} & D_{122} \\ D_{211} & D_{222} \end{pmatrix}\begin{pmatrix} \dot{\theta}_1^2 \\ \dot{\theta}_2^2 \end{pmatrix}+\begin{pmatrix} D_{112} & D_{121} \\ D_{212} & D_{221} \end{pmatrix}\begin{pmatrix} \dot{\theta}_1\dot{\theta}_2 \\ \dot{\theta}_2\dot{\theta}_1 \end{pmatrix}+\begin{pmatrix} D_1 & 0 \\ 0 & D_2 \end{pmatrix}\begin{pmatrix} \theta_1 \\ \theta_2 \end{pmatrix}=\begin{pmatrix} 0 \\ 0 \end{pmatrix} \tag{14}$$

式中，$D_{11}=\left(\frac{2}{3}\gamma_1^3+\frac{1}{2}\gamma_1^2\gamma_2+\frac{2}{3}\gamma_2^3+\gamma_1\gamma_2^2+\gamma_0\gamma_1^2+\gamma_0\gamma_2^2+\gamma_1\gamma_2^2\cos\theta_2\right.$

$\left.+\frac{3}{2}\gamma_1^2\gamma_2\cos\theta_2+2\gamma_0\gamma_1\gamma_2\cos\theta_2\right)m_2l_2^2+(\gamma_1^2+\gamma_2^2+2\gamma_1\gamma_2\cos\theta_2)m_3l_2^2$

$$D_{12}=D_{21}=\left(\frac{2}{3}\gamma_2^3+\gamma_1\gamma_2^2+\gamma_0\gamma_2^2+\frac{1}{2}\gamma_1\gamma_2^2\cos\theta_2+\frac{3}{4}\gamma_1^2\gamma_2\cos\theta_2+\gamma_0\gamma_1\gamma_2\cos\theta_2\right)m_2l_2^2+(\gamma_2^2+\gamma_1\gamma_2\cos\theta_2)m_3l_2^2$$

$$D_{22}=\left(\frac{2}{3}\gamma_2^3+\gamma_1\gamma_2^2+\gamma_0\gamma_2^2\right)m_2l_2^2+\gamma_2^2m_3l_2^2$$

$$D_{122}=-\left(\frac{1}{2}\gamma_1\gamma_2^2+\frac{3}{4}\gamma_1^2\gamma_2+\gamma_0\gamma_1\gamma_2\right)m_2l_2^2\sin\theta_2-\gamma_1\gamma_2m_3l_2^2\sin\theta_2$$

$$D_{211}=\left(\frac{1}{2}\gamma_1\gamma_2^2+\frac{3}{4}\gamma_1^2\gamma_2+\gamma_0\gamma_1\gamma_2\right)\sin\theta_2m_2l_2^2+\gamma_1\gamma_2\sin\theta_2m_3l_2^2$$

$$D_{111}=D_{222}=0$$

$$D_{112}=-(\gamma_1\gamma_2^2+\frac{3}{2}\gamma_1^2\gamma_2+2\gamma_0\gamma_1\gamma_2)m_2l_2^2\sin\theta_2-2\gamma_1\gamma_2m_3l_2^2\sin\theta_2$$

$$D_{121}=D_{212}=D_{221}=0$$

$$D_1=\frac{8EJ}{l_2}\gamma_1K_{\theta_1}$$

$$D_2=\frac{8EJ}{l_2}\gamma_2K_{\theta_2}$$

机构的几何和物理参数分别为$m_3=11.0\text{g}$，$l_2=118.6\text{mm}$，$h_2=1.8\text{mm}$，$b_2=6.35\text{mm}$，$E_2=1.38\text{GPa}$，$\rho_2=9.0\times10^{-4}\text{g/mm}^3$。代入参数，利用 Matlab 求解$\theta_1(t),\theta_2(t)$的响应曲线，见图 13。

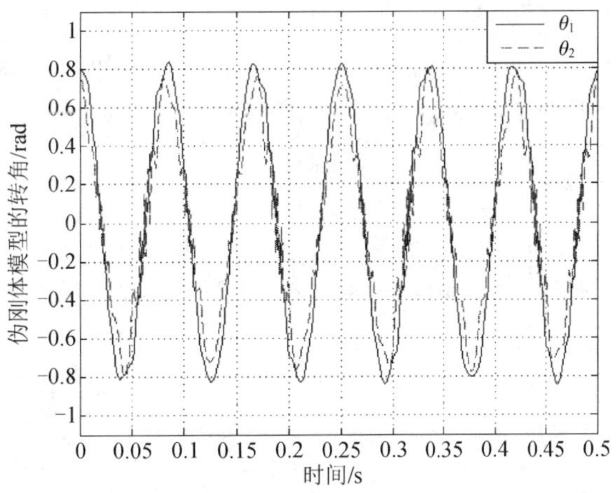

图 13 平行导向柔顺机构的 2R 伪刚体模型响应曲线

由图 13 可以看出，θ_1与θ_2的振动出现了类似的现象，这与之前柔顺杆受垂直力的情况不同。因为平行导向柔顺机构是反对称的机构，此时柔顺杆相当于由两个反对称的半段杆组合而成，每个半段杆的末端都受垂直力，而两个半段杆的末端接连在一起，θ_2的运动受到反向制约，造成θ_2与θ_1振动近似的现象。

如图 12(b)所示，以O为原点建立坐标系，绘制P点的位移曲线如图 14 所示。可以看出P点在大幅度低频振荡的同时，还有高频的小幅度振荡。这是构件$\gamma_2 l$本身的高频振荡导致。结果表明平行导向柔顺机构在做简谐振动的同时，机构内部还有高频的小幅振动，这与之前对柔顺杆的特性分析相符。

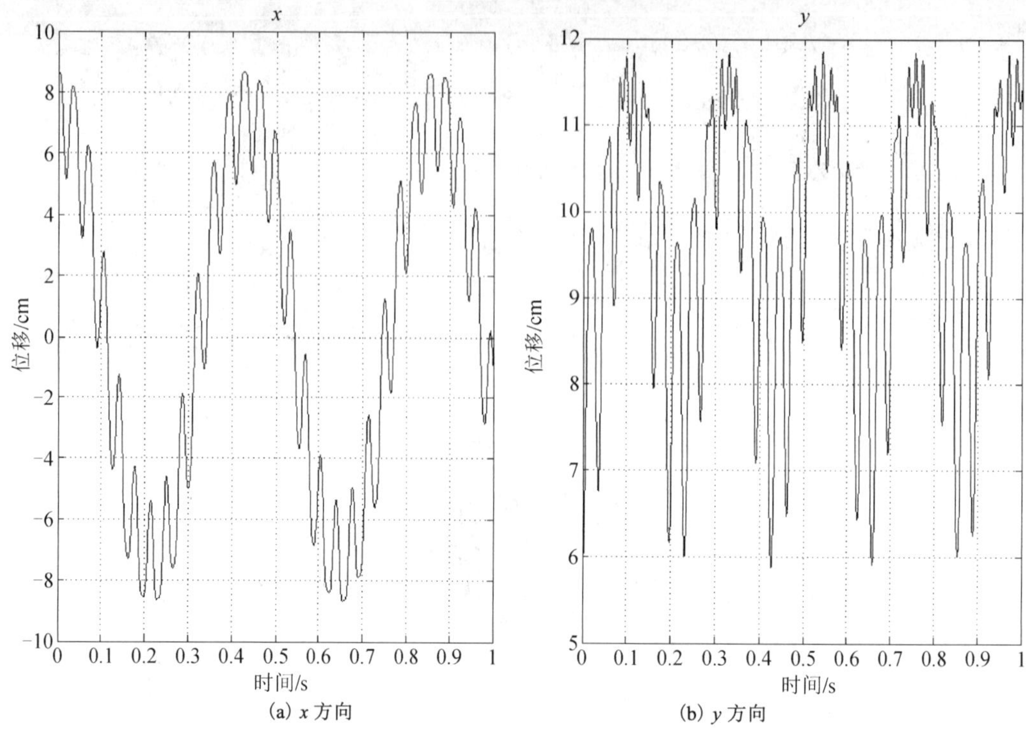

(a) x 方向　(b) y 方向

图 14　平行导向柔顺机构 P 点位移曲线

5. 结论

(1) 基于 2R 伪刚体模型的动力学方程是含有两个变量 θ_1、θ_2 的变系数二阶微分方程组，在动力学方程特征上与 1R 伪刚体模型有本质区别和改进。

(2) 基于 2R 伪刚体模型的动力学模型不仅可以反映出柔顺杆的整体大幅度低频振荡，同时还表现出杆件的局部变形及其高频振荡的特性。因此基于 2R 伪刚体模型的动力学模型能更加真实地体现出柔顺机构的变形运动过程和动力学特性。

下一步作者将继续深入研究基于 3R 伪刚体模型的动力学模型，并通过与 2R 模型对比，进一步确定出最适合柔顺机构动力学分析及设计的伪刚体模型。

参考文献

[1] Howell L L. Compliant mechanisms. New York: John Wiley & Sons，2001: 1-15

[2] 于靖军,毕树生,宗光华，等. 基于伪刚体模型法的全柔性机构位置分析.机械工程学报,2002,38(2):75-78

[3] Howell L L, Midha A. Parametric deflection approximations for end loaded large deflection beams in compliant mechanisms. ASME Transaction, Journal of Mechanisms in Design, 1995, 117(3):156-165

[4] Howell L L, Midha A. A loop-closure theory for the analysis and synthesis of compliant mechanisms. ASME Transactions, Journal of Mechanical Design, 1996, 118(1):121-125

[5] Hetrik J A, Kota S. An energy formulation for parametric size and shape optimization of compliant mechanisms. ASME Transaction, Journal of Mechanisms in Design, 1999, 121(3): 229-233

[6] Su H J. A load independent pseudo-rigid-body 3R model for determining large deflection of beams in compliant mechanisms. Proceedings of the ASME 2008 International Design Engineering Technical Conferences & Computers and Information in Engineering Conference, IDETC/CIE 2008

[7] 冯忠磊,余跃庆,王雯静. 模拟柔顺机构中柔顺杆件末端特征的 2R 伪刚体模型.机械工程学报, 2011,47(1): 36-42

[8] Scott M L, Howel L L. Dynamic response of compliant mechanisms using the pseudo-rigid-body model. Proceedings of ASME Design Engineering Technical Conference,1997,Sacramento California:78-91

[9] Li Z, Kota S. Dynamic analysis of compliant mechanisms. Proceedings of ASME 2002 Design Engineering Technical Conferences, California: DETC2002 MECH - 34205, 2002: 1-8

[10] 谢先海, 廖道训. 基于多刚体离散元模型的柔顺机构动力分析新方法.机械工程学报.2003, 39(5): 953-955

[11] Yu Y Q, Howell L L, Ying Y et al. Dynamic modeling of compliant mechanisms based on the pseudo-rigid-body model. ASME Transaction, Journal of Mechanisms in Design, 2005, (127): 760-765

[12] 王华伟, 余跃庆, 苏丽颖, 等. 柔顺机构动力学建模新方法. 机械工程学报, 2008,44(10): 96-103

(原载《机械工程学报》，2012，48(13)：40-48)

§25 柔顺机构 PR 伪刚体动力学建模与特性分析

余跃庆 徐齐平
（北京工业大学，北京 100124）

摘 要：基于伪刚体模型，综合考虑柔性杆的横向变形和轴向变形的影响，建立了末端受力作用下柔顺机构的 PR 伪刚体动力学模型，应用拉格朗日方程推导了其动力学方程。从方程特征、响应曲线等方面显示了 PR 伪刚体动力学模型的性能变化。数值分析结果表明：PR 伪刚体模型引入了 P 副来模拟柔性杆件的轴向运动，可以更真实地体现出柔顺机构的动力学特性，更适合于柔顺机构的动力学分析与设计。

关键词：柔顺机构；PR 伪刚体动力学模型；动力学特性

1. 引言

柔顺机构是一种依靠机构中柔性构件的变形来实现全部运动、力和能量传递及转换的新型机构。它利用杆件的变形来改善和提高机构的性能，在很多场合表现出优越性[1]。柔顺机构在结构上具有大量减少运动副和运动部件的特性，因此柔顺机构有不需要安装、所需空间小、减少间隙和摩擦、磨损等优势，从而可以降低成本、提高机构精度、增加可靠性、减少维修等[2,3]。因此，柔顺机构已经引起了广泛的关注，成为机构学界研究的新热点[4,5]。

目前，柔顺机构的研究工作主要集中于结构学、运动学及优化设计等方面。为了提供一种能够分析非线性大变形系统的简单方法，美国学者 Howell 和 Midha 等提出了 1R 伪刚体模型法，它是用具有等效力-变形关系的刚性构件来模拟柔性部件的变形，从而使刚性机构的理论可以用来分析柔顺机构[1]，实验已证明这种伪刚体模型的正确性和有效性[6,7]。但是 1R 伪刚体模型的模拟精度较低，文献[8]针对这个问题提出了一种 3R 伪刚体模型，并用有限元软件做了误差分析，表明 3R 伪刚体模型具有更高的准确性。然而 3R 伪刚体模型计算比较复杂。针对这个问题，冯忠磊等提出了 2R 伪刚体模型[9]，用末端转角参数化近似方法得出了模型的最优特征半径系数，应用线性回归方法得到了模型的刚度系数，结果表明 2R 伪刚体模型既弥补了 1R 伪刚体模型模拟精度的不足，又简化了 3R 伪刚体模型复杂的计算过程。随后，周鹏考虑到柔顺机构的轴向变形，提出了比 2R 伪刚体模型模拟精度更高的 PR 伪刚体模型[10]。邱丽芳等对具有集中柔度的全柔性机构先用伪刚体模型进行分析计算，然后考虑其构件的变形，对伪刚体模型的计算分析方法进行改进，给出其一般公式[11]。

Li 和 Kota 将有限元方法应用到柔顺机构的动力学特性分析，研究在柔顺机构设计过程中静力学与动力学特性的不同作用，利用 ANSYS 软件对 MEMS 的实例进行分析[12]。文献[13]基于动力学等效原理，建立了伪刚体动力学模型，并推导出平面柔顺机构的动力学方程。Boyle 等对柔顺常力机构进行动力学分析，并搭建柔顺常力机构的实验平台，通过对比证明了理论分析与实验检测的一致性 [14]。李茜在 2R 伪刚体运动学模型的基础上建立了 2R 伪刚体的动力学模型[15]。以上关于柔顺机构动力学方面的研究都还比较初步和薄弱，并不能完全反映出柔顺机构的动力学特性，也不能满足柔顺机构动力学分析和设计的要求。

本文以柔顺机构中的主要变形构件——柔顺杆为研究对象，基于 PR 伪刚体模型，建立末端受力载荷作用下的 PR 伪刚体动力学模型，应用拉格朗日方程建立其动力学方程并求解，得出响应曲线和固有频率，进而分析其动力学特性。

2. 原理

2R 伪刚体动力学模型的动力学方程是含有两个变量的变系数二阶微分方程组，通过求解得到响应曲线，其响应曲线不仅可以描述出柔顺杆的整体大范围变形状况，而且还能体现出杆件内部存在高频振荡的特性，但是 2R 伪刚体动力学模型未能反映出柔顺杆的轴向运动以及由此所引起的动力学性能变化情况。因此，本文通过引入一个 P 副来模拟柔顺杆的轴向运动以及分析其动力学性能变化情况，提出了 PR 伪刚体动力学模型。该动力学模型中用到了 PR 伪刚体运动学模型中的一些参数，故首先给出 PR 伪刚体运动学模型。

2.1　PR 伪刚体模型

如图 1(a)所示为末端受力作用下的柔顺杆，柔顺杆杆长为l，末端转角为θ_0。它对应的 PR 伪刚体模型是由 3 根刚性杆、1 个扭簧、1 个滑块和 1 个弹簧组成的两自由度系统，简称 2-DOF 伪刚体模型，由于系统中含有 1 个移动副和 1 个转动副，故简称为 PR 伪刚体模型(PR pseudo-rigid-body model，PR PRBM)，如图 1(b)所示。其对应的动力学模型为 PR 伪刚体动力学模型(PR pseudo-rigid-body-dynamic model，PR PRBDM)，如图 1(c)所示。该模型中弹簧的弹簧常数为K，扭簧的扭簧常数为K_1，γ_1为刚性杆的特征半径系数，刚性构件横杆的长度为$\gamma_0 l$，横杆的轴向变形量为ρl，ρ为随时间变化的轴向变形系数；1 杆的长度为$\gamma_1 l$，质量为m_1，转动惯量为J。横杆对应柔顺杆的固定端，1 杆对应柔顺杆的末端，1 杆相对于移动杆的等效转角为Θ，且$\Theta = c_\theta \theta_0$，其中$c_\theta$为参量角系数。

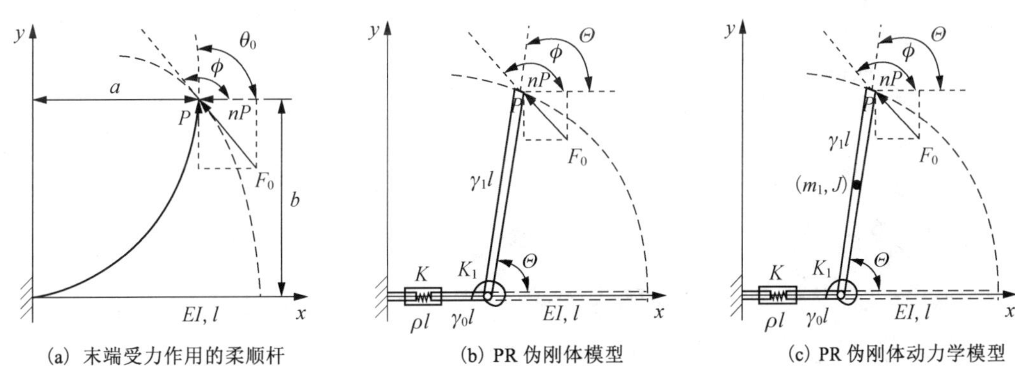

图 1　末端受力作用的柔顺杆和 PR 伪刚体模型及其 PR 伪刚体动力学模型

对于该 PR 伪刚体模型，力F_0的水平分量和垂直分量分别为nP、P，且力F_0与水平方向的夹角为ϕ，采用椭圆积分法和参数化近似法求得其特征半径系数γ_0、γ_1，并给出参量角系数c_θ，弹簧刚度系数为K_L，扭簧刚度系数为K_Θ。取值分别为$n=1.5$，ϕ=146.3°，γ_0=0.1719，γ_1=0.8281，c_θ=0.7915，K_L=29.2124，K_Θ=1.3107。

2.2　PR 伪刚体动力学模型

在 PR 伪刚体模型的基础上推导出 PR 伪刚体动力学模型，其模型如图 1(c)所示。首先分析 PR 伪刚体动力学模型的动能和势能，然后基于拉格朗日方程，推导其动力学方程。

2.2.1　动能分析

如图 1(b)所示，设 PR 伪刚体模型的转动刚性杆 1 杆的质心点坐标为(x, y)，由此可以得出该质心点的位置方程为

$$\begin{cases} x = (\rho + \gamma_0) l + \dfrac{1}{2}\gamma_1 l \cos\Theta \\ y = \dfrac{1}{2}\gamma_1 l \sin\Theta \end{cases} \tag{1}$$

对式(1)求导得出质心点的速度$(\dot{x}, \dot{y})$，故 PR 伪刚体模型的转动刚性杆 1 杆的动能为

$$T_1 = \frac{1}{2} m\gamma_1 v^2 + \frac{1}{2} J\dot{\Theta}^2 = \frac{1}{2} m\gamma_1 (\dot{x}^2 + \dot{y}^2) + \frac{1}{24} m\gamma_1^3 l^2 \dot{\Theta}^2 \tag{2}$$

经过推导，可求出转动刚性杆 1 杆的动能为

$$T_1 = \frac{\gamma_1}{2} ml^2 \dot{\rho}^2 - \frac{\gamma_1^2}{2} \sin\Theta ml^2 \dot{\rho}\dot{\Theta} + \frac{\gamma_1^3}{6} ml^2 \dot{\Theta}^2 \tag{3}$$

当 PR 伪刚体模型末端受力作用时，其横杆上的滑块位移是随时变化的，其大小为

$$s = \rho l \tag{4}$$

对式(4)求导，可得滑块的速度 $\dot{s}$，则可求出滑块的动能为

$$T_0 = \frac{1}{2} m\rho(\dot{\rho} l)^2 = \frac{1}{2}\rho\dot{\rho}^2 ml^2 \tag{5}$$

由此得出 PR 伪刚体动力学模型的动能为

$$T = T_0 + T_1 = \frac{1}{2}(\rho + \gamma_1) ml^2 \dot{\rho}^2 + \frac{1}{6}\gamma_1^3 ml^2 \dot{\Theta}^2 - \frac{1}{2}\gamma_1^2 \sin\Theta ml^2 \dot{\rho}\dot{\Theta} \tag{6}$$

2.2.2 势能分析

PR 伪刚体动力学模型在运动时，其变形能将储存在弹簧和扭簧中，所以 PR 伪刚体动力学模型的势能[10]为

$$V = \frac{1}{2} K(\rho l)^2 + \frac{1}{2} K_1 \Theta^2 \tag{7}$$

式中，$K = K_{\mathrm{L}} \dfrac{EI}{l^3}$；$K_1 = K_\Theta \dfrac{EI}{l}$。

2.2.3 动力学方程

将柔顺杆末端受力作用后的 PR 伪刚体动力学模型看作一个系统，拉格朗日方程为

$$\frac{\mathrm{d}}{\mathrm{d}t}\left(\frac{\partial T}{\partial \dot{q}_i}\right) - \frac{\partial T}{\partial q_i} + \frac{\partial V}{\partial q_i} = F_i \quad (i = 1,2) \tag{8}$$

根据上述计算，将式(6)和式(7)代入式(8)中，可以得到该 PR 伪刚体动力学模型的方程组，整理得

$$\begin{cases} \dfrac{1}{3}\gamma_1^3 ml^2 \ddot{\Theta} - \dfrac{1}{2}\gamma_1^2 \sin\Theta ml^2 \ddot{\rho} + K_\Theta \dfrac{EI}{l}\Theta = 0 \\ -\dfrac{1}{2}\gamma_1^2 \sin\Theta ml^2 \ddot{\Theta} + (\rho + \gamma_1) ml^2 \ddot{\rho} \\ -\dfrac{1}{2}\gamma_1^2 \cos\Theta ml^2 \dot{\Theta}^2 + \dfrac{1}{2} ml^2 \dot{\rho}^2 + K_{\mathrm{L}} \dfrac{EI}{l}\rho = 0 \end{cases} \tag{9}$$

从以上推导可以看出，方程组中的系数均为 Θ 和 ρ 的函数，同时也与质量 m、杆长 l、特征半径系数 γ_i、刚度系数 K_Θ 及 K_{L} 有关。

3. 动态响应

设柔顺杆材料的密度 $\rho = 1.8\times10^{-3}\,\mathrm{g/mm^3}$，弹性模量 $E = 1.38\times10^9\,\mathrm{Pa}$，杆长 $l = 300\mathrm{mm}$，宽度 $b = 6\mathrm{mm}$，厚度 $h = 1.11\mathrm{mm}$，末端初始转角为 70°。利用 Matlab 求解 PR 伪刚体动力学模型的响应曲线。

利用 Matlab 求解受力作用下 PR 伪刚体动力学模型的动力学方程组(9)，得到一个周期内的响应曲线，如图 2 和图 3 所示。

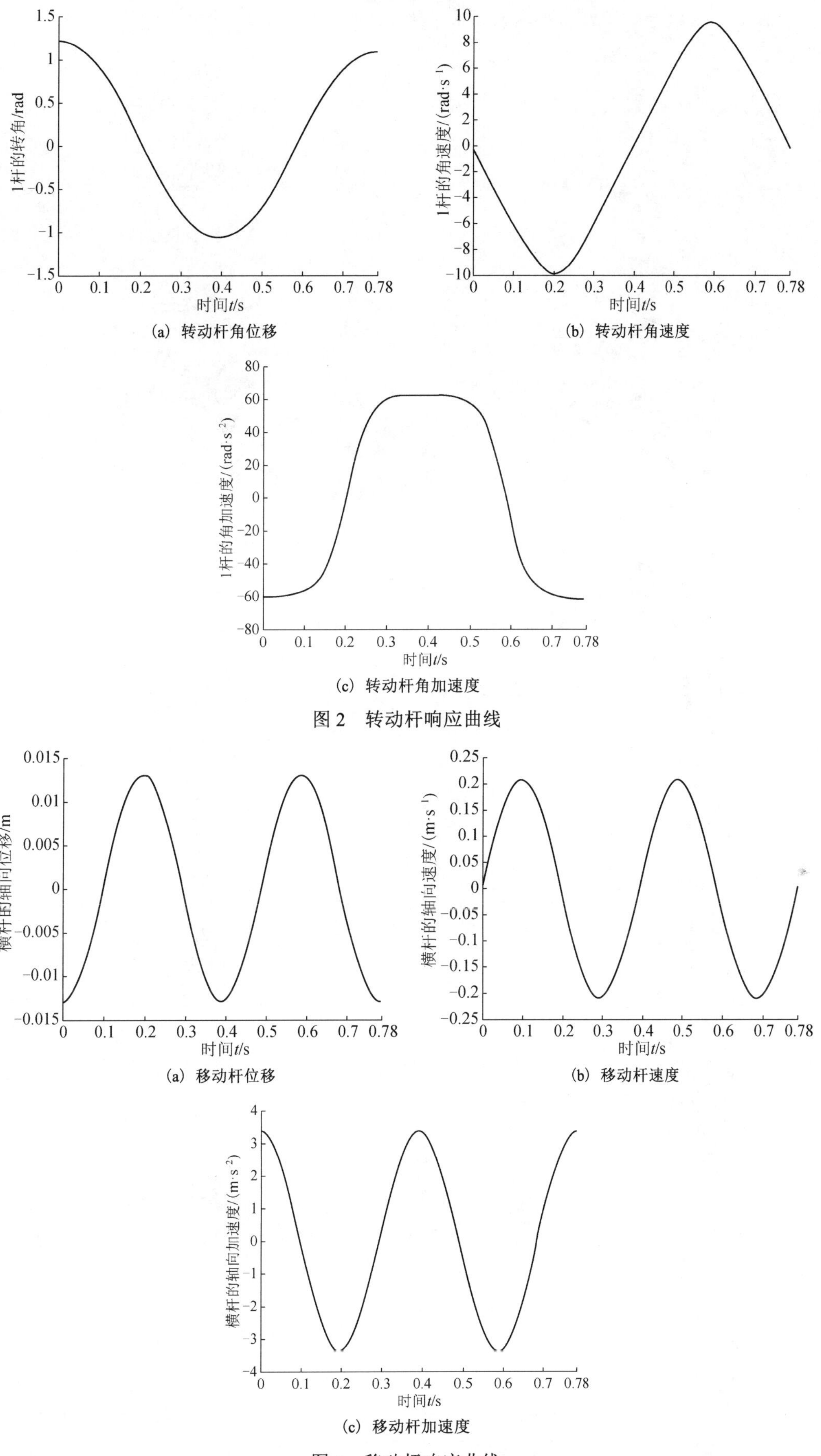

(a) 转动杆角位移　(b) 转动杆角速度

(c) 转动杆角加速度

图 2　转动杆响应曲线

(a) 移动杆位移　(b) 移动杆速度

(c) 移动杆加速度

图 3　移动杆响应曲线

再由 PR 伪刚体模型的末端位置方程就可以绘制出其相应的末端轨迹曲线，如图 4 所示。

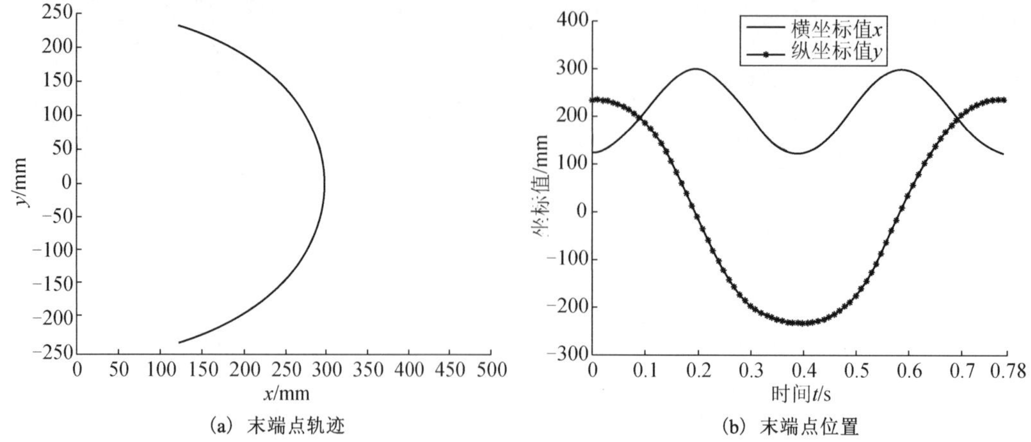

(a) 末端点轨迹　　(b) 末端点位置

图 4　末端轨迹曲线

以上建立了 PR 伪刚体动力学模型的运动学微分方程，由两自由度系统机械振动的模态及频率分析的知识[16]，可得出系统的频率方程为

$$\begin{vmatrix} K_{\Theta}\dfrac{EI}{l}-\dfrac{\lambda}{3}\gamma_1^3 ml^2 & \dfrac{\lambda}{2}\gamma_1^2\sin\Theta ml^2 \\ \dfrac{\lambda}{2}\gamma_1^2\sin\Theta ml^2 & K_{\mathrm{L}}\dfrac{EI}{l}-\lambda(\rho+\gamma_1)ml^2 \end{vmatrix}=0 \tag{10}$$

求解出特征值为

$$\begin{cases} \lambda_1=\dfrac{-b+\sqrt{b^2-4ac}}{2a} \\ \lambda_2=\dfrac{-b-\sqrt{b^2-4ac}}{2a} \end{cases} \tag{11}$$

式中，$a=\gamma_1^3[\frac{1}{3}(\rho+\gamma_1)-\frac{1}{4}\gamma_1(\sin\Theta)^2](ml^2)^2$；$b=-[K_{\Theta}(\rho+\gamma_1)+\frac{1}{3}K_{\mathrm{L}}\gamma_1^3]\frac{EI}{l}ml^2$; $c=K_{\Theta}K_L\left(\frac{EI}{l}\right)^2$。

故可以求解出 PR 伪刚体动力学模型中刚性杆 1 杆和滑块的固有频率分别为

$$\begin{cases} f_{\mathrm{P}\Theta}=\sqrt{\lambda_1} \\ f_{\mathrm{P}\rho}=\sqrt{\lambda_2} \end{cases} \tag{12}$$

将机构的几何和物理参数代入式(12)，可求得 PR 伪刚体动力学模型中刚性杆 1 杆和滑块的固有频率分别为 $f_{\mathrm{P}\Theta}=1.278\mathrm{Hz}$，$f_{\mathrm{P}\rho}=2.556\mathrm{Hz}$。

4. 结果分析

计算得出的 PR 伪刚体动力学模型的固有频率 $f_{\mathrm{P}\Theta}$、$f_{\mathrm{P}\rho}$ 分别与图 2(a)、图 3(a)相呼应，转动杆的振动周期 $T_{\mathrm{P}\Theta}=0.7825\mathrm{s}$ 大致是移动杆的振动周期 $T_{\mathrm{P}\rho}=0.3912\mathrm{s}$ 的两倍，转动杆的振动幅值远大于移动杆的振动幅值。由图 3 还可以看出在 PR 伪刚体动力学模型中确实存在轴向变形，且轴向变形量在一定的范围内。这既体现出 PR 伪刚体动力学模型中 R 副模拟柔顺杆整体大范围振动，也反映出 P 副模拟柔顺杆轴向运动的情况。

由图 2 和图 3 能够反映出 PR 伪刚体动力学模型中转动杆和移动杆的响应曲线是呈一定规律振动的，对于各时刻的转角和位移，角速度和速度的变化曲线与角加速度和加速度的变化曲线相对应；由图 4 可以看出，PR 伪刚体动力学模型的末端轨迹呈一定规律变化，横向有相应的微小振动，而且末端点的横纵坐标值也是按照相应的运动规律变化的。这就表明 PR 伪刚体动力学模型也能够体现出柔顺杆的整体大范围振荡情况，由于在其中引入了 P 副，使得它在轴向产生了一定的运动，以此来模拟柔顺杆的轴向运动，还可以说明其中某些动力学参数发生了改变，从而显示出柔顺杆可以承受高频振荡变形的特性，这更加真实地反映出柔顺杆的轴向运动和整体大范围振动情况。

5. 结论

(1) PR 伪刚体动力学模型综合考虑柔顺杆的横向变形和轴向变形的综合影响，其动力学方程是含有两个变量的变系数二阶微分方程组，且其中含有一个反映轴向运动的变量。

(2) 基于 PR 伪刚体模型的动力学模型不仅可以描绘出柔顺杆的整体大范围变形状况，而且还能体现出在 PR 伪刚体动力学模型中引入一个 P 副来模拟柔顺杆轴向运动的作用。从而充分说明了提出的 PR 伪刚体动力学模型可以更加具体地、真实地反映出柔顺杆的轴向运动以及由此所引起的动力学性能变化情况，比较形象地表现出柔顺杆的振动和实际变形运动过程。

参考文献

[1] Howell L L. Compliant Mechanisms. New York: John Wiley & Sons, 2001: 1-15

[2] Hetrick J A. An Energy Efficiency Approach for Unified Topological and Dimensional Synthesis of Compliant Mechanisms. Michigan: University of Michigan, 1999:2-10

[3] Lobontiu N. Compliant Mechanisms: Design of Flexure Hinges. CRC Press, 2002

[4] 于靖军，宗光华，毕树生.全柔性机构与 MEMS.光学精密工程，2001，9(1)：1-5

[5] 于靖军,毕树生,宗光华,等.基于伪刚体模型法的全柔性机构位置分析.机械工程学报，2002，38(2)：75-78

[6] Edwards B T, Jensen B D, Howell L L. A pseudo-rigid-body model for Initially-curved pinned-pinned segments used in compliant mechanisms. ASME Transaction, Joumal of Mechanical in Design, 2001,123(3):466-472

[7] Howell L L，Midha A. Parametric deflection approximations for end-loaded，large-deflection beams in compliant mechanisms. ASME Transactions, Journal of Mechanical Design, 1995,117(1):156-165

[8] Su H J. A load independent pseudo-rigid-body 3R model for determining large deflection of beams in compliant mechanisms. Proceedings of the 2008 ASME International Design Engineering Technical Conferences & Computers and Information in Engineering Conference, DETC2008/MECH-49041:109-121

[9] 冯忠磊,余跃庆,王雯静.柔顺机构中大变形柔性梁的 2 自由度伪刚体模型.机械设计与研究，2010，26(3)：41-43

[10] 周鹏.综合考虑横向与轴向变形的柔顺机构伪刚体运动学模型.北京：北京工业大学.2012

[11] 邱丽芳,翁海珊,柳林,等.全柔性四杆机构伪刚体模型分析计算方法的改进.农业机械学报，2008，39(5)：142-145

[12] Li Z, Kota S. Dynamic analysis of compliant mechanisms. Proceedings of ASME 2002 Design Engineering Technical Conferences, California: DETC2002 MECH-34205, 2002:1-8

[13] Yu Y Q, Howell L L, Yue Y, et al. Dynamic modeling of compliant mechanisms based on the pseudo rigid body model. ASME Transactions, Journal of Mechanical Design, 2005,127(4): 760-765

[14] Boyle C, Larry L, Howell Spencer P, et al. Dynamic modeling of compliant constant- force compression mechanisms. Mechanism and Machine Theory, 2003,38 (12): 1469-1487

[15] 李茜，余跃庆，常星.基于 2R 伪刚体模型的柔顺机构动力学建模及特性分析.机械工程学报，2010，46(10)：148-156

[16] 张义民.机械振动.北京：清华大学出版社，2007

（原载《农业机械学报》，2013，44(3)：225-229）

3.2 动力学特性

§ 26 柔顺机构柔顺关节的动应力分析

陈知泰[1] 余跃庆[2] 杜兆才[2] 张绪平[2]

（1.深圳职业技术学院，深圳 518055；
2.北京工业大学，北京 100022）

摘　要：以伪刚体动力学模型为基础，对一个平面柔顺导向四杆机构柔顺关节处的动应力进行了详细的分析，并针对柔顺机构运动特点研究了柔顺杆的运动效果对动应力的影响，给出了数值算例，验证了结论的正确性。

关键词：柔顺机构；伪刚体动力学模型；动应力；分析

1. 引言

与传统的刚性机构相比，柔顺机构有许多优点，如零件数量少、减少装配时间、简化制造工艺、提高操作精度、减少摩擦和机构质量等。随着材料工艺的改善，这一领域的发展前景较好[1,2]。最近几年，对柔顺机构的研究和应用也较多，但是大多数工作基于柔顺机构的结构、运动学分析及设计几个方面，对于动力学方面的研究较少[3-5]。然而，动力学影响对柔顺机构的设计、运动性能改善、实施控制（如复杂的机构和 MEMS 领域）等方面更为重要[4]。

柔顺机构依靠其机构自身柔性构件的弹性变形来完成运动和力的传递，这与传统上的弹性机构把构件弹性变形作为误差控制处理完全不一样[6-8]。其中柔顺关节处的应力变化是影响机构运动效果和机构疲劳破坏的一个重要参数。尽管杆件弹性变形的实质相同，但是，两种机构的运动在实施控制的策略、方法上不一样。Lyon 等[9]用有限元方法对柔顺机构的动力学特性，如模态、频率、机构灵敏度等进行了讨论；Scott 等用伪刚体模型对柔顺机构的动力学响应等进行了分析，李海燕等[10]等用伪刚体模型对大变形柔顺机构疲劳强度可靠性进行了研究。陈知泰[11]等考虑柔顺机构杆的动力学影响，建立了精确的柔顺机构伪刚体动力学等效模型。以上这些成果对柔顺机构的动力学特性分析打下了基础。在上述成果基础上，运用柔顺机构的伪刚体动力学等效模型，以及考虑伪刚体杆转动的运动效果对柔顺机构的动应力影响情况，对柔顺机构中柔顺关节处的应力变化特点进行了详细的探讨，得出了一些结论。

2. 柔顺机构的伪刚体动力学等效模型（PRBDM）

如图 1 所示为平行导向柔顺四杆机构，图 2 为其转化的伪刚体结构。根据伪刚体转化原理，两机构的运动学特性应该一样。所以对柔顺杆而言，其转化前后的运动学情况也不能改变。根据柔顺机构的伪刚体动力学模型得出机构的动力学方程，有如下推导。

杆长为 1 的柔顺杆转化为伪刚体杆时长度变为 γl 。γ 为柔顺杆的长度转化系数，柔顺杆的弹性变形效果能用相应位置的扭簧代替。伪刚体四杆机构的动力学分析如下。

连杆的平动动能：

$$T_1 = \frac{1}{2} m_3 (\gamma l \theta_{\mathrm{w}})^2 \tag{1}$$

式中，m_3 为连杆的质量；l 为单根柔顺杆的长度；θ_{w} 为伪刚体杆与平衡位置的夹角。

两根伪刚体杆的总动能为

$$T_2 = 2\times[\frac{1}{2}m_2(\frac{1}{2}\gamma l\theta_{\mathrm{w}})^2 + \frac{1}{2}J_2\theta_{\mathrm{w}}^2] \tag{2}$$

式中，m_2 为伪刚体单根杆的质量。

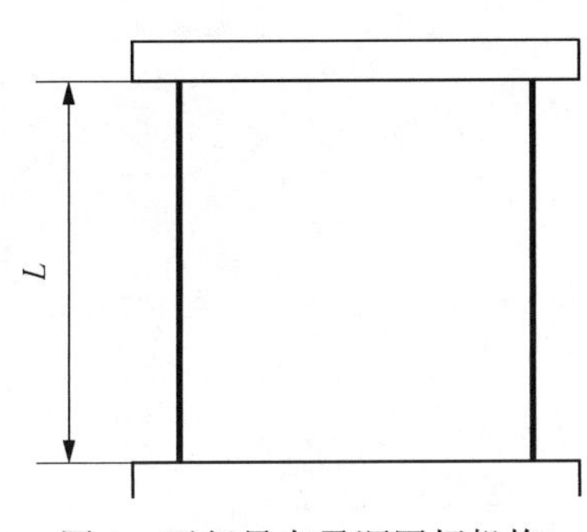

图 1　平行导向柔顺四杆机构

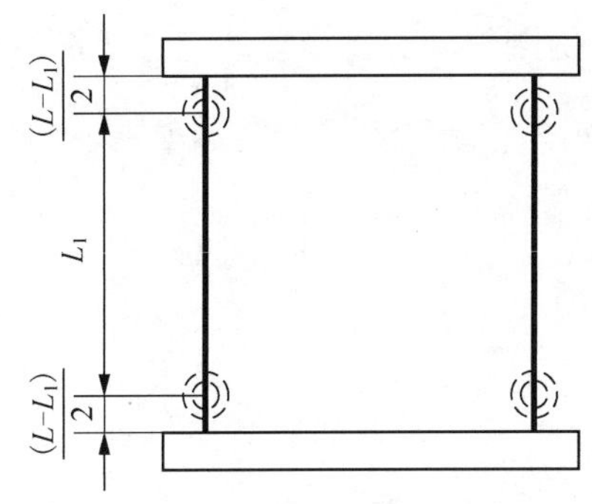

图 2　四杆机构的伪刚体模型

4 个扭簧的势能为

$$U = \frac{1}{2}(K_1 + K_2 + K_3 + K_4)\theta_{\mathrm{w}}^2 = 4\gamma K_{\theta_{\mathrm{w}}}\frac{EI}{l}\theta_{\mathrm{w}}^2 \tag{3}$$

式中，K_i 为静力学等效的扭簧系数，$K_1 = 2\gamma K_{\theta_{\mathrm{w}}}\frac{EI}{l}$，$i = 1,2,3,4$；$E$ 为连架杆材料的弹性模量；I 为连架杆材料的截面惯性矩。

对整个机构而言，有拉格朗日函数

$$\partial` = \frac{1}{2}m_3(\gamma l\theta_{\mathrm{w}})^2 + 2\times[\frac{1}{2}m_2(\frac{1}{2}\gamma l\theta_{\mathrm{w}})^2 + \frac{1}{2}J_2\theta_{\mathrm{w}}^2] - 4\gamma K_{\theta_{\mathrm{w}}}\frac{EI}{l}\theta_{\mathrm{w}}^2 \tag{4}$$

$$\frac{\mathrm{d}}{\mathrm{d}t}\left[\frac{\partial`}{\partial\dot{\theta}_{\mathrm{w}}}\right] = (m_3\gamma^2l^2 + \frac{1}{2}m_2\gamma^2l^2 + 2J_2)\theta_{\mathrm{w}} \tag{5}$$

$$\frac{\partial`}{\partial\theta_{\mathrm{w}}} = -8\gamma K_{\theta_{\mathrm{w}}}\frac{EI}{l}\theta_{\mathrm{w}} \tag{6}$$

假设系统受到外力和阻尼等作用，拉格朗日方程为

$$\frac{\mathrm{d}}{\mathrm{d}t}\left[\frac{\partial`}{\partial\dot{\theta}_{\mathrm{w}}}\right] = \frac{\partial`}{\partial\theta_{\mathrm{w}}} = Q_{\theta_2} \tag{7}$$

式中，Q_{θ_2} 为外部施加的力，$Q_{\theta_2} = -b\theta_{\mathrm{w}}$。

$$Q_{\mathrm{w}} = \frac{b}{\left[m_3 + \frac{m_2 + m_4}{4}\right]r_2^2 + J_2 + J_4}\theta_w + \frac{4K_{\mathrm{d}}}{\left[m_3 + \frac{m_2 + m_4}{4}\right]r_2^2 + J_2 + J_4}\theta_w = 0 \tag{8}$$

式中，b 为阻尼系数，r_2 为伪刚体杆的回转半径，$r_2 = \gamma l$；J_2, J_4 为两连架杆绕其质心的转动惯量；K_{d} 为考虑动力学影响时的等效扭簧系数。

不考虑外力作用和阻尼影响，方程表达式(8)简化为

$$\ddot{\theta}_{\mathrm{w}} + \omega_{\mathrm{n}}^2\theta_{\mathrm{w}} = 0, \quad \omega_{\mathrm{n}} = 2\pi f \tag{9}$$

所以

$$\theta_{\mathrm{w}} = c_1\cos(\omega_{\mathrm{n}}t) + c_2\sin(\omega_{\mathrm{n}}t) \tag{10}$$

假设边界条件：

$$t = 0, \quad \theta_{\mathrm{w}} = 0, \quad t = \frac{T}{4}, \quad \theta_{\mathrm{w}} = \frac{\pi}{3}$$

该机构的动力学响应：

$$\theta_w = \frac{\pi}{3}\sin(\omega_n t) \tag{11}$$

3. 基于伪刚体动力学模型的应力分析理论基础

柔顺悬臂梁末端受力作用变形如图 3 所示，柔顺杆长度为 l，对应的伪刚体模型受力分析如图 4 所示。

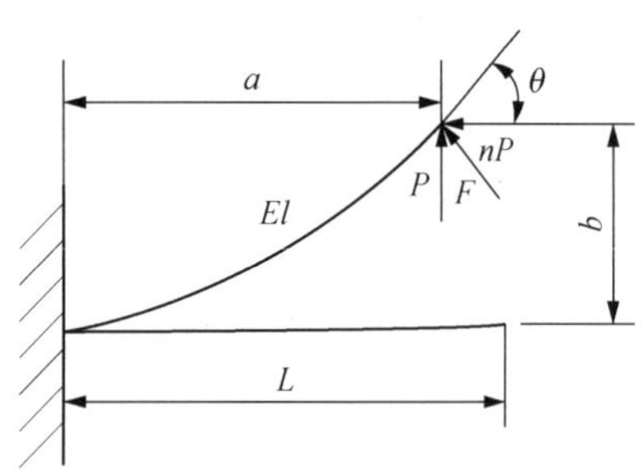

图 3　自由端受力的悬臂梁

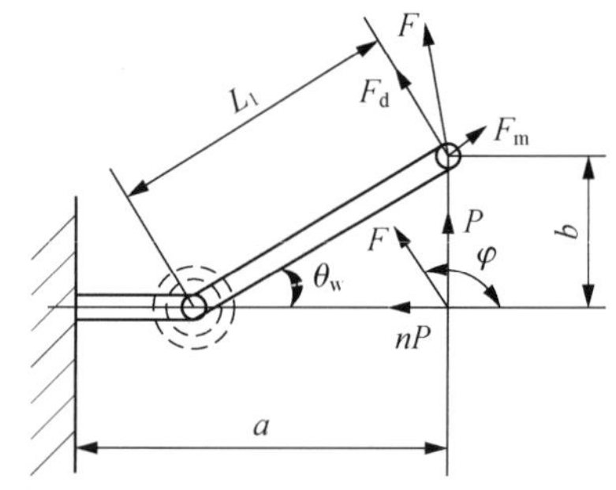

图 4　伪刚体模型

柔顺悬臂梁在自由端受到力作用时，最大应力发生在固定端处，该处受到的力矩：

$$M = Pa + nPb \tag{12}$$

在梁的上、下部位的应力 σ_{top} 和 σ_{bot}，则分别有

$$\begin{cases} \sigma_{top} = \dfrac{-(Pa+nPb)c}{I} - \dfrac{nP}{A} \\ \sigma_{bot} = \dfrac{(Pa+nPb)c}{I} - \dfrac{nP}{A} \end{cases} \tag{13}$$

对横截面宽为 w 高为 h 的梁，其应力表达式：

$$\begin{cases} \sigma_{top} = \dfrac{-6(Pa+nPb)c}{wh^2} - \dfrac{nP}{wh} \\ \sigma_{bot} = \dfrac{6(Pa+nPb)c}{wh^2} - \dfrac{nP}{wh} \end{cases} \tag{14}$$

式中，c 为中心轴到外纤维表面的距离。

由于

$$F = P\sqrt{n^2+1} = \eta p \tag{15}$$

$$\varphi = \arctan\frac{1}{-n} \tag{16}$$

对伪刚体杆而言由于切向力作用(如图 4 所示)，使得扭簧产生的转矩是

$$T = F_t \gamma l$$

因为

$$T = K\theta_w$$

$$\theta_w = \arcsin\frac{b}{\gamma l} \tag{17}$$

$$F_t = F\sin(\varphi - \theta_w) = \eta p \sin(\varphi - \theta_w) \tag{18}$$

$$a = l[1-\gamma(1-\cos\theta_w)] \tag{19}$$

当受到垂直力作用时，

$$P=\frac{K_{\mathrm{d}}\theta_{\mathrm{w}}}{\eta\gamma l\sin(\varphi-\theta_{\mathrm{w}})}=\frac{K_{\mathrm{d}}\theta_{\mathrm{w}}}{\gamma l\cos\theta_{\mathrm{w}}} \tag{20}$$

对末端受到垂直力作用时在固定端产生的应力大小为

$$\sigma=\frac{6Pa}{wh^2} \tag{21}$$

4. 柔顺关节处应力特点分析

根据图 1 所示的柔顺机构的结构特点，柔顺杆变形为一个反对称结构如图 5 所示，图 6 为其对应的伪刚体模型。类似于两根悬臂梁结构，柔顺杆中间处所受力矩为零，最大应力发生在梁的两端(分析结论如图 11 所示)。实质上这种运动效果也相当于如图 7 和图 8 所示的情况。

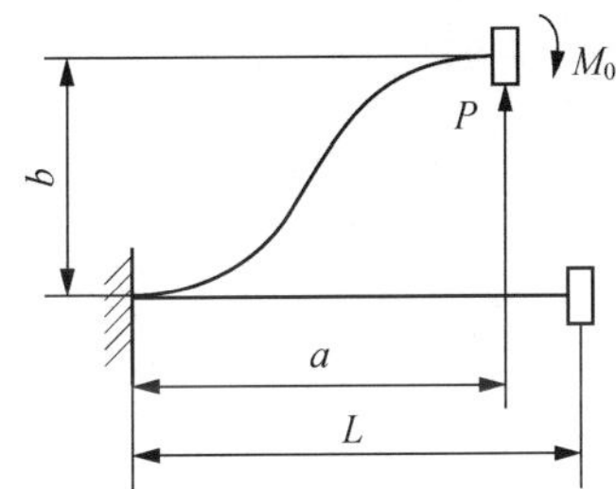

图 5　单根柔顺梁变形图

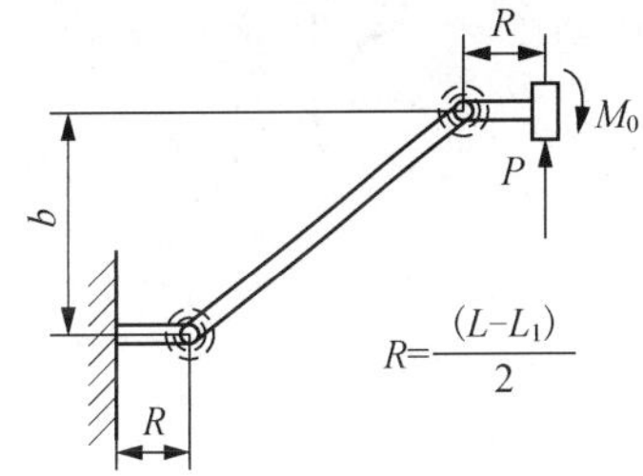

图 6　伪刚体模型图

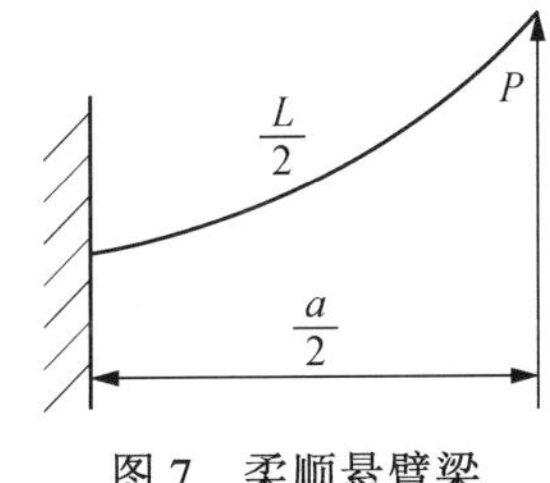

图 7　柔顺悬臂梁

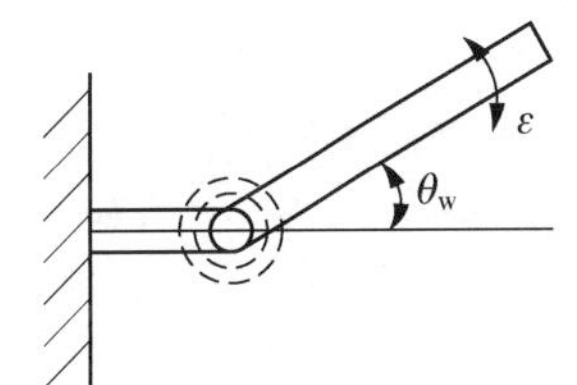

图 8　伪刚体模型

除了柔顺杆末端在外力作用下在固定端引起的应力外，还要考虑杆的转动引起的附加惯性矩带来的影响。但是在转动的过程中，通常只考虑转动效果带来转动惯性矩的影响，忽略了其质心惯性力的影响，这只是从简化计算和分析的角度而言。

根据伪刚体杆转动方程得出杆转动的角加速度：

$$\ddot{\theta}_{\mathrm{w}}=\varepsilon=-\frac{\pi}{3}\times(2\pi f)^2\cdot\sin(2\pi ft) \tag{22}$$

由于角加速度影响所产生的惯性力矩(忽略惯性力的影响)：

$$M_I=J\cdot\varepsilon$$

又

$$J=\frac{1}{3}m_2l_1^2=\frac{1}{12}m_1l^2=\frac{1}{24}wh\rho l^3 \tag{23}$$

式中，wh 为矩形截面杆；ρ 为材料密度；m_1 为对应的伪刚体杆的质量。

所以

$$M_I=J\varepsilon=-\frac{1}{18}wh\rho l^3\pi^3f^2\sin(2\pi ft) \tag{24}$$

因此，附加惯性矩产生的应力为

$$\sigma_1=-\frac{1}{3h}\rho l^3\pi^3f^2\sin(2\pi ft) \tag{25}$$

所以综合考虑动力学影响，其应力应该是式(21)与式(25)的代数和，即

$$\sigma_0 = \sigma + \sigma_1 \tag{26}$$

5. 柔顺悬臂梁静力学理论的应力分析

从理论上，对一柔顺悬臂梁(矩形截面为 wh)而言，末端受力情况分析如图 9 所示。

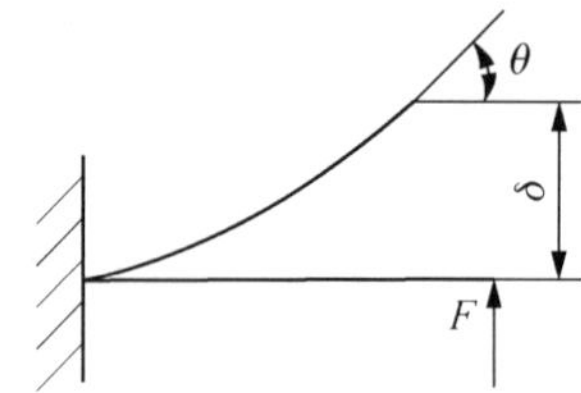

图 9　柔顺悬臂梁受力变形图

由材料力学相关知识可知，悬臂梁在末端受力时梁上任意点偏移为

$$y = \frac{Fx}{6EI}(3l - x) \tag{27}$$

梁上任意点转角：

$$\theta = \frac{Fx}{2EI}(2l - x) \tag{28}$$

在末端位置 x=l 处，末端位移：

$$\delta_{\max} = \frac{Fl^3}{3EI} \tag{29}$$

末端转角：

$$\theta_{\max} = \frac{Fl^3}{2EI} \tag{30}$$

则末端偏移与末端转角的比值：

$$\frac{\delta_{\max}}{\theta_{\max}} = \frac{2}{3}l \tag{31}$$

在外力作用下，悬臂梁固定端应力：

$$\sigma = \frac{M_{\max}c}{I} \tag{32}$$

考虑受到最大力矩的作用情况，末端最大偏移有

$$\delta_{\max} = \frac{Fl^3}{3EI} = \frac{M_{\max}l^2}{3EI} \tag{33}$$

所以

$$M_{\max} = \frac{3\delta EI}{l^2} \tag{34}$$

从理论上得到末端最大应力：

$$\sigma_2 = \frac{M_{\max}c}{I} = \frac{3\delta Ec}{l^2} = \frac{2Ec}{l}\theta = \frac{1.24Eh}{l}\theta_{\mathrm{w}} \tag{35}$$

式中，θ 为悬臂梁末端转角，$\theta = 1.24\theta_{\mathrm{w}}$；$\theta_{\mathrm{w}}$ 为对应伪刚体转角。

6. 数值计算分析

如图 10 所示，一个平行导向柔顺四杆机构，连杆为铝材，连架杆为钢材。结构尺寸如图 10 所示，单位：mm。

有限元分析柔顺杆的力矩如图 11 所示，从图 11 中可以看出柔顺杆中间的力矩为零，最大力矩在末端处，最大应力也相应发生在此处。

从图 12~图 14 中可以看出，柔顺杆运动的动力学效果对柔顺机构的应力分析有一定的影响。在一个周期变化范围内，回转角度较小的时候，采用伪刚体动力学模型计算的应力与理论上计算的值非常接近。但是随着转动角度的增加，采用伪刚体法计算的值和理论值误差也越来越大，主要原因在于没有考虑热刚体杆转动产生的惯性力对末端应力的影响。同时，伪刚体动力学模型在应力分析方面的精度不是太高，这也是一个因素。

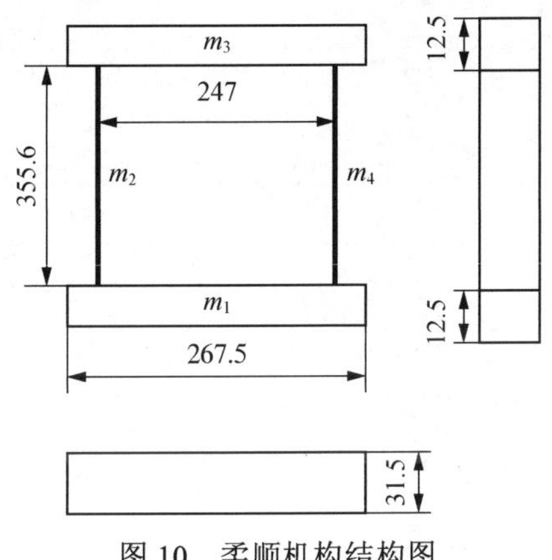

图 10　柔顺机构结构图

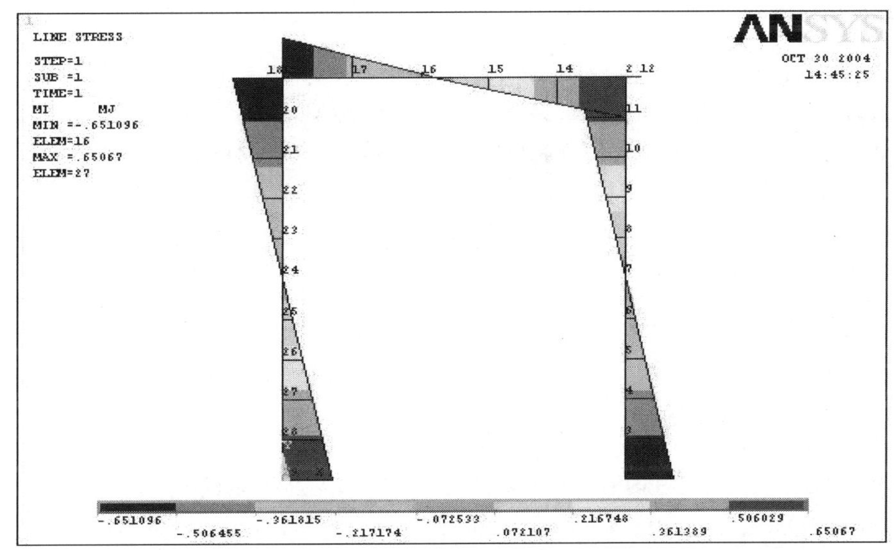

图 11　机构变形弯矩图

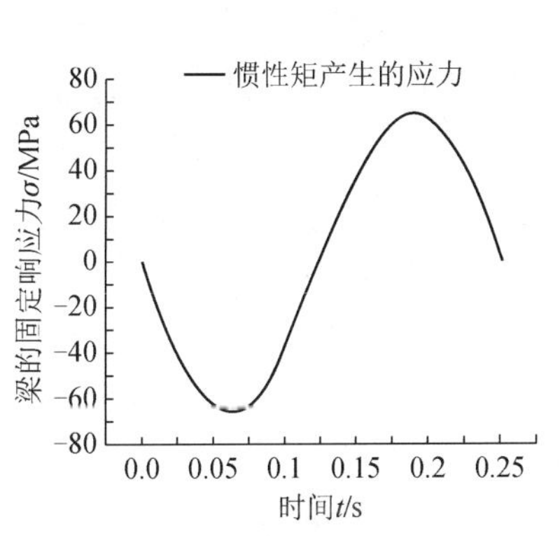

图 12　惯性矩引起的应力变化

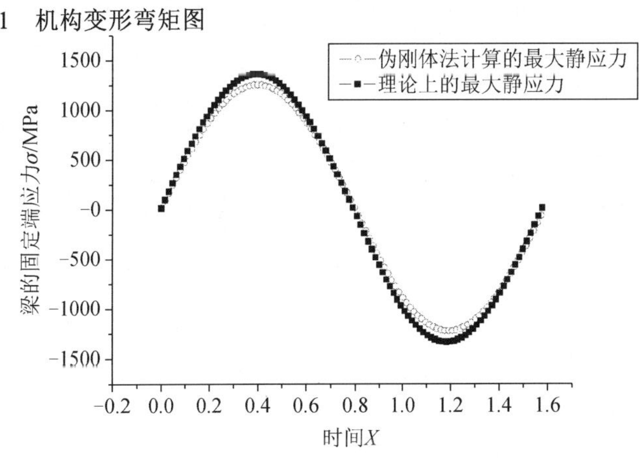

图 13　不考虑动力影响应力变化图

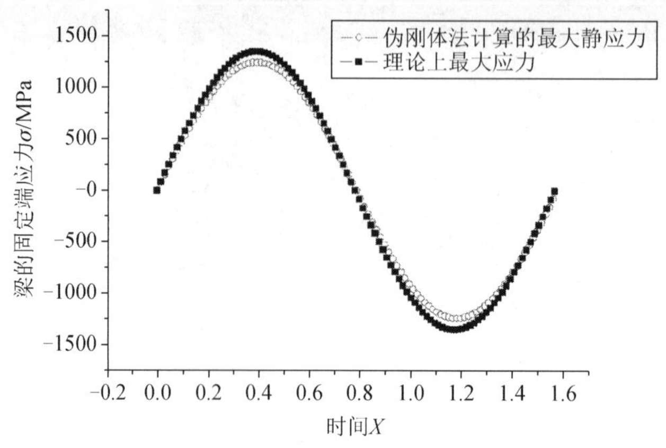

图 14　考虑动力影响的应力变化图

7. 结论

柔顺机构具有独特的性能，在许多领域有着广泛的应用前景，而应力变化是影响机构运动和寿命的一个主要因素。基于伪刚体动力学模型，综合研究了柔顺杆运动的动力学效果对关节处应力影响，计算结果表明这种由附加惯性矩产生的应力影响较大，且用伪刚体法分析结果和理论计算结果一致。用伪刚体动力学模型研究柔顺机构的动力学方面，有一定的理论指导意义。

参考文献

[1] Howell L L. Compliant Mechanisms.New York, McGraw-Hill, 2001

[2] Ananthasuresh G K, Kota S. Designing compliant mechanisms.Mechanical Engineering, 1995, 117(11): 3-96

[3] Howell L L, Midh A A. A method for the design of com pliant mechanism with small length flexural pivots. ASME Transactions, Journal of Mechanical Design, 1994, 116(1): 280-289

[4] Kota S, Ananthasuresh G K, Crary G S, et al. Design and fabrication of microelectromechanical systems.ASM E Transactions, Journal of Mechanical design,1994, 116(4): 1081-1088

[5] Howell L L, Midha A. Evaluation of equivalent spring stiffness for use in a pseudo-rigid-body model of large deflection com pliant mechanisms. ASME Transactions, Journal of Mechanical Design, 1996, 118(1): 126-131

[6] 刘迎春.冗余度柔性协调操作机器人的运动学和动力学的研究.北京：北京工业大学，2004

[7] 张绪平.空间柔性冗余度机器人动力学分析与综合.北京：北京工业大学，1999

[8] Li Z, Kota S. Dynamic analysis of compliant mechanisms.Proceedings of DETC’02 ASME 2002 Design Engineering Technical Conferences and Computer and Information in Engineering Conference Montreal, Canada, 2002

[9] Lyon S M, Evans M S, Erickson P A, et al. Dynamic response of compliant mechanisms using the pseudo-rigid body model//Proceedings of DET C 97 1997 ASM E Design Engineering Technical Conferences, Sacramento. California, 1997

[10] 李海燕，张宪民，彭惠青.柔顺机构的疲劳可靠性优化设计.中国机械工程，2004，15(23)：2130-2133

[11] 陈知泰.柔顺机构的动力学研究. 北京：北京工业大学，2005

（原载《机械设计》2006，23(6):40-43）

§ 27　Analysis of Frequency Characteristics of Compliant Mechanisms

Wang Wenjing, Yu Yueqing

College of Mechanical Engineering and Applied Electronics Technology Beijing University of Technology, Beijing 100022, *China*

Abstract: *Much work is needed for a further study on the dynamic analysis of compliant mechanisms to improve their performance and operational accuracy. This paper uses the finite element method to develop a dynamic equation of the compliant mechanism. Natural frequencies and modes are derived. Using the differentials of a stiffness matrix to design parameters, a method for calculating the sensitivity of natural frequency is presented. The numerical simulation results indicate that the design parameters have an impact on the frequency characteristics of the compliant mechanisms and the proposed method is more accurate and convenient for analyzing frequency characteristics.*

Keywords: *compliant mechanisms; finite element method; natural frequency; sensitivity*

1. Introduction

Compliant mechanisms gain some or all of their motion from the relative flexibility of their members rather than from rigid-body joints only. Compared with conventional rigid-body mechanisms, compliant mechanisms have many advantages such as part-count reduction, reduced assembly time, simplified manufacturing processes, increased precision, reduced wear, and reduced weight[1]. Therefore, more and more researchers have paid attention to this new field, generating much research work in recent years. However, most of these focused on the structural and kinematic analysis and the design of compliant mechanisms, with studies on the dynamics of compliant mechanisms being limited. In fact, the impact of dynamic behavior is of great importance in improving the design of compliant mechanisms, especially for complex mechanisms and for a micro-electro mechanical system（MEMS）.

Natural frequency is an important evaluation index to the dynamic characteristics of a mechanism. In recent years, the problems of natural frequency of compliant mechanisms have been dealt with by some researchers. Lyon et al. discussed the natural frequency of compliant parallel-guiding mechanisms using the pseudo-rigid-body model directly[2]. A new dynamic model of compliant mechanisms on the basis of the principle of dynamic equivalence was developed using the pseudo-rigid-body model. The natural frequency of a planar compliant parallel-guiding mechanism was obtained in Ref. [3]. Chen et al.[4] analyzed the natural frequencies of planar compliant mechanisms on the basis of the pseudo- rigid-body model in detail. Xie and Liao[5] developed a new modeling method for compliant segment and compliant mechanisms using a multi-rigid-body discrete element model. However, these researches remain the only primary studies on the frequency characteristics of the compliant mechanisms done to date. To improve the performance and operation accuracy of compliant mechanisms, both dynamic analysis and dynamic design of compliant mechanisms need to be further studied.

The frequency characteristics of compliant mechanisms are discussed in this paper. First, a dynamic model of compliant mechanisms is proposed on the basis of the finite element method. Second, natural frequencies and corresponding modes are derived on the basis of the dynamic model. Finally, the intrinsic relationships between the natural frequency and design parameters of compliant mechanisms are studied. A method for calculating the sensitivities of natural frequency and vibration mode with respect to design parameters is obtained by differentiating stiffness and mass matrix with the parameters. Compared with the finite difference method, the proposed method can avoid rounding-off and truncation errors and thus is more accurate and efficient. By combining the computing program of natural frequency sensitivity with the finite element method to calculate the natural frequencies and corresponding modes, only one instance is needed to obtain all the sensitivities of the design parameters. Therefore, the computing efficiency is greatly improved. From the given example, using the finite element method the natural frequencies of compliant mechanisms can be calculated accurately, and the frequency characteristics are analyzed thoroughly. The method for calculating natural frequency sensitivity and the program given in this paper can be applied conveniently.

2. Natural frequency

The dynamic differential equations of compliant mechanisms can be derived using the finite element method[6] and take the form of

$$[M]_{n\times n}\{\ddot{U}\}_{n\times 1}+[C]_{n\times n}\{\dot{U}\}_{n\times 1}+[K]_{n\times n}\{U\}_{n\times 1}=\{P\}_{n\times 1} \tag{1}$$

where, $[M]$, $[C]$ and $[K]$ are global mass, damping and stiffness matrix, respectively. $[U]$ is the set of generalized coordinates representing the translation and rotation deformations at each element node in a global coordinate system. $[P]$ is the set of generalized external forces corresponding to $[U]$. n is the number of the generalized coordinates（elastic degrees of freedom of the mechanism）.

Natural frequencies reflect the elastic characteristics of the system. Because damping has very little influence on the natural frequencies of a system, natural frequencies and corresponding modes can be gained using the undamped free vibration equation. From the free vibration of the system, the following modal equation is obtained

$$([K])-\lambda_i[M])\{X_i\}=\{0\} \quad (i=1,2,\cdots,n) \tag{2}$$

The condition of non-zero solution of Eq.（2）is

$$|([K]-\lambda_i[M])|=0 \quad (i=1,2,\cdots,n) \tag{3}$$

From Eq.(3), we can obtain the eigenvalues $\lambda_i(i=1,2,\cdots,n)$ of the system and $\lambda_i=\omega_i^2$.The cyclic frequency $f_i=\omega_i/(2\pi)$. By substituting each eigenvalue λ_i into Eq.（2）, the eigenvector $\{X_i\}$ or the i th natural mode of the system can be determined.

Eq.(3) indicates that the natural frequency is determined by the mass and stiffness matrixes of the system, i.e., it is a function of the design parameters. Consequently, section parameters, structural parameters and material parameters of compliant mechanisms are intrinsic factors to determine the natural frequency of the system. However, owing to the complexity of the mass and stiffness matrixes of the system, directly analyzing relationships between natural frequency and design parameters is difficult. Thus, various elements of the mechanism should be analyzed first. The natural frequency of any element satisfies the following formula[7]

$$\omega_i \propto \sqrt{\frac{J_i}{A_i}}\times\sqrt{\frac{E_i}{\rho}}\times\frac{1}{L_i^2} \tag{4}$$

where, A_i, J_i, E_i, and L_i are the cross sectional area of the element, moment of inertia of the cross section, modulus of elasticity of the material and the length of an element, respectively. ρ denotes the material density.

Eq.(4) shows that for any element, there is a qualitative relationship between natural frequency and various design parameters. In addition, because mass and stiffness matrixes of the system are composed of each element, the natural frequency of the system is thus directly determined by those of each element. It can be deduced that similar intrinsic relationships between the natural frequency of systems and various design parameters exist. Although the qualitative relationship could not be used to quantifiably calculate the natural frequencies and its variational values, it has a direct significance to the evaluation and forecast of the trend of natural frequency resulting from the change of various parameters. The impact of design parameters gained from the analysis on the natural frequency of the system provides theory direction and a better method for the improvement of mechanism performance and design.

3. Sensitivity

Sensitivity analysis is an effective way to predict the influence of various design parameters on the performance of compliant mechanisms. It can be effectively used to guide redesign efforts in tuning design parameters for desired dynamic performance. The sensitivity formulae of the natural frequency and vibration mode with respect to a certain design parameters of the system are derived as follows. From Eq. (2) we have

$$\{X_i\}^{\mathrm{T}}[S_i]\{X_i\}=0 \tag{5}$$

where, $[S_i]=[K]-\omega_i^2[M]$. Differentiating Eq. (2) with respect to a,

$$\frac{\partial\{X_i\}^{\mathrm{T}}}{\partial a}[S_i]\{X_i\}+\{X_i\}^{\mathrm{T}}\frac{\partial[S_i]}{\partial a}\{X_i\}+\{X_i\}^{\mathrm{T}}[S_i]\frac{\partial\{X_i\}}{\partial a}=0 \tag{6}$$

Using the following equalities $[S_i]\{X_i\}=\{0\}_{n\times 1}$, $\{X_i\}^{\mathrm{T}}[S_i]=\{0\}_{n\times 1}$ and $\{X_i\}^{\mathrm{T}}[M]\{X_i\}=1$, and rearranging the terms, the sensitivity of the natural frequency to the design variables can be derived from Eq. (6) as

$$\frac{\partial\omega_i}{\partial a}=\frac{1}{2}\omega_i^{-1}\{X_i\}^{\mathrm{T}}\frac{[K]}{\partial a}\{X_i\}-\frac{1}{2}\omega_i\{X_i\}^{\mathrm{T}}\frac{\partial[M]}{\partial a}\{X_i\} \tag{7}$$

The sensitivity of a natural mode can be derived in a similar way starting with Eq. (2) and is given as

$$\frac{\partial\{X_i\}}{\partial a}=-\left([K]-\omega_i^2[M]\right)^{-1}\left\{\frac{\partial[K]}{\partial a}-2\omega_i\frac{\partial\omega_i}{\partial a}[M]-\omega_i^2\frac{\partial[M]}{\partial a}\right\}\{X_i\} \tag{8}$$

where, the design parameter a of the system can be the mass, bending stiffness, length, or cross-section of an element. Eqs. (7) and (8) are the first order expressions of sensitivity of the natural frequency and vibration mode with respect to a certain design parameter a. In this paper, only the sensitivity of the natural frequency is analyzed.

The value of the natural frequency ω_i and mode $\{X_i\}$ can be obtained from Eqs. (2) and (3). To obtain the sensitivities of the natural frequency, only the differentials of the stiffness matrix and mass matrix to design parameter a need to be calculated[8]. Only the solution for $\frac{\partial[M]}{\partial a}$ is discussed, and $\frac{\partial[K]}{\partial a}$ can be derived in a similar way.

The element mass matrix can be written as

$$m_i=\rho A_i\psi \tag{9}$$

$$\psi = \begin{bmatrix} \frac{L}{3} & 0 & 0 & 0 & \frac{L}{6} & 0 & 0 & 0 \\ & \frac{181L}{462} & \frac{311L^2}{4620} & \frac{281L^2}{55440} & 0 & \frac{25L}{231} & \frac{-151L^2}{4620} & \frac{181L^2}{55440} \\ & & \frac{52L^3}{3465} & \frac{23L^4}{18480} & 0 & \frac{151L^2}{4620} & \frac{-19L^3}{1980} & \frac{13L^2}{13860} \\ & & & \frac{L^5}{9240} & 0 & \frac{181L^3}{55440} & \frac{-13L^4}{13860} & \frac{L^5}{11088} \\ & & & & \frac{L}{3} & 0 & 0 & 0 \\ & & & & & \frac{181L}{462} & \frac{-311L^2}{4620} & \frac{281L^3}{55440} \\ & \text{symmetry} & & & & & \frac{52L^3}{3465} & \frac{-23L^4}{18480} \\ & & & & & & & \frac{L^5}{9240} \end{bmatrix} \tag{10}$$

where, A_i is the cross sectional area of the element and L_i is the length of the element.

In case the cross sectional area of element is taken as design parameter, $a = A_i$, then

$$\frac{\partial m_i}{\partial a} = \frac{\partial m_i}{\partial A_i} = \rho\psi \tag{11}$$

The differentials of the element mass matrix to design parameter a can be derived from Eq. (11). The differentials of stiffness matrix can be derived in a similar way.

If geometry dimensions do not change, design parameters only include section and material variables, and then the coordinate transform matrix $[R_i]$ is independent of design parameters. Thus

$$\begin{aligned} \frac{\partial [M]}{\partial a} &= \sum_{i=1}^{n} [R_i]^{\mathrm{T}} \frac{\partial [m_i]}{\partial a} [R_i] \\ \frac{\partial [K]}{\partial a} &= \sum_{i=1}^{n} [R_i]^{\mathrm{T}} \frac{\partial [k_i]}{\partial a} [R_i] \end{aligned} \tag{12}$$

From the analysis above, it can be seen that the equation used to solve the sensitivity of the natural frequency is derived from the differentials of stiffness and mass matrixes to design parameters. This method avoids the rounding-off and truncation errors caused by the finite difference method, making it more accurate and efficient. When computing sensitivities of natural frequency to design parameters using the program based on sensitivity formula, the method of combining the program of the natural frequency sensitivity with that of the finite element method is adopted. During the course of calculating natural frequency, mass and stiffness matrixes of an element are calculated. Meanwhile, the differentials of stiffness and mass matrixes to design parameters are obtained. The data are stored to reduce computing time. After calculating natural frequencies and corresponding modes, the differentials of stiffness and mass matrixes can be secured from the file. The sensitivity of natural frequency is then solved by Eq. (7). During the course of solving natural frequencies, corresponding modes are only computed one time to obtain all the sensitivities of frequencies to design parameters. Computing efficiency is thus improved.

4. Numerical example

A sketch of a compliant parallel-guiding mechanism made from polypropylene is shown in Fig.1. The parameters of the mechanism are set as follows

$$L_{2,4} = 100\text{mm},\ b = 6\text{mm}$$
$$h = 1.5\text{mm},\ L_3 = 50\text{mm}$$
$$E = 1.38 \times 10^9\,\text{Pa}$$
$$\rho = 9.0 \times 10^{-4}\,\text{g/cm}^3$$

where, b and h are the width and out-of-plane thickness of the flexible link, respectively.

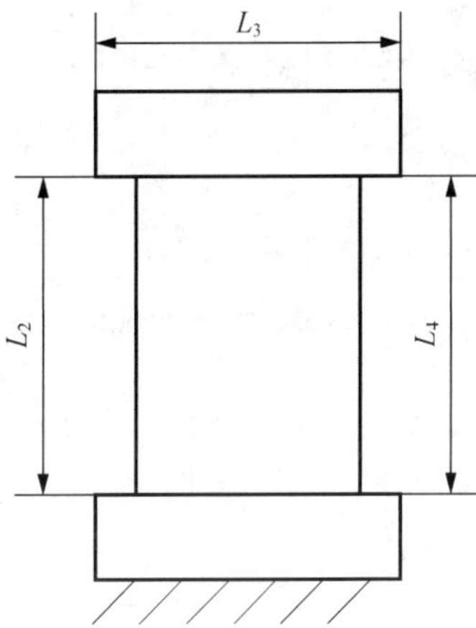

Fig.1　Compliant parallel-guiding mechanism

This mechanism is discretized into 10 planar elements and each flexible link is divided into four beam elements. On the basis of the formula developed from the foregoing analysis, the natural frequencies f_1, f_2 and f_3 are calculated. The comparison between the calculations and those using ANSYS software is shown in Table 1.

Table 1　Comparison of natural frequencies

	F_1/Hz	f_2/ Hz	f_3/ Hz
From Eq. (3)	20.135	190.449	198.850
Using ANSYS	20.297	192.606	201.123
The relative error	0.80%	1.12%	1.13%

The results indicate that the relative errors between the values calculated from Eq. (3) and those by ANSYS software are very small. It can be concluded that using the finite element method can not only thoroughly analyze dynamic performance, but also obtain accurate results for the analysis of compliant mechanisms.

As analyzed above, the relationships between the natural frequency and design parameters of compliant mechanisms are intrinsic. Material parameters are very important during the design of compliant mechanisms. Now that different kinds of material have been considered, the corresponding material parameters and the fundamental natural frequency of the mechanism can be achieved and shown in Table 2.

Table 2　Material parameters and fundamental natural frequencies

Material	E/GPa	ρ/(g·cm^{-3})	$\sqrt{\frac{E}{\rho}}$	f_1/ Hz
Cu-Be	126	8.300	3.8962	63.356
Titanium alloy	117	4.400	5.156 6	83.851
Aluminium	68.6	2.710	5.0313	81.813
Alloy-steel	207	7.800	5.151 5	83.769
Polypropylene	1.38	0.900	1.238 3	20.135

From the calculations above, although the modulus of elasticity and material density are different, the natural frequency of the Titanium alloy model is close to that of the Alloy-steel model because of the approximate value of $\sqrt{\dfrac{E}{\rho}}$ .The results also indicate that the natural frequency is in the direct ratio of the value of $\sqrt{\dfrac{E}{\rho}}$ when determining the section and structural parameters.

Supposing that b and h represent the width and out-of-plane thickness of the link section respectively, then $\sqrt{\dfrac{J_i}{A_i}}=\dfrac{\sqrt{3}}{6}h$. The natural frequency of any element is in the direct ratio of h and independent of b that can result from Eq. (4). When determining the section and material parameters of the mechanism, Eq. (4) can be simplified as $\omega_e \propto \dfrac{1}{L_i^2}$, which indicates that the natural frequency of any element is in the inverse ratio of the square of link length. For the whole mechanism, the relationship between the natural frequency and design parameters is similar. The relationships between the fundamental frequency and the size parameters of the mechanism are shown in Figs. 2~4.

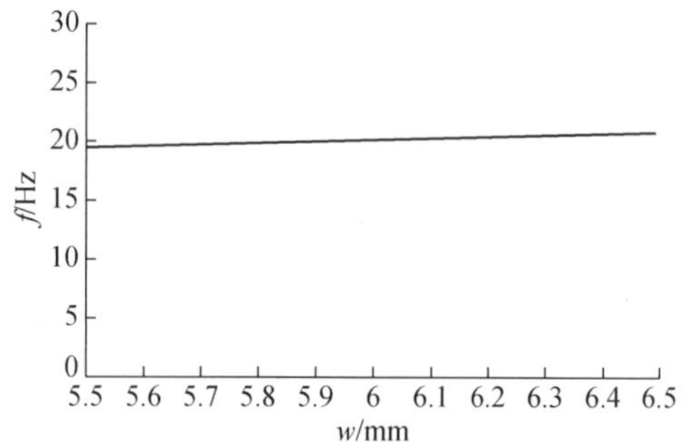

Fig.2　Relationship between fundamental frequency and width of flexible link

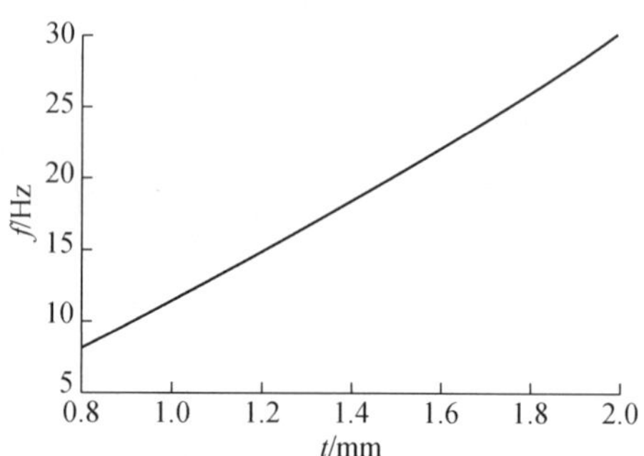

Fig.3　Relationship between fundamental frequency and thickness of flexible link

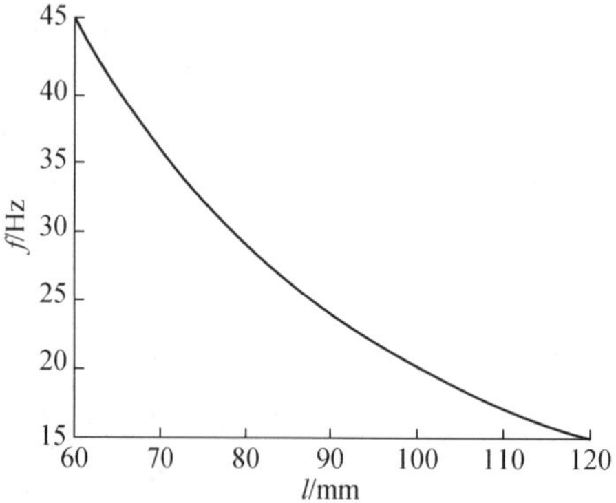

Fig.4　Relationship between fundamental frequency and length of flexible link

As shown in Figs.2~4, the natural frequency will increase with greater thickness of flexible link, whereas increasing the length of flexible link will reduce the natural frequency. The width of flexible links has little influence on the natural frequency. The results further illuminate that there exists a qualitative relationship between the natural frequency and design parameters of compliant mechanisms that is similar to Eq. (4).

Then the sensitivities of the natural frequency to given design parameters are analyzed. According to natural frequencies of the mechanism (Table 1), the corresponding modes are solved.

The sensitivities of the fundamental natural frequency for a compliant parallel-guiding mechanism to the thickness and width of various elements are presented in Figs. 5 and 6. Because the sensitivities to width or thickness of flexible links are positive and those of link 3 are negative, the natural frequency of the mechanism will increase with greater thickness and width of the flexible links. However, the results from Figs. 5 and 6 indicate that the natural frequency will be less sensitive to the width of links and thickness of link 3, i.e. a change in the width of flexible links and section parameters of link 3 has little influence on the natural frequency of the system. The results also prove that the relationships between the fundamental frequency and the section parameters of the flexible link are credible. The results of Fig.5 further illustrate that the same change on different elements brings very different results. Thus, increasing the width of element 1 and 4 will increase the fundamental natural frequency of this compliant mechanism more effectively.

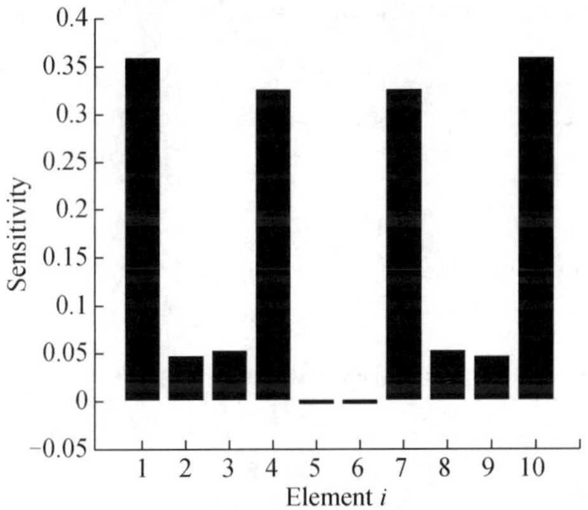

Fig.5　Sensitivity of fundamental frequency to thickness of various elements

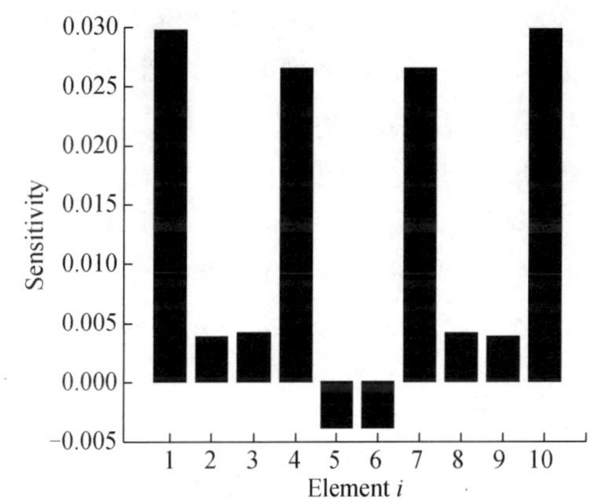

Fig.6　Sensitivity of fundamental frequency to width of various elements

5. Conclusions

Using the finite element method, the natural frequencies and corresponding modes formulae are presented. A method for calculating the sensitivity of natural frequency is then directly gained from the differentials of stiffness matrix and mass matrix to design parameters. The given example shows that the natural frequency of compliant mechanisms can be calculated accurately and the characteristics can be analyzed thoroughly using the finite element method. The analyzed results indicate that the natural frequency is in the direct ratio of the value of $\sqrt{\frac{E}{\rho}}$, and will increase with greater thickness of flexible links. Sensitivity to the thickness is relatively great. However, the width of links has little influence on the natural frequency of the system because the sensitivity to the width is very small. Furthermore, the natural frequency is in the inverse ratio of the length of flexible links. The finite element method can be used to further study the dynamic analysis and design of compliant mechanisms.

Acknowledgments

The financial supports were from the National Natural Science Foundation of China (Grant No. 50575002) and Beijing Education Committee (Grant No. KM200610005003, PHR (IHLB), and BNSF 3062004).

References

[1] Howell L L. Compliant Mechanisms. New York: John Wiley & Sons, 2001

[2] Lyon S M, Evans M S, Erickson P A, et al. Prediction of the first modal frequency of compliant mechanism using the pseudo-rigid-body model. ASME Transactions, Journal of Mechanical Design, 1999, 121 (2) : 309-313

[3] Yu Y Q, Howell L L, Yue Y, et al. Dynamic modeling of compliant mechanisms based on the pseudo-rigid-body model. ASME Transactions, Journal of Mechanical Design, 2005,127 (4) : 760-765

[4] Chen Z T, Yu Y Q, Zhang X P. Analysis of frequency for compliant mechanisms. Machine Design and Research, 2005, 21 (6) : 24-26

[5] Xie X H, Liao D X. New analysis method for compliant mechanisms based on multi-rigid-body discrete element model. Chinese Journal of Mechanical Engineering, 2003, 39 (5) : 953-955

[6] Midha A, Erdman A G, Forhrib D A. Finite element approach to mathematical modeling of high-speed elastic linkages. Mechanism and Machine Theory, 1978, (13) : 600-618

[7] Yu YQ. Parametric vibrational responses of elastic linkage mechanisms. Chinese Journal of Mechanical Engineering, 1996, 32 (2) : 47-53

[8] Shi QH, Liang XP, Bai XL. Analysis of analytical sensitivity in natural frequency for structures consisted of truss beam plate. Journal of North China Institute of Water Conservancy and Hydroelectric Power, 2001, 22 (2) : 27-29

(in *Frontiers of Mechanical Engineer*, 2007, 2 (3) : 267-271)

§28　椭圆形柔性铰链的频率特性分析

成立峰　余跃庆　王雯静

（北京工业大学，北京　100022）

摘　要：建立了平行导向柔顺机构的模型，分析了由椭圆形柔性铰链构成的平面柔顺机构的参数特性。讨论了椭圆形柔性铰链最小厚度、切口几何参数、机构厚度与系统固有频率的关系，并通过数值算例得到一些规律性结论，为椭圆形柔性铰链的设计与应用提供了理论依据，也为柔顺机构的动力学研究提供了参考。

关键词：柔顺机构；柔性铰链；固有频率

1. 引言

柔性铰链作为一种小体积、无机械摩擦、无间隙和高灵敏度的机构，广泛应用于各种小角位移、高精度转动等场合，如超精密定位机构、MEMS 领域。近年来，柔性铰链又在光学领域得到广泛应用，如快速倾斜反射镜[1]、同步辐射角度微调装置[2]等。

最常见的柔性铰链有两种：直梁型柔性铰链和圆弧型柔性铰链。直梁型柔性铰链有较大的转动范围，但运动精度较差；圆弧型柔性铰链的运动精度较高，但转动范围相对较小[3]。为兼顾运动精度和运动范围，学者提出了椭圆型柔性铰链[4]、倒角形柔性铰链[5]等。但时至今日，对椭圆形、倒角形等柔性铰链的设计计算仍然十分复杂，尤其是对其参数特性有待更深一步的研究。

通过对椭圆形柔性铰链固有频率计算公式的推导，在 MATLAB 软件中编写程序，计算在一定偏转角度条件下的各设计参数与固有频率之间的关系，比较计算结果得出各设计参数对系统频率特性的影响规律，以便为在柔顺机构的设计中应用柔性铰链提供理论依据。

2. 平行导向柔顺机构的动力学分析

为了更好地研究椭圆形柔性铰链的频率—参数特性，建立了如图 1 所示的柔性铰链平行导向柔顺机构。机构在变形过程中，连杆及连架杆假设为刚性件，忽略变形。柔性铰链发生弯曲变形，其弹性变形与其等效的扭簧系数 K 有关。对机构进行动力学分析如下。

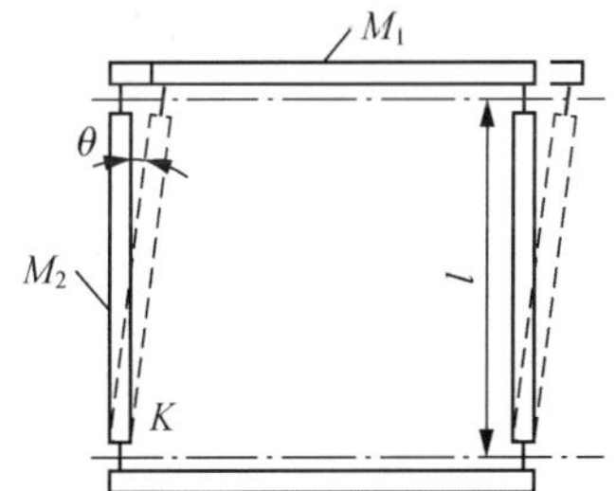

连杆的平动动能：

$$T_1 = \frac{1}{2} M_1 (l\theta)^2 \tag{1}$$

两个连架杆的总动能：

$$T_2 = 2\left[\frac{1}{2} j\theta^2 + \frac{1}{2} M_2 \left(\frac{1}{2} l\theta\right)^2\right] \tag{2}$$

图 1　柔性铰链平行导向柔顺机构模型图

系统在水平面运动时，系统的重力势能不作考虑，只考虑系统柔性元件的弹性势能。4 个柔性铰链的弹性变形能为(为了研究方便，取 $K_1 = K_2 = K_3 = K_4 = K$)

$$U = \frac{1}{2}(K_1 + K_2 + K_3 + K_4)\theta^2 = 2K\theta^2 \tag{3}$$

系统的 Lagrange 方程为

$$L = \frac{1}{2} M_1 (l\theta)^2 + j\theta^2 + \frac{1}{4} M_2 (l\theta)^2 - 2K\theta^2 \tag{4}$$

系统动力学方程为

$$(M_1 l^2 + 2j + \frac{1}{2}M_2 l^2)\ddot{\theta} + 4K\theta = 0 \tag{5}$$

式中，J 为连架杆绕其质心的转动惯量；l 为柔顺杆的总长度；M_1 为连杆的质量；M_2 为连架杆的质量；θ 为偏转角度；K_i 为等效的扭簧系数，$i=1,2,3,4$。

3. 频率特性分析

系统固有频率是评价机构内在特性的重要指标，它对系统动力性能优化、实施控制和机构优化设计都有着重要的意义。系统的固有频率为

$$f = \frac{\omega}{2\pi} = \frac{1}{2\pi}\sqrt{\frac{4K}{M_1 l^2 + 2j + \frac{1}{2}M_2 l^2}} \tag{6}$$

首先，K 的计算公式与椭圆形柔性铰链的切口参数有关[6]，相关公式有

$$K_3 = \frac{E\omega b^3}{12af_3} \tag{7}$$

式中，E 为材料的弹性模量。

$$f_3 = \int_{\frac{\pi}{2}}^{\frac{-\pi}{2}} \frac{\cos\theta}{(\frac{t}{b}+2-2\cos\theta)^3}\mathrm{d}\theta \tag{8}$$

各参数如图 2 所示，a 为椭圆长半轴，b 为椭圆短半轴，t 为铰链最小厚度，h 为杆件宽，w 为杆件厚度。

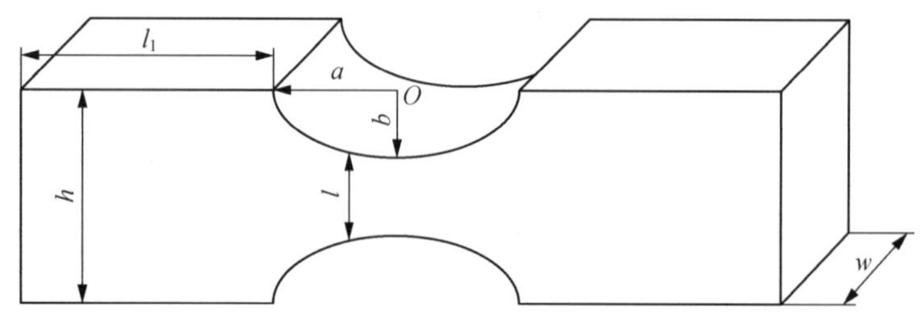

图 2　椭圆形铰链

M_1 和 M_2 的计算式中都含有柔性铰链的切口几何参数，其计算公式如下：

$$M_1 = [hl + 2hl_1 - \pi ab]\rho\omega \tag{9}$$

$$M_2 = [hl - \pi ab]\rho\omega \tag{10}$$

式中，M_1 为连杆的质量，需要说明的是它还包括柔性铰链与连杆连接的部分，即图 2 中 $(l_1 + a)$；M_2 为连架杆的质量，它是两柔性铰链之间杆件的质量。

连架杆转动惯量 J 的计算。文中进行了假设：柔性铰链的变形是绕其几何中心转动，忽略因为柔性铰链变形而引起的位移量。因此，杆件的转动惯量计算公式为

$$J = \frac{1}{3}M_2 l^2 \tag{11}$$

下面推导系统固有频率与各种铰链参数的关系。将式(7)～式(11)代入式(6)，可得平面柔顺机构由椭圆形柔性铰链构成时固有频率的计算公式：

$$f = \frac{1}{2\pi}\frac{1}{l}\sqrt{\frac{E}{\rho}}\sqrt{\frac{b^3}{f_3 a(3hl + \frac{7}{2}hl + 6hl_t - \frac{13}{2}\pi ab)}} \tag{12}$$

由以上公式可以得到以下结论：

(1) 机构的截面参数和材料参数确定后，机构的固有频率与椭圆形柔性铰链参数(t，a，b)密切相关。

(2) 机构的固有频率与杆件厚度 ω 无关。

4. 数值计算和分析

为了数值计算方便，当改变柔顺机构其中一个参数时，机构的其他参数不变。机构的一阶固有频率是主要的，文中只计算各种情况下的一阶固有频率值。

4.1　固有频率与最小厚度的关系

图 3 显示了系统频率与最小厚度间的关系，从图 3 中可以看出：随着设计参数 t 的增加，柔顺机构的一阶固有频率非线性增加。由此可以认为，随着设计参数 t 的增加机构的刚度增加，这对改善机构的运动精度、减小振动等方面是有利的，但是系统的柔度降低对机构的操作灵活性有很大的影响。

从图 3 中还可以看出，椭圆形柔性铰链构成的平行导向柔顺机构的固有频率与最小厚度 t 呈曲线递增关系，增速(曲线斜率)缓慢增大。

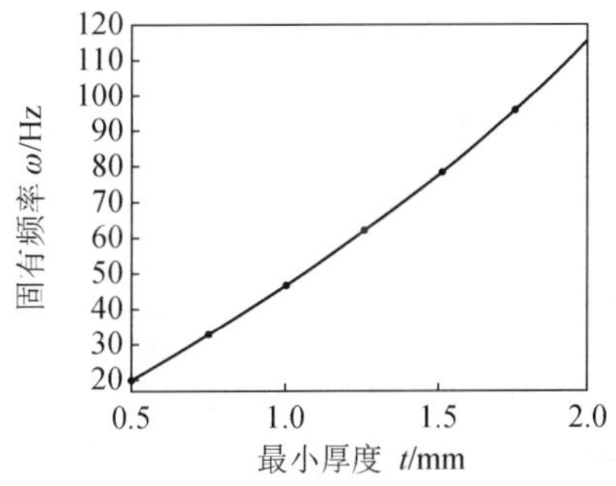

图 3　频率与最小厚度 t 的关系

4.2　固有频率与铰链切口几何参数的关系

图 4 显示了频率与椭圆形铰链长半轴 a 的关系，图 5 显示了固有频率与椭圆形铰链短半轴 b 的关系。从图 4 和图 5 中可以看出，椭圆形铰链柔顺机构固有频率与椭圆的短半轴 b 呈曲线递增关系，但增幅较小，机构固有频率与椭圆的长半轴 a 呈曲线递减关系，减速逐渐降低；同时椭圆长半轴 a 对机构频率的影响比短半轴 b 大。

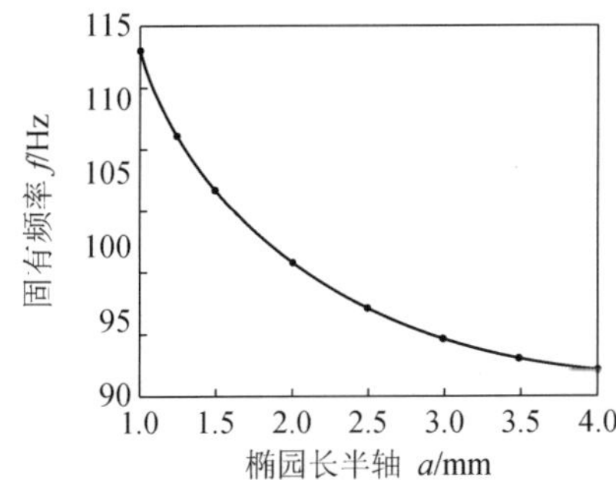

图 4　频率与椭圆长半轴 a 的关系

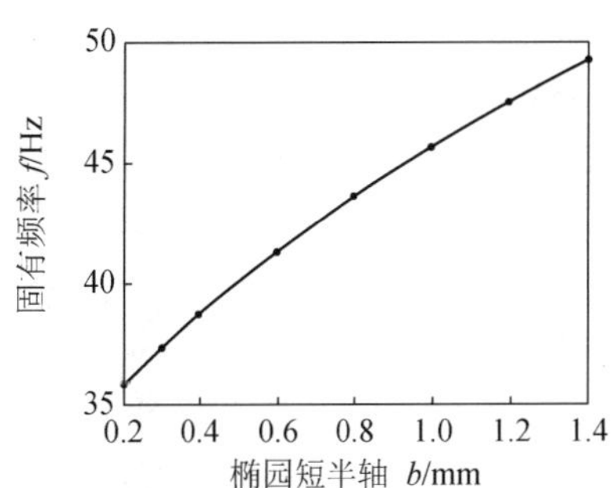

图 5　频率与椭圆短半轴 b 的关系

4.3　固有频率与杆件厚度的关系

在其他参数不变的条件下改变杆件的厚度 w。由图 6 可知，随着截面厚度的增加，机构的固有频率保持不变，w 值的变化对系统一阶固有频率没有影响。这和上面的理论分析吻合得很好。

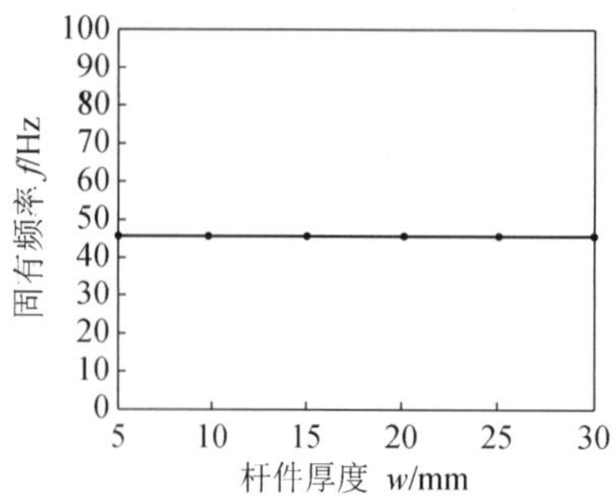

图 6　频率与杆件厚度 w 的关系

5. 结论

经过以上的计算分析和验证，可以看出几种形状的柔性铰链平面柔顺机构的几何结构参数与其固有频率之间有一定的内在关系。

椭圆形柔性铰链最小厚度 t 对机构固有频率影响最大，椭圆长半轴长度 a 次之，椭圆短半轴长度 b 再次之，杆件厚度 w 对频率没有影响。在具体应用中，以上规律在椭圆形柔性铰链设计中针对不同动力学要求选定铰链参数具有指导意义。

参考文献

[1] Sweeney M, Rynkowski G, Ketabchi M, et al. Design considerations for fast steering mirror（FSM s）//Proceedings of SP IE, 2002, 4773: 1 -11.

[2] 傅翾,周仁魁,周泗忠.同步辐射光束线中柔性铰链的研究.光学精密工程, 2001, 9(1): 67-70.

[3] 吴鹰飞,周兆英.柔性铰链的应用.中国机械工程, 2002,13(18): 1615 -1618.

[4] Smith S T, Badam I V G, Dale J S. Elliptical flexure hinges. Review of Scientific Instruments, 1997, 68(3): 1474-1483.

[5] Lobontiu N, Paine J S N, Garcia E. Corner-filleted flexure hinges. Journal of Mechanical Design, Transactions of the ASME, 2001, 123(9): 346 -352.

[6] 左行勇,刘晓明.三种形状柔性铰链转动刚度的计算与分析.仪器仪表学报, 2006, 27(12): 1725 -1728.

（原载《机械设计》，2009，26(2)：52-54）

§ 29　含柔性铰链柔顺机构的驱动性能分析

王雯静　余跃庆

（北京工业大学，北京　100124）

摘　要：以含柔性铰链的平面柔顺曲柄连杆机构为研究对象，建立伪刚体模型.通过对伪刚体模型进行动力学分析，推导出一种新的含柔性铰链的平面柔顺机构驱动力矩的计算方法。算式表明，平面柔顺机构的驱动特性与机构中柔性铰链之间存在着内在关系。根据算例分析结果可知，含柔性铰链的柔顺机构的最大驱动力矩可通过改变柔性铰链的刚度和柔性铰链未发生变形时机构的初始位置来减小。计算了当柔性铰链的刚度及初始位置达到最优时最大驱动力矩的缩减比，为平面柔顺机构的优化设计提供了依据。

关键词：柔性铰链；柔顺机构；伪刚体模型；驱动特性

1. 引言

柔顺机构是一种利用构件自身的弹性变形完成运动和力的传递和转换的新型机构。由于其具有减少构件数量和装配时间、简化加工工序、无摩擦磨损和传动间隙以及降低振动和噪声等优点[1]，已成为机构学研究领域的新热点。

Howell 等[2]以机构结构学和运动学为基础提出了伪刚体模型，对奠定柔顺机构的研究基础，加快柔顺机构的研究起到了十分重要的作用；Saxena 等[3]从结构力学的角度对柔顺机构的建模、数值分析以及软件等方面进行了较为广泛的研究；Lobontiu 等[4]在分析柔顺机构中的柔性铰链时，运用 Timoshenko 梁模型及 Saint Venant 理论分别分析了铰链受到弯曲和扭转变形时的情况，并推导出单元的刚度矩阵、质量矩阵和单元节点处的载荷向量；于靖军等[5,6]建立了柔性铰链变形刚度模型，提出了一种扩展的伪刚体模型法，很好地解决了机构的位置正、反解问题，并提出了一种刚度矩阵法，对空间柔顺机构位置求解问题进行了探讨；谢先海等[7]采用基于刚体-弹簧模型的多刚体离散元方法来分析柔顺机构，建立了柔顺机构的多刚体离散元模型。

研究柔顺机构驱动特性对提高柔顺机构的操作性能和设计水平有着重要的指导作用。李海燕等[8]基于伪刚体模型法，分析了给定从动件的变形或给定其运动规律时大变形柔顺机构原动件的驱动问题；于会涛等[9]针对大变形曲柄滑块机构，分析了当已知从动件规律时利用伪刚体模型求解主动件的驱动问题。

本文基于伪刚体模型法，对柔顺机构的驱动特性问题进行更进一步的研究。首先，以含 2 个柔性铰链的平面柔顺曲柄连杆机构为研究对象，建立其伪刚体模型；然后，通过对此伪刚体模型进行动力学分析，得到了一种计算柔顺机构驱动力矩的新方法；进而，根据含柔性铰链的平面柔顺曲柄连杆机构的驱动力矩计算表达式可知，柔顺机构中所含的柔性铰链特性影响机构驱动力矩的大小；最后，通过算例具体分析了柔性铰链的刚度和未变形时杆件的初时位置对该柔顺机构驱动性能的影响，并提出了最优驱动力矩的缩减比，为平面柔顺机构的优化设计提供了依据。

2. 伪刚体模型

伪刚体模型采用具有等效力-变形关系的刚体构件来模拟柔性部件的变形，利用刚性机构的理论来分析柔顺机构，伪刚体模型就是以这样的方式在刚性机构与柔顺机构理论之间架起一座桥梁。对每一柔性片段，伪刚体模型可以预测其变形轨迹和力-变形关系，其运动是用具有铰链的刚性杆来模拟的，柔顺片段的力-变形关系用附加的弹簧来描述。文献[1]证明了伪刚体模型在模拟柔性构件末端点的运动轨迹以及运动与力的关系等方面是有效可行的。图 1(a)为含有 2 个柔性铰链的柔顺曲柄连杆机构，其伪刚体模型如图 1(b)所示[1]。

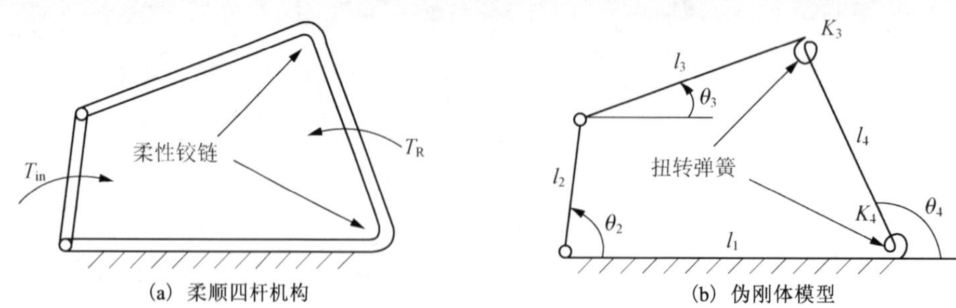

(a) 柔顺四杆机构　　(b) 伪刚体模型

图 1　含 2 个柔性铰链的柔顺机构

扭转弹簧处的扭矩大小等于扭转弹簧刚度系数与角变形的乘积，即

$$T_3 = K_3 \Theta_3 \tag{1}$$

$$T_4 = K_4 \Theta_4 \tag{2}$$

其中，

$$\Theta_3 = \theta_{40} - \theta_4 + \theta_3 - \theta_{30} \tag{3}$$

$$\Theta_4 = \theta_{40} - \theta_4 \tag{4}$$

式中，$T_i(i=3,4)$ 为扭转弹簧 i 的扭矩；K_i 为扭转弹簧 i 的刚度系数；θ_{io} 为扭转弹簧 i 未发生变形时杆件 i 与水平方向的夹角，即柔性铰链未变形时杆件的初时位置。

3. 动力学分析

下面分别以机构中的曲柄、连杆以及摇杆为研究对象进行受力分析，如图 2 所示。

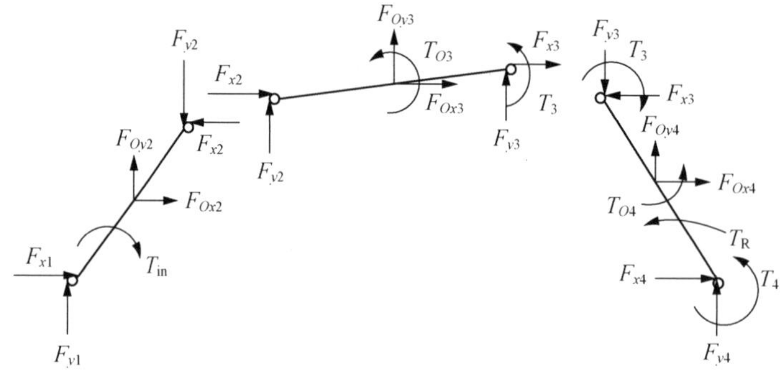

图 2　受力分析

机构在运动过程中，各杆的惯性为在 x 和 y 坐方向上的投影 F_{oxj}、F_{oyj} 及惯性矩 T_{oj} 分别为

$$\begin{cases} F_{oxj} = -m_j a_{Cxj} \\ F_{oyj} = -m_j a_{Cyj} \\ T_{oj} = -J_i \alpha_j \end{cases} \tag{5}$$

式中，a_{Cxj}、a_{Cyj} $(j=1,2,3,4)$ 为杆件 j 的质心加速度分别在 x 和 y 坐标方向上的投影；α_j 为杆件 j 的角加速度；m_j 为杆件 j 的质量；J_j 为杆件 j 的转动惯量。

假设曲柄的转速 ω_2 为常数，那么该曲柄连杆机构中各杆的加速度见式(6)。式中，$l_j(j=1,2,3,4)$ 为杆件 j 的长度；ω_3、ω_4 分别为连杆和摇杆的角速度；$l_{cj}(j=1,2,3,4)$ 为杆件 j 的质心到转轴的长度。

$$\begin{cases} a_{Cx2} = -l_{c2}\omega_2^2\cos\theta_2 \\ a_{Cy2} = -l_{c2}\omega_2^2\sin\theta_2 \\ a_{Cx3} = -l_2\omega_2^2\cos\theta_2 - l_{c3}\alpha_3\sin\theta_3 - l_{c3}\omega_2^2\cos\theta_3 \\ a_{Cy3} = -l_2\omega_2^2\sin\theta_2 + l_{c3}\alpha_3\cos\theta_3 - l_{c3}\omega_3^2\sin\theta_3 \\ a_{Cx4} = -l_{c4}\alpha_4\sin\theta_4 - l_{c4}\omega_4^2\cos\theta_4 \\ a_{Cy4} = l_{c4}\alpha_4\sin\theta_4 - l_{c4}\omega_4^2\sin\theta_4 \\ \alpha_3 = \dfrac{l_3\omega_2^2\cos(\theta_4-\theta_2) + l_3\omega_3^2\cos(\theta_4-\theta_3) - l_4\omega_4^2}{l_3\sin(\theta_4-\theta_3)} \\ \alpha_4 = \dfrac{-l_2\omega_2^2\cos(\theta_3-\theta_2) + l_4\omega_4^2\cos(\theta_3-\theta_4) - l_3\omega_3^2}{l_4\sin(\theta_3-\theta_4)} \end{cases} \tag{6}$$

各杆的平衡方程为

曲柄：

$$\begin{cases} F_{x1} - F_{x2} = -F_{ox2} \\ F_{y1} - F_{y2} = -F_{oy2} \\ F_{x1}l_{c2}\sin\theta_2 - F_{y1}l_{c2}\cos\theta_2 + F_{x2}(l_2 - l_{c2})\sin\theta_2 - F_{y2}(l_2 - l_{c2})\cos\theta_2 - T_{\text{in}} = 0 \end{cases} \tag{7}$$

连杆：

$$\begin{cases} F_{x2} + F_{x3} = -F_{ox3} \\ F_{y2} + F_{y3} = -F_{oy3} \\ F_{x2}l_{c3}\sin\theta_3 - F_{y2}l_{c3}\cos\theta_3 - F_{x3}(l_3 - l_{c3})\sin\theta_3 + F_{y3}(l_3 - l_{c3})\cos\theta_3 + T_{o3} + T_3 = 0 \end{cases} \tag{8}$$

摇杆：

$$\begin{cases} -F_{x3} + F_{x4} = -F_{ox4} \\ -F_{y3} + F_{y4} = -F_{oy4} \\ F_{x3}(l_4 - l_{c4})\sin\theta_4 - F_{y3}(l_4 - l_{c4})\cos\theta_4 + F_{x4}l_{c4}\sin\theta_4 - F_{y4}l_{c4}\cos\theta_4 - T_3 + T_{o4} + T_4 + T_{\text{R}} = 0 \end{cases} \tag{9}$$

式中，F_{xi}、F_{yi} 为铰链 i 上的作用力分别在 x 和 y 坐标方向上的投影；T_{R}、T_{in} 分别为机构受到的外力矩和驱动力矩。

4. 驱动力矩计算公式

根据式(7)～式(9)，令

$$Z = [-F_{ox2}, -F_{oy2}, 0, -F_{ox3}, -F_{oy3}, -T_{o3}, -T_3, -F_{ox4}, -F_{oy4}, T_3 - T_4 - T_{o4} - T_{\text{R}}]^{\text{T}} \tag{10}$$

$$Y = [F_{x1}, F_{y1}, F_{x2}, F_{y2}, F_{x3}, F_{y3}, F_{x4}, F_{y4}, T_{\text{in}}]^{\text{T}} \tag{11}$$

$$X = \begin{bmatrix} 1 & 0 & -1 & 0 & 0 & 0 & 0 & 0 & 0 \\ 0 & 1 & 0 & -1 & 0 & 0 & 0 & 0 & 0 \\ l_{c2}\sin\theta_2 & -l_{c2}\cos\theta_2 & (l_2 - l_{c2})\sin\theta_2 & -(l_2 - l_{c2})\cos\theta_2 & 0 & 0 & 0 & 0 & -1 \\ 0 & 0 & 1 & 0 & 1 & 0 & 0 & 0 & 0 \\ 0 & 0 & 0 & 1 & 0 & 1 & 0 & 0 & 0 \\ 0 & 0 & l_{c3}\sin\theta_3 & -l_{c3}\cos\theta_3 & -(l_3 - l_{c3})\sin\theta_3 & (l_3 - l_{c3})\cos\theta_3 & 0 & 0 & 0 \\ 0 & 0 & 0 & 0 & -1 & 0 & 1 & 0 & 0 \\ 0 & 0 & 0 & 0 & 0 & -1 & 0 & 1 & 0 \\ 0 & 0 & 0 & 0 & (l_4 - l_{c4})\sin\theta_4 & -(l_4 - l_{c4})\cos\theta_4 & l_{c4}\sin\theta_4 & -l_{c4}\sin\theta_4 & 0 \end{bmatrix} \tag{12}$$

由此得到

$$XY=Z \tag{13}$$

$$Y = X^{-1}Z \tag{14}$$

当机构运动到不同位置时，即 θ_2 取不同的值时，根据上述动力学分析可以求得对应于每个 θ_2 时的 X 和 Z，由此可求得各铰链在不同位置时的作用力以及柔顺机构所需的驱动力矩 $Y(9)$。根据式(14)，并联立式(1)～式(6)可知，驱动力矩 $Y(9)$ 的值与扭转弹簧的扭矩 T_i 有关。虽然它们之间的关系式表达起来比较复杂，但是不难看出柔性铰链的刚度以及柔性铰链未变形时杆件的初时位置影响驱动力矩的大小。为了深入分析机构的驱动力矩与柔性铰链的刚度以及柔性铰链未变形时杆件的初始位置之间的内在关系， 下面以一具体算例为研究对象进行分析验证。

5. 算例分析

含柔性铰链的平面柔顺曲柄连杆机构如图 1(a)所示，该机构的几何和物理参数分别为曲柄 $l_2 = 30\text{mm}$；连杆 $l_3 = 140\text{mm}$；摇杆 $l_4 = 130\text{mm}$；机架 $l_1 = 100\text{mm}$；宽度 b=5mm；厚度 h=3mm。所选材料为聚丙烯。在机构的优化设计过程中，最大驱动力矩是重要的参数之一。以下将分析柔性铰链的刚度以及未变形时杆件的初始位置对柔顺机构最大驱动力矩的影响。为了简化分析，假设 2 个扭转弹簧的弹簧刚度系数相等，即 K_3=K_4。

5.1 柔性铰链的刚度对驱动力矩的影响

图 3 给出了柔顺机构最大驱动力矩随柔性铰链刚度系数的变化曲线。从图 3 中可以看出，在曲柄转速为 100 r/min 情况下，随着扭转弹簧刚度系数的增大，该柔顺机构的最大驱动力矩逐渐减小，当柔性铰链的刚度系数为 0.4mN·m/rad 时，所需的最大驱动力矩达到最小值。随着刚度系数的继续增大，该柔顺机构的最大驱动力矩也逐渐增大。

该机构的最大驱动力矩取最小值时的扭转刚度为最优扭转刚度。曲柄转速在 0～4 200r/min 任意取 8 个点，计算对应于每个曲柄转速的最优扭转刚度。图 4 为最优扭转刚度与曲柄转速的关系曲线。从图 4 中可以看出，随着曲柄转速的增大，与之对应的柔性铰链的最优扭转刚度也随之增大。该关系曲线可以近似拟合为关系式 $y = 3\text{e}^{-5}x^{2.04}$，其中，$x$ 为曲柄转速；y 为最优扭转刚度。

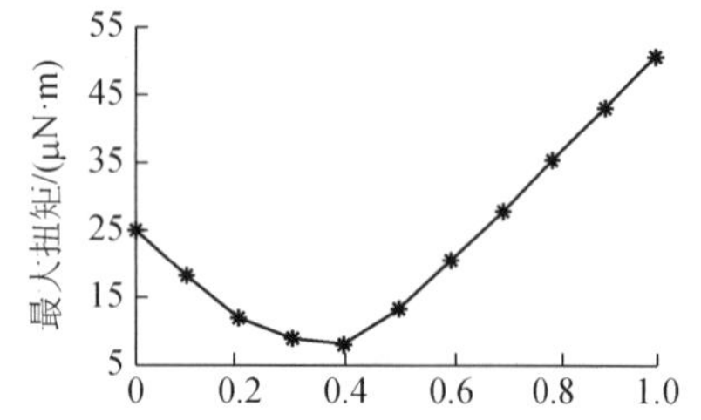

图 3 最大驱动力矩与刚度系数关系曲线

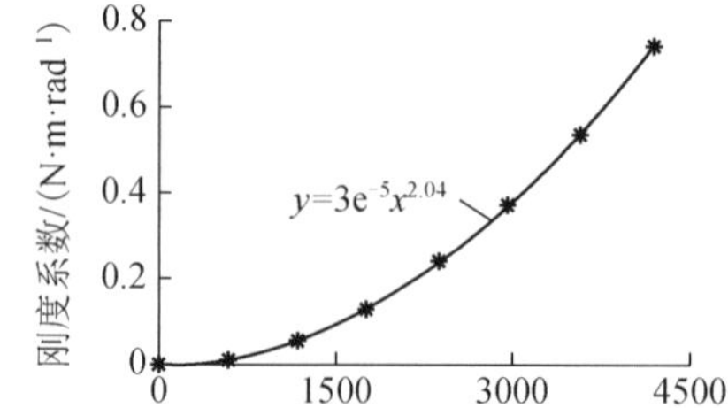

图 4 最优扭转刚度系数与曲柄转速关系曲线

5.2 柔性铰链未变形时杆件的初时位置对驱动力矩的影响

柔性铰链未变形时杆件 3 和杆件 4 的初始位置分别为 θ_{30}、 θ_{40}，图 5 为该柔顺机构的最大驱动力矩随 θ_{30} 和 θ_{40} 取不同值时的等高线图。在曲柄旋转 1 周的情况下，连杆和摇杆的运动范围分别是 45°～82° 和 85°～125°。根据图 5(a)所示，在曲柄转速为 100 r/min 的情况下，当 θ_{30}、 θ_{40} 分别为 65°和 105°时，该柔顺机构的最大驱动力矩取最小值。从以上结果可以看出，这两个值分别处在连杆和摇杆运动范围的中间值附近。

为了进一步证明该机构具有这种特性，分别改变曲柄转速和机构的几何参数进行分析。假设曲柄转速由 100r/min 变到 2000r/min，此时最大驱动力矩随 θ_{30}、θ_{40} 取不同值时的等高线如图 5(b)所示。由图 5(b)可以看出，在曲柄转速为 2000r/min 时，机构的最大驱动力矩的最小值在 θ_{30}、 θ_{40} 分别为 36° 和 104° 时取得，这两个值同样也处在连杆和摇杆运动范围的中间值附近。

改变该机构的几何参数：曲柄 $l_2 = 20\text{mm}$；连杆 $l_3 = 100\text{mm}$；摇杆 $l_4 = 80\text{mm}$；机架 $l_1 = 70\text{mm}$。

各杆的宽度和厚度以及所选的材料都保持不变。该机构在曲柄旋转 1 周的情况下，连杆和摇杆的运动范围分别为 36°～70° 和 74°～116°。此时最大驱动力矩随 θ_{30}、θ_{40} 取不同值时的等高线如图 5(c) 所示，可以看出，当 θ_{30}、θ_{40} 分别为 55° 和 95° 时，机构的最大驱动力矩取最小值，这两个值也处在连杆和摇杆运动范围的中间值附近。由分析结果可以看出，柔顺机构最大驱动力矩达到最小值时，柔性铰链未变形时杆件的初始位置 θ_{30}、θ_{40} 的取值分别处在连杆和摇杆运动范围的中间值区域。

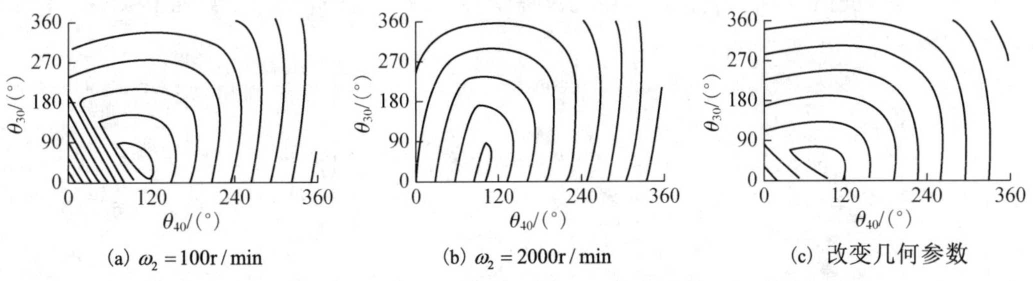

(a) $\omega_2 = 100\text{r/min}$　(b) $\omega_2 = 2000\text{r/min}$　(c) 改变几何参数

图 5　最大驱动力矩与柔性铰链未变形时杆件的初始位置关系等高线

当 θ_{30} 和 θ_{40} 为最优值时，在曲柄转速为 100r/min 的情况下，分析该机构在柔性铰链取不同刚度系数值时，该柔顺机构的驱动力矩随曲柄运动 1 周内的变化曲线，如图 6 所示。当柔性铰链的刚度系数为 0 时，驱动力矩在 1 周期内的变形范围相对较大。随着刚度的不断增大，驱动力矩的变化曲线逐渐变得平缓。当刚度系数为 $0.4\times10^{-3}\text{N}\cdot\text{m/rad}$ 时，驱动力矩的变化波动范围最小，峰值也最小。随着刚度的继续增大，曲线的变化范围逐渐增大，曲线的波峰波谷十分明显。这与图 3 的分析结果相吻合。

5.3　最大驱动力矩缩减比

将所有铰链均为刚性铰链时该柔顺机构所需的最大驱动力矩定义为 T_o，将上述所求的含柔性铰链平面柔顺机构的最大驱动力矩的最小值定义为最优驱动力矩 T_{opt}。当给定曲柄转速，计算对应于每个曲柄转速的 T_o 与 T_{opt} 的比值。如图 7 所示，随着曲柄转速的变化，T_o/T_{opt} 的值接近于定值，与曲柄的转速大小无关。对于本算例，该比值约为 3.11。也就是说，按照最优驱动力矩的分析结果设计柔顺机构中的柔性铰链，可以大大减小该柔顺机构所需的最大驱动力矩。这为柔顺机构的优化设计提供了参考依据。

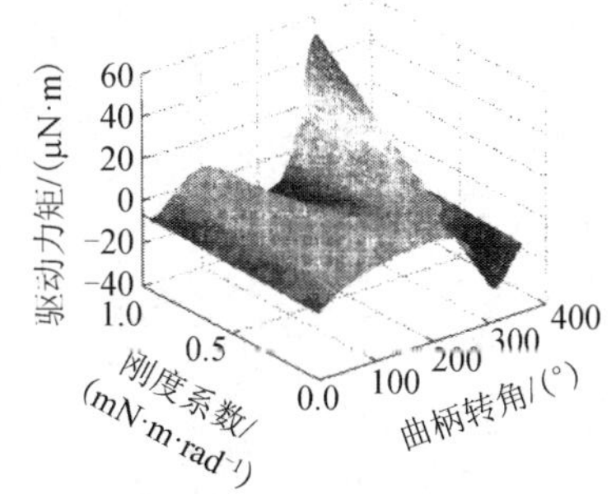

图 6　不同刚度时机构驱动力矩 1 周期内变化曲线

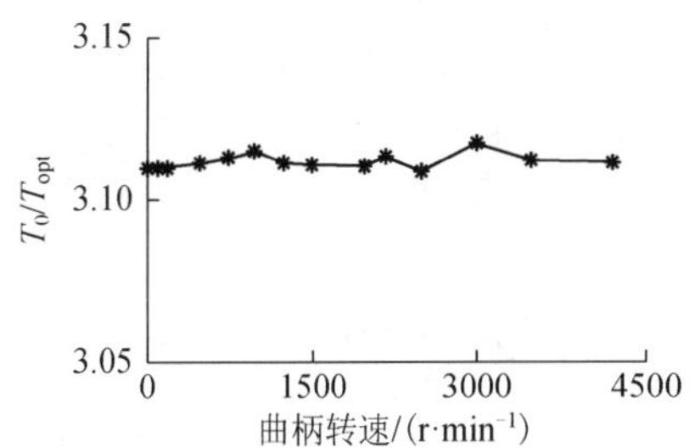

图 7　最大驱动力矩比值与曲柄转速关系曲线

6. 结论

基于伪刚体模型法，通过动力学分析可知，柔顺机构中柔性铰链的刚度及未变形时杆件的初始位置对机构的驱动特性有着重要的影响。虽然本文所选机构相对比较简单，但是通过对算例中多组数据进行验证，能体现出柔顺机构的驱动特性与柔性构件之间的这种内在关系。本文计算出了当柔顺机构中所含的柔性铰链的刚度及未变形时机构的初时位置为最优值时，机构的驱动力矩相对于刚性机构的缩减比，为柔顺机构的优化设计提供了重要的依据。

参考文献

[1] Howell L L, Compliant Mechanisms. New York: John Wiley & Sons, 2001: 1-30

[2] Howell L L, Midha A. Evaluation of equivalent spring stiffness for use in a pseudo-rigid-body model of large deflection compliant mechanisms. Journal of Mechanical in Design, 1996, 118 (1) I:126-431

[3] Saxena A, Ananthasureshg K. On an optimal property of compliant topologies. Structure and Multidisciplinary Optimization, 2000, 19 (1): 36-49

[4] Lobontiu N, Garcia E. Circular-hinge line element for finite element analysis of compliant mechanisms. Journal of Mechanical in Design, 2005, 127 (4): 766-773

[5] 于靖军，毕树生，宗光华.基于伪刚体模型法的全柔性机构位置分析. 机械工程学报，2002, 16(2): 75-78

[6] 于靖军，毕树生，宗光华.空间全柔性机构位置分析的刚度矩阵法. 北京航空航天大学学报，2002, 28(3): 323-326

[7] 谢先海，廖道训.基于多刚体离散元模型的柔顺机构动力分析新方法. 机械工程学报，2003, 17(5): 53-955

[8] 李海燕，张宪民，彭惠青. 大变形柔顺机构的驱动特性研究. 机械科学与技术，2004, 23(9): 1040-4043

[9] 于会涛，孙洪，马培荪. 基于伪刚体模型的柔顺机构驱动特性研究. 传动技术，2006, 20(4): 10-13

（原载《北京工业大学学报》，2010, 36(9): 1159-1164）

§30　基于有限元法的柔顺机构动力学分析

王雯静　余跃庆
（北京工业大学，北京　100124）

摘　要：为描述柔顺机构动力学特性，需要建立其动力学模型。基于有限元法，根据 Lagrange 方程建立柔顺机构的动力学方程。在此基础上，得到机构各阶固有频率和模态，并给出固有频率和模态对各项设计变量的灵敏度计算方法。推导出柔顺机构中柔性杆件上任意一点应变的算法，计入应变中的非线性项。求解柔性杆件上任意位置的动应力，并计算杆件在各个时刻的最大应力及出现的位置。以平面柔顺四杆机构为例进行分析，说明基于有限元法对柔顺机构的动力学特性分析的可行性和有效性，并且指出柔顺机构杆件的动应力和应变分析对柔顺机构的优化设计具有重要意义。

关键词：柔顺机构；有限元法；动力学模型；动力学特性

1. 引言

柔顺机构是一种利用构件自身的弹性变形来完成运动和力的传递及转换的新型机构。它不像传统刚性机构那样靠运动副来实现全部运动和功能，而主要靠机构中的柔性构件的变形来实现机构的主要运动和功能，它同样也能实现运动、力和能量的传递和转换。柔顺机构比只考虑机构中杆件变形带来影响的柔性机构又前进了一大步，它不是停留在如何避免杆件变形产生的负面影响上，而是积极地利用杆件变形来改善和提高机构的性能。由于其具有减少构件数量和装配时间、简化加工工序、无摩擦磨损和传动间隙、能降低振动和噪声等优点[1]，引起了广泛关注，成为机构学研究领域的新热点。从 20 世纪 80 年代后期开始，柔顺机构已经在一些日常和有要求特殊的行业上开始应用，如日常用品、自行车、汽车和精密测量仪器等，尤其是在轻型、微型化领域有着广泛的应用前景。例如，在微机械及微机电系统(Microelectro-mechanical systems, MEMS)中，柔顺机构有着巨大的优势和潜力，它可以在较大程度上提高 MEMS 中微机械部分的尺寸微小化程度和机构的工作性能，从而大大促进 MEMS 领域的发展。国内外许多学者对柔顺机构进行了多年的研究，并取得了一定的成果。

在柔顺机构的研究中，美国 Missouri 大学的 MIDHA 教授被认为是现代柔顺机构研究的重要奠基人，他与 Brigham Young 大学的 HOWELL 合作，在柔顺机构的分析方法上取得重要进展，以机构结构学和运动学为基础提出的“伪刚体模型”，对奠定柔顺机构的研究基础、加快柔顺机构的研究起到了十分重要的作用[2-3]。Pennsylvania 大学的 SAXENA 等[4]、Pennsylvania 州立大学的 FRECKER 等[5]从结构力学的角度对柔顺机构的建模、数值分析以及软件等方面进行了较为广泛的研究，也取得了不少重要成果。Michigan 大学的 HETRIK 等[6]对拓扑优化设计方法在柔顺机构设计过程中的重要性和实用性进行了详细的阐述，综合考虑了柔顺机构的型综合和尺度综合，在满足运动约束和柔顺机构能量储存最大化条件下，提出了相应的目标函数，进行了柔顺机构的优化设计。我国开始进入柔顺机构这一研究领域相对晚一些，北京航空航天大学的于靖军等[7,8]建立了柔性铰链变形刚度模型，提出了一种扩展的伪刚体模型法，很好地解决了机构的位置正、反解问题，并从柔性铰链的刚度矩阵出发，提出了一种刚度矩阵法，对空间柔顺机构位置求解问题进行了探讨。华南理工大学的李海燕等[9,10]基于伪刚体模型法，研究了当给定从动件的变形或给定其运动规律时大变形柔顺机构原动件的驱动问题，并以可靠度最大为目标，综合概率、疲劳和优化等学科的知识，给出了一种柔顺机构的优化设计方法。谢先海等[11]首次采用基于刚体—弹簧模型的多刚体离散元方法来分析柔顺机构，建立柔顺机构的多刚体离散元模型，详细推导了柔顺段和柔顺机构的多刚体离散元的控制方程。

纵观国内外柔顺机构研究领域的发展现状，可以看出，绝大部分研究成果都是围绕着柔顺机构的结构和运动分析以及拓扑优化设计开展的，而在柔顺机构的动力学分析方面涉及得相对较少。随着柔顺机构的应用范围的扩大和工作要求的不断提高，如何改善柔顺机构的动力学特性，提高柔顺机构设计水平，将成为柔顺机构领域的关键问题，此项研究具有重要的理论意义和应用价值。本文从动力学角度更加深刻地了解、认识和掌握柔顺机构的特性和规律，从而提高柔顺机构的分析和设计水平。

2. 柔顺机构动力学建模

2.1　型函数和广义坐标

本文基于有限元法在进行柔顺机构的动力学分析时，以结点处的广义坐标作为未知量。推导单元的运动方程时，要对整个单元上的位移分布进行假定，把单元上任意一点的位移表示为结点广义坐标的函数。

梁单元是结构分析中的一种常用单元。图 1 所示为一等截面梁单元，它有两个结点 A、B，长度为 L。原点设在 A 点，$\bar{x}$ 轴与单元纵向轴线一致的坐标系 $A\bar{x}\bar{y}$ 称为单元坐标系。单元内任一点的轴向位移和横向位移分别以 s_v 和 s_w 表示。当单元处于运动状态时，s_v 和 s_w 为时间 t 和位置 $\bar{x}$ 的函数。基于假定，忽略梁在弯曲时梁的截面沿轴向的微小移动，因而 s_v 和 s_w 是相互独立的。

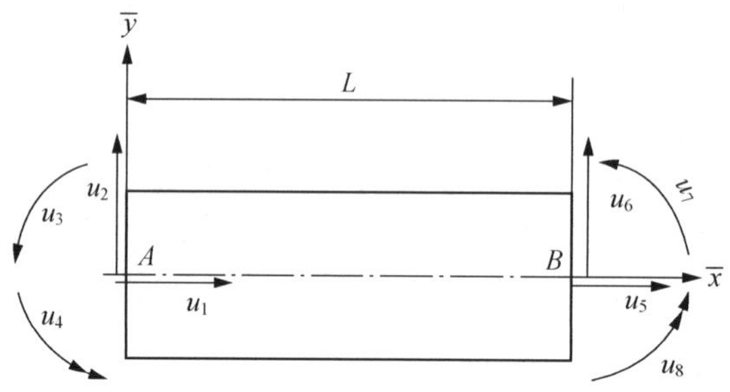

图 1　等截面梁单元

设两个结点处的 8 个广义坐标形成单元广义坐标列阵

$$\boldsymbol{u} = (u_1, u_2, u_3, u_4, u_5, u_6, u_7, u_8)^{\mathrm{T}} \tag{1}$$

式中，u_1，u_5 为结点 A、B 处的纵向位移；u_2，u_6 为结点 A、B 处的轴向位移；u_3，u_7 为结点 A、B 处的弹性转角；u_4，u_8 为结点 A、B 处的曲率。

每个结点处的纵向位移可假设为线性分布，为了提高分析精度和进行动力学分析，横向位移采用五次多项式假定。任意点的位移通过“型函数”和广义坐标联系起来

$$\begin{cases} s_v(\bar{x},t) = \sum\limits_j u_j(t)\phi_j(\bar{x}), j = 1,5 \\ s_w(\bar{x},t) = \sum\limits_i u_i(t)\phi_i(\bar{x}), i = 2,3,4,6,7,8 \end{cases} \tag{2}$$

$$\begin{cases} \phi_1 = 1 - e \\ \phi_2 = 1 - 10e^3 + 15e^4 - 6e^5 \\ \phi_3 = L(e - 6e^3 + 8e^4 - 3e^5) \\ \phi_4 = L^2(e^2 - 3e^3 + 3e^4 - e^5)/2 \\ \phi_5 = e \\ \phi_6 = 10e^3 - 15e^4 + 6e^5 \\ \phi_3 = L(-4e^3 + 7e^4 - 3e^5) \\ \phi_4 = L^2(e^3 - 2e^4 + e^5)/2 \end{cases} \tag{3}$$

式中，$e = \bar{x}/L$ 为相对坐标。可以看出，型函数也是五次多项式。

2.2　机构运动微分方程

根据有限元模型方法，在进行机构分析时，划分单元、建立系统广义坐标、用拉格朗日方程推导单元运动微分方程，把单元的运动方程集合起来得到机构的运动微分方程如下

$$\boldsymbol{m}_{n\times n}\ddot{\boldsymbol{U}}_{n\times 1}+\boldsymbol{c}_{n\times n}\dot{\boldsymbol{U}}_{n\times 1}+\boldsymbol{k}_{n\times n}\boldsymbol{U}_{n\times 1}=\boldsymbol{P}_{n\times 1} \tag{4}$$

式中，$\boldsymbol{m}$、$\boldsymbol{c}$ 和 $\boldsymbol{k}$ 分别为系统的质量矩阵、阻尼矩阵和刚度矩阵；$\boldsymbol{U}$ 为全局坐标系统下的广义坐标列阵；$\boldsymbol{P}$ 为广义力列阵；$\boldsymbol{n}$ 为广义坐标的数目；式(4)为二阶微分方程组。

3. 动力学特性分析

3.1　固有频率和模态

固有频率是反映机构弹性特性的一个重要指标，由于阻尼对机构的固有频率影响非常小，于是可以根据无阻尼自由振动方程得到机构的固有频率和模态。根据机构的自由振动，得到

$$\left(\boldsymbol{k}-\lambda_i\boldsymbol{m}\right)\boldsymbol{X}_i=0,\quad i=1,2,\cdots,n \tag{5}$$

欲使式(5)有非零解，其条件是系数行列式等于零，即

$$|\boldsymbol{k}-\lambda_i\boldsymbol{m}|=0,\quad i=1,2,\cdots,n \tag{6}$$

由此得到特征值 $\lambda_i(i=1,2,\cdots,n)$，$\lambda_i=\omega_i^2$。将每个特征值 λ_i 代入式(5)，得到与特征值对应的特征矢量 $\boldsymbol{X}_i$。

3.2　灵敏度分析

灵敏度分析就是判断机构的各项设计变量对柔顺机构性能影响的有效方法。在机构的设计过程中它可以有效地调整设计参数来满足机构动态性能的要求。下面分析机构固有频率和模态关于特定设计变量 x 的灵敏度，根据式(5)得

$$\boldsymbol{X}_i^{\mathrm{T}}\boldsymbol{S}_i\boldsymbol{X}_i=0 \tag{7}$$

式中，$\boldsymbol{S}_i=\boldsymbol{k}-\omega_i^2\boldsymbol{m}$，将式(7)两边对 x 求导得

$$\frac{\partial\boldsymbol{X}_i^{\mathrm{T}}}{\partial x}\boldsymbol{S}_i\boldsymbol{X}_i+\boldsymbol{X}_i^{\mathrm{T}}\frac{\partial\boldsymbol{S}_i}{\partial x}\boldsymbol{X}_i+\boldsymbol{X}_i^{\mathrm{T}}\boldsymbol{S}_i\frac{\partial\boldsymbol{X}_i}{\partial x}=0 \tag{8}$$

根据 $\boldsymbol{S}_i\boldsymbol{X}_i=0_{n\times 1}$，$\boldsymbol{X}_i^{\mathrm{T}}\boldsymbol{S}_i=0_{n\times 1}$ 和 $\boldsymbol{X}_i^{\mathrm{T}}\boldsymbol{m}\boldsymbol{X}_i=1$，将式(8)整理为

$$\frac{\partial\omega_i}{\partial x}=\frac{1}{2}\omega_i^{-1}\boldsymbol{X}_i^{\mathrm{T}}\frac{\partial k}{\partial x}\boldsymbol{X}_i-\frac{1}{2}\omega_i\boldsymbol{X}_i^{\mathrm{T}}\boldsymbol{S}_i\frac{\partial m}{\partial x}\boldsymbol{X}_i \tag{9}$$

同理，模态的灵敏度分析公式为

$$\frac{\partial\boldsymbol{X}_i}{\partial x}=-(\boldsymbol{k}-\omega_i^2\boldsymbol{m})^{-1}\left(\frac{\partial\boldsymbol{k}}{\partial x}-\frac{1}{2}\omega_i\frac{\partial\omega_i}{\partial x}\boldsymbol{m}-\omega_i^2\frac{\partial\boldsymbol{m}}{\partial x}\right)\boldsymbol{X}_i \tag{10}$$

式中，设计变量 x 可以是尺寸参数，如单元的横截面积、截面宽度、厚度，也可以是材料的弹性模量、密度等。式(9)和式(10)分别为柔顺机构固有频率和模态对设计变量 x 的灵敏度的一阶表达式。

可以看出，根据式(5)和式(6)求得机构各阶固有频率和模态后，为了要得到固有频率的灵敏度，只需要计算质量矩阵和刚度矩阵对设计变量 x 的导数 $\partial\boldsymbol{k}/\partial x$ 和 $\partial\boldsymbol{m}/\partial x$。下面仅讨论 $\partial\boldsymbol{m}/\partial x$ 的求法，而 $\partial\boldsymbol{k}/\partial x$ 与 $\partial\boldsymbol{m}/\partial x$ 的求法类似。

对于梁单元，其单位质量矩阵可写为

$$\boldsymbol{m}_i=\rho A_i\boldsymbol{\psi}_{1i} \tag{11}$$

式中，$\boldsymbol{\psi}_{1i}$ 为仅与单元长度相关的 8×8 矩阵；A_i 为梁单元的截面面积；ρ 为材料的密度。

若以单元的横截面积为设计变量，则 $x = A_i$，有

$$\frac{\partial \boldsymbol{m}_i}{\partial x} = \frac{\partial \boldsymbol{m}_i}{\partial A_i} = \rho \boldsymbol{\psi}_{1i} \tag{12}$$

这就得到了梁单元质量矩阵的偏导数，同理可以求得单元刚度矩阵的偏导数。

如果平面柔顺机构的几何尺寸不发生变化，构件设计参数仅为截面尺寸参数和材料特性参数，那么坐标变化矩阵 R 与设计参数无关，因此有

$$\frac{\partial \boldsymbol{m}}{\partial x} = \sum_{i=1}^{n} \boldsymbol{R}_i^{\mathrm{T}} \frac{\partial \boldsymbol{m}_i}{\partial x} \boldsymbol{R}_i \tag{13}$$

$$\frac{\partial \boldsymbol{k}}{\partial x} = \sum_{i=1}^{n} \boldsymbol{R}_i^{\mathrm{T}} \frac{\partial \boldsymbol{k}_i}{\partial x} \boldsymbol{R}_i \tag{14}$$

从以上分析结果可以看出，固有频率和模态的灵敏度计算公式是通过有限元刚度矩阵和刚度矩阵直接对设计变量求导而导出的，这与差分法相比，避免了差分步长的不同而引起的误差，提高了计算精度。在根据灵敏度公式编写程序计算固有频率对设计变量的灵敏度时，采用固有频率灵敏度计算程序和有限元计算程序结合方法，首先在机构固有频率求解过程中，计算单元刚度和质量矩阵，同时完成单元刚度和质量矩阵的偏导数计算，并按一定的格式将单元刚度矩阵和质量矩阵的偏导数计入某一文件，以供固有频率灵敏度计算时使用，这样节省了计算时间。当机构的各阶固有频率和相应模态求出后，从文件中读出单元刚度和质量矩阵的偏导数，并利用已求得的固有频率和模态，按式(9)和式(10)求固有频率以及模态的灵敏度。可以看出，在求解过程中，仅计算一次固有频率和相应的模态，就可一次性求得各阶固有频率对各个设计变量的灵敏度，所以计算效率高，节省了大量的计算时间。

3.3　动态应力应变分析

在柔顺机构的运动过程中，构件上点的应变和应力随时间的变化而变化，这种变化可能导致柔性杆件的疲劳破坏。因此计算柔性构件上点的应变和应力的响应对于合理地设计构件和防止构件过早的疲劳破坏具有重要的实际意义。下面根据系统广义坐标来计算柔性杆件上任一点的应变。这种算法的特点是应变中计入柔性杆件的轴向弹性位移和横向弹性位移对坐标变化率的二次项所引起的附加拉压应变。

设点 Q 为柔性杆件中的任意一点，并设该点属于梁单元 i。点 Q 所在的横截面如图 2 所示，其中点 O 为该截面的形心，轴 z 为该截面的中性轴，轴 y 为该截面内通过点 O 且垂直于轴 z 的轴。点 Q 处的应变是由梁单元 i 的弯曲变形和拉压变形所致，因此点 Q 处的应变可表达为

$$\varepsilon = \varepsilon_1 + \varepsilon_2 \tag{15}$$

式中，ε_1 是由梁单元 i 的弯曲变形所引起的点 Q 处的应变(即弯曲应变)；ε_2 为梁单元 i 的拉压变形所引起的点 Q 处的应变(即拉压应变)。

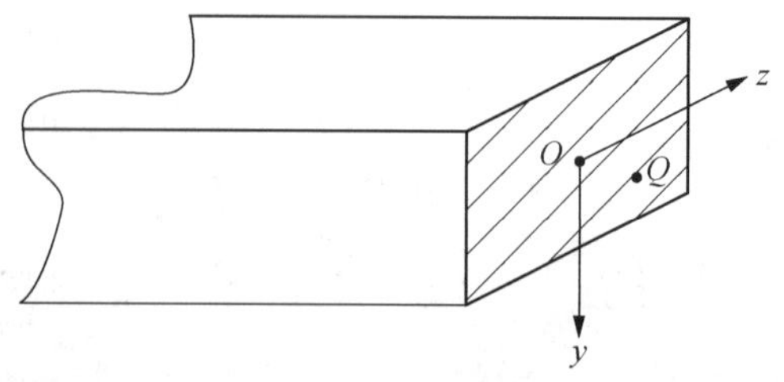

图 2　梁单元横截面

ε_1 可表达为

$$\varepsilon_1 = \xi s_W'' \tag{16}$$

式中，ξ 为点 O 在轴 y 上的坐标；s''_W 为单元横向位移对坐标的二次导数。

令

$$N_{i1}=(\phi_1(\bar{x}),\quad 0,0,0,\quad \phi_2(\bar{x}),\quad 0,0,0) \tag{17}$$

$$N_{i2}=(0,\ \phi_2(\bar{x}),\ \phi_3(\bar{x}),\ \phi_4(\bar{x}),\ 0,\ \phi_6(\bar{x}),\ \phi_7(\bar{x}),\ \phi_8(\bar{x})) \tag{18}$$

下面将式(16)改写成广义坐标的形式，为此得到

$$\varepsilon_1=\xi \boldsymbol{N}''_{i2}\boldsymbol{u} \tag{19}$$

$$\boldsymbol{u}=\boldsymbol{R}_i\boldsymbol{B}_i\boldsymbol{U} \tag{20}$$

式中，$\boldsymbol{N}''_{i2}$ 为 $\boldsymbol{N}_{i2}$ 对坐标的二次导数；$\boldsymbol{B}_i$ 为单元的坐标协调矩阵；$\boldsymbol{R}_i$ 为坐标转换矩阵。

由此得到 ε_1 的广义坐标形成的表达式

$$\varepsilon_1=\xi \boldsymbol{N}''_{i2}\boldsymbol{R}_i\boldsymbol{B}_i\boldsymbol{U} \tag{21}$$

设单元 AB 在发生变形后移至曲线 A^*B^*（图 3）。在单元上任取一微元 CD，其长度为 $\mathrm{d}\bar{x}$，它随着单元发生弹性变形而移至 C^*D^*。点 C 的轴向位移和横向位移分别为 $s_V(\bar{x},t)$ 和 $s_W=(\bar{x},t)$，这样点 D 的轴向位移和横向位移可分别表示为 $s_V(\bar{x},t)+\partial s_V/\partial\bar{x}$ 和 $s_W(\bar{x},t)+\partial s_W/\partial\bar{x}\cdot\mathrm{d}\bar{x}$，于是点 C^* 和 D^* 在单元局部坐标系中的坐标分别为 $(\bar{x}+s_V,s_W)$ 和 $(\bar{x}+\mathrm{d}\bar{x}+s_V+\partial s_V/\partial\bar{x}\cdot\mathrm{d}\bar{x},s_W+\partial s_W/\partial\bar{x}\cdot\mathrm{d}\bar{x})$。由两点间的距离公式可进一步得到线元 C^*D^* 的长度为

$$\begin{aligned}l_{C^*D^*}&=\sqrt{\left(\mathrm{d}\bar{x}+\frac{\partial s_V}{\partial\bar{x}}\right)^2+\left(\frac{\partial s_W}{\partial\bar{x}}\mathrm{d}\bar{x}\right)^2}=\sqrt{1+2\frac{\partial s_V}{\partial\bar{x}}+\left(\frac{\partial s_V}{\partial\bar{x}}\right)^2+\left(\frac{\partial s_W}{\partial\bar{x}}\right)^2}\,\mathrm{d}\bar{x}\\&\approx\left[1+\frac{\partial s_V}{\partial\bar{x}}+\frac{1}{2}\left(\frac{\partial s_V}{\partial\bar{x}}\right)^2+\frac{1}{2}\left(\frac{\partial s_W}{\partial\bar{x}}\right)^2\right]\mathrm{d}\bar{x}\end{aligned} \tag{22}$$

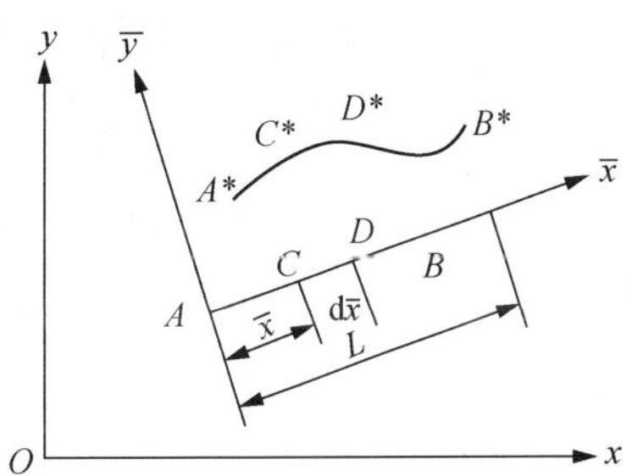

图 3　梁单元变形

这样线元 C^*D^* 的拉压应变为

$$\begin{aligned}\varepsilon_2&=\frac{l_{C^*D^*}-l_{CD}}{l_{CD}}=\frac{\left[1+\dfrac{\partial s_V}{\partial\bar{x}}+\dfrac{1}{2}\left(\dfrac{\partial s_V}{\partial\bar{x}}\right)^2+\dfrac{1}{2}\left(\dfrac{\partial s_W}{\partial\bar{x}}\right)^2\right]\mathrm{d}\bar{x}-\mathrm{d}\bar{x}}{\mathrm{d}\bar{x}_i}\\&=\frac{\partial s_V}{\partial\bar{x}}+\frac{1}{2}\left(\frac{\partial s_V}{\partial\bar{x}}\right)^2+\frac{1}{2}\left(\frac{\partial s_W}{\partial\bar{x}}\right)^2\end{aligned} \tag{23}$$

式中，$\partial s_V/\partial\bar{x}$ 为单元轴向位移对坐标变化率的二次项所引起的附加拉压应变；$\partial s_V/\partial\bar{x}$ 为单元横向位移对坐标变化率的二次项所引起的附加拉压应变。

由于这些附加拉压应变的计入，使得拉压应变与位移之间的关系呈非线性。特别是在较大变形的情况下，这些附加拉压应变的贡献是显著的，这样在其动力学分析中计入以上所述的附加拉压应变是完全必要的。

$$s_V = \boldsymbol{N}_{i1}\boldsymbol{u} \tag{24}$$

将式(24)对 $\bar{x}$ 求偏导数，得

$$\frac{\partial s_V}{\partial \bar{x}} = \boldsymbol{N}'_{i1}\boldsymbol{u} \tag{25}$$

$$\boldsymbol{N}'_{i1} = \frac{\partial \boldsymbol{N}_{i1}}{\partial \bar{x}} \tag{26}$$

$$s_W = \boldsymbol{N}_{i2}\boldsymbol{u} \tag{27}$$

将式(27)对 $\bar{x}$ 求偏导数，得

$$\frac{\partial s_W}{\partial \bar{x}} = \boldsymbol{N}'_{i2}\boldsymbol{u} \tag{28}$$

$$\boldsymbol{N}'_{i2} = \frac{\partial N_{i2}}{\partial \bar{x}} \tag{29}$$

将式(25)和式(28)代入式(23)后，得到 ε_2 的表达式

$$\varepsilon_2 = [\boldsymbol{N}'_{i1} + \frac{1}{2}\boldsymbol{u}^{\mathrm{T}}(\boldsymbol{N}'^{\mathrm{T}}_{i1}\boldsymbol{N}'_{i1} + \boldsymbol{N}'^{\mathrm{T}}_{i2}\boldsymbol{N}'_{i2})]\boldsymbol{u} \tag{30}$$

将式(20)代入式(30)后，可进一步得到 ε_2 的广义坐标形式的表达式

$$\varepsilon_2 = \boldsymbol{N}'_{i1} + \frac{1}{2}(\boldsymbol{R}_i\boldsymbol{B}_i\boldsymbol{U})^{\mathrm{T}}(\boldsymbol{N}'^{\mathrm{T}}_{i1}\boldsymbol{N}'_{i1} + \boldsymbol{N}'^{\mathrm{T}}_{i2}\boldsymbol{N}'_{i2})]\boldsymbol{R}_i\boldsymbol{B}_i\boldsymbol{U} \tag{31}$$

将式(21)和式(31)代入式(15)，得到

$$\varepsilon = (\xi\boldsymbol{N}''_{i2} + \boldsymbol{N}'_{i1})\boldsymbol{R}_i\boldsymbol{B}_i\boldsymbol{U} + \frac{1}{2}(\boldsymbol{R}_i\boldsymbol{B}_i\boldsymbol{U})^{\mathrm{T}}(\boldsymbol{N}'^{\mathrm{T}}_{i1}\boldsymbol{N}'_{i1} + \boldsymbol{N}'^{\mathrm{T}}_{i2}\boldsymbol{N}'_{i2})]\boldsymbol{R}_i\boldsymbol{B}_i\boldsymbol{U} \tag{32}$$

式(32)即为柔性杆件上任一点的应变的广义坐标形式的表达式。式(32)中计入了轴向弹性位移和横向位移对坐标的变化率的二次项引起的附加拉压应变。在得到广义坐标的基础上，利用式(32)可进一步求得柔性杆件上任意一点的应变。

在动态应力应变分析过程中，通常需要研究的是最大应力，如果杆件的最大动应力超过材料的许用应力，会造成杆件的失效破坏。因此，接下来给出了柔顺机构最大动应力的计算方法。

当柔性杆件弯曲时，以中性层为对称轴，横截面上一部分受拉应力，另一部分受压应力。所以，单元任意截面的外边缘的弯曲应力

$$\sigma_{\mathrm{b}}(\bar{x},t) = \pm Eh\sum_i \phi''_i(\bar{x})u_i(t),\quad i=2,3,4,6,7,8 \tag{33}$$

式中，$\phi_i(\bar{x})$ 为单元弹性位移型函数；E 为材料的弹性模量；h 为中性层到截面外边缘的横向距离。

单元中的拉压应力

$$\sigma_{\mathrm{p}}(\bar{x},t) = \frac{E}{L}[u_5(t) - u_1(t)] \tag{34}$$

由式(34)可知，单元中的拉压应力是常数。

因此，单元任意截面的上、下边缘的应力 $\sigma(\bar{x},t)$ 分别为

$$\sigma(\bar{x},t) = \sigma_{\mathrm{b}}(\bar{x},t) + \sigma_{\mathrm{p}}(\bar{x},t) = \frac{E}{L}(u_5(t) - u_1(t)) \pm Eh\sum_i \phi''_i(\bar{x})u_i(t),\ i=2,3,4,6,7,8 \tag{35}$$

由式(35)可求得单元任意位置的动应力。逐个计算各单元各时间的动应力，可得到杆件的任意位置在运动过程中的动应力。

单元任意截面的最大应力的绝对值为

$$\sigma_{\max}(\bar{x},t)=|\sigma_{\mathrm{b}}(\bar{x},t)|+|\sigma_{\mathrm{p}}(\bar{x},t)| \tag{36}$$

单元的最大应力必定出现在单元的结点处或者弯曲正应力对 $\bar{x}$ 的导数等于 0 处，即

$$\frac{\partial\sigma_{\mathrm{b}}}{\partial\bar{x}}=0 \tag{37}$$

式(33)～式(37)归结为关于 x 的一元二次方程

$$Ae^2+Be+C=0 \tag{38}$$

式中，A、B 和 C 均为 $u_i(t)$ 的函数，且有

$$\begin{cases}A=120|u_6(t)-u_2(t)|-60L|u_3(t)+u_7(t)|+10L^2|u_8(t)-u_4(t)|\\B=120|u_2(t)-u_6(t)|-8L|u_3(t)+7u_7(t)|+4L^2|3u_4(t)-2u_8(t)|\\C=20|u_6(t)-u_2(t)|-4L|3u_3(t)+2u_7(t)|+L^2|u_8(t)-3u_4(t)|\end{cases} \tag{39}$$

计算单元和机构中的应力步骤如下。

(1) 在求解运动方程得到广义坐标后，对单元 i 可求出单元的广义坐标列阵 $\boldsymbol{U}_i^{\mathrm{e}}$。这一步只要参考模型组成矩阵把 $\boldsymbol{U}$ 中的部分元素移到 $\boldsymbol{U}_i^{\mathrm{e}}$ 中来即可。

(2) 利用坐标转换关系式求出单元坐标系中的广义坐标列阵 $\boldsymbol{u}_i$。

(3) 若要求单元内指定点的应力可直接使用式(35)。若要求单元中的最大应力可由式(39)计算系数 A、B 和 C，再代入式(38)求根，取有意义的根 $e^*(0\leqslant e^*\leqslant 1)$，代入式(35)，求出 $e=e^*$ 处的应力，并与结点处(e=0 和 e=1)的应力比较，即可确定单元此时的最大动应力。逐一计算各单元最大应力并进行比较，可求出机构在此位置的最大应力。逐一计算各位置的机构最大应力并进行比较，可求出机构在整个运动过程中的最大应力及其位置。

杆件的强度失效的判定条件为

$$\sigma_{\max}(\bar{x},t)\leqslant[\sigma] \tag{40}$$

式中，$[\sigma]$ 为材料的许用应力。

4. 柔顺机构算例

平面柔顺四杆机构如图 4 所示，机构的几何和物理参数分别如下：各杆件材料均为弹簧钢，密度 ρ=7.8 g/cm^3，弹性模量 E=207GPa。曲柄和摇杆为柔顺杆，杆长分别为 $L_2=50$ mm，$L_4=150$ mm；厚度 $h_2=h_4=1$mm，宽度 $b_2=b_4=10$mm；连杆为刚性杆，杆长 $L_3=200$ mm，厚度 $h_3=20$mm，宽度 $b_3=10$mm；驱动力 F=10N。

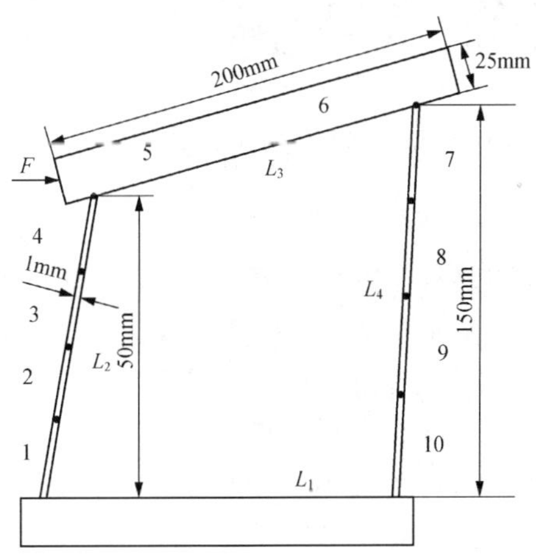

图 4　平面柔顺四杆机构

4.1　机构固有频率计算

将该平面柔顺四杆机构划分为 10 个单元，其中曲柄和摇杆分别等分为 4 个单元，根据上述理论分析的公式计算机构的前三阶固有频率，并将其与 ANSYS 软件计算结果进行比较，见表 1。

表 1　固有频率值结果比较

式(6)计算值 f/Hz	ANSYS 软件计算值 f/Hz	相对误差值Δ/%
7.6980	7.761 6	0.82
235.719 5	238.485 9	1.16
341.352 7	345.428 8	1.18

分析结果表明，根据式(6)计算得到的系统前三阶固有频率与 ANSYS 软件计算值之间的相对误差很小。基于有限元模型法对柔顺机构进行分析时，不仅能较全面地分析柔顺机构的动力学特性问题，并且分析结果准确。

4.2　灵敏度计算

由表 1 中该机构的固有频率分别计算出与其相应的模态，根据式(8)求出的该柔顺机构的一阶固有频率对每个单元的厚度和宽度的灵敏度 S_h、S_b 分析如图 5 和图 6 所示。

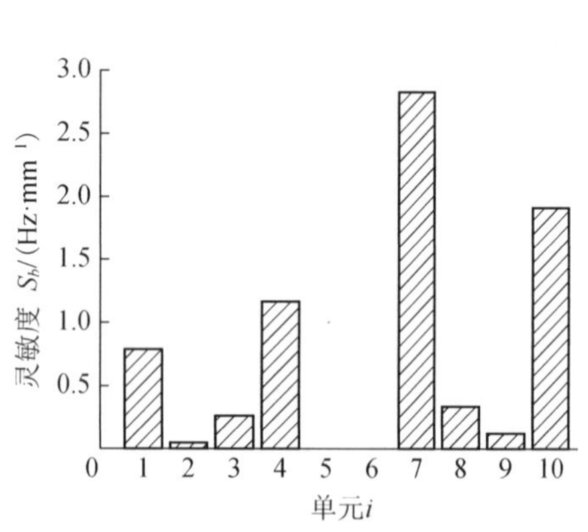

图 5　一阶固有频率对单元厚度的灵敏度

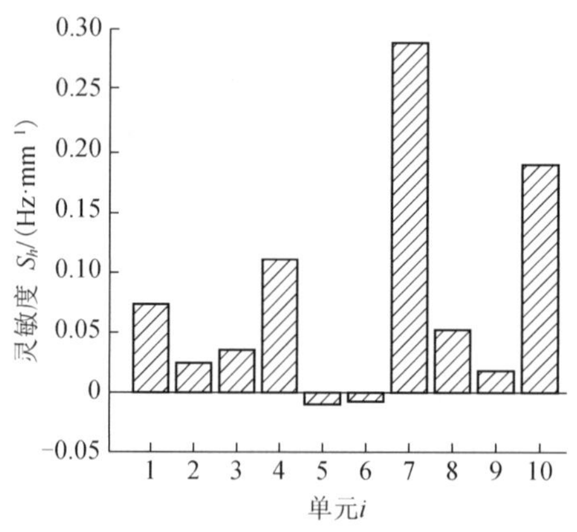

图 6　一阶固有频率对单元宽度的灵敏度

因为一阶固有频率对曲柄和摇杆的厚度和宽度的灵敏度为正数，而对连杆宽度的灵敏度为负数，所以增加柔顺杆的厚度和宽度能有效地增加机构的固有频率。但是，从图 5 和图 6 中可以看出，固有频率对杆件宽度以及连杆的厚度的灵敏度都非常小，也就是说柔顺杆件的宽度变化和连杆的截面参数变化对机构的固有频率影响很小。这与文献[12]中柔顺四杆机构固有频率随机构柔顺杆截面参数的变化分析曲线图一致。根据图 5 和图 6 所得到的灵敏度分析结果还进一步表明对不同单元的截面参数进行相同的改变时，对机构固有频率的影响是不同的。

4.3　动态应力应变计算

接下来计算该柔顺机构在运动过程中的应变和应力情况。限于篇幅，这里仅列出了摇杆表面中点的应变和曲柄根部的动应力情况，如图 7 和图 8 所示。图 7 给出了该柔顺机构在 0～2s 的运动过程中，摇杆表面中点的应变变化曲线。从图 7 中可以看出，摇杆表面中点的应变值随着运动时间不断发生改变，并且在某些时刻变化率较大。曲柄根部的动应力如图 8 所示，可以看出，不同时刻的杆件动应力值有较大的差别，最大值为 60.984MPa。另外，在整个运动过程中，各杆的动应力值和动应力变化速率都与其他杆有较大的差别。根据 3.3 节理论分析结果计算可知，最大动应力出现在靠近曲柄根部处。

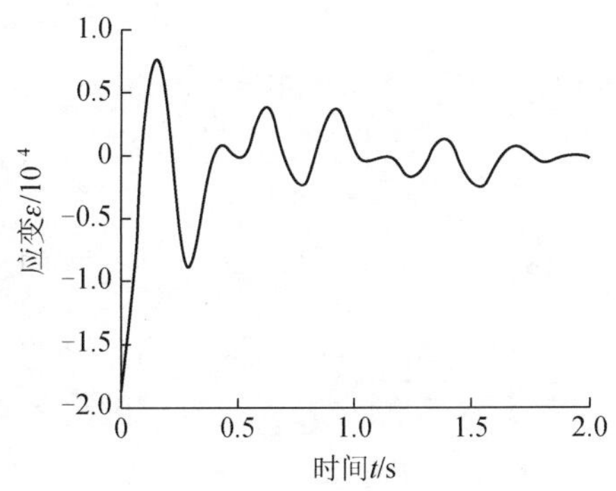

图 7 摇杆表面中点处的应变

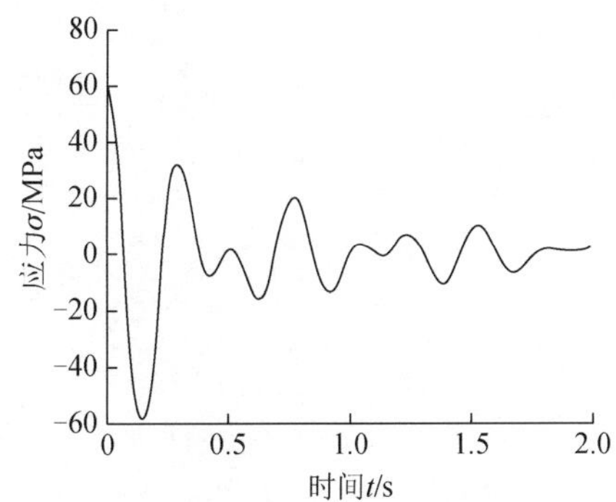

图 8 曲柄根部的动应力

在柔顺机构的设计过程中，可通过适当调整设计参数的办法，改善其应变和动应力状况，提高杆件的疲劳寿命，从而提高机构的动力学性能。由此可见，研究杆件的应变及动应力问题，可为柔顺机构的优化设计提供必要的准备和指导。

5. 结论

(1)柔顺机构的固有频率与各种设计参数之间存在着特有的内在关系。

(2)根据微分法进行灵敏度分析可知机构各参数的改变对机构动力学特性的影响及规律，为改善柔顺机构的性能、提高设计质量提供了理论依据和改进思路。

(3)在柔顺机构的运动过程中，由于杆件具有较大的变形，在应变的计算过程中计入了轴向位移和横向位移对坐标的变化率的二次项引起的附加拉压应变的影响。并分析了机构在运动过程中的最大应力及其发生的位置。杆件的应力应变特性分析可以判断工作任务的可行性和合理性。

参考文献

[1] Howell L L. Compliant Mechanisms. New York：John Wiley & Sons，2001

[2] Howell L L，Midha A. A method for the design of compliant mechanism with small-length flexural pivots. Trans. ASME Journal of Mechanical Design，1994，116(1): 280-289

[3] Howell L L，Midha A. Evaluation of equivalent spring stiffness for use in a pseudo-rigid-body model of large deflection compliant mechanisms. Trans. ASME Journal of Mechanical Design，1996，118(1): 126-140

[4] Saxena A，Ananthasuresh G K. On an optimal property of compliant topologies. Structure and Multidisciplinary Optimization，2000，19: 36-49

[5] Frecker M I, Ananthasuresh G K，Nishiwaki S， et al. Topological synthesis of compliant mechanisms using multi-criterion optimization. Trans. ASME Journal of Mechanical Design，1997，119(1): 238-245

[6] Hetrik J A，Kota S. An energy formulation for parametric size and shape optimation of compliant mechanism. Trans. ASME Journal of Mechanical Design，1999，121(3): 229-233

[7] 于靖军，毕树生，宗光华.空间全柔性机构位置分析的刚度矩阵法.北京航空航天大学学报，2002，28(3)：323-326

[8] 于靖军，毕树生，宗光华，等.基于伪刚体模型法的全柔性机构位置分析.机械工程学报，2002，16(2)：75-78

[9] 李海燕，张宪民，彭惠青.大变形柔顺机构的驱动特性研究.机械科学与技术，2004，23(9)：1040-1043

[10] 李海燕，张宪民，彭惠青.柔顺机构的疲劳可靠性优化设计.中国机械工程，2004，15(23)：2130-2133

[11] 谢先海，廖道训.基于多刚体离散元模型的柔顺机构动力学分析新方法.机械工程学报，2003，39(5)：953-955

[12] 王雯静，余跃庆，王华伟.柔顺机构频率特性分析. 北京工业大学学报，2008，34(1)：20-25

（原载《机械设计与研究》，2009，25(3)：33-36）

§ 31　近似柔顺常力机构的研制及其实验研究

余跃庆　张志丹
（北京工业大学，北京　100124）

摘　要：研制了一种柔顺常力滑块机构，在不同输入范围、不同运动速度、不同初始角度的情况下，对机构滑块末端所受的压力进行了实验研究，从实验的角度探索了柔顺常力滑块机构的动力学特性。
关键词：柔顺机构；常力机构；动力学特性

1. 引言

柔顺机构(compliant mechanisms)是一种利用机构构件自身的柔性变形来完成运动和力的传递及转换的新型机构。它不像传统刚性机构那样靠运动副来实现全部运动和功能，而主要是靠机构中的柔性构件的变形来实现机构的主要运动和功能，它同样也能实现运动、力和能量的传递和转换。与传统机械系统或机构的刚性构件相比，柔顺机构因具有很多优点而引起了广泛的关注，成为机构学研究领域的新热点。常力机构是指在一个较大的输入运动范围内其输出端产生的反力是不变的机构。人们已经设计出了常力刚性机构[1-3]、常力弹簧[4]等。近年来，人们又提出了柔顺常力机构[5-7]。目前，在柔顺机构这一机构学的新领域中，主要成果集中在理论研究上，而对柔顺机构以及柔顺常力机构的实验研究还比较少。本文研制了一种近似柔顺常力机构，并对其特性进行了实验研究。

2. 机构的设计与研制

在柔顺常力滑块机构中，用型综合方法可得到 28 种可能构型[6,8]。为了避免实验过程中产生侧向力，影响实验结果，本文选择了如图 1 所示的柔顺常力滑块机构。该机构左端杆为刚性杆，右端为滑块，刚性杆和滑块之间是柔顺杆，柔顺杆与刚性杆之间是固定连接，而柔顺杆与滑块间是铰链连接。

图 1　柔顺常力滑块机构

本实验采用对心曲柄滑块机构驱动装置对柔顺常力机构进行驱动，从而实现常力机构在一个较大的输入范围内运动，并且可以满足不同条件的实验要求。如图 2 所示，电机通过对心曲柄滑块机构将作用力传递给柔顺常力机构，并且可以通过改变电机的转速来改变滑块的运动速度，满足不同速度情况下的实验要求。

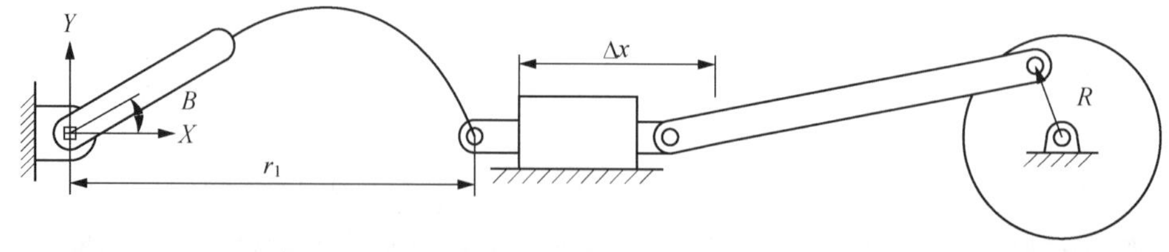

图 2　系统结构

为了实现柔顺常力机构运动的位移，在驱动曲柄处采用圆盘，其半径为 $R = \Delta x/2$，其中 Δx 为滑块运动的位移。为了研究柔顺常力机构特性的普遍性，本实验加工了 3 种不同尺寸的柔顺构件，其尺寸及属性见表 1。机构实物如图 3 所示。

表 1　机构尺寸及属性

构件	材料	长度/mm	宽度/mm	厚度/mm	弹性模量/GPa	质量/g
刚性杆	铁	50	25	3.0	68.6	29.25
柔顺杆 I	弹簧钢(65Mn)	100	25	0.3	207.0	5.85
柔顺杆 II	弹簧钢(65Mn)	200	25	0.3	207.0	11.70
柔顺杆III	弹簧钢(65Mn)	200	25	0.5	207.0	19.50

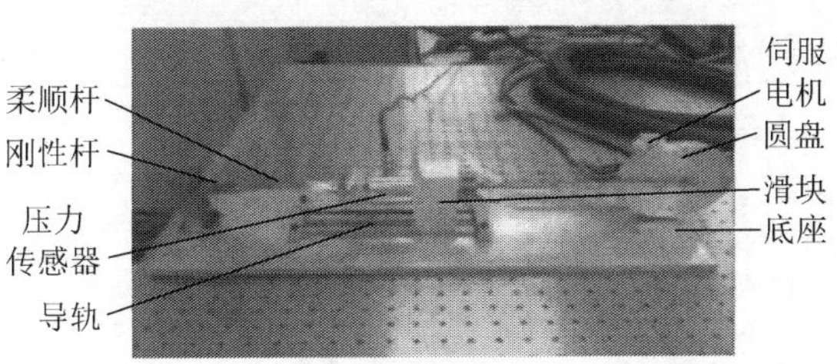

图 3　机构实物

3. 实验研究

机构的实验系统如图 4 所示，通过电机的转动，将运动传递给柔顺常力机构，使滑块做往返运动，信号放大器将压力传感器产生的压力信号放大后，传递到 A/D 信号采集卡，最后传送至实验 PC 机。

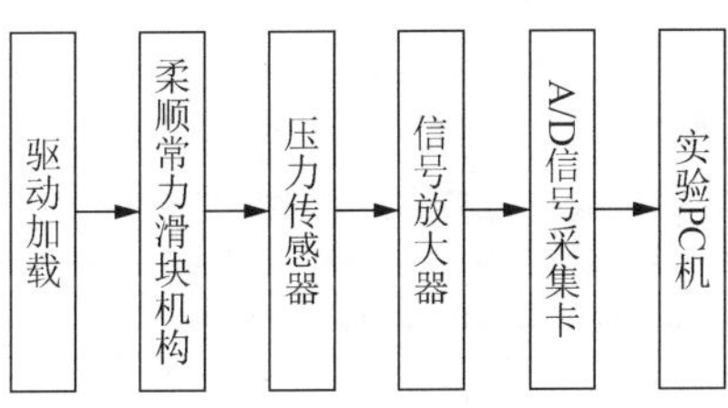

图 4　实验系统

根据文献[9]，每种类型的机构有两种情况，即：① $0\leqslant\Delta x\leqslant0.16(r_2+r_3)$（滑块的位移为伪刚体机构长度的 0~16%）；② $0\leqslant\Delta x\leqslant0.40(r_2+r_3)$（滑块的位移为伪刚体机构长度的 0～40%）。其输出端压力最大值与最小值的比值近似为 1。实验中滑块移动一定位移时，分别对不同曲柄初始角度、不同电机转速情况下[10]，其输出端产生反力的最大值和最小值进行测量和分析。

3.1　不同初始角度

伺服电机转速为 $30\text{r}/\text{min}$，滑块移动位移不变，通过改变曲柄初始角度，对机构末端压力进行测量。由于受传感器最大量程限制，本实验主要针对滑块位移为 $0\leqslant\Delta x\leqslant0.16(r_2+r_3)$ 时的各柔顺杆以及滑块位移为 $0\leqslant\Delta x\leqslant0.40(r_2+r_3)$ 时的柔顺杆 II 进行测量。表 2～表 4 分别为滑块位移为 $0\leqslant\Delta x\leqslant0.16(r_2+r_3)$ 时柔顺杆 I 、II 和III的实验数据，表 5 为滑块位移为 $0\leqslant\Delta x\leqslant0.40(r_2+r_3)$ 时柔顺杆 II 的实验数据。从表 2～表 5 中可以看出，随着曲柄初始角度 θ 的增大，其输出端压力最小值 $F_{\min}$、输出端压力最大值 $F_{\max}$ 也随之增大，而 $F^0=|F_{\max}|/|F_{\min}|$ 随着初始角度的增大呈现出先逐渐变小再变大的趋势，其最小值出现在 20° 附近。

表 2 与表 3 相比，柔顺杆长度不同，此时 $F^0_{\text{I}\min}=1.3628$，$F^0_{\text{II}\min}=1.1977$；与 1 的误差分别为 36.28%、19.77%。实验结果表明，柔顺杆长度越长，$F^0_{\min}$ 越小。表 3 与表 4 相比，柔顺杆厚度不同，此时 $F^0_{\text{II}\min}=1.1977$，$F^0_{\text{III}\min}=1.2690$；与 1 的误差分别为 19.77%、26.90%。实验结果表明，柔顺杆厚度越薄，$F^0_{\min}$ 越小。

表 2　柔顺杆Ⅰ实验数据[0,0.16 (r_2+r_3)]

θ/(°)	F_{min}/N	F_{max}/N	F^0
5	5.481 0	9.201 7	1.678 8
10	6.350 0	9.680 5	1.524 4
15	7.128 5	9.925 5	1.392 7
20	8.038 6	10.955 0	1.362 8
25	8.328 3	11.762 0	1.412 3
30	8.686 6	12.857 0	1.480 1
35	9.100 5	14.012 8	1.539 7
40	9.652 0	15.046 8	1.558 9
45	10.454 8	16.856 2	1.612 3

表 3　柔顺杆Ⅱ实验数据[0,0.16 (r_2+r_3)]

θ/(°)	F_{min}/N	F_{max}/N	F^0
5	2.539 8	3.782 0	1.489 1
10	2.840 5	3.795 4	1.336 2
15	3.100 5	3.810 2	1.228 9
20	3.245 0	3.886 5	1.197 7
25	3.418 3	4.169 3	1.219 7
30	3.465 0	4.354 0	1.256 6
35	3.624 2	4.721 3	1.302 7
40	3.714 5	5.428 5	1.461 3
45	3.815 2	6.158 8	1.614 3

表 4　柔顺杆Ⅲ实验数据[0,0.16 (r_2+r_3)]

θ/(°)	F_{min}/N	F_{max}/N	F^0
5	8.446 5	13.068 0	1.547 1
10	9.175 2	13.289 6	1.448 4
15	10.004 0	13.385 4	1.338 0
20	10.652 8	13.518 5	1.269 0
25	11.130 8	14.294 0	1.284 2
30	11.734 6	15.672 5	1.335 6
35	12.021 3	17.198 6	1.430 7
40	12.126 9	18.835 8	1.553 2
45	12.180 4	19.769 5	1.623 0

表 5　柔顺杆Ⅱ实验数据[0,0.40 (r_2+r_3)]

θ/(°)	F_{min}/N	F_{max}/N	F^0
5	2.727 5	8.002 5	2.830 2
10	2.961 8	8.153 4	2.752 9
15	3.198 4	8.565 2	2.678 0
20	3.430 0	9.041 5	2.636 0
25	3.513 8	9.365 0	2.665 2
30	3.578 0	9.752 8	2.725 8
35	3.675 0	10.360 0	2.819 0
40	3.744 0	10.912 4	2.914 6
45	3.801 5	11.740 0	3.088 3

3.2　不同转速

根据前面的实验结果，设定曲柄初始角度为20°，滑块移动位移为$[0,0.16(r_2+r_3)]$，通过改变电机转速，对柔顺杆 II 末端压力进行测量。

图 5～图 7 分别为柔顺杆 II 末端在不同转速下，一个周期T的压力F变化曲线。当$n_1=30\text{r/min}$时，压力曲线呈凸状，$F_{\min}$出现在0、T附近，$F_{\max}$出现在$T/2$附近，此时$F_{n1}^0=1.1973$；当$n_2=195\text{r/min}$时，压力曲线呈驼峰状，$F_{\min}$出现在$T/2$附近，$F_{\max}$出现在$T/4$附近，此时$F_{n2}^0=1.0926$；当$n_3=600\text{r/min}$时，压力曲线呈凹状，$F_{\min}$出现在$T/2$附近，$F_{\max}$出现在0、T附近，此时$F_{n3}^0=2.4345$。

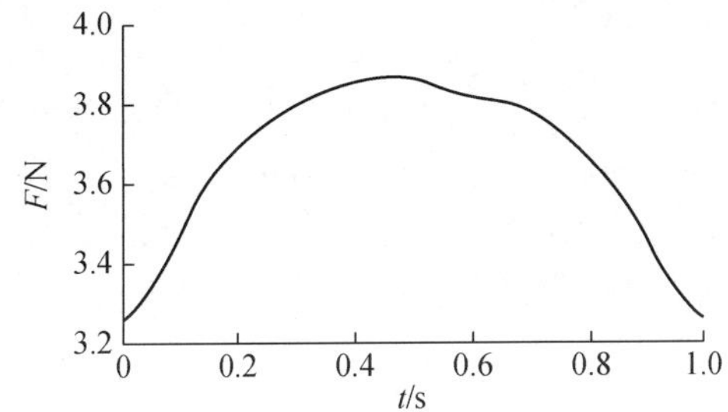

图 5　$n_1=30\text{r/min}$时柔顺杆 II 末端的压力变化曲线

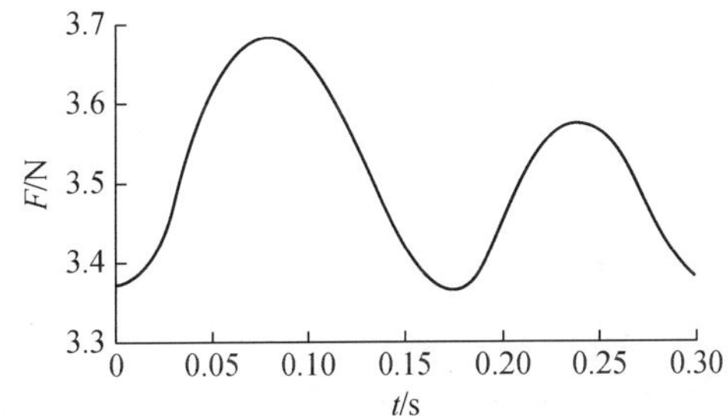

图 6　$n_2=195\text{r/min}$时柔顺杆 II 末端的压力变化曲线

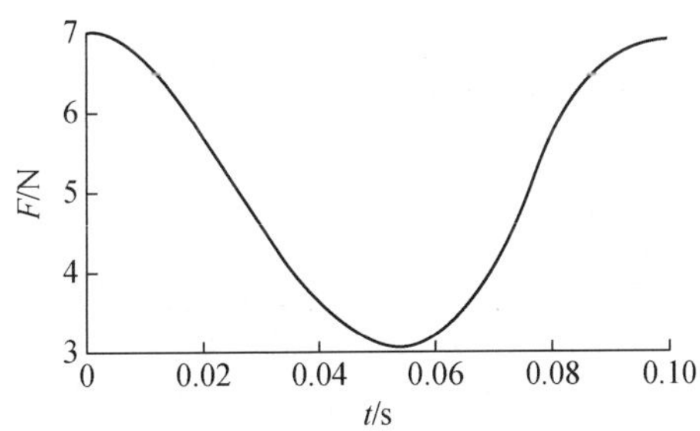

图 7　$n_3=600\text{r/min}$时柔顺杆 II 末端的压力变化曲线

图 8 为不同转速n下，F^0的变化曲线(图 8 中“*”对应的纵坐标值为不同转速下的F^0值，水平虚线对应的纵坐标值为$n_1=30\text{r/min}$时的F^0值)。从实验数据和变化曲线可以看出，柔顺常力机构在平稳运动过程中，随着电机转速逐步增大(30～195r/min)，F^0值由 1.1973 逐渐变到 1.0926，在$n_2=195\text{r/min}$附近，达到最小；当电机转速由195r/min逐步增至600r/min时，F^0值逐渐变大，在$n_3=600\text{r/min}$时，$F_{n_3}^0=2.4345$。

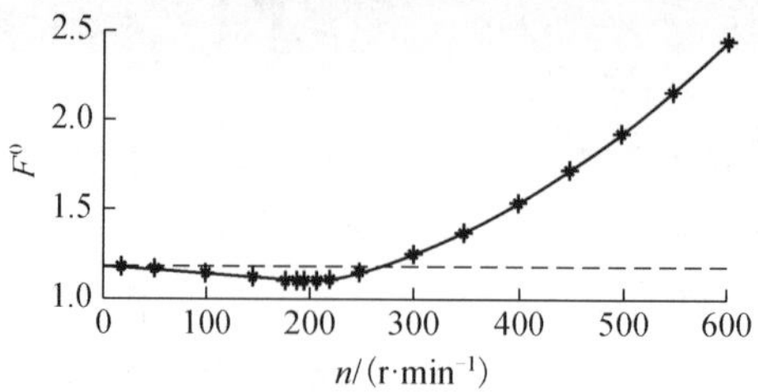

图 8　不同转速下 $F^0=|F_{max}|/|F_{min}|$ 变化曲线

4. 结论

(1) 本文设计并加工了一种近似柔顺常力机构，并在不同输入范围、不同运动速度、不同初始角度的情况下，对机构滑块末端所受的压力进行了实验研究。

(2) 实验数据表明，在滑块移动一定位移情况下，该近似柔顺常力机构末端的压力比 $F^0=|F_{max}|/|F_{min}|$ 与曲柄初始位置和转速有一定的关系：曲柄初始角度较小时，压力最大值与最小值都比较小，但其比值 F^0 不是最小；在 20° 附近，F^0 最小；随着转速的提高，F^0 先减小再增大，转速在 195r/min 附近，F^0 最小。

(3) 本文的研究对于柔顺常力机构的设计、研究及应用具有参考意义。

参考文献

[1] Nathan R H. A Constant force generation mechanism. Trans. ASME, Journal of Mechanisms, Transmissions and Automation in Design, 1985, 107(1):508-512

[2] Jenuwine J G, Midha A. Design of an exact constant force generating mechanism. Proceedings of the First National Applied Mechanisms and Robotics Conference. 1989, Vol. II, pp. 10B-4-1 to 10B-4-5

[3] Jenuwine J G, Midha A. Synthesis of single-input and multiple-output port mechanisms with springs for specified energy absorption. Trans. ASME, Journal of Mechanical Design, 1994, 116(3):937-943

[4] Wahl A. Mechanical Springs. 2nd ed. New York: McGraw-Hill, 1963

[5] Howell L L, Midha A, Murphy M D. Dimensional synthesis of compliant constant-force slider mechanisms. Machine Elements and Machine Dynamics: Proceedings of the 1994 ASME Mechanisms Conference, 1994, DE-Vol. 71, 509-515

[6] Murphy M D, Midha A, Howell L L. Methodology for the design of compliant mechanisms employing type synthesis techniques with example. Mechanism Synthesis and Analysis: Proceedings of the 1994 ASME Mechanisms Conference, 1994, DE-Vol. 70, 61-66

[7] Midha A, Murphy M D, Howell L L. Compliant Constant-Force Mechanism and Devices Formed Therein. 1995, US patent 5,649,454

[8] Murphy M D, Midha A, Howell L L. Type synthesis of compliant mechanisms employing a simplified approach to segment type. Mechanism Synthesis and Analysis: Proceedings of the 1994 ASME Mechanisms Conference, 1994, DE-Vol. 70, 51-60

[9] Howell L L. 柔顺机构学. 余跃庆, 译. 北京:高等教育出版社, 2007

[10] 李团结, 朱超, 周小勇, 等. 定常力输出柔性滑块机构的优化综合. 机械科学与技术, 2004, 23(3): 322-324

(原载《北京工业大学学报》，2012，38(3)：7-11)

§32　柔顺关节并联机器人设计与实验

余跃庆　崔忠炜　赵鑫　马兰

（北京工业大学，北京　100124）

摘　要：通过实验研究，运用结构参数化方法设计了满足要求的柔顺关节，用以代替传统运动副进行传动，建立了含有柔顺关节的柔顺并联机器人机构，并与控制系统和 OPTOTRAK 测量系统一起组成实验系统，开展柔顺关节并联机器人动力学建模、分析、设计、规划与控制等方面的系统研究。以 3 自由度柔顺并联机器人为研究对象，分别对用转动副传动的刚性并联机器人和用柔顺关节传动的柔顺并联机器人进行了实验研究。通过对实验数据的对比分析，各项实验指标相对误差均控制在允许之内，表明在并联机器人中用柔顺关节取代转动副的有效性。

关键词：柔顺关节；并联机器人；设计；实验

1. 引言

与串联机器人相比，并联机器人具有精度高、刚度大等优点，适合于一些需要高承载、高精度的应用场合[1]。但是，由于其多是通过刚性运动副来传递运动和力，在高速、精密等现代机械中存在一些不可避免的问题，如由运动副带来的间隙、摩擦及冲击，这些问题使得并联机器人的工作性能不能满足现代科技的发展要求。而柔顺机构的出现则从机构结构的角度为解决这些问题提供了新的思路和途径。柔顺机构是一种利用构件自身的柔性变形来完成运动和力传递及转换的新型机构[2]。近年来，柔顺机构的研究和应用取得了重要成果，主要集中在柔顺机构的结构及运动学分析等理论研究方面，实验研究相对较少。而在并联机器人机构方面，文献[3-6]将柔性铰链用于微操作并联机构中，解决了运动副带来的间隙、误差及加工问题，提高了定位精度。文献[7-11]针对微机械中柔性构件的静力学、运动学分析与设计进行了深入研究，为进一步提高柔性并联机器人的精度提供了有效方法。赵山杉[12]基于伪刚体模型法进行了大变形环形柔性铰链的分析与设计；Bernardoni 等[13]基于柔性模块提出了一种柔性机构的优化方法；Kim 等[14]以柔性四杆为设计模块，通过确定各个模块的瞬心，实现了柔性机构的设计。然而，以上研究大多是围绕微机械结构展开的，而对于具有宏观大范围运动特征的一般柔顺并联机器人机构的设计及实验研究方面却很少涉及，而这方面的研究具有更加深远的理论意义和更加广阔的应用价值。为此，本文首先设计柔顺关节，用以代替并联机器人中的运动副，从而搭建出含有柔顺关节的平面并联机器人实验系统；然后，对此柔顺并联机器人进行运动规划实验，通过对比来检验用柔顺关节取代转动副的可行性。

2. 柔顺关节设计

2.1　材料选择

本文设计的柔顺关节主要在动载荷(冲击、振动)或交变应力作用下工作，利用材料本身具有的弹性变形来吸收和释放能量，从而传递运动和力。由于柔顺关节要经常承受振动和动应力的作用，它必须具有高的弹性极限和疲劳极限，为防止它在冲击和振动作用下突然断裂，应使其具有足够的韧性和塑性。

综合以上几方面因素，考虑到弹簧钢(65Mn)具有优良的综合性能(力学性能、抗弹性能、疲劳性能、淬透性、物理化学性能等)，并且常被用作制造弹性变形的材料，在规定的弹性变形范围内具备一定刚度，能承受冲击和振动作用下产生的载荷，因此，本文所设计柔顺关节材料选用弹簧钢(65Mn)。

2.2　结构参数设计

图 1 为 3 自由度平面并联机器人结构简图(A_1、A_2、A_3 为驱动端)。本文研究目的是在刚性 3-RRR 并联机器人的基础上，用柔顺关节取代其中部分转动副，构成柔顺并联机器人。

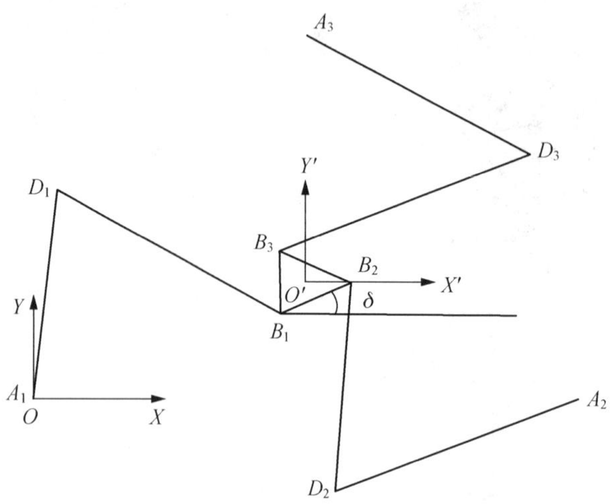

图 1　并联机器人结构简图

并联机器人的定平台 $A_1A_2A_3$、动平台 $B_1B_2B_3$ 由 3 条结构相同的运动支链 $A_iD_iB_i(i=1,2,3)$ 连接，每条运动支链分别由驱动杆、连杆、运动副和柔顺关节组成。考虑到定平台上的驱动端 A_i 和动平台上的铰接处 B_i 的转动范围较大，不适于安装柔顺关节，因此，本文将 D_i 处的 3 个转动副用柔顺关节替代。动平台可以实现沿 X、Y 轴方向的移动和绕 Z 轴方向的转动。动平台处于绝对坐标下的某一位姿为(X'，Y'，δ)。设定动平台的初始位姿：$X'=450\text{mm}$，$Y'=260\text{mm}$，$\delta=0°$。根据动平台的初始位姿，并在保证连杆、驱动杆轴心距不变的条件下确定柔顺关节的几何尺寸。

柔顺关节的主要尺寸由柔顺关节的圆弧半径 r、圆弧角度θ、柔顺关节横截面的宽度 b 和厚度 h 构成，如图 2 所示，具体设计如下。

(1) 圆弧角度θ：当动平台处于初始位姿时，驱动杆与连杆的夹角为 78°，用柔顺关节连接驱动杆和连杆后，需要保持两杆间的初始角度，因此，柔顺关节初始圆弧角度取值为$\theta=78°$。

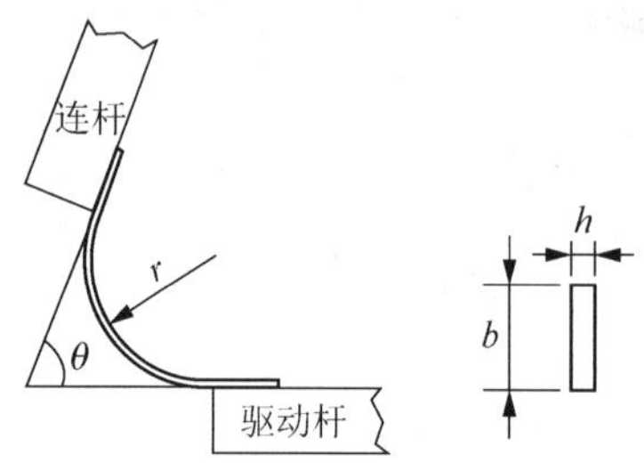

图 2　柔顺关节结构简图

(2) 圆弧半径 r：为了保证用柔顺关节替代转动副进行连接后，连杆和驱动杆轴心距不发生变化，圆弧半径 r 越小越好，但是考虑到实际加工因素，选取 r=20mm。

(3) 柔顺关节横截面的宽度 b 及厚度 h：驱动杆、连杆的横截面宽度为 26mm，故也设定柔顺关节横截面的宽度 b=26mm；柔顺关节的刚度是设计中的关键参数，弯曲刚度公式为[15]

$$K=\frac{1}{C}\frac{EI}{r^3} \tag{1}$$

由材料力学可得，柔性关节截面惯性矩为

$$I=\frac{bh^3}{12} \tag{2}$$

由式(1)和式(2)得

$$K = \frac{Ebh^3}{12Cr^3} \tag{3}$$

式中，C 为系数，取 1.2；E 为材料弹性模量；I 为柔顺关节截面惯性矩。

由式(3)可以看出，柔顺关节刚度不仅与柔顺关节的材料属性、横截面的宽度 b、厚度 h 成正比关系，还与圆弧半径 r 成反比关系。

因此，为达到实验时理想的刚度，并考虑到实际加工因素，分别取横截面高度为 0.2mm、0.5mm、0.7mm，将各参数代入式(3)中，经过计算，K 分别为 0.372 kN/mm、5.811 kN/mm、15.947 kN/mm。

为满足实验运动行程要求，将柔顺关节结构参数代入运动行程公式[16]

$$f = C_1 \frac{Fr^3}{EI} \tag{4}$$

式中，C_1 为系数，取 1.2；F 为作用于柔顺关节的载荷，为 0.32kN。

由此可得当 h=0.2mm 时，f=860.34mm；当 h=0.5mm 时，f=55.062mm；当 h=0.7mm 时，f=20.066mm。

由于实验条件的限制，并不是说刚度越小越好，运行行程越大越好，因此可以从上述计算数据看出，当 h=0.5mm 时，柔顺关节适于本实验系统，刚度居中，满足机构实验允许范围。

经过计算，取柔顺关节的圆弧半径 r=20mm；圆弧角度 θ=78°；横截面的宽度 b=26mm；横截面的厚度 h=0.5mm。

2.3　柔顺关节应力校核

柔顺关节的最大应力因载荷作用点和方向的变化而发生在不同的截面。柔顺关节的危险截面主要承受弯曲正应力，其计算公式为[15]

$$\sigma = \frac{M}{Z_m} = \frac{6M}{bh^2} \tag{5}$$

式中，M 为危险截面的作用弯矩；Z_m 为危险截面的抗弯截面系数。

求得最大弯曲应力为 $\sigma_{max} = 64.62\text{MPa}$。由文献［15］知，柔顺关节弯曲许用应力为 $\sigma = 1130\text{MPa}$，$\sigma_{max} < \sigma$，所以柔顺关节的设计满足实验要求。

柔顺关节加工完成后，与驱动杆、连杆相连接，组成并联机器人的一个运动支链。

3. 实验

3.1　实验系统

搭建的实验系统分为三部分：含有柔顺关节的平面并联机器人机构部分;机器人控制部分；测量系统部分。实验系统框图及照片如图 3 和图 4 所示。

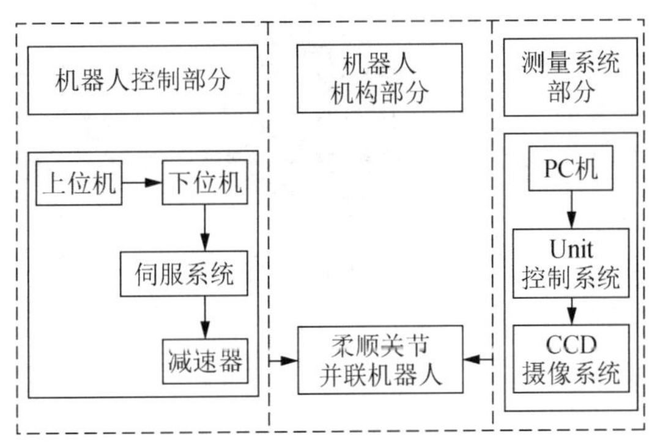

图 3　实验系统框图

图 4　实验系统实物图

机器人机构部分包括动平台、定平台、3 个柔顺关节、3 根驱动杆、3 根连杆、6 个转动副。其中，驱动杆与连杆由柔顺关节连接，动平台与连杆通过转动副连接，与定平台连接的转动副为驱动副。动平台可以实现沿 X、Y 轴的移动和绕 Z 轴的转动。

并联机器人控制部分主要包括工控机、控制柜以及伺服系统，其工作原理为：通过 RT Linux 平台向工控机 IPC 发送指令，IPC 实时地向控制器 PMAC(一款功能强大的可编程多轴运动控制器，可以与各种主机、驱动器、电动机配合完成相应的操作功能)发送指令，PMAC 通过转换卡 ACC8P 与伺服驱动器连接，PMAC 发出指令后，机器人根据相关指令执行机构运动。图 5 为控制系统硬件结构框图。

选取 OPTOTRAK 系列动态测量系统作为运动学数据采集系统，利用先进的红外测量技术，可以精确实时捕捉高速运动目标的三维坐标和 6 个自由度，并通过配套软件进行完整的运动学分析。测量系统由 Optotrak PC、CCD 摄像系统、Optotrak Unit 控制系统、Strober 转换器及红外线传感器组成。Optotrak 测量过程如下：首先将 marker 贴在动平台执行端点处，并且使 marker 在 3 个 CCD 传感器共同的可视范围内。在控制计算机上激活 marker。marker 所发出的红外光被 CCD 摄像系统接收，由 Optotrak Unit 控制系统把待测点的坐标数据传到计算机 Optotrak PC。最后计算机通过调用 Optotrak 库函数来显示和处理数据。

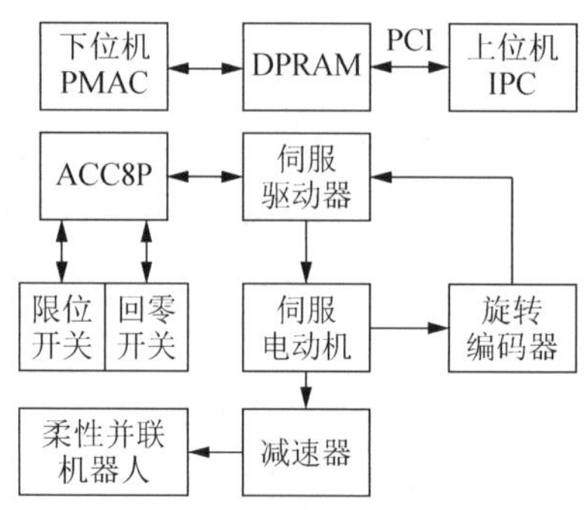

图 5　控制系统硬件结构框图

3.2　实验结果与分析

为了检验用柔顺关节取代转动副构建柔顺并联机器人的可行性，分别针对转动副传动的刚性并联机器人(第 1 组)和柔顺关节传动的柔顺并联机器人(第 2 组)进行高速、高加速度的运动规划实验。两组实验都是以动平台中心点为目标点，实现一个以(0,0)点为圆心、半径为 100mm 的整圆轨迹。

由于控制系统不提供相对零点，只是提供绝对零点，因此，在机器人执行运动之前必须进行机构回零操作，从而让各运动实轴和动平台虚轴空间的零点一致。本实验的轨迹规划共分为三个阶段，各个阶段轨迹规划如表 1 所示。

表 1　目标轨迹规划

运动阶段	轨迹描述	起点/mm	终点/mm	规划加速度 $a/(\mathrm{mm\cdot s^{-2}})$	规划速度 $v/(\mathrm{mm\cdot s^{-1}})$
起始阶段	从零点沿 X 轴运动到整圆轨迹起点	(0,0)	(100,0)	20000	5000
目标阶段	沿圆心(0,0),半径 100mm 的整圆轨迹	(100,0)	(100,0)	20000	5000
结束阶段	从整圆轨迹终点沿 X 轴运动到零点	(100,0)	(0,0)	20000	5000

由 Optotrak 采集系统分别对两组实验进行数据采集,将采集的数据通过 NDI Data View 和 Matlab 软件进行处理，得到两组目标点的实际运动轨迹如图 6 和图 7 所示。

从图 6 和图 7 可以直观地看出：在相同的实验条件下，第 1 组实验和第 2 组实验的实际运动轨迹曲线的变化趋势比较相近，目标点都在理论轨迹附近，有一定波动。

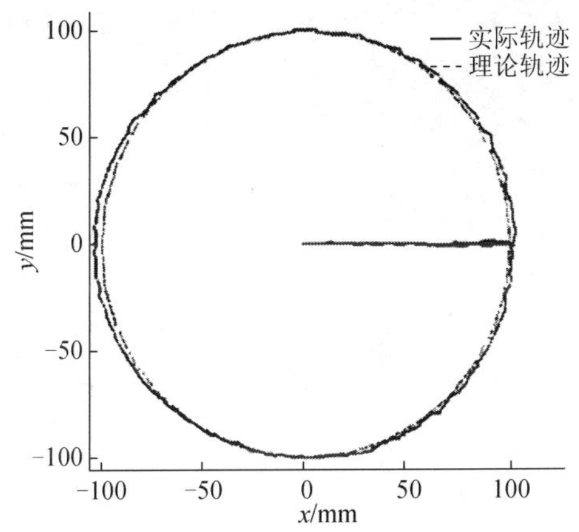

图 6　第 1 组实验目标点运动轨迹

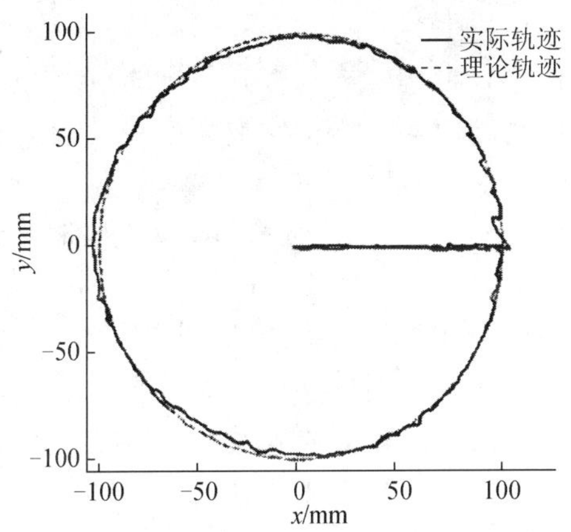

图 7　第 2 组实验目标点运动轨迹

进一步分析，以半径 100mm 的圆为标准，分别计算每一时刻两组实验的实际运动轨迹与理论轨迹之间的误差，如图 8 和图 9 所示。对实验结果进行统计分析，分别得出第 1 组实验与第 2 组实验误差的统计值，如表 2 所示。

由图 8、图 9 及表 2 可以看出：第 1 组与第 2 组实验轨迹与理论轨迹误差曲线的变化频率和幅值基本吻合，与理论轨迹的误差平均值、标准差和最大峰谷差相差无几，两组实验目标点实际运动轨迹的相对误差分别为 0.26%、0.27%、0.20%。这表明，采用柔顺关节传动的柔顺并联机器人与采用转动副传动的刚性并联机器人在完成规划运动时的实验轨迹十分接近，也就是说，用柔顺关节取代转动副同样能够使并联机器人较好地完成操作任务。

另一方面，两组实验轨迹都与规划的理论轨迹有一定差距，这主要是实际实验系统中杆件的加工和安装误差、运动副间隙、摩擦等共同因素造成的，在今后的实验研究中需要尽力克服和改善。

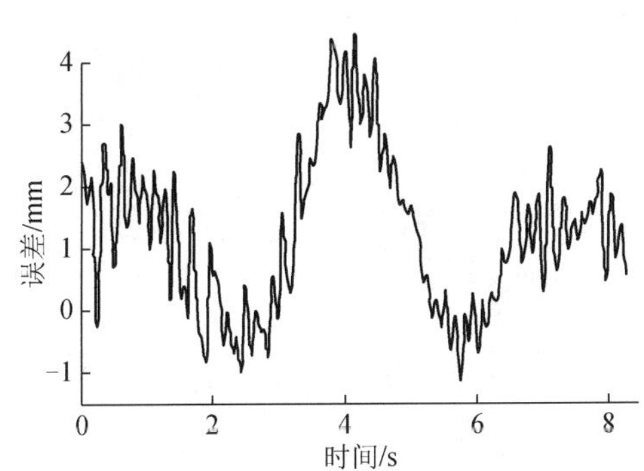

图 8　第 1 组实验运动轨迹与理论轨迹的误差曲线

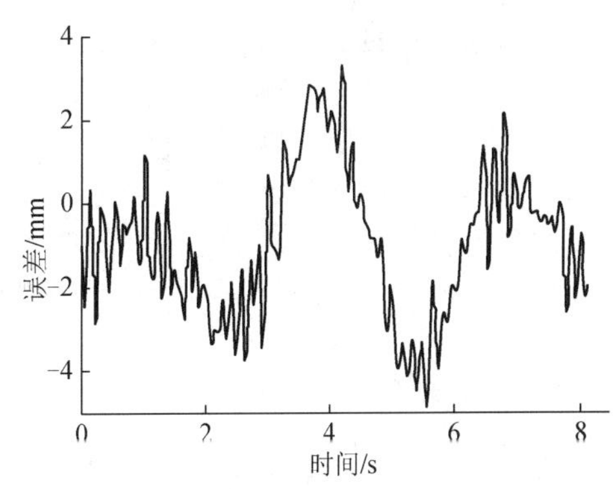

图 9　第 2 组实验运动轨迹与理论轨迹的误差曲线

表 2　误差统计

		误差平均值	统计值标准差	最大峰谷差
第 1 组实验	与理论绝对误差	1.23	1.22	2.82
	与理论相对误差/%	1.23	1.22	2.82
第 2 组实验	与理论绝对误差	−0.96	1.50	3.02
	与理论相对误差/%	−0.96	1.50	3.02
	与第 1 组绝对误差	0.26	0.28	0.20
	与第 1 组相对误差/%	0.26	0.27	0.20

4. 结论

（1）根据并联机器人的结构特点，设计出相应的柔顺关节，从而构建了由柔顺关节传动的柔顺并联机器人机构、控制部分和测试系统组成的实验系统：以材料为 65Mn 弹簧钢的柔顺关节取代传统的运动副，运用结构参数化方法设计出满足本实验要求的关节结构，构建了柔顺并联机器人的机构部分；采用交流伺服系统对机构进行驱动；以 IPC +PMAC 为硬件核心、RTLinux 为软件开发平台，设计了平面 3-RRR 柔性并联机器人实时控制部分;利用控制系统的开放性，设计了以线尺传感器为采集单元、RTLinux 为软件开发平台的并联机器人运动学数据实时采集系统。

（2）在实验系统搭建完成后，运用测试系统对实验进行数据采集，通过与用转动副传动的刚性并联机器人实验对比，相对误差均控制在允许范围之内，表明用柔顺关节取代转动副构成柔顺并联机器人是可行的，为该领域进一步研究提供了实验支持。

参考文献

[1] Merlet J P. Parallel Robots. London: Kluwer Academic Publishers, 2000

[2] 王雯静，余跃庆，王华伟．柔顺机构国内外研究现状分析．机械设计，2007，24(6): 1-4

[3] 于靖军，宗光华，毕树生．纳米级精度柔性机器人的设计方法及实现研究．中国机械工程，2002，13(18): 1577-1580

[4] 杜志江，董为，孙立宁．柔性铰链及其在精密并联机器人中的应用．哈尔滨工业大学学报，2006，38(9): 1469-1473

[5] Li Y M, Xu Q S. Dynamics analysis of a modified 3-P R C compliant parallel micro-manipulator. Proceedings of the 2007 IEEE International Conference on Nanotechnology, 2007: 432-437

[6] Yong Y K, Lu T F. Kinetostatic modeling of 3-RRR compliant micro-motion stages with flexure hinges. Mechanism and Machine Theory, 2009, 44(6): 1156-1175

[7] Yue Y, Gao F, Zhao X C, et al. Relationship among input-force, payload, stiffness and displacement of a 3-DOF perpendicular parallel micro-manipulator. Mechanism and Machine Theory, 2010, 45(5): 756-771

[8] 杨启志．三平移全柔性并联微动机器人机构静力学分析．农业机械学报，2007，38(11): 110-113

[9] 刘平安．3-DOF 平面微动并联机器人的动-静态建模．华东交通大学学报，2008，25(6): 37-40

[10] Noll T, Holldack K, Reichardt G, et al. Parallel kinematics for nanoscale Cartesian motions. Precision Engineering, 2009, 33(3): 291-304

[11] Ni Z Y, Zhang D W, Wu Y J, et al. Analysis of parasitic motion in parallelogram compliant mechanism. Precision Engineering, 2010, 34(1): 133-138

[12] 赵山杉．大变形环形柔性铰链性能分析与设计方法研究．北京：北京航空航天大学，2010

[13] Bernardoni P, Bidaud P, Bidard C, et al. A new compliant mechanism design methodology based on flexible building blocks. Proceedings of SPIE 5383, 2004: 244-254

[14] Kim C J, Kota S, Moon Y M. An instant center approach toward the conceptual design of compliant mechanisms. ASME Journal of Mechanical Design, 2006, 128(3): 542-550

[15] 罗迎社．材料力学．武汉：武汉理工大学出版社，2001

[16] 张英会，刘辉航，王德成．弹簧手册．北京：机械工业出版社，1997

（原载《北京工业大学学报》，2012，38(3)：7-11）

§ 33 并联机器人开槽薄壁柔顺关节设计与实验

余跃庆 马兰 崔忠炜 李渊
（北京工业大学，北京 100124）

摘 要：针对传统柔顺关节运动范围小、易产生轴向漂移的不足，依据 3RRR 并联机器人运动范围，以关节的移动范围及所需刚度作为条件，对关节的几何尺寸进行了设计计算，并用 ANSYS 软件进行强度分析，设计了一种新型开槽式薄壁柔顺关节。利用扭转作为主要变形方式时，该柔顺关节具有扭转角度可达到 36° 及轴线相对固定不易漂移的优点。根据关节设计尺寸选择 65Mn 为材料进行了加工，在三自由度并联机器人实验平台上进行了片簧式与开槽式两种柔顺关节的实验对比，实验结果表明设计的开槽式薄壁柔顺关节能够完成轨迹跟踪任务，且最大相对误差为 6.05%，相比片簧式柔顺关节具有一定优越性。

关键词：柔顺关节；运动副；并联机器人；实验研究

1. 引言

柔顺机构是一种利用机构中构件(杆件和铰链或关节)自身的柔性变形来完成运动、力和能量的传递和转换的新型机构，在结构上它简化甚至没有运动副。与传统的刚性机构相比，它的优越性主要表现在两个方面：降低成本(减少零件数目、减少装配时间、简化制造过程)和提高性能(提高精度、增加可靠性、减少磨损、减轻重量、减少维护)[1]。在微型机器人中较为流行的柔性机构抛弃了传统意义上的刚性运动副，文献[2-5]将柔性铰链用于微操作并联机构中，解决了运动副带来的间隙、误差及加工问题，提高了定位精度。文献[6-10]针对微机械中柔性构件的静力学、运动学分析与设计进行了深入研究，为进一步提高柔性并联机器人的精度提供了有效方法。可是大多数研究微型操作结构关节的最大弯曲角度很小，不能实现宏观的大角度转动。因此人们逐渐开始研究并发展能应用于普通机器人的柔顺关节。

典型的关节设计可分为两种类型：切口式关节及交叉式柔顺铰链。其中切口式可以用于替换传统回转副，而片簧式更多用于替换移动副。但平面切口及球面切口有应力集中问题，限制了关节的转动范围和使用寿命[11]。赵山杉[12]基于伪刚体模型法进行了大变形环形柔性铰链的分析与设计；另外，由片簧式的设计演变出了许多柔性回转副的构想，如 Bona 等[13]提出了一种交叉式柔性铰链，通过两薄壁杆的弯曲变形来实现转动，可实现大角度变形的转动。但是这些柔顺关节的转角非常有限，并且由于转动中心与回转副轴线不在一条直线上，因此转动时具有轴线漂移的问题。鉴于当前柔顺关节存在的转动范围小、轴心漂移大等问题，设计新型柔顺铰链并将其应用于普通机器人上是十分必要的。

本文设计并制作出一种开槽薄壁柔顺关节，用来替换三自由度并联机器人上的传统转动副。根据替换关节的运动范围及受力情况，对柔顺关节的几何尺寸进行设计计算，并选择 65Mn 弹簧钢作为材料，设计加工制作出实物。

2. 开槽薄壁柔顺关节设计

2.1 应用条件及要求

本文设计的柔顺关节用来替换三自由度并联机器人中 R 副。该并联机构如图 1 所示：三条支链上的 D 处回转副被柔顺关节替换，其余 A, B 处均为刚性回转副。三自由度并联机器人末端轨迹为 R=100mm 的圆，速度为 1000mm/min，由其工作空间及运动学计算可得出：需要替换的回转副关节夹角 D 的初始角度为 73°，最小夹角为 56°，关节夹角运动范围为 35.94°。其次计算具有刚性回转副的 3-RRR 并联机器人在该速度和轨迹下，主动杆所受的驱动力矩。因为机器的结构对称，因此只计算其中一个主动杆的输出力矩即可，根据计算得到变化最剧烈时段的力矩大小及角度变化分别为

$$M_x = 4.3238\times10^{-4}\,\mathrm{N\cdot m}$$

$$\varphi_x = 5.0789\times10^{-4}\,\mathrm{rad}$$

至此，柔顺关节的设计要求基本确定。

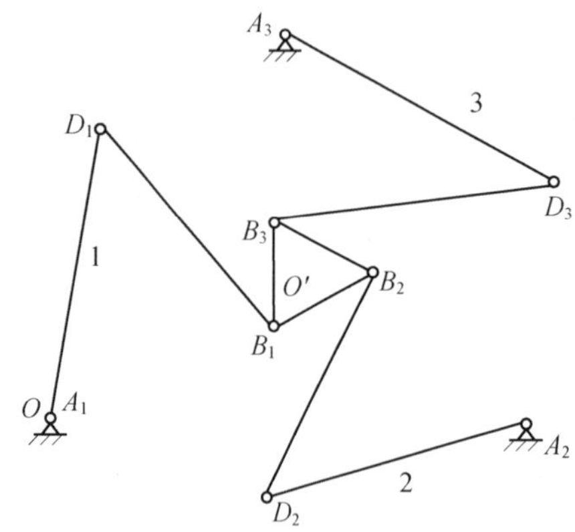

图 1　三自由度并联机器人简图

2.2　结构参数设计

为了保证设计适合的开槽式柔顺关节具有足够的强度和运动范围，以满足上面提到的设计要求，首先计算柔顺关节在三自由度并联机构中所需要承受的刚度，然后将刚度条件结合最大扭转角度条件，确定零件的几何尺寸。

首先由于三自由度并联机器人 D 处的初始角度是 73°，因此设计关节的开槽角度较传统裂筒式柔顺关节相比大了许多，用以保证柔顺关节结构在初始位置不会发生干涉，设定开槽角度为 120°。如图 2 所示为开槽薄壁柔顺关节结构简图，图中 R 表示柔顺关节圆筒半径，t 表示壁厚，L 表示两杆中心距。开槽薄壁柔顺关节的受力示意图如图 3 所示。

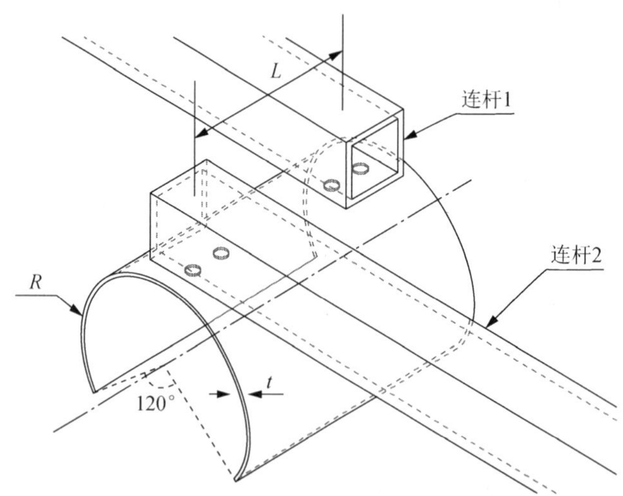

图 2　开槽薄壁柔顺关节结构简图

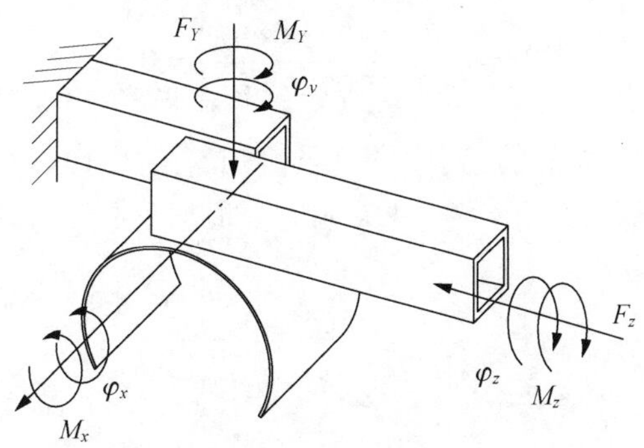

图 3　开槽薄壁柔顺关节受力示意图

如图 2 所示，假设连杆 1 固定，开槽薄壁关节在 X、Y、Z 三个方向受到力和力矩作用，并分别产生各自转角。不同的是：在 Y、Z 两方向除力矩外还受到力的作用，而 X 方向单纯受力矩作用。由材料力学对刚度的定义，即 $k=\dfrac{M}{\varphi}$，可得到 X、Y、Z 三轴的扭转刚度 k_{tx}、k_{ty}、k_{tz}，此外对于受力作用的 Y、Z 两轴，还可以计算弯曲刚度 k_{by}、k_{bz}。注意到该柔顺关节的特点为薄壁环状，由材料力学，可计算其对型心惯性矩为

$$I_z=\int_A y^2\mathrm{d}A\approx R^3t\left(\frac{2}{3}\pi-\frac{\sqrt{3}}{4}\right)\tag{1}$$

式中，R 为薄壁圆筒半径；t 为壁厚。

同理

$$I_y=\int_A z^2\mathrm{d}A\approx R^3t\left(\frac{2}{3}\pi+\frac{\sqrt{3}}{4}\right)\tag{2}$$

可得到轴向及非轴向的刚度

$$k_{\text{tx}}=\frac{M_x}{\varphi_x}=\frac{M_x}{\dfrac{M_xL}{\dfrac{G}{3}\sum h_it_i^3}}=\frac{4}{9L}G\pi Rt^3\tag{3}$$

$$k_{\text{ty}}=\frac{M_y}{\varphi_y}=\frac{M_y}{\dfrac{M_yL}{EI_z}}=\frac{EI_z}{L}=\frac{ERt^3}{L}\left(\frac{2}{3}\pi-\frac{\sqrt{3}}{4}\right)\tag{4}$$

$$k_{\text{ty}}=\frac{M_z}{\varphi_z}=\frac{M_z}{\dfrac{M_zL}{EI_z}}=\frac{EI_z}{L}=\frac{ERt^3}{L}\left(\frac{2}{3}\pi+\frac{\sqrt{3}}{4}\right)\tag{5}$$

$$k_{\text{by}}=\frac{F_y}{y}=\frac{F_y}{\dfrac{F_yL^3}{3EI_z}}=\frac{3EI_z}{L^3}=\frac{3ER^3t}{L^3}\left(\frac{2}{3}\pi-\frac{\sqrt{3}}{4}\right)\tag{6}$$

$$k_{\text{bz}}=\frac{F_z}{z}=\frac{F_z}{\dfrac{F_zL^3}{3EI_y}}=\frac{3EI_z}{L^3}=\frac{3ER^3t}{L^3}\left(\frac{2}{3}\pi+\frac{\sqrt{3}}{4}\right)\tag{7}$$

式中，G 为剪切弹性模量；E 为弹性模量；h 为截面积的长度。

由力矩和转角并利用式(3)，可得到 3-RRR 机器人关节所需要的轴向扭转刚度：

$$k_{tx}=\frac{4}{9L}G\pi Rt^3=\frac{M_x}{\varphi_x}=\frac{4.3238\times10^{-4}}{5.0789\times10^{-4}}=0.528(\mathrm{N\cdot m/rad})$$

为了进一步分析开槽薄壁关节的特性，需要计算该结构的弹性变形范围及最大应力。假设该结构只受扭转载荷，并先计算其所承受的最大应力。根据材料力学对开槽薄壁截面的最大应力和转角：

$$\tau_{\max}=\frac{3Mt}{\sum h_i t_i^3}=\frac{9M}{4\pi Rt^2} \tag{8}$$

$$\theta=\frac{3ML}{G\sum h_i t_i^3}=\frac{9ML}{4G\pi Rt^3} \tag{9}$$

将式(9)带入最大应力式(8)中，可得关于最大应力与扭转角度的式(10)：

$$\tau_{\max}=\frac{Gt\theta}{L} \tag{10}$$

该圆弧状零件所受应力为二向应力，公式的假设前提为：物体受到纯扭转，也就是纯剪切应力状态。根据材料力学形状改变比能理论，可以得到纯剪切的强度条件是

$$\tau=\frac{[\sigma]}{\sqrt{3}} \tag{11}$$

式中，$[\sigma]$为许用应力；τ为剪应力。

将式(11)代入式(10)，开槽薄壁关节的最大转角可以表示为

$$\theta_{\max}=\frac{L[\sigma]}{\sqrt{3}Gt} \tag{12}$$

根据仿真计算出机器人走该轨迹(R=100mm，v=1000mm/min)时，关节的转动范围是 35.94°，因此所设计的关节最大扭转角需满足：$\theta_{\max}\geqslant 35.94°$。

根据式(12)可得到

$$\frac{L}{t}=\frac{\sqrt{3}G\theta_{\max}}{[\sigma]} \tag{13}$$

接下来进行零件几何尺寸的设计，由前面分析过的刚度公式可知，壁厚 t 越小越好，因为可以获得更大的扭转角度。但受到实际制作的影响，t 的薄度是有限的。可加工的最薄壁厚为 0.2mm,使用材料为弹簧钢 65Mn，最大许用应力$[\sigma]=850\mathrm{MPa}$，弹性模量$E=200\mathrm{GPa}$，泊松比$\nu=0.3$，剪切模量$G=78.92\mathrm{Gpa}$，代入公式(13)，得到

$$\frac{L}{t}\geqslant\frac{\sqrt{3}G\theta_{\max}}{[\sigma]}=100.88$$

即长度与厚度的比值，也要作为设计标准之一。可加工的弹簧钢片最薄厚度为 0.2mm，因此 L 大于 20.174mm。L 越长，根据式(12)可知，其转动范围越大；但抗弯刚度与 L 成反比，L 越大，抗弯刚度越小，甚至有可能发生 Y 方向的弯折。考虑到杆件的安装空间及加工成本，初步确定 L=50mm。

根据式(14)，得到

$$R=\frac{9Lk}{4G\pi t^3}=0.0299\mathrm{mm}$$

因此设计半径 R=30mm，其抗弯刚度[5]为

$$k_{\mathrm{b}}=\frac{\pi E}{L}R^{3}t=\frac{\pi\times200\times(30)^{3}\times0.2}{50}\mathrm{N\cdot m/rad}=6.78\times10^{4}\mathrm{N\cdot m/rad}$$

可见相比于轴向的扭转刚度，抗弯刚度要大得多。

将 R 代入式(4)～式(7)得到非轴向的刚度：

$$k_{ty}=1.416\times10^{4}\mathrm{N\cdot m/rad}$$

$$k_{tz}=2.156\times10^{4}\mathrm{N\cdot m/rad}$$

$$k_{by}=16.99\mathrm{N/m}$$

$$k_{bz}=25.85\mathrm{N/m}$$

由此可以看出，开槽薄壁关节在轴向的刚度越小，意味着转动越灵活，而非轴向的扭转刚度和线性刚度比较大，意味着关节不容易在其他方向上发生弯折。因此从理论上可以认为这种关节更贴近于传统的回转副，但运动中又不涉及刚性回转副运动过程中具有的冲击和摩擦。

应用 ANSYS 软件对开槽薄壁关节受力状况进行了有限元分析，如图 4 所示。模仿一端臂固定，另一端受力的情况进行有限元分析。在关节运动范围内，柔顺关节所承受的最大应力为 775MPa，小于材料的许用应力［σ］。因此，满足理论设计要求。

至此设计工作完成，开槽薄壁圆轴几何尺寸为：半径 R=30mm，长度 L=50mm，厚度 t=0.2mm。

2.3　加工制作

柔顺关节所用材料为 65Mn 弹簧钢，加工制作中既要考虑到零件几何构形又要不影响其力学性能。因此从几何构形和力学性能角度出发，初步加工后要对柔顺关节进行热处理。热处理过程分为三个部分，应力退火处理、淬火处理及最后的回火处理。回火时将柔顺关节装卡在卡具上，将前面热处理产生的变形在回火过程中得到回复和矫正。

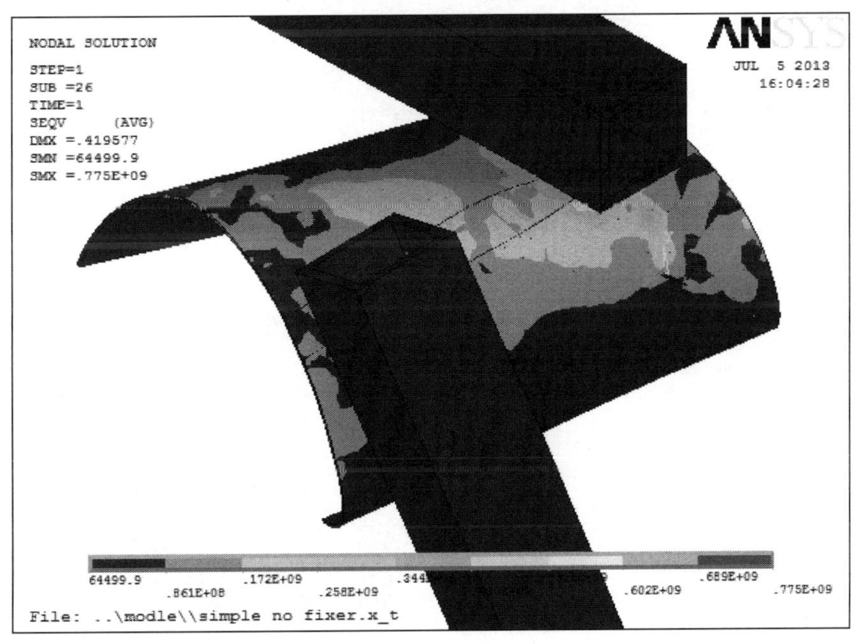

图 4　开槽柔顺关节 ANSYS 受力分析图

加工后的柔顺关节安装在并联机器人上，如图 5(a)所示，柔顺关节与连杆之间通过螺钉固定。图 5(b)为 3 个柔顺关节，分别安装在并联机构的 3 个分支上，替换第 1 个刚性回转副。

3. 实验研究及结果分析

3.1 实验系统

检验柔顺关节工作情况的实验载体是3-RRR并联机器人，如图6所示。

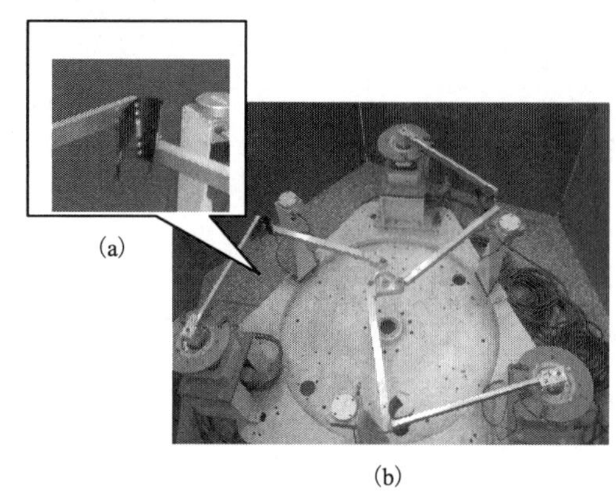

图5 开槽柔顺关节安装实物图

图6 实验系统

1. 含柔顺关节的3RRR并联机器人；2. 工控机；3. 电气控制柜；
4. 电机、减速器、接近开关；5. CCD摄像系统、Optotrak Unit控制系统

该并联机器人的控制为开环控制，沿预设轨迹运动。除了限位开关之外，没有其他的反馈传感器。因此实验数据的采集主要由Optotrak系统完成，即在需要采集位移的位置标记MARK点，由CCD摄像系统采集MARK点的移动，并以*XYZ*三坐标的形式记录轨迹，之后在PC中以数表形式生成数据。

对照实验为片簧式柔顺关节[15]，其结构简图及安装实物如图7所示，其中柔顺片厚度为0.2mm，材料为弹簧钢65Mn，半径R=30mm，长度L=50mm。实验平台3RRR并联机器人主要由静平台、动平台及杆件组成。静平台是边长为900mm的等边三角形，厚度35mm，材料铸铁；动平台是边长为80mm的等边三角形，厚度25mm，材料硬铝；各个驱动杆尺寸为374mm×20mm×20mm，材料为硬铝；连杆尺寸为380mm×20mm×10mm，材料为硬铝。

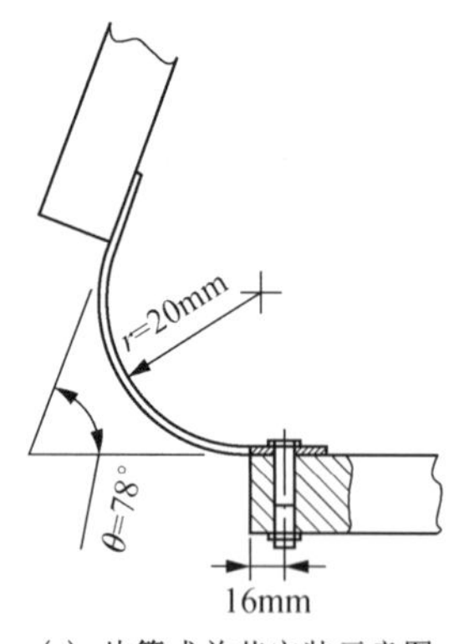

(a) 片簧式关节安装示意图

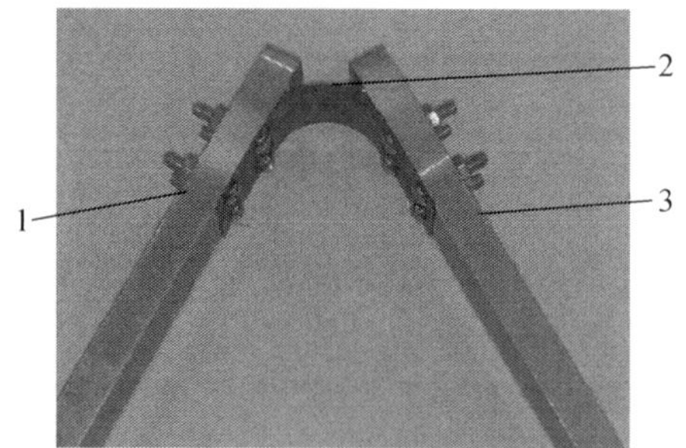

(b) 片簧式关节装配图

1驱动杆；2柔顺关节；3连杆

图7 片簧式柔顺关节结构图

驱动杆和连杆的截面和材料与原3RRR柔性并联机器人实验系统不同，原设计采用驱动杆为柔性(即采用截面为23mm×1.5mm的弹簧钢片作为各杆)、关节为刚性的设计进行实验。而此处借助平台，以柔性关节为主进行研究，因此为了排除杆件对实验结果的影响，采用的硬铝和铝方管作为实验用杆，尽量减少因为杆件原因造成的变形等对柔性关节的数据分析带来的影响。

3.2　实验方案

为了避免由于控制程序造成的轨迹误差，首先将刚性回转副安装在 3RRR 并联机器人实验系统上，将 MARK 点标记在动平台中心即输出端，记录输出的位移轨迹，以下简称刚性实验。再以开槽薄壁柔顺关节和片簧式柔顺关节替代刚性回转副，以相同速度运行同样的轨迹，并记录输出的位移轨迹。平台的轨迹规划如表 1 所示。

表 1　轨迹规划

运动阶段	轨迹描述	起点/mm	终点/mm	规划速度 v/(mm · min^{-1})
初始阶段	从零点沿 X 轴运动到整圆轨迹起点	(0,0)	(100,0)	1000
轨迹阶段	画以零点为圆心，半径 100mm 的圆由	(100,0)	(100,0)	1000
回归阶段	轨迹圆终点返回至零点	(100,0)	(0,0)	1000

3.3　实验数据及分析

为便于说明，以下将传统靠弯曲变形实现扭转功能的片簧式柔顺关节称为旧柔顺关节，而本文中设计的开槽式薄壁柔顺关节简称新柔顺关节。

实验动平台输出的轨迹如图 8 所示，实线为理想中的轨迹，即 R=100mm 的圆；点划线为开槽式薄壁柔顺关节实验所走轨迹，图中简称“新”；虚线为片簧式柔顺关节所走的轨迹，图中简称“旧”。图 9 为两种关节与理论的误差曲线。图 9 中，点划线代表开槽式薄壁柔顺关节，图中简称“新”；实线代表片簧式柔顺关节与理论比较的误差曲线，图中简称“旧”。经计算得到实验误差的统计值，如表 2 所示。下面结合图 8、图 9 及表 2，对实验结果进行分析。

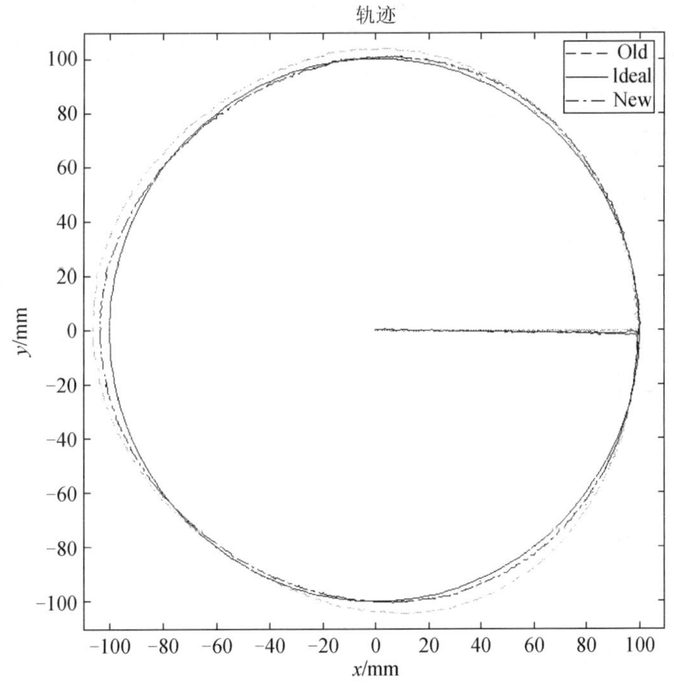

图 8　两种柔顺关节实验轨迹与理想轨迹

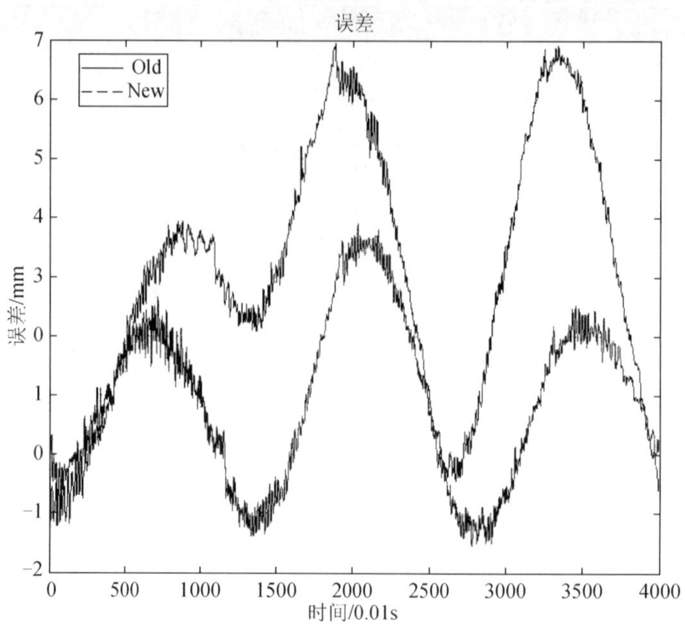

图 9　两种含柔顺关节实验轨迹误差

表 2　误差统计值

统计值	误差平均值	最大误差	标准偏差	最大峰谷差
开槽式柔顺关节实验与理论误差/mm	0.92	3.89	1.38	1.44
开槽式柔顺关节实验与理论相对误差/%	0.92	3.89	1.36	1.44
片簧式柔顺关节实验与理论误差/mm	3.09	5.71	2.19	1.85
片簧式柔顺关节与理论相对误差/%	3.09	5.71	2.14	1.85
刚性关节实验与理论误差/mm	1.35	3.19	0.71	1.38
刚性关节实验与理论相对误差/%	1.35	3.19	0.70	1.38
开槽式柔性关节实验与刚性实验误差/mm	0.62	2.85	0.91	2.66
开槽式柔性关节实验与刚性实验相对误差/%	0.61	2.81	0.90	2.59
片簧式柔性关节实验与刚性实验误差/mm	2.68	6.41	1.59	2.43
片簧式柔性关节实验与刚性实验相对误差/%	2.64	6.05	1.57	2.37

由图 8 看出，首先将开槽式柔顺关节、片簧式柔顺关节分别与理论轨迹作比较，两种柔顺关节都可以完成规定轨迹曲线，即半径为 100mm 的圆，但两者的平均误差不同，观察图 9 发现，两者的误差趋势类似，但开槽式的误差曲线基本处于片簧式误差曲线的下方，说明开槽式关节的误差小。开槽式柔顺关节、片簧式柔顺关节实验与理论对比，平均误差分别为 0.92mm、3.09mm。片簧式关节的平均误差明显高于开槽式柔顺关节，而开槽薄壁关节的误差控制在 1%以内。

仔细观察图 8，两者发生较大误差的位置相同。如在(−100,0)位置附近，两者距离理论轨迹略远，并且在此处同时出现最大误差，开槽式柔顺关节、片簧式柔顺关节实验与理论误差分别为 3.89mm 和 5.71mm，相对误差为 3.89%和 5.71%。这种情况的出现不仅与柔顺关节有关，也和并联机构在工作空间中的位姿有关，该位姿容易发生奇异，因此该位置轨迹误差较大。

虽然存在误差，但两者整体运行相对平稳，在轨迹曲线表现出一定波动，都不是平滑曲线。开槽式柔顺关节、片簧式柔顺关节与理论对比的最大峰谷差分别为 1.44mm 和 1.85mm，刚性关节与理论对比的最大峰谷差 1.38mm，为该列最小值。开槽式柔顺关节波动幅度小于片簧式柔顺关节波动幅度。

开槽式柔顺关节、片簧式柔顺关节与理论对比的标准差分别为 1.38mm 和 2.19mm。这说明在运动过程中，开槽式柔顺关节的波动比片簧式柔顺关节小，相对误差为 1.36%，运行相对更平稳，开槽式柔顺关节性能更好。

为了减少因控制方面造成的结果误差，还将开槽式柔顺关节、片簧式柔顺关节实验结果分别与刚性关节实验结果进行了比较。在误差平均值一项，开槽式柔顺关节与刚性实验对比的平均误差小于片簧式与理论对比误差；而标准偏差一项中，开槽式与刚性实验对比的标准偏差小于片簧式与刚性实验对比的标准偏差；此外，片簧式与刚性实验对比的最大误差为 6.41mm，明显大于开槽式与刚性实验对比误差 2.85mm。说明在同一控制程序下，开槽式柔顺关节的表现更接近于刚性关节，且开槽式柔顺关节的表现明显优于片簧式柔顺关节。

而在最大峰谷差一列中，两种柔性关节与刚性对比的峰谷差分别为 2.66mm、2.43mm，均大于刚性关节与理论对比的最大峰谷差，说明两者都在抑制振动方面有待改善。

综上所述，实验结果表明本文设计的开槽式薄壁柔顺关节能够很好地传递力矩、力，完成给定任务，设计的力学性能满足实际需求。相比片簧式柔顺关节，轨迹误差更小、运行更加平稳，运动性能有所提高，说明这种开槽薄壁柔顺关节具有一定的优越性。

4. 结论

以所需刚度及最大扭转角作为设计条件，设计并制作一种开槽薄壁柔顺关节。该关节较传统依靠弯曲达到变形的关节相比，具有足够的刚度并提供更大的扭转范围，扭转角度可以达到 35°，并且转动轴线不漂移。实验中将开槽薄壁柔顺关节装载在三自由度并联机构上替代传统 R 副，运行规定轨迹，并与片簧式柔顺关节及刚性副实验结果对比，实验结果说明该关节能够替代刚性 R 副，在运动精度和稳定性上与片簧式柔顺关节相比有所提高，具有一定的优越性。

参考文献

[1] 张连杰，刘善增，朱真才. 柔顺机构的研究进展. 组合机床与自动化加工技术，2011(7)：108-112

[2] 于靖军，宗光华，毕树生. 纳米级精度柔性机器人的设计方法及实现研究. 中国机械工程，2002，13(18)：1577-1580

[3] 杜志江，董为，孙立宁. 柔性铰链及其在精密并联机器人中的应用. 哈尔滨工业大学学报，2006， 38(9)：1469-1473

[4] Li Y M, Xu Q S. Dynamics analysis of a modified 3-PRC compliant parallel micro-manipulator // Proceedings of the 2007 IEEE International Conference on Nanotechnology, 2007: 432-437

[5] Yong Y K, Lu T F. Kinematic modeling of 3-RRR compliant micro-motion stages with flexure hinges. Mechanism and Machine Theory, 2009, 44(6): 1156-1175

[6] 陈恳，李嘉，董怡，等. 并联微操作手的运动学分析.中国机械工程，1998,9(7)：57-59

[7] 杨启志. 三平移全柔性并联微动机器人机构静力学分析.农业机械学报，2007，38(11)：110-113

[8] 刘平安，3-DOF 平面微动并联机器人的动-静态建模.华东交通大学学报，2008，25(6)：37-40

[9] Noll T, Holldack K, Reichardt G, et al. Parallel kinematics for nanoscale cartesian motions. Precision Engineering, 2009, 33(3): 291-304

[10] Ni Z Y, Zhang D W, Wu Y J, et al. Analysis of parasitic motion in parallelogram compliant mechanism. Precision Engineering, 2010, 34(1): 133-138

[11] 杨启志，马履中，尹小琴. 全柔性机构中柔性运动副的结构形式与应用. 江苏大学学报：自然科学版，2003，24(4)：9-12

[12] 赵山杉. 大变形环形柔性铰链性能分析与设计方法研究. 北京：北京航空航天大学，2010

[13] Bona F. Zelenika S, Precision positioning devices based on elastic elements: mathematical modeling and interferometric characterization. Seminar on Handling and Assembly of Microparts, 1994

[14] Goldfarb M, Speich J E. A well-behaved revolute flexure joint for compliant mechanism design. Journal of Mechanical Design, 1999, 121(3): 424-429

[15] 赵鑫. 含有柔顺关节的三自由度并联机器人结构设计与实验研究. 北京：北京工业大学, 2012

[16] 余跃庆，催忠炜，赵鑫，等. 柔顺关节并联机器人设计与实验. 农业机械学报, 2013, 44(7): 274-278

（原载《农业机械学报》，2014, 45(5): 284-290）

§ 34　柔顺关节并联机器人动力学建模与控制研究

田浩　余跃庆
（北京工业大学，北京　100124）

摘　要：对具有大范围运动特性的柔顺关节并联机器人开展了动力学建模、特性分析、控制策略设计及动态性能分析等研究。基于伪刚体法，研究柔顺关节特性，建立含大变形柔顺关节的系统模型，应用拉格朗日方法建立了系统动力学方程。为补偿柔顺关节引起的系统振动、未建模动态以及惯性参数摄动造成的模型误差，设计趋近律滑模控制策略并证明了其稳定性。仿真结果验证了动力学模型和控制策略的有效性。

关键词：柔顺关节；并联机器人；动力学；趋近律滑模控制

1. 引言

并联机器人具有刚度大、精度高、承载能力强等优点[1]，广泛应用于航空航天、医疗器械、数控机床及精密定位等领域。目前，并联机器人多以刚性运动副传递运动，因结构特点，不可避免地存在间隙、摩擦、冲击及加工和安装误差等问题，在系统低速运行时，影响尚不明显，但随着现代机械向高速、精密方向发展，上述问题将对系统精度和安全性造成严重影响。为改善系统性能，Flores等[2]从模型角度出发，建立含运动副间隙的系统动力学模型，较准确地反映了间隙机构的动态特性；文献[3-4]从控制角度研究了不同控制方法对改善系统性能所做出的贡献。但无论从控制还是建模角度，都无法从根本上消除运动副存在的诸多问题。而柔顺机构因其利用机构中构件自身的柔性变形传递力和运动[5]，避免了间隙和冲击等问题的产生。将其应用于并联机器人中进行传动，将从根本上消除传统运动副的固有缺陷。

并联微动机器人是由柔顺关节和并联机器人相结合产生的高精密系统，已在生物医疗及微细操作等领域获得应用[6]。文献[7-13]开展了构型综合、运动学及动力学等方面的研究。但微动系统多由压电陶瓷驱动，柔顺关节的变形很小，工作空间一般为微纳米级别，模型建立、特性分析、性能优化及控制策略的研究方法都与具有宏观大范围运动特性的并联机器人存在明显区别。

针对现有柔顺关节仅可以实现微小变形的缺点，文献[14-15]设计出可以实现宏观尺度变形的柔顺关节，但局限于构型设计及运动性能分析。文献[16-17]将大变形柔顺关节应用于并联机器人中，验证了使用柔顺关节实现宏观大范围运动的可行性，但相关理论建模、特性分析、控制策略设计及控制系统开发等问题具有较大难度，尚缺少相关深入的研究工作，而此项研究对于提升系统性能具有重要意义。

本文以具有宏观大范围运动特性的平面三自由度柔顺关节并联机器人为研究对象，基于伪刚体法，建立含大变形柔顺关节的系统模型，应用拉格朗日方法建立系统动力学方程，分析柔顺关节对系统性能的影响，设计趋近律滑模控制策略并进行仿真研究。

2. 系统模型

研究的平面三自由度柔顺关节并联机器人系统的机构示意图如图 1(a) 所示，图 1(b) 为机器人系统使用的开槽薄壁柔顺关节[17]，该柔顺关节能够有效降低运动过程中轴线的变形和漂移，扭转角度较大、轴向刚度较小、非轴向刚度较大，运动学及静力学性能与传统转动副非常相似，但消除了传统运动副具有的间隙、摩擦等缺陷。本文使用开槽薄壁柔顺关节，保证系统的运动及静力学性能，在此基础上，开展动力学及控制研究。

为研究系统的动力学性能，首先需要建立系统的分析模型。含柔顺关节系统具有较强的非线性，系统建模具有较大难度。针对柔顺关节具有的非线性大变形特性，由 Howell 教授提出的伪刚体法是一种有力的分析工具[5]，其主要思想是用两根铰接的刚性杆模拟柔性片段的弯曲变形，铰接点处有扭簧，通过改变铰接点位置和扭簧的刚度，使刚性杆末端轨迹逼近柔性片段的变形轨迹。伪刚体模型在柔顺机构及柔顺关节的研究中已经证明具有较高精度，得到了广泛应用[5]。

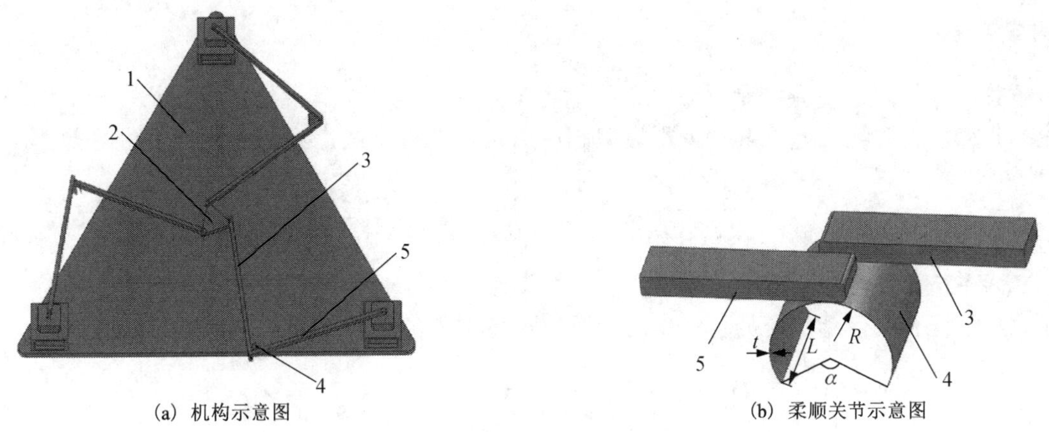

(a) 机构示意图　　(b) 柔顺关节示意图

图 1　平面三自由度柔顺关节并联机器人

1. 定平台; 2. 动平台; 3. 从动杆; 4. 柔顺关节; 5. 驱动杆

本文以图 1(a)所示的平面三自由度柔顺关节并联机器人系统为研究对象，建立其伪刚体模型，如图 2 所示，$B_i\ (i=1,2,3)$点处使用传统转动副和扭簧的组合形式来等效柔顺关节。

根据材料力学和文献[17]，当扭矩 T 作用于开槽薄壁柔顺关节时，产生的扭转角为

$$\Phi = \frac{3L}{G\alpha Rt^3}T \tag{1}$$

式中，G 为柔顺关节剪切模量；α 为柔顺关节开槽角度；R 为柔顺关节截面半径；t 为柔顺关节截面厚度；L 为柔顺关节长度。

由式(1)得到柔顺关节的轴向扭转刚度为

$$K = \frac{T}{\Phi} = \frac{G\alpha Rt^3}{3L} \tag{2}$$

在图 2 所示的系统伪刚体模型中，使用传统转动副和弹簧刚度系数为 K 的扭簧，等效开槽薄壁柔顺关节。

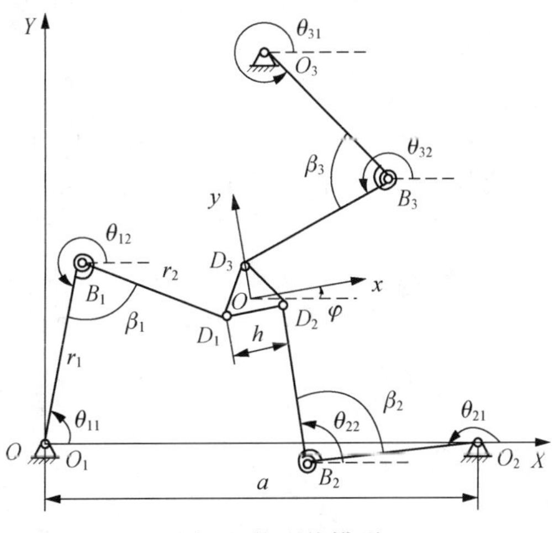

图 2　伪刚体模型

图 2 中的平面三自由度柔顺关节并联机器人的机构包括定平台 $O_1O_2O_3$、动平台 $D_1D_2D_3$ 和与二者

相连接的 3 条结构相同的运动支链，各运动支链由驱动杆 O_iB_i $(i=1,2,3)$、从动杆 B_iD_i $(i=1,2,3)$ 和柔顺关节组成。驱动杆长度为 r_1，质量为 m_1，转动惯量为 J_1，运动转角为 θ_{i1}；从动杆长度为 r_2，质量为 m_2，转动惯量为 J_2，运动转角为 θ_{i2}；动平台为等边三角形，边长为 h，质量为 m_{D}，转动惯量为 J_{D}，运动转角为 φ；定平台为等边三角形，边长为 a。

3. 动力学方程

柔顺关节并联机器人系统是一个复杂的动力学系统，为了对其进行特性分析、控制策略设计及动态性能研究，首先需要建立其动力学模型。应用拉格朗日方法，系统动力学表达式为

$$\frac{\mathrm{d}}{\mathrm{d}t}\left(\frac{\partial E}{\partial\dot{\theta}_{i1}}\right)-\frac{\partial E}{\partial\theta_{i1}}+\frac{\partial U}{\partial\theta_{i1}}=\tau_i\quad(i=1,2,3)\tag{3}$$

式中，E 为系统总动能；U 为系统总势能；τ_i 为驱动力矩。

杆 O_iB_i、杆 B_iD_i 及动平台的材料均匀，质心在各构件的几何中心，系统的总动能为

$$E=\frac{1}{2}\left\{\sum_{i=1}^{3}\sum_{j=1}^{2}\left[m_j\left(\dot{x}_{sij}^2+\dot{y}_{sij}^2\right)+J_j\dot{\theta}_{ij}^2\right]+\left[m_{\mathrm{D}}\left(\dot{x}_{\mathrm{SD}}^2+\dot{y}_{\mathrm{SD}}^2\right)+J_{\mathrm{D}}\dot{\varphi}^2\right]\right\}\tag{4}$$

式中，$(\dot{x}_{si1},\dot{y}_{si1})$ 为驱动杆 O_iB_i 质心速度；$(\dot{x}_{si2},\dot{y}_{si2})$ 为从动杆 B_iD_i 质心速度；$(\dot{x}_{\mathrm{SD}},\dot{y}_{\mathrm{SD}})$ 为动平台质心速度。

系统作平面运动，忽略各构件的重力势能，只考虑扭簧的弹性势能，系统的总势能为

$$U=\frac{1}{2}\sum_{i=1}^{3}K_i\left(\beta_i-\beta_0\right)^2\tag{5}$$

式中，K_i 为扭簧刚度系数；β_i 为杆 O_iB_i 与杆 B_iD_i 夹角；β_0 为扭簧初始角度；$\beta_i-\beta_0$ 为扭簧的变形量。

将式(4)和式(5)代入式(3)，得到系统的动力学方程为

$$\boldsymbol{M}(\theta)\ddot{\boldsymbol{\theta}}+\boldsymbol{C}(\theta,\dot{\theta})\dot{\boldsymbol{\theta}}+\boldsymbol{K}(\theta)=\boldsymbol{\tau}\tag{6}$$

式中，$\boldsymbol{\theta}$ 为驱动杆关节角位移；$\boldsymbol{M}(\theta)$ 为系统惯性矩阵；$\boldsymbol{C}(\theta,\dot{\theta})$ 为系统离心力哥氏力矩阵；$\boldsymbol{K}(\theta)$ 为系统刚度项；$\boldsymbol{\tau}$ 为驱动力矩。

刚度项 $\boldsymbol{K}(\theta)$ 由扭簧的刚度系数和变形量决定，是有别于以运动副传动的传统并联机器人动力学模型的主要特征，会影响系统动态特性。

4. 控制策略

4.1　实际被控系统模型

使用柔顺关节取代传统运动副，从机构结构角度分析，可以使机器人系统克服传统运动副所带来的一系列难题，从根本上提高系统运行精度。但在实际中，还存在以下问题：①驱动杆和从动杆间依靠柔顺关节的变形完成运动和能量传递，而变形产生的弹性势能不可能完全转化为动能，未转化的部分会引起振动；②柔顺关节会降低系统刚度，在高速运行时，会造成系统振动；③基于伪刚体法的柔顺关节模型，不足以完全体现柔顺关节的动态性能，所建动力学模型存在未建模动态；④惯性参数摄动引起的模型误差。

针对上述问题，根据式(6)所得系统名义动力学方程，实际被控系统模型为

$$\left[\boldsymbol{M}(\theta)+\Delta\boldsymbol{M}(\theta)\right]\ddot{\boldsymbol{\theta}}+\left[\boldsymbol{C}(\theta,\dot{\theta})+\Delta\boldsymbol{C}(\theta,\dot{\theta})\right]\dot{\boldsymbol{\theta}}+\left[\boldsymbol{K}(\theta)+\Delta\boldsymbol{K}(\theta)\right]=\boldsymbol{\tau}+\boldsymbol{w}\tag{7}$$

式中，$\Delta\boldsymbol{M}(\theta)$ 为惯性矩阵误差；$\Delta\boldsymbol{C}(\theta,\dot{\theta})$ 为离心力哥氏力矩阵误差；$\Delta\boldsymbol{K}(\theta)$ 为刚度项误差；$\boldsymbol{w}$ 为系统扰动。

将柔顺关节引起的系统振动、未建模动态以及惯性参数摄动引起的模型误差，定义为系统的综合扰动$\boldsymbol{W}$，式(7)可以改写为

$$\boldsymbol{M}(\theta)\ddot{\boldsymbol{\theta}}+\boldsymbol{C}(\theta,\dot{\theta})\dot{\boldsymbol{\theta}}+\boldsymbol{K}(\theta)-\boldsymbol{W}=\boldsymbol{\tau} \tag{8}$$

式中，$\boldsymbol{W}=\boldsymbol{w}-\Delta\boldsymbol{M}(\theta)\ddot{\boldsymbol{\theta}}-\Delta\boldsymbol{C}(\theta,\dot{\theta})\dot{\boldsymbol{\theta}}-\Delta\boldsymbol{K}(\theta)$。

4.2　控制策略设计

柔顺关节并联机器人的实际被控系统模型中存在扰动项。PD 控制虽然结构简单，易于实现，但当系统存在扰动时，会引起较大误差；而滑模控制方法对于扰动及参数摄动具有较强的鲁棒性。为抑制扰动，提高系统的动态性能，设计滑模控制策略，取滑模面为

$$\boldsymbol{s}=\dot{\boldsymbol{e}}+\boldsymbol{\delta e} \tag{9}$$

式中，$\boldsymbol{e}=\boldsymbol{\theta}_{\mathrm{d}}-\boldsymbol{\theta}$，$\dot{\boldsymbol{e}}=\dot{\boldsymbol{\theta}}_{\mathrm{d}}-\dot{\boldsymbol{\theta}}$；$\boldsymbol{e}$、$\dot{\boldsymbol{e}}$为角位移、角速度跟踪误差；$\boldsymbol{\theta}_{\mathrm{d}}$、$\dot{\boldsymbol{\theta}}_{\mathrm{d}}$为期望角位移、角速度；$\boldsymbol{\delta}$为正对角矩阵。

对式(9)求导，并将式(8)代入得到

$$\dot{\boldsymbol{s}}=\ddot{\boldsymbol{\theta}}_{\mathrm{d}}+\boldsymbol{\delta}\dot{\boldsymbol{e}}-\boldsymbol{M}(\theta)^{-1}\left[\boldsymbol{\tau}+\boldsymbol{W}-\boldsymbol{C}(\theta,\dot{\theta})\dot{\boldsymbol{\theta}}-\boldsymbol{K}(\theta)\right] \tag{10}$$

为保证滑动模态趋近运动的动态品质，引入指数趋近律

$$\dot{\boldsymbol{s}}=-\varepsilon\,\mathrm{sgn}(\boldsymbol{s})-k\boldsymbol{s}\quad(\varepsilon>0,k>0) \tag{11}$$

将式(10)和式(11)合并，得到控制律为

$$\boldsymbol{\tau}=\boldsymbol{M}(\theta)\left[\ddot{\boldsymbol{\theta}}_{\mathrm{d}}+\boldsymbol{\delta}\dot{\boldsymbol{e}}-\left(-\varepsilon\,\mathrm{sgn}(\boldsymbol{s})-k\boldsymbol{s}\right)\right]+\boldsymbol{C}(\theta,\dot{\theta})\dot{\boldsymbol{\theta}}+\boldsymbol{K}(\theta)+W_c\,\mathrm{sgn}(\boldsymbol{s}) \tag{12}$$

式中，$W_{\mathrm{c}}\,\mathrm{sgn}(\boldsymbol{s})$为鲁棒因子，用于补偿柔顺关节和惯性参数摄动引起的综合扰动$\boldsymbol{W}$，增强系统鲁棒性，$W_{\mathrm{c}}=\bar{d}+\eta$，取$\bar{d}\geqslant\|\boldsymbol{W}\|_{\infty}$，$\eta>0$。

定义李雅普诺夫函数为

$$V=\frac{1}{2}\boldsymbol{s}^{\mathrm{T}}\boldsymbol{s} \tag{13}$$

将式(12)代入式(10)得

$$\dot{\boldsymbol{s}}=-\varepsilon\,\mathrm{sgn}(\boldsymbol{s})-k\boldsymbol{s}+\boldsymbol{M}(\theta)^{-1}\left[-(\bar{d}+\eta)\mathrm{sgn}(\boldsymbol{s})-\boldsymbol{W}\right] \tag{14}$$

由式(13)和式(14)得

$$\dot{V}=\boldsymbol{s}^{\mathrm{T}}\dot{\boldsymbol{s}}=-\varepsilon|\boldsymbol{s}|-k\boldsymbol{s}^{\mathrm{T}}\boldsymbol{s}+\boldsymbol{M}(\theta)^{-1}\left[-(\bar{d}+\eta)|\boldsymbol{s}|-\boldsymbol{s}^{\mathrm{T}}\boldsymbol{W}\right]\leqslant\boldsymbol{M}(\theta)^{-1}\left[-(\bar{d}+\eta)|\boldsymbol{s}|-\boldsymbol{s}^{\mathrm{T}}\boldsymbol{W}\right]$$

由$\boldsymbol{M}(\theta)$正定，$\bar{d}+\eta>\|\boldsymbol{W}\|_{\infty}$，可得$\dot{V}\leqslant 0$，根据李雅普诺夫理论，对于扰动，系统渐近稳定。

4.3　速度规划

机器人运行中，为保证系统平稳安全，避免位置、速度和加速度突变，需要选择合适的速度规划曲线。S 型速度规划方法广泛应用于工业领域，其完整的速度曲线共分为 7 段，各段衔接处有过渡段，加速度连续，避免了冲击，保证了系统运行精度。

直线和圆轨迹速度规划步骤如下：

(1) 已知直线轨迹的初始点$(x_{\mathrm{s}},y_{\mathrm{s}})$和终止点$(x_{\mathrm{e}},y_{\mathrm{e}})$，计算直线轨迹的期望运动位移$s_{\mathrm{l}}=\sqrt{(x_{\mathrm{e}}-x_{\mathrm{s}})^2+(y_{\mathrm{e}}-y_{\mathrm{s}})^2}$；已知圆轨迹的圆心$(x_o,y_o)$和半径$r$，计算圆轨迹的期望运动位移$s_{\mathrm{c}}=2\pi r$。

(2) 根据最大速度$v_{\max}$、最大加速度$a_{\max}$、最大急动度$j_{\max}$、起点速度v_{s}和终点速度v_{e}确定 S 形

速度曲线是否完整，即是否包含匀加速段、匀减速段和匀速段。

(3) 根据 s 、 v_{max} 、 a_{max} 、 j_{max} 、 v_s 和 v_e 计算速度曲线、位移曲线和加速度曲线的各参数值。

(4) 根据步骤(3)得到的各曲线参数值，直线轨迹计算轨迹中各时刻的速度 $v_1(t)$ 、位移 $s_1(t)$ 和加速度 $a_1(t)$，圆轨迹计算轨迹中各时刻的切向速度 $v_c(t)$ 、位移 $s_c(t)$ 、切向加速度 $a_t(t)$ 、向心加速度 $a_n(t)$ 。

(5) 直线轨迹计算轨迹的初始点和终止点连成的直线关于 X 轴的倾斜角，$\varphi = \arctan\left(\left(y_e - y_s\right)/\left(x_e - x_s\right)\right)$，圆轨迹计算轨迹点与圆心连成的直线关于 X 轴的倾斜角，$\theta(t) = s_c(t)/r$ 。

(6) 计算动平台中心点在 X 轴和 Y 轴上的位移分量、速度分量和加速度分量。

5. 仿真

为验证动力学模型和控制策略的有效性，进行仿真研究，分析系统的动态特性。

期望轨迹(单位：m)为：①动平台从 $A_1(0.45,0.26)$ 点沿直线运动到 $A_2(0.55,0.26)$ 点；②从 A_2 点开始，以 A_1 点为圆心，作半径为 0.1 的圆，回到 A_2 点；③从 A_2 点沿直线返回 A_1 点。

期望轨迹用于研究系统对于直线和圆的跟踪性能，共分为 3 段，每段轨迹视为点到点的运动，两点间轨迹为直线或圆，采用 S 型速度曲线进行运动规划。

并联机器人的主要惯性参数如表 1 所示。

柔顺关节参数为：$t = 0.2\text{mm}$ ，$L = 50\text{mm}$ ，$\alpha = 2\pi/3$ ，$R = 30\text{mm}$ 。

表 1　并联机器人惯性参数

	长度/m	质量/kg	转动惯量/(kg·m^2)
驱动杆	0.4	0.2521	3.4×10^{-3}
从动杆	0.4	0.2521	3.4×10^{-3}
动平台	0.08	0.1898	1.0124×10^{-4}
定平台	0.9	—	—

使用 Matlab/Simulink 的 S 函数实现对期望轨迹、控制律和被控对象的描述[18]，控制参数为：$\boldsymbol{\delta} = \text{diag}[100,100,100]$，$\boldsymbol{W} = \left[5\sin(2\pi t),\ 5\cos(2\pi t),\ 5\sin(2\pi t)\right]^{\mathrm{T}}$，$k = 100$ ，$\varepsilon = 0.01$，$v_{max} = 0.0833\text{m/s}$ ，$a_{max} = 20\text{m/s}^2$ ，$v_s = 0$，$v_e = 0$ 。

为消除抖振，采用饱和函数 $\text{sat}(\boldsymbol{s})$ 代替符号函数 $\text{sgn}(\boldsymbol{s})$ [19]。

$$\text{sat}(\boldsymbol{s}) = \begin{cases} 1 & (\boldsymbol{s} > \Delta) \\ k\boldsymbol{s} & (|\boldsymbol{s}| \leqslant \Delta) \\ -1 & (\boldsymbol{s} < -\Delta) \end{cases}$$

式中，$k = 1/\Delta$，Δ 为边界层厚度，饱和函数在边界层外采用切换控制，在边界层内采用反馈控制。

图 3 为滑模控制方法所得驱动杆的关节角位移曲线。从图中可以看出滑模控制的仿真曲线与期望轨迹吻合度较高，驱动杆的最大误差绝对值分别为 2.7mrad、2.5mrad 和 2.5mrad，各采样点跟踪速度较快，无明显的趋近过程，表明建立的含柔顺关节的动力学模型和趋近律滑模控制策略能够有效实现机器人的轨迹跟踪控制。

为验证趋近律滑模控制策略的鲁棒性，将其与 PD 控制进行对比。图 4 为滑模控制和 PD 控制得到的末端轨迹曲线，图 5 为末端轨迹曲线沿 X 轴和 Y 轴方向的误差，对末端轨迹误差进行统计分析见表 2。

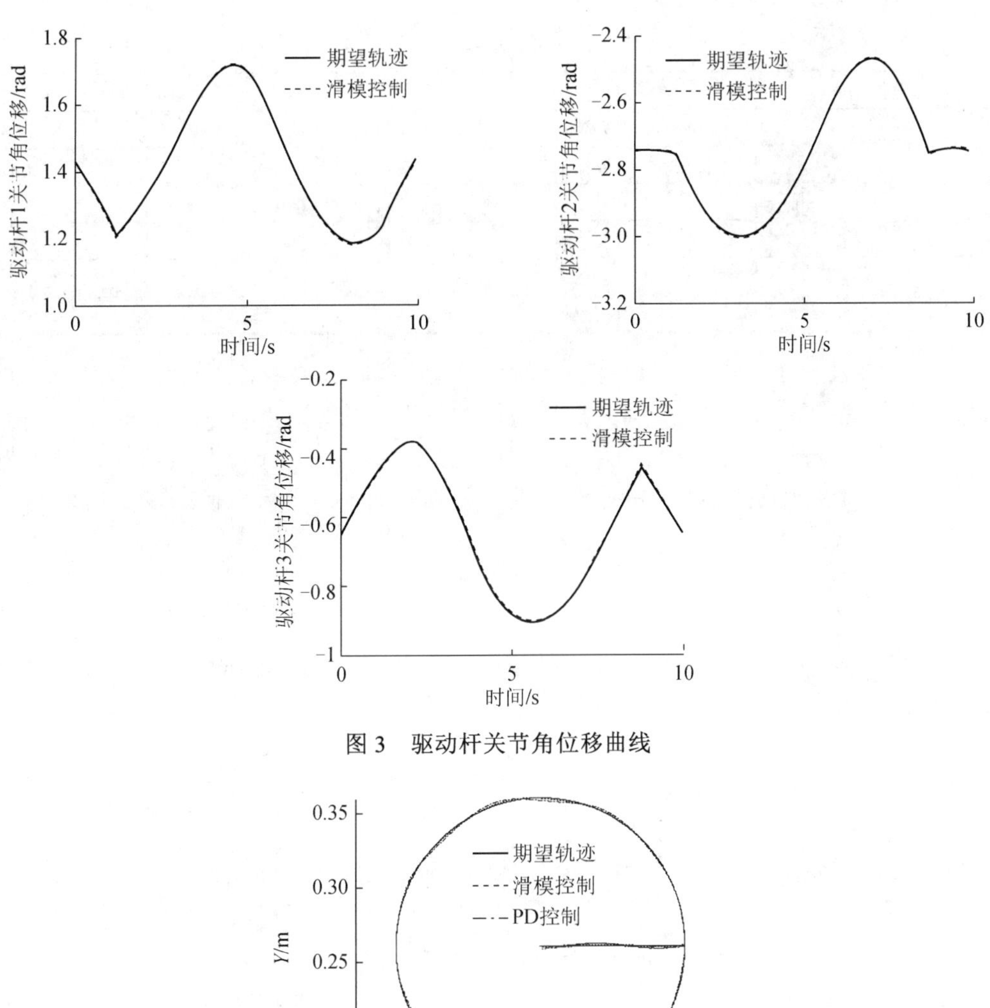

图 3　驱动杆关节角位移曲线

图 4　滑模控制和 PD 控制的末端轨迹曲线

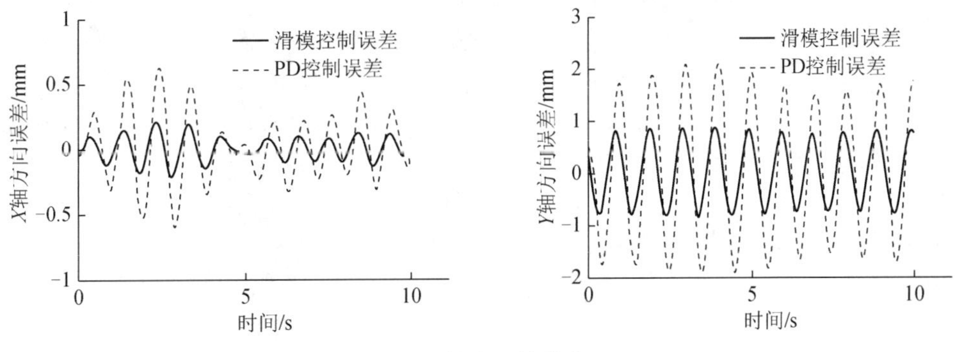

图 5　轨迹误差曲线

表 2　误差统计　　(单位：mm)

参　数	控制方法	X 轴	Y 轴
最大误差	PD 控制	0.65	2.1
	滑模控制	0.21	0.86
标准差	PD 控制	0.26	1.3
	滑模控制	0.092	0.57
均方根误差	PD 控制	1.3	
	滑模控制	0.58	

根据图 4、图 5 及表 2，当被控系统存在扰动时，滑模控制策略的各项误差统计值均为微米级别，其中均方根误差体现各采样点的仿真值与期望值间的偏差，是衡量控制方法性能的重要指标，PD 控制的均方根误差为 1.3mm，而滑模控制为 0.58mm，明显小于 PD 控制。研究表明滑模控制策略能有效补偿柔顺关节和惯性参数摄动引起的扰动，使系统具有较强的鲁棒性，与 PD 控制相比，具有优越性。

6. 结论

(1) 建立了含大变形柔顺关节的系统伪刚体模型，运用拉格朗日原理建立动力学方程。分析系统特性，设计了趋近律滑模控制策略，补偿由柔顺关节和惯性参数摄动引起的扰动，改善了系统的动态性能。

(2) 动力学模型和控制策略有效实现了柔顺关节并联机器人的轨迹跟踪，趋近律滑模控制策略使系统具有较强的鲁棒性，比 PD 控制更为优越。

(3) 为宏观大范围运动柔顺关节并联机器人的相关研究奠定了理论基础。

参考文献

[1] Merlet J. Parallel Robots. London: Kluwer Academic Publishers, 2000

[2] Flores P, Ambrosio J, Claro J C P, et al. A study on dynamics of mechanical systems including joints with clearance and lubrication. Mechanism and Machine Theory, 2006, 41(3): 247-261

[3] Paccot F, Andreff N, Martinet P. A review on the dynamic control of parallel kinematic machines: Theory and experiments. International Journal of Robotics Research, 2009, 28(3): 395-416

[4] 吴博，吴盛林，赵克定. 并联机器人控制策略的现状和发展趋势. 机床与液压, 2005(10): 5-8

[5] Howell L L. Compliant mechanisms. New York: John Wiley & Sons, 2001

[6] 贠远，徐青松，李杨民. 并联微操作机器人技术及应用进展. 机械工程学报, 2008, 44(12): 12-23

[7] Yi B, Chung G B, Na H Y, et al. Design and experiment of a 3-DOF parallel micromechanism utilizing flexure hinges. IEEE Transactions on Robotics and Automation, 2003, 19(4): 604-612

[8] Yao Q, Dong J, Ferreira P M. Design, analysis, fabrication and testing of a parallel kinematic micro positioning XY stage. International Journal of Machine Tools and Manufacture, 2007, 47(6): 946-961

[9] Li Y, Xu Q. Modeling and performance evaluation of a flexure-based XY parallel micromanipulator. Mechanism and Machine Theory, 2009, 44(12): 2127-2152

[10] 贾晓辉，田延岭，张大卫. 3-PRR 柔性并联机构动力学分析. 农业机械学报, 2010, 41(10): 199-203

[11] Yue Y, Gao F, Jin Z, et al. Modeling and experiment of a planar 3-DOF parallel micromanipulator. Robotica, 2012, 30(2): 171-184

[12] Tian Y, Shirinzadeh B, Zhang D. Design and dynamics of a 3-DOF flexure-based parallel mechanism for micro/nano manipulation. Microelectronic Engineering, 2010, 87(2): 230-241

[13] 刘平安. 柔性关节及 3-DOF 微动平面并联机器人设计与分析. 北京：北京交通大学, 2008

[14] 赵山杉. 大变形环形柔性铰链性能分析与设计方法研究. 北京：北京航空航天大学, 2010

[15] 杨启志，朱小兵，马履中，等. 大变形柔性转动副结构设计与柔度分析. 农业机械学报, 2012, 43(9): 209-212

[16] 余跃庆，崔忠炜，赵鑫，等. 柔顺关节并联机器人设计与实验. 农业机械学报, 2013, 44(07): 274-278

[17] 余跃庆，马兰，崔忠炜，等. 柔性机器人的关节设计与制作. 中国科技论文, 2013, 08(08): 784-786

[18] 刘金琨. 机器人控制系统的设计与 MATLAB 仿真. 北京: 清华大学出版社, 2008

[19] Slotine J J, Sastry S S. Tracking control of non-linear systems using sliding surfaces, with application to robot manipulators. International Journal of Control, 1983, 38(2): 465-492

(原载《农业机械学报》，2014, 45(5): 278-284)

第 4 章　冗余度柔性机器人动力学与控制

引　言

高速、轻质是现代机器人的发展趋势，由此带来的直接结果就是，机器人在高速工作时，关节的柔性变形特征已经比较明显，而随着机器人轻型化的发展，机器人杆件的柔性变形也不可忽略，因此，机器人结构上的柔性变形成为影响机器人性能的重要因素。一方面，这种柔性变形是机器人分析中必须考虑的因素，设计时也需要加以限制；另一方面，如能充分利用这种柔性变形特性，又能为设计和开发高性能机器人开辟新的途径。与刚性机器人相比，这种具有柔性部件的柔性机器人具有很多优越性，如驱动器小，能量消耗低，载质比高，操作速度快，结构紧密，操作安全，综合费用低等，因此，引起了广大学者的密切关注，成为机器人研究领域的重要方向之一。

由于考虑了柔性变形因素，柔性机器人本身就成为一种非线性动力学系统，这里已经没有单纯意义上的运动学问题，其运动学总是与动力学问题紧密联系在一起的，因此，核心问题就是机器人的机构动力学问题。本章就沿着机器人的柔性变形这条主线，对其动力学分析、设计及控制问题进行研究。

柔性机器人中柔性变形的产生，在很大程度上影响了机器人的定位精度、运动性能和动力学特性。在研究开始阶段，首要任务是建立适当的模型来描述柔性机器人，然后利用这种模型来认识和分析柔性机器人所具有的运动学和动力学特性，最后在此基础上，利用各种方法努力减少柔性变形带来的负面影响，发挥其积极作用，重新进行柔性机器人的运动规划和动力控制以及优化设计。

与刚性机器人不同，柔性机器人是由作动机构等构成的集中参数系统和由柔性杆件构成的分布参数系统所组成的混合系统，因此呈现高度的非线性，其动力学特性由偏微分方程描述，具有很强的病态(刚性)特征，除极个别情况外，一般难以获得解析解。因此，需采用离散化的方法将偏微分方程转化为常微分方程进行处理。常见的离散化方法包括集中质量法、假设模态法、有限元法等。目前，柔性机器人建模运用最多的是有限元方法。但需要指出的是，主要用于结构分析的有限元方法及相应的软件(如 ANSYS 等)并不能直接应用到柔性机器人的动力学分析中。因为柔性机器人的真实运动是由机器人整体大范围刚体运动与柔性构件局部变形和振动相互耦合而成的，各个单元在其本身变形运动的同时还伴随着机器人进行高速大范围的刚体运动，并非像机械主轴那样单一构件的高频低幅振动，其动力学方程是时变的强非线性微分方程，在应用有限元法前需要对机器人系统进行局部固化等处理。运动弹性动力学(KED)方法就是一种以此为基础的柔性机器人动力学分析有效方法。相比柔性多体系统动力学方法，KED 方法在动力学方程求解效率上有较大优势，因此，是柔性机器人领域主要的建模方法之一。

在柔性机器人的研究过程中，大多成果都集中在动力学建模及分析方法上，但在认识柔性机器人本质特性，进而改善其工作品质这一更加重要的根本任务方面却显得不足。这一现象与弹性机构和柔顺机构的研究状况有些类似，究其原因，主要是没有充分了解和认识柔性机器人的内在特性，因此，也没有找到提高柔性机器人性能的有效解决方法。本章研究工作重点解决这方面问题。

冗余度机器人是机构自由度或驱动关节数大于机器人任务参数的一类机器人，它存在自运动现象，由于其灵活、多变的特性常用来解决如避障、奇异等刚性机器人的运动学问题。对于柔性机器人来讲，利用冗余度机器人的自运动特性，能够改变机器人的位形和故有频率等动力学特性，从而解决柔性机器人的柔性变形及振动问题，因此，完全可以将柔性机器人与冗余度机器人结合成一体来研究，以综合提高机器人的性能。本章研究把这两个领域融合到一起，围绕冗余度柔性机器人这一交叉新方向开展研究。

一方面，利用冗余度机器人的自运动特性改善柔性机器人的运动及动力学性能，取得了良好效果，从优化机器人内部机械结构的角度改善了机器人的性能。在柔性机器人完成规定运动任务的条件下，提高冗余度柔性机器人的承载能力有两种途径：一是优化机器人的杆件几何参数和截面参数，尽可能地降低机器人自身的质量，提高机器人的载荷质量比；二是利用机器人的冗余度，规划机器人的运动和位形，提高机器人末端承载能力。另一方面，对于给定的工作任务与环境，当机器人关节运动规律确定后，即可构造闭环控制系统，从外部给机器人施加控制措施的角度来进一步提高机器人的运动及动力学品质，利用控制输入降低柔性构件的弹性变形。更进一步，同时从机器人的内部机械结构和外部控制手段这两方面入手，能够更加有效地改善柔性冗余度机器人的动力学性能，提高其工作品质。本章就是以此为思路开展研究的。

本章内容主要分为两部分，共由 17 篇论文组成。

4.1 节建模与分析，主要研究了柔性机器人建模方法和动力学特性分析，由 6 篇论文构成。其中，文 35 围绕同时考虑关节柔性和杆件柔性的平面机器人动力学建模展开，提出了一种柔性转子——梁单元，将杆件和关节的柔性及其耦合特性集中表现出来。文 36 则在此基础上进一步提出了空间柔性转子——梁单元模型，解决了空间柔性机器人的动力学建模和分析问题。文 37 提出了一种综合考虑集中质量和分布刚度的混合梁单元模型，同时考虑了轴向应变、弯曲应变、扭转应变以及重力的影响，使空间柔性机器人动力学建模精度和计算效率进一步提高。文 38 综合应用动力学分析软件 ADAMS 和有限元分析软件 ANSYS 进行二次开发，建立了一种用于柔性机器人动力学分析的仿真系统。这些工作为进一步探索柔性机器人的动力学特性提供了有效方法和工具。文 39 深入探讨了柔性机器人的关节和连杆柔性的耦合效应，并在此基础上进行了多杆柔性机械臂的优化设计。文 40 对具有柔性杆件和关节的空间机器人频率特性及其与结构参量之间的内在关系进行了研究。以上工作为后面开展柔性机器人的运动规划和动力控制提供了方法和依据。

4.2 节规划与控制，是本章重点，主要从机器人内部机械结构和外部控制策略两方面研究如何改善和提高柔性机器人运动及动力学特性，由 11 篇论文构成。首先，文 41～文 47 利用机构冗余度特性进行了柔性机器人运动规划的研究。其中，文 41 提出了一种通过改变初始位形来降低柔性机器人变形及振动的方法。文 42 用增加机构冗余度的方法进一步提高了柔性机器人的运动规划水平。文 43 给出了一种提高冗余度柔性机器人载荷质量比的有效方法。文 44 提出了利用机构冗余度进行柔性机械臂运动规划的最优冗余位形方法，通过优化关节的初始位形和自运动，使空间柔性机器人末端精度得到较大提高。文 45 给出了一种基于最小变形能的柔性冗余度机器人运动规划方法。文 46 将关节驱动力矩和末端变形误差同时作为改善对象，对空间柔性机器人进行了运动规划。文 47 提出了一种基于提高机器人重量载荷比的最优结构参数设计方法。然后，文 48～文 51 从主动控制的角度研究了柔性冗余度机器人的动力控制问题。其中，文 49 采用主动控制方法抑制了冗余度柔性机器人的弹性振动。文 48 给出了冗余度柔性机器人运动结束后的残余振动主动控制策略。文 50 设计了具有压电作动器的机敏杆件，使柔性机器人的动力响应得到最优控制。文 51 提出了一种融合模糊和 PID 控制的柔性机械臂振动压电控制方法。这些研究工作在综合改善冗余度柔性机器人的动力学特性方面向前推进了一步。

然而，冗余度柔性机器人毕竟是机器人研究领域的交叉新方向，在以上研究的基础上，还可以向更深和更广的方向发展。首先，可从机器人机构学角度出发，进一步发挥柔性机器人和冗余度机器人两方面的优势，使之更充分地融合，将避障、避奇异、容错、跟踪等多种功能和特性纳入冗余度柔性机器人的研究中，提出能综合评价和度量冗余度柔性机器人动力学特性的新指标，建立相应的冗余度柔性机器人设计新方法。其次，可从机器人控制角度找措施，提出更有效的控制方法，在主、被动混合控制策略上取得突破，加强控制系统的稳定性，不仅在理论和仿真上，更重要的是在实验层面上真正实现动力控制。最后，将两种途径结合起来，让机器人内部结构和外部控制两方面同时发挥作用，综合提高柔性冗余度机器人的运动学和动力学性能。

4.1　建模与分析

§ 35　Flexile Rotor Beam Element for the Manipulators with Joint and Link Flexibility

Yue Shigang, Yu Yueqing, Bai Shixian

Department of Basic Science, Beijing Polytechnic University, Beijing 100022, *China*

Abstract: *This paper presents a new flexible rotor beam element to study the dynamic behaviour of manipulators with flexible links and joints. Both link and joint flexibility are incorporated together by using the element model which is the combination of a finite element model for links and a torsional spring model for joints. The coupling terms of link and joint flexibility are considered in the dynamic equations of the manipulator. A planar 3R manipulator with flexible links and joints is analyzed as an example. The results of numerical simulation show the significant effect of joint flexibility in the dynamics of compliant manipulators.*

1. Introduction

Most industrial manipulators are designed and controlled under the assumption of rigid body dynamics at the present time. These manipulators are limited in the operating speed and payload capacity. Lightweight manipulators with flexible members have the advantages of higher speed smaller actuators, lower energy consumption, lower overall mass and cost, more compact link design and greater ratio of payload to its weight. A considerable achievement has been made in this area[1].

There are basically two methods for modeling flexible manipulators, the assumed modes method and the finite elements method; the latter has been proved more effective. The link flexibility has attracted more and more attention in the dynamics of flexible manipulators[2]. The joint flexibility has also been considered by several researchers, such as Gaultier and Cleghorn[3], Yang and Sadler[4, 5], Kalra and Sharan[6], Smaili[7], where finite element technique has been used to model flexible manipulators. However, only a stiffness matrix was added into the system one, but the significant contribution of joint flexibility has not been revealed. In fact, the elasticity in each joint adds an additional degree of freedom to the manipulator system[8-10], which results in the great variation on the dynamic behavior of manipulators. Gogate and Lin[9] considered both link and joint flexibility, but only derived the dynamics of a manipulator with one flexible link by an assumed modes model of vibration for link and a torsional spring model for elastic joint. This method may be difficult to apply to the manipulator systems with multi-link and irregular link shapes[10]. Further study in the aspect is necessary.

This paper presents a flexible rotor beam element to study the dynamic behavior of planar manipulators with multiple flexible links and joints. Link and joint flexibility are incorporated together by using the element. The effects of longitudinal loads on lateral vibration, gravitational body force, internal damping, actuator and payload masses are all considered at the same time. The flexible joint is studied by introducing an additional degree of freedom into the element. The system of differential equations of a flexible manipulator is the combination of a finite element dynamic model for links and a torsional spring model for joints, and all the coupling terms due to link and joint flexibility are included in the equations. The effect of each flexible joint on link deformations is investigated through the solution of this combined equation. A plane 3R manipulator with flexible links and joints is analyzed as an example. The results of numerical simulation show the significant role of joint, as well as link, flexibility in the dynamic characteristics of flexible manipulator.

2. Flexible rotor beam element model

2.1 Flexible rotor beam element

In order to model the compliant manipulator, a new beam element, called the flexible rotor beam element, is proposed here to describe the link and joint flexibility at the same time.

A flexible rotor beam element is the combination of a basic beam element and a rotor connected by a linear torsional spring, as shown in Fig.1. where, n is the gear ratio of a gear unit at joint i, J_{zi} is the moment of inertia of rotor i about its z axis, τ_i is the torque of ith rotor, q_i is the generalized coordinate for the ith rotor, θ_i is the input angle of the ith link, δ_i is the deformation of the ith torsional spring and

$$\delta_i = q_i - \theta_i \tag{1}$$

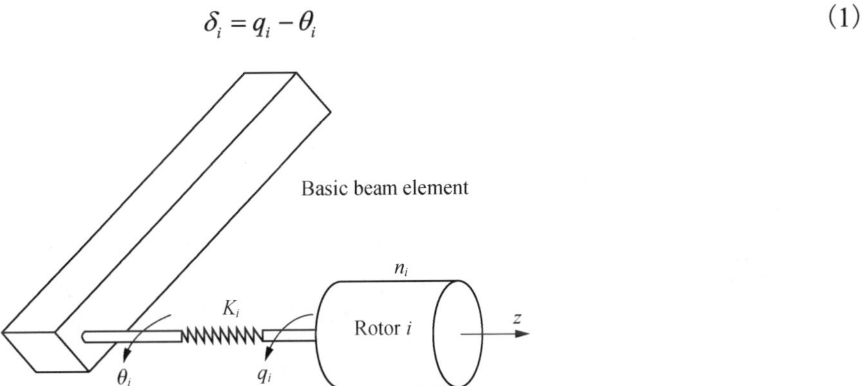

Fig.1　The flexible rotor beam element

Notice that only the moment of inertia of rotor about its z axis is considered here. The error in kinetic energy caused by neglecting the moment of inertia of rotor about other axis is only about 0.01%, as shown in Ref. [8], and so is tolerable.

The transverse deflections of a basic beam element are modeled by a quintic polynomial and the longitudinal deflections assumed to be a linear polynomial[11]. The generalized coordinates of the element are assembled in a matrix form as

$$\{\phi\}_e = \{\phi_1, \phi_2, \phi_3, \cdots, \phi_8\}^T \tag{2}$$

where, ϕ_1 and ϕ_5 are the axial displacements along the x axis, ϕ_2 and ϕ_6 are the transverse displacements along the y axis, ϕ_3 and ϕ_7 are the rotary displacements about the z axis, ϕ_4 and ϕ_8 are the curvature displacements.

The transverse deformation U_{YE} and the longitudinal deformation U_{XE} (shown in Fig.2) of an arbitrary point c at the x axis of an element can be expressed as follows:

$$U_{YE} = \{\phi\}_e^T \{D_Y\} \tag{3}$$

$$U_{XE} = \{\phi\}_e^T \{D_X\} \tag{4}$$

where, $\{D_Y\}$ and $\{D_X\}$ are the vectors of the interpolation polynomials, shown in the Appendix.

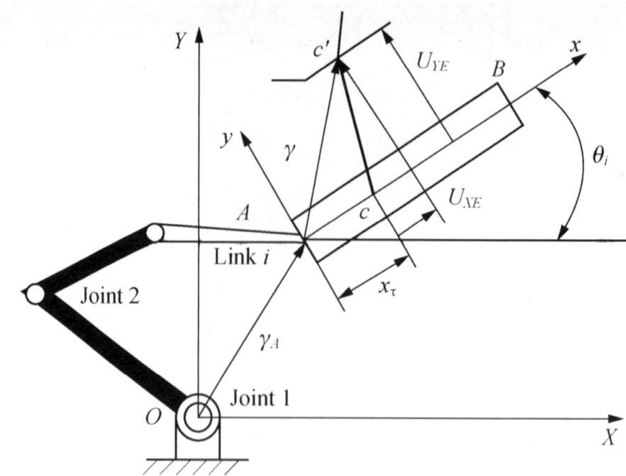

Fig.2　The deformations of an element in a flexible manipulator

Before the dynamic equation can be obtained, it is necessary to derive the kinetic and potential energy of the element.

2.2　Kinetic energy of a flexible rotor beam element

The velocity of point c is given by Ref. [11]

$$V=\begin{bmatrix}\vec{i} & \vec{j} & \vec{k}\end{bmatrix}\begin{bmatrix}V_{AX}-\dot{\theta}U_{YE}+U_{XE}\\ V_{AY}+\dot{\theta}\left(x+U_{XE}\right)+U_{YE}\end{bmatrix}\tag{5}$$

where, $\vec{i},\vec{j},\vec{k}$ are the unit vectors of the floating coordinate system xAy, V_{AX} and V_{AY} are the projections of velocity of point A on the x and y axis, respectively. The effect of joint flexibility is contained in the above equations through Eq. (1).

Substituting the Eqs. (3) and (4) into Eq. (5), the kinetic energy of a flexible rotor beam element with lumped masses at distal ends can be expressed as

$$\begin{aligned}T_{\text{ibe}}=&\frac{1}{2}\rho A\left(V_{AX}^2 l_{\text{e}}+V_{AY}^2 l_{\text{e}}+\frac{1}{3}\dot{\theta}^2 l_{\text{e}}^3+V_{AY}^2\dot{\theta}l_{\text{e}}^2\right)+\frac{1}{2}m_A\left(V_{AX}^2+V_{AY}^2\right)\\&+\frac{1}{2}m_B\left(V_{AX}^2+V_{AY}^2+\dot{\theta}^2 l_{\text{e}}^2+2V_{AY}\dot{\theta}l_{\text{e}}\right)+\frac{1}{2}\rho I\dot{\theta}^2 l_{\text{e}}+\frac{1}{2}\left(J_A+J_B\right)\dot{\theta}^2\\&+\frac{1}{2}\dot{\theta}^2\{\phi\}_{\text{e}}^{\text{T}}[m]\{\phi\}_{\text{e}}+\frac{1}{2}\{\phi\}_{\text{e}}^{\text{T}}[m+]\{\phi\}_{\text{e}}+\dot{\theta}\{\dot{\theta}\}_{\text{e}}^{\text{T}}[B]\{\phi\}_{\text{e}}\\&+\{\phi\}_{\text{e}}^{\text{T}}\{Y+\}+\{\phi\}_{\text{e}}^{\text{T}}\{X+\}+\dot{\theta}\{\phi\}_{\text{e}}^{\text{T}}\{Z+\}+\frac{1}{2}J_{Zi}n_i^2 q_i^2\end{aligned}\tag{6}$$

where,

$$[m+]=[m]+[m_Z]+[m_{LJ}]\tag{6a}$$

$$[m]=\rho A\int_0^{l_{\text{e}}}\left(\{D_Y\}\{D_Y\}^{\text{T}}+\{D_X\}\{D_X\}^{\text{T}}\right)\text{d}x+[m_{\text{L}}]\tag{6b}$$

$$[B]=2\rho A\int_0^{l_{\text{e}}}\{D_Y\}\{D_X\}^{\text{T}}\,\text{d}x+[B_{\text{L}}]\tag{6c}$$

$$[m_Z]=\rho I\int_0^{l_{\text{e}}}\left(\frac{\partial\{D_Y\}}{\partial x}\right)\left(\frac{\partial\{D_Y\}^{\text{T}}}{\partial x}\right)\text{d}x\tag{6d}$$

$$\{Y+\}=\rho A\left(\dot{\theta}^2\int_0^{l_{\text{e}}}x\{D_x\}\,\text{d}x+V_{AY}\dot{\theta}\int_0^{l_{\text{e}}}\{D_x\}\,\text{d}x-V_{AX}\dot{\theta}\int_0^{l_{\text{e}}}\{D_y\}\,\text{d}x\right)+\{Y_{\text{L}}\}\tag{6e}$$

$$\{X+\}=\rho A\left(\dot{\theta}\int_0^{l_e} y\{D_y\}\mathrm{d}x+V_{AY}\int_0^{l_e}\{D_y\}\mathrm{d}x+V_{AX}\int_0^{l_e}\{D_x\}\mathrm{d}x\right)+\{X_L\} \tag{6f}$$

$$\{Z+\}=\rho I\int_0^{l_e}\left(\frac{\partial\{D_y\}}{\partial x}\right)\mathrm{d}x+\{Z_L\} \tag{6g}$$

where, m_A and m_B are the lumped masses at the distal ends, J_A and J_B are the moment of inertia of the lumped masses, l_e is the length of the element, ρ is the material density of a link, A is the area of the link cross-section, I is the second moment of area, $[m_L],[m_{LJ}],[B_L],\{Y_L\},\{X_L\}$ and $\{Z_L\}$ are matrices or vectors of lumped masses and can be seen in the Appendix.

2.3　The potential energy of flexible rotor beam element

The potential energy of a flexible rotor beam element is the sum of the strain energy, the energy due to longitudinal loads in an element undergoing transverse deflection[11] and the potential energy for a torsional spring[8]. Now, the potential energy of a flexible rotor beam element with lumped masses at distal ends can be expressed as follows:

$$\begin{aligned}V_{\text{fibe}}=&\frac{1}{2}\int_0^{l_e}\left\{EI\left(\frac{\partial^2 U_{YE}}{\partial x^2}\right)^2+\frac{(EI)^2}{GA^*}\left(\frac{\partial^3 U_{YE}}{\partial x^3}\right)^2+EA\left(\frac{\partial U_{XE}}{\partial x}\right)^2+P(x,t)\left(\frac{\partial U_{YE}}{\partial x^2}\right)^2\right\}\mathrm{d}x\\&+\frac{1}{2}K(q_i-\theta_i)^2+\rho A_i l_e g\left(r_{AY}+\frac{1}{2}l_e\sin\theta_i+U_{YE}\Big|_{\frac{l_e}{2}}\cos\theta_i+U_{XE}\Big|_{\frac{l_e}{2}}\sin\theta_i\right)\\&+m_A g r_{AY}+m_B g\left(r_{AY}+l_e\sin\theta_i+U_{YE}\Big|_{\frac{l_e}{2}}\cos\theta_i+U_{XE}\Big|_{\frac{l_e}{2}}\sin\theta_i\right)\end{aligned} \tag{7}$$

where, r_{AY} is the geometric projection of r_A (Fig.2), r_A is a vector extending from the global frame to the beam fixed frame, E and G represent elastic and shear modulus respectively, A * is the shear cross-sectional area, g is the gravitational acceleration vector, $P(x, t)$ is the longitudinal load and can be shown as:

$$\begin{aligned}P(x,t)=&\left[P_r x-\rho A l_e(a_{AX}+g_{AX})+\frac{1}{2}\rho A l_e^2\dot{\theta}^2-m_A(a_{AX}+g_{AX})+m_B l_e\dot{\theta}^2\right]\\&+\rho A(a_{AX}+g_{AX})x-\frac{1}{2}\rho A\dot{\theta}^2x^2\end{aligned} \tag{8}$$

where, a_{AX} and g_{AY} are the absolute and gravitational acceleration of the beam element in the X direction.

Substituting Eqs.(3), (4) and (8) into Eq.(7), then

$$\begin{aligned}V_{\text{fibe}}=&\frac{1}{2}\{\phi\}_e^{\mathrm{T}}[K]\{\phi\}_e+\frac{1}{2}K_i(q_i-\theta_i)^2\\&+\rho A_i l_e g\left(r_{AY}+\frac{1}{2}l_e\sin\theta_i+\{\phi\}^{\mathrm{T}}\{C_{gy}\}_1\cos\theta_i+\{\phi\}^{\mathrm{T}}\{C_{gx}\}_2\sin\theta_i\right)\\&+m_A g r_{AY}+m_B g\left(r_{AY}+l_e\sin\theta_i+\{\phi\}^{\mathrm{T}}\{C_{gy}\}_2\cos\theta_i+\{\phi\}^{\mathrm{T}}\{C_{gx}\}_2\sin\theta_i\right)\end{aligned} \tag{9a}$$

where,

$$[K]=EI\int_0^{l_e}\left(\frac{\partial^2\{D_y\}}{\partial x^2}\right)\left(\frac{\partial^2\{D_y\}}{\partial x^2}\right)^{\mathrm{T}}\mathrm{d}x+EA\int_0^{l_e}\left(\frac{\partial\{D_x\}}{\partial x}\right)\left(\frac{\partial\{D_x\}}{\partial x}\right)^{\mathrm{T}}\mathrm{d}x$$

$$+\frac{(EI)^2}{GA^*}\int_0^{l_e}\left(\frac{\partial^3\{D_y\}}{\partial x^3}\right)\left(\frac{\partial^3\{D_y\}}{\partial x^3}\right)^{\mathrm{T}}\mathrm{d}x+P(x,t)\int_0^{l_e}\left(\frac{\partial\{D_y\}}{\partial x}\right)\left(\frac{\partial\{D_y\}}{\partial x}\right)^{\mathrm{T}}\mathrm{d}x \tag{9b}$$

$$\{C_{gx}\}_1=\{D_x\}_{1x}=\frac{l_e}{2}$$

$$\{C_{gy}\}_1=\{D_y\}_{1x}=\frac{l_e}{2}$$

$$\{C_{gx}\}_2=\{D_x\}_{1x}=l_e$$

$$\{C_{gy}\}_2=\{D_y\}_{1x}=l_e$$

The kinetic and potential energy of a basic beam element can be easily given as

$$T_b=T_{\text{fibe}}-\frac{1}{2}J_{zi}n_i^2\dot{q}_i^2 \tag{10}$$

$$V_b=\frac{1}{2}\{\phi\}_e^{\mathrm{T}}[K]\{\phi\}_e+\rho Al_e g\left(r_{AY}+\frac{1}{2}l_e\sin\theta_i\right)+m_A g r_{AY}+m_B g\left(r_{AY}+\frac{1}{2}l_e\sin\theta_i\right) \tag{11}$$

3. On link flexibility

Considering the link flexibility only, the flexible rotor beam element can be treated as a basic element when deriving the differential equations for flexible links. Because the additional terms in a flexible rotor beam element do not contain vector of ϕ_c or ϕ_e, no additional term will appear in the differential equations. In this case, the Lagrange equation for a flexible rotor beam element (or a basic beam element) is expressed as

$$\frac{\mathrm{d}}{\mathrm{d}t}\left(\frac{\partial T_{\text{fibe}}}{\partial\{\dot{\phi}\}_e}\right)-\frac{\partial T_{\text{fibe}}}{\partial\{\phi\}_e}+\frac{\partial V_{\text{fibe}}}{\partial\{\phi\}_e}=\{q_e\}+\{f\} \tag{12}$$

Substituting Eqs. (6) and (9) into Eq. (12) and rearranging in a compact form as

$$[m_e]\{\ddot{\phi}\}_e+[C_e]\{\phi\}_e+[K_e]\{\phi\}_e=\{p_e\}+\{f_e\} \tag{13}$$

where,

$$[m_e]=[m]+[m_z]+[m_y] \tag{13a}$$

$$[C_e]=2\dot{\theta}[B] \tag{13b}$$

$$[K_e]=\dot{\theta}[B]-\dot{\theta}^2[m]+[k] \tag{13c}$$

$$\{p_e\}=\{Y+\}-\dot{\theta}\{Z+\}-\{X+\}-\{m_G\} \tag{13d}$$

$$\{m_G\}=\rho Alg\cos\theta_i\{C_{gy}\}_1+\rho A\mathrm{lg}\sin\theta_i\{C_{gx}\}_1+m_B g\cos\theta_i\{C_{gy}\}_2+m_B g\sin\theta_i\{C_{gx}\}_2 \tag{13e}$$

f_e is the external load given by the adjacent element. The elemental dynamic equations can be assembled into dynamic system and expressed in terms of global variable $\{\phi\}$

$$[M]_s\{\ddot{\phi}\}+[C]_s\{\dot{\phi}\}+[K]_s\{\phi\}=\{P\}_S \tag{14}$$

where, $[M]_s$, $[C]_s$ and $[K]_s$ are the mass, damping and stiffness matrix of the system respectively, $\{P\}_S$ is the load vector of the system. $[M]_s$, $[C]_s$, $[K]_s$ and $[P]_s$ are functions of angle θ_i and its derivative which is determined by the Eq. (1).

The quasi-static equation can be obtained as

$$[K]_s\{\phi\}=\{P\}_S \tag{15}$$

4. On joint flexibility

In addition to the link flexibility, the effect of joint flexibility is studied here. The kinetic energies of all the flexible rotor beam elements and basic elements kinetic energy are combined together. Noticing that there are n flexible joints in the n links manipulator, the total kinetic energy of the manipulator system is

$$\begin{aligned}
T &= \sum_{i=1}^{nr} T_{\mathrm{frbe}} + \sum_{i=1}^{ne-nr} T_{\mathrm{b}} \\
&= \sum_{i=1}^{nr}\left\{\frac{1}{2}\rho_i A\left(V_{Axi}^2 l_i + V_{Ayi}^2 l_i + \frac{1}{3}\dot{\theta}_i^2 l_i^3 + V_{AY}\dot{\theta}_i l_i^2\right) + \frac{1}{2}m_{Ai}\left(V_{AXi}+V_{AYi}\right)\right. \\
&\quad \left. + \frac{1}{2}m_{Bi}\left(V_{Axi}^2 + V_{Ayi}^2 + \dot{\theta}_i^2 l_i + 2V_{AYi}\dot{\theta}_i^2 l_i\right) + \frac{1}{2}\rho\dot{\theta}_i^2 l_i + \frac{1}{2}\left(J_{Ai}+J_{Bi}\right)\dot{\theta}_i^2 + \frac{1}{2}J_{zi}n_i^2\dot{q}_i^2\right\} \\
&\quad + \sum_{i=1}^{ne}\left\{\frac{1}{2}\dot{\theta}^2\{\phi\}_{\mathrm{e}}^{\mathrm{T}}[m]\{\phi\}_i + \frac{1}{2}\{\phi\}_{\mathrm{e}}^{\mathrm{T}}[m+]\{\phi\}_i + \dot{\theta}_i\{\phi\}_{\mathrm{e}}^{\mathrm{T}}[M]\{\phi\}_i\right. \\
&\quad \left. + \{\phi\}_{\mathrm{e}}^{\mathrm{T}}\{Y+\}_i + \{\phi\}_{\mathrm{e}}^{\mathrm{T}}\{X+\}_i + \{\phi\}_{\mathrm{e}}^{\mathrm{T}}\{Z+\}_i\right\}
\end{aligned} \tag{16}$$

where, nr is the number of links (or joints), ne is the number of elements of the whole system, l_i is the length of the ith link. In the equations, the terms related to $\{\phi\}_i$ are assembled for element and the other terms remained for link. This classification is very helpful in the following calculation and derivation.

In the same way, the potential energy of the manipulator system can be obtained as

$$\begin{aligned}
V &= \sum_{i=1}^{nr} V_{\mathrm{frbe}} + \sum_{i=1}^{ne-nr} V_{\mathrm{b}} \\
&= \sum_{i=1}^{ne}\left\{\frac{1}{2}\{\phi\}_{\mathrm{e}}^{\mathrm{T}}[K]\{\phi\}_i + \rho A_i l_e g\{\phi\}^{\mathrm{T}}\left(\left\{C_{gy}\right\}_1\cos\theta_i + \left\{C_{gx}\right\}_2\sin\theta_i\right)\right. \\
&\quad \left. + m_B g\{\phi\}^{\mathrm{T}}\left(\left\{C_{gy}\right\}_2\cos\theta_i + \left\{C_{gx}\right\}_2\sin\theta_i\right)\right\} \\
&\quad + \sum_{i=1}^{nr}\left\{\frac{1}{2}K_i\left(q_i-\theta_i\right)^2 + \rho A_i l_i g\left(r_{AYi} + \frac{1}{2}l_i\sin\theta_i\right)\right. \\
&\quad \left. + m_A g r_{AYi} + m_B g\left(r_{AYi} + l_i\sin\theta_i\right)\right\}
\end{aligned} \tag{17}$$

The Lagrange equation for the manipulator system is

$$\frac{\mathrm{d}}{\mathrm{d}t}\left(\frac{\partial T}{\partial\{\dot{q}\}}\right) - \frac{\partial T}{\partial\{q\}} + \frac{\partial V}{\partial\{q\}} = \left\{Q_q\right\} \tag{18}$$

$$\frac{\mathrm{d}}{\mathrm{d}t}\left(\frac{\partial T}{\partial\{\dot{\theta}\}}\right) - \frac{\partial T}{\partial\{\theta\}} + \frac{\partial V}{\partial\{\theta\}} = \left\{Q_\theta\right\} \tag{19}$$

Substituting the Eqs. (16) and (17) into Eqs. (18) and (19), we obtain the following compact form:

$$[J_z]\{\ddot{q}\} + [K_z](\{q\}-\{\theta\}) = \{\tau\} \tag{20}$$

$$[D]\{\ddot{\theta}\}+[K_z](\{\theta\}-\{q\})+\{H\}+\{E\}=\{0\} \tag{20a}$$

$$[J_z]=\mathrm{diag}[J_{z1},\ J_{z2},\ \cdots,\ J_{zn}] \tag{20b}$$

$$[K_z]=\mathrm{diag}[K_1,\ K_2,\ \cdots,\ K_n] \tag{20c}$$

$$\{q\}=\{q_1,\ q_2,\ \cdots,\ q_n\}^{\mathrm{T}} \tag{20d}$$

$$\{\theta\}=\{\theta_1,\ \theta_2,\ \cdots,\ \theta_n\}^{\mathrm{T}} \tag{20e}$$

$$\{\tau\}=\{\tau_1,\ \tau_2,\ \cdots,\ \tau_n\}^{\mathrm{T}} \tag{20f}$$

Where, $[D]$ is a $n\times n$ matrix referred to inertial matrix, $\{H\}$ is a $n\times 1$ matrix referred to the coupling, coriolis and gravitational terms, and $\{E\}$ is a $n\times 1$ matrix referred to influence of the links vibration on joints dynamics which can be obtained as follows:

$$\begin{aligned}E_i=\sum_{j=1}^{nei}\Big\{&\ddot{\theta}_i\{\phi\}_j^{\mathrm{T}}[m]\{\phi\}_j+2\dot{\theta}_i\{\phi\}_j^{\mathrm{T}}[m]\{\phi\}_j+\{\ddot{\phi}\}_j^{\mathrm{T}}[B]\{\phi\}_j\\&+\{\ddot{\phi}\}_j^{\mathrm{T}}\{Z+\}+\{\phi\}_j^{\mathrm{T}}\frac{\partial\{Y+\}}{\partial\theta_i}+\{\phi\}_j^{\mathrm{T}}\frac{\mathrm{d}}{\mathrm{d}t}\left(\frac{\partial\{Y+\}}{\partial\dot{\theta}_i}\right)+\{\phi\}_j^{\mathrm{T}}\frac{\partial\{X+\}}{\partial\dot{\theta}_i}\Big\}\end{aligned} \tag{21}$$

where, nei is the element number of the ith link.

Now, we have the differential equations of the manipulator with flexible links and joints as follows:

$$[J_z]\{\ddot{q}\}+[K_z](\{q\}-\{\theta\})=\{\tau\} \tag{22a}$$

$$[D]\{\ddot{\theta}\}+[K_z](\{\theta\}-\{q\})+\{H\}+\{E\}=\{0\} \tag{22b}$$

$$[M]_{\mathrm{s}}\{\ddot{\phi}\}+[C]_{\mathrm{s}}\{\dot{\phi}\}+[K]_{\mathrm{s}}\{\phi\}=\{P\}_{\mathrm{S}} \tag{22c}$$

These equations can be used to solve the problem of compliant robots considering joint flexibility and link elasticity simultaneously, or individually by neglecting the coupling terms.

5. Numerical simulations

In order to illustrate the model presented in the paper, the numerical simulation of a planar 3R manipulator is performed as follows. The 3R manipulator is shown in Fig.3 and its parameters are adopted from Ref. [3] for comparison.

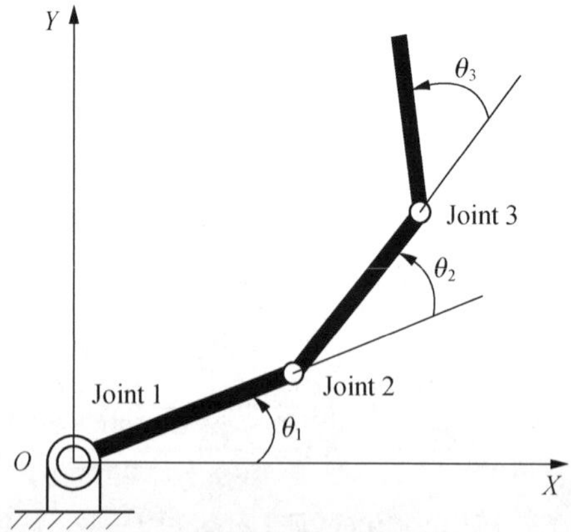

Fig.3　A planar 3R manipulator

The motion profile was created using the following equations:

$$q_i=\begin{cases}\dfrac{\Delta_i}{2}\left[1-\cos\left(\dfrac{2\pi t}{t_0}\right)\right], & 0\leqslant t\leqslant \dfrac{t_0}{2}\\ \Delta_i, & \dfrac{t_0}{2}\leqslant t\end{cases} \tag{23}$$

where, t_0 is the period of oscillation (0.8 s for this example) and Δ_i is the magnitude of rotation (30° for this example). The modulus of elasticity is 71.0 GPa, the shear modulus is 26.0 GPa, the material density is 2710.0 kg $\cdot$ m^{-3}, the cross-section is 5.08×5.08 mm^2, the length of each link is 254.0 mm, the stiffness of each torsional spring is 100 Nm $\cdot$ rad^{-1} and the lumped mass in the distal end of each link is 40g.

The results of the flexible manipulator with or without joint flexibility are shown in Figs.4~8 and the quasi-static results are also presented in each figure. It can be seen from these figures that the results considering and not considering the joint flexibility are quite different although the link elasticity is assumed to be the same in both cases. This result indicates that joint flexibility plays an important role in the dynamic behaviour of compliant manipulators and is sometimes even more important than link elasticity, such as in Fig.6. This characteristic can be illustrated further through a comparison between the results of this paper and that of Ref. [3] which is very similar to the results with rigid joints here.

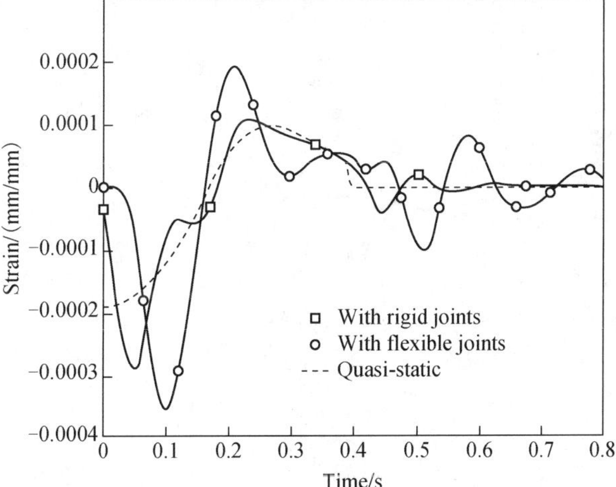

Fig.4　The base joint strain

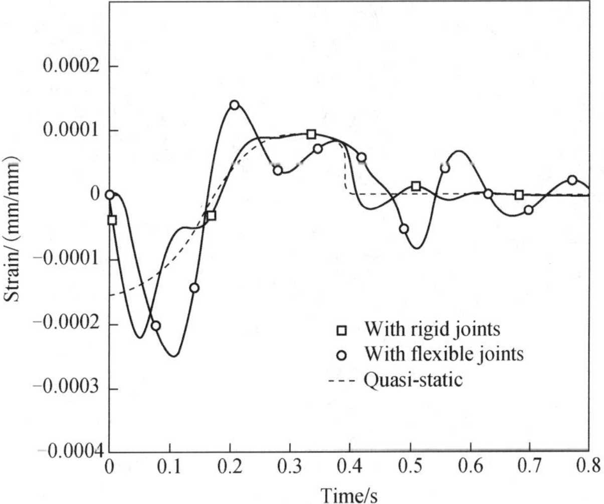

Fig.5　The second joint strain

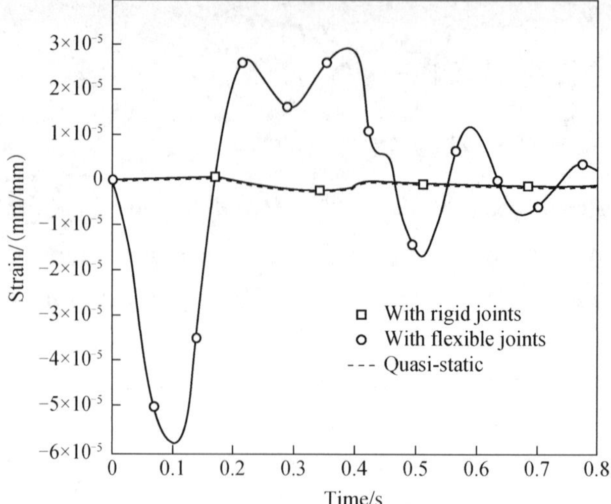

Fig.6　The third joint strain

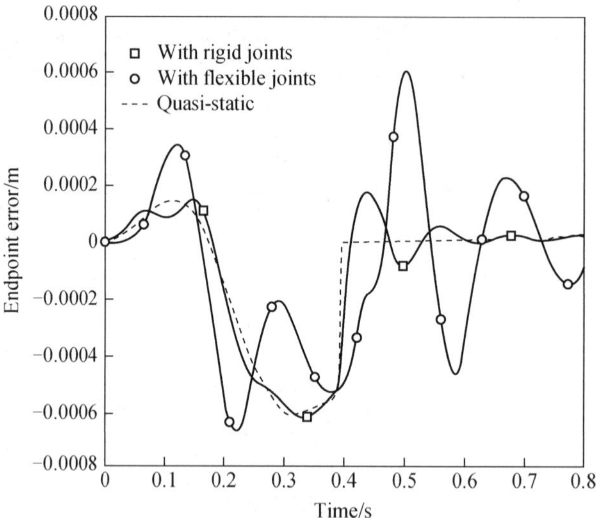

Fig.7　Endpoint error in *x* direction

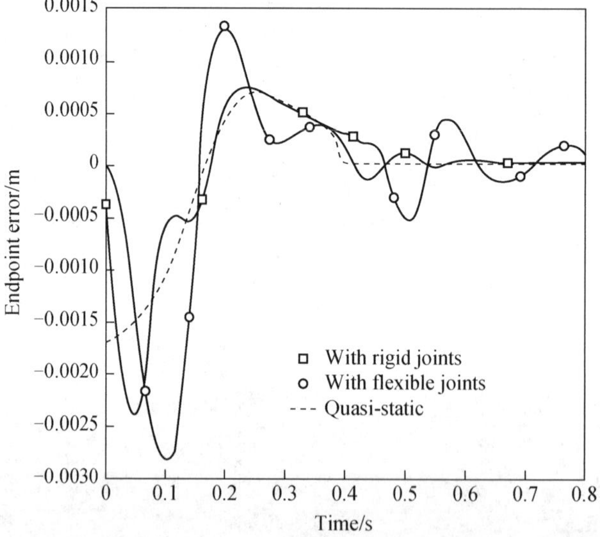

Fig.8　Endpoint error in *y* direction

Moreover, by seeing the quasi-static results, one can find that the rigid body motion of manipulator completes when the time is reach 0.4s. However, the residual vibrations caused by both joint and link flexibility behave obviously after this time. The joint flexibility plays a dominant part in the whole effect. This fact should be noted well, especially in the control of vibration in flexible manipulators.

The results of endpoint error of the manipulator in Figs.7 and 8 show again the dynamic characteristics of the manipulator with joint compliance and link elasticity. Therefore, the new model proposed in this paper is valid and necessary to study the dynamic behaviour accurately and design or control the high-performance flexible manipulator.

6. Conclusions

A new flexible rotor beam element has been developed to study dynamic behaviour of planar manipulators with flexible links and joints. The joint compliance and link flexibility have been considered simultaneously. The results from the numerical simulation of a planar 3R manipulator show that joint flexibility plays a significant role in the dynamic behaviour of flexible manipulator and should therefore be considered, in addition to link elasticity, in the design and control of compliant manipulators.

Acknowledgements

This work is supported by National Education Committee of China and Beijing Science and Technology Committee. Their financial support is greatly appreciated.

References

[1] Gaultier P E, Cleghorn W L. 1st National Applied Mechanics Conference, Cincinnati, OH, 1989: 1-10

[2] Lowen G G, Chasspis C. Mechanism and Machine Theory, 1986, 21 (1) : 33-42

[3] Gaultier P E, Cleghorn W L. Mechanism and Machine Theory, 1992, 27 (4) : 415-433

[4] Yang Z, Sadler J P. ASME Design Technology, Conference, Chicago IL, 1990: 489-496

[5] Yang Z, Sadler J P. ASME Robotics, Spatial Mechanisms and Mechanical Systems Conference, Tempe, AZ, 1992: 619-625

[6] Kalra P, Sharan M A. Mechanism and Machine Theory, 1991, 26 (3) : 299-313

[7] Smaili A A. Mechanism and Machine Theory, 1993, 28 (2) : 193-205

[8] Spong M W. ASME Journal of Dynamic Systems, Measurement and Control, 1987, 109: 310-319

[9] Gogate S, Lin YJ. Robotica, 1992, 11: 273-282

[10] Readman M C, Belanger P R. The International Journal of Robotics Research, 1992, 11 (2) : 123-134

[11] Cleghorn W L. Fenton R G, Tabarrok B. Mechanism and Machine Theory, 1981, 16 (4) : 407-424

Appendix

The nonzero elements in the matrix $[m_{\mathrm{L}}]$ are:

$$m_{\mathrm{L}}(1,1)=m_A,\ m_{\mathrm{L}}(2,2)=m_A,\ m_{\mathrm{L}}(5,5)=m_B,\ m_{\mathrm{L}}(6,6)=m_B$$

The nonzero elements in the matrix $[m_{\mathrm{LJ}}]$ are:

$$m_{\mathrm{LJ}}(3,7)=J_A+J_B,\ m_{LJ}(7,3)=J_A+J_B$$

The nonzero elements in the matrix $[B_{\mathrm{L}}]$ are:

$$B_{\mathrm{L}}(1,2)=-m_A,\ B_{\mathrm{L}}(2,1)=m_A,\ B_{\mathrm{L}}(5,6)=-m_B,\ B_{\mathrm{L}}(6,5)=m_B$$

The nonzero elements in the vector $[Y_{\mathrm{L}}]$ are:

$$Y_L(1) = V_{AY}\dot{\theta}m_A,\quad Y_L(2) = -V_{AX}\dot{\theta}m_A$$
$$Y_L(5) = \left(\dot{\theta}^2 L + V_Y\dot{\theta}\right)m_A,\quad Y_L(6) = -V_{AX}\dot{\theta}m_B$$

The nonzero elements in the vector $[X_L]$ are:

$$X_L(1) = V_{AX}m_A,\quad X_L(2) = V_{AY}m_A$$
$$X_L(5) = V_{AX}m_B,\quad X_L(6) = \left(V_{AY} + \dot{\theta}L\right)m_B$$

The nonzero elements in the vector $[Z_L]$ are:

$$Z_L(3) = J_B,\quad Z_L(7) = J_A$$

The nonzero elements in the vector $[D_X]$ are:

$$D_X(1) = 1 - \frac{1}{L}x$$
$$D_X(5) = \frac{1}{L}x$$

Flexible rotor beam element

The nonzero elements in the vector $[D_Y]$ are:

$$D_Y(2) = 1 - \frac{10}{L^3}x^3 + \frac{15}{L^4}x^4 - \frac{10}{L^5}x^5$$
$$D_Y(3) = x - \frac{6}{L^2}x^3 + \frac{8}{L^3}x^4 - \frac{3}{L^4}x^5$$
$$D_Y(4) = \frac{1}{2}x^2 - \frac{3}{2L^2}x^3 + \frac{3}{2L^2}x^4 - \frac{1}{2L^3}x^5$$
$$D_Y(6) = \frac{10}{L^3}x^3 - \frac{15}{L^4}x^4 + \frac{6}{L^5}x^5$$
$$D_Y(7) = -\frac{4}{L^2}x^3 + \frac{7}{L^3}x^4 - \frac{3}{L^4}x^5$$
$$D_Y(8) = \frac{1}{2L}x^3 - \frac{1}{L^2}x^4 + \frac{1}{2L^3}x^5$$

(in *Mechanism and Machine. Theory*, 1997, 32(2): 209-219)

§ 36　A New Spatial Rotor Beam Element for Modeling Spatial Manipulators with Joint and Link Flexibility

Zhang Xuping, Yu Yue qing

Department of Basic Science, Beijing Polytechnic University, Beijing　100022, China

Abstract: *A new model of spatial rotor beam element is proposed firstly, and the dynamic equations of spatial manipulators considering joint and link flexibility is then derived in this paper. The numerical simulation of a 4R four-link spatial manipulator is obtained for the first time. Results show that both the elastic deformation of joint and that of link flexibility have significant effect on the position error and orientation error of manipulators, and they couple each other.*

1. Introduction

With increased industry demands for higher productivity, high-speed and light-weight manipulators have become a subject of extensive research in the part decades. Light-weight manipulators with flexible members have the advantages of higher speed, smaller actuators, lower energy consumption, lower overall mass and cost, more compact link design and greater ratio of payload to its weight. A considerable achievement has been made in the field of flexible manipulators.

A number of investigators[1-6] dealt with the case of planar mechanisms with flexible links by using the finite element method (FEM), which paved the way of studying flexible manipulators. Recently, some investigators studied the effect of joint flexibility of manipulators in addition to that of link flexibility. Yang and Sadler[7] proposed a joint-beam element to analyze revolute manipulators with link and joint compliance. Yue and Yu[8] presented a flexible rotor beam element and developed dynamic equations of planar manipulators with flexible links and joints. Because of the complexity of spatial manipulators, achievement about spatial manipulators is, however, very little. Compared with planar ones, spatial manipulators have the advantages of larger working scope, more compact structure, more flexible movement, and being able to finish more complex work. It is, therefore, important to study flexible spatial manipulators further.

Some earlier attempts to tackle spatial flexible manipulators were made. Sunada and Dubowsky[9] developed techniques to model spatial robots complex-shaped links by utilizing component mode synthesis. Naganathan and Soni[10] investigated spatial manipulators by using the FEM with Lagrange beam elements including shear deformation. Gaultier and Cleghorn[11] developed and applied a spatial translating and rotating beam finite element to model flexible spatial manipulators. However, only the flexibility of links was considered, the joint flexibility was not included in these works. Although Yang and Sadler[12] developed a finite element model of spatial manipulators with link and joint compliance later, only a stiffness matrix was modified in system equations considering the joint flexibility. The significant contribution of joint flexibility and the coupling effect between joint flexibility and link flexibility have not been revealed. A further study in this aspect is thus necessary.

Moreover, the orientation errors of endpoint of manipulators were neglected in the literature above, only the position errors were considered and analyzed. In many cases, for example in assembling or manufacturing, it is necessary to control the position errors and orientation errors at the same time. Therefore, both the orientation errors and position errors should be included in the error analysis of endpoint, especially for the spatial manipulators.

This paper proposed a spatial rotor beam element for the study of spatial flexible manipulators. General dynamic equations of spatial manipulators with multiple flexible links and joints are derived. The coupling terms of link and joint flexibility are included in the equations. A spatial 4R four-link manipulators with flexible joints and links is simulated for the first time. The numerical results show that joint and link flexibility play significant roles in the dynamic characteristics of flexible manipulators, and the elastic deformations of link and joint couple each other. The orientation errors, as well as the position errors, have important effects on the dynamics of spatial flexible manipulators.

2. Dynamic equations

2.1 A spatial flexible rotor beam element

A spatial flexible manipulator can be divided into several parts which are composed of a spatial basic beam element and a spatial rotor beam element. The basic beam element usually describe elastic deformation of link. The spatial rotor beam element which is made of a basic beam element and a rotor connected by a linear torsion spring, as shown in Fig.1, describes the deformation of joint and link. Where n_i is the gear ratio of a gear unit at joint, τ_i is the torque of the ith rotor, q_i is the input angle of the ith revolute joint, θ_i is the output angle of the ith joint, δ_i is the torsional deformation of the ith joint spring. So, we have

$$\theta_i = q_i + \delta_i \tag{1}$$

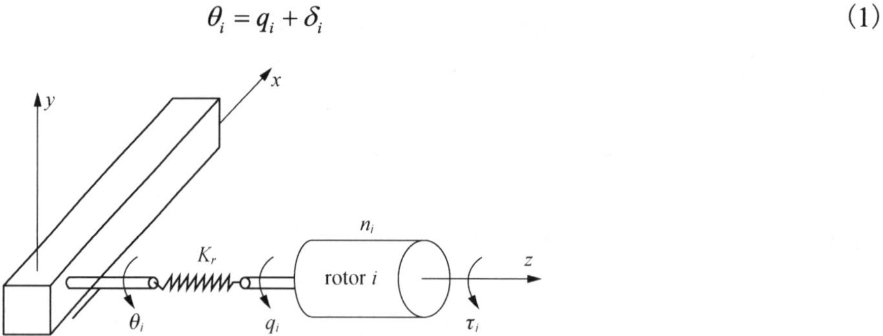

Fig.1 A spatial flexible rotor beam element

It is supposed that a spatial beam elements is subject to axial, lateral (in two planes) and torsional deformation. A point in the element will have displacements in x, y, z direction and around x, y, z direction. They can be expressed as: $A(x, t)$, $B(x, t)$, $C(c, t)$, $D(x, t)$, $E(x, t)$, $F(x, t)$.These displacements can be described uniquely by a set of interpolation functions and generalized coordinates and expressed as

$$\begin{aligned} A(x,t) &= \{N_A\}^{\mathrm{T}}\{u\} \\ B(x,t) &= \{N_B\}^{\mathrm{T}}\{u\} \\ C(x,t) &= \{N_C\}^{\mathrm{T}}\{u\} \\ D(x,t) &= \{N_D\}^{\mathrm{T}}\{u\} \end{aligned}$$

$$\begin{aligned} E(x,t) &= \left\{\frac{\partial N_C}{\partial x}\right\}^{\mathrm{T}}\{u\} = \{N_C'\}^{\mathrm{T}}\{u\} \\ F(x,t) &= \left\{\frac{\partial N_B}{\partial x}\right\}^{\mathrm{T}}\{u\} = \{N_B'\}^{\mathrm{T}}\{u\} \end{aligned} \tag{2}$$

The generalized coordinates of an element are shown in Fig.2.where $\{N_A\},\{N_B\},\{N_C\},\{N_D\}$ are the vectors of interpolation polynomials which are given in Appendix. $\{u\}$ is the vector of the elastic displacement, rotary angle and curvature in element coordinates. $\{U\}$ is the expression of $\{u\}$ in the global frame, then

$$\{u\} = R\{U\}^{\mathrm{T}} \tag{3}$$

where, R is the rotation matrix from the global frame to the ith element frame.

Now, we can derive the dynamic equations of a spatial manipulator by applying the spatial flexible rotor beam element developed above.

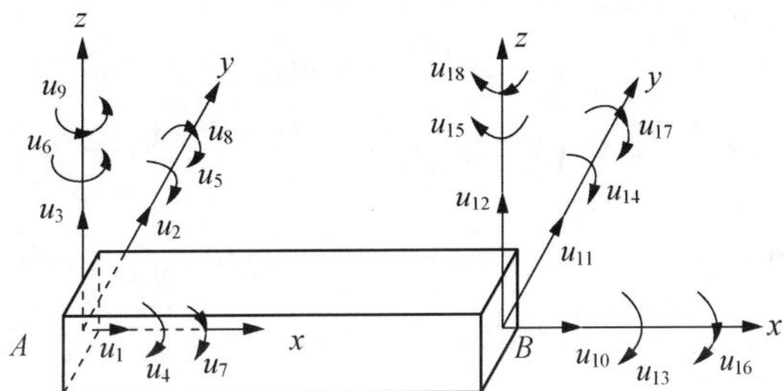

Fig.2　Generalized coordinates of a element

2.2　Kinetic and potential energy of spatial flexible rotor beam elements

The kinetic and potential energy of spatial flexible rotor beam elements are determined by the kinetic energy of basic beam element, the elastic potential energy of joint and the kinetic energy of rotors.

2.2.1　Velocity analysis

The position vector of any point in its own element frame can be described as the superposition of rigid body position and flexible deformation vector. That is

$$\overrightarrow{r(x,t)} = \begin{Bmatrix} x \\ 0 \\ 0 \end{Bmatrix} + \begin{Bmatrix} A(x,t) \\ B(x,t) \\ C(x,t) \end{Bmatrix} \tag{4}$$

The rotational velocity of an arbitrary cross-section can expressed as

$$\overrightarrow{\omega(x,t)} = \begin{Bmatrix} \omega_{rx} \\ \omega_{ry} \\ \omega_{rx} \end{Bmatrix} + \begin{Bmatrix} \dot{D}(x,t) \\ \dfrac{\partial \dot{C}(x,t)}{\partial x} \\ \dfrac{\partial \dot{B}(x,t)}{\partial x} \end{Bmatrix} \tag{5}$$

$$\overrightarrow{\omega(x,t)} = \overrightarrow{\omega_{\mathrm{r}}(t)} + \overrightarrow{\omega_{\mathrm{u}}(x,t)} \tag{6}$$

The linear velocity of a point can be presented by

$$\overrightarrow{V(x,t)} = \overrightarrow{V_A(t)} + \overrightarrow{\omega_{\mathrm{r}}(x,t)} \times \overrightarrow{r(x,t)} + \frac{\overrightarrow{\partial r(x,t)}}{\partial t} \tag{7}$$

where, $\overrightarrow{V(x,t)}$ is the absolute velocity of a point in the element, $\overrightarrow{V_A(t)}$ and $\overrightarrow{\omega_{\mathrm{r}}(t)}$ are the linear and angular velocity of the element in the fixed xyz-coordinate system, respectively. These velocities are expressed in their own element. Substituting Eqs. (4)~(6) into Eq. (7), we have

$$\overrightarrow{V(x,t)} = \begin{Bmatrix} V_{Ax} + \omega_{ry} C(x,t) - \omega_{rz} B(x,t) + \dot{A}(x,t) \\ V_{Ay} + \omega_{ry} C(x,t) - \omega_{rz}\left(x + \mathrm{A}(x,t)\right) + \dot{B}(x,t) \\ V_{Az} + \omega_{rx}\, \mathrm{B}(x,t) - \omega_{ry}\left(x + \mathrm{A}(x,t)\right) + \dot{C}(x,t) \end{Bmatrix} \tag{8}$$

2.2.2 Kinetic energy

The kinetic energy of a basic beam element can be expressed as

$$T_1 = \frac{\rho A}{2}\int_0^{l_e} (\overrightarrow{V(x,t)}\overrightarrow{V(x,t)})\mathrm{d}x + \frac{\rho I}{2}\int_0^{l_e}\left(\overrightarrow{\omega(x,t)}\overrightarrow{\omega(x,t)}\right)\mathrm{d}x \tag{9}$$

The translating kinetic energy of lumped masses (including rotors) can be indicated as

$$\mathrm{As}\, T_2 = \frac{m_A}{2}\left(\overrightarrow{V(0,t)}\cdot\overrightarrow{V(x,t)}\right) + \frac{m_B}{2}\left(\overrightarrow{V(l_e,t)}\cdot\overrightarrow{V(l_e,t)}\right) \tag{10}$$

The rotary kinetic energy of lumped masses and rotors can be written as

$$T_3 = \frac{J_A}{2}\left(\overrightarrow{\omega(0,t)}\cdot\overrightarrow{\omega(x,t)}\right) + \frac{J_B}{2}\left(\overrightarrow{\omega(l_e,t)}\cdot\overrightarrow{\omega(l_e,t)}\right) + \frac{J_r}{2}\left(\vec{\dot{q}}_i\cdot\vec{\dot{q}}_i\right) \tag{11}$$

where, l_e is the length of elements, m_A and m_B are the lumped masses at the elemental node A and node B, respectively. I, J_A, J_B and J_r are the inertia sensors of cross-section area of an element, that of lumped masses at the element nodes, and that of rotor mass to the elemental frame, respectively, $\vec{\dot{q}}_i$ is the absolute angular velocity of rotor i (expressed in its own frame).

Therefore, the total kinetic energy of spatial flexible rotor beam elements is obtained as follows.

$$T_{er} = T_1 + T_2 + T_3 \tag{12}$$

Substituting Eqs. (9)~(11) into Eq. (12) and rearranging it, we have

$$T_{er} = \frac{1}{2}\{\dot{u}\}^{\mathrm{T}}[M_e]\{\dot{u}\} + \{u\}^{\mathrm{T}}[B_e]\{\dot{u}\} + \frac{1}{2}\{u\}^{\mathrm{T}}\left[M_e^*\right]\{u\} + \{Y_e\}^{\mathrm{T}}\{u\} + \{Z_e\}^{\mathrm{T}}\{\dot{u}\} + C_e \tag{13}$$

where, $[M_e],[B_e],\left[M_e^*\right],[Y_e],[Z_e],C_e$ are given in Appendix.

2.2.3 Potential energy

(1) Elastic deformation energy

The elastic deformation energy of a basis beam element is composed of the axial deformation energy, the lateral bending deformation energy and the torsional deformation energy. Only the torsional deformation energy is included to the deformation energy of joints. So, the total elastic deformation energy is expressed as

$$\begin{aligned} V_{ser} = &\frac{1}{2}EA\int_0^{l_e}\left(\frac{\partial A(x,t)}{\partial x}\right)^2\mathrm{d}x + \frac{EI_{zz}}{2}\int_0^{l_e}\left(\frac{\partial^2 \mathrm{B}(x,t)}{\partial x^2}\right)^2\mathrm{d}x + \frac{EI_{yy}}{2}\int_0^{l_e}\left(\frac{\partial^2 \mathrm{C}(x,t)}{\partial x^2}\right)^2\mathrm{d}x \\ &+ \frac{EgI_{xx}}{2}\int_0^{l_e}\left(\frac{\partial D(x,t)}{\partial x}\right)^2\mathrm{d}x + \frac{1}{2}K_r(q_i - \theta_i)^2 \end{aligned} \tag{14}$$

Defining

$$\begin{aligned} [K] = &EA\int_0^{l_e}\{N_A'\}\{N_A'\}^{\mathrm{T}}\mathrm{d}x + EI_{zz}\int_0^{l_e}\{N_B''\}\{N_B''\}^{\mathrm{T}}\mathrm{d}x + EI_{yy}\int_0^{l_e}\{N_C''\}\{N_C''\}^{\mathrm{T}}\mathrm{d}x \\ &+ GI_{xx}\int_0^{l_e}\{N_D'\}\{N_D'\}^{\mathrm{T}}\mathrm{d}x \end{aligned} \tag{15}$$

We have

$$V_{\text{ser}} = \frac{1}{2}EA\{u\}^{\text{T}}[K]\{u\} + \frac{1}{2}K_{\text{r}}(q_i - \theta_i)^2 \tag{16}$$

(2) Gravitational potential energy

The gravitational potential energy of a spatial flexible rotor beam element can be written as

$$V_{\text{sg}} = \rho A\int_0^{l_{\text{e}}}\left(g_0\left(r_A + r(x,t)\right)\right)\text{d}x + m_A\left(g_0\left(r_A + r(0,t)\right)\right) + m_B\left(g_0\left(r_A + r(l_{\text{e}},t)\right)\right) \tag{17}$$

Eq. (17) can be simplified as

$$V_{\text{sg}} = \{G_{\text{e}}\}^{\text{T}}\{u\} + D_{\text{e}} \tag{18}$$

where, $\{G_{\text{e}}\}$, D_{e} are defined in Appendix.

So, the total potential energy of a spatial flexible rotor beam element can be expressed as

$$V_{\text{er}} = V_{\text{ser}} + V_{\text{sg}} \tag{19}$$

The kinetic energy and the potential energy of a basic beam element can be expressed as

$$T_{\text{b}} = T_{\text{er}} - \frac{1}{2}J_{\text{r}}n_i^2\dot{q}_i^{-2} \tag{20}$$

$$V_{\text{b}} = V_{\text{er}} - \frac{1}{2}K_{\text{r}}\left(q_i - \theta_i\right)^2 \tag{21}$$

2.3 Dynamic equations of spatial flexible manipulator systems

In order to obtain the dynamic equations of the manipulator systems, the dynamic equations of elements should be derived firstly, and then, assembled into system equations. There are two variables, $\{u\}$ and $\{\theta\}$.

First, for a spatial flexible rotor beam element, the Lagrange equation about $\{u\}$ can be indicated as

$$\frac{\text{d}}{\text{d}t}\left(\frac{\partial T_{\text{er}}}{\partial\{\dot{u}\}}\right) - \frac{T_{\text{er}}}{\partial\{u\}} + \frac{V_{\text{er}}}{\partial\{u\}} = \{q_{\text{e}}\} + \{f_{\text{e}}\} \tag{22}$$

In Eqs. (13) and (16), the terms of $\frac{1}{2}J_{\text{r}}n_i^2\dot{q}_i^{-2}$ and $\frac{1}{2}K_{\text{r}}\left(q_i - \theta_i\right)^2$ do not contain $\{u\}$ and $\dot{u}$. Substituting Eqs. (13) ~ (21) into Eq. (22) and rearranging it,we have

$$[M_{\text{e}}]\{\ddot{u}\} + [C_{\text{e}}]\{\dot{u}\} + [K_{\text{e}}]\{u\} = \{p_{\text{e}}\} + \{q_{\text{e}}\} + \{f_{\text{e}}\} \tag{23}$$

where,

$$[C_{\text{e}}] = [B_{\text{e}}]^{\text{T}} - [B_{\text{e}}]$$

$$[K_{\text{e}}] = \left[\dot{B}_{\text{e}}\right]^{\text{T}} - \left[m_{\text{e}}^*\right] + [K]$$

$$[p_{\text{e}}] = [Y_{\text{e}}] - \left[\dot{Z}_{\text{e}}\right] - [G_{\text{e}}]$$

$\{q_{\text{e}}\}$ is the force given by adjacent elements, $\{f_{\text{e}}\}$ is external load, $\{p_{\text{e}}\}$ is elemental inertia force.

Putting the dynamic equations of spatial flexible rotor beam element and basic beam elementinto system equations, and expressing in terms of the global coordinate $\{U_{\text{s}}\}$, we obtain

$$[M_{\text{s}}]\{\ddot{U}_{\text{s}}\} + [C_{\text{s}}]\{\dot{U}_{\text{s}}\} + [K_{\text{s}}]\{U_{\text{s}}\} = \{P_{\text{s}}\} + \{F_{\text{s}}\} \tag{24}$$

where, $[M_{\text{s}}]$ and $[C_{\text{s}}]$, $[K_{\text{s}}]$, $\{P_{\text{s}}\}$, $\{F_{\text{s}}\}$ are the function of θ_i, $\dot{\theta}_i$, the coupling effect of joint flexibility and link flexibility is included in this equation.

To dissolve this equation, the dynamic equation about θ_i must be derived.

Put all the kinetic and the potential energies of all the spatial flexible rotor beam elements and basic beam elements into system ones together, and notice that the *n*-links manipulator has *n* flexible rotor beam elements, the total kinetic energy of the system can be written as

$$T=\sum_{i=1}^{n_r}T_{er}+\sum_{i=1}^{n_e-n_r}T_b \tag{25}$$

where, n_r is the number of links, n_e is the number of elements in the manipulation system. Eq. (25) can be expanded to

$$\begin{aligned}T=&\sum_{i=1}^{n_e}\left\{\frac{1}{2}(\rho Al+m_A+m_B)\left(V_{Ax}^2+V_{Ay}^2+V_{Az}^2\right)+\frac{1}{2}\left(\rho I_{xx}l+J_{Ax}+J_{Bx}\right)\omega_{rx}^2\right\}+\frac{1}{6}(\rho Al^3\\&+3_{m_B}l^2+3\rho I_{yy}l+3J_{Ay}+3J_{By})\omega_{ry}^2+\frac{1}{6}\left(\rho Al^3+3_{m_B}l^2+3\rho I_{zz}l+3J_{AZ}+3J_{BZ}\right)\omega_{rz}^2\\&+\frac{1}{2}\left(\rho Al^2+m_Bl\right)\left(V_{AY}\omega_{rz}-V_{AZ}\omega_{ry}\right)\\&+\frac{1}{2}\{\dot u\}^{\mathrm T}\{M_e\}\{\dot u\}+\{u\}^{\mathrm T}\{B_e\}\{\dot u\}+\frac{1}{2}\{u\}^{\mathrm T}\{m_e^*\}\{u\}+\{Y_e\}^{\mathrm T}\{u\}+\{Z_e\}^{\mathrm T}\{\dot u\}\\&+\sum_{i=1}^{n_r}\left\{\frac{1}{2}J_{rx}\dot q_{ix}^2+\frac{1}{2}J_{ry}\dot q_{iy}^2+\frac{1}{2}J_{rz}\dot q_{iz}^2\right\}\end{aligned} \tag{26}$$

In the same way, the total potential energy of the manipulator can be expressed by

$$V=\sum_{i=1}^{n_r}V_{er}+\sum_{i=1}^{n_e-n_r}V_b \tag{27}$$

Eq. (27) can be expanded to

$$\begin{aligned}V=&\sum_{i=1}^{n_e}\left\{\frac{1}{2}\{u\}^{\mathrm T}[K_e]\{u\}+\{G_e\}^{\mathrm T}\{u\}+\rho A\left[g_{ox}\left(r_{Ax}l+\frac{l^2}{2}\right)+g_{oy}r_{Ay}l+g_{oz}r_{Az}l\right]+m_A[g_{ox}r_{Ax}\right.\\&\left.+g_{oy}r_{Ay}+g_{oz}r_{Az}]+m_Bg_{ox}\left(r_{Ax}+l\right)+g_{oy}r_{Ay}+g_{oz}r_{Az}+\sum_{i=1}^{n_r}\frac{1}{2}K_r\left(\theta_i-q_i\right)^2\right\}\end{aligned} \tag{28}$$

In order to derive the dynamic equation about $\{\theta\},V_{Ax},V_{Ay},V_{Az},g_{ox},r_{Ax},r_{Ay},r_{Az},\omega_{rx},\omega_{ry}$ and ω_{rz} must be expressed as the function as of $\{\dot\theta\}=\{\dot\theta_1\ \dot\theta_2\cdots\dot\theta_{n-1}\dot\theta_n\}^{\mathrm T}$

The absolute rigid linear velocity of the end A in the *j*th element can be written as

$$\vec{\varpi}_r=\begin{Bmatrix}\omega_{rx}\\\omega_{ry}\\\omega_{rz}\end{Bmatrix}=[SR\omega_i]\{\dot\theta\} \tag{29}$$

where, $[SR\omega_i]=\left[R_1^iS_1\ R_2^iS_2\cdots R_i^iS_i\ 0\cdots0\right]_{3\times n}$ and $R_j^i=R_j^{j+1}R_{j+1}^{j+2}\cdots R_{i-1}^i\left(i\geqslant j\geqslant1\right)$ stands for the rotation matrix from the *i*th link to the *i*th link, S_i is direction cosine of the *i*th axis in its own element frame.

The absolute rigid linear velocity of the end *A* in the *i*th element can be written as

$$\vec{V}_A=\begin{Bmatrix}V_{Ax}\\V_{Ay}\\V_{Az}\end{Bmatrix}=[SRV_i]\{\dot\theta\} \tag{30}$$

where,

$$[SRV_i]=\left[R_1^iS_{V1}l_1\ R_2^iS_{V2}l_2\cdots R_{vi-1}^iS_{vi-1}l_{i-1}\ R_i^iS_{Vi}l_j\ 0\cdots0\right]_{3\times n}$$

where, S_{vi} is direction cosine of endpoint velocity of the ith link in its element frame, l_j is the distance from A end of the jth element in the ith link to the ith joint, it equals $j \times l_e$.

The absolute angular velocity of the ith rotor expressed in the element frame of the ith link can be expressed as

$$\vec{\dot{q}}_i = \begin{Bmatrix} \dot{q}_{ix} \\ \dot{q}_{iy} \\ \dot{q}_{iz} \end{Bmatrix} = [SRq_i]\{\dot{\theta}\} + S_i n_i \dot{q}_i \tag{31}$$

Where,

$$[SRq_i] = \left[R_1^i S_1 \ R_2^i S_2 \cdots R_{i-1}^i S_{i-1} \ 0 \cdots 0 \right]_{3\times n}$$

The position vector of end A of the jth element in the ith link expressed in its element frame can be indicated as

$$\vec{r}_A = \begin{Bmatrix} r_{Ax} \\ r_{Ay} \\ r_{Az} \end{Bmatrix} = R_1^i S_x l_1 + R_2^i S_x l_2 + \cdots + R_1^{i-1} S_x l_{i-1} + R_i^i S_x l_j \tag{32}$$

The gravitational acceleration vector expressed in the element frame of the ith link can be written as

$$\vec{g}_0 = \begin{Bmatrix} g_{ox} \\ g_{oy} \\ g_{oz} \end{Bmatrix} = R_o^i S_g g \tag{33}$$

where,

$$S_g = \begin{Bmatrix} 0 \\ 1 \\ 0 \end{Bmatrix} = S_{vi}, \quad S_x = \begin{Bmatrix} 1 \\ 0 \\ 0 \end{Bmatrix}$$

Substituting the above equations into the Lagrange equations

$$\frac{\mathrm{d}}{\mathrm{d}t}\left(\frac{\partial T}{\partial \{\dot{q}\}} \right) - \frac{\partial T}{\partial \{q\}} + \frac{\partial V}{\partial \{q\}} = \{Q_q\} \tag{34}$$

$$\frac{\mathrm{d}}{\mathrm{d}t}\left(\frac{\partial T}{\partial \{\dot{\theta}\}} \right) - \frac{\partial T}{\partial \{\theta\}} + \frac{\partial V}{\partial \{\theta\}} = \{Q_\theta\} \tag{35}$$

and rearranging in a compact form, we obtain

$$[J]\{\ddot{q}\} + [K_r](\{q\} - \{\theta\}) + \{F_q\} = \{\tau\} \tag{36}$$

$$[JD]\{\ddot{\theta}\} + [K_r](\{\theta\} - \{q\}) + \{F_u\} = \{0\} \tag{37}$$

where, $[JD]$ is a $n \times 1$ inertial matrix, $\{F_\theta\}$ is a $n \times 1$ matrix including the coupling, coriolis and gravitational terms, $\{\tau\}$ is a $n \times 1$ matrix referred to joint driving torques, $\{F_q\}$ is a $n \times 1$ matrix referred to the coupling and coriolis terms, which has not been noticed and considered in the literature before, $\{F_u\}$ is a $n \times 1$ matrix referred to effect of link elastic deformation about joint dynamics and can be expressed as

$$\{F_u\}=\sum_{i=1}^{n_r}\sum_{r=1}^{n_{er}}\left\{\{\dot{u}\}^{\mathrm{T}}\frac{\partial[M_e^*]}{\partial\{\dot{\theta}\}}\{u\}+\{u\}^{\mathrm{T}}\frac{\mathrm{d}}{\mathrm{d}t}\left(\frac{\partial[M_e^*]}{\partial\{\dot{\theta}\}}\right)\{u\}+\{u\}^{\mathrm{T}}\left(\frac{\partial[M_e^*]}{\partial\{\dot{\theta}\}}\right)\{\ddot{u}\}\right.$$
$$+\{\dot{u}\}^{\mathrm{T}}\left(\frac{\partial[B_e]}{\partial\{\dot{\theta}\}}\right)\{\dot{u}\}+\{u\}^{\mathrm{T}}\left(\frac{\mathrm{d}}{\mathrm{d}t}\left(\frac{\partial[B_e]}{\partial\{\dot{\theta}\}}\right)\right)\{\dot{u}\}+\{u\}^{\mathrm{T}}\left(\frac{\partial[B_e]}{\partial\{\dot{\theta}\}}\right)\{\ddot{u}\}+\frac{\partial[Y_e]^{\mathrm{T}}}{\partial\{\dot{\theta}\}}\{\dot{u}\}$$
$$+\frac{\mathrm{d}}{\mathrm{d}t}\left(\frac{\partial[Y_e]^{\mathrm{T}}}{\partial\{\dot{\theta}\}}\right)\{u\}+\frac{\partial[Z_e]^{\mathrm{T}}}{\partial\{\dot{\theta}\}}\{\ddot{u}\}+\frac{\mathrm{d}}{\mathrm{d}t}\left(\frac{\partial[Z_e]^{\mathrm{T}}}{\partial\{\dot{\theta}\}}\right)\{\dot{u}\}-\frac{\partial[Y_e]^{\mathrm{T}}}{\partial\{\theta\}}\{u\}-\frac{\partial[Z_e]^{\mathrm{T}}}{\partial\{\theta\}}\{\dot{u}\}$$
$$\left.-\{u\}^{\mathrm{T}}\left(\frac{\partial[M_e^*]}{\partial\{\dot{\theta}\}}\right)\{u\}-\{u\}^{\mathrm{T}}\frac{\partial[B_e]}{\partial\{\theta\}}\{\dot{u}\}+\frac{\partial[G_e]^{\mathrm{T}}}{\partial\{\theta\}}\{u\}\right\}\tag{38}$$

where, n_{er} is the number of element of the ith link.

Now, we have the dynamic equations of spatial manipulators with flexible links and joints as follows

$$[J]\{\ddot{q}\}+[K_r](\{q\}-\{\theta\})+\{F_q\}=\{\tau\}\tag{39}$$

$$[JD]\{\ddot{\theta}\}+[K_r](\{\theta\}-\{q\})+\{F_\theta\}+\{F_u\}=\{0\}\tag{40}$$

$$[M_s]\{\ddot{U}_s\}+[C_s]\{\dot{U}_s\}+[K_s]\{U_s\}=\{P_s\}+\{Q_s\}\tag{41}$$

Eqs. (40) ~ (42) reveals the coupling effect between link flexibility and joint flexibility. We can solve the equations to obtain the dynamic responses of spatial manipulators considering joint flexibility and link flexibility simultaneously or individually by neglecting the coupling effect.

3. Numerical simulation

Now, the numerical simulation and analysis of a spatial 4R-four link manipulator is performed as follows. The spatial manipulator is shown as Fig.3. Each link is made of steel with mass density of 7800 kg/m^3, elastic modulus of 200MPa, and shear modulus of 60MPa. The length of each link is 200mm, the cross-section is 7×7mm^2. The lumped mass at each end of a link is 10 g. The stiffness of a torsional spring is 500N/rad, the inertial moment of a rotor around its revolute axis is 1.6×10^{-5}kg • m^2, the gear ratio of a joint is 200.

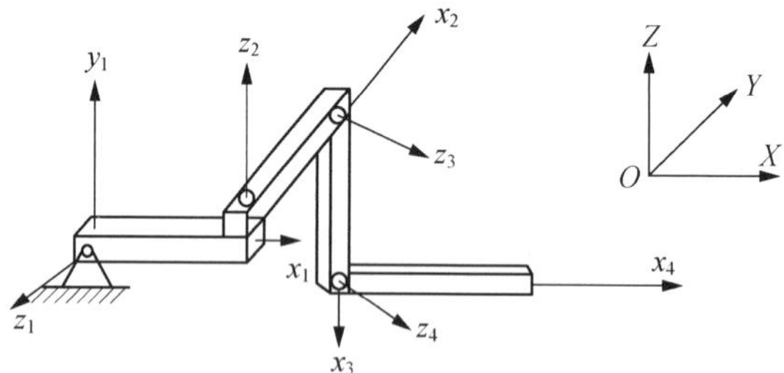

Fig.3　A 4R-four link spatial manipulator

The motion profile is created using the following equations

$$q_i=\begin{cases}\dfrac{\Delta_i}{2}\left[1-\cos\left(\dfrac{2\pi t}{t_0}\right)\right], & 0\leqslant t\leqslant\dfrac{t_0}{2}\\ \Delta_i, & t\geqslant\dfrac{t_0}{2}\end{cases}\tag{42}$$

where, t_0 is the period of oscillation, here it is 0.8 s, Δ_i is the rotation angle, here it is 30°.

By using NENMARK method[11], we can obtain $\{U\}$ and $\{\theta\}$ from Eqs.(40) and (41).

Three cases are invested in this study. First, both link flexibility and joint flexibility are included. Second, only link flexibility is considered. Finally, only joint flexibility is studied. The end-point errors of the manipulator shown in Figs.4 ~ 9 expressed in the global frame *O-XYX*. The results are analyzed as follows.

Firstly, it can be seen from Figs.4 ~ 6 that the maximum position errors due to elastic deformation of joints and links are very high. The position errors in *X* direction is about 25mm, and that in *Y* direction is only about 7mm. Figs.7 ~ 9 describe the orientation errors. We can find that the orientation errors around *Z*-axis is about 0.023rad, the orientation errors around *X*-and *Y*-axis is about 0.014rad. So, we know that it is necessary for us to analyze both the position errors and orientation errors for flexible spatial manipulators.

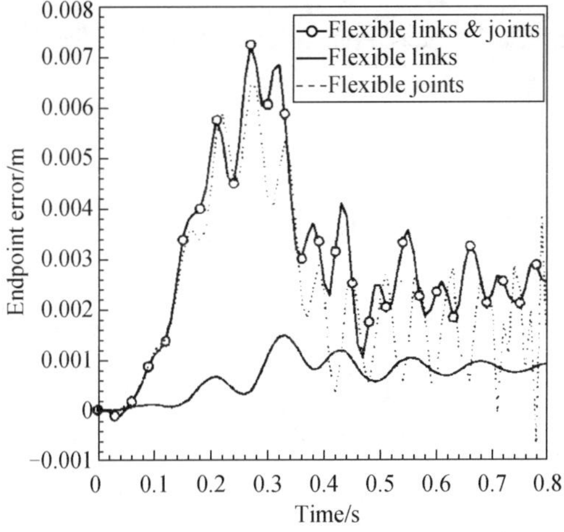

Fig.4　Endpoint position error in *X* direction

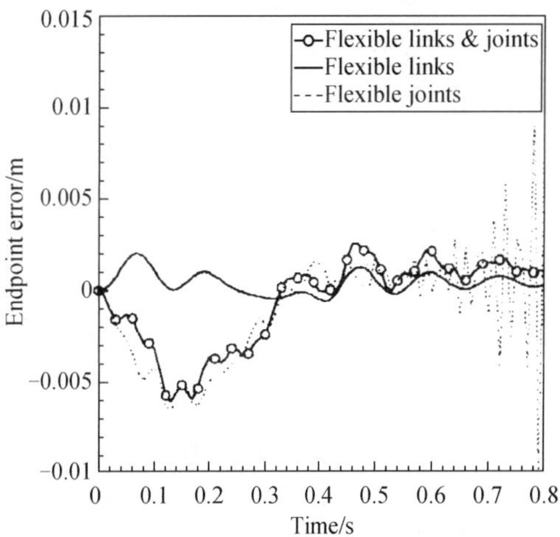

Fig.5　Endpoint position error in *Y* direction

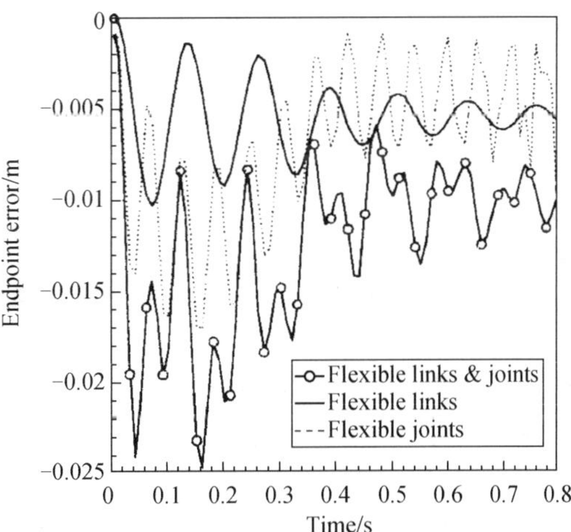

Fig.6　Endpoint position error in *Z* direction

Secondly, from Figs.4~9, we can find that the joint flexibility and link flexibility affect each other, the link flexibility can decreases the position errors and orientation errors introduced by joint elastic deformation after the manipulator stops (0.4~0.8s), this may be because the joint flexibility and link flexibility couple each other during this period. We also find that the errors introduced by joint flexibility are much higher than the errors introduced link flexibility, especially during the motion of the manipulator (0~0.4s). So, we know the joint flexibility, as well as the link flexibility is very important to spatial manipulators.

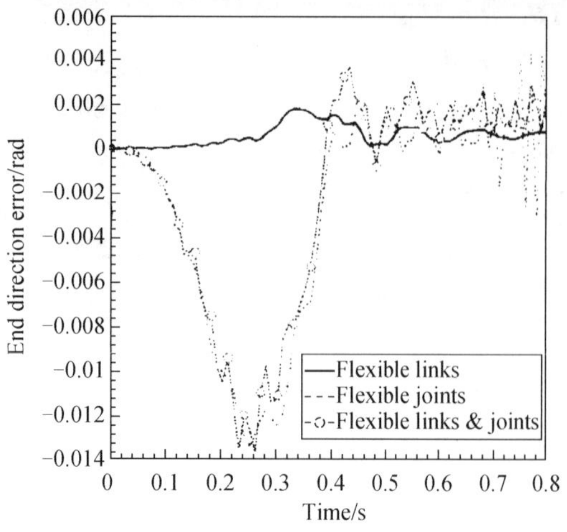

Fig.7 Endpoint orientation error around X

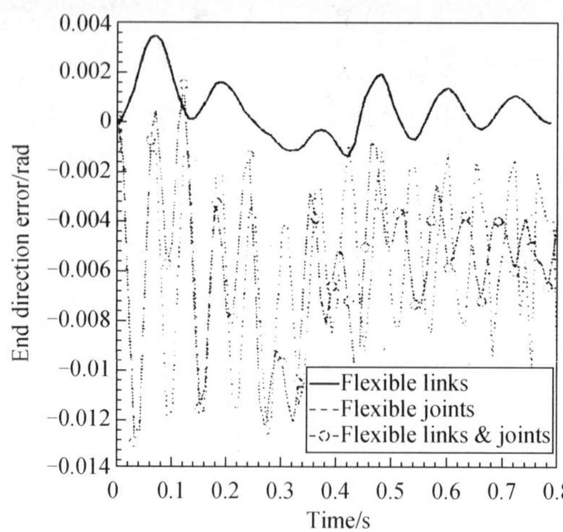

Fig.8 Endpoint orientation error around Y

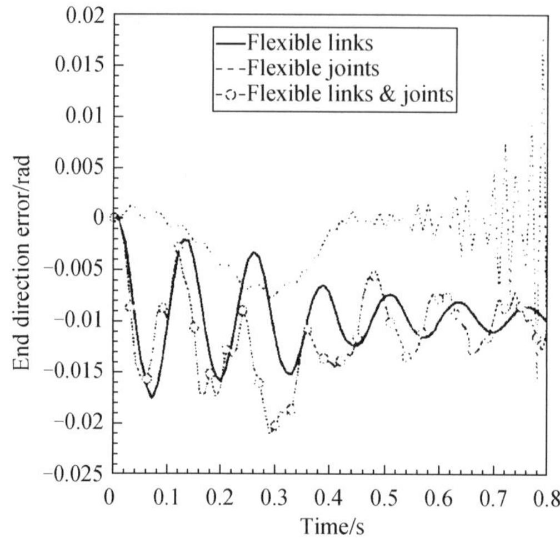

Fig.9 Endpoint orientation error around Z

Finally, Figs.10 and 11 describe the strains of beam at the first joint, which further reveal that the link flexibility and joint flexibility couple each other. The elastic deformation of links increases due to the joint flexibility. The torsional deflection of the first joint is shown in Fig.12, from that, we find that the maximum joint torsion deflection decreases due to the link flexibility after it stops.

All these results may be useful to the design of spatial flexible manipulators.

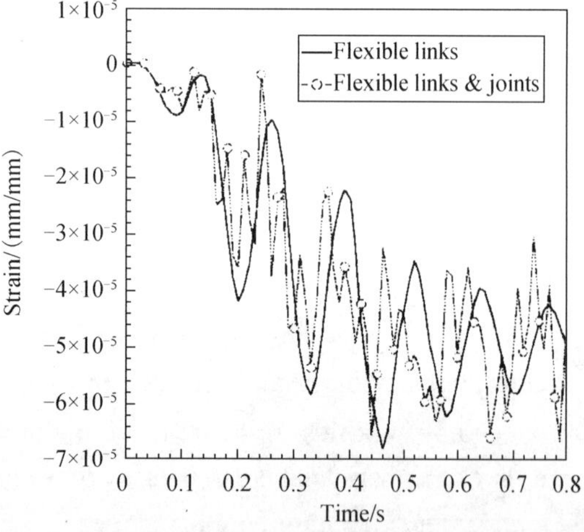

Fig.10 Shear strain of the beam at the first joint

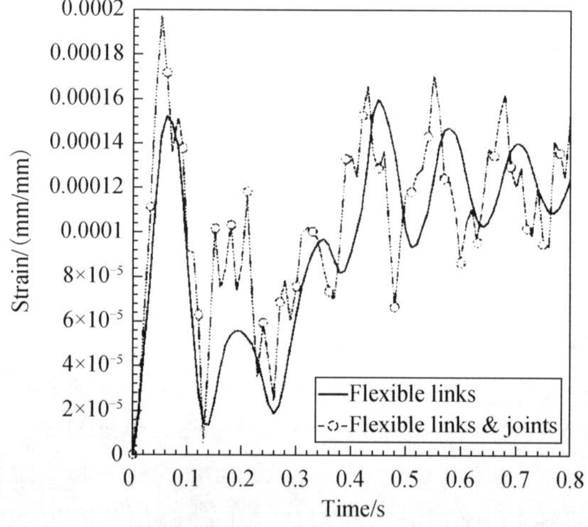

Fig.11 Strain of the beam at the first joint

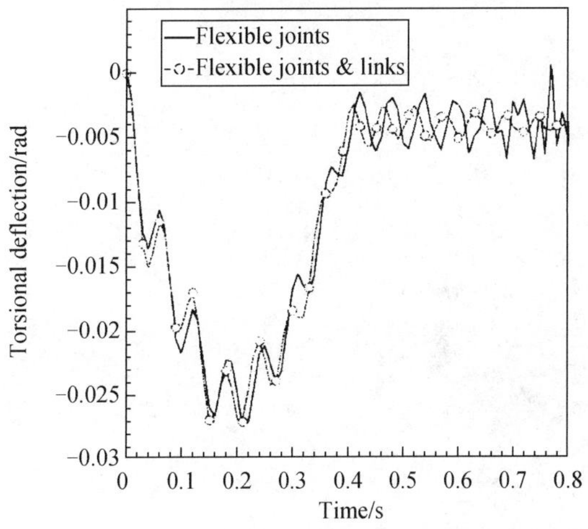

Fig.12　Torsional deflection of the first joint

4. Conclusions

A new spatial rotor beam element is presented, by which the dynamic equations of spatial manipulators considering the coupling effect of joint and link flexibility are derived in this paper for the first time. Numerical simulation shows that the joint flexibility, as well as link flexibility has a significant effect on the position errors and orientation errors of manipulator's end-effector. These two kinds of flexibility couple each other for manipulators. The joint and link flexibility, and their coupling effect, analyzing the orientation and position errors of spatial manipulators, are meaningful to the control of the vibration and errors of manipulators.

Acknowledgements

This work is supported by National Education Committee of China and Beijing Science and Technology Committee.

References

[1] Winfrey R C. J. Eng. Ind.,1971, 93: 268-272

[2] Erdman A G, Sandor G N. J. Eng. Ind., 1972, 95: 541-548

[3] Midha A, Erdman A G. Mech. Mach. Theory,1978, 13: 603-618

[4] Song J O, Haug E J. Computer Methods in Applied Mechanics and Engineering, 1980, 24: 359-381

[5] Turcic D A, Midha A. J. Dyn. Syst. Measur. Control,1984, 106: 243-248

[6] Thompson B B, Sung C K. ASME J. Mech. Transm. Autom. Des.,1984, 106: 482-488

[7] Yang Z, Sadler JP. ASME Design Technical Conferencez-21st Biennial Mechanisms Conference. Chicago, IL, 1990: 489-496

[8] Yue S, Yu Y, Bai S. Mech. Mach. Theory,1997, 32 (2): 209-219

[9] Sunada W H, Dubowsky S. ASME J. Mech. Transm. Autom. Des.,1983, 105: 42-51

[10] Naganathan G, Soni AH. ASME J. Mech. Transm. Autom. Des.,1988, 110: 243-254

[11] Gaultier P E, Cleghorn W L. Mech. Mach. Theory,1992, 27 (4): 415-433

[12] Yang Z, Sadler J P. Robotics, Spatial Mechanisms and Mechanical Systems ASME Design Technical Conference,1992, 45: 619-625

Appendix

The terms in Eq. (2)

$$\{N_A\}^{\mathrm{T}}=\{1-e\quad 0\quad 0\quad 0\quad 0\quad 0\quad 0\quad 0\quad 0\quad e\quad 0\quad 0\quad 0\quad 0\quad 0\quad 0\quad 0\quad 0\}$$

$$\{N_B\}^{\mathrm{T}}=\{0\quad n_1\quad 0\quad 0\quad n_2\quad 0\quad 0\quad n_3\quad 0\quad 0\quad n_4\quad 0\quad 0\quad n_5\quad 0\quad 0\quad n_6\quad 0\}$$

$$\{N_C\}^{\mathrm{T}}=\{0\quad 0\quad n_1\quad 0\quad 0\quad n_2\quad 0\quad 0\quad n_3\quad 0\quad 0\quad n_4\quad 0\quad 0\quad n_5\quad 0\quad 0\quad n_6\}$$

$$\{N_D\}^{\mathrm{T}}=\{0\quad 0\quad 0\quad n_7\quad 0\quad 0\quad n_8\quad 0\quad 0\quad 0\quad 0\quad 0\quad n_9\quad 0\quad 0\quad n_{10}\quad 0\quad 0\}$$

where

$$e=\frac{x}{l_{\mathrm{e}}}$$

$$n_1=1-10e^3+15e^4-6e^5,\quad n_2=l_{\mathrm{e}}\left(e-6e^3+8e^4-3e^5\right)$$

$$n_3=l_{\mathrm{e}}^2\left(e^2-3e^3+3e^4-e^5\right)/2,\quad n_4=10e^3-15e^4+6e^5$$

$$n_5=l_{\mathrm{e}}\left(-4e^3+7e^4-3e^5\right),\quad n_6=l_{\mathrm{e}}^2\left(e^3-2e^4+e^5\right)/2$$

$$n_7=1-3e^2+2e^3,\quad n_8=l_{\mathrm{e}}\left(e-2e^2+e^3\right)$$

$$n_9=3e^2-2e^3,\quad n_{10}=l_{\mathrm{e}}\left(-e^2+e^3\right)$$

The terms in Eq. (13)

$$\begin{aligned}[M_{\mathrm{e}}]=&\rho A\int_0^{l_{\mathrm{e}}}\Bigg[\{N_A\}\{N_A\}^{\mathrm{T}}+\{N_B\}\{N_B\}^{\mathrm{T}}+\{N_C\}\{N_C\}^{\mathrm{T}}+\frac{I_{xx}}{A}\{N_D\}\{N_D\}^{\mathrm{T}}+\frac{I_{yy}}{A}\{N'_C\}\\&\times\{N'_C\}^{\mathrm{T}}+\frac{I_{zz}}{A}\{N'_A\}\{N'_B\}^{\mathrm{T}}\Bigg]\mathrm{d}x+m_A\left[\{N_A\}\{N_A\}^{\mathrm{T}}+\{N_B\}\{N_B\}^{\mathrm{T}}+\{N_C\}\{N_C\}^{\mathrm{T}}\right]\Big|x\\&=0m_B\left[\{N_A\}\{N_A\}^{\mathrm{T}}+\{N_B\}\{N_B\}^{\mathrm{T}}+\{N_C\}\{N_C\}^{\mathrm{T}}\right]\Big|x\\&=l_{\mathrm{e}}+\left[J_{Ax}\{N_D\}\{N_D\}^{\mathrm{T}}+J_{Ay}\{N'_C\}\times\{N'_C\}^{\mathrm{T}}+J_{Az}\{N'_B\}\{N'_B\}^{\mathrm{T}}\right]\Big|X\\&=0+\left[J_{Bx}\{N_D\}\{N_D\}^{\mathrm{T}}+J_{By}\{N'_C\}\{N'_C\}^{\mathrm{T}}+J_{Bz}\{N'_B\}\times\{N'_B\}^{\mathrm{T}}\right]\Big|x\\&=l_{\mathrm{e}}\end{aligned}$$

$$\begin{aligned}[M_{\mathrm{e}}^*]=&\rho A\int_0^{l_{\mathrm{e}}}\Big[\left(\omega_{ry}^2+\omega_{rz}^2\right)\{N_A\}\{N_A\}^{\mathrm{T}}+\left(\omega_{rx}^2+\omega_{rz}^2\right)\{N_B\}\{N_B\}^{\mathrm{T}}+\left(\omega_{rx}^2+\omega_{ry}^2\right)\{N_C\}\{N_B\}^{\mathrm{T}}\\&-\omega_{rx}\omega_{ry}\left(\{N_A\}\{N_B\}^{\mathrm{T}}+\{N_B\}\{N_A\}^{\mathrm{T}}\right)-\omega_{rx}\omega_{rz}\left(\{N_A\}\{N_C\}^{\mathrm{T}}+\{N_C\}\{N_A\}^{\mathrm{T}}\right)\\&-\omega_{rz}\omega_{ry}\left(\{N_C\}\{N_B\}^{\mathrm{T}}+\{N_B\}\{N_C\}^{\mathrm{T}}\right)\Big]\mathrm{d}x+m_A\left(\omega_{ry}^2+\omega_{rz}^2\right)\{N_A\}\{N_A\}^{\mathrm{T}}\\&+\left(\omega_{rx}^2+\omega_{rz}^2\right)\{N_B\}\{N_B\}^{\mathrm{T}}+\left(\omega_{rx}^2+\omega_{ry}^2\right)\{N_C\}\{N_C\}^{\mathrm{T}}-\omega_{rx}\omega_{ry}\left(\{N_A\}\{N_B\}^{\mathrm{T}}+\{N_B\}\{N_A\}^{\mathrm{T}}\right)\\&-\omega_{rx}\omega_{rz}\left(\{N_A\}\{N_C\}^{\mathrm{T}}+\{N_C\}\{N_A\}^{\mathrm{T}}\right)-\omega_{rz}\omega_{ry}\left(\{N_C\}\{N_B\}^{\mathrm{T}}+\{N_B\}\{N_C\}^{\mathrm{T}}\right)\Big]\Big|x\\&=l_{\mathrm{e}}\end{aligned}$$

$$\begin{aligned}\{Z_{\mathrm{e}}\}=&\rho A\int_0^{l_{\mathrm{e}}}\Bigg[V_{Ax}\{N_A\}+\left(V_{Ay}+\omega_{rz}x\right)\{N_B\}+\left(V_{Az}-\omega_{ry}x\right)\{N_C\}+\frac{I_{xx}}{A}\omega_{rx}\{N_D\}\\&+\frac{I_{yy}}{A}\omega_{ry}\{N'_C\}+\frac{I_{zz}}{A}\omega_{rz}\{N'_B\}\Bigg]dx+m_A\left[V_{Ax}\{N_A\}+\left(V_{Ay}+\omega_{rz}x\right)\{N_B\}\right.\\&+\left(V_{Az}-\omega_{ry}x\right)\{N_C\}\big|x=0+m_B\left[V_{Ax}\{N_A\}+\left(V_{Ay}+\omega_{rz}x\right)\{N_B\}+\left(V_{Az}-\omega_{ry}x\right)\{N_C\}\right|x\\&=l_{\mathrm{e}}+\left(J_{Ax}\omega_{rx}\{N_D\}+J_{Ay}\omega_{ry}\{N'_C\}+J_{Az}\omega_{rz}\{N'_B\}\right)\big|x\end{aligned}$$

$$=0+\left(J_{Bx}\omega_{rx}\left\{N_D\right\}+J_{By}\omega_{ry}\left\{N_C'\right\}+J_{Bz}\omega_{rz}\left\{N_B'\right\}\right)|x$$
$$=l_e$$

$$\left[B_e\right]=\rho A\int_0^{l_e}\left[\omega_{rz}\left(\{N_A\}\{N_B\}^T-\{N_B\}\{N_A\}^T\right)+\omega_{ry}\left(\{N_C\}\{N_A\}^T-\{N_A\}\{N_C\}^T\right)\right.$$
$$\left.\omega_{rx}\left(\{N_B\}\{N_C\}^T-\{N_C\}\{N_B\}^T\right)\right]dx+m_A\left[\omega_{rx}\left(\{N_A\}\{N_B\}^T-\{N_B\}\{N_A\}^T\right)\right.$$
$$\left.+\omega_{ry}\left(\{N_C\}\{N_A\}^T-\{N_A\}\{N_C\}^T\right)+\omega_{rx}\left(\{N_B\}\{N_C\}^T-\{N_C\}\{N_B\}^T\right)\right]|x$$
$$=0+m_B\left[\omega_{rx}\left(\{N_A\}\{N_B\}^T-\{N_B\}\{N_A\}^T\right)+\omega_{ry}\left(\{N_C\}\{N_A\}^T-\{N_A\}\{N_C\}^T\right)\right.$$
$$\left.+\omega_{rx}\left(\{N_B\}\{N_C\}^T-\{N_C\}\{N_B\}^T\right)\right]|x=l_e$$

$$\left[Y_e\right]=\rho A\int_0^{l_e}\left[\left(\omega_{rz}V_{Ay}-\omega_{ry}V_{Az}+\left(\omega_{ry}^2+\omega_{rz}^2\right)\right)\{N_A\}\right.$$
$$\left.+\left(\omega_{rx}V_{Az}-\omega_{rz}V_{Ax}-\omega_{ry}\omega_{rx}x\right)\{N_B\}+\left(\omega_{ry}V_{Ax}-\omega_{rx}V_{Ay}-\omega_{rx}\omega_{rz}x\right)\{N_C\}\right]dx$$
$$m_A\left[\left(\omega_{rz}V_{Ay}-\omega_{ry}V_{Az}+\left(\omega_{ry}^2+\omega_{rz}^2\right)\right)\{N_A\}+\left(\omega_{rx}V_{Az}-\omega_{rz}V_{Ax}-\omega_{ry}\omega_{rx}x\right)\{N_B\}\right.$$
$$\left.+\left(\omega_{ry}V_{Ax}-\omega_{rx}V_{Ay}-\omega_{rx}\omega_{rz}x\right)\{N_C\}\right]|x=0+m_B\left[\left(\omega_{rz}V_{Ay}-\omega_{ry}V_{oz}+x\left(\omega_{ry}^2+\omega_{rz}^2\right)\right)\{N_A\}\right.$$
$$\left.+\left(\omega_{rx}V_{Az}-\omega_{rz}V_{Ax}-\omega_{ry}\omega_{rx}x\right)\{N_B\}+\left(\omega_{ry}V_{Ax}-\omega_{rx}V_{Ay}-\omega_{rx}\omega_{rz}x\right)\{N_C\}\right]|x=l_e$$

$$C_e=\frac{1}{2}(\rho Al_e+m_A+m_B)\left(V_{Ax}^2+V_{Ay}^2+V_{Az}^2\right)+\frac{1}{2}(\rho I_{xx}l+J_{Ax}+J_{Bx})\omega_{rx}^2$$
$$+\frac{1}{6}\left(\rho Al_e^3+3m_Bl_e^2+3\rho I_{yy}l_e+J_{Ay}+J_{By}\right)\omega_{ry}^2+\frac{1}{6}\left(\rho Al_e^3+3m_Bl_e^2+3\rho I_{zz}l_e+J_{Az}+J_{Bz}\right)\omega_{rz}^2$$
$$+\frac{1}{2}\left(\rho Al_e^2+m_Bl_e\right)\left(V_{Ay}\omega_{rz}-V_{Az}\omega_{ry}\right)+\frac{1}{2}J_{rx}\dot{q}_{ix}^2+\frac{1}{2}J_{ry}\dot{q}_{iy}^2+\frac{1}{2}J_{rz}\dot{q}_{iz}^2$$

The terms of Eq. (18):

$$\{G_e\}^T=\rho A\int_0^{l_e}\left[g_{ox}[N_A]^T+g_{oy}[N_B]^T+g_{oz}[N_C]^T\right]dx$$
$$m_A\left[g_{ox}[N_A]^T+g_{oy}[N_B]^T+g_{oz}[N_C]^T\right]|x=0$$
$$m_B\left[g_{ox}[N_A]^T+g_{oy}[N_B]^T+g_{oz}[N_C]^T\right]|x=l_e$$

$$D_e=\rho A\left[g_{ox}\left(r_{Ax}l_e+\frac{l_e^2}{2}\right)+g_{oy}r_{Ay}l_e+g_{oz}r_{Az}l_e\right]dx+m_A\left[g_{ox}r_{Ax}+g_{oy}r_{Ay}+g_{oz}r_{Az}\right]$$
$$+m_B\left[g_{ox}(r_{Ax}+l_e)+g_{oy}r_{Ay}+g_{oz}r_{Az}\right]$$

(in *Mechanism and Machine Theory*, 2000, 35(3): 403-421)

§37　空间柔性机器人建模的一种新方法

钟正虎　余跃庆

(北京工业大学，北京　100022)

摘　要：柔性机器人动力学是机器人研究领域的前沿课题。其中，建立精确有效的分析模型是影响柔性机器人控制和设计质量的关键。目前的方法大多是针对平面单杆或双杆柔性杆机械手臂的，计算效率较低，不适于空间柔性机器人。本文首次提出了综合考虑集中质量、分布刚度并且有一个内节点的混合梁单元作为空间柔性机器人的动力学分析的数学模型。集中质量采用动替代原理，横向变形采用独特的 6 次多项式，同时考虑了轴向应变、弯曲应变、扭转应变、轴向力对横向变形影响及重力的影响，建立了空间柔性机器人动力学方程，并对一个空间三杆机器手臂进行了数值计算，结果说明了这种方法的精确性和有效性。

关键词：空间柔性机器人；混合梁单元；建模

1. 引言

现有的机器人大都是在刚体动力学假设下设计和控制作业的，因此受到速度和负载能力的限制。而柔性机器人系统在其结构设计和控制系统设计时即考虑到杆件和关节的柔性特性，这就使机器人在高速情况下，仍能保持末端执行器的精确性。所以与传统的刚性机器人相比，柔性机器人具有很多优点，如驱动器小、操作速度高、能量消耗少、总体造价低、构件设计紧凑及载荷质量比大等，柔性机器人应用的主要困难在于末端的精确位置。传统方法通过增大构件的刚度来减小柔性变形，但这会使柔性机器人丧失上述优势，另一种有效的方法是通过控制瞬态振动达到减小构件变形的目的。但无论设计还是控制柔性机器人都是建立在精确有效的分析模型的基础上。柔性机器人的建模方法基本可分为两类：假设模态法和有限元法。这方面的文献非常丰富[1-5]。这些方法基本能完成柔性机器人的动力分析,但主要问题是计算效率低,不利于机器人的实时控制。

在人们进行柔性机器人分析之前，国内外学者对高速弹性连杆机构的动力分析模型做了很多的研究。这为后来推广到柔性机器人领域打下了良好的基础。这个领域方法有集中参数法和分布参数法。但人们普遍认为集中参数法不够精确，其唯一的优点是系统的动力学方程中质量矩阵是对角阵。这样给数学处理带来了方便[6,7]。分布参数法得到了广泛的应用[8-11]。文献[12]提出的一种混合梁单元模型，它综合了集中参数计算方便和分布参数精度高两方面的优点。但其仅用于平面连杆机构，没能在空间机构和机械手臂方面进一步发展。本文在此基础上提出了一种空间混合梁单元模型，将其应用到空间机器人的建模上，以克服以前柔性机器人分析方法的不足。文中还以一个空间 3 杆机械手臂为例，说明了此方法的优越性。

2. 模型的建立

2.1　单元的广义坐标和型函数

在进行柔性机器人的动力分析时，首先要将其划分单元，确定各节点处的广义坐标，然后对整个单元上的位移分布进行假设，再以广义坐标作为未知量把单元上任意一点的位移表示为节点广义坐标的函数。如图 1 所示为一个等截面空间梁单元，它有 3 个节点 A、B、C，长度为 l。原点设在 A 点，x 轴与单元纵向轴线一致的坐标系 $A-xyz$ 称为单元坐标系。单元内任一点的轴向位移、横向位移(包括 y、z 方向)及绕 x 轴的扭转位移分别用 U、V、W 和 Ψ 表示。当单元处于运动状态时，U、V、W、Ψ 为时间和位置 x 的函数。可认为 U、V、W、Ψ 是相互独立的。$O-XYZ$ 为绝对参考系。另外，从图 1 中可看出单元的横向有 7 个广义坐标，因此横向位移可采用 6 次多项式，这与前人的方法不同，以前人们都采用 3 次或 5 次多项式。这里提高了位移假设的次数，也就使模型更能反映系统的实际情况，因此模型精度有所提高。

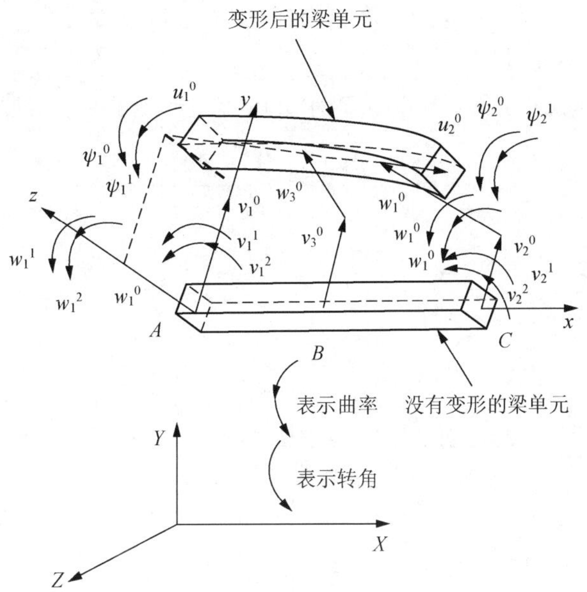

图 1　等截面空间梁单元

各方向的变形函数为

$$V_{\mathrm{e}}(x,t)=A_1x^6+B_1x^5+C_1x^4+D_1x^3+E_1x^2+F_1x+G_1 \tag{1}$$

$$W_{\mathrm{e}}(x,t)=A_2x^6+B_2x^5+C_2x^4+D_2x^3+E_2x^2+F_2x+G_2 \tag{2}$$

$$U_{\mathrm{e}}(x,t)=A_3x+B_3 \tag{3}$$

$$\varPsi_{\mathrm{e}}(x,t)=A_4x^3+B_4x^2+C_4x+D_4 \tag{4}$$

代入边界条件可将它们改写为

$$\begin{cases} V_{\mathrm{e}}(x,t)-\sum_i u_i(t)\phi_i(x), & i=2,5,8,11,14,17,19 \\ W_{\mathrm{e}}(x,t)=\sum_i u_i(t)\phi_i(x), & i=3,6,9,12,15,18,20 \\ \varPsi_{\mathrm{e}}(x,t)=\sum_i u_i(t)\phi_i(x), & i=4,7,13,16 \\ U_{\mathrm{e}}(x,t)=\sum_i u_i(t)\phi_i(x), & i=1,10 \end{cases} \tag{5}$$

式中，$u_i(t)$ 为节点处的广义坐标；$\phi_i(x)$ 为型函数，具体表达式见文献[13]。

2.2　节点处集中质量的确定

图 1 中的梁单元有 3 个节点，这也和以前的方法不同。以前集中参数模型是将单元的质量平均地分配给单元的两端节点，用一个弹性元件将两个集中质量连接起来。这样模型在横向方向上就不符合动替代原理，不仅改变了系统的惯性特性，而且还较大程度地改变了系统的刚度特性。为了使模型能较精确地替代原型，不改变系统的惯性特性，就必须使模型和原型具有相同的质心位置和对质心的转动惯量。因而应用动替代原理决定集中质量是必要的。

在横向方向上，当仅考虑弯曲变形时，为了使模型符合动替代原理，我们至少要采用 3 个节点，也就是除了单元两端的节点外，单元内部至少还要有 1 个节点。如图 2 所示，按动替代原理，必须有下式成立：

$$\begin{cases} m_1 + m_2 + m_3 = m \\ m_1 x_c + m_2 (x_c - l_1) = m_3 (l - x_c) \\ m_1 x_c^2 + m_2 (x_c - l_1)^2 + m_3 (l - x_c)^2 = j_c \end{cases} \tag{6}$$

式中，l为单元长度；x_c为单元质心到左端点的距离；l_1，l_2为m_2到两端点的距离；m, m_1, m_2, m_3为单元质量和 3 个节点处的集中质量；j_c为单元相对质心的转动惯量。由式(6)可得

$$\begin{cases} m_1 = \dfrac{m(l_1 - x_c)(l - x_c) + j_c}{l l_1} \\ m_2 = \dfrac{m x_c (l - x_c) - j_c}{l_1 l_2} \\ m_3 = \dfrac{m x_c (x_c - l_1) + j_c}{l l_2} \end{cases} \tag{7}$$

对于纵向方向变形，因为纵向刚度比横向刚度大得多，并且纵向变形的激励力中，惯性力不含惯性矩，所以为了减少广义坐标数，选择单元两端点作为节点即可。令在两节点处集中质量分别为m_1'和m_3'，则

$$m_1' + m_3' = m \tag{8}$$

为了计算上的简化，我们选$m_1' = m_1$，则

$$m_3' = m - m_1' \tag{9}$$

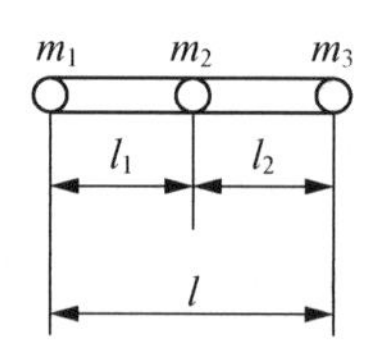

图 2　质量动替代模型

同样在扭转方向上，因为单元绕单元系X轴的转动惯量极小，可以忽略不计，所以采用和纵向上一样的节点质量。这里，为了计算简便，在横向和纵向及扭转方向上采取不同数量的节点质量。但如果有大的旋转变形时，就会产生一些不协调。在这种情况下，几个方向的变形必须采用相同的节点质量。

必须强调一下，模型中各节点处的集中质量之间，并不像以前的集中参数法用一个弹性元件连接起来，而是将其作为分布刚度来处理。这就不会改变系统的刚度特性。

由以上可以看出，本文提出的空间混合梁单元模型与以前的方法相比有以下明显特点：①模型是集中质量和分布刚度的结合，并且含有一个内结点；②单元的集中质量是根据动替代原理决定的；③弯曲变形函数采用 6 次多项式。因此它同时具有集中参数计算方便和分布参数精度高两方面的优点，在理论上其分析精度是有所提高的。

3. 系统运动方程

在推导单元运动方程时，首先必须导出梁单元变形时的运动学关系，然后求出单元的动能和变形能。单元的动能为节点处集中质量的动能之和，变形能则包括轴向应变能、弯曲应变能、扭转应变能、轴向力对横向变形影响所产生的能量和重力势能。将动能和变形能代入拉格朗日方程即可得单元方程：

$$[Me][\ddot{u}(t)] + \left([Gce] - [Gce]^{\mathrm{T}}\right)[\dot{u}(t)] + \left([Gce] - [KMe] + [Me]\right)[u(t)] = [Pe] + [Fe] - [Se] - [Ge] \tag{10}$$

然后将各单元方程转化为整体坐标系下的单元方程，再将这些方程装配成整体方程：

$$M\left[\ddot{U}(t)\right] + C\left[\dot{U}(t)\right] + D\left[U(t)\right] = P \tag{11}$$

以上推导过程及各矩阵参见文献[13]。

值得注意的是，在推导单元方程和整体方程的过程中，方程中曲率坐标的动力项对应的系数为零，即曲率坐标的一阶和二阶导数项对应的系数为零，这样在求解方程的过程中，可先将方程化为

如下形式：

$$\begin{bmatrix} M_A & 0 \\ 0 & 0 \end{bmatrix}\begin{bmatrix} \ddot{U}_A \\ \ddot{U}_B \end{bmatrix}+\begin{bmatrix} C_A & 0 \\ 0 & 0 \end{bmatrix}\begin{bmatrix} \dot{U}_A \\ \dot{U}_B \end{bmatrix}+\begin{bmatrix} K_{AA} & K_{AB} \\ K_{BA} & K_{BB} \end{bmatrix}\begin{bmatrix} U_A \\ U_B \end{bmatrix}=\begin{bmatrix} P_{AA} \\ P_{BB} \end{bmatrix} \tag{12}$$

式中，U_A 为位移坐标和转角坐标的列向量；U_B 为曲率坐标的列向量，现再将式(12)展开得

$$[U_B]=[K_{BB}]^{-1}\left([P_{BB}]-[K_{BA}][U_A]\right) \tag{13}$$

$$[M_A][\ddot{U}_A]+[C_A][\dot{U}_A]+[K_A][U_A]=[P_A] \tag{14}$$

式中，$[K_A]=[K_{AA}]-[K_{AB}][K_{BB}]^{-1}[K_{BA}]$；$[P_A]=[P_{AA}]-[K_{AB}][K_{BB}]^{-1}[P_{BB}]$。

比较式(14)和式(11)，可看出式(14)中的广义坐标数目比式(11)少得多，这样在求解方程的时候就会节省许多机时。另外，如果单元的转动惯量很小的话可以忽略，在 U_A 中将不出现转角坐标，方程中的广义坐标数就会更少，计算效率进一步提高。

4. 数值计算和分析

现对一空间三杆机器人进行计算和分析。机器人的结构图如图 3 所示，其参数如下：弹性模量为 200GPa，剪切模量为 79.3GPa，材料的密度为 7825.0kg/m^3，材料为圆形截面，截面积为 915.0mm^2，第一杆长为 500mm，第二、三杆长为 1000 mm，各杆两端的集中质量为 50g。阻尼比为 0.55。机器人的运动规律为

$$\theta_i=\begin{cases} \dfrac{\delta_i}{2}\left[1-\cos\left(\dfrac{2\pi t}{t_0}\right)\right], & 0\leqslant t\leqslant\dfrac{t_0}{2} \\ \delta_i, & \dfrac{t_0}{2}<t \end{cases} \tag{15}$$

式中，t_0 为周期，这里为 4.0s；$\delta_1=\dfrac{\pi}{2}$；$\delta_2=\delta_3=\dfrac{\pi}{4}$。

本文采用 NEWMARK 算法对此三杆机器人的末端误差进行了计算，如图 4～图 6 所示，机器人的末端误差是在固定坐标 $O-XYZ$ 中表示的。

现将本文所得的结果和文献[5]所得的结果(图 7~图 9)作比较，可以看出它们的趋势基本一致，量级也是相同的，但本文的结果的峰值差比文献[5]稍大，虽然本文所选取的机器人的结构参数和阻尼与文献[5]是一样的,但本文中的方法更多地显出柔性机器人系统的高频特性，这是由于本文提出的空间梁单元模型带有一个内节点，横向位移采用 6 次多项式，因此更能反映系统的实际情况，提高了分析精度。这就说明这种集中质量分布刚度的空间混合梁单元模型更好地反映柔性机器人系统的动力学特性。

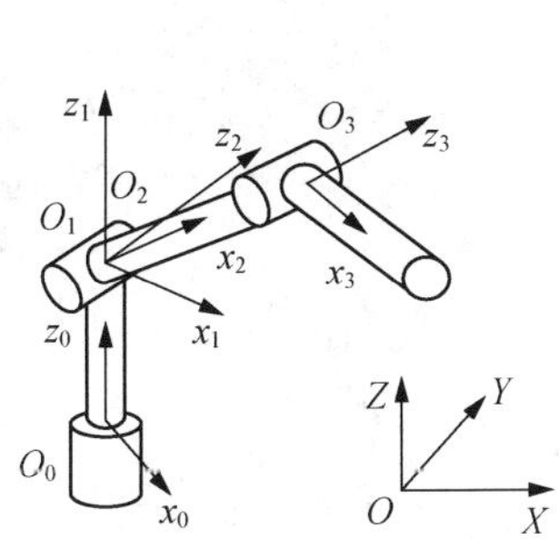

图 3　三杆机器人结构图

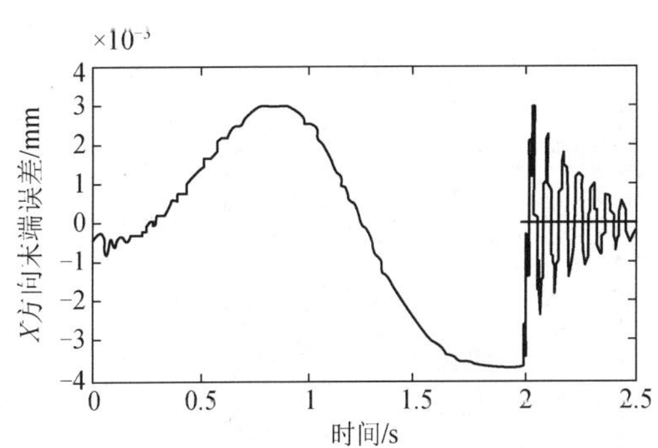

图 4　X 方向末端误差

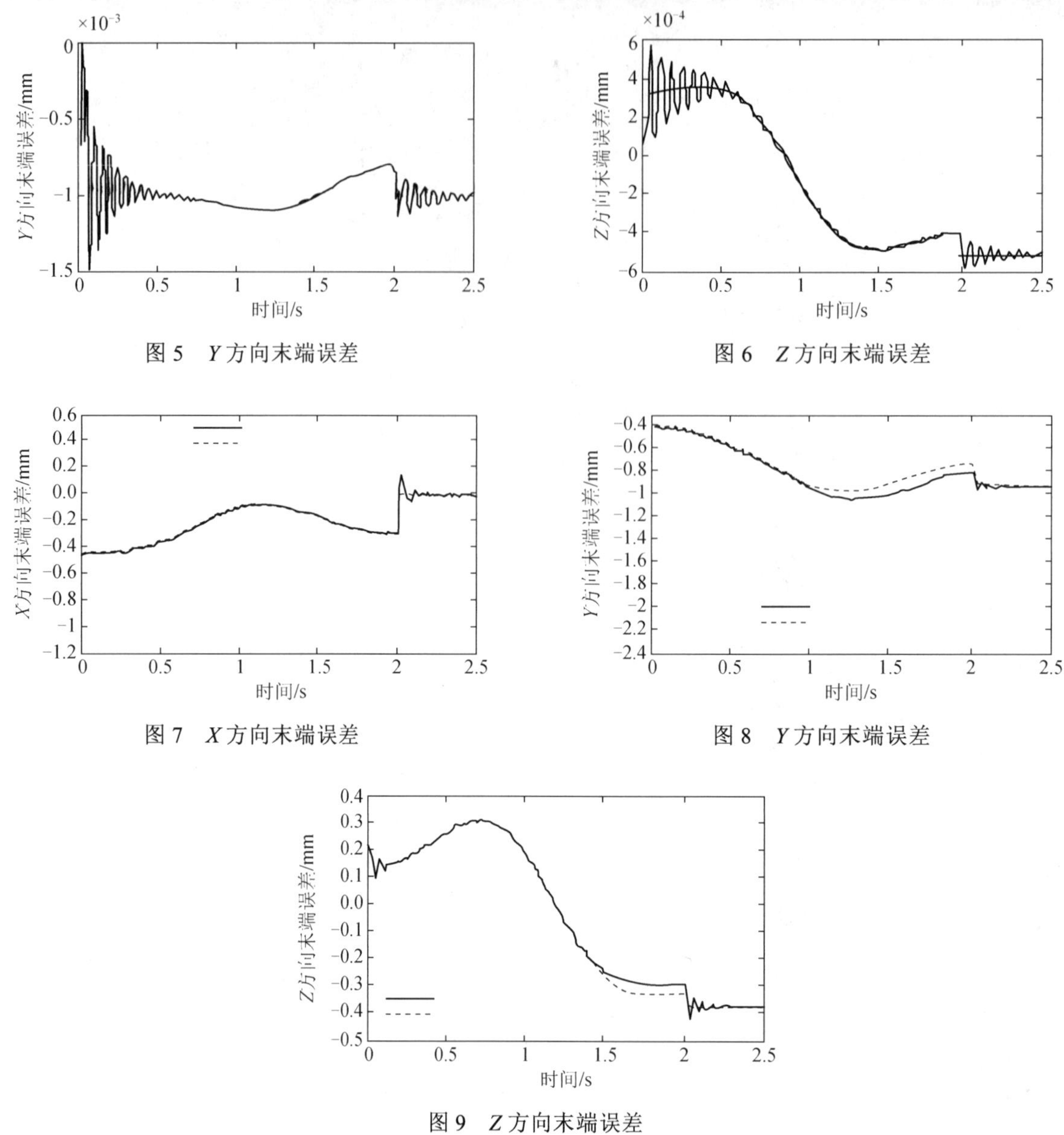

图 5　Y 方向末端误差

图 6　Z 方向末端误差

图 7　X 方向末端误差

图 8　Y 方向末端误差

图 9　Z 方向末端误差

另外，在这里用主频为 166MHz、内存 16MB 的微机进行计算。当步长选 0.01s，运算区间为 0～2.5s，全部分析，共需时间约 9min。根据以往实际计算的经验，这种新方法在计算速度上是有所提高的。

5. 结论

本文建立了一种新的空间多杆柔性机器人的动力分析建模方法，并通过数值计算验证了其正确性和有效性。这种分布刚度、集中质量的混合空间梁单元模型有其优点和特点：①系统方程的质量矩阵是一个对角且为常数的矩阵，这就给计算上带来了简便；②系统方程的曲率坐标的动力项对应的系数为零，既曲率坐标的一阶和二阶导数项对应的系数为零，在求解的过程中可事先被消去，这就可以减少系统方程的广义坐标数，降低系统方程各系数矩阵的维数，进一步提高计算效率；③横向位移采用 6 次多项式，因此提高了精度；④此方法综合了分步参数和集中参数两方面的优点，既提高了计算效率又有相当的精确性。因此本文所提供的方法，为解决空间柔性机器人机构的动力学分析，开辟了一条有效的新途径。

致谢

本文的工作得到了国家教委和北京科委有关项目的大力支持，在此表示衷心感谢。

参考文献

[1] Gogate S, Lin Y J. Formulation and control of robots with link and joint flexibility: Robitica. 1992, 11: 273-282

[2] Xi, F, Fenton R G. On flexible link manipulators modeling and analysis using the algebra of rotations: Robotica. 1994, 12: 371-381

[3] Usoro P B, Nadira R, Mahil S S. A finite element/lagrange approach to modeling lightweight flexible manipulators. ASME J. of Dynamic Systems, Measurement, and Control, 1986, 108: 198-205

[4] Yang zhijia, Sadler J P. Finite element modeling of spatial robot manipulators. ASME Design Technical Conference-21st Biennial Mechanisms Conference. Chicago, Illinois, 1990: 489-496

[5] Ganltier P E, Cleghom W L. A spatially translating and rotating beam finite element for modeling flexible manipulators. MMT, 1992, 27(4): 415-433

[6] Sadier J P, Sander G N. ASME J. Engng Ind., 1973, 95: 549

[7] Bagci C, Kalaycioglu S. ASME J. Mech. Des, 1979, 101: 417

[8] Nath P K, Ghosh A. Kineto-Elastodynamic analysis of mechanisms by finite element method. MMT, 1980, 15: 179-197

[9] Cleghom W L, Chao K C. Kineto-elastodynamic modeling of mechanisms employing linearly tapered beam finite elements. MMT, 1988, 23: 333-342

[10] Naganathan G, Soni A H. Nonlinear modeling of kinematic and flexibility effects in manipulator design. Journal of Mechanisms, Transmissions, and Automation in Design, Transaction of the ASME, 1988, 110: 243-254

[11] Cleghom W L, Fenton R G, Tabarrok B. MMT, 1981, 16: 407

[12] Xiaochun G, Zhiying K, Qixzan Z. A hybrid beam element for mathematical modelling of high-speed flexible linkages, MMT. 1989, 24: 29-36

[13] 钟正虎.空间多杆柔性机器人动力学模型的研究. 北京：北京工业大学硕士论文，1999

（原载《机器人》1999, 21(7): 608-614）

§38 基于ADAMS及ANSYS的柔性机器人动力学仿真系统

梁浩 余跃庆 张成新

（北京工业大学，北京 100022）

摘 要：针对ANSYS不适于机械动力学分析，而ADAMS不适于有限元分析的状况，本文首次将ADAMS及ANSYS结合，建立了柔性机器人动力学仿真系统。它通过模态中性文件结合ADAMS及ANSYS。按功能将此系统分成模块，进行二次开发，省去复杂的建模及自己编程工作，提供了统一的仿真标准。文中通过两个三臂机器人协调操作的算例验证了此系统的有效性、优越性。此系统有较广泛的应用范围，能成为CAD、CAM的基础。

关键词：ADAMS；ANSYS；仿真；柔性机器人

1. 引言

20世纪80年代以后，含柔性臂与柔性关节的机器人研究日益广泛，柔性协调机器人动力学的研究更是国际前沿课题。其中，柔性机器人的动力学建模是一切研究的基础。

柔性机器人有几种常见的建模方法：①离散梁法，②假设模态法，③有限元法。其中有限元法因为具有较高精度，应用较广泛。但用有限元法模型仿真存在以下问题。首先，编程困难、工作量大。无论采用高级语言(如VB、VC++等)，还是使用像Matlab这样的计算软件，一个仿真程序的编制和调试，往往要耗费数月的时间，并且程序的效果很难预料。其次，自己编写的仿真程序计算稳定性较差。柔性机器人的动力学方程是非线性的，求解困难，为了使算法稳定需要调节程序参数，每组不同的参数需要重新计算，做仿真算例将花费大量的时间。再次，很难保证算法、程序的一致性和正确性。由于每个人的编程思路不同及水平差异，算法、程序的一致性和正确性很难保证，计算结果可信度较低，很难相互比较。最后，大量的重复开发。自编程序的源代码可读性很差，很难重复利用和进行二次开发。

利用商业软件进行仿真将有效地解决上述问题，但现在能独立进行柔性机器人动力学仿真的软件几乎没有。本文结合ADAMS及ANSYS并以它们为基础进行了二次开发，建立了柔性机器人动力学仿真系统，使柔性机器人的仿真非常方便，在研究中发挥了重要的作用。

2. 柔性机器人动力学仿真系统

2.1 仿真系统基本原理

ADAMS是机械系统动力学仿真软件。主要用于刚体动力学分析，可用于研究整个机械系统的工作性能，在设计的早期阶段仿真虚拟样机。其中ADAMS/FLEX模块是基于CRAIG-BAMPTOM方法(又叫约束模态综合法，是动态子结构方法的一种)，可用于柔性体分析。

ANSYS是世界上有较大影响的有限元分析(FEA)软件之一。主要采用图形用户接口(GUI)方式进行交互式操作，从建模、单元划分、加载、求解到输出结果的全过程都可以在一个平台上完成。

因为ANSYS不适于进行机构的动力学分析，而ADAMS不适于进行有限元分析，所以ANSYS和ADAMS必须相互结合，取长补短。ADAMS中的ADAME/FLEX模块须借助有限元软件获取构件的模态。我们利用ANSYS进行有限元分析,提取机械臂的模态，并将结果转换成ADAMS可以识别的模态中性文件(modal neutral file)，再利用ADAMS进行动力学分析。但其中存在一些问题需要解决，下面将深入讨论。

2.2 仿真系统流程

根据仿真过程，按功能系统分成以下13个模块，流程图见图1。

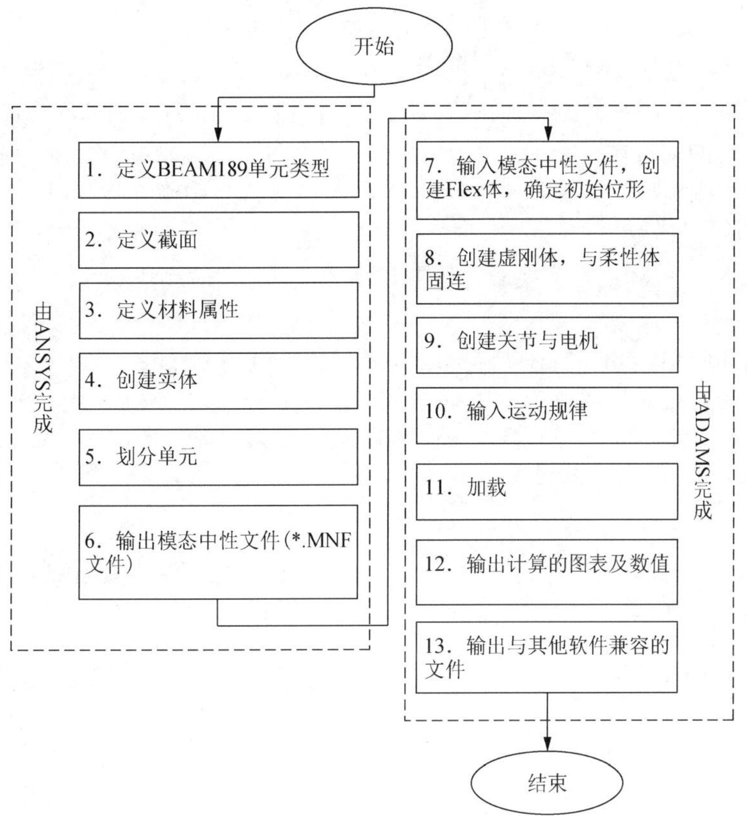

图 1　功能系统流程图

各模块概要及需要注意的问题是：

首先，需要注意软件环境的设置。ANSYS 中有结构分析、热分析、电磁分析等。在机器人仿真中一般只利用其结构分析，因而将 ANSYS 设置为“结构分析”。其次，ANSYS 中的中性文件与工程名(JOBNAME)相同，由于有多杆，必须注意工程名的转换。最后，ANSYS 采用默认的国际单位(即千克、米、秒)，ADAMS 中的默认长度单位是毫米，必须统一，否则将出现不可预知的错误。

模块 1：选用的单元类型是三节点三维等截面梁 BEAM189。如图 2 所示，每个梁单元由 3 个节点组成。在相同的划分条件下，BEAM189 的精度高于另两种 3D 梁单元 BEAM4 和 BEAM188，接近于 SOLID45，而且 BEAM189 具有操作简单、定位精确等优点。所以在机器人动力学仿真中常用 BEAM189。

模块 2：有 12 种常用的截面可供选择，用户还可以自定义截面。可用 GUI 实现，或用命令 SECTYPE、SECOFFSET 和 SECDATA 设定。

模块 3：材料属性主要包括杨氏弹性模量、密度和剪切弹性模量，在 Isotropic Material Properties 对话框中设置，也可以用命令方式设定。

模块 4：分为如下两步。

(1) 生成几何模型。梁抽象成直线(Straight Line)，通过创建两点(Keypoint)来决定梁的几何位置(注意：ADAMS 将利用在 ANSYS 中的位置作为初始位置)。等截面梁单元 BEAM189 和 BEAM188 还要给出方向节点(Orientation Keypoint)。通常,生成的梁单元中性层垂直于两端点和定向节点所在的平面。

(2) 设置梁的属性。设置梁的属性由 LATT 命令完成，格式如下：

LATT, MAT, REAL,TYPE, ESYS, KB, KE, SECNUM

模块 5：在 ANSYS 中可以通过三种方式设置单元大小，分别是自适应网格划分、设定单元长度和设定划分单元数。自适应网格划使用方便，但是因为机器人仿真涉及应力应变的求解问题，所以必须利用设定单元长度或划分单元数实现精确的网格划分，调用 LESIZE 命令：

LESIZE, SIZE, NDIV

单元长度应适中，通常 20～30mm，单元数太多对精度提高很少，但计算速度变慢。

模块 6：在 ANSYS 中不对模型施加约束，将生成自由悬浮子结构。但 ADAMS 中的 Craig-Bampton 方法要求所有子结构的交接面都是受约束子结构（固定约束）。在 ANSYS 进行模态分析之前必须选取对接界面，并加上固定约束。调用 ADAMS 宏命令输出模态中性文件。

ADAMS,nModes,kStress

一般取 nModes=16 可满足精度要求。选取过多的高阶模态使精度提高很少，但计算时间会成倍增加。

模块 7：用 Build->Flexible Bodys->Adams Flex...菜单调用 Create a Flexible Body 对话框（图 3），输入柔性杆件的名称、模态中性文件的文件名和阻尼大小及类型。ADAMS 读入模态中性文件，生成柔性体（Flex）。移动杆件时注意不要无意中改变柔性体的属性，否则将出现仿真错误。

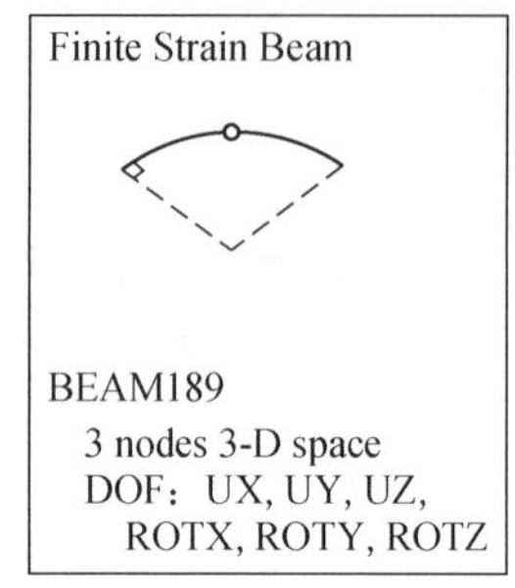

图 2　BEAM 189

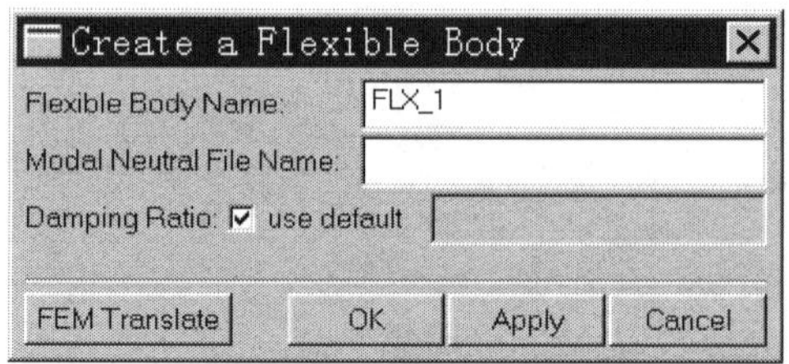

图 3　创建柔性体对话框

模块 8：ADAMS 中柔性体必须用虚刚体相互连接。首先，在各柔性体的节点 1（NODE1）和节点 2（NODE2）上创建标识（MARKER）；然后，在这些标识上创建虚刚体；最后，用固定关节（Fixed Joint）连接柔性体和虚刚体。

模块 9：关节（Joint）和电机（Motion）的创建相对比较简单，需要注意的是关节连接的是虚刚体而不是柔性体，并将关节的中心定在前一个（更靠近基座）虚刚体的标识上。

模块 10：关节的运动规律由电机实现，运动规律可以是一个函数，也可以是数据文件中的一组离散的数。如果运动规律是一个函数，则需在函数创建器（Function Builder）中生成一个函数。如果运动规律是一组离散的数，则首先，需要将文件以样条方式置入。然后，在函数创建器中调用立方样条函数（CUBSPL（1st_Indep_Var, 2nd_Indep_Var, Spline_Name, Deriv_Order））生成立方样条，作为电机的运动规律。ADAMS 中不能用离散数据作为电机输入，因为离散数据意味着无限冲击。本例使用的是立方样条。

模块 11：所加的载荷可以是任意形状的实体，也可以是随时间变化的外力。所加载荷可以自定义质量和转动惯量。载荷必须与虚刚体相连。

模块 12：通常还需要创建测量器（Measure），用以测量特定的参数，如相对角度等。ADAMS 有丰富的后处理功能，可以录制动画，绘制位移、速度、加速度曲线等。

模块 13：在后处理中输出数据文件（Numeric Data）或表单（Spread Sheet）可供 MATLAB 等许多其他软件使用。

本研究做了基于 ANSYS 、ADAMS 的二次开发，上面的多数步骤能自动完成。

3. 仿真实例

模型参数：

两机器人的参数如表 1 所示，每根杆取 10 个单元。期望的物体质心轨迹如表 2 所示。其他参数如图 4 所示，机器人 1 和机器人 2 的抓持点分别为 A 和 B，均为紧固抓持，两抓持点距离为 Lob=0.05m。物体的质心为 C，$\psi_1=\pi/3$，$\psi_2=2\pi/3$，$\theta_1=0$，$\theta_2=\pi$。物体的质量为 $M_0=0.05$kg，对质心的转动惯

量为 $I_0 = 3.125\times10^{-5}\ \text{kg}\cdot\text{m}^2$。

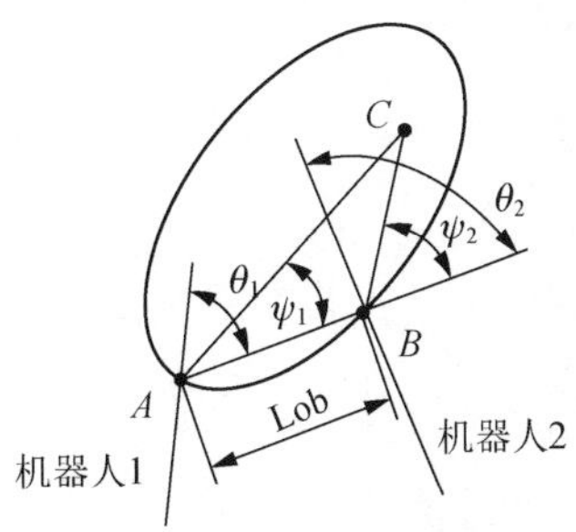

图 4　协调操作参数示意图

表 1　机器人系统参数

参数名称	第 1 臂臂长 L_1/m	第 2 臂臂长 L_2/m	第 3 臂臂长 L_3/m	材料	密度 ρ /(kg/m³)	拉压弹性模量 E/(N/m²)	剪切弹性模量 G/(N/m²)	截面形状	截面长度 a/m	截面宽度 b/m	质量阻尼系数 α_1	刚度阻尼系数 α_2	阻尼比 ξ	基座位置坐标
机器人 1	0.254	0.254	0.254	铝	2.7x103	7.1x1010	2.6x1010	矩形	5.08x10-3	5.08x10-3	0.0	1.323×10^{-3}	0.03	(0,0)
机器人 2	0.254	0.254	0.254	铝	2.7x103	7.1x1010	2.6x1010	矩形	5.08x10-3	5.08x10-3	0.0	1.323×10^{-3}	0.03	(0.5,0)

表 2　期望的物体质心轨迹

轨迹方程	起点坐标/m	终点坐标/m	起始方位角/rad	终止方位角/rad	总操作时间 T_t/s	加速时间 T_s/s	减速时间 T_b/s
$Y = 0.55 - 0.5x$	(0.7, 0.2)	(0.3, 0.4)	0	0.2	0.6	0.2	0.2
起动阶段 ($0 \leqslant t \leqslant T_s$)	加速度　$a = A(1-\cos 2\pi t / T_s)$						
匀速阶段 ($T_s < t \leqslant T_t - T_b$)	加速度　$a = 0$						
制动阶段 ($T_t - T_b < t \leqslant T_t$)	加速度　$a = -A(1-\cos 2\pi(t-(T_t-T_b))/T_b)$						

仿真结果：

图 5 是二次开发后 ANSYS 中的一个界面。在 ADAMS 中调入模态中性文件、创建虚刚体、添加各种关节及电机、加上载荷、输入关节运动规律后的界面如图 6 所示，此时可以进行仿真。

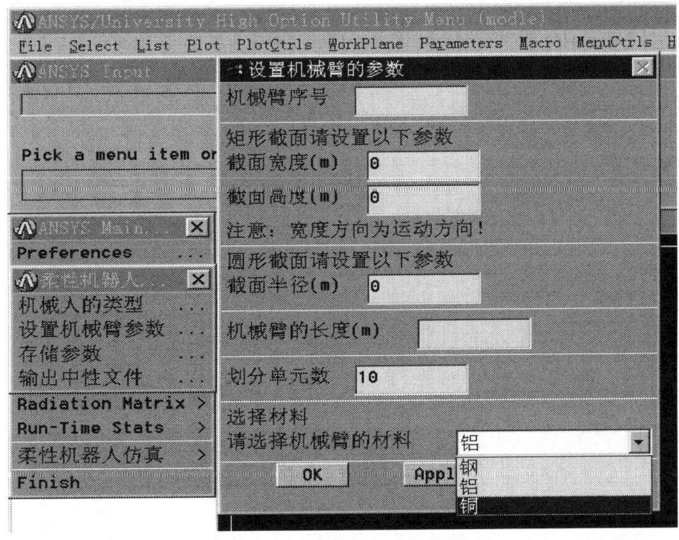

图 5　在 ANSYS 中开发的界面

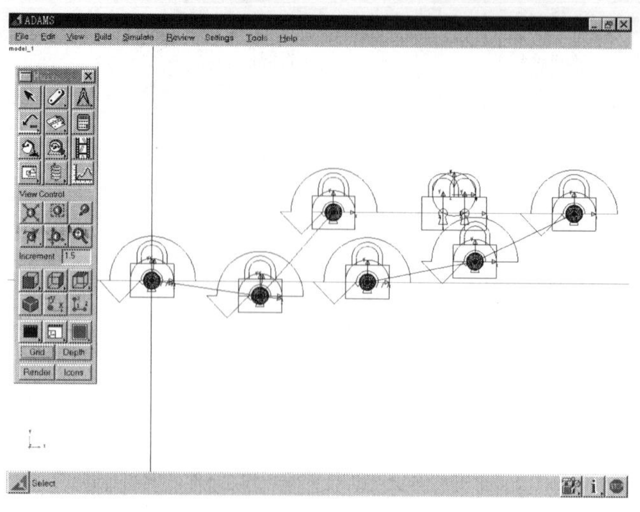

图 6　在 ADAMS 中仿真的建模图

利用刚体逆运动学求出两机器人输入关节角。以此为输入，经过仿真，可以得到被抓持物的质心位置，与期望运动轨迹时被抓持物质心位置相减，得到质心位置的运动误差(图 7)。图 7 中还将软件仿真的结果与自己构造仿真模型及编写程序的计算结果进行了比较。从图中可以看出，两条曲线几乎重合，这充分说明本文的仿真系统与数值分析方法的正确性、有效性。

计算性能：

硬件配置，PIII400、256MB 内存。

操作系统，Windows NT 4.0。

在 ANSYS 5.5 中，每杆划分 10 个 BEAM189 梁单元，输出 6 杆前 16 阶模态，计算时间<3min；

在 ADAMS 10.0 中，用 SI2 积分器、精度为 3，仿真时间 0.6s、1800 步，计算时间<10min。

比自编程的计算时间快 1 到 2 个数量级。算法稳定，不需要在计算中调节各种参数。

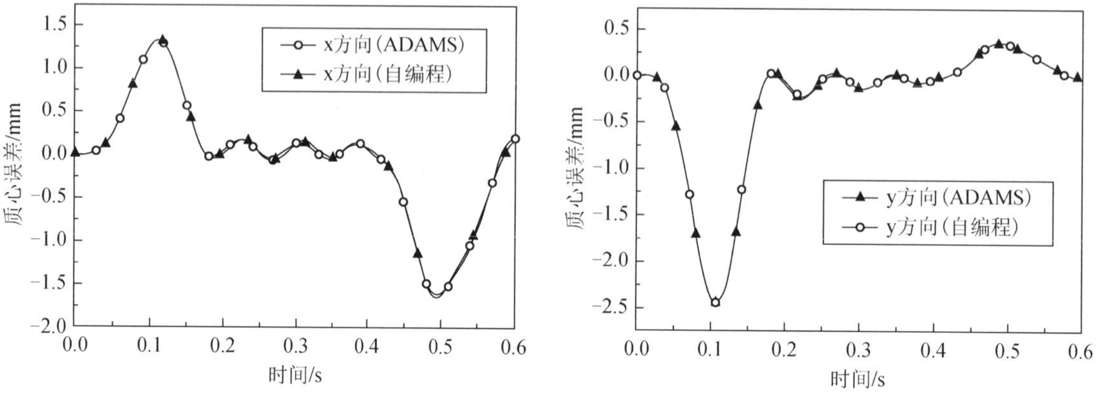

图 7　质心的运动误差

4. 结论

通过实践可总结出本文所述的仿真系统具有以下优点：

(1) 节省编程时间。无需自己编写程序即可仿真，节省了编程时间。若进行二次开发，则可以重复使用，更加简便。

(2) 计算时间较短。每一次仿真的时间较短，不同的算例，模型只需稍作改动，仿真时间几乎不变。

(3) 适应性较宽。本系统能对四连杆机构及柔性关节、柔性物体、机构抓持、环境接触等各种形式的机器人进行仿真，还能用于应力、应变分析等相关领域，有较宽的适用范围。这些分析能成为 CAD、CAM 的基础。

(4) 结果具有可信度。两个国际通用的软件的仿真结果有较高的可信度，可用于验证模型，也便于横向比较。

(5) 计算稳定。本文介绍的仿真系统不需要调节任何程序参数，具有很好的算法稳定性。我们尚未发现计算发散的算例。

参考文献

[1] Orlandea N, Berenyi T. Dynamic continuous path synthesis of industrial robots using ADAMS computer program. ASME, Journal of Mechanical Design, 1981, 103: 602-607

[2] Xi F, Fenton R G. On flexible link manipulators modeling and analysis using the algebra of rotations. Robotica, 1994, 12: 371-381

[3] Mechanical Dynamics, Inc., Using Adams/View V.9, 1998

[4] Mechanical Dynamics, Inc., Using Adams/Flex V.9, 1998

[5] 白师贤. 高等机构学. 上海：上海科学出版社, 1988

[6] Yang Z J, Sadler J P. Finite element analysis of revolute manipulators with link and joint compliance by joint-beam elements. Robotics, Spatial Mechanisms, and Mechanical Systems ASME Design Technical Conference. 1992, 45: 619-625

[7] 熊有伦，等. 机器人学. 北京：机械工业出版社，1993

[8] 王文亮，杜作润. 结构振动与动态子结构方法. 上海：复旦大学出版社，1985

[9] 唐锡宽，等. 机械动力学. 北京：高等教育出版社，1984

[10] 张策，等. 弹性连杆机构的分析与设计. 北京：机械工业出版社，1989

[11] 李论. 柔性机器人与机构动力学仿真的研究. 北京：北京工业大学，1999

(原载《机械科学与技术》2002, 21(6): 892-895)

§ 39　多杆柔性机器人杆与关节耦合效应及优化设计

岳士岗　余跃庆　白师贤

（北京工业大学，北京　100022）

摘　要：在以有限元法建立的系统动力学模型基础上，对多杆机器人的柔性关节和柔性杆的动态耦合效应进行研究，发现耦合效应存在关于系统无量纲参数的有利的软耦合和不利的硬耦合，从而提出将机器人的结构参数限定在有利耦合区域内进行以整体质量最小为目标的优化方法，达到了充分利用材料的目的。

关键词：多杆机器人；柔性关节；柔性杆；耦合效应；优化设计

1. 引言

柔性关节机器人和柔性杆机器人两个研究领域吸引了众多的研究者。对于已经取得的大量成果，Gaultier 和 Cleghom[1]及 Book [2]对柔性杆机器人、Readman 和 Belanger[3]对柔性关节机器人已分别作了综述。在模型中同时考虑关节和杆这两种柔性的研究已开始引起研究者的注意[4-12]。至于深入研究上述两种柔性在系统中耦合作用的文献尚十分少见[11]。Xi 和 Fenton[11]建立了一个柔性关节和一个柔性杆的机器人模型，并对其两种柔性的耦合效应对频率方程的解的影响进行研究，然而其模型和结论局限于一杆一关节柔性机器人，能否适用于复杂多柔性杆和关节的机器人尚待进一步研究。

另外，目前所见文献的研究主要在于建立模型、分析特性、减轻振动和控制等方面，涉及如何对柔性机器人的构件进行优化设计以提高其动力学性能的文献相对较少。这主要因为上述各个方面还有大量的工作有待进一步探讨与完善，另外，优化设计往往是和实际应用紧密相连的，当柔性机器人面向应用研究时，优化设计的问题必然会提到议事日程上来。因此，对多杆柔性机器人的结构进行优化设计研究是非常有意义的。

针对上述不足，本文首先对多杆机器人的柔性关节和柔性杆的动态耦合效应进行研究，发现耦合效应存在关于系统无量纲参数的有利的软耦合和不利的硬耦合，在此基础上，提出将机器人的结构参数限定在有利耦合区域内进行以整体质量最小为目标的优化方法，以求充分利用材料。

2. 多柔性杆与柔性关节的动态耦合效应

要对多杆柔性机器人系统中存在的杆件和关节两种柔性的动态耦合效应进行研究，首先必须导出能充分计算两种柔性及其耦合的柔性机器人动力学微分方程[4]。

2.1　动力学模型及无量纲参数的定义

如文献[4]所述，在建立具有柔性关节和柔性杆的多杆机器人模型时，引入能同时描述关节和杆件柔性的柔性转子梁单元，应用拉氏方程，最终可以得到如下形式的动力学方程式。

$$[M]\{\ddot{\Phi}\}+[C]\{\dot{\Phi}\}+[K]\{\Phi\}=\{P\} \tag{1}$$

$$[D]\{\ddot{\theta}\}+[K_Z]\left(\{\theta\}-\{q\}\right)+\{H\}+\{E\}=\{0\} \tag{2}$$

$$[J]\{\ddot{q}\}+[K_Z]\left(\{q\}-\{\theta\}\right)=\{\tau\} \tag{3}$$

式中，$[M]$为 $nu\times nu$ 阶质量矩阵；$[C]$为 $nu\times nu$ 阶阻尼矩阵；$[K]$为 $nu\times nu$ 阶刚度矩阵；$\{P\}$为 $nu\times 1$ 阶惯性力矩阵；$\{\ddot{\Phi}\}$，$\{\dot{\Phi}\}$ 和 $\{\Phi\}$ 为描述杆件变形的 $nu\times 1$ 阶广义坐标加速度列阵、速度阵列和位移列阵；nu 为描述杆件变形的广义坐标数目；$[D]$为描述关节变形的 $n\times n$ 阶惯性质量矩阵；$[K_Z]$ 为 $n\times n$ 阶

关节刚度矩阵；$\{\theta\}$ 和 $\{\ddot{\theta}\}$ 为描述杆件实际转动位移的 $n\times1$ 阶广义坐标列阵和广义加速度列阵；$\{q\}$ 和 $\{\ddot{q}\}$ 为描述转子转动位移的 $n\times1$ 阶坐标列阵和加速度列阵；$\{H\}$ 为 $n\times1$ 阶离心力、刚柔耦合及重力项列阵；$\{E\}$ 为 $n\times1$ 阶杆件柔性耦合项列阵；$[J]$ 为 $n\times n$ 阶转子惯性质量矩阵；$\{\tau\}$ 为 $n\times1$ 阶驱动力列阵；n 为机器人系统的关节数，其中 $[M]$、$[C]$、$[K]$ 和 $\{P\}$ 皆为 $\{\theta\}$、$\{\dot{\theta}\}$ 和 $\{\ddot{\theta}\}$ 的函数。如前所述，式(1)～式(3)即为同时具有柔性关节和柔性杆的多杆机器人的动力学耦合方程。

研究关节和杆这两种柔性的耦合效应对于设计和控制柔性机器人具有重要价值。Xi 和 Fenton[11] 在研究中发现杆的转动惯量与转子的转动惯量之比和杆的刚度与关节扭转弹簧刚度之比这两个无量纲参数对于具有一个柔性关节和一个柔性杆的机器人的频率方程的解是至关重要的。类似于文献[11]对单杆柔性机器人无量纲参数的定义，对于多杆柔性机器人，定义

$$R_{ai}=\frac{J_{Li}}{J_n} \tag{4}$$

式中，J_{Li} 为杆 i 的绕其靠近基座一侧的转动关节中心的转动惯量；J_{ri} 为转子 i 的转动惯量，定义

$$R_{bi}=\frac{EI_i}{L_iK_i} \tag{5}$$

式中，E 为杆的弹性模量；I_i 为杆件 i 横截面的惯性矩；L_i 为杆件 i 的长度；K_i 为关节 i 的扭转弹簧刚度。

对于矩形截面，杆件的转动惯量可以写为

$$J_{Li}=\frac{1}{3}\rho b_ih_iL_i^3 \tag{6}$$

式中，ρ 为杆件密度；b_i 和 h_i 为杆件截面的宽与高。因而式(4)可以表示为

$$R_{ai}=\frac{\rho b_ih_iL_i^3}{3J_n} \tag{7}$$

同样，R_b 也可以表示成杆件横截面的宽与高的形式

$$R_{bi}=\frac{Eb_ih_i^3}{12L_iK_i} \tag{8}$$

若将式(8)改写成

$$b_ih_i=\frac{12L_iK_i}{Eh_i^2}R_{bi} \tag{9}$$

则将式(9)代入式(7)得到

$$R_{ai}=\frac{4L_i^2K_i}{Eh_i^2J_n}R_{bi} \tag{10}$$

这说明以上所定义的两无量纲参数不是毫无联系，这对以后的计算是有利的。例如，让其中一个参数变动，便有可能得到关于两无量纲参数的变化规律。

2.2　多柔性杆和柔性关节的动态耦合效应

本节以三杆柔性关节和柔性杆机器人为例进行数值模拟，来研究多杆柔性机器人的柔性关节和柔性杆的耦合特性。机器人在水平面内的运动轨迹及运动参见文献[13,14]。文献中的机器人参数为：各杆长均为 254mm，杆的截面为矩形，材料为铝，弹性模量为 7.10×10^{10}Pa，剪切模量为 2.60×10^{10}Pa，密度为 2.71×10^3kg/m^3，所有的关节都是柔性关节而且各杆和关节的参数值相同，所以各杆和关节的 R_{ai} 和 R_{bi} 值是相同的。

图 1～图 4 为机器人各关节的最大应变绝对值对应于不同的 R_a 和 R_b 的变化曲线。图中对计入耦合效应的响应进行了比较。各图中图标相同的虚线和实线为相同关节应变曲线。其中虚线为计入耦合效应的结果，实线为不计关节柔性耦合的结果(以后各图同，不另说明)。

图 1 中，随着 R_a 的增大，耦合效应的存在削减了某些区域的响应值，如第 1 关节在 $R_a=10^{-1}$～$10^{-0.1}$、第 2 关节在 $R_a=10^{-1.2}$～$10^{-0.1}$、第 3 关节在 $R_a=10^{-2}$～$10^{-0.8}$，耦合效应的作用是有益的，它减小了最大应变绝对值，这样的耦合不妨称为软耦合。而在另一些区域，耦合效应则表现为增大最大应变的绝对值，如第 1 和第 2 关节在 $R_a=10^{-0.1}$～$10^{1.0}$，不妨称为硬耦合。图 2 中这种削减与增大的趋势更加明显。第 1 关节几乎在整个区域内都削减了最大应变绝对值。这说明在一定程度上较大的 R_{b0}，也就是与杆件刚度相比，关节扭转弹簧较软时，耦合效应可能有利于减小系统动态响应。

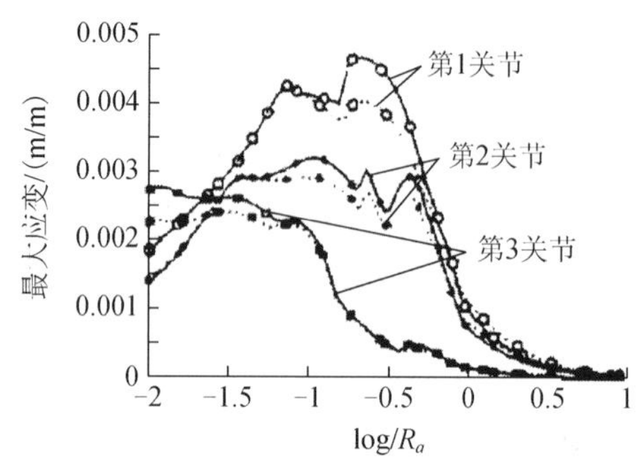

图 1　最大应变绝对值随 R_a 变化曲线($R_{b0}=10^{-1.52}$)

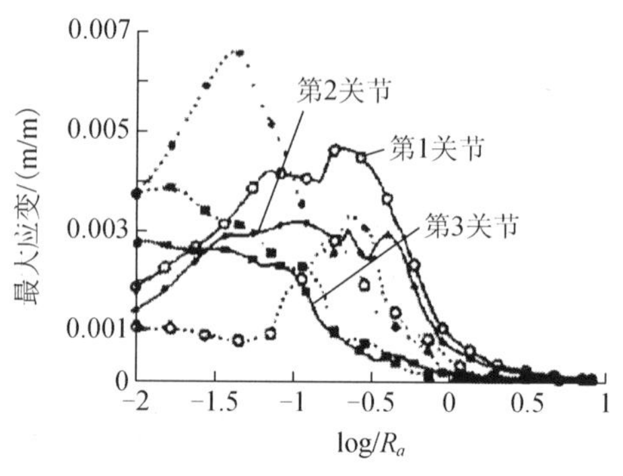

图 2　最大应变绝对值随 R_a 变化曲线($R_{b0}=10^{-1.14}$)

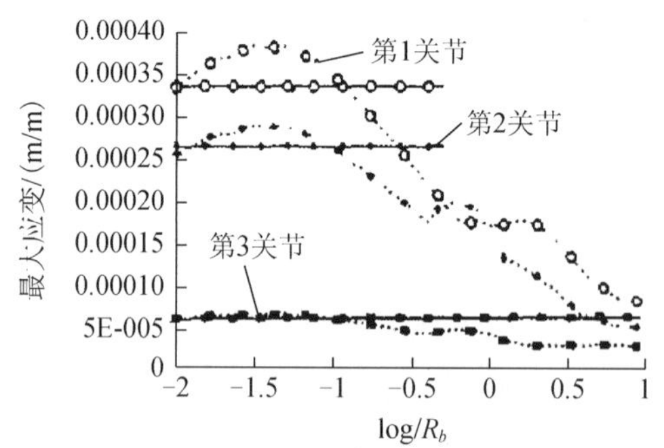

图 3　最大应变绝对值随 R_b 变化曲线($R_{a0}=10^{-1.52}$)

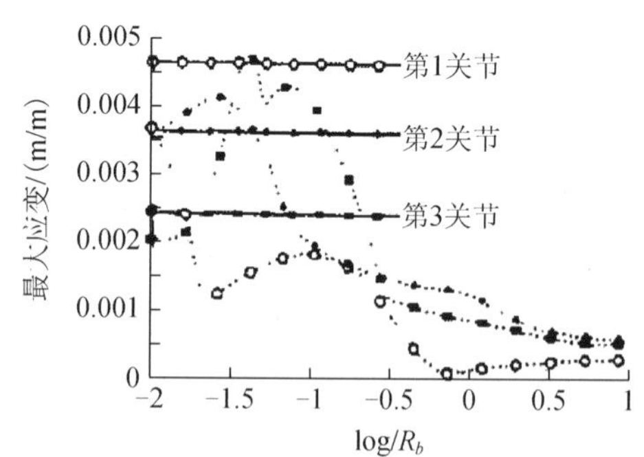

图 4　最大应变绝对值随 R_b 变化曲线($R_{a0}=10^{-1.52}$)

当保持 R_a 为定值，使 R_b 在 10^{-2}～10^{1} 变化时(图 3 和图 4)。由于计算中只允许扭转弹簧刚度变化，所以图中无耦合效应的图线都是水平直线。耦合效应同样存在着有利和不利两种情况。从两图中都可以看出，R_b 值越大，也就是杆件刚度与关节扭转弹簧刚度之比越大，耦合效应越有利于减小系统动态响应。这与从图 1 和图 2 中得到的结论是一致的。另外，较小的 R_a 值，即较小的杆件的转动惯量，可以使某些关节耦合效应有利区域扩大。

通过以上分析可知，对应不同 R_a 和 R_b 值，耦合效应存在一系列不同的有利和不利区域。因而，通过不断改变 R_a 和 R_b 值，并注意满足式(10)，经过大量的计算，可以得到图 5。图 5 以无量纲参数 R_a 的对数为水平轴，以无量纲参数 R_b 的对数为纵轴，描述了耦合效应随这两个参数的变化情况。可以看出，耦合效应明显存在有利的软耦合和不利的硬耦合两种区域的划分。在有利区域中，耦合效应的存在削减系统的动态响应值，从而有利于提高机器人的动力学性能；而在不利区域，情况正好相反，耦合效应明显使机器人的动力学性能恶化。正如前面的分析，对于较大的 R_b (图中约大于 $10^{-0.5}$)，其耦合效应是有利的，较小的 R_a 对第 1 和 2 关节的耦合效应来说也是有利的。这表明，可以通过选择合适的 R_a 和 R_b 来达到避开不利耦合效应的目的。

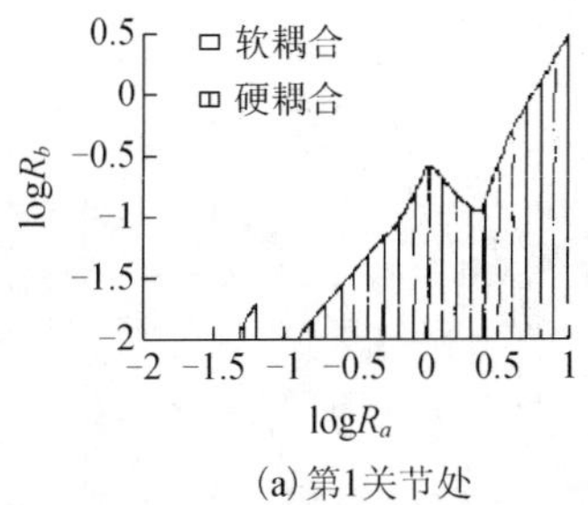

(a) 第1关节处

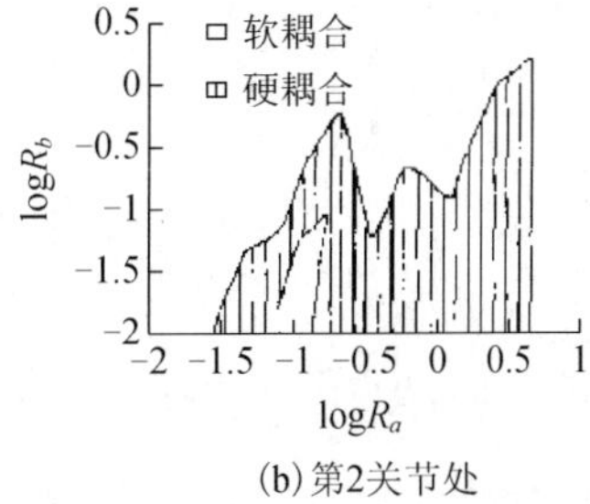

(b) 第2关节处

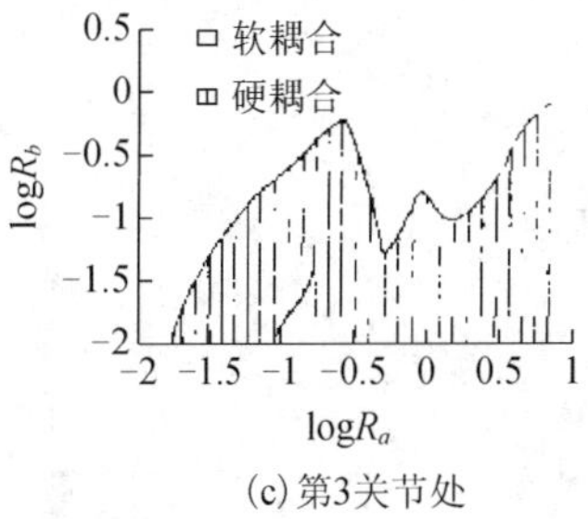

(c) 第3关节处

图 5　关于 R_a 和 R_b 的柔性机器人耦合

为了更清楚地了解耦合效应的作用，在有利的软耦合区域内选取一点，例如取 $R_a = 10^{0.38}$，$R_b = 10^0$，作出各关节的动态应变曲线(图 6)。耦合效应使最大应变大大减小，并使应变的第一个峰值的出现推迟，这就减小了运动过程中应变变化程度。但是，在运动停止($t > 0.4\text{s}$)后，耦合效应的存在却加剧了余振的振动幅度，如图 6 所示，余振的持续时间也由于耦合效应的存在而大大延长，这可以解释为扭转弹簧在运动过程中吸收能量，而在运动停止后释放能量。

同样，在不利的硬耦合区域选取一点，作出其各关节的动态应变曲线(图 7)。图中耦合效应使最大应变的变化幅度和频率出现了很大不同，耦合也使最大绝对应变值增大。

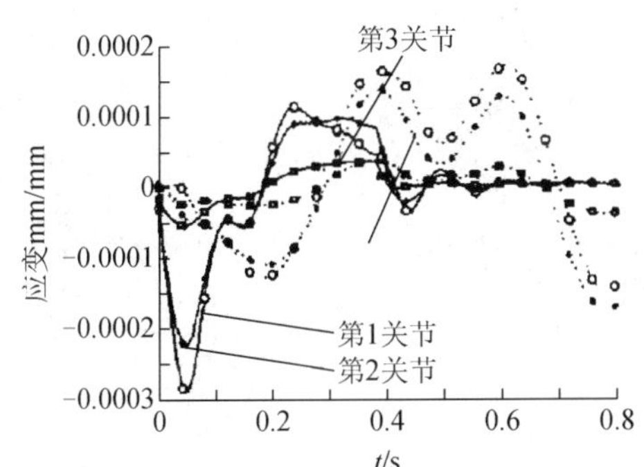

图 6　有利软耦合区域内的柔性机器人应变曲线

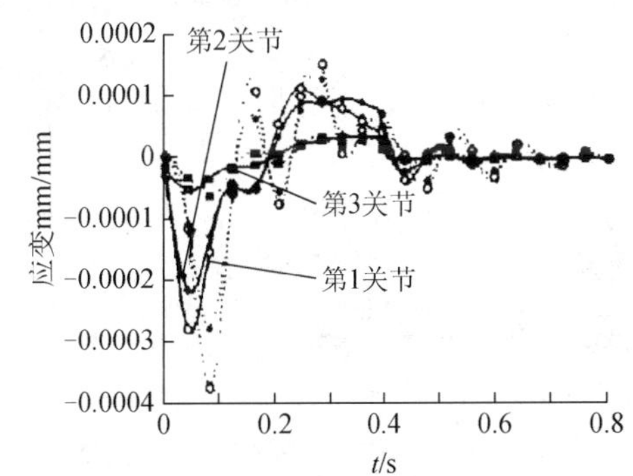

图 7　不利硬耦合区域内的柔性机器人应变曲线

2.3　结论

通过上面的讨论可以得到如下结论：

(1) 多杆机器人的柔性关节和柔性杆的耦合效应存在有利软耦合和不利硬耦合两种区域，在有利软耦合区域，耦合效应使系统动态响应得到削减，而在不利硬耦合区域正好相反。

(2) 在一定程度上，与杆件的刚度相比，关节扭转弹簧相对较软时，耦合效应有利于减小系统的动态响应值。

(3) 在有利耦合区域，耦合响应减小动态响应的最大绝对值，却有可能使余振加剧。

以上结论对于设计和控制具有柔性关节和柔性杆的多杆机器人具有重要参考价值。

3. 多杆柔性机器人优化设计的耦合特性区域法

上述研究结果表明，存在有利软耦合和不利硬耦合两种耦合效应。在进行柔性机器人的优化时，如果能将结构参数限定在有利的软耦合区域内，那么有可能使优化出的结构参数既能满足应力与变形方面的约束又能充分利用有利的耦合，从而达到充分利用材料的目的。对于柔性机器人来说，机器人臂的质量与柔性是一对最主要的矛盾，质量大，将失去灵活轻便的优势；质量过小，又会带来较大柔变，影响使用效果。不失一般性，不妨假设优化目标为机器人臂的质量最小，目标函数可表示为

$$\min f(\chi)=\sum_{i=1}^{n}\rho_i l_i b_i h_i+m_i \tag{11}$$

约束条件为

$$[R_{ai}]_l\leqslant R_{ai}\leqslant[R_{ai}]_u \quad (i=1,2,\ldots,n) \tag{12}$$

$$[R_{bi}]_l\leqslant R_{bi}\leqslant[R_{bi}]_u \quad (i=n+1,n+2,\ldots,2n) \tag{13}$$

$$\sigma_i-[\sigma_i]\leqslant 0 \quad (i=2n+1,\ 2n+2,\ \ldots,\ 3n) \tag{14}$$

$$\delta_i-[\delta_i]\leqslant 0 \quad (i=3n+1,\ 3n+2,\ \ldots,\ p) \tag{15}$$

$$\chi_{li}\leqslant\chi_i\leqslant\chi_{ui} \quad (i=1,\ 2,\ \ldots,\ n) \tag{16}$$

式中，n 为杆件个数；χ 为设计变量，在此取为横截面的宽与高；m_i 为机器人臂的附加质量，如具有集中质量的转子等；$[R_{ai}]_l,[R_{ai}]_u,[R_{bi}]_l,[R_{bi}]_u$ 为柔性耦合区域的边界；σ_i 为杆件的最大应力；δ_i 为变形引起的指端误差；p 为各种约束的总个数；$[\sigma_i],[\delta_i]$ 分别为许用应力值和允许的最大指端变形误差值；χ_{li},χ_{ui} 分别为设计变量的上界和下界。

关于柔性有利软耦合区域的边界，观察图 5 可知，在 $R_a\in[10^{0.0},10^{0.5}]$ 和 $R_b\in[10^{-0.5},10^{0.0}]$ 所围成的区域内，3 个杆和关节的耦合都是有利的软耦合，因此不妨选择这一区域为优化参数所在的区域。材质为铝，许用应力值取为 27.58MPa，柔性变形引起的指端误差最大不允许超过 0.008m，设计变量的上界取为 0.001m，下界取为 0.01m，第 2、3 关节处关节集中质量为 80g，指端集中质量为 20g，第 1 关节处的集中质量因主要集中在机架而忽略不计。以上非线性有约束优化问题采用约束变尺度法求解[15]。设计变量初值及优化结果见表 1。

表 1　柔性机器人的初值及优化结果 1（k=100 Nm/rad）

		初始值/ mm	优化结果/ mm
第 1 杆	高	0.005 08	0.001 36
	宽	0.007 08	0.010 00
第 2 杆	高	0.005 08	0.001 36
	宽	0.007 08	0.010 00
第 3 杆	高	0.005 08	0.001 36
	宽	0.007 08	0.001 00
杆的总质量/g		74.27	28.03
机器人臂总质量/g		234.27	188.03

由优化结果可知，优化后的杆件总质量减小到不及原来的一半。优化后的机器人臂总 质量也减小了约 20%。图 8 将优化后的机器人臂的应变曲线，与无关节柔性耦合情况进行了比较。图中实线为耦合的应变曲线，虚线为无关节柔性机器人的应变曲线。如果不是有利的柔性关节耦合效应使最大应变得以减小，优化的结构参数下的机器人臂的动态应力将 超过许用应力值。这说明优化后的柔性机器人结构尺寸能利用有利的关节和杆的耦合效应，达到充分利用材料的目的。

图 9 中将优化前后的柔性机器人的驱动力矩作了比较，图中实线为优化前的结果，虚线为优化后的结果。由于总体质量的减小，优化后的机器人在完成相同运动的情况下，驱动力矩也有所减小。

作为比较，在关节刚度为 100Nm/rad 的情况下，用上述相同的方法以文献[4]中的例子作为初值进行优化，求得另一组优化值，详见表 2。

表 2　柔性机器人的初值及优化结果 2（k=10 N·m/rad）

		初始值/ mm	优化结果/ mm
第 1 杆	高	0.005 08	U001 00
	宽	0.005 08	0.007 40
第 2 杆	高	0.005 08	0.001 00
	宽	0.005 08	0.006 12
第 3 杆	高	0.005 08	0.001 00
	宽	0.005 08	0.005 25
杆的总质量/g		53.3	12.7
机器人臂总质量/g		213.3	172.7

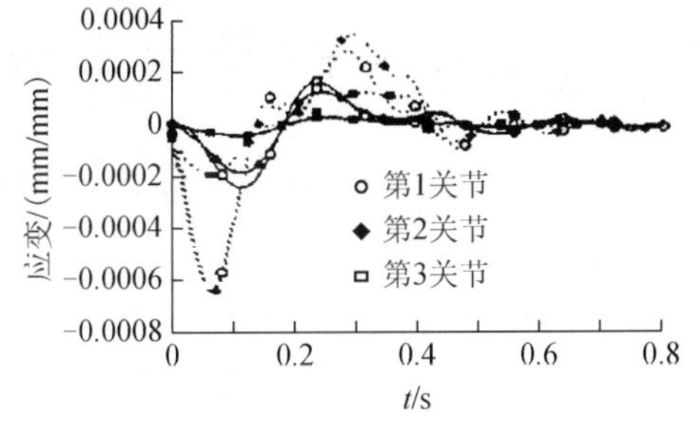

图 8　应变曲线比较（关节刚度 100N·m/rad）

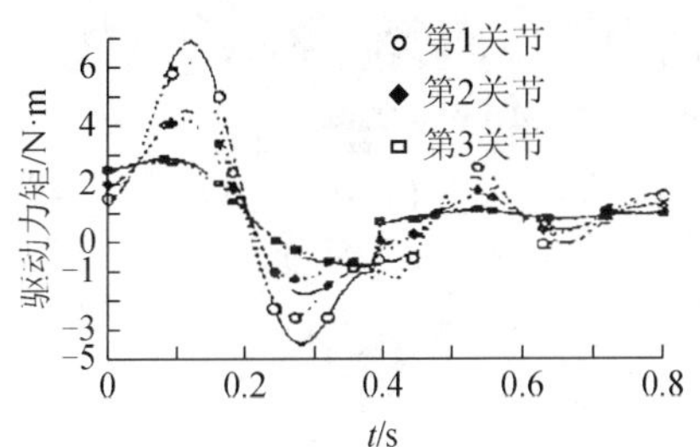

图 9　关节驱动力矩比较（关节刚度 100N·m/rad）

此例中杆的总质量减小 76%，优化效果是非常好的。图 10 为优化机器人结构参数的情况下，考虑（实线）与不考虑（虚线）柔性关节耦合的机器人各关节处的应变曲线比较情况。可见，机器人运动过程中的最大应变与不考虑耦合时相比有很大减小。但是，运动结束后（$t \geqslant 4$s）的余振却大为增加。因此，当关节刚度较小时，其吸收的弹性能量会在余振时释放的现象应当加以注意。

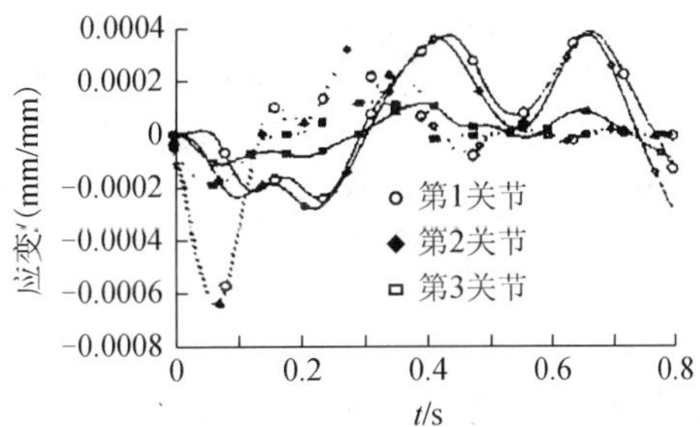

图 10　应变曲线比较（关节刚度 10N·m/rad）

以上分析及优化的机器人运动规律是特定的。表 1 中的结果也表明，由于优化后杆件的质量迅速减小，集中质量所占的比重增大，由约占 70% 增大到约占 85%。因此，如何结合机器人的运动规划来分析和设计具有关节和杆两种柔性耦合的柔性机器人，以进一步减小驱动器的大小，是一个需要进一步研究的课题。

参考文献

[1] Gaultier P E, Clegjom W L. Modeling of flexible manipulator dynamics//A Literature Survey, 1st Nat Appl Mech Conf., Cincinnati, Oh, 1989. 2c-3, 1-10

[2] Book W J. Modeling design, and control of rex bile manipulator arms// A Tutorial Review, Proc the 29th IEEE Conf. on Design and Control, 1990. 500-600

[3] Readman M C, Belanger P R Stabilization of the fast modes of a flexible-joint robot. the International Journal of Robotics Research, 1992(11): 123-134

[4] Yue S G, Yu Y Q, Bai S X. Flexible rotor beam element for the manipulators with link and joint flexibility. Mach Mach Theory, 1997, 32(2): 209-219

[5] Xi F, Fenton R G. Coupling effect of a flexible link and a flexible joint. International Journal of Robotics Research, 1994(13): 443-453

[6] Yang Z J, Sadler J P. Finite element analysis of revolute manipulators with link and joint compliance by jointbeam Elements//Robotics, Spatial Mechanisms, and Mechanical Systems ASME Design Technical Conference, De-vel.45 1992. 619-625

[7] Yang Z J, Sadler J P. Finite element modeling of spatial robot manipulators//ASME Design Technical Conference-21st Biennial Mechanisms Conference. Chicago: 1992. 489-496

[8] Lalara P, Sharan A M. Accurate modeling of flexible manipulators using finite element analysis. Mechanisms and Machine Theory, 1991, 26(3): 299-313

[9] Smili A A. A Three-node finite element for dynamic analysis of planar manipulators with flexible joints. Mechanisms and Machine Theory, 1993, 28(2): 193-205

[10] Xi F, Feton R G. On flexible link manipulators: modeling and analysis using the algebra of rotations. Robotica, 1994(12): 371-381

[11] Xi F, Fenton R G. Coupling effect of a flexible link and a flexible joint. International Jounal of Robotics Research, 1994, 13(5): 443-453

[12] Gogate S, Lin Yueh-Jaw. Formulation and control of robots with link and joint flexibility. Robotica, 1992(11): 273-282

[13] 岳士岗, 余跃庆, 白师贤.多杆柔性机器人动力方程的瞬态动响应数值求解方法.机器人, 1995, 17(5):269-273

[14] Geutier P E, Cleghom W L. A spatially translation and rotating beam finite element for modeling flexible manipulators. Machanism and Machine Theory, 1992(27): 415-43

[15] 余俊，周济. 优化方法程序库 OPB-1 原理及使用说明. 北京：机械工业出版社，1989

（原载《北京工业大学学报》1997, 23(4): 49-56）

§40　具有柔性关节和柔性杆的空间机器人频率特性

张绪平　余跃庆

（北京工业大学，北京 100022）

摘　要：借助于柔性转子梁单元的动力学模型，通过一个空间四杆机器人的数值模拟，研究了综合考虑杆和关节柔性的空间机器人的固有频率与其结构参量之间的内在关系，并从理论上进行了分析，同时，讨论了柔性机器人的频率特性及动态响应的一些规律。

关键词：柔性空间机器人；固有频率；动态响应

1. 引言

随着机器人向着高速度和高精度方向发展，关于柔性关节机器人[1]和柔性杆机器人[2, 3]的动力学研究取得了大量成果，同时对关节柔性和杆件柔性机器人的研究也陆续开始[4]，但是现已取得的成果中绝大部分是关于平面机器人的动力学建模及分析的，对于柔性机器人设计的研究却很少。

目前，弹性连杆机构的弹性动力学分析和设计已取得了重要成果[5]。固有频率是评估柔性机构及机器人内在特性的一个重要指标，文献[6]对平面曲柄滑块机构的模态特性进行了分析，通过改变滑块质量、连杆长度及截面尺寸来观察机构的固有频率及其振型的响应。文献[7]推导出机构固有频率与各种设计变量如截面尺寸、结构及材料参数之间的关系，得出了一些规律，这不但对改变弹性机构的性能、设计高性能机构具有重要意义，而且为柔性机器人的设计奠定了基础。然而这些研究工作都没有考虑关节的柔性，而且仅仅针对平面闭环机构。因此，要进行柔性空间机械臂的设计，研究其固有频率及各种设计参数(如杆长度、截面尺寸、关节刚度)的关系是非常必要和有意义的。

2. 柔性空间机器人动力学模型

利用空间柔性转子梁单元模型[8]，综合考虑集中质量(关节处驱动电机及相关配套装置)、关节柔性变形和杆柔性变形的耦合影响，可以推导出同时适用于空间柔性转子梁单元和空间基本梁单元的动力学方程，表示为

$$[M_e]\{\ddot{u}\}+[C_e]\{\dot{u}\}+[K_e]\{u\}=\{p_e\}+\{q_e\}+\{f_e\} \tag{1}$$

式中，$[M_e]$为单元质量矩阵；$[C_e]$为单元阻尼矩阵；$[K_e]$为单元刚度矩阵；$\{q_e\}$为相邻单元所给的力；$\{f_e\}$为单元受到的外部载荷广义力；$\{p_e\}$为单元惯性力。

把各个关节处的柔性转子梁单元和各基本梁单元的动力学方程装配成整体广义坐标$\{U_s\}$表示的整体动力学方程为

$$[M_s]\{\ddot{U}_s\}+[C_s]\{\dot{U}_s\}+[K_s]\{U_s\}=\{p_s\}+\{F_s\} \tag{2}$$

由于$[M_s]$、$[C_s]$、$[K_s]$、$[P_s]$、$[F_s]$都是θ_i，$\dot{\theta}_i$的函数，因此该方程中包含了关节柔性的耦合影响。

要求解方程(2)就要求出θ_i，因此需要导出关于关节实际转角的动力学方程。它可表示为

$$[JD]\{\ddot{\theta}\}+[K_r](\{\theta\}-\{q\})+\{F_\theta\}+\{F_u\}=\{0\} \tag{3}$$

式中，$[JD]_{n\times n}$为惯性矩阵；$\{F_\theta\}$为包括刚柔耦合力、科氏惯性力及重力等的$n\times 1$阶列阵；$\{q\}$为$n\times 1$阶名义转角列阵；$\{\theta\}$为$n\times 1$阶柔性关节实际转角列阵；$\{F_u\}$为杆的柔性对关节柔性动力学方程的$n\times 1$阶影响力列阵。

至此，可以得出综合考虑杆和关节柔性的空间多杆柔性机器人的动力学方程：

$$[JD]\{\ddot{\theta}\}+[K_r](\{\theta\}-\{q\})+\{F_\theta\}+\{F_u\}=\{0\} \tag{4}$$

$$[M_s]\{\ddot{U}_s\}+[C_s]\{\dot{U}_s\}+[K_s]\{U_s\}=\{P_s\}+\{Q_s\} \tag{5}$$

式(4)和式(5)体现了杆件柔性和关节柔性的相互耦合作用，此动力学方程较真实地描述了柔性空间机器人的动力学特性。由此联立方程组可以求解同时考虑杆和关节柔性的空间多杆机器人的动力响应及其固有频率。(具体推导过程参见文献[8]。)

3. 数值模拟与分析

现在对一空间四杆机器人的例子进行计算和分析。机器人的结构简图如图 1 所示，此机器人的参数如下：各杆材料均为钢材，长为 200mm。杆的截面为正方形，边长为 7mm，弹性模量为 200MPa，剪切模量为 60MPa，各杆两端的集中质量均为 10g，各关节处的扭转刚度为 500N/rad，转子绕其轴的转动惯量为$1.6\times10^{-5}\,\text{kg}\cdot\text{m}^2$，各关节的传动比 n_i 为 200，各杆材料密度为$7800.0\text{kg}\cdot\text{m}^3$。

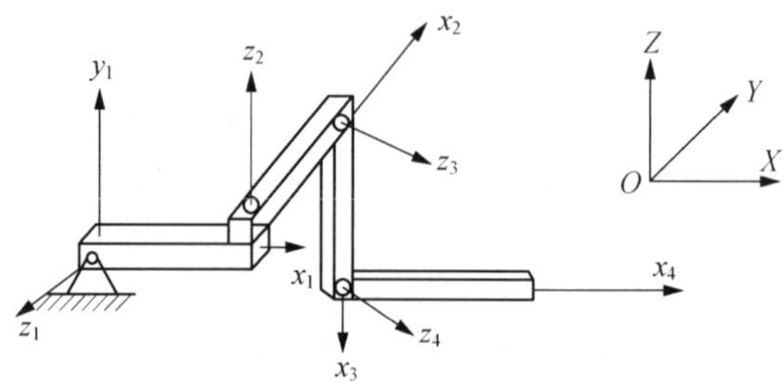

图 1　机器人的结构简图

机器人的运动规律为

$$q_i=\begin{cases}\dfrac{\Delta_i}{2}\left[1-\cos\left(\dfrac{2\pi t}{t_0}\right)\right], & 0\leqslant t\leqslant\dfrac{t_0}{2}\\ \Delta_i, & t\geqslant\dfrac{t_0}{2}\end{cases} \tag{6}$$

式中，t_0为此机器人运动的周期，这里为 0.8s；Δ_i为运动幅度，这里为30°。

通过同时改变各杆长度，其余参数均不变，可以计算对应于各长度的空间机器人的平均固有频率。由于机器人的第一阶固有频率是主要的，因此本文计算了随杆长度变化的第一阶平均固有频率值，其结果如图 2 所示。由图 2 可知，随着杆长的增加，第一阶平均固有频率迅速降低，即随着杆长度增加，机器人机构的柔性增加，刚性降低，机器人弹性变形增大。同时，机器人机构平均固有频率ω与杆长l平方的乘积等于常数k。从图 3 中可以看出，随着杆长的增加，k值几乎保持不变。$k=l^2\omega=2.276\sim2.282$，$k$值上下波动 0.006，不到 0.3%，这说明机器人机构的固有频率与杆长的平方成反比。这种结果可以从理论上进一步分析。

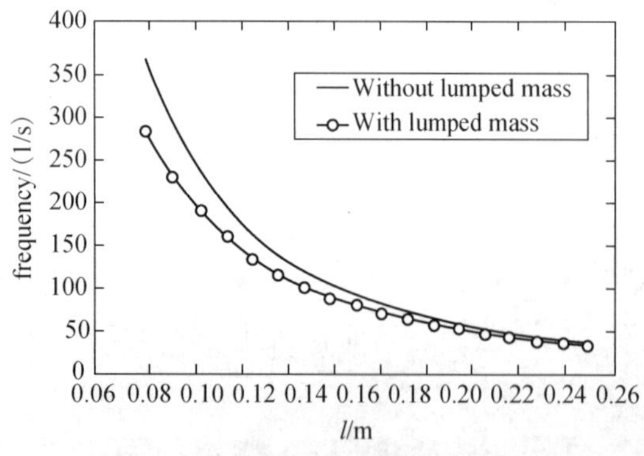

图 2　第一平均固有频率与杆长 l

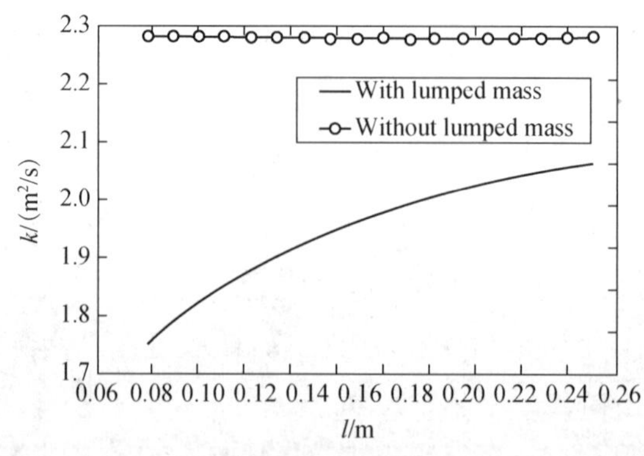

图 3　$l^2\omega$与杆长 l

由单元的动力学方程(1)可知求解单元固有频率的方程为

$$\det\left(\omega^2[I]-[M_e]^{-1}[K_e]\right)=0 \tag{7}$$

这说明单元的固有频率是由单元质量矩阵和单元刚度矩阵决定的。

为了分析问题方便，可不考虑杆的横截面的转动动能和集中质量对单元质量矩阵的影响，这样单元质量矩阵就简化为

$$[M_e]=\rho A l_e[l_\alpha] \tag{8}$$

同理，对于单元刚度矩阵，忽略轴向变形和杆横截面的转动角加速度、牵连加速度的影响，经过简化可以写成如下形式：

$$[K_e]=\frac{EI_\beta}{l_e^3}[l_\beta] \tag{9}$$

式中，l_e为单元长度；I_β为单元截面综合惯量，与截面形状有关；A为横截面面积；$[l_\alpha]$、$[l_\beta]$为仅与单元长度l_e有关的相似矩阵，它们的各对应项关于l_e的次数相等。

由方程(7)、方程(8)、方程(9)可推出下面的关系式：

$$\omega\propto\frac{1}{l_e^2} \tag{10}$$

式(10)明确表达了机器人某单元的固有频率与结构参量之间的定性关系。即固有频率与单元长度的平方成反比。

显然，机构固有频率是由其系统质量矩阵$[M_s]$和刚度矩阵$[K_s]$决定的。而$[M_s]$、$[K_s]$又是由单元矩阵$[M_e]$、$[K_e]$通过装配组成的，因此，机构的固有频率由各单元固有频率决定。可以推断机器人的固有频率与杆长度之间存在着与式(10)相似的内在规律，即空间柔性机器人固有频率与结构参数杆长度的平方成反比，这一结论与平面机构情况相同，也与本文计算结果相吻合。

图 4～图 6 分别表示杆长l为 0.15m、0.20m、0.25m 时，第一阶固有频率随着时间变化的规律。随着杆长的增加，固有频率降低，而且频率值随着时间的波动也加剧，可以看出l为 0.25m 时，机构固有频率的波动最大，机器人运动结束后，其振动依然很大，此时机构的频率甚至比运动期间某些时刻还低。图 7 进一步说明了这种变化规律，它反映了杆长度分别取 0.15m、0.20m、0.25m 时，机器人第一杆末端的弹性变形量。l为 0.15m 时，第一杆末端的弹性变形较小，而且弹性振动的频率也较低。l为 0.2m、0.25m 时弹性变形明显增大，弹性振动频率明显降低，特别是运动结束(0.4～0.8s)后，残余振动仍然较大。这对于机器人的工作和控制机器人的振动都是不利的。

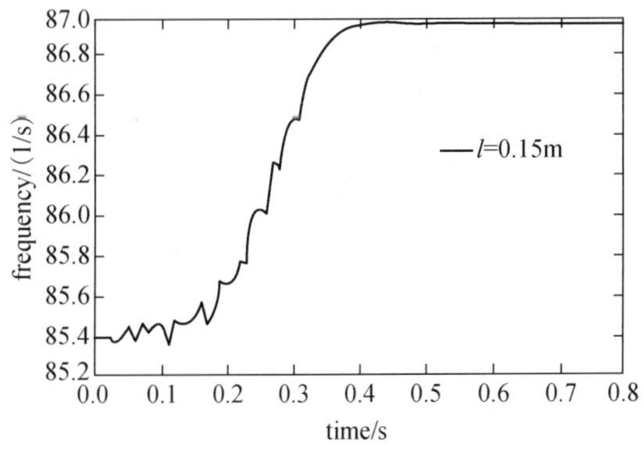

图 4　$l=0.15$ m 时第一固有频率与时间

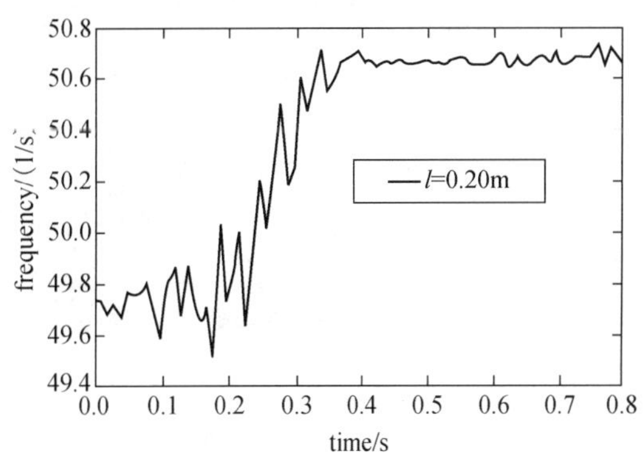

图 5　$l=0.20$m 时第一固有频率与时间

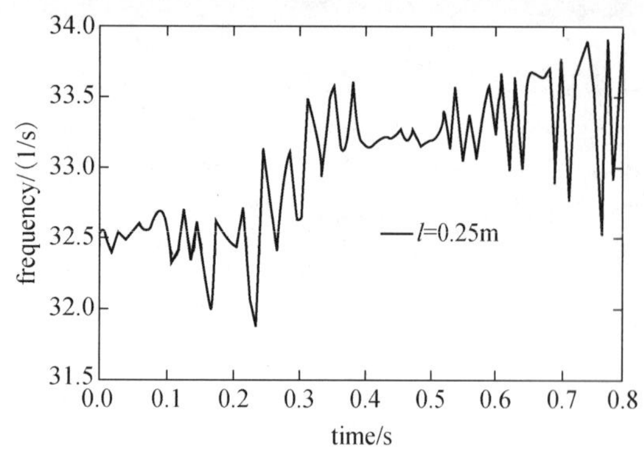

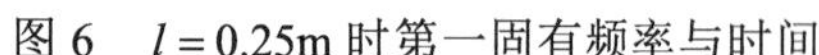

图 6　$l = 0.25\text{m}$ 时第一固有频率与时间

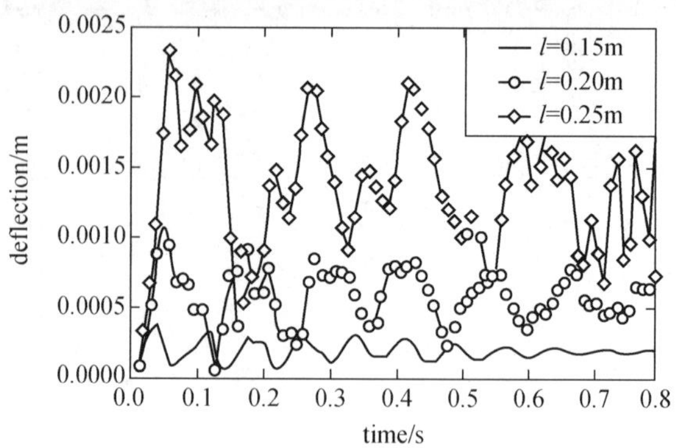

图 7　第一杆末端弹性变量与杆长

由于$[M_s]$、$[K_s]$都是$\theta_i,\dot{\theta}_i$的函数，因此关节柔性将会影响机器人固有频率的动态特性。图 8 分别表示了两种情形的机器人第一阶固有频率随时间的变化情况，其一，仅考虑杆件的柔性，其二，综合考虑关节和杆的柔性。对于第一种情形，机器人机构的固有频率随着时间的波动较平缓，对于第二种情形，由于关节柔性的影响，使得整个机构的固有频率波动加剧，在运动过程(0～0.4s)中使机器人的固有频率降低，机构的柔性增加，而运动结束后则相反(0.4～0.8s)。

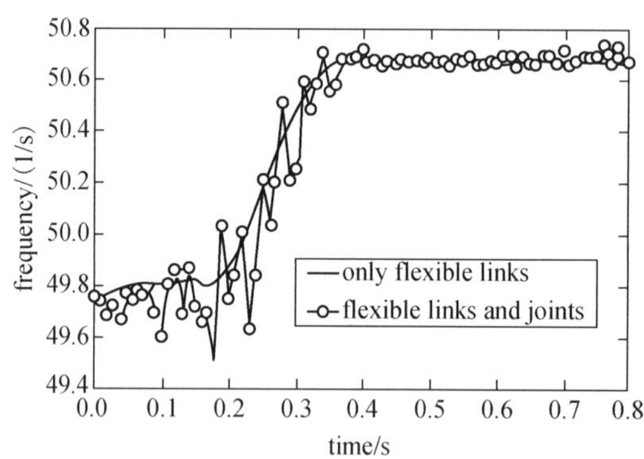

图 8　关节柔性与机器人的固有频率

值得注意的是，由于集中质量的影响，式(10)表示的关系不能严格成立，应当被修正，并随着杆长的增加而逐渐靠近这种关系(图 3)。由图 2 可知，集中质量的引入，使得固有频率变化随杆长变化的幅度降低。其他被忽略的因素，不会破坏式(10)表示的规律。

图 4～图 8 的结果考虑了集中质量等因素的影响。

以上这些现象及规律对于设计高性能的机器人、控制机器人的振动是非常有参考价值的。

4. 结论

本文通过对一个四杆空间机器人的数值模拟，可以得出如下结论：机器人的结构参量是一个很重要的设计参数，机器人的固有频率随着杆长的增加而降低。当忽略关节处集中质量时，机器人固有频率与杆长平方成反比关系。同时，关节柔性对机器人的频率特性也有着重要的影响。选择合适的结构参数，可以提高机器人的设计质量。

参考文献

[1] Gaultier P E, Cleghorn W L. Modeling of flexible manipulator dynamics: a literature survey. 1st Nat. Appl Mech. Conf., Cincinnati, OH, 1989, 2c-3: 1-10

[2] Book W J. Modeling, design, and control of flexible manipulator arms: a tutorial review. Proc the 29th IEEE Conf. on Design and Control, 1990: 500-506

[3] Readman M C, Belanger P R. Stabilization of the fast modes of a flexible-joint robor. The Int. J of Robotics Research,1992, (11): 123-134

[4] Yue S Q, Yu Y Q, Bai S X. Flexible rotor beam element for the manipulators with joint and link flexibility. Mech. Mach. Theory, 1997, 32(2): 209-219

[5] Lowen G G, Chassapis C. The elastic behaviour of linkages: an update. Mech. Mach. Theory, 1986, 21: 33-42

[6] Midha A, Karam D, Thompson B S. The elastic slider-crank mechanism: a study of the intrinsic configuration-dependent modal properties. ASME Flexible Mechanisms, Dynamics, and Analysis, 1992, 47: 337-346

[7] 余跃庆. 弹性连杆机构参量振动频率特性分析. 机械工程学报, 1996, 32: 61-67

[8] 张绪平, 余跃庆. 综合考虑关节及杆柔性的空间机器人动力学分析. 机械科学与技术(已录用)

[9] 余跃庆. 结构参量改变时弹性机构本征特性的研究. 机械科学与技术, 1996, 15: 715-720

(原载《机器人》1998, 20(5): 342-345)

4.2　规划与控制

§ 41　优化初始位形减轻具有柔性杆和关节的冗余度机器人振动变形

岳士岗　余跃庆　白师贤
(北京工业大学，北京　100022)

摘　要：提出了利用最优初始位形以减轻具有柔性杆和关节的冗余度机器人变形振动的新方法。优化结果表明，在规划机器人的运动时，初始位形的优劣对柔性机器人的动力学性能有很大影响。

关键词：初始位形；柔性杆和关节；冗余度机器人；振动变形

1. 引言

柔性杆机器人由于具有操作速度高、驱动器小、能量消耗低、载荷质量比大、构件设计紧凑等优点而一直吸引着国内外众多学者[1,2]。同时，关节处的柔性所带来的影响也引起了一些研究者的注意[3-5]。柔性带来了机器人末端变形的严重不确定性。最近，将冗余自由度引入柔性机器人的研究，为解决这一问题提供了新的研究思路[6]。值得注意的是，在相同的运动规划方式的情况下，冗余度柔性机器人在运动开始时的位形，即本文所称的初始位形，对机器人的动力学性能有着很大的影响。本文将利用优化方法寻求最优的初始位形以减轻机器人末端变形振动，并对优化结果进行分析研究。

2. 动力学模型

由于所研究的机器人系统中同时存在杆和关节的柔性，引入柔性转子梁单元这一能同时包含两种柔性的单元(图 1)，可以得到机器人的动力学方程为[6]

$$[M]\{\ddot{\Phi}\}+[C]\{\dot{\Phi}\}+[K]\{\Phi\}=\{P\} \tag{1}$$

$$[D]\{\ddot{\theta}\}+[K_z](\{\theta\}-\{q\})+\{H\}+\{E\}=\{0\} \tag{2}$$

$$[J]\{\ddot{q}\}+[K_z](\{q\}-\{\theta\})=\{\tau\} \tag{3}$$

式中，$[M]$为$nu\times nu$阶质量矩阵；$[C]$为$nu\times nu$阶阻尼矩阵；$[K]$为$nu\times nu$阶刚度矩阵；$[P]$为$nu\times 1$阶惯性力矩阵；$\{\ddot{\Phi}\}$、$\{\dot{\Phi}\}$和$\{\Phi\}$为描述杆件变形的$nu\times 1$阶广义坐标加速度列阵、速度列阵和位移列阵；nu为描述杆件变形的广义坐标数目；$[D]$为描述关节变形的$n\times n$阶惯性质量矩阵；$[K_z]$为$n\times n$阶关节刚度矩阵；$\{\theta\}$和$\{\ddot{\theta}\}$为描述关节实际转动位移的$n\times 1$阶广义坐标列阵和广义加速度列阵；$[H]$为$n\times 1$阶离心力及杆件重力项列阵；$\{E\}$为$n\times 1$阶杆件柔性耦合项列阵；$\{q\}$和$\{\ddot{q}\}$为描述转子转动位移的$n\times 1$阶坐标列阵和加速度列阵；$[J]$为$n\times n$阶转子惯性质量矩阵；$\{\tau\}$为$n\times 1$阶驱动力列阵；n为机器人系统的关节数目。

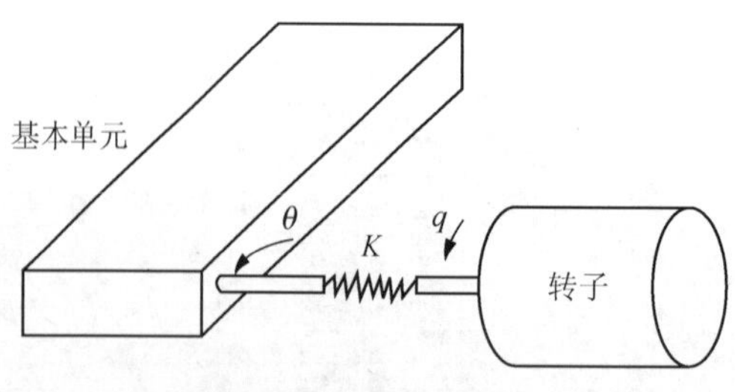

图 1　柔性转子梁单元

3. 冗余度柔性杆和关节机器人的最优初始位形

3.1　运动规划

在研究冗余度柔性杆和关节机器人的最优初始位形问题时，首先需要确定机器人各关节的名义运动规划方式，而机器人各关节的名义运动由式(4)规划而得

$$\{\ddot{q}\}=\left[J_{\mathrm{r}}^{+}\right]\left(\{\ddot{x}\}-\left[\dot{J}_{\mathrm{r}}\right]\{\dot{q}\}\right) \tag{4}$$

在 t 时刻，按式(4)求出 $\{\ddot{q}\}$ 后，由 $\{\ddot{q}\}$ 数值积分可计算出 $t+\Delta t$ 时刻的 $\{\tilde{\dot{q}}\}$，假定对应于 $\{\tilde{\dot{q}}\}$ 的末端速度是 $\{\tilde{\dot{x}}\}$，由于数值计算的误差，显然 $\{\tilde{\dot{x}}\}$ 与预定的末端速度 $\{\dot{x}\}$ 是有差别的，为避免数值计算引起的误差积累，对 $\{\tilde{\dot{q}}\}$ 要按式(5)进行修正：

$$\{\dot{q}\}=\{\tilde{\dot{q}}\}+\left[J_{\mathrm{r}}^{+}\right]\left(\{\dot{x}\}-\{\tilde{\dot{x}}\}\right) \tag{5}$$

由式(5)计算出 $\{\dot{q}\}$，再由数值积分可得角位移 $\{q\}$。按以上各式求得的冗余度机器人的解为最小范数解，即在最小的 $\{\ddot{q}\}^{\mathrm{T}}\{\ddot{q}\}$ 情况下，保证所要求的末端运动。

3.2　初始位形优化

本文用平面三杆冗余度机器人(图 2)来进行数值计算，该机器人具有一个冗余度。其参数如下：各杆长均为 254mm，杆高均为 5.08mm，杆宽均为 5.08mm，材料为铝，弹性模量为 7.10×10^{10}Pa，剪切模量为 2.60×10^{10}Pa，密度为 2.71×10^{3}kg/m^3，各杆两端集中质量均为 40g，末端集中质量为 20g，第一、二和三关节处集中质量的转动惯量分别为 1.5×10^{-5}kg·m^2，1.0×10^{-5}kg·m^2 和 0.5×10^{-5}kg·m^2，各柔性关节的刚度为 1.5×10^{5}N·m/rad。机器人在水平面内运动。末端在一秒钟内完成自起始点至终止点间的直线运动，具体运动规律如下：

$$x=a_0+a_1t+a_2t^2+at^3 \tag{6}$$

$$y=b_0+b_1t+b_2t^2+b_3t^3 \tag{7}$$

式中，$a_i(i=0,1,2,3)$ 和 $b_i(i=0,1,2,3)$ 为待定系数，由初始时刻和终止时刻的条件决定。假设机器人末端在运动初始时刻和终止时刻的速度都为零。

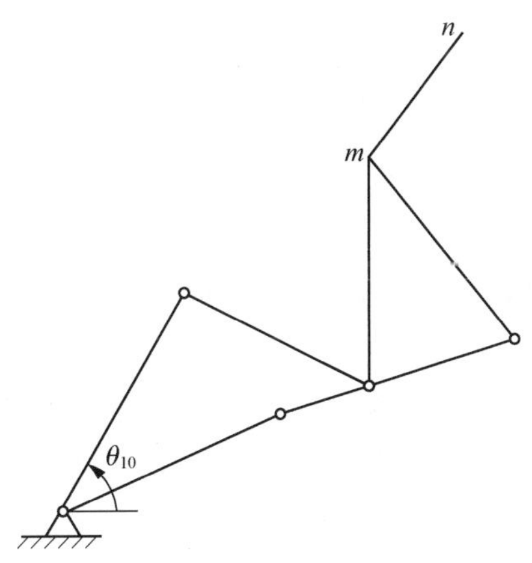

图 2　三杆冗余度机器人

如图 2 所示的三杆柔性机器人，在其开始运动之前，有若干位形可供选择。由于机器人末端保持固定不动，当第一杆的转角 θ_{10} 确定以后，其余两杆只存在两种不同的位置，若固定取其中某一位置，则机器人各个不同的位形之间，便可以用 θ_{10} 加以区别。

自不同的初始位形开始，按式(4)规划柔性机器人的关节名义运动，其动力学指标会有很大的不

同。当机器人的冗余度数为 $n-m$ 时，在冗余空间内寻求以特定动力学指标为目标的最优初始位形，则自优化出的初始位形开始，按式(4)规划的机器人关节运动将可能使机器人在整个运动过程中具有较好的特定动力学指标。

末端柔性变形和关节柔性变形是柔性机器人的重要动力学指标。寻求具有最小的末端变形的初始位形对于获得整个运动过程中的较好的动力学性能十分有益。在此以最小末端柔性变形为目标，即

$$\min f(\theta_{10}) \tag{8}$$

式中，$f(\theta_{10})$ 为机器人末端因杆件和关节的柔性而引起的变形。

本文采用 OPB-1 优化软件包中的约束变尺度法进行寻优。约束变尺度法具有收敛快、效率高、可靠性与整体性好和适应能力强等一系列优点。它不仅保留了无约束变尺度法的原有特性，还突破了延续至今的序列无约束极小化的思想格局，引入了较为成熟的二次规划法作为其子问题的寻优迭代过程，因而它又被称为序列二次规划算法。约束变尺度法被誉为 20 世纪 80 年代最优秀的非线性约束最优化算法之一。本文在具体使用过程中，对输入输出接口做了适应性修改。

优化初值假设为 $\theta_{10}=-1.200\text{rad}$，在自运动空间 $[-1.4,\ 1.9]$ 内寻优得到最优初始位形为 $\theta_{10}=-0.193\text{rad}$。自优化所得初始位形开始，按式(4)进行规划时的末端变形和关节运动曲线作于图 3～图 7 中，同时也将初始位形为初值 $\theta_{10}=-1.200\text{rad}$ 的按式(4)进行规划时的末端变形和关节运动曲线作于图 3～图 7 中，以便进行分析比较。

3.3　优化结果分析

由图 3 和图 4 中可知，在相同的运动规划方式下，最优初始位形对应的末端变形较小，特别是在 y 方向上的末端变形大为减轻，说明优化位形减振效果明显。

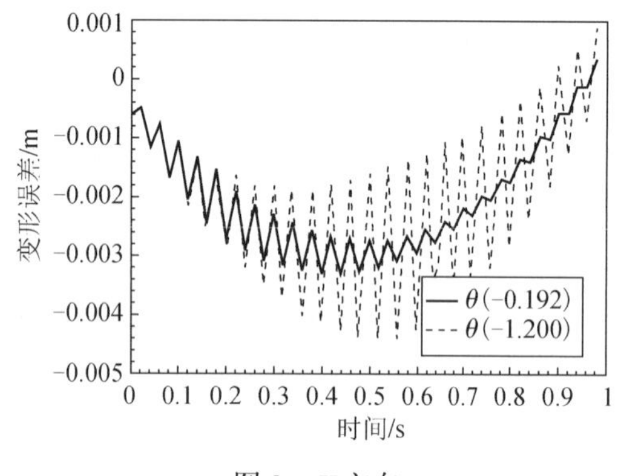

图 3　X 方向

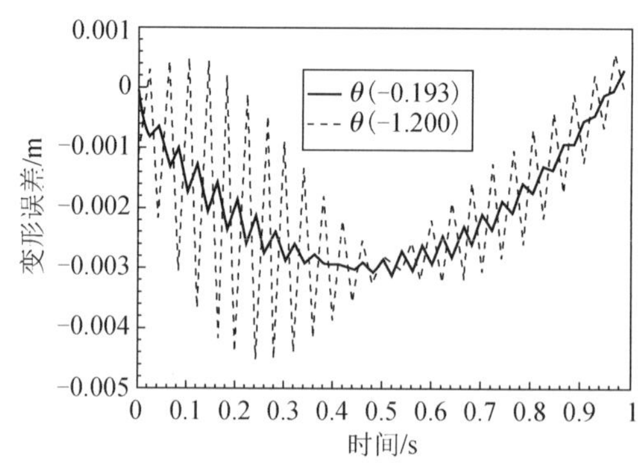

图 4　Y 方向

图 5～图 7 作出了机器人关节实际角位移的比较。首先，两者之间存在较大差别，这是两种不同的初始位形开始的机器人各杆件运动过程中，各个关节的运动也完全不同所致。其次，初始位形 $\theta_{10}=-1.200\text{rad}$ 所对应的关节实际角位移存在波动，说明关节存在较剧烈的柔性变形；而对应的优化所得的初始位形的关节实际角位移曲线相当平滑，说明关节柔性变形振动较小。这表明优化位形不但减轻了末端的柔性变形，同时也使关节的柔性变形得以平缓。

总之，以上分析表明，优化位形减轻了具有柔性杆件和关节的机器人的柔性变形振动。

这种通过优化初始位形来设法减轻柔性机器人的柔性变形振动的方法，只需要在运动开始之前寻优一次，不必在每个离散点处都寻找最优运动，因此可以节省大量的计算时间，同时也为实时应用提供了方便。特别是以此为基础来进行其他的研究，例如，在优化初始位形基础上进行驱动力矩的最优规划等，有望取得较好效果。

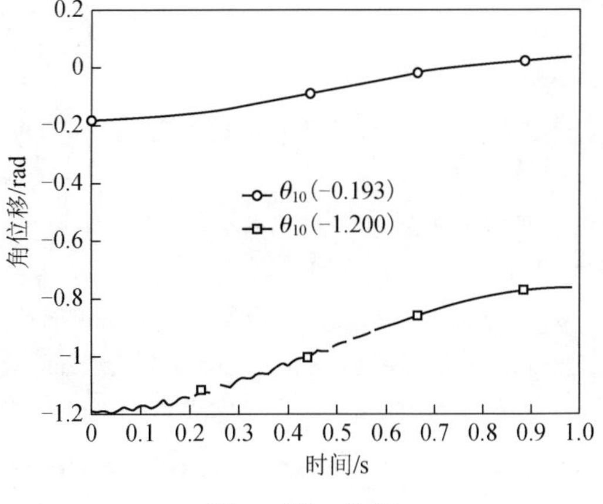

图 5　第一关节

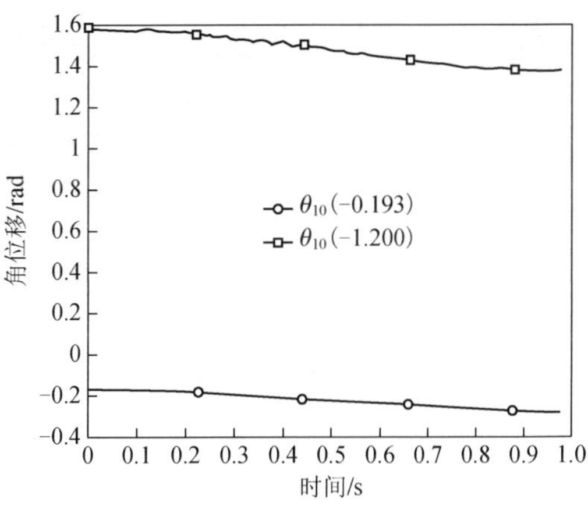

图 6　第二关节

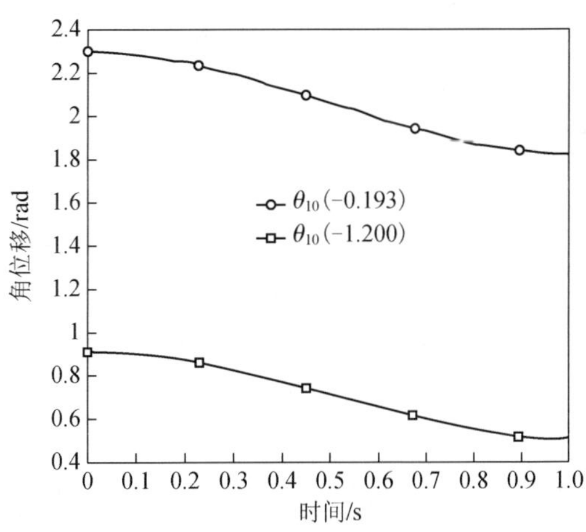

图 7　第三关节

4. 结论

本文的研究揭示了冗余度柔性杆和关节机器人的初始位形对机器人动力性能的重要影响。文中对柔性机器人初始位形进行了寻优，并对结果进行了分析。研究表明对于冗余度柔性杆和关节机器人，可以通过优化其初始位形的方法来减轻机器人的振动变形。这一方法无需在机器人运动中的各个离散点都进行寻优，因而节省大量计算时间。以上研究结果对冗余度柔性杆和关节机器人的动力学规划具有重要参考价值。

参考文献

[1] Gaultier P E, Cleghorn W L. Modeling of flexible manipulator dynamics: A literature survey. 1st Nat. Appl. Mech. Robot Conf., Cincinnati, OH, 1989, 2c～3: 1-10

[2] Book W J. Modeling, design, and control of flexible manipulator arms: a tutorial review. Proc 29th IEEE Conf. on Decision and Control, 1990: 500-506

[3] Gogate S, Lin Y J. Formulation and control of robots with link and joint flexibility. Robotica, 1992, 11: 273-282

[4] Spong M W. Modeling and control of elastic joint robots ASME J. of Dynamic Systems, Measurement, and Control, 1987, 109: 310-319

[5] Yue S G, Yu Y Q, Bai S X. Flexible rotor beam element for robot manipulators with link and joint flexibility. Mach Mech Theory, 1997, 32(2): 209-219

[6] 岳士岗. 冗余度柔性机器人动力学研究. 北京: 北京工业大学, 1995

[7] Yoshikawa T. Analysis and control of robot manipulators with redundancy. The 1st Int. Symp. On Robotics Research. 1984: 735-747

[8] Walker I D. Impact configurations and measures for kinematically redundant and multiple armed robot systems. IEEE Transactions on Robotics and Automation, 1994. 10(5): 670-683

（原载《机械科学与技术》1997, 16(5): 796-799）

§42　两冗余度柔性机器人最优规划

杨继运　余跃庆

（北京工业大学机电学院，北京　100022）

摘　要： 柔性机器人的末端运动规划是机器人领域的重要前沿课题之一，具有重要的理论意义和实用价值。利用冗余度机器人的自运动可以使柔性机器人精度提高，但目前的研究仅限于单冗余度机器人。而多冗余度机器人由于存在较大的冗余空间，更利于最优解的获得。本文首次在此方面进行了研究，对两冗余度柔性机器人进行了最优规划，通过与单冗余度情况比较，充分显示了多冗余度在改善柔性机器人性能方面的优越性。

关键词： 柔性机器人；多冗余度；最优规划

1. 引言

对于大部分工业机器人而言，其主要目的是末端精确实现预定轨迹，如操作手完成激光切割作业等。但是，由于臂的柔性变形带来的末端误差，将直接影响到机器人的工作质量，甚至造成严重的事故，因此，对柔性冗余度机器人进行末端运动的最优规划就成为机器人领域的重要前沿课题之一。

柔性机器人运动学及动力学规划的主要研究成果集中在单、双臂机器人领域，大多是从控制角度出发进行研究的。随着多臂机器人和冗余度机器人的研究，人们开始将柔性机器人和冗余度机器人结合起来，形成了柔性冗余度机器人这一新的研究方向。在这方面，文献[2][5]进行了相关的研究，文献[2]第一次从真正意义上研究了柔性冗余度机器人的动力学问题。文中设计了一种闭环控制算法，使机器人在精确追踪末端轨迹的情况下，能够消减由于柔性变形所带来的影响，文献[3]提出一种优化自运动的方法，在保持机器人末端名义运动按预定轨迹运动的条件下，减小柔性机器人运动过程中的末端变形误差，这一方法对冗余度数和柔性自由度数无任何限制，因此，这种优化方法较之文献[2]中的方法更具有普遍意义。文献[4]和文献[5]分别研究了通过构造自运动规律来达到减小柔性冗余度机器人过程中的振动和残余振动的问题，但以上研究仅仅针对单冗余度的平面 3 柔性臂机器人，对于多冗余度机器人而言，由于存在更大的冗余空间，从而能在更大程度上减小柔性机器人的变形误差，更为精确地实现末端轨迹。因此，对多冗余度的情况进行研究是很有理论意义和实用价值的。

本文首次对多冗余度柔性机器人运动规划进行了研究，以减小末端误差为指标，提出了相应的最优规划方法，并以具有两冗余度的平面 4 柔性臂机器人为例进行了数值仿真，通过与单冗余度情况的比较，说明了多冗余度在改善柔性机器人方面的优越性。

2. 柔性冗余度机器人动力学分析

应用有限元法和拉格朗日方程可推导出柔性运动微分方程为[6]

$$[M]\{\ddot{U}\}+[C]\{\dot{U}\}+[D]\{U\}=\{P\}+\{Q\} \tag{1}$$

式中，$\{\ddot{U}\}$、$\{\dot{U}\}$、$\{U\}$ 分别为系统在整体坐标系中的广义加速度列阵、广义速度列阵和广义坐标列阵；$[M]$、$[C]$、$[D]$ 分别为系统的质量矩阵、当量阻尼矩阵和当量刚度矩阵；$\{P\}$、$\{Q\}$ 分别为系统在整体坐标系下与牵连惯性力和哥氏惯性力相对应的广义力列阵和外力列阵。

柔性机器人系统关节空间的动力学方程为

$$[D]\{\ddot{\theta}\}+\{H\}+\{G\}=\{\tau\} \tag{2}$$

式中，$[D]$为惯性矩阵；$\{H\}$为离心力和哥氏力向量；$\{G\}$为重力引起的作用力向量；$\{\tau\}$为关节驱动力矩。

一般地，对冗余度刚性机器人来说，机器人末端操作速度$\{\dot{X}\}$与关节运动速度$\{\dot{\theta}\}$之间存在如下关系

$$\{\dot{X}\}=[J(\theta)]\{\dot{\theta}\} \tag{3}$$

式中，$\{\dot{X}\}\in \mathrm{R}^m$，$\{\dot{\theta}\}\in \mathrm{R}^n$，$[J(\theta)]\in \mathrm{R}^{m\times n}$为冗余度刚性机器人的雅可比矩阵。如果$m<n$，方程式(3)的解$\{\dot{\theta}\}$是不确定的，即对应于给定的末端速度$\{\dot{X}\}$，关节速度$\{\dot{\theta}\}$的可行解有无穷多个。当$m<n$，且满足条件$\mathrm{rank}([J(\theta)])=m$，则机器人的冗余度是$n-m$。

对于柔性冗余度机器人来说，由于末端位置是关于关节转角$\{\theta\}$和柔性变形$\{U\}$的函数

$$\{X\}=f(\theta,U) \tag{4}$$

所以末端操作速度$\{\dot{X}\}$由下式表示

$$\{\dot{X}\}=[J_{\mathrm{R}}]\{\dot{\theta}\}+[J_{\mathrm{F}}]\{\dot{U}\} \tag{5}$$

式中，$[J_{\mathrm{R}}]=\dfrac{\partial f}{\partial \theta}$为刚性雅可比矩阵；$[J_{\mathrm{F}}]=\dfrac{\partial f}{\partial U}$为柔性雅可比矩阵。若对式(5)微分，可得到柔性冗余度机器人的加速度方程

$$\{\ddot{X}\}=[J_{\mathrm{R}}]\{\ddot{\theta}\}+[\dot{J}_{\mathrm{R}}]\{\dot{\theta}\}+[J_{\mathrm{F}}]\{\ddot{U}\}+[\dot{J}_{\mathrm{F}}]\{\dot{U}\} \tag{6}$$

那么

$$\{\ddot{\theta}\}=[J_{\mathrm{R}}^{+}]\left(\{\ddot{X}\}-[\dot{J}_{\mathrm{R}}]\{\dot{\theta}\}-[J_{\mathrm{F}}]\{\ddot{U}\}-[\dot{J}_{\mathrm{F}}]\{\dot{U}\}\right)+\left([I]-[J_{\mathrm{R}}^{+}][J_{\mathrm{R}}]\right)\{\ddot{\varepsilon}\} \tag{7}$$

式中，$-[J_{\mathrm{F}}]\{\ddot{U}\}-[\dot{J}_{\mathrm{F}}]\{\dot{U}\}$为有关柔性变形的两项，按式(7)规划的柔性冗余度机器人的关节运动能够补偿末端的柔性变形，从而保证机器人的末端精确追踪预定轨迹。而多冗余度机器人随着冗余度数的增加，自运动向量$\{\ddot{\varepsilon}\}$的维数增大，在进行最优规划时相应的优化变量增多，这样更利于获得满足目标的自运动。本文就在此方面进行了研究。

3. 最优规划

对于柔性冗余度机器人而言，在最优规划时如按照式(7)计算各关节名义角加速度,则由于柔性补偿项的影响而使关节名义角加速度很不平稳，在实际控制中较难实施。在进行以末端轨迹偏差最小为目标的最优规划时，精确追踪末端预定的柔性补偿项计算较为复杂，且对规划影响不大，暂时可以略去，但此时柔性变形对整个系统的作用仍反映在有关$[J_R]$的项中，那么式(7)可以变为

$$\{\ddot{\theta}\}=[J_{\mathrm{R}}^{+}]\left(\{\ddot{X}\}-[\dot{J}_{\mathrm{R}}]\{\dot{\theta}\}\right)+\left([I]-[J_{\mathrm{R}}^{+}][J_{\mathrm{R}}]\right)\{\ddot{\varepsilon}\} \tag{8}$$

式中，$\left([I]-[J_{\mathrm{R}}^{+}][J_{\mathrm{R}}]\right)\{\ddot{\varepsilon}\}$为冗余度机器人自运动的项。

本文思想是利用多冗余度进行最优规划，使以末端变形误差最小为目标的最优规划结果更为理想。具体的叙述如下：在每一时刻通过优化自运动，寻求满足末端最小变形的最优解，表示为数学形式

$$\min f(\{\ddot{\varepsilon}\}) \tag{9}$$

$$\mathrm{s.t.}\{\ddot{\varepsilon}_l\}\leqslant\{\ddot{\varepsilon}\}\leqslant\{\ddot{\varepsilon}_u\}$$

式中，f为柔性机器人末端变形误差的函数表达式；$\{\ddot{\varepsilon}\}$为优化变量；$\{\ddot{\varepsilon}_u\}$和$\{\ddot{\varepsilon}_l\}$分别为变量优化时

的上限和下限。

4. 算例

以一四柔性臂冗余度机器人作为对象进行规划，在不考虑末端姿态的情况下，该机器人具有两个冗余度。该机器人具体参数如表 1 所示。

表 1　机器人具体参数

参数	第一臂	第二臂	第三臂	第四臂
长度/m	0.25	0.25	0.25	0.25
高/m	0.005	0.005	0.005	0.005
宽/m	0.004	0.004	0.004	0.004
集中质量/kg	0.04	0.04	0.04	0.02
集中转动惯量/($kg \cdot m^2$)	1.5×10^{-5}	1.0×10^{-5}	0.5×10^{-5}	0.1×10^{-5}
材料	铝			
密度/(kg/m^3)	2.71×10^{3}			
弹性模量/Pa	7.10×10^{10}			
剪切模量/Pa	2.60×10^{10}			

假设机器人在水平面内运动，具体运动规律如下

$$x = a_0 + a_1 t + a_2 t^2 + a_3 t^3$$

$$y = b_0 + b_1 t + b_2 t^2 + b_3 t^3$$

式中，具体系数由运动初始时刻和终止时刻的条件决定，运动时间为一秒钟。

作为对比，同样对 3 柔性臂冗余度机器人进行了规划研究。其末端运动规律同 4 柔性臂冗余度机器人，结构参数见表 2。

表 2　机器人结构参数

参数	第一臂	第二臂	第三臂
长度/m	0.25	0.25	0.25
高/m	0.005	0.005	0.005
宽/m	0.004	0.004	0.004
集中质量/kg	0.04	0.04	0.02
集中转动惯量/($kg \cdot m^2$)	1.5×10^{-5}	1.0×10^{-5}	0.5×10^{-5}
材料	铝		
密度/(kg/m^3)	2.71×10^{3}		
弹性模量/Pa	7.10×10^{10}		
剪切模量/Pa	2.60×10^{10}		

两种情况下规划前后的结果如图 1～图 3 所示。

从图中原始解可以发现，与 3 柔性臂机器人相比，4 柔性臂机器人末端变形误差较大，这说明随着柔性臂个数的增加，机器人末端的误差积累加大。显然，这对于机器人来说是不利的。

但通过优化，情况发生了改变。从图中可以明显地看出，一方面，4 柔性臂机器人的最终优化解在数值上要小于 3 柔性臂，前者末端最大误差仅为后者的 60%，前者平均误差约为后者的 85%，不仅克服了由于臂的增多带来的误差积累，而且还在此基础上进一步减小了末端的变形误差；另一方面，从两种情况下各自末端误差的减小比例来看，4 柔性臂机器人的减小比为近 80%，而 3 柔性臂约为 60%，因此，两冗余度时的相对误差减小程度也优于单冗余度情况。由此可见，4 柔性臂机器人利用两个冗余度进行规划大大减小了末端变形误差，比单冗余度时效果更好，达到了预期的目

标。这一结果很好地验证了本文前一部分所作的理论分析。

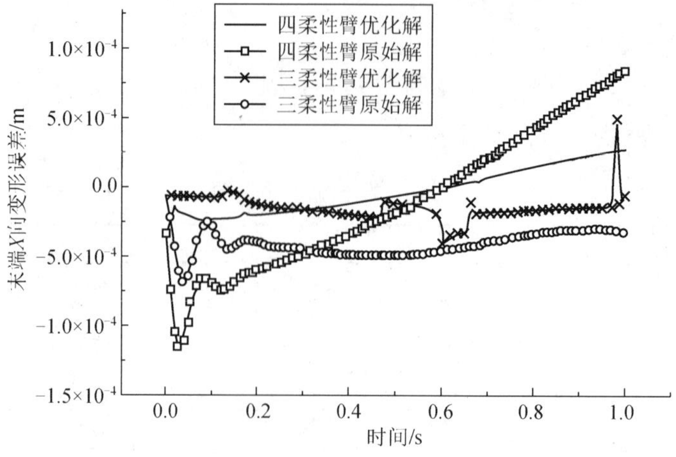

图 1　末端 *X* 方向变形误差

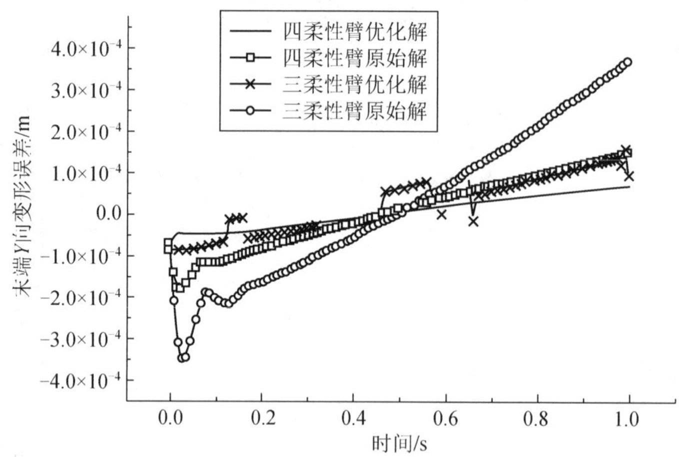

图 2　末端 *Y* 方向变形误差

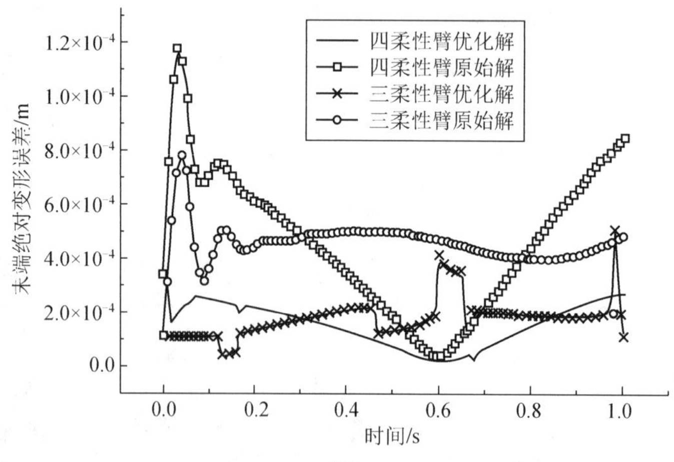

图 3　末端绝对变形误差

5. 结论

本文首次对柔性多冗余度机器人进行了最优规划研究。文中对具有两冗余度的四柔性臂机器人进行了规划，并在同样条件下与单冗余度的三柔性臂机器人进行了比较。一般情况，冗余度越多，机器人末端积累误差越大；但由于冗余度数的增加，冗余空间增大，通过优化可以使机器人末端变形误差大大减小，这充分说明多冗余度在改善柔性机器人性能方面具有很大的潜力。

致谢

本论文工作得到了教育部和北京市科委有关项目的资助，特此致谢。

参考文献

[1] Baillieul J. Kinematic redundancy and the control of robots with flexible components. Proceedings of the IEEE International Conference on Robotics and Automation, 1992:715-721

[2] Nguyen L A, Walker I D, Defigneiredo R J P. Dynamic control of flexible kinematically redundant robot manipulators. IEEE Transactions on Robotics and Automation, 1992, 8(6):759-767

[3] 岳士岗．冗余度柔性机器人动力学研究．北京：北京工业大学，1995

[4] 何广平，陆震．柔性冗余度机器人振动抑制的一种方法．机器人，1997,19(3):173-179

[5] 边宇枢，陆震．柔性冗余度机器人残余振动的抑制研究．机器人，1998,20(4):247-252

[6] 杨继运．柔性多冗余度机器人动力学综合．北京：北京工业大学，1999

（原载《机器人》1999, 21(7): 574-578）

§43　提高冗余度柔性机器人载荷质量比的有效新方法

张绪平　余跃庆

（北京工业大学，北京　100022）

摘　要：在柔性机器人实现预定运动任务时，保证末端由于弹性变形引起的运动误差不超过规定和机器人本身质量不变的条件下，利用机器人的冗余度，优化机器人的关节初始位形，以增加机器人末端所能承受的载荷质量，从而提高柔性机器人的载荷质量比。通过一空间 4R 机器人的数值模拟验证了这一方法的有效性。

关键词：弹性变形；冗余度机器人；载荷质量比；关节初始位形

1. 引言

目前，关于柔性平面机器人[1-3]和柔性空间机器人[4-6]动力学研究取得了令人瞩目的成果，这为机器人的轻型化设计奠定了基础。与刚性机器人相比，柔性机器人的一个显著优点是相对于其自身质量来说具有较大的承载能力，因此关于柔性机器人承载能力的研究引起了广大学者的普遍关注。文献[7,8]通过优化机器人点到点地满足关节速度、关节驱动力矩及柔性变形等约束的运动路径，提高了柔性机器人的承载能力。文献[9]研究了通过优化柔性机器人的结构参数，如各杆横截面参数，各杆两端的集中质量等，提高机器人的承载能力。

与此同时，关于利用冗余度改善机器人运动学和动力学性能的研究也已取得了一定的成果[10]，如通过自运动消除奇异，避障，避免关节超限，增加灵活性，优化关节速度、加速度、力矩和能量等。 然而这些研究绝大多数是关于刚性机器人的，关于利用冗余度改善柔性机器人运动学和动力学性能的研究[11, 12]才刚刚开始，为数不多的文献对此作了相关研究，利用冗余度提高柔性机器人的载荷质量比的研究尚未见诸文献，这方面的工作亟待开拓和深入。

本文旨在利用机器人的冗余度为提高柔性机器人的承载能力作些探讨。利用机器人的冗余度，优化其关节初始位形，以改变机器人的系统刚度和系统广义力，在机器人末端实现预定的轨迹，同时机器人末端的弹性变形运动误差满足规定和自身质量不变的情况下，增加了机器人末端所能承受载荷的质量，从而提高柔性机器人的载荷质量比。数值模拟结果表明这一方法是有效、可行的。

2. 柔性机器人承载能力分析

在机器人末端实现预定的轨迹时，保证机器人末端的弹性变形运动误差满足规定约束的条件下，机器人所能承受的最大载荷质量与机器人自身质量之比，称为柔性机器人的载荷质量比，它是评价机器人性能的一个重要指标。

不妨假设机器人承受的载荷质量为 M_{p}，机器人自身的质量为

$$M_{\mathrm{r}}=\sum_{i=1}^{n}(d_i b_i h_i l_i + m_{\mathrm{a}i}) \tag{1}$$

式中，d_i 为第 i 杆所用材料的密度；b_i、h_i、l_i 分别为第 i 杆横截面的宽、高和杆的长度；$m_{\mathrm{a}i}$ 为关节驱动器、轴承等引起第 i 关节处的集中质量。这样机器人的载荷质量比可以表示为

$$\frac{M_{\mathrm{p}}}{M_{\mathrm{r}}}=\frac{M_{\mathrm{p}}}{\sum_{i=1}^{n} d_i b_i h_i l_i + m_{\mathrm{a}i}} \tag{2}$$

要提高柔性机器人的承载能力(载荷质量比)，有两种途径。一方面，可以通过优化机器人的结构参数，改变其系统质量矩阵和系统刚度矩阵，在满足机器人末端弹性变形运动误差不超过允许值

的情况下，尽可能地减小其自身质量，从而提高机器人的载荷质量比，提高机器人的承载能力；另一方面，机器人的结构参数不变，即其自身质量不变，可以优化机器人各杆的运动规律，改变机器人的系统质量矩阵、系统刚度矩阵、系统广义力，从而改善柔性机器人系统的动力学性能，可以在满足机器人末端弹性变形运动误差不超过允许值的情况下，提高其所能承受的最大载荷。

文献[9]就前一种情况进行了研究，并取得了一定的成果。本文则讨论后一种情况，即利用机器人的冗余度，优化其关节初始位形，在机器人末端的运动规律不变的条件下，改变机器人各关节的运动规律，改善柔性机器人的系统刚度和系统广义力。这样，就可以在保证机器人末端由于弹性变形引起的运动误差不增大的条件下，使得机器人所能承受的载荷增加。为此，首先须对柔性机器人进行动力学和运动学分析。

3. 空间柔性机器人动力学方程

利用空间梁单元模型[6]，综合考虑关节处驱动电机及相关配套装置所引起的关节处集中质量，可以推导出同时适用于空间柔性转子梁单元和空间基本梁单元的动力学方程，表示为

$$[M_e][\ddot{u}]+[C_e]\{\dot{u}\}+[K_e]\{u\}=\{p_e\}+\{q_e\}+\{f_e\} \tag{3}$$

式中，$[M_e]$为单元质量矩阵；$[C_e]$为单元阻尼矩阵；$[K_e]$为单元刚度矩阵；$\{q_e\}$为相邻单元所给的力；$\{f_e\}$为单元受到的外部载荷广义力；p_e为单元惯性力。

把各基本梁单元的动力学方程装配成整体广义坐标$\{U_s\}$表示的整体动力学方程

$$[M_s]\{\ddot{U}_s\}+[C_s]\{\dot{U}_s\}+[K_s]\{U_s\}=\{P_s\}+\{F_s\} \tag{4}$$

式(4)中的$[M_s]$、$[C_s]$、$[K_s]$、$[P_s]$、$[F_s]$是机器人关节转角θ_i、角速度$\dot{\theta}_i$、角加速度$\ddot{\theta}_i$的函数，优化机器人的运动规律，即优化θ_i、$\dot{\theta}_i$、$\ddot{\theta}_i$，使$[M_s]$等发生变化，从而改善机器人的动力学性能。

4. 冗余度机器人运动学分析

4.1　冗余度机器人运动学方程

我们常常要求机器人末端能够实现已知的运动规律，所以机器人的运动必须满足一定的规划约束，即

$$x=h(\theta) \tag{5}$$

利用式(5)对时间求一次导数，二次导数可得

$$\dot{x}=J(\theta)\dot{\theta} \tag{6}$$

$$\ddot{x}=J(\theta)\ddot{\theta}+\dot{J}(\theta)\dot{\theta} \tag{7}$$

式中，x、$\dot{x}$、$\ddot{x}\in R^m$分别为机器人末端的位移、速度、加速度；θ_i、$\dot{\theta}_i$、$\ddot{\theta}_i\in R^m$分别为关节转角、速度、加速度；$J(\theta)$为$m\times n$的雅可比矩阵。

由已知的x、$\dot{x}$、$\ddot{x}$求θ_i、$\dot{\theta}_i$、$\ddot{\theta}_i$，这就是机器人逆运动学问题。式(5)～式(7)都是m个方程求n个未知数的方程组，对于冗余度机器人，$m<n$，显然θ_i、$\dot{\theta}_i$、$\ddot{\theta}_i$的解是不确定的，有无穷个解，利用雅可比矩阵J的伪逆可求得关节速度、加速度通解为

$$\dot{\theta}=J^+\dot{x}+(I-J^+J)\dot{h} \tag{8}$$

$$\ddot{\theta}=J^+(\ddot{x}-\dot{J}\dot{\theta})+(I-J^+J)\ddot{h} \tag{9}$$

式中，$(I-J^+J)\dot{h}$，$(I-J^+J)\ddot{h}$为雅可比矩阵J的零空间矢量，并且是正交于$J^+\dot{x},J^+(\ddot{x}-\dot{J}\dot{h})$的齐次解。在满足一定的约束条件下，选择合适的$\theta$、$h$、$\dot{h}$，这就是冗余度分解，不同的冗余度分解方法对机

器人的运动和动力学性能将产生不同的影响。

4.2 最优关节初始位形

在柔性机器人结构参数和自身质量不变的情况下，为了提高其载荷质量比，需要增加其末端的载荷质量。载荷质量的增加可能会引起机器人运动过程中的弹性变形运动误差 Δs 的增大，而 Δs 是由系统广义坐标 U_s 决定的。由式(4)可知，U_s 是 θ、$\dot{\theta}$、$\ddot{\theta}$ 的函数，显然 Δs 也是 θ、$\dot{\theta}$、$\ddot{\theta}$ 的函数。因此为了使机器人末端的弹性变形误差不至于增大，必须采取策略来改变机器人的运动规律。

对于冗余度机器人，开始运动时，对应于其末端初始位置 x_0，由式(5)可知($m<n$)，其关节初始位形 θ_0 是不确定的，有无穷多个解。改变机器人的关节初始位形 θ_0，按照最小范数分解 $\ddot{\theta}=J^+(\ddot{x}-\dot{J}\dot{q})$ 规划出的机器人运动规律 θ、$\dot{\theta}$、$\ddot{\theta}$ 将产生变化，这样将改变机器人的运动学和动力学性能。由方程(4)可知，$[M_s]$、$[C_s]$、$[K_s]$、$[P_s]$、$[F_s]$ 是机器人的关节转角 θ、角速度 $\dot{\theta}$、角加速度 $\ddot{\theta}$ 的函数，改变机器人的运动规律 θ、$\dot{\theta}$、$\ddot{\theta}$，将改变其系统刚度及系统广义力，从而降低机器人末端弹性变形运动误差 Δs。基于以上分析，我们可在机器人名义运动实现预定轨迹的条件下，优化其关节初始位形 θ_0，使得机器人末端载荷质量增加的同时，机器人末端的弹性变形运动误差 Δs 并不增大。这种方法简单而且容易控制。

5. 非线性规划数学模型

为了使柔性机器人顺利完成工作任务，如果提高末端载荷质量，机器人末端弹性变形误差和各杆中最大应变可能超过允许值，因此机器人应满足以下两个约束条件

$$e_{i\max}\leqslant[e_i] \tag{10}$$

$$W_{\max}\leqslant[W] \tag{11}$$

式中，$e_{i\max}$ 为机器人各杆最大应力；$W_{\max}$ 为末端最大的弹性变形运动误差；$[e_i]$ 为材料许用应力；$[W]$ 为机器人末端误差最大允许值。在机器人自身结构和末端载荷确定的情况下，对于机器人关节的不同运动规律，$e_{i\max}$ 和 $W_{\max}$ 都是不同的。这样，我们就可以选择一个最优的机器人关节初始位形 θ_0^*，以此关节初始位形来规划机器人的关节运动，从而在保证机器人完成预定运动任务的条件下，机器人末端所能承受的载荷达到最大值 M_P^*（机器人的 $e_{i\max}$ 和 $W_{\max}$ 仍满足式(10)和式(11)）。

基于以上分析，可以得出以载荷质量比为优化目标的非线性规划的数学模型

$$\begin{aligned}&\min f(x)=\frac{1}{(X)}=\frac{M_r}{M_p}\\&\text{s.t.}\quad e_{i\max}-[e_i]\leqslant 0\quad (i=1,\cdots,n)\\&\qquad W_{\max}-[W]\leqslant 0\end{aligned} \tag{12}$$

式中，$X=(\theta_0,M_P)=(\theta_{01},\cdots,\theta_{0n},M_P)^{\mathrm{T}}$ 为机器人的关节初始位形，是要规划的优化变量。显然，这是一个非线性约束优化问题。目前，约束变尺度法被认为是最优秀的非线性约束最优化算法之一。约束变尺度法突破了延续至今的序列无约束极小化的思想格局，引入了较为成熟的二次规划方法作为其子问题的寻优迭代过程，因此又被称为序列二次规划算法。这种方法具有收敛快、效率高、可靠性与整体收敛性好、适应能力强等一系列优点。本文采用的是优化软件包 OPB-1 中的一种改进的约束变尺度法程序 CVM01[13]，这个程序运用非常方便，只需对其输入、输出接口以及关于计算优化目标函数值、约束条件的子程序稍作改动即可，程序流程图如图 1 和图 2 所示，其中图 1 为本文进行优化计算的流程图，图 2 为约束变尺度法程序 CVM01 的流程图。

本文在计算过程中，算法收敛精度 Acc 取为 0.0001，差分步长因子 T 取为 0.005。

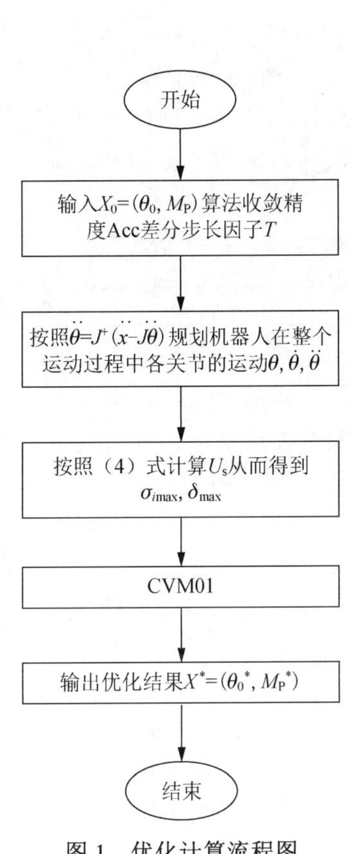

图 1　优化计算流程图

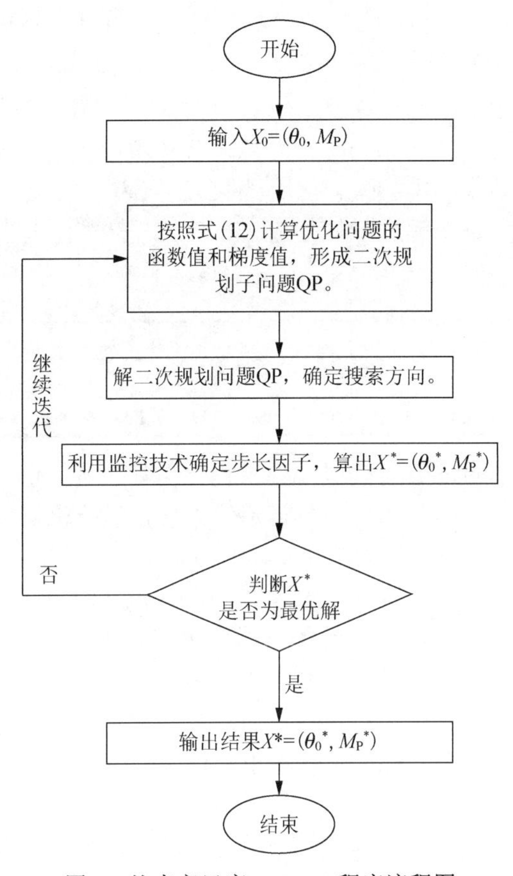

图 2　约束变尺度 CVM01 程序流程图

6. 仿真实例与结论

现在对一空间 4 杆机器人进行计算和分析。机器人的结构简图如图 3 所示，此机器人的参数如下：各杆材料均为钢，长为 200mm，杆的横截面为正方形，边长为 7mm，弹性模量为 200MPa，剪切模量为 60MPa，各关节处的集中质量均为 20g，各杆材料密度为 7800.0kg/m^3，末端载荷质量为 50g。

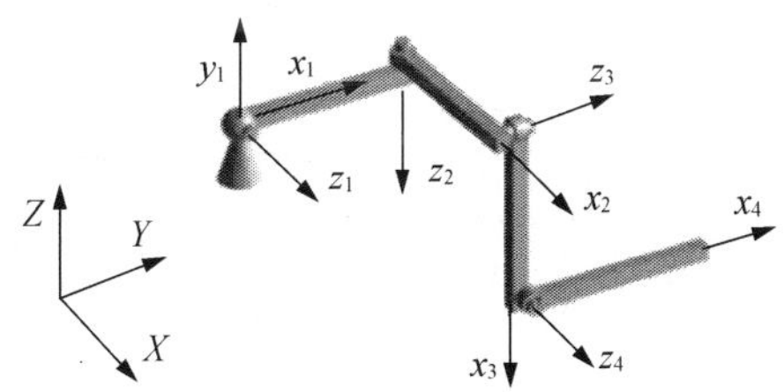

图 3　空间 4 杆机器人结构简图

本文仅考虑 4 根杆的柔性。当仅要求机器人末端满足 X、Y、Z 方向规定位置时，4R 机器人显然是冗余的，冗余度为 1。

机器人在 1 秒钟内末端完成自起点到终点间的直线运动，具体运动规律如下

$$x = a_0 + a_1 t + a_2 t^2 + a_3 t^3 \tag{13}$$

$$y = b_0 + b_1 t + b_2 t^2 + b_3 t^3 \tag{14}$$

$$z = c_0 + c_1 t + c_2 t^2 + c_3 t^3 \tag{15}$$

式中，a_i、b_i、c_i (i=0,1,2,3) 为待定参数，由初始和终值时刻的条件决定。本文假设机器人在运动开始和终值时刻的速度为零，行程为 0. 1m。

首先，选取机器人的关节初始位形 θ_0，由式(5)可求出初始时刻机器人末端的位置矢量

$x_0=(a_0, b_0, c_0)^{\mathrm{T}}$，按照式(13)～式(15)规划机器人末端的运动规律，并以此作为机器人所要求实现的预定运动任务。对于空间 4R 机器人，对应于初始时刻 $x_0=(a_0, b_0, c_0)^{\mathrm{T}}$ 的关节初始位形 $\theta_0=(\theta_{01}, \theta_{02}, \theta_{03}, \theta_{04})^{\mathrm{T}}$ 是不确定的。因此，可以在机器人末端实现预定任务的情况下，以提高机器人的载荷质量比为优化目标，优化机器人的关节初始形。为了进行比较，使优化后机器人的末端变形运动误差不超过最大为约束条件(表 1)。数值计算过程中，机器人的关节运动规律都是按照加速度最小范数解进行规划的。

表 1

	关节初始位形/rad	末端载荷质量/g	载荷质量比
优化前	$(1.0\ 1.2\ 1.4\ 2.0)^{\mathrm{T}}$	50	0.133
优化后	$(1.074\ 98，1.299\ 27，1.583\ 66，\ 1.831\ 70)^{\mathrm{T}}$	59.66	0.159

通过数值模拟得到了优化前后机器人的关节初始位形、末端载荷质量、载荷质量比见表 1。从表中可以看出，关节初始位形优化后，机器人所能承受的载荷质量由 50 克增加至 59.66 克，载荷质量比由 0.133 增加到 0.159，提高了约 20%。

对应于关节初始位形 θ_0 的机器人关节转角、关节加速度变化规律见图 4 和图 5。对应于优化后的关节初始位形 θ_0^* 的机器人关节转角、关节加速度变化规律见图 6 和图 7。正是由于关节初始位形的优化，机器人运动过程中的关节转角、速度、加速度发生了变化，从而使得机器人末端载荷增加的同时，从图 8 可以看出机器人运动过程中末端的弹性变形运动误差并没有增大。图 8 中的末端误差表示的是柔性机器人末端由于弹性变形引起的绝对位置误差的量值。

以上的分析和数值模拟说明：在机器人末端实现预定的轨迹时，在保证机器人末端的弹性变形运动误差满足规定的约束条件和自身质量不变的情况下，利用机器人的冗余度，仅仅改变机器人的关节初始位形，就可以增加机器人末端所能承受载荷的质量，从而提高柔性机器人的载荷质量比。这一方法相当简单，容易控制和实现，具有实际意义。

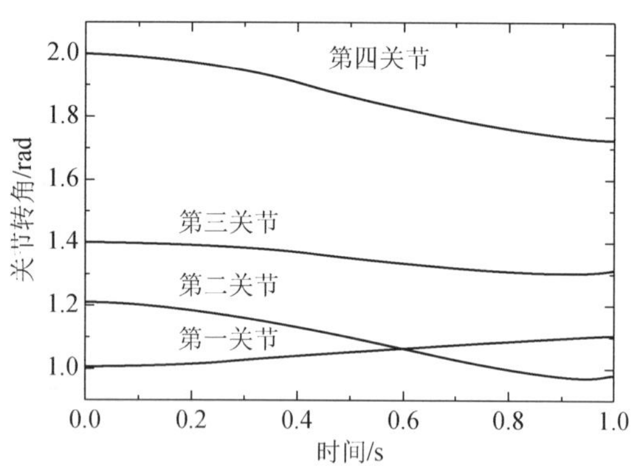

图 4　优化前机器人关节转角

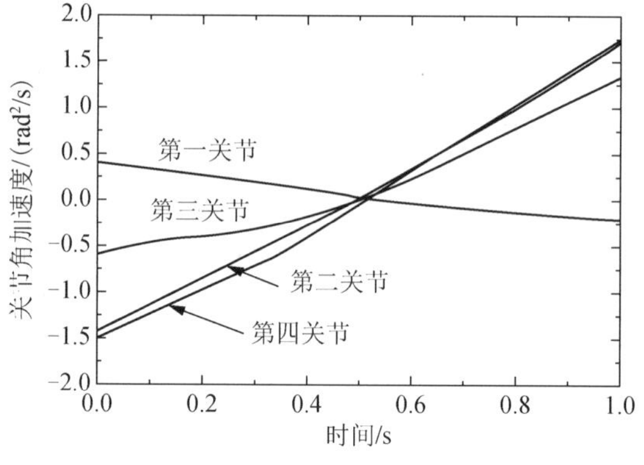

图 5　优化前机器人关节角加速度

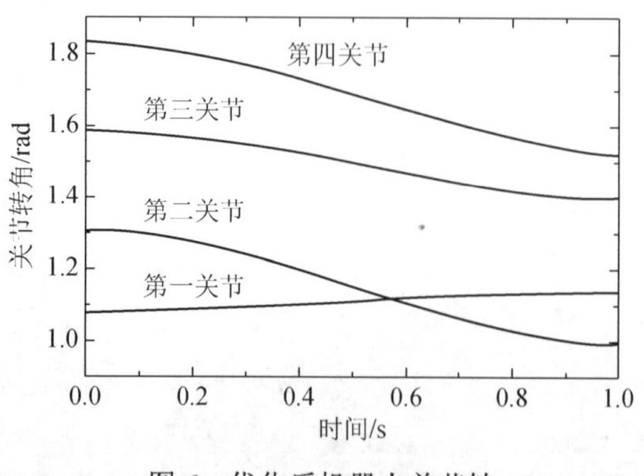

图 6　优化后机器人关节转

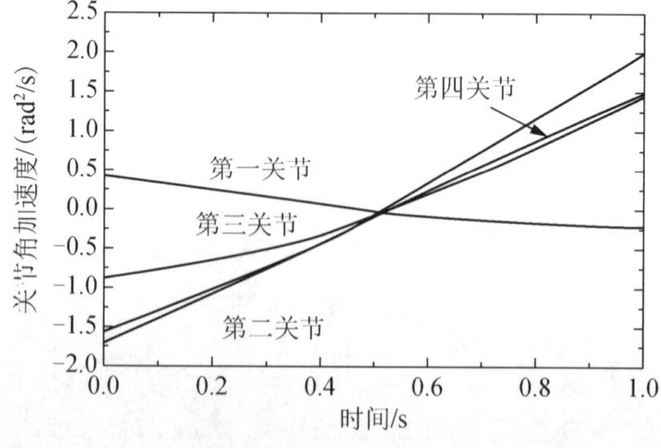

图 7　优化后机器人关节角加速度

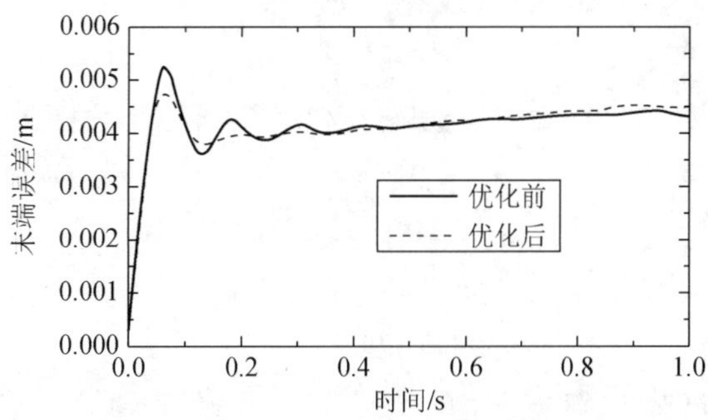

图 8　机器人末端弹性变形误差

参考文献

[1] Gaultier P E, Cleghorn W L. Modeling of flexible manipulator dynamics. A Literature Survey. 1st Nat Appl Mech Conf, Cincinnati, OH, 1989, 2c- 3: 1- 10

[2] Book W J. Modeling, Design, and control of flexible manipulator arms: a tutorial review. Proc the 29th IEEE Conf on Design and Control, 1990: 500- 506

[3] Readman M C, Belanger P R. Stabilization of the fast modes of a flexible-joint robot. The Int Journal of Robotics Research, 1992, (11): 123- 134

[4] Sunda W H, Dubowsky S. On the dynamic analysis and behavior of industrial robotic Manipulators with Elastic Members, ASME Journal of Mechanisms, Transmissions and Automation in Design, 1983, 105: 42- 51

[5] Gaultier P E, Cleghorn W L. A spatially translating and rotating beam finite element for modeling flexible manipulators. Mechanisms and Machine Theory, 1992, 27(4): 415- 433

[6] 张绪平,余跃庆. 综合考虑关节及杆柔性的空间机器人动力学分析. 机械科学与技术, 1998, 17(5): 775- 778

[7] Korayem M H, Basu A. Formulation and numerical solution of elastic robot dynamic motion with maximum load carrying capacities. Robitica, 1993, 12: 253- 261

[8] Korayem M H, Basu A. Dynamic load carrying capacity of robotic manipulators with joint elasticity imposing accuracy constraints. Robotics and Autonomous Systems, 1994, 13: 219- 229

[9] 张绪平,余跃庆. 提高冗余度柔性空间机器人承载能力的结构参数规划. 机械科学与技术, 1999, 18(6): 931- 933

[10] Nenchev D N. Redundancy resolution through local optimization: a review. Journal of Robotic Systems, 1989, 6(6): 769- 798

[11] Barbier E, Wang QY. An example of optimal set-point relegation for self-motion control in redundant flexible robots. Proceeding of IEEE International Conference on Robotics and Automation. 1990: 632- 637

[12] Nguyen L A, Walker I D, Defigueiredo R J P. Dynamic control of flexible kinematically redundant robot manipulators. IEEE Transactions on Robotics and Automation. 1992, 8(6): 759- 757

[13] 余俊, 周济. 优化方法程序库 OPB-1 原理及使用说明. 北京: 机械工业出版社, 1989

（原载《机器人》, 2000，22(5): 390-396）

§ 44　Motion Control of Flexible Robot Manipulators via Optimizing Redundant Configurations

Zhang Xuping, Yu Yueqing

Department of mechanical design, School of Mechanical Engineering, Beijing Polytechnic University, Beijing 100022, *China*

Abstract: *The motion control of flexible manipulators is an advanced topic in the field of robotics. The end-effector error caused by the elastic deformation of manipulators is required to be minimum in order to improve the motion accuracy of flexible manipulators. The present study addresses on the motion planning of flexible manipulators with kinematic redundancy. Three strategies are presented for the motion planning of flexible redundant manipulators. A concept of redundant configuration is proposed. By optimizing the initial joint configuration and the self-motion of manipulators simultaneously, as well as individually, the end-point error of flexible robots is decreased effectively. Compared with the methods of initial configuration and self-motion planning, the numerical simulation of a 4R spatial manipulator shows the superiority of the new strategy of redundant configurations in controlling the motion error of flexible manipulators.*

1. Introduction

The operation tasks of today's robot manipulators become more and more sophisticated, which requires that manipulators possess more and more degrees of freedom to offer greater dexterity and versatility. The kinematic redundancy occurs when the degree of a manipulator is more than the minimum number required to execute a given task. The kinematical and dynamical performances of manipulators can be greatly enhanced by the use of redundancy, for example, joint limit avoidance, singularity avoidance, local kinetic energy minimization, collision avoidance and dexterous motions, etc.. An ever increasing number of researchers have been directing their efforts towards the adoption of redundancy, much achievements have been made and reviewed by Refs. [1-2]. However, most of the studies only considered rigid manipulators, the assumption of rigid body cannot be applied directly to the new generation of robot manipulators which should have lighter weight and more precise motion, especially those used in space application.

The requirements for higher speed, better accuracy and lighter weight make it necessary to consider the dynamic effect of link and joint flexibility in the design of manipulators. Flexible manipulator systems, unlike rigid body controlled manipulators, have the flexibility included in the controller design. This allows a manipulator to be realistically modeled for accurate placement of the end-effect at high speeds. There is widespread interest in flexible (link and joint) manipulators due to such advantages over rigid body as: smaller actuators, lower power requirements, higher operation speed, high load to mass ratio, more compact link design, etc., these have been demonstrated by a number of papers published in many areas about flexible manipulators, and the achievements of flexible robots have been reviewed by Refs. [3]~[5].

The major disadvantage of employing flexible manipulators is the deterioration of the end-effector accuracy due to link and joint flexibility. Therefore, how to reduce the elastic deformation of flexible robot manipulators is a significant problem. Traditionally, the flexibility is reduced by increasing the stiffness of links and joints. However, this increases the mass, depleting the advantages listed above. An alternative method to stiffening the members is to control the vibration transients. Control can be established either passively or actively, or both. Shaping techniques to reduce the robot vibration are methods which have been proved effective and attract many researchers[6-8]. The feedback control, shaping techniques and composite control were compared through a two-link flexible robot arm by Hillsley and Yurkovich[9]. However, almost all the control methods are limited in planar one-link or two-link manipulators and difficult to extend to multi-link robots and spatial ones.

The use of kinematic redundancy in robot manipulator to decrease their elastic deformation began to be investigated and proved to be effective. Barbieri and Wang[10] developed and optimal control structure, in which little attention appears to have been paid to the issue of how kinematic redundancy affects, and may be used to explicitly aid in managing flexibility in manipulators. Nguyen et al.[11] designed a closed loop control algorithm of a redundant flexible link robot. However, the control law is feasible only when the flexible degree of freedom is not more than the redundant degree of freedom. Yue [12] presented a method to obtain optimal self-motion for a redundant flexible robot with the minimum end-effector deformation, while keeping the end-effector moving along the prescribed trajectory in the meantime. However, the influence of the initial joint configuration was not considered, and the obtained joint motion is so irregular that it is difficult to be controlled.

In this paper, the features of flexible robots and redundant manipulators are combined to improve the kinematic and dynamic performance of flexible manipulators with kinematic redundancy. Three strategies are presented for the motion planning of flexible redundant manipulators. A concept of redundant configuration is proposed. A novel strategy for the motion planning of flexible redundant manipulators is put forward, in which the advantage of kinematic redundancy can be fully utilized, and the initial joint configuration and the self-motion of manipulators are optimized simultaneously. The end-point error of flexible robots is greatly controlled through the optimal programming. The numerical simulation of a spatial 4R manipulator is presented as an example. For comparison, the motion planning of the manipulator by optimizing the initial joint configuration and self-motion configuration individually are illustrated as well.

2. Analysis of flexible redundant manipulators

2.1 Dynamic analysis

The end-effector motion of flexible manipulators is not only determined by joint motion, but also affected by elastic deformation of robots. A special element called the spatial flexible rotor-beam element[13] is used here to drive the dynamic equations of a spatial flexible manipulator by the finite element method (FEM). The dynamic equations can be written as follows:

$$[J_{\mathrm{D}}]\{\ddot{\theta}\}+[K_{\mathrm{r}}](\{\theta\}-\{q\})+\{F_{\theta}\}+\{F_{\mathrm{u}}\}=\{0\} \tag{1}$$

$$[M_{\mathrm{s}}]\{\ddot{U}_{\mathrm{s}}\}+[C_{\mathrm{s}}]\{\dot{U}_{\mathrm{s}}\}+[K_{\mathrm{s}}]\{U_{\mathrm{s}}\}=\{F_{\mathrm{s}}\} \tag{2}$$

Where, $[M_{\mathrm{s}}]$, $[C_{\mathrm{s}}]$ and $[K_{\mathrm{s}}]$ are the $nu\times nu$ global mass, damping, and stiffness matrix, respectively. $\{F_{\mathrm{s}}\}$ is the generalized force vector. $\{U_{\mathrm{s}}\}$, $\{\dot{U}_{\mathrm{s}}\}$ and $\{\ddot{U}_{\mathrm{s}}\}$ are the elastic displacement, velocity and acceleration vector, respectively. nu is the number of the coordinates. $[J_{\mathrm{D}}]$ is the $n\times n$ inertia mass matrix. $[K_{\mathrm{r}}]$ is the $n\times n$ stiffness matrix of linear and torsional spring. $\{F_{\theta}\}$ is the vector including centrifugal, coriolis gravitational forces and the term of rigid body motion and elastic deformation coupling. $\{F_{\mathrm{u}}\}$ is the force vector deduced from link flexibility. $\{q\}$ and $\{\theta\}$ are the n-dimensional vectors of joint input and output angle. n is the joint number of the robot.

In Eqs.(1) and (2), the coupling effect between link flexibility and joint flexibility has been considered and the lumped mass at the joints has also been included. Because all the above matrices are the functions of joint motion q, $\dot{q}$ and $\ddot{q}$, the alteration of joint motion will affect the robot system mass, damping, stiffness matrix and generalized force, as a result, change the elastic deformation of flexible manipulators. Therefore, the end-effector error of flexible manipulators can be reduced by optimizing its joint motion when the end-effector traces a desired trajectory.

2.2　Kinematic analysis

For an n-joint manipulator operating in m-dimensional task space, the geometric and kinematic model can be written in following form:

$$x=\varphi(q) \tag{3}$$

$$\dot{x}=J(q)\dot{q} \tag{4}$$

$$\ddot{x}=J(q)\ddot{q}+\dot{J}(q)\dot{q} \tag{5}$$

Where, q is the $n\times 1$ vector of joint variables. x is the $m\times 1$ vector of task variables. φ is a differentiable nonlinear vector function whose structure and parameters are assumed to be known for any given manipulator. J is the $m\times n$ configuration dependent Jacobian matrix formally defined as $\partial\varphi/\partial q$ and the upper dot denotes its time derivative.

It is clear that in the case of a redundant manipulator with respect to a given task ($m<n$), the inverse kinematic problem has infinite solutions. From Eq. (5), a general formula of the inverse kinematics at acceleration level as the sum of a particular and homogeneous component can be presented as

$$\ddot{q}=J^{+}\left(\ddot{x}-\dot{J}\dot{q}\right)+\left(I-J^{+}J\right)\varepsilon \tag{6}$$

where, $J^{+}\in R^{n\times m}$ is the pseudoinverse of the Jacobian matrix J. $I\in R^{n\times n}$ is a unit matrix. ε is an arbitrary vector of null space of the redundant robot. $\left(I-J^{+}J\right)\varepsilon\in N(J)$ is the homogeneous solution which is orthogonal with $J^{+}\left(\ddot{x}-\dot{J}\dot{q}\right)$. The homogeneous solution indicates the self-motion between the links of a redundant robot manipulator. This means that there are, in general, an infinite number of ways to configure the arm for a given position/orientation of the end-effector. The links can move freely while maintaining the end-effector in one position/orientation. This "self-motion" capability is an attractive feature of redundant manipulators and is also the basis for the motion planning strategies proposed here.

For a flexible manipulator, the end-effector position/orientation is not only the function of joint angle vectors, but also the function of joint and link deformations[12, 13]. In this case, Eqs.(3) ~ (5) become:

$$x=\varphi(q,u) \tag{7}$$

$$\dot{x}=J\dot{q}+J_{\mathrm{u}}\dot{u} \tag{8}$$

$$\ddot{x}=J\ddot{q}+\dot{J}\dot{q}+J_{\mathrm{u}}\ddot{u}+\dot{J}_{\mathrm{u}}\dot{u} \tag{9}$$

Similar to the rigid one, a general solution of the inverse kinematics of flexible redundant manipulators at the acceleration level can be written as the sum of particular and homogeneous component

$$\ddot{q}=J^{+}\left(\ddot{x}-\dot{J}\dot{q}-J_{\mathrm{u}}\ddot{u}-\dot{J}_{\mathrm{u}}\dot{u}\right)+\left(I-J^{+}J\right)\varepsilon \tag{10}$$

where, $u\in R^{n_l}$ are the generalized coordinates which describe the deformation of joints and links. n_l is the number of the flexible degree of freedom. $J_u = \partial\varphi / \partial u \in R^{n \times n_l}$ is the flexible Jacobian matrix. $\left(-J_{\mathrm{u}}\ddot{u} - \dot{J}\dot{u}\right)$ is the elastic deformation compensation term which is used to compensate the end-effector deformation errors so that the end-effector can follow the track of the trajectory precisely.

2.3 Motion planning

The redundancy of flexible manipulators means: for a given trajectory in the task space x, $\dot{x}$ and $\ddot{x}$, there are infinite joint space trajectories q, $\dot{q}$, and $\ddot{q}$ satisfying Eqs. (7) ~ (9). As mentioned above, the matrices of $\{M_{\mathrm{s}}\}$, $\{C_{\mathrm{s}}\}$, $\{K_{\mathrm{s}}\}$, $\{F_{\mathrm{s}}\}$, $\{J_{\mathrm{D}}\}$ in the dynamic Eqs. (1) and (2) are the functions of the joint motion q, $\dot{q}$, and $\ddot{q}$. Therefore, when the end-effector traces a prescribed trajectory, there are two ways to plan the joint motion o a flexible manipulator and improve its kinematic and dynamic performances. One is to optimize the initial joint configuration of manipulator, and the other is to optimize the self-motion of robot. In the following part, the joint motion is planned to decrease the end-effector error of a flexible redundant manipulator in the two ways individually. Meanwhile, a new strategy is proposed in this study to optimize the self-motion and initial joint configurations of flexible manipulators simultaneously.

3. Strategies of motion control

3.1 Strategy of initial joint configuration

Shown in Eq. (7), there are infinitive initial joint configurations q_0 with respect to the prescribed position/orientation x_0 for a redundant manipulator when the manipulator starts to work. If the initial joint configuration q_0 is changed, the planned joint motion q, $\dot{q}$, and $\ddot{q}$ will vary according to the minimum Euclidean solution $\ddot{q} = J^{+}\left(\ddot{x} - \dot{J}\dot{q}\right)$. As a result, the matrices of $\{M_{\mathrm{s}}\}$, $\{C_{\mathrm{s}}\}$, $\{K_{\mathrm{s}}\}$, $\{F_{\mathrm{s}}\}$, $\{J_{\mathrm{D}}\}$ in the dynamic equations are altered. The frequency of elastic vibration and the end-effector error of manipulators δ will be changed consequently. Therefore, we can optimize only the initial configuration for planning the joint motion to decrease the end-effector error of manipulators. This is a simple way for the motion control of flexible redundant manipulators.

The average value of end-effector error caused by elastic deformation in the whole end-point trajectory can be supposed to be the optimization objective. The initial joint configuration q_0 is selected to be the variable. The constraint of $\varphi(q_0) = x_0$ should be satisfied. The optimal programming of a flexible redundant robot manipulator through the initial joint configuration can be written in a mathematical form

$$\min f\left(q_0\right) = \frac{\sum_{i=1}^{k} \delta_i}{k} \tag{11}$$

$$\text{s.t.}\ \varphi\left(q_0\right) = x_0$$

where, $q_0 = \left(q_{01}, q_{02}, \cdots, q_{0n}\right)$. k is the number of the discrete time point in the whole process. δ_i is the elastic deformation error of the i th discrete time and can be calculated from $\{U_s\}$ in Eq. (2).

3.2 Strategy of self-motion

As mentioned above, the self-motion of a flexible redundant manipulator means that the change of the vector ε in Eq. (10) does not affect the rigid body motion of the end-effector, but the joint motion of manipulator will be varied. The alternative of the joint motion leads to the change of matrices in the dynamic Eqs. (1) and (2), and consequently influence the elastic deformation of robot system. It is, therefore, reasonable to reduce the elastic vibration and the end-effector error of manipulators by optimizing the self-motion vector ε.

In order to obtain optimal solution in the whole motion, the average value of end-effector error is supposed to be the optimization objective. In order to be controlled easily, it is assumed that the arbitrary vector ε does not vary with the time over the whole motion for the easy control. The optimal programming of a flexible redundant robot manipulator through the self-motion can be expressed in a mathematical form

$$\min f(\varepsilon_t)=\frac{\sum_{i=1}^{n}\delta_i(\varepsilon_t)}{n} \tag{12}$$

$$\text{s.t.}\quad \varepsilon_t(t)=c,\quad \varepsilon_l\leqslant\varepsilon_t\leqslant\varepsilon_u$$

where, ε_l and ε_u are the lower and upper borders of the arbitrary vector at certain discrete times.

3.3　Strategy of redundant configuration

In the two strategies presented above, the end-effector error of flexible redundant manipulators can be controlled easily. However, the kinematic redundancy of robots has not been utilized efficiently in these two optimizations. This is because that the initial joint configuration has not been optimized in the self-motion planning, and the self-motion has not been optimized in the initial configuration planning of manipulator. As a matter of fact, both the initial configuration and the self-motion have important influences on the end-effector error of flexible manipulators. Moreover, they couple each other.

Therefore, the two strategies can be combined and a new strategy of redundant configuration planning is proposed here in which both initial joint configuration and self-motion of the robot are optimized in motion planning. In the strategy, the kinematic redundancy of robot is fully utilized, and the joint motion can be optimized more effectively to decrease the end-effector deformation error of manipulators. From this point of view, it is defined as the strategy of redundant configuration planning.

In the strategy of redundant configuration, the average value of end-effector error caused by elastic deformation in the whole motion is still supposed to be the optimization objective. Both the initial joint configuration q_0 and self-motion ε are selected to be the variables. The constraint of $\varphi(q_0)=x_0$ must be satisfied. The optimal programming of a flexible robot manipulator through the redundant configuration can be written in the following mathematical form:

$$\min f(q_0,\varepsilon)=\frac{\sum_{i=1}^{n}\delta_i}{n} \tag{13}$$

$$\text{s.t.}\quad \varphi(q_0)=x_0,\quad \varepsilon(t)=c,\quad \varepsilon_l\leqslant\varepsilon_t\leqslant\varepsilon_u$$

where, n is the number of the discrete time point of the whole process, δ_i is the elastic deformation error of i th the discrete time.

4. Simulation and discussion

A spatial of 4R manipulator with four flexible links (Fig.1) is used in the numerical simulation of the strategies proposed above. The spatial robot has one degree of redundant freedom (rotation movement of end-effector is not considered here). The parameters of robot are given as follows: the length of each link is 200mm. Both the cross-sectional height and the width of each link are 7mm. Each link is made of steel with elastic modulus of 200MPa, shear modulus of 80MPa, and mass density of $7800\text{kg}/\text{m}^3$. The lumped mass at each joint is 40g and the lumped mass at the endpoint is supposed to be 20g.

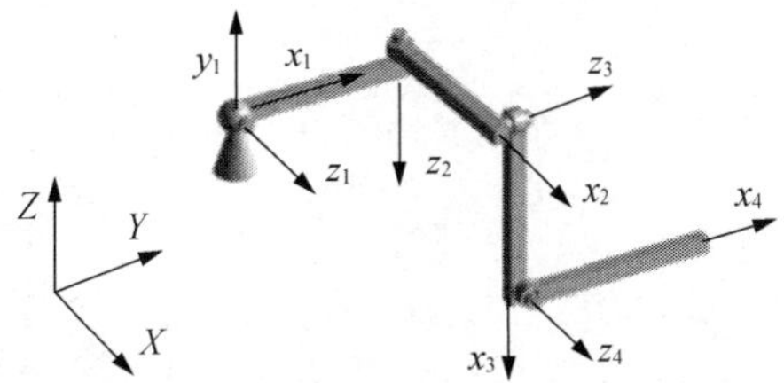

Fig.1 A spatial 4*R* flexible manipulator

It is supposed that the end-effector runs along a straight line trajectory of 0.1m long within 1s. The motion profile of the end-effector can be expressed as:

$$\begin{cases} x = a_0 + a_1 t + a_2 t^2 + a_3 t^3 \\ y = b_0 + b_1 t + b_2 t^2 + b_3 t^3 \\ z = c_0 + c_1 t + c_2 t^2 + c_3 t^3 \end{cases} \tag{14}$$

where, a_i, b_i, c_i ($i = 0,1,2,3$) are the coefficients determined by the boundary conditions of motion. The velocities of the end-effector at the beginning and the end of the motion are supposed to be zero.

The initial values of joint configuration vector q_0 and the arbitrary vector ε are set to be $(2.0,2.0,2.0,2.0)^{\mathrm{T}}$ and $(0.0,0.0,0.0,0.0)^{\mathrm{T}}$. The initial end-effector position vector $x_0 = (a_0, b_0, c_0)^{\mathrm{T}}$ can be derived form Eq.(7), and the end-effector trajectory is planned according to Eqs.(14) ~ (16). The average error of end-effector over the whole motion is supposed to be the optimization objective. The initial joint configuration and the arbitrary vector of the flexible manipulator are optimized individually according to Eqs.(11) and (12), and simultaneously by Eq.(13). The optimum results of initial joint configuration and arbitrary vector ε_{op} are shown in Table 1. Figs.3 and 4 illustrate the joint angles and joint angular accelerations of the manipulator from the strategy of redundant configuration.

For comparison, a solution of the minimum Euclidean norm is performed too, where the arbitrary vector ε is supposed to be zero.

The results show firstly that all the three strategies proposed in this paper are effective in decreasing the elastic deformation error of end-effector in flexible redundant manipulators (Fig.2). Compared with the solution of the minimum Euclidean norm method, the average error of end-effector has been decreased by 50% through the method of initial joint configuration, 34% through the way of self-motion and 62% through the strategy of redundant configuration, respectively. In the meantime, the maximum value and amplitude of end-point error have also been reduced effectively. It illustrates that the kinematic and dynamic performances of flexible robots can be improved by the use of kinematic redundancy.

Table 1

Strategies	Initial joint configuration q_{op} /rad	Arbitrary vector $\varepsilon_{op}/(\mathrm{rad/s^2})$
Self-motion planning	$(2.0,2.0,2.0,2.0)^{\mathrm{T}}$	$(-100.00,29.327,4.203,67.312)^{\mathrm{T}}$
Initial configuration planning	$(2.514,2.617,1.973,1.255)^{\mathrm{T}}$	$(0.0,0.0,0.0,0.0)^{\mathrm{T}}$
Redundant configuration planning	$(2.405,2.532,2.031,1.360)^{\mathrm{T}}$	$(-50.00,38.411,31.942,-50.00)^{\mathrm{T}}$

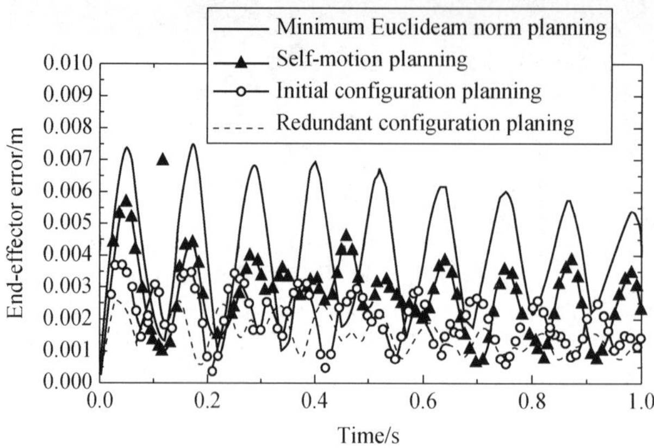

Fig.2　End-effector errors

From the results above, we can find that the strategy of redundant configuration is the best one in reducing the end-effector error of flexible manipulators among all the methods in this study. Compared with the minimum Euclidean norm method, the initial joint configuration planning and the strategy of self-motion, the average error of end-effector through the optimization of redundant configuration have been furthermore decreased by 62%, 24% and 42%, respectively. In the meantime, the maximum error has also been reduced from 7.53, 3.77, 5.67 to 2.64 mm (Table 2). This is owing to the fact that the redundancy of robot is utilized efficiently in this strategy.

The planned joint angle and angular acceleration in the strategy of redundant configuration are shown in Figs.3 and 4. It can be seen that the joint motion is very stable and so can be controlled easily. That is to say the new method of this paper is more reasonable than that of Ref.[12] for the motion control of flexible redundant manipulators.

Table 2

Strategies	Minimum Euclidean norm	Self-motion planning	Initial Configuration planning	Redundant configuration planning
Average end-effector/mm	4.11	2.70	2.06	1.56
Maximum end-effector error/mm	7.53	5.67	3.77	2.64

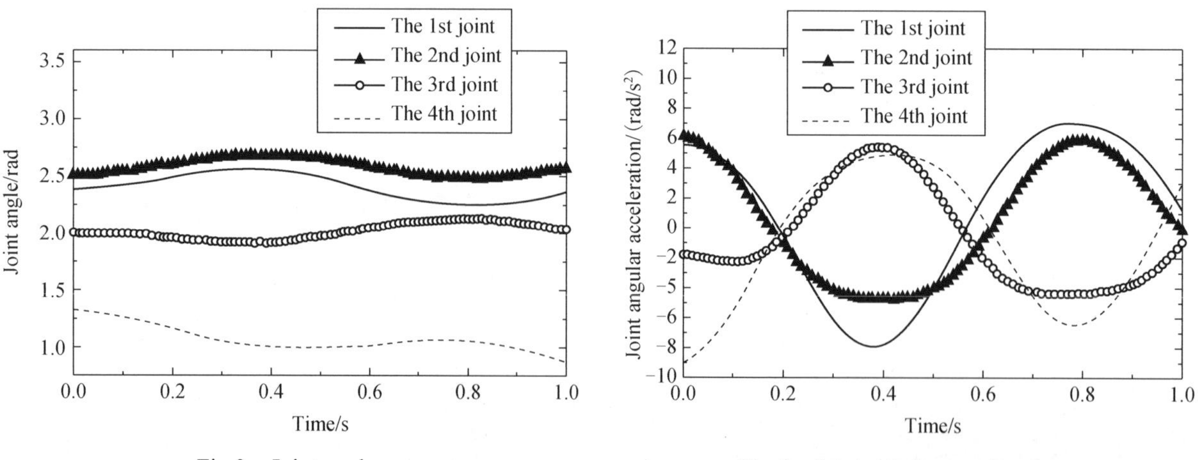

Fig.3　Joint angles　　Fig.4　Joint angular accelerations

It can be concluded from the above results that both the initial joint configuration and the self-motion have important effects on the kinematic and dynamic properties of flexible redundant manipulators. The end-effector error of flexible manipulators can be decreased effectively through the strategy of the redundant configuration planning.

5. Conclusions

Three motion control strategies of flexible redundant manipulators have been studied intensively in this paper. A new concept of redundant configuration is defined and the novel strategy of redundant configuration planning is then proposed for the optimal programming of flexible robot manipulators. Compared with the solution of the minimum Euclidean norm, all the strategies of initial joint configuration, that of the self-motion and that of redundant configuration are effective in reducing the end-effector error of flexible manipulators. Especially, the method of redundant configuration illustrates the advantage of the combination of redundant robots and the flexible manipulators and provides and effective way to improve the kinematic and dynamic performances of flexible redundant manipulators.

Acknowledgements

This work is supported by the National Education Commission of China, Beijing Education Commission and Beijing Science and Technology Committee.

References

[1] Nenchev D N. Redundancy resolution through local optimization: a review, J. Robotic Syst., 1989, 6 (6) : 769-798

[2] Siciliano B. Kinematic control of redundant robot manipulators: a tutorial, J. Intell. Robotic Syst., 1990, 3: 201-212

[3] Gaultier P E, Cleghorn W L. Modeling of flexible manipulator dynamics: a literature survey// First National Appl. Robot Conference, Cincinnati, OH, 1989, 2c-3: 1-10

[4] Readman M C, Belange P R. Stabilization of the fast modes of a flexible joint robot. Int. J. Robotics Res., 1992 11(2): 123-134

[5] Book W J. Modeling, design, and control of flexible manipulator arms: a tutorial review//Proceedings of the 29th IEEE Conference on Decision and Control, 1990: 500-506

[6] Singer N C, Seering W P. Using acausal shaping techniques to reduce robot vibration//IEEE Conference on Robotics and Automation, 1988: 1434-1439

[7] Singer N C, Seering W P. Design and comparison of command methods for controlling residual vibration//IEEE Proceedings of the Conference on Robotics and Automation, 1990: 888-893

[8] Singhose W E, Seering W P, Singer N C. Shaping inputs to reduce vibration: a vector diagram approach// Proceedings of the Conference on Robotics and Automation, 1990: 922-927

[9] Hillsley K L, Yurkovich S. Vibration control of a two-link flexible robot arm// Proceedings of the Conference on Robotics and Automation, 1991: 2121-2126

[10] Barbieri E, Wang Q Y. An example of optimal set-point relegation for self-motion control in redundant flexible robots// Proceedings of the IEEE International Conference on Robotics and Automation, 1990: 632-637

[11] Nguyen L A, Walker I D, Defigueiredo R J P. Dynamic control of flexible kinematically redundant robot manipulators. IEEE Trans. Robotics Automation, 1992, 8(6): 759-767

[12] Yue S G. Redundant robot manipulators with joint and link flexibility -I. Dynamic motion planning for minimum end effector deformation. Mech. Mach. Theory, 1998, 32(2): 103-113

[13] Zhang X P, Yu Y Q. A new spatial rotor beam element for modeling spatial manipulators with joint and link flexibility. Mech. Mach. Theory, 2000, 35(4): 403-421

(in *Mechanism and Machine Theory,* 2001, 36(7): 883-892)

§45　提高柔性冗余度机器人动态特性的最小变形能法

余跃庆　刘林涛

（北京工业大学，北京　100022）

摘　要：冗余度柔性机器人的运动规划是机器人领域的重要前沿课题之一。利用此机器人的冗余特性，可以改善其运动学和动力学性能。柔性机器人的变形能能够很好地反映出其整体弹性变形程度。本文提出了在最小变形能意义下的柔性冗余度机器人运动学规划的新方法。以平面三柔性臂机器人为例进行了仿真，通过与最小末端误差意义下的规划策略进行比较，充分显示了最小变形能法在提高柔性机器人动态性能的有效性和优越性。

关键词：柔性机器人；运动规划；弹性变形；变形能

1. 引言

近年来，机器人在航空航天领域得到了广泛的应用，如航天飞机的遥控操作手和空间站机器人等。由于一方面对这些机器人具有严格的重量限制，另一方面又要求它们能够适应复杂的工作环境并能完成多种操作任务，所以具有柔性部件的冗余度机器人引起了人们的研究兴趣。在这方面的研究中，较早的有文献[1]和[2]。文献[3]第一次从真正意义上研究了利用柔性冗余度机器人的冗余特性来克服自身的弹性变形振动，并提出了相应的控制算法。文献[4]提供出一种优化自运动的方法，在保持机器人末端名义运动按预定轨迹运动的条件下，减小柔性机器人运动过程中的末端误差。文献[5]采用规划关节初始位形和自运动变量等多种方法，对空间柔性机器人进行规划以减小末端轨迹误差，规划时采用了具有全局性的规划目标。文献[6]研究了冗余度柔性机器人残余振动的抑制问题，给出了一种控制方法。该方法在机器人末端运动停止后，依然进行自运动对残余振动进行主动地控制。文献[7]对冗余度柔性机器人的力矩优化问题进行了研究。文献[8]研究了柔性冗余度机器人最小能量意义下的运动规划问题。与刚性机器人相比，柔性机器人的本质特征在于其运动中产生弹性变形。弹性变形能是评估柔性机构及机器人内在特性的一个重要指标，它能够在很好地反映柔性机器人系统的稳定性、机器人系统的整体振动程度和整体弹性变形程度。研究柔性机器人变形能的变化规律，对于控制弹性变形和设计高性能机器人都是十分有意义的。本文将在对冗余度柔性机器人系统变形能的分析基础上，研究最小变形能意义下的最优规划问题，提出了以最小变形能为优化目标的运动规划策略。以平面三柔性臂机器人为例进行仿真，通过与最小末端误差为目标的规划策略进行比较，显示出最小变形能法在改善柔性机器人性能方面的显著效果。

2. 柔性机器人系统变形能分析

柔性机器人的建模方法已有多种，采用应用较广的有限元模型和拉格朗日方程，经过推导可得到柔性机器人动力学方程[9]：

$$\boldsymbol{M}\ddot{\boldsymbol{U}}+\boldsymbol{C}\dot{\boldsymbol{U}}+\boldsymbol{K}\boldsymbol{U}=\boldsymbol{P}-\boldsymbol{M}\ddot{\boldsymbol{U}}_{\mathrm{r}} \tag{1}$$

式中，$\ddot{\boldsymbol{U}}$ 和 $\ddot{\boldsymbol{U}}_{\mathrm{r}}$ 为整体系统坐标系下的弹性位移加速度列阵和刚体加速度列阵；$\boldsymbol{M}$ 和 $\boldsymbol{K}$ 为系统的质量矩阵和刚度矩阵；$\boldsymbol{P}$ 为系统的广义力列阵；$\boldsymbol{C}$ 为系统阻尼矩阵。

柔性臂机器人梁单元的变形能主要由梁受弯矩和轴向力作用发生弯曲和拉伸、压缩的变形能组成。梁单元的变形能为

$$\boldsymbol{U}=\frac{1}{2}\boldsymbol{u}^{\mathrm{T}}\bar{\boldsymbol{k}}\boldsymbol{u} \tag{2}$$

式中，$\bar{\boldsymbol{k}}$ 为单元刚度矩阵；$\boldsymbol{u}$ 为微分单元广义坐标列阵，是梁单元在与刚体梁单元固连的动坐标的

方程表达式。把单元的变形能方程转换成系统整体坐标下的表达式，并把所有单元的变形能方程集合起来，得到柔性机器人系统的变形能表达式

$$\boldsymbol{v}=\frac{1}{2}\boldsymbol{U}^{\mathrm{T}}\boldsymbol{K}\boldsymbol{U} \tag{3}$$

式中，$\boldsymbol{U}$ 为整体坐标下系统的广义坐标列阵；$\boldsymbol{K}$ 为系统的刚度矩阵。

一方面，从式(3)中可以看出，弹性变形量 $\boldsymbol{U}$ 与变形能 $\boldsymbol{V}$ 有关。变形能 $\boldsymbol{V}$ 在某种程度上能够反映出柔性机器人的整体弹性变形程度，而且 $\boldsymbol{V}$ 与 $\boldsymbol{U}$ 是二次关系。因此以最小变形能作为冗余度柔性机器人的规划目标，对柔性机器人进行规划，可以更有效地减小柔性机器人的弹性变形量，从而改善其动态特性。

另一方面，从式(3)中也可以看出，系统的变形能 $\boldsymbol{V}$ 与刚度矩阵 $\boldsymbol{K}$ 和系统的整体弹性变形量 $\boldsymbol{U}$ 有关。而刚度矩阵 $\boldsymbol{K}$ 和系统的整体弹性变形量 $\boldsymbol{U}$ 都是机器人关节角度 q、关节角速度 $\dot{q}$ 和关节角加速度 $\ddot{q}$ 的函数。不同的关节位形将产生不同的系统变形能。因此，可以充分利用冗余度柔性机器人的冗余特性，通过运动规划，使机器人获得好的位形，从而降低变形能。

3. 冗余度柔性机器人逆运动学分析

对于刚性机器人来说，机器人的关节空间维数为 n，末端操作空间维数为 m，$m<n$，则冗余度机器人的位移方程可表示为

$$\boldsymbol{x}=\boldsymbol{f}(\boldsymbol{q}) \tag{4}$$

利用式(4)对时间求二次导数可得

$$\ddot{\boldsymbol{x}}=\boldsymbol{J}(\boldsymbol{q})\ddot{\boldsymbol{q}}+\dot{\boldsymbol{J}}(\boldsymbol{q})\dot{\boldsymbol{q}} \tag{5}$$

式中，$\boldsymbol{x},\ddot{\boldsymbol{x}}\in\mathbf{R}^{m}$ 分别为机器人末端的位移、加速度；$\boldsymbol{q}$、$\dot{\boldsymbol{q}}$、$\ddot{\boldsymbol{q}}\in\mathbf{R}^{n}$ 分别为关节转角、速度、加速度；$\boldsymbol{J}(q)$ 为 $m\times n$ 的雅可比矩阵。

对于柔性冗余度机器人而言，其末端位置不仅是关节位形矢量的函数，而且与机器人系统的弹性变形有关，因此有

$$\boldsymbol{x}=h(\boldsymbol{q},\boldsymbol{u}) \tag{6}$$

由式(6)对时间分别求一次、二次导数，可得到柔性机器人末端速度与关节角速度、末端加速度与关节角加速度之间的关系

$$\dot{\boldsymbol{x}}=\boldsymbol{J}_{\mathrm{r}}\dot{\boldsymbol{q}}+\boldsymbol{J}_{\mathrm{u}}\dot{\boldsymbol{u}} \tag{7}$$

$$\ddot{\boldsymbol{x}}=\boldsymbol{J}_{\mathrm{r}}\ddot{\boldsymbol{q}}+\dot{\boldsymbol{J}}_{\mathrm{r}}\dot{\boldsymbol{q}}+\boldsymbol{J}_{\mathrm{u}}\ddot{\boldsymbol{u}}+\dot{\boldsymbol{J}}_{\mathrm{u}}\dot{\boldsymbol{u}} \tag{8}$$

式中，$\boldsymbol{J}_{\mathrm{r}}=\dfrac{\partial f(\boldsymbol{q},\boldsymbol{u})}{\partial\boldsymbol{q}}\in\mathbf{R}^{m\times n_{\mathrm{r}}}$ 为刚性雅可比矩阵；$\boldsymbol{J}_{\mathrm{u}}=\dfrac{\partial f(\boldsymbol{q},\boldsymbol{u})}{\partial\boldsymbol{u}}\in\mathbf{R}^{m\times n_{\mathrm{u}}}$ 为柔性雅可比矩阵。

由式(7)和式(8)可得柔性冗余度机器人的速度、加速度反解通解形式

$$\dot{\boldsymbol{q}}=\boldsymbol{J}_{\mathrm{r}}^{+}\left(\dot{\boldsymbol{x}}-\boldsymbol{J}_{\mathrm{u}}\dot{\boldsymbol{u}}\right)+\left(\boldsymbol{I}-\boldsymbol{J}_{\mathrm{r}}^{+}\boldsymbol{J}_{\mathrm{r}}\right)\boldsymbol{X}_{1} \tag{9}$$

$$\ddot{\boldsymbol{q}}=\boldsymbol{J}_{\mathrm{r}}^{+}\left(\ddot{\boldsymbol{x}}-\dot{\boldsymbol{J}}_{\mathrm{r}}\dot{\boldsymbol{q}}-\boldsymbol{J}_{\mathrm{u}}\ddot{\boldsymbol{u}}-\dot{\boldsymbol{J}}_{\mathrm{u}}\dot{\boldsymbol{u}}\right)+\left(\boldsymbol{I}-\boldsymbol{J}_{\mathrm{r}}^{+}\boldsymbol{J}_{\mathrm{r}}\right)\boldsymbol{X}_{2} \tag{10}$$

冗余度机器人加速度反解有无穷多个，这意味着在机器人末端位置一定的前提下，机器人位形有无穷多个。因此，可以选择有利位形，改善机器人的运动性能和动力性能。

与刚性冗余度机器人的加速度反解式(5)相比，式(10)中有关弹性变形的项使得柔性冗余度机器人的关节运动能够对弹性变形进行补偿，从而保证机器人的末端精确追踪预定轨迹。不妨将有关于柔性的项$\left(-\boldsymbol{J}_{\mathrm{u}}\ddot{\boldsymbol{u}}-\dot{\boldsymbol{J}}_{\mathrm{u}}\dot{\boldsymbol{u}}\right)$称为机器人的弹性变形补偿项。

在运动过程中，如果按照式(10)计算各关节的名义角加速度，则式中有关弹性变形的项将自动

补偿末端因弹性变形产生的运动误差，保证柔性机器人末端能精确地完成预定的运动任务。然而，柔性补偿项的加入会使得规划出的关节名义角加速度很不平稳，在实际控制时是很难实现的。在这种情况下，可以将精确跟踪机器人末端预定轨迹的柔性补偿项略去，则式(10)变为

$$\ddot{\boldsymbol{q}} = \boldsymbol{J}_{\mathrm{r}}^{+}\left(\ddot{\boldsymbol{x}} - \dot{\boldsymbol{J}}_{\mathrm{r}}\dot{\boldsymbol{q}}\right) + \left(\boldsymbol{I} - \boldsymbol{J}_{\mathrm{r}}^{+}\boldsymbol{J}_{\mathrm{r}}\right)\boldsymbol{X} \tag{11}$$

式中，右端第二项$\left(\boldsymbol{I} - \boldsymbol{J}_r^{+}\boldsymbol{J}_r\right)\boldsymbol{X}$描述的是机器人连杆间的自运动，不引起末端的运动。如果令$\boldsymbol{X}=0$，则可以得到机器人加速度最小范数解如下

$$\ddot{\boldsymbol{q}} = \boldsymbol{J}^{+}\left(\ddot{\boldsymbol{x}} - \dot{\boldsymbol{J}}\dot{\boldsymbol{q}}\right) \tag{12}$$

4. 系统最小变形能规划法

为了反映出整个机器人运动过程的变形能程度，选择机器人在整个运动过程中的变形能的平均值作为规划目标。假设将机器人整个运动时间离散为n个时间点，对应于第i时刻的机器人的弹性变形能为V_i，则优化目标可表示为

$$s = \frac{\sum_{i=1}^{n} V_i}{n} \tag{13}$$

式(3)中，$\boldsymbol{K}$是机器人的关节转角$\boldsymbol{q}$、角速度$\dot{\boldsymbol{q}}$、角加速度$\ddot{\boldsymbol{q}}$的函数，而不同的关节初始位形$\boldsymbol{q}_0$和自运动变量$\boldsymbol{X}$，将导致机器人不同关节转角$\boldsymbol{q}$、角速度$\dot{\boldsymbol{q}}$、角加速度$\ddot{\boldsymbol{q}}$。同时，式(3)中$\boldsymbol{U}$也是关节初始位形和自运动变量$\boldsymbol{X}$的函数。为了获得良好的规划效果，采用同时规划初始位形和自运动变量的方法。以关节初始位形和其运动过程中的任意矢量$\boldsymbol{X}$作为优化变量，来规划机器人的关节运动$\boldsymbol{q}$，$\dot{\boldsymbol{q}}$，$\ddot{\boldsymbol{q}}$。其数学模型可表示为

$$\begin{gathered} \min\left(\sum_{i=1}^{n} V_i\right)\Big/ n = f\left(\boldsymbol{q}_0, c\right) \\ \text{s.t.} \quad h\left(\boldsymbol{q}_0\right) = \boldsymbol{x}_0 \\ \ddot{q}_{\max} = f_1\left(\boldsymbol{q}_0, c\right) < \ddot{\boldsymbol{q}}_{0\max} \times \boldsymbol{p} \end{gathered} \tag{14}$$

式中，$\ddot{\boldsymbol{q}}_{\max}$为关节角加速度的最大值，$\ddot{\boldsymbol{q}}_{0\max}$为按照加速度最小范数解规划出来的关节角加速度最大值，$\boldsymbol{p}$为适量的放大系数。

5. 仿真算例

下面采用具体算例，用最小变形能法对一个三柔性臂机器人(图 1)进行规划。机器人具体结构参数如表 1 所示。

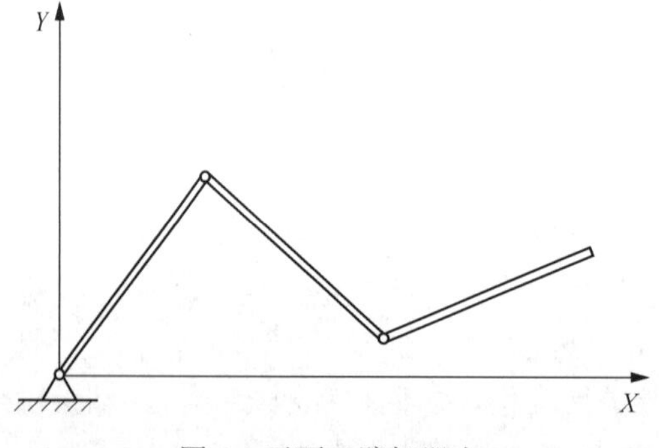

图 1　平面三臂机器人

表 1　柔性机器人系统参数

第 1 杆杆长 L_1/mm	第 2 杆杆长 L_2/mm	第 3 杆杆长 L_3/mm	材料	密度 d/(kg·m^{-3})	弹性模量 E/Pa	弹性模量 G/Pa	截面形状	截面长度 a/mm	截面宽度 b/mm
400	400	400	铝	2710	7.1×10^{10}	2.60×10^{10}	矩形	5	5

机器人在 0.4s 内末端完成自起点到终点间的直线运动，具体运动规律为

$$x = a_0 + a_1 t + a_2 t^2 + a_3 t^3$$

$$y = b_0 + b_1 t + b_2 t^2 + b_3 t^3$$

式中，a_i, b_i (i=0,1,2,3) 为待定参数，由初始和终值时刻的条件决定。本例假设机器人在运动开始和终止时刻的速度为零，末端的起始位置是(0.6m,−0.2m)。终止位置是(0.8m, 0.2m)。

图 2 给出了在最小变形能意义下的规划结果。为表明最小变形能法的规划效果，图 2 同时给出了按关节加速度最小范数解(式(12))和以机器人末端最小误差为规划目标所得到的变形能。从图中可以看出，与以机器人末端最小误差为规划目标所得到的变形能相比，用最小变形能法所得到的变形能下降了 60%，而与关节加速度最小范数解的变形能相比，更有大幅度的降低，降幅高达 90%。为进一步说明问题，图 3 给出了分别按关节加速度最小范数解、以机器人末端最小误差为规划目标和用最小变形能规划法所得到的末端绝对误差的比较图。可以看出，用最小变形能法得到的机器人末端误差较关节加速度最小范数解有了显著的降低：平均误差由 9.0mm 降至 2.19mm。更有意义的是，最小变形能法的末端平均误差甚至比直接以末端误差为规划目标的末端平均误差还小。这说明采用最小变形能法对柔性机器人进行运动规划可以更好地减少机器人弹性变形引起的末端误差，从而提高机器人的运动精度。这是由于变形能与柔性机器人的整体变形程度有密切关系，也说明变形能在某种程度上能反映机器人的变形程度。

表 2 给出了三柔性臂机器人按关节加速度最小范数解、用最小变形能法和以机器人末端最小误差为规划目标所得到的末端误差和变形能情况。从表中可以看出，用关节加速度最小范数解规划出的末端误差和变形能都非常大。而按照最小变形能和机器人末端最小误差规划出的机器人的末端误差都比较小。虽然最小变形能法的最大误差要比按机器人末端最小误差规划出的最大误差大，但只是在 0.35～0.4s 一个很短时间内发生的，而其平均值却明显小于最小误差法,这是目标函数不同所致。但总的来说,最小变形能法能较好地改善柔性机器人的整体性能。

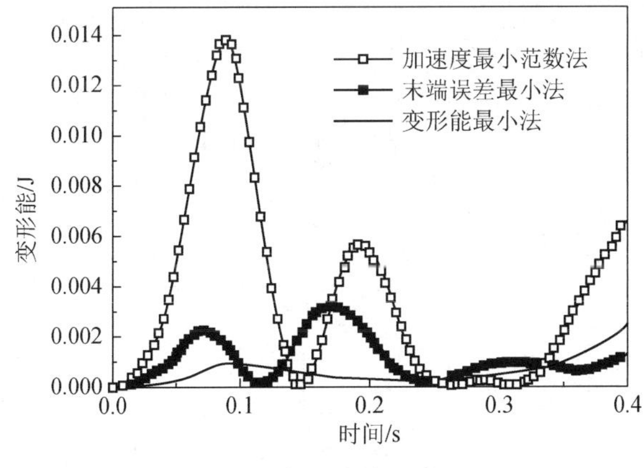

图 2　机器人变形能

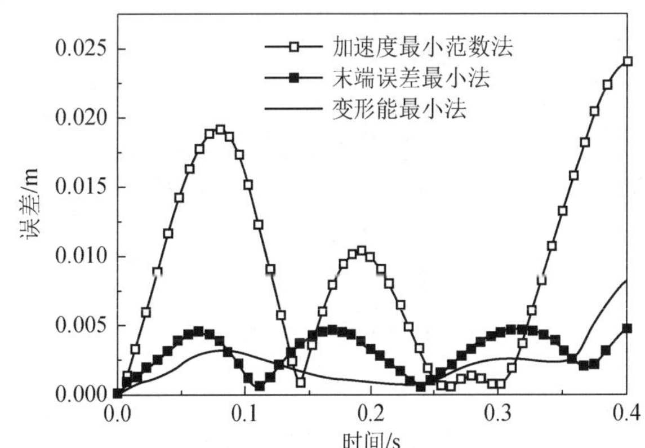

图 3　机器人末端绝对误差

表 2

	平均误差/mm	最大误差/mm	平均变形能/J
最小范数法	9.0	25.17	0.000343
最小末端误差法	3.13	4.97	0.000106
平均变形能最小法	2.19	8.32	0.0000547

6. 结论

柔性机器人变形能与机器人的弹性变形有密切关系，它能够反映出柔性机器人系统的弹性整体变形程度。以柔性机器人变形能对机器人进行规划是十分有效的。文中通过三柔性臂机器人的算例，证明了规划最小变形能规划法能够更好地降低柔性机器人的末端弹性误差，使机器人动态性能得到提高。

参考文献

[1] Barbieri E，Wang Q，An example of optimal set-point relegation for self-motion control in redundant flexible robots, Int. Conf. on Robotics and Automation, IEEE 1990, 632-637

[2] Nguyen L, Walker I, Defigueiredo R. Dynamic control of flexible kinematically redundant robot manipulators. IEEE Transactions on Robotics and Automation 1992, 8 (6) : 759-767

[3] Baillieul J. Kinematic redundancy and the control of robots with flexible complements. Int. Conf. on Robotics and Automation, IEEE 1992, 715-721

[4] Yue S G. Redundant robot manipulators with joint and link flexibility-I. Dynamic Motion Planning for Minimum End Effector Deformation, Mech. Mach. Theory, 1998, 33 (2) , 103-113

[5] 张绪平.空间柔性冗余度机器人动力学分析与综合. 北京：北京工业大学,1999

[6] 边宇枢,陆震.柔性冗余度机器人残余振动的抑制研究.机器人,1998, 20 (4) : 247-252

[7] 边宇枢,陆震.柔性冗余度机器人力矩优化的研究.机器人,1998,20 (5) : 382-387

[8] 杨继运，余跃庆.柔性冗余度机器人运动规划的最小能量法.机械科学与技术，2000，19 (5) : 719-721

[9] Sunada W H, Dubowsky S. On the dynamic analysis and behavior of industrial robotic manipulators with elastic members. ASME J of Mechanisms, Transmissions and Automation in Design, 1983, 105: 42-51

（原载《机器人》，2001，23 (7)：717-720）

§ 46　基于可控性和全局性的空间柔性机器人驱动力矩自运动规划策略

张绪平　余跃庆
（北京工业大学，北京　100022）

摘　要：提出了一种有利于控制实施并具有全局性的自运动动力规划方法，优化了柔性机器人关节驱动力矩。在保证机器人实现预定运动轨迹的条件下，利用机器人的冗余度，通过优化机器人各关节自运动，尽可能地同时降低机器人的关节驱动力矩和末端的弹性变形的运动误差。通过对一空间 4R 柔性机器人的数值仿真验证了这一方法的有效性。

关键词：弹性变形；冗余度机器人；驱动力矩；自运动

1. 引言

与传统的刚性机器人相比，柔性机器人具有以下优点：驱动力小，能量消耗低，操作速度快，综合费用低，可以实现更安全的操作，结构紧凑，具有较高的载荷质量比等[1]。但是，由于柔性机器人杆和关节的弹性变形，一方面使机器人末端产生高频振动，严重影响机器人的运动精度；另一方面又会使机器人的驱动力矩产生剧烈的波动，给机器人的控制造成困难。

利用机器人的冗余度，可以改善机器人的运动学和动力学特性。因此，可以将柔性机器人和冗余度机器人结合起来，利用机器人的冗余特性，优化机器人的关节运动，从而改善柔性机器人的动力学性能[2]。但这方面的研究才刚刚开始，现有的方法或者可控性不佳，或者缺乏全局最优性，均需进一步完善和发展。文献[3]采用局部优化方法成功地优化了关节力矩，但发现该方法存在计算不稳定现象。文献[4]对文献[3]中的方法进行了改进，利用拉格朗日乘子法导出了关节力矩最小二乘问题的求解方法，但仍不能完全避免计算不稳定的现象。文献[5]应用全局优化方法对冗余度机器人的最小关节力矩进行了规划，同时优化了关节速度和加速度。文献[6]对冗余度机器人在最小二乘意义上的最小力矩的局部和全局优化方法进行了比较。但是，以上文献在优化驱动力矩的过程中都没有考虑关节和杆的弹性变形的影响。文献[7]在考虑了杆的柔性的基础上对平面机器人的关节驱动力矩进行了规划，但是规划出的机器人的运动规律非常复杂，没有规律性，在实际运动过程中不易控制和实施。

本文在深入分析冗余度机器人运动和动力特性的基础上，在保证机器人末端实现预定运动轨迹的前提下，利用机器人的冗余特性，提出了一种有利于控制实施并具有全局性的空间柔性机器人驱动力矩自运动规划方法。

2. 柔性机器人动力分析

柔性机器人末端的运动不仅与关节运动有关，而且与机器人系统的弹性变形有关。利用空间柔性转子梁单元模型[8]，计入关节附近的集中质量，综合考虑关节弹性变形和杆弹性变形耦合影响，运用有限元方法，可以推导出空间柔性机器人的动力学方程：

$$\boldsymbol{J}_{\mathrm{D}}\ddot{\theta}+\boldsymbol{K}_{\mathrm{r}}(\boldsymbol{\theta}-\boldsymbol{q})+\boldsymbol{F}_{\theta}+\boldsymbol{F}_{\mathrm{u}}=0 \tag{1}$$

$$\boldsymbol{M}_{\mathrm{s}}\ddot{\boldsymbol{U}}_{\mathrm{s}}+\boldsymbol{C}_{\mathrm{s}}\dot{\boldsymbol{U}}_{\mathrm{s}}+\boldsymbol{K}_{\mathrm{s}}\boldsymbol{U}_{\mathrm{s}}=\boldsymbol{P}_{\mathrm{s}}+\boldsymbol{Q}_{\mathrm{s}} \tag{2}$$

式中，$\boldsymbol{J}_{\mathrm{D}}$ 为 $n\times n$ 阶惯性矩阵；$\boldsymbol{F}_{\theta}$ 为包括刚柔耦合力、科氏惯性力及重力等的 $n\times1$ 阶列阵；$\boldsymbol{F}_{\mathrm{u}}$ 为杆的柔性对关节柔性动力学方程的 $n\times1$ 阶影响力列阵；$\boldsymbol{q}$ 为 $n\times1$ 阶名义关节转角列阵；$\ddot{\boldsymbol{\theta}}$ 为 $n\times1$ 阶柔性关节实际角加速度列阵；$\boldsymbol{M}_{\mathrm{s}}$、$\boldsymbol{C}_{\mathrm{s}}$、$\boldsymbol{K}_{\mathrm{s}}$、$\boldsymbol{P}_{\mathrm{s}}$、$\boldsymbol{Q}_{\mathrm{s}}$ 分别为考虑杆弹性变形的机器人系统质量矩阵、阻尼矩阵、刚度矩阵、惯性力向量和外载荷向量；$\boldsymbol{U}_{\mathrm{s}}$ 为系统广义坐标。

求解式(1)和式(2)可以得到机器人各杆和关节的弹性变形，这样就可以求得机器人末端的弹性变形误差。

利用柔性机器人动力学方程，可建立柔性机器人关节驱动力矩的通用数学模型[9]：

$$\boldsymbol{\tau} = (\boldsymbol{J}_{\mathrm{D}}\ddot{\boldsymbol{\theta}} + \boldsymbol{J}\ddot{\boldsymbol{q}}) + \boldsymbol{F}_{\mathrm{q}} + \boldsymbol{F}_{\theta} + \boldsymbol{F}_{\mathrm{u}} \tag{3}$$

式中，$\boldsymbol{\tau}$ 为 $n\times1$ 阶关节驱动力矩列阵；$\boldsymbol{J}$ 为刚性机器人雅可比矩阵；$\boldsymbol{F}_{\mathrm{q}}$ 为 $n\times1$ 阶前 $i-1$ 个关节一起的第 i 关节转子的牵连惯性力和科氏惯性力列阵；$\ddot{\boldsymbol{q}}$ 为 $n\times1$ 阶名义角加速度列阵。由柔性机器人的动力学分析可知，式(1)和式(2)中的各系数矩阵 $\boldsymbol{M}_{\mathrm{s}}$、$\boldsymbol{C}_{\mathrm{s}}$、$\boldsymbol{K}_{\mathrm{s}}$、$\boldsymbol{P}_{\mathrm{s}}$、$\boldsymbol{Q}_{\mathrm{s}}$、$\boldsymbol{J}_{\mathrm{D}}$ 等都是机器人关节运动规律 $\boldsymbol{q}$、$\dot{\boldsymbol{q}}$、$\ddot{\boldsymbol{q}}$ 的函数，这样，改变机器人的关节运动，将改变柔性机器人的系统质量、系统刚度、系统广义力，从而改变机器人系统的弹性变形。由式(3)可知：在机器人的结构参数已经确定的条件下，柔性机器人的关节驱动力矩 $\boldsymbol{\tau}$ 是由机器人的关节运动规律 $\boldsymbol{q}$、$\dot{\boldsymbol{q}}$、$\ddot{\boldsymbol{q}}$ 及杆和关节的弹性变形决定的，而杆和关节的弹性变形又是由机器人的关节运动规律 $\boldsymbol{q}$、$\dot{\boldsymbol{q}}$、$\ddot{\boldsymbol{q}}$ 决定的，因此 τ 最终取决于 $\boldsymbol{q}$、$\dot{\boldsymbol{q}}$、$\ddot{\boldsymbol{q}}$。因此，应在保证机器人末端实现预定轨迹的条件下，对机器人进行运动规划，优化机器人各关节的运动，从而提高机器人的运动和动力学性能，如降低机器人末端的弹性变形误差、减小机器人关节的驱动力矩等。

3. 冗余度机器人运动分析

我们常常要求机器人末端能够实现一致的运动规律，即

$$\boldsymbol{x} = \varphi(\boldsymbol{q}) \tag{4}$$

利用式(4)分别对时间求一次导数、二次导数得

$$\dot{\boldsymbol{x}} = \boldsymbol{J}(\boldsymbol{q})\dot{\boldsymbol{q}} \tag{5}$$

$$\ddot{\boldsymbol{x}} = \dot{\boldsymbol{J}}(\boldsymbol{q})\ddot{\boldsymbol{q}} + \boldsymbol{J}(\boldsymbol{q})\dot{\boldsymbol{q}} \tag{6}$$

式中，$\boldsymbol{x}$、$\dot{\boldsymbol{x}}$、$\ddot{\boldsymbol{x}}$ 分别为机器人末端的位移、速度、加速度，$\boldsymbol{x}\in\mathbf{R}^m$、$\dot{\boldsymbol{x}}\in\mathbf{R}^m$、$\ddot{\boldsymbol{x}}\in\mathbf{R}^m$；$\boldsymbol{q}$、$\dot{\boldsymbol{q}}$、$\ddot{\boldsymbol{q}}$ 分别为关节转角、角速度、角加速度，$\boldsymbol{q}\in\mathbf{R}^m$、$\dot{\boldsymbol{q}}\in\mathbf{R}^m$、$\ddot{\boldsymbol{q}}\in\mathbf{R}^m$；$\boldsymbol{J}(\boldsymbol{q})$ 为雅可比矩阵。

由已知的 $\boldsymbol{x}$、$\dot{\boldsymbol{x}}$、$\ddot{\boldsymbol{x}}$ 求 $\boldsymbol{q}$、$\dot{\boldsymbol{q}}$、$\ddot{\boldsymbol{q}}$ 就是机器人逆运动学问题。式(4)～式(6)都是 m 个方程求 n 个未知数的方程组。对于冗余度机器人，$m<n$，显然 $\boldsymbol{q}$、$\dot{\boldsymbol{q}}$、$\ddot{\boldsymbol{q}}$ 的解是不确定的，有无穷个解，利用雅可比矩阵 $\boldsymbol{J}$ 的伪逆可求得关节角速度、角加速度通解，形式如下

$$\dot{\boldsymbol{q}} = \boldsymbol{J}^{+}\dot{\boldsymbol{x}} + (\boldsymbol{I}-\boldsymbol{J}^{+}\boldsymbol{J})\dot{\boldsymbol{\varphi}} \tag{7}$$

$$\ddot{\boldsymbol{q}} = \boldsymbol{J}^{+}(\ddot{\boldsymbol{x}}-\ddot{\boldsymbol{J}}\boldsymbol{q}) + (\boldsymbol{I}-\boldsymbol{J}^{+}\boldsymbol{J})\ddot{\boldsymbol{\varphi}} \tag{8}$$

式中，$\boldsymbol{J}^{+}$ 为 $\boldsymbol{J}$ 的广义逆矩阵；$\ddot{\boldsymbol{\varphi}}$ 为描述机器人关节自运动的任意矢量，$\ddot{\boldsymbol{\varphi}}=(\varepsilon_1,\varepsilon_2,\cdots,\varepsilon_n)^{\mathrm{T}}$；$(\boldsymbol{I}-\boldsymbol{J}^{+}\boldsymbol{J})\dot{\boldsymbol{\varphi}}$、$(\boldsymbol{I}-\boldsymbol{J}^{+}\boldsymbol{J})\ddot{\boldsymbol{\varphi}}$ 为雅可比矩阵 $\boldsymbol{J}$ 的零空间矢量，并且是正交于 $\boldsymbol{J}^{+}\dot{\boldsymbol{x}}$、$\boldsymbol{J}^{+}(\ddot{\boldsymbol{x}}-\ddot{\boldsymbol{J}}\boldsymbol{q})$ 的齐次解。齐次解指的是机器人连杆间的自身运动，它不引起机器人的末端运动。在满足一定的约束条件下，选择合适的 $\boldsymbol{q}$、$\dot{\boldsymbol{\varphi}}$ 和 $\ddot{\boldsymbol{\varphi}}$ 就是冗余度分解。不同的冗余度分解方法对机器人的运动和动力性能将产生不同的影响。

4. 自运动规划策略分析与确定

由式(8)可知，任意矢量 $\ddot{\varphi}$ 的改变只引起连杆间自身的运动，不会改变机器人末端的运动规律。但是，$\ddot{\boldsymbol{\varphi}}$ 的改变会改变机器人的关节运动规律 $\boldsymbol{q}$、$\dot{\boldsymbol{q}}$、$\ddot{\boldsymbol{q}}$，导致杆和关节的弹性变形发生变化，这样由式(3)可知，机器人的关节驱动力矩 $\boldsymbol{\tau}$ 也会改变。为了分析方便，将式(8)代入式(3)可得

$$\boldsymbol{\tau} = \{\boldsymbol{J}_{\mathrm{D}}\ddot{\boldsymbol{\theta}} + \boldsymbol{J}[\boldsymbol{J}^{+}(\ddot{\boldsymbol{x}}-\ddot{\boldsymbol{J}}\boldsymbol{q}) + (\boldsymbol{I}-\boldsymbol{J}^{+}\boldsymbol{J})\ddot{\boldsymbol{\varphi}}]\} + \boldsymbol{F}_{\mathrm{q}} + \boldsymbol{F}_{\theta} + \boldsymbol{F}_{\mathrm{u}} \tag{9}$$

根据式(9)，在保证机器人实现预定轨迹的条件下，利用机器人的冗余度，可以优化任意变量 $\ddot{\boldsymbol{\varphi}}$，规划机器人的关节运动规律 $\boldsymbol{q}$、$\dot{\boldsymbol{q}}$、$\ddot{\boldsymbol{q}}$，以改善机器人的驱动力矩。

从柔性机器人工作过程的安全性考虑，以最小关节驱动力矩为优化目标，规划机器人的关节运

动规律 $\boldsymbol{q}$、$\dot{\boldsymbol{q}}$、$\ddot{\boldsymbol{q}}$ 是十分重要的，它可以防止关节驱动力矩过载，同时可以减轻关节驱动电机的重量，有利于减小机器人系统的弹性变形。为此，选择优化目标为

$$f=\sum_{i=1}^{n}\omega_i\left|\tau_i\right| \tag{10}$$

式中，τ_i 为第 i 关节的驱动力矩；ω_i 为加权系数，其大小可灵活选择；n 为机器人的关节数。

为了优化任意矢量 $\ddot{\boldsymbol{\varphi}}$，规划机器人的关节运动，使目标值降低到最小值，有两种优化策略。第一种策略是在机器人运动过程的每一时刻，以 f 为优化目标，优化任意矢量 $\ddot{\boldsymbol{\varphi}}$ 来规划机器人的关节运动。但这种策略存在两个缺点：①缺乏全局性；②优化所得的控制变量 $\ddot{\boldsymbol{\varphi}}$ 随时间变化的规律非常复杂，没有规则性，不易控制实施。为此，选择具有全局性和便于控制的第二种策略，这种策略的基本思路是：不是在每时每刻优化任意矢量 $\ddot{\boldsymbol{\varphi}}$，而是确保机器人的关节驱动力矩在机器人的整个运动过程中总体尽量减小，选择机器人运动过程中关节驱动力矩的平均值或最大值为优化目标，即目标函数

$$f=\frac{\sum_{j=1}^{n_1}\left(\sum_{i=1}^{n}\omega_i\left|\tau_i\right|\right)_j}{n_1} \tag{11}$$

式中，n_1 为机器人运动过程离散时间点的个数。

同时使机器人在整个运动过程中任意矢量 $\ddot{\boldsymbol{\varphi}}$ 保持不变，这样来优化 $\ddot{\boldsymbol{\varphi}}$，规划机器人的关节运动规律 $\boldsymbol{q}$、$\dot{\boldsymbol{q}}$、$\ddot{\boldsymbol{q}}$。

机器人关节驱动力矩的优化，必须是在机器人完成预定运动任务、保证运动精度的前提下进行的，仅仅以关节驱动力矩最小为优化目标，有可能使得机器人的末端误差增大，因此，这里仍然将机器人的关节驱动力矩和机器人的末端误差进行加权线性组合，构成多性能指标目标函数来进行规划，这样柔性冗余度机器人关节驱动力矩自运动规划的数学模型可以表示为

$$\min f(\ddot{\boldsymbol{\varphi}})=\beta_1\left[\frac{\sum_{j=1}^{n_1}(\sum_{i=1}^{n}\omega_i\left|\tau_i\right|)_j}{n_1}\right]+\beta_2\left[\frac{\sum_{j=1}^{n_1}\left|\delta_j\right|}{n_1}\right] \tag{12}$$

$$\text{s.t.}\ \varepsilon_1\leqslant\left|\ddot{\varphi}\right|\leqslant\varepsilon_{\mathrm{u}}$$

式中，δ_j 为第 j 时刻机器人末端弹性变形运动误差；ε_{u}、ε_1 为优化变量 $\ddot{\boldsymbol{\varphi}}$ 的上界和下界；β_1、β_2、ω_i 为加权系数。

可以根据实际要求，选择更多的机器人运动学和动力学指标，利用各个性能指标加权组合成多目标函数进行优化，从而更合理、更有效地改善机器人的运动学和动力学性能，而且式(12)中的加权系数都是可以根据实际情况进行灵活选择的，如令 $\beta_2=0$ 就是以最小力矩为优化目标的优化方法；令 $\beta_1=0$ 是以机器人末端的运动误差最小为优化目标的优化策略。

显然，这是一个非线性约束优化问题。目前，约束变尺度法被认为是最优秀的非线性约束最优化算法之一。约束变尺度法突破了延续至今的序列无约束极小化的思想格局，引入了较为成熟的二次规划方法作为其子问题的寻优迭代过程，因此又被称为序列二次规划算法。这种方法具有收敛快、效率高、可靠性与整体收敛性好、适应能力强等一系列优点。本文采用的是优化软件包 OPB-1 中的一种改进的约束变尺度法程序 CVM01 [10]，这个程序运用非常方便，只需对其输入、输出接口以及关于计算优化目标函数值、约束条件的子程序稍作改动即可。本文在计算过程中，算法收敛精度取 0.0001，差分步长因子取 0.005。

5. 仿真实例与结论

现对一空间 4R 机器人进行计算和分析。机器人的结构简图如图 1 所示，机器人的参数如下：各杆材料均为钢，长为 200mm，杆的横截面为正方形，边长为 7mm，弹性模量为 200GPa，切变模量为 80GPa，各关节处的集中质量均为 20g，各杆材料密度为 $7800\,\mathrm{kg/m^3}$，末端载荷质量为 50g。

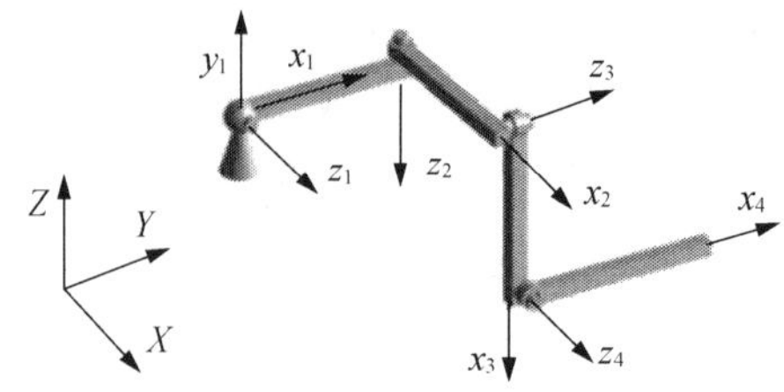

图 1　空间 4R 机器人简图

本文仅考虑四根杆的柔性，忽略关节柔性。当仅要求机器人末端满足 X、Y、Z 方向规定位置时，4R 机器人显然是冗余的，冗余度为 1。

机器人在 1s 内末端完成自起点到终点的直线运动，具体运动规律如下

$$x = a_0 + a_1 t + a_2 t^2 + a_3 t^3 \tag{13}$$

$$y = b_0 + b_1 t + b_2 t^2 + b_3 t^3 \tag{14}$$

$$z = c_0 + c_1 t + c_2 t^2 + c_3 t^3 \tag{15}$$

式中，$a_i, b_i, c_i (i = 1,2,3)$ 为待定参数，由初始和终止时刻的条件决定(本文假设机器人在运动开始和终止时刻的速度为零，行程为 0.1m)。

首先，选取机器人的关节初始位形 $\boldsymbol{q}_0 = (2.0, 2.0, 2.0, 2.0)^{\mathrm{T}}\,\mathrm{rad}$，由式(4)可求出初始时刻机器人末端的位置矢量 $\boldsymbol{x}_0 = (a_0, b_0, c_0)^{\mathrm{T}}$，按照式(13)～式(15)规划机器人末端的运动规律，并以此作为机器人所要实现的预定运动任务。

本算例中加权系数取 $\omega_1 = \omega_2 = \omega_3 = \omega_4 = 1$、$\beta_1 = 1$、$\beta_2 = 300$ (应该使关节驱动力矩和弹性变形误差的数量级一致)，$\ddot{\boldsymbol{\varphi}}$ 的初始值取 $(0,0,0,0)^{\mathrm{T}}$。在优化过程中，假设优化变量 $\ddot{\boldsymbol{\varphi}}$ 是不随着机器人的运动时间变化的待定常数，即 $\varphi_i(t) = d_i$，$d_i (i = 1,2,3,4)$ 为常量，优化所得结果为 $\ddot{\boldsymbol{\varphi}} = (-8.34, 0.67, 10.00, -8.02)^{\mathrm{T}}\,\mathrm{rad/s^2}$。与加速度最小范数解相比，任意矢量 $\ddot{\boldsymbol{\varphi}}$ 的优化，使机器人各连杆之间产生了自运动，从图 2 可以看出，正是机器人的自运动使得性能指标 $f_1 = |\tau_1| + |\tau_2| + |\tau_3| + |\tau_4|$ 有了明显的下降，下降幅度达到约 19%，从图 3 和图 4 中表示的机器人第一关节、第二关节的驱动力矩的变化情况(限于篇幅，仅列出两个关节)可以看出，机器人各关节的驱动力矩总体上有不同程度的下降。

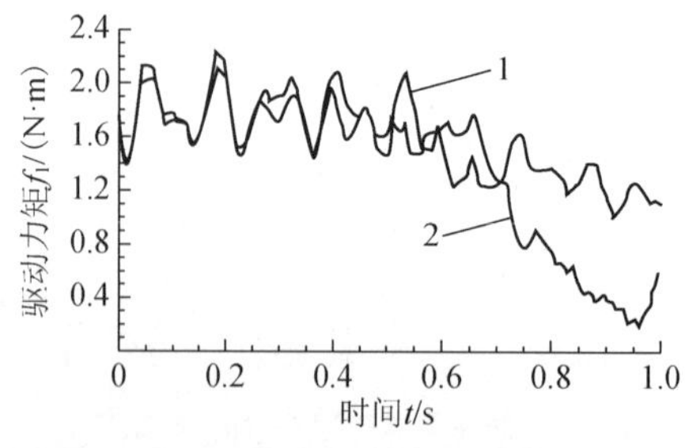

图 2　机器人关节总力矩

1. 最小范数解；2. 优化解

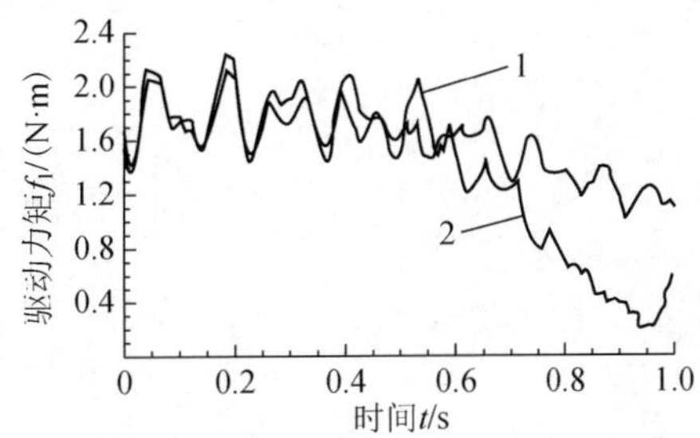

图 3　柔性机器人第一关节驱动力矩

1. 最小范数解；2. 优化解

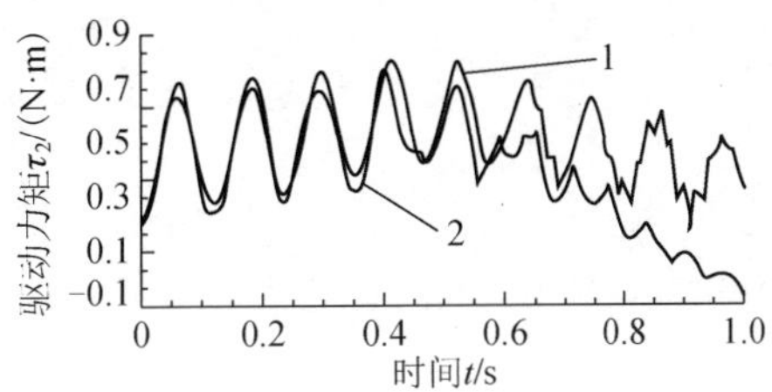

图 4　柔性机器人第二关节驱动力矩

1. 最小范数解；2. 优化解

图 5 和图 6 反映了前后机器人各关节角加速度的变化情况，从图中可以看出，任意矢量$\ddot{\boldsymbol{\varphi}}$的优化虽然不会改变机器人末端的运动规律，却使得机器人各关节的运动规律发生了很大的变化，这是机器人的性能指标得到改善的直接原因。同时，从图 7 中发现，机器人关节运动的变化使得机器人末端的弹性变形运动误差有所下降，这说明由此规划的机器人的关节运动是符合实际要求的。

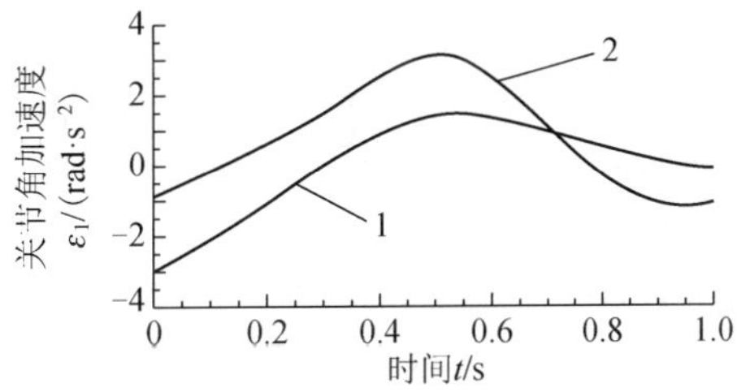

图 5　柔性机器人第一关节角加速度

1. 最小范数解；2. 优化解

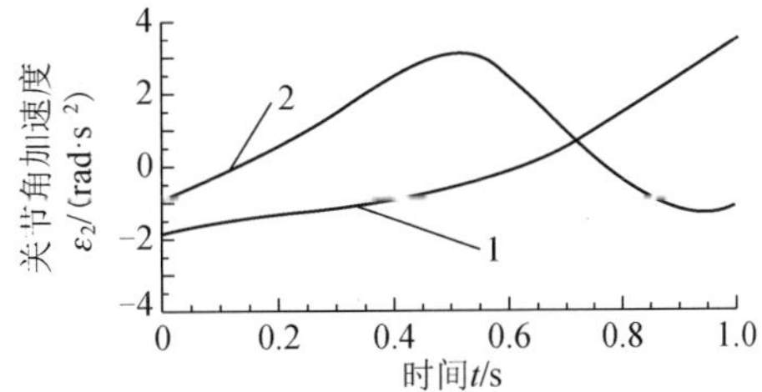

图 6　柔性机器人第二关节角加速度

1. 最小范数解；2. 优化解

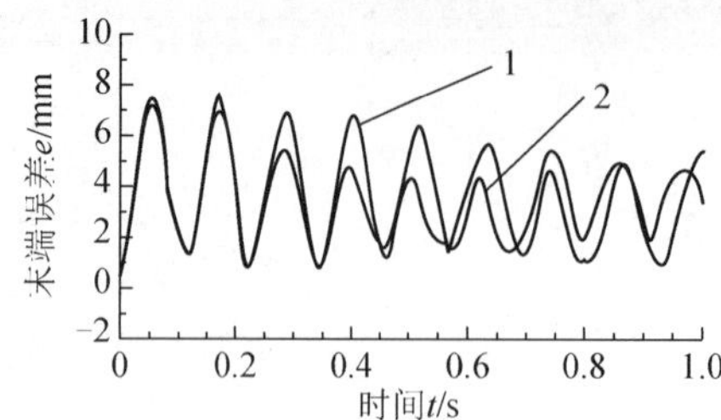

图 7　柔性机器人末端弹性变形运动误差

1. 最小范数解；2. 优化解

仅仅改变任意矢量$\ddot{\boldsymbol{\varphi}}$，就可以优化机器人的驱动力矩，这种方法简单而且容易控制，具有实际意义。

参考文献

[1] Gaultier P E, Cleghorn W L. Modeling of flexible manipulator dynamics: a literature survey. 1st Nat Appl. Mech. Conf., Cincinnati, OH, 1989

[2] Whitney E. Resolved motion rate control of manipulators and human progreses. IEEE Trans. Man -Machine Sys., 1969, 10(2): 47-53

[3] Hollerbach J M, Suh K C. redundancy resolution of manipulator through torque optimization. IEEE Journal of Robotics and Automation, 1987, 3(4): 308-316

[4] Kazerrounian K, Nedungadi A. An alternative method for minimization of the driving forces in redundant manipulators. IEEE International Conference on Robotics and Automation, Raleigh, 1987

[5] Lee H P. Motions with minimal joint torques for redundant manipulators. ASME Journal of Mechanical Design, 1993, 115: 599-603

[6] Nedungadi A, Kazweounian K. A lacal solution with global characteristics for the joint torque optimization of a redundant manipulator. Journal of Robotics System, 1989, 6(5): 631-654

[7] Zhang X P, Yu Y Q. A new spatial rotor beam element for modeling spatial manipulators with joint and link flexibility. Mechanism and Machine Theory, 2000, 35(3): 403-421

[8] 张绪平,余跃庆.综合考虑关节及杆柔性的空间机器人动力学分析.机械科学与技术, 1998, 17(5): 775-778

[9] 张绪平.空间柔性机器人驱动力矩分析.中南工业大学学报, 2000, 31(增刊): 94-96

[10] 余俊,周济.优化方法程序库 OPB1 原理及使用说明. 北京: 机械工业出版社, 1989

（原载《中国机械工程》2005, 16(15): 1369-1373）

§ 47　Optimization of Structural Parameters for Spatial Flexible Redundant Manipulators with Maximum Ratio of Load to Mass

Zhang Xuping　Yu Yueqing

Department of Machine Design, School of Mechanical Engineering,Beijing Polytechnic University, Beijing 100022, China

Abstract: *Optimization of structural parameters aimed at improving the load carrying capacity of spatial flexible redundant manipulators is presented in this paper. In order to increase the ratio of load to mass of robots the cross-sectional parameters and constructional parameters are optimized respectively. The cross-sectional and configurational parameters are optimized simultaneously. The numerical simulation of a 4R spatial manipulator is performed. The results show that the load capacity of robots has been greatly improved through the optimization strategies proposed in this paper.*

Keywords: *flexible manipulator; structural parameter; ratio of load to mass; optimal design*

1. Introduction

In recent years, there has been a widespread interest in the lightweight mechanisms and manipulators with flexible members because advantages over rigid body such as smaller actuators lower power requirements, higher operation speed, high load to mass ratio and more compact link design, etc. These have been demonstrated by a number of papers published in many areas concerning elastic mechanisms and flexible manipulators. Much advancement has been made[1-5].

The most advancement in flexible mechanisms and manipulators concentrated on dynamic modeling. It is necessary to pay more attention to the dynamic characteristics and structure design of flexible mechanisms and manipulators. Encouraging achievements have been obtained in the KED design of mechanisms by way of nonlinear optimization[6-8], optimality criteria techniques[9-11] and kinematic refinement[12]. The relationship between the natural frequency and cross-sectional parameters of the elastic mechanisms was derived theoretically and illustrated by means of numerical example[13]. However, little attention has been paid to the study of flexible manipulators. By carefully analyzing the dynamic equations of flexible manipulators, we find that the structural parameters (such as the cross-sectional parameters, the configurational parameters of links and the lumped mass at the joints) play a very important role in the dynamoics of flexible manipulators. It is obvious that the dynamic performance of flexible manipulators can be improved by optimizing these design parameters.

Meanwhile the operational tasks of today's robot manipulators have become more and more sophisticated, which requires that manipulators possess more and more degrees of freedom to offer greater dexterity and versatility. Kinematic redundancy occurs when the degrees of freedom of a manipulator are greater than the minimum number required to execute a given task. The kinematic and dynamic performance of manipulators can be greatly enhanced due to the kinematic redundancy. So, an ever increasing number of researchers have been directing their efforts towards the adoption of redundancy, resulting in many improvements. However flexibility of links and joints has rarely been considered in most of the studies[14], the assumption of rigid body can no longer be applied to the new generation of robot manipulators, especially to those used in space.

The joint motion planning of flexible redundant manipulators has been proved to be effective in decreasing elastic deformation[15]. However, these studies are performed under the supposition that the configurational parameters and cross-sectional parameters are constant. In fact, corresponding to the prescribed trajectory of end point and the fixed initial joint configuration, the resolution of the configurational parameters for a redundant manipulator is infinite and the cross sectional parameters are also changeable. The configurational parameters can be optimized to improve the dynamic performance such as decreasing the elastic deformation error of the end point, enhancing the ratio of load to mass etc. The cross-sectional parameters are similar.

In this paper, optimization of structural parameters to improve the load carrying capacity of spatial redundant flexible manipulators is studied. The cross-sectional parameters and configurational parameters are optimized individually, and the cross-sectional parameters and the configurational parameters are optimized simultaneously with the end-effector tracing the prescribed trajectory. The ratio of load to mass is greatly enhanced, which is demonstrated by the numerical simulation of a 4R spatial manipulator.

This paper is organized as follows. In the following sections, a theoretical analysis of the dynamics, kinematics and load capacity of flexible redundant manipulators is presented. Then, three strategies of structural parameter optimization are proposed. Finally, a numerical simulation is performed and several valuable conclusions are drawn.

2. Theoretical analysis

2.1 Dynamics

It is well known that the fatal disadvantage of flexible manipulators is the deterioration of the end-effector accuracy due to the deformation of manipulators. The end-effector motion of flexible manipulators is not only determined by the joint motion, but also influenced by the elastic deformation of links. There are basically two methods for modeling flexible manipulators, i.e., assumed mode method and finite element method (FEM)[1]. Through comparison the FEM has been showed to be more convenient and effective. Therefore, a special element, called a spatially translating and rotating beam element, was developed[16,17] based on FEM and is used here to drive the dynamic equations of a spatial flexible manipulator as follows

$$[\boldsymbol{M}_{\mathrm{s}}]\{\ddot{\boldsymbol{U}}_{\mathrm{s}}\}+[\boldsymbol{C}_{\mathrm{s}}]\{\dot{\boldsymbol{U}}_{\mathrm{s}}\}+[\boldsymbol{K}_{\mathrm{s}}]\{\boldsymbol{U}_{\mathrm{s}}\}=\{\boldsymbol{F}_{\mathrm{s}}\} \tag{1}$$

where, $[\boldsymbol{M}_{\mathrm{s}}]$, $[\boldsymbol{C}_{\mathrm{s}}]$ and $[\boldsymbol{K}_{\mathrm{s}}]$ is the $nu\times nu$ global mass, damping and stiffness matrix, respectively. $\{\boldsymbol{F}_{\mathrm{s}}\}$ is the $nu\times 1$ generalized force vector. $[\boldsymbol{U}_{\mathrm{s}}]$, $[\dot{\boldsymbol{U}}_{\mathrm{s}}]$ and $\{\ddot{\boldsymbol{U}}_{\mathrm{s}}\}$ are the generalized displacement, velocity and acceleration vector of the elastic motion of flexible links, respectively. nu is the number of the coordinates.

In the dynamic equations of spatial flexible manipulators we can find that the terms of $[\boldsymbol{M}_{\mathrm{s}}]$, $[\boldsymbol{C}_{\mathrm{s}}]$, $[\boldsymbol{K}_{\mathrm{s}}]$, $[\boldsymbol{F}_{\mathrm{s}}]$ are determined by not only the joint motion of robots but also the structural parameters such as the configurational parameters (link length) and cross-sectional parameters (the height and width of links). Therefore, two strategies can be taken to improve the dynamic performance of flexible manipulators when keeping the end-effector tracing the prescribed trajectory. One is planning the joint mo tion q, $\dot{q}$ and $\ddot{q}$ by the use of kinematic redundancy as was done in Refs.[14-15]. The other is optimizing structural parameters of robots. The latter strategy will be investigated in this paper.

2.2 Kinematics

The relation between the task space variables $x\in \mathrm{R}^{m}$ and joint space variables $q\in \mathrm{R}^{m}$ of redundant manipulators can be defined as

$$x \in \varphi(\boldsymbol{q}) \tag{2}$$

where, q is the $n \times 1$ vector of joint variables. x is the $m \times 1$ vector of task variables. φ is a differentiable nonlinear vector function whose structure and parameters are assumed to be known for any given manipulator.

For a redundant manipulator, the number of joint space coordinates exceeds the number of workspace coordinates $\boldsymbol{m}$. The effect of the extra degrees of freedom can be easily seen in the differential relation of Eq. (2) that given by the manipulator Jacobian

$$\dot{x} = \boldsymbol{J}(q)\dot{q} \tag{3}$$

Where, $\boldsymbol{J}$ is the $m \times n$ configuration dependent Jacobian matrix with $m < n$ formally defined as $\partial\varphi/\partial q$. The upper dot here denotes time derivatives.

Differentiating Eq. (3), we obtain the acceleration equation

$$\ddot{x} = \boldsymbol{J}(\boldsymbol{q})\ddot{q} + \dot{J}(\boldsymbol{q})\dot{q} \tag{4}$$

It is clear that in the case of a redundant manipulator with respect to a given task $(m < n)$, the inverse kinematic problem has infinite solutions. From Eq. (4), a general formula of the inverse kinematics at acceleration level as the sum of a particular and homogeneous component can be presented as

$$\ddot{q} = \boldsymbol{J}^{+}(\ddot{x} - \ddot{J}q) + (I - \boldsymbol{J}^{+}\boldsymbol{J})\varepsilon \tag{5}$$

Where, $\boldsymbol{J}^{+} \in \mathbf{R}^{n \times m}$ is the pseudoinvers of the Jacobian matrix. $J, I \in \mathbf{R}^{n \times m}$ is a unit matrix. ε is the arbitrary vector of null space of the redundant robot. $(I - \boldsymbol{J}^{+}\boldsymbol{J})\varepsilon \in N(\boldsymbol{J})$ is the homogeneous solution which is orthogonal with $\boldsymbol{J}^{+}(\ddot{x} - \ddot{J}q)$. The homogeneous solution indicates the self-motions among links. This means that there are, in general, an infinite number of ways to configure the arms for a given position/orientation of the end-effector. The links can move freely while maintaining the end-effector in one position/orientation. This "self motion" capability is an attractive feature of redundant manipulators. It is the basis for the motion planning strategies to improve the dynamic performance of manipulators.

For a flexible manipulator, the end-effector position/orientation is not only the function of joint motion angle vectors, but also the function of joint and link deformations[14, 15]. In this case Eqs. (2) ~ (4) become

$$x = \varphi(\boldsymbol{q}, u) \tag{6}$$

$$\dot{x} = \boldsymbol{J}\dot{q} + \boldsymbol{J}_{\mathrm{u}}\dot{u} \tag{7}$$

$$\ddot{x} = \boldsymbol{J}\ddot{q} + \dot{\boldsymbol{J}}\dot{q} + J_{\mathrm{u}}\ddot{u} + \dot{J}_{\mathrm{u}}\dot{u} \tag{8}$$

Similar to the rigid one, a general solution of the inverse kinematics of flexible redundant manipulators at the acceleration level can be written as the sum of the particular and homogeneous components

$$\ddot{q} = \boldsymbol{J}^{+}(\ddot{x} - \dot{J}\dot{q} - J_{\mathrm{u}}\ddot{u} - \dot{J}_{\mathrm{u}}\dot{u}) + (I - \boldsymbol{J}^{+}\boldsymbol{J})\varepsilon \tag{9}$$

Where, $u \in \mathbf{R}^{nl}$ is the generalized coordinate which describes the deformation of joints and links. nl is the number of the flexible degree of freedom. $\boldsymbol{J}_{\mathrm{u}} = \partial\varphi/\partial u \in \mathrm{R}^{n \times nl}$ is the flexible Jacobian matrix. $(-\boldsymbol{J}_{\mathrm{u}}\ddot{u} - \dot{J}\dot{u})$ is the elastic deformation compensation term which is used to compensate the end-effector deformation errors. In this way, the end-effector can follow the track of the trajectory precisely. However, the compensation term brings out an unexpected sharp angular acceleration fluctuation, which is difficult to control in practice. The main aim of this study is to investigate the optimization of structural parameters of redundant flexible manipulators. Therefore, this term can be neglected here.

2.3 Load capacity

When the end-effector motion of a manipulator is satisfied, the ratio of maximum load M_p that manipulators can carry to its mass M_r is called as the ratio of load to mass μ. It is an important index to evaluate the performance of flexible manipulators.

The mass of manipulators can be written as follows

$$M_r = \sum_{i=1}^{n}(\rho_i b_i h_i l_i + m_{ai}) \tag{10}$$

where, ρ_i is the mass density of the ith link. l_i, b_i and h_i are the length, cross-sectional width and height of the ith link, respectively. m_{ai} is the lumped mass at the ith joint.

Therefore, the ratio of load to mass μ can be expressed as

$$\mu = \frac{M_p}{M_r} = \frac{M_p}{\sum_{i=1}^{n}(\rho_i b_i h_i l_i + m_{ai})} \tag{11}$$

Obviously, there are two strategies that can be taken to improve the load carrying capacity of flexible manipulators. One is the strategy of joint motion planning by which the joint motion is optimized to enhance the maximum load that the manipulators can carry. This will be discussed in another paper. The other is the strategy of parameter optimization by which the structural parameters (such as the cross-sectional prameters b_i and h_i, the configurational parameters l_i, the lumped mass m_{ai}) are optimized to decrease the mass of a manipulator. This strategy will be studied comprehensively in this paper.

3. Optimization strategies

There are two kinds of parameters in the design of flexible manipulators. One is a cross-sectional parameter, the other is a configurational parameter. They are discussed as follows.

3.1 Optimization of cross-sectional parameters

It can be seen from the dynamic equation (1) of flexible manipulators that the terms of $[\boldsymbol{M}_s]$, $[\boldsymbol{K}_s]$ are the function of cross-sectional parameters, i.e., the width and height of link cross-sections, if the joint motion and link length of manipulators are fixed. From the modeling process of dynamic equations, we can understand that the variation of the cross-sectional parameter will change the system mass matrix stiffness matrix and generalized force vector. This may leads to a change in the dynamic performance of manipulators. Therefore, by optimizing the cross-sectional parameters the manipulator system mass can be distributed reasonably among links and as a result the stiffness of the manipulator system can be enhanced and the gross mass of manipulator can be reduced.

In the process of optimization it is thought that the lumped mass m_{ai} at joints will be decreased with the decrease in the link and actuator masses, assumed to be determined by

$$m_{ai} = m_{ai0} + \varphi_i(\tau_i) \tag{12}$$

where, m_{ai0} is the basic lumped mass at the ith joint. τ_i is the maximum driving torque of the ith actuator. φ_i is the function between m_{ai} and τ_i, which can be supposed to be a linear relationship.

Meanwhile the deformation error of the end-effector and the stress of links may increase with the decrease in link mass. The constraints shown in follows should be satisfied

$$\sigma_{i\max} \leqslant [\sigma_i] \tag{13}$$

$$\delta_{\max} \leqslant [\delta] \tag{14}$$

where, $\sigma_{i\max}$ is maximum stress of the ith link, $\delta_{\max}$ the maximum defamation error of end-effector, $[\sigma_i]$ is the allowable stress of the ith link, $[\delta]$ is the allowable error of end-effector.

The term of M_r/M_p can now be supposed to be the optimization objective of this study to decrease the mass of the manipulator. The cross-sectional parameters, the width b_i and height h_i of link cross-section, are selected to be optimization variables. The strategy of cross-sectional parameter optimization for flexible manipulators can be expressed in the following mathematical form

$$\begin{aligned} \min \quad & f(x) = 1/\mu(x) = M_r(x)/M_p \\ \text{s.t.} \quad & \sigma_{i\max} - [\sigma_i] \leqslant 0 \quad (i=1,2,\cdots,n) \\ & \delta_{\max} - [\delta] \leqslant 0 \\ & x_l \leqslant x \leqslant x_u \end{aligned} \tag{15}$$

where, $x = (x_1, \cdots, x_{2n}) = (b_1, \cdots, b_n, h_1, \cdots, h_n)$ denotes the cross-sectional parameters, n is the number of links, x_l and x_u are the lower and upper border of x, respectively.

3.2　Optimization of configurational parameters

The cross-sectional parameters are optimized to improve the load carrying capacity in section 3.1. As a matter of fact, the configurational parameters of redundant manipulators are also changeable and so can be adjusted through optimization.

According to the analysis in section 2, the geometric model of a redundant manipulator can be written in the following form

$$x_0 = \varphi(q_0, l) \tag{16}$$

Since Eq.(12) represents equations with n unknowns, there are an infinite number of solutions for $l = (l_1, l_2, \cdots, l_n)$. Different l will lead to different joint motion $\boldsymbol{q}$, $\dot{q}$ and $\ddot{q}$ if x_0 and q_0 are fixed. As a result, the term of $[\boldsymbol{M}_s]$, $[\boldsymbol{C}_s]$, $[\boldsymbol{K}_s]$ and $[\boldsymbol{F}_s]$ in dynamic equation (1) will vary, and the dynamic performance of manipulators may be affected. At the same time the matrices of $[\boldsymbol{M}_s]$, $[\boldsymbol{C}_s]$ and $[\boldsymbol{K}_s]$ can be directly varied with the change of the constructional parameters. So, the configuration parameters can be optimized to decrease the gross mass and improve the load carrying capacity of redundant flexible manipulators.

The configurational parameters l are selected as optimization variables. M_r/M_p is supposed to be optimization objective. The strategy of configurational parameters optimization can be written in the following form

$$\begin{aligned} \min \quad & f(x) = 1/\mu(x) = M_r(x)/M_p \\ \text{s.t.} \quad & \sigma_{i\max} - [\sigma_i] \leqslant 0 \quad (i=1,\cdots,n) \\ & \delta_{\max} - [\delta] \leqslant 0 \\ & x_l \leqslant x \leqslant x_u \end{aligned} \tag{17}$$

where, $x = (x_1, \cdots, x_n) = (l_1, \cdots, l_n)$ represents the configurational parameters of manipulators.

3.3　Comprehensive optimization of the cross sectional and configurational parameters

As mentioned above, either cross-sectional parameter or configurational parameter can vary the terms of $[\boldsymbol{M}_s]$, $[\boldsymbol{C}_s]$, $[\boldsymbol{K}_s]$ and $[\boldsymbol{F}_s]$ in dynamic equation (1). Each of them has important effects on the dynamic performance of flexible manipulators. In sections 3.1 and 3.2 the configurational and cross-sectional parameters are optimized individually to improve the ratio of load to mass of manipulators. In this section, a comprehensive optimization of the configurational parameters and cross-sectional parameters is presented. It may be more effective to decrease the gross mass and improve the ratio of load to mass of flexible manipulators. In this optimization strategy, both the configurational parameters and cross-sectional parameters are selected as optimization variables simultaneously. The maximum ratio of load to mass is supposed to be optimization objective. Therefore, this comprehensive optimization strategy can be writ ten in the following mathematical form

$$\begin{aligned} \min \quad & f(x)=1/\mu(x)=M_{\mathrm{r}}(x)/M_{\mathrm{p}} \\ \text{s.t.} \quad & \sigma_{i\max}-[\sigma_i]\leqslant 0 \quad (i=1,\cdots,n) \\ & \delta_{\max}-[\delta]\leqslant 0 \\ & x_{\mathrm{l}}\leqslant x\leqslant x_{\mathrm{u}} \end{aligned} \tag{18}$$

where, $x=(x_1,\cdots,x_{3n})=(l_1,\cdots,l_n,b_1,\cdots,b_n,h_1,\cdots,h_n)$.

4. Simulation and discussion

A spatial 4R manipulators with four flexible links (Fig.1) is used in the numerical solution for the design of robot based on the three strategies proposed above. The spatial robot has one degree of redundant freedom if only the position of end-effector is considered. The original parameters of a robot are given as follows: the length of each link is 200 mm. Both the cross-sectional height and the width of each link are 7mm. Each link is made of steel with elastic modulus of 200MPa, shear modulus of 80MPa, and mass density of 7800kg /m^3. The lumped mass at each joint is 40g and the lumped mass at the endpoint is supposed to be 20g.

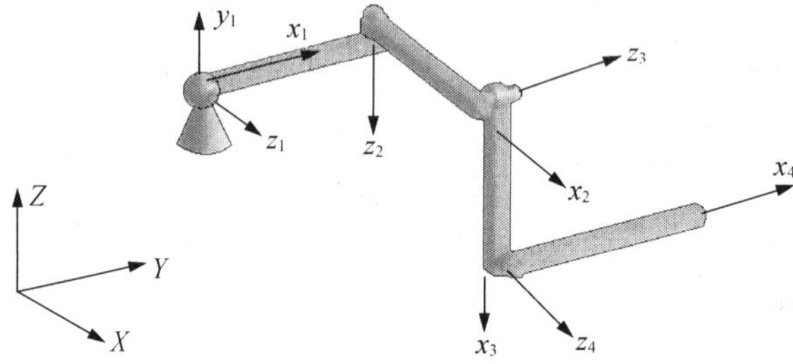

Fig.1　A spatial 4R flexible manipulator

It is supposed that the end-effector runs along a straight line trajectory of 0.1m long within one second. The motion profile of the end-effector can be expressed as

$$x=a_0+a_1t+a_2t^2+a_3t^3 \tag{19}$$

$$y=b_0+b_1t+b_2t^2+b_3t^3 \tag{20}$$

$$z=c_0+c_1t+c_2t^2+c_3t^3 \tag{21}$$

where, a_i, b_i, c_i ($i=0, 1, 2, 3$) are the coefficients determined by the boundary conditions of motion. The velocities of the end-effector at the beginning and the end of the motion are supposed to be zero.

The initial values of the joint configuration vector $\boldsymbol{q}_0$ and the arbitrary vector are set to be $(2.0, 2.0, 2.0, 2.0)^{\mathrm{T}}$ and $(0.0, 0.0, 0.0, 0.0)^{\mathrm{T}}$. The initial end-effector position vector $\boldsymbol{x}_0=(a_0, b_0, c_0)^{\mathrm{T}}$ can be derived from Eq. (2), and the end-effector trajectory is planned according Eqs. (15)~(17). The maximum ratio of load to mass or the minimum mass of the manipulator is supposed to be optimization objective. The cross-sectional parameters and configurational parameters are optimized, individually at first, and then optimized simultaneously. The numerical results are shown in Tables 1~ 4 and Figs.2~7. The length unit is mm, and mass unit is g in the tables above.

Table1　Optimization A

parameters	a_1	a_2	a_3	a_4	M_{r}	μ
original	7.00	7.00	7.00	7.00	375.76	0.133
optimization A	7.74	5.52	5.00	5.00	273.22	0.183

Table2　Optimization B

parameters	b_1	b_2	b_3	b_4	h_1	h_2	h_3	h_4	M_r	μ
original	7.00	7.00	7.00	7.00	7.00	7.00	7.00	7.00	375.76	0.133
Optimization B	9.18	6.32	5.00	5.00	5.00	5.23	5.00	5.00	248.76	0.201

Table3　Optimization C

parameters	l_1	l_2	l_3	l_4	M_r	μ
original	200	200	200	200	375.76	0.133
optimization C	350.24	151.06	130.5	50.0	325.11	0.154

Table4　Optimization D

parameters	b_1	b_2	b_3	b_4	h_1	h_2	h_3	h_4	M_r	μ
optimization C	7. 00	7. 00	7.00	7.00	7.00	7.00	7.00	7.00	325.11	0.154
optimization D	9. 18	6. 32	5.00	5.00	5.00	5.23	5.00	5.00	134.24	0.357

In the strategy of cross-sectional parameter optimization, for comparison, two processes have been shown in Table 1 and Fig.2. In the first process, i.e., optimization A, the cross-section of links is supposed to be square, and only the dimensions of cross-section, a_i $(i = 1, 2, 3, 4)$, is optimized. It can be seen that the mass of the flexible manipulator has been reduced from 375.76 g to 273.22 g. The ratio of load to mass has been increased by 37.6%, from 0.133 to 0.183 while the end-effector error caused by elastic deformation does not increase. In the second process, i.e., optimization B, the link cross-section is selected as rectangular both link width and height, b_i, h_i $(i = 1, 2, 3, 4)$, are optimized. We can find that the mass of the manipulator has been reduced from 375.76 g to 248.76g. The ratio of load to mass increased by 51.1% from 0.133 to 0.201， increased by about 10% as compared with optimization A. As shown in Tabs.1 and 2 the cross-section parameters of links are quite different from the originals. The results illustrate that the robot system mass can be distributed properly among links by optimizing the cross-sectional parameters. Therefore the dynamic performance of flexible manipulators can be improved. In the design of flexible manipulators, the cross-sectional parameters are important variables and the load capacity of robot can be improved through the optimization of cross-sectional parameters.

Table 3 is the result of configurational parameters optimization, i.e., optimization C. It is shown that the mass of the redundant flexible manipulator has been decreased from 375.76 g to 325.11 g, the ratio of load to mass has been enlarged by 16% from 0.133 to 0.154. We can also find from Figs.3 ~ 7 that the joint motion of the manipulator has been changed greatly due to variation in link length, l_i $(i = 1, 2, 3, 4)$. Therefore, the kinematic and dynamic performance of the manipulator has been improved. It can be seen in Fig.3 that the end point deformation error of the flexible manipulator decreases when the manipulator becomes lighter. Therefore the cross-sectional parameters can be further optimized to decrease the mass of manipulator.

In the strategy of comprehensive optimization, i.e., optimization D, the cross-sectional parameters and configurational parameters are optimized simultaneously. The distribution of the manipulator system mass becomes more reasonable, the mass of the manipulator further decreases to 134.24g, a decrease of 40% and 58.7% as compared with optimization B and optimization C, respectively. The ratio of load to mass of robot reaches 0.357, more than 1/3. This result is nearly impossible for rigid robots or non redundant flexible manipulators. It is shown that the load carrying capacity of the flexible manipulator has been improved greatly through optimization D.

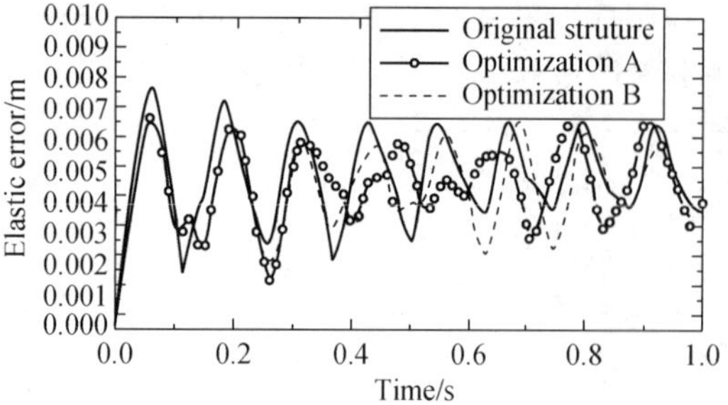

Fig.2　Elastic error at the end-point of the manipulator

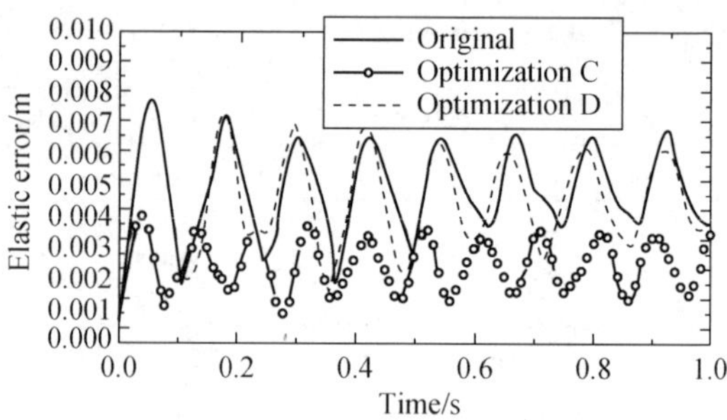

Fig.3　Elastic error at the end-point of the manipulator

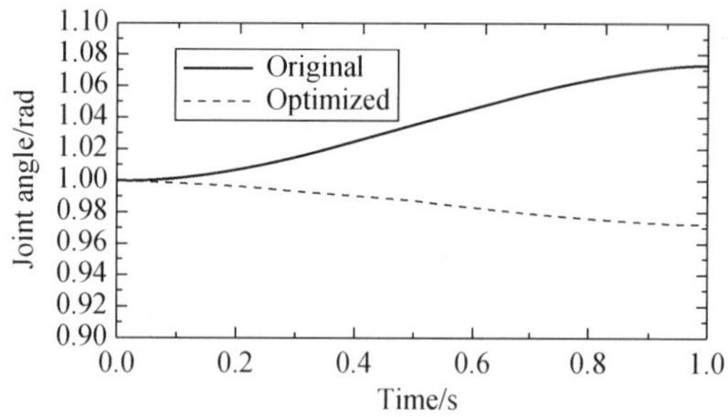

Fig.4　Angle of 1st joint

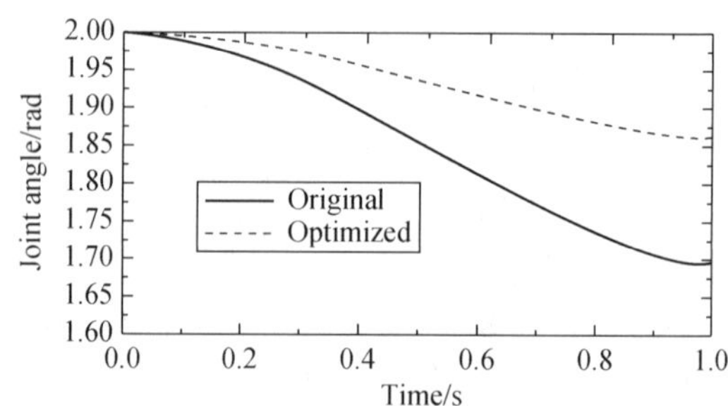

Fig.5　Angle of 4th joint

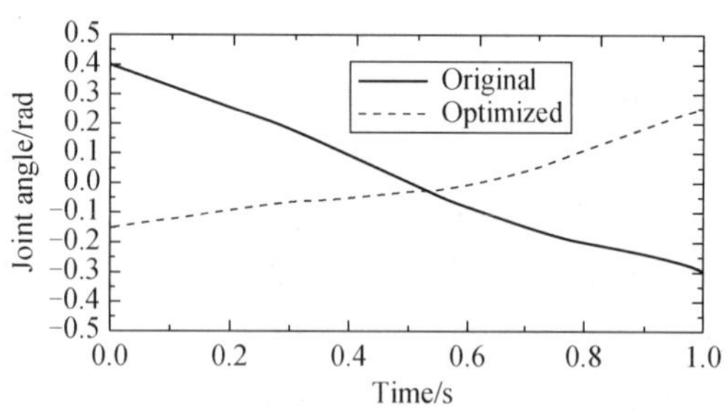

Fig.6　Angular acceleration of the 1st joint

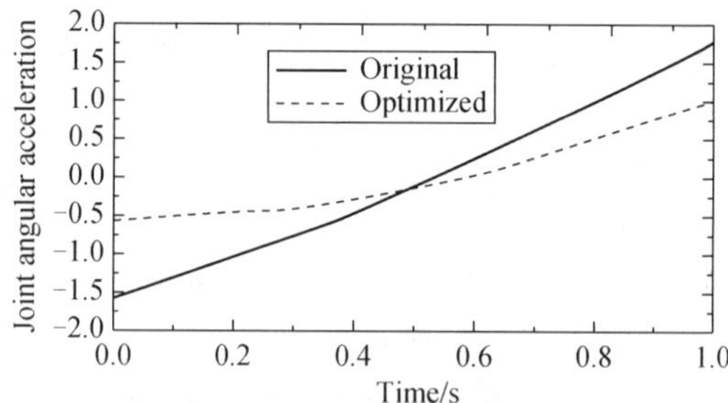

Fig.7　Angular acceleration of the 4th joint

From the results of optimization we can also find that the link dimension becomes smaller gradually from the base to the end of manipulator which helps the robot behave with the maximum stiffness and minimum mass. This reasonable result can be useful to guide the design of flexible manipulators.

5. Conclusions

The design parameter optimization of redundant flexible manipulators has been investigated through theoretical and numerical analysis. It has been illustrated that both the cross-sectional parameters and configurational parameters are important design variables for redundant flexible manipulators. It is necessary for the improvement of dynamic performance of flexible manipulators to optimize the configurational parameters and cross-sectional parameters simultaneously. The design strategies proposed in this study have been shown to be greatly effective in improving the load capacity of flexible redundant manipulators.

Acknowledgments

This work is supported by Beijing Education Commission, Beijing Science and Technology Committee.

References

[1] Gaultier P E, Cleghorn W L. Modeling of flexible manipulator dynamics: a literature survey. 1st Nat. Appl. Robot Conf., Cincinnati, O H, 1989, 2c-3:1-10

[2] Readman M C, Belanger P R. Stabilization of the fast modes of a flexible joint robot. Int. J. Robotics Research, 1992, 11 (2) : 123-134

[3] Book W J. Modeling, design and control of flexible manipulator arms: a tutorial review. Proc. the 29th IEEE Conf. on Decision and Control, 1990: 500-506

[4] Nenchev D N. Redundancy resolution through local optimization, a Review. Journal of Robotic Systems, 1989, 6 (6) : 769-798

[5] Siciliano B. Kinematic control of redundant robot manipulators, a Tutorial. Journal of Intelligent and Robotic Systems, 1990, 3: 201-212

[6] Erdman A G, Sandor G N, Oakberg R G. A general method for kineto-elastodynamic analysis and synthesis of mechanisms. J. Engng Ind., 1972, 94: 1193-1205

[7] Imam I, Sandor G N. High-speed mechanism design: a general analytical approach. J. Engng Ind., 1975, 97: 609-628

[8] Kakatsios A J, Tricamo S J. Integrated kinematic and dynamic optimal design of flexible planar mechanisms. J. Mech. Transm. Automn. Des., 1987, 109: 338-347

[9] Khan M R, Thorton W A, Whillmert K D. Optimality criterion techniques applied to mechanism design. J. Mech. Des., 1978, 100: 319-327

[10] Thorton W A, Whillmert K D, Khan M R. Mechanism optimization via optimality criterion techniques. J. Mech. Des., 1979, 101: 392-397

[11] Cleghorn W L, Fenton R G, Tabarrok B. Optimum design of high-speed flexible mechanisms. Mech. Mach. Theory, 1981, 16: 399

[12] Zhang C, Grandin H T. Optimum design of high-speed flexible mechanisms. J. Mech. Transm. Automn. Des., 1983, 105: 267-272

[13] Yu Y Q, Smith M R. The effect of cross-sectional parameters on the dynamics of elastic mechanisms. Mech. Mach. Theory, 1996, 31 (7) : 947-954

[14] Barbier E, Wang Q Y. An example of optimal set-point relegation for self-motion control in redundant flexible robots. Proc. of IEEE Int. Conf. on Robotics and Automation, 1990: 632-637

[15] Nguven L A,Walker I D, Defigueiredo R J P. Dynamic control of flexible kinematically redundant robot manipulators. IEEE Transactions on Robotics and Automation, 1992, 8 (6) : 759-767

[16] Gaultier P E, Cleghorn W H. A spatially translating and rotating beam finite element for modeling flexible manipulators. Mech. Mach. Theory, 1992, 27 (4) : 415-433

[17] Zhang X P, Yu Y Q. A new spatial rotor beam element for modeling spatial manipulators with joint and link flexibility. Mech. Mach Theory, 2000, 35 (4) : 403-421

(in *Optics and Precision Engineering*, 2005, 13 (5) : 561-569)

§ 48　Active Control of Elastodynamic Response of Flexible Redundant Robot Manipulators

Song Yimin[1], Yu Yueqing[2], Zhang Ce[1]

[1] *School of Mechanical Engineering, Tianjin University, Tianjin* 300072, *China*

[2] *School of Mechanical Engineering, Beijing Polytechnic University, Beijing* 100022, *China*

Abstract: *This paper presents an analytical investigation into active vibration control of flexible redundant robot manipulators featuring piezoelectric actuators and strain gage sensors. The state-space expression of the discrete time-varying dynamic system is developed firstly. The LQR optimal control law is presented based upon the discrete Minimum Principle. Moreover, an approximate method is proposed for estimating the state information of the system. Finally, a planar 3R flexible redundant manipulator is utilized as an illustration example. The simulation results show that the dynamic performance of the manipulator has been improved significantly.*

Keywords: *flexible manipulators; redundant manipulators; vibration; active control; smart materials*

1. Introduction

Recently, there have been several papers focused upon the dynamic analysis and control of flexible redundant robot manipulators. To track the prescribed trajectory precisely, Yue[1], Zhang and Yu[2] minimized the motion error of the end-effector by optimizing the joints' self-motion of flexible redundant manipulators. Bian[3] determined the joints' self-motion of flexible redundant manipulators with resort to the Modal Theory. By reducing the stimulating force and enhancing the modal damping and modal stiffness simultaneously, the vibratory energy of the dynamic system is exhausted. However, it should be pointed out that although the dynamic performance of the manipulators is improved by use of the redundancy vibration suppression method, the operational performance of the redundant manipulators, such as singularity avoidance and collision avoidance, might be sacrificed. Additionally, the joints' self-motion planned by this method is quite complicated. It is time-consuming and hard to apply in real-time control. Sometimes, the algorithms mentioned above will lose their stability[3].

The present study addresses on the active vibration control of flexible redundant robot manipulators. A closed-loop control system may be designed once the motion of the manipulator has been planned for executing a given operation task. The Elastic deformation of the flexible links can be suppressed by utilizing the control inputs and the dynamic characteristics of the system may be enhanced significantly. Several advantages of the proposed method are as follows: (i) the controller design can be modified easily; (ii) desired vibration reduction results may be achieved especially for the lower order natural frequencies of the system; (iii) the method could adapt to the dynamic systems featuring unknown perturbations and uncertain parameters; (iv) dexterity and versatility of the redundant manipulator will not be affected in task operation.

In this paper, an active vibration control system is designed for flexible redundant manipulators featuring piezoceramic actuators and strain gage sensors. The state-space expression of the linear time-varying dynamic system is developed. An LQR state-feedback controller is designed by use of the discrete Minimum Principle and the state information of the system is estimated approximately. Finally, a planar 3R flexible robot manipulator with one degree of redundant freedom is utilized as an illustration example. The simulation results prove the validity of the present method.

2. State-space expression of the system

2.1 Mechanism of piezoelectric actuation

The smart links are synthesized with the flexible links, attached to which are the piezoceramic actuators and strain gage sensors. The configuration of the piezoceramic actuators is shown in Fig.1. When a voltage signal V is applied in the thickness direction z, a mechanical strain will be produced in their longitudinal direction x. Make sure the polarization of the two piezoceramic plates are the same. Therefore, the beam-like element will develop a tensile strain on one face and a compressive strain upon the other face, and finally a bending moment will be imposed on the flexible link.

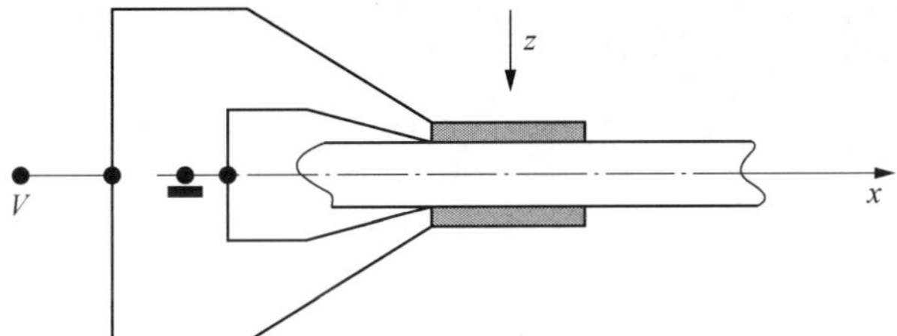

Fig.1　Configuration of the piezoceramic actuators

The control moment developed by the piezoceramic actuators can be expressed as

$$T_i = d_{31} E_{\mathrm{p}} b_{\mathrm{p}}^i (h_{\mathrm{p}}^i + h_{\mathrm{a}}^i) V_i = g_i V_i, \quad i = 1, 2, \cdots, m \tag{1}$$

where, d_{31} and E_{p} denote the strain constant and Young' s Modulus of the piezoelectric material; b_{p}^i and h_{p}^i are respectively the cross-sectional width and thickness of the actuators; h_{a}^i is the cross-sectional thickness of the flexible link; V_i, g_i and m are the control voltage, piezoelectric moment constant and number of the piezoceramic actuators, respectively.

2.2 State-space expression of the system

According to the simplified method of Kineto-Elastodynamic analysis[4], the dynamic equation of the active vibration control system of flexible redundant robot manipulators can be described by

$$M\ddot{U}_{\mathrm{e}} + C\dot{U}_{\mathrm{e}} + KU_{\mathrm{e}} = Q + DT \tag{2}$$

where, M, C and K represent the mass, damping and stiffness matrix of the n order dynamic system, respectively; U_{e} is the generalized coordinate vector and $\dot{U}_{\mathrm{e}}$, $\ddot{U}_{\mathrm{e}}$ are its first and second derivative vectors; Q is the generalized force vector composed of the external forces and rigid body inertia force; D is the constant matrix of the control moments whose members are 0 or ±1; $T = \begin{bmatrix} T_1 & \cdots & T_m \end{bmatrix}^{\mathrm{T}}$ is the control moment vector of the system.

Transforming the coordinate vector

$$U_{\mathrm{e}} = \phi\eta \tag{3}$$

one can get the dynamic equation of the system described in the modal space by

$$\ddot{\eta} + \bar{C}\dot{\eta} + \bar{K}\eta = \bar{N} + B_A V \tag{4}$$

Where, ϕ denotes the $n \times n$ modal matrix and η is the modal coordinate vector; $\bar{C} = \mathrm{diag}[2\xi_i\tilde{\omega}]$ and $\bar{K} = \mathrm{diag}[\tilde{\omega}^2]$ are the modal damping and modal stiffness matrixes, $\tilde{\omega}$ and ξ_i are the ith natural frequency and modal damping ratio of the system, i= 1, 2, ···, n; $\bar{N} = \phi^{\mathrm{T}} Q$ is the modal force vector;

$B_a = \phi^{\mathrm{T}} DG$, $G = \mathrm{diag}|g_i|$ represents the piezoelectric moment constant matrix, i=1, 2, ⋯, m; $V = [V_1 \ \cdots \ V_m]^{\mathrm{T}}$ is the control voltage vector.

Since the higher modes have little influence on the dynamic behavior of the system, herein, merely the former r_o （$r_o \leqslant m$）order of lower modes are considered as the controlled modes. Thus

$$\ddot{\eta}_c + \bar{C}_c \dot{\eta}_c + \bar{K}_c \eta_c = \bar{N}_c + B_{ac} V \tag{5}$$

Where, $\eta_c = [\eta_1 \ \cdots \ \eta]^{\mathrm{T}}$; $\bar{C}_c$, $\bar{K}_c$ are composed of the former r row and former r column elements of $\bar{C}$ and $\bar{K}$, respectively; $\bar{N}_c = \phi_c^{\mathrm{T}} Q$, ϕ_c is composed of the former r column elements of the modal matrix Φ, $B_{ac} = \phi_c^{\mathrm{T}} DG$.

The state equation of the system can be described by

$$\dot{X}_c = A_c X_c + B_c U \tag{6}$$

$$X_c = \begin{bmatrix} \eta_c \\ \dot{\eta}_c \end{bmatrix}$$

$$U = V + N_c$$

$$A_c = \begin{bmatrix} \theta_1 & I_c \\ -\bar{K}_c & -\bar{C}_c \end{bmatrix}$$

$$B_c = \begin{bmatrix} \theta_2 \\ B_{ac} \end{bmatrix}$$

where, θ_1 and θ_2 represent the r×r and r×m zero matrixes; I_c is the r×r identity matrix; $N_c = B_{ac}^{+} \cdot \bar{N}_c$, B_{ac}^{+} is the generalized inverse matrix of the r×m matrix B_{ac}. Particularly, when rank $[B_{ac}] = r$, one can calculate the matrix B_{ac} as $B_{ac}^{+} = B_{ac}^{\mathrm{T}} \left[B_{ac} \cdot B_{ac}^{\mathrm{T}} \right]^{-1}$.

The output of strain gage sensors can be expressed as

$$\varepsilon_i = K_i^{\mathrm{T}} R_i S_i \phi \eta \tag{7}$$

where, K_i is the strain-displacement matrix; R_i is the rotational transforming matrix of the global coordinates and the local coordinates; S_i is the coordination matrix, i= 1, 2, ⋯, q; q is the number of strain gage sensors. Herein, $q \geqslant r$.

By neglecting the higher modes that have little contribution to the dynamic response, one can achieve the output equation of the system as

$$Y = \begin{bmatrix} \tilde{C}_c & \theta_3 \end{bmatrix} \begin{bmatrix} \eta_c \\ \dot{\eta}_c \end{bmatrix} = C_c X_c \tag{8}$$

$$\tilde{C}_c = \begin{bmatrix} F_1 \\ \vdots \\ F_q \end{bmatrix}, \quad F_i = K_i^{\mathrm{T}} R_i S_i \phi_c$$

where, θ_3 is the q×r zero matrix, i = 1, 2, ⋯, q.

Thus the state-space expression of the system can be formulated as

$$\begin{cases} \dot{X}_c = A_c X_c + B_c U \\ Y = C_c X_c \end{cases} \tag{9}$$

3. Control system design

3.1 Discretization

To be convenient for digital computer control, one has to discretize the linear time-varying continuous system (9). Generally, the discretization may be treated as the equal-period sampling procedure. Between two adjacent sampling periods $kT \leqslant t < (k+1)T$, the flexible redundant manipulators could be assumed as a linear time-invariant system, i.e., $A_c(t) = A_c(kT)$, $B_c(t) = B_c(kT)$. When the sampling period T is less than 0. 1 of the smallest time constant of the system, the discrete state equation can be described by[4,5]

$$X_c(k+1) = \psi_c(k) X_X(k) + \Gamma_c(k) U(k) \tag{10}$$

where, $\Psi_c(k) \approx I_{2c} + TA_c(kT), \Gamma_c(k) \approx TB_c(kT)$, I_{2c} is the $2r \times 2r$ identity matrix.

Since the output equation of the system is an algebraic one, it can be conveniently expressed as

$$Y(k) = C_c(k) X_c(k) \tag{11}$$

Where, $C_c(k) = C_c(kT)$.

Thus the state-space expression of the system can be described by

$$\begin{cases} X_c(k+1) = \psi_c(k) X_X(k) + \Gamma_c(k) U(k) \\ Y(k) = C_c(k) X_c(k) \end{cases} \tag{12}$$

3.2 Controller design

Given the discrete system to be controllable and observable, one can design the LQR controller for suppressing the dynamic response of flexible redundant manipulators with resort to the Optimal Control Theory. The linear quadratic performance index can be expressed as

$$J = \frac{1}{2} X_c^{\mathrm{T}}(N) S X_c(N) + \frac{1}{2} \sum_{k=0}^{N-1} \left[X_c^{\mathrm{T}}(k) Q(k) X_c(k) + U^{\mathrm{T}}(k) R(k) U(k) \right] \tag{13}$$

where, S and $Q(k)$ are half positive-definitive symmetric matrices and $R(k)$ is positive-definitive symmetric matrix. According to the discrete Minimum Principle, the optimal control law for minimizing the index J is[5]

$$U(k) = -K_{\mathrm{f}}(k) X_c(k) \tag{14}$$

where, $k = 0, 1, \cdots, N-1$; $K_{\mathrm{f}}(k)$ is the state feedback gain matrix described by

$$K_{\mathrm{f}}(k) = R^{-1}(k) \Gamma_c^{\mathrm{T}}(k) \Psi_c^{\mathrm{T}}(k) \left[P(k) - Q(k) \right] \tag{15}$$

where, $P(k)$ is the positive-definitive symmetric solution of the Riccati matrix difference equation

$$P(k) = Q(k) + \psi_c^{\mathrm{T}}(k) \left[P^{-1}(k+1) + \Gamma_c(k) R^{-1}(k) \Gamma_c^{\mathrm{T}}(k) \right] \psi_c(k) \tag{16}$$

The terminal-value condition of $P(k)$ is

$$P(N) = S \tag{17}$$

As

$$U(k) = V(k) + N_c(k) \tag{18}$$

one can get the optimal control voltage as

$$V(k) = U(k) - N_c(k) = -K_{\mathrm{f}}(k) X_c(k) - N_c(k) \tag{19}$$

Obviously, the control voltage $V(k)$ is composed of two parts, i.e., the feedback control of the system state vector $X_c(k)$ and the feed forward control for counteracting the perturbation $N_c(k)$.

3.3 State estimation

Considering the discrete output equation of the system, one can achieve

$$\eta_c(k) = \tilde{C}_c^{+}(k)Y(k) \tag{20}$$

Where, $\tilde{C}_c^{+}(k)$ represents the generalized inverse matrix of the $q\times r$ matrix $\tilde{C}_c(k)$. Particularly, when rank $\left[\tilde{C}_c(k)\right]=r$, one can calculate $\tilde{C}_c^{+}(k)$ by $\tilde{C}_c^{+}(k)=\left[\tilde{C}_c^{\mathrm{T}}(k)\tilde{C}_c(k)\right]^{-1}\tilde{C}_c^{\mathrm{T}}(k)$.

The modal speed vector of the system may be obtained by means of numerical differential calculus of the interpolation polynomials approximately, i.e.,

$$\dot{\eta}_c(k) \approx \frac{1}{2T}\left[\eta_c(k-2)-4\eta_c(k-1)+3\eta_c(k)\right],\quad k=2,3,\cdots,N \tag{21}$$

$$\dot{\eta}_c(k) \approx \frac{1}{T}\left[\eta_c(1)-\eta_c(0)\right] \tag{22}$$

4. Numerical simulation

Without loss of generality, a planar 3R flexible robot manipulator with only one degree of redundant freedom is considered in the numerical simulation. The prescribed parameters of the flexible links are tabulated in Table 1.

Table 1　Parameters of the manipulator

Specification	Link1	Link2	Link3
Length/mm	80.0	240.0	240.0
Width/mm	25.4	25.4	25.4
Thickness/mm	10.0	2.0	2.0
Young's Modulus/Pa	7.1×10^{10}	7.1×10^{10}	7.1×10^{10}
Density/ $(\mathrm{kg\cdot m^{-3}})$	2.7×10^{3}	2.7×10^{3}	2.7×10^{3}

The piezoceramic actuators employed are type PZT-5H, a lead zirconate titanate material. Parameters of the piezoceramic actuators are presented in Table 2.

As the focus of this investigation, only the first and second order of natural modes of the flexible redundant manipulator will be controlled actively. As shown in Fig.2, the overall system is divided into 7 Euler -Bernoulli beam-like elements of the identical length. The piezoceramic actuators are placed at the (2) and (5) elements, respectively. The strain gage sensors are utilized for measuring the dynamic strain of the flexible links at the mid-span location. Thus, the number of the controlled modes, piezoceramic actuators and strain gage sensors are 2, 2 and 3, respectively. The modal damping ratios are selected as $\xi_i = 0.03$, where $i = 1, 2$ denotes the order of the controlled modes.

Table 2　Parameters of the piezoceramic actuators

Specifications	PZT-5H
Length/mm	80
Width/mm	25.4
Thickness/mm	2.0
Young's Modulus/Pa	1.17×10^{11}
Density/ $(\mathrm{kg\cdot m^{-3}})$	7.5×10^{3}
Strain Constant/ $(\mathrm{m\cdot V^{-1}})$	1.85×10^{-10}

It is supposed that the end-effector of the manipulator runs along a straight line trajectory from point (300, −300) to point (400, 300) (unit: mm) within 0.4 s. The velocities of the end-effector at the beginning and the end of the motion are supposed to be zero. The joint motion of the flexible redundant manipulator is planned according to the minimum Euclidean Norm solution. The initial joint configuration of the manipulator is optimized to be $\theta^* = [-1.508, \ -1.338, \ 0.056]^{\mathrm{T}}$ (unit: rad).

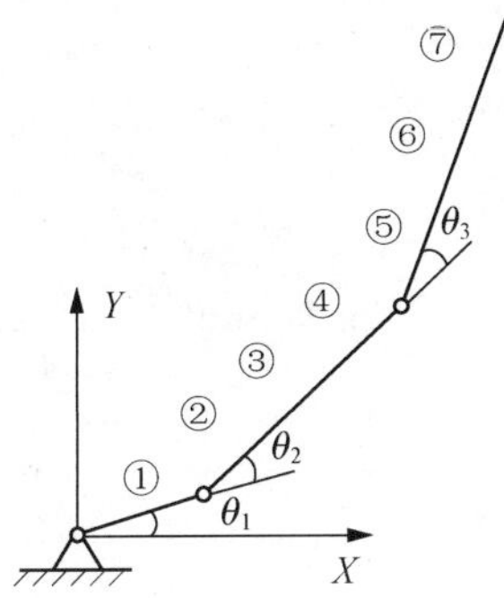

Fig.2　Planar 3R flexible redundant manipulator

The motion time of the manipulator is equally divided into $N = 128$ segments. The weight matrices of thc LQR optimal control are selected as $S = I_4$, $Q(k) = 1.0\times10^{-3} I_4$, $R(k) = 1.0\times10^{-11} I_2$.Herein, I_4 and I_2 are the 4×4 and 2×2 identity matrixes, k= 0, 1, ⋯, N−1. To highlight the vibration suppression results, the actual control voltage is not imposed to the smart links until t=0. 03125s, i.e., k= 10.

The dynamic strain of the flexible links at the mid-span location is presented in Fig.3. The motion error of the end-effector is shown in Fig. 4.

As can be seen from the figures, the vibratory response of the flexible redundant manipulator has been eliminated rapidly and the dynamic performance of the system has been improved significantly.

The control voltage applied to the piezoceramic actuators is shown in Fig.5.

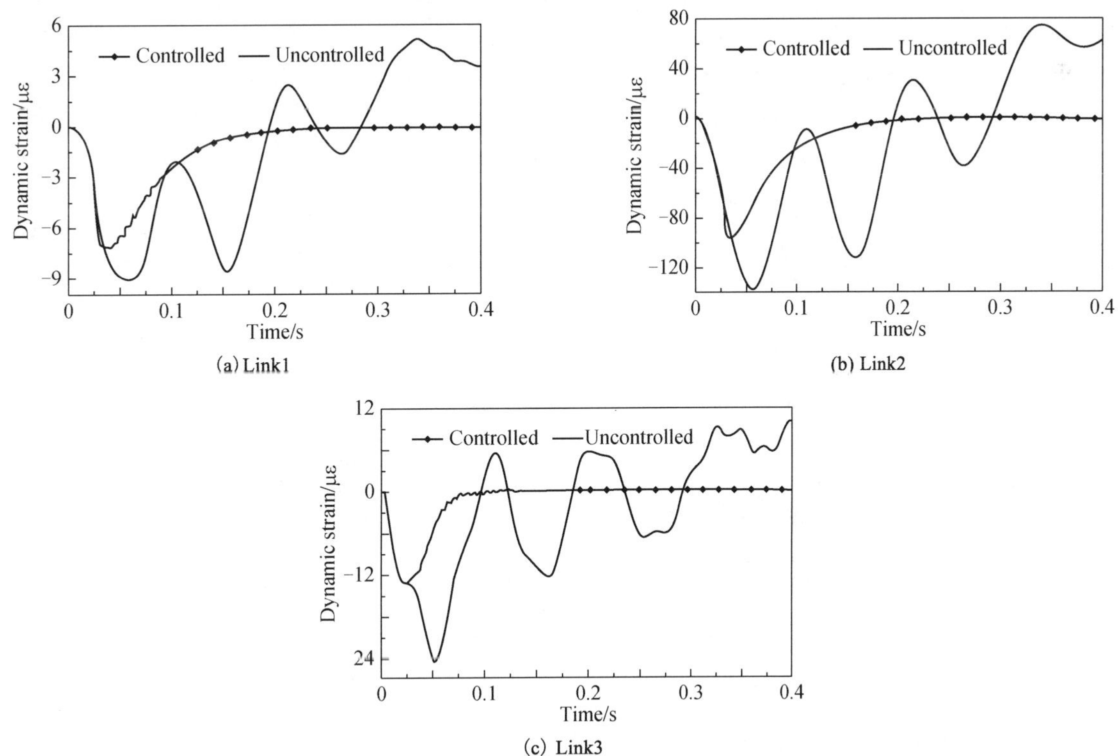

Fig.3　Dynamic strain of flexible links at mid-span location

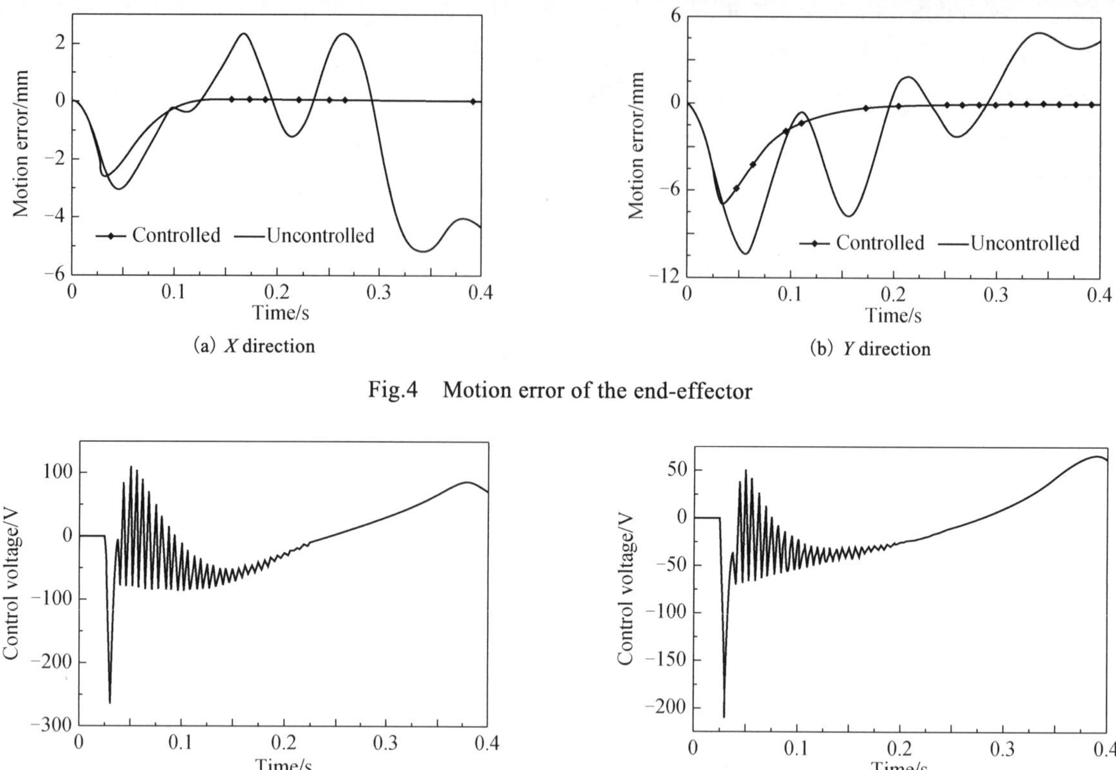

Fig.4　Motion error of the end-effector

Fig.5　Control voltage for the piezoceramic actuators

5. Conclusions

An analytical approach is presented into active vibration control of flexible redundant robot manipulators. The smart links are fabricated from the flexible links bonded to which are the piezoceramic actuators and strain gage sensors. The state-space expression of the controlled system is formulated firstly. The state feedback LQR optimal controller is designed with resort to the discrete Minimum Principle. To estimate the state information of the system, an approximate method is proposed. The simulation results show that the dynamic performance of the flexible redundant robot manipulator has been enhanced rapidly and greatly.

References

[1] Yue S G. Redundant robot manipulators with joint and link flexibility-I. Dynamic motion planning for minimum end-effector deformation. Mechanism and Machine Theory, 1998, 33(2): 103-113

[2] Zhang X P, Yu Y Q. Motion control of flexible robot manipulators via optimizing redundant configurations. Mechanism and Machine Theory, 2001, 36(7): 883-892

[3] 边宇枢. 柔性冗余度机器人动力学分析与控制. 北京:北京航空航天大学, 1998

[4] 张策. 弹性连杆机构的分析与设计. 2 版. 北京: 机械工业出版社, 1997: 60-80

[5] 刘豹. 现代控制理论. 2 版. 北京: 机械工业出版社, 1999: 73-74, 272-276

(in *Chinese Journal of Aeronautics*, 2002, 15(2):109-114)

§49　柔性冗余度机器人残余振动主动控制

宋铁民[1]　余跃庆[2]　张策[1]　邵宏宇[1]
(1.天津大学，天津　300072；
2.北京工业大学，北京　100022)

摘　要：研究柔性冗余度机器人的残余振动主动控制问题。设计了具有压电作动器与应变传感器的机敏杆件，建立了受控系统的状态空间表达式。采用独立模态空间控制理论设计 LQR 状态反馈控制器，并基于对偶原理设计了具有指定收敛特性的 Luenberger 全维状态观测器。最后，以平面 3R 柔性冗余度机器人为例进行了计算机仿真。结果表明，采用这种主动控制方法可以显著改善柔性冗余度机器人的动力学品质。

关键词：机器人；柔性；冗余度；主动控制；残余振动

1. 引言

工作环境和任务的复杂化，要求新一代机器人不仅应具有操作速度快、能量消耗低、本体重量轻等特点，同时还应具有更高的灵活性、可靠性与更强的适应性。为此，对既能克服传统结构局限又考虑了构件柔性影响的柔性冗余度机器人开展研究具有非常重要的意义[1]。近年，柔性冗余度机器人动力学与控制已逐渐成为机器人学一个新兴的研究方向。为提高柔性冗余度机器人的定位精度，文献[2]利用寻优选择合适的关节自运动，以消除机器人的末端误差。该方法需人为指定寻优区域，且系统的动力学性能并未得到根本改善。一旦关节自运动停止，系统中所储存的大量动能将再次以振动变形的形式释放出来。显然，这种方法难以满足实际应用的需要。文献[3]将模态理论应用于柔性冗余度机器人的残余振动控制，通过规划关节自运动以增大系统模态阻尼、加快振动能量的耗散。为避免再次激振，在残余振动基本消失后，必须重新设计关节自运动，以实现机器人平稳减速。该方法所规划的关节自运动规律非常复杂，计算量庞大，难以用于实时控制，且算法稳定性较差。

本文抛弃了冗余减振的思想，利用振动主动控制方法抑制柔性冗余度机器人的残余振动。主动控制具有修正设计方便、抑制低频振动效果显著、可适应未知扰动与参数不确定系统等优点[4]。研究中，采用独立模态空间控制理论(IMSC)设计 LQR 状态反馈控制器，并基于对偶原理设计具有指定收敛特性的 Luenberger 全维状态观测器。由于同时增大系统的模态阻尼与模态刚度，进一步加快了柔性冗余度机器人残余动态响应的衰减。文中状态反馈增益矩阵与状态观测增益矩阵皆可离线计算，因此适用于实时在线控制。仿真结果证明了这种主动控制方法的有效性。

2. 控制系统状态空间表达式的建立

机敏杆件由柔性杆件与其上粘贴的压电作动器及应变传感器构成。压电作动器的组成如图 1 所示。其中，上下两片压电陶瓷的性能、尺寸完全相同。根据逆压电效应，当压电陶瓷受到电压信号激励时，其长度方向(x)将产生一定的机械应变。由于二者极化方向(z)相同，产生的应变等值反向，因而对柔性杆件形成控制力矩。有限元分析时，以压电作动器所在部分为一独立单元。各压电作动器产生的控制力矩为[5]

$$T_i = d_{31}E_{\mathrm{p}}b_{\mathrm{p}}^i(h_{\mathrm{p}}^i + h_{\mathrm{a}}^i)V_i = g_iV_i\,,\quad i=1,2,\cdots,m \tag{1}$$

式中，d_{31} 为压电应变常数；E_{p}、b_{p}^i、h_{p}^i 分别为压电作动器的弹性模量、截面宽度与高度；h_{a}^i 为柔性杆件的截面高度；V_i 为控制电压；g_i 为压电力矩常数；m 为压电作动器的数目。

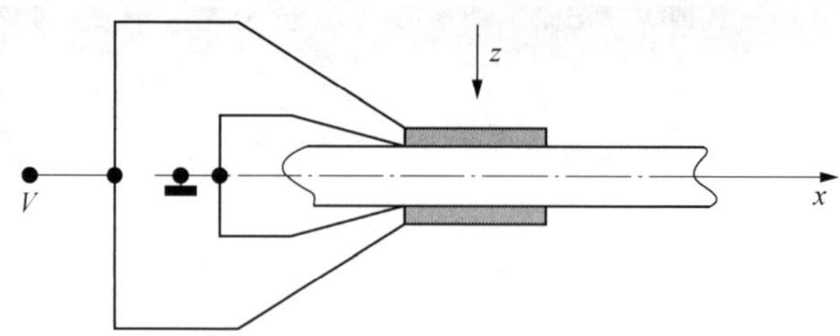

图 1　压电作动器结构简图

根据运动弹性动力学理论(KED)，建立柔性冗余度机器人残余振动主动控制系统的动力学方程为[5]

$$\boldsymbol{M}\ddot{\boldsymbol{U}}_{\mathrm{e}}+\boldsymbol{C}\dot{\boldsymbol{U}}_{\mathrm{e}}+\boldsymbol{K}\boldsymbol{U}_{\mathrm{e}}=\boldsymbol{Q}+\boldsymbol{D}\boldsymbol{T} \tag{2}$$

式中，$\boldsymbol{M}$，$\boldsymbol{C}$，$\boldsymbol{K}$ 分别为系统的 $n\times n$ 阶质量、阻尼及刚度矩阵；$\boldsymbol{U}_{\mathrm{e}}$、$\dot{\boldsymbol{U}}_{\mathrm{e}}$、$\ddot{\boldsymbol{U}}_{\mathrm{e}}$ 分别为系统的广义坐标及其对时间的一、二阶导数列阵；$\boldsymbol{Q}$ 为系统的广义力列阵,它由外载荷、刚体惯性力及刚弹耦合形成的附加动载荷组成，对于残余振动问题，该项退化为零；$\boldsymbol{D}$ 为 $n\times m$ 阶控制力矩分布矩阵，其元素为零或±1；$\boldsymbol{T}=[T_1\cdots T_m]$为系统的控制力矩列阵。

引入坐标变换

$$\boldsymbol{U}_{\mathrm{e}}=\boldsymbol{H}\eta \tag{3}$$

式中，$\boldsymbol{H}$ 为系统的模态矩阵，$\eta=[Z_1\ \cdots\ Z_n]^{\mathrm{T}}$ 为相应的模态坐标列阵。

模态空间系统的动力学方程为

$$\ddot{\eta}+\bar{\boldsymbol{C}}\dot{\eta}+\bar{\boldsymbol{K}}\eta=\boldsymbol{B}_A\boldsymbol{V} \tag{4}$$

式中，$\bar{\boldsymbol{C}}=\mathrm{diag}[2a_i\tilde{k}_i]$、$\bar{\boldsymbol{K}}=\mathrm{diag}[\tilde{k}_i^2]$ 分别为系统的模态阻尼与模态刚度矩阵，$\tilde{k}_i$、a_i 为系统第 i 阶固有频率与模态阻尼比，$i=1,2,\cdots,n$；$\boldsymbol{B}_A=H^{\mathrm{T}}\boldsymbol{D}\boldsymbol{G}$，$\boldsymbol{G}=\mathrm{diag}[g_i]$ 为压电力矩常数矩阵，$i=1,2,\cdots,m$；$\boldsymbol{V}=[V_1\cdots\ \ V_m]^{\mathrm{T}}$ 为控制电压列阵。

因高阶模态影响较小，故控制中仅取系统前 c 阶模态($c\leqslant m$)作为受控模态，即

$$\ddot{\eta}_c+\bar{\boldsymbol{C}}_c\dot{\eta}_c+\bar{\boldsymbol{K}}_c\eta_c=\boldsymbol{B}_{AC}\boldsymbol{V} \tag{5}$$

式中，$\eta_c=[Z_1\ \cdots\ Z_C]^{\mathrm{T}}$；$\bar{\boldsymbol{C}}_c$、$\bar{\boldsymbol{K}}_c$ 分别由矩阵 $\bar{\boldsymbol{C}}$、$\bar{\boldsymbol{K}}$ 的前 c 行、前 c 列构成；$\boldsymbol{B}_{AC}=H_C^{\mathrm{T}}\boldsymbol{D}\boldsymbol{G}$，$H_C$ 由模态矩阵 H 的前 c 列构成。

受控系统的状态方程为

$$\dot{\boldsymbol{X}}_C=A_C\boldsymbol{X}_C+\boldsymbol{B}_C\boldsymbol{U} \tag{6}$$

式中，$\boldsymbol{X}_C=\begin{bmatrix}\eta_C\\ \dot{\eta}_C\end{bmatrix}$；$\boldsymbol{U}=\boldsymbol{V}$；$\boldsymbol{A}_C=\begin{bmatrix}\theta_1 & \boldsymbol{I}_C\\ -\bar{\boldsymbol{K}}_C & -\bar{\boldsymbol{C}}_C\end{bmatrix}$；$\boldsymbol{B}_C=\begin{bmatrix}\theta_2\\ \boldsymbol{B}_{AC}\end{bmatrix}$。其中，$\boldsymbol{X}_C,\boldsymbol{U}$ 分别为受控系统的状态与输入；θ_1、θ_2 分别为 $c\times c$ 阶与 $c\times m$ 阶零矩阵；$\boldsymbol{I}_C$ 为 $c\times c$ 阶单位矩阵。

各应变传感器的输出为

$$X_i=\boldsymbol{K}_i^{\mathrm{T}}\boldsymbol{R}_i\boldsymbol{S}_iH\eta,\quad i=1,2,\cdots,q \tag{7}$$

式中，$\boldsymbol{K}_i$ 为应变-位移关系列阵；$\boldsymbol{R}_i$ 为系统整体坐标系与单元局部坐标系的旋转变换矩阵；$\boldsymbol{S}_i$ 为坐标协调矩阵；q 为应变传感器的数目。

忽略贡献较小的高阶模态,得到受控系统的输出方程为

$$\boldsymbol{Y}=\begin{bmatrix}X_1 & \cdots & X_q\end{bmatrix}^{\mathrm{T}}=\begin{bmatrix}\tilde{\boldsymbol{C}}_C & \theta_3\end{bmatrix}\begin{bmatrix}\eta_C\\ \dot{\eta}_C\end{bmatrix}=\boldsymbol{C}_C\boldsymbol{X}_C \tag{8}$$

式中，$\tilde{\boldsymbol{C}}_C=\begin{bmatrix}\boldsymbol{F}_C^1\\ \vdots\\ \boldsymbol{F}_C^q\end{bmatrix}$，$\boldsymbol{F}_C^i=\boldsymbol{K}_i^{\mathrm{T}}\boldsymbol{R}_i\boldsymbol{S}_iH_C, i=1,2,\cdots,q$；$\theta_3$ 为 $q\times c$ 阶零矩阵。

因此，受控系统的状态空间表达式为

$$\begin{cases}\dot{\boldsymbol{X}}_C=\boldsymbol{A}_C\boldsymbol{X}_C+\boldsymbol{B}_C\boldsymbol{U}\\ \boldsymbol{Y}=\boldsymbol{C}_C\boldsymbol{X}_C\end{cases}\tag{9}$$

3. 状态反馈控制器设计

本文采用独立模态空间控制理论设计状态反馈控制器[4]。由式(5)知，系统第 i 阶受控模态的状态方程为

$$\dot{x}_i=\boldsymbol{A}_i\boldsymbol{x}_i+\boldsymbol{B}_iFf_i\ ,\quad i=1,2,\cdots,c\tag{10}$$

式中，$\boldsymbol{x}_i=\begin{bmatrix}Z_i\\ \dot{Z}_i\end{bmatrix}$；$\boldsymbol{A}_i=\begin{bmatrix}0 & 1\\ -\tilde{k}_i^2 & -2a_i\tilde{k}_i\end{bmatrix}$；$\boldsymbol{B}_i=\begin{bmatrix}0\\ 1\end{bmatrix}$；$f_i$ 为第 i 阶模态控制力。

定义二次型性能指标为

$$J_i=\frac{1}{2}\int_0^{\infty}\left(\boldsymbol{x}_i^{\mathrm{T}}\boldsymbol{Q}_i\boldsymbol{x}_i+R_if_i^2\right)\mathrm{d}t\ ,\ i=1,2,\cdots,c\tag{11}$$

式中，$\boldsymbol{Q}_i$ 为对称正定的权值矩阵；R_i 为正的常数。根据最优控制理论[6]，使性能指标 J_i 达到最小值的最优调节作用为

$$f_i=-R_i^{-1}\boldsymbol{B}_i^{\mathrm{T}}\boldsymbol{P}_i\boldsymbol{x}_i\tag{12}$$

式中，$\boldsymbol{P}_i$ 为 Riccati 矩阵代数方程

$$\boldsymbol{P}_i\boldsymbol{A}+\boldsymbol{A}_i^{\mathrm{T}}\boldsymbol{P}_i-\boldsymbol{P}_i\boldsymbol{B}_iR_i^{-1}\boldsymbol{B}_i^{\mathrm{T}}\boldsymbol{P}_i+\boldsymbol{Q}_i=\boldsymbol{0}\tag{13}$$

的对称正定解。不妨令 $\boldsymbol{Q}_i$ 为对角矩阵，则系统的各阶模态控制力为

$$f_i=-(P_{21}^iZ_i+P_{22}^i\dot{Z}_i)/R_i\tag{14}$$

式中，

$$D_{21}^i=-R\tilde{k}_i^2+\sqrt{R_i^2\tilde{k}_i^4+R_iQ_{11}^i}>0$$

$$D_{22}^i=-2a_i\tilde{k}_iR_i+\sqrt{4a_i^2\tilde{k}_i^2R_i^2+R_iQ_{22}^i-2R_i^2\tilde{k}_i^2+2R_i\sqrt{R_i^2\tilde{k}_i^4+R_iQ_{11}^i}}>0\text{。}$$

由式(10)和式(14)可得各阶受控模态的闭环方程为

$$\ddot{Z}_i+2a_i\tilde{k}_i\dot{Z}_i+\tilde{k}_i^2Z_i=-(P_{21}^iZ_i+P_{22}^i\dot{Z}_i)/R_i\ ,\quad i=1,2,\cdots,c\tag{15}$$

即

$$\ddot{Z}_i+2a_{\mathrm{r}}\tilde{k}_{\mathrm{r}}\dot{Z}_i+\tilde{k}_{\mathrm{r}}^2Z_i=0\tag{16}$$

式中，$\tilde{k}_{\mathrm{r}}=\sqrt{\tilde{k}_i^2+P_{21}^i/R_i}$；$a_i=a_r\tilde{k}_i/\tilde{k}_{\mathrm{r}}+P_{22}^i\big/\left(2R_i\tilde{k}_{\mathrm{r}}\right)$。显然，模态控制力的出现增大了系统的模态刚度与模态阻尼，且权值 $\boldsymbol{Q}_i$、R_i 的选取直接决定了等效系统的阻尼性态。

为将模态控制力转化为实际控制电压，可组集各阶独立模态控制方程为耦合模态控制方程形式，即

$$\dot{\boldsymbol{X}}_C=\boldsymbol{Z}_C\boldsymbol{X}_C+\boldsymbol{G}_C\boldsymbol{F}_C\tag{17}$$

式中，

$$\boldsymbol{G}_C=\begin{bmatrix}\theta_1\\ \boldsymbol{I}_C\end{bmatrix};\quad \boldsymbol{F}_C=\begin{Bmatrix}f_1\\ \vdots\\ f_C\end{Bmatrix}=-\begin{bmatrix}\frac{P_{21}^1}{R_1} & & \frac{P_{22}^1}{R_1} & \\ & \ddots & & \ddots \\ & \frac{P_{21}^C}{R_C} & & \frac{P_{22}^C}{R_C}\end{bmatrix}\begin{bmatrix}\eta_C\\ \dot{\eta}_C\end{bmatrix}=-\boldsymbol{H}_C\boldsymbol{X}_C$$

其中，θ_1，$\boldsymbol{I}_C$ 分别为 $c\times c$ 阶零矩阵与单位矩阵。由式(6)和式(17)可知

$$\boldsymbol{F}_C=\boldsymbol{B}_{AC}\boldsymbol{U} \tag{18}$$

因此，为抑制系统各阶受控模态，所需的实际控制电压为

$$\boldsymbol{U}=-\boldsymbol{B}_{AC}^{+}\boldsymbol{H}_C\boldsymbol{X}_C=-\boldsymbol{K}_C\boldsymbol{X}_C \tag{19}$$

式中，$\boldsymbol{K}_C$ 为状态反馈增益矩阵；$\boldsymbol{B}_{AC}^{+}$ 为 $c\times m$ 阶矩阵 $\boldsymbol{B}_{AC}$ 的广义逆矩阵（$c\leqslant m$）,特别地，当 $\mathrm{rank}[\boldsymbol{B}_{AC}]=c$ 时，有 $\boldsymbol{B}_{AC}^{+}=\boldsymbol{B}_{AC}^{\mathrm{T}}(B_{AC}\boldsymbol{B}_{AC}^{\mathrm{T}})^{-1}$。

4. 状态观测器设计

采用对偶原理设计受控系统 $\sum_1:(\boldsymbol{A}_C,\boldsymbol{B}_C,\boldsymbol{C}_C)$ 的 Luenberger 全维状态观测器[6]。为提高 $\sum_1$ 状态观测器的响应速度，本文为其对偶系统 $\sum_2:(\boldsymbol{A}_C^{\mathrm{T}},\boldsymbol{B}_C^{\mathrm{T}},\boldsymbol{C}_C^{\mathrm{T}})$ 设计了具有指定稳定度 $T>0$ 的 LQR 状态反馈控制器。

定义二次型性能指标为

$$J^{\mathrm{T}}=\frac{1}{2}\int_0^{\infty}\mathrm{e}^{2Tt}[\boldsymbol{Z}^{\mathrm{T}}\boldsymbol{Q}^{\mathrm{T}}\boldsymbol{Z}+\boldsymbol{W}^{\mathrm{T}}\boldsymbol{R}^{\mathrm{T}}\boldsymbol{W}]\mathrm{d}t \tag{20}$$

式中，$\boldsymbol{Z}$、$\boldsymbol{W}$ 分别为对偶系统 Σ_2 的状态与输入；$\boldsymbol{Q}^{\mathrm{T}}$、$\boldsymbol{R}^{\mathrm{T}}$ 为对称正定的权值矩阵。根据最优控制理论，使性能指标 J^{T} 达到最小值的最优调节作用为

$$\boldsymbol{W}=-\boldsymbol{R}_{\mathrm{T}}^{-1}\boldsymbol{C}_C\boldsymbol{P}^{\mathrm{T}}\boldsymbol{Z}=-\boldsymbol{G}_C\boldsymbol{Z} \tag{21}$$

式中，$\boldsymbol{G}_C$ 为 Σ_2 的状态反馈增益矩阵；$\boldsymbol{P}^{\mathrm{T}}$ 为 Riccati 矩阵代数方程

$$(\boldsymbol{A}_C^{\mathrm{T}}+T\boldsymbol{I}_{2C})^{\mathrm{T}}\boldsymbol{P}^{\mathrm{T}}+P^{\mathrm{T}}(\boldsymbol{A}_C^{\mathrm{T}}+T\boldsymbol{I}_{2C})-\boldsymbol{P}^{\mathrm{T}}\boldsymbol{C}_C^{\mathrm{T}}\boldsymbol{R}_T^{-1}\boldsymbol{C}_C\boldsymbol{P}^{\mathrm{T}}+\boldsymbol{Q}^{\mathrm{T}}=0 \tag{22}$$

的对称正定解。其中，$\boldsymbol{I}_{2C}$ 为 $2c\times 2c$ 阶单位矩阵。在此调节作用下，Σ_2 的闭环系统具有指定的稳定度 T，即 $Z(t)\to 0$ 的衰减速度不低于 e^{Tt} 数量级。

于是，受控系统 $\Sigma_1:(\boldsymbol{A}_C,\boldsymbol{B}_C,\boldsymbol{C}_C)$ 的 Luenberger 全维状态观测器为

$$\hat{\boldsymbol{X}}_C=(\boldsymbol{A}_C-\boldsymbol{G}_C^{\mathrm{T}}\boldsymbol{C}_C)\hat{\boldsymbol{X}}_C+\boldsymbol{B}_C\boldsymbol{U}+\boldsymbol{G}_C^{\mathrm{T}}\boldsymbol{Y} \tag{23}$$

式中，$\hat{\boldsymbol{X}}_C$ 为状态 $\boldsymbol{X}_C$ 的最佳估计；$\boldsymbol{G}_C^{\mathrm{T}}=(\boldsymbol{R}_T^{-1}\boldsymbol{C}_C\boldsymbol{P}^{\mathrm{T}})^{\mathrm{T}}$ 为 Σ_1 的状态观测增益矩阵。

综上所述，具有 LQR 状态反馈控制器及 Luenberger 全维状态观测器的柔性冗余度机器人残余振动主动控制系统可表示为

$$\begin{cases}\dot{\boldsymbol{X}}_C=\boldsymbol{A}_C\boldsymbol{X}_C+\boldsymbol{B}_C\boldsymbol{U}\\ \boldsymbol{Y}=\boldsymbol{C}_C\boldsymbol{X}_C\\ \boldsymbol{U}=-\boldsymbol{K}_C\hat{\boldsymbol{X}}_C\\ \hat{\boldsymbol{X}}_C=(\boldsymbol{A}_C-\boldsymbol{G}_C^{\mathrm{T}}\boldsymbol{C}_C)\hat{\boldsymbol{X}}_C+\boldsymbol{B}_C\boldsymbol{U}+\boldsymbol{G}_C^{\mathrm{T}}\boldsymbol{Y}\end{cases} \tag{24}$$

闭环系统(24)的状态方程为

$$\begin{bmatrix}\dot{\boldsymbol{X}}_C\\ \hat{\boldsymbol{X}}_C\end{bmatrix}=\begin{bmatrix}\boldsymbol{A}_C & -\boldsymbol{B}_C\boldsymbol{K}_C\\ \boldsymbol{G}_C^{\mathrm{T}}\boldsymbol{C}_C & \boldsymbol{A}_C-\boldsymbol{B}_C\boldsymbol{K}_C-\boldsymbol{G}_C^{\mathrm{T}}\boldsymbol{C}_C\end{bmatrix}\begin{bmatrix}\boldsymbol{X}_C\\ \hat{\boldsymbol{X}}_C\end{bmatrix}=A_{\mathrm{kg}}\begin{bmatrix}\boldsymbol{X}_C\\ \hat{\boldsymbol{X}}_C\end{bmatrix} \tag{25}$$

显然，当且仅当矩阵 A_{kg} 的特征值皆具有负实部时，闭环系统(24)渐近稳定。该齐次状态方程的解为

$$\begin{bmatrix}\dot{X}_C(t)\\ \hat{X}_C(t)\end{bmatrix}=e^{A_{kg}t}\begin{bmatrix}X_C(0)\\ \hat{X}_C(0)\end{bmatrix} \tag{26}$$

式中，$X_C(0)$、$\hat{X}_C(0)$ 分别为系统真实状态与估计状态的初值。

5. 控制效果

为不失一般性，本文仅以具有一个位置冗余度的平面 3R 柔性冗余度机器人为研究对象。柔性杆件的作动器采用片状压电陶瓷 PZT-5H。杆件及压电陶瓷的几何、物理参数如表 1 所示。

拟对柔性冗余度机器人残余振动的前两阶固有模态实施主动控制。如图 2 所示，系统共划分为 7 个等长度的 Euler-Bernoulli 梁单元，压电作动器Ⅰ、Ⅱ分别位于系统的第(2)、第(5)单元。采用电阻应变计拾取各杆中点的动态应变。故受控模态数 c=2，作动器数 m=2，传感器数 q=3。取系统各阶模态阻尼比为 a_i=0.03，i=1, 2。

表 1　杆件及压电陶瓷的几何、物理参数

参数	杆 1	杆 2	杆 3	压电陶瓷
长度 l/mm	80.0	240.0	240.0	80.0
截面宽度 l/mm	25.4	25.4	25.4	25.4
截面高度 l/mm	10.0	2.0	2.0	2.0
弹性模量 E/(N·m^{-2})	7.1×10^{10}	7.1×10^{10}	7.1×10^{10}	1.17×10^{11}
材料密度 d/(kg·m^{-3})	2.7×10^{3}	2.7×10^{3}	2.7×10^{3}	7.5×10^{3}
应变常数 d_{31}/(m·V^{-1})	—	—	—	1.85×10^{-10}

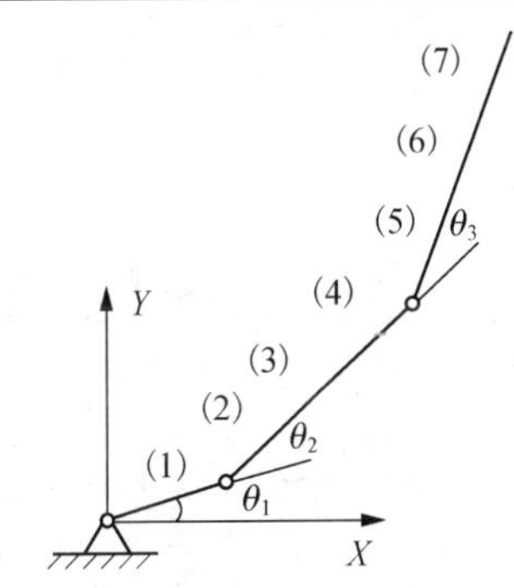

图 2　平面 3R 柔性冗余度机器人

设机器人各关节的名义运动为

$$\theta_i=\begin{cases}\Delta_i\left[1-\cos\left(\dfrac{2c_t}{t_0}\right)\right], & t\in\left[0,\dfrac{t_0}{2}\right)\\ \Delta_i, & t\in\left[\dfrac{t_0}{2},\infty\right)\end{cases}\quad (i=1,2,3)$$

式中，t_0=0.8t；Δ_i=c/12 rad。

状态反馈控制器设计中，取系统各阶受控模态的权值矩阵分别为 $\boldsymbol{Q}_i=1.0\times10^{-2}\boldsymbol{I}_2$，$R_i=5.0\times10^{-3}$，$i$=1，2。其中，$\boldsymbol{I}_2$ 为 2×2 阶单位矩阵。状态观测器设计中，取对偶系统的状态反馈控制器权值矩阵为 $\boldsymbol{Q}^{\mathrm{T}}=5\boldsymbol{I}_4$，$\boldsymbol{R}^{\mathrm{T}}=\boldsymbol{I}_4$。其中，$\boldsymbol{I}_4$ 为 4×4 阶单位矩阵。指定的稳定度为 T=100。

实际控制作用自 t = 0.4s 开始。柔性冗余度机器人各杆中点的动态应变如图 3 所示。机器人末端的轨迹误差如图 4 所示。显然，施控后柔性冗余度机器人的残余动态响应在 0.1s 内迅速趋近于零，

系统的运动性能、动力学性能得到了显著改善。压电作动器上的施加控制电压信号如图 5 所示。

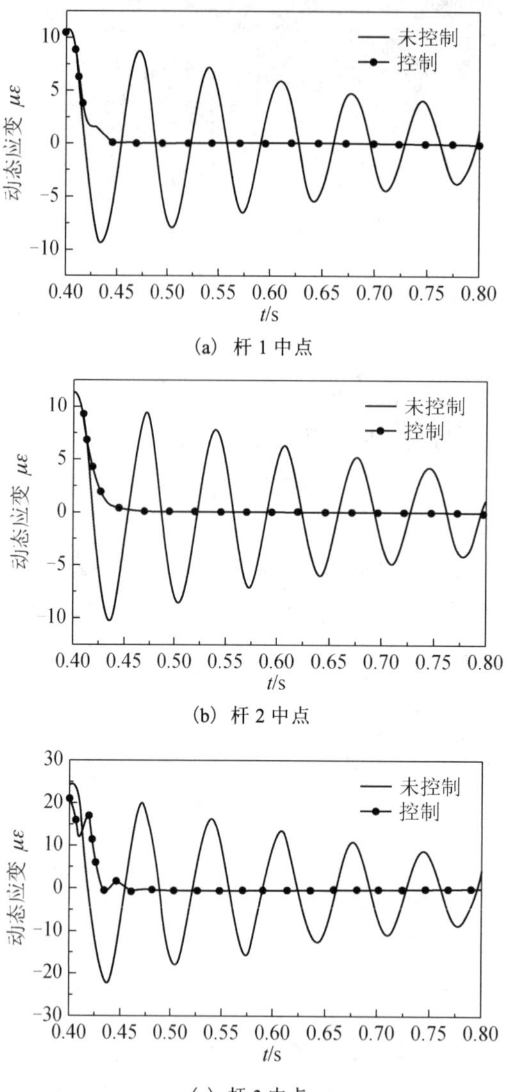

(a) 杆 1 中点

(b) 杆 2 中点

(c) 杆 3 中点

图 3　柔性冗余度机器人各杆中点的动态应变

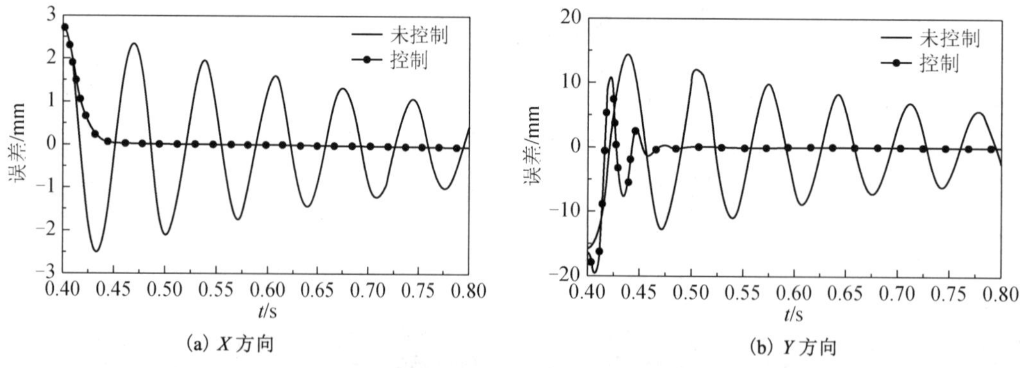

(a) X 方向　　(b) Y 方向

图 4　柔性冗余度机器人末端的轨迹误差

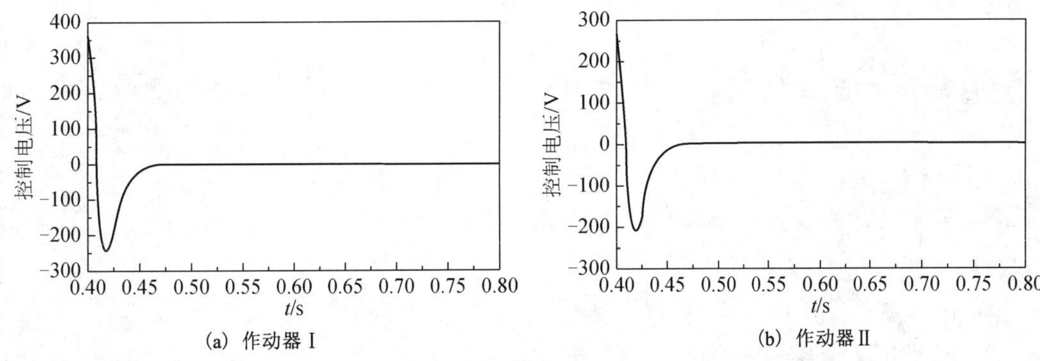

(a) 作动器 I　　(b) 作动器 II

图 5　压电作动器的控制电压

6. 结论

本文设计了具有压电作动器与应变传感器的机敏杆件，建立了柔性冗余度机器人残余振动主动控制系统的状态空间表达式。采用独立模态空间控制理论设计了 LQR 状态反馈控制器，并基于对偶原理设计了具有指定收敛特性的 Luenberger 全维状态观测器。研究表明，采用这种主动控制方法可以迅速、有效地降低柔性冗余度机器人的残余振动，系统的运动性能、动力学性能得到了明显改善。

参考文献

[1] Nguyen L A, Walker I D. Dynamic control of flexible kinematically redundant robot manipulators. IEEE Transactions on Robotics and Automation, 1992, 8(6):759-767

[2] 岳士岗．冗余度柔性机器人动力学研究．北京：北京工业大学，1995

[3] 边宇枢．柔性冗余度机器人动力学分析与控制．北京：北京航空航天大学，1998

[4] 顾仲权，马扣根，陈卫东．振动主动控制．北京：国防工业出版社，1998

[5] 张策，陈树勋，王子良，等．弹性连杆机构的分析与设计．北京：机械工业出版社，1997

[6] 刘豹．现代控制理论．北京：机械工业出版社，1999

（原载《振动工程学报》2002，15(2)：189-193）

§ 50　基于机敏材料的冗余度柔性机器人弹性动力响应最优控制

宋铁民[1]　余跃庆[2]　张策[1]　马金盛[3]

（1. 天津大学，天津　300072；

2. 北京工业大学，北京　100124；

3. 北京航空航天大学，北京　100191）

摘　要：为了改善冗余度柔性机器人的动力学品质，采用了振动主动控制方法。设计了具有压电作动器与应变传感器的机敏连杆，构造了冗余度柔性机器人振动主动控制系统的状态空间表达式。利用独立模态空间控制理论设计状态反馈控制器，获得了压电作动器的实际控制电压，并根据连杆中点的应变信号对系统状态进行了近似估计。最后，以平面 3R 冗余度柔性机器人为例进行了计算机仿真，其结果证明了这种振动主动控制方法的有效性。

关键词：柔性机器人；冗余度；振动；主动控制；机敏材料

1. 引言

近年，冗余度柔性机器人动力学分析与振动控制已逐渐成为机器人学一个新兴的研究方向。文献[1-4]以机器人末端误差最小为优化目标，利用冗余特性规划柔性机器人的关节自运动与初始位形，以便精确实现期望轨迹。文献[5]利用模态理论设计冗余度柔性机器人的关节自运动，在消减激振力的同时增大系统的模态阻尼，从而达到耗散能量和抑制振动的目的。冗余减振方法虽然可以改善冗余度柔性机器人的动力学品质，但却势必影响其操作性能，如躲避障碍和避免奇异等，故难以适应日益复杂的工作任务与工作环境的要求。此外，该方法所规划的关节自运动规律一般比较复杂，计算量庞大，难以实时控制，且算法容易失稳。

本文采用振动主动控制方法抑制冗余度柔性机器人的弹性动力响应。对于给定的工作任务与环境，待机器人关节运动规律确定后，即可构造闭环控制系统，利用控制输入来降低柔性连杆的弹性变形，进而改善系统的动力学性能。该方法修正设计方便，抑制低频振动效果显著，且不会影响冗余度柔性机器人的灵活性与适应性。

2. 系统状态空间表达式

机敏连杆由柔性连杆与其上粘贴的压电作动器及应变传感器构成。压电作动器的组成如图 1 所示。其中，上、下两片压电陶瓷的性能和尺寸完全相同。根据逆压电效应，当压电陶瓷受到电压信号激励时，其长度方向 (x) 将产生一定的机械应变。由于二者极化方向 (z) 相同，产生的应变等值反向，因而对柔性连杆形成控制力矩。有限元分析时，以压电作动器所在部分为一个独立单元。

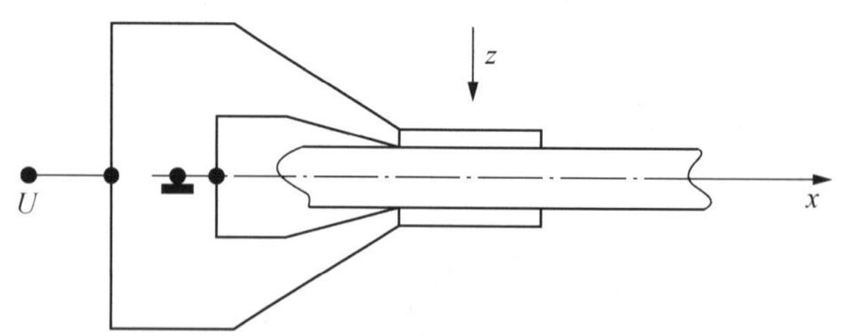

图 1　压电作动器

各压电作动器产生的控制力矩为

$$T_i = E_{\mathrm{p}} d_{31} b_{\mathrm{ip}} (h_{\mathrm{ip}} + h_{\mathrm{ip}}) U_i = g_i U_i \text{，} \quad i = 1,2,\cdots,m \tag{1}$$

式中，E_{p} 为压电陶瓷的弹性模量；d_{31} 为压电应变常数；b_{ip}，h_{ip} 为作动器的截面宽度与高度；h_{ip} 为

作动器所在梁单元的截面高度；g_i，U_i为压电力矩常数与控制电压；m为作动器的数目。

根据运动弹性动力分析的基本方法[6]，建立冗余度柔性机器人振动主动控制系统的动力学方程为

$$\boldsymbol{m}\ddot{\boldsymbol{u}}+\boldsymbol{c}\dot{\boldsymbol{u}}+\boldsymbol{k}\boldsymbol{u}=\boldsymbol{Q}+\boldsymbol{D}\boldsymbol{T} \tag{2}$$

式中，$\boldsymbol{m}$、$\boldsymbol{c}$、$\boldsymbol{k}$为质量、阻尼及刚度矩阵；$\boldsymbol{u}$、$\dot{\boldsymbol{u}}$、$\ddot{\boldsymbol{u}}$为广义坐标及其对时间的一、二阶导数列阵；$\boldsymbol{Q}$为广义力列阵；$\boldsymbol{T}$为控制力矩列阵；$\boldsymbol{D}$为控制力矩分布矩阵，其元素为 0 或±1。

引入坐标变换

$$\boldsymbol{u}=\boldsymbol{\Phi}\boldsymbol{\eta} \tag{3}$$

式中，$\boldsymbol{\Phi}$为模态矩阵；$\boldsymbol{\eta}$为模态坐标列阵。

模态空间系统的动力学方程为

$$\ddot{\boldsymbol{\eta}}+\bar{\boldsymbol{c}}\dot{\boldsymbol{\eta}}+\bar{\boldsymbol{k}}\boldsymbol{\eta}=\bar{\boldsymbol{N}}+\boldsymbol{B}_A\boldsymbol{U}_C \tag{4}$$

式中，$\bar{\boldsymbol{c}}$、$\bar{\boldsymbol{k}}$为模态阻尼与模态刚度矩阵；$\bar{\boldsymbol{N}}=\boldsymbol{\Phi}^{\mathrm{T}}\boldsymbol{Q}$为模态激振力列阵；$\boldsymbol{B}_A=\boldsymbol{\Phi}^{\mathrm{T}}\boldsymbol{D}\boldsymbol{G}$，其中$\boldsymbol{G}$为压电力矩常数矩阵，$\boldsymbol{U}_C$为控制电压列阵。

因高阶模态影响较小，故仅取系统的前 r 阶模态作为受控模态($r\leqslant m$)，即

$$\ddot{\boldsymbol{\eta}}_C+\bar{\boldsymbol{c}}_C\dot{\boldsymbol{\eta}}_C+\bar{\boldsymbol{k}}_C\boldsymbol{\eta}_C=\bar{\boldsymbol{N}}_C+\boldsymbol{B}_{AC}\boldsymbol{U}_C \tag{5}$$

式中，$\boldsymbol{\eta}_C=\begin{bmatrix}\eta_1 & \eta_2 & \cdots & \eta_r\end{bmatrix}^{\mathrm{T}}$；$\bar{\boldsymbol{N}}_C=\boldsymbol{\Phi}_C^{\mathrm{T}}\boldsymbol{Q}$；$\boldsymbol{B}_{AC}=\boldsymbol{\Phi}_C^{\mathrm{T}}\boldsymbol{D}\boldsymbol{G}$；$\bar{\boldsymbol{c}}_C$，$\bar{\boldsymbol{k}}_C$由$\bar{\boldsymbol{c}}$与$\bar{\boldsymbol{k}}$的前 r 行、前 r 列构成；$\boldsymbol{\Phi}_C$由$\boldsymbol{\Phi}$的前 r 列构成。

受控系统的状态方程为

$$\dot{\boldsymbol{X}}_C=\boldsymbol{A}_C\boldsymbol{X}_C+\boldsymbol{B}_C\boldsymbol{U} \tag{6}$$

$$\boldsymbol{X}_C=\begin{bmatrix}\boldsymbol{\eta}_C\\ \dot{\boldsymbol{\eta}}_C\end{bmatrix},\ \boldsymbol{U}=\boldsymbol{U}_C+\boldsymbol{N}_C$$

$$\boldsymbol{A}_C=\begin{bmatrix}\boldsymbol{\theta}_1 & \boldsymbol{I}_C\\ -\bar{\boldsymbol{k}}_C & -\bar{\boldsymbol{c}}_C\end{bmatrix},\ \boldsymbol{B}_C=\begin{bmatrix}\boldsymbol{\theta}_2\\ \boldsymbol{B}_{AC}\end{bmatrix}$$

式中，$\boldsymbol{X}_C$，$\boldsymbol{U}$为状态与输入；$\boldsymbol{\theta}_1$，$\boldsymbol{\theta}_2$为$r\times r$阶与$r\times m$阶零矩阵；$\boldsymbol{I}_C$为$r\times r$阶单位矩阵；$\boldsymbol{N}_C=\boldsymbol{B}_{AC}^{+}\bar{\boldsymbol{N}}_C$；$\boldsymbol{B}_{AC}^{+}$为$\boldsymbol{B}_{AC}$的广义逆矩阵，若$R(\boldsymbol{B}_{AC})=r$，则$\boldsymbol{B}_{AC}^{+}-\boldsymbol{B}_{AC}^{\mathrm{T}}(\boldsymbol{B}_{AC}\boldsymbol{B}_{AC}^{\mathrm{T}})^{-1}$。

各应变传感器输出为

$$\varepsilon_i=\boldsymbol{K}_i^{\mathrm{T}}\boldsymbol{R}_i\boldsymbol{S}_i\boldsymbol{\Phi}\boldsymbol{\eta}，\quad i=1,2,\cdots,q \tag{7}$$

式中，$\boldsymbol{K}_i$为应变-位移关系列阵；$\boldsymbol{R}_i$为坐标系旋转变换矩阵；$\boldsymbol{S}_i$为坐标协调矩阵；q为传感器的数目，一般$q\geqslant r$。

忽略贡献较小的高阶模态，可得受控系统的输出方程为

$$\boldsymbol{Y}=\begin{bmatrix}\varepsilon_1 & \varepsilon_2 & \cdots & \varepsilon_q\end{bmatrix}^{\mathrm{T}}=[\tilde{\boldsymbol{C}}_C\ \ \boldsymbol{\theta}_3]\begin{bmatrix}\boldsymbol{\eta}_C\\ \dot{\boldsymbol{\eta}}_C\end{bmatrix}=\boldsymbol{C}_C\boldsymbol{X}_C \tag{8}$$

式中，$\tilde{\boldsymbol{C}}_C=\begin{bmatrix}\boldsymbol{O}_1\\ \vdots\\ \boldsymbol{O}_q\end{bmatrix}$，$\boldsymbol{O}_i=\boldsymbol{K}_i^{\mathrm{T}}\boldsymbol{R}_i\boldsymbol{S}_i\boldsymbol{\Phi}_C,\ i=1,2,\cdots,q$；$\boldsymbol{\theta}_3$为$q\times r$阶零矩阵。

则受控系统的状态空间表达式为

$$\begin{cases}\dot{\boldsymbol{X}}_C=\boldsymbol{A}_C\boldsymbol{X}_C+\boldsymbol{B}_C\boldsymbol{U}\\ \boldsymbol{Y}=\boldsymbol{C}_C\boldsymbol{X}_C\end{cases} \tag{9}$$

3. 控制系统设计

3.1 状态反馈控制器设计

采用独立模态空间控制理论(IMSC)设计线性二次型最优状态反馈控制器(LQR)。系统第 i 阶受控模态的状态方程为

$$\dot{\boldsymbol{x}}_i = \boldsymbol{A}_i\boldsymbol{x}_i + \boldsymbol{B}_i f_i\,,\quad i=1,2,\cdots,r \tag{10}$$

式中，$\boldsymbol{x}_i=\begin{bmatrix}\boldsymbol{\eta}_i\\ \dot{\boldsymbol{\eta}}_i\end{bmatrix}$；$\boldsymbol{A}_i=\begin{bmatrix}0 & 1\\ -\omega_i^2 & -2\xi_i\omega_i\end{bmatrix}$；$\boldsymbol{B}_i=\begin{bmatrix}0\\1\end{bmatrix}$；$f_i=f_{ie}+f_{iC}$；$f_{ie}$、$f_{iC}$ 为列阵 $\bar{\boldsymbol{N}}_C$、$\boldsymbol{B}_{AC}\boldsymbol{V}$ 的第 i 阶分量；ω_i、ξ_i 为第 i 阶固有频率与模态阻尼比。

定义二次型性能指标为

$$J_i=\frac{1}{2}\int_0^{\infty}\left[\boldsymbol{x}_i^{\mathrm{T}}\boldsymbol{Q}_i x_i+\boldsymbol{R}_i f_i^2\right]\mathrm{d}t\,,\ i=1,2,\cdots,r \tag{11}$$

式中，$\boldsymbol{Q}_i$ 为对称正定矩阵；$\boldsymbol{R}_i$ 为正数。

根据极小值原理，使性能指标 J_i 达到最小值的最优调节作用为[7]

$$f_i=-\boldsymbol{R}_i^{-1}\boldsymbol{B}_i^{\mathrm{T}}\boldsymbol{P}_i\boldsymbol{x}_i,\quad i=1,2,\cdots,r \tag{12}$$

式中，$\boldsymbol{P}_i$ 为 Riccati 矩阵代数方程

$$\boldsymbol{P}_i\boldsymbol{A}_i+\boldsymbol{A}_i^{\mathrm{T}}\boldsymbol{P}_i-\boldsymbol{P}_i\boldsymbol{B}_i\boldsymbol{R}_i^{-1}\boldsymbol{B}_i^{\mathrm{T}}\boldsymbol{P}_i+\boldsymbol{Q}_i=0 \tag{13}$$

的对称正定解。

不妨令 $\boldsymbol{Q}_i$ 为对角矩阵，则

$$f_i=-\boldsymbol{R}_i^{-1}\left(P_{i,21}\eta_i+P_{i,22}\dot{\eta}_i\right) \tag{14}$$

式中，

$$P_{i,21}=-\boldsymbol{R}_i\omega_i^2+\sqrt{\boldsymbol{R}_i^2\omega_i^4+\boldsymbol{R}_iQ_{i,11}}>0$$

$$P_{i,22}=\sqrt{4\xi_i^2\omega_i^2\boldsymbol{R}_i^2+\boldsymbol{R}_iQ_{i,22}-2\boldsymbol{R}_i^2\omega_i^2+2\boldsymbol{R}_i\sqrt{\boldsymbol{R}_i^2\omega_i^4+\boldsymbol{R}_iQ_{i,11}}}-2\xi_i\omega_i\boldsymbol{R}_i>0$$

各阶受控模态的闭环方程为

$$\ddot{\eta}_i+2\xi_i\omega_i\dot{\eta}_i+\omega_i^2\eta_i=-\boldsymbol{R}_i^{-1}\left(P_{i,21}\eta_i+P_{i,22}\dot{\eta}_i\right) \tag{15}$$

即

$$\ddot{\eta}_i+2\xi_{ie}\omega_{ie}\dot{\eta}_i+\omega_{ie}^2\eta_i=0 \tag{16}$$

式中，$\omega_{ie}=\sqrt{\omega_i^2+P_{i,21}/\boldsymbol{R}_i}$；$\xi_{ie}=\xi_i\,\omega_i/\omega_{ie}+P_{i,22}/(2\boldsymbol{R}_i\omega_{ie})$。

显然，模态控制力 f_{iC} 的出现增大了系统的模态刚度与模态阻尼，且权值 $\boldsymbol{Q}_i$、$\boldsymbol{R}_i$ 的选取直接决定了等效系统的阻尼性态。

为将 f_{iC} 转化为实际控制输入，可组集各阶独立模态控制方程为耦合模态控制方程形式，即

$$\dot{\boldsymbol{X}}_C=\boldsymbol{A}_C\boldsymbol{X}_C+\boldsymbol{G}_C\boldsymbol{F}_C \tag{17}$$

式中，$\boldsymbol{G}_C=\begin{bmatrix}\boldsymbol{\theta}_1\\ \boldsymbol{I}_C\end{bmatrix}$；$\boldsymbol{F}_C=-\begin{bmatrix}\frac{P_{1,21}}{R_1} & & \frac{P_{1,22}}{R_1} & \\ & \ddots & & \ddots \\ & \frac{P_{r,21}}{R_r} & & \frac{P_{r,22}}{R_r}\end{bmatrix}\times\begin{bmatrix}\boldsymbol{\eta}_C\\ \dot{\boldsymbol{\eta}}_C\end{bmatrix}=-\boldsymbol{H}_C\boldsymbol{X}_C$。

由式(6)和式(17)可知

$$F_C = B_{AC}U \tag{18}$$

则受控系统的最优控制输入为

$$U = -K_C X_C \tag{19}$$

式中，$K_C = B_{AC}^{+} H_C$ 为状态反馈增益矩阵。

抑制各阶受控模态所需的实际控制电压为

$$U_C = U - N_C = -K_C X_C - N_C \tag{20}$$

显然，控制电压 U_C 由两部分构成，即系统状态 X_C 的反馈控制与克服确定性激励 N_C 的前馈控制。

3.2　状态估计

由受控系统的输出方程可知

$$\eta_C = \tilde{C}_C^{+} Y \tag{21}$$

式中，$\tilde{C}_C^{+}$ 为 $\tilde{C}_C$ 的广义逆矩阵。若 $R\left(\tilde{C}_C\right)=r$，则 $\tilde{C}_C^{+} = (\tilde{C}_C^{\mathrm{T}}\tilde{C}_C)^{-1}\tilde{C}_C^{\mathrm{T}}$。

为便于数字计算机控制，通常需将机器人的运动时间离散化。离散可按等周期采样过程处理。当采样周期小于系统最小时间常数的 1/10 左右时，则可利用插值多项式数值微分近似计算受控系统的模态速度[8]，即

$$\dot{\eta}_C(kT) \approx \frac{1}{2T}\left\{\eta_C\left[(k-2)T\right] - 4\eta_C\left[(k-1)T\right] + 3\eta_C(kT)\right\}, \quad i=2,3,\cdots,N \tag{22}$$

$$\dot{\eta}_C(T) \approx \frac{1}{T}\left[\eta_C(T) - \eta_C(0)\right] \tag{23}$$

式中，T 为采样周期。

4. 算例仿真

为不失一般性，仅以具有一个位置冗余度的平面 3R 柔性机器人为研究对象。机敏连杆的作动器采用片状压电陶瓷 PZT-5H。连杆及压电陶瓷的几何和物理参数如表 1 所示。

表 1　连杆及压电陶瓷的几何和物理参数

参　　数	连杆 1	连杆 2、3	压电陶瓷
长度 l/mm	80.0	240.0	80.0
截面宽度 b/mm	25.4	25.4	25.4
截面高度 h/mm	10.0	2.0	2.0
弹性模量 E/GPa	71	71	117
材料密度 ρ / (kg·m^{-3})	2.7×10^3	2.7×10^3	7.5×10^3
应变常数 d_{31}/ (m·V^{-1})	—	—	1.85×10^{-10}

拟对冗余度柔性机器人的前两阶固有模态实施主动控制。如图 2 所示，系统共划分为 7 个等长度的 Euler-Bemoulli 梁单元，压电作动器 1 和 2 分别位于系统的第(2)和第(5)单元。采用电阻应变计拾取各连杆中点的动态应变。故文中 r=2，m=2，q=3。取系统各阶模态阻尼比为 $\xi_i = 0.03$，i =1,2。

设冗余度柔性机器人各关节的运动规律为

$$\theta_j = \Delta_j\left[1-\cos\left(\pi t/t_0\right)\right], \quad j=1,2,3 \tag{24}$$

式中，t_0=0.4s，Δ_j=π/12 rad

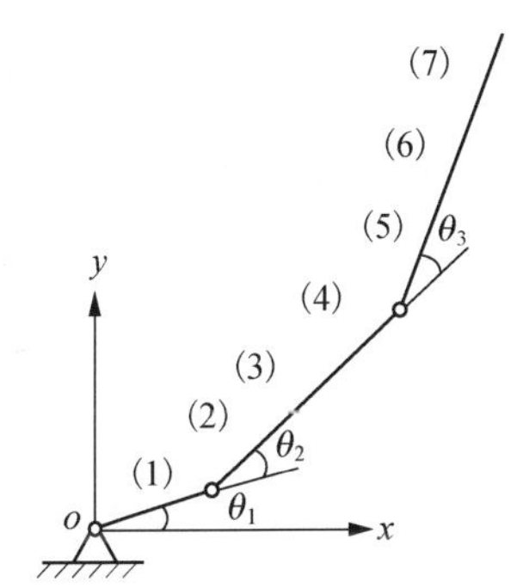

图 2　平面 3R 冗余度柔性机器人

将机器人的运动时间离散为 128 等份，即 N=128。状态反馈控制器设计中，取各阶受控模态的权值矩阵为：$\boldsymbol{Q}_i = 1.0\times10^{-3}\boldsymbol{I}_2$，$\boldsymbol{R}_i = 4.0\times10^{-6}$，$i=1,2$。其中，$\boldsymbol{I}_2$为$2\times2$阶单位矩阵。为突出控制效果，令控制作用自 t=0.03125s 开始(k=10)。

控制前、后，冗余度柔性机器人各连杆中点的动态应变如图 3(a)～图 3(c)所示，机器人末端的轨迹误差如图 4(a)和图 4(b)所示。显然，施控后冗余度柔性机器人的弹性动力响应迅速趋近于零，系统的动力学性能得到了显著改善。压电作动器上施加的控制电压信号如图 5(a)和图 5(b)所示。

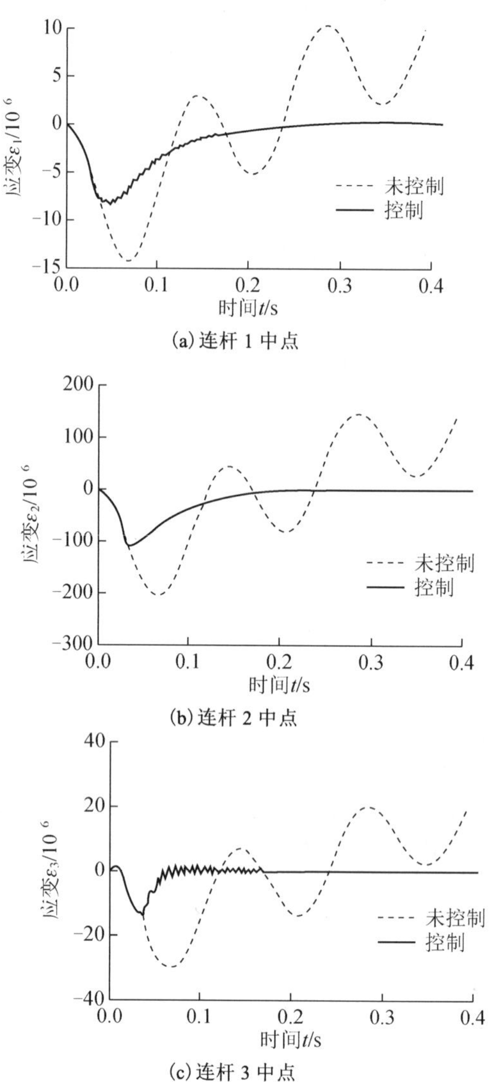

图 3　机器人各输出点的动态响应

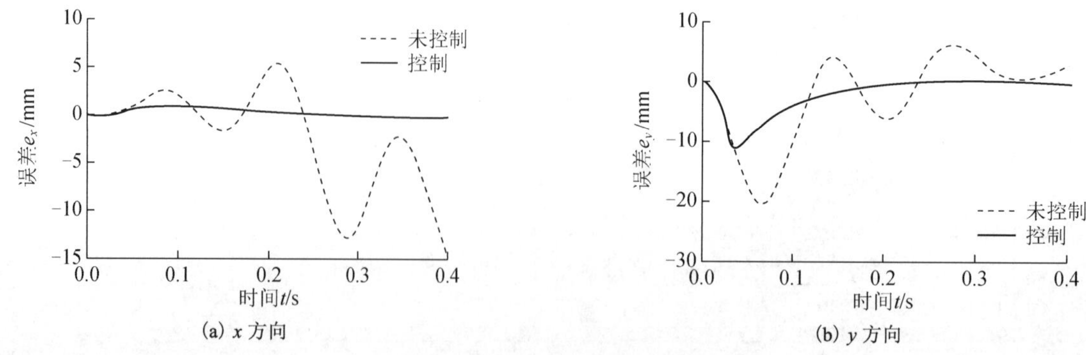

图 4　机器人末端的轨迹误差

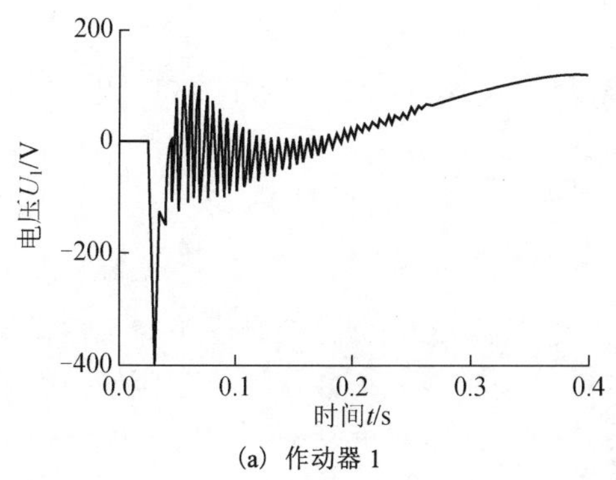

(a) 作动器 1

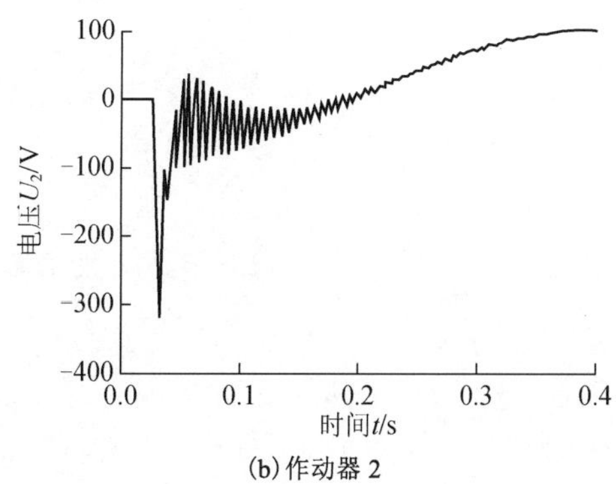

(b) 作动器 2

图 5　压电作动器的控制电压

5. 结论

本文采用振动主动控制方法抑制冗余度柔性机器人的弹性动力响应。对于给定的工作任务与环境，待机器人关节运动规律确定后，即可构造闭环控制系统，利用控制输入来降低机敏连杆的弹性变形与振动，进而改善系统的动力学品质。该方法具有修正设计方便和抑制低频振动效果显著的优点，且不会影响冗余度柔性机器人的灵活性与适应性。平面 3R 冗余度柔性机器人的仿真算例证明了这种主动控制方法的有效性。

参考文献

[1] Kim S J, Park Y S. Self-motion utilization for reducing vibration of a structurally flexible redundant robot manipulator system. Robotica, 1998, 16(6): 669-677

[2] Yue S G. Redundant robot manipulators with joint and link flexibility - I. dynamic motion planning for minimum end effector deformation. Mechanism and Machine Theory, 1998, 33(1): 103-113

[3] Yue S G. Weak-vibration configurations for flexible robot manipulators with kinematic redundancy. Mechanism and Machine Theory. 2000, 35(2): 165-178

[4] Zhang X P, Yu Y Q. Motion control of flexible robot manipulators via optimizing redundant configurations. Mechanism and Machine Theory, 2001, 36(7): 883-892

[5] 边宇枢．柔性冗余度机器人动力学分析与控制．北京：北京航空航天大学，1998

[6] 张策，黄永强，王子良，等．弹性连杆机构的分析与设计．2 版．北京：机械工业出版社，1997

[7] 刘豹．现代控制理论．2 版．北京：机械工业出版社，1999

[8] 杨凤翔，陆君良．数值分析．天津：天津大学出版社，1985

（原载《机械工程学报》2003，39(1)：123-127）

§ 51　基于模糊 PID 融合的柔性机械臂振动压电主动控制研究

余跃庆　周　刚　方道星

（北京工业大学，北京　100022）

摘　要： 针对含有压电智能结构的柔性机械臂，提出了基于模糊 PID 融合控制理论的柔性机械臂振动主动控制方法。搭建了悬臂梁和平面 1R、2R 柔性机械臂实验装置，并设计了相应的控制系统，通过实验实现了柔性机械臂振动的主动控制，实验结果显示，该方法可以抑制柔性机械臂振动，具有响应快、鲁棒性好等特点，且该方法不依赖于柔性机械臂动力学模型，算法简单，实时性好。

关键词： 模糊 PID；融合控制；柔性机械臂；压电陶瓷；振动主动控制

1. 引言

近年来，关于柔性机械臂的建模和控制方法的研究进展迅速，但柔性机械臂因其结构细长和质量轻的特点，在工作过程中易产生振动，如果不采取有效的措施对其振动进行控制，将影响其正常工作。国内外研究人员对柔性机械臂的振动控制进行了大量研究[1-9]。

目前，常用的模糊 PID 控制大多为增益调整型，并联型的模糊 PID 控制的相关文献很少。基于模型的控制方法计算量一般较大，在实验中很难满足实验实时性的要求；而现有的研究实验主要集中于悬臂梁的振动抑制，针对包含电机驱动的 1R、2R 柔性机械臂的实验很少。

本文利用应变片作为传感器、压电陶瓷(PZT)作为驱动器，采用模糊控制与 PID 控制并联的融合控制方法，对悬臂梁、1R 柔性机械臂、2R 柔性机械臂的振动进行主动振动控制，并进行实验研究。

2. 控制算法

本文的控制系统采用模糊 PID 融合控制，调节加权因子α，当偏差$|e|$较大时以模糊控制为主，$|e|$较小时以 PID 控制为主，这样就获得了比纯模糊控制更高的稳态精度，比纯 PID 控制更快的动态响应、更小的超调量。控制的输出量相对比较平滑、阶跃较小。模糊 PID 融合控制系统的结构如图 1 所示。

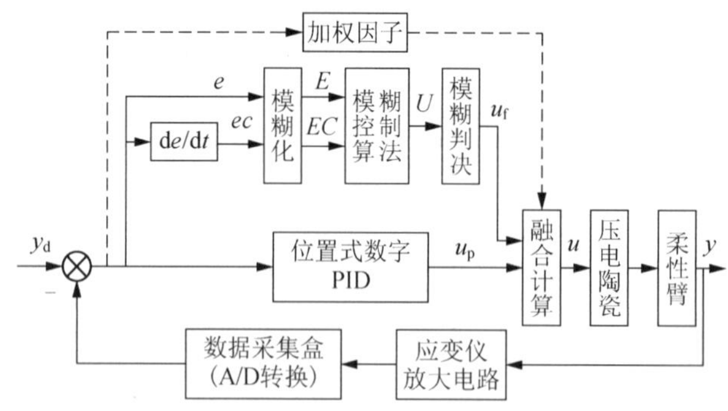

图 1　模糊 PID 融合控制系统结构图

2.1　模糊控制器

2.1.1　模糊控制器的结构

本文采用通用的二维模糊控制器结构(图 1)。控制器输入为柔性机械臂预定应变值 y_d 与实际应变 y 的偏差 e 及其变化率 ec，输出为融合控制电压 u。

2.1.2　输入量的模糊化

精确输入量 e 和 ec 需要分别乘以量化因子 K_e 和 K_{ec} 转换到各自的论域范围 E 和 EC 中。设模糊控制器输入量 E 和 EC 的标准论域皆为{ −6, −5, −4, −3, −2, −1, 0, 1, 2, 3, 4, 5, 6}。将输入量论域划分成“负大”“负中”“负小”“零”“正小”“正中”“正大”7 个模糊子集，即{NB,NM,NS,ZO,PS,PM,PB}。各模糊子集的隶属函数采用具有良好抗干扰能力的高斯函数。根据输入变量值和隶属函数，获得输入变量在各个模糊子集的语言值 E 和 EC。

2.1.3　模糊控制规则

根据控制经验总结出控制规则如下：假设应变片受拉时应变为正，当检测到应变为正且误差变化率为正时，加大压电陶瓷驱动器输出的正向电压，利用压电陶瓷的逆压电效应产生伸展，产生力矩作用于柔性臂，补偿应变片的正误差；反之，应该加大电陶瓷驱动器输出的负向电压，补偿应变片的负误差。规则选取的总体原则是：当误差较大时，选择控制量以消除误差为主；当误差较小时，选择控制量要防止超调，以系统的稳定性为主。

模糊控制器输出量 U 的标准论域为{ −7, −6, −5, −4, −3, −2, −1, 0, 1, 2, 3, 4, 5, 6, 7}。输出变量取与输入变量一样的模糊子集，即 U={ NB, NM, NS, ZO, PS, PM, PB}，同样采用高斯隶属函数。由于 E 和 EC 分别定义为 7 个模糊子集，因此共有 49 条规则。通过总结控制经验得出的模糊控制规则表如表 1 所示。

表 1　模糊控制规则表

E	EC						
	NB	NM	NS	ZO	PS	PM	PB
NB	PB	PB	PB	PB	PM	0	0
NM	PB	PB	PB	PB	PM	0	0
NS	PM	PM	PM	PM	0	NS	NS
ZO	PM	PM	PS	0	NS	NM	NM
PS	PS	PS	0	NM	NM	NM	NM
PM	0	0	NM	NB	NB	NB	NB
PB	0	0	NM	NB	NB	NB	NB

2.1.4　模糊控制器查询表

模糊控制器的推理算法采用 Mamdani 方法，去模糊化则采用精度较高的重心法。根据以上控制规则、模糊推理和去模糊化方法，可得到模糊控制器查询表，并在实验过程中加以修正，如表 2 所示。此查询表存放于计算机存储器中。每一个控制周期中，计算机将所采集的实测应变值 e 和误差变化率 ec 转换到各自的离散论域中，由表 2 查到相应的控制输出值 U，再乘以量化因子 K_u 便得到模糊控制输出电压值 u_f。由于查询表可离线计算，在线控制时计算量很小，所以控制系统具有很强的实时性。

表 2　模糊控制器查询表

e	ec												
	6	5	4	3	2	1	0	−1	−2	−3	−4	−5	−6
6	7	7	7	7	7	7	6	4	4	2	0	0	0
5	7	7	7	7	7	6	6	4	4	2	0	0	0
4	7	7	7	7	6	6	4	4	3	2	0	0	0
3	7	7	7	6	6	4	4	3	1	0	−1	−2	−2
2	6	6	6	6	4	4	2	1	0	−1	−1	−2	−2

续表

e	ec												
	6	5	4	3	2	1	0	−1	−2	−3	−4	−5	−6
1	4	4	4	4	3	3	1	0	−1	−2	−2	−3	−3
0	4	4	3	3	2	1	0	−1	−2	−3	−3	−4	−4
−1	3	3	2	2	1	0	−1	−3	−3	−4	−4	−4	−4
−2	2	2	1	1	0	−1	−2	−4	−4	−6	−6	−6	−6
−3	2	2	1	0	−1	−3	−4	−4	−6	−6	−7	−7	−7
−4	0	0	0	−1	−3	−4	−4	−6	−6	−7	−7	−7	−7
−5	0	0	0	−2	−4	−4	−6	−6	−7	−7	−7	−7	−7
−6	0	0	0	−2	−4	−4	−6	−7	−7	−6	−7	−7	−7

2.2　数字 PID 控制原理

数字 PID 控制算法又分为位置式 PID 控制算法和增量式 PID 控制算法，两者各有利弊，但并无本质区别。由于增量式算法积分截断效应差,有静态误差，故我们采用位置式数字 PID 算法。其表达式为

$$u_{\mathrm{p}}(k)=K_{\mathrm{P}}e(k)+K_{\mathrm{I}}\sum_{j=0}^{k}e(j)+K_{\mathrm{D}}\left[e(k)-e(k-1)\right]$$

$$\begin{cases}K_{\mathrm{I}}=K_{\mathrm{P}}T/T_{\mathrm{I}}\\K_{\mathrm{D}}=K_{\mathrm{P}}T_{\mathrm{D}}/T\end{cases}\tag{1}$$

式中，k 为采样序号，$k=0,1,2,\cdots$；$u_{\mathrm{p}}(k)$为第 k 次采样时刻的计算机输出值；$e(k)$为第 k 次采样时刻输入的偏差值；T 为采样周期；T_{I}为积分时间；T_{D}为微分时间；K_{P}为比例增益；K_{I}为积分增益；K_{D}为微分增益。

2.3　融合计算

由图 1 可见，控制系统的最后输出由模糊控制 u_{f} 和 PID 的输出 u_{p} 融合而成:

$$u=(1-\alpha)u_{\mathrm{f}}+\alpha u_{\mathrm{p}}\tag{2}$$

式中，加权因子α 的取值范围为[0, 1]。通过实时地改变加权因子 α 的值，可实现对 PID 控制和模糊控制的加权程度的调整，充分发挥模糊控制和 PID 控制各自的优点。

在具体的操作过程中，可根据偏差的值来决定加权因子的大小。当偏差较大时，偏重于模糊控制，加权因子α 取较小的值；偏差较小时，偏重于 PID 控制，加权因子 α 取较大的值。具体取值见表 3，表 3 中偏差 E 为模糊语言值，加权因子 α 为精确值。表 3 中加权因子的具体值是在实验的基础上确定的。

表 3　加权因子查询表

E	−6	−5	−4	−3	−2	−1	−0	+0	1	2	3	4	5	6
α	0	0.1	0.3	0.6	0.9	1	1	1	1	0.9	0.6	0.3	0.1	0

3. 实验研究

3.1　实验装置及控制系统

实验装置为 2R 柔性杆振动抑制实验台，见图 2。柔性机械臂材料皆为弹簧钢。第二根柔性杆末段加工有负载安装孔，可附加质量不等的负载。压电陶瓷和应变片均布置在离根部最近的位置[10]。第二杆应变片位于杆的前端，压电陶瓷所对应的位置。考虑强度的因素，第一杆厚度取较大值而第

二杆厚度取较小值。柔性机械臂各项结构参数见表 4。

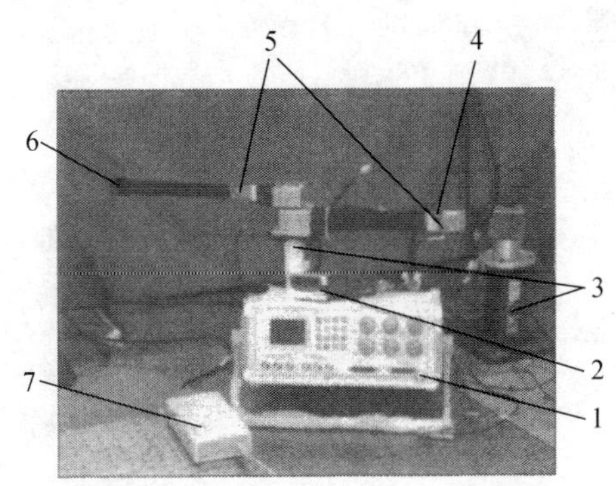

图 2　2R 柔性杆振动抑制实验装置

1. 压电陶瓷驱动电源; 2. 动态应变仪; 3. 伺服电机; 4. 应变片(保护膜下); 5. 压电陶瓷片; 6. 末端负载; 7. 信号采集盒 A/D

表 4　柔性机械臂各项参数表

杆件	密度 /(g/mm³)	尺寸 /(mm×mm×mm)	质量/g	弹性模量 /GPa	压电陶瓷尺寸 /(mm×mm×mm)	截面惯性矩 /mm⁴	末端负载质量/g
第一杆	7.8	345×40×1.8	193.8	200	40×40×1	19.44	1294.8
第二杆	7.8	345×30×0.6	48.4	200	40×30×1	0.54	0 或 30

压电陶瓷材料为 PZT5 锆钛酸铅压电晶片，弹性模量为 117GPa。压电陶瓷驱动电源选用 HPV-3C0150A0300D，可提供峰值为±150V 的电压。应变仪采用 DC-104Ra 动态应变记录仪。数据采集盒型号为 UA302/H 型，采用 16 位 A/D 转换芯片。

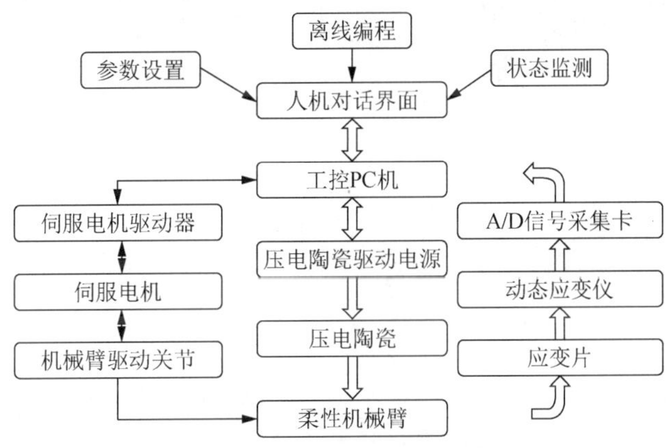

图 3　实验控制系统框图

实验控制系统如图 3 所示。PC 机直接给伺服驱动器发出指令，驱动器采用转矩控制模式驱动伺服电机使柔性臂运动。运动过程中柔性杆根部变形由应变片检测，信号由应变仪加工放大，经过信号采集盒进行 A/ D 转换，数字信号在 PC 机中通过融合控制算法，得出相应的输出电压值，通过压电陶瓷驱动电源施加在杆根部的压电陶瓷片上，产生弯矩，减小柔性杆的应变。

利用Visual C++6.0编制了实验控制软件。软件部分主要包括控制菜单、错误报警、定时中断、数据采集、数据保存、控制方法、图形界面等。

3.2　实验结果及分析

3.2.1　悬臂梁末端无负载

悬臂梁各项参数见表 4 中第二杆参数。通过初始激励引起柔性机械臂(无负载)的一阶弯曲模态振动，不进行控制，在自然阻尼作用下做自由衰减振动，记录根部应变片的应变信号，可得柔性机械臂的一阶弯曲振动自由衰减时间在 30s 左右。施加融合控制后，相同的初始振幅，柔性机械臂的一阶弯曲模态振动经历 12s 后基本被抑制，如图 4 所示。施加融合控制后柔性机械臂的衰减时间为自由衰减时间的 40%。图 5 为前 15s 控制前后对比图，可以看出抑振效果相当明显。

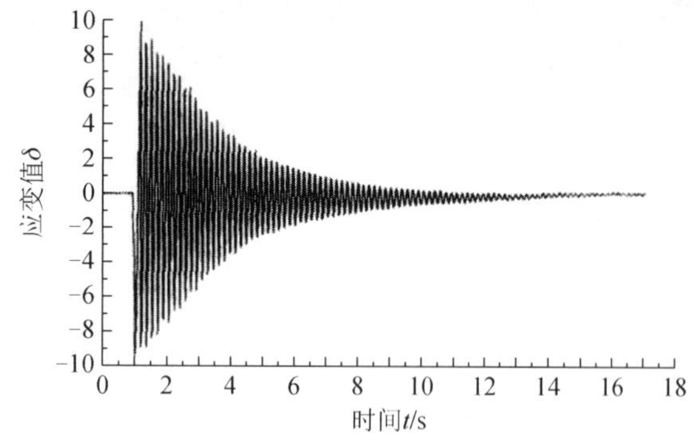

图 4　悬臂梁末端无负载融合控制振动图

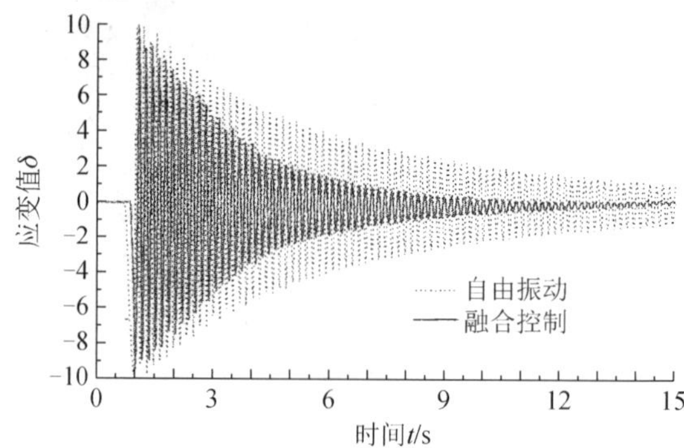

图 5　悬臂梁末端无负载时融合控制与自由振动对比图

图 6 为悬臂梁末端无负载时融合控制输出电压，可以看出，在初期振动较大的阶段，模糊控制占主导地位，而在振动较小时，PID 控制比重加大，反映了融合控制中α取值的特点。

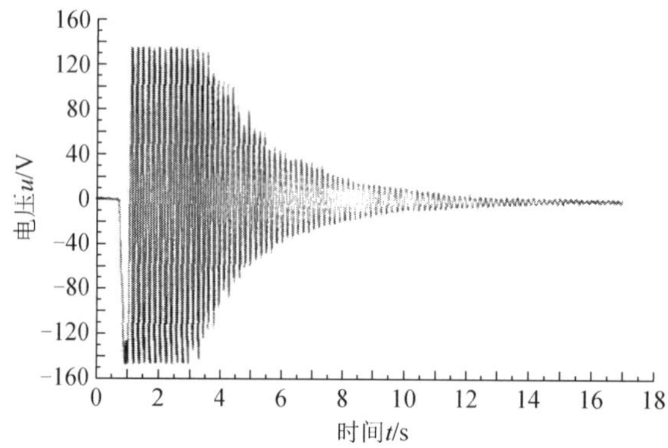

图 6　悬臂梁末端无负载时融合控制输出电压图

3.2.2　悬臂梁末端有负载

在不改变控制参数的情况下，悬臂梁末端加上约 30g 的负载，柔性机械臂的一阶弯曲模态自由振动如图 7 所示，可知柔性机械臂(有负载)的一阶弯曲振动自由衰减时间在 67s 左右。

施加融合控制后，相同的初始振幅，柔性机械臂的一阶弯曲模态振动经历 29s 后基本被抑制，如图 8 所示。施加融合控制后柔性机械臂的衰减时间为自由衰减时间的 43.3 %。图 9 为前 36s 控制前后对比图，可以看出，抑振效果相当明显。

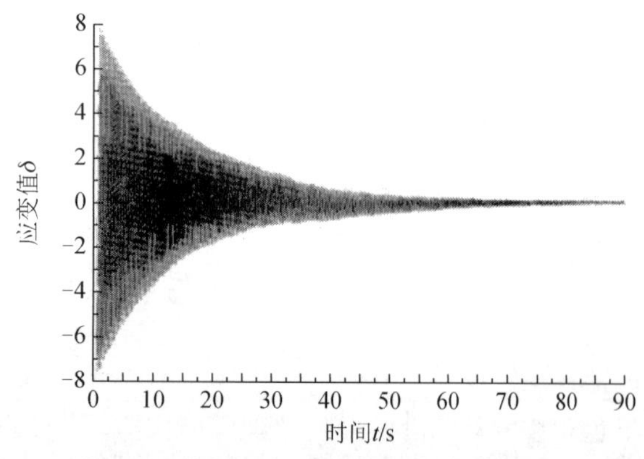

图 7　悬臂梁末端有负载时自由振动图

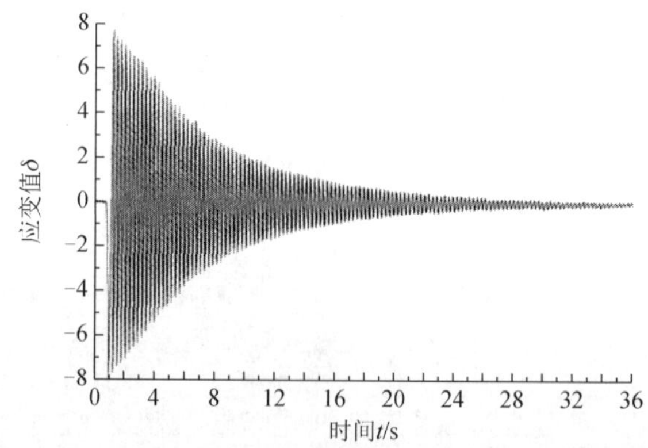

图 8　悬臂梁末端有负载时融合控制振动图

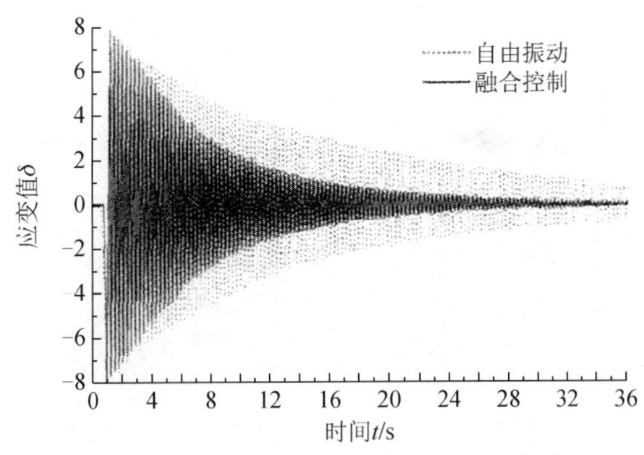

图 9 悬臂梁末端有负载时融合控制与自由振动对比图

尽管柔性杆末端有了负载，固有频率变化很大，自由振动时间加长，但是所设计的融合控制器依然能够控制压电陶瓷较快地抑制悬臂梁的振动。控制器表现出了较强地对环境变化的适应能力，具有一定的鲁棒特性。

3.2.3 1R 柔性机械臂、2R 柔性机械臂有负载

1R 柔性机械臂各项参数见表 4 中第二杆参数。实验分两个阶段，第一阶段让电机在 0～1.0s 静止，1.0～1.5s 给驱动器施加恒定电压,如图 10 所示；第二阶段是 1.5s 后电机输出力矩为 0，让柔性机械臂自由转动和振动，最后直到静止。在这个过程中，记录根部的应变片的应变信号，然后根据变形的范围和抑制振动效果调节模糊控制参数 K_e、K_{ec} 和 K_u。

同柔性悬臂梁振动抑制相比，1R 柔性机械臂因为有了电机驱动，第一阶段振动中明显含有高频分量，而且第二阶段电机不锁定，柔性机械臂自由振动衰减很快(衰减过程不到 2s)，这样 1R 柔性机械臂振动抑制效果就不如悬臂梁振动抑制效果明显。

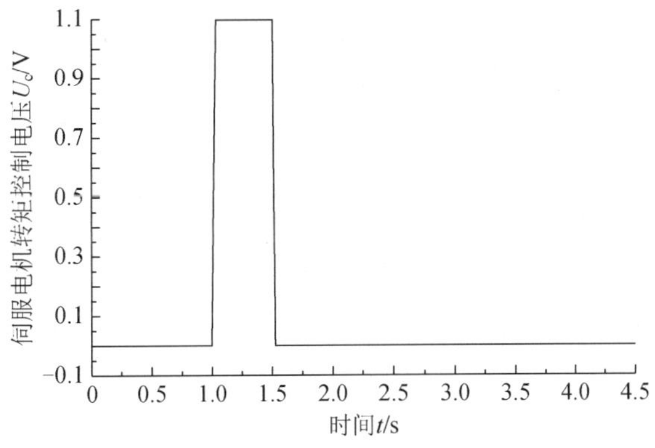

图 10 伺服电机转矩控制电压图

在这个过程中设定控制参数 K_P=20，K_I=0，K_D=5，K_e=1.0，K_{ec}=1.5，K_u=20。由图 11 可以看出整个阶段，特别是第二阶段电压输出变化比较剧烈，在调整了 K_{ec}、K_P 后，控制器第一阶段对偏差变化率 ec，第二阶段对偏差 e 更加敏感，获得了较好的控制效果，如图 12 所示。

2R 柔性机械臂各项参数见表 4。实验过程与 1R 柔性机械臂振动抑制实验类似，只不过本实验在第一阶段中，电机 1 和电机 2 施加的力矩大小不同，在第二阶段中，电机输出力矩均为 0，让柔性机械臂自由转动和振动，最后直到静止。两次实验过程中，施加融合控制前后各个柔性机械臂根部应变对比见图 13 和图 14，此时调整控制参数为：

$K_{P1} = 40$，$K_{I1} = 0$，$K_{D1} = 5$；$K_{e1} = 2$，$K_{ec1} =1$，$K_{u1} = 20$；$K_{P2} = 20$，$K_{I2} = 0$，$K_{D2} = 5$；$K_{e2} = 1.5$，$K_{ec2} = 1.5$，$K_{u2} = 20$。

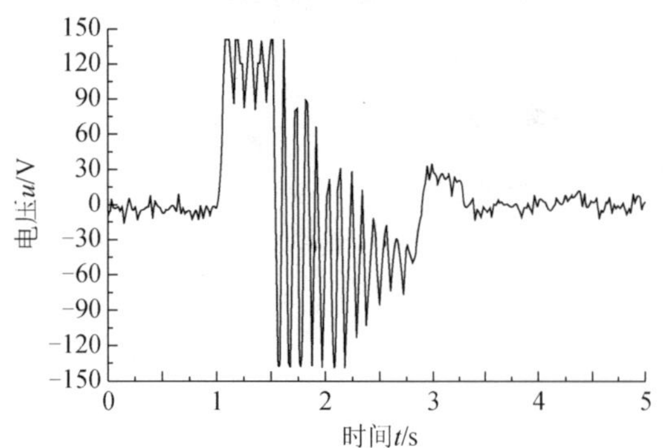

图 11　1R 末端有负载时的融合控制电压输出图

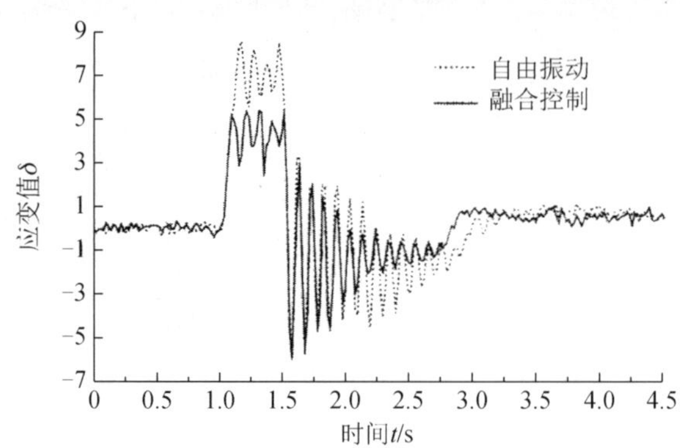

图 12　1R 末端有负载时的融合控制与自由振动对比图

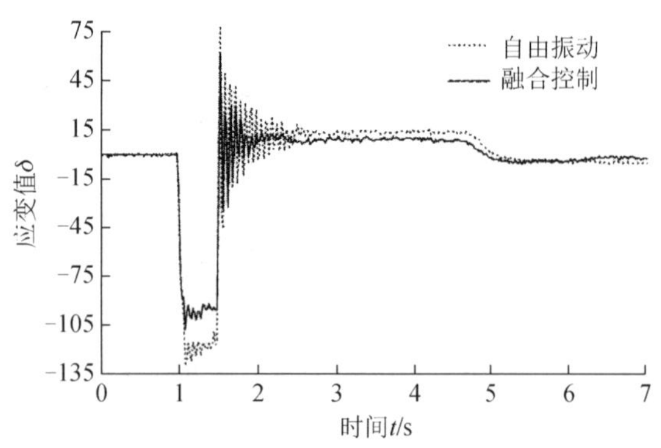

图 13　2R 末端有负载时第一杆融合控制与自由振动对比图

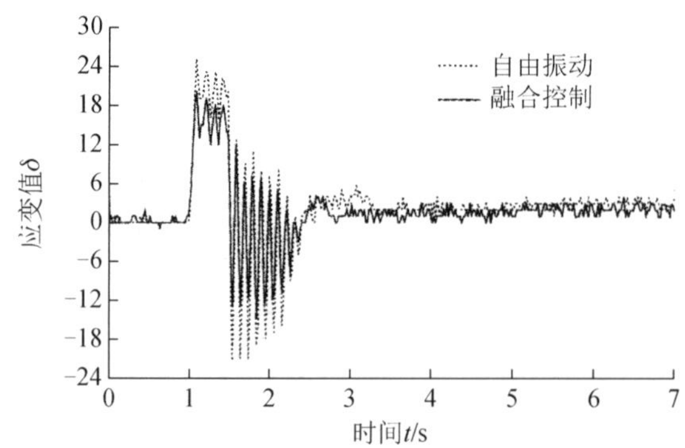

图 14　2R 末端有负载时第二杆融合控制与自由振动对比图

可以看出第一杆的 PID 和模糊控制的参数值与第二杆不一样，因为第一杆厚度较大，整个过程中应变数值较大，我们更关心它的应变大小。而第二杆比较薄(0.6mm)，比较适合采用压电陶瓷作动器施加力矩，我们在 1R 柔性机械臂的控制参数的基础上微调。

2R 柔性机械臂各杆压电陶瓷控制电压如图 15 和图 16 所示。因为第一阶段两杆受电机转矩的冲击比较大，应变也很大。为了达到更好的控制效果，我们适当调整控制参数，当实际计算控制电压大于压电陶瓷驱动电源的额定输出电压，压电陶瓷驱动电源输出额定的最大电压，因此在第一阶段的电压输出曲线中有一段直线(电压为±140V)。

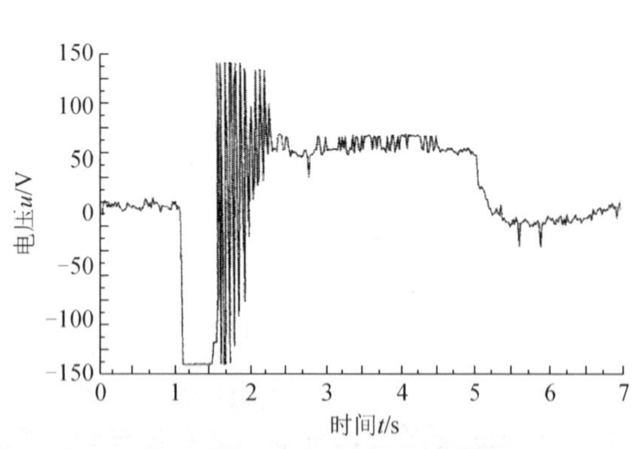

图 15　2R 末端有负载时第一杆融合控制电压输出图

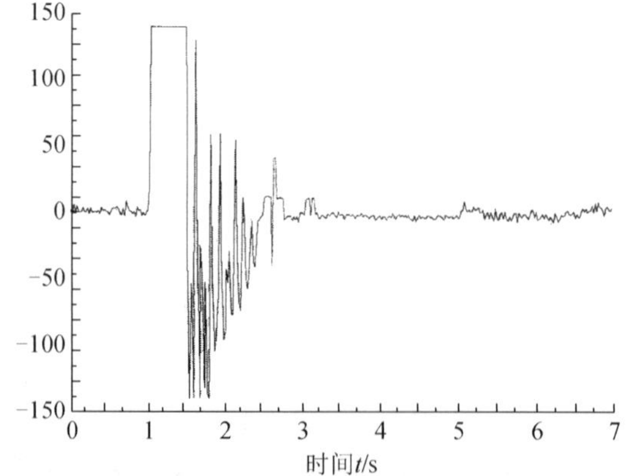

图 16　2R 末端有负载时第二杆融合控制电压输出图

实验数据如表 5 所示。第一阶段：1.0～1.5s，由于电机力矩的驱动，各杆根部均有较大变形，小幅振动。这个阶段均值和极值更能反映这一阶段大变形的特点。第二阶段：1.5～3.4s，伺服电机驱动力矩为 0，柔性机械臂利用惯性自由转动，同时振动衰减。这个阶段均值可以反映各杆振动的相对平衡位置，而标准差可以反映柔性杆振动过程中与相对平衡位置的偏移程度。由表 5 可以看出，施加了融合控制后，两个阶段的各项指标均有所下降。

表 5　实验数据分析表

参数			第一阶段应变值		第二阶段应变值	
			均值	极值	均值	标准差
一杆有负载		自由振动	7.068	8.571	-1.117	1.925
		融合控制	4.358	5.404	-0.808	1.387
		控制前后比值/%	61.65	63.05	72.30	72.04
两杆有负载	第一杆	自由振动	-121.190	-131.0	10.174	11.850
		融合控制	-94.952	-107.0	6.652	8.118
		控制前后比值/%	78.35	81.68	65.38	68.51
	第二杆	自由振动	22.286	25.0	-0.346	7.240
		融合控制	15.762	19.0	-0.198	4.992
		控制前后比值/%	70.73	76.00	57.19	68.94

但是两杆有负载的实验中，第一杆由于结构要求，厚度较大(1.8mm)，末端负载过重(1294.8g)，再加上驱动电源输出电压的限制和压电陶瓷自身输出力矩较小等原因，第一阶段振动抑制的效果一般。同时也反映出用压电陶瓷进行振动抑制，受动元件最好是薄壁杆件或者薄壁板材。

4. 结束语

运用模糊 PID 融合控制方法，通过搭建的实验装置实现了悬臂梁、1R 柔性机械臂、2R 柔性机械臂振动的主动控制。与传统控制方法相比，该方法不依赖柔性机械臂的动力学模型，算法简单，实时性好。对于非线性、复杂对象的控制具有响应快、鲁棒性好等优点。实验数据表明，在整个实验过程中模糊 PID 融合控制能够减小振动幅值，加快振动衰减；有负载的悬臂梁实验说明，在不同外界载荷作用下，不改变控制器的参数，此控制方法仍然具备良好的稳定性能，模糊 PID 融合控制对末端负载质量的变化表现出较好的适应性。

参考文献

[1] Book W J, Maizza-Netto O, Whitney D E. Feedback control of two beams, two joints system with distributed flexibility, ASME. Dyn. Sys. Meas. and Cont., 1975, 97(4): 424-431

[2] Crawley E F, de Luis J. Use of piezoelectric actuators as elements of intelligent structures. AIAA Journal, 1987, 25(10): 1373-1385

[3] Bailey T, Hubbard J r J E. Distributed piezoelectric-polymer active vibration control of a cantilever beam. Journal of Guidance Control and Dynamics, 1985, 8(5): 605-611

[4] Fanson J L, Caughey T K. Positive position feedback control for large space structures. AIAA Journal, 1990, 28(4): 717-724

[5] Song G, Schmidt S P, Agrawal B N. Experimental robustness study of positive position feedback control for active vibration suppression. Journal of Guidance Control and Dynamics, 2002, 25(1): 179-182

[6] 宋轶民，余跃庆，张策，等. 柔性冗余度机器人振动主动控制. 机械科学与技术，2002, 21(2): 210-212

[7] 邱志成，谢存禧，张洪华，等. 压电柔性机械臂的主动振动控制研究. 机器人，2004, 26(1): 45-48

[8] 吴大方，房元鹏，麦汗超，等. 压电智能柔性梁振动主动控制研究. 北京航空航天大学学报，2004, 30(2): 160-163

[9] 王小华，陈庆伟，胡维礼，等. 悬臂梁的振动抑制研究. 南京理工大学学报(自然科学版), 2002, 26(S1): 17-22

[10] 王洪福，曲东升，孙立宁，等. 两自由度柔性臂压电陶瓷抑振方案优化设计. 压电与声光，2003, 25(2): 118-121

(原载《中国机械工程》，2008，19(15)：1836-1841)

第 5 章　柔性机器人协调操作系统动力学分析与规划

引　　言

第 4 章讨论的柔性机器人研究是针对单个串联型机械臂展开的，虽然通过机器人内部冗余结构设计和外部控制策略两种途径，可以改善和提高柔性机器人的运动精度和动力特性，但毕竟单个串联机械臂在整体刚度方面的缺陷，使得机器人在运动及动力性能上还很难满足现代工业和科技的要求，其根本问题除了柔性机器人中构件本身的柔性变形以外，更主要的则是机器人通过关节串联成开链机械臂后使其整体刚度急剧降低，以及各部分误差及变形通过关节和连杆的积累和放大作用，这一问题即使对于刚性串联机器人也同样存在。因此，要解决这一问题，最关键的就是要增强机器人的整体刚度，最直接的方法就是，用多个机器人一起工作，构成机器人协调操作系统；或者将串联结构改变成并联结构，形成并联机器人。关于柔性并联机器人的问题将在第 6 章单独讨论，本章首先研究柔性机器人的协调操作问题。

此外，从机器人完成操作任务的角度来讲，如果要抓取形状不规则、有自由度、非刚性的负载以及需要在机器人手中转换几次的复杂作业等任务，单个机器人都是很难完成的，需要两个或多个机器人之间的协调操作才能实现。因此，开展机器人协调操作系统的研究显然是十分必要的，这也构成了机器人领域的一个重要研究方向。

在机器人协调操作方面，绝大多数研究都是局限在多个刚性机器人之间的协调操作范围内，而实际上，柔性机器人由于其构件本身就存在弹性或柔性变形，再加上串联机器人整体刚度过低，因此，柔性机器人比刚性机器人更加需要用协调操作的方式来提高其运动精度和动力性能。所以，开展多个柔性机器人协调操作的研究，无论是从柔性机器人理论研究的角度，还是从实际应用的角度，都具有重要意义，是符合机器人发展趋势的前沿课题。本章研究将柔性机器人与机器人协调操作两个领域有机结合起来，开辟柔性机器人协调操作这一新的研究方向。

机构冗余度可用来改善机器人的运动及动力学特性，如增加灵活性、躲避障碍、回避奇异、优化关节速度、加速度、力矩、能量等，同时，正如第 4 章所述，冗余度机器人与柔性机器人结合可以大大改善和提高单个柔性机器人的动力学性能，对于柔性机器人协调操作系统而言，如果系统中各柔性机械臂具有机构冗余度，即变成冗余度柔性机械臂时，整个协调操作系统自然就成为柔性冗余度机器人协调操作系统，它综合了冗余度机器人、柔性机器人和协调操作机器人的特点，显然，柔性冗余度机器人的优越性能将直接带到协调操作系统中，使机器人系统的运动及动力性能进一步提高。因此，开辟冗余度柔性机器人协调操作系统这一新的研究方向就成为顺理成章的事。本章把此新课题归纳到柔性机器人协调操作系统这一大的研究方向中，将研究工作向前推进一步。

柔性机器人协调操作系统是一个在柔性机器人内部各杆件之间、运动协调约束条件和动力协调约束条件之间、柔性机器人与负载之间，以及各柔性机器人之间具有高度耦合特性的复杂系统。刚性机器人协调操作时，其运动学分析可以完全脱离动力学单独进行，但是对于柔性机器人协调操作系统则有本质不同。柔性机器人位置的确定，不仅与柔性机器人相对应的刚性机器人名义位置有关，而且还与机械臂的柔性变形有关，它与机器人所受的外载、机器人的名义刚性运动参量(位置、速度及加速度等)、弹性运动参量(广义弹性坐标、速度及加速度等)密切相关，因此导致柔性机器人协调操作的运动学方程与动力学方程发生耦合。因此，正确建立柔性机器人协调操作系统动力学模型是一项十分困难的工作，但却又是开展整个研究的必要基础，本章首先在此方面进行探索。

开展柔性机器人协调操作研究的目的是使机器人具有更好的运动学和动力学性能，因此，在系统动力学模型建立之后，首先应该对该系统的运动及动力学特性进行深入分析，总结归纳出规律特征，然后以此为基础进一步提出柔性机器人协调操作的运动及动力规划策略。本章按照此思路开展了深入研究。

本章内容主要分为三个方面，共由 19 篇论文组成。

5.1 节建模仿真，主要研究柔性机器人协调操作系统动力学模型的建立方法，由 8 篇论文构成。其中，文 52～文 55 以机器人操作系统的运动学及动力学协调约束为基础，应用有限元法和 Lagrange 方程，分别建立了两柔性机器人协调操作刚性开环机构、闭链机构、刚性物体及柔性物体等多种形式负载的系统动力学模型，并针对系统动力学方程的性质及其求解方法进行深入讨论。文 56 提出了一种基于假设模态法的柔性机器人协调操作模型，有效降低了系统动力学方程的复杂程度，对系统控制的实现具有实用价值。文 57～文 59 根据被操作物体与作业环境的约束关系，分别讨论了考虑杆件柔性及关节柔性的机器人协调操作受环境约束负载这种更为复杂系统的动力学建模及分析方法，使得柔性机器人协调操作系统动力学建模与分析工作更加深入。

5.2 节特性分析，主要探索柔性机器人协调操作系统的动力学特性，由 5 篇论文构成。其中，文 60 讨论了柔性机器人协调操作的力可操作性问题，给出了机器人操作系统在满足给定驱动性能时广义操作力矢端的外边界条件。文 61 探讨了柔性机器人协调操作系统的承载能力问题，通过规划载荷分配系数，确定了协调操作系统的最优载荷分配比例和最大承载能力。文 62 研究了柔性机器人协调操作的效率问题，针对具有冗余驱动的柔性机器人协调操作系统，提高优化关节输入功率，改善了机器人系统的操作效率和动力特性。文 63 揭示了柔性机器人协调操作系统中材料、结构和几何参数与固有频率之间的内在关系。文 64 根据柔性机器人的变形特征，提出了变形度和变形能两项指标，用来评价柔性机器人协调操作系统的动力学性能。这些研究工作为开展柔性机器人协调操作系统的运动及动力规划与设计的研究提供了指导和依据。

5.3 节运动及动力规划，以 5.1 节和 5.2 节研究为基础，集中讨论了柔性机器人协调操作系统的运动及动力规划问题，由 6 篇论文构成。其中，文 65 在 5.2 节提出的变形度指标和变形能量度指标基础上，提出了改进的初始位形规划法、自运动规划法以及初始位形和自运动规划综合法，有效降低了冗余度柔性协调操作机器人系统的位置误差。文 66 以系统最大动应力及其分配为约束，提出了多目标规划法，对冗余度柔性协调操作机器人系统进行了动力学规划，有效地降低了机器人系统的驱动力矩、功率和最大动应力。文 67 提出了一种载荷分配方法，有效地解决了柔性机器人协调操作系统的冗余驱动问题。文 68 从规划载荷分配的角度改进了柔性机器人协调操作系统的承载能力和动力学性能。文 69 提出了一种运动补偿规划法，用来降低柔性机器人协调操作系统的运动误差。文 70 提出一种无内力载荷分配法，有效解决了柔性机器人协调操作系统的逆动力学及载荷分配问题。通过这些研究，柔性机器人协调操作系统的运动学及动力学特性得到了改善和提高。

柔性机器人协调操作动力学及规划作为机器人领域的一个研究新方向，所涉及的问题非常广泛，本章进行了一些基础性研究工作，但还有很多方面的问题值得进一步深入研究，如同时具有运动和操作力要求的系统逆动力学控制算法，工作空间边界(或奇异位形)附近的系统可操作性能分析，柔性机器人协调操作的轨迹跟踪与控制，基于作业的 MIMO 非线性时变系统控制策略及稳定性，复杂接触环境和受限物体的协调操作，冗余度柔性协调操作机器人在操作过程中的振动和操作结束后的残余振动抑制，柔性冗余度机器人协调操作系统的优化设计，多个柔性机器人组成的协调操作系统等。

5.1 建 模 仿 真

§52 两柔性机器人协调操作开环单自由度刚性负载的动力学建模与仿真

窦建武　余跃庆

（北京工业大学，北京　100022）

摘　要：刚性机器人协调操作含自由度刚性负载的运动学及动力学问题已得到了广泛的研究，但对于柔性臂机器人而言，此问题目前仍为空白。本文首次建立了柔性机器人协调操作开环单自由度负载的动力学模型，在柔性机器人协调操作的运动学及动力学协调约束基础上，利用有限元法和Lagrange方程，推导出系统的动力学方程，并成功给出了平面两3R柔性机械臂协调操作含R副开环单自由度刚性负载逆动力学问题的数值算例。

关键词：柔性机器人；协调操作；动力学模型

1. 引言

双机器人乃至多机器人的协调应用为解决操作重型负载、含自由度负载、柔性负载等复杂作业提供了有效的手段，但此方面的研究对象目前主要集中在刚性机器人系统或含弹性关节的机器人系统。随着人们对机器人在速度、精密性、轻型化等方面的要求越来越高，连杆采用轻质材料、关节采用谐波传动装置的柔性机器人动力学方面的研究日益成为机器人研究领域的热点课题之一，但目前其研究对象主要是单个柔性机器人。如何将以上两个机器人研究子领域的优势结合起来，使机器人既能满足高速、轻量化的要求，又能完成比较复杂的重载荷操作作业，则是柔性机器人协调操作所要研究的内容。

双臂协调是机器人协调操作中最简单的一种，其本质在于如何根据作业要求来确定双臂协调运动的约束条件及对应的运动控制规律[1]。Luh 等[2]研究了两刚性机械臂协调操作一把钳子的约束关系，导出了系统的位置约束、方向约束、速度约束等方程，Walker 等[3]研究了多机器人协调操作的运动分析及负载抓取内力的分配问题。对于非冗余度刚性机器人的协调操作而言，其运动学问题的在数学形式上是确定的，而且可以独立于动力学问题进行研究，但由于被操作负载所受的操作力空间的维数大于负载本身所需力平衡方程的个数，从而使其动力学问题在数学形式上是不确定的。对于这一不确定关系，多数学者采用一系列假设，或通过附加约束，或通过优化手段来加以确定[3,4-7]。但对于非冗余度柔性机器人系统而言，首先注意到柔性机器人运动状态的确定与两个因素有关：其一是柔性机器人的刚性名义运动；其二是机械臂的弹性变形运动。在柔性机器人系统刚性名义运动给定的条件下，柔性机械臂的变形和整个系统的运动状态及所受的负载之间需满足一定的物理约束条件，从而使得该系统动力学问题在数学形式上可确定。柔性机器人协调操作系统的上述特性又凸显出此类系统的两个区别于刚性机器人协调操作系统的本质特征：①柔性机器人协调操作系统的名义刚性位形不一定满足与之相应的刚性机器人协调操作系统的运动协调约束条件；②此类系统的运动学分析与动力学分析是耦合的，即运动学分析不能脱离动力学分析来单独进行。

基于以上认识，本文将利用有限元法和Lagrange方程建立两柔性机器人协调操作开环单自由度负载的动力学模型，探索其逆动力学问题的有效解法，并对两平面3R柔性机械臂协调操作含R副开环单自由度刚性负载进行动力学分析和数值仿真。

2. 模型建立

2.1　柔性机器人的名义刚性运动分析

柔性机器人的名义刚性位姿是进行柔性机器人动力学分析的刚性参考位姿，由于柔性机器人协调操作系统的名义刚性位形不一定满足与之相应的刚性机器人协调操作系统的运动协调约束条件，因此柔性机器人的名义刚性位姿也不一定与由目标任务所决定的刚性机器人的位姿相一致，下面分析两者之间的关系。

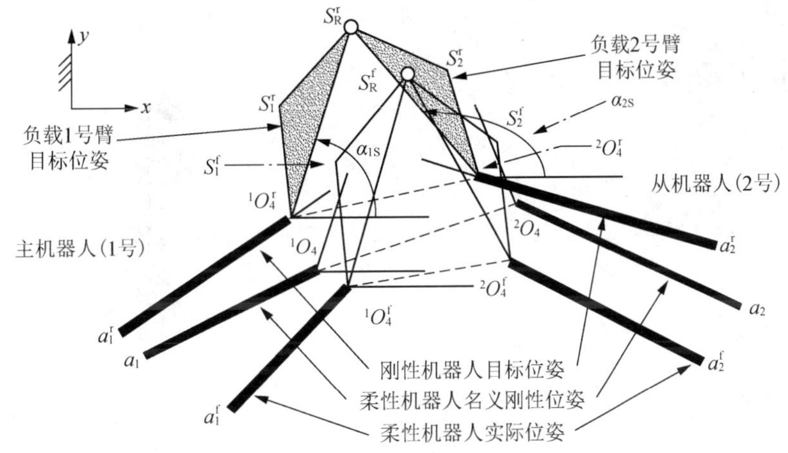

图 1　刚性机器人目标位姿、柔性机器人名义刚性位姿及柔性机器人实际位姿

图 1 表示了刚性机器人的目标位姿、柔性机器人的名义刚性位姿和柔性机器人的实际位姿在抓持部位之间的关系。其中，$^jO_4^rS_j^rS_R^r$ 为负载 j 号臂在目标位姿时的状态，S_R^r 为负载内部 R 副的目标位置，S_j^r 为负载 j 号臂质心的目标位置，上述各字母右上角标 r 表示刚性机器人在负载目标位置时的状态；$^jO_4^fS_j^fS_R^f$ 为负载 j 号臂在实际位姿时的状态，S_R^f 为负载内部 R 副的实际位置，S_j^f 为负载 j 号臂质心的实际位置，上述各字母右上角标 f 表示柔性机器人在负载实际位置时的状态；$^jO_4^r$、$^jO_4$、$^jO_4^f$ 分别为刚性机器人的抓持位置、柔性机器人的名义刚性抓持位置和柔性机器人的实际抓持位置；$a_j^r\,{}^jO_4^r$、$a_j\,{}^jO_4$ 分别为刚性机器人的末端杆件在负载目标状态时的位姿和柔性机器人末端杆件的名义刚性位姿，$a_j^f\,{}^jO_4^f$ 为柔性机器人在实际位姿时末端杆件中性层挠曲线在抓持点处的切线。上述 j=1,2 分别表示 1 号和 2 号机器人。

把 1 号、2 号机器人分别作为分析时的主、从机器人，它们分别紧固抓取负载 1 号、2 号臂，且抓持角 φ_{gj} 定义为由矢量 $a_j^r\,{}^jO_4^r$ 转向 $^jO_4^rS_R^r$ 的转角(逆时针为正)，其中，j=1,2。

当给定负载的目标运动参数时，刚性机器人系统的关节位形及运动状态也随之确定。设某时刻负载的目标位姿如图 1 所示，其中，S_R^r 目标坐标为$\left(S_{Rx}^r, S_{Ry}^r\right)^T$，目标速度为$\left(\dot{S}_{Rx}^r, \dot{S}_{Ry}^r\right)^T$，目标加速度为$\left(\ddot{S}_{Rx}^r, \ddot{S}_{Ry}^r\right)^T$，负载 1 号臂、2 号臂与系统惯性坐标系 x 轴正方向间的目标夹角分别为 α_{1S} 和 α_{2S}，目标角速度分别为 $\dot{\alpha}_{1S}$ 和 $\dot{\alpha}_{2S}$，目标角加速度分别为 $\ddot{\alpha}_{1S}$ 和 $\ddot{\alpha}_{2S}$，通过刚体运动学分析[3,6]，易求得两刚性机器人的相对关节角 $^j\theta_i^r$，相对关节速度 $^j\dot{\theta}_i^r$，相对关节加速度 $^j\ddot{\theta}_i^r$，其中，$j=1,2$ 表示第 j 号机器人，$i=1,2,3$ 表示相应机器人的第 i 号关节。由于柔性机器人的名义刚性运动不一定和与之相应的刚性机器人的运动一致，所以假设在刚性机器人关节位形基础上，增加一关节位移小量 $\Delta^j\theta_i$ （$j=1,2$，$i=1,2,3$），从而柔性机器人的名义刚性运动参数为：$^j\theta_i={}^j\theta_i^r+\Delta^j\theta_i$，$^j\dot{\theta}_i={}^j\dot{\theta}_i^r+\Delta^j\dot{\theta}_i$，$^j\ddot{\theta}_i={}^j\ddot{\theta}_i^r+\Delta^j\ddot{\theta}_i$（$j=1,2$，$i=1,2,3$）。如图 1 所示，柔性机器人名义刚性位形下的抓持点 $^jO_4$ 相对于刚性机器人目标

位置 ${}^{j}O_4^{\mathrm{r}}$ 的变化量为

$$ {}^{j}O_4^{\mathrm{r}}\,{}^{j}O_4 = \begin{pmatrix} \Delta^{j}x \\ \Delta^{j}y \end{pmatrix} = {}^{j}J^{\mathrm{r}} \cdot \left(\Delta^{j}\theta_1, \Delta^{j}\theta_2, \Delta^{j}\theta_3\right)^{\mathrm{T}} \tag{1} $$

式中，$j=1,2$，$i=1,2,3$，${}^{j}J^{\mathrm{r}}$ 为第 j 号刚性机器人在相应位形下的 Jacobian 矩阵，将式(1)两端分别对时间求一阶、二阶导数可得其速度和加速度。

设由主刚性机器人抓持点 ${}^{1}O_4^{\mathrm{r}}$ 指向从刚性机器人抓持点 ${}^{2}O_4^{\mathrm{r}}$ 的连接向量为 ${}^{1}O_4^{\mathrm{r}}\,{}^{2}O_4^{\mathrm{r}} = \left(C_x, C_y\right)^{\mathrm{T}}$，此向量的模为

$$ L_{\mathrm{p}} = \sqrt{{C_x}^2 + {C_y}^2} \tag{2} $$

方位角为 φ_{s}（即被操作物体的方位角），且

$$ \mathrm{tg}\varphi_{\mathrm{s}} = \frac{C_x}{C_y} \tag{3} $$

又设由主柔性机器人指向从柔性机器人的名义刚性抓持点的连接向量为

$$ {}^{1}O_4\,{}^{2}O_4 = \left(C_x + \Delta C_x, C_y + \Delta C_y\right)^{\mathrm{T}} $$

式中

$$ \Delta C_x = \Delta^{2}x - \Delta^{1}x, \quad \Delta C_y = \Delta^{2}y - \Delta^{1}y \tag{4} $$

此向量的模为 $L_{\mathrm{p}} + \Delta L_{\mathrm{p}}$，方位角为 $\varphi = \varphi_{\mathrm{s}} + \Delta\varphi_{\mathrm{s}}$，其中，$\Delta L_{\mathrm{p}}, \Delta\varphi_{\mathrm{s}}$ 可由对式(2)和式(3)全微分得到

$$ \Delta L_{\mathrm{p}} = \frac{C_x \cdot \Delta C_x + C_y \cdot \Delta C_y}{\sqrt{{C_x}^2 + {C_y}^2}} \tag{5} $$

$$ \Delta\varphi_{\mathrm{s}} = \frac{\Delta C_x \cdot C_y - \Delta C_y \cdot C_x}{{C_x}^2 + {C_y}^2} \tag{6} $$

在柔性机器人名义刚性位形时，设负载 j 号臂与系统惯性坐标系水平轴的夹角为 α_j（由于此位形不满足刚性机器人的运动协调约束条件，所以负载两臂的交线不在负载内部的 R 副处，此负载位形仅为一虚位形），且 $\alpha_j = \alpha_{j\mathrm{S}} + \Delta\alpha_{j\mathrm{S}}$，其中 j=1,2，由柔性机器人名义刚性位形的定义易得

$$ \Delta\alpha_{j\mathrm{S}} = \sum_{i=1}^{3}\left(\Delta^{j}\theta_i\right) \tag{7} $$

式中，$\Delta^{j}\theta_i$ 为校正输入量，提供了改善系统的性能可能性，它既可作为离线开环主控校正输入，也可作为在线闭环反馈校正输入，在一般的分析问题中可令其为 0。

2.2　柔性机器人的有限元模型

对图 2 中的两个 3R 柔性机器人进行单元划分，将每一个杆作为一个单元，整个系统共有 6 个单元。为表示统一，将整个系统的所有单元进行编号，由机架至夹持端，主机器人编为第 1～3 号单元，从机器人编为第 4～6 号单元。以各单元两端的横、纵向弹性位移，弹性转角以及曲率为广义坐标，并对每一单元内的横向弹性位移采用 5 次 Hermit 多项式位移场假设，纵向弹性位移采用线性位移场假设，则每个单元的弹性状态可由 8 个广义坐标确定[8]，利用 Lagrange 方程可求得每一单元在系统惯性坐标系下的单元弹性动力学方程为[5]

$$ \left[\hat{m}_i\right]\left\{\ddot{\hat{u}}_i\right\} + \left[\hat{c}_i\right]\left\{\dot{\hat{u}}_i\right\} + \left[\hat{k}_i\right]\left\{\hat{u}_i\right\} = \left\{f\hat{g}_i\right\} + \left\{f\hat{n}_i\right\} + \left\{f\hat{w}_i\right\} \tag{8} $$

式中，$i=1\sim 6$ 为第 i 单元；$\left[\hat{m}_i\right]$、$\left[\hat{c}_i\right]$、$\left[\hat{k}_i\right] \in \mathrm{R}^{8\times 8}$ 分别为单元的质量矩阵、阻尼矩阵、刚度矩阵；

$\{\hat{u}_i\}$、$\{\dot{\hat{u}}_i\}$、$\{\ddot{\hat{u}}_i\}\in \mathrm{R}^{8\times1}$ 分别为单元的广义坐标、广义速度、广义加速度；$\{f\hat{g}_i\}\in \mathrm{R}^{8\times1}$ 为单元在名义刚性位形下的刚性惯性力所对应的广义力；$\{f\hat{n}_i\}\in \mathrm{R}^{8\times1}$ 为由相邻单元及负载相互作用产生的广义力；$\{f\hat{w}_i\}\in \mathrm{R}^{8\times1}$ 为其他外载作用产生的广义力。

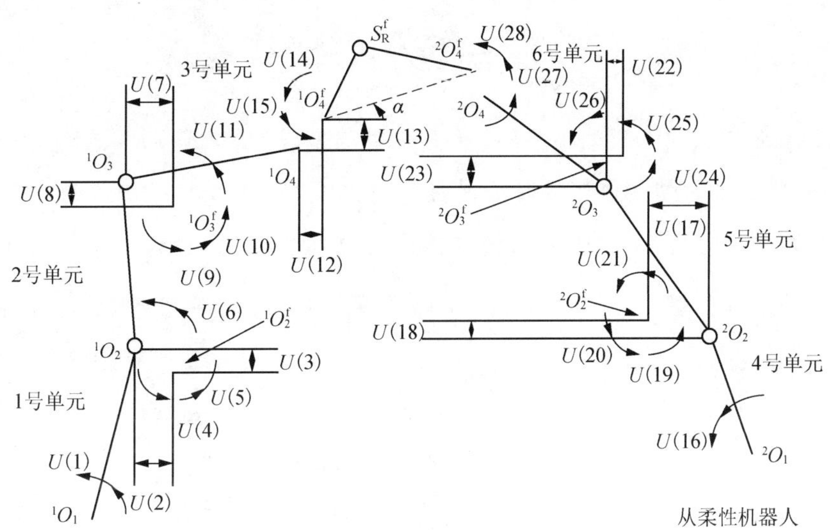

图 2　柔性机器人协调操作系统的有限元模型

2.3　柔性机器人协调操作的运动协调约束条件

如图 1 所示，${}^1O_4^{\mathrm{f}},{}^2O_4^{\mathrm{f}}$ 为柔性机器人的实际抓持点(对应于系统变形后的实际位形)，${}^1O_4,{}^2O_4$ 为柔性机器人的名义刚性抓持点(对应于柔性机器人协调操作系统的名义刚性位形)。下面分析两者之间的关系，导出系统的运动协调约束条件。

在柔性机器人的实际位形，设负载 j 号臂与系统惯性坐标系水平轴的夹角为 α_j^{f}，且 $\alpha_j^{\mathrm{f}}=\alpha_j+\varepsilon_{\alpha j}$，其中 j=1,2，因柔性臂紧固抓持负载，且由 2.2 中单元广义坐标设定的物理意义可得

$$\varepsilon_{\alpha1}=\hat{u}_3(7),\qquad \varepsilon_{\alpha2}=\hat{u}_6(7) \tag{9}$$

同时还有

$${}^1O_4\,{}^1O_4^{\mathrm{f}}=\begin{pmatrix}\hat{u}_3(5)\\ \hat{u}_3(6)\end{pmatrix} \tag{10}$$

$${}^2O_4\,{}^2O_4^{\mathrm{f}}=\begin{pmatrix}\hat{u}_6(5)\\ \hat{u}_6(6)\end{pmatrix} \tag{11}$$

对于不规则五边形 ${}^1O_4\,{}^1O_4^{\mathrm{f}}S_{\mathrm{R}}^{\mathrm{f}}\,{}^2O_4^{\mathrm{f}}\,{}^2O_4$，其封闭性条件为

$$\left({}^1O_4\,{}^1O_4^{\mathrm{f}}+{}^1O_4^{\mathrm{f}}S_{\mathrm{R}}^{\mathrm{f}}\right)-\left({}^2O_4\,{}^2O_4^{\mathrm{f}}+{}^2O_4^{\mathrm{f}}S_{\mathrm{R}}^{\mathrm{f}}\right)={}^1O_4\,{}^2O_4 \tag{12}$$

将式(12)在系统坐标系的两个方向投影，并将式(9)～式(11)代入，则有

$$\begin{aligned}&\begin{pmatrix}\hat{u}_3(5)\\ \hat{u}_3(6)\end{pmatrix}+L_{\mathrm{p1}}\cdot\begin{pmatrix}\cos(\alpha_{1\mathrm{S}}+\Delta\alpha_{1\mathrm{S}}+\hat{u}_3(7))\\ \sin(\alpha_{1\mathrm{S}}+\Delta\alpha_{1\mathrm{S}}+\hat{u}_3(7))\end{pmatrix}+(-L_{\mathrm{p2}})\cdot\begin{pmatrix}\cos(\alpha_{2\mathrm{S}}+\Delta\alpha_{2\mathrm{S}}+\hat{u}_6(7))\\ \sin(\alpha_{2\mathrm{S}}+\Delta\alpha_{2\mathrm{S}}+\hat{u}_6(7))\end{pmatrix}+\begin{pmatrix}-\hat{u}_6(5)\\ -\hat{u}_6(6)\end{pmatrix}\\&=(L_{\mathrm{p}}+\Delta L_{\mathrm{p}})\cdot\begin{pmatrix}\cos(\varphi_{\mathrm{s}}+\Delta\varphi_{\mathrm{s}})\\ \sin(\varphi_{\mathrm{s}}+\Delta\varphi_{\mathrm{s}})\end{pmatrix}\end{aligned} \tag{13}$$

将式(13)等号左端第 2、3 项分别在 $\alpha_{1\mathrm{S}}$、$\alpha_{2\mathrm{S}}$ 点，等号右端第 1 项在 $(\varphi_{\mathrm{s}},L_{\mathrm{p}})$ 点，按 Talor 级数展开且取一阶近似，经整理后得

$$\begin{pmatrix}\hat{u}_6(5)\\ \hat{u}_6(6)\end{pmatrix}=\begin{pmatrix}\hat{u}_3(5)\\ \hat{u}_3(6)\end{pmatrix}+L_{\mathrm{p}1}\cdot\begin{pmatrix}-\sin(\alpha_{1\mathrm{S}})\cdot\hat{u}_3(7)\\ \cos(\alpha_{1\mathrm{S}})\cdot\hat{u}_3(7)\end{pmatrix}+(-L_{\mathrm{p}2})\cdot\begin{pmatrix}-\sin(\alpha_{2\mathrm{S}})\cdot\hat{u}_6(7)\\ \cos(\alpha_{2\mathrm{S}})\cdot\hat{u}_6(7)\end{pmatrix}$$
$$+L_{\mathrm{p}1}\cdot\begin{pmatrix}-\sin(\alpha_{1\mathrm{S}}))\\ \cos(\alpha_{1\mathrm{S}})\end{pmatrix}\cdot\Delta\alpha_{1\mathrm{S}}+(-L_{\mathrm{p}2})\cdot\begin{pmatrix}-\sin(\alpha_{2\mathrm{S}})\\ \cos(\alpha_{2\mathrm{S}})\end{pmatrix}\cdot\Delta\alpha_{2\mathrm{S}} \tag{14}$$
$$-\Delta L_{\mathrm{p}}\cdot\begin{pmatrix}\cos(\varphi_{\mathrm{s}}+\Delta\varphi_{\mathrm{s}})\\ \sin(\varphi_{\mathrm{s}}+\Delta\varphi_{\mathrm{s}})\end{pmatrix}-L_{\mathrm{p}}\cdot\begin{pmatrix}-\sin(\varphi_{\mathrm{s}})\\ \cos(\varphi_{\mathrm{s}})\end{pmatrix}\cdot\Delta\varphi_{\mathrm{s}}$$

式中，$L_{\mathrm{p}j}=\left\|{}^{j}O_4^{r}S_R^{r}\right\|$（$j=1,2$）为负载不变参数，其余各项见式(2)、式(3)和式(5)～式(7)。

式(14)即为柔性机器人协调操作含 R 副开环单自由度负载时的运动协调约束条件。

2.4　被操作物体动力学方程与柔性机器人协调操作的动力协调约束条件

设负载 1、2 号臂质心 S_1^{f}、S_2^{f} 在系统惯性坐标系下的实际坐标分别为$\left(S_{1x}^{\mathrm{f}},\ S_{1y}^{\mathrm{f}}\right)^{\mathrm{T}}$、$\left(S_{2x}^{\mathrm{f}},\ S_{2y}^{\mathrm{f}}\right)^{\mathrm{T}}$，实际方位角分别为$\alpha_1^{\mathrm{f}}$、$\alpha_2^{\mathrm{f}}$，又设$a_{j1}=\left\|{}^{j}O_4^{\mathrm{f}}S_j^{\mathrm{f}}\right\|$，$j=1,2$，如图 1 所示则有

$$\begin{pmatrix}S_{jx}^{\mathrm{f}}\\ S_{jy}^{\mathrm{f}}\\ \alpha_1^{\mathrm{f}}\end{pmatrix}=\begin{pmatrix}X_{j\mathrm{O}4}+\hat{u}_{3\times j}(5)+a_{j1}\cdot\cos(\alpha_j+\hat{u}_{3\times j}(7))\\ Y_{j\mathrm{O}4}+\hat{u}_{3\times j}(6)+a_{j1}\cdot\sin(\alpha_j+\hat{u}_{3\times j}(7))\\ \alpha_j+\hat{u}_{3\times j}(7)\end{pmatrix} \tag{15}$$

式中，$j=1,2$；$\left(X_{j\mathrm{O}4},\ Y_{j\mathrm{O}4}\right)^{\mathrm{T}}$为在名义刚性位形时第$j$号柔性机器人第 3 单元末端点${}^{j}O_4$在系统惯性坐标系下的坐标。

式(15)左右两边分别对时间求一阶、二阶导数，并注意到$\hat{u}_{3\times j}(7)$的值相对于α_j的变化来说是小量，可得

$$\begin{pmatrix}\ddot{S}_{jx}^{\mathrm{f}}\\ \ddot{S}_{jy}^{\mathrm{f}}\\ \ddot{\alpha}_1^{\mathrm{f}}\end{pmatrix}=\begin{pmatrix}\ddot{X}_{j\mathrm{O}4}+\ddot{\hat{u}}_{3\times j}(5)-a_{j1}\cdot\cos(\alpha_j)\cdot(\alpha_j)^2-a_{j1}\cdot\sin(\alpha_j)\cdot\ddot{\alpha}_j-a_{j1}\cdot\sin(\alpha_j)\cdot\ddot{\hat{u}}_{3\times j}(7)\\ \ddot{Y}_{j\mathrm{O}4}+\ddot{\hat{u}}_{3\times j}(6)-a_{j1}\cdot\sin(\alpha_j)\cdot(\alpha_j)^2+a_{j1}\cdot\cos(\alpha_j)\cdot\ddot{\alpha}_j+a_{j1}\cdot\cos(\alpha_j)\cdot\ddot{\hat{u}}_{3\times j}(7)\\ \ddot{\alpha}_j+\ddot{\hat{u}}_{3\times j}(7)\end{pmatrix} \tag{16}$$

设负载两臂的质量分别为$m_{\mathrm{S}1}$和$m_{\mathrm{S}2}$，对各自质心的转动惯量分别为$I_{\mathrm{S}1}$和$I_{\mathrm{S}2}$，利用 Newton-Euler 方程，可求得负载两臂的动力学方程为

$$\begin{bmatrix}m_{\mathrm{S}j}&0&0\\0&m_{\mathrm{S}j}&0\\0&0&I_{\mathrm{S}j}\end{bmatrix}\cdot\begin{pmatrix}\ddot{S}_{jx}^{\mathrm{f}}\\ \ddot{S}_{jy}^{\mathrm{f}}\\ \ddot{\alpha}_j^{\mathrm{f}}\end{pmatrix}=\begin{pmatrix}\sum F_{j\mathrm{r}x}\\ \sum F_{j\mathrm{r}y}\\ \sum M_{j\mathrm{r}}\end{pmatrix}+\begin{pmatrix}\sum F_{j\mathrm{p}x}\\ \sum F_{j\mathrm{p}y}\\ \sum M_{j\mathrm{p}}\end{pmatrix}+\begin{pmatrix}\sum F_{j\mathrm{w}x}\\ \sum F_{j\mathrm{w}y}\\ \sum M_{j\mathrm{w}}\end{pmatrix} \tag{17}$$

式中，$j=1,2$；$\ddot{S}_{jx}^{\mathrm{f}}$、$\ddot{S}_{jy}^{\mathrm{f}}$、$\ddot{\alpha}_j^{\mathrm{f}}$见式(16)；$\sum F_{j\mathrm{w}x}$、$\sum F_{j\mathrm{w}y}$、$\sum M_{j\mathrm{w}}$为其他外力作用于负载$j$号臂的合外力分量和合外力矩；$\sum F_{j\mathrm{r}x}$、$\sum F_{j\mathrm{r}y}$、$\sum M_{j\mathrm{r}}$为机器人对负载$j$号臂的夹持合力分量与夹持合力矩；$\sum F_{j\mathrm{p}x}$、$\sum F_{j\mathrm{p}y}$、$\sum M_{j\mathrm{p}}$为另一只负载臂通过负载内部 R 副对负载$j$号臂的合力分量和合力矩，且有

$$\sum F_{j\mathrm{r}x}=-\hat{fn}_{3\times j}(5) \tag{18}$$

$$\sum F_{j\mathrm{r}y}=-\hat{fn}_{3\times j}(6) \tag{19}$$

$$\sum M_{j\mathrm{r}}=-\hat{fn}_{3\times j}(7)+\begin{pmatrix}-\hat{fn}_{3\times j}(5)\\ -\hat{fn}_{3\times j}(6)\end{pmatrix}^{\mathrm{T}}\cdot\begin{pmatrix}\sin(\alpha_j^{\mathrm{f}}+\gamma_{j1})\\ -\cos(\alpha_j^{\mathrm{f}}+\gamma_{j1})\end{pmatrix}\cdot a_{j1} \tag{20}$$

$$\sum F_{1\mathrm{p}x}=-\sum F_{2\mathrm{p}x} \tag{21}$$

$$\sum F_{1py} = -\sum F_{2py} \tag{22}$$

$$\sum M_{jp} = \begin{pmatrix} \sum F_{jpx} \\ \sum F_{jpy} \end{pmatrix}^{T} \cdot \begin{pmatrix} \sin(\alpha_j^f + \gamma_{j2}) \\ -\cos(\alpha_j^f + \gamma_{j2}) \end{pmatrix} \cdot a_{j2} \tag{23}$$

式中，$j=1,2$；γ_{j1} 为矢量 ${}^jO_4^fS_R^f$ 与 ${}^jO_4^fS_j^f$ 之间的夹角；γ_{j2} 为矢量 ${}^jO_4^fS_R^f$ 与 $S_R^fS_j^f$ 之间的夹角；$a_{j2}=\left\|S_R^fS_j^f\right\|$，且均为负载不变参数。

式(17)～式(23)即为柔性机器人协调操作含 R 副开环单自由度负载的动力协调约束条件。

2.5　约束条件与系统动力学方程的建立

式(8)中有 6 组共 48 个方程，式(17)中有 2 组共 6 个方程，整个系统共有 54 个方程，它们之间不是独立的，还要受到单元间的连接约束条件和柔性机器人协调操作的协调约束条件的限制。由于系统存在刚体自由度，因此，这组包含一系列约束的动力学方程的刚度矩阵是奇异的，为避免奇异，同时也为了尽量减少系统广义坐标的维数，我们将在柔性臂的驱动节点处采用瞬时结构假定，并把系统所受的约束条件代入系统动力学方程之中。

考虑到单元节点处的运动连接约束条件和系统的运动协调约束条件，设立如图 2 所示的 28 个系统广义坐标 $\{U\}_{28\times1}$，并把单元广义坐标转换为相应的系统广义坐标，再将系统的运动协调约束条件式(14)及动力协调约束条件式(17)～式(23)代入式(8)，经整理合并，得到一个不显含内力，在数学上完备的柔性机器人协调操作系统的动力学方程：

$$[M]\cdot\{\ddot{U}\}+[C]\cdot\{\dot{U}\}+[K]\cdot\{U\}=\{F_w\}+\{F_g\} \tag{24}$$

式中，$[M]$、$[C]$、$[K]\in R^{28\times28}$ 分别为系统的质量矩阵、阻尼矩阵、刚度矩阵且均为非对称矩阵；$\{\ddot{U}\}$、$\{\dot{U}\}$、$\{U\}\in R^{28\times1}$ 分别为系统的广义加速度、广义速度、广义坐标向量；$\{F_w\}\in R^{28\times1}$ 为与外加负载有关的系统广义力向量；$\{F_g\}\in R^{28\times1}$ 为与系统名义刚性惯性参数有关的广义力向量。

式(24)即为整个系统的动力学方程，它既不显含系统内部各单元之间及其与负载之间的相互作用的内力，又不显含系统外部无功约束对系统作用的外力，仅与柔性机器人的初始位形以及负载的目标任务有关。

3. 数值仿真

逆动力学所要解决的问题是：已知被操作物体的目标位姿(轨迹)，求跟踪此轨迹所需的驱动力(或力矩)。这里以两平面 3R 柔性机器人操作含 R 副开环单自由度刚性负载，在规定的时间内完成预定(质心)轨迹运动及方位转动的逆动力学任务为例，来说明本方法的正确性与有效性。柔性机器人系统参数、负载参数、目标任务参数分别见表 1～表 3。

通过仿真分析得到的负载内部 R 副 S_R^r 的运动误差和负载两臂的转角误差随时间变化的规律如图 3 所示，各关节的驱动力矩随时间的变化规律如图 4 所示。

表 1　柔性机器人系统参数

	基座位置坐标	第 1 杆杆长 L_1/m	第 2 杆杆长 L_2/m	第 3 杆杆长 L_3/m	材料	密度 $\rho/(kg\cdot m^{-3})$	弹性模量 E/Pa	弹性模量 G/Pa	截面形状	截面长度 a/m	截面宽度 b/m	Rayle-igh 阻尼系数 β_1	Rayle-igh 阻尼系数 β_2	抓持角 φ_{gj}/rad
主柔性机器人	$\begin{pmatrix}0\\0\end{pmatrix}$	1.5	1.5	0.45	铝	2710	6.77×10^{10}	2.60×10^{10}	矩形	0.01	0.01	0.03	0.03	$\frac{\pi}{3}$
从柔性机器人	$\begin{pmatrix}3\\0\end{pmatrix}$	1. 5	1.5	0.45	铝	2710	6.77×10^{10}	2.60×10^{10}	矩形	0.01	0.01	0.03	0.03	$-\frac{\pi}{3}$

表 2　负载参数

j	m_{Sj} /kg	I_{Sj} /(kg·m^2)	a_{j1}	a_{j2}	L_{pj}	γ_{j1} /rad	γ_{j2} /rad
1	0.125	0.05	0.1	0.1	0.2	0	π
2	0.125	0.05	0.1	0.1	0.2	0	−π

表 3　目标任务参数

S_R^r 轨迹方程	S_R^r 起点坐标/m	S_R^r 终点坐标/m	α_{S1} (顺时针转)/rad	α_{S2} (顺时针转)/rad	总操作时间 T_s/s	起动耗时 T_q/s	制动耗时 T_z/s
$y=0.5+0.5\cdot x$	$\begin{pmatrix}2.0\\1.5\end{pmatrix}$	$\begin{pmatrix}1.1\\1.05\end{pmatrix}$	$\frac{\pi}{6}$，当 t=0 时 $-\frac{\pi}{3}$，当 $t=T_s$ 时	$-\frac{\pi}{3}$，当 t=0 时 $\frac{\pi}{3}$，当 $t=T_s$ 时	4	0.4	0.4

起动线(角)速度规律 $0<t<T_q$	匀速线(角)速度运动规律 $T_q<t<T_s-T_z$	制动线(角)速度规律 $T_s-T_z<t<T_s$
$v=\frac{[\cos(t/T_q\cdot\pi+\pi)+1]}{2}\cdot V_c$	$v=V_c$	$v=\frac{\cos\{[t-(T_s-T_z)]\cdot\pi/T_z\}+1}{2}\cdot V_c$

注：V_c 可由目标任务的其他参数唯一确定，对 S_{RX}^r 为−0.2500，对 S_{RY}^r 为−0.1250，对 α_{S1} 为−1.0181，对 α_{S2} 为−0.7272

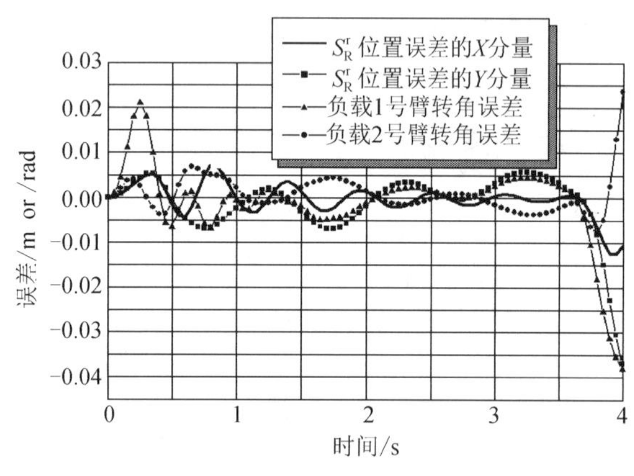

图 3　负载内部 R 副位置误差及两臂转角误差

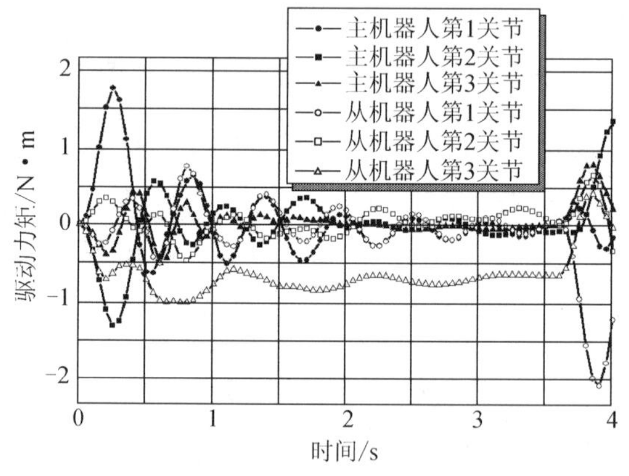

图 4　各关节驱动力矩

由图 3 和图 4 可看出：负载内部 R 副 X 方向的误差达 12mm，Y 方向的误差达 38mm，负载 1 号臂的转角误差达 0.038rad，负载 2 号臂的转角误差达 0.024rad，这说明机械臂柔性这一物理特性对于机器人协调操作的精度有十分重要的影响；另外，在启动和制动区段，驱动力矩和误差的振荡都很大，这是因为给定的目标任务在启动和制动区段的运动变化最剧烈，从力和能量的角度看，相当于系统在短时间内受到了一定的冲击，仿真结果在这点上正确反映了系统的物理本质，也表明启动及制动规律对于系统的操作精度有十分重要的影响。

4. 结论

本文在对柔性机器人协调操作本质特性分析的基础上，利用有限元法和 Lagrange 方程，首次建立了两 3R 柔性机器人协调操作含 R 副开环单自由度刚性负载的动力学模型，并对其逆动力学问题给出了相应的数值算例，结果说明本文提出的方法是正确、有效的。通过仿真分析表明，机械臂的柔性和目标任务的启动及制动规律对柔性机器人协调操作的精度有十分重要的影响。本模型的建立为今后柔性机器人协调操作系统设计与控制的研究奠定了基础。

致谢

在此对北京市科委有关项目的大力支持表示感谢。

参考文献

[1] 蒋新松. 机器人及机器人学中的控制问题. 机器人，1990, 12(5): 1-13

[2] Luh J Y S, Zheng Y F. Constrained relations between two coordinated industrial robots for motion control. Int. J. Robotics Research, 1987, 6(3): 60-70

[3] Walker I D, Freeman R A, Marcus S I. Analysis of motion and internal loading of objects grasped by multiple cooperating manipulators, Int. J. Robotics Research, 1991, 10(4): 396-409

[4] Murray R M, Li Z X, Shankar Sastry S. A Mathematical Introduction to Robotic Manipulation CRC Press, Inc., 2000 Corporate Blvd., N.W., Boca Raton, Florida 33431, USA. 1994

[5] Nakamura Y, Nagai K, Yoshikawa T. Mechanics of coordinative manipulation by multiple robotic mechanisms. Proc. of IEEE Conf. on Rob. and Auto., Mar.-Apr. 1987: 991-998

[6] Walker I, Marcus S, Freeman R. Distribution of dynamic loads for multiple cooperating robot manipulators. J. of Rob. Sys., 1989, 6(1): 35-47

[7] Djurovic M, Vukobratovic M. A contribution to dynamic modeling of cooperative manipulating. Mech. Mach. Theory, 1990, 25(4): 407-416

[8] 张策，等，弹性连杆机构的分析与综合. 2 版. 北京：机械工业出版社，1997

[9] 熊有伦，机器人学. 北京：机械工业出版社，1993

[10] 窦建武，余跃庆，两柔性机器人协调操作的动力学模型及其逆动力学分析. 机器人(录用待刊)，1999

（原载《机器人》1999, 21(7): 672-681）

§53 基于目标运动规划的柔性机器人协调操作闭链刚性负载的动力学模型

窦建武 余跃庆

（北京工业大学，北京 100022）

摘 要：关于多个刚性机器人协调操作闭链负载，目前已在其运动学方面有了一些研究，但在柔性机器人领域中，对此问题的研究尚未展开。本文在对闭链负载机构运动微分关系线性化基础上，利用有限元法和 Lagrange 方程，推导出柔性机器人协调操作系统的运动学及动力学协调约束条件，建立了系统的动力学方程，并给出了平面两个 3R 柔性机械臂协调操作平面刚性四杆机构完成目标运动规划任务的逆动力学问题的数值算例。

关键词：柔性机器人；协调操作；闭链；动力学

1. 引言

随着机器人在速度、精密性、承载能力和自重等方面的要求越来越高，柔性机器人的研究日益成为热点课题之一，但对于单个柔性机器人而言，由于其自身刚性较差，不能完成复杂的操作作业，因此多个柔性机器人的协调操作势必成为研究和应用的发展趋势。文献[1]和文献[2]分别建立了平面两个柔性机器人协调操作无自由度刚性负载和开链单自由度刚性负载的动力学模型，分析了柔性机器人协调操作区别于刚性机器人协调操作的本质特性，给出了各自逆动力学问题的解决方案，为柔性机器人协调操作的研究奠定了基础。

本文将对两个柔性机器人协调操作闭链刚性负载的动力学问题进行研究。由于负载本身为闭链机构，所以整个系统在拓扑结构上为多环机构，为建立描述这一复杂系统的动力学方程，需要综合考虑柔性机器人内部各杆件之间、负载内部各杆件之间、柔性机器人与负载之间的运动学及动力学耦合关系。本文将在对闭链负载机构运动微分关系线性化基础上，利用有限元法和 Lagrange 方程，导出柔性机器人协调操作系统的运动学及动力学协调约束条件，建立系统的动力学方程，并给出平面两个 3R 柔性机械臂协调操作平面刚性四杆机构完成目标运动规划任务的逆动力学问题的数值算例。

2. 模型建立

2.1 柔性机器人的有限元模型

图 1 为两个 3R 机器人紧固抓取刚性四杆机构负载的示意图。实线表示刚性机器人的目标位姿，虚线表示柔性机器人的名义刚性位姿(即柔性机器人的零变形位姿)。当给定闭链负载的目标运动状态时，由刚性机器人协调操作系统的逆运动学分析易求得两刚性机器人的相对关节角 ${}^j\theta_i^r$，相对关节速度 ${}^j\dot{\theta}_i^r$ 和相对关节加速度 ${}^j\ddot{\theta}_i^r$，其中，j=1, 2 表示第 j 号机器人，i=1, 2, 3 表示相应机器人的第 i 号关节。由于柔性机器人协调操作系统的名义刚性位形不一定满足与之相应的刚性机器人协调操作系统的运动协调约束条件[5, 6]，所以假设在刚性关节角基础上再增加一个关节位移小量 $\Delta{}^j\theta_i^r$，由文献[1]和文献[2]可知：由主柔性机器人的名义刚性抓持点 ${}^1O_4$ 指向从柔性机器人的名义刚性抓持点 ${}^2O_4$ 的连接向量 ${}^1O_4{}^2O_4$ 的模和转角分别为

$$\left\|{}^1O_4{}^2O_4\right\| = L_\mathrm{p} + \Delta L_\mathrm{p}\left({}^j\theta_i, \Delta{}^j\theta_i\right) \tag{1}$$

$$\mathrm{Arg}\left({}^1O_4{}^2O_4\right) = h_\mathrm{s} + \Delta h_\mathrm{s}\left({}^j\theta_i, \Delta{}^j\theta_i\right) \tag{2}$$

式中，L_p、h_s 分别为向量 ${}^1O_4^r{}^2O_4^r$ 的模和转角，如图 1 所示；ΔL_p、Δh_s 为与 ${}^j\theta_i$ 及 $\Delta{}^j\theta_i$ 有关的量[2, 3]；$\Delta{}^j\theta_i$ 为校正输入量，在一般分析中可令其为 0。

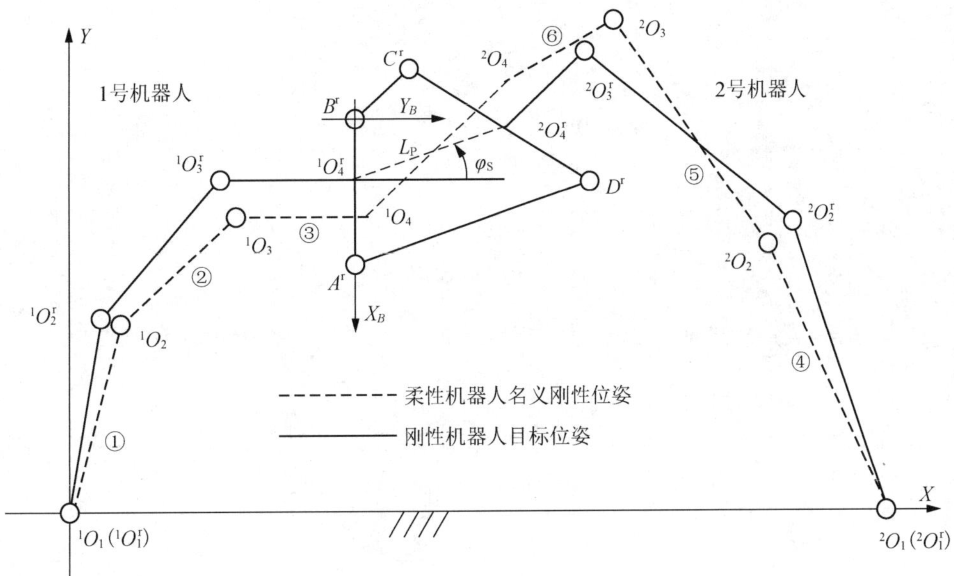

图 1　刚性机器人的目标位姿和柔性机器人的名义刚性位姿

对如图 1 所示的两个 3R 机器人进行单元划分，以每一杆作为一个单元(各单元的编号为①～⑥)，以各单元两端的横、纵向弹性位移、弹性转角及曲率作为各单元的广义坐标，利用 Lagrange 方程可求得各单元在系统惯性坐标系下的单元弹性动力学方程为[3]

$$\hat{\boldsymbol{m}}_i\ddot{\hat{\boldsymbol{u}}}_i+\hat{\boldsymbol{c}}_i\dot{\hat{\boldsymbol{u}}}_i+\hat{\boldsymbol{k}}_i\hat{\boldsymbol{u}}_i=\boldsymbol{f}_{\hat{g}_i}+\boldsymbol{f}_{\hat{n}_i}+\boldsymbol{f}_{\hat{w}_i},\qquad i=1\sim 6 \tag{3}$$

式中，$\hat{\boldsymbol{m}}_i$、$\hat{\boldsymbol{c}}_i$、$\hat{\boldsymbol{k}}_i\in\mathbf{R}^{8\times 8}$ 分别为单元的质量矩阵、阻尼矩阵、刚度矩阵；$\hat{\boldsymbol{u}}_i$、$\dot{\hat{\boldsymbol{u}}}_i$、$\ddot{\hat{\boldsymbol{u}}}_i\in\mathbf{R}^{8\times 1}$ 分别为单元的广义坐标、广义速度、广义加速度；$\boldsymbol{f}_{\hat{g}_i}\in\mathbf{R}^{8\times 1}$ 为单元在名义刚性位形下的刚性惯性力所对应的广义力；$\boldsymbol{f}_{\hat{n}_i}\in\mathbf{R}^{8\times 1}$ 由相邻单元及负载相互作用而产生的广义力；$\boldsymbol{f}_{\hat{w}_i}\in\mathbf{R}^{8\times 1}$ 为其他外载作用所产生的广义力。

2.2　闭链负载机构运动微分关系

设闭链负载在某时刻的目标位姿为 $A^rB^rC^rD^r$ (图 1)，完全确定其运动状态需要四个独立的变量，这由负载的目标运动规划任务给定。图 1 中，$^1O_4^r$、$^2O_4^r$ 为两个刚性机器人的抓持位置，抓持角分别为 h_{1g},h_{2g} (图 2)，以 B^r 为原点、B^rA^r 为 X 轴正方向，在 B^rA^r 杆上建立负载的运动参考坐标系 $\sum X_BB^rY_B$，设 B^rC^r、C^rD^r、A^rD^r 与 X_B 正向的夹角分别为 h_1^r、h_2^r、h_3^r，又设 B^rA^r、B^rC^r、C^rD^r、A^rD^r 与系统惯性坐标系 X 轴正向的夹角分别为 h_a^r,h_b^r,h_c^r,h_d^r，则它们之间的关系为

$$\begin{bmatrix}h_1^r\\h_2^r\\h_3^r\end{bmatrix}=\begin{bmatrix}-1&1&0&0\\-1&0&1&0\\-1&0&0&1\end{bmatrix}\begin{bmatrix}h_a^r\\h_b^r\\h_c^r\\h_d^r\end{bmatrix}+\begin{bmatrix}\pi\\0\\\pi\end{bmatrix} \tag{4}$$

对式(4)两端求微分得

$$\begin{bmatrix}Wh_1\\Wh_2\\Wh_3\end{bmatrix}=\begin{bmatrix}-1&1&0&0\\-1&0&1&0\\-1&0&0&1\end{bmatrix}\begin{bmatrix}Wh_a\\Wh_b\\Wh_c\\Wh_d\end{bmatrix} \tag{5}$$

由弹性广义坐标的设定及分析可知：在柔性机器人协调操作系统中，闭链负载中的 A^fB^f 和 D^fC^f 相对于其目标位姿 A^rB^r 和 D^rC^r 的转角变化量分别为

$$
\begin{aligned}
Wh_a &= \hat{u}_3(7) + \sum_{i=1}^{3} \Delta^1 \theta_i \\
Wh_c &= \hat{u}_6(7) + \sum_{i=1}^{3} \Delta^2 \theta_i
\end{aligned} \tag{6}
$$

将式(6)代入式(5)中第 2 式得

$$
Wh_2 = \hat{u}_3(7) - \hat{u}_6(7) + \sum_{i=1}^{3} \Delta^1 \theta_i - \sum_{i=1}^{3} \Delta^2 \theta_i \tag{7}
$$

在负载运动参考坐标系$\sum X_B B^{\mathrm{r}} Y_B$中，$h_1^{\mathrm{r}}$，$h_3^{\mathrm{r}}$与$h_2^{\mathrm{r}}$的关系可由$A^{\mathrm{r}}B^{\mathrm{r}}C^{\mathrm{r}}D^{\mathrm{r}}$环方程求得

$$
\begin{aligned}
h_3^{\mathrm{r}} &= 2\arctan\left(\frac{B \pm \overline{A^2 + B^2 + D^2}}{A^2 - D^2}\right) \\
h_1^{\mathrm{r}} &= \arctan\left(\frac{B + l_3 \sin(h_3^{\mathrm{r}})}{A + l_3 \cos(h_3^{\mathrm{r}})}\right)
\end{aligned} \tag{8}
$$

式中，$A = l_4 - l_2 \cos(h_2^{\mathrm{r}})$；$B = -l_2 \sin(h_2^{\mathrm{r}})$；$D = \dfrac{A^2 + B^2 + {l_3}^2 - {l_1}^2}{2l_3}$；且式中的正、负号可由机构运动的连续性条件决定。

将式(8)两端分别对时间求一阶导数得

$$
\begin{pmatrix} \dot{h}_1^{\mathrm{r}} & \dot{h}_3^{\mathrm{r}} \end{pmatrix}^{\mathrm{T}} = J_{\mathrm{p}}^{\mathrm{r}} \dot{h}_2^{\mathrm{r}} \tag{9}
$$

式中，$J_{\mathrm{p}}^{\mathrm{r}}$为负载运动参考坐标系$\sum X_B B^{\mathrm{r}} Y_B$中$h_1^{\mathrm{r}}$、$h_3^{\mathrm{r}}$相应于$h_2^{\mathrm{r}}$的 Jacobian 矩阵。当$h_2^{\mathrm{r}}$有小量$Wh_2^{\mathrm{r}}$变化时，$h_1^{\mathrm{r}}$、$h_3^{\mathrm{r}}$相应的变化分别为

$$
\begin{pmatrix} Wh_1 & Wh_3 \end{pmatrix}^{\mathrm{T}} = \begin{pmatrix} \Delta\hat{h}_1 & \Delta\hat{h}_3 \end{pmatrix}^{\mathrm{T}} Wh_2 \tag{10}
$$

式中，$\Delta\hat{h}_1 = J_{\mathrm{p}}^{\mathrm{r}}(1)$，$\Delta\hat{h}_2 = J_{\mathrm{p}}^{\mathrm{r}}(2)$分别称为$h_1^{\mathrm{r}}$，$h_3^{\mathrm{r}}$相应于$h_2^{\mathrm{r}}$的一阶运动影响系数。又由式(5)可得

$$
\begin{pmatrix} Wh_b \\ Wh_d \end{pmatrix} = \begin{bmatrix} 1 & 1 & 0 \\ 1 & 0 & 1 \end{bmatrix} \begin{pmatrix} Wh_a & Wh_1 & Wh_3 \end{pmatrix}^{\mathrm{T}} \tag{11}
$$

将式(6)、式(7)和式(10)代入式(11)，且再与式(6)联列可得

$$
\begin{pmatrix} Wh_a \\ Wh_b \\ Wh_c \\ Wh_d \end{pmatrix} = \begin{bmatrix} 1 & 0 \\ 1 - \Delta\hat{h}_1 & \Delta\hat{h}_1 \\ 0 & 1 \\ 1 - \Delta\hat{h}_3 & \Delta\hat{h}_3 \end{bmatrix} \begin{pmatrix} \hat{u}_3(7) + \sum\limits_{i=1}^{3} \Delta^1 \theta_i \\ \hat{u}_6(7) + \sum\limits_{i=1}^{3} \Delta^2 \theta_i \end{pmatrix} \tag{12}
$$

式(12)表示了负载各杆件在系统惯性坐标系下，实际位姿和目标位姿间夹角与两柔性机器人末端弹性转角及校正输入角之间的关系，从而各杆件实际转角为

$$
h_\lambda^{\mathrm{f}} = h_\lambda^{\mathrm{r}} + Wh_\lambda \quad (\lambda = a, b, c, d) \tag{13}
$$

2.3　运动协调约束条件

如图 2 所示，${}^1O_4^{\mathrm{f}}$、${}^2O_4^{\mathrm{f}}$为柔性机器人的实际抓持点，${}^1O_4$、${}^2O_4$为柔性机器人的名义刚性抓持点。下面分析两者间的关系，得出系统的运动协调约束条件。

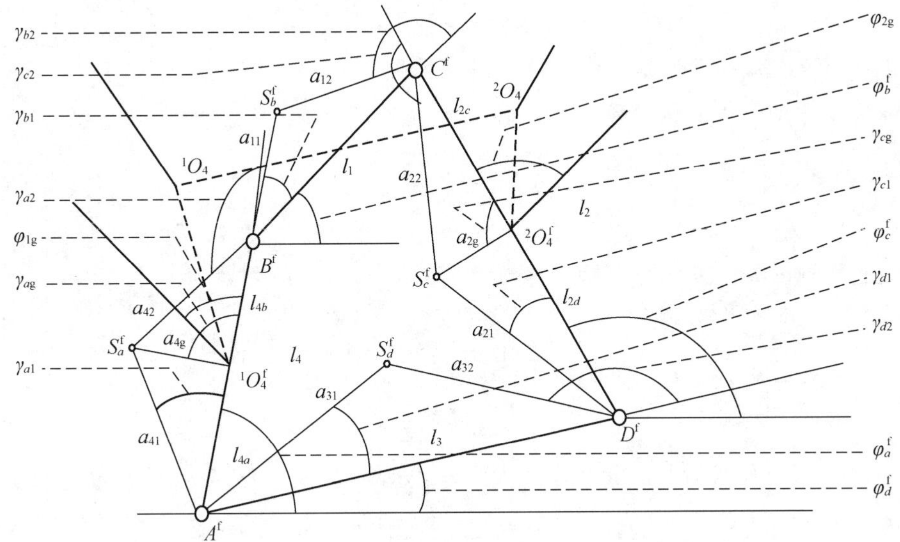

图 2　柔性机器人抓持部的名义刚性位姿与实际位姿

在图 2 中，${}^1O_4$ 和 ${}^2O_4$ 之间有两个独立的环路，为保证柔性机器人能够完成协调作业，这两条环路的封闭方程(或环方程)均应满足。在 2.2 节中已满足了环路 $A^{r}B^{r}C^{r}D^{r}$ 的封闭性，所以这里只需满足另一个独立环路的封闭性即可。

对于不规则六边形 ${}^1O_4\,{}^1O_4^{f}B^{f}C^{f}\,{}^2O_4^{f}\,{}^2O_4$，其封闭性条件为

$$ {}^1O_4\,{}^1O_4^{f} + {}^1O_4^{f}B^{f} + B^{f}C^{f} = {}^1O_4\,{}^2O_4 + {}^2O_4\,{}^2O_4^{f} + {}^2O_4^{f}C^{f} \tag{14} $$

根据弹性广义坐标设定的物理意义，有

$$ {}^1O_4\,{}^1O_4^{f} = \begin{pmatrix} \hat{u}_3(5) \\ \hat{u}_3(6) \end{pmatrix}, \qquad {}^2O_4\,{}^2O_4^{f} = \begin{pmatrix} \hat{u}_6(5) \\ \hat{u}_6(6) \end{pmatrix} \tag{15} $$

从而式(14)可展开为

$$ \begin{pmatrix} \hat{u}_3(5) \\ \hat{u}_3(6) \end{pmatrix} + l_{4b}\begin{pmatrix} \cos(h_a^{f}) \\ \sin(h_a^{f}) \end{pmatrix} + l_1\begin{pmatrix} \cos(h_b^{f}) \\ \sin(h_b^{f}) \end{pmatrix} = (L_{p}+\Delta L_{p})\cos(h_{s}+\Delta h_{s}) + \begin{pmatrix} \hat{u}_6(5) \\ \hat{u}_6(6) \end{pmatrix} + l_{2c}\begin{pmatrix} \cos(h_c^{f}) \\ \sin(h_c^{f}) \end{pmatrix} \tag{16} $$

将式(13)和式(12)代入式(16)，且将 h_λ^{f} 在 h_λ^{r} 点处按一阶 Taylor 级数展开($\lambda= a, b, c, d$)，忽略高阶小量，经整理后得

$$ \begin{pmatrix} \hat{u}_3(5) \\ \hat{u}_3(6) \end{pmatrix} = \begin{pmatrix} \hat{u}_6(5) \\ \hat{u}_6(6) \end{pmatrix} + P_{37}\hat{u}_3(7) + P_{67}\hat{u}_6(7) + P_{fg} \tag{17} $$

式中，P_{37}，P_{67}，$P_{fg} \in \mathrm{R}^{2\times1}$ 为与系统目标运动规划任务及校正输入量有关的系数矩阵。式(17)即为柔性机器人协调操作闭链刚性负载的运动协调约束条件。

2.4　动力协调约束条件

如图 2 所示，设闭链负载各杆件质心 S_λ^{f} 在系统惯性坐标系下的实际坐标为($S_{\lambda x}^{f}$，$S_{\lambda y}^{f}$)，实际方位角为 h_λ^{f} ($\lambda=a, b, c, d$)，依次沿路径 ${}^1O_4\,{}^1O_4^{f}S_a^{f}$、${}^1O_4\,{}^1O_4^{f}B^{f}$、${}^2O_4\,{}^2O_4^{f}S_c^{f}$、${}^1O_4\,{}^1O_4^{f}A^{f}S_d^{f}$ 分别计算各杆质心 S_λ^{f} 的坐标表达式($S_{\lambda x}^{f}$、$S_{\lambda y}^{f}$)，然后将式(12)代入上述表达式，并将其中含 $\hat{u}_3(5)$、$\hat{u}_3(6)$、$\hat{u}_3(7)$、$\hat{u}_6(5)$、$\hat{u}_6(6)$、$\hat{u}_6(7)$ 的三角函数在相应点处按一阶 Taylor 级数展开。令 $\hat{u}_{s} = [\hat{u}_3(5)\hat{u}_3(6)\hat{u}_3(7)\hat{u}_6(7)]^{T}$，由计算 S_λ^{f} 坐标所选路径的特征可知，仅有 S_c^{f} 的坐标表达式中含 $\hat{u}_6(5)$、$\hat{u}_6(6)$，而其余的只含 $\hat{u}_{s}$。将式(17)代入 S_c^{f} 的坐标表达式约去 $\hat{u}_6(5)$、$\hat{u}_6(6)$，则有

$$\left(S_{\lambda x}^{\mathrm{f}} \quad S_{\lambda y}^{\mathrm{f}} \quad h_{\lambda}^{\mathrm{f}}\right)^{\mathrm{T}} = T_{\mathrm{s}\lambda}\hat{u}_{\mathrm{s}} + P_{\mathrm{s}\lambda} \tag{18}$$

式中，$T_{\mathrm{s}\lambda} \in \mathrm{R}^{3\times 4}$、$P_{\mathrm{s}\lambda} \in \mathrm{R}^{3\times 1}$仅与系统的目标运动状态及校正输入量有关。

将式(18)两端分别对时间求二阶导数，得

$$\left(\ddot{S}_{\lambda x}^{\mathrm{f}} \quad \ddot{S}_{\lambda y}^{\mathrm{f}} \quad \ddot{h}_{\lambda}^{\mathrm{f}}\right)^{\mathrm{T}} = T_{\mathrm{s}\lambda}^{2}\ddot{\hat{u}}_{\mathrm{s}} + T_{\mathrm{s}\lambda}^{1}\hat{u}_{\mathrm{s}} + T_{\mathrm{s}\lambda}^{0}\hat{u}_{\mathrm{s}} + F_{\mathrm{s}\lambda} \tag{19}$$

式中，$T_{\mathrm{s}\lambda}^{2}$、$T_{\mathrm{s}\lambda}^{1}$、$T_{\mathrm{s}\lambda}^{0} \in \mathrm{R}^{3\times 4}$、$F_{\mathrm{s}\lambda} \in \mathrm{R}^{3\times 1}$均可由式(18)求得。设负载各杆件的质量为$m_{\lambda}$，对质心的转动惯量为$I_{\lambda}$，利用 Newton-Euler 方程可求得负载各杆件的动力学方程为

$$\begin{bmatrix} m_{\lambda} & 0 & 0 \\ 0 & m_{\lambda} & 0 \\ 0 & 0 & I_{\lambda} \end{bmatrix} \begin{pmatrix} \ddot{S}_{\lambda x}^{\mathrm{f}} \\ \ddot{S}_{\lambda y}^{\mathrm{f}} \\ \ddot{h}_{\lambda}^{\mathrm{f}} \end{pmatrix} = \begin{pmatrix} \sum F_{\lambda\mathrm{r}x} \\ \sum F_{\lambda\mathrm{r}y} \\ \sum M_{\lambda\mathrm{r}} \end{pmatrix} + \begin{pmatrix} \sum F_{\lambda\mathrm{p}x} \\ \sum F_{\lambda\mathrm{p}y} \\ \sum M_{\lambda\mathrm{p}} \end{pmatrix} + \begin{pmatrix} \sum F_{\lambda\mathrm{w}x} \\ \sum F_{\lambda\mathrm{w}y} \\ \sum M_{\lambda\mathrm{w}} \end{pmatrix} \tag{20}$$

式中，λ=a、b、c、d；$\ddot{S}_{\lambda x}^{\mathrm{f}}$、$\ddot{S}_{\lambda y}^{\mathrm{f}}$、$\ddot{h}_{\lambda}^{\mathrm{f}}$见式(19)；$F$表示作用力；$M$表示作用力矩。下角标 r 表示机器人对负载的作用，下角标 p 表示负载各杆件之间的相互作用，下角标 w 表示其他外力对负载的作用，利用各杆件之间作用力与反作用力的关系可知

$$\begin{aligned} &\left(\sum F_{Z\mathrm{r}x} \quad \sum F_{Z\mathrm{r}y}\right)^{\mathrm{T}} = \left(-f_{\hat{n}_{3\times j}}(5) \quad -f_{\hat{n}_{3\times j}}(6)\right)^{\mathrm{T}} W \\ &\sum M_{Z_{\mathrm{r}}} = \left(-f_{\hat{n}_{3\times j}}(7) + \begin{pmatrix} -f_{\hat{n}_{3\times j}}(5) \\ -f_{\hat{n}_{3\times j}}(6) \end{pmatrix}^{\mathrm{T}} \begin{pmatrix} \sin\left(h_Z^{\mathrm{f}} + V_{Z_{\mathrm{g}}}\right) \\ -\cos\left(h_Z^{\mathrm{f}} + V_{Z_{\mathrm{g}}}\right) \end{pmatrix} aZ_{\mathrm{g}} \right) W \end{aligned} \tag{21}$$

式中，当 Z= b、d 时，W= 0；当 Z= a 时，W= 1，j=1；当 Z= c 时，W= 1，j= 2。

$$\begin{aligned} &\left(\sum F_{T\mathrm{p}x} \quad \sum F_{T\mathrm{p}y}\right)^{\mathrm{T}} = \left(F_{UT_x} \quad F_{UT_y}\right)^{\mathrm{T}} - \left(F_{TV_x} \quad F_{TV_y}\right)^{\mathrm{T}} \\ &\sum M_{T_{\mathrm{p}}} = \begin{pmatrix} F_{UT_x} \\ F_{UT_y} \end{pmatrix}^{\mathrm{T}} \begin{pmatrix} \sin(h_T^{\mathrm{f}} + V_{T_1}) \\ -\cos(h_T^{\mathrm{f}} + V_{T_1}) \end{pmatrix} a_{i1} - \begin{pmatrix} F_{TV_x} \\ F_{TV_y} \end{pmatrix}^{\mathrm{T}} \begin{pmatrix} \sin(h_T^{\mathrm{f}} + V_{T2}) \\ -\cos(h_T^{\mathrm{f}} + V_{T2}) \end{pmatrix} a_{i2} \end{aligned} \tag{22}$$

式中，$\left(F_{UT_x} \quad F_{UT_y}\right)^{\mathrm{T}}$表示 U 杆对 T 杆的作用力，当 T 分别为 a、b、c、d 时，相应的 U、V 分别为 d、a、d、a 和 b、c、b、c，i 分别为 4、1、2、3，且$\left(F_{UT_x} \quad F_{UT_y}\right)^{\mathrm{T}} = -\left(F_{TU_x} \quad F_{TU_y}\right)^{\mathrm{T}}$，$TU$ 分别为 ab、bc、cd、da。式(20)～式(22)即为柔性机器人协调操作闭链负载的动力协调约束条件。

2.5 系统动力学方程

整个系统需满足 60 个动力学方程，其中，式(3)有 6 组共 48 个方程，式(20)有 4 组共 12 个方程，但它们之间不是独立的，还要受到单元间的连接约束条件和柔性机器人协调操作的协调约束条件的限制。为约去系统内力，消除系统刚体自由度，同时也为了尽量减少系统广义坐标的维数，将在柔性臂的驱动节点处采用瞬时结构假定，并把系统所受的约束条件带入系统动力学方程中。考虑到单元节点处的运动连接约束条件和系统的运动协调约束条件，首先选择第 1～5 单元的$u_i(4)$～$u_i(8)$，第 6 单元的$u_i(4)$、$u_i(7)$、$u_i(4)$作为独立的系统广义坐标并用$U_{28\times 1}$统一表示，然后把单元广义坐标转换为相应的系统广义坐标，再将系统的运动协调约束条件式(17)及动力协调约束条件式(20)～式(22)代入式(3)，经整理合并，就得到了一个不显含内力，在数学上完备的柔性机器人协调操作系统的动力学方程

$$\boldsymbol{M}\ddot{\boldsymbol{U}} + \boldsymbol{C}\dot{\boldsymbol{U}} + \boldsymbol{K}\boldsymbol{U} = \boldsymbol{F}_{\mathrm{w}} + \boldsymbol{F}_{\mathrm{g}} \tag{23}$$

式中，$\boldsymbol{M}$、$\boldsymbol{C}$、$\boldsymbol{K} \in \mathbf{R}^{28\times 28}$分别为系统的质量矩阵、阻尼矩阵、刚度矩阵且均为非对称矩阵；$\ddot{\boldsymbol{U}}$、$\dot{\boldsymbol{U}}$、$\boldsymbol{U} \in \mathbf{R}^{28\times 1}$分别为系统的广义加速度、广义速度、广义坐标向量；$\boldsymbol{F}_{\mathrm{w}} \in \mathbf{R}^{28\times 1}$为与外加负载有关的系统

广义力向量；$F_g \in \mathbf{R}^{28\times1}$ 为与系统名义刚性惯性参数有关的广义力向量。式(23)即为整个系统的动力学方程，它既不显含系统内部各单元之间及其与负载之间的相互作用的内力，又不显含系统外部无功约束对系统作用的外力，仅与柔性机器人的初始位形以及负载的目标任务有关。

3. 数值仿真

这里以两个平面 3R 柔性机器人协调操作平面刚性四杆机构，在规定的时间内完成预定(节点)轨迹运动及方位转动的逆动力学任务为例，来说明本方法的正确性与有效性。两柔性机器人系统参数相同，各杆长 L_1=1.5m，L_2=1.5m，L_3= 0.45m，材料均为铝(d= 2710kg·m^{-3}，E=6.77×10^{10}Pa，G=2.60×10^{10}Pa)，截面均为边长为 0.01m 的正方形，系统的 Rayleigh 阻尼系数 $U_1=U_2$=0.03，1、2 号机器人的连架节点坐标别为$(0\quad 0)^{\mathrm{T}}$和$(3\quad 0)^{\mathrm{T}}$，抓持角分别为 $h_{1g}=\pi/2$，$h_{2g}=-\pi/2$。闭链刚性负载各杆长分别为$\left|A^{r}B^{r}\right|$=0.25m，$\left|B^{r}C^{r}\right|$=0.1m，$\left|C^{r}D^{r}\right|$=0.3m，$\left|D^{r}A^{r}\right|$=0.25m，质心均在各杆的中点，质量 m_a=0.25kg，m_b=0.1kg，m_c=0.4kg，m_d=0.35kg，对质心的转动惯量 I_a=0.25 kg·m^2，I_b=0.1 kg·m^2，I_c=0.4 kg·m^2，I_d=0.35 kg·m^2。

目标任务：在 4s 内，使四杆机构的 B^r 节点沿直线 y=0.5+0.5x 由$(0.4\quad 0.7)^{\mathrm{T}}$行至$(1.1\quad 1.05)^{\mathrm{T}}$，同时 h_a^r 由π/2 转至π/6，h_b^r 由π/6 转至 0(顺时针)，另外，起制动耗时均为 0. 4s，规律为余弦函数，中间时段为匀速转动($V_{B^r_x}$=0.1944m/s，$V_{B^r_y}$=0.0972m/s，$V_{h^r_a}$=−0.2909m/s，$V_{h^r_b}$=−0.1454m/s)。

通过仿真分析得到的 A^rB^r 杆、B^rC^r 杆转角误差-时间曲线如图 3(a)所示，B^r 的目标与实际轨迹如图 3(b)所示，各关节驱动力矩随时间的变化规律如图 4(a)和图 4(b)所示。由图 3(a)中的结果可以看出：B^rC^r 杆的转角误差要比 A^rB^r 杆的大得多，这是因为在通过式(12)计算 B^rC^r 杆的转角误差时，有一项与 $\Delta\hat{h}_1$ 成比例，而 $\Delta\hat{h}_1$ 又与负载的结构及目标任务有关，通过计算发现本例中 $\Delta\hat{h}_1$ 的变化区间为[4.8127，8.3763]，这相当于把 A^rB^r 杆和 D^rC^r 杆的误差之差放大了 $\Delta\hat{h}_1$ 倍，因此，根据目标任务中不同目标参数精度要求的不同，选择被抓持杆件、抓持位置和抓持角是十分重要的。另外，由图 4(a)和图 4(b)可看出：驱动力矩振荡的最大峰值主要在发生在启动和制动区间，这表明启动、制动规律和时间对于系统的动力学特性和操作精度有十分重要的影响。

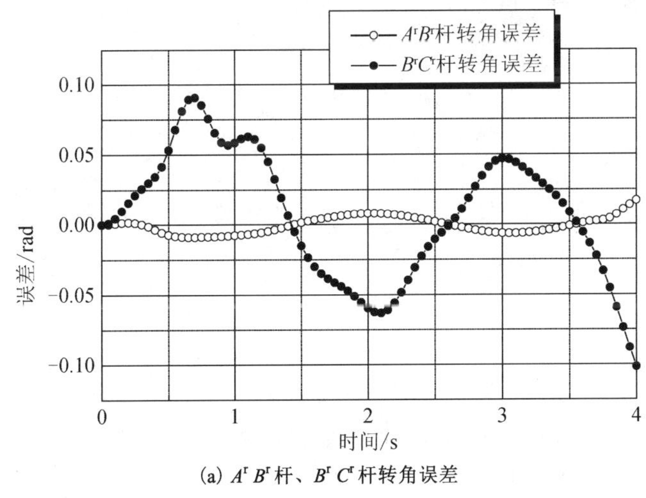

(a) $A^r B^r$ 杆、$B^r C^r$ 杆转角误差

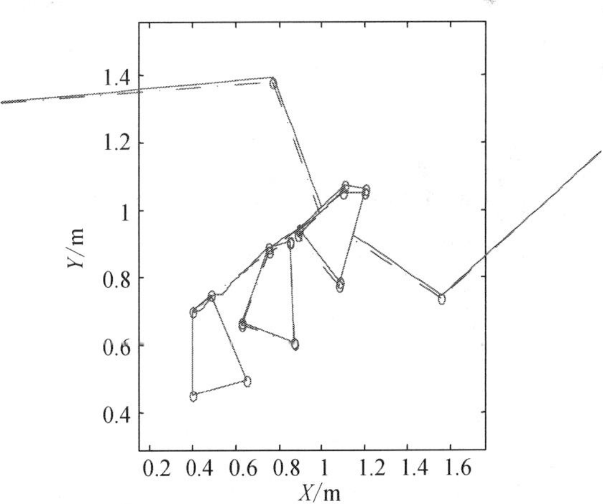

(b) B^r 目标、实际轨迹及负载在初始、中间和终止时刻的目标、实际位形

图 3

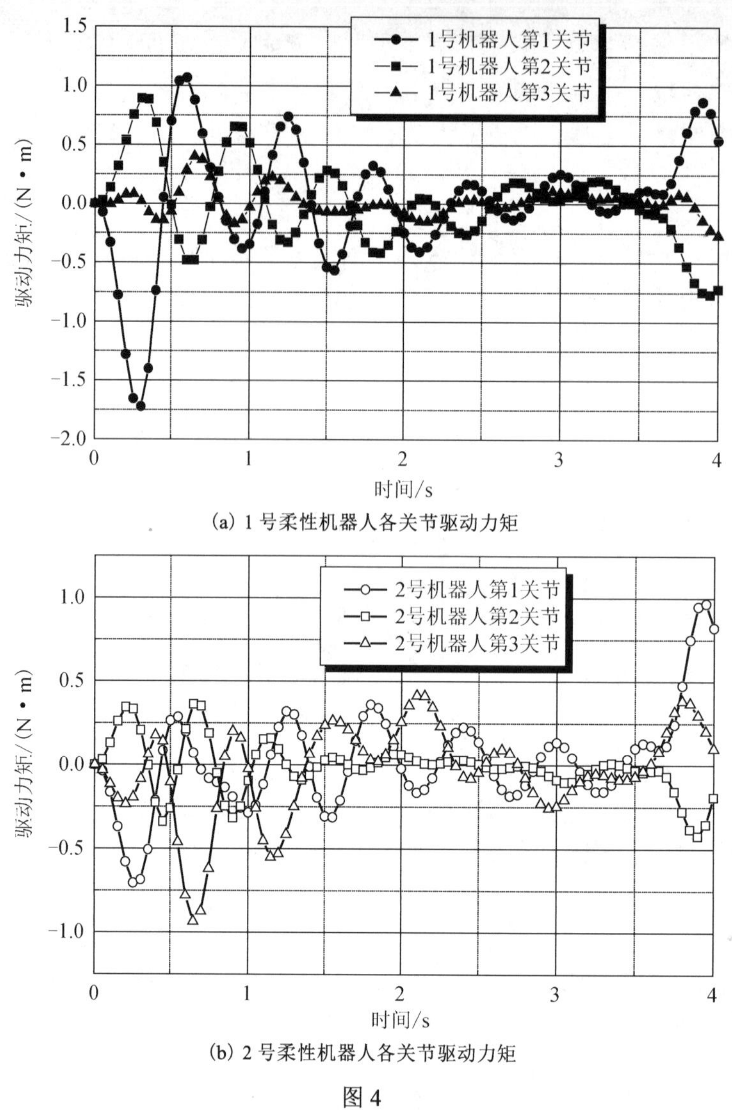

(a) 1 号柔性机器人各关节驱动力矩

(b) 2 号柔性机器人各关节驱动力矩

图 4

4. 结论

通过平面两个 3R 柔性机械臂协调操作平面刚性四杆机构来完成目标运动规划任务的逆动力学问题的数值算例仿真分析表明：

(1)应根据目标任务中不同目标参数精度要求的不同，选择被抓持杆件、抓持位置和抓持角；

(2)机械臂的柔性和目标任务的启动及制动规律对柔性机器人协调操作的精度有十分重要的影响。

参考文献

[1] 窦建武，余跃庆，等．两柔性机器人协调操作的动力学模型及其逆动力学分析．机器人, 2000, 22(1): 39-47

[2] 窦建武，等．两柔性机器人协调操作开环单自由度刚性负载的动力学建模与仿真．机器人, 1999, 21(7): 672-681

[3] 张策，等．弹性连杆机构的分析与综合．2 版．北京：机械工业出版社，1997

(原载《机械科学与技术》2001，20(2):161-163,168)

§54　柔性机器人的协调操作及其逆动力学控制算法

窦建武　余跃庆

（北京工业大学，北京　100022）

摘　要： 柔性协调机器人系统是一个含柔性机器人内部各杆之间，运动协调约束条件和动力协调约束条件之间，柔性机器人与负载之间，以及柔性机器人之间高度耦合的复杂非线性系统，无论在动力学建模方面，还是在控制算法方面都要比刚性协调机器人困难得多。通过对刚、柔性机器人协调操作系统本质特性的比较，利用有限元法和 Lagrange 方程建立了柔性协调机器人系统的动力学模型，并以系统逆动力学任务为目标，提出了通过校正机器人名义刚性运动来达到提高系统位姿控制精度的预测校正控制算法，成功给出了平面两 3R 柔性臂机器人协调操作刚性负载的仿真算例。

关键词： 柔性机器人；协调操作；动力学；控制

1. 引言

目前，在机器人协调操作这一研究领域中，绝大多数局限于刚性机器人协调操作方面的研究，但与刚性机器人相比，柔性机器人能够满足未来机器人在高速、高精密、大承载和轻量化等方面的要求，在这方面的研究具有重要的意义。多柔性机器人的协调操作则能综合柔性机器人和协调机器人各自的优势，克服单柔性机器人变形误差大、振动剧烈等缺点，使机器人系统的性能进一步提高，目前已引起各国学者的兴趣[1, 2]。在文献[1]和文献[2]的研究中，负载都被看作无自由度的刚性物体，且每台机器人都仅考虑了一个杆的柔性。文献[3]利用有限元法建立了所有杆件均为柔性的两 3R 机器人协调操作刚性负载的动力学模型，给出了其逆动力学问题的解决方案，却未明确各关节校正输入量如何确定。

本文将在对刚、柔性机器人协调操作系统本质特性进行比较的基础上，首先建立柔性协调机器人系统的动力学模型，并以系统逆动力学任务为目标，提出通过校正机器人名义刚性运动来提高系统位姿控制精度的预测校正控制算法，最后给出平面两 3R 柔性臂机器人协调操作刚性负载仿真算例。

2. 系统的逆动力学模型

柔性机器人协调操作与刚性机器人协调操作相比具有如下特性：①柔性机器人协调操作的名义刚性位形不一定满足相应的刚性机器人协调操作的运动协调约束条件。②由于抓取内力与柔性臂变形之间需满足一定的物理条件，因此刚性机器人协调操作系统中的内力不定问题，对柔性机器人而言，在数学上是确定的。③由于柔性臂的变形与系统的(刚性和弹性)惯性力有关，而这种惯性力又与系统的运动有关，所以柔性机器人协调操作系统的运动学分析和动力学分析之间是相互耦合的，运动学分析不能脱离动力学分析而单独进行，但对刚性协调机器人而言，运动学分析是可独立进行的。

文献[3]利用有限元法和 Lagrange 方程首次建立了柔性机器人协调操作刚性负载的动力学模型，其建模流程如图 1 所示，主要包括以下内容：①柔性协调机器人名义刚性运动分析；②柔性机器人的有限元模型；③柔性机器人的运动及动力协调约束条件；④柔性机器人协调操作系统动力学方程的建立。本文将在此基础上进一步深入研究该系统逆动力学的控制算法。

2.1　柔性协调机器人名义刚性运动分析

如图 2 所示，平面两 3R 机器人协调操作一刚性负载，由被操作物体目标任务决定的柔性机器人的各名义刚性关节角与相应的刚性机器人的各刚性关节角之间的关系如下：

$$\theta_{\mathrm{f}\,ji} = \theta_{\mathrm{r}\,ji} + \Delta\theta_{\mathrm{r}\,ji}, \quad j=1, 2, \ i=1, 2, 3 \tag{1}$$

式中，$\theta_{\mathrm{f}ji}$ 为第 j 号柔性机器人第 i 关节的名义刚性关节角；$\theta_{\mathrm{r}ji}$ 为第 j 号刚性机器人第 i 关节的刚性关节角；$\Delta\theta_{\mathrm{r}ji}$ 为相应各关节的校正位移小量；由 $\theta_{\mathrm{f}ji}$ 决定的各柔性机器人相应位形为名义刚性位形；由 $\theta_{\mathrm{r}ji}$ 决定的各刚性机器人相应位形为刚性机器人的目标位形(简称刚性位形)。

从而，柔性机器人名义刚性位形的末端抓持点 $O_{\mathrm{t}j4}$ 相对于刚性位形的末端抓持点 $O_{\mathrm{r}j4}$ 的变化量为

$$\boldsymbol{O}_{\mathrm{r}j4}\boldsymbol{O}_{\mathrm{t}j4}=\boldsymbol{J}_{\mathrm{r}j}\Delta\boldsymbol{\theta}_{\mathrm{r}j}，\quad j=1,2 \tag{2}$$

式中，$\boldsymbol{J}_{\mathrm{r}j}$ 为第 j 号刚性机器人的 Jacobian 矩阵；$\Delta\boldsymbol{\theta}_{\mathrm{r}j}=(\Delta\theta_{\mathrm{r}j1},\Delta\theta_{\mathrm{r}j2},\Delta\theta_{\mathrm{r}j3})$

末端抓持杆 $O_{\mathrm{t}j3}O_{\mathrm{t}j4}$ 相对于 $O_{\mathrm{r}j3}O_{\mathrm{r}j4}$ 的方位角变化为

$$\Delta\alpha_{\mathrm{t}j}=\arg(O_{\mathrm{t}j3}O_{\mathrm{t}j4})-\arg(O_{\mathrm{r}j3}O_{\mathrm{r}j4})=\sum_{i=1}^{3}\Delta\theta_{\mathrm{r}ji}，\quad j=1,2 \tag{3}$$

式中，arg(z) 为矢量 z 与系统坐标系 x 轴正向间的夹角。

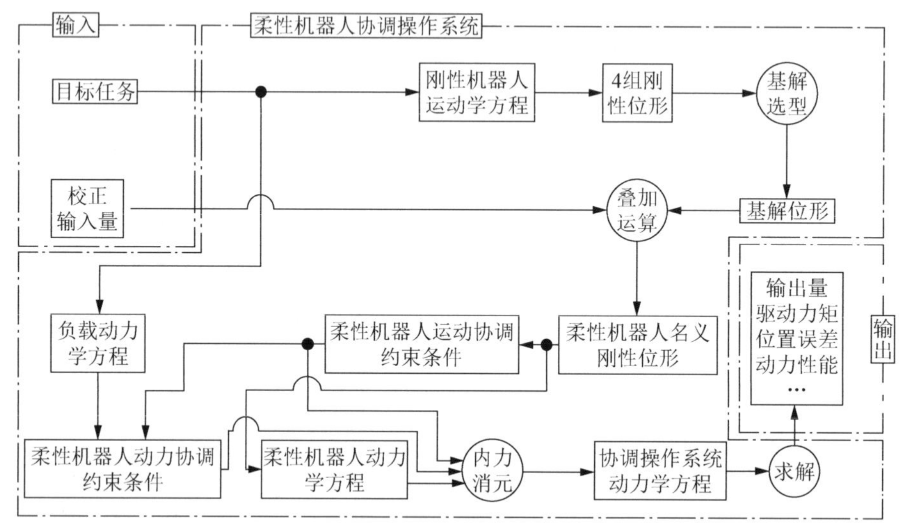

图 1　两 3R 柔性机器人协调操作系统的建模流程图

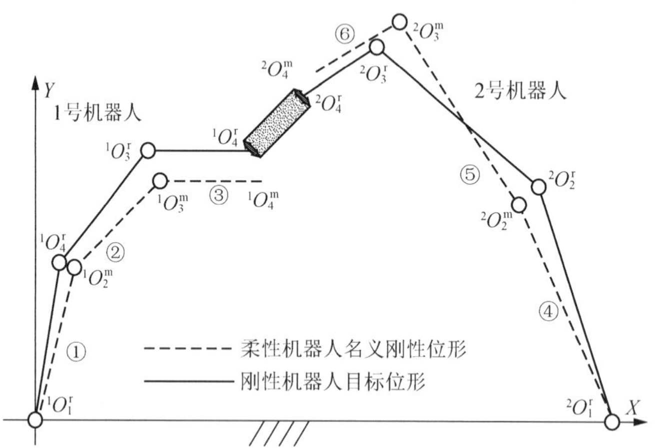

图 2　两 3R 柔性机器人协调操作刚性物体

2.2　柔性机器人的有限元模型

应用有限元法，对图 2 中的两 3R 柔性机器人进行单元划分，将每一个杆作为一个单元，每一单元内的横向弹性位移采用 5 次 Hermit 多项式位移场假设，纵向弹性位移采用线性位移场假设，则每个单元的状态可由 8 个广义坐标确定，利用 Lagrange 方程可求得每一单元在系统惯性坐标系下的单

元动力学方程为

$$\boldsymbol{m}_i\ddot{\boldsymbol{u}}_i+\boldsymbol{c}_i\dot{\boldsymbol{u}}_i+\boldsymbol{k}\boldsymbol{u}_i=\boldsymbol{F}_{gi}+\boldsymbol{F}_{ni}+\boldsymbol{F}_{ei}\,,\quad i=1,2,\cdots,6 \tag{4}$$

式中，$\boldsymbol{m}_i,\boldsymbol{c}_i,\boldsymbol{k}_i\in\boldsymbol{R}^{8\times8}$ 为单元的质量、阻尼系数、刚度矩阵；$\boldsymbol{u}_i,\dot{\boldsymbol{u}}_i,\ddot{\boldsymbol{u}}_i\in\mathbf{R}^{8\times1}$ 为单元的广义坐标、速度、加速度矢量；$\boldsymbol{F}_{gi}\in\mathbf{R}^{8\times1}$ 为单元刚性惯性力所对应的广义力；$\boldsymbol{F}_{ni}\in\mathbf{R}^{8\times1}$ 为由相邻单元及被操作物体相互作用而产生的广义力；$\boldsymbol{F}_{ei}\in\mathbf{R}^{8\times1}$ 为其他外载作用所产生的广义力。

2.3　柔性机器人的运动及动力协调约束条件

柔性机器人协调操作的运动协调约束条件是指机器人抓持端点在任务完成过程中所必须满足的几何封闭性条件;柔性机器人协调操作的动力协调约束条件是指作用于被操作物体上的机器人抓持力所必须满足的力平衡条件以及被操作物体所必须满足的动力学方程。

由图 3 可知，柔性机器人在实际位形完成协调作业时应满足的运动协调约束条件为

$$O_{\mathrm{r}14}O_{\mathrm{r}24}+O_{\mathrm{r}24}O_{\mathrm{f}24}=O_{\mathrm{r}14}O_{\mathrm{f}14}+O_{\mathrm{f}14}O_{\mathrm{f}24} \tag{5}$$

$$\Delta\alpha_1=\Delta\alpha_2 \tag{6}$$

式中，$\|O_{\mathrm{r}14}O_{\mathrm{r}24}\|=\|O_{\mathrm{f}14}O_{\mathrm{f}24}\|$。

$$O_{\mathrm{r}j4}O_{\mathrm{f}j4}=O_{\mathrm{r}j4}O_{\mathrm{t}j4}+O_{\mathrm{t}j4}O_{\mathrm{f}j4}\,,\quad j=1,2 \tag{7}$$

$$\Delta\alpha_j=\Delta\alpha_{\mathrm{t}j}+\Delta\alpha_{\mathrm{f}j} \tag{8}$$

$$O_{4\mathrm{m}j4}O_{4\mathrm{f}j4}=\left[u_{3\times j}(5),u_{3\times j}(6)\right]^{\mathrm{T}},\qquad \Delta\alpha=u_{3\times j} \tag{9}$$

式中，$\Delta\alpha_{\mathrm{f}j}$、$\Delta\alpha_{\mathrm{t}j}$、$\Delta\alpha_j$ 为相应抓持端截面法线的 3 个方位角的变化量。

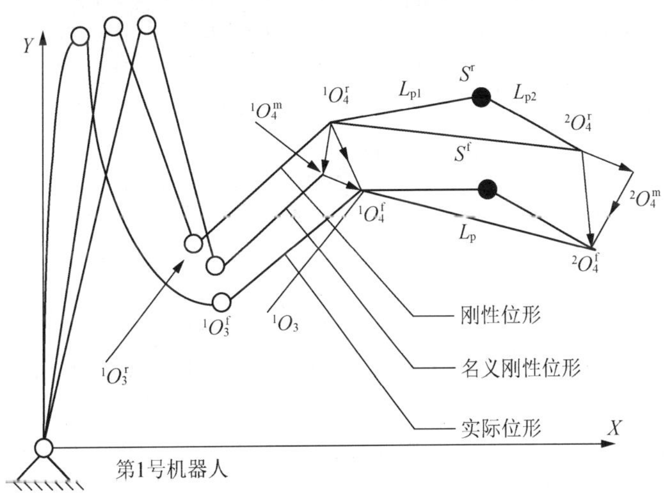

图 3　柔性机器人末端抓持点的变化情况

设被操作物体质心 C_{f} 在系统惯性坐标系下的实际坐标为 $(C_{\mathrm{f}x}\ \ C_{\mathrm{f}y})^{\mathrm{T}}$，方位角为 α_{f}，质量为 m_c，相对于质心的转动惯量为 I_c，利用 Newton-Euler 方程，可求得被操作物体的动力学方程为

$$\begin{bmatrix} m_c & 0 & 0\\ 0 & m_c & 0\\ 0 & 0 & I_c \end{bmatrix}\begin{bmatrix} \ddot{C}_{\mathrm{f}x}\\ \ddot{C}_{\mathrm{f}y}\\ \ddot{\alpha}_{\mathrm{f}} \end{bmatrix}=\begin{bmatrix} \sum F_{\mathrm{r}x}\\ \sum F_{\mathrm{r}y}\\ \sum M_{\mathrm{r}} \end{bmatrix}+\begin{bmatrix} \sum F_{\mathrm{e}x}\\ \sum F_{\mathrm{e}y}\\ \sum M_{\mathrm{e}} \end{bmatrix} \tag{10}$$

式中，$\sum F_{\mathrm{e}x}$、$\sum F_{\mathrm{e}y}$、$\sum M_{\mathrm{e}}$ 为其他外力作用于被操作物体的合外力和合外力矩；$\sum F_{\mathrm{r}x}$、$\sum F_{\mathrm{r}y}$、$\sum M_{\mathrm{r}}$ 为机器人对被操作物体的夹持合力与夹持合力矩，且有

$$\sum F_{rx} = -F_{n3}(5) - F_{n6}(5) \tag{11}$$

$$\sum F_{ry} = -F_{n3}(6) - F_{n6}(6) \tag{12}$$

$$\sum M_r = -F_{n3}(7) - F_{n6}(7) + \begin{bmatrix} -F_{n3}(5) \\ -F_{n3}(6) \end{bmatrix}^T \times \begin{bmatrix} \sin(\alpha_f + \varphi_{C1}) \\ -\cos(\alpha_f + \varphi_{C1}) \end{bmatrix} \boldsymbol{L}_{C1} + \begin{bmatrix} -F_{n6}(5) \\ -F_{n6}(6) \end{bmatrix}^T \begin{bmatrix} \sin(\alpha_f + \varphi_{C2}) \\ -\cos(\alpha_f + \varphi_{C2}) \end{bmatrix} \boldsymbol{L}_{C2} \tag{13}$$

式中，$\boldsymbol{L}_{C1}$为第 1 号机器人末端抓持点与刚体质心矢量的模；$\boldsymbol{L}_{C2}$为第 2 号机器人末端抓持点与刚体质心矢量的模；φ_{C1}为CO_{f14}与$O_{f14}\,O_{f24}$之间的夹角；φ_{C2}为CO_{f24}与$O_{f24}\,O_{f14}$之间的夹角；$F_{ni}(j)$为系统第 i 号单元的第 j 个广义力。

式(10)～式(13)即为柔性机器人协调操作的动力协调约束条件。

2.4　柔性机器人协调操作系统的动力学方程

式(4)与式(10)共有 51 个方程，48 个广义坐标，它们之间不是独立的，还要受到单元间的连接约束条件和柔性机器人协调操作的协调约束条件的限制。将式(5)、式(6)、式(10)～式(12)及单元间的连接约束条件代入式(4)与式(9)，并重新定义系统广义坐标，加以整理，得到系统动力学方程

$$\boldsymbol{m}\ddot{\boldsymbol{u}} + \boldsymbol{c}\dot{\boldsymbol{u}} + \boldsymbol{k}\boldsymbol{u} = \boldsymbol{F}_i + \boldsymbol{F}_e \tag{14}$$

式(14)中的各量与式(4)中的相应量意义相似，以上建模过程参见文献[3]。

3. 预测校正控制算法

本部分将基于前面所建立的柔性机器人协调操作系统的逆动力学模型，通过修正柔性机器人名义刚性位姿，即利用机器人的名义刚性运动来补偿因机械臂柔性引起的误差，提出一种预测校正控制算法。

设 t_k 时刻，各关节校正输入量 $\Delta\boldsymbol{\theta}_{rjk} = (\Delta\theta_{rj1k}\ \Delta\theta_{rj2k}\ \Delta\theta_{rj3k})^T \quad (j=1,2)$。

令 $\Delta\boldsymbol{\theta}_{rk} = (\Delta\boldsymbol{\theta}_{r1k}^T\ \ \Delta\boldsymbol{\theta}_{r2k}^T)$，设被操作负载的位姿误差为 $\boldsymbol{e}_k$ 且 $\boldsymbol{e}_k = (e_{xk}\ e_{yk}\ e_{\varphi k})^T$，其中 e_{xk}，e_{yk} 分别为被操作物体目标位姿在 x 和 y 方向的位姿误差，$e_{\varphi k}$ 为方位角误差。因 $\Delta\theta_{rk}$、u_k 均为小量，如图 4 所示，经过推导且略去高阶小量后可得

$$\boldsymbol{e}_k = \boldsymbol{B}_k (u_{12k}\ u_{13k}\ u_{14k}\ \Delta\theta_{r1k}^T)^T \tag{15}$$

图中，u_{ik} (i=12~14) 为式(14)中矢量 $\boldsymbol{u}$ 在 t_k 时刻的第 12~14 号广义坐标，$\boldsymbol{B}_k \in \mathbf{R}^{3\times6}$ 是与负载目标位姿有关的系数矩阵。

由式(15)可知，被操作物体的位姿误差与机械臂的弹性变形及机器人的名义刚性位形有关，为了提高系统的位姿控制精度，可以利用 t_{k-3}、t_{k-2}、t_{k-1} 时刻已知的被操作物体的位姿误差对 t_k 时刻各关节校正输入量 $\Delta\theta_{rk}$ 进行预测。为了提高控制算法的稳定性，这里将刚性机器人协调操作的运动协调约束条件加以利用。以上述思想为基础，设计如图 5 所示的柔性机器人协调操作系统位姿动态预测校正控制流程图。

通过推导，可得 t_k 时刻 $\Delta\theta_k$ 的控制规律为

$$\begin{cases} \Delta\theta_k = \psi_{k-2} \\ \Delta\dot{\theta}_k = \dfrac{\psi_{k-1} - \psi_{k-3}}{2\Delta t} \\ \Delta\ddot{\theta}_k = \dfrac{\psi_{k-3} - 2\psi_{k-2} + \psi_{k-1}}{\Delta t^2} \end{cases} \tag{16}$$

式中，Δt 为控制采样周期；$d_k<0$ 为控制系统的前向通道增益。

$$\boldsymbol{\psi}_k = d_k \boldsymbol{H}_k \boldsymbol{e}_k$$

$$\boldsymbol{H}_k = \begin{bmatrix} \begin{bmatrix} \boldsymbol{J}_{r1k} \\ 1\ \ 1\ \ 1 \end{bmatrix}^{-1} & \boldsymbol{G}_{1k} \\ \begin{bmatrix} \boldsymbol{J}_{r2k} \\ 1\ \ 1\ \ 1 \end{bmatrix}^{-1} & \boldsymbol{G}_{2k} \end{bmatrix} e_k$$

$$\boldsymbol{G}_{jk} = \begin{bmatrix} 1 & 0 & -\boldsymbol{L}_{Cj}\cos(\varphi_{jk}+2) \\ 0 & 1 & -\boldsymbol{L}_{Cj}\sin(\varphi_{jk}+2) \\ 0 & 0 & 1 \end{bmatrix}, \quad j=1,2 \tag{17}$$

式中，$\boldsymbol{L}_{Cj}$ 为第 j 号机器人末端抓持点与刚体质心矢量的模。

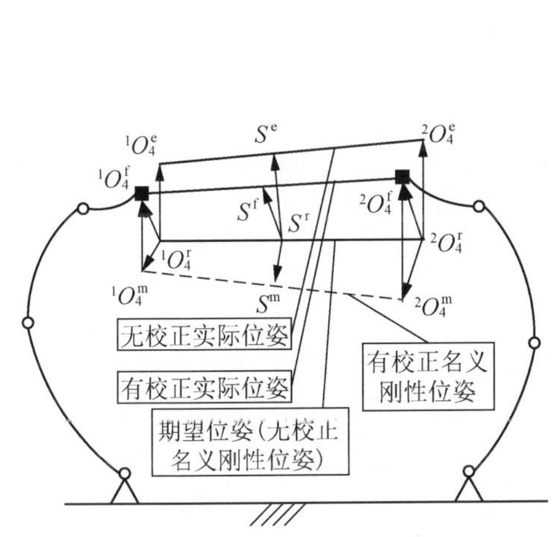

图 4　被操作物体的各种位姿及相互关系

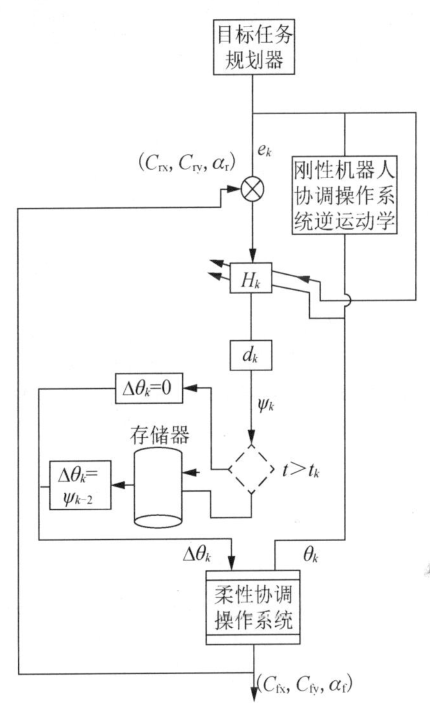

图 5　柔性机器人协调操作系统位姿动态预测校正控制流程图

图 5 中，(C_{rx},C_{ry},α_r) 为被操作物体的目标位姿，(C_{fx},C_{fy},α_f) 为被操作物体的实际位姿，t_i 为预测控制校正开始时刻，为使 $\Delta\theta_k$ 及其一阶导数的变化比较平缓，这里利用 t_{k-3}、t_{k-2}、t_{k-1} 时刻的 ψ_{k-3}、ψ_{k-2}、ψ_{k-1} 以及存储器缓存，来给出 t_k 时刻的 $\Delta\theta_k$，并对 $\Delta\dot{\theta}_k$ 和 $\Delta\ddot{\theta}_k$ 进行估计。

4. 数值仿真

这里以两 3R 柔性机器人协调操作完成预定目标任务为例，来说明上述方法的有效性。如图 2 所示，两台机器人的系统参数均相同，由机架至抓持端各杆长分别为 1.5m、1.5m、0.45m；匀质等正方形截面杆边长为 0.01m；材料为铝，密度 ρ=2710kg/m^3，弹性模量 E=67.7GPa，切变模量 G=26.0GPa；O_{r11} 坐标(0,0)，O_{r12} 坐标(3, 0)，抓持角分别为π/3 和 2π/3。被操作物体参数为：$L_C=L_{C1}=L_{C2}$=0.2m，m_s=0.25kg，I_s=0.1kg · m^2。Rayleigh 阻尼系数 $c_1=c_2$=0.01。

所给定的目标任务为：C_r 由点(2.0, 1.5)沿直线 y=0.5+0.5x 运动到点(1.1, 1.05)，方位角由 90° 顺时针转至−90°，启动和制动耗时均为 0.4s, 中间匀速移动(或转动)运行时间 4s，启动和制动速度(或角速度)规律为余弦函数形式。

当控制采样频率 f=30Hz，d_k=−1.0 时，加预测校正控制与无校正控制的被操作物体 x 方向误差曲线图见图 6，若令

$$\Delta_x = \sqrt{\int_{t_i}^{t_f} (x_{err})^2 dt} \Big/ (t_f - t_i)$$

$$\Delta_{px} = \sqrt{\int_{t_i}^{t_f} (x_{p,err})^2 dt} \Big/ (t_f - t_i)$$

式中，x_{err} 为无校正控制时 x 方向误差；$x_{p,err}$ 为预测校正控制时 x 方向误差；t_i 为起始时刻；t_f 为结束时刻。

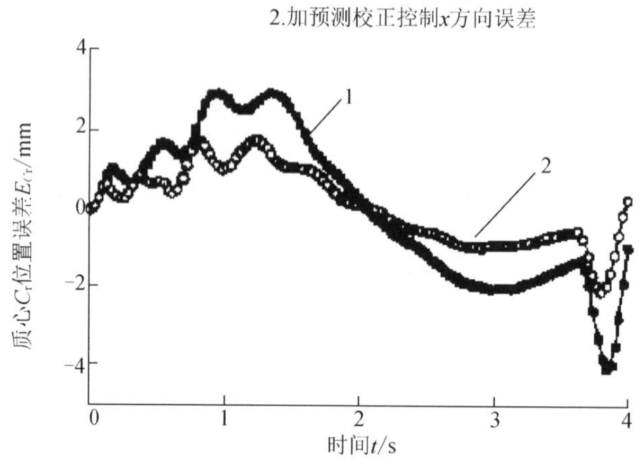

图 6　校正控制前后的 x 方向误差图

经计算可得：Δ_x=1.7633×10^{-4}，Δ_{px}=8.9434×10^{-5}，Δ_{px}/Δ_x=0.5072。由以上结果可知本方法能使 x 方向误差减小 50%左右。图 7 为校正控制前后系统广义坐标 u_{13} 的相图，可看出校正控制前后 u_{13} 十分接近，进一步将校正控制前后 u_{13} 在任务执行过程中相同时刻的值加以比较，如图 8 所示，可看出数据点基本都在过原点且斜率为 1 的直线附近，这一结果充分说明了本方法的有效性。此控制算法可以提高被操作物体的运动精度，同时也能有效减小操作误差，但对于柔性臂的弹性变形影响不大，控制算法本身并不能使机械臂的弹性振动得到抑制，其实质是通过名义刚性运动补偿因机械臂弹性变形而引起的误差。因此，若要从根本上通过减小机械臂弹性变形来提高被操作物体位姿控制精度，以下两方面的内容值得进一步研究:①通过外加能量的主动控制(或附加作动器)来减小柔性臂的振动。②综合应用名义刚性运动的误差补偿与主动控制两种方式。

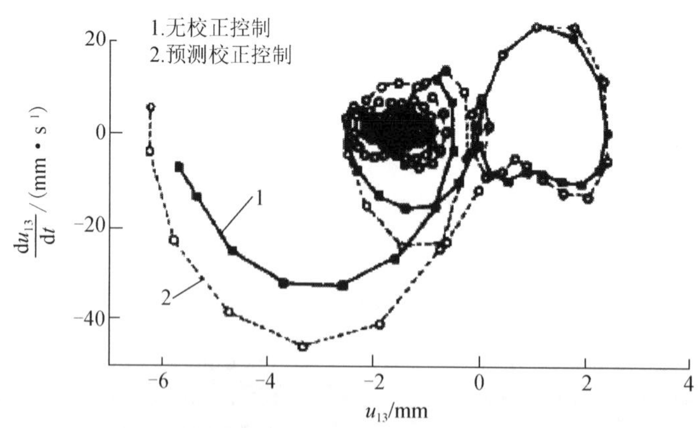

图 7　校正控制前后的 u_{13} 相图

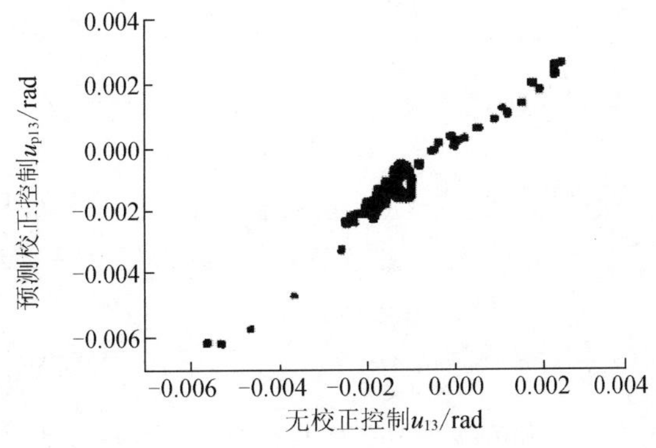

图 8　无校正控制 u_{l3} 与预测校正控制 u_{pl3} 的数据对比图

5. 结论

(1) 柔性机器人协调操作具有柔、刚性机器人运动协调约束条件的不一致性，抓取内力的确定性，运动学分析和动力学分析的耦合性，因此，系统的动力学模型过程十分复杂。

(2) 本文提出的以校正柔性机器人名义刚性位姿为基础的动态预测校正控制算法能够有效地减小系统的操作误差，提高被操作物体的运动精度。

(3) 可通过综合应用名义刚性运动的误差补偿与主动控制两种方式来进一步提高系统控制精度和动力学性能。

参考文献

[1] Matsuno F, Hatayama M. Robust cooperative control of two-link flexible manipulators on the basis of quasi-static equations. Int. J. Robotics Research, 1999, 18(4): 414-428

[2] Sun Q, Sharf I, Nahon M. Stability analysis of the force distribution algorithm for flexible-link cooperating manipulators. Mech. Mach. Theory，1999，34(5):753-763

[3] 窦建武，余跃庆.两柔性机器人协调操作的动力学模型及其逆动力学分析.机器人，2000，22(1):39-47

(原载《机械工程学报》, 2002, 38(8): 14-18)

§ 55 A Novel Method for Dynamic Modeling of Two Flexible Manipulators Grasping a Flexible Payload

Liu Yingchun, Yu Yueqing

Beijing Polytechnic University, Beijing 100022, *China*

Abstract: *Taking the flexible robot and payload as a closed flexible loop, a new model of two flexible manipulators grasping a flexible payload is proposed by using Finite Element Method. A numerical simulation of two flexible three-link arms manipulating a flexible beam is presented. The advantage of this method is illustrated by comparing with the coordinated dynamic model.*

1. Introuduction

The study of robotics has gone through a process from single robot to multi coordinated robots, from rigid robots to flexible robots, and from rigid payloads to flexible payloads. The topics of cooperating robot manipulators and flexible arms have attracted much attention.

Sun et al.[1] analyzed the stability of the force distribution algorithm for flexible-link cooperating manipulators holding a rigid payload. A dynamic model of a distributed parameter system and a control architecture are developed by Matsuno.[2] for the closed-chain motion of two two-link flexible manipulators grasping a common rigid object in a horizontal workspace. Damaren[3] studied the motion control problem for cooperating flexible robot arms manipulating a large rigid payload. Dou Jianwu et al.[4] presented the dynamic model of two cooperative flexible robots manipulating an open-loop rigid load with one d.o.f. The coordinated constraints of the flexible robot manipulators cooperating a flexible payload have been derived for the first time in Ref. [5]. The coordinated dynamic model of two cooperating flexible robots manipulating a flexible object is established by using Finite Element Method and Lagrange equation. A numerical simulation of two planar three-link flexible robots manipulating a flexible beam is illustrated. A discussion on the reference selection is presented finally. However, the coordinated model is complicated and may be not applicable to robot real time control.

By considering the flexible robots and flexible payload as a whole system, a novel model of two cooperating flexible robots manipulating a flexible object is established by using Finite Element Method in this paper.

2. Dynamic Model of the System

2.1 Rigid motion analysis

Fig.1 shows two flexible robots manipulating a flexible payload. For convenience, we call the 1st robot Leader and the 2nd one Follower. Let $\left(S_x, S_y\right)^{\mathrm{T}}$, $\left(V_x, V_y\right)^{\mathrm{T}}$, $\left(a_x, a_y\right)^{\mathrm{T}}$ are task coordinates, velocities, and accelerations of the geometric center S of the payload in inertial system frame, respectively. The task orientation angle, angular velocity, angular acceleration of the beam relative to system horizontal axis are $\varphi_{\mathrm{s}}, \omega_{\mathrm{s}}, \varepsilon_{\mathrm{s}}$, respectively. When the desired kinematic parameters of the payload are given, each joint configuration of the rigid robot and corresponding motion can be easily defined. Let the relative joint angles, joint velocities, and joint accelerations of the two rigid manipulators are ${}^j\theta_i^{\mathrm{r}}, {}^j\dot{\theta}_i^{\mathrm{r}}, {}^j\ddot{\theta}_i^{\mathrm{r}}$, Where, $i=1,2,3$, $j=1,2$, denotes the ith joint of the jth robot; r represents rigid manipulators. Take the Leader as an example. As shown in Fig.2, ${}^1\theta_{wi}$ are the absolute joint angles, l_i are the lengths of each link of the Leader, Where, $i=1,2,3$, l_4 is the length of $\overrightarrow{AD}$. From the vector rectangle we have

$$l_1+l_2=l_4+l_3 \tag{1}$$

From Eq. (1) and notice the geometric conditions from Fig.2 that

$$\begin{aligned} l_4\cos{}^1\theta_0 &= x_4-x_1 \\ l_4\sin{}^1\theta_0 &= y_4-y_1 \end{aligned} \tag{2}$$

We have

$$\begin{aligned} {}^1\theta_{w1} &= 2\arctan\frac{B\pm\sqrt{A^2+B^2-C^2}}{A-C} \\ {}^1\theta_{w2} &= \arccos\frac{x_4-x_1+l_3\cos{}^1\theta_{w3}-l_1\cos{}^1\theta_{w1}}{l_2} \end{aligned} \tag{3}$$

Where,

$$\begin{aligned} A &= -2l_1(x_4-x_1)-2l_1l_3\cos{}^1\theta_{w3} \\ B &= -2l_1(y_4-y_1)-2l_1l_3\sin{}^1\theta_{w3} \\ C &= (x_4-x_1+l_3\cos{}^1\theta_{w3})^2+(y_4-y_1+l_3\sin{}^1\theta_{w3})^2+l_1^2-l_2^2 \end{aligned} \tag{4}$$

Then, we can get the relative joint angles are

$$\begin{aligned} {}^1\theta_1^{\mathrm{r}} &= {}^1\theta_{w1} \\ {}^1\theta_2^{\mathrm{r}} &= {}^1\theta_{w2}-{}^1\theta_{w1} \\ {}^1\theta_3^{\mathrm{r}} &= {}^1\theta_{w3}-{}^1\theta_{w2} \end{aligned} \tag{5}$$

From the geometric relationships shown in Fig. 2, we have

$$\begin{cases} x_4 = x_1+l_1\cos{}^1\theta_1^{\mathrm{r}}+l_2\cos({}^1\theta_1^{\mathrm{r}}+{}^1\theta_2^{\mathrm{r}})+l_3\cos({}^1\theta_1^{\mathrm{r}}+{}^1\theta_2^{\mathrm{r}}+{}^1\theta_3^{\mathrm{r}}) \\ y_4 = y_1+l_1\sin{}^1\theta_1^{\mathrm{r}}+l_2\sin({}^1\theta_1^{\mathrm{r}}+{}^1\theta_2^{\mathrm{r}}) \\ l_3\sin({}^1\theta_1^{\mathrm{r}}+{}^1\theta_2^{\mathrm{r}}+{}^1\theta_3^{\mathrm{r}}) \end{cases} \tag{6}$$

Differentiating Eq. (6) with respect to time yields

$$\begin{pmatrix} \mathrm{d}x_4 \\ \mathrm{d}y_4 \end{pmatrix} = {}^1J^{\mathrm{r}} \begin{pmatrix} \mathrm{d}{}^1\theta_1^{\mathrm{r}} \\ \mathrm{d}{}^1\theta_2^{\mathrm{r}} \\ \mathrm{d}{}^1\theta_3^{\mathrm{r}} \end{pmatrix} \tag{7}$$

where, ${}^1J^{\mathrm{r}}\in\mathrm{R}^{3\times2}$ is the Jacobian matrix of the rigid Leader.

Then we have

$$\begin{pmatrix} \mathrm{d}{}^1\theta_1^{\mathrm{r}} \\ \mathrm{d}{}^1\theta_2^{\mathrm{r}} \\ \mathrm{d}{}^1\theta_3^{\mathrm{r}} \end{pmatrix} = (JJ^{\mathrm{r}})^{-1} \begin{pmatrix} \mathrm{d}x_4 \\ \mathrm{d}y_4 \\ \mathrm{d}{}^1\theta_{w3} \end{pmatrix} \tag{8}$$

Where, $JJ^{\mathrm{r}}=\begin{bmatrix} J^{\mathrm{r}} \\ 1\ 1\ 1 \end{bmatrix}$.

Differentiating Eq. (8) with respect to time yields

$$\begin{pmatrix} \mathrm{dd}^1\theta_1^{\mathrm{r}} \\ \mathrm{dd}^1\theta_2^{\mathrm{r}} \\ \mathrm{dd}^1\theta_3^{\mathrm{r}} \end{pmatrix} = \left(JJ^{\mathrm{r}}\right)^{-1} \left(\begin{pmatrix} \mathrm{dd}x_4 \\ \mathrm{dd}y_4 \\ \mathrm{dd}^1\theta_{\mathrm{w}3} \end{pmatrix} - \mathrm{d}JJ^{\mathrm{r}} \begin{pmatrix} \mathrm{d}^1\theta_1^{\mathrm{r}} \\ \mathrm{d}^1\theta_2^{\mathrm{r}} \\ \mathrm{d}^1\theta_3^{\mathrm{r}} \end{pmatrix} \right) \tag{9}$$

The relative joint angles, velocities, and accelerations of the Follower can be derived by the same method.

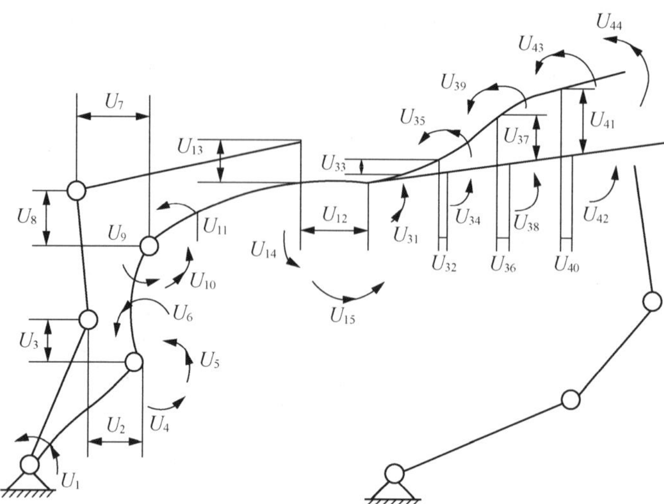

Fig.1　Generalized coordinate selecting

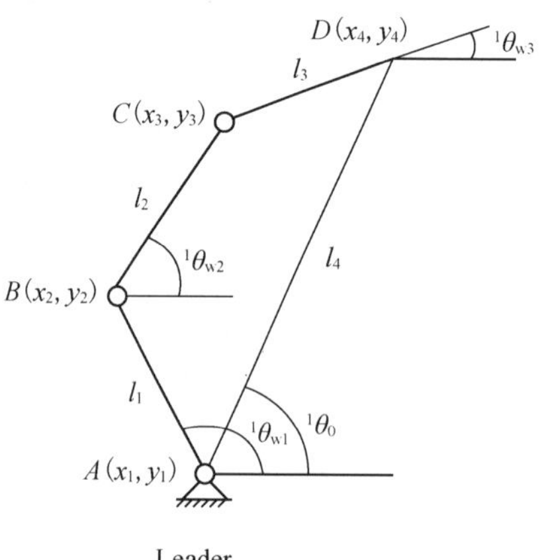

Fig.2　Rigid motion analysis

2.2　Dynamic model of the system

The robot manipulators and payload are all flexible although they are made of different materials. One of the advantages of Finite Element Method is that it could be used for different materials. Taking the flexible robot and payload as a closed flexible loop and using Finite Element Method, a new dynamic model can be established easily. The grasping forces between end-effectors of manipulators and payload need not be calculated because they could be eliminated as internal forces when deducing the dynamic equations. By using Finite Element Method, each link of the two three-link manipulators is divided into an element. The flexible beam is divided into four elements due to its higher flexibility. As a result, there are ten elements altogether for the whole system. From the frame to the end-effector of the system, the elements of the Leader are defined as 1,2,3, those of the Follower's are 4,5,6, and the elements of the payload are 7,8,9,10. The transverse and longitudinal elastic displacements, elastic angles and curvature of the element are selected as the generalized coordinates. So, the deformation shape of each element can be determined by eight generalized coordinates when we apply the five-order Hermit polynomial and linear deformation shape function assumption to describe transverse and longitudinal elastic displacements of the element, respectively. The element dynamic equations in system inertial coordinate can be deduced from Lagrange equation[5]

$$m_i\ddot{u}_i + c_i\dot{u}_i + k_i u_i = f_{gi} + f_{mi} + f_{wi},\ i = 1 \sim 10 \tag{10}$$

$m_i, c_i, k_i \in \mathbf{R}^{8\times 8}$ denote the element mass matrix, damping matrix, and stiffness matrix of the ith element, respectively. $u_i, \dot{u}_i, \ddot{u}_i \in \mathbf{R}^{8\times 1}$ are, respectively, the element generalized coordinate, velocity, acceleration. $f_{gi} \in \mathbf{R}^{8\times 1}$ is the generalized force vector corresponding to rigid inertial force of the element, $f_{ni} \in \mathbf{R}^{8\times 1}$ is the generalized force between the adjacent element or elements and payload, $f_{wi} \in \mathbf{R}^{8\times 1}$ is generalized force caused by other external load.

There are 80 equations in Eq. (10). These equations are not independent on each other, and they are restricted to the continuum constraints between elements. In order to reduce the number of generalized coordinates and eliminate the internal forces among adjacent elements of robot manipulators, adjacent elements of the beam, adjacent elements between robot manipulators and the beam, we redefine 44 generalized coordinates of system $U_{44\times 1}$ as shown in Fig. 1. The assembly matrix Asb can be defined as follows.

$$\text{Asb} = \begin{bmatrix} 0 & 0 & 0 & 1 & 2 & 3 & 4 & 5 \\ 2 & 3 & 4 & 6 & 7 & 8 & 9 & 10 \\ 7 & 8 & 9 & 11 & 12 & 13 & 14 & 15 \\ 0 & 0 & 0 & 16 & 17 & 18 & 19 & 20 \\ 17 & 18 & 19 & 21 & 22 & 23 & 24 & 25 \\ 22 & 23 & 24 & 26 & 27 & 28 & 29 & 30 \\ 12 & 13 & 14 & 31 & 32 & 33 & 34 & 35 \\ 32 & 33 & 34 & 35 & 36 & 37 & 38 & 39 \\ 36 & 37 & 38 & 39 & 40 & 41 & 42 & 43 \\ 40 & 41 & 42 & 43 & 27 & 28 & 29 & 44 \end{bmatrix}$$

By using the assembly matrix Asb, the generalized coordinates of elements are converted to generalized coordinates. The positive integer on the pth line and qth column corresponds to the qth general coordinates of the pth element.

The mathematically complete dynamic equation of the flexible robot manipulating a flexible payload system can be derived as follows

$$M\ddot{U} + C\dot{U} + KU = F_{w} + F_{g} \tag{11}$$

where, $M, C, K \in \mathbf{R}^{44\times 44}$ are, respectively, the unsymmetric system mass matrix, damping matrix, stiffness matrix of the system, $\ddot{U}, \dot{U}, U \in \mathbf{R}^{44\times 1}$ are the generalized acceleration, velocity and coordinate vector of the system respectively, $F_{w} \in \mathbf{R}^{44\times 1}$ denotes generalized external force vector of system, $F_{g} \in \mathbf{R}^{44\times 1}$ represents the generalized force vector corresponding to system rigid inertial parameters.

3. Numerical simulation

The inverse dynamics of the system aims to obtain the driving forces or torques to follow the desired trajectory of the payload. An example of two planar three-link flexible robots manipulating a flexible beam is presented here. The system physical, task and payload parameters of the system are as follows.

The frame coordinates of Leader and Follower are $(0, 0)^{\mathrm{T}}$ and $(3, 0)^{\mathrm{T}}$, respectively. The lengths of the links from the frame to the grasped point of Leader are 1.5m, 1.5m, 0.45m. The Follower's are 2.25m, 1.5m, 0.45m. The materials of robot links are all steel. The cross sections are all rectangles by 0.01m×0.01m. The length of the aluminum beam is 0.4m and its cross section is rectangle by 0.02m×0.005m. The Rayleigh damping ratio of the system is determined by $\alpha_1 = 0.03,\ \alpha_2 = 0.03$.

The desired task is to move the geometric center of the beam from point $(1.1, 1.05)^{\mathrm{T}}$ to point $(2.0, 1.5)^{\mathrm{T}}$ alone the line $y = 0.5 + 0.5x$ while the orientation angle of the beam is rotated from $\pi/3$ to $-\pi/3$. It takes 0.4 seconds under the motion rule of cosine $v = 0.5\left[\cos(t / T_{\mathrm{q}}\pi + \pi) + 1\right]v_{\mathrm{c}}$ in startup stage and $v = 0.5\left\{\cos\left[(t - T_{\mathrm{s}} + T_{\mathrm{Z}})\pi / T_{\mathrm{Z}}\right] + 1\right\}v_{\mathrm{c}}$ in braking stage, and 3.2 seconds in steady motion stage.

When the task is given, there are four groups of rigid positions for the rigid motion of the system, i.e., position 1-1, position 1-2, position 2-1, position 2-2. For a same task, different position makes the different mass, stiff, and damping matrices of the system. So, the inverse dynamics and driving torque of each joint for different positions are not identical.Fig.3 shows the time evolution of the system.Figs.4 ~6 show the position and angular error of the geometric center of the payload and driving torque of each joint of the Leader for position 1-2.

A comparison of the model developed in this paper and the coordinated model established in Ref. [5] are as follows.

The maximum and minimum errors of geometric center for the two different models for all positions have been compared in Table 1. Table 2 presents the maximum driving torque and its corresponding joint for the two different models for each case.

Tables 1 and 2 show that the maximum and minimum geometrical center errors of the four groups are almost same for the two different models. Its maximum relative error is only 8.7664%, the minimum one just 0.0864%. The corresponding maximum driving torques happen on same joint with the maximum relative error of 1.6359%, the minimum 0.1685%.Among all positions, the maximum and minimum angular errors are 1.462647° ,0.272441° , respectively (Table 3). The biggest error is less than 1 degree. The result shows fully that this model is applicable and easy for robot control.

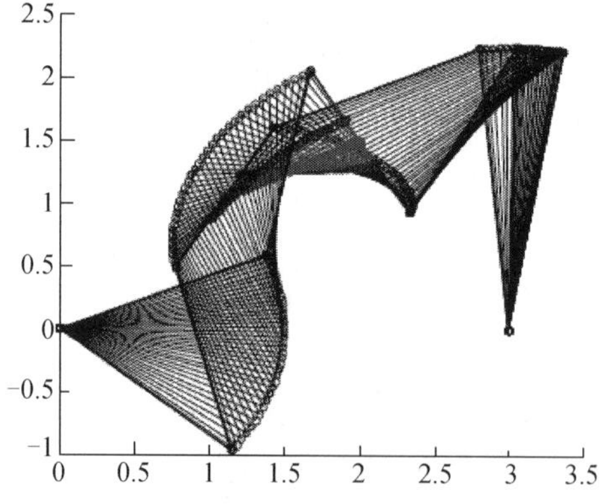

Fig.3　Time evolution of the task

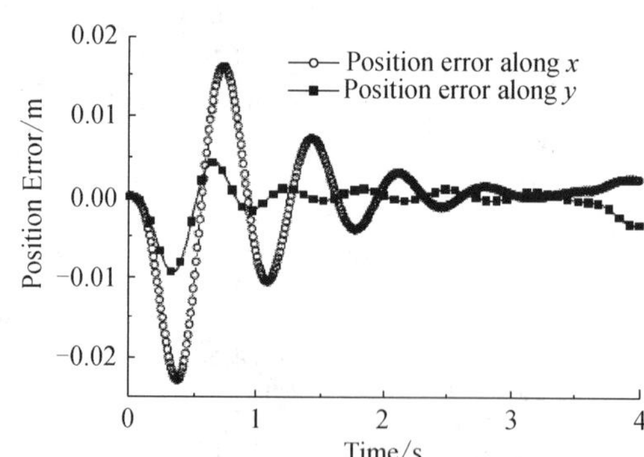

Fig.4　Position error of the geometric center of the payload

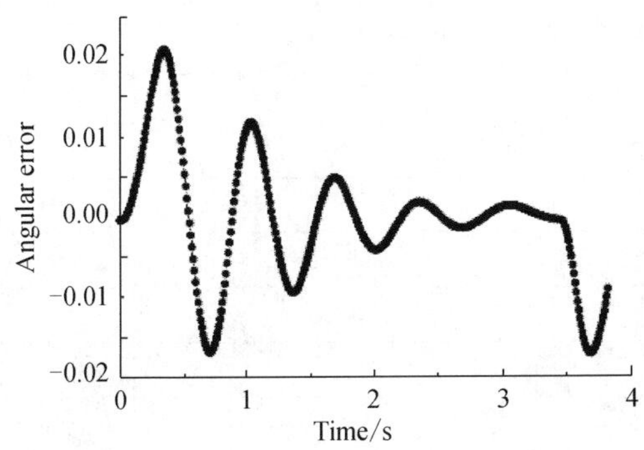

Fig.5　Angular error of the payload

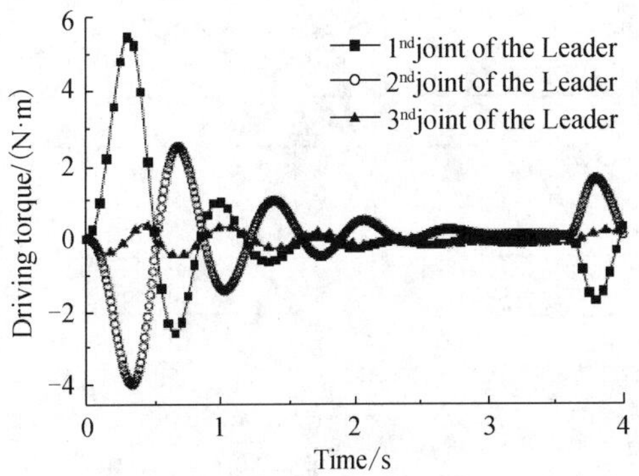

Fig.6　Driving torque of each joint of the Leader

Table1　Maximum and minimum position errors of the geometric center for different model

Configuration	Model	X_{max} /m	X_{min} /m	Y_{max} /m	Y_{min} /m
1-1	Coordination	0.025543	−0.031150	0.004247	−0.009929
	Whole	0.026548	−0.032177	0.004533	−0.009343
	Relative error	3.9345%	3.2970%	6.7342%	5.9019%
1-2	Coordination	0.015574	−0.021967	0.004791	−0.009925
	Whole	0.016265	−0.022719	0.004371	−0.009365
	Relative error	4.4369%	3.4233%	8.7664%*	5.6423%
2-1	Coordination	0.011133	−0.006371	0.021991	−0.027321
	Whole	0.010917	−0.006081	0.023388	0.028107
	Relative error	1.9402%	4.5519%	6.3526%	2.8770%
2-2	Coordination	0.016218	−0.004640	0.007527	−0.020826
	Whole	0.015352	−0.004291	0.007898	−0.020844
	Relative error	5.3397%	7.5216%	4.9289%	0.0864%*

Table2　Maximum driving torque for different model

Configuration	Model	Leader		Follower	
		Maximum torque/(N·m)	Corresponding joint	Maximum torque/(N·m)	Corresponding joint
1-1	Leader grasps	5.747125	1	5.561950	1
	Whole	5.756811	1	5.496471	1
	Relative error	0.1685%*		1.1773%	
1-2	Leader grasps	5.548025	1	2.145992	2
	Whole	5.518206	1	2.132607	2
	Relative error	0.5375%		0.6237%	
2-1	Leader grasps	3.733381	2	2.799202	1
	Whole	3.689431	2	2.753410	1
	Relative error	1.1772%		1.6359%*	
2-2	Leader grasps	4.395339	1	3.173214	2
	Whole	4.325826	1	3.142757	2
	Relative error	1.5815%		0.9598%	

Table3　Maximum and minimum angular error for different model

Configuration		Coordination model	Whole model
1-1	ϕ_{max} /(°)	0.639593	1.462647*
	ϕ_{min} /(°)	-0.542018	-1.358884
1-2	ϕ_{max} /(°)	0.682221	1.249277
	ϕ_{min} /(°)	-0.488275	-1.015172
2-1	ϕ_{max} /(°)	0.280921	0.950422
	ϕ_{min} /(°)	-0.378553	-1.224984
2-2	ϕ_{max} /(°)	0.272441	0.387434
	ϕ_{min} /(°)	-0.645150	-1.137149

4. Conclusions

By considering the flexible robots and the flexible payload as a whole system, the whole model of the flexible robots manipulating a flexible payload is established by using the Finite Element Method for the first time. The simulation of two three-link flexible robots manipulating a flexible beam shows that this model is applicable.

Acknowledgements

The support of National Natural Science Foundation of China (Count No. 59975001) and Natural Science Foundation of Beijing (Count No. 3012003) are appreciated.

References

[1] Sun Q, Sharf I, Nahon M. Stability analysis of the force distribution algorithm for flexible-link cooperating manipulators. Mechanism and Machine Theory, 1999, 34(5): 753-763

[2] Matsuno F, Hatayama M. Robust cooperative control of two-link flexible manipulators. Journal of Robotics Research, 1999,18(4): 414-428

[3] Damaren C J. On the dynamics and control of flexible multibody systems with closed loops. International Journal of Robotics Reseaech, 2000,19(3): 238-253

[4] Dou J W, Yu Y Q, Liu Y C. Inverse dynamics of two torque of each joint for different positions are not identical. Proceeding of International Conference on Machine Automation (ICMA2000), Osaka, Japan, 2000

[5] Liu Y C, Yu Y Q. Dynamics of flexible cooperating robots considering the deformation of payload. China Mechanical Engineering, 2002, 14(13):1246-1250

(In *Proc. of 2002 ASME Design Engineering Technical Conference DETC/CIE*, Montreal, Canada, 2002, 5A: 171-175)

§56　基于模态的柔性机器人协调操作系统的动力学分析

毛立军　余跃庆

（北京工业大学，北京　100022）

摘　要：目前，对于柔性机器人协调操作动力学问题的研究已经取得了一定的研究成果，但是这些研究大多采用有限元法来建立动力学模型，很难将这种模型应用到实际的控制中。本文利用假设模态法和 Lagrange 方程，建立了柔性机器人协调操作系统的动力学方程，并给出两平面 3R 柔性机器人协调操作刚性负载完成目标运动规划任务的数值仿真算例，从而验证本方法的可行性和正确性。

关键词：假设模态；柔性机器人；协调操作；动力学

1. 引言

对于许多的作业任务，如抓取不规则形状或太重的负载、操作有自由度的物体以及不需夹具或固定而由多机械臂在空中组装零件等，单臂机器人是无法完成的，这些任务需要双臂或多臂机器人之间的协调操作才能完成。因此，机器人协调操作的研究无论是从应用还是理论上都有很高的价值。刚性机器人协调操作[1-4]和柔性机器人协调操作[5-7]动力学研究的深入和发展，使得机器人协调操作的研究成为了一个前沿课题；同时这些研究成果也为进一步进行柔性机器人协调操作的研究奠定了基础。

当前，大多研究均采用有限元法建立柔性机器人协调操作的动力学模型。这种建模方法建立的动力学模型，方程数目多且维数高，而且由于计算出的刚度矩阵较实际的刚度矩阵大得多，使得其闭环系统不稳定，很难将这种动力学模型应用到实际的工业控制中。

本文将对两平面 3R 柔性机器人协调操作刚性负载的动力学问题进行研究。在建模时综合考虑柔性机器人内部各杆之间、柔性机器人与负载之间的运动学和动力学耦合关系，利用假设模态法和 Lagrange 方程，推导出柔性机器人协调操作系统的运动学以及动力学协调约束条件，建立协调操作系统的动力学方程，并给出两平面 3R 柔性机器人协调操作刚性负载完成目标运动规划任务的数值仿真算例。

2. 柔性机器人的动力学方程

图 1 为两平面 3R 柔性机器人协调操作刚性负载的示意图。选取 Euler-Bernoulli 梁作为柔性杆模型，利用 Lagrange 方程和假设模态法，经过推导，第 i 个柔性机器人动力学方程可以写为[8]

$$ {}^{i}\boldsymbol{M}({}^{i}\boldsymbol{q}){}^{i}\ddot{\boldsymbol{q}}+{}^{i}\boldsymbol{h}({}^{i}\boldsymbol{q},{}^{i}\dot{\boldsymbol{q}})+\boldsymbol{K}^{i}\boldsymbol{q}=\boldsymbol{Q}^{i}\boldsymbol{u}+{}^{i}\boldsymbol{F} \tag{1}$$

式中，${}^{i}\boldsymbol{q}=({}^{i}\theta_1,\cdots,{}^{i}\theta_n,{}^{i}\delta_{11},\cdots,{}^{i}\delta_{1,m1},\cdots,{}^{i}\delta_{n1},\cdots,{}^{i}\delta_{n,mn})^{\mathrm{T}}$ 为一个 N 维的广义坐标，$(N+n+\sum_{jmj})$，${}^{i}\boldsymbol{u}$ 为 n 维的关节输入力矩，${}^{i}\boldsymbol{M}$ 为广义质量矩阵，${}^{i}\boldsymbol{h}$ 为离心力向量，${}^{i}\boldsymbol{K}$ 为广义刚度矩阵，$\boldsymbol{Q}$ 为一输入形为 $[\boldsymbol{I}_{nxn}\boldsymbol{O}_{n\times(N-n)}]^{\mathrm{T}}$ 的矩阵，${}^{i}\boldsymbol{F}$ 为作用在模态坐标上的广义力。

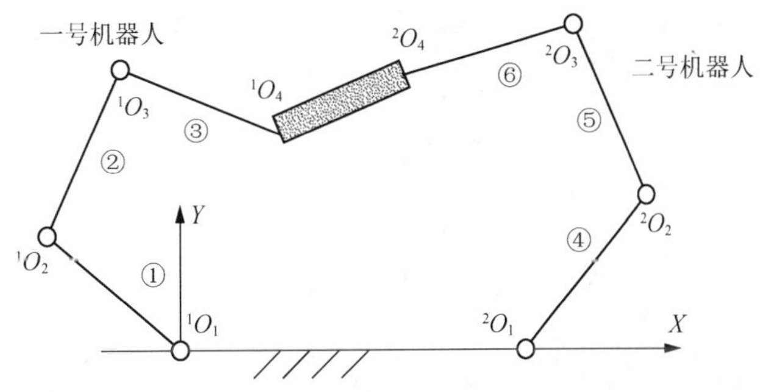

图 1　两柔性机器人协调操作系统

3. 动力协调约束条件

如图 2 所示，A，B 两点分别为一号柔性机器人和二号柔性机器人的实际抓特点(对应于系统变形后的实际位形)。下面经过分析，得出系统的运动协调约束条件。

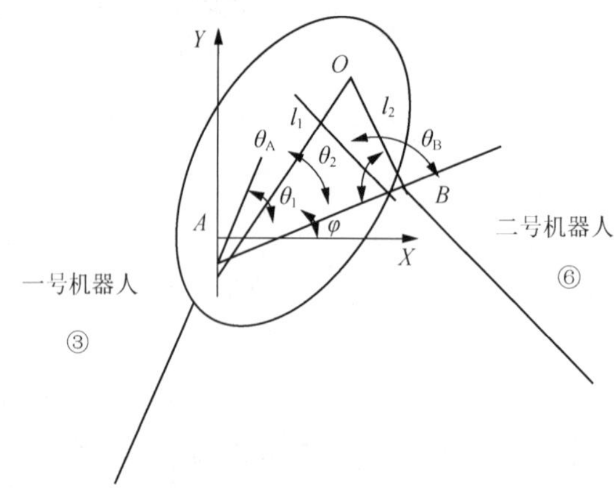

图 2　柔性机器人与操作负载位置示意图

由于柔性机器人所抓持的物体为刚体，因而两抓持点 A，B 之间的距离为一定常值 l_{AB}。质心 O 点在惯性坐标系下的绝对坐标为 $P_o=(x_o, y_o)^T$，其相对坐标为 ${}^i p_o=({}^i x_o, {}^i y_o)^T$，$A$ 点在惯性坐标系下的绝对坐标为 $p_A=(x_A, y_A)^T$，B 点在惯性坐标下的绝对坐标为 $p_B=(x_B, y_B)^T$。图上 θ_1，θ_2 为被抓持物体的质心和柔性机器人抓持点的连线与抓持点 A，B 之间连线的夹角。θ_A，θ_B 为柔性机器人抓持点的连线到各个柔性机器人末杆的转角，φ 为柔性机器人抓持点之间的连线与 X 轴之间的夹角。由图上所示的几何关系可知有

$$p_A = p_o - {}^i G_1 {}^1 p_o \tag{2}$$

$$p_B = p_o - {}^i G_2 {}^2 p_o \tag{3}$$

式中，${}^i G_1$ 和 ${}^i G_2$ 为相应的从相对坐标系向绝对坐标系转换的坐标转换矩阵，并有

$$
{}^i G_1 = \begin{Bmatrix} \cos(\theta_A+\varphi) & -\sin(\theta_A+\varphi) \\ \sin(\theta_A+\varphi) & \cos(\theta_A+\varphi) \end{Bmatrix}
$$

$$
{}^i G_2 = \begin{Bmatrix} \cos(\theta_B+\varphi) & -\sin(\theta_B+\varphi) \\ \sin(\theta_B+\varphi) & \cos(\theta_B+\varphi) \end{Bmatrix} \tag{4}
$$

式(2)、式(3)即为柔性机器人协调操作的运动协调约束条件。

4. 动力协调约束条件

柔性机器人协调操作的动力约束条件一方面是指各机器人抓持力的合力与物体的惯性力相平衡，另一方面还指机器人之间的载荷分配关系。如图 2 所示，设被操作物体质心 O 在系统惯性坐标系下的实际坐标为 $(S_x, S_y)^T$，方位角为 φ。令

$$\boldsymbol{x} = (S_x, S_y, \varphi)^T \tag{5}$$

被操作物体的动力学方程为

$$\boldsymbol{M}_o \ddot{\boldsymbol{x}} = -\sum_{i-1}^{m} {}^i \boldsymbol{D}^i \boldsymbol{F}' \tag{6}$$

式中，$\boldsymbol{M}_o$ 是物体的质量矩阵，${}^i\boldsymbol{D}$ 是第 i 个机器人的力转换矩阵，${}^i\boldsymbol{F}'$ 是第 i 个机器人作用于被操作

物体上的外力向量。

式(6)即为柔性机器人协调操作的动力协调约束条件。

5. 协调操作系统的动力学方程

由上述的式(1)～式(3)、式(6)可以得到柔性机器人协调操作的动力学方程如下：

$$ {}^{i}\boldsymbol{M}({}^{i}\boldsymbol{q})^{i}\ddot{\boldsymbol{q}} + {}^{i}\boldsymbol{h}({}^{i}\boldsymbol{q}, {}^{i}\dot{\boldsymbol{q}}) + {}^{i}\boldsymbol{K}^{i}\boldsymbol{q} = \boldsymbol{Q}^{i}\boldsymbol{u} + {}^{i}\boldsymbol{F} \tag{7} $$

$$ p_{\mathrm{A}} = p_{\mathrm{o}} - {}^{i}G_{1}^{1}p_{\mathrm{o}} \tag{8} $$

$$ p_{\mathrm{B}} = p_{\mathrm{o}} - {}^{i}G_{2}^{2}p_{\mathrm{o}} \tag{9} $$

$$ \boldsymbol{M}_{\mathrm{o}}\ddot{\boldsymbol{x}} = -\sum_{i-1}^{m}{}^{i}\boldsymbol{G}^{i}\boldsymbol{F}' \tag{10} $$

对于本章研究的算例，式(7)和式(10)共有 21 个方程，18 个广义坐标，它们之间并不是相互独立的，还要受到机器人各杆之间连接约束条件和柔性机器人协调操作的协调约束条件的限制。对于相应的有限元模型算例，将每一根杆作为一个柔性梁单元，系统共有 51 个方程，48 个广义坐标。为了缩减式(7)和式(10)广义坐标的数量，我们需要将系统约束代入到上述的 21 个方程中去，并重新定义系统的广义坐标，加以整理，得到系统的动力学方程。同时，由于式(8)～式(10)是在惯性坐标系下加以表述的，因而我们必须将它转换到模态坐标系下才能同其他方程相结合。将式(7)中与机器人末端位置有关的广义变量转换成与被操作负载质心位置相关的广义变量，然后通过式(10)进行内力消元即可得到要求解的系统动力学方程。

6. 仿真算例

现在以两平面 3R 柔性机器人协调操作刚性负载在规定的时间内完成给定轨迹运动以及方位角转动的逆动力学任务为例，来说明本方法的可行性和正确性。协调系统的结构简图如图 1 所示，以下各量均采用国际单位制。两柔性机器人系统参数相同，各杆长分别为：$L_1=1$，$L_2=1$，$L_3=0.5$，材料均为铝($\rho=2710, E=6.77\times10^{10}$)，截面为边长均为 0.01 的正方形，各关节的质量为 0. 5，其转动惯量为 0.0025，2 号机器人的连架节点坐标分别为：$(0,0)^{\mathrm{T}}$ 和 $(2,0)^{\mathrm{T}}$，抓持角分别为 $\theta_{\mathrm{A}}=\pi/4$，$\theta_{\mathrm{B}}=3\pi/4$。被操作负载的质心与 1，2 号机器人抓持点间的连线为一边长为 0.2 的等边三角形，被操作负载的质量为 0.25，对质心的转动惯量为 0.005。

所期望完成的目标轨迹任务为如表 1 所示。

表 1　目标任务参数(单位：m，rad，s，m/s，rad/s)

质心轨迹方程	质心起点坐标	质心终点坐标	起始方位角 φ	终止方位角 φ	总操作时间/s	启动耗时	制动耗时
$y=0.5+0.5x$	$\begin{pmatrix}1.2\\1.1\end{pmatrix}$	$\begin{pmatrix}0.6\\0.8\end{pmatrix}$	0	$\pi/6$	1.2	0.3	0.3
起动线(角)速度规律 $0<t<T_{\mathrm{q}}$				$v=\dfrac{[\cos(t/T_{\mathrm{q}}\pi+\pi)+1]}{2}V_{\mathrm{c}}$			
匀速线(角)速度规律 $T_{\mathrm{q}}<t<T_{\mathrm{s}}-T_{\mathrm{z}}$				$v=V_{\mathrm{c}}$			
制动线(角)速度规律 $T_{\mathrm{s}}-T_{\mathrm{z}}<t<T_{\mathrm{s}}$				$v=\dfrac{\cos\{[t-(T_{\mathrm{s}}-T_{\mathrm{z}})]\pi/T_{\mathrm{z}}\}+1}{2}V_{\mathrm{c}}$			

注：V_{c} 可由目标任务的其他参数唯一确定，对 S_{x} 为−0.667，对 S_{y} 为−0.333，对 ϕ_{s} 为 0.5819

通过仿真分析可以得到被操作负载质心的位置误差和转角误差分别如图 3、图 4 所示，各关节驱动力矩随时间的变化规律如图 5、图 6 所示。通过以上各图可以看出：被操作负载质心的位姿误差和机器人各关节驱动力矩的最大幅值主要发生在启动和制动区间上，这表明启动、制动的规律和时间对于协调系统的动力学特性和操作精度有十分重要的影响；在匀速运动期间，由于关节的实际运动与给定的运动规律存在一定差异以及系统的弹性变形引起了一定的位姿误差和关节驱动力矩，但其幅值较运动过程的最大值要小的多；同时可由图 5、图 6 看出驱动力矩的(绝对)最大值一般都出现在柔性机器人的连架关节(即一、二号柔性机器人的第 1 关节)上，详见表 2。由以上分析可知，采用假设模态法建立柔性机器人协调操作系统的动力学模型可以在保证被操作物体位姿精度的前提下，简化动力学方程的求解难度，提高其求解速度，具有一定的实际意义。

表 2　最大误差和关节驱动力矩

最大质心位置误差/mm		最大负载转角误差/rad	一号机器人各关节最大驱动力矩/N · m			二号机器人各关节最大驱动力矩/N · m		
X 方向	*Y* 方向	0.0133	第 1 关节	第 2 关节	第 3 关节	第 1 关节	第 2 关节	第 3 关节
16.97	11.81		−2.1404	1.4753	−0.3575	−1.6218	0.9595	−0.1643

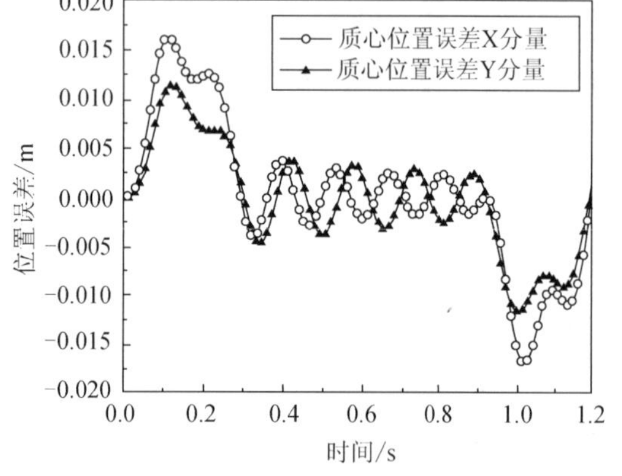

图 3　负载质心位置误差

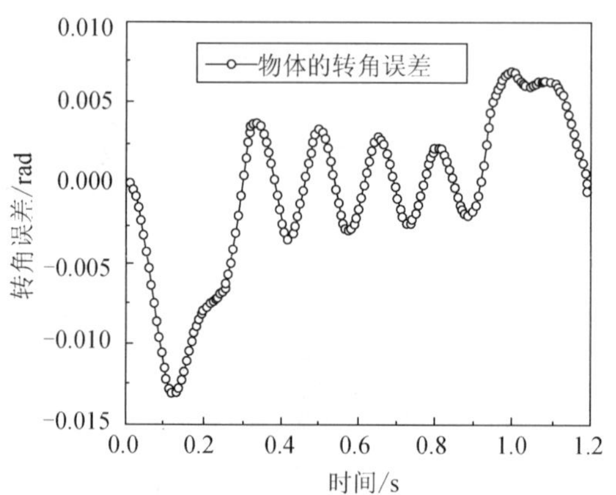

图 4　被操作负载转角误差

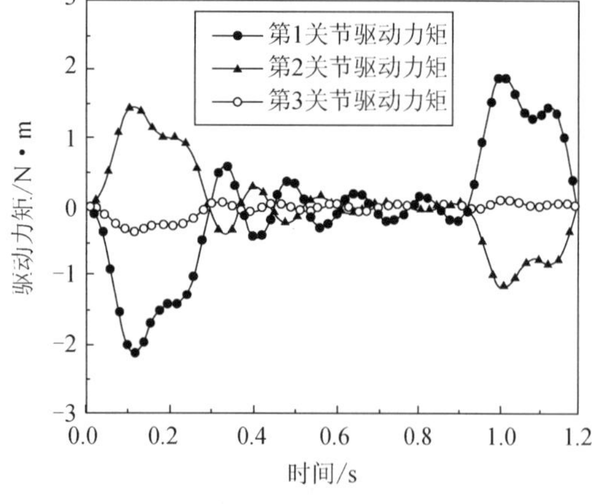

图 5　一号机器人各个关节驱动力矩

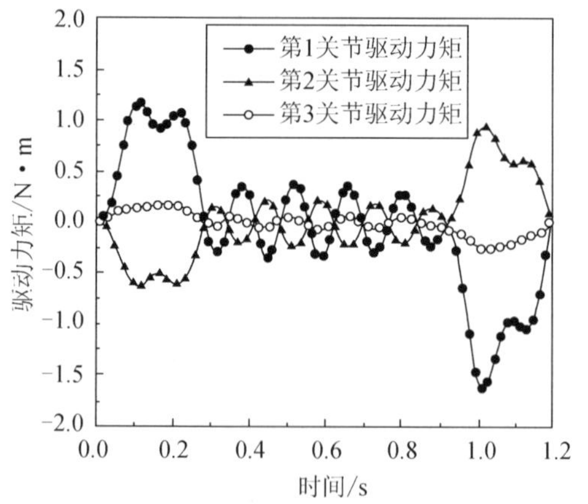

图 6　二号机器人各个关节驱动力矩

7. 结论

本文在对柔性机器人协调操作特性分析的基础上，利用假设模态法和 Lagrange 方程，建立了两平面 3R 柔性机器人协调操作刚性负载的动力学模型，并通过仿真算例表明：①采用假设模态法和 Lagrange 方程来建立动力学模型，能有效地减少动力学方程的个数，从而降低了动力学方程的复杂程度，提高其运算速度，具有一定的实际意义；②机械臂的柔性和目标任务启动、制动的规律和时间对于协调系统的动力学特性和操作精度有十分重要的影响。

参考文献

[1] Luh J Y S, Zheng Y F. Constrained relations between two coordinated industrial robots for motion control. Int J Robotics Res, 1987, 6(3): 60-70

[2] Arimoto S. Miyazaki F, Kawamura S. Cooperative motion control of multiple robot arms or fingers. Proc IEEE Conf On Robotics and Automation, Raleigh, NC, 1987, 1407-1412

[3] Kovivo A J, Unseren M A. Modeling closed chain motion of two manipulators holding a rigid object. Mech. Mach. Theory, 1990, 25(4): 427-438

[4] Dong Sun, Yunhui Liu. Modeling and impedance control of a two-manipulator system handling a flexible beam. ASME J of Dyn. Sys. Mea. and Con., 1997, 119: 736 - 742

[5] Matsuno F, Hatayama M. Robust cooperative control of two two-link flexible manipulators on the basis of quasi-static equations. Int. J. Robotics Res., 1999, 18 (4): 414 - 428

[6] 窦建武，余跃庆.两柔性机器人协调操作的动力学模型及其逆动力学分析. 机器人，2000，22(1): 39 - 47

[7] 张成新，余跃庆.柔性机器人协调操作的冗余驱动. 机械设计与研究, 2002,18(1): 13 - 16

[8] De Luca A， Siciliano B. Closed-form dynamic model of planar multilink lightweight robots. IEEE Trans. Sys. Man. Cybernet，1991, SMC-21(4): 826 -839

（原载《机器人》，2003，25(2): 97-100）

§ 57　具有关节柔性和臂柔性的机器人操作受限物体的动力学建模

张成新，余跃庆
（北京工业大学，北京　100022）

摘　要：针对具有柔性关节和柔性臂的机器人操作受作业环境约束这种情况，基于绝对坐标建立了系统的动力学模型。根据物体与作业环境的约束关系，推导出系统的正动力学模型。以期望的被操作物体的轨迹和所期望的物体与环境的作用力为边界条件，推导出了系统的逆动力学模型。对于给定的任务，所提出的逆动力学模型可求出柔性机器人的理想输入。而所提出的正动力学模型可用于数值仿真。通过对具有三柔性关节和三柔性臂的机器人臂进行仿真，验证了该方法的有效性。

关键词：柔性机器人；动力学建模；受限运动；轨迹跟踪

1. 引言

柔性机器人操作受限物体属于接触问题，是机器人学中非常复杂的研究领域之一。这一领域日益受到重视，吸引着众多的研究者[1-9]。目前，对受限柔性臂机器人的研究只限于一柔性臂或两柔性臂的机器人。此外，以上文献都忽略了关节的柔性。实际上，关节柔性往往对受限机器人臂的动力学特性具有更大的影响，因此关节柔性是不能忽略的。准确地分析受限柔性臂机器人的动力特性是设计和控制这类机器人必不可少的基础，因此这方面的研究具有十分重要的意义。

这里将建立受环境约束的具有关节柔性和臂柔性的机器人臂的动力学模型。根据被操作物体和作业环境之间的运动约束和动力约束条件，推导出系统的正动力学模型和逆动力学模型。此正动力学模型可以仿真具有关节柔性和臂柔性的受限机器人臂的动力学特性。由提出的逆动力学模型计算出的关节输入值可使机器人准确地跟踪期望的轨迹和实现期望的与作业环境的接触力。我们的研究是以具有关节柔性和臂柔性的 3R 柔性机器人操作刚性负载为例进行仿真，来证明所提出方法的有效性。

2. 建模

如图 1 所示，具有关节柔性和臂柔性的 3R 机器人臂抓持一刚性物体沿曲面运动。被操作物体与作业环境之间保持一定的接触力，同时考虑摩擦力。在以下各节，首先给出具有关节柔性和臂柔性的 3R 机器人臂操作受限物体的运动约束和动力约束，然后基于绝对坐标，推导出受环境约束的具有关节柔性和臂柔性的机器人臂的动力学模型。

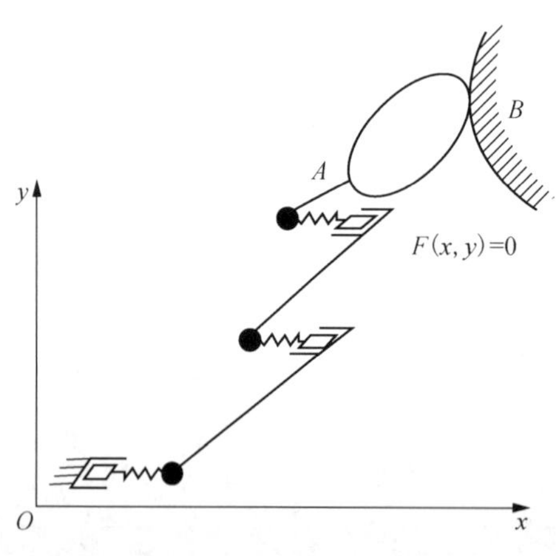

图 1　受限柔性机器人

2.1　动力学方程

由于作业环境的约束，系统受到动力约束和运动约束。动力约束为机器人末端对物体的抓持力和物体所受到的约束力与物体的惯性力相平衡。运动约束即为机器人抓持点与物体和环境的接触点之间的关系。系统的动力学方程可表示为

$$\begin{cases} \boldsymbol{m}\ddot{\boldsymbol{q}}+\boldsymbol{c}\dot{\boldsymbol{q}}+\boldsymbol{k}(\boldsymbol{q}-\boldsymbol{q}_{\mathrm{r}}-\boldsymbol{q}_{\mathrm{t}})=\boldsymbol{F}_{\mathrm{ex1}}+\boldsymbol{F}_{\mathrm{ex2}} & \text{(1a)} \\ \boldsymbol{m}_0\ddot{\boldsymbol{x}}\boldsymbol{c}=-\boldsymbol{G}_1\boldsymbol{F}_{\mathrm{ex2}}+\boldsymbol{G}_2\boldsymbol{F}_{\mathrm{env}} & \text{(1b)} \\ \boldsymbol{q}_{\mathrm{d}}=\boldsymbol{q}_{\mathrm{b}}+\boldsymbol{q}_{\mathrm{d0}} & \text{(1c)} \\ \boldsymbol{q}_{\mathrm{c}}=\boldsymbol{q}_{\mathrm{b}}+\boldsymbol{q}_{\mathrm{d0}}+\boldsymbol{q}_{\mathrm{c0}} & \text{(1d)} \\ \boldsymbol{F}(x,y)=0 & \text{(1e)} \end{cases}$$

式中，$\boldsymbol{m}$、$\boldsymbol{c}$、$\boldsymbol{k}$ 为质量矩阵，阻尼矩阵，刚度矩阵；$\boldsymbol{q}$、$\boldsymbol{q}_{\mathrm{r}}$、$\boldsymbol{q}_{\mathrm{t}}$ 为绝对位移矢量，刚体转动所引起的位移矢量，刚体平动所引起的位移矢量；$\boldsymbol{F}_{\mathrm{ex1}},\boldsymbol{F}_{\mathrm{ex2}}$ 为与驱动力矩有关的矢量和其余外力矢量；$\boldsymbol{F}_{\mathrm{env}}$ 为与环境对物体约束力相应的矢量；$\boldsymbol{m}_0$ 为物体的质量矩阵；$\boldsymbol{q}_{\mathrm{d}}$ 为机器人末端的位移矢量；$\boldsymbol{q}_{\mathrm{c}}$ 为物体质心的位移矢量；$\boldsymbol{q}_{\mathrm{b}}$ 为物体与环境接触点的位移矢量和物体的角位移矢量；$\boldsymbol{x},\boldsymbol{y}$ 为接触点的坐标；$\boldsymbol{q}_{\mathrm{d0}},\boldsymbol{q}_{\mathrm{c0}}$ 为运动约束中的非线性项。

式(la)是基于绝对坐标的具有关节柔性和臂柔性的机器人动力学方程[10]，式(lb)是动力约束方程，式(lc)、式(ld)和式(le)是运动约束方程，式(le)是作业环境的曲线方程。

2.2　正动力学模型

具有关节柔性和臂柔性的机器人操作受限物体的正动力学模型用于：已知关节输入角或输入力矩，求被抓持物体和环境的接触力以及被抓持物体的轨迹。此模型可用于系统的仿真。由式(1)，将机器人臂末端的广义坐标以及物体质心的广义坐标转换成物体和环境接触点的广义坐标，消去 $\boldsymbol{F}_{\mathrm{ex2}}$ 和接触点的一个广义坐标，整理得

$$\begin{cases} {}^{\mathrm{F}}\boldsymbol{m}{}^{\mathrm{F}}\ddot{\boldsymbol{q}}+{}^{\mathrm{F}}\boldsymbol{c}{}^{\mathrm{F}}\dot{\boldsymbol{q}}+{}^{\mathrm{F}}\boldsymbol{k}({}^{\mathrm{F}}\boldsymbol{q}-{}^{\mathrm{F}}\boldsymbol{q}_{\mathrm{r}}-{}^{\mathrm{F}}\boldsymbol{q}_{\mathrm{t}})-\boldsymbol{k}_{\mathrm{e}}(\boldsymbol{q}_{\mathrm{re}}+\boldsymbol{q}_{\mathrm{te}})={}^{\mathrm{F}}\boldsymbol{F}_{\mathrm{ex1}}-\boldsymbol{Q} \\ \boldsymbol{N}={}^{\mathrm{c}}\boldsymbol{m}{}^{\mathrm{F}}\ddot{\boldsymbol{q}}+{}^{\mathrm{c}}\boldsymbol{c}{}^{\mathrm{F}}\dot{\boldsymbol{q}}+{}^{\mathrm{c}}\boldsymbol{k}({}^{\mathrm{F}}\boldsymbol{q}-{}^{\mathrm{F}}\boldsymbol{q}_{\mathrm{r}}-{}^{\mathrm{F}}\boldsymbol{q}_{\mathrm{t}})-{}^{\mathrm{c}}\boldsymbol{k}_{\mathrm{e}}(\boldsymbol{q}_{\mathrm{re}}+\boldsymbol{q}_{\mathrm{te}})+{}^{\mathrm{c}}\boldsymbol{Q} \end{cases} \tag{2}$$

式中，$\boldsymbol{k}_{\mathrm{e}}$、$\boldsymbol{q}_{\mathrm{re}}$、$\boldsymbol{q}_{\mathrm{te}}$ 为与各机器人末端广义坐标所对应的刚度矩阵、与各机器人末端广义坐标所对应的刚体转动所引起的位移矢量和刚体平动所引起的位移矢量；${}^{\mathrm{F}}\boldsymbol{q}_{\mathrm{r}}$、${}^{\mathrm{F}}\boldsymbol{q}_{\mathrm{t}}$ 为刚休转动引起的位移矢量和刚体平动引起的位移矢量(不包括与机器人末端广义坐标所对应的项)；$\boldsymbol{Q}$ 为机器人广义坐标转换出现的非线性项；$\boldsymbol{N}$ 为环境对物体的实际约束力；c 为上标，与Ⅳ有关的矩阵和矢量。

如果以关节驱动力矩为输入参量，式(2)形式不变。如果以关节角为输入参量，将式(2)表示为

$$\begin{cases} {}^{\mathrm{u}}\boldsymbol{m}{}^{\mathrm{u}}\ddot{\boldsymbol{q}}+{}^{\mathrm{u}}\boldsymbol{c}{}^{\mathrm{u}}\dot{\boldsymbol{q}}+{}^{\mathrm{u}}\boldsymbol{k}({}^{\mathrm{u}}\boldsymbol{q}-{}^{\mathrm{u}}\boldsymbol{q}_{\mathrm{r}}-{}^{\mathrm{u}}\boldsymbol{q}_{\mathrm{t}})-{}^{\mathrm{u}}\boldsymbol{k}_{\mathrm{e}}(\boldsymbol{q}_{\mathrm{re}}+\boldsymbol{q}_{\mathrm{te}}) \\ \quad ={}^{\mathrm{u}}\boldsymbol{Q}-{}^{\mathrm{d}}\boldsymbol{m}{}^{\mathrm{d}}\ddot{\boldsymbol{q}}-{}^{\mathrm{d}}\boldsymbol{c}{}^{\mathrm{d}}\dot{\boldsymbol{q}}-{}^{\mathrm{d}}\boldsymbol{k}({}^{\mathrm{d}}\boldsymbol{q}-{}^{\mathrm{d}}\boldsymbol{q}_{\mathrm{r}}-{}^{\mathrm{d}}\boldsymbol{q}_{\mathrm{t}}) \\ \boldsymbol{\tau}={}^{\mathrm{b}}\boldsymbol{m}{}^{\mathrm{F}}\ddot{\boldsymbol{q}}+{}^{\mathrm{b}}\boldsymbol{c}{}^{\mathrm{F}}\dot{\boldsymbol{q}}+{}^{\mathrm{b}}\boldsymbol{k}({}^{\mathrm{F}}\boldsymbol{q}-{}^{\mathrm{F}}\boldsymbol{q}_{\mathrm{r}}-{}^{\mathrm{F}}\boldsymbol{q}_{\mathrm{t}})-{}^{\mathrm{b}}\boldsymbol{k}_{\mathrm{e}}(\boldsymbol{q}_{\mathrm{re}}+\boldsymbol{q}_{\mathrm{te}})+{}^{\mathrm{b}}\boldsymbol{Q} \\ \boldsymbol{N}={}^{\mathrm{c}}\boldsymbol{m}{}^{\mathrm{F}}\ddot{\boldsymbol{q}}+{}^{\mathrm{c}}\boldsymbol{c}{}^{\mathrm{F}}\dot{\boldsymbol{q}}+{}^{\mathrm{c}}\boldsymbol{k}({}^{\mathrm{F}}\boldsymbol{q}-{}^{\mathrm{F}}\boldsymbol{q}_{\mathrm{r}}-{}^{\mathrm{F}}\boldsymbol{q}_{\mathrm{t}})-{}^{\mathrm{c}}\boldsymbol{k}_{\mathrm{e}}(\boldsymbol{q}_{\mathrm{re}}+\boldsymbol{q}_{\mathrm{te}})+{}^{\mathrm{c}}\boldsymbol{Q} \end{cases} \tag{3}$$

式中，$\boldsymbol{d}$ 为上标，与输入有关的矩阵和矢量；$\boldsymbol{u}$ 为上标，与未知广义坐标输入有关的矩阵和矢量；$\boldsymbol{c}$ 为上标，与实际约束力有关的矩阵和矢量；$\boldsymbol{\tau}$ 为实际驱动力矩；$\boldsymbol{b}$ 为上标，与关节驱动力矩有关的矩阵和矢量。

式(2)和式(3)是具有关节柔性和臂柔性的受限机器人臂的正动力学模型。当已知关节输入角或关节输入力矩时，式(2)和式(3)可唯一确定被抓持物体的轨迹以及被抓持物体和环境的接触力。

2.3　逆动力学模型

具有关节柔性和臂柔性的机器人操作受限物体的逆动力学模型用于：已知被操作物体的期望轨迹和被操作物体与环境的接触力，求机器人的关节输入参量。对于期望的物体轨迹和物体与环境的

接触力，可由式(ld)求得柔性机器人臂末端的期望轨迹。再由式(lb)求得柔性机器人臂末端所受的广义力矢量 $\boldsymbol{F}_{\mathrm{ex2}}$。

设机器人末端期望位移、速度和加速度矢量分别为 $\boldsymbol{q}_{\mathrm{d}}$、$\dot{\boldsymbol{q}}_{\mathrm{d}}$ 和 $\ddot{\boldsymbol{q}}_{\mathrm{d}}$，与其对应的矩阵和矢量均以下标 $\boldsymbol{d}$ 表示，由式(1)，则逆动力学模型为

$$\begin{cases} \boldsymbol{m}_{\mathrm{c}}\ddot{\boldsymbol{q}}_{\mathrm{c}}+\boldsymbol{c}_{\mathrm{c}}\dot{\boldsymbol{q}}_{\mathrm{c}}+\boldsymbol{k}_{\mathrm{c}}(\boldsymbol{q}_{\mathrm{c}}-\boldsymbol{q}_{\mathrm{rc}}-\boldsymbol{q}_{\mathrm{tc}}) \\ =\boldsymbol{F}_{\mathrm{ex2}}-\boldsymbol{m}_{\mathrm{d}}\ddot{\boldsymbol{q}}_{\mathrm{d}}-\boldsymbol{c}_{\mathrm{d}}\dot{\boldsymbol{q}}_{\mathrm{d}}-\boldsymbol{k}_{\mathrm{d}}(\boldsymbol{q}_{\mathrm{d}}-\boldsymbol{q}_{\mathrm{rd}}-\boldsymbol{q}_{\mathrm{td}}) \\ \boldsymbol{T}=\boldsymbol{m}_{\mathrm{b}}\ddot{\boldsymbol{q}}_{\mathrm{b}}+\boldsymbol{c}_{\mathrm{b}}\dot{\boldsymbol{q}}_{\mathrm{b}}+\boldsymbol{k}_{\mathrm{b}}(\boldsymbol{q}-\boldsymbol{q}_{\mathrm{r}}-\boldsymbol{q}_{\mathrm{t}}) \end{cases} \tag{4}$$

式中，c 为下标，与未知广义坐标有关的矩阵和矢量；$\boldsymbol{T}$ 为关节输入力矩；b 为与 $\boldsymbol{T}$ 有关的矩阵或矢量。

式(4)即为受限柔性机器人臂的逆动力学模型。对于给定的期望轨迹和环境对物体的约束力，可由式(4)求得柔性机器人臂的输入关节角和关节力矩。

3. 数值仿真

如图 2 所示，系统为平面 3R 机器人臂操作刚性物体，物体与环境保持接触。物体与作业环境之间的动摩擦因数μ=0.04。机器人臂所有的杆和关节都是柔性的。机器人臂的抓持点为 A，物体与环境的接触点位 B，物体的质心为 C，物体与环境接触弧段的曲率中心为 D，R=0.025m。物体的质量为 m_0=0.02kg，对质心的转动惯量为 $I_0=3.125\times10^{-6}\mathrm{kg\cdot m^2}$，$L_{\mathrm{R}}$=0.025m，$L_{\mathrm{C}}$=0.025m，$\alpha=\pi/3$，$\beta=\pi/3$。

机器人的臂长均为 0.254m。臂的截面为正方形，边长为 0.00508 m。密度$\rho=2700\mathrm{kg/m^3}$，弹性模量 E=71GPa，切变模量 G=26GPa，质量阻尼系数α_1=0.0，刚度阻尼系数$\alpha_2=1.323\times10^{-3}$，阻尼系数$\xi$=0.03。各关节参数相同，关节集中质量为 0.02kg，定子的转动惯量为 $1.6\times10^{-5}\mathrm{kg\cdot m^2}$，转子的转动惯量为 $1.6\times10^{-5}\mathrm{kg\cdot m^2}$，关节刚度为 850Nm/rad。有限元模型如图 3 所示，每根杆取一个单元，每单元取 6 个节点。

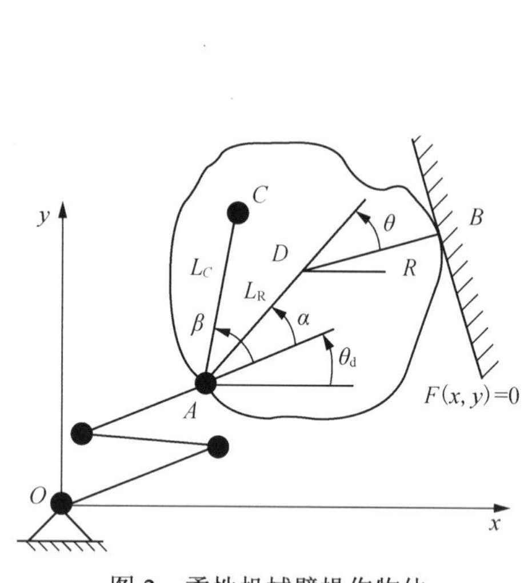

图 2　柔性机械臂操作物体

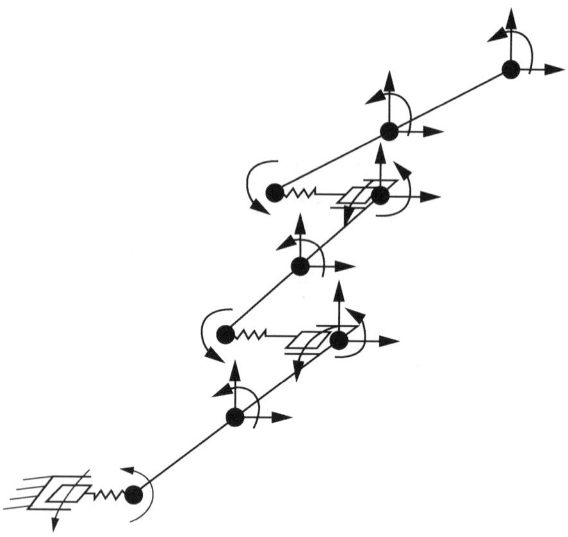

图 3　3R 机器人有限元模型

作业约束环境为直线：

$$y=0.55-0.5x$$

期望轨迹从点(0.7, 0.2)到点(0.3, 0.4)，期望的物体转角ϕ从 0rad 到 0.2rad。总操作时间 T_{t} 为 0.6s。加速时间 T_{s} 为 0.2s。期望的加速度和期望的接触力表示为

$$\alpha=A[1-\cos(2\pi t/T_{\mathrm{s}})]$$

$$N=N_{\max}[1-\cos(\pi t/T_{\mathrm{s}})]/2$$

$$0 \leqslant t \leqslant T_s$$

式中，N_{max} 为 0.20；t 为时间。

匀速运动的时间是 0.2s。期望的接触力为

$$N=N_{max}$$

$$T_s \leqslant t \leqslant T_t - T_b$$

减速时间 T_b 为 0.2s。期望的加速度和期望的接触力表示为

$$\alpha = -A\{1-\cos[2\pi(t-(T_t - T_b))/T_b]\}$$

$$N = N_{max}\{1+\cos[\pi(t-(T_t - T_b))/T_b]\}/2$$

$$T_t - T_b \leqslant t \leqslant T_t$$

对于给定的期望轨迹和期望的接触力，机器人臂的关节输入角和关节输入力矩可以由提出的逆动力学模型式(4)求出。而对于给定的机器人关节输入，被抓持物体和环境的接触力以及被抓持物体的轨迹可由式(2)和式(3)确定。图 4、图 5 是由提出的受限柔性机器人臂的逆动力学模型式(4)求出的机器人输入关节角和关节驱动力矩。当以此输入作为柔性机器人臂的输入时，机器人的轨迹跟踪最大误差接近于零，可以忽略。物体和作业环境之间的实际作用力与期望作用力的误差同样接近于零，可以忽略。当然，如果采用其他的关节输入值，而不是采用所提出的逆动力学模型式(4)求出的关节输入值进行仿真，被抓持物体和环境的接触力以及被抓持物体的轨迹和方位仍然可以由式(2)和式(3)确定。

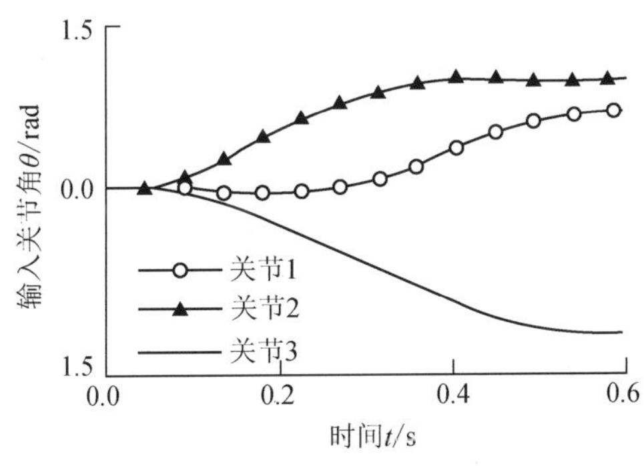

图 4　机器人的输入关节角

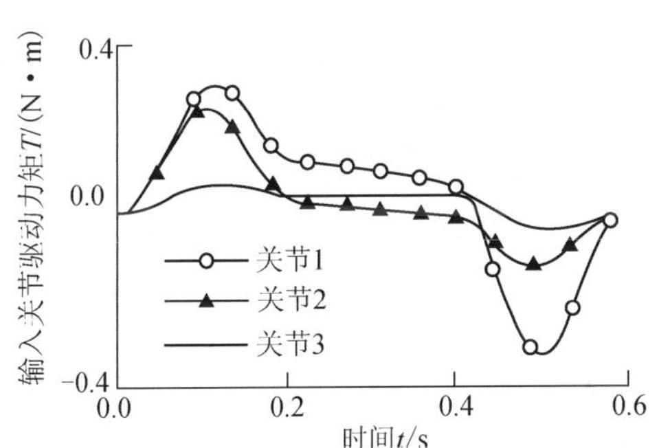

图 5　机器人的输入关节力矩

从仿真结果可以看出，所提出的逆动力学模型可以求出给定任务的理想输入。这是由于在所提出的逆动力学模型的推导过程中，假定了被操作物体的实际位置为边界条件并且满足期望轨迹。而所提出的正动力学模型可以方便地用于受限柔性机器人臂的仿真。

4. 结论

基于绝对坐标，建立了具有关节柔性和臂柔性的机器人操作受限物体的动力学方程。由于所采用的边界条件和坐标不同，所提出的方法能比通常的方法更有效地对受限柔性机器人进行动力学分析。此外，尽管考虑了关节和臂的柔性，由于所采用的边界条件和坐标与通常的方法不同，机器人仍能操作物体准确地实现期望轨迹和与环境的接触力。仿真结果说明了所提出的新方法的有效性。

参考文献

[1] De Luca A, Manes C. Modeling of robots in contact with a dynamic environment. IEEE Transactions on Robotics and Automation, 1994，10(4): 269-274

[2] Vukobratovic M, Potkonjak V. Dynamics of contact tasks in robotics, part I: general model of robot interacting with environment. Mech. Mach. Theory, 1999, 34(4): 923-942

[3] Hu Y R, Goldenberg A A, Zhou C. Motion and force control of coordinated robots during constrained motion tasks. Int. Journal of Robotics Research, 1995, 14(4): 351-365

[4] Chiou B C，Shahinpoor M. Dynamic stability analysis of a two-link force-controlled flexible manipulator. Trans. ASME J. Dyn. Sys. Measurement Contr.，1990, 112(2): 661-666

[5] Latomel D J, Cherchas D B, Wong R. Dynamic characteristics of constrained manipulators for contact force control design. Int. Journal of Robotics Research, 1998, 17(3): 211-231

[6] Matsuno F，Yamamoto K. Dynamic hybrid position/force control of a two degree-of-freedom flexible manipulator. J. Robot Systems, 1994, 11(5): 355-366

[7] Matsuno F, Asano T, SakawaY. Modeling and quasistatic hybrid position/force control of constrained planar two-link flexible manipulator. IEEE Transactions on Robotics and Automation, 1994, 10(3): 287-2978

[8] 樊晓平，徐建闽，毛宗源，等. 受限柔性机器人臂的鲁棒变结构混合位置/力控制. 自动化学报，2000，26(2):176-183

[9] Kim H K，Choi SB, Thompson B S. Compliant control of a two-link flexible manipulator featuring piezoelectric actuators. Mech. Mach. Theory, 2001, 36(3): 411-424

[10] 张成新，余跃庆. 柔性机器人轨迹跟踪的逆动力学分析. 机械设计与研究，2001, 17(4): 21-24

（原载《机械工程学报》2003，39(6)：9-12）

§ 58 Dynamic Analysis of Planar Cooperative Manipulators with Link Flexibility

Zhang Chengxin, Yu Yueqing

College of Mechanical Engineering and Applied Electrical Technology Beijing Polytechnic University, Beijing 100022, *China*

Abstract: *With the Timoshenko beam theory and the Finite Element Method, the dynamic equation of planar cooperative manipulators with link flexibility is proposed in absolute coordinates. Taking the actual position of the mass center of the cooperated object as the boundary condition, the inverse dynamic equation is developed with the load distribution method. With the solution of the inverse dynamic equations, the cooperated object can track a given trajectory accurately and the errors between the actual internal forces and the specified internal forces on the cooperated manipulators converge to zero. A new method is also developed for the optimum load distribution and load capacity of cooperative manipulator system. A numerical simulation of two planar flexible robot arms manipulating a rigid load is presented.*

1. Introduction

There is growing interest in the development of coordinated multiple manipulator systems, since a single arm is not competent for a variety of tasks such as the manipulation of massive and bulky objects. Therefore, it is often necessary to use two or more robot arms rather than one to perform a task.

The cooperation of rigid manipulators has been studied by many researchers such as Walker, Freeman and Marcus[1], Liu and Arimoto[2], Wang and Luo[3]. However, there is little paper to deal with the cooperation of flexible manipulators. The coordination of multiple robot arms with flexible joints was considered and a control scheme was derived by Jankowski et al.[4]. Sun, Sharf and Nahon[5] discussed the load distribution and joint trajectory planning of two robots with one flexible link. The control of two two-link flexible manipulators was studied on the basis of quasi-static equations by Matsuno and Hatayama[6]. Dou and Yu[7] formulated a dynamic model for the cooperation of two flexible link manipulators. The dynamics and control of flexible multi-body systems with closed loops were treated by Damaren[8]. However, the dynamic characteristic of the cooperative manipulators with link flexibility has not been solved completely. In fact, the characteristic is of great importance to the dynamic behavior of the cooperative manipulators.

In this paper, a comprehensive study of cooperative manipulators with link flexibility is presented. The dynamic equations are developed in absolute coordinates. Taking the actual position of mass center of the operated object to be the boundary condition, the inverse dynamic equations of the cooperative manipulators are developed. With the solution of these equations, the load distribution, trajectory tracking, internal forces and load capacity are discussed. An example of two planar flexible robot arms manipulating an object is illustrated. The simulation results demonstrate the advantage of the method developed in this paper in tracking accuracy, load distribution, internal forces and load capacity.

2. Dynamic modeling of single flexible manipulators

In this section, the dynamic equation of single manipulator with link flexibility is developed in absolute coordinates. The rigid-body displacement and elastic deformation of manipulators are included in the generalized coordinates which was used by Yang and Sadler[9, 10], and Simo and Vu-Quoc[11, 12]. The dynamic equation of the system is derived as follows.

2.1 Finite element model

As shown in Fig. 1, the Timoshenko beam element with multiple nodes and Lagrange shape function are used here. The node number can be selected according to requirement on precision. All quantities are referred to the inertial frame. A shows the initial position of element. Through a rigid-body translation, it goes to position B. After a rigid-body rotation, it moves to position C. From an elastic deformation, the beam arrives at position D. The final displacement vector U and rotation β of the element can be written as

$$U = U_t + U_r + U_f$$

$$\beta = \beta_r + \beta_f \tag{1}$$

where, U_t' U_r, U_f are the displacement due to rigid-body translation, rigid-body translation, rigid-body rotation, elastic deformation, respectively. β_r and β_f are the angular displacement due to rigid-body rotation, elastic deformation, respectively.

The displacement components υ, w and β can be expressed by the nodal displacement, as follows:

$$\upsilon = \{H_x\}\{q\}_e$$

$$w = \{H_y\}\{q\}_e$$

$$\beta = \{H_\beta\}\{q\}_e \tag{2}$$

where, $\{H_x\}$, $\{H_y\}$ and $\{H_\beta\}$ are Lagrange shape function[13], $\{q\}_e$ is the nodal displacement. The vectors and matrixes with subscript e are expressed in the elemental frames.

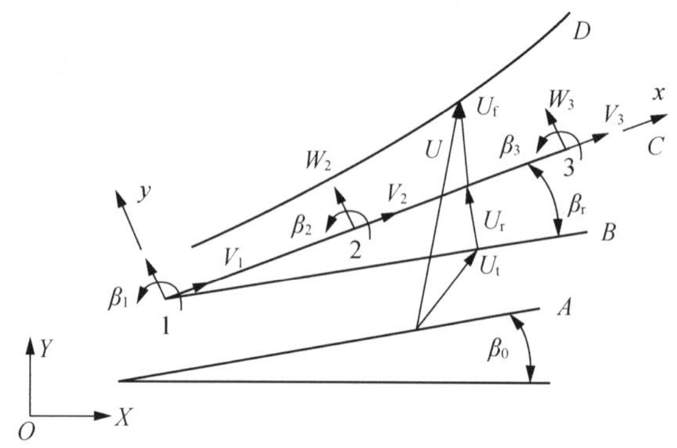

Fig.1　Element

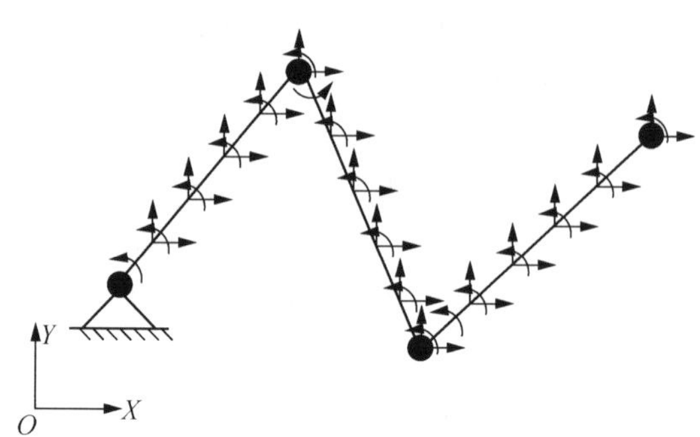

Fig.2　Element model of a 3R robot

2.2 Kinetic energy

The kinetic energy of an element is

$$T = \frac{1}{2}\int_0^L \rho A(\upsilon^2 + w^2)\mathrm{d}x + \frac{1}{2}\int_0^L J\beta^2 \mathrm{d}x \tag{3}$$

where, L, p, A and J are the length, density, area of the cross section and mass moment of inertia of the element, respectively. Substituting Eq. (2) into Eq. (3), yields

$$T = \{q\}_e^{\mathrm{T}}[M]_e\{q\}_e \tag{4}$$

where, $[M]_e$ is the elemental mass matrix.

2.3 Strain energy

The strain energy of an element is

$$V=\int_0^L GA_{\mathrm{s}}\left(\frac{\partial U_{\mathrm{f}y}}{\partial x}-\beta_{\mathrm{f}}\right)^2 \mathrm{d}x+\int_0^L EA\left(\frac{\partial U_{\mathrm{f}x}}{\partial x}\right)^2 \mathrm{d}x+\int_0^L EI\left(\frac{\partial \beta_{\mathrm{f}}}{\partial x}\right)^2 \mathrm{d}x \tag{5}$$

where, E, I, G, A_{s}, β_{f}, U_{fy} and U_{fx} are Young's modulus, inertia moment of cross-sectional area, shear modulus, the equivalent shear area, the angular displacement and translation displacement in direction x and y due to elastic deformation of the element, respectively. From Eqs. (1) and (2), the following equations can be obtained

$$\beta_{\mathrm{f}}=\{H_\beta\}\{q\}_{\mathrm{e}}-\{H_\beta\}\{q_{\mathrm{r}}\}_{\mathrm{e}}$$

$$\begin{cases} U_{\mathrm{f}y}=\{H_y\}\{q\}_{\mathrm{e}}-\{H_y\}\{q_{\mathrm{r}}\}_{\mathrm{e}}-\{H_y\}\{q_{\mathrm{t}}\}_{\mathrm{e}} \\ U_{\mathrm{f}x}=\{H_x\}\{q\}_{\mathrm{e}}-\{H_x\}\{q_{\mathrm{r}}\}_{\mathrm{e}}-\{H_x\}\{q_{\mathrm{t}}\}_{\mathrm{e}} \end{cases} \tag{6}$$

where, $\{q_{\mathrm{r}}\}_{\mathrm{e}}$ and $\{q_{\mathrm{t}}\}_{\mathrm{e}}$ are the displacement due to rigid-body rotation and rigid-body translation, respectively. Substituting Eq. (6) into Eq. (5), we have

$$V=(\{q\}_{\mathrm{e}}-\{q_{\mathrm{r}}\}_{\mathrm{e}}-\{q_{\mathrm{r}}\}_{\mathrm{e}})^{\mathrm{T}}[k]_{\mathrm{e}}(\{q\}_{\mathrm{e}}-\{q_{\mathrm{r}}\}_{\mathrm{e}}-\{q_{\mathrm{r}}\}_{\mathrm{e}}) \tag{7}$$

where, $[K]_{\mathrm{e}}$ is the elemental stiffness matrix.

2.4 Dynamic equation

Substituting Eqs. (4) and (7) into Lagrange equation

$$\frac{\mathrm{d}}{\mathrm{d}t}\left(\frac{\partial T}{\partial\{\dot{q}\}_{\mathrm{e}}}\right)-\frac{\partial T}{\partial\{q\}_{\mathrm{e}}}+\frac{\partial V}{\partial\{q\}_{\mathrm{e}}}=\{f_{\mathrm{ex}}\}+\{f_{\mathrm{in}}\} \tag{8}$$

yields

$$[M]_{\mathrm{e}}\{\ddot{q}\}_{\mathrm{e}}+[K]_{\mathrm{e}}(\{q\}_{\mathrm{e}}-\{q_{\mathrm{r}}\}_{\mathrm{e}}-\{q_{\mathrm{t}}\}_{\mathrm{e}})=\{f_{\mathrm{ex}}\}+\{f_{\mathrm{in}}\} \tag{9}$$

where, $\{f_{\mathrm{ex}}\}$ and $\{f_{\mathrm{in}}\}$ are the applied external forces and nodal forces from adjacent elements, respectively. Eq. (9) is the dynamic equation of the element.

Transforming the vectors and matrixes of Eq. (9) into the system coordinates, the dynamic equation of the element expressed in system coordinates can be obtained as

$$[M]_{\mathrm{s}}\{\ddot{q}\}_{\mathrm{e}}+[K]_{\mathrm{e}}(\{q\}_{\mathrm{s}}-\{q_{\mathrm{r}}\}_{\mathrm{s}}-\{q_{\mathrm{t}}\}_{\mathrm{s}})=\{f_{\mathrm{ex}}\}_{\mathrm{s}}+\{f_{\mathrm{in}}\}_{\mathrm{s}} \tag{10}$$

Where, the subscript s denotes the system.

Fig.2 shows an example of element model for a flexible 3R manipulator. Each element of the manipulator has its own elemental equation as shown in Eq. (10). Putting all the elemental equations together, and considering the damping effect in the system, the dynamic equation of the flexible manipulator can be obtained as following form:

$$[M]\{\ddot{q}\}+[C]\{\dot{q}\}+[K](\{q\}-\{q_{\mathrm{r}}\}-\{q_{\mathrm{t}}\}=\{F_{\mathrm{ex1}}\}+\{F_{\mathrm{ex2}}\} \tag{11}$$

where, [M], [C] and [K] are system mass matrix, damping matrix and stiffness matrix, respectively. $\{q\}$, $\{q_{\mathrm{r}}\}$ and $\{q_{\mathrm{r}}\}$ are the total displacement, the displacement due to rigid-body rotation and rigid-body translation, respectively. $\{F_{\mathrm{ex1}}\}$ and $\{F_{\mathrm{ex2}}\}$ are force vector relative to input torques and the applied external force vector, respectively.

3. Dynamic equations of cooperative manipulators

The system consists of *m* flexible manipulators holding a rigid object. The task is to operate the object to follow a specified trajectory. In the following sections, firstly, the kinematic constraints, dynamic constraints and dynamic equations of the cooperating manipulators are derived. Then, the forward dynamic equation of the system is developed. After that, a load distribution method is proposed. Finally, the inverse dynamic equation of system is presented.

3.1 Dynamics of cooperative system

Because of the closed-chain configuration in the system of cooperative manipulators, the kinematic constraints and dynamic constraints must be considered in the dynamic equation of the system. The kinematic constraint is the relationship between the end-effectors of manipulators and the mass center of operated object. It is determined by the holding configurations. For example, if the rigid grasping is considered, the kinematic constraints can be obtained from the displacement relations between the two grasping points of rigid body. The dynamic constraints can be determined by the equilibrium equations between the forces exerted on the object by the end-effector and the inertia forces of the object. Therefore, the dynamic equations of the system can be written in the following form:

$$[{}^iM]\{{}^i\ddot{q}\}+[{}^iC]\{{}^i\dot{q}\}+[{}^iK](\{{}^iq\}-\{{}^iq_{\mathrm{r}}\}-\{{}^iq_{\mathrm{t}}\})=\{{}^iF_{\mathrm{ex1}}\}+\{{}^iF_{\mathrm{ex2}}\}$$

$$[M_0]\{\ddot{x}\}=-\sum_{i=1}^{m}[{}^iG]\{{}^iF_{\mathrm{ex2}}\}$$

$$\{{}^iq_{\mathrm{d}}\}=[{}^iP]\{x\} \tag{12}$$

where, the first formula is the dynamic equation of the *ith* robot arm. $i = 1\sim m$. The second one is a set of dynamic constraints and the last one is the kinematic constraints. $\{{}^iF_{\mathrm{ex2}}\}$ is the force vector of the *i*th end effector. $[M_0]$ is the mass matrix of the object. $\{x\}$ designates the displacement vector of the object mass center. $\{{}^iq_{\mathrm{d}}\}$ expresses the displacement vector of the *i*th end effector. $[{}^iG]$ and $[{}^iP]$ are the corresponding transformation matrixes.

3.2 Forward dynamics

The forward dynamics of a cooperative manipulator system is to determine the trajectory of the mass center of the operated object when the joint angles or joint torques of robots are provided. Transforming the coordinates of the end effectors in Eq. (12) into that of the mass center of cooperated object, and eliminating $\{{}^iF_{\mathrm{ex2}}\}$, Eq. (12) becomes:

$$[{}^{\mathrm{F}}M]\{{}^{\mathrm{F}}\ddot{q}\}+[{}^{\mathrm{F}}C]\{{}^{\mathrm{F}}\dot{q}\}+[{}^{\mathrm{F}}K](\{{}^{\mathrm{F}}q\}-\{{}^{\mathrm{F}}q_{\mathrm{r}}\}-\{{}^{\mathrm{F}}q_{\mathrm{t}}\})-[K_{\mathrm{e}}](\{q_{\mathrm{re}}\}+\{q_{\mathrm{te}}\})=\{{}^{\mathrm{F}}F_{\mathrm{ex1}}\}-\{Q\} \tag{13}$$

where, $[K_{\mathrm{e}}]$, $\{q_{\mathrm{re}}\}$, and q_{te} are the stiffness matrix, the displacement due to rigid-body rotation and rigid-body translation relative to the end effectors, respectively. $\{Q\}$ is a nonlinear vector resulted from the transformation of coordinates. $\{{}^{\mathrm{F}}q_{\mathrm{r}}\}$ and $\{{}^{\mathrm{F}}q_{\mathrm{t}}\}$ are the displacement vectors due to rigid-body rotation and rigid-body translation excluding the components relative to the end effectors, respectively.

When the joint torques are taken as the input parameters, Eq. (13) can be used directly. If the joint angles are selected to be the input, Eq. (13) can be divided into two equations as follows.

$$\begin{aligned}&[{}^{\mathrm{c}}M]\{{}^{\mathrm{c}}\ddot{q}\}+[{}^{\mathrm{c}}C]\{{}^{\mathrm{C}}\dot{q}\}+[{}^{\mathrm{c}}K](\{{}^{\mathrm{c}}q\}-\{{}^{\mathrm{c}}q_{\mathrm{r}}\}-\{{}^{\mathrm{c}}q_{\mathrm{t}}\})-[{}^{\mathrm{c}}K_{\mathrm{e}}](\{q_{\mathrm{re}}\}+\{q_{\mathrm{te}}\})\\&=\{{}^{\mathrm{c}}Q\}-[{}^{\mathrm{d}}M]\{{}^{\mathrm{d}}\ddot{q}\}-[{}^{\mathrm{d}}C]({}^{\mathrm{d}}\dot{q}\}-[{}^{\mathrm{d}}K](\{{}^{\mathrm{d}}q\}-\{{}^{\mathrm{d}}q_{\mathrm{r}}\}-\{{}^{\mathrm{d}}q_{\mathrm{t}}\})\end{aligned} \tag{14}$$

$$\{\tau\}=[{}^{\mathrm{b}}M]\{{}^{\mathrm{F}}\ddot{q}\}+[{}^{\mathrm{b}}C]\{{}^{\mathrm{F}}\dot{q}\}+[{}^{\mathrm{b}}K](\{{}^{\mathrm{F}}q\}-\{{}^{\mathrm{F}}q_{\mathrm{r}}\}-\{{}^{\mathrm{F}}q_{\mathrm{t}}\})-[{}^{\mathrm{b}}K_{\mathrm{e}}](\{q_{\mathrm{re}}\}+\{q_{\mathrm{te}}\}+\{{}^{\mathrm{b}}Q\} \tag{15}$$

where, the matrixes and vectors with superscript *b*, *c* and *d* are relative to the joint torque, unknown generalized coordinates and input, respectively. $\{\tau\}$ is the actual joint torque.

Eqs. (13)~(15) are the forward dynamic equations of the cooperative manipulators with link flexibility. If the input joint angles or torques are known, the actual trajectory of the cooperated object can be obtained from them. FD is used in this study to express the solution from the forward dynamic equations.

3.3 Inverse dynamics

The inverse dynamics of a cooperative manipulator system is to obtain the input joint angles and torques that can drive the manipulators moving along a given trajectory. For a cooperative robot system, the dynamic constraints reflect the load distribution of the manipulators. The weighted pseudo inverse solution to distribute the force at the object level was proposed by Jankowski et al.[4]. This method is similar to what was used in the cooperation of rigid manipulators by some researchers, for instance, Walker et al.[1]. The load distribution matrix for the cooperation of rigid manipulators was proposed by Liu, Liu and Arimoto[2]. This method will be extended in this study, and a new method of load distribution is proposed for thc coopcration of flexible manipulators.

3.3.1 Load distribution

It is well known that the number of the generalized forces exerted on the load in a cooperative manipulator system is definite. For example, the number for pinned holding is 2, but that for rigid grasping is 3. Let *N* the total number of the generalized forces exerted on the load, the inertia forces of the object can be expressed as:

$$\{F_{\mathrm{ex}}\quad F_{\mathrm{ey}}\quad F_{\mathrm{ez}}\}^{\mathrm{T}}=-[M_0]\{\ddot{x}\} \tag{16}$$

The desired forces exerted on the end effectors are determined by the following equations.

$$\begin{aligned}{}^{i}F_x&=\varsigma_i F_{\mathrm{ex}}\\ {}^{j}F_y&=\xi_j F_{\mathrm{ey}}\\ {}^{k}F_z&=\zeta_k(F_{\mathrm{ez}}+F_{\mathrm{a}})\end{aligned} \tag{17}$$

where,

$$\sum_{i=1}^{m_1}\varsigma_i=1,\ \sum_{j=1}^{m_2}\xi_j=1,\ \sum_{k=1}^{m_3}\zeta_k=1$$

$$0\leqslant\varsigma_i\leqslant1,0\leqslant\xi_j\leqslant1,0\leqslant\zeta_k\leqslant1$$

where, ${}^{j}F_x$, ${}^{j}F_y$, and ${}^{k}F_z$ are the generalized force in direction *x* exerted on the *i*th end effector, the force in direction *y* exerted on the *j*th end effector and the moment exerted on the *k*th end effector, respectively. ς_j, ξ_j and ζ_k are the desired load distribution coefficients. F_{a} designates the moment resulting from the transformation of ${}^{i}F_x$ and ${}^{j}F_y$ from the mass center of the object to the end effectors. m_1, m_2 and m_3 are the numbers of holding forces in direction *x*, *y* and *z*, respectively. And $m_1+m_2+m_3=N$.

The desired load distribution coefficients can be selected according to the load capacity of the cooperative manipulators and holding configurations. For example, the load distribution coefficient for pinned grasping should be zero. As a result, the holding forces of each manipulator $\{{}^{i}F_{\mathrm{ex2}}\}$ can be obtained.

3.3.2 Inverse dynamics

Assuming that the actual mass center of the cooperated object is equal to the anticipated trajectory, the desired displacement of the end-effectors can be obtained from the third formula of Eq.（12）for a specified trajectory of the mass center of object. Let $\{{}^i q_{\mathrm{d}}\}$, $\{{}^i \dot{q}_{\mathrm{d}}\}$ and $\{{}^i \ddot{q}_{\mathrm{d}}\}$ denote the desired displacement, velocity and acceleration vector of the *i*th end-effector, respectively, the corresponding vectors and matrixes are expressed with subscript *d*, the inverse dynamic equations of the cooperative manipulator system of Eq.（12）can be rewritten in the following form:

$$[{}^i M_{\mathrm{c}}]\{{}^i \ddot{q}_{\mathrm{c}}\}+[{}^i C_{\mathrm{c}}]\{{}^i \dot{q}_{\mathrm{c}}\}+[{}^i K_{\mathrm{c}}](\{{}^i q_{\mathrm{c}}\}-\{{}^i q_{\mathrm{rc}}\}-\{{}^i q_{\mathrm{tc}}\})$$

$$=\{{}^i F_{\mathrm{ex2}}\}-[{}^i M_{\mathrm{d}}]\{{}^i \ddot{q}_{\mathrm{d}}\}-[{}^i C_{\mathrm{d}}]\{{}^i \dot{q}_{\mathrm{d}}\}-[{}^i K_{\mathrm{d}}](\{{}^i q_{\mathrm{d}}\}-\{{}^i q_{\mathrm{rd}}\}-\{{}^i q_{\mathrm{td}}\}) \tag{18}$$

$$\{{}^i \tau\}=[{}^i M_{\mathrm{b}}]\{{}^i \ddot{q}\}+[{}^i C_{\mathrm{b}}]\{{}^i \dot{q}\}+[{}^i K_{\mathrm{b}}](\{{}^i q\}-\{{}^i q_{\mathrm{r}}\}-\{{}^i q_{\mathrm{t}}\} \tag{19}$$

where, the matrixes and vectors with superscript *i* denote those of the *i*th manipulator, and i = 1~m. $\left[{}^i \tau\right]$ is the input joint torques of *i*th manipulator. The matrixes and vectors with subscript *b* and *c* are relative to the joint torques and unknown generalized coordinates, respectively. With the input joint angles or torques obtained from Eqs.（18）and（19）, the operated object can track the given trajectory accurately. ID is used here to show the solution from inverse dynamic equations.

4. Internal force analysis

The internal forces in the cooperative robot arms are defined here as the forces that counteract each other at the holding points of operated object. Without considering the effect of friction, the desired internal forces should be zero. The internal forces depend on the difference between the nominal input and the actual input of the manipulators. If the rigid-body joint angles are served as input of flexible manipulators, the difference between the nominal input and the actual input of the manipulators can be very large because of the elastic deformation of robot arms. In this case, the internal forces are considerable and need to be compensated by control methods.

However, in this study, the actual mass center of the cooperated object satisfies anticipated trajectory accurately by using the inverse dynamic equations and load distribution method, the obtained input is very close to the desired input. Therefore, the internal forces become very little.

The internal forces can be obtained as long as the inputs of the manipulators are known. The generalized coordinates of each manipulator can be calculated from Eq.（13）or Eq.（14）. Then, substituting the generalized coordinates into the formula of Eq.（12）, one can obtain the holding forces vector of *i*th manipulator:

$$\{{}^i F\}=\{{}^i Mg]\{{}^i \ddot{q}\}+[{}^i C_{\mathrm{g}}]\{{}^i \dot{q}\}+[{}^i K_{\mathrm{g}}](\{{}^i q\}-\{{}^i q_{\mathrm{r}}\}-\{{}^i q_{\mathrm{t}}\}) \tag{20}$$

where, the matrixes with subscript *g* are relative to the grasping forces. The internal forces can be determined by then.

5. Load capacity

The load capacity is an important item for a cooperative manipulator system and has been discussed by many researchers, for example, Wang and Luo[3]. This method can be extended to cooperation of flexible manipulators in this section.

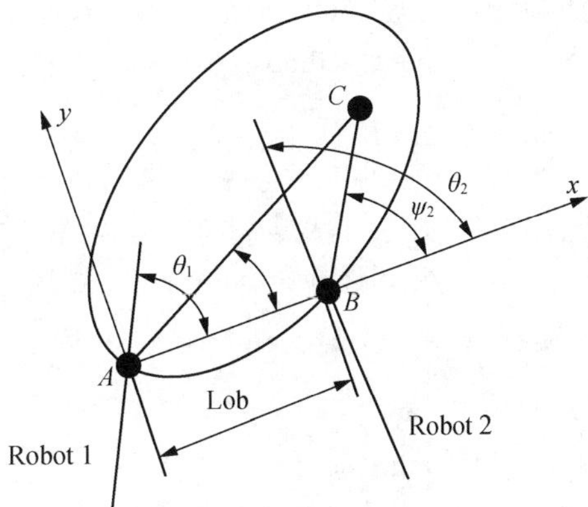

Fig.3　Cooperating robots

The load capacity of cooperative manipulators with link flexibility is restrained by the torque limits of actuators. The optimization of load distribution and internal forces is the key factor to obtain a high load capacity. The load capacity for the cooperation of rigid manipulators can be obtained by planning the actuator torques. However, for the cooperative system of flexible-link manipulators, the load distribution is definite and so difficult to planning. The undesired internal forces would decrease the load capacity of the system. When the inverse dynamic equations are used, the optimum load distribution and load capacity can be obtained.

The load capacity can be treated as a linear programming. The optimum load-distribution and maximum load capacity (in terms of mass and inertia moment of load, for example, in this study) can be obtained by using optimization method. The limitations of the input torques can be selected to be the boundary constraints. So, the programming can be presented in the following form:

$$\begin{aligned} &\text{Min} \quad f(\varepsilon, m_0, I_0) = (m_0 + wI_0) \\ &\text{s.t.} \quad \tau_{\min i} \leqslant \tau_i(\varepsilon, m_0, I_0) \leqslant \tau_{\max i} \\ &\qquad m_0 \geqslant 0 \\ &\qquad m_0 r^2{}_{\min} \leqslant I_0 \leqslant m_0 r^2{}_{\max} \end{aligned} \tag{21}$$

where, ε is the desired load distribution coefficient vector. m_0, I_0 are the mass and inertia moment of the load, respectively. w is positive weighted factor. τ_i, $\tau_{\min i}$ and $\tau_{\max i}$ designate the joint torques of the ith manipulator, the lower and upper bound of joint torques, respectively. $r_{\min}$ and $r_{\max}$ are the minimum and maximum allowable turning radius of load, respectively. If FD method is used, the load capacity can be obtained from Eq. (21), but there is no ε considered in this case.

6. Simulations

In this section, a numerical example of two planar flexible robot arms manipulating a rigid object passing through a desired trajectory is presented. The two manipulators are identical and each of them has three flexible links. The length of all links is 0.254m. The height and width of cross-section are all 0.00508 m. The damping ratio is 0.03. The modulus of elasticity and shear modulus are $7.1\times10^{10}\,\text{N/m}^2$ and $2.6\times10^{10}\,\text{N/m}^2$, respectively. The material density of aluminum is 2700kg/m^3. As shown in Fig.2, each link is divided into 5 six-node beam elements.

The cooperation of two manipulators is illustrated in Fig.3. The holding points are A and B, respectively. The grasping configurations are rigid. The distance between the two holding points Lob is 0.05m. The mass center of the object is at point C. The mass m_0 and inertia moment I_0 of load are 0.05kg,

$3.125\times10^{-5}\text{kg}\cdot\text{m}^2$, respectively. $\psi_1=\pi/3$, $\psi_2=2\pi/3$, $\theta_1=0$, $\theta_2=\pi$ .The desired load distribution coefficients is $\varsigma_1=0.35$, $\xi_1=0.35$, $\zeta_1=0.35$, $\varsigma_2=0.65$ and $\zeta_2=0.65$. The desired internal forces are equal to zero.

The lower and upper bounds of the joint torques are $\tau_{\min 1}=-0.50\text{Nm}$, $\tau_{\max 1}=0.50\text{Nm}$, $\tau_{\min 2}=-0.25$, $\tau_{\max 2}=0.25$, $\tau_{\min 3}=0.10$, and $\tau_{\max 3}=0.10$. The minimum and maximum allowable turning radius of the object are $r_{\min}=0.02\text{m}$, $r_{\max}=0.06$ m. The positive weighted factor w is 1.0.

The desired trajectory of the mass center C is given by

$$y=0.8-x$$

from point (0.7, 0.2) to point (0.3, 0.4), and the desired angle changes from 0.0 to 0.2 rad. The whole working time T_t is 0.6 second with an acceleration of

$$a=A(1-\cos 2\pi t/T_s)$$

$$0\leqslant t\leqslant T_s$$

within 0.2 second, an uniform motion in 0.2 second and a deceleration of

$$a=-A(1-\cos 2\pi(t-(T_t-T_b))/T_b)$$

$$T_t-T_b\leqslant t\leqslant T_t$$

within 0.2 second.

Figs. 4 and 5 illustrate the input joint angles obtained by the inverse dynamic equations of Eq. (18). These trajectory tracking errors of robot system can be compensated by inputting the joint angles as shown in Figs. 6 and 7.

Figs.8 and 9 demonstrate the input joint torques obtained by the proposed inverse dynamic equations Eq. (17) and Eq. (18). On the other hand, Figs. 10 and 11 illustrates the input joint torques obtained by the FD solution. It can be seen that the input joint torques of ID solution can be adjusted by changing the desired load distribution coefficients. However, the input joint torques of FD method are definite and so cannot be changed because they are determined by the configuration and the physical and material properties of the manipulators.

The corresponding position errors of the cooperated object in the direction x, y and rotation resulted from the FD solution are shown in Fig. 12. It is observed that the errors are considerable and must be compensated by control methods. When the input angles and torques are obtained by the proposed inverse dynamic equations Eqs. (18) and (19), as shown in Figs. 4, 5, 8 and 9, the object can follow the desired trajectory accurately. Moreover, the internal forces obtained from FD solution are shown in Fig. 13. As expected, the internal forces are considerable. On contrast, the internal forces obtained by the ID method developed in this paper approach zero, and they can, therefore, be neglected. It is because that the proposed load distribution method is used and the obtained input joints and torques are close to the desired ones.

When the ID method is used, the optimum load distribution coefficients and load capacity of the cooperative robot system can be obtained through optimization as:

$$\varsigma_1=0.3970,\quad \xi_1=0.3970,\quad \zeta_1=0.3970,$$

$$\varsigma_2=0.6030,\quad \xi_2=0.6030,\quad \zeta_2=0.6030,$$

$$m_0=0.1005a,\quad I_0=6.5938\times10^{-5}$$

The input joint torques are plotted in Figs. 14 and 15. The tracking errors and internal forces are close to zero and so ignored. If the FD method is applied, the maximum load capacity of the cooperative system can also be obtained by Eq. (21) as:

$$m_0 = 0.0268, \quad I_0 = 1.7375 \times 10^{-5}$$

The input joint torques are shown in Figs. 16 and 17 and the tracking errors are expressed in Fig. 18. The internal forces, expressed in the object coordinate system, are demonstrated in Fig. 19. It can be seen that the load capacity of the ID method is more than three times that of FD solution.

Therefore, all the results above fully show the advantage of the method developed in this paper.

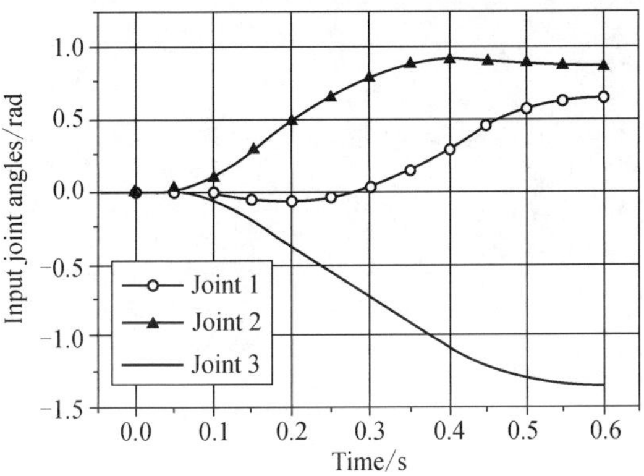

Fig.4　Input joint angles of Robot1

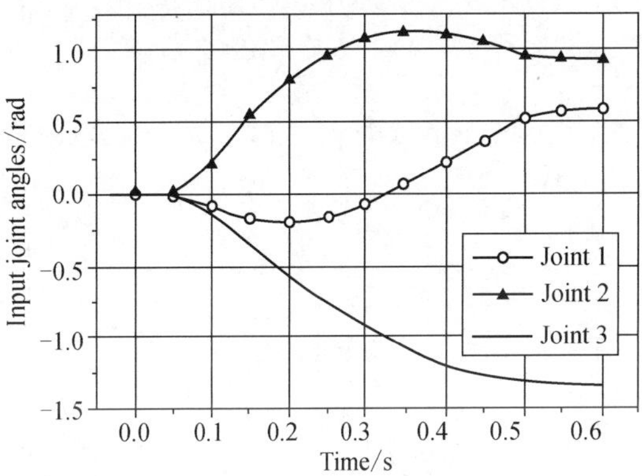

Fig.5　Input joint angles of Robot 2

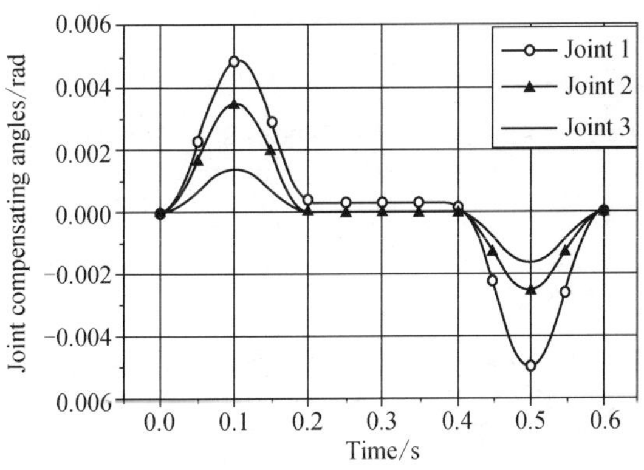

Fig.6　Compensation angles of Robot 1

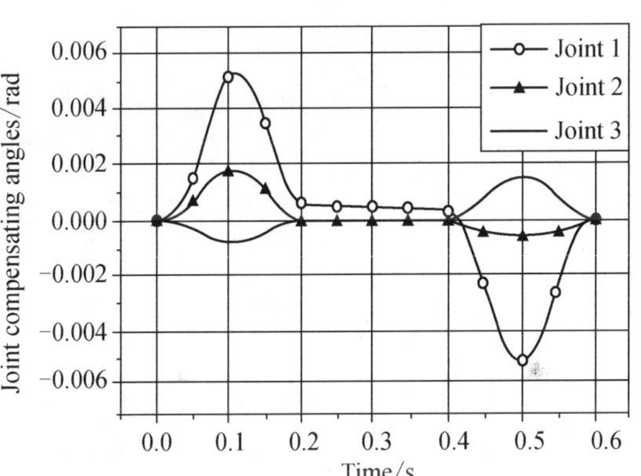

Fig.7　Compensation angles of Robot 2

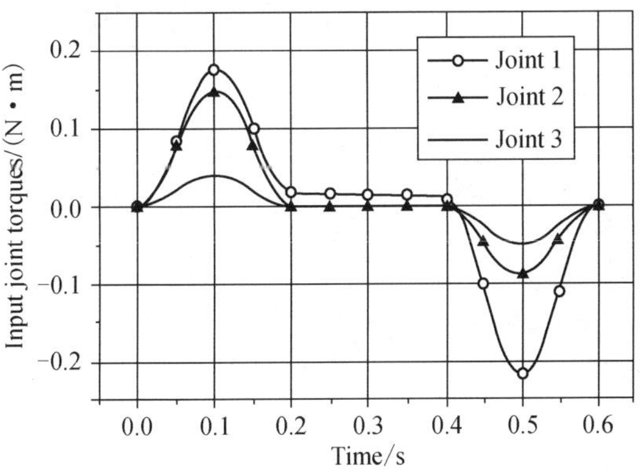

Fig.8　Input joint torques of Robot 1

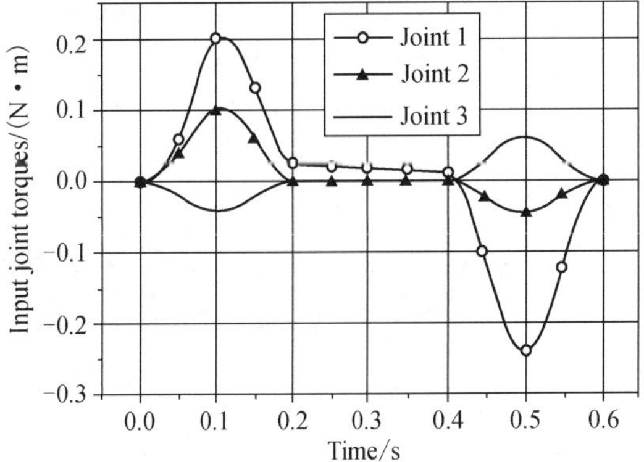

Fig.9　Input joint torques of Robot 2

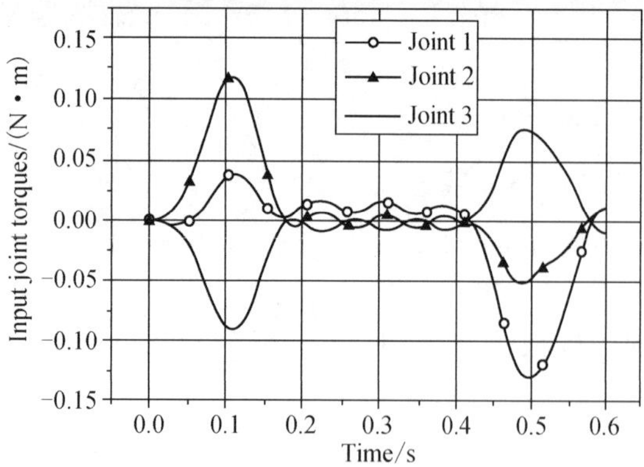

Fig.10 Input joint torques of Robot 1 of FD method

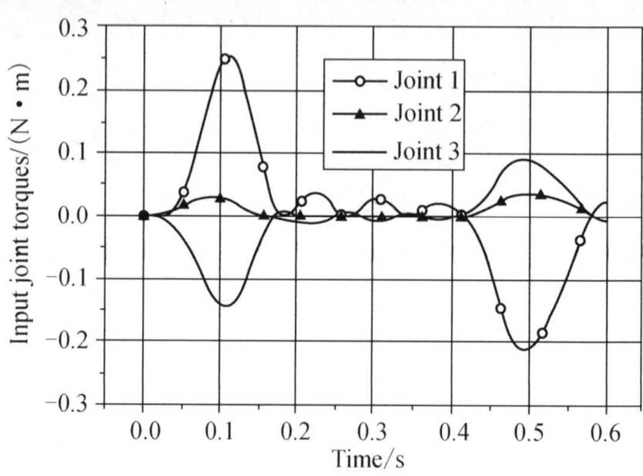

Fig.11 Input joint torques of Robot 2 of FD method

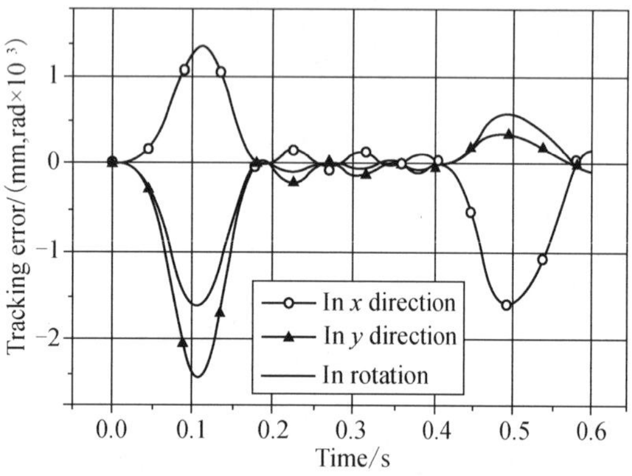

Fig.12 Tracking errors of FD method

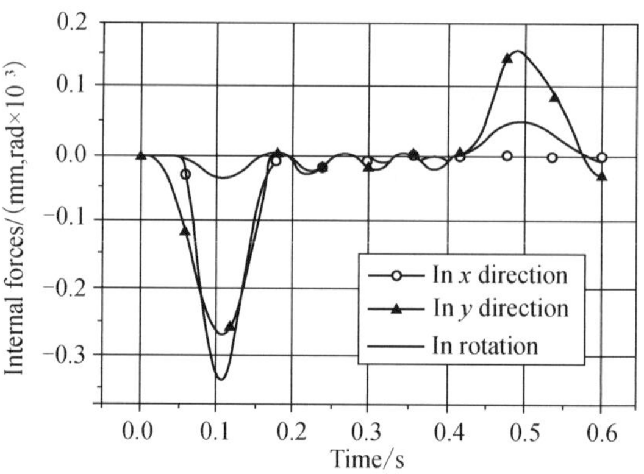

Fig.13 Internal forces of FD method

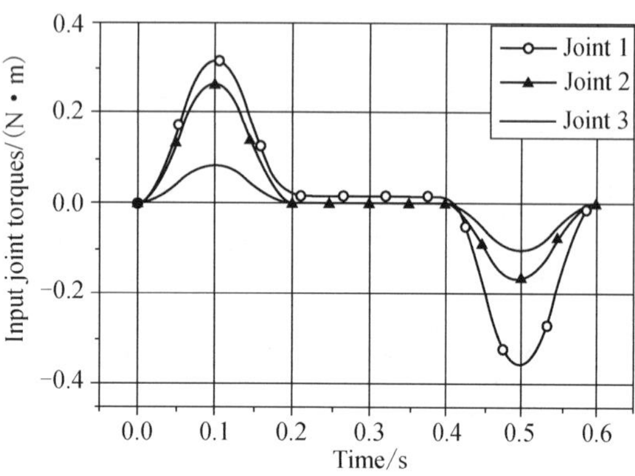

Fig.14 Input joint torques of Robot 1

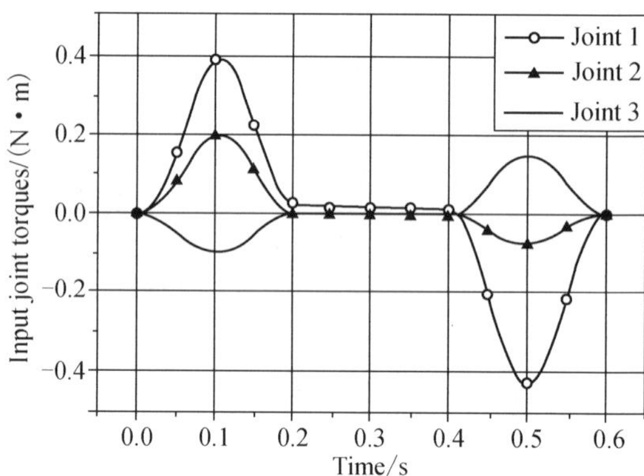

Fig.15 Input joint torques of Robot 2

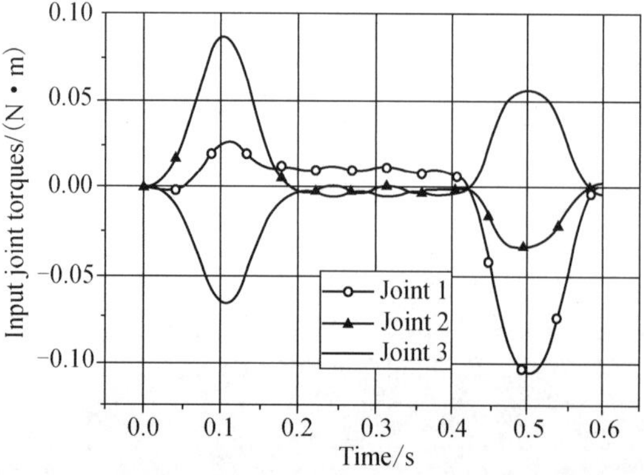

Fig.16 Input joint torques of Robot 1 of FD method

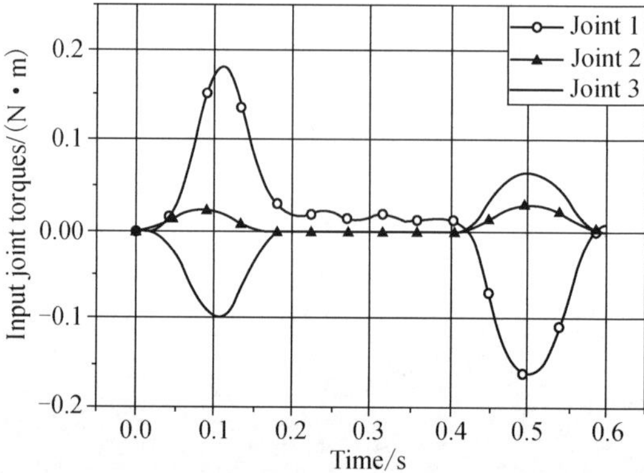

Fig.17 Input joint torques of Robot 2 of FD method

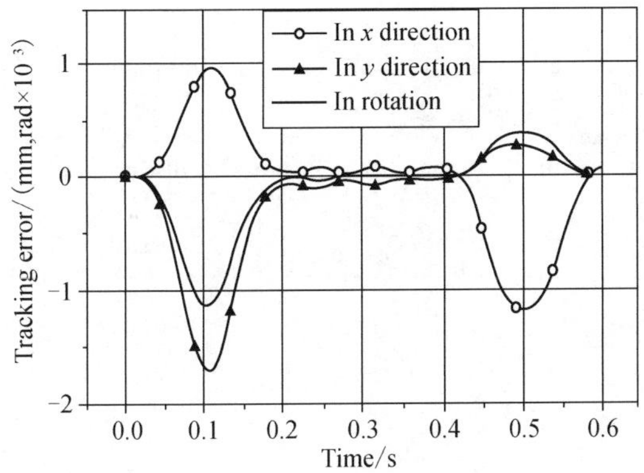

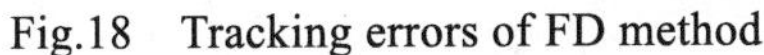
Fig.18　Tracking errors of FD method

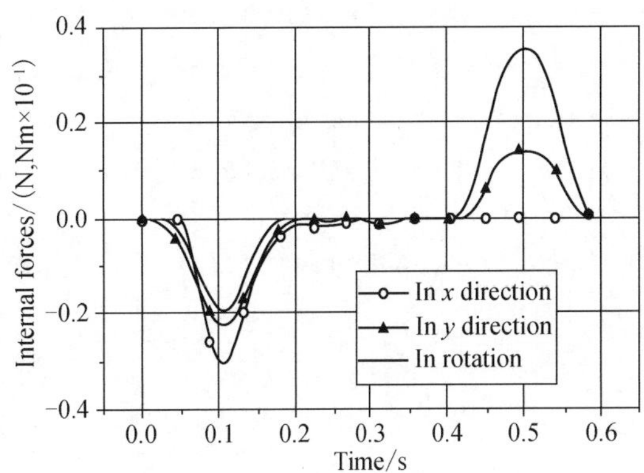

Fig.19　Internal forces of FD method

7. Conclusions

In this paper, the dynamic analysis of multiple flexible link robots manipulating a rigid object has been presented. The dynamic equations of the cooperative manipulators are derived in absolute coordinates. Taking the actual mass center of object to be the boundary constraint, the inverse dynamic equations are developed. The input joint angles and torques obtained by the proposed method can drive the cooperative flexible manipulators holding an object passing through a given trajectory accurately with very low internal forces. The optimum load distribution and high load capacity can be obtained through programming the load distribution coefficients. The numerical example of two cooperative flexible manipulators demonstrates the superiority of the method developed in this paper to other methods.

References

[1] Walker I D, Freeman R A, Marcus S I. Analysis of motion and internal loading of objects grasped by multiple cooperating manipulators. Int. J. Robot. Res., 1991, 10(4): 369-409

[2] Liu Y H, Arimoto S. Decentralized adaptive and non-adaptive position/force controllers for redundant manipulators in cooperation. Int. J. Robot. Res., 1998, 17(3): 232-247

[3] Wang L T, Luo M J. Dynamic load-carrying capacity and inverse dynamics of multiple cooperating robotic manipulators. IEEE Trans. Rob. Autom., 1994, 10(1): 71-77

[4] Jankowski K P, Eimaraghy H A, Eimarghy W H. Dynamic coordination of multiple robot arms with flexible joints. Int. J. Robot. Res., 1993, 12(6): 505-528

[5] Sun Q, Sharf I, Nahon M. Stability analysis of the force distribution algorithm for flexible-link cooperating manipulators. Mech. Mach. Theory, 1999, 34: 753-763

[6] Matsuno F, Hatayama, M. Robust cooperative control of two two-link flexible manipulators on the basis of quasi-static equations. Int. J. Robot. Res., 1999, 18(4): 414-428

[7] Dou J W, Yu Y Q. On the dynamic modeling of two flexible manipulator cooperation and its inverse dynamic analysis. Robot, 2000, 22(1): 9-47 (in Chinese)

[8] Damaren C J. On the dynamics and control of flexible multi-body systems with closed loops. Int. J. Robot. Res., 2000, 19(3): 238-253

[9] Yang Z, Sadler J P. A one-pass approach to dynamics of high-speed machinery through three-node lagrangian beam elements. Mech. Mach. Theory, 1999, 34: 995 -1007

[10] Yang Z, Sadler J P. Large-displacement finite element analysis of flexible linkages. ASME J. Mech. Des., 1990, 112: 175-182

[11] Simo J C, Vu-Quoc L. On the dynamics of flexible beams under large overall motions—the plane case: part 1.

ASME J. Appl. Mech., 1986, 53: 849-854

[12] Simo J C, Vu-Quoc, L. On the dynamics of flexible beams under large overall motions—the plane case: part 2. ASME J. Appl. Mech., 1986, 53: 855-863

[13] Bathe K J. Finite Element Procedures in Engineering Analysis. Englewood Cliffs: Prentice-Hall, Inc., 1982

(in *Trans. ASME, Journal of Mechanical Design*, 2004, 126(3): 442-448)

§ 59　Dynamic Modelling for Cooperation System of Flexible Robots Manipulating a Constrained Object

Yu Y Q　and Zhang C X

College of Mechanical Engineering and Applied Electrical Technology, Beijing Polytechnic University, Beijing 100022, *China*

Abstract: *The cooperation system of flexible robots manipulating constrained objects is a very complicated and challenging problem in the study of robotics. In this paper, the dynamic model of the system is developed in the absolute coordinates. The kinematic and dynamic constraints among the manipulators, object, and working surface are included in the dynamic equation of the system. Dynamic analyses of the system are presented to determine the motion of object and the input of robot for a desired task. The effectiveness and advantages of the method proposed in the paper are illustrated in a numerical simulation of two planar 3R flexible robot arms manipulating a constrained rigid object.*

Keywords: *cooperation system; flexible robot; constrained object; dynamic modelling*

1. Introduction

With increasing demand for higher productivity in industry, high-speed and light-weight robots have become a subject of extensive research in the past decades. Light-weight manipulators with flexible members have the advantages of higher speed, smaller actuator, lower energy consumption, lower overall mass and cost, and greater ratio of payload to weight. Hence flexible manipulators have attracted ever more attention[1]. The main disadvantage of employing flexible robots is the deterioration of the end-effector accuracy due to link and joint flexibility. Some control methods have been used to reduce the elastic vibration of flexible robots[2].

However, what a single flexible robot can perform is often limited. Many tasks, such as snatching a movable or flexible load, have to be accomplished by two or more manipulators. Moreover, from the point of view of reducing elastic vibration of flexible manipulators, the cooperation of two or more flexible robots is superior to a single robot arm. The relevant research has been focused on the cooperation of rigid-body robots[3], but few papers have dealt with the cooperation of flexible ones[4, 5]. Therefore, the coordination of flexible robot manipulators has become one of the most challenging topics in the study of robotics and has recently attracted the attention of researchers[6]. Sun et al.[7] discussed the stability of force distribution algorithm for flexible-link cooperating manipulators. Sun and Mills[8] studied the position control of rigid robots manipulating a flexible payload. Sun[9] designed a controller for the multiple flexible-link manipulator system. However, these works were limited in the coordination system of flexible robots manipulating unconstrained objects.

In most operation systems of robots, for both single manipulator and multiple cooperative robots, the operating task is unconstrained, as in moving objects and welding. In recent years, however, many researchers have paid attention to the problem of manipulators performing constrained robotic tasks, such as rubbing or sharpening work pieces, assembling elements, and the like. This is an important aspect in the study of robotics and industrial application, and some progress has been made in this area. The kinematic constraints between the end-effector of a robot and contact or working surface were considered by

Yoshikawa[10]. McClamroch and Wang[11] investigated the dynamic constraints between the manipulator and conact. A general model of the constrained robot system was proposed by De Luca and Manes[12], wherein the dynamic and/or kinematic constraints between the end-effector and contact were taken into account. The dynamics of contact task of robot was studied by Vukobratovic and Potkonjak[13]. An adaptive approach to control the constrained object was proposed and tested through experimental study by Hu, Goldenberg, and Zhou[14]. The dynamic characteristics of rigid-body link and flexible link manipulators in contact with a deformable object were discussed via experiments by Latornel, Cherchas, and Wang[15]. The problem of multi-arm cooperating robots with elastic interconnection at the contact was modeled by Zivonovic and Vukobratovic[16]. However, the works mentioned above are mainly focused on the single rigid-body robot manipulating a constrained object.

In recent years, researchers have turned to the problem of flexible manipulators or cooperative robot arms handling constrained robotic tasks. A method was proposed for the hybrid position/force control of the two degrees of freedom manipulator with a flexible second link by Mastsuno, Asano, and Sakawa[17]. The dynamic hybrid position/force control for multiple rigid manipulators handling a constrained object was developed by Yoshikawa and Zheng[18]. Jankowski et al.[19] began to consider the cooperation of multiple robot arms with flexible joints. But the link flexibility of the robot arms has not been included in these studies. In fact, both the joint and link flexibility have very important effects on the dynamic behaviour of light-weight flexible manipulators, and so should be taken into account simultaneously.

Several researchers have considered the cooperation of manipulators with rigid or flexible components manipulating unconstrained loads, the single rigid-body robot manipulating constrained object, and the problem of rigid or partial flexible robots cooperating a constrained object. Although the problem of considering fully flexible manipulators, cooperative robots, and constrained robotic tasks simultaneously is very complicated, and little work has been done or published in this field, this kind of robot system is very useful and has wide application in industry. Therefore, the cooperation system of flexible robots manipulating constrained objects deserves study.

In the present study, the dynamics for the cooperation system of planar flexible robots manipulating a constrained object is dealt with. The dynamic model of the system is developed first in absolute coordinates. The kinematic and dynamic constraints among the manipulators, object, and working surface are also included in the dynamic equation of robot system. The dynamic equations are then presented for the dynamic analysis of the system. Finally, a numerical simulation of two planar 3R flexible robot arms manipulating a constrained rigid object is provided as an example.

2. Dynamic modelling

The cooperation system of multiple planar flexible manipulators handling a constrained object is shown in Fig. 1. The system consists of m robot arms with both joint and link flexibility, a rigid object, and rigid working surface $F(x,y)=0$. The friction force between the object and surface is taken into consideration here.

In order to develop a dynamic model for the complex cooperation system, the modelling method for the single flexible robot arm of the system should be determined first.

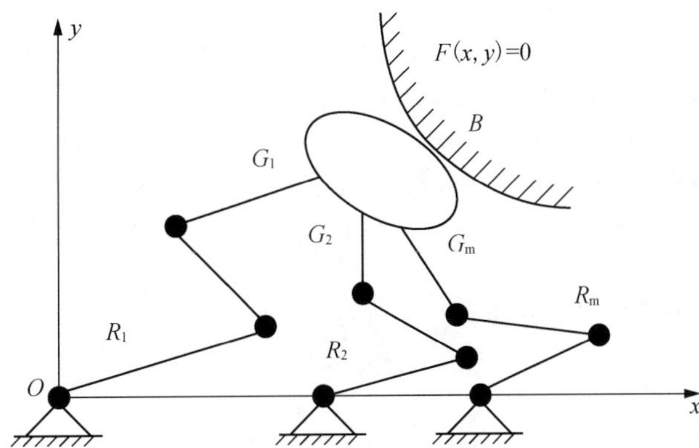

Fig. 1　Constrained cooperation system

2.1　Modelling of single flexible robot arm

The conventional approach of modelling a flexible manipulator is based on the nominal rigid-body position that is determined by the motion of rigid-body robot. Using this method, the joint angles of the robot have been determined beforehand and served as the input of the robot. However, the end-effector of the robot cannot track the desired rigid-body motion accurately due to the elastic deformation of flexible links and joints of the manipulator. So, when this method is applied to the flexible robot manipulating a constrained object, it is hard to keep the object properly in contact with the working surface. The object may be not contacting the working surface, or if in contact, the contact force between the object and working surface must be very high. Therefore, this kind of method is not useful for flexible robots manipulating constrained objects.

In this study, the dynamic model of each single flexible robot in the cooperation system is developed based on the actual position of the end-effectors of robots in absolute coordinates. The generalized coordinates to describe the motions of robots include both the rigid-body motion and elastic deformation of the robots. In this way, the end- effectors of the robots can track the desired path accurately. This ensures properly contact between the operated object and working surface. This method has been used and well illustrated in previous works[20-23].

Using this method, the dynamic equation of the ith robot arm without load in the cooperation system can be presented in the absolute coordinates. Because the derivation of the equation is complicated and is not the main concern of this study, the governing equation is presented directly as follows. Details can be seen in[24, 25].

$$ {}^{i}M{}^{i}\ddot{q} + {}^{i}C{}^{i}\dot{q} + {}^{i}K({}^{i}q - {}^{i}q_{\mathrm{r}} - {}^{i}q_{\mathrm{t}}) = {}^{i}F_{\mathrm{ex1}} + {}^{i}F_{\mathrm{ex2}}, \quad i = 1, 2, \cdots, m \tag{1} $$

where, ${}^{i}M$, ${}^{i}C$, and ${}^{i}K$ are the system mass, damping, and stiffness matrices respectively. ${}^{i}q$, ${}^{i}q_{\mathrm{r}}$, and ${}^{i}q_{\mathrm{t}}$ refer to the total displacement, the displacement due to rigid-body rotation, and translation of the manipulator respectively. ${}^{i}F_{\mathrm{ex1}}$ and ${}^{i}F_{\mathrm{ex2}}$ indicate the generalized force relative to the input torque and the generalized external force applied on the end-effector of robot respectively. Here, all the items are expressed in generalized coordinates.

2.2　Kinematic constraints of cooperation system

For the cooperation system of flexible robots manipulating a constrained object, the kinematic and dynamic constraints among the manipulators, object, and working surface must be taken into consideration in the dynamic equation of the system.

The kinematic constraints of the system are the geometric and kinematic relationships among the end-effectors of robot arms, the operated object, and the contact point between the object and working surface, as shown in Fig. 2, Where, *C* is the mass centre of the object. *D* is the curvature centre of the point *B* on the object, and *R* is the radius of the curve. For the case of rigid grasping, it can be seen from Fig. 2 that the geometric relationship among the grasping points of end-effectors, G_1, G_i, and G_m, and the contact point *B*, between the object and working surface, $F(x,y)=0$, can be expressed in following form:

$$q_{G_i}=q_B+q_{G_{0i}} \tag{2}$$

where, q_{G_i} and q_B are the displacement vector of the end-effector of *i*th robot and that of the contact point *B* of the object respectively. $q_{G_{0i}}$ indicates the relation between q_{G_i} and q_B. And we have:

$$q_{G_i}=(xG_i\quad yG_i\quad \theta_i)^T$$

$$q_B=(x_B\quad y_B\quad \theta_B)^T$$

$$q_{G_{0i}}=\begin{bmatrix}-\left[L_i\cos(\theta_B+\gamma+\delta_i)+R\cos\gamma\right]\\-\left[L_i\sin(\theta_B+\gamma+\delta_i)+R\sin\gamma\right]\\\gamma+\delta_i-\alpha_i\end{bmatrix} \tag{3}$$

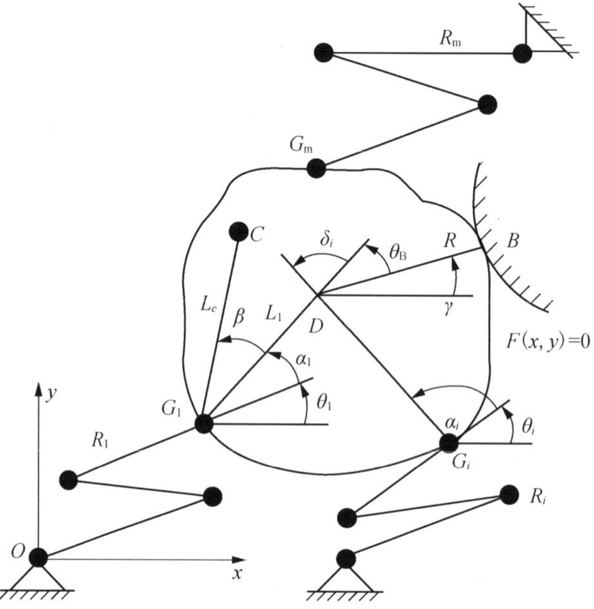

Fig. 2　Kinematic constraints of cooperation system

It can also be seen from Fig. 2 that the kinematic α_i relationship between the mass centre of the object and the contact point *B* can be expressed in the following form:

$$q_C=q_B+q_{C_0} \tag{4}$$

where, q_C is the displacement vector of the mass centre of object. q_{C_0} expresses the relation between q_C and q_B. Thus, from Eqs. (3) and (4) we obtain:

$$q_C=(x_C\quad y_C\quad \theta_C)^T$$

$$q_{G_{0i}}=\begin{bmatrix}-\left[L_i\cos(\theta_B+\gamma)+R\cos\gamma-L_C\cos(\theta_B+\gamma+\beta)\right]\\-\left[L_i\sin(\theta_B+\gamma)+R\sin\gamma-L_C\sin(\theta_B+\gamma+\beta)\right]\\\gamma+\beta\end{bmatrix} \tag{5}$$

With the condition of working surface:

$$F(x_B, y_B) = 0 \tag{6}$$

the kinematic constraints for the cooperation system of flexible robots manipulating a constrained object can be presented in Eqs. (2) ~ (6).

2.3 Dynamic constraints of cooperation system

The dynamic constraints for the cooperation system of flexible robots manipulating a constrained object can be defined as the equilibrium conditions among the holding forces of manipulators, the contact force between the operated object and working surface, and the inertia force of the object. So, the dynamic constraints of the system can be presented as follows:

$$\sum_{i=1}^{m} G_{gi} F_{gi} + G_C (M_C \ddot{q}_C) - G_E F_{env} = 0 \tag{7}$$

where, M_C is the mass matrix of operated object. $\ddot{q}_C$ denotes the acceleration vector of the mass centre of object. F_{gi} and F_{env} express the generalized forces exerted on the object by the ith end-effector and the working surface respectively. G_{gi}, G_C, and G_E indicate the corresponding transformation matrices respectively. Thus we obtain:

$$G_E = \begin{bmatrix} -\cos\gamma & \sin\gamma & 0 \\ -\sin\gamma & -\cos\gamma & 0 \\ 0 & 0 & -1 \end{bmatrix}$$

$$G_C = \begin{bmatrix} 1 & 0 & 0 \\ 0 & 1 & 0 \\ \begin{matrix} -L_C \sin(\theta_B + \gamma + \beta) \\ +L_1 \sin(\theta_B + \gamma) \end{matrix} & \begin{matrix} L_C \cos(\theta_B + \gamma + \beta) \\ -L_1 \cos(\theta_B + \gamma) \end{matrix} & 1 \end{bmatrix}$$

$$F_{gi} = \left(f_{xi} \quad f_{yi} \quad M_i \right)^{\mathrm{T}}$$

$$M_C = \begin{bmatrix} m & 0 & 0 \\ 0 & m & 0 \\ 0 & 0 & I \end{bmatrix}$$

$$G_{gi} = \begin{bmatrix} 1 & 0 & 0 \\ 0 & 1 & 0 \\ L_i \sin(\theta_B + \gamma + \delta_i) & -L_i \cos(\theta_B + \gamma + \delta_i) & 1 \end{bmatrix}$$

$$F_{env} = N\left(1, \quad f, \quad fR\right)^{\mathrm{T}} \tag{8}$$

where, f is the friction coefficient of the working surface. N is the normal contact force between the object and surface. It should be noted that the friction between the object and surface is a very complicated problem and so only the Coulomb sliding friction is considered here for simplicity.

Now, the dynamic constraints for the cooperation system of flexible robots manipulating a constrained load are determined in Eqs. (7) and (8).

2.4 Dynamic equations of the system

The dynamic equations for the whole cooperation system of flexible robots manipulating a constrained object should include the dynamic equations of each single robot arm as shown in Eq. (1), the kinematic constraints presented in Eqs. (2)~(6), and the dynamic constraints expressed in Eq. (7) and (8), and so can be written by putting Eq. (1) ~ (8) together in the following form:

$$
\begin{aligned}
&M^{i}\ddot{q}+{}^{i}C^{i}\dot{q}+{}^{i}K({}^{i}q-{}^{i}q_{r}-{}^{i}q_{t})={}^{i}F_{ex1}+{}^{i}F_{ex2}\\
&q_{G_i}=q_{B}+q_{G_{0i}}\\
&q_{C}=q_{B}+q_{C_0}\\
&F(x_{B},y_{B})=0\\
&\sum_{i=1}^{m}G_{gi}F_{gi}+G_{C}(M_{C}\ddot{q}_{C})-G_{E}F_{env}=0
\end{aligned}
\tag{9}
$$

3. Dynamic analysis

3.1 Dynamic solution

One task of the dynamic analysis for the cooperation system of flexible robots manipulating constrained loads is to determine the trajectory of object and the contact force between object and working surface for the given input joint angles or torques of robots. Transforming the coordinates of the manipulators and the mass centre of object in Eq. (9) into the coordinates of the contact point between the object and working surface, and eliminating ${}^{i}F_{ex2}$, Eq. (9) becomes:

$$
{}^{F}M^{F}\ddot{q}+{}^{F}C^{F}\dot{q}+{}^{F}K({}^{F}q-{}^{F}q_{r}-{}^{F}q_{t})-K_{e}(q_{re}+q_{te})={}^{F}F_{ex1}-Q \tag{10}
$$

$$
{}^{C}F={}^{C}M^{F}\ddot{q}+{}^{C}C^{F}\dot{q}+{}^{C}K({}^{F}q-{}^{F}q_{r}-{}^{F}q_{t})-{}^{C}K_{e}(q_{re}+q_{te})+{}^{C}Q \tag{11}
$$

where, ${}^{F}q_{r}$ and ${}^{F}q_{t}$ indicate the displacement vectors due to the rigid-body rotation and translation excluding the components relative to the end-effectors of robots respectively. q_{re} and q_{te} are the displacement vectors due to rigid-body rotation and translation relative to the end- effectors respectively. K_{e} expresses the stiffness matrix relative to the end-effectors. Q refers to a nonlinear vector resulted from the transformation of coordinates. ${}^{C}F$ denotes the generalized contact force between the object and working surface. The upper subscript c refers to the contact force. The upper subscript F indicates the dynamic force analysis.

When the joint torques are taken as the input of robots, Eq. (10) and (11) can be used directly for the dynamic analysis of the system. On the other hand, if the joint angles are selected to be the input, Eq. (10) can be divided two parts and Eqs. (10) and (11) can be rewritten as follows:

$$
\begin{aligned}
&{}^{u}M^{u}\ddot{q}+{}^{u}C^{u}\dot{q}+{}^{u}K({}^{u}q-{}^{u}q_{r}-{}^{u}q_{t})-{}^{u}K_{e}(q_{re}+q_{te})\\
&=-{}^{u}Q-{}^{d}M^{d}\ddot{q}+{}^{d}C^{d}\dot{q}+{}^{d}K({}^{d}q-{}^{d}q_{r}-{}^{d}q_{t})
\end{aligned}
\tag{12}
$$

$$
\tau={}^{b}M^{F}\ddot{q}+{}^{b}C^{F}\dot{q}+{}^{b}K({}^{F}q-{}^{F}q_{r}-{}^{F}q_{t})-{}^{b}K_{e}(q_{re}+q_{te})+{}^{b}Q \tag{13}
$$

$$
{}^{C}F={}^{C}M^{F}\ddot{q}+{}^{C}C^{F}\dot{q}+{}^{C}K({}^{F}q-{}^{F}q_{r}-{}^{F}q_{t})-{}^{C}K_{e}(q_{re}+q_{te})+{}^{C}Q \tag{14}
$$

Where, the upper subscript d refers to the input torques. The upper subscript u indicates the unknown generalized coordinates. τ denotes the joint torque. The upper subscript b refers to the joint torques.

If the joint angles or torques are known, the actual trajectory of the operated object and the contact force between the object and working surface can be obtained from Eqs. (10) ~ (14) for the cooperation system of flexible robots manipulating a constrained load.

Another task of dynamic analysis for the cooperation system of flexible robots manipulating a constrained load is to obtain the input joint angles and torques for a specified trajectory of object and the desired contact force between the object and working surface. The desired displacements of the end-effectors of robots can be determined from Eq. (9) for the specified trajectory of the operated object and the contact force between the object and working surface. Let ${}^{i}q_{\mathrm{d}}$, ${}^{i}\dot{q}_{\mathrm{d}}$ and ${}^{i}\ddot{q}_{\mathrm{d}}$ denote the desired displacement, velocity, and acceleration vector of the end-effectors respectively. The corresponding vectors and matrixes are expressed with subscript d. In this way, the dynamic equation (9) can be written in the following form:

$$
\begin{aligned}
&{}^{i}M_{\mathrm{u}}{}^{i}\ddot{q}_{\mathrm{u}} + {}^{i}C_{\mathrm{u}}{}^{i}\dot{q}_{\mathrm{u}} + {}^{i}K_{\mathrm{u}}({}^{i}q_{\mathrm{u}} - {}^{i}q_{\mathrm{ru}} - {}^{i}q_{\mathrm{tu}}) \\
&\quad = {}^{i}F_{\mathrm{ex2}} - {}^{i}M_{\mathrm{d}}{}^{i}\ddot{q}_{\mathrm{d}} - {}^{i}C_{\mathrm{d}}{}^{i}\dot{q}_{\mathrm{d}} - {}^{i}K_{\mathrm{d}}({}^{i}q_{\mathrm{d}} - {}^{i}q_{\mathrm{rd}} - {}^{i}q_{\mathrm{td}})
\end{aligned} \tag{15}
$$

$$
{}^{i}\tau = {}^{i}M_{\mathrm{b}}{}^{i}\ddot{q} + {}^{i}C_{\mathrm{b}}{}^{i}\dot{q} + {}^{i}K_{\mathrm{b}}({}^{i}q - {}^{i}q_{\mathrm{r}} - {}^{i}q_{\mathrm{t}}) \tag{16}
$$

Where, all the items are similar to those in Eqs. (10) and (11). The subscript b and u refer to the joint torques and unknown generalized coordinates respectively. τ is the input joint torque.

The input joint angles and torques for the cooperation system of flexible robots manipulating a constrained object can be obtained from Eqs. (15) and (16) for a given trajectory of the operated object and contact force between the object and working surface.

3.2　Force Distribution

It can be seen from Eq. (7) that the dynamic constraints in the cooperation system of flexible robots manipulating a constrained load can be used to determine the force distribution between the cooperative manipulators. The weighted pseudo-inverse solution to distribute the forces at load level was proposed by Jankowski et al.[19]. This method is similar to what was used in the cooperation of rigid-body manipulators by Walker, Freeman, and Marcus[26].The force distribution matrix for the cooperation of rigid-body robots was proposed by Liu and Arimoto[27]. This approach is extended in this study for the force distribution in the cooperation system of flexible robots manipulating a constrained object.

It is known that the number of generalized grasping forces exerted on the object by the end-effectors in the cooperative manipulator system is definite. For example, the number of generalized grasping forces for the case of pinned holding is 2 and that for rigid grasping is 3. So, the generalized grasping forces exerted on a constrained load, the inertia force of object and the contact force applied on the object from the working surface should be in equilibrium condition and can be expressed from Eq. (7) in the coordinates of the mass centre of object as:

$$
\begin{pmatrix} F_{\mathrm{ex}} & F_{\mathrm{ey}} & F_{\mathrm{ez}} \end{pmatrix}^{\mathrm{T}} = -G_{gi}^{-1}\left[-G_{\mathrm{C}}(M_{\mathrm{C}}\ddot{q}_{\mathrm{C}}) + G_{\mathrm{E}}F_{\mathrm{env}}\right] \tag{17}
$$

where, F_{ex} and F_{ey} are the holding forces in direction x and y respectively. F_{ez} denotes the grasping moment. The desired forces applied on the end-effectors of cooperative robots can be determined by the following formulae:

$$
\begin{aligned}
&{}^{i}F_{x} = \varsigma_{i}F_{\mathrm{ex}} \\
&{}^{j}F_{y} = \xi_{j}F_{\mathrm{ey}} \\
&{}^{k}F_{z} = \zeta_{k}(F_{\mathrm{ez}} + F_{\mathrm{a}}) \\
&\sum_{i=1}^{m_1}\varsigma_{i} = 1, \quad 0 \leqslant \varsigma_{i} \leqslant 1
\end{aligned} \tag{18}
$$

$$\sum_{i=1}^{m_2}\xi_j = 1,\quad 0 \leqslant \xi_j \leqslant 1$$

$$\sum_{k=1}^{m_3}\zeta_k = 1,\quad 0 \leqslant \zeta_k \leqslant 1 \tag{19}$$

where, ${}^iF_x$ and ${}^jF_y$ are the forces applied to the ith and jth end-effector in the direction x and y respectively. ${}^kF_z$ is the moment exerted on the kth end-effector. ς_i, ξ_j and ζ_k express the desired force distribution coefficients. F_a denotes the additional moment resulted from the translation of ${}^iF_x$ and ${}^jF_y$ from the mass centre of object to the end-effectors of robots. m_1 and m_2 are numbers of grasping forces in direction x and y respectively. m_3 is the number of holding moment. Here, $m_1 + m_2 + m_3 = n$. n is the total number of generalized grasping forces.

The desired force distribution coefficients, ς_i, ξ_j and ζ_k, can be selected according to the load capacity of the cooperative manipulators and grasping conditions. For example, the force distribution coefficients for pinned grasping should be zero. In this way, the holding force of each robot ${}^iF_{ex2}$ can be determined.

4. Numerical simulation

In this section we present a numerical example of two planar flexible robot arms manipulating a constrained rigid object passing along a working surface with desired contact force between the object and surface, as shown in Fig. 3. The structural and kinematic parameters of the robot system are simply made up for illustration and presented as follows. Details can be seen in Ref.[27].

The two manipulators, R_1 and R_2, are identical and each of them has three flexible links and joints. The distance between the two fixed points of robot system is 0.5 m. The two rigid grasping points of the end-effectors are at point G_1 and point G_2. The contact point between the operated object and the surface is at point B. The mass centre of the object is at point C. The shape of object at point B is supposed to be a circle with radius of $R = 0.5\text{m}$ and its curvature centre is at point D. The mass, m_0, and mass moment of inertia, I_0, of the object are 0.05kg and $3.125\times10^{-5}\text{kg}\cdot\text{m}^2$ respectively. The relevant angles in the Fig.are as follows: $\alpha_1 = \pi/3, \alpha_2 = -\pi/3, \beta = \pi/3, \delta = \pi/3$.

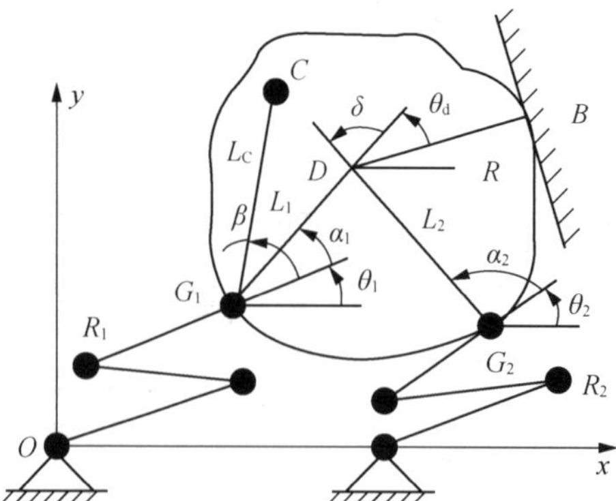

Fig.3　2-robot cooperation system

The parameters of the two robot arms in the cooperation system are listed in Table 1. All joints of the robot arms are identical and the lumped mass and mass moment of inertia of the driving motor at each joint are 0.02kg and $1.6\times10^{-5}\text{kgm}^2$ respectively. The spring constant of elastic joint is 850 Nm/rad. The coefficient of friction between the object and surface is chosen as 0.04.

Table 1　Parameters of robot arms

	Link length L_1-L_3/m	Material of links	Density ρ/(kg/m^3)	Modulus of elasticity E/(N/m^2)	Shear modulus G/(N/m^2)	Cross-section height a/m	Cross-section width b/m	Mass damping coefficient α_1	Stiffness damping coefficient α_2	Damping ratio ξ
Robot 1	0.254	Aluminum	2.7×10^3	7.1×10^{10}	2.6×10^{10}	5.08×10^{-3}	5.08×10^{-3}	0.0	1.323×10^{-3}	0.03
Robot 2	0.254	Aluminum	2.7×10^3	7.1×10^{10}	2.6×10^{10}	5.08×10^{-3}	5.08×10^{-3}	0.0	1.323×10^{-3}	0.03

The working surface of the system is defined by the function of:

$$y = 0.55 - 0.5x$$

The desired trajectory of the object is to translate along the surface from point (0.7, 0.2) to point (0.3, 0.4) with the desired rotating angle of the object θ changing from 0.0 to 0.2 rad.

The motion of the operated object starts with an acceleration motion of:

$$\alpha = A(1-\cos 2\pi t/T_s) \quad 0\leqslant t\leqslant T_s$$

within $T_s = 0.2$s, maintains in an uniform motion within 0.2s. and finishes with a deceleration motion of:

$$\alpha = -A(1-\cos 2\pi(t-(T_t-T_b))/T_b) \quad T_t - T_b \leqslant t \leqslant T_t$$

within $T_b = 0.2$s . The whole operating time T_t is 0.6 second.

The desired normal contact force between the object and working surface is presented as:

$$N = N_{max}(1-\cos \pi t/T_s)/2 \qquad 0\leqslant t\leqslant T_s$$

$$N = N_{max} \qquad T_s \leqslant t \leqslant T_t - T_b$$

Where, $N_{max} = 0.25N$.

When the desired force distribution coefficients for robot R_1 and robot R_2 are selected as $\varsigma_1 = \xi_1 = \zeta_1 = 0.5$ and $\varsigma_2 = \xi_2 = \zeta_2 = 0.5$ respectively, the input joint angles and torques for the desired trajectory and contact force in the cooperation system of flexible robots manipulating a constrained object can be obtained from the dynamic equations (15) and (16). The numerical results of the joint angles and torques for robot R_1 and robot R_2 are shown in Figs.4~7 respectively. It can be seen from the figures that these curves change smoothly, and so the cooperation of flexible robot system can be accomplished easily applying these reasonable inputs.

With the input angles and torques obtained above, the trajectory and contact force of the system can be obtained from the dynamic Eqs. (10) ~ (14). The simulation result indicates that the deviations between the obtained contact force and the desired ones is very small (the maxi-mum error is less than 1.0×10^{-6} N and so the relative data have not been presented here), and the operated object can follow the desired trajectory accurately. This result shows the advantage of modelling method for the cooperative flexible robot system in absolute coordinates.

In contrast, if the joint angles and torques obtained from Eqs. (10) ~ (14) are used as the input of the cooperation system of flexible robots manipulating an unconstrained object, there is a deviation between the obtained trajectory and the desired one of the robot system. Fig. 8 and illustrate the error of the mass centre of the operated object in the horizontal and vertical direction of the plane respectively. This result shows the distinct difference between the coordinated flexible robots with constrained object and that with unconstrained one.

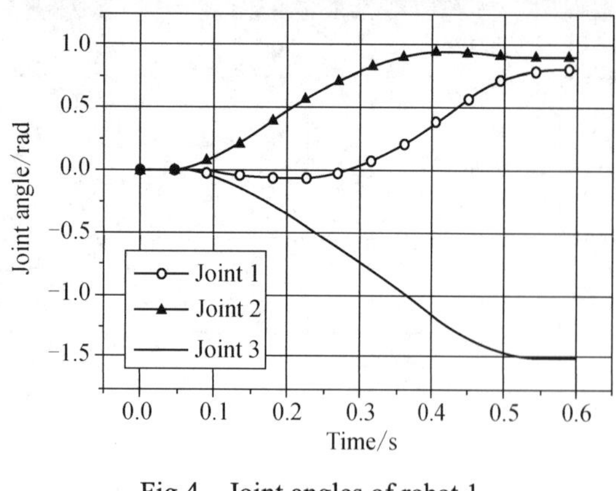

Fig.4 Joint angles of robot 1

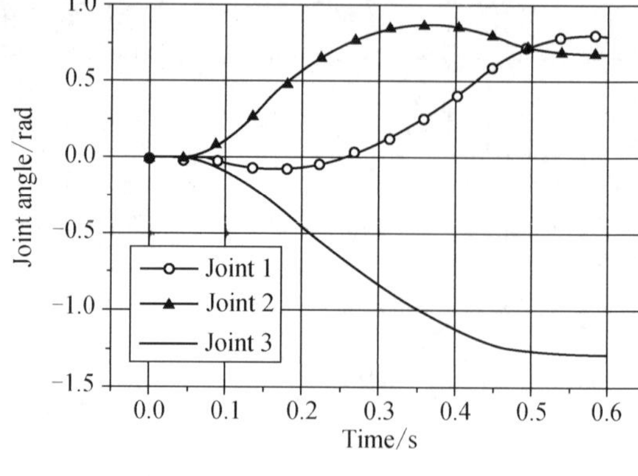

Fig.5 Joint angles of robot 2

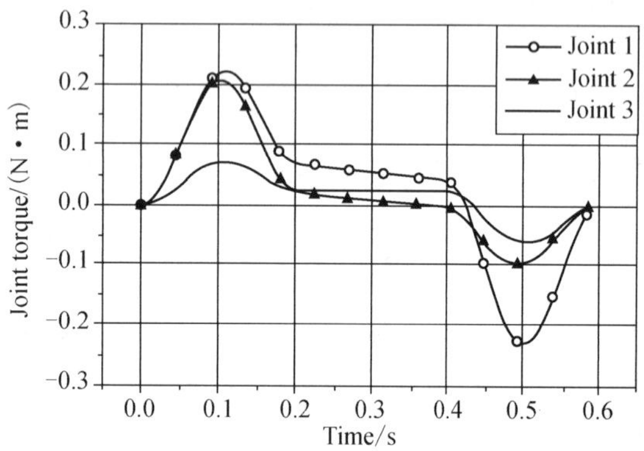

Fig.6 Joint torques of robot 1

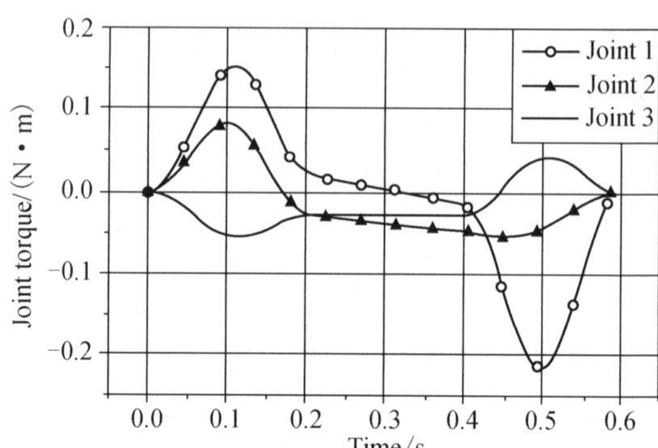

Fig.7 Joint torques of robot 2

In order to test the method developed in this paper, the simulation results using commercial software ADAMS and ANSYS have also been plotted in Figs.8 and 9. It is obvious that the dynamic model of this study is valid to the cooperation system of flexible manipulators.

The numerical result in this example demonstrates that the dynamic model and analytical method developed in this paper are effective for dynamic analysis of the cooperation system of flexible robots manipulating a constrained load. Moreover, this method has an advantage in tracking the specified trajectory of the operated object accurately and properly keeping the desired contact force between the object and working surface.

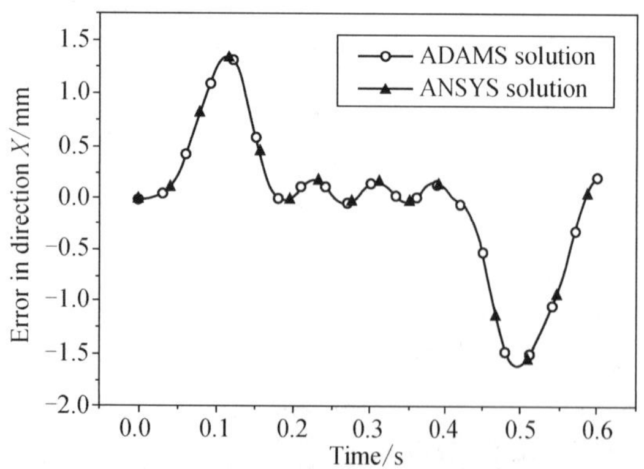

Fig.8 Error of object in direction X

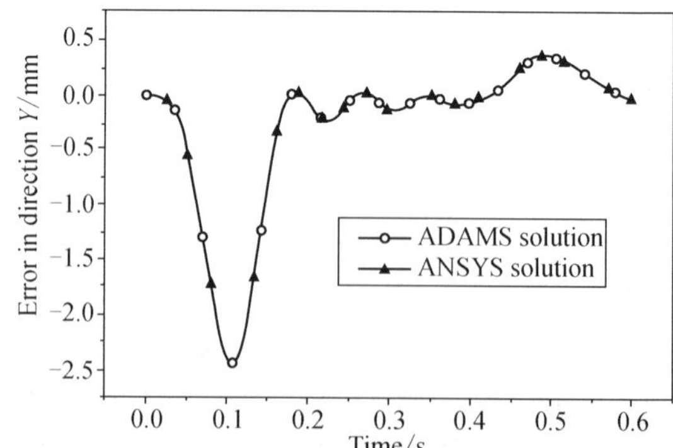

Fig.9 Error of object in direction Y

5. Conclusions

We have examined the dynamics for the cooperation system of flexible robots manipulating constrained objects. The dynamic model of the system has been developed in absolute coordinates. The kinematic and dynamic constraints among the flexible manipulators, operated object, and working surface have been included in the dynamic equation of the system. The dynamic equations of the system have been presented to determine the motion of object or end-effectors and the joint input of robots. The effectiveness and advantage of the method proposed in the paper have been illustrated through the numerical example of two planar 3R flexible robot arms manipulating a constrained rigid object. This method can be further used for dynamic planning and design for the cooperation system of flexible robots manipulating constrained loads.

Acknowledgments

The authors gratefully acknowledge financial support from the National Natural Science Foundation of China（Grant no. 50575002）and the Beijing Education Committee（Grant no. KM200610005003, PHR [IHLB], and BNSF 3062004）.

References

[1] Caultier P E, Cleghorn W L. Modeling of flexible manipulator dynamics: A literature survey. Proc. First National Applied Robot Conf., Cincinnati, OH, 1989,2C-3: 1-10

[2] Book W J. Modeling, design, and control of flexible manipulators: A tutorial review. Proc. 29th IEEE Conf. on Decision and Control, Honolulu, Hawaii, 1990: 500-506

[3] Gudino-Lau J, Arteaga A M. Dynamic model and simulation of cooperative robots: A case study. Robotica, 2005, 23(53): 615-624

[4] Sun D, Liu Y. Modeling and impedance control of a two- manipulator system handling a flexible beam. Trans. ASME, Journal of Dynamics, System, Measurement and Control, 1997, 119: 736-762

[5] Zhu W H. On adaptive synchronization control of coordinated multi-robots with flexible/rigid constraints. IEEE Trans. on Robotics and Automation, 2005, 21 (3): 520-525

[6] Damaren C J. On the dynamics and control of flexible multi-body system with closed loops. International Journal of Robotics Research, 2000, 19 (3): 238-253

[7] Sun Q, Sharf I, Nahon M. Stability analysis of the force distribution algorithm for flexible-link cooperating manipulators. Mechanism and Machine Theory, 1999, 34: 753-763

[8] Sun D, Mills J K. Position control of robot manipulators manipulating a flexible payload. International Journal of Robotics Research, 1999, 18 (3): 319-332

[9] Sun Q. Control of flexible-link multiple manipulators. Trans. ASME, Journal of Dynamic System, Measurement, and Control, 2002, 124: 67-75

[10] Yoshikawa T. Dynamic hybrid position/force control of robot manipulators: Description of hand constraints and calculation of joint driving force. IEEE Trans. on Robotics and Automation, 1987, 3 (5): 386-392

[11] McClamroch N H, Wang D. Feedback stabilization and tracking in constrained robots. IEEE Trans. on Automation and Control, 1988, 33 (5): 419-426

[12] De Luca A, Manes C. Modeling of robots in contact with a dynamic environment. IEEE Trans. on Robotics and Automation, 1994, 10(4): 269-274

[13] Vukobratovic M, Potkonjak V. Dynamics of contact tasks in robotics, Part 1: General model of robot interacting with environment. Mechanism and Machine Theory, 1999, 34: 923-942

[14] Hu Y R, Goldenberg A A, Zhou C. Motion and force control of coordinated robots during constrained motion tasks. International Journal of Robotics Research, 1995, 14 (4): 351-365

[15] Latornel D J, Cherchas D B, Wang R. Dynamic characteristics of constrained manipulators for contact force

control design. International Journal of Robotics Research, 1998, 17(3): 211-231

[16] Zivonovic M, Vukobratovic M. General mathematical model of multi-arc cooperating robots with elastic interconnection at the contact. Trans. ASME, Journal of Dynamic System, Measurement, and Control, 1997, 119: 707-717

[17] Matsuno F, Asano T, Sakawa Y. Modeling and quasi-static hybrid position/force control of constrained planar two-link flexible manipulator. IEEE Trans. on Robotics and Automation, 1994, 10(3): 287-297

[18] Yoshikawa T, Zheng X Z. Coordinated dynamic hybrid position/force control for multiple robot manipulators handing one constrained object. International Journal of Robotics Research, 1993, 12(3): 219-230

[19] Jankowski K P, Eimaraghy H A, Eimaraghy W H, Dynamic coordination of multiple robot arms with flexible joints, International Journal of Robotics Research, 1993, 12(6): 505-528

[20] Simo J C,Vu-Quoc L. On the dynamics of flexible beams under large overall motions: The plane case, Part 1. ASME Trans., Journal of Applied Mechanics, 1986, 53: 849-854

[21] Simo J C, Vu-Quoc L. On the dynamics of flexible beams under large overall motions: The plane case, Part 2. ASME Trans., Journal of Applied Mechanics, 1986, 53: 855-863

[22] Yang Z, Sadler J P. Large-displacement finite element analysis of flexible linkages. ASME Trans., Journal of Mechanical Design, 1990, 112: 175-182

[23] Yang Z, Sadler J P. An one-pass approach to dynamics of high-speed machinery through three-node Lagrangian beam elements. Mechanism and Machine Theory, 1999, 34: 995-1007

[24] Zhang C X, Yu Y Q. Dynamic modeling of multiple robot arms with joint and link flexibility. Proc. 2002 ASME Conf., Montreal, DETC2002/MECH-34215, 2002, 5A:165-170

[25] Zhang C X. Dynamic analysis and programming of cooperative flexible manipulators, Doctoral diss. Beijing: Beijing University of Technology, 2002

[26] Walker I D, Freeman R A, Marcus S I. Analysis of motion and internal loading of objects grasped by multiple cooperating manipulators. International Journal of Robotics Research, 1991, 10(4): 369-409

[27] Liu Y H, Arimoto S. Decentralized adaptive and non- adaptive position/force controllers for redundant manipulators in cooperation. International Journal of Robotics Research, 1998, 17(3): 232-247

(in *International Journal of Robotics and Automation*, 2008, 723(1): 1-8)

5.2　特 性 分 析

§60　柔性机器人协调操作的力可操作性研究

窦建武　余跃庆

(北京工业大学，北京　100022)

摘　要：研究了柔性机器人协调操作的力可操作性(当机器人各关节驱动能力一定时，机器人向外界施加的能力)。在柔性机器人有限元模型基础上，通过分析各驱动关节平衡力矩，加持广义力、关节矫正输入量及被操作负载广义弹性位移之间的关系，利用附加不等约束的方法，得出柔性机器人协调操作系统在满足给定驱动性能时广义操作力矢端的外边界，随后给出了仿真算例。

关键词：柔性机器人；协调操作；可操作性；仿真

1. 引言

机器人可操作性方面的研究始于开链，Salisbury[1]和 Yoshikawa[2],Angeles 和 Rojas 等分别基于由关节空间到操作空间的 Jacobian 矩阵 J，对开链机器人的可操作性给出了一系列定量指标，如 $\|J\|,\|J^{+}\|,\sqrt{\det\left(JJ^{\mathrm{T}}\right)}$，$J$ 的最小奇异值、最小条件数的倒数等[3]。闭链机器人(如并联或协调)的可操作性最初是通过单机器人可操作性椭球的交集[4]或单机器人的力(或速度)多边形的集合运算来估计。文献[5]将单臂机器人可操作性椭球的概念推广到多臂，基于抓取矩阵，在全局操作空间分别给出了外力、内力、绝对速度、相对速度可操作性椭球的概念；文献[6]在对闭链系统可动性分析和系统给定位形运动分析的基础上，研究了速度域中的速度可操作性，得出了满足给定关节驱动性能的速度可达边界；文献[7]基于全局条件数和速度指标，研究了 2-DOF 平面并联机器人的赶场与其性能标准之间的关系；基于文芬几何中的 Lie 群理论[8]，文献[9]对于包含主动及被动关节的闭链系统提出了一种不变坐标下的微分几何可操作性分析，通过在关节及操作空间选择恰当的 Riemannian 度量，用统一的形式给出了适用于冗余度、冗余驱动等不同类型闭链机构的动力可操作性指标，并对 Riemannian 度量的选择给出了相应的物理解释。到目前为止，以上工作都仅限于刚性机器人，柔性机器人协调领域还未涉及。

在刚性机器人的可操作性分析中，因为由驱动力矩空间至操作力空间的映射是单射，所以当给定各关节的驱动力矩时，操作力是确定的。而对于柔性机器人协调操作系统，由于各杆件的柔性及新的运动协调约束条件的建立[10,11],使得由驱动力矩空间至操作力空间的映射不再是单射，而是多对多映射，且与高维空间超脱求向低微空间的投影及二次曲面包络面有关。这些特性使柔性机器人的协调操作问题较刚性机器人变得复杂得多，因此，需要重新建立分析体系。本文将在柔性机器人有限元模型基础上，通过分析各驱动关节平衡力矩、夹持广义力、关节矫正输入量及被操作负载广义弹性位移之间的关系，利用附加不等式约束的方法，得出柔性机器人协调操作系统在满足给定驱动性能时，广义操作力矢端的外边界。

2. 柔性机器人的有限元模型及抓取的几何微分约束和力平衡约束

设 q 台 3R 平面柔性机器人协调操作同一刚性负载，且机器人被变为第 1～q 号，义设第 j 号机器人的单元划分策略如图 1 所示，即连架 1 号杆、中间 2 号杆、抓持端 3 号杆分别被划分为 e_{j1}、e_{j2}、e_{j3} 个单元，对每个单元采用 5 次 Hermit 位移场假设，在约去力和位移连接约束条件后，j 号机器人的广义坐标综述为

$$s_j = \left(4 \times \sum_{i=1}^{3} e_{ji} + 3\right)$$

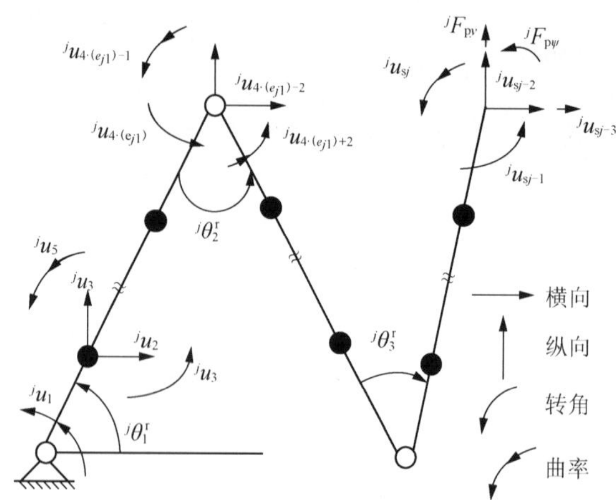

图 1　第 j 号柔性机器人的单元划分策略及广义坐标的设定

当 j 号机器人在某静态结构位形下的关节角为 $\left\{ {}^j\theta^{\mathrm{r}} \right\} = \left[{}^j\theta_1^{\mathrm{r}}\, {}^j\theta_2^{\mathrm{r}}\, {}^j\theta_3^{\mathrm{r}} \right]^{\mathrm{T}}$ 时，其在夹持端所受广义外力 $\left\{ {}^jF_{\mathrm{p}} \right\}$ 与 j 号机器人广义坐标向量间的关系为[11]

$${}^jK_{\mathrm{h}}^{\mathrm{r}} \cdot \left({}^ju_1,\ {}^ju_2, \cdots,\ {}^ju_{sj}, \{{}^ju_{\mathrm{p}}\}^{\mathrm{T}} \right)^{\mathrm{T}} = \left(0_{1\times(sj-3)}, \{{}^jF_{\mathrm{p}}\}^{\mathrm{T}} \right)^{\mathrm{T}} \tag{1}$$

式中，

$$j = 1-q, \left\{ {}^ju_{\mathrm{p}} \right\} = \left[{}^ju_{\mathrm{p}x}, {}^ju_{\mathrm{p}y}, {}^ju_{\mathrm{p}\varphi} \right]^{\mathrm{T}} = \left[{}^ju_{sj-3}, {}^ju_{sj-2}, {}^ju_{sj-1} \right]^{\mathrm{T}}$$

对应于 j 号机器人末端的横、纵向弹性位移计弹性转角，${}^jK_{\mathrm{h}}^{\mathrm{r}}$ 为 j 号机器人在相应位形下的刚度矩阵，由式(1)可得

$$\left\{ {}^ju_{\mathrm{p}} \right\} = {}^jD_{\mathrm{h}22}^{\mathrm{r}} \cdot \left\{ {}^jF_{\mathrm{p}} \right\} \tag{2}$$

$$\left\{ {}^jF_{\mathrm{p}} \right\} = \left({}^jD_{\mathrm{h}22}^{\mathrm{r}} \right)^{-1} \cdot \left\{ {}^ju_{\mathrm{p}} \right\} \tag{3}$$

式中，${}^jD_{\mathrm{h}22}^{\mathrm{r}}$ 是 ${}^jK_{\mathrm{h}}^{\mathrm{r}}$ 逆阵的子矩阵。

图 2 反映了柔性机器人的刚性位形、名义刚性位形和实际位形抓持末端点位置和转角之间的关系[11]：

$$\left\{ {}^jW_{\mathrm{p}} \right\} = \left\{ {}^ju_{\mathrm{p}} \right\} + \left\{ {}^jv_{\mathrm{p}} \right\}, j = 1-q \tag{4}$$

式中，$\left\{ {}^jW_{\mathrm{p}} \right\}\left\{ {}^ju_{\mathrm{p}} \right\}\left\{ {}^jv_{\mathrm{p}} \right\}$ 均为 3×1 的列向量(各向量的 1、2 项分别为横、纵向位移，第 3 项为转角)，且[10,11]：

$$\left\{ {}^jv_{\mathrm{p}} \right\} = \begin{pmatrix} {}^jJ^{\mathrm{r}} \\ 111 \end{pmatrix} \cdot \left\{ \Delta^j\theta^{\mathrm{r}} \right\} \tag{5}$$

式中，$\left\{ \Delta^j\theta^{\mathrm{r}} \right\} = \left[\Delta^j\theta_1^{\mathrm{r}} \Delta^j\theta_2^{\mathrm{r}} \Delta^j\theta_3^{\mathrm{r}} \right]^{\mathrm{T}}$ 为 j 号机器人各关节角的校正输入向量。

当被操作物体质心的实际位置及方位角偏离目标的误差为 $\left\{ \varepsilon_{\mathrm{p}} \right\}$ 时，j 号机器人抓持端偏差 $\left\{ {}^jW_{\mathrm{p}} \right\}$ 与 $\left\{ \varepsilon_{\mathrm{p}} \right\}$ 的关系为

$$\left\{ {}^jW_{\mathrm{p}} \right\} = {}^jA_{\mathrm{p}} \cdot \left\{ \varepsilon_{\mathrm{p}} \right\} \tag{6}$$

式(6)为抓取的几何微分协调约束条件，其中 $j=1-q$，${}^{j}\boldsymbol{A}_{\mathrm{p}}\in\mathbf{R}^{3\times3}$ 为与被操作物体目标位姿有关的矩阵。

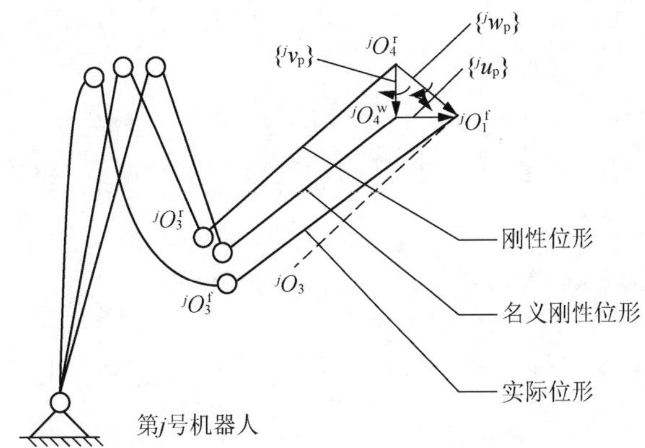

图 2　柔性机器人的各种位形及末端夹持三角形

设作用于被操作物体上的其他外力在其质心的等效广义力为$\{F_{\mathrm{w}}\}$，且定义所有机器人对负载的合作用力(矩)称为系统的广义操作力$\{^{\Sigma}F_{\mathrm{r}}\}$，则有：$\{^{\Sigma}F_{\mathrm{r}}\}=-\{F_{\mathrm{w}}\}$，利用刚性机器人协调操作系统的抓取矩阵与被操作物体方位角微分 $\varepsilon_{\mathrm{p}\varphi}$ 之间的关系，可得柔性机器人在实际位形下抓取的力平衡约束为

$$\{F_{\mathrm{w}}\}=W^{r}\cdot\{^{\Sigma}F_{\mathrm{p}}\}+\tilde{W}\times\{^{\Sigma}F_{\mathrm{r}}\}\cdot\varepsilon_{\mathrm{p}\varphi} \tag{7}$$

式中，

$$\{^{\Sigma}F_{\mathrm{p}}\}=\left[\{^{1}F_{\mathrm{p}}\}^{\mathrm{T}},\{^{2}F_{\mathrm{p}}\}^{\mathrm{T}},\cdots,\{^{q}F_{\mathrm{p}}\}^{\mathrm{T}}\right]^{\mathrm{T}}$$

W^{r} 为刚性机器人的抓取矩阵，$\tilde{W}$ 为其对被操作物体方位角微分的系数矩阵，可看出外力$\{F_{\mathrm{w}}\}$与柔性机器人的夹持力$\{^{j}F_{\mathrm{p}}\}$间为$\varepsilon_{\mathrm{p}\varphi}$ 有关的非线性关系。

3. 柔性机器人协调操作系统的力可操作性分析

3.1　校正输入量$\{\Delta^{j}\theta\}$对$\{^{j}F_{\mathrm{p}}\}$与$\{\varepsilon_{\mathrm{p}}\}$的调节作用

将式(5)与式(6)代入式(4)可得

$$\begin{pmatrix}{}^{j}J^{\mathrm{r}}\\111\end{pmatrix}\{\Delta^{j}\theta\}+\{^{j}u_{\mathrm{p}}\}={}^{j}A_{\mathrm{p}}\cdot\{\varepsilon_{\mathrm{p}}\} \tag{8}$$

再将式(2)代入式(8)且略去二阶小量，整理后可得由$\{\varepsilon_{\mathrm{p}}\}$与$\{\Delta^{j}\theta\}$表示的$\{^{j}F_{\mathrm{p}}\}$：

$$\{^{j}F_{\mathrm{p}}\}={}^{j}E^{\mathrm{r}}\cdot{}^{j}A_{\mathrm{p}}\cdot\{\varepsilon_{\mathrm{p}}\}-{}^{j}E^{\mathrm{r}}\cdot\begin{pmatrix}{}^{j}J^{\mathrm{r}}\\111\end{pmatrix}\cdot\{\Delta^{j}\theta\}，其中{}^{j}E^{\mathrm{r}}=\left({}^{j}D_{\mathrm{h}22}^{\mathrm{r}}\right)^{-1} \tag{9}$$

将式(9)代入式(7)，略去二阶小量后可得

$$\{F_{\mathrm{w}}\}=\sum_{j=1}^{q}\left[{}^{j}W_{\mathrm{p}}\cdot\left({}^{j}E^{\mathrm{r}}\cdot{}^{j}A_{\mathrm{p}}\cdot\{\varepsilon_{\mathrm{p}}\}+\{^{j}f_{1}\}\right)\right]$$

式中，

$$\{^{j}f_{1}\}=-{}^{j}E^{\mathrm{r}}\cdot\begin{pmatrix}{}^{j}J^{\mathrm{r}}\\111\end{pmatrix}\cdot\{\Delta^{j}\theta\} \tag{10}$$

所以

$$\{\varepsilon_{\rm p}\} = D_{\rm ep}^{\rm r} \cdot (\{F_{\rm w}\} - \{F_{\rm I}\}) \tag{11}$$

式中，$D_{\rm ep}^{\rm r} = (K_{\rm ep}^{\rm r})^{-1}$、$K_{\rm ep}^{\rm r} = \sum_{j=1}^{q} {}^{j}W_{\rm p} \cdot {}^{j}E^{\rm r} \cdot {}^{j}E^{\rm r} \cdot {}^{j}A_{\rm p} \cdot \{F_{\rm I}\} = \sum_{j=1}^{q} ({}^{j}W_{\rm p} \cdot \{{}^{j}f_{\rm I}\})$ 称为系统的综合校正协调内力，可见通过$\{F_{\rm I}\}$（或$\{\Delta^{j}\theta\}$）可以调节$\{\varepsilon_{\rm p}\}$。

下面分析当$\{F_{\rm w}\}$给定时，$\{\Delta^{j}\theta\}$对于抓持力$\{{}^{j}F_{\rm p}\}$的调节作用。将式(11)代入式(9)，重新整理后得

$$\{{}^{j}F_{\rm p}\} = {}^{j}E^{\rm r} \cdot {}^{j}A_{\rm p} \cdot D_{\rm ep}^{\rm r} \cdot \{F_{\rm w}\} + (\{{}^{j}f_{\rm I}\} - {}^{j}E^{\rm r} \cdot {}^{j}A_{\rm p} \cdot D_{\rm ep}^{\rm r} \cdot \{F_{\rm I}\}) \tag{12}$$

第 1 项是$F_{\rm w}$对${}^{j}F_{\rm p}$的影响分量，第 2 项是$\{\Delta^{j}\theta\}$对${}^{j}F_{\rm p}$的影响分量(j=1～q)。

定义 $\{{}^{j}F_{\rm p}\} = \{{}^{j}f_{\rm I}\} - {}^{j}E^{\rm r} \cdot {}^{j}A_{\rm p} \cdot D_{\rm ep}^{\rm r} \cdot \{F_{\rm I}\}$为$j$号机器人的校正协调内力，可见，当$\{{}^{j}F_{\rm p}\}$与$\{\Delta^{j}\theta\}$给定时，$j$号机器人的抓取力$[-\{{}^{j}F_{\rm p}\}]_{(j=1\sim q)}$是确定的（这一点与刚性机器人协调操作有本质的不同）。

3.2 柔性机器人驱动关节的平衡力矩

设j号机器人第i杆的驱动关节所在单元的当量广义坐标为$\{{}^{j}u_{ei}\} \in {\rm R}^{8\times1}$，当量刚度矩阵为${}^{j}K_{ei}$，且$\{{}^{j}u_{ei}\} = {}^{j}A_{ei} \cdot \{{}^{j}u\}$，${}^{j}A_{ei} \in {\rm R}^{8\times s}$为将$\{{}^{j}u\}$变换为$\{{}^{j}u_{ei}\}$的一系列初等变换矩阵的成绩，利用式(2)、式(12)可得j号机器人第i杆的驱动关节的平衡力矩${}^{j}\tau_{i}$为

$$\begin{aligned} {}^{j}\tau_{i} &= {}^{j}K_{ei}(3,:) \cdot \{{}^{j}u_{ei}\} \\ &= {}^{j}K_{ei}(3,:) \cdot {}^{j}A_{ei} \cdot \begin{bmatrix} {}^{j}D_{\rm h12}^{\rm r} \\ {}^{j}D_{\rm h22}^{\rm r} \end{bmatrix} \cdot \left[{}^{j}E^{\rm r} \cdot {}^{j}A_{\rm p} \cdot D_{\rm ep}^{\rm r} \cdot \{F_{\rm w}\} + (\{{}^{j}f_{\rm I}\} - {}^{j}E^{\rm r} \cdot {}^{j}A_{\rm p} \cdot D_{\rm ep}^{\rm r} \cdot \{F_{\rm I}\}) \right] \end{aligned} \tag{13}$$

式中，${}^{j}K_{ei}(3,:)$为由矩阵${}^{j}K_{ei}$的第三行所有元素组成的行向量。

令

$$\{{}^{\Sigma}\tau\} = [{}^{1}\tau_{1}{}^{1}\tau_{2}{}^{1}\tau_{3} \cdots {}^{q}\tau_{1}{}^{q}\tau_{2}{}^{q}\tau_{3}]^{\rm T}$$

$$\{\Delta^{\Sigma}\theta\} = \left[\{\Delta^{1}\theta\}^{\rm T}\{\Delta^{2}\theta\}^{\rm T} \cdots \{\Delta^{q}\theta\}^{\rm T}\right]^{\rm T}$$

注意到式(10)及$\{F_{\rm I}\}$的表达式，式(13)可整理为

$$\{{}^{\Sigma}\tau\} = G^{\rm w} \cdot \{F_{\rm w}\} + G^{\theta} \cdot \{\Delta^{\Sigma}\theta\} \tag{14}$$

式(11)可简化为

$$\{\varepsilon_{\rm p}\} = H^{\rm W} \cdot \{F_{\rm w}\} + H^{\theta} \cdot \{\Delta^{\Sigma}\theta\} \tag{15}$$

式中，$H^{\rm W} = D_{\rm ep}^{\rm r}$、$H^{\theta} = -D_{\rm ep}^{\rm r}$、$E_{\rm p}$、$E_{j}$为与式(10)中$\{\Delta^{j}\theta\}$的系数矩阵有关且将$\{\Delta^{j}\theta\}$变换为$\{\Delta^{\Sigma}\theta\}$的变换矩阵[11]。

式(15)含 3 个方程，式(14)含$(3\times q)$个方程，总共有$(3+3\times q)$个方程，式(14)、式(15)中的$\{\Delta^{\Sigma}\theta\}$含有$(3\times q)$个变量，$\{F_{\rm w}\}$有$(3\times q)$个变量，$\{\varepsilon_{\rm p}\}$有 3 个变量，XX 有 3 个变量，总共有$(6+6\times q)$个变量，由此可知：$(3+3\times q)$个方程中的独立变量应为$(3+3\times q)$个。

通过式(14)、式(15)可求得如下两式：

$$\{{}^{\Sigma}\tau\} = T_{3{\rm q}\times3}^{\varepsilon} \cdot \{\varepsilon_{\rm p}\} + T_{3{\rm q}\times3{\rm q}}^{\theta} \cdot \{\Delta^{\Sigma}\theta\} \tag{16}$$

$$\{F_{\rm w}\} = B_{3\times3}^{\varepsilon} \cdot \{\xi_{\rm p}\} + B_{3\times3{\rm q}}^{\varepsilon} \cdot \{{}^{\Sigma}\tau\} \tag{17}$$

式中，

$$T_{\varepsilon}=G^{w}\cdot\left(H^{W}\right)^{-1},T^{\theta}=-G^{w}\cdot\left(H^{W}\right)^{-1}\cdot H^{\theta}+G^{\theta}$$

$$B^{\varepsilon}=\left(H^{W}\right)^{-1}\cdot\left[I_{3\times3}+H^{\theta}\cdot\left(T^{\theta}\right)^{-1}\cdot T^{\varepsilon}\right]$$

$$B^{\tau}=-\left(H^{W}\right)^{-1}\cdot H^{\theta}\cdot\left(T^{\theta}\right)^{-1}$$

3.3　基于$\left\{\varepsilon_{p}\right\}$约束的系统广义操作力可达边界面

下面分析当驱动关节的额定驱动能力满足$\left\{{}^{\Sigma}\tau\right\}^{T}\cdot\left\{{}^{\Sigma}\tau\right\}=1$以及被操作负载广义弹性位移约束满足$\left\{\varepsilon_{p}\right\}^{T}\cdot\left\{\varepsilon_{p}\right\}\leqslant e^{\varepsilon}$时（$e^{\varepsilon}$为单位小量），柔性机器人协调操作系统在各个方面施加力（矩）的能力（即 $3q$ 维空间的超球面$\left\{{}^{\Sigma}\tau\right\}^{T}\cdot\left\{{}^{\Sigma}\tau\right\}=1$在满足不等式约束$\left\{\varepsilon_{p}\right\}^{T}\cdot\left\{\varepsilon_{p}\right\}\leqslant e^{\varepsilon}$的条件下，通过式（17）所表示的函数关系，向包含$\left\{F_{w}\right\}$的 3 维子空间投影的外轮廓线）。不妨先令

$$\left\{P\right\}=\left\{F_{w}\right\}-B^{\varepsilon}\cdot\left\{\varepsilon_{p}\right\} \tag{18}$$

则由式（17）得

$$\left\{P\right\}=B^{\tau}\cdot\left\{{}^{\Sigma}\tau\right\} \tag{19}$$

可以证明[11]：当$B^{\tau}\cdot\left\{B^{\tau}\right\}^{T}$在正定满秩时，$3q$ 维空间的超球面$\left\{{}^{\Sigma}\tau\right\}^{T}\cdot\left\{{}^{\Sigma}\tau\right\}=1$通过先行函数式（19），向 3 维空间投影的外轮廓面为

$$\left\{P\right\}^{T}\cdot\left[B^{\tau}\cdot\left\{B^{\tau}\right\}^{T}\right]^{-1}\cdot\left\{P\right\}=1 \tag{20}$$

令$\left\{Q\right\}=B^{\varepsilon}\cdot\left\{\varepsilon_{p}\right\}$，则由式（18）可得

$$\left\{F_{w}\right\}=\left\{P\right\}+\left\{Q\right\} \tag{21}$$

当$\left\{\varepsilon_{p}\right\}$满足不等式约束$\left\{\varepsilon_{p}\right\}^{T}\cdot\left\{\varepsilon_{p}\right\}\leqslant e^{\varepsilon}$时，XXX 的矢量末端点在 3 维空间组成一椭球体，其外表面满足：$\left\{Q\right\}^{T}\cdot\left[B^{\tau}\cdot\left\{B^{\tau}\right\}^{T}\right]^{-1}\cdot\left\{Q\right\}=e^{\varepsilon}$（称为$\left\{Q\right\}$椭球面）。

因为式（21）中的$\left\{P\right\}\left\{Q\right\}$不相关，所以 XX 的矢量端点应在以式（20）表示的椭球面为准面，以式（22）表示的椭球面为母面，且母面运动中心在准面上运动（平动）所形成集合体的外包络面之内。又因系统的广义操作力与$\left\{F_{w}\right\}$大小相等、方向相反，且上述包络面中心对称，因此该包络面即为我们所求的柔性机器人协调操作系统基于$\left\{\varepsilon_{p}\right\}$约束的系统广义操作力可达边界面。

4. 算例分析

这里以两个 3R 柔性机器人协调操作零自由度刚性负载为例，肥西在给定关节的驱动能力和负载广义弹性唯一约束的条件下，系统广义操作力矢端的可达边界。

机器人和负载的具体参数为（SCI 制）：1 号机器人由机架至夹持端各杆长度分别为：1.5m，1.5m，0.45m；2 号π机器人由机架至夹持端各杆长度分别为：2.26m，1.5m，0.9m；两机器人各杆的材料均为铝（$E=6.67\times10^{10}$；$G=2.6\times10^{10}$；$\rho=2.71\times10^{3}$），横截面均为正方形，边长为 0.01m；负载质心至机器人末端夹持点的距离分别为$0.2\text{m}\times0.2\text{m}$；两机器人末端夹持点的距离为 0.2m；1、2 号机器人的抓持角分别为：0rad 和π rad。

满足给定被操作负载目标位姿的柔性机器人协调操作系统基解位形有多组（本例有 4 组），并且

当机器人机构处于非奇异位形时，这些位形解之间是不能通过机构的连续运动而相互转化的，选取不同的基解位形，系统就会有不同的操作特性，我们将系统的 4 组位形解分别命名为基解位形 1-1, 1-2, 2-1, 2-2，限于篇幅下文仅考虑其中部分基解位形的情形。

当负载质心在系统惯性坐标系中的坐标为(−1.2143, 0.42857)，方位角为 1rad 时，各基解位形的 $\{P\}$ 椭球和 $\{Q\}$ 椭球如图 3 所示(水平旋转角 AZ=−74°，垂直仰角 EL=82°，且途中 $\{Q\}$ 椭球的中心在 $\{P\}$ 椭球的投影掠线上[11])。

以 $\{P\}$ 椭球为准球，$\{Q\}$ 椭球为母线所形成集合体的外包络面在 $F_{wx}-F_{wy}$ 平面的投影如图 4 所示 $\left(e^{\varepsilon}=10^{-3}\right)$，能够证明：外包络面在 $F_{wx}-F_{wy}$ 平面的投影的外包络线可以通过 $\{P\}$ 和 $\{Q\}$ 椭球的投影掠线在 XXX 平面投影的外包络线得到，其中 $\{Q\}$ 椭球的中心在 $\{P\}$ 椭球的投影掠线上。不同季节位形在负载给定位姿时的 $\{P\}$ 椭球和 $\{Q\}$ 椭球的主轴长度见表 1。

由于式(21)中的矢量运算满足交换律，因此，以 $\{Q\}$ 椭球为准球，$\{P\}$ 椭球为母球所形成集合体的外包络面与上述结果相同。

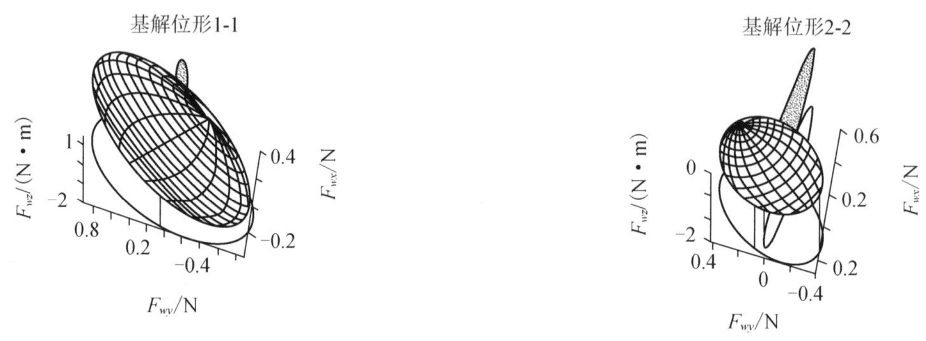

图 3　定点的{P}椭球(准球)与{Q}椭球(母球)

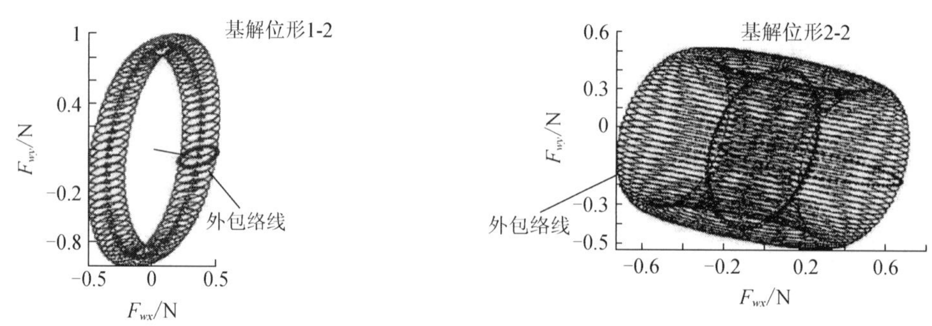

图 4　广义操作力矢端投影的外包络线

表 1　{P}椭球和{Q}椭球的主轴长度

	{P}椭球			{Q}椭球			可操作性能估计值
	第 1 主轴/N	第 2 主轴/N	第 3 主轴/(N·m)	第 1 主轴/N	第 2 主轴/N	第 3 主轴/(N·m)	
基解位形 1-1	0.289 54	1.613 3	0.472 58	0.211 4	0.334 3	0.091 46	2.295 7
基解位形 2-1	0.460 58	0.320 24	1.314 2	0.020 67	0.530 94	0.091 611	1.346 3
基解位形 1-2	0.509 87	0.331 91	1.164 2	0.297 63	0.115 26	0.054 559	2.725 5
基解位形 2-2	0.239 89	0.823 79	0.347 91	0.500 56	0.052 771	0.113 95	1.6031

系统广义操作力的可达边界可由 $\{P\}$ $\{Q\}$ 椭球各自的 3 个主轴长度与 3 个主方向共 12 个独立的量确定，系统可操作性能的优劣可通过系统广义操作力的可达边界面接近于球面的程度来确定(越接近于球面性能越好)，其量化指标应为：可达边界面上点至其中心的最长与最短径的比值，近似方法

可通过$\{P\}$ $\{Q\}$椭球方向最接近主轴之和的最大与最小值之比来估计，根据表 1 的估计值，可知基解位形 2-1 的可操作性能最好，基解位形 2-2 的可操作性能要强于基解位形 1-1。

通过图 3、图 4 还可以看出：$\{\varepsilon_{\mathrm{p}}\}$约束中的单位小量$e^{\varepsilon}$和基解位形的选择对系统操作性能的影响非常大。

5. 结束语

本文首次讨论了柔性机器人协调操作系统的操作性能，理论分析及仿真结果表明：柔性机器人协调操作系统在满足给定驱动性能时，广义操作力矢端的外边界是以$\{P\}$椭球为准球，$\{Q\}$椭球为母球所形成几何体的外包络面。

参考文献

[1] Salisbury J K, Craig J J. Articulated hands: kinematics and force xontrolilssues. Int J Robotics Research, 1982, 1(1): 4-17

[2] Yoshikawa T. Manipulability of robotic mechanisms. Int J Robotics Research, 1985, 4(2): 3-9

[3] 熊有伦. 机器人学.北京:机械工业出版社, 1993

[4] Lee S. Dual redundant arm configuration optimization with task-oriented dual arm manipulability. IEEE Trans Robotics and Automation, 1989, 5: 78-97

[5] Chiacchio P, Chiaverini S, Sciavicco L, et al. Global task space manipulability ellipsoids for multiple-arm systems. IEEE Trans Robotics and Automation, 1991, 7: 678-685

[6] Bicchi A, Melchiom C, Balluchi D. On the mobility and manipulability of general multiple limb robots. IEEE Trans Robotics and Automation, 1995, 11: 215-228

[7] Gao F, Liu X J, William A. Gruver, performance evaluation of two-degree-of-freedom planar parallel robots. Mech Mach Theory, 1998, 32(6): 661-668

[8] Park F C. Distance metrics on the rigid-body motions with applications to mechanism design. ASME J of Mech Des, 1995, 117: 48-54

[9] Park F C. Kim J W. Manipulability of closed kinematic chains. ASME J of Mech Des, 1998, 120: 542-548

[10] 窦建武,余跃庆.两柔性机器人协调操作的动力学模型及其逆动力学分析.机器人,2000,22(1): 39-47

[11] 窦建武.柔性机器人的协调操作及动力学控制. 北京：北京工业大学，2000

（原载《北京工业大学学报》, 2000, 25(3): 10-15）

§ 61　柔性臂机器人协调操作的承载能力

张成新　余跃庆

（北京工业大学，北京　100022）

摘　要：提出了一种确定柔性臂机器人协调操作承载能力的方法。借助基于绝对坐标并以期望轨迹为实际边界条件的逆动力学模型，通过规划载荷分配系数，可求出机器人的最优载荷分配比例和最大承载能力。就两个三柔性臂机器人协调操作刚性负载进行了仿真，说明了提出的方法的有效性。

关键词：柔性机器人；协调操作；动力学；承载能力

1. 引言

机器人协调操作有许多单机器人无法比拟的优点，使机器人协调操作成为机器人研究的热点前沿领域之一。目前，在刚性机器人协调操作的建模、载荷分配、承载能力等领域已经取得了丰硕的成果，如文献[1-3]。相比之下，柔性机器人协调操作领域的研究成果还不是很多。Jankowski [4]研究了柔性关节机器人的协调操作。Sun，Sharf 和 Nahon[5]研究了具有单柔性杆机器人协调操作时的关节驱动力矩的分配。Matsuno 和 Hatayama[6]建立了两个具有单柔性杆的双杆机器人的动力学模型并给出了基于准静态的协调控制算法。窦建武等[7]建立了三柔性杆机器人协调操作的动力学模型。Damaren[8]建立了柔性臂机器人协调操作刚性物体的控制模型，并进行了实验研究。以上文献主要集中在建模方面，对于柔性机器人协调操作的承载能力的研究尚不多见。机器人协调操作的承载能力是衡量系统性能的重要指标，如何确定柔性机器人协调操作的承载能力以及如何使系统达到最大承载能力对机器人协调操作来说是至关重要的。

本文将提出一种确定柔性臂机器人协调操作承载能力的方法。以关节驱动力矩的上下限为约束，采用规划的方法求解对于给定轨迹的承载能力，通过规划载荷分配系数，可求出机器人的最优载荷分配比例和最大承载能力。与通常的名义刚性位置法进行了比较，分析了影响承载能力的各种因素。

2. 机器人协调操作的动力学建模

柔性机器人协调操作需要满足一定的运动和动力约束条件。动力约束条件一方面指各机器人抓持力的合力与物体的惯性力相平衡，另一方面指机器人之间的载荷分配关系。Jankowski[4]对柔性关节机器人协调操作采用了对力的转换矩阵求广义逆的方法来分配载荷，这种方法沿用了刚性机器人协调操作所采用的一种方法(如 Walker 等[1]提出的方法)，这种方法不能方便地按期望分配载荷。LIU 等[2]在研究刚性机器人紧固抓持刚性负载时采用了分配系数法分配载荷。本文将在下面提出一种适合各种抓持条件以及混合抓持的载荷分配方法，使得各机器人可以按承载能力分配载荷。

2.1　协调操作的动力学方程

设 m 个机器人协调操作刚性物体，由于物体是刚性的，协调操作的动力约束即为：各机器人末端抓持力的合力与物体的惯性力相平衡。协调操作的运动约束即为各机器人末端点，即抓持点与物体质心之间应满足刚体上两点之间的运动关系。如果是紧固抓持或者要求对质心无相对转动对于协调操作的逆动力学问题，本文只考虑无相对转动的情况，角位移应相等。协调操作的动力学方程可表示为

$$\begin{aligned} & {}^iM{}^i\ddot{q} + {}^iC{}^i\dot{q} + {}^iK({}^{\mathrm{t}}q - {}^{\mathrm{t}}q_{\mathrm{r}} - {}^{\mathrm{t}}q_{\mathrm{t}}) = {}^iF_{\mathrm{e1}} + {}^iF_{\mathrm{e2}} \\ & M_0\ddot{x} = -\sum_{i=1}^{m} {}^iG{}^iF_{\mathrm{e2}} \\ & {}^iq_{\mathrm{d}} = {}^iPx \end{aligned} \tag{1}$$

式中，第 1 式为基于绝对坐标的柔性臂机器人的动力学方程。M、C、K 分别为质量矩阵、阻尼矩阵、刚度矩阵；q、q_r、q_t 分别为绝对位移向量、刚体转动所引起的位移向量、刚体平动所引起的位移向量。F_{e1} 和 F_{e2} 分别为与驱动力矩有关的向量和末端抓持力向量。左上标表示第 i 个机器人的矩阵或向量，i=1~m。后两式是动力约束方程和运动约束方程。M_0 是物体的质量矩阵，${}^{\mathrm{t}}G$ 是第 i 个机器人的力转换矩阵，x 是物体质心的位移向量，${}^{\mathrm{t}}q_{\mathrm{d}}$ 是第 i 个机器人末端的位移向量，${}^{\mathrm{i}}P$ 是第 i 个机器人的坐标转换矩阵。

2.1.1　协调操作的正动力学问题

协调操作的正动力学问题为已知关节输入角或输入力矩求物体质心的位置。由式 (1)，将各机器人与运动约束有关的末端广义坐标转换成物体质心的广义坐标，消去 ${}^{i}F_{\mathrm{e}2}$，整理得到协调操作的正动力学模型如下所示：

$$ {}^{\mathrm{F}}M{}^{\mathrm{F}}\ddot{q}+{}^{\mathrm{F}}C{}^{\mathrm{F}}\dot{q}+{}^{\mathrm{F}}K({}^{\mathrm{F}}q-{}^{\mathrm{F}}q_{\mathrm{r}}-{}^{\mathrm{F}}q_{\mathrm{t}})-K_{\mathrm{e}}(q_{\mathrm{re}}+q_{\mathrm{te}})={}^{\mathrm{F}}F_{\mathrm{e}1}-Q \tag{2} $$

式中，${}^{\mathrm{F}}q_{\mathrm{r}}$、${}^{\mathrm{F}}q_{\mathrm{t}}$ 分别为刚体转动所引起的位移向量和刚体平动所引起的位移向量(不包括与各机器人末端广义坐标所对应的项)，K_{e}、q_{re}、q_{te} 为与各机器人末端广义坐标所对应的刚度矩阵、与各机器人末端广义坐标所对应的刚体转动所引起的位移向量和刚体平动所引起的位移向量，Q 为各机器人末端广义坐标转换成物体质心广义坐标时所出现的非线性项，其他矩阵和向量与前面类似。

如果以关节驱动力矩为输入参量，式(2)形式不变，如果以关节角为输入参量，将式(2)中与关节驱动力矩对应的方程分为一组，相应的矩阵和向量标左上标 b。其余的分为一组，对应的矩阵和向量标左上标 c。将与已知关节角对应的项移到方程的右边，这些项的矩阵和向量标左上标 d。整理得到以关节角为输入参量时的正动力学模型式(2a)和此时的实际驱动力矩式(2b)：

$$ {}^{\mathrm{c}}M{}^{\mathrm{c}}\ddot{q}+{}^{\mathrm{c}}C{}^{\mathrm{c}}\dot{q}+{}^{\mathrm{c}}K({}^{\mathrm{c}}q-{}^{\mathrm{c}}q_{\mathrm{r}}-{}^{\mathrm{c}}q_{\mathrm{t}})-{}^{\mathrm{c}}K_{\mathrm{e}}(q_{\mathrm{re}}+q_{\mathrm{te}})={}^{\mathrm{c}}Q-{}^{\mathrm{d}}M{}^{\mathrm{d}}\ddot{q}+{}^{\mathrm{d}}C{}^{\mathrm{d}}\dot{q}+{}^{\mathrm{d}}K({}^{\mathrm{d}}q-{}^{\mathrm{d}}q_{\mathrm{r}}-{}^{\mathrm{d}}q_{\mathrm{t}}) \tag{2a} $$

$$ \tau={}^{\mathrm{b}}M\ddot{q}+{}^{\mathrm{b}}C\ddot{q}+{}^{\mathrm{b}}K(q-q_{\mathrm{r}}-q_{\mathrm{t}})-{}^{\mathrm{b}}K_{\mathrm{e}}(q_{\mathrm{re}}+q_{\mathrm{te}})+{}^{\mathrm{b}}Q \tag{2b} $$

当已知关节输入参量时，式(2a)、式(2a)的方程数目和未知广义坐标数目相等，可唯一确定物体质心位置和各机器人的抓持力。当以名义刚性位置建立动力学方程时，相当于以名义刚性关节角作为机器人的输入参量，此时的动力学问题在某种意义上来说已经成为正动力学问题。

2.1.2　协调操作的逆动力学问题

协调操作的逆动力学问题为已知被操作物体的期望轨迹，求各机器人的输入参量由于被操作的物体是刚性物体，其平衡方程数目少于抓持力数目，各机器人载荷不定。

1） 各机器人载荷的确定

好的载荷分配方法应达到：无内力，按承载能力分配。对于各种抓持条件，其抓持点的广义力数目是确定的；例如，紧固抓持的广义力数目是 3，铰接抓持的广义力数目是 2。设物体所受到的抓持广义力数目是 N，物体 x、y 方向的惯性力和惯性力矩为

$$ [F_{\mathrm{ex}}\ \ F_{\mathrm{ey}}\ \ M_{\mathrm{ez}}]^{\mathrm{T}}=-M_0\ddot{x} \tag{3} $$

令

$$ {}^{i}F_x=\zeta_i F_{\mathrm{ex}},\quad {}^{j}F_y=\xi_j F_{\mathrm{ey}},\quad {}^{k}M_z=\zeta_k(M_{\mathrm{ez}}+M_{\mathrm{a}}) \tag{4} $$

式中，$\sum_{i=1}^{m_1}\zeta_i=1$，$\sum_{j=1}^{m_2}\xi_j=1$，$\sum_{k-1}^{m_3}\zeta_k=1$；${}^{i}F_x$、${}^{j}F_y$ 和 ${}^{k}M_z$ 分别为第 i(j 或 k)个机器人在物体质心所分配的 x，y 方向的惯性力和惯性力矩；$0\leqslant\zeta_i\leqslant1$，$0\leqslant\xi_j\leqslant1$ 和 $0\leqslant\zeta\leqslant1$ 分别为机器人在 x、y 方向的载荷分配系数和力矩分配系数；M_{a} 是所有 ${}^{i}F_x$、${}^{j}F_y$ 从物体质心向机器人末端转换时所产生力矩的代数和。m_1 是 x 方向的抓持力数，m_2 是 y 方向的抓持力数，m_3 是抓持力矩数，$m_1+m_2+m_3=N$。

载荷分配系数可按每个机器人的承载能力来确定或者按某种目标来确定，如关节最大驱动力矩最小。由此可确定每个机器人末端的抓持力${}^{i}F_{e2}$。由于分配载荷时保证了抓持力同向，所以，载荷分配不会产生内力。

2）协调操作的逆动力学问题

通常的柔性机器人逆动力学模型是用名义刚性位置跟踪期望轨迹，由于柔性臂的弹性变形，机器人的实际位置将偏离期望轨迹，作者将以实际的物体质心位置跟踪期望轨迹，建立柔性机器人协调操作的逆动力学模型。对于物体质心期望的轨迹，可由式(1)的第3式求得第i个机器人末端的期望轨迹。

由式(1)的第1式，设第i个机器人末端期望位移、速度、加速度向量为${}^{i}q_{d}$、${}^{i}\dot{q}_{d}$和${}^{i}\ddot{q}_{d}$，与其对应的矩阵和向量均以下标d表示；其余的位移、速度、加速度向量为${}^{i}q_{c}$、${}^{i}\dot{q}_{c}$和${}^{i}\ddot{q}_{c}$，与其对应的矩阵和向量均以下标c表示。与驱动力矩τ_1、τ_2和τ_3对应的等式分为一组，相应的矩阵分别以下标b表示，则驱动力矩为

$$
{}^{i}\tau = {}^{i}M_{b}\,{}^{i}\ddot{q} + {}^{i}C_{b}\dot{q} + {}^{i}K_{b}({}^{i}q - {}^{i}q_{r} - {}^{i}q_{t}) \tag{5}
$$

其余的分为一组，并移项得

$$
{}^{i}M_{c}\,{}^{i}\ddot{q}_{c} + {}^{i}C_{c}\,{}^{i}\dot{q}_{c} + {}^{i}K_{c}({}^{i}q_{c} - {}^{i}q_{rc} - {}^{i}q_{tc}) = {}^{i}F_{e2} - {}^{i}M_{d}\,{}^{i}\ddot{q}_{d} + {}^{i}C_{d}\,{}^{i}\dot{q}_{d} + {}^{i}K_{d}({}^{i}q_{d} - {}^{i}q_{rd} - {}^{i}q_{td}) \tag{6}
$$

式(5)和式(6)即为第i个机器人的逆动力学模型。当要实现期望轨迹时，可由式(5)和式(6)分别求得各机器人的输入关节角和关节力矩。

3. 协调操作的内力分析

内力是指各机器人末端对物体作用力中方向相反而互相抵消的部分。如果各机器人不是摩擦抓持，一般期望内力为0。内力是衡量机器人协调性的重要指标，如果内力过大，机器人的承载能力一般是要下降的。

当机器人要协调操作物体实现一定的轨迹时，需要求解输入参量。通常的机器人动力学模型是基于名义刚性位置建立的，相当于将名义刚性角作为机器人的输入参量。由于基于名义刚性位置求得的输入参量与理想的协调输入参量相差较大，各机器人之间的内力很大。

本文采用了无内力载荷分配方法，由被操作物体的实际位置而不是名义刚性位置推导出逆动力学模型。因此，由此方法求得的机器人输入参量更接近理想的协调输入参量，所以，实际内力非常小。对于机器人一定的输入，可以由机器人协调操作的正动力学模型式(2)求得各机器人的广义坐标，代入式(1)第1式中与末端抓持力对应的方程求得第i个机器人的抓持力：

$$
{}^{i}F = {}^{i}M_{g}\,{}^{i}\ddot{q} + {}^{i}C_{g}\,{}^{i}\dot{q} + {}^{i}K_{g}({}^{i}q - {}^{i}q_{r} - {}^{i}q_{t}) \tag{7}
$$

式中，下标g的矩阵为与末端抓持力对应的方程的矩阵。由各个机器人的抓持力可求得内力值。

4. 承载能力

对于给定的轨迹，机器人协调操作的承载能力一般要受到关节驱动力矩的限制。对于刚性机器人协调操作，可规划驱动力矩来获得最大承载能力。对于柔性机器人协调操作，如果采用名义刚性位置法，虽然能求得最大承载能力，但不是理想的。其原因是各机器人的承载比例是唯一确定，不可规划的，而且这种比例并不是十分合理，所以，各机器人不能充分发挥作用；基于名义刚性位置求得的关节输入值与理想协调输入值相差较大，因此，各机器人协调操作时将产生较大的内力，从而增加了机器人的负担。

本文所提出的方法内力非常低，而且可规划载荷分配系数来调节各机器人的承载比例，因此，可以获得较好的承载能力。

对于机器人的承载能力可由线性规划获得，即以驱动力矩的上下限和动力方程为约束，以最大

载荷(载荷质量和对质心的转动惯量)为规划目标：

$$\begin{aligned} \max \quad & f(\varepsilon, m_0, I_0) = m_0 + wI_0 \\ \text{s.t.} \quad & \tau_{\min i} \leqslant \tau_i(\varepsilon, m_0, I_0) \leqslant \tau_{\max i} \\ & m_0 \geqslant 0 \\ & m_0 r_{\min}^2 \leqslant I_0 \leqslant m_0 r_{\max}^2 \end{aligned} \tag{8}$$

式中，ε 为载荷分配系数向量；m_0、I_0 表示载荷质量和对质心的转动惯量；w 表示加权因子 $\tau_{\min i}$ 和 $\tau_{\max i}$ 表示第 i 各关节的驱动力矩上下限和驱动力矩，$r_{\min}$ 和 $r_{\max}$ 表示被操作物体对质心回转半径的上下限。

对于名义刚性位置法，也可由式(8)求得协调操作的最大承载能力，只是式(1)，式(2)中不包含载荷分配系数 ε。

5. 算例

本章将以两平面 3R 机器人协调操作刚性负载为例来说明本方法的有效性。两机器人均为铝质，第 1、2、3 臂臂长均为 0.254m，拉压弹性模量 E 均为 $7.1\times10^{10}\text{N·m}^{-2}$，剪切弹性模量 G 均为 $2.6\times10^{10}\text{N·m}^{-2}$，截面均为 $5.08\times10^{-3}\text{m}\times5.08\times10^{-3}\text{m}$ 的矩形，质量阻尼系数 α_1 均为 0.0，刚度阻尼系数 α_2 均为 1.323×10^{-3}，阻尼比均为 0.03，只是机器人 1 的基座位置坐标为(0, 0)，机器人 2 的基座位置坐标为(0.5，0)。单个机器人各关节的驱动力矩上下限为：$\tau_{\min 1}=-0.5\text{N}\cdot\text{m}$；$\tau_{\max 1}=0.5\text{N}\cdot\text{m}$；$\tau_{\min 2}=-0.25\text{N}\cdot\text{m}$；$\tau_{\max 2}=0.25\text{N}\cdot\text{m}$；$\tau_{\min 3}=-0.10\text{N}\cdot\text{m}$；$\tau_{\max 3}=0.10\text{N}\cdot\text{m}$；$r_{\min}=0.020\text{m}$；$r_{\max}=0.06\text{m}$；$\omega=1$。有限元模型如图 1 所示，每根杆取一个单元，每单元取 6 个节点。期望的物体质心轨迹如表 1 所示。其他参数如图 2 所示，机器人 1 和机器人 2 的抓持点分别为 A 和 B，均为紧固抓持，两抓持点距离为 L=0.05m，物体的质心为 C，$\psi_1=\pi/3, \psi_2=2\pi/3, \theta_1=0, \theta_2=\pi$。

表 1　期望的物体质心轨迹

轨迹方程	起点坐标	终点坐标	起始方位角/rad	终止方位角/rad	总操作时间 t_t/s	加速时间 t_s/s	减速时间 t_b/s
Y=0.55−0.5x	(0.7, 0.2)	(0.3, 0.4)	0	0.2	0.6	0.2	0.2

起动阶段 $(0\leqslant t\leqslant t_s)$　　加速度　$a=A(1-\cos 2\pi t/T_s)$

匀速阶段 $(t_s<t\leqslant t_t-t_b)$　　加速度　$a=0$

制动阶段 $(t_t-t_b<t\leqslant t_t)$　　加速度　$a=-A(1-\cos 2\pi(t-(T_t-T_b))/T_b)$

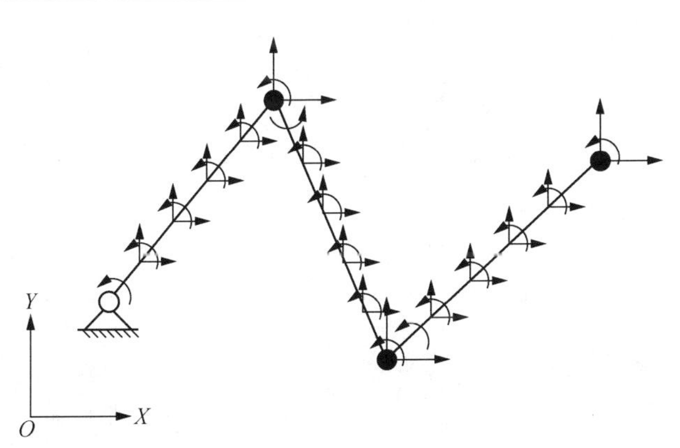

图 1　3R 机器人有限元模型

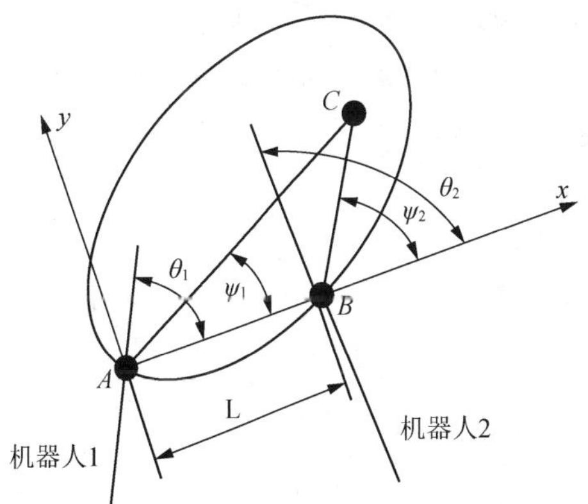

图 2　协调操作参数示意图

由式(8)可求得协调操作的承载能力。对于本方法，最大承载能力为：m_0=0.1005kg，$I_0=6.5938\times10^{-5}\text{kg·m}^2$。载荷分配系数为：机器人 1 的载荷分配系数为 ζ_1=0.397；ξ_1=0.397 和 ζ_1=0.397，机器人 2 的载荷分配系数为 ζ_2=0.603；ξ_2=0.603 和 ζ_2=0.603(规划中假定每个机器人的 3 个载荷分配系数均相等并且等于常数)。如果采用名义刚性位置法，承载能力为：m_0=0.0268kg，$I_0=1.7375\times10^{-5}\text{kg·m}$。比较两种方法可以看出，采用本方法时协调操作的最大承载能力是名义刚性位置法的 3 倍。

图 3、图 4 是采用本文所提出的方法时，由协调的逆动力学方程式(5)和式(6)求出的在最大载荷时两机器人的输入关节驱动力矩τ。图 5、图 6 是采用名义刚性位置法时，由协调的正动力学方程式(2)求得的在最大载荷时关节的实际驱动力矩τ。

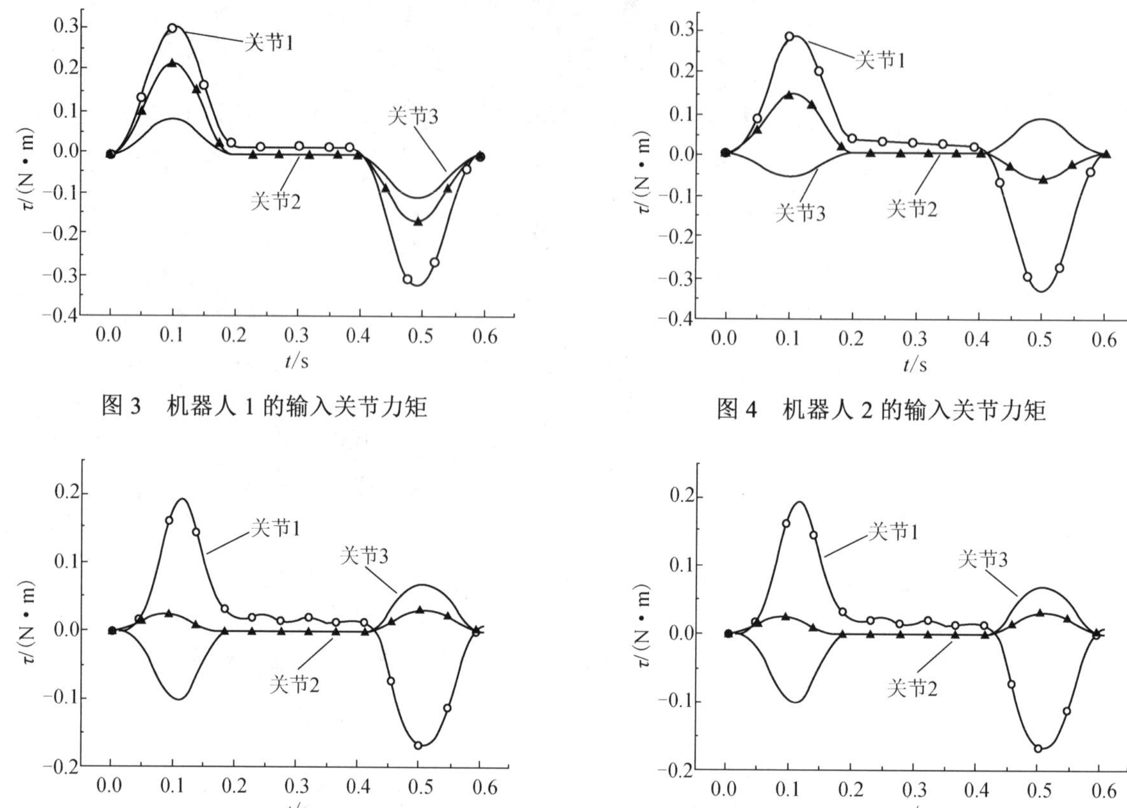

图 3　机器人 1 的输入关节力矩

图 4　机器人 2 的输入关节力矩

图 5　通常方法机器人 1 的关节力矩

图 6　通常方法机器人 2 的关节力矩

图 7 是以通常的方法，即采用名义刚性位置法时，协调机器人之间的内力(在物体空间中表述)。比较图 3、图 4 和图 5、图 6 可以看出，采用本方法时各协调机器人之间的承载比例比名义刚性位置法更合理。由图 7 可以看出，采用名义刚性位置法时，协调机器人之间的内力较大，而采用本文所提出的方法，各协调机器人之间的内力趋近于 0 时可以忽略。因此，采取本文所提出的方法，柔性臂协调机器人的承载量要大一些。

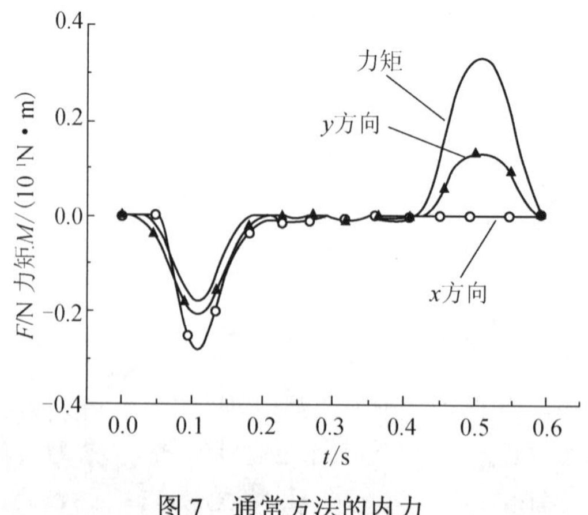

图 7　通常方法的内力

综上所述，本文所提出的柔性臂机器人协调操作刚性负载时的逆动力学模型能使柔性臂机器人协调操作具有更好的承载能力。

6. 结语

本文提出了一种确定柔性臂机器人协调操作刚性负载时的承载能力的方法。由此，可求出协调操作的最优载荷分配比例和最大承载能力。文中算例说明本文所提出方法的正确性。通过分析比较，可以看出，名义刚性位置法的承载能力不是很理想。而本文采用了无内力载荷分配法，所提出的逆动力学模型求得的关节输入值较接近理想的协调输入值，因此，各协调操作机器人之间的内力非常低，而且各机器人承载比例可由载荷分配系数进行规划。所以，可以获得较好的承载能力。

参考文献

[1] Walker I D， Freeman R A，Marcus S I. Analysis of motion and internal loading of objects grasped by multiple cooperating manipulators. Int J Robot Res, 1991, 10(4): 369-409

[2] Liu Y H Arimoto S. Decentralized adaptive and nonadaptive position/force controllers for redundant manipulators in cooperation. Int J Robot Res, 1998, 17(3): 232-247

[3] Wang L T，Luo M J. Dynamic load-carrying capacity and inverse dynamics of multiple cooperating robotic manipulators. IEEE Transactions on Robotics and Automation, 1994, 10(1): 71-77

[4] Jankowski K. Dynamic coordination of multiple robot arms with flexible joints. Int J Robot Res, 1993, 12(6): 505-528

[5] Sun Q，Sharf I. Nahon M， Stability analysis of the force distribution algorithm for tlexible-Iink cooperating manipulators. Mechanism and Machine Theory, 1999, 34: 753-763

[6] Mats U F, Jiatayama M. Robost cooperative control of two two-link flexible manipulators on the basis of quasi-stadc equations. Int J Robot Res, 1999, 18(4): 414-428

[7] 窦建武，余跃庆.两柔性机器人协调操作的动力学模型及其逆动力学分析.机器人，2000，22(0)：39-47

[8] Damaren C J. On the dynamics and control of flexible multi-body systems with closed loops. Int J. Robot Res, 2000, 19(3): 238-253

[9] Bathe K J. Finite element procedures in engineering analysis. Englewood Qifl's, New Jersey: Prentice-Hall, Inc, 1982

[10] 刘北晨.工程计算力学——理论与应用.北京：机械工业出版社，1994

(原载《北京工业大学学报》2001，27(4)：505-510)

§ 62　机器人协调操作刚性负载效率的研究

张成新　余跃庆

（北京工业大学，北京　100022）

摘　要：针对工业机器人的使用情况，考虑机器人臂的弹性变形，提出了以机器人关节输入功率最小作为规划目标，规划各协调机器人的承载比例和相对位置的方法。此方法可使系统效率最高并且其他动力特性较好。以具有冗余驱动的机器人协调操作系统为例，将所提目标的规划结果与通常目标的规划结果进行了比较，分析了影响系统效率和其他动力特性的因素。

关键词：柔性机器人；协调操作；冗余驱动；功率行为

1. 引言

随着工业的发展，机器人的应用变得越来越普及。机器人设计方面的问题已经得到了广泛的研究[1]。为了使机器人具有更好的运动特性和动力特性，许多运动和动力性能指标和方法得到了广泛的研究和应用[2-7]。

本文以机器人协调操作这种冗余驱动系统为例，考虑各机器人臂的弹性变形，通过以关节输入功率最小为规划目标，规划协调机器人的相对位置和各协调机器人的承载比例。通过使系统的布置和载荷分配趋于合理，来提高系统的效率和动力特性。同时将与采用其他规划目标和规划结果进行比较，分析影响系统效率和动力特性的因素。

2. 系统的动力学模型

考虑机器人的弹性变形时，m 个机器人协调操作的逆动力学模型可以表示为[8]

$$^{i}\tau = {}^{i}M_{\mathrm{b}}\,{}^{i}\ddot{q} + {}^{i}C_{\mathrm{b}}\,{}^{i}\dot{q} + {}^{i}K_{\mathrm{b}}({}^{i}q - {}^{i}q_{\mathrm{r}} - {}^{i}q_{\mathrm{t}}) \tag{1}$$

$$^{i}M_{\mathrm{c}}\,{}^{i}\ddot{q}_{\mathrm{c}} + {}^{i}C_{\mathrm{c}}\,{}^{i}\dot{q}_{\mathrm{c}} + {}^{i}K_{\mathrm{c}}({}^{i}q_{\mathrm{c}} - {}^{i}q_{\mathrm{rc}} - {}^{i}q_{\mathrm{tc}}) = {}^{i}F_{\mathrm{e2}} - {}^{i}M_{\mathrm{d}}\,{}^{i}\ddot{q}_{\mathrm{d}} - {}^{i}C_{\mathrm{d}}\,{}^{i}\dot{q}_{\mathrm{c}} - {}^{i}K_{\mathrm{d}}({}^{i}q_{\mathrm{d}} - {}^{i}q_{\mathrm{rd}} - {}^{i}q_{\mathrm{td}}) \tag{2}$$

$$[F_{\mathrm{ex}}\ \ F_{\mathrm{ey}}\ \ F_{\mathrm{ez}}]^{\mathrm{T}} = -M_0\ddot{x} \tag{3}$$

$$\begin{cases} {}^{i}F_x = \varepsilon_i F_{\mathrm{ex}} \\ {}^{j}F_y = \xi_j F_{\mathrm{ey}} \\ {}^{k}F_z = \varsigma_k (F_{\mathrm{ex}} + F_{\mathrm{a}}) \end{cases} \tag{4}$$

式中，左上标 i 为第 i 个机器人的矩阵或向量，i=1, 2, ⋯, m；${}^{i}q_{\mathrm{c}}$、${}^{i}q_{\mathrm{rc}}$、${}^{i}q_{\mathrm{tc}}$ 分别为协调操作逆动力学方程中未知总位移向量、未知刚体转动所引起的位移向量和未知刚体平动所引起的位移向量；${}^{i}M_{\mathrm{c}}$、${}^{i}C_{\mathrm{c}}$、${}^{i}K_{\mathrm{c}}$ 分别为与未知广义坐标所对应的质量矩阵、阻尼矩阵和刚度矩阵；${}^{i}q_{\mathrm{d}}$、${}^{i}q_{\mathrm{rd}}$、${}^{i}q_{\mathrm{td}}$ 分别为与末端期望位移所对应的总位移向量、刚体转动所引起的位移向量和刚体平动所引起的位移向量；${}^{i}M_{\mathrm{d}}$、${}^{i}C_{\mathrm{d}}$、${}^{i}K_{\mathrm{d}}$ 为与末端期望位移所对应的质量矩阵、阻尼矩阵和刚度矩阵；${}^{i}\tau$ 为对于期望轨迹的协调操作机器人的关节驱动力矩向量；${}^{i}M_{\mathrm{b}}$、${}^{i}C_{\mathrm{b}}$、${}^{i}K_{\mathrm{b}}$ 为与关节驱动力矩所对应的质量矩阵、阻尼矩阵和刚度矩阵；${}^{i}F_{\mathrm{e2}}$ 为与末端抓持力有关的向量；M_0 为物体的质量矩阵；x 为物体质心的位移向量；${}^{i}F_x$、${}^{j}F_y$、${}^{k}F_z$ 分别为第 i(j 或 k) 个机器人所分配的 x、y 方向的惯性力和惯性力矩；ε_i、ξ_j、ζ_k 分别为机器人在 x、y 方向的载荷分配系数和力矩分配系数；F_{a} 为所有 ${}^{i}F_x$、${}^{j}F_y$ 从物体质心向机器人末端转换时所产生力矩的代数和。

式(1)和式(2)为机器人的逆动力学模型。式(3)和式(4)可确定各机器人末端抓持力向量 ${}^{i}F_{\mathrm{e2}}$，即各个机器人的承载量。

3. 动力规划和系统的效率

机器人协调操作时，为了确定对于给定任务的关节输入参量，需要解决三个问题：①确定各机器人的合理位置；②确定各机器人的承载量；③提出并保证系统能满足某项指标。由于考虑机器人的弹性变形后，系统非常复杂，不可能像刚性机器人那样给出某项指标关于相关参量的显函数。只能选择某一指标，通过规划系统的某些可规划的参量，获得针对这一指标的最优关节输入参量。通常的动力规划目标函数是机器人末端的弹性变形最小，或力特性和速度特性最好等。然而,对于工业机器人，每天要完成上千或上万次的操作，因此，效率一般是最重要的。一般希望功率特性最优或者效率最高。对位置和承载较分析系统的功率特性和其他动力特性。

3.1　载荷分配系数规划法

多机器人协调操作时，将会出现冗余驱动，需要确定各个机器人的承载比例。当以关节角位移、关节角速度、关节角加速度或者关节输入力矩最小为规划目标时，由于机器人的末端任务给定，因此，关节输入的某一项指标最小相当于与此项指标相关的特性最高。其策略的数学模型为

$$\begin{cases}\min f(\varepsilon)=(\sum\limits_{i=1}^{n} q^{\mathrm{T}}{}_i q_i)/n \\ \text{s.t.}\quad \varepsilon_{\min j}\leqslant \varepsilon_j \leqslant \varepsilon_{\max j}\end{cases} \tag{5}$$

式中，ε为载荷分配系数向量；n 为机器人整个运动过程的离散点数；q_i 为第 i 个离散点的机器人关节输入，可以是关节角位移、关节角速度、关节角加速度或者关节输入力矩；ε_j、$\varepsilon_{\max j}$ 和$\varepsilon_{\min j}$ 分别为载荷分配系数向量的第 j 个分量和其上下限。

由于机器人的末端任务给定，当以关节驱动功率最小为规划目标时，系统将获得最高效率。由于关节角速度和关节输入力矩的乘积作为目标函数，因此，可同时使系统的力特性和速度特性较优。其策略的数学模型为

$$\begin{cases}\min f(\varepsilon)=(\sum\limits_{i=1}^{n} \left|\dot{\varphi}_i^{\mathrm{T}}\tau_i\right|)/n \\ \text{s.t.}\quad \varepsilon_{\min j}\leqslant \varepsilon_j \leqslant \varepsilon_{\max j}\end{cases} \tag{6}$$

式中，$\dot{\varphi}_i$ 为第 i 个离散段的输入关节角速度；τ_i 为第 i 离散段的关节输入力矩。

3.2　相对位置规划法

机器人的相对位置将会影响到系统的初始位形，从而使系统在完成整个任务的过程中的质量矩阵、阻尼矩阵、刚度矩阵和广义坐标发生变化。合理的机器人相对位置可使系统效率更高，性能更好。下面分析采用各种目标函数规划机器人的相对位置对系统功率特性和其他特性的影响。当以关节角位移、关节角速度、关节角加速度或者关节输入力矩最小为规划目标时，其策略的数学模型为

$$\begin{cases}\min f(X)=(\sum\limits_{i=1}^{n} \left|q^{\mathrm{T}}{}_i q_i\right|)/n \\ \text{s.t.}\quad X_{\min k}\leqslant X_k \leqslant X_{\max k}\end{cases} \tag{7}$$

式中，X 为机器人基座位置向量；X_k、$X_{\max k}$、$X_{\min k}$ 分别为第 k 个机器人基座位置向量和其上下限。当以关节驱动功率最小为规划目标时，其策略的数学模型为

$$\begin{cases}\min f(X)=(\sum\limits_{i=1}^{n} \dot{\varphi}^{\mathrm{T}}\tau_{\mathrm{i}})/n \\ \text{s.t.}\quad X_{\min k}\leqslant X_k \leqslant X_{\max k}\end{cases} \tag{8}$$

3.3　载荷分配系数和相对位置同时规划法

机器人的载荷分配系数的大小将会影响各机器人的承载量，从而改变各个机器人的关节驱动力矩。但其对关节速度的影响主要表现在对弹性变形速度的影响。由于弹性变形速度在总体速度中所占比例较小，因此，载荷分配系数的规划对关节速度的影响较小。所以，由单纯规划载荷分配系数提高系统效率以及其他动力特性必定有一定的限度，而机器人的相对位置将会影响系统的初始位形，从而影响系统在完成整个任务的过程中的质量矩阵、阻尼矩阵、刚度矩阵和广义坐标。同样也会使系统的关节速度(包括刚体运动速度和弹性变形速度)产生很大的变化。同时规划载荷分配系数和机器人的相对位置必定能更有效地提高系统的动力性能。下面由规划的方法分析采用各种目标函数同时规划载荷分配系数和机器人的相对位置对系统功率特性和其他特性的影响。当以关节角位移、关节角速度、关节角加速度或者关节输入力矩最小为规划目标时，其策略的数学模型为

$$\begin{cases}\min f(\varepsilon,X)=(\sum_{i=1}^{n}\left|q^{\mathrm{T}}{}_{i}q_{i}\right|)/n \\ \text{s.t. } \varepsilon_{\min j}\leqslant\varepsilon_{j}\leqslant\varepsilon_{\max j} \\ X_{\min k}\leqslant X_{k}\leqslant X_{\max k}\end{cases} \tag{9}$$

当以关节驱动功率最小为规划目标时，其策略的数学模型为

$$\begin{cases}\min f(\varepsilon,X)=(\sum_{i=1}^{n}\left|\dot{\varphi}^{\mathrm{T}}\tau_{\mathrm{i}}\right|)/n \\ \text{s.t. } \varepsilon_{\min j}\leqslant\varepsilon_{j}\leqslant\varepsilon_{\max j} \\ X_{\min k}\leqslant X_{k}\leqslant X_{\max k}\end{cases} \tag{10}$$

由于机器人的末端任务已经给定，关节的某项指标输入越小，就相当于与此项指标相关的特性越好。由于机器人的功率与关节速度和关节驱动力矩同时相关，因此，当力特性或速度特性最佳时，系统的功率特性或者是效率并不是最佳的。而以关节驱动功率最小为规划目标时，可使系统效率最高，同时力特性和速度特性较优。

4. 数值分析

下面以两平面3R机器人协调操作为例来说明本文所提出的方法。两机器人的各臂均考虑弹性变形。各杆的结构尺寸相同，长为0.254m，截面为方形，边长为0.00508m，材质为铝。密度ρ=2700kg/m^3，拉压弹性模量E=71GPa，剪切弹性模量G=26GPa，质量阻尼系数α_1=0，刚度阻尼系数α_2=1.323×10^{-3}，阻尼系数ξ=0.03。其他参数见图1，机器人1和机器人2的抓持点分别为A和B，均为紧固抓持，两抓持点距离为0.05mm，ϕ_1=π/3，ϕ_2=2π/3，θ_1=0，θ_2=π。物体的质心为C，物体的质量为0.05kg，对质心的转动惯量为3.125×10^{-5}kg·m^2。设机器人1的三个载荷分配系数均为ε，机器人2的三个载荷分配系数均为1−ε。载荷分配系数的最小值为0，最大值为1。两机器人的基座位置分别为(0, 0)和(L, 0)。设基座间距的最小值为0.25，最大值为0.75。期望的物体质心轨迹为

$$y=0.5L$$

从点(0.5L, 0.25)到点(0.5L, 0.49)，期望的物体转角θ从0rad到0rad。总操作时间T_{t}为0.6s。加速时间T_{s}为0.2s。期望的加速度为

$$a=A(1-\cos 2\pi/T_{\mathrm{s}}),\quad 0\leqslant t\leqslant T_{\mathrm{s}}$$

式中，A为常数。

匀速运动的时间是0.2s。减速时间T_{b}为0.2s。期望的加速度为

$$a=-A\{1-\cos 2\pi t[t-(T_{\mathrm{t}}-T_{\mathrm{b}})]/T_{\mathrm{b}}\}$$

$$T_{\mathrm{t}}-T_{\mathrm{b}}\leqslant t\leqslant T_{\mathrm{t}}$$

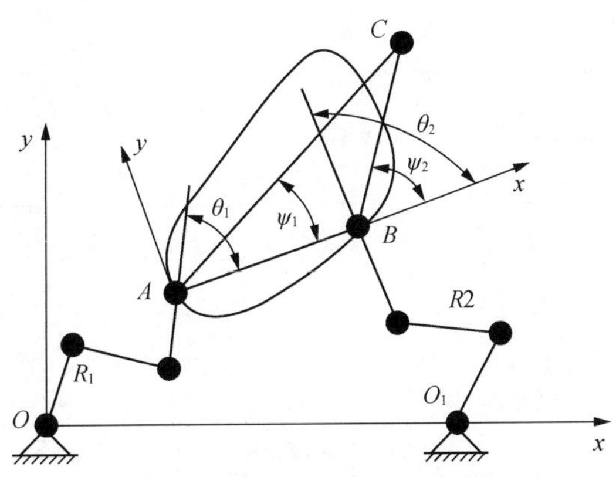

图 1　协调操作参数示意图

表 1～表 3 为目标函数，分别采用关节角位移、关节角速度、关节角加速度、关节输入力矩和关节输入功率最小为规划目标，采用上述三种规划方法所计算出的结果。从表中看出，以某项指标最小为规划目标进行动力规划时，此项指标可获得最优值。此外，最优指标不同，载荷分配比例和机器人的相对位置一般也不同。

表 1 是由式(5)和式(6)计算出的结果。规划过程中，设两机器人位置保持不变并且 L=0.5m。从表 1 可以看出：①以关节输入功率最小为规划目标时的力矩值比以关节输入力矩最小为规划目标时的力矩值仅增加了 3%。②由于规划载荷分配系数主要影响弹性变形速度，所以速度变化不大。③以关节角位移、关节角速度、关节角加速度和关节输入力矩最小为规划目标时的输入功率值比以关节输入功率最小为规划目标时的输入功率值分别增加了 17%、11%、9%、4%。需要指出的是，由于系统只是冗余驱动系统而不是运动冗余系统，因此，对于不同的指标关节角速度变化不大。

表 2 是由式(7)和式(8)计算出的结果。规划过程中，设载荷分配系数ε=0.5。从表 2 可以看出：①以关节输入功率最小为规划目标时的力矩值比以关节输入力矩最小为规划目标时的力矩值增加了 8%。以关节输入速度最小为规划目标时，关节力矩较大。②以关节输入功率最小为规划目标时的速度值比以关节输入速度最小为规划目标时的速度值增加了 7%。以关节输入力矩最小为规划目标时，关节速度最大。③以关节角位移、关节角速度、关节角加速度和关节输入力矩最小为规划目标时的输入功率值比以关节输入功率最小为规划目标时的输入功率值分别增加了 116%、117%、122%、47%。

表 1　载荷分配系数规划法

目标函数	载荷分配系数 ε	力矩 $\sqrt{(\sum_{i=1}^{n}\boldsymbol{\tau}_i^{\mathrm{T}}\boldsymbol{\tau}_i)/n}$ /(10^{-2} N·m)	速度 $\sqrt{(\sum_{i=1}^{n}\dot{\mathbf{q}}_i^{\mathrm{T}}\dot{\mathbf{q}}_i)/n}$ /(m/s)	功率 $(\sum_{i=1}^{n}\lvert\dot{\mathbf{q}}_i^{\mathrm{T}}\boldsymbol{\tau}_i\rvert)/n$ /(10^{-2} W)
力矩/(N·m)	0.7019	6.694743	2.560060	5.031924
位移/m	0.5000	7.074901	2.560028	5.632162
速度/(m/s)	0.5801	6.835016	2.560001	5.377233
加速度/(m/s^2)	0.6220	6.755300	2.560008	5.252513
功率/W	0.8567	6.917758	2.560310	4.826061

表 2　相对位置规划法

目标函数	基座间距 L	力矩 $\sqrt{(\sum_{i=1}^{n}\boldsymbol{\tau}_i^{\mathrm{T}}\boldsymbol{\tau}_i)/n}$ /(10^{-2} N·m)	速度 $\sqrt{(\sum_{i=1}^{n}\dot{\mathbf{q}}_i^{\mathrm{T}}\dot{\mathbf{q}}_i)/n}$ /(m/s)	功率 $(\sum_{i=1}^{n}\lvert\dot{\mathbf{q}}_i^{\mathrm{T}}\boldsymbol{\tau}_i\rvert)/n$ /(10^{-2} W)
力矩/(N·m)	0.2869	5.439460	3.136311	4.662864
位移/m	0.5585	7.573798	2.541628	6.856604
速度/(m/s)	0.5601	7.587834	2.541614	6.890981
加速度/(m/s^2)	0.5679	7.655627	2.541934	7.056811
功率/W	0.3453	5.886729	2.729507	3.172330

表 3 是由式(9)和式(10)计算出的结果。从表 3 可以看出：①以关节输入功率最小为规划目标时的力矩值比以关节输入力矩最小为规划目标时的力矩值增加了 14%。以关节输入速度最小为规划目标时，关节力矩较大。②以关节输入功率最小为规划目标时的速度值比以关节输入速度最小为规划目标时的速度值增加了 9%。以关节输入力矩最小为规划目标时，关节速度最大。③以关节角位移、关节角速度、关节角加速度和关节输入力矩最小为规划目标时的输入功率值比以关节输入功率最小为规划目标时的输入功率值分别增加了 121%、116%、115%、8%。

表 3　载荷分配系数和相对位置同时规划法

目标函数	载荷分配系数 ε	基座间距 L	力矩 $\sqrt{(\sum_{i=1}^{n}\boldsymbol{\tau}_i^{\mathrm{T}}\boldsymbol{\tau}_i)/n}$ /(10^{-2} N·m)	速度 $\sqrt{(\sum_{i=1}^{n}\dot{\mathbf{q}}_i^{\mathrm{T}}\dot{\mathbf{q}}_i)/n}$ /(m/s)	功率 $(\sum_{i=1}^{n}\lvert\dot{\mathbf{q}}_i^{\mathrm{T}}\boldsymbol{\tau}_i\rvert)/n$ /(10^{-2} W)
力矩/(N·m)	0.6606	0.2866	5.263406	2.816735	3.341307
位移/m	0.5000	0.5586	7.574518	2.541626	6.858588
速度/(m/s)	0.5555	0.5601	7.411248	2.541603	6.708473
加速度/(m/s^2)	0.6229	0.5682	7.345657	2.541967	6.674939
功率/W	0.4157	0.3172	6.021705	2.770164	3.101711

从三个表对比可以看出，除个别指标外，载荷分配系数和相对位置同时规划法比单纯规划载荷分配系数或相对位置效果更好。再者，以关节输入功率最小为规划目标进行动力规划时可降低系统的能耗，而且其他动力特性较好。此外，力特性最优时速度特性很差，反之亦然。

5. 结论

从数值分析可以看出，对于系统的主要动力特性，如力特性、速度特性以及功率特性，每一种载荷分配比例和机器人的相对位置一般只能是一种特性最优。力特性最优时，速度特性必然很差，反之亦然。由于工业机器人一般不会在极限条件下工作，其关节驱动力矩和速度一般都会满足任务要求。因此并不需要系统的力特性或者是速度特性等最好，而是希望系统的力特性和速度特性等指标较好但系统的效率最高。以关节输入功率最小为规划目标恰恰可使系统在这种条件下运行。本文提出的三种规划方法可提高系统的动力性能。

参考文献

[1] 张绪平，余跃庆．提高柔性空间机器人承载能力的结构参量规划．机械科学与技术，1999，18(6)：931-933

[2] 叶献方，陈绪兵，周爱新，等．基于神经网络的速度规划研究．中国机械工程，2001,12(4)：463-467

[3] Doty K L, Melchiorri C, Schwartz E M, et al. Robot manipulability. IEEE Transactions on Robotics and Automation, 1995, 11(3):462-468

[4] 陈国锋，杨昂岳．双臂机器人位姿的方向可操作性．机器人，1996,18(2)：108-114

[5] Chiacchio P, Chiaverini S, Sciavicco L, et al. Global task space manipulability ellipsoids for multiple -arm systems. IEEE Transactions on Robotics and Automation,1991, 7(5):678-685

[6] Lee S. Dual redundant arm configuration optimization with task -oriented dual arm manipulability. IEEE Transactions on Robotics and Automation, 1989, 5(1):78-97

[7] Kumar V, Gardner J. Kinematics of redundantly actuated closed chains. IEEE Transactions on Robotics and Automation, 1990, 6(2): 269-274

[8] 张成新，余跃庆. 柔性机器人协调操作的冗余驱动. 机械设计与研究，2002, 18(1)：14-17

（原载《中国机械工程》2003，14(9)：779-782）

§63　柔性机器人协调操作系统动力特性分析

岳　瑛　余跃庆
（北京工业大学，北京　100022）

摘　要：柔性机器人协调操作系统的模型参数从本质上决定了系统的动力特性，而其固有频率又是评价系统内在特性的一个重要指标。过去系统参数和系统固有频率及其动力性能之间的关系没有引起重视，利用柔性机器人协调操作零自由度刚体的动力学模型通过理论推导和实例仿真揭示了柔性机器人协调操作各模型参数和系统固有频率之间的内在联系，分析了其对于系统动力性能的影响，对于柔性机器人协调操作系统操作物体位置误差的控制和高性能柔性机器人协调操作系统的设计都有很重要的意义。

关键词：柔性机器人；协调操作；固有频率；参数

1. 引言

随着科技的发展,机器人已日益渗透到军事、航天、医学等各个领域,对于机器人操作性能的要求也越来越高。与刚性机器人相比，柔性机器人具有能耗低、驱动装置小、操作速度高、载荷质量比大等优点，同时机器人协调操作又具有承载能力大、可靠性高等单机器人无法比拟的优点,因而柔性机器人协调成为机器人研究和应用领域的前沿课题。Jankowski 等[1]研究了柔性关节机器人的协调操作。Matsuno 等[2]建立了两个具有单柔性杆的双杆机器人的动力学模型。窦建武[3]对柔性机器人协调操作系统建立了动力学模型。以上研究大多着重于对柔性机器人的建模方面，对于柔性机器人协调操作系统的动力特性，却没有讨论。柔性机器人协调操作系统的模型参数决定了系统的动力性能，系统固有频率又是评价其内在特性的重要指标，因此研究柔性机器人协调操作系统的动力特性对于系统动力性能的优化和高性能柔性机器人协调操作系统的设计都有着重要的意义。余跃庆[4]分析了弹性机构的固有频率特性。张绪平[5]分析了柔性关节空间机器人的固有频率特性。本文首次研究了柔性机器人协调操作系统的动力特性，通过理论推导和实例仿真深入分析了系统设计参数与单元、系统固有频率之间的变化规律，以及系统设计参数变化对其动力性能的影响，为柔性机器人协调操作系统动力性能的优化和高性能柔性机器人协调操作系统的设计奠定了基础。

2. 柔性机器人协调操作系统动力学模型[3]

图 1 所示为两 3R 柔性机器人协调操作零自由度刚体，采用有限元法将系统划分为 6 个单元，每根杆作为一个柔性梁单元，以各单元两端的横、纵向弹性位移、弹性转角以及曲率作为广义坐标，利用 Lagrange 方程求得每一单元在系统惯性坐标系下的单元动力学方程为

$$[M_e]\{\ddot{u}_e\}+[C_e]\{\dot{u}_e\}+[K_e]\{u_e\}=\{fg_e\}+\{fn_e\}+\{fw_e\} \tag{1}$$

式中，$[M_e]$、$[C_e]$、$[K_e]\in R^{8\times 8}$ 分别为单元质量、阻尼和刚度矩阵；$\{fg_e\}\in R^{8\times 1}$ 为单元刚性惯性力；$\{fn_e\}\in R^{8\times 1}$ 为由相邻单元及被操作物体相互作用产生的力；$\{fw_e\}\in R^{8\times 1}$ 为其他外载作用产生的广义力；$\{u_e\}$、$\{\dot{u}_e\}$、$\{\ddot{u}_e\}$ 为单元广义坐标、广义速度、广义加速度。

把单元广义坐标转换为系统广义坐标，考虑系统的运动协调约束条件和动力协调约束条件，经整理可得柔性机器人协调操作系统的动力学方程：

$$[M]\cdot\{\ddot{U}\}+[C]\cdot\{\dot{U}\}+[K]\cdot\{U\}=\{Fw\}+\{Fg\} \tag{2}$$

式中，$[M]$、$[C]$、$[K]\in R^{27\times 27}$ 分别为系统的质量矩阵、阻尼矩阵和刚度矩阵，且均为非对称矩阵；$\{U\}$、$\{\dot{U}\}$、$\{\ddot{U}\}\in R^{27\times 1}$ 为系统的广义坐标向量、广义速度、广义加速度；$\{Fw\}\in R^{27\times 1}$ 为与外加负载有关

的系统广义力向量；$\{Fg\}\in \mathrm{R}^{27\times 1}$ 为与系统名义刚性惯性参数有关的广义力向量。

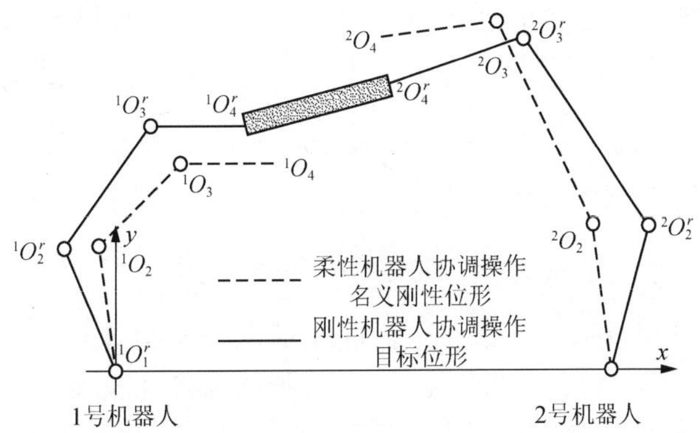

图 1 两 3R 柔性机器人协调操作刚性负载

3. 动力特性分析

系统固有频率是评价系统内在特性的重要指标，和系统动力性能之间有极其密切的关系，下面将从频率特性入手进行系统动力特性分析。

由式(1)得到求解单元固有频率的方程

$$\det\left(\omega_{\mathrm{e}}^{2}[I]-[M_{\mathrm{e}}]^{-1}\right)[K_{\mathrm{e}}]=0 \tag{3}$$

上式表明单元固有频率由单元质量矩阵和单元刚度矩阵决定，假设系统各单元为等截面单元，则系统的单元质量矩阵和刚度矩阵分别[6]为

$$[M_{\mathrm{e}}]=\rho A\psi_{1} \tag{4}$$

$$[K_{\mathrm{e}}]=EJ\Omega_{1}+EAX_{1} \tag{5}$$

式中，ρ为单元材料密度；E 为材料的弹性模量；J、A 为截面惯性矩和单元截面积，其中 J 与截面的形状和尺寸有关系；Ω_1、X_1、ψ_1 为仅与单元长度 L 有关的矩阵。

将式(4)、式(5)应用于柔性机器人协调操作零自由度刚性负载的动力学模型中[3]可得

$$[M_{\mathrm{e}}]=\rho AL\psi_{1}' \tag{6}$$

$$[K_{\mathrm{e}}]=\frac{EJ}{L^{3}}\Omega'\Theta \tag{7}$$

式中，ψ_1'、Ω' 为仅与单元长度 L 有关的矩阵；Θ 为与 A 和 J 有关的对角矩阵。

其中，Θ 中只有第一和第五个对角元素为 $\dfrac{A}{J}$，其他对角元素为 1，理论分析中不妨将其近似为单位矩阵。在以后的仿真计算中，对将Θ 近似为单元矩阵和采用 Θ 的精确值得到的计算结果进行比较，发现两者所得固有频率的数值在小数点后第三位数时才有误差，所以在理论分析时将 Θ 看作为单位矩阵是切实可行的。

联立式(3)、式(6)、式(7)，得到单元固有频率特性如下。

(1) 若单元的截面参数和材料参数已经确定，则有 $w_{\mathrm{e}}\propto\dfrac{1}{L^{2}}$。

(2) 固定结构参数，选取合适的截面参数，使不同材料的机械臂质量相同时，则 $w_{\mathrm{e}}\propto\sqrt{\dfrac{E}{\rho}}\cdot\sqrt{\dfrac{J}{A}}$。

(3) 若单元的结构参数和材料参数已经确定，则 $w_{\mathrm{e}}\propto\sqrt{\dfrac{J}{A}}=x$。其中：$x=\sqrt{\dfrac{J}{A}}$ 称为截面特性参数，如表 1 所示。

表 1　不同截面的截面特性参数 x

截面形状	长方形	正方形	圆形	环形	长方框	正方框
x	h	a	r	$\sqrt{D^2+d^2}$	$\sqrt{\dfrac{BH^3-bh^3}{BH-bh}}$	$\sqrt{H^2+h^2}$ $(B=H, b=h)$

由式(2)得到系统的固有频率方程为

$$\det\left(\omega^2[I]-[M]^{-1}[K]\right)=0 \tag{8}$$

由上式可知，系统固有频率ω由系统质量矩阵$[M]$和刚度矩阵$[K]$决定。系统的质量矩阵$[M]$和刚度矩阵$[K]$是综合考虑各单元矩阵$[M_e]$和$[K_e]$及运动协调约束条件和动力协调约束条件装配而成的，因而系统的固有频率ω实际上是由单元固有频率决定的，系统的固有频率与截面参数、结构参数及材料参数之间的关系也就和单元固有频率特性有相似之处。

柔性机器人协调操作系统的质量和刚度矩阵比弹性连杆机构和单柔性机器人的系统质量和刚度矩阵复杂得多，其系统固有频率特性因而具有较之不同的规律和特点。

下面将通过仿真实例来摸索柔性机器人协调操作系统的单元固有频率、系统固有频率、动力性能与模型参数之间的关系，从而得到一定的规律，为柔性机器人协调操作系统的误差控制及其优化设计提供依据。

4. 实例模拟与分析

4.1　系统固有频率和截面参数的关系

采用柔性机器人协调操作系统的动力学模型，利用子空间法[7,8]求解单元固有频率和系统固有频率。其中，系统任务参数和系统参数如表 2～表 4 所示。

表 2　被操作物体参数

质量 m_s/kg	对质心的转动惯量 I_s/(kg·m²)	L_p/m	L_{p1}/m	L_{p2}/m	ϕ_{p1} /rad	ϕ_{p2} /rad
5	0.8	0.2	0.2	0.2	π/3	2π/3

表 3　柔性机器人系统参数

	基座位置坐标/m	第 1 杆杆长 L_1/m	第 2 杆杆长 L_2/m	第 3 杆杆长 L_3/m	材料	密度ρ /(kg/m³)	弹性模量 E /(N/m²)	弹性模量 G /(N/m²)	Rayleigh 阻尼系数α_1	Rayleigh 阻尼系数α_2	抓持角 ϕ_j /rad
主柔性机器人	(0，0)	1.5	1.5	0.45	铝	2710	6.77×10^{10}	2.60×10^{10}	0.03	0.03	0
从柔性机器人	(3，0)	1.5	1.5	0.45	铝	2710	6.77×10^{10}	2.60×10^{10}	0.03	0.03	π

表 4　目标任务参数

<table>
<tr><td>质心轨迹方程</td><td>质心起点坐标 /m</td><td>质心终点坐标 /m</td><td>起始方位角 /rad</td><td>终止方位角 /rad</td><td>总操作时间 T_s/s</td><td>起动耗时 I_q/s</td><td>制动耗时 T_z/s</td></tr>
<tr><td>$y=0.5+0.5x$</td><td>(2.0, 1.5)</td><td>(1.1, 1.05)</td><td>π/2</td><td>$-\frac{2\pi}{3}$ (顺时针)</td><td>4</td><td>0.4</td><td>0.4</td></tr>
<tr><td colspan="2">起动线(角)速度规律 $0<t<T_q$</td><td colspan="3">匀速线(角)速度运动规律 $T_q<t<T_s-T_z$</td><td colspan="3">制动线(角)速度规律 $T_s-T_z<t<T_s$</td></tr>
<tr><td colspan="2">$v=\dfrac{\left[\cos\left(t/T_q\cdot\pi+\pi\right)+1\right]}{2}V_c$</td><td colspan="3">$v=V_c$</td><td colspan="3">$v=\dfrac{\cos\left\{\left[t-\left(T_s-T_z\right)\right]\cdot\pi/T_z\right\}+1}{2}V_c$</td></tr>
</table>

分别选取机器人各杆截面为正方形、长方形、圆形、环形、正方框和长方框，通过计算发现其单元固有频率和相应单元的截面特性参数近似成正比，单元固有频率随着截面特性参数的增大而线性增大，和理论分析结论相一致。而系统平均固有频率则呈非线性变化。

下面分别以系统各单元截面形状是正方形和长方形为例进行说明。

机器人各杆截面为正方形时，图 2 所示为截面边长 a 由 4cm 增加到 13cm 时，系统的频率特性曲线图。

由图可知，系统的平均固有频率和截面的边长 a 成正比，系统平均固有频率曲线是一条比较平滑的曲线，系统平均固有频率的整体趋势亦会随着截面边长的增长而增长，而且随着截面边长的增大，即截面积的增大，负载对于系统平均固有频率的影响也相对减小。

当机器人各杆截面是长方形时，图 3 所示为各杆截面的高度 h 由 6cm 增至 15cm，而宽度 b 保持 3cm 不变时的系统平均固有频率曲线图。可见系统平均固有频率随着截面高度的增大而增大。

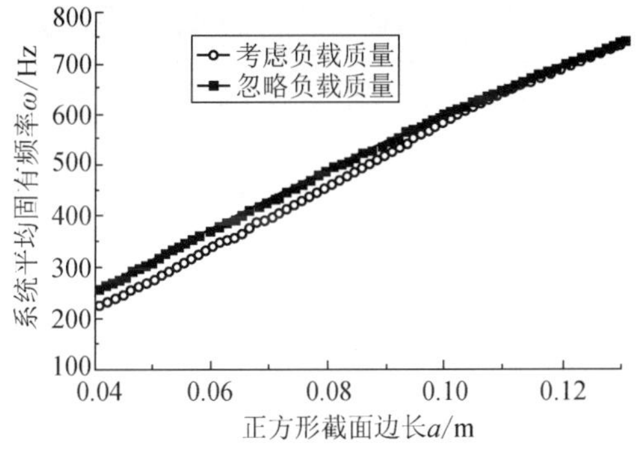

图 2　正方形截面系统固有频率特性

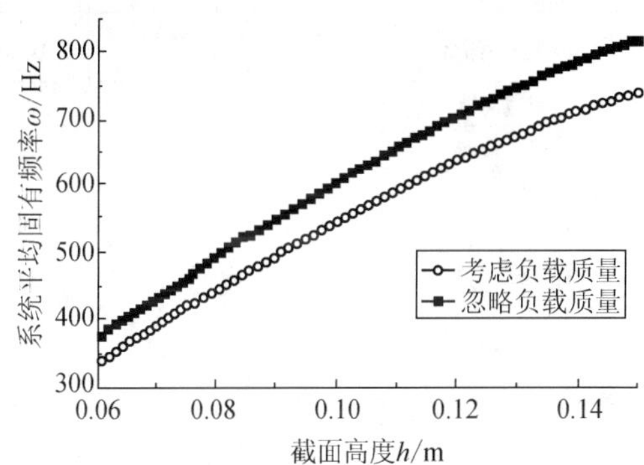

图 3　系统平均固有频率与截面高度 h 的关系

当机器人各杆截面的宽度 b 由 3cm 增至 12cm，高度 h 保持 6cm 不变时，系统固有频率变化如图 4 所示：忽略负载质量时，b 值的变化对于系统平均固有频率基本上没有影响；考虑负载质量时，由于系统负载的影响，频率发生变化，随着 b/h ($h>b$) 值的增大(截面面积增大)，系统固有频率也随之增大，负载质量对于系统固有频率的影响则相对减小。

保持 $b/h=0.5$，h 由 6cm 增加到 18cm，即截面形状保持不变的情况下，系统平均固有频率曲线如图 5 所示，这和正方形截面固有频率特性图(图 2)类似。

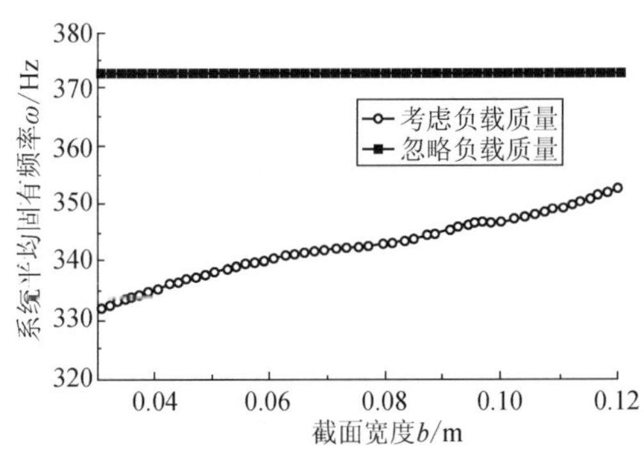

图 4　系统平均固有频率与截面宽度 b 的关系

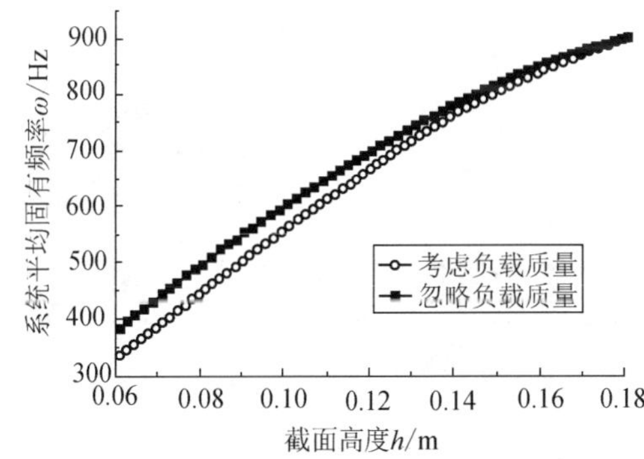

图 5　长方形截面系统平均固有频率特性

因而，对于长方形截面，在保持截面形状不变的前提下，随着截面面积的增大，系统固有频率随之增大，同时负载质量对系统固有频率的影响相对减小。

采用圆形截面、环形截面、正方框截面和长方框截面均可得到类似的结论，在此不一一列举。

由理论分析和实例仿真可知，柔性机器人协调操作系统的单元固有频率和截面特性参数成正比，但和弹性机构、单柔性机器人不同的是，柔性机器人协调操作系统的系统平均固有频率和截面特性参数之间是非线性关系，系统固有频率具有随着截面特性参数的增大而增大的趋势。

对单元截面积相同而形状不同的系统频率及动力性能进一步进行比较，结果如表 5 所示。单元固有频率越高，则系统的平均固有频率越高，系统最大应力越小，被操作物质心绝对误差有相应的改善，系统最大驱动力矩相差很小。可见在保持截面积不变的情况下，选取合适的截面特性参数，空心截面中长方框截面优于正方框截面，正方框截面优于环形截面，而实心截面中长方形截面优于正方形截面，正方形截面优于圆形截面。采用长方框截面，选取合适的截面特性参数，可以极其显著地提高单元固有频率和系统的平均固有频率，提高系统的动力性能。

表 5　不同截面形状系统频率及动力性能比较

截面形状	正方形	长方形	圆形	环形		正方框		长方框	
截面参数	边长 a	高 h $h/b=2$	半径 r	大径 D	小径 d	外边长 $B=H$	内边长 $b=h$	外宽 B $B/b=2$	外高 H $H/h=2$
A=1600mm^2	40	56.6	22.6	52.2	26.1	46.2	23.1	32.7	65.4
单元固有频率/Hz	90.96	128.71	89.01	114.93		117.46		166.27	
系统平均固有频率/Hz	221.51	312.71	216.86	279.21		285.24		401.46	
系统最大应力/Pa	33.76	16.86	35.24	21.19		20.29		10.10	
任务位置误差/mm	0.3968	0.1974	0.4144	0.2477		0.2372		0.1181	
最大驱动力矩/(N·m)	19.61	19.57	19.67	19.62		19.57		19.55	

4.2　固有频率和几何结构参数的关系

选取机器人各杆截面为正方形，边长为 4cm，系统其他参数保持不变，令机器人各杆杆长成同一比例增长，在这里令

$$l_i = l_i\left(1+0.01\left(j-1\right)\right),\quad j=1,2,3,\cdots,n;\qquad i=1,2,\cdots,6 \tag{9}$$

完成相同的操作任务。各杆的单元固有频率变化类似于第一杆的单元固有频率变化，如图 6 所示(杆长由 1.3m 增加到 2.34m)：

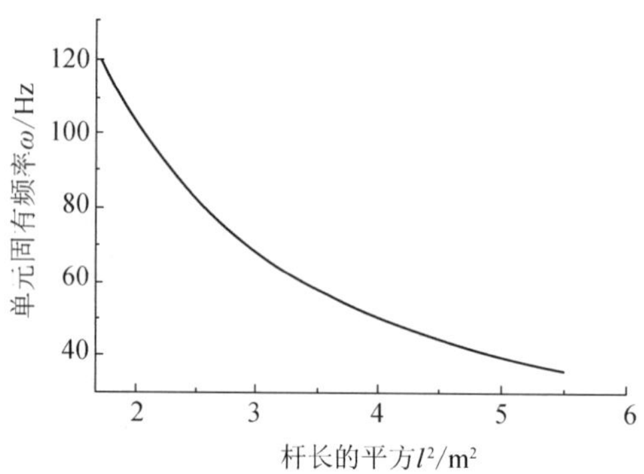

图 6　单元固有频率和结构参数的关系

由计算可得杆长的平方与单元固有频率和乘积为常数(204.65Hz)，故单元固有频率与杆长的平方成反比关系，即

$$\frac{\omega_{e0}}{\omega_e}=\left(\frac{l_i}{l_{i0}}\right)^2$$

虽然各单元的杆长成比例增加，但系统质量矩阵和刚度矩阵是由各单元质量矩阵和刚度矩阵，在考虑运动和动力协调约束条件的情况下装配起来的，系统固有频率不满足 $\frac{\omega_0}{\omega}=\left(\frac{l}{l_0}\right)^2$。求解 $\frac{\omega_0}{\omega_j}$ 时发现 $\frac{\omega_0}{\omega_j}$ 略小于 $\left(\frac{l_j}{l_0}\right)^2$，而且负载质量越小，$\frac{\omega_0}{\omega_j}$ 越小于 $\left(\frac{l_j}{l_0}\right)^2$。可见柔性机器人协调操作和单柔性机器人操作不一样，单柔性机器人的固有频率与杆长的平方成反比[5]，而柔性机器人协调操作系统的

固有频率虽然也呈现出随着杆长增大而减小的趋势，但下降的趋势更平缓。

按照式(9)，选取 $l_1=l_2=l_4=l_5=1.3$m，$l_3=l_6=0.3$m，对 $j=1$，…，6 六种杆长情况系统的固有频率和动力性能进行比较，结果如表 6 所示。

表 6　不同杆长系统频率及动力性能比较

j	1	2	3	4	5	6
单元固有频率/Hz	121.10	100.08	84.09	71.65	61.78	53.82
系统平均固有频率/Hz	303.86	250.97	211.04	180.45	156.09	137.65
系统最大应力/Pa	13.26	20.84	28.72	37.32	46.70	56.78
任务位置误差/mm	0.1435	0.2793	0.5048	0.7827	1.1200	1.5300
最大驱动力矩/(N·m)	12.77	15.62	18.23	20.82	23.59	26.63

由表 6 可知，随着杆长的增大，系统单元固有频率和系统平均固有频率逐渐减小，被操作物体的位置误差和主、从机器人的最大关节驱动力矩逐渐增大，系统最大应力也呈增长的趋势，$j=5$，6 时，系统的最大应力甚至超出了许用应力范围。故随着杆长的增大，系统的固有频率减小，动力性能也随之降低。

4.3　固有频率和材料参数的关系

铝和钢是机器人机械臂常用的材料,故不妨比较材料分别为铝和钢时系统的固有频率特性。由前面的分析可知 $\omega_e \infty \sqrt{\frac{E}{\rho}}\sqrt{\frac{J}{A}}$，恰当选择截面尺寸使两者质量相同，则

$$\omega_{al}=\sqrt{\frac{E_{al}}{E_{st}}\frac{\rho_{st}}{\rho_{al}}}\omega_{st}\approx 1.67\omega_{st}$$

在两者质量相等的情况下(选取铝的截面为边长 4.00cm 的正方形，钢的截面为边长 2.36cm 的正方形)，材料为铝的系统较材料为钢的系统，固有频率高得多。将材料为钢的系统固有频率乘以 1.67 以后，其曲线和材料为铝时系统固有频率曲线相差很小，近似吻合，如图 7 所示，故 $\omega_e \infty \sqrt{\frac{E}{\rho}}$ 近似成立。

由此可见，系统的固有频率与模型的材料参数有关系，不同材料的系统，在质量相同的情况下进行比较，系统固有频率的比值 $\frac{\omega_a}{\omega_b}=\sqrt{\frac{E_a}{E_b}\frac{\rho_b}{\rho_a}}$ 近似成立。

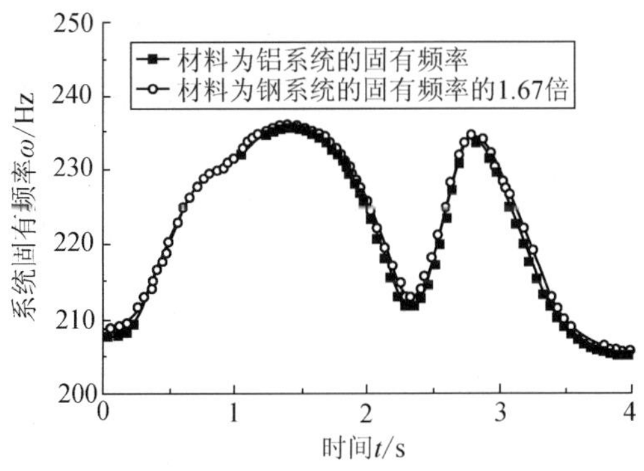

图 7　系统平均固有频率和材料参数的关系

再对两者的动力性能进行比较可知，相同质量的系统，当选取钢为材料时，虽然其最大应力均处于钢的许用应力范围之内，但是其系统固有频率减小，协调操作精度成倍降低，最大驱动力矩也有所提高，故若系统材料选为铝，在保证其动力性能的前提下，可以得到更小质量的系统。

5. 结束语

经过理论分析和验证，可以看出柔性机器人协调操作系统的几何结构参量、截面参量、材料参量和其固有频率之间存在一定的内在关系。

(1) 若单元的截面参数和材料参数已经确定，则单元固有频率 $\omega_e \infty \frac{1}{L^2}$，系统固有频率具有随着杆长的增大而减小的趋势，但下降得更平缓；

(2) 固定结构参数，选取合适的截面参数，使不同材料的机械臂质量相等时，$\omega_e \infty \sqrt{\frac{E}{\rho}}\sqrt{\frac{J}{A}}$，系统固有频率 $\omega \infty \sqrt{\frac{E}{\rho}}\sqrt{\frac{J}{A}}$ 也近似成立；

(3) 若单元的结构参数和材料参数已经确定，$\omega_e \infty \sqrt{\frac{J}{A}}$，系统平均固有频率和截面特性参数之间是非线性关系，但仍具有随着截面特性参数的增大而增大的整体趋势；

(4) 系统对应的单元固有频率越高，其系统固有频率也越高，而系统的动力性能也越好；

(5) 系统各设计参数对于系统固有频率都具有一定的影响，其中截面参数的影响最为活跃，合理利用截面参数极其有利于系统优化设计。

参考文献

[1] Jankowski K,et al. Dynamic coordination of multiple robot arms with flexible joints. Int. J. Robotics Research, 1993, 12(6): 505-528

[2] Matsuno F,et al. Robust Cooperative control of two two-link flexible manipulators on the basis of quasi-static equations. Int. J. Robotics Research, 1999, 18 (4):414-428

[3] 窦建武．柔性机器人协调操作的运动学和动力学研究．北京：北京工业大学．2001, 3: 24-38

[4] 余跃庆．结构参量改变时弹性机构本征特性的研究．机械科学与技术．1996，15(5): 715-720

[5] 张绪平．空间柔性冗余度机器人动力学分析与综合．北京：北京工业大学．1999,4:33-49

[6] 张策，黄永强，等．弹性连杆机构的分析与设计．北京：机械工业出版社，1997

[7] 倪振华．振动力学．西安：西安交通大学出版社，1989

[8] 陈文一，等．应用机械振动学．重庆：重庆大学出版社，1989

（原载《机械设计与研究》，2004，20(5): 26-29）

§ 64　Elastic Deformation Degree Index and Elastic Distortional Strain Energy Index of Flexible Robot

Liu Yingchun，Yu Yueqing

College of Mechanical Engineering & Applied Electronics Technology, Beijing University of Technology, Beijing 100022, *China*

Abstract: *Nowadays, flexible robots have been broadly used in aeronautic and cosmonautic fields, so relevant indexes should be set down to evaluate the performances of flexible robot system. But most of the performance indexes are established for rigid robots. The essential characters of flexible robot are the elastic deformation and elastic distortional strain energy. The magnitude of elastic deformation and elastic distortional strain energy can reflect the stability and vibration of the flexible robot system. So elastic deformation degree index and elastic distortional strain energy index of flexible robot are developed in this paper. The simulation of two planar 3R flexible cooperative robots system and two planar 4R flexible cooperative robots system showed the two indexes can reflect the characters of the flexible robot system. Moreover, the calculation of the two indexes is simpler and more convenient than that of the dynamic stresses of the system.*

1. Introduction

The theory and technology of robots have made quite great progress and have been used broadly at present. How to estimate the performances of robot system is a difficult topic which absorbs many scholars' attention. Many performance indexes are developed in order to describe the kinematic and dynamic performances of robot quantitatively[1-13]. The applied areas of manipulability indexes range from design of robot fingers to position optimization of the payload of robot system. Most of the performance indexes are established for rigid robot. Nowadays, flexible robots have been broadly used in aeronautic and cosmonautic fields. The indexes in common use such as DME and GIE are established on the basis of dynamics of joint space and operating space. Many other ellipsoid manipulability indexes[9-13] are obtained on the basis of DME and GIE. Such indexes can only describe the rigid motion of robot and can not describe the magnitude of elastic deformation and the relation between elastic deformation and configuration. New indexes should be developed to describe the performance of flexible robot.

In this paper, the elastic deformation degree index（EDDI）and elastic distortional strain energy index（EDSEI）are proposed to evaluate the performances of flexible robot. The simulations of two 3R flexible cooperative robot system and two 4R redundant flexible cooperative robot system show the valid of these two indexes.

2. Indexes

2.1　Elastic deformation degree index

The motion of flexible robot includes rigid motion and flexible motion. The rigid part can be estimated by the former manipulability indexes. As to the flexible part, the end errors of single robot or payload centroid errors of cooperative robot are used to estimate the flexible robot system. But the dynamic stress or the elastic deformation of each link of the robot is not considered at such cases. In some conditions, the robot system is not feasible because of the over big elastic deformation or dynamic stress though the end errors or payload centroid errors are acceptable. The new indexes take these two factors into account to estimate the system performance.

The component of mechanism which is put on bending force is required to have enough intensity and stiffness or else the big elastic bending deformation will disturb the usual work of the beam. So the elastic deformation of a beam of the mechanism is required to within the permissible limit according to the different uses and requirements. It's the same as robot. To common thin and long beam, the shearing force could be omitted. In this paper, only the elastic deformations caused by planar bending force or moments and stretching or compressing force take into account. Regarding all the links of the robots as Euler-Bernoulli beams, the elastic shearing deformation and torsional deformation can be omitted. The elastic deformation Δl_1 caused by stretching or compressing can be written as follows:

$$\Delta l_1 = \frac{Nl}{EA} \tag{1}$$

Since $\sigma = N/A$, let $\sigma = [\sigma]$ (the maximum permissible stress), substituting the above equation into Eq. (1), the maximum elastic deformation $\Delta l_{1\max}$ caused by stretching or compressing is

$$\Delta l_{1\max} = [\sigma]\frac{l}{E} \tag{2}$$

The elastic bending deformation is

$$\Delta l_2 = \frac{Ml^2}{2EI} \tag{3}$$

The maximum dynamic stress at the cross section takes place at the point which is the farthest from the neutral axis

$$\sigma_{\max} = \frac{My_{\max}}{I_z} \tag{4}$$

Substituting Eq. (4) into Eq. (3)

$$\Delta l_{2\max} = \frac{l^2}{2E} \cdot \frac{\sigma_{\max}}{y_{\max}} \tag{5}$$

The maximum permissible elastic deformation is

$$\Delta l_{\max} = \sqrt{\Delta l_{1\max}^2 + \Delta l_{2\max}^2} \tag{6}$$

The elastic deformation degree index (EDDI) is defined as the ratio of the actual elastic deformation and the maximum permissible elastic deformation:

$$EDDI = \frac{u_{xy}}{\Delta l_{\max}} \tag{7}$$

Where, u_{xy} is the actual elastic deformation. This index considers both the elastic deformation and the dynamic stress. When $\mathrm{EDDI} \leqslant 1$, the elastic deformation and the dynamic stress are within the permissible limits, the bigger the EDDI value, the greater the elastic deformation and dynamic stress. When $\mathrm{EDDI} \geqslant 1$, the elastic deformation and the dynamic stress are bigger than the permissible limits, the links of the robot may be damaged. The calculation of this index is easier than the calculation of the dynamic stress.

In practical calculation, $\Delta l_{2\max}$ is much bigger than the precision requirement because the permissible bending stress is great. The end error of robot link is required to be within 5‰, so let $\Delta l_{2\max} = \frac{l^2}{l_{\mathrm{sum}}} \cdot 5‰$,

Where, l_{sum} is the total length of the robot.

2.2　Elastic distortional strain energy index

The main character of flexible robot is that its links have elastic deformations during movement. The energy stored in robot links caused by elastic deformations is elastic distortional strain energy. According to the law of energy conservation, the work caused by external forces equals to the elastic distortional strain energy stored in the robot system when stress is within the permissible limit and the heat energy loss is omitted. So the elastic distortional strain energy is the proper character of the flexible robot and it can reflect the stability, vibration and deformation of the whole flexible robot system. So the elastic distortional strain energy could be used to estimate the performance of the flexible robot system.

The system dynamic equations are developed by Finite Element Method[6]. The elastic distortional strain energy of each element of the robot is composed of bending distortional strain energy caused by bending moment and stretching and compressing distortional strain energy caused by axial force. The strain energy of each element is

$$U=\frac{1}{2}u^{\mathrm{T}}ku \tag{8}$$

Where, u is the general coordinate of the element, $k=EJ\Omega_1+EAX_1$, E is the elastic modulus, J is the sectional moment of inertia, A is the section, Ω_1 and X_1 are the matrixes relevant to the length of the element.

The elastic distortional strain energy index (EDSEI) is defined as follows:

$$\mathrm{EDSEI}=\frac{U_{\mathrm{e}}}{U_{\max}}=\frac{u^{\mathrm{T}}ku}{u_{\max}^{\mathrm{T}}ku_{\max}} \tag{9}$$

Where, $U_{\max}$ is the maximum permissible elastic distortional strain energy of the robot link, the calculation of $u_{\max}$ is same as $\Delta l_{\max}$.

The EDSEI index takes the elastic distortional strain energy, elastic deformation and dynamic stress into account. When $\mathrm{EDSEI}\leqslant 1$, the elastic distortional strain energy, elastic deformation and dynamic stress are within the permissible limits, the bigger the EDSEI value, the greater the elastic deformation and dynamic stress. When $\mathrm{EDSEI}>1$, the elastic distortional strain energy, elastic deformation and the dynamic stress are bigger than the permissible limits, the links of the robot may be damaged. The calculation of this index is easier than the calculation of the dynamic stress.

3. Simulation

The simulation of two 3R flexible robots grasping a rigid payload and two 4R flexible redundant robots grasping a rigid payload is used to validate the two indexes (Fig.1).

System parameters of the 3R robot system: The frame coordinates of Leader and Follower are $(0\mathrm{m}, 0\mathrm{m})^{\mathrm{T}}$, $(3\mathrm{m}, 0\mathrm{m})^{\mathrm{T}}$, respectively. The parameters of Leader and Follower are same. The lengths of the links of from bed frame to grasp point are 1.5m, 1.5m, 0.45m. The materials are selected to be steel, $[\sigma]$=353MPa, the cross sections are all rectangles by 0.02m×0.02m. The Rayleigh damping ratios of the system are α_1=0.03, α_2=0.03. The parameters of the payload are $L_{\mathrm{P}}=L_{\mathrm{P1}}=L_{\mathrm{P2}}=0.2\mathrm{m}$, $m_{\mathrm{s}}=0.25\mathrm{kg}$, $I_{\mathrm{s}}-0.1\mathrm{kg}\cdot\mathrm{m}^2, \varphi_{\mathrm{p1}}=\pi/3\,\mathrm{rad}, \varphi_{\mathrm{p2}}=2\pi/3\,\mathrm{rad}$.

System parameters of the 4R robot system: The frame coordinates of Leader and Follower are $(0\mathrm{m}, 0\mathrm{m})^{\mathrm{T}}$, $(3.4\mathrm{m}, 0\mathrm{m})^{\mathrm{T}}$, respectively. Their system parameters are same. The lengths of the links from bed frame to grasp point are 0.85m, 0.85m, 0.85m, 0.425m. The materials are selected to be steel, $[\sigma]$=353MPa , the cross sections are all rectangles by 0.01m×0.01m. The Rayleigh damping ratios of the system are α_1=0.03, $\alpha_2=0.03$. The parameters of the payload are $L_P = L_{P1} = L_{P2} = 0.1\text{m}$, $m_s = 0.25\text{kg}$, $I_s = 0.1\text{kg}\cdot\text{m}^2$. The initial joint angles of Leader and Follower are (60.0000° , −42.9192° , −14.4365° , 87.3556°)^T and (145.0000° , −51.1529° , −37.3711° ,138.7819°)^T.

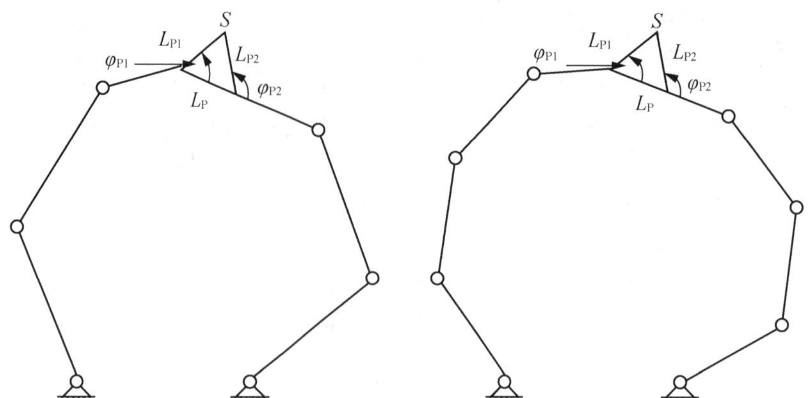

Fig.1　3R and 4R flexible cooperative robot systems

The task is to move the centroid of payload from point (2.0m, 1.5m)^T to (1.1m, 1.05m)^{T}along the line $y = 0.5 + 0.5x$, while the orientation angle of the beam is rotated from $\pi/3$rad to $-\pi/3$rad .It takes 0.4 second under cosine rule $v = 0.5\left[\cos\left(t/T_q\pi + \pi\right) + 1\right]V_c$ in startup stage and $v = 0.5\left\{\cos\left[\left(t - T_s + T_z\right)\pi/T_z\right] + 1\right\}V_c$ in braking stage, and 3.2 seconds in uniform motion stage.

To the task, there are four rigid positions of the 3R system: 1-1, 1-2, 2-1, 2-2. To the different positions of the same task, the mass matrix, stiffness matrix and damping matrix are different. The figures of positions 1-1 and 2-1 are displayed in this paper.

Figs. 2 and 3 are the curves of EDDI and EDSEI of the 3R system. As shown in Figs.2 and 3, EDDI and EDSEI curves change dramatically at start up and brake stage, but change steadily at uniform motion stage. This rule accords with the rule of the driving torque. The trends of EDDI and EDSEI are same. At uniform motion stage, the values of EDDI and EDSEI of position 1-1 are bigger than those of position 2-1. Table 1 gives the position errors of the centroid of the payload. As shown in it, the mean error of position 1-1 is 0.631mm, the mean error of position 2-1 is 0.419mm, they accord with EDDI and EDSEI curves. Although EDDI and EDSEI curves of position 2-1 at uniform motion stage are better than those of position 1-1, its maximum value at brake stage is bigger than 1. That means this position isn't feasible. In order to validate the index, the maximum dynamic stresses of the robot links are calculated (Table 2). The maximum dynamic stresses of position 2-1 of Leader and Follower are 427.447MPa and 378.544MPa, respectively. These have exceeded the maximum permissible stress.

Table 1　Position errors of centroid of payload (3R)

	Position1-1	Position1-2	Position2-1	Position2-2
Maximum/mm	2.25	2.17	1.83	1.46
Mean/mm	0.631	0.485	0.419	0.616

Table 2　Maximum dynamic stresses (3R)

	Position1-1	Position1-2	Position2-1	Position2-2
Leader/MPa	−261.033	266.901	−427.447*	−316.145
Follower/MPa	296.702	−310.607	378.544*	231.404

As shown in Figs.2~4, the trends of the envelops of EDDI and EDSEI curves are same with the envelops of the position errors of the centroid of the payload. So the trends of envelops of EDDI and EDSEI curves can reflect the characteristic of the position errors. And the indexes can be used to the motion planning of the flexible robot system.

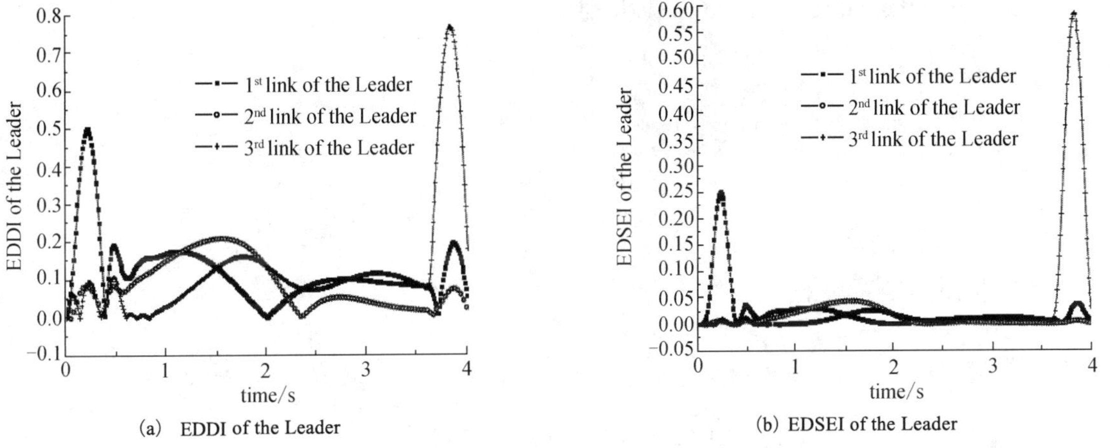

(a)　EDDI of the Leader　　(b) EDSEI of the Leader

Fig.2　EDDI and EDSEI of the Leader of position 1-1 (3R)

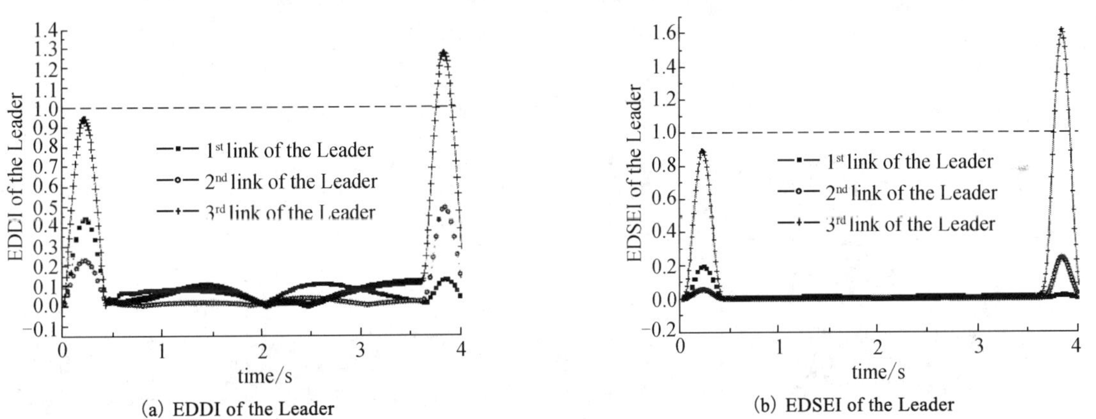

(a) EDDI of the Leader　　(b) EDSEI of the Leader

Fig.3　EDDI and EDSEI of the Leader of position 2-1 (3R)

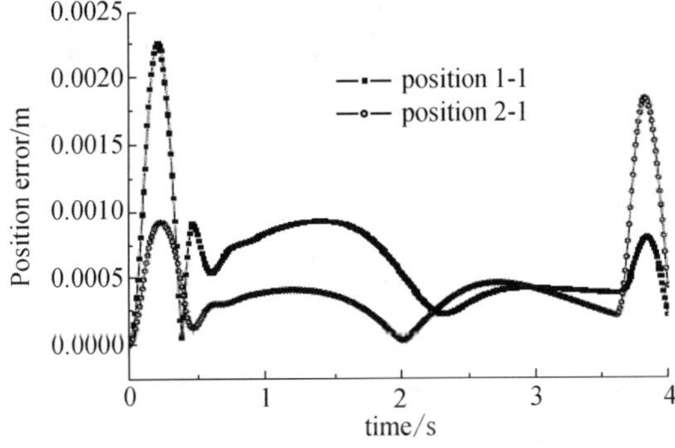

Fig.4　Position errors of centroid of payload (3R)

The EDDI and EDSEI curves of 4R system are shown as Figs.5 and 6. Because the values of EDDI and EDSEI are within the limits and much smaller than 1, the system is feasible and system performance is good. In order to test the indexes, the maximum dynamic stress and maximum position error are calculated. The maximum dynamic stresses of the Leader and Follower are 129.118MPa and 180.239MPa, respectively. They are much smaller than the permissible stress. The maximum position error of the centroid of the payload is 4.588mm. The mean position error of the centroid of the payload is 3.338mm. The maximum angular error of the payload is 0.0525°. The total lengths of the Leader and Follower are 2.975m and 2.975m, respectively. So the position errors are acceptable. But the vibration of the system is severe analyzed from the EDDI and EDSEI curves. The system performance can be optimized by using the redundant characteristic of the system.

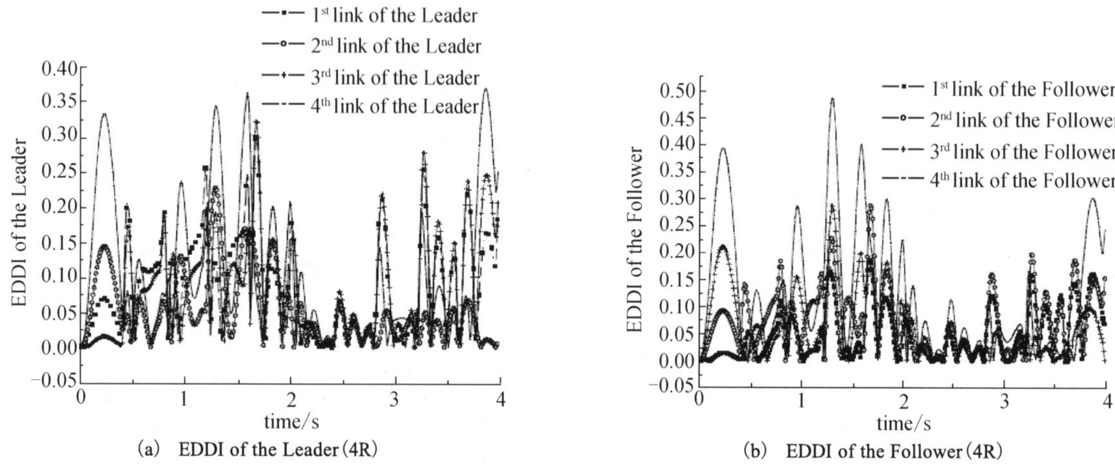

(a) EDDI of the Leader (4R)　　(b) EDDI of the Follower (4R)

Fig.5 EDDI of the Leader and Follower (4R)

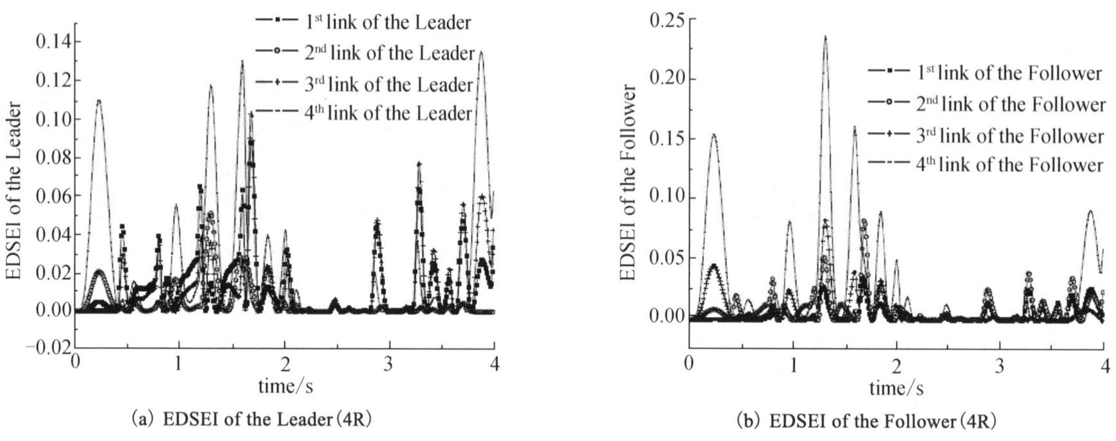

(a) EDSEI of the Leader (4R)　　(b) EDSEI of the Follower (4R)

Fig. 6 EDSEI of the Leader and Follower (4R)

4. Conclusions

EDDI and EDSEI indexes are developed to estimate the performance of flexible robot system according to its flexible character. The two indexes take the elastic deformation and dynamic stress into account. Moreover, the calculation of these two indexes is easier than that of the dynamic stress. The results of the simulation of two 3R flexible cooperative robots and two 4R redundant flexible cooperative robots show EDDI and EDSEI indexes are feasible and can reflect the characteristic of the flexible robot in some degree.

References

[1] Asada H. A geometrical representation of manipulator dynamics and its application to arm design. J. Dynamic Systems, Measurement, and Control, 1983, 105: 131-136

[2] Asada H, Cro Granito JA. Kinematic and static characterization of wrist joints and their optimal design. Proc. IEEE Int. Conf. on Robotics and Automation, St. Louis, Mo, 1985: 244-250

[3] Yoshikawa T. Manipulability of robotic mechanisms. Int. J. of Robotics Research, 1985, 4 (2) : 3-9

[4] Yoshikawa T. Dynamic manipulability of robot manipulators. Int. J. of Robotics System. 1985, 2 (1) : 113-124

[5] Kokkinis T, Paden B. Kinetostatic performance limits of cooperating robot manipulators using force-velocity polytopes. Proc. ASME Winter Annual Meeting-Robotics Research (San Francisco), 1989

[6] Liu YC, Yu Y Q. Dynamic analysis of redundant flexible robots cooperating a rigid payload. ISTM/2003. 5th International Symposium on Test and Measurement, Shenzhen, 2003, 6: 4509-4512

[7] Gosselin C, Zhang D. Some implications for parallel kinamatic machine design based on knetostatic model. ASME DETC2000/MECH, 2000:14108

[8] Guo X J. Research on dynamical basal theory of parallel robotic mechanisms, Ph. D dissertation, 2002

[9] Klein C A, Huang C H. Review of pseudo inverse control for use with kinematically redundant manipulators. IEEE Trans. Sys. Man. Cyber., SMC-13 (2) : 245-250

[10] Chen A J, Li G L, Xie L. Velocity direction manipulability measures of redundant robot. Journal of Xinyang Normal University (Natural Science Edition), 2003, 16 (3) : 273-275

[11] Li J, Li JF, Wu Z, et al. On manipulability based fault tolerant measure of redundant robot. Journal of Beijing University of Aeronautics and Astronautics, 2002, 28 (11) : 54-57

[12] Lee S. Dual redundant arm configuration optimization with task-oriented dual arm manipulability. IEEE Trans. Robotics and Automation, 1989, 5 (1) : 78-97

[13] Bicchi A, Melchiorri C, Balluchi D. On the mobility and manipulability of general multiple limb robots. IEEE Trans. on Robotics and Automation, 1995, 11 (2) : 215-228

(in *15th CISM-IFToMM Symposium on Robot Design, Dynamics and Control*, 2004, Montreal)

5.3 运动及动力规划

§ 65 两 4R 冗余度柔性机器人协调操作的运动规划

刘迎春 余跃庆
（北京工业大学，北京 100022）

摘 要：提出了改进的关节初始位形规划法、改进的自运动规划法以及初始位形和自运动规划综合法,并对冗余度柔性协调操作机器人进行了运动规划,在保证两机器人协调以及两机器人各杆的弹性变形和动应力不超标的情况下，有效地降低了系统负载质心的位置误差，改善了系统的运动学性能，并且规划后的角加速度规律容易实现。

关键词：机器人；柔性；冗余度；协调操作；运动规划

1. 引言

柔性机器人具有轻质、驱动器小、能耗低、造价低等许多优点，但因为杆件的柔性而使得其在应用过程中振动大，末端误差或负载质心位置误差增大。冗余度机器人、柔性机器人和协调操作机器人所取得的成果为提高机器人的性能提供了新的方法，即利用冗余特性重新规划柔性机器人的关节运动规律，借助协调操作增强系统的刚度和稳定性，最终降低冗余度柔性协调操作机器人的负载质心位置误差。

目前，关于单个冗余度柔性机器人的运动规划已经有学者进行研究[1-3]，但未见冗余度柔性协调操作机器人运动规划的报道。

冗余度柔性协调操作机器人的运动规划必须同时考虑机器人的柔性、冗余特性和机器人之间的协调性问题，例如，有的位形可能不能协调操作，在规划时必须剔除这样的点。以前的规划中没有考虑动应力是否超标，柔性机器人各杆件弹性变形是否过大的问题。文献[4]定义了柔性机器人的变形度指标(EDDI)和变形能量度指标(EDSEI)。本文利用变形度指标和变形能量度指标来对两 4R 冗余度柔性协调操作机器人(图 1)的运动规划进行约束，在保证两机器人协调以及两机器人各杆的弹性变形量和动应力不超标的情况下，降低负载质心位置误差，改善系统的运动学性能。

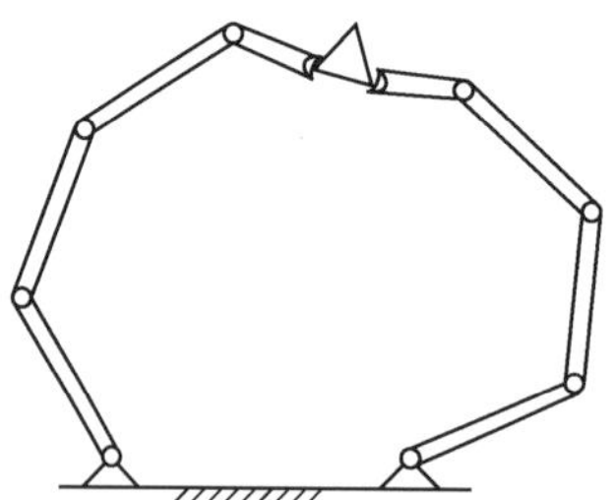

图 1 两 4R 冗余度柔性协调操作机器人

2. 运动规划策略

2.1 改进的关节初始位形规划法

若柔性协调操作机器人的协调性好、系统弹性误差小，则负载质心位置误差相对就小。负载质心位置误差直接与机器人运动过程中的弹性位移误差δ相关。由冗余度柔性协调操作机器人的动力学方程[5]可知，系统的弹性位移是机器人关节角度、角速度和角加速度q^i、$\dot{q}^i$、$\ddot{q}^i$（$i=1$，2，代表主从机器人)的函数，因协调的关系，主从机器人的关节角度、角速度和角加速度又是相关的，因此可以在保证协调和满足变形度指标或变形能量度指标的前提下，通过规划主从冗余度柔性机器人关节运动参量 q^i 、 $\dot{q}^i$ 、 $\ddot{q}^i$ 来减小机器人负载质心的位置误差。

在工作空间中，不同位置的广义惯性椭球的形状不同，广义惯性椭球越接近圆球的位置，其动力学性能越好[6]。若初始位形选择得不好，不仅该时刻的系统性能不好，还会造成后续操作的性能不好，因此选择好的初始位形就很重要。对于冗余度机器人来说，在其开始运动时，对一定的末端或负载质心的位置，其关节初始位形 q_0 是不确定的，有无穷多解。在能够保证协调和满足变形度指标或变形能量度指标(即弹性变形量和动应力不超标)的前提下，改变主从机器人的关节初始位形 q_0^i，按照最小范数解规划出的关节运动规律 q^i 、 $\dot{q}^i$ 、 $\ddot{q}^i$ 将产生变化，即不同的初始位形将产生不同的关节角度、角速度和角加速度，从而改变系统质量矩阵、系统刚度及系统广义力，改变系统弹性振动的固有频率，改变机器人末端由于弹性位移引起的运动误差。在机器人名义刚性运动实现预定轨迹条件下，规划其关节初始位形 q_0^i，选择较好的关节初始位形，降低机器人运动过程中的弹性位移误差，从而降低负载质心位置误差，改善冗余度柔性协调操作机器人的运动学性能。

首先建立该策略的数学模型。分别选择机器人在整个运动过程中的负载质心位置误差的最大值和平均值作为规划目标。将机器人整个运动过程分为 n 个时间点 $(n=400)$，第 k 时刻的负载质心位置的 x 和 y ，方向的误差分别为 δ_{sxk} 和 δ_{syk} ，因此第 k 时刻的负载质心位置的绝对误差为 $\delta_{sk}=\sqrt{\delta^2{}_{sxk}+\delta^2{}_{syk}}$ 规划目标为 $\max(\delta_{s1},\delta_{s2},\cdots,\delta_{sn})=f(q^i{}_0)$ 规划变量为机器人的关节初始位形矢量：

$$q_0^1=[q_{10}^1\ \ q_{20}^1\ \ q_{30}^1\ \ q_{40}^1]^{\mathrm{T}}$$

$$q_0^2=[q_{10}^2\ \ q_{20}^2\ \ q_{30}^2\ \ q_{40}^2]^{\mathrm{T}}$$

$q^i{}_0$ 要保证负载质心的初始位置为 S_0 (保证协调)，同时要保证变形度指标或变形能量度指标在许用范围内，即小于 1，这样机器人杆件的弹性变形不会过大，动应力在许用范围内，不会造成机器人的破坏。如果追求更高的性能，可以令指标值在某一小于 1 的数值范围内。

规划 1　以负载质心位置误差最大值为规划。

目标的数学模型表示如下：

$$\begin{aligned}&\min\ \ \max(\delta_{s1},\delta_{s2},\cdots,\delta_{sn})=f(q_0^i)\\&\text{s.t.}\ \ \phi(q_0^i)=S_0\\&\qquad \mathrm{EDDI}_k<p\quad \text{or}\quad \mathrm{EDSEI}_k<p\end{aligned}\tag{1}$$

规划 2　以负载质心位置误差平均值为规划。

目标的数学模型表示如下：

$$\begin{aligned}&\min\ \ \mathrm{mean}(\delta_{s1},\delta_{s2},\cdots,\delta_{sn})=f(q_0^i)\\&\text{s.t.}\ \ \psi(q_0^i)=S_0\\&\qquad \mathrm{EDDI}_k<p\quad \text{or}\quad \mathrm{EDSEI}_k<p\end{aligned}\tag{2}$$

式中，p 为变形度指标和变形能量度指标的界限值，$0<p<1$；δ_{sk} 为对应于 k 时刻的机器人负载质心的位置误差；EDDI_k、EDSEI_k 分别为 k 时刻的系统变形度指标和变形能量度指标；ϕ 为主从机器人的关节位形与负载质心位置及二者之间协调的函数关系。

2.2　改进的自运动规划方法

冗余度机器人的优点是可以将描述机器人连杆间自身运动的齐次解中的任意矢量作为规划变量，求机器人连杆间最佳的自身运动。确定规划变量后，再规划机器人各关节的运动规律，使负载质心的位置误差最小。下面考虑规划机器人关节的自运动来降低负载质心的位置误差。

首先建立数学模型。规划目标为 $\max(\delta_{s1},\delta_{s2},\cdots,\delta_{sn})=f(\varepsilon^i)$ 。为了使任意矢量 ε^i 便于控制，通常

的做法是使ε^i满足一定的规律和条件。本文令ε^i在整个运动过程中是保持不变的待定常量。

$$\varepsilon^1=[\varepsilon_{10}^1\ \ \varepsilon_{20}^1\ \ \varepsilon_{30}^1\ \ \varepsilon_{40}^1]^{\mathrm{T}}$$

$$\varepsilon^2=[\varepsilon_{10}^2\ \ \varepsilon_{20}^2\ \ \varepsilon_{30}^2\ \ \varepsilon_{40}^2]^{\mathrm{T}}$$

规划 3 以负载质心位置误差最大值为规划。

目标的数学模型表示如下：

$$\begin{aligned}&\min\ \max(\delta_{s1},\delta_{s2},\cdots,\delta_{sn})=f(\varepsilon^i)\\&\text{s.t.}\ \varepsilon_1<\varepsilon^i<\varepsilon_u\\&\quad\phi(q_0^i,\varepsilon^i)=S_0\\&\quad\mathrm{EDDI}_k<p\ \text{ or }\ \mathrm{EDSEI}_k<p\end{aligned}\tag{3}$$

式中，ε_u、ε_1分别为ε^i的上下限。

2.3 初始位形和自运动规划综合法

考虑将改进的初始位形规划法和改进的自运动规划法进行综合，采用初始位形和自运动规划综合法，在更佳的初始位形的基础上，规划冗余度柔性协调操作机器人的自运动，改善系统运动学性能。

规划 4 以负载质心位置误差最大值为规划。

目标的数学模型表示如下：

$$\begin{aligned}&\min\ \max(\delta_{s1},\delta_{s2},\cdots,\delta_{sn})=f(q_0^i,\varepsilon^i)\\&\text{s.t.}\ \varepsilon_1<\varepsilon^i<\varepsilon_u\\&\quad\phi(q_0^i,\varepsilon^i)=S_0\\&\quad\mathrm{EDDI}_k<p\ \text{ or }\ \mathrm{EDSEI}_k<p\end{aligned}\tag{4}$$

规划 5 以负载质心位置误差平均值为规划。

目标的数学模型表示如下：

$$\begin{aligned}&\min\ \mathrm{mean}(\delta_{s1},\delta_{s2},\cdots,\delta_{sn})=f(q_0^i,\varepsilon^i)\\&\text{s.t.}\ \varepsilon_1<\varepsilon^i<\varepsilon_u\\&\quad\phi(q_0^i,\varepsilon^i)=S_0\\&\quad\mathrm{EDDI}_k<p\ \text{ or }\ \mathrm{EDSEI}_k<p\end{aligned}\tag{5}$$

3. 数值仿真及分析

在实际中，如果目标任务已经给定，并且任务空间选择得不是很好，无法改变时，仍然可以通过改变机器人的初始位形或是改变机器人的自运动来改善系统性能。本文所给仿真实例的任务较难实现，需要主从机器人第 4 杆通过垂直的位置(图 2)，但本文所提出的规划方法仍可有效地降低系统负载质心位置误差。

系统参数如下：主从机器人的基座位置坐标分别为$(0,0)^{\mathrm{T}}\mathrm{m}$、$(3.4,0)^{\mathrm{T}}\mathrm{m}$，第 1～3 杆杆长均为 0.85m，第 4 杆杆长为 0.425m，主从机器人抓持角分别为 0rad、πrad，各杆材料均为钢，$[\sigma]=353\mathrm{MPa}$，各杆截面形状为$0.01\mathrm{m}\times0.01\mathrm{m}$的矩形。刚性负载参数如下：质量为 0.1kg，对质心的转动惯量为$0.05\mathrm{kg}\cdot\mathrm{m}^2$，$L_{\mathrm{p}}=L_{\mathrm{p1}}=L_{\mathrm{p2}}=0.1\mathrm{m}$，$\varphi_{\mathrm{p1}}=\pi/3\mathrm{rad}$，$\varphi_{\mathrm{p2}}=2\pi/3\mathrm{rad}$。系统阻尼系数为$\alpha_1=0.03$，$\alpha_2=0.03$。取主从机器人的初始角(最小范数解)为

$${}^{0}q_{0}^{1}=[60.0^\circ\quad -42.9192^\circ\quad -14.4365^\circ\quad 87.3556^\circ]^{\mathrm{T}}$$

$${}^{0}q_{0}^{2}=[145.0^\circ\quad -51.1529^\circ\quad 37.3711^\circ\quad 138.7819^\circ]^{\mathrm{T}}$$

计算负载质心位置误差，以便与规划后进行比较。

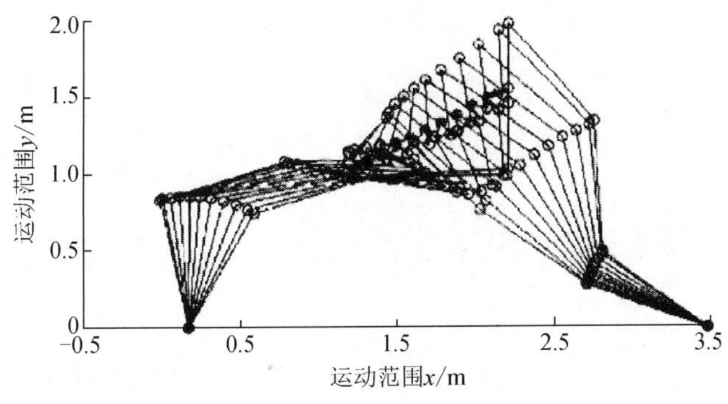

图 2　运动时间历程图

目标任务参数如下：质心轨迹方程为 $y=0.5+0.5x$，起点、终点分别为 $(1.1,\ 1.05)^{\mathrm{T}}$ m、$(2.0,\ 1.5)^{\mathrm{T}}$ m，起始方位角为 $\pi/2$rad，终止方位角为 $-2\pi/3$rad，总操作时间为 $T_{\mathrm{s}}=4\mathrm{s}$，启动、制动耗时均为；$T_{\mathrm{q}}=T_{\mathrm{z}}=0.4\mathrm{s}$，启动、匀速、制动线速度规律分别为

$$v=0.5\left[\cos(t/T_{\mathrm{q}}\pi+\pi)+1\right]v_{\mathrm{c}}$$

$$v=v_{\mathrm{c}}$$

$$v=0.5\left\{\left[\cos(t-T_{\mathrm{s}}+T_{\mathrm{z}})\pi/T_{\mathrm{z}}\right]+1\right\}v_{\mathrm{c}}$$

式中，v_{c} 为匀速运动速度，可由目标任务的其他参数唯一确定。

采用规划 1 规划后的关节初始位形为

$${}^{1}q^{1}{}_{0}=[39.9999^\circ\quad 5.5552^\circ\quad -54.2302^\circ\quad 98.6750^\circ]^{\mathrm{T}}$$

$${}^{1}q^{2}{}_{0}=[92.9999^\circ\quad 41.7760^\circ\quad 7.2696^\circ\quad 127.9544^\circ]^{\mathrm{T}}$$

采用规划 2 规划后的关节初始位形为

$${}^{2}q^{1}{}_{0}=[48.9999^\circ\quad -12.9285^\circ\quad -43.9818^\circ\quad 97.9103^\circ]^{\mathrm{T}}$$

$${}^{2}q^{2}{}_{0}=[93.0001^\circ\quad 41.7761^\circ\quad 7.2695^\circ\quad 127.9545^\circ]^{\mathrm{T}}$$

表 1 为采用初始位形规划法规划后的负载质心位置误差。由表 1 可见，规划 1 的规划目标——负载质心的位置误差的最大值在规划后降低了 10.53%，该规划同时使负载质心位置误差的平均值降低了 4.07%。规划 2 的规划目标——负载质心位置误差的平均值规划后降低了 6.23%，该规划同时使误差的最大值降低了 8.85%。

表 1　负载质心的位置误差

	最大值/mm	降幅/%	平均值/mm	降幅/%
0	4.588	—	3.338	—
规划 1	4.105	10.53	3.202	4.07
规划 2	4.182	8.85	3.130	6.23

注：0 代表规划前的最小范数解

图 3 为采用改进初始位形规划法规划后的负载质心位置误差曲线。从图 3 可以看出，改进的初始位形规划法是有效的。

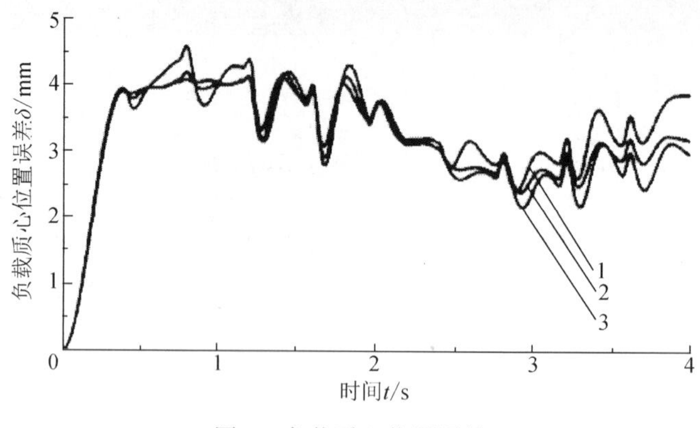

图 3　负载质心位置误差

1.最小范数解；2.规划 1；3.规划 2

表 2 为采用初始位形规划法规划后的机器人各杆的最大动应力值。由表 2 可见，随着采用改进的初始位形规划法规划后的运动规律的变化，不同初始位形的各杆最大动应力的数值变化较大，分配形式也发生改变，但所得优化结果的动应力都在许用应力范围内。

表 2　改进的初始位形规划法最大动应力　（单位：MPa）

规划		1 杆	2 杆	3 杆	4 杆
主	0	129.118	18.246	24.065	124.847
	1	82.442	83.090	114.551	150.683
	2	101.594	66.182	118.201	151.790
从	0	39.573	115.960	77.392	180.239
	1	92.610	55.707	74.889	199.483
	2	93.232	64.414	74.774	190.643

本文中改进的自运动规划法和综合规划法中的 ε^i 初值均取 $[0,0,0,0]^{\mathrm{T}}$ 。当主从机器人第 1 关节初始角分别为 60°、145° 时，采用规划 3 规划后的 ε^i 值为

$$^{3}\varepsilon^{1}=[-0.0653\quad -0.1392\quad -0.0978\quad -0.1638]^{\mathrm{T}}$$

$$^{3}\varepsilon^{2}=[-0.0654\quad -0.1393\quad -0.0973\quad -0.1635]^{\mathrm{T}}$$

采用规划 1 得到的初始位形，利用规划 4 得到的 ε^i 值为

$$^{4}\varepsilon^{1}=[-0.0390\quad -0.0539\quad -0.0862\quad -0.0878]^{\mathrm{T}}$$

$$^{4}\varepsilon^{2}=[-0.0502\quad -0.0494\quad -0.0504\quad -0.0500]^{\mathrm{T}}$$

采用规划 2 得到的初始位形，利用规划 5 得到的 ε^i 值为

$$^{5}\varepsilon^{1}=[0.1218\quad -0.1214\quad -0.4172\quad -0.4186]^{\mathrm{T}}$$

$$^{5}\varepsilon^{2}=[-0.0547\quad -0.0387\quad -0.0646\quad -0.0425]^{\mathrm{T}}$$

表 3 给出了负载质心位置误差的数值以及降幅。由表 3 可见，规划 3 的规划目标——负载质心位置误差最大值降低了 9.37%，同时使平均值降低了 1.48%，改进的自运动规划法可以有效地降低负载质心位置误差。规划 4 的规划目标——负载质心位置误差的最大值在规划后降低了 12.53%，误差的平均值同时降低了 14.83%，规划效果很好。规划 5 的规划目标——负载质心位置误差的平均值在规划后降低了 23.40%，但此时负载质心位置误差的最大值为 4.901mm，反而有所增加(图 4)。可见，规划目标的选取还是很重要的，应根据不同的侧重点选择。

表 3　负载质心位置误差

	最大值/mm	降幅/%	平均值/mm	降幅/%
0	4.588	—	3.338	—
规划 3	4.158	9.37	2.788	16.48
规划 4	4.103	12.53	2.843	14.83
规划 5	4.901	−6.82	2.557	23.40

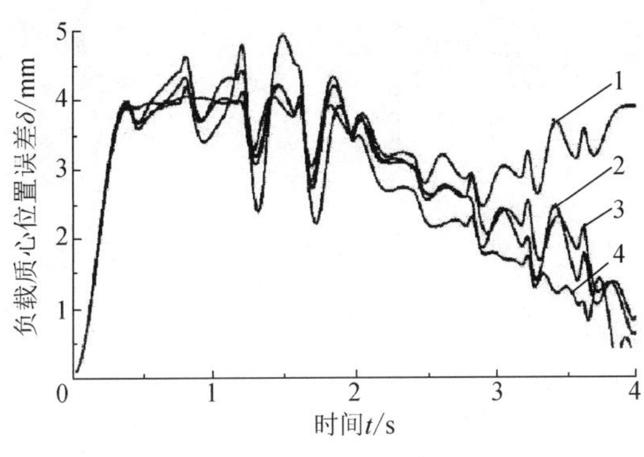

图 4　负载质心位置误差

1.最小范数解；2.规划 3；3.规划 4；4.规划 5

对比表 1 和表 3、图 3 和图 4 可见，改进的自运动规划法和综合规划法的效果优于改进的初始位形规划法，尤其是在运动历程的后期降幅较大。

表 4 给出了规划前后主从机器人各杆的最大动应力。由表 4 可见，规划 5 规划后的主从机器人第 4 杆的最大动应力已达 293.895MPa 和 348.434MPa，与许用应力 353MPa 很接近。从规划过程中计算机屏幕显示的数据看，在规划过程中出现了变形度指标值和变形能量度指标值超过 1 的点，在这些点处，机器人杆件的弹性变形或动应力已超过许用值。由于变形度指标和变形能量度指标的约束，规划程序重新寻找到了合适的点。可见，由于该指标的约束，本文提出的规划方法优于以往的规划方法。该规划同时验证了变形度指标和变形能量度指标的有效性。

采用本文的规划方法规划后的关节角加速度规律容易实现，限于篇幅，这里仅给出规划前后主机器人第 1 关节角加速度曲线(图 5)。

表 4　最大动应力（单位：MPa）

规划		1 杆	2 杆	3 杆	4 杆
主机器人	0	129.118	18.246	24.065	124.847
	3	136.307	22.578	43.048	123.849
	4	58.791	51.407	160.937	175.670
	5	226.780	167.58	201.15	293.895
从机器人	0	39.573	115.960	77.392	180.239
	3	37.353	126.425	73.554	156.454
	4	83.206	53.677	47.081	124.362
	5	193.242	99.489	115.958	348.434

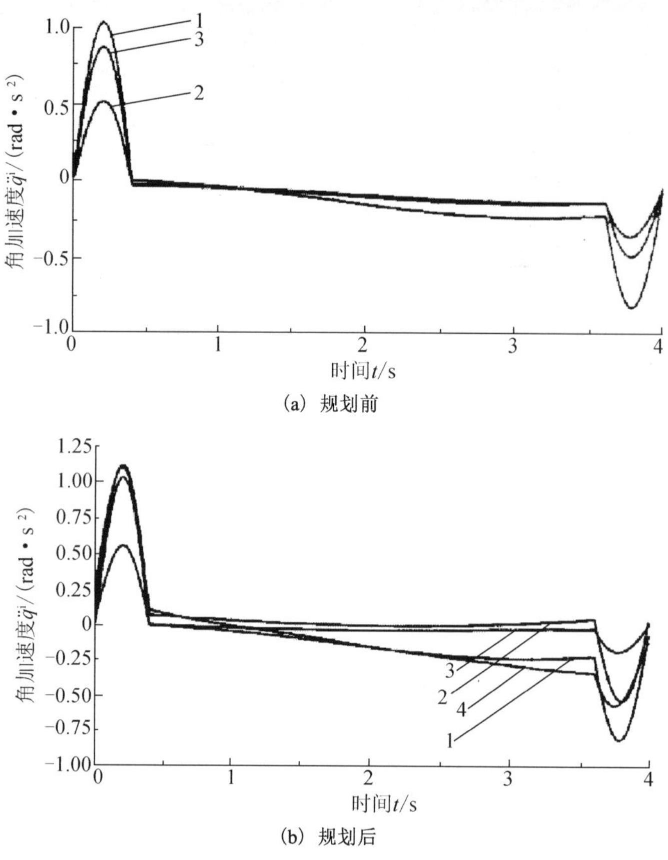

图 5　规划前后的主机器人第 1 关节角加速度

1.最小范数解；2.规划 3；3.规划 4；4.规划 5

4. 结论

本文提出了改进的初始位形规划法、改进的自运动规划法以及初始位形和自运动规划综合法，在保证机器人各杆弹性变形和最大动应力在许用范围内和保证协调的条件下，降低冗余度柔性协调操作机器人系统的负载质心位置误差，取得了很好的效果，并且规划后的角加速度规律容易实现。数值仿真同时验证了变形度指标和变形能量度指标的有效性。

参考文献

[1] 余跃庆，刘林涛．提高柔性冗余度机器人动态特性的最小变形能法．机器人, 2001, 23(7): 717-720

[2] 张绪平，余跃庆.冗余度柔性机器人自运动规划新方法．机械科学与技术, 2001, 20(1): 39-41,44

[3] Zhang X P, Yu Y Q. Motion control of flexible robot manipulators via optimizing redundant configurations. Mech. Mach. Theory, 2001, 36(7): 884-892

[4] 刘迎春，余跃庆.柔性机器人的变形度和变形能量度指标.中国机械工程, 2004, 15(10): 921-925

[5] 刘迎春，余跃庆，陈新荣．冗余度柔性机器人协调操作刚性负载的动力学模型及仿真．机械科学与技术, 2004, 23(2): 178-181

[6] Asada H. A Geometrical representation of manipulator dynamics and its application to arm design. J. Dynamic System, Measurement, and Control, 1983, 105: 131-135

（原载《中国机械工程》2004, 15(14): 1272-1275, 1276）

§66　冗余度柔性协调操作机器人的动力规划

刘迎春　余跃庆　张绪平

（北京工业大学，北京　100022）

摘　要： 以冗余度柔性机器人各杆件的最大动应力及系统最大动应力的分配为约束条件，提出了不同目标的改进的初始位形规划法和多目标规划法，对冗余度柔性协调操作机器人系统进行动力学规划，有效地降低了冗余度柔性协调操作机器人各杆件的驱动力矩、功率和最大动应力。同时，多目标规划法也降低了关节驱动力矩和系统位置误差的平均值。规划后的关节角加速度规律比较容易实现。

关键词： 机器人；冗余度；柔性；协调操作

1. 引言

机器人的动力学研究十分重要。目前，有很多学者利用机器人的冗余特性，对刚性冗余度机器人进行了动力规划[1-4]。岳士岗[5]对单个冗余度柔性机器人的关节驱动力矩进行了规划，但规划出的运动很复杂，缺少规律性，在实际应用中不易控制和实施。张绪平[6]对单个空间柔性冗余度机器人进行动力规划，取得了比较好的效果。目前尚未见有关冗余度柔性协调操作机器人动力学规划的报道。

本文采用文献[7]中冗余度柔性协调操作机器人的动力学模型，以降低关节驱动力矩的平均值、驱动功率的平均值和杆件最大动应力的平均值为目标，以许用应力及其分配为限制条件，对冗余度柔性协调操作机器人系统进行动力学规划。

2. 单目标动力学规划

2.1　不同目标的改进的初始位形规划

在结构参数确定的条件下，冗余度柔性机器人的动力学参数由机器人的关节运动规律 q 、$\dot{q}$ 和 $\ddot{q}$ 决定。在运动初始时刻，对于给定的负载质心的初始位置，由于机器人的冗余特性，其关节初始位形是不确定的。当关节初始位形不同，按最小范数解规划出的运动规律不同，因此可选择更佳的关节初始位形来改善冗余度柔性机器人的动力学性能。

1）规划 1

机器人的运动最终是通过控制其关节驱动力矩来实现的，因此，为了使机器人顺利地完成预定任务，对机器人的关节进行规划，尽可能减小关节驱动力矩、降低驱动力矩的波动是非常有意义的。以降低冗余度柔性协调操作机器人各关节驱动力矩为目标，以负载质心位置和各杆的最大动应力为限制条件的非线性规划数学模型为

$$\min \sum_{k=1}^{n} \Big(\sum_{j=1}^{m} \widetilde{\omega}_j^i \left|\tau_j^i\right|\Big)_k / n = f(q_0^i)$$

$$\text{s.t.} \qquad \phi(q_0^i) = S_0$$

$$\sigma_{j\max}^i < [\sigma] \tag{1}$$

式中，i=1, 2，分别代表主冗余度柔性机器人、从冗余度柔性机器人；j=1, 2, 3, 4（m=4），代表第 1 杆～第 4 杆或关节；n 为机器人运动时间过程离散时间点的个数；q_0^i 为主从冗余度柔性机器人的关节初始位形；τ_j^i 为第 i 个机器人的第 j 个关节的驱动力矩；$\widetilde{\omega}_j^i$ 为第 i 个机器人的第 j 个关节的驱动力矩加

权系数，可根据实际需要灵活选择；ϕ为主从冗余度柔性机器人的关节位形与负载质心位置及二者之间协调的函数关系；S_0为质心位置坐标；$\sigma^i_{j\max}$为第 i 个机器人的第 j 根杆的最大动应力值；$[\sigma]$为许用应力。

2）规划 2

由于机器人的末端任务给定，因此，关节输入的某一指标最小相当于与此项指标相关的特性最优。当以冗余度柔性协调操作机器人的输入功率平均值最小为规划目标时，即相当于系统效率最高。以降低冗余度柔性协调操作机器人各关节功率为目标，以负载质心位置和各杆的最大动应力为限制条件的非线性规划数学模型为

$$\min\sum_{k=1}^{n}\Big(\sum_{j=1}^{m}\tilde{\omega}^i_j\left|p^i_j\right|\Big)_k/n=f(q^i_0)$$

$$\text{s.t.}\qquad \phi(q^i_0)=S_0$$

$$\sigma^i_{j\max}<[\sigma] \tag{2}$$

式中，p^i_j为第 i 个机器人的第 j 个关节的功率。

3）规划 3

动应力是重要动力学参数之一，杆件动应力过大，会造成杆件断裂，所以降低机器人杆件最大动应力是非常有必要的。以降低冗余度柔性协调操作机器人各杆最大动应力为目标，以负载质心位置和各杆的最大动应力为限制条件的非线性规划数学模型为

$$\min\sum_{k=1}^{n}\Big(\sum_{j=1}^{m}\tilde{\omega}^i_j\left|\sigma^i_j\right|\Big)_k/n=f(q^i_0)$$

$$\text{s.t.}\qquad \phi(q^i_0)=S_0$$

$$\sigma^i_{j\max}<[\sigma] \tag{3}$$

式中，σ^i_j为第 i 个机器人第 j 根杆的动应力。

2.2 数值仿真及分析

以两平面 4R 冗余度柔性机器人协调操作一刚性负载，在规定的时间内完成预定(质心)轨迹运动及方位转动的任务为例来进行数值仿真分析。

(1) 系统参数。主从机器人的实际基座位置坐标分别为$(0, 0)^{\mathrm{T}}$m，$(3.4, 0)^{\mathrm{T}}$m，第 1 杆～第 3 杆杆长均为 0.85m，第 4 杆杆长为 0.425m，材料均为钢，主从机器人抓持角分别为 0、π，$[\sigma]$=353MPa，各杆截面形状均为 0.01m×0.01m 的正方形。系统阻尼系数为α_1=0.03，α_2=0.03。

(2) 负载参数。质量为 0.1kg，转动惯量为 0.05kgm^2，$L_{\mathrm{p}}=L_{\mathrm{p1}}=L_{\mathrm{p2}}$=0.1m($L_{\mathrm{p}}$为主从机器人抓持器之间负载的距离，$L_{\mathrm{p1}}$、$L_{\mathrm{p2}}$分别为主从机器人抓持器到负载质心的距离)，$\phi_{\mathrm{p1}}$=π/3，$\phi_{\mathrm{p2}}$=2π/3。

(3) 目标任务参数。质心轨迹方程为 y=0.5x+0.5，起点、终点分别为$(1.1, 1.05)^{\mathrm{T}}$m、$(2.0, 1.5)^{\mathrm{T}}$m，起始方位角、终止方位角分别为π/2、−2π/3，总操作时间为 4s，启动、制动耗时均为 0.5s，启动规律为$v=0.5[\cos(\frac{t}{t_{\mathrm{q}}}\pi+\pi)+1]v_{\mathrm{c}}$，匀速规律为$v=v_{\mathrm{c}}$，制动规律为$v=0.5\{\cos[(t-t_{\mathrm{s}}+t_{\mathrm{z}})\pi/t_{\mathrm{z}}]+1\}v_{\mathrm{c}}$。其中，$x$、$y$ 为质心的坐标，v 为速度，t_{q}为启动时间，t_{z}为制动时间，t_{s}为总操作时间。在实际当中，如果给定的目标任务很难实现且无法改变时，仍然可以通过改变机器人的初始位形或改变机器人的自运动来改善系统的动力学性能。本文所给目标任务即很难实现:抓持角给定 0 和π，任务需要使负载通过π/2 和−π/2 的位置。

采用规划 1 进行规划时，规划前驱动力矩的平均值为 0.5649N·m，规划后驱动力矩的平均值为

0.3652N·m，降低了 35.35%。规划前后的关节驱动力矩绝对值之和如图 1 所示。由图 1 可见，规划 1 使得关节驱动力矩的平均值和最大峰值都有所下降。

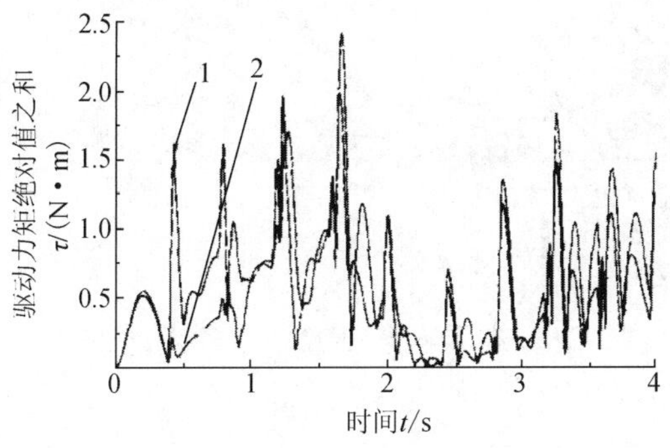

图 1　规划 1 的规划目标

1.规划前；2.规划后

图 2 为采用规划 1 时，主从机器人第 1 关节驱动力矩在规划前后的变化。由图 2 可见，主机器人的第 1 关节驱动力矩在规划前后下降很大，从机器人的下降则不是很大。

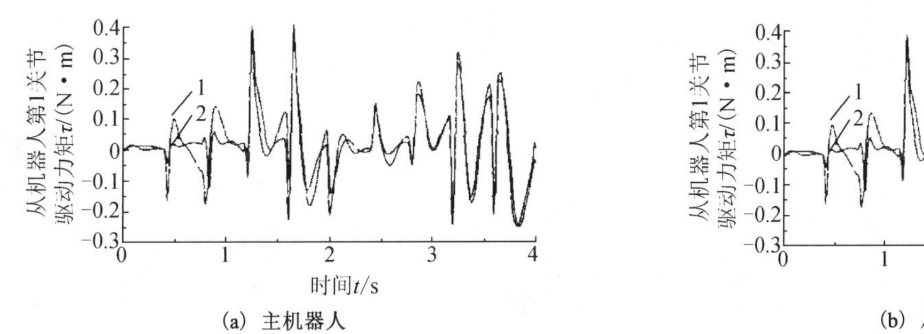

图 2　机器人规划前后的第 1 关节驱动力矩

1.规划前；2.规划后

当采用规划 2 规划时，规划前驱动功率平均值为 0.1090W，规划后驱动功率的平均值为 0.0679W，降低了 37.71%。规划前后的关节驱动功率之和如图 3 所示。由图 3 可见，规划前后驱动功率的最大峰值基本相同，但在其余位置，规划后的功率比规划前的小，尤其是规划初期，下降比较大。

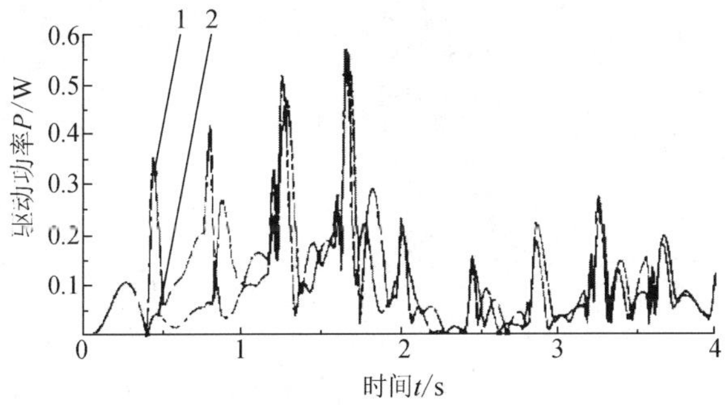

图 3　规划 2 的规划目标

1.规划前；2.规划后

图 4 为采用规划 2 时，主从机器人规划前后的第 1 关节驱动功率。由图 4 可见，主机器人第 1 关节的驱动功率下降显著，从机器人第 1 关节的驱动功率也有较大幅度的下降。

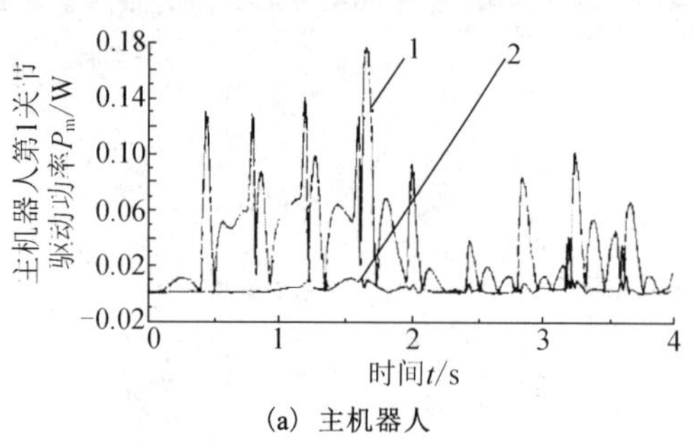

(a) 主机器人

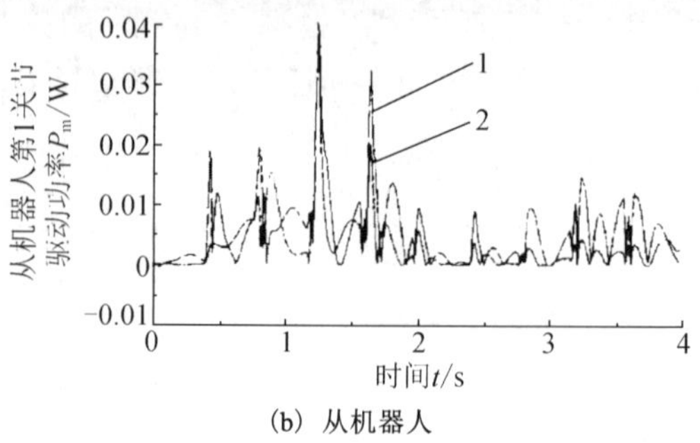

(b) 从机器人

图 4　机器人规划前后的关节驱动功率

1.规划前；2.规划后

当以各杆最大动应力的平均值为规划目标时，规划前的各杆最大动应力的平均值为115.4164MPa，规划后的值为78.6443MPa，降低了31.86%。规划前后最大动应力绝对值之和如图5所示。

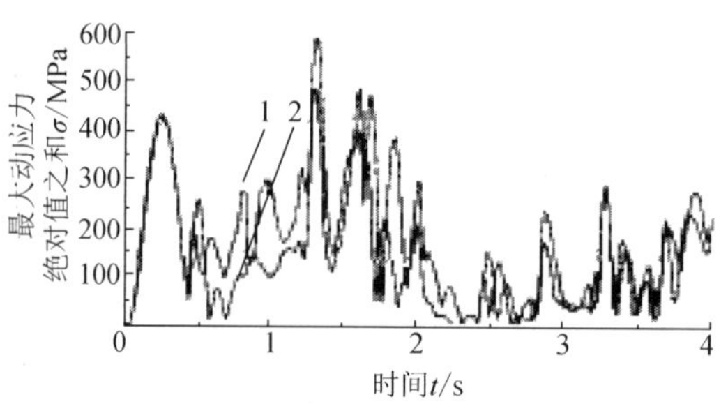

图 5　规划 3 的规划目标

1.规划前；2.规划后

图 6 为采用规划 3 时，主从机器人规划前后的第 1 杆最大动应力。从图 6 可见，主机器人第 1 杆的最大动应力下降显著，从机器人第 1 杆的最大动应力在运动初期也有较大幅度的下降。

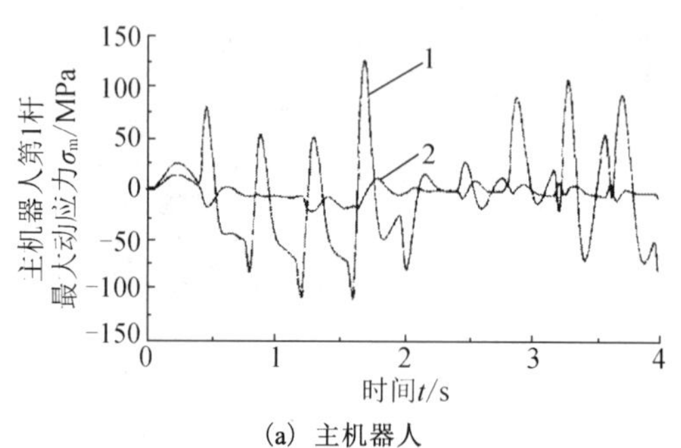

(a) 主机器人

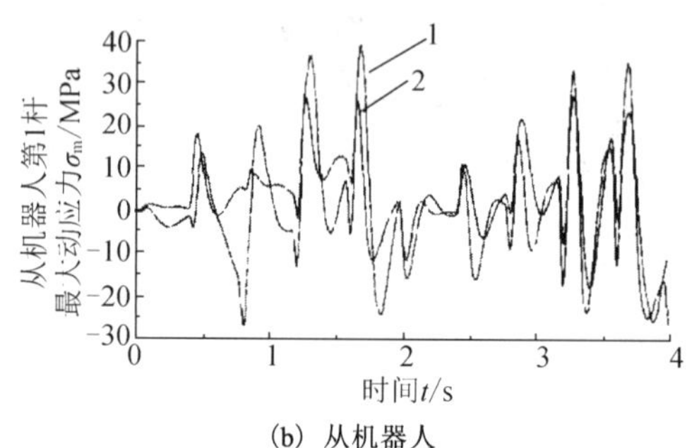

(b) 从机器人

图 6　机器人规划前后第 1 杆最大动应力

1.规划前；2.规划后

图 7 为规划前后主从机器人第 1 关节的角加速度曲线。对比图 2、图 4、图 6 和图 7，关节驱动力矩、驱动功率以及杆件的最大动应力的变化曲线与机器人关节角加速度曲线的变化规律类似。由图 7 可见，三种规划的主机器人的第 1 关节的角加速度与规划前相比变化很大，使得机器人关节的运动规律发生较大改变，因而较大幅度地改变了第 1 关节的驱动力矩、驱动功率以及杆件的最大动应力。规划 3 的从机器人的第 1 关节的角加速度在规划前期有较大变化，所以第 1 杆件的最大动应力在规划前期有所下降。规划 1 和规划 2 的从机器人的角加速度变化不是很大，运动规律无较大变化，故而驱动力矩、驱动功率无较大变化。规划后的关节角加速度规律容易实现，对系统不会有大的冲击。

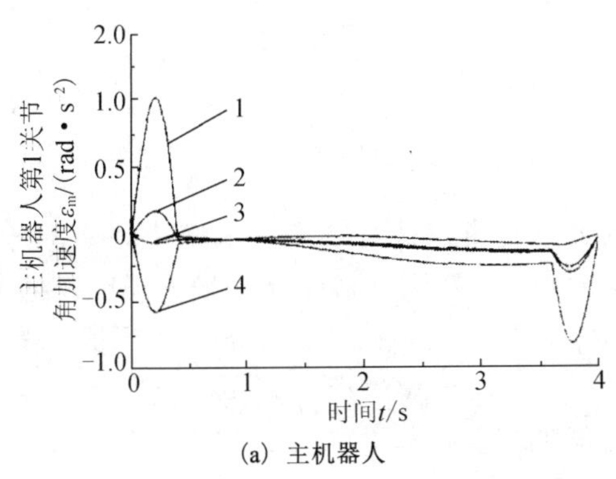

(a) 主机器人

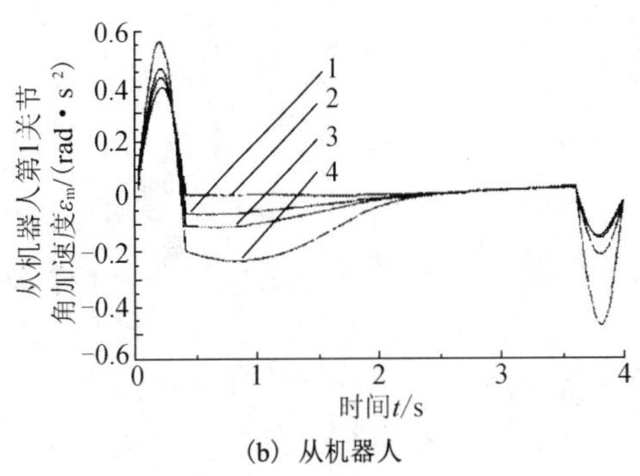

(b) 从机器人

图 7　机器人规划前后第 1 关节角加速度

1.规划前；2.规划 1；3.规划 2；4.规划 3

采用不同策略降低冗余度柔性协调操作机器人各关节的驱动力矩、驱动功率和杆件最大动应力的平均值的目的是使该系统能耗低，设计更合理，但同时还应该满足系统的精度要求。利用不同规划方法规划前后负载质心位置误差的曲线如图 8 所示。由图 8 可见，三种规划都降低了系统负载质心位置误差的最大值。其中，规划 1 最优，与规划前相比，不但位置误差最大值减小，而且误差曲线的波动亦减小，即其位置误差的平均值也减小。规划 2 的位置误差最大值小于规划前的，但在规划后期误差略有上升。而规划 3 虽然质心位置误差的最大值略小于规划前的最大值，但在规划后期误差明显大于规划前的误差。

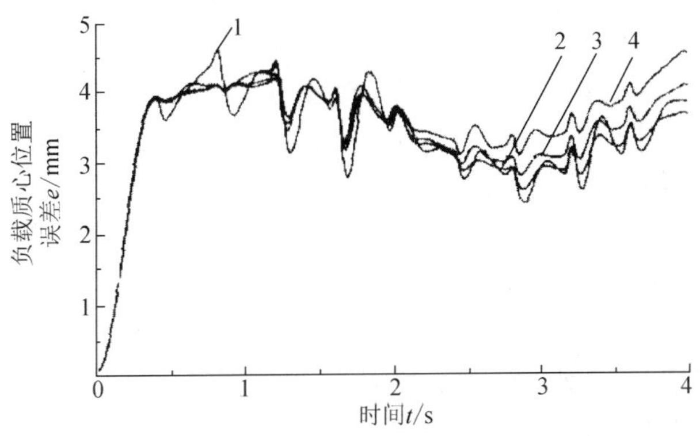

图 8　规划前后负载质心位置误差

1.规划前；2.规划 1；3.规划 2；4.规划 3

表 1 给出了规划前后负载质心位置误差的最大值和平均值。规划 1 在将关节驱动力矩平均值降低了 35.35%的基础上，同时使负载质心位置误差的最大值降低了 8.57%，平均值降低了 0.15%，而规划 2 和规划 3 虽然使关节驱动功率的平均值和最大动应力的平均值降低了 37.71%和 31.86%，也令负载质心误差的最大值分别下降了 7.06%和 1%，但误差的平均值均有所增加。因此，单纯以驱动功率等作为目标还是有一定局限性的，功率等的降低有可能是以系统误差的增大为代价的，因此，应考虑多目标优化策略，同时降低各关节驱动力矩和系统负载质心位置误差。

表 1　规划前后负载质心位置误差

	e_{max}		e_{mean}	
	数值/mm	降幅/%	数值/mm	降幅/%
规划前	4.588		3.338	
规划 1	4.195	8.57	3.333	0.15
规划 2	4.264	7.06	3.437	−2.97
规划 3	4.542	1.00	3.598	−7.79

3. 基于设计的多目标动力规划

3.1 多目标综合规划法

在设计机器人时，要求与基座相连的杆件承受更大的载荷和应力。本节将机器人杆件的最大动应力的分配考虑入冗余度柔性机器人协调操作的动力规划当中，限制主机器人的最大动应力的分布，在保证主从机器人所有杆件的最大动应力均在许用范围内的条件下，按设计要求令主机器人第 1 杆的最大动应力为主机器人的最大动应力。

更佳的初始位形可以降低系统负载质心位置误差，但如果初始位形较好，则需要其他规划方法来进一步规划。冗余度机器人的优点即是可以将描述机器人连杆间自身运动的齐次解中的任意矢量ε作为优化变量，求机器人连杆间最佳的自身运动。确定优化变量后，再规划机器人各关节的运动规律，使负载质心的位置误差最小。因此，在此选用初始位形和机器人自运动规划的综合规划方法。

设第 k 时刻负载质心位置 x 和 y 方向的误差分别为 δ_{skx} 和 δ_{sky}，则该时刻负载质心位置的绝对误差为 $\delta_{sk}=\sqrt{\delta_{skx}^2+\delta_{sky}^2}$ 。同时以各关节驱动力矩的平均值和负载质心位置误差的平均值为规划目标，并考虑初始位形和自运动，限制主机器人各杆最大动应力的分配进行规划。规划策略如下(规划 4)：

$$\min \beta_1[\sum_{k=1}^{n}(\sum_{j=1}^{m}\widetilde{\omega}_j^i\ \left|\tau_j^i\right|)_k/n]+\beta_2(\sum_{k=1}^{n}\delta s_k/n)=f(q_0^i,e^i) \tag{4}$$

$$\text{s.t.}\qquad \left|\varepsilon_1\right|<\left|\varepsilon^i\right|<\left|\varepsilon_{\mathrm{u}}\right|$$

$$\phi(q_0^i,\varepsilon^i)=S_0$$

$$\sigma_{j\max}^i<[\sigma]$$

$$\sigma_{\xi\max}^1<\sigma_{1\max}^1,\quad \xi=2,3,4$$

式中，β_1和β_2为加权系数。

为了使任意矢量ε_i (i=1，2，分别代表主机器人、从机器人)便于控制，通常的做法是使ε_i满足一定的规律和条件。在本文中，令任意矢量ε_i在整个运动过程中保持不变的待定常量，

$$\boldsymbol{\varepsilon}^1=[\varepsilon_{10}^1\varepsilon_{20}^1\varepsilon_{30}^1\varepsilon_{40}^1]^{\mathrm{T}},\quad \boldsymbol{\varepsilon}^2=[\varepsilon_{10}^2\varepsilon_{20}^2\varepsilon_{30}^2\varepsilon_{40}^2]^{\mathrm{T}}$$

3.2 数值仿真及分析

仍采用前面两平面 4R 冗余度柔性机器人协调操作刚性负载的算例进行仿真。在仿真时取ε_i的初值为$[0\quad 0\quad 0\quad 0]^{\mathrm{T}}$。采用多目标规划法规划后的$\varepsilon_i$值为

$$\boldsymbol{\varepsilon}^1=\begin{bmatrix}-0.264\ 063\\0.319\ 200\\0.103\ 636\\-0.541\ 831\end{bmatrix},\quad \boldsymbol{\varepsilon}^2=\begin{bmatrix}-0.150\ 387\\-0.128\ 607\\0.045\ 586\\-0.151\ 020\end{bmatrix}$$

多目标规划法规划前后最大关节驱动力矩和负载质位置误差的数值见表 2、表 3。

表 2　多目标规划法规划前后的最大关节驱动力矩

	主机器人(第 1 关节)/(N·m)	从机器人(第 1 关节)/(N·m)
规划前	0.7764	0.4061
多目标规划后	0.6920	0.4579

表 3　多目标规划法规划前后负载质心位置误差

	e_{max}/mm	e_{mean}/mm
规划前	4.588	3.338
多目标规划后	4.160	2.899
降幅/%	9.33	13.15

多目标规划前的机器人系统的关节驱动力矩的平均值为 0.5649N·m，规划后为 0.4582N·m，降低了 18.89%，系统负载质心位置 x 方向的最大误差降低了 7.31%，y 方向的最大误差降低了 36.45%，负载质心位置误差的最大值降低了 9.33%，平均值降低了 13.15%。同时，规划前的机器人系统的关节功率的平均值为 0.1090W，规划后为 0.0893W，降低了 18.07%。规划前的机器人系统的杆件最大动应力的平均值为 115.4164MPa，规划后为 110.4208MPa，降低了 4.33%。多目标规划不但实现了规划目标，还降低了功率和动应力的平均值，取得了很好的效果。

图 9 为多目标规划前后的目标曲线，从图中可以看出，规划后的目标值得到了降低。

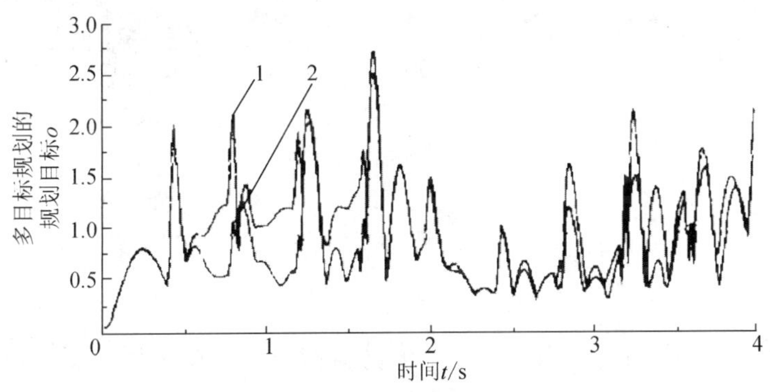

图 9　多目标规划前后的目标

1.规划前；2.规划后

图 10 为多目标规划前后的系统位置误差曲线。从图中可以看出，规划后负载质心位置误差得到了降低，尤其是在 3～4s 区间，误差大幅度下降。

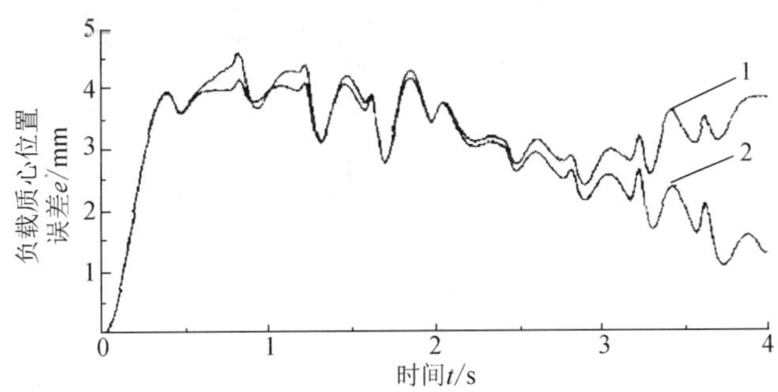

图 10　多目标规划前后的系统位置误差

1.规划前；2.规划后

图 11 为多目标规划前后的关节驱动力矩绝对值总和的曲线。从图中可以看出，规划后关节驱动力矩绝对值之和得到了降低。

在目标任务比较难实现的情况下，多目标规划法使冗余度柔性机器人协调操作系统位置误差的最大值和平均值以及关节驱动力矩的平均值都得到了降低。该方法由于同时优化了两个目标，要优于前面的规划方法。

图 12 为多目标规划前后的主从机器人第 1 关节驱动力矩。规划后第 1 关节驱动力矩主要是在 1～2s 区间得到了降低。

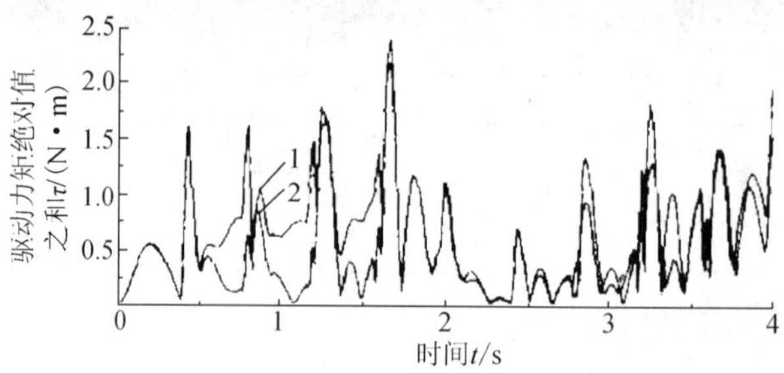

图 11 多目标规划前后的关节驱动力矩绝对值之和

1.规划前；2.规划后

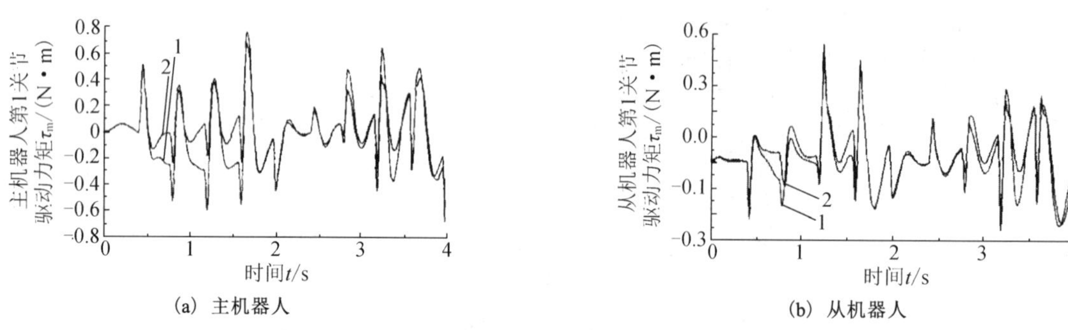

(a) 主机器人 (b) 从机器人

图 12 多目标规划前后机器人第 1 关节驱动力矩

1.规划前；2.规划后

图 13 为多目标规划前后的机器人第 1 关节角加速度曲线。规划后机器人第 1 关节角加速度曲线发生了一定变化，规划后的关节角加速度规律比较容易实现。

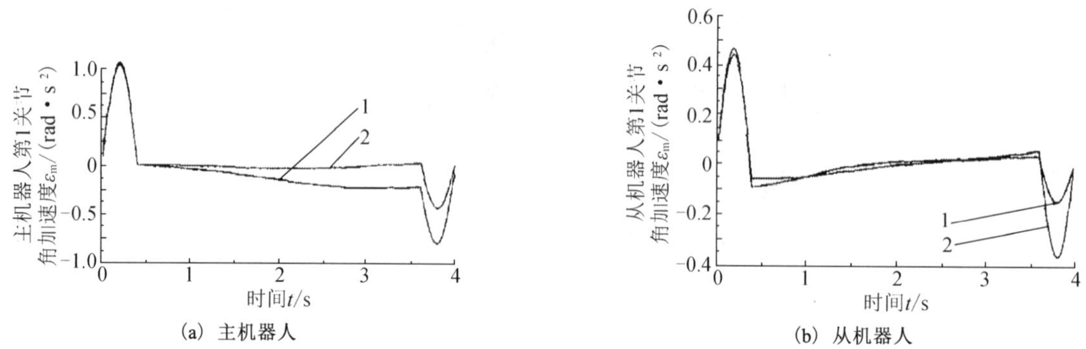

(a) 主机器人 (b) 从机器人

图 13 多目标规划前后的机器人第 1 关节角加速度

1.规划前；2.规划后

参考文献

[1] Hollerbach J M, Suh K C. Redundancy resolution of manipulator through torque optimization. IEEE Journal of Robotics and Automation, 1987, 3(4): 308-316

[2] Kazerounian K, Nedungadi A. An alternative method for minimization of the driving forces in redundant manipulators. IEEE International Conference on Robotics and Automation, Raleigh, NC, 1987

[3] Lee H P. Motions with minimal joint torques for redundant manipulators. ASME Journal of Mechanical Design, 1993, 115: 599-603

[4] Nedungadi A, Kazerounian K. A local solution with global characteristics for the joint torque optimization of a redundant manipulator. Journal of Robotics System, 1989, 6(5): 631-654

[5] 岳士岗．冗余度柔性机器人动力学研究．北京：北京工业大学，1995

[6] 张绪平．空间柔性冗余度机器人动力学分析与综合．北京：北京工业大学，1999

[7] 刘迎春，余跃庆，陈新荣．冗余度柔性机器人协调操作刚性负载的动力学模型及仿真．机械科学与技术，2004，23(2):178-181

（原载《中国机械工程》，2005，16(10)：847-851，856）

§67　柔性机器人协调操作的冗余驱动

张成新　余跃庆

（北京工业大学，北京　100022）

摘　要：针对具有柔性关节和柔性臂的机器人协调操作刚性负载时，其逆动力学问题存在冗余驱动这种情况，提出了一种载荷分配方法。将这种分配方法与基于绝对坐标并以期望轨迹为实际边界条件的逆动力学模型相结合，可以有效地解决冗余驱动问题。文中就两个具有柔性关节和柔性臂的3R机器人协调操作刚性负载为例，验证了本方法的有效性。

关键词：柔性机器人；协调操作；动力学建模；载荷分配

1. 引言

自从80年代以来，柔性机器人协调操作这一研究领域吸引着许多学者。然而，由于柔性机器人协调操作的复杂性，这方面的研究成果还比较少。Jankowski 等[1]研究了柔性关节机器人的协调操作，并采用求广义逆的方法分配载荷。Sun、Sharf 和 Nahon[2]研究了具有单柔性杆机器人协调操作时的关节驱动力矩的分配。Matsuno 和 Hatayama[3]建立了两个具有单柔性杆的双杆机器人的动力学模型并给出了基于准静态的协调控制算法.窦建武等[4]建立了两平面三柔性杆机器人协调操作的动力学模型。Damaren[5]建立了柔性臂机器人协调操作刚性物体的控制模型并进行了实验研究。以上文献或者仅考虑关节柔性或者仅考虑臂的柔性。尽管刚性机器人协调操作的冗余驱动问题已经取得了许多研究成果，如文献[6]，对于具有柔性关节和柔性臂的机器人协调操作刚性负载时的冗余驱动的研究尚未见诸报道。

本文将针对具有柔性关节和柔性臂的机器人协调操作刚性负载时存在冗余驱动这种情况，提出一种按承载能力分配载荷的方法，通过与基于绝对坐标并以期望轨迹为实际边界条件的逆动力学模型相结合，可以分配各个柔性机器人的承载量，有效地解决冗余驱动。文中将就两个具有柔性关节和柔性臂的3R机器人协调操作刚性负载进行仿真，来验证本文所提出方法的有效性。

2. 机器人协调操作的冗余驱动和建模

和刚性机器人一样，柔性机器人协调操作同样需要满足运动和动力约束。动力约束一方面指各机器人抓持力的合力与物体的惯性力相平衡，另一方面指机器人之间的载荷分配关系。Jankowski 等[1]对柔性关节机器人协调操作采用了对力的转换矩阵求广义逆的方法来分配载荷，这种方法沿用了刚性机器人协调所采用的一种方法(如 Walker 等[7])，这种方法不能方便地按期望分配载荷。Liu 等[8]在研究刚性机器人紧固抓持刚性负载时采用了分配系数法分配载荷。对以上两种方法，前者可以称为被动分配，后者可以称为主动分配。本文将在下面提出一种适合各种抓持条件以及混合抓持的载荷分配方法，使得各机器人可以按承载能力分配载荷。

2.1　协调操作的动力学方程

设 m 个机器人协调操作刚性物体，由于物体是刚性的，协调操作的动力约束即为：各机器人末端抓持力的合力与物体的惯性力相平衡。协调操作的运动约束即为各机器人末端点，即抓持点与物体质心之间应满足刚体上两点之间的运动关系，如果是紧固抓持或者要求对质心无相对转动(对于协调操作的逆动力学问题，本文只考虑无相对转动的情况)，角位移应相等。协调操作的动力学方程可表示为

$$ {}^{i}M\,{}^{i}\ddot{q} + {}^{i}C\,{}^{i}\dot{q} + {}^{i}K({}^{i}q - {}^{i}q_{\mathrm{r}} - {}^{i}q_{\mathrm{t}}) = {}^{i}F_{\mathrm{ex1}} + {}^{i}F_{\mathrm{ex2}} $$

$$M_0\ddot{x} = -\sum_{i=1}^{m} {}^{i}G^{i}F_{\mathrm{ex2}}$$

$${}^{i}q_{\mathrm{d}} = {}^{i}Px \tag{1}$$

式中，第一式为基于绝对坐标的具有柔性关节和柔性臂的机器人的动力学方程(已另文发表)，其中，M、C、K 分别为质量矩阵、阻尼矩阵、刚度矩阵，q、q_{r}、q_{t} 分别为绝对位移向量、刚体转动所引起的位移向量、刚体平动所引起的位移向量，F_{ex1} 和 F_{ex2} 分别为与驱动力矩有关的向量和末端抓持力向量。左上标表示第 i 个机器人的矩阵或向量，$i=1\sim m$。后两式是动力约束方程和运动约束方程，M_0 是物体的质量矩阵，${}^{i}G$ 是第 i 个机器人的力转换矩阵。x 是物体质心的位移向量，${}^{i}q_{\mathrm{d}}$ 是第 i 个机器人末端的位移向量，${}^{i}P$ 是第 i 个机器人的坐标转换矩阵。

2.1.1　协调操作的正动力学问题

协调操作的正动力学问题为已知关节输入角或输入力矩求物体质心的位置。由式(1)，将各机器人与运动约束有关的末端广义坐标转换成物体质心的广义坐标，消去$\{{}^{i}F_{\mathrm{ex2}}\}$，整理得到协调操作的正动力学模型：

$${}^{F}M\,{}^{F}\ddot{q} + {}^{F}C\,{}^{F}\dot{q} = {}^{F}K({}^{\mathrm{F}}q - {}^{\mathrm{F}}q_{\mathrm{r}} - {}^{\mathrm{F}}q_{\mathrm{t}}) - K_{\mathrm{e}}(q_{\mathrm{re}} + q_{\mathrm{te}}) = {}^{\mathrm{F}}F_{\mathrm{ex1}} - Q \tag{2}$$

式中，${}^{F}q_{\mathrm{r}}$、${}^{F}q_{\mathrm{t}}$ 分别为刚体转动所引起的位移向量和刚体平动所引起的位移向量(不包括与各机器人末端广义坐标所对应的项)，K_{e}、q_{re}、q_{te} 为与各机器人末端广义坐标所对应的刚度矩阵、与各机器人末端广义坐标所对应的刚体转动所引起的位移向量和刚体平动所引起的位移向量，Q 为各机器人末端广义坐标转换成物体质心广义坐标时所出现的非线性项，其他矩阵和向量与前面相类似。

如果以关节驱动力矩为输入参量，式(2)形式不变。如果以关节角为输入参量，将式(2)中与关节驱动力矩对应的方程分为一组，相应的矩阵和向量标左上标 b。其余的分为一组，对应的矩阵和向量标左上标 c，将与已知关节角对应的项移到方程的右边，这些项的矩阵和向量标左上标 d。整理得到以关节角为输入参量时的正动力学模型式(3)和此时的实际驱动力矩式(4)：

$${}^{\mathrm{c}}M\,{}^{\mathrm{c}}\ddot{q} + {}^{\mathrm{c}}C\,{}^{\mathrm{c}}\dot{q} + {}^{\mathrm{c}}K({}^{\mathrm{c}}q - {}^{\mathrm{c}}q_{\mathrm{r}} - {}^{\mathrm{c}}q_{\mathrm{t}}) - {}^{\mathrm{c}}K_{\mathrm{e}}(q_{\mathrm{re}} + q_{\mathrm{te}}) = {}^{\mathrm{c}}Q - {}^{\mathrm{d}}M\,{}^{\mathrm{d}}q - {}^{\mathrm{d}}C\,{}^{\mathrm{d}}\dot{q} - {}^{\mathrm{d}}K({}^{\mathrm{d}}q - {}^{\mathrm{d}}q_{\mathrm{r}} - {}^{\mathrm{d}}q_{\mathrm{t}}) \tag{3}$$

$$\tau = {}^{\mathrm{b}}M\,{}^{\mathrm{F}}\ddot{q} + {}^{\mathrm{b}}C\,{}^{\mathrm{F}}\dot{q} + {}^{\mathrm{b}}K({}^{\mathrm{F}}q - {}^{\mathrm{F}}q_{\mathrm{r}} - {}^{\mathrm{F}}q_{\mathrm{t}}) - {}^{\mathrm{b}}K_{\mathrm{e}}(q_{\mathrm{re}} + q_{\mathrm{te}}) + {}^{\mathrm{b}}Q \tag{4}$$

当已知关节输入参量时，式(2)、式(3)方程数目和未知广义坐标数目相等，可唯一确定物体质心位置和各机器人的抓持力。当以名义刚性位置建立动力学方程时，相当于以名义刚性关节角作为机器人的输入参量，此时的动力学问题在某种意义上来说已经成为正动力学问题。

2.1.2　协调操作的冗余驱动和逆动力学问题

协调操作的逆动力学问题为：已知被操作物体的期望轨迹，求各机器人的输入参量。对于给定的负载和期望轨迹，柔性机器人协调操作和刚性机器人协调操作一样存在冗余驱动。本文将采用载荷分配系数法分配各机器人的承载量，来有效地解决冗余驱动。

1）各机器人载荷的确定

好的载荷分配方法应达到：①无内力；②按承载能力分配。对于各种抓持条件，其抓持点的广义力数目是确定的。例如，紧固抓持的广义力数目是 3，铰接抓持的广义力数目是 2。设物体所受到的抓持广义力数目是 N，物体 x、y 方向的惯性力和惯性力矩为

$$[F_{\mathrm{e}x}\quad F_{\mathrm{e}y}\quad F_{\mathrm{e}z}]^{\mathrm{T}} = -M_0\ddot{x} \tag{5}$$

令

$${}^{i}F_x = \zeta_i F_{\mathrm{e}x},\ {}^{i}F_y = \xi_j F_{\mathrm{e}y},\ {}^{k}F_z = \zeta_k(F_{\mathrm{e}z} + F_{\mathrm{a}}) \tag{6}$$

式中，$\sum_{i=1}^{m_1}\varsigma_i=1$、$\sum_{j=1}^{m_2}\xi_j=1$、$\sum_{k=1}^{m_3}\zeta_k=1$，${}^iF_x$、${}^jF_y$、和${}^kF_z$分别为第 i(或 j、k)个机器人在物体质心处所分配的 x、y 方向的惯性力和惯性力矩，$0\leqslant\varsigma_i\leqslant1$、$0\leqslant\xi_j\leqslant1$和$0\leqslant\zeta_k\leqslant1$分别为机器人在 x、y 方向的载荷分配系数和力矩分配系数，F_a是所有${}^iF_x$、${}^jF_y$从物体质心向机器人末端转换时所产生力矩的代数和。m_1是 x 方向的抓持力数，m_2是 y 方向的抓持力数，m_3是抓持力矩数，$m_1+m_2+m_3=N$。

载荷分配系数除了按每个机器人的承载能力来确定外，还要考虑抓持条件，例如，铰接抓持机器人的力矩分配系数应为零。

此外，惯性力矩可全部或部分以力的形式进行分配。将力矩以力的形式分配给各机器人，主要是考虑到一些抓持，如铰接抓持，不能承受力矩，只能以力的形式承受载荷。此时，式(6) 最后 1 式中的力矩应全部或部分分配成两组抓持力，它们的合力大小相等方向相反，合力矩保持不变。为了不产生内力，x、y 方向的抓持力对质心的力矩与式(6)最后 1 式中的力矩方向相同。

由以上方法可求得每个机器人末端的抓持力${}^iF_{ex2}$，并且可以按承载能力来分配载荷。由于分配载荷时保证了抓持广义力方向相同，所以，载荷分配不会产生内力。

2) 协调操作的逆动力学问题

通常的柔性机器人逆动力学模型是用名义刚性位置跟踪期望轨迹，由于柔性臂和柔性关节的变形，机器人的实际位置将偏离期望轨迹。本文将以实际的物体质心位置跟踪期望轨迹，建立柔性机器人协调操作的逆动力学模型。对于物体质心期望的轨迹，可由式(1)的第 3 式求得第 i 个机器人末端的期望轨迹。

由式(1)的第 1 式，设第 i 个机器人末端期望位移、速度、加速度向量为${}^iq_d$、${}^i\dot{q}_d$和${}^i\ddot{q}_d$，与其对应的矩阵和向量均以下标 d 表示；其余的位移、速度、加速度向量为${}^iq_c$、${}^i\dot{q}_c$和${}^i\ddot{q}_c$，与其对应的矩阵和向量均以下标 c 表示。与驱动力矩τ_1、τ_2和τ_3对应的等式分为一组，相应的矩阵分别以下标 b 表示，则驱动力矩为

$$ {}^i\tau={}^iM_b{}^i\ddot{q}+{}^iC_b{}^i\dot{q}+{}^iK_b({}^iq-{}^iq_r-{}^iq_t) \tag{7}$$

其余的分为一组，并移项得

$$ M_c{}^i\ddot{q}_c+{}^iC_c{}^i\dot{q}_c+{}^iK_c({}^iq_c-{}^iq_{rc}-{}^iq_{tc})={}^iF_{ex2}-{}^iM_d{}^i\ddot{q}_d-{}^iC_d{}^i\dot{q}_d-{}^iK_d({}^iq_d-{}^iq_{rd}-{}^iq_{td}) \tag{8}$$

式(7)和式(8)即为第 i 个机器人的逆动力学模型。对于给定的载荷和期望轨迹，可选择一定的载荷分配规律，由式(8)和式(7)求解各个协调机器人的输入关节力矩或关节角。

3. 数值仿真

本节将以两平面 3R 机器人协调操作刚性负载为例来说明本方法的有效性。两机器人的各臂和关节均为柔性。为了比较，方案一：机器人 1 的载荷分配系数为ς_1=0.5、ξ_1=0.5 和ζ_1=0.5，机器人 2 的载荷分配系数为ς_2=0.5、ξ_2=0.5 和ζ_2=0.5。方案二：ς_1=0.75、ξ_1=0.75 和ζ_1=0.75，ς_2=0.25、ξ_2=0.25 和ζ_2=0.25。单个机器人的有限元模型如图 1 所示，每根杆取一个单元，每单元取 6 个节点(图中未画出关节的广义坐标)。各杆的结构尺寸相同，长 L=0.254m，截面为矩形，宽 b=0.00508m，高 h=0.00508m，材质为铝，密度ρ=2700kg/m^3，拉压弹性模量 E=7.1×10^{10}N/m^2，剪切弹性模量 G=2.6×10^{10}N/m^2，质量阻尼系数α_1=0.0，刚度阻尼系数α_2=1.323×10^{-3}，阻尼系数ξ=0.03。各关节参数相同，关节集中质量m_r+m_s=0.02kg，定子的转动惯量$J_s=1.6\times10^{-5}$ kgm^2，转子的转动惯量J_r=1.6×10^{-5} kgm^2，关节刚度k_r=850Nm/rad。期望的物体质心轨迹如表 1 所示。其他参数如图 2 所示，机器人 1 和机器人 2 的基座位置分别为(0, 0)和(0.5, 0)，抓持点分别为 A 和 B，均为紧固抓持，两抓持点距离为 L_{ob}=0.05mm，ψ_1=π/3，ψ_2=2 π/3，$\theta_1=0$，$\theta_2=\pi$。物体的质心为 C，物体的质量为 $M_0=0.05$kg，对质心的转动惯量为$I_0=3.125\times10^{-5}$ kgm^2。图 3～图 6 是载荷分配系数采用方案一和方案二时，由式(7)和式(8)求出的两机器人输入关节角和关节驱动力矩，图(a)表示方案一，图(b)

表示方案二。图 7、图 8 是以通常的方法，即采用名义刚性位置法时，由式(3)和式(4)求得的两机器人输入关节驱动力矩。

表 1 期望的物体质心轨迹

轨迹方程	起点坐标/m	终点坐标/m	起始方位角/rad	终止方位角/rad	总操作时间 T_t/s	加速时间 T_s/s	减速时间 T_b/s
$Y=0.55-0.5x$	(0.7, 0.2)	(0.3, 0.4)	0	0.2	0.6	0.2	0.2
起动阶段($0\leqslant t\leqslant T_s$)	加速度 $a=A(1-\cos 2\pi t/T_s)$						
匀速阶段($T_s<t\leqslant T_t-T_b$)	加速度 $a=0$						
制动阶段($T_t-T_b<t\leqslant T_t$)	加速度 $a=-A(1-\cos 2\pi(t-(T_t-T_b))/T_b)$						

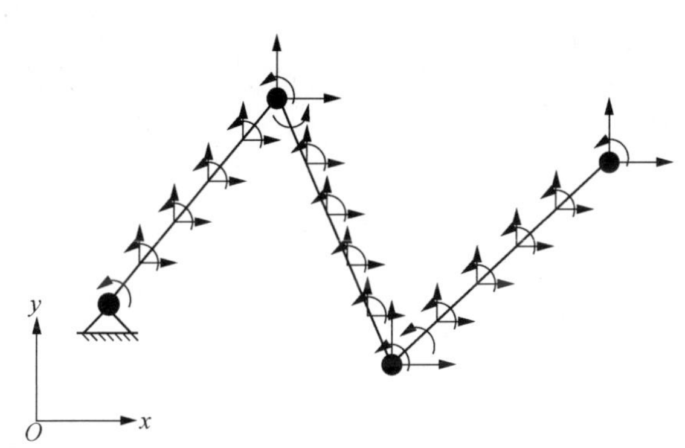

图 1 3R 机器人有限元模型

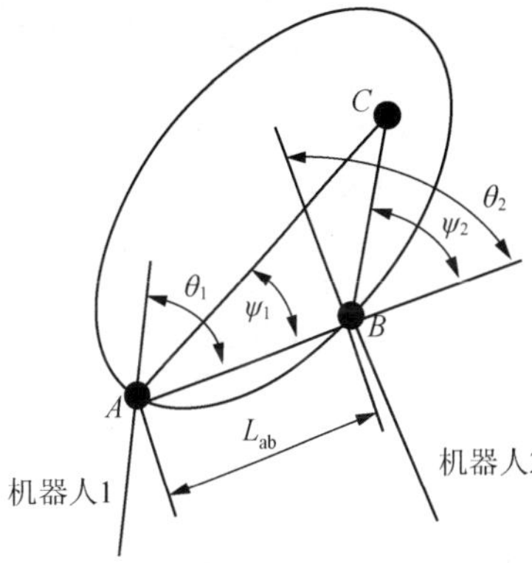

图 2 协调操作参数示意图

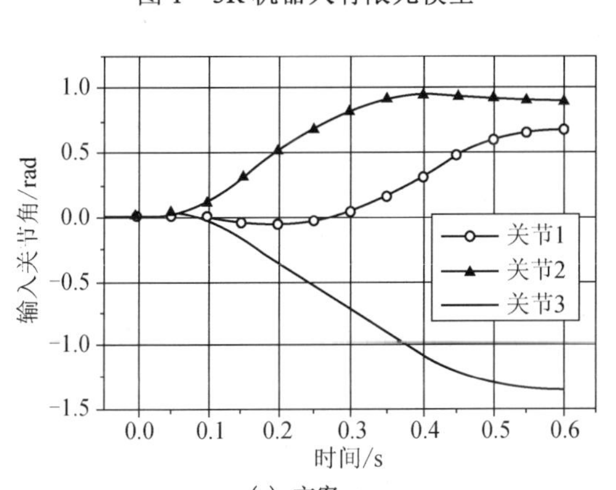

(a) 方案一

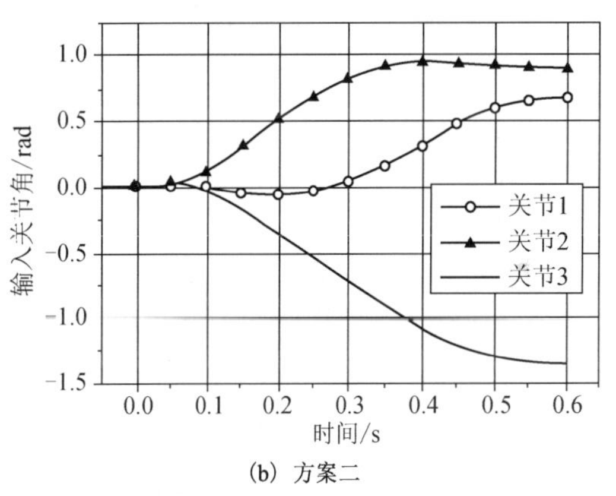

(b) 方案二

图 3 机器人 1 的输入关节角

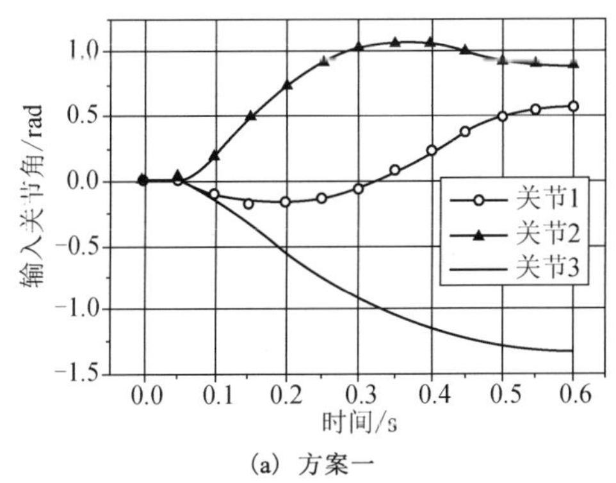

(a) 方案一

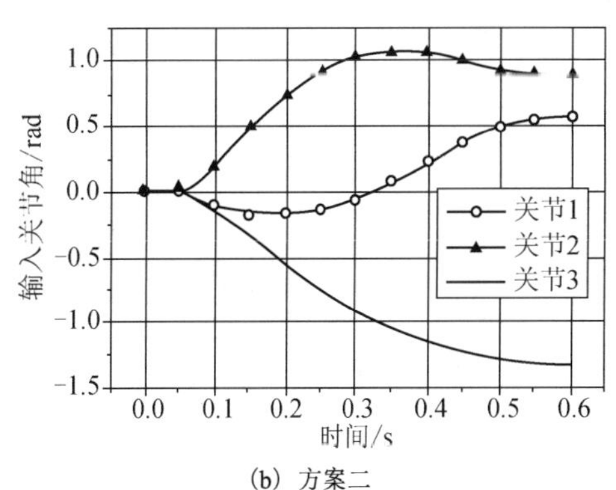

(b) 方案二

图 4 机器人 2 的输入关节角

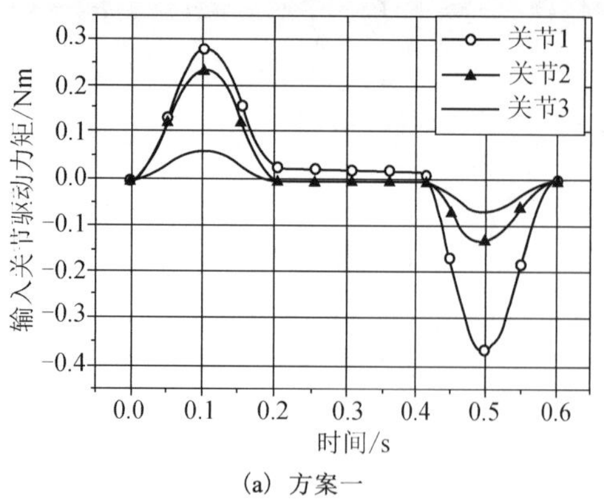

(a) 方案一

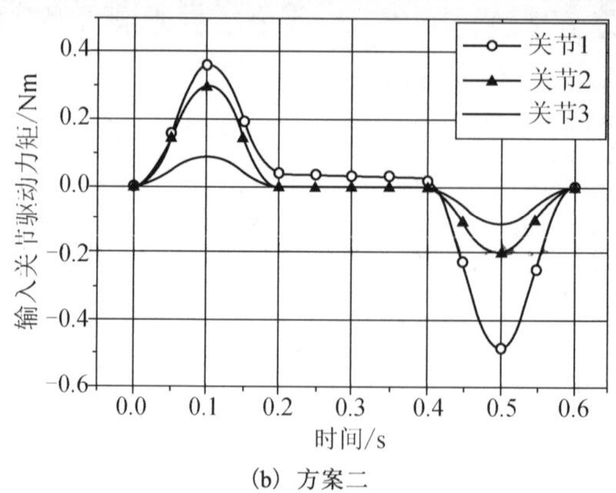

(b) 方案二

图 5　机器人 1 的输入关节力矩

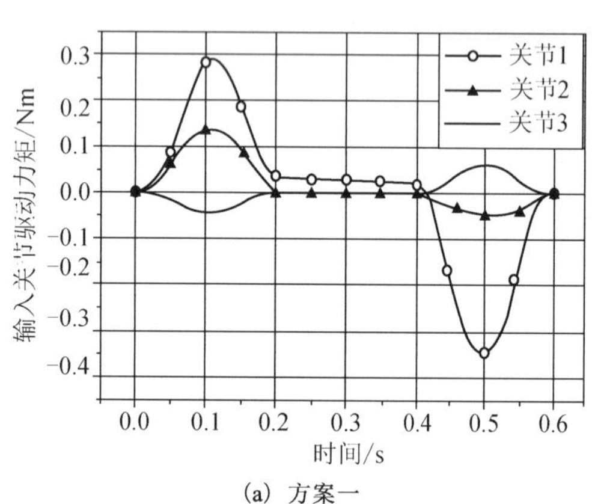

(a) 方案一

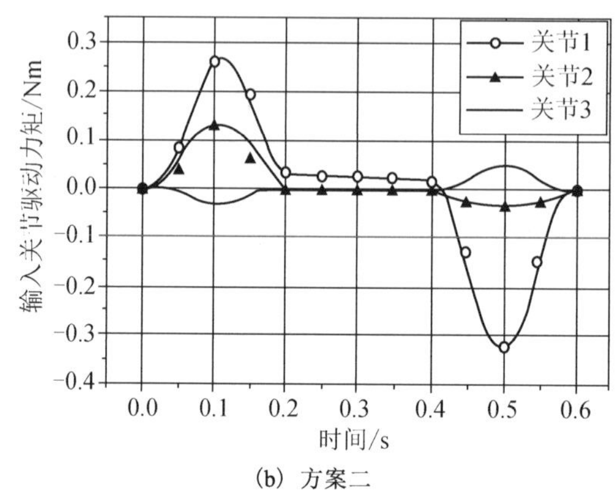

(b) 方案二

图 6　机器人 2 的输入关节力矩

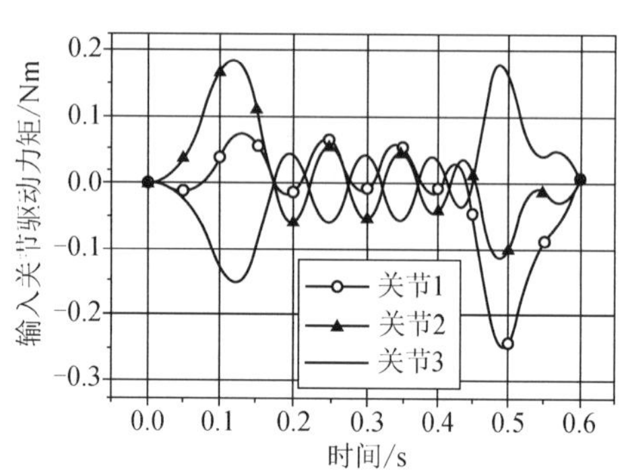

图 7　机器人 1 的输入关节力矩

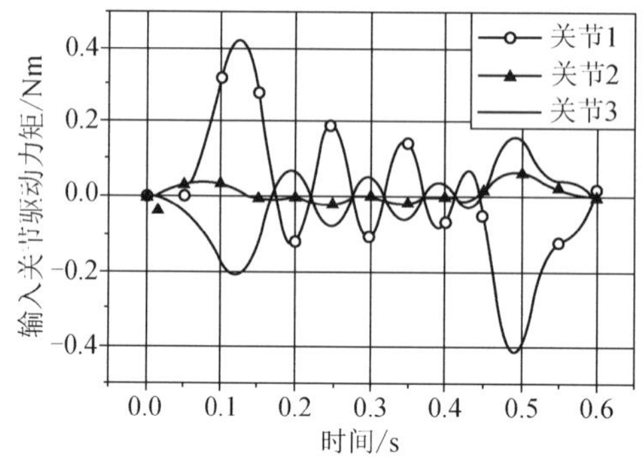

图 8　机器人 2 的输入关节力矩

比较采用方案一和方案二时的关节驱动力矩，可以看出通过选择合适的载荷分配系数,可以改变每个机器人所承受载荷的大小，使各机器人承载比例更加合理。而对于名义刚性位置法，各个机器人的承载比例是由机器人的位形和特性参数所唯一确定而不可改变的。这种比例一般是不合理的，从图 7、图 8 可以看到这一点。本文载荷分配系数取两种方案只是为了说明问题。实际上，可选择某一目标，例如，关节最大驱动力矩最小，规划载荷分配系数。

图 9 是以通常的方法，即采用名义刚性位置法时，式(3)求得的轨迹跟踪误差。而采用本方法，两种方案的轨迹跟踪误差都接近于零，可以忽略。通过比较可以看出，本方法能够更准确地跟踪期望轨迹，而且改变载荷分配系数仍能保证轨迹跟踪精度。

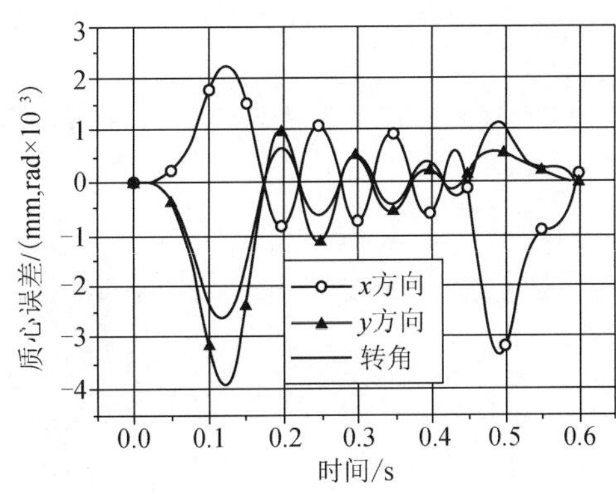

图 9 通常方法的跟踪误差

从以上比较可以看出，本文所提出的载荷分配方法可以分配各个协调机器人所承受的载荷，有效地解决冗余驱动问题。并且同时能保证轨迹跟踪精度。

4. 结论

针对具有柔性关节和柔性臂的机器人协调操作刚性负载时，其逆动力学问题存在冗余驱动这种情况，提出了一种可按承载能力分配载荷的方法。将这种方法与基于绝对坐标并以期望轨迹为实际边界条件的逆动力学模型相结合，可以确定各协调机器人的承载量，有效地解决柔性机器人协调操作的冗余驱动问题。对于通常的名义刚性位置法，各协调机器人所承受的载荷以及各驱动装置的驱动力矩是唯一确定的。其载荷分配比例一般是不合理的。文中的算例表明了本文所提出方法的有效性。

参考文献

[1] Jankowski K, et al. Dynamic coordination of multiple robot arms with flexible joints. Int. Journal of Robotics Research, 1993, 12(6): 505-528

[2] Sun Q, Sharf I, Nahon M. Stability analysis of the force distribution algorithm for flexible-link cooperating manipulators. Mechanism and Machine Theory, 1999, 34: 753-763

[3] Matsuno F, Hatayama M. Robust cooperative control of two two-link flexible manipulators on the basis of quasi-static equations. Int. Journal of Robotics Research, 1999, 18(4): 414-428

[4] 窦建武，余跃庆. 两柔性机器人协调操作的动力学模型及其逆动力学分析. 机器人, 2000, 22(1): 39-47

[5] Damaren C J. On the dynamics and control of flexible multi-body systems with closed loops. Int. Journal of Robotics Research, 2000, 19(3): 238-253

[6] Kumar V, Gardner J. Kinematics of redundantly actuated closed chains. IEEE Transactions on Robotics and automation, 1990, 6(2): 269-274

[7] Walker I D, Freeman R A, Marcus S I. Analysis of motion and internal loading of objects grasped by multiple cooperating manipulators. Int. J. Robot. Res., 1991. 10(4): 369-409

[8] Liu Y H, Arimoto S. Decentralized adaptive and non-adaptive position/force controllers for redundant manipulators in cooperations. Int. J. Robot. Res. 1998, 17(3): 232-247

[9] Bathe K J. Finite Element Procedures In Engineering Analysis. Prentice-Hall, Inc., Englewood Cliffs, New Jersey, 1982

[10] 刘北晨.工程计算力学——理论与应用. 北京： 机械工业出版社，1994

（原载《机械设计与研究》2002, 18(1): 13-16）

§68 机械臂协调操作动力性能的改进

张成新　余跃庆
（北京工业大学，北京　100022）

摘　要：当考虑机械臂的弹性变形时，提高机械臂动力学性能的方法将与用于刚性机械臂的方法有许多不同。本文针对工业机械臂的使用情况，提出了由机械臂关节输入功率最小作为规划目标，通过规划各协调机械臂的承载比例使系统获得更高的效率，更好的承载能力和动力特性。文中将本文提出的方法与通常的方法进行了比较，分析了影响系统效率的因素。最后，以两个具有冗余驱动机械臂协调操作为例，验证了本方法的有效性。

关键词：柔性机器人；协调操作；冗余驱动；功率行为

1. 引言

近几十年来，机械臂已经在工业中得到了广泛的应用。如何使机械臂更好地发挥作用成为人们关注的焦点。为了使机械臂具有更好的运动特性和动力特性，许多运动和动力性能指标以及方法得到了广泛的研究和应用，如文献[1-5]。对于精度要求较高的领域，或者为了减小机械臂的惯性，降低能耗而采用轻质臂时，需要考虑机械臂的弹性变形。此时，由于运动学和动力学之间的耦合以及刚体运动和弹性变形之间的耦合，很难和研究刚性机械臂一样，对提出的指标给出相应的公式。一般都是采用动力规划的方法，即规划机械臂的某些参数，实现某项指标，如文献[6,7]。目前这些指标都是机械臂末端弹性变形最小，速度和力可操作性最优等，而对于效率可操作性的研究却很少。对于每天完成上千或上万次操作的工业机器人来说，效率一般是最重要的。因此，这方面的研究具有重要的经济价值。

本文将以机械臂协调操作这种冗余驱动系统为例，考虑各机械臂的弹性变形，通过以各种指标为目标：规划各协调机器人的承载比例，比较分析影响系统功率特性或效率的因素。

2. 系统的动力学模型

考虑机械臂的弹性变形时，m 个机器人协调操作的逆动力学模型可以表示为[8]

$$ {}^i\tau = {}^iM_{\rm b}\,{}^i\ddot{q} + {}^iC_{\rm b}\dot{q} + {}^iK_{\rm b}({}^iq - {}^iq_{\rm r} - {}^iq_{\rm t}) \tag{1}$$

$$ {}^iM_{\rm c}\,{}^i\ddot{q}_{\rm c} + {}^iC_{\rm c}\,{}^i\dot{q}_{\rm c} + {}^iK_{\rm c}({}^iq_{\rm c} - {}^iq_{\rm rc} - {}^iq_{\rm tc}) = {}^iF_{\rm e2} - {}^iM_{\rm d}\,{}^i\ddot{q}_{\rm d} - {}^iC_{\rm d}\,{}^i\dot{q}_{\rm d} - {}^iK_{\rm d}({}^iq_{\rm d} - {}^iq_{\rm rd} - {}^iq_{\rm td}) \tag{2}$$

$$ [F_{ex} \quad F_{ey} \quad F_{ez}]^{\rm T} = -M_0\ddot{x} \tag{3}$$

$$ \begin{cases} {}^iF_x = \zeta_i F_{ex} \\ {}^jF_y = \xi_j F_{ey} \\ {}^kF_z = \varsigma_k (F_{ez} + F_{\rm a}) \end{cases} \tag{4}$$

式中，M、C、K 分别为质量矩阵、阻尼矩阵、刚度矩阵，q、$q_{\rm r}$、$q_{\rm t}$ 分别为绝对位移向量(包含刚体运动和弹性变形)、刚体转动所引起的位移向量、刚体平动所引起的位移向量。${}^iF_{\rm e2}$ 为与末端抓持力有关的向量。式(1)和式(2)为机械臂的逆动力学模型。左上标 i 表示第 i 个机器人的矩阵或向量，$i=1\sim m$。下标 b 表示与关节驱动力矩相应的矩阵和向量标。下标 d 表示与机器人末端期望位移、速度、加速度向量对应的矩阵和向量。其余的向量和矩阵均以下标 c 表示。

式(3)和式(4)可确定各机械臂末端抓持力向量 ${}^iF_{\rm e2}$，即各个机械臂的承载量。M_0 是物体的质量矩阵，x 是物体质心的位移向量。${}^iF_x$、${}^jF_y$ 和 ${}^kF_z$ 分别为第 $i(j,k)$ 个机器人在物体质心处所分配的 x、y

方向的惯性力和惯性力矩，ζ_i、ξ_j 和 ς_k 分别为机器人在 x、y 方向载荷分配系数和力矩分配系数，F_a 是所有 ${}^iF_x$、${}^jF_y$ 从物体质心向机器人末端转换时所产生力矩的代数和。

3. 动力学特性分析和规划

机器人协调操作将会出现冗余驱动。如何使各机器人按理想的比例承载是获得协调操作最优动力学特性的关键。当给定机械臂末端任务时，可选择某一指标,通过规划各机械臂的承载量，获得最优的机械臂关节输入。

下面将由线性规划的方法分析各种目标函数对系统功率特性的影响。即以动力学方程为约束，以某一指标为规划目标进行动力规划。当以关节角位移，关节角速度，关节角加速度或者关节输入力矩最小为规划目标时，由于机械臂的末端任务给定，因此，关节输入的某一项指标最小相当于与此项指标相关的可操作性最高。其策略的数学模型为

$$\begin{aligned}&\min f(\varepsilon)=\left(\sum_{i=1}^{n} q_i^{\mathrm{T}} q_i\right)/n\\&\text{s.t.}\quad \varepsilon_{\min j}\leqslant\varepsilon_j\leqslant\varepsilon_{\max j}\end{aligned}\tag{5}$$

式中，ε 为载荷分配系数向量，n 为机器人整个运动时间的离散时间段数，q_i 表示 i 时刻的机器人关节输入，可以是关节角位移，关节角速度，关节角加速度或者关节输入力矩。ε_j、$\varepsilon_{\max j}$ 和 $\varepsilon_{\min j}$ 表示第 j 个载荷分配系数向量的分量和其上下限。

当以关节驱动功率最小为规划目标时，由于机械臂的末端任务给定，因此，关节输入功率最小相当于系统效率最高。由于关节角速度和关节输入力矩的乘积作为目标函数，因此，可同时使系统的力可操作性和速度可操作性较优。其策略的数学模型为

$$\begin{aligned}&\min f(\varepsilon)=\left(\sum_{i=1}^{n} \dot{q}_i^{\mathrm{T}} \tau_i\right)/n\\&\text{s.t.}\quad \varepsilon_{\min i}\leqslant\varepsilon_j\leqslant\varepsilon_{\max i}\end{aligned}\tag{6}$$

式中，$\dot{q}$ 表示关节输入角速度，τ 表示关节输入力矩。

由于机器人的末端任务已经给定，关节的某项指标输入越小，就说明与此项指标相关的可操作性越好，例如，力可操作性和速度可操作性越好。由于机器人的功率与关节速度和关节驱动力矩同时相关。因此，当力可操作性或速度可操作性最佳时，系统的功率特性或者是效率并不是最佳的。而以关节驱动功率最小为规划目标时，可使系统效率最高，同时力可操作性和速度可操作性较优。

4. 数值分析

本节将以两平面 3R 机器人协调操作为例来说明本方法。两机器人的各臂均考虑弹性变形。各杆的结构尺寸相同，长为 0.254m，截面为矩形,宽为 0.00508m，高为 0.00508m，材质为铝,密度 $\rho=2700\text{kg}/\text{m}^3$，拉压弹性模量 $E=7.1\times10^{10}\text{N}/\text{m}^2$，剪切弹性模量 $G=2.6\times10^{10}\text{N}/\text{m}^2$，质量阻尼系数 $\alpha_1=0.0$，刚度阻尼系数 $\alpha_2=1.323\times10^{-3}$，阻尼系数 $\xi=0.03$。其他参数如图 1 所示。机器人 1 和机器人 2 的抓持点分别为 A 和 B，均为紧固抓持，两抓持点距离为 $L=0.05\text{mm}$，$\psi=\pi/3$，$\psi_2=2\pi/3$，$\theta_1=0$，$\theta_2=\pi$。物体的质心为 C，物体的质量为 $M_0=0.05\text{kg}$。对质心的转动惯量为 $I_0=3.125\times10^{-5}\text{kgm}^2$。设机器人 1 的三个载荷分配系数均为 ε，机器人 2 的三个载荷分配系数均为 $1-\varepsilon$。两机器人的基座位置分别为 $(0,0)$ 和 $(0.5,0)$。

期望的物体质心轨迹为

$$x=0.25$$

从点 $(0.25,0.25)$ 到点 $(0.25,0.49)$，期望的物体转角 θ 从 0.0 到 0.0。总操作时间 T 为 0.6s 加速时间 T_s 为 0.2s。期望的加速度为

$$a = A(1 - \cos 2\pi t / T_s), \qquad 0 \leqslant t \leqslant T_s$$

式中，A 是常数。

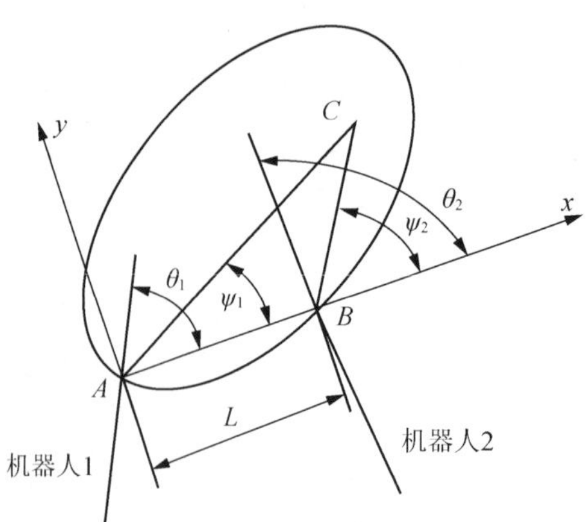

图 1　协调操作参数示意图

匀速运动的时间是 0.2s。减速时间 T_b 为 0.2s。期望的加速度为

$$a = -A(1 - \cos 2\pi t(t - (T_t - T_b))/T_b), \quad T_t - T_b \leqslant t \leqslant T_t$$

表 1 中的结果是由式(5)和式(6)，目标函数分别采用关节角位移，关节角速度，关节角加速度和关节输入力矩最小，以及目标函数为关节输入功率最小为规划目标所计算出的结果。从表 1 可以得出以下几个结论：①从载荷分配系数的大小可以看出，规划目标不同时，两机械臂的承载比例是不同的，即两个机械臂的关节输入是不同的。②从力矩项的大小可以看出，以关节输入力矩最小为规划目标时，关节输入力矩最小。以关节输入功率最小为规划目标时的力矩值比以关节输入力矩最小为规划目标时的力矩值仅增加了 5%，说明以关节输入功率最小为规划目标时求得的机器人关节输入是可行的。③从功率项的大小可以看出，以关节输入功率最小为规划目标时，关节输入功率最小。以关节角位移，关节角速度，关节角加速度和关节输入力矩最小为规划目标时的功率值比以关节输入功率最小为规划目标时的功率值分别增加了 3%，15%，10%，8%，说明以关节输入功率最小为规划目标时可以提高机器人的效率，达到节能降耗的目的。最后需要指出的是，由于系统只是冗余驱动系统而不是运动冗余系统，因此，以关节角位移，关节角速度，关节角加速度最小为规划目标只是使得这些量中的弹性分量减小了，即相当于使系统末端的弹性位移，速度和加速度减少了。

表 1　规划结果比较

目标函数	载荷分配系数 ε	力矩（$\times 10^{-3}$）$(\sum_{i=1}^{n} \tau_i^{\mathrm{T}} \tau_i)/n$	功率（$\times 10^{-2}$）$(\sum_{i=1}^{n} q_i^{\mathrm{T}} \tau_i)/n$
力矩	0.70	4.49019	2.36596
位移	0.50	5.01389	2.62856
速度	0.58	4.68033	2.51552
加速度	0.62	4.57584	2.46286
功率	0.84	4.73168	2.28694

综上所述，以关节输入功率最小为规划目标可使系统获得更高的效率以及更好的承载能力和动力特性。

5. 结论

对于工业机器人，效率一般是最重要的。通常衡量机器人运动学和动力学性能的指标，如力可操作性，速度可操作性等，一般不适合工业机器人。因为用这几个指标规划机械臂系统时，系统的效率一般并不高。而采用本文提出的以关节输入功率最小为规划目标，可使系统获得较高的效率，并且关节输入力矩也比较低。这种方法也可用于运动冗余机械臂的动力规划。

参考文献

[1] Doty K L, Melchiorri C,Schwartz E M, et al.Robot manipulability. IEEE Transactions on Robotics and Automation, 1995, 11(3): 462-468

[2] 陈国锋，杨昂岳. 双臂机器人位姿的方向可操作性. 机器人，1996, 18(2): 108-114

[3] Chiacchio P, Chiaverini S, Sciavicco L, et al. Global task space manipulability ellipsoids for multiple-arm systems. IEEE Transactions on Robotics and Automation, 1991, 7(5): 678-685

[4] Lee S.Dual redundant arm configuration optimization with task- oriented dual arm manipulability. IEEE Transactions on Robotics and Automation, 1989, 5(1): 78-97

[5] Kumar V,Gardner J. Kinematics of redundantly actuated closed chains. IEEE Transactions on Robotics and Automation, 1960, 6(2): 269-274

[6] 张绪平，余跃庆. 冗余度柔性空间机器人的最优关节初始位形. 机械科学与技术，1999,18(5): 692-694

[7] 张成新，余跃庆. 柔性机器人协调操作的冗余驱动. 机械设计与研究，2002，18(1)：13-16

（原载《机器人》，2002，24(7):624-626）

§69 柔性机器人协调操作系统运动补偿规划法

王瑞茂 余跃庆

（北京工业大学，北京 100022）

摘 要：提出了利用对柔性机器人关节进行运动补偿来减少协调操作系统运动误差的方法，并给出了两个平面 3R 柔性机器人协调操作一刚性负载的数值模拟，仿真结果证明了该方法的有效性。

关键词：柔性机器人；协调操作；运动规划；补偿

1. 引言

与刚性机器人协调操作相比，柔性机器人协调操作具有质量轻，耗能低，操作速度快等优点，但也具有明显的缺点，那就是运动误差大。在实际应用中，例如，两个柔性机器人进行协调焊接钢板，我们希望负载(焊条)在整个运动过程中运动误差尽可能的小，以便负载(焊条)更加接近所期望的运动轨迹。如何减小负载的运动误差，成为当前一个非常重要的研究课题，并受到学者广泛的关注。

柔性机器人协调操作是当前机器人研究的前沿课题之一，1999 年，Robust 研究了仅考虑机械手臂末端抓持杆柔性的 2 平面 2R 机器人协调操作刚性负载的鲁棒控制[1]，Damaren[2]基于太空应用的考虑，研究了平面两 3-DOF 柔性机器人协调操作大型刚体负载的运动控制问题，设计了被动控制器。文献[3]对两杆柔性机器人的振动控制作了分析和实验研究，并对开环的输入脉冲规划法，闭环控制以及开闭兼有的复合控制法的效果进行了比较。文献[4-6]结合单柔性机器人和多柔性机器人的优势，使柔性机器人协调操作刚性负载的动力学建模问题得到了解决，为进一步研究奠定了基础。目前有关柔性机器人协调操作的研究主要是针对动力学建模和仿真[4-7]，关于柔性机器人协调操作系统运动规划的研究还很少。本文将对这方面的工作进行初步的探索。其主要思想是利用对柔性机器人关节进行运动补偿，降低被操作负载的运动误差。

2. 柔性机器人协调操作系统的动力学方程

文献[4-6]对柔性机器人协调操作刚性负载的动力学建模进行了详细的研究，从中我们可以得到柔性机器人协调操作系统的动力学方程：

$$[M]\{\ddot{U}\}+[C]\{\dot{U}\}+[K]\{U\}=\{F_{\mathrm{W}}\}+\{F_{\mathrm{g}}\} \tag{1}$$

由式(1)可知，系数矩阵$[M]$、$[C]$、$[K]$、$[F_{\mathrm{W}}]$、$[F_{\mathrm{g}}]$是机器人θ、$\dot{\theta}$、$\ddot{\theta}$的函数，因此，系统的弹性变形位移$\{U\}$也是机器人关节运动参数θ、$\dot{\theta}$、$\ddot{\theta}$的函数。那么，我们只要改变机器人关节运动参数θ、$\dot{\theta}$、$\ddot{\theta}$，就可以改变负载的运动误差δ。

3. 运动补偿规划法

我们的目标是要降低负载的运动误差，那么，我们不妨从另外一个角度去考虑，对机器人关节引入一个容易控制的修正变量ε，来改善负载的运动误差，那么在任意时刻机器人的实际关节转角

$$\theta'=\theta+\varepsilon \tag{2}$$

为了确保能使负载的运动误差减小，我们对负载运动误差的最大值进行优化。假设将机器人整个运动时间离散为n个时间点，对应于第i时刻负载的位移误差和转角误差分别为$\delta_i=\sqrt{\delta^2{}_{xi}+\delta^2{}_{yi}}$和$\beta_i$，则优化目标函数可以表示为

$$(f_1(\varepsilon),\cdots,f_{2n}(\varepsilon))^{\mathrm{T}}=(\delta_1,\cdots,\delta_n,\beta_1,\cdots,\beta_n)^{\mathrm{T}} \tag{3}$$

由于负载的运动误差与机器人关节的运动参数之间是非线性关系，所以我们很难利用单一的运动函数来修正机器人关节的运动参数，以达到降低负载运动误差的目的。但我们可以分段对机器人关节的运动规律进行修正，又由于柔性机器人协调操作系统的动力学方程是一个高度耦合的非线性动力学方程。因此，段数不能太多，否则很难得到优化结果，在此我们把它分为三段。为了使机器人关节能运动平稳，在段与段之间用五次函数进行过渡，那么在各段中关节修正变量 ε 的取值分别为

$$\begin{cases}\varepsilon=a\sin(\phi_1 t) & t\leqslant t_1\\ \varepsilon=b_{10}+b_{11}(t-t_1)+b_{12}(t-t_1)^2 & \\ \quad +b_{13}(t-t_1)^3+b_{14}(t-t_1)^4 & t_1<t\leqslant t_1+t_\mathrm{f}\\ \quad +b_{15}(t-t_1)^5 & \\ \varepsilon=\dfrac{-c}{t_2-2t_\mathrm{f}-t_1}(t-t_1-t_\mathrm{f})+c & t_1+t_\mathrm{f}<t\leqslant t_2-t_\mathrm{f}\\ \varepsilon=b_{20}+b_{21}(t-t_2+t_\mathrm{f})+b_{22}(t-t_3+t_\mathrm{f})^2 & \\ \quad +b_{23}(t-t_2+t_\mathrm{f})^3+b_{24}(t-t_2+t_\mathrm{f})^4 & t_2-t_\mathrm{f}<t\leqslant t_2\\ \quad +b_{25}(t-t_2+t_\mathrm{f})^5 & \\ \varepsilon=d\sin[\phi_2(t-t_2)] & \text{其他}\end{cases} \tag{4}$$

利用段与段之间的约束条件，即前一段的终止点和后一段的起始点在关节的位置、速度、加速度相等，可以得到式(4)中的系数 b_{10}、b_{11}、b_{12}、b_{13}、b_{14}、b_{15}、b_{20}、b_{21}、b_{22}、b_{23}、b_{24}、b_{25} 的值

$$b_{10}=a\sin(\phi_1 t_1),\quad b_{11}=a\,\phi_1\cos(\phi_1 t_1)$$

$$b_{12}=\frac{a\,\phi_1^2\sin(\phi_1 t_1)}{2}$$

$$b_{13}=\frac{20c-20a\sin(\varphi_1 t_1)-\left(8\dfrac{-c}{t_2-2t_\mathrm{f}-t_1}+12a\varphi_1\cos(\varphi_1 t_1)\right)t_\mathrm{f}+3a\varphi_1^2\sin(\varphi_1 t_1)t_\mathrm{f}^2}{2t_\mathrm{f}^3}$$

$$b_{14}=\frac{-30c+30a\sin(\varphi_1 t_1)+\left(14\dfrac{-c}{t_2-2t_\mathrm{f}-t_1}+16a\varphi_1\cos(\varphi_1 t_1)\right)t_\mathrm{f}-3a\varphi_1^2\sin(\varphi_1 t_1)t_\mathrm{f}^2}{2t_\mathrm{f}^4}$$

$$b_{15}=\frac{12c-12a\sin(\varphi_1 t_1)-\left(6\dfrac{-c}{t_2-2t_\mathrm{f}-t_1}+6a\varphi_1\cos(\varphi_1 t_1)\right)t_\mathrm{f}+a\varphi_1^2\sin(\varphi_1 t_1)t_\mathrm{f}^2}{2t_\mathrm{f}^5}$$

$$b_{20}=0,\quad b_{21}=-\frac{c}{t_2-2t_\mathrm{f}-t_1},\quad b_{22}=0$$

$$b_{23}=-\frac{8d\phi_2-12\dfrac{c}{t_2-2t_\mathrm{f}-t_1}}{2t_\mathrm{f}^2}$$

$$b_{24}=\frac{14d\phi_2-16\dfrac{c}{t_2-2t_\mathrm{f}-t_1}}{2t_\mathrm{f}^3}$$

$$b_{25}=-\frac{6d\phi_2-6\dfrac{c}{t_2-2t_\mathrm{f}-t_1}}{2t_\mathrm{f}^4}$$

在式(4)中，t 为运动时间，t_1、t_2 为分段时间点，t_f 为过渡时间,在实际操作中可以根据经验来确定，a、c、d、ϕ_1、ϕ_2 为待定常量。

在第 i 时刻机器人关节的角度、角速度、角加速度分别为

$$\begin{cases}\theta_i' = \theta_i + \varepsilon_i \\ \dot{\theta}_i' = \dot{\theta}_i + \dfrac{\varepsilon_i - \varepsilon_{i-1}}{\Delta t} \\ \ddot{\theta}_i' = \ddot{\theta}_i + \dfrac{\varepsilon_i - 2\varepsilon_{i-1} + \varepsilon_{i-2}}{\Delta t^2}\end{cases} \tag{5}$$

因此，我们可得到如下优化方案的数学模型：

$$\begin{aligned}&\min_{x}\ \max_{\{f_i\}}\ [f_1(x),\cdots,f_{2n}(x)]^{\mathrm{T}} = (\delta_1,\cdots,\delta_n,\beta_1,\cdots,\beta_n)^{\mathrm{T}} \\ &\text{s.t.}\quad x = [a,c,d,\phi_1,\phi_2]^{\mathrm{T}} \\ &\qquad\ Lb < x < Ub\end{aligned}$$

式中，a、c、d、ϕ_1、ϕ_2 为优化变量；Lb 为优化变量的下限；Ub 为优化变量的上限。

4. 仿真实例

这里以两平面 3R 柔性机器人操作一个刚性物体如图 1 所示，在规定的时间内完成预定(质心)轨迹运动及方位转动的任务为例，来说明本方法的有效性。柔性机器人系统参数、目标任务参数分别见表 1、表 2。

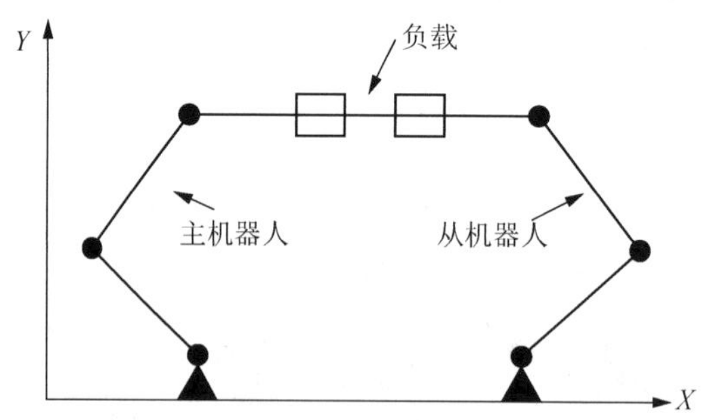

图 1　两柔性机器人协调操作示意图

表 1　柔性机器人系统参数

	基座位置/m	杆长 L_1 /m	杆长 L_2 /m	杆长 L_3 /m	材料	密度 ρ /(kg/m³)	弹性模量 E/(N/m²)	弹性模量 G/(N/m²)	截面形状	截面长度 a/m	截面宽度 b/m	Rayleigh 阻尼系数 a_1	Rayleigh 阻尼系数 a_2	抓持角 ϕ_j /rad
主柔性机器人	$[0,0]^{\mathrm{T}}$	1.5	1.5	0.45	铝	2710	6.77×10^{10}	2.60×10^{10}	矩形	0.01	0.01	0.03	0.03	0
从柔性机器人	$[3,0]^{\mathrm{T}}$	1.5	1.5	0.45	铝	2710	6.77×10^{10}	2.60×10^{10}	矩形	0.01	0.01	0.03	0.03	π

表 2　目标任务参数(角速度单位 rad/s)

质心轨迹方程	质心起点坐标/m	质心终点坐标/m	起始方位/rad	终止方位角/rad	总操作时间 T_s/s	起动耗时 T_q/s	制动耗时 T_z/s
$y=0.5+0.5x$	$[2.0,1.5]^T$	$[1.1,1.05]^T$	$\pi/2$	$-\frac{2\pi}{3}$(顺时针)	4	0.4	0.4

起动线(角)速度规律 $0<t<T_q$	匀速线(角)速度运动规律 $T_q<t<T_s-T_z$	制动线(角)速度规律 $T_s-T_z<t<T$
$v=\frac{[\cos(t/T_q\cdot\pi+\pi)+1]}{2}\cdot V_c$	$v=V_c$	$v=\frac{\cos\{[t-(T_s-T_z)]\cdot\pi/T_z\}+1}{2}\cdot V_c$

注：V_c 可由目标任务的其他参数唯一确定，对 V_x 为-0.250，对 V_y 为-0.125，对 V_ϕ 为-1.0181

被操作物体参数如下：质量 $m_s=0.25\text{kg}$，对质心的转动惯量 $I_s=0.1\text{kg/m}^2$，杆长 $L_p=0.2\text{m}$。

在此仿真实例中，为了减少优化变量的个数以便得到优化结果，只对主机器人的关节进行修正。在给定的目标任务条件下，利用 MATLAB 的优化函数 fminmax 对式(6)进行优化，求出主机器人关节运动补偿量的变化规律。在此,各优化变量的初始值见表 3。

表 3　优化变量初始值

	a	c	d	ϕ_1	ϕ_2
第一关节	−0.004	0.001	0.0031	6.9813	7.8540
第二关节	0.004	0	0.0003	6.9813	7.8540
第三关节	0.001	−0.001	0.0090	6.9813	7.8540

式(4)中 t_1、t_2、t_f 的取值分别为 0.9、3.65、0.2，式(6)中优化变量上下限取值如表 4 所示。

表 4　优化变量上下限

	$Ub(a)$	$Ub(c)$	$Ub(d)$	$Ub(\phi_1)$	$Ub(\phi_2)$
第一关节	0	0.01	0.0025	7.5	8.5
第二关节	0.005	0.001	0.0003	7.5	8.5
第三关节	0.002	0.01	0.009	7.5	8.5
	$Lb(a)$	$Lb(c)$	$Lb(d)$	$Lb(\phi_1)$	$Lb(\phi_2)$
第一关节	−0.005	−0.01	0	5	7
第二关节	0.001	−0.001	0	5	7
第三关节	0.0005	−0.01	0	5	7

通过优化得到式(5)中各个优化变量的值如表 5 所示。

表 5　优化结果

	a	c	d	ϕ_1	ϕ_2
第一关节	−0.0039	0.0021	0.0019	6.8475	7.8571
第二关节	0.0033	−0.0001	0.0002	6.9977	7.9060
第三关节	0.0010	−0.0014	0.0082	6.9764	7.8690

对于给定的目标任务，图 2～图 4 分别为主机器人各关节所要输入的运动补偿量随时间的变化关系。图 5、图 6 分别为末端被操作物体的运动误差随时间的变化关系，从图 5、图 6 中可以看出，对主机器人各关节运动参数修正后，负载的运动误差比规划前得到了明显的降低，从图 5、图 6 可以得到规划前后负载的运动误差的最大值如表 6 所示。

表 6　负载最大运动误差

	位移误差最大值/m	转角误差最大值/rad
规划前	0.01061	−0.01452
规划后	0.00351	0.00324

从表 6 可以看出，规划后负载的最大位移误差和最大转角误差分别比规划前下降了 67%和 78%。从上面的仿真结果可以看出，利用该方法来减少负载的运动误差是非常有效的。

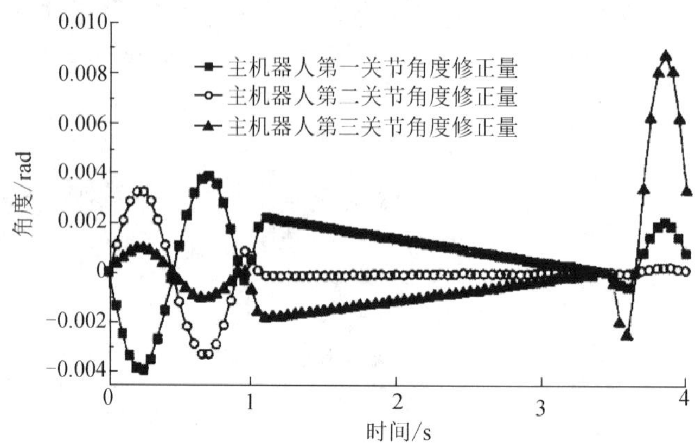

图 2　主机器人关节角修正量

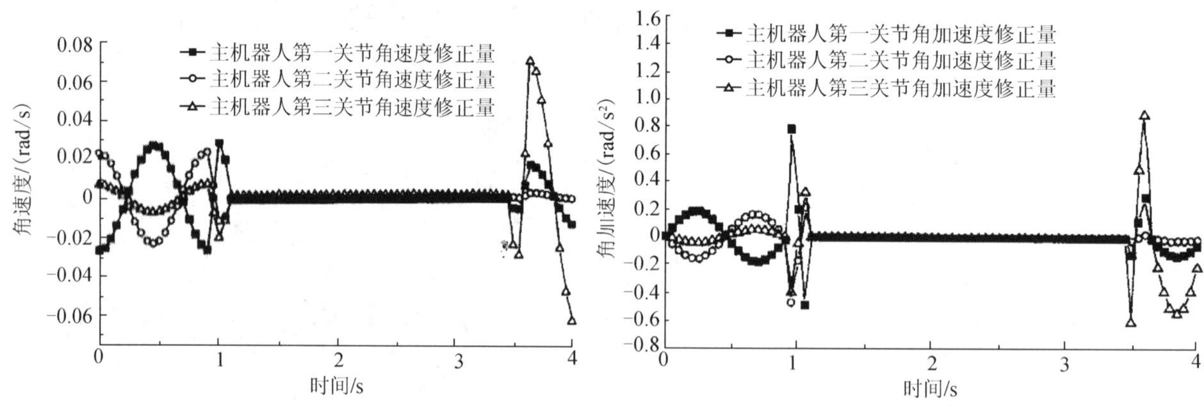

图 3　主机器人关节角速度修正量

图 4　主机器人关节角加速度修正量

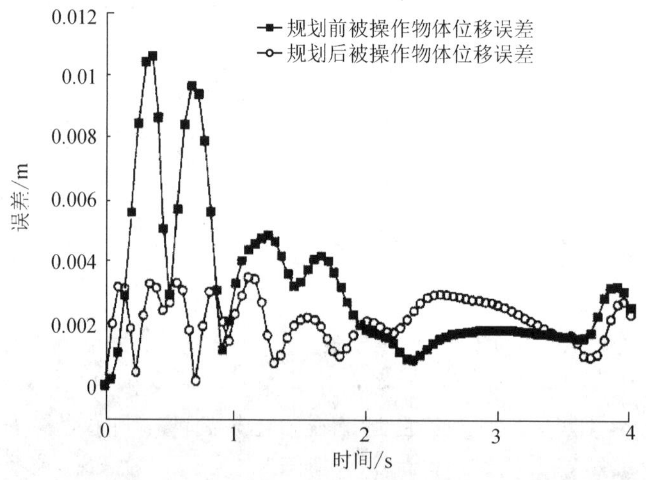

图 5　被操作物体位移误差

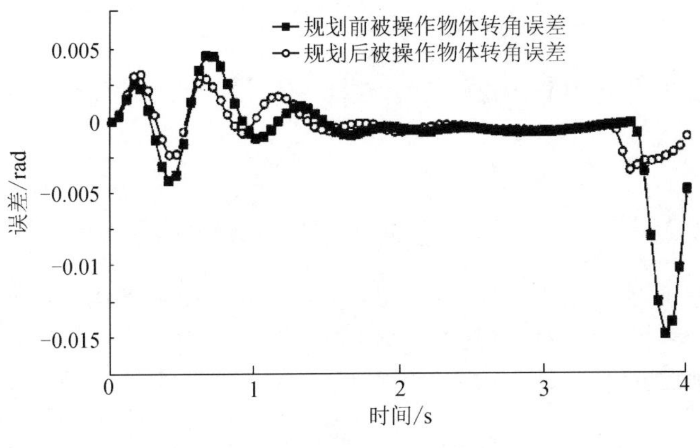

图 6　被操作物体转角误差

5. 结论

针对柔性机器人协调操作系统在运动过程中因柔性变形而引起的问题，本文提出了一种利用机器人关节运动补偿法，来减少被操作负载运动误差的有效方法。对于两个平面 3R 柔性机器人协调操作一个刚性物体进行了数值模拟，获得了令人满意的结果，这一结果充分证明了该方法的有效性。

参考文献

[1] Robust M. Cooperative control of two-link flexible manipulator on the basis of quasi-static equations. Int. J Robotics Research, 1999, 19(4): 414-428

[2] Damaren C J. On the dynamics and control of flexible multi-body systems with closed loops. Int. J. Robotics Research, 2000, 19(3): 238-253

[3] Hillsley K L, Yurkovich S. Vibration control of a two-link flexible robot arm. Proceeding of the IEEE Int. Conference on Robotics and Automation, 1991: 2121-2126

[4] 窦建武，余跃庆.两柔性机器人协调操作开环单自由度刚性负载的动力学建模与仿真.机器人,1999, 21(7): 672-681

[5] 窦建武,余跃庆.两柔性机器人协调操作的动力学模型及其逆动力学分析. 机器人, 2000, 22(1): 39-47

[6] 窦建武.柔性机器人协调操作的运动学和动力学研究. 北京：北京工业大学, 2001

[7] 刘迎春.柔性机器人协调操作柔性负载的动力学建模. 北京：北京工业大学, 2001

（原载《机械科学与技术》2004，23(5): 587-590）

§70　柔性机器人协调操作的无内力载荷分配

马春荣　余跃庆　杜兆才
（北京工业大学，北京　100022）

摘　要：为解决柔性机器人协调操作系统的逆动力学问题，提出一种无内力载荷分配法。该方法首先在操作空间基于无内力的原则规划载荷分配系数，然后在关节空间以关节输入力矩最小为目标确定机器人各个关节的输入力矩。以 2 个 3R 柔性机器人协调操作刚性物体为例，验证了该方法的有效性。

关键词：柔性机器人；协调操作；内力；动载分配

1. 引言

随着科技的发展，机器人已日益渗透到军事、航天、医学等领域，对于机器人操作性能的要求也越来越高。与刚性机器人相比，柔性机器人具有能耗低、驱动装置小、操作速度高、载荷质量比大等优点，同时机器人协调操作又具有承载能力大、可靠性高等单机器人无法比拟的优点，因而柔性机器人协调操作成为机器人研究和应用领域的前沿课题。

由于柔性机器人协调操作的复杂性,与刚性机器人协调操作比，这方面的研究还不足。Jankowski 等[1]研究了柔性关节机器人协调操作的控制问题。Sun、Sharf 等[2]研究了具有单柔性杆机器人协调操作时的关节驱动力矩的分配问题。Matsuno 等[3]建立了 2 个具有单柔性杆的双杆机器人的动力学模型并给出了基于准静态的协调控制算法。窦建武等[4]建立了两平面三柔性杆机器人协调操作的动力学模型。然而，对于柔性机器人协调操作载荷分配的研究尚不多见。由于柔性机器人协调操作系统的逆动力学解不唯一，因此就产生了协调控制中的载荷分配问题，即要使系统实现期望运动轨迹，在实施控制之前，要在各机器人之间适当地分配对公共载荷的作用力，以保证机器人在协调工作中不发生过载现象和不使被操作物体的受力超出物理极限或脱落。

本文提出一种无内力载荷分配方法。采用基于绝对坐标的动力学模型，首先，在操作空间，基于无内力的原则规划载荷分配系数，然后，以关节输入力矩最小为目标，把系统的动载分配到关节空间，即得到各机器人所需要的关节输入力矩。

2. 柔性机器人协调操作系统的动力学模型

如图 1 所示，设 m 个机器人协调操作刚性物体，且为紧固抓持。协调操作的动力约束为各机器人末端抓持力的合力与物体的惯性力相平衡。协调操作的运动约束为各机器人末端点，即抓持点与物体质心之间应满足刚体上两点之间的运动关系。协调操作的动力学方程可表示为[5]

$$\left[{}^{i}\boldsymbol{M}\right]\left\{{}^{i}\ddot{\boldsymbol{q}}\right\}+\left[{}^{i}\boldsymbol{C}\right]\left\{{}^{i}\dot{\boldsymbol{q}}\right\}+\left[{}^{i}\boldsymbol{K}\right]\left(\left\{{}^{i}\boldsymbol{q}\right\}-\left\{{}^{i}\boldsymbol{q}_{\mathrm{r}}\right\}-\left\{{}^{i}\boldsymbol{q}_{\mathrm{t}}\right\}\right)=\left\{{}^{i}\boldsymbol{\tau}\right\}+\left\{{}^{i}\boldsymbol{F}\right\}$$

$$\boldsymbol{P}=-\sum_{i=1}^{m}\left[{}^{i}\boldsymbol{G}\right]\left\{{}^{i}\boldsymbol{F}\right\}$$

$$\left\{{}^{i}\boldsymbol{q}_{\mathrm{d}}\right\}=\left[{}^{i}\boldsymbol{R}\right]\left\{\boldsymbol{x}\right\} \tag{1}$$

式(1)为基于绝对坐标的柔性机器人的动力学方程，其中，$[\boldsymbol{M}]$、$[\boldsymbol{C}]$、$[\boldsymbol{K}]$分别为质量矩阵、阻尼矩阵、刚度矩阵，$\{\boldsymbol{q}\}$、$\{\boldsymbol{q}_{\mathrm{r}}\}$、$\{\boldsymbol{q}_{\mathrm{t}}\}$ 分别为绝对位移向量、刚体角位移向量、刚体平动位移向量，$\{\boldsymbol{\tau}\}$ 和 $\{\boldsymbol{F}\}$ 分别为与驱动力矩有关的力矩向量和末端抓持力向量。左上标 i 表示第 i 个机器人的矩阵或向量，$i=1\sim m$。后两式分别是动力约束方程和运动约束方程，$\boldsymbol{P}$ 是物体质心的动载，$\left[{}^{i}\boldsymbol{G}\right]$ 是第 i 个机

器人的力转换矩阵。$\left\{{}^{i}\boldsymbol{q}_{\mathrm{d}}\right\}$是第 i 个机器人末端的位移向量，$\left[{}^{i}\boldsymbol{R}\right]$是第 i 个机器人的坐标转换矩阵，$\{\boldsymbol{x}\}$是物体质心的位移向量。

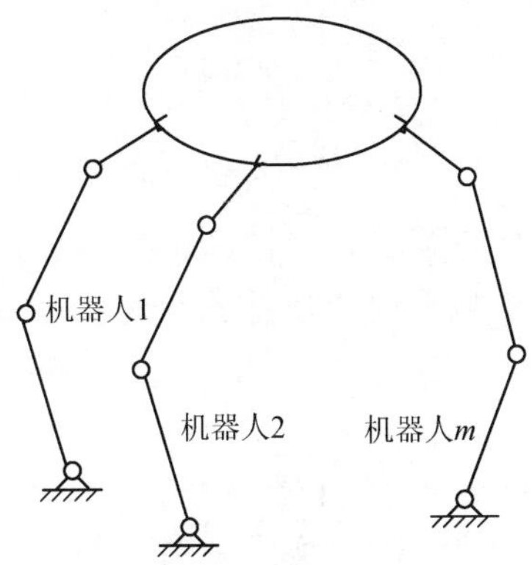

图 1　机器人协调操作系统图

3. 动载分配及内力

当机器人协调操作时，由于各机器人形成闭环，即使各个机器人是非冗余度机器人，系统也会出现冗余驱动问题，从而导致逆动力学解不唯一。因此，需要对动载进行分配。且各个机器人作用于同一物体上的力存在相互抵消的可能，互相抵消的力不影响物体的运动，但使物体受到挤压、拉伸，通常称其为内力效应[6]。如果内力效应较强，将会损坏被操作物体，因此它常作为性能指标用以分配载荷[7,8]。通常情况下，不期望产生内力，一方面是为了节省动力，另一方面是避免被操作物的损坏。

物体的动载 $\boldsymbol{P}$ 和各机器人作用在物体上的力 $\boldsymbol{F}$ 之间的关系为[9]

$$\boldsymbol{P}=\boldsymbol{W}\boldsymbol{F} \tag{2}$$

式中，$\boldsymbol{W}$ 为抓取矩阵。

由式(2)得

$$\boldsymbol{F}=\boldsymbol{W}^{+}\boldsymbol{P}+\left(\boldsymbol{I}-\boldsymbol{W}^{+}\boldsymbol{W}\right)\varepsilon \tag{3}$$

式中，$\boldsymbol{W}^{+}$是抓取矩阵 $\boldsymbol{W}$ 的一个广义逆，$\boldsymbol{I}$ 是单位矩阵，ε 是一个可任意选取的向量。

式(3)中右边第一项的合力为 $\boldsymbol{F}$，对应驱使物体运动所需要的动力，第二项的合力为零，不影响物体的运动，仅产生内力效应。

考虑物体质心处，物体的动载 $\boldsymbol{P}$ 和各机器人作用在物体质心上的力 ${}^{i}\boldsymbol{F}$ 之间的关系为

$$\boldsymbol{P}=\sum_{i=1}^{m}{}^{i}\boldsymbol{F} \tag{4}$$

对比式(3)和式(4)，发现将物体的动载在质心处分配要比在各个机器人末端抓手的作用点之间分配简单得多，此时要使物体内力为零，只需使各个机器人作用在物体上的力 ${}^{i}\boldsymbol{F}$ 与物体合力矢 $\boldsymbol{P}$ 平行，且满足下列等式：

$${}^{i}\boldsymbol{F}=\lambda_{i}\boldsymbol{P} \tag{5}$$

式中，$\sum_{i=1}^{m}\lambda_{i}=1$，$0\leqslant\lambda_{i}\leqslant1$，$i=1,\cdots,m$，$\lambda$ 为载荷分配系数。

机器人协调系统动力协调的目的就是将系统动载分配到系统的关节空间，因此，选择系统关节驱动力矩的平方和作为优化的目标函数，即

$$\min \quad f(\lambda)=\left(\sum_{i=1}^{m}\boldsymbol{\tau}_i^{\mathrm{T}}\boldsymbol{\tau}_i\right)/n$$

$$\text{s. t.} \quad \sum_{i=1}^{m}\lambda_i=1$$

$$0\leqslant\lambda_i\leqslant 1 \tag{6}$$

当给定被操作物体的期望运动轨迹后，基于被操作物体质心处无内力原则，即可通过式(1)、式(5)和式(6)分配各机器人的期望工作载荷，求出各关节的驱动力矩。

4. 数值仿真

以 2 个平面 3R 柔性机器人协调操作刚性物体为例。2 个机器人的系统参数和目标任务参数见表 1 和表 2，被操作物体参数见表 3，协调操作参数示意图如图 2 所示。

表 1　柔性机器人协调操作系统参数

	基座位置坐标	第 1 杆杆长 L_1 /m	第 2 杆杆长 L_2 /m	第 3 杆杆长 L_3 /m	材料	密度 ρ /(kg·m^{-3})	弹性模量 E /MPa	弹性模量 G /MPa	截面形状	截面长度 a/m	截面宽度 b/m	Rayleigh 阻尼系数 α_1	Rayleigh 阻尼系数 α_2
机器人 1	(0,0)	1.5	1.5	0.45	铝	2710	6.77×10^{10}	2.60×10^{10}	正方形	0.04	0.04	0.03	0.03
机器人 2	(3,0)	1.5	1.5	0.45	铝	2710	6.77×10^{10}	2.60×10^{10}	正方形	0.04	0.04	0.03	0.03

表 2　目标任务参数

质心轨迹方程/m	质心起点坐标/m	质心终点坐标/m	起始方位角/rad	终止方位角/rad	总操作时间 t_s/s	起动耗时 t_q/s	制动耗时 t_z/s
$y=0.5+0.5x$	(2.0,1.5)	(1.1,1.05)	$\pi/2$	$-\dfrac{2\pi}{3}$ (顺时针)	4	0.4	0.4

起动线(角)速度规律 $0<t<t_q$	匀速线(角)速度运动规律 $t_q<t<t_s-t_z$	制动线(角)速度规律 $t_s-t_z<t<t_s$
$v=\dfrac{[\cos(t/t_q\cdot\pi+\pi)+1]}{2}\cdot v_c$	$v=v_c$	$v=\dfrac{\cos\{[t-(t_s-t_z)]\cdot\pi/t_z\}+1}{2}\cdot v_c$

表 3　被操作物体参数

质量 m_s / kg	对质心的转动惯量 I /(kg·m^2)	L_p / m	L_{p1} / m	L_{p2} / m	ψ_1 / rad	ψ_2 / rad	θ_1 / rad	θ_2 / rad
5	0.8	0.2	0.2	0.2	0	π	$\pi/3$	$2\pi/3$

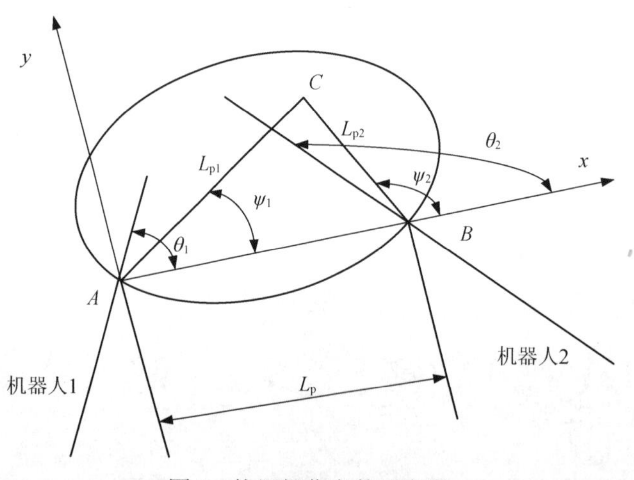

图 2　协调操作参数示意图

对于给定的目标任务，进行逆运动学求解，可得其位形图，如图 3 所示。

载荷分配系数如图 4 所示。由图 4 可以看出，载荷分配系数 λ_1 和 λ_2 之和恒为 1，说明物体质心处内力为零。

由图 4 曲线还可以看出，在物体移动的前半程，$0 \leqslant t \leqslant 2.2\text{s}$，物体靠近机器人 2，物体运动所需的驱动力矩主要由机器人 2 提供。在物体运动的后半程，$2.2\text{s} \leqslant t \leqslant 4\text{s}$ 时，物体靠近机器人 1，物体运动所需的驱动力矩主要由机器人 1 提供。

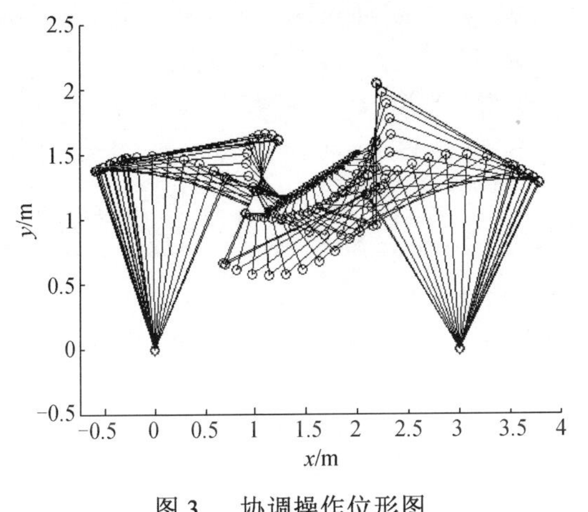

图 3　协调操作位形图

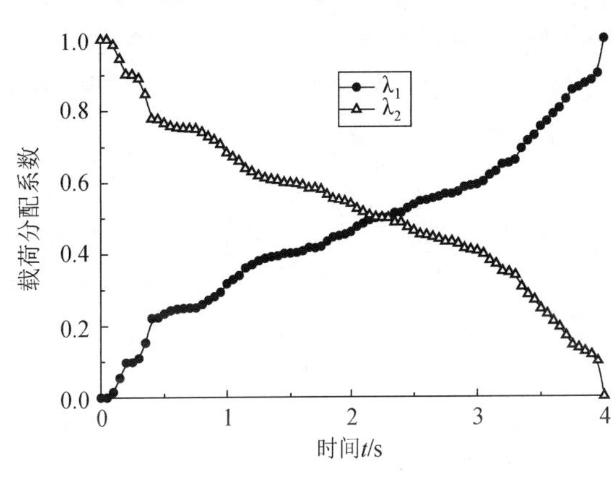

图 4　载荷分配系数变化曲线图

机器人 1 和机器人 2 的关节驱动力矩如图 5 和图 6 所示。由图中曲线可以看出，在起动和制动阶段，关节驱动力矩较大且变化剧烈；而中间阶段，关节驱动力矩较小且变化平缓。这是因为在起动和制动阶段，物体运动加速度比较大；而在中间阶段，物体是匀速运动。因此，当给定被操作物体的期望运动轨迹后，要选择适当的起动加速度和制动加速度，以便于控制。

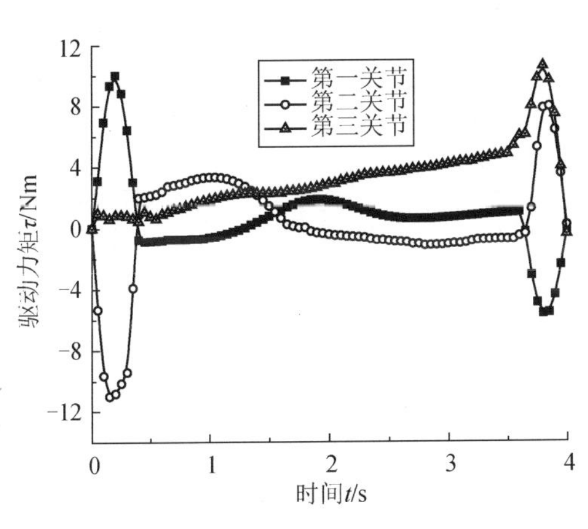

图 5　机器人 1 关节驱动力矩

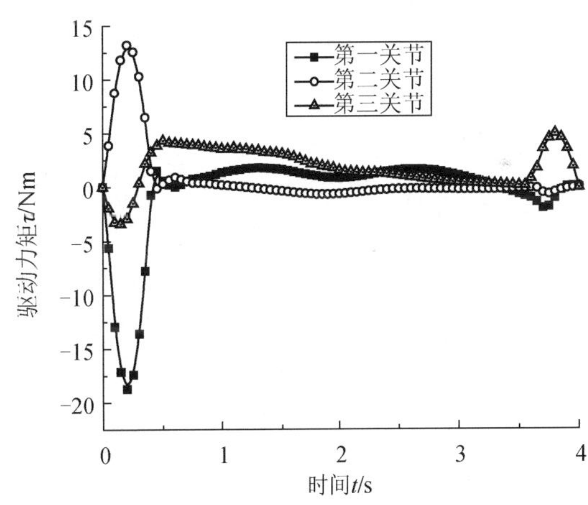

图 6　机器人 2 关节驱动力矩

5. 结论

本文研究了柔性机器人协调操作刚性物体的动态载荷分配问题，提出一种无内力载荷分配法。该方法考虑了物体的内力效应，与基于绝对坐标的动力学模型相结合，首先在操作空间，基于无内力的原则规划载荷分配系数，然后在关节空间，以关节输入力矩最小为目标确定机器人各个关节的输入力矩。运用该方法对物体的动载进行分配时，物体所受内力为零，求解简单，适于柔性机器人协调系统的实时控制。

参考文献

[1] Jankowski K, et al. Dynamic coordination of multiple robot arms with flexible joints. Int. Journal of Robotics Research, 1993, 12(6): 505-528

[2] Sun Q, Sharf I, Nahon M. Stability analysis of the force distribution algorithm for flexible-link cooperating manipulators. Mechanism and Machine Theory, 1999, 34: 753-763

[3] Mastuno F, Hatayama M. Robot cooperative control of two two-link flexible manipulators on the basis of quasi-static equations. Int. Journal of Robotics Research, 1999, 18(4): 414-428

[4] 窦建武，余跃庆. 两柔性机器人协调操作的动力学模型及其逆动力学分析. 机器人，2000，22(1)：39-47

[5] 张成新，余跃庆. 基于绝对坐标的柔性机器人逆动力学建模和轨迹跟踪. 机械科学与技术. 2002， 21(1)：10-12

[6] Nakamura Y. Minimizing object strain energy for coordination of multiple robotic mechanisms. Proc of America Control Conference, 1988: 499-504

[7] Zheng Y F, Luh J Y S. Optimal load distribution for two industrial robots holding a single object. Trans. ASME, J of Dynamic Systems Measurement and Control, 1989, 111: 33-239

[8] Chen F T, Orin D E. Optimal force distribution in multiple-chain robotic mechanism. IEEE Trans on System Man and Cybernetics, 1991, 21(1): 13-24

[9] Ian D Walker, Steven I Marcus, R A Freem. Distribution of dynamic loads for multiple cooperating robot manipulators. Journal of Robotic System, 1989, 6(1): 35-47

(原载《中国制造业信息化》2006, 35(9): 69-72)

第 6 章　柔性并联机器人动力学特性及其改善

引　言

第 4 章讨论的柔性机器人主要是围绕开链串联型机器人进行的，其最突出的问题就是机器人系统的整体刚度较低，从而影响了机器人的工作性能。第 5 章用多个机器人构成机器人协调操作系统的方法使得该问题有所改进，但大多数机器人协调操作系统都是由两个机器人组成的，主要是为了模仿人的双臂来完成一些复杂的操作任务，而从提高机器人系统刚度的角度其作用远远不够，因此，如果能从多环、多自由度闭链机构中得到启发，将串联结构的开链机械臂改变为由多个机器人并联组成的闭链系统，可从根本上解决串联机器人整体刚度低的问题，尤其对于具有柔性部件的柔性机器人效果将更加明显。

并联机器人具有刚度大、运动精度高等优点，与传统串联机器人在结构和性能方面形成互补关系，可完成串联机器人难以完成的任务，扩大了机器人的应用场合，尤其在有高速和高加速以及高精度等方面要求的工作条件下更有优势，因此，并联机器人是机器人领域的重要研究和发展方向之一。目前，大多数研究都是围绕刚性并联机器人开展的，但是，并联机器人中关节及杆件的变形随着机器人工作速度的提高将变得越来越明显，将在较大程度上影响机器人的性能，因此，充分考虑构件柔性的影响是开展并联机器人研究的必然趋势。此处的构件柔性问题与串联型柔性机器人中研究的问题类似，因此，将柔性机器人与并联机器人两个领域有机地结合到一起，构成柔性并联机器人这一新的研究方向，对于机器人的发展具有重要理论意义和应用价值。本章研究在此方面进行了较为系统和深入的探索。

开展柔性并联机器人研究，首先需要建立该系统的动力学模型，给出相应的分析方法，然后在此基础上深入研究系统的动力学特性，最后提出改善系统性能的规划及控制方法。这一研究基本思路贯穿了本书有关机器人及机构动力学研究过程，本章研究工作也是沿着这一思路展开的。

本章内容主要分为两个方面，共由 17 篇论文组成。

6.1 节，建模与仿真，主要研究柔性并联机器人系统的动力学建模和仿真分析方法，由 6 篇论文构成。其中，文 71 和文 72 应用运动弹性动力学(KED)方法分别建立了平面及空间弹性并联机器人的动力学模型，这是当时国内外较早涉及柔性并联机器人动力学问题的两篇文章，但研究深度有一定局限，当时没有继续下去。大约 10 年之后，经过第 4 章和第 5 章有关柔性机器人及其协调操作系统动力学研究不断深入，并取得一定成果之后，对柔性并联机器人动力学问题有了新的认识，因此，又重新开始了较为系统和深入的研究。文 73～文 76 围绕柔性并联机器人系统的动力学建模与分析方法进行了研究，文 73 以机器人系统的运动学及动力学协调约束为基础，应用有限元法和 Lagrange 方程，建立了平面柔性并联机器人系统的动力学方程，并给出了其逆动力学求解方法。文 74 开发了一种基于虚拟样机的柔性并联机器人动力学仿真系统，为开展柔性并联机器人研究提供了一种有效工具。文 75 和文 76 分别针对 3-RRC 型和 3-RRS 型三自由度空间并联柔性机器人进行了动力学建模与分析。这些工作为开展柔性并联机器人动力学特性改善的研究提供了平台和工具。

6.2 节，特性分析与改善，主要讨论柔性并联机器人系统的动力学特性及其改善问题，由 11 篇论文构成。其中，文 77 提出了一种输入运动规划策略，显著降低了弹性并联机器人的输出运动误差。文 78 提出将冗余驱动方法用于弹性并联机器人的思想，通过规划冗余驱动力达到了抑制并联机器人弹性振动的目的。文 79 详细讨论了集中质量、分布质量、转动惯量以及弯曲、拉伸及剪切变形等因素在柔性并联机器人系统动力学模型中的作用，然后进行了动态应力分析。文 80 进一步将动应力计算与疲劳特性分析结合，给出了一种柔性并联机器人的应力疲劳分析方法。文 81 对柔性并联机器人系统的频率特征进行了分析，通过分析求解精度、收敛性与单元横向弹性位移型函数以及单元数量之间的关系，验证了系统动力学建模的合理性和准确性。文 82 进行了柔性并联机器人系统刚度分析，研究了刚度与奇异位形、固有频率及弹性振幅之间的关系，并将刚度分析方法用于柔性并联机器人动力学特性预测，提高了计算效率。文 83 提出了一种灵敏度分析方法，研究了柔性并联机器人动力学特性对各设计参数的灵敏度，这对柔性并联机器人的动力综合和优化设计有重要意义。文 84 在定性分析了动平台质量、转动惯量对柔性并联机器人系统固有频率及动态响应影响的基础上，以运动误差、固有频率、动态应力、驱动力矩等为约束条件，进行了柔性并联机器人多目标优化设计。文 85 对 3-RRS 空间并联柔性机器人的弹性振动特性进行了分析，揭示了系统阻尼、固有频率及模态衰减系数的变化规律。文 86 以“IPC+PMAC”为控制核心，以“RTLinux”为开发平台搭建了一套平面 3-RRR 并联柔性机器人的实验系统，文 87 则在此平台上从实验角度研究了平面三自由度柔性并联机器人的动力学特性，验证了上一节建立的并联柔性机器人系统动力学模型的正确性以及分析方法的有效性。这些研究工作为进一步认识和改善柔性并联机器人系统的动力学特性打下了良好基础。

柔性并联机器人是机器人领域的前沿方向，本章研究工作在系统的动力学建模、特性分析与改善方面打下了一定基础，但还有很多方面需要进一步深入研究，如：同时考虑杆件和关节柔性的柔性并联机器人系统动力学建模方法；杆件和关节柔性的耦合特性分析；通过给系统外加压电晶体等措施对柔性并联机器人系统中杆件的弹性振动进行控制；将输入规划法与外部控制法相结合，全面抑制柔性并联机器人的整体和局部振动；在柔性并联机器人系统上增加冗余支链，采用冗余驱动的方法控制和提高系统的操作性能；与柔顺机构结合，开发具有柔顺关节和柔性杆件的全柔顺并联机器人研究新方向等。

6.1　建模与仿真

§ 71　弹性平面并联机器人的 KED 分析

蔡胜利　余跃庆　白师贤

（北京工业大学，北京　10002）

摘　要：首次用 KED 方法建立了平面并联机器人的弹性动力学方程，由此方程可以求解腿部各节点的弹性运动和平台的输出运动误差。

关键词：平面并联机器人；弹性；KED

1. 引言

目前，对弹性机构的动力学分析已很深入，但在弹性机器人方面，几乎所有的研究都集中在串联机器人上，而对弹性并联机器人的研究却非常少见[1,2]。另一方面，刚性构件的并联机器人动力学问题已有较深入的研究，因此带弹性构件的并联机器人动力学研究就显得较为迫切。由于并联机器人为多环闭链结构，且构件多，故其动力学建模较复杂。本文将用 KED 方法建立一种平面三自由度并联机器人[3]的弹性动力学方程，并给出了其求解方法。由于这方面的工作尚属初始阶段，所以本文的目标是找到简便的建模方法，而不是致力于提高建模的精度和方程求解的效率。

2. 机器人单元划分

图 1 所示为最典型的三自由度平面并联机器人的结构及系统坐标，它的各关节均为 R 副，由 B_i 处的三个关节驱动。三条腿上的杆 B_iA_i，$A_iE_i(i=1,3)$ 均设为弹性杆，平台设为刚性架。在活动平台上设单元 0，在 B_iA_i 和 A_iE_i 杆上分别设单元 $i1$ 和 $i2(i=1,3)$，这样共设有 7 个单元。

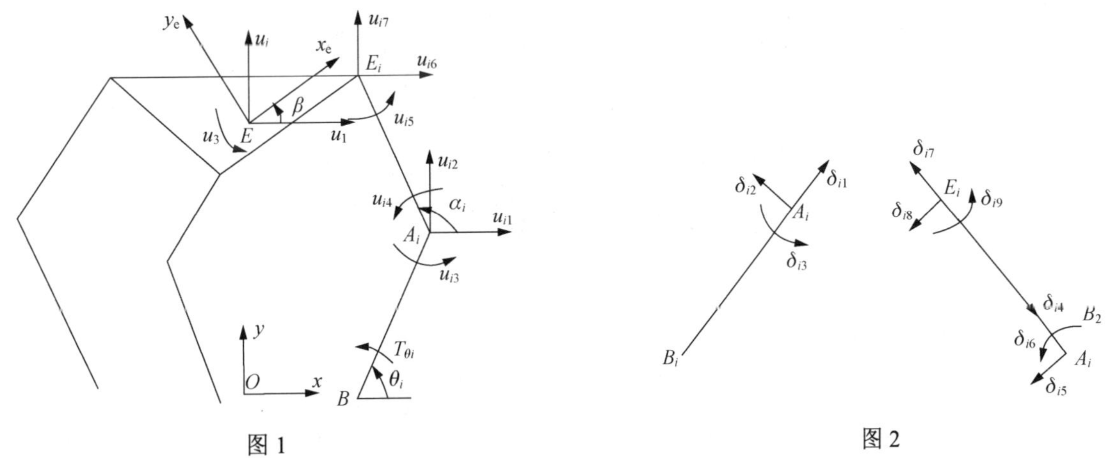

图 1　　　　图 2

3. 单元坐标与系统坐标

如图 1 所示，腿 i 的节点变形可用 $U_i=(u_{i1},u_{i2},\cdots,u_{i7})^{\mathrm{T}}$ 七个系统坐标表示，由腿部变形引起的平台位移用 $U_{\mathrm{e}}=(u_1,u_2,u_3)^{\mathrm{T}}$ 两个系统坐标表示。显然，u_{i6} 和 u_{i7} 可以表示为 U_{e} 的函数。

而如图 2 设置的单元坐标所示，单元 $i1$ 和 $i2$ 的节点变形用 $\Delta_i=(\delta_{i1},\delta_{i2},\cdots,\delta_{i9})^{\mathrm{T}}$ 9 个单元坐标表示，

单元 0 的单元坐标与系统坐标一致，则 Δ_i 与 U_i 之间的关系为

$$\Delta_i = T_i U_i \tag{1}$$

式中，

$$T_i = \begin{bmatrix} C\theta & S\theta & 0 & 0 & 0 & 0 & 0 \\ -S\theta & C\theta & 0 & 0 & 0 & 0 & 0 \\ 0 & 0 & 1 & 0 & 0 & 0 & 0 \\ C\alpha & S\alpha & 0 & 0 & 0 & 0 & 0 \\ -S\alpha & C\alpha & 0 & 0 & 0 & 0 & 0 \\ 0 & 0 & 0 & 1 & 0 & 0 & 0 \\ 0 & 0 & 0 & 0 & 0 & C\alpha & S\alpha \\ 0 & 0 & 0 & 0 & 0 & -S\alpha & C\alpha \\ 0 & 0 & 0 & 0 & 1 & 0 & 0 \end{bmatrix}$$

由于 E_i 点在腿上与平台上的变形位移应一致，因此 u_{i6} 和 u_{i7} 可表示为

$$U_{ei} = \left(u_{i6}, u_{i7}\right)^{\mathrm{T}} = J_{ei} U_{\mathrm{e}} \tag{2}$$

式中，$J_{\mathrm{e}} = \begin{bmatrix} 1 & 0 & -p_i S\beta + q_i C\beta \\ 0 & 1 & -p_i C\beta - q_i S\beta \end{bmatrix}$，$p_i$、$q_i$ 分别为 E_i 点在坐标系 $E\text{-}X_{\mathrm{e}}Y_{\mathrm{e}}$ 中的坐标。式(2)即平台与各腿之间的位移协调方程。

4. 单元弹性动力学方程

单元 0 为刚性架，其动力学方程为

$$M_{\mathrm{e}} \ddot{U}_{en} = P_{\mathrm{e}} + F_{\mathrm{e}} \tag{3}$$

式中，$M_{\mathrm{e}} = \begin{bmatrix} m_{\mathrm{e}} & 0 & 0 \\ 0 & m_{\mathrm{e}} & 0 \\ 0 & 0 & I_{\mathrm{e}} \end{bmatrix}$，$m_{\mathrm{e}}$、$I_{\mathrm{e}}$ 分别为平台的质量和相对于 E 点的转动惯量；P_{e} 为平台在 E 点受到的外力；F_{e} 为平台在 E_i 处所受腿部的关节力的合力在 E 点的等效力。

对于腿部弹性杆，本文采用文献[4]中的单元位移模型，其纵向和横向变形分别用一次和二次多项式函数表示。单元 $i1$ 和 $i2$ 的弹性动力学方程分别为

$$M_{i1}\ddot{\Delta}_{i1\mathrm{a}} + K_{i1}\Delta_{i1} = P_{i1} + F_{i1} \tag{4}$$

$$M_{i2}\ddot{\Delta}_{i2\mathrm{a}} + K_{i2}\Delta_{i2} = P_{i2} + F_{i2} \tag{5}$$

式中，$\Delta_{i1} = \left(\delta_{i1}, \delta_{i2}, \delta_{i3}\right)^{\mathrm{T}}$，$\Delta_{i2} = \left(\delta_{i4}, \delta_{i5}, \cdots, \delta_{i9}\right)^{\mathrm{T}}$，$\ddot{\Delta}_{i1\mathrm{a}} = \ddot{\Delta}_{i1} + \ddot{\Delta}_{i1\mathrm{r}}$，$\ddot{\Delta}_{i1\mathrm{a}}$、$\ddot{\Delta}_{i1\mathrm{r}}$ 分别为对应于 Δ_{i1} 的结点处的绝对加速度和刚体加速度，其余类似符号与之意义相同；M_{i1}、$K_{i1} \in \mathrm{R}^{3\times3}$，分别为单元 $i1$ 的质量矩阵和刚度矩阵；M_{i2}、$K_{i2} \in \mathrm{R}^{6\times6}$，分别为单元 $i2$ 的质量矩阵和刚度矩阵，其意义与构成见文献[4]。

第 i 腿上的弹性动力学方程由单元 $i1$ 和 $i2$ 的弹性动力学方程组合得到

$$M_i \ddot{\Delta}_{i\mathrm{a}} + K_i \Delta_i = P_i + F_i \tag{6}$$

式中，$M_i = \begin{bmatrix} M_{i1} & 0 \\ 0 & M_{i2} \end{bmatrix}$，$K_i = \begin{bmatrix} K_{i1} & 0 \\ 0 & K_{i2} \end{bmatrix}$，$P_i = \begin{bmatrix} P_{i1} \\ P_{i2} \end{bmatrix}$，$F_i = \begin{bmatrix} F_{i1} \\ F_{i2} \end{bmatrix}$。

将式(6)改成关于系统坐标的方程如下：

$$\overline{M}_i \ddot{\overline{U}}_{i\mathrm{a}} + \overline{K}_i \overline{U}_i = \overline{P}_i + \overline{F}_i \tag{7}$$

式中，$\overline{U}_i=(u_{i1},\cdots,u_{i5},u_1,u_2,u_3)^{\mathrm{T}}$，$\overline{M}_i=B_i^{\mathrm{T}}T_i^{\mathrm{T}}M_iT_iB_i$，$\overline{K}_i=B_i^{\mathrm{T}}T_i^{\mathrm{T}}K_iT_iB_i$，$\overline{P}_i=B_i^{\mathrm{T}}T_i^{\mathrm{T}}P_i$，$\overline{F}_i=B_i^{\mathrm{T}}T_i^{\mathrm{T}}F_i$，$B_i=\begin{bmatrix} I_{5\times5} & 0_{5\times3} \\ 0_{2\times5} & J_{ei} \end{bmatrix}$；关节 B_i 与 E_i 处的集中质量与转动惯量应在此时加到矩阵 $T_i^{\mathrm{T}}M_iT_i$ 上对应于 $u_{i1}-u_{i7}$ 的对角线上。

5. 系统弹性动力学方程

将 $\overline{M}_i$ 分解为 4 部分，即：$\overline{M}_i=\begin{bmatrix} M_{i11} & M_{i12} \\ M_{i21} & M_{i22} \end{bmatrix}$，其中 $M_{i11}\in\mathrm{R}^{5\times5}$，$M_{i12}\in\mathrm{R}^{5\times3}$，$M_{i21}\in\mathrm{R}^{3\times5}$，$M_{i22}\in\mathrm{R}^{3\times3}(i=1,3)$；$\overline{K}_i$ 同 $\overline{M}_i$；将 $\overline{U}_i$ 分解为：$\overline{U}_i=[U_{i0},U_{\mathrm{e}}]^{\mathrm{T}}$，其中 $U_{i0}=(u_{i1},\cdots,u_{i5})^{\mathrm{T}}$；将 $\overline{P}_i$ 解为 $\overline{P}_i=[P_{i0},P_{i\mathrm{e}}]^{\mathrm{T}}$，$\overline{F}_i$ 同 $\overline{P}_i$。

采用系统广义坐标为 U，则可将式(3)和式(7)装配到一起，形成系统弹性动力学方程为

$$M\ddot{U}_{\mathrm{a}}+KU=P \tag{8}$$

或

$$M\ddot{U}+KU=P-M\ddot{U}_{\mathrm{T}} \tag{9}$$

式中，

$$U=[U_{10},U_{20},U_{30},U_{\mathrm{e}}]^{\mathrm{T}}=(u_{11},\cdots,u_{15},u_{21},\cdots,u_{25},u_{31},\cdots,u_{35},u_1,u_2,u_3)_{18\times1}^{\mathrm{T}}$$

$$P=\left[P_{10},P_{20},P_{30},\sum_{i=1}^{3}P_{i\mathrm{e}}\right]^{\mathrm{T}}$$

$$M=\begin{bmatrix} M_{111} & 0 & 0 & M_{112} \\ 0 & M_{211} & 0 & M_{212} \\ 0 & 0 & M_{311} & M_{312} \\ M_{121} & M_{221} & M_{321} & M_{\mathrm{e}}+\sum_{i=1}^{3}M_{i22} \end{bmatrix}_{18\times18}$$

K 与 M 同，只是没有 K_{e} 项。

各单元方程的 $\overline{F}_i$ 项互相抵消，其中单元 0 与 $i2(i=1,3)$ 之间在 E_i 处的作用力也在装配时抵消。

式(9)是一个二阶微分方程组，适用于根据给定输入运动求解其构件弹性变形和平台输出运动的误差。

6. 方程解法

目前有许多数值方法可以求解式(9)，如振型叠加法，直接积分法等，本文采用 New mark 积分法进行求解，得到了腿上各结点的弹性运动及平台运动误差规律。

7. 数值例

已知一机器人的结构参数如下(单位：长度 m，质量 kg，力 N，时间 s，密度 $\mathrm{kg/m^3}$，弹性模量/Pa)：

各杆材料均为钢，密度为 $\rho=7.8\times10^3$，弹性模量为 $E=20\times10^{10}$，各杆长度均为 0.2，厚度为 0.001，宽度为 0.01，E_i、A_i 处的集中质量均为 0.02；平台质量与相对其质心的转动惯量分别为 0.044 和 0.004；$B_i(i=1,2,3)$ 点在绝对坐标系 O-XY 中的坐标 (B_{ix},B_{iy}) 与 E_i 点在动参考系 E-$(X_{\mathrm{e}},Y_{\mathrm{e}})$ 中的坐标 $(p_i,q_i)(i=1,2,3)$ 分别为

$$B_{1x}=-0.27，\quad B_{1y}=0.16，\quad p_{1x}=-0.1，\quad q_{1x}=-0.06$$

$$B_{2x}=-0.27，\quad B_{2y}=0.16，\quad p_{2x}=0.1，\quad q_{2x}=-0.06$$

$$B_{3x}=0,\quad B_{3y}=0.32,\quad p_{3x}=0,\quad q_{3x}=0.12$$

以平台上点 E 的绝对坐标(E_x,E_y)与平台转角β(即与u_1，u_2，u_3方向相同的三个坐标)表示机器人的名义运动，则已知平台的名义运动为：$E_y=\dot{E}_y=\ddot{E}_y=0$，$\beta=\dot{\beta}=\ddot{\beta}=0$，$E_x$的名义变化规律如图 3 所示。而平台的位移误差如图 4 所示。

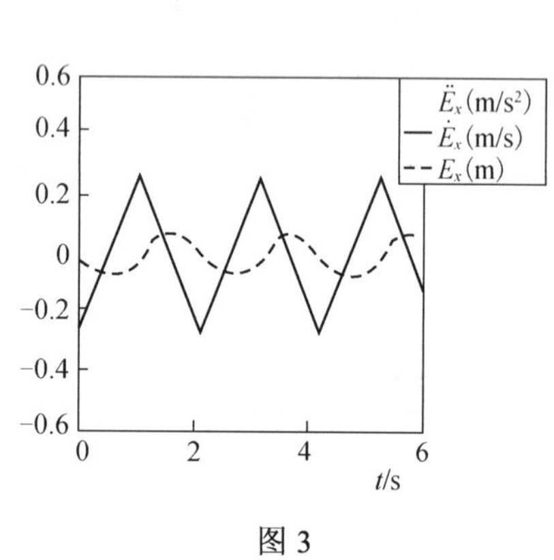

图 3

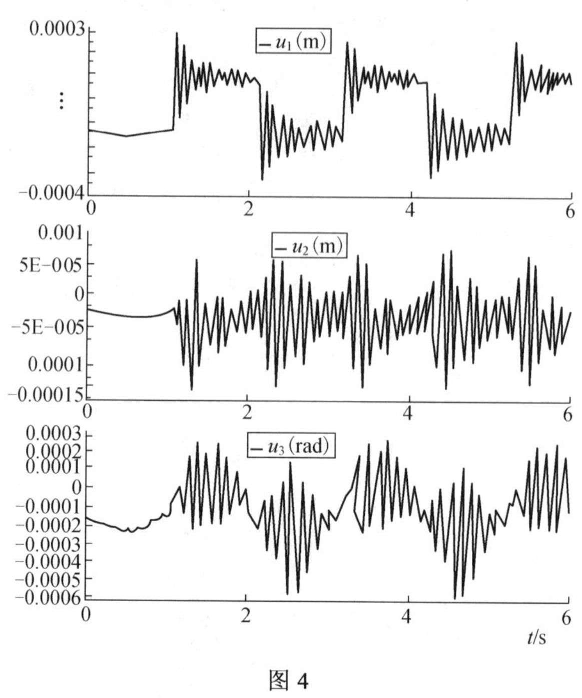

图 4

8. 结论

本文通过平台与腿部的变形协调方程方便地建立了平面并联机器人弹性动力学方程，可简单快速地求出对于给定输入运动时的输出运动误差。本文为弹性并联机器人的动力学分析与设计打下了基础。

参考文献

[1] 方跃法，黄真．六自由度并联机器人的弹性动力模型.机械科学与技术，1990，9(1)：62-69

[2] Fattah A, Angeles J. Direct kinematics of a 3-dof spatial parallel manipulator with flexible legs. ASME 1994, ED-Vol. 72: 284-291

[3] Pennock G R，Kassner D J. Kinematic analysis of a planar eight -bar linkage: application to a platform-type robot. Journal of Mechanical Design, 1992, 114(1): 87-95

[4] 唐锡宽，金德闻．机械动力学．北京：高等教育出版社，1983

(原载《机械科学与技术》1997，16(2)：261-265)

§ 72　空间弹性并联机器人 KED 建模

蔡胜利　余跃庆　白师贤
（北京工业大学，北京　100022）

摘　要：本文首次用有限元方法建立了一种空间 6 自由度并联机器人的弹性动力学模型，文中根据并联机器人的结构特点，设其平台为刚性体，各条腿为弹性体，再根据平台与腿部的运动协调方程推导出它的 KED 方程。已知机器人的刚体运动规律，由此方程可以求出其平台以及腿部各关节的弹性运动规律，最后给出了数值例。

关键词：弹性机器人；空间并联机器人；KED

1. 引言

目前，对于弹性机器人的研究已很广泛。相比较而言，关于弹性空间机器人方面的文献远远少于弹性平面机器人方面的，这是因为，空间机器人的结构复杂，故其动力学建模与方程都要比平面机器人复杂得多[1,2]。同时，还要不可避免地求解大型微分方程，在计算中会有困难。这些因素在很大程度上限制了弹性空间机器人研究的发展。

由于并联机器人的结构要比串联机器人复杂，因此其弹性动力学分析也更加困难。这一领域的文献极少[3,4]，且没有连续性。在刚性并联机器人运动学、动力学研究日益深入之时，弹性并联机器人的研究势在必行。本文将基于一种刚性空间并联机器人的动力学分析[5]，对其进行弹性动力学分析。由于这方面的工作刚刚开始，因此本文并不致力于提高建模精度和求解效率。本文的目标是，用有限元法建立可行的弹性动力学模型，推导出具体的 KED 方程，使之能够用于具体计算。

2. 机器人结构、单元划分与坐标设置

图 1 所示为 3-TRS 型 6 自由度空间并联机器人的结构。该机器人由平台、基座和 3 条腿组成，每条腿上的 B_i、A_i、E_i 处分别为 T 副、R 副和 S 副，B_i 处安装驱动器。设固定坐标系 $S_o(O\text{-}XYZ)$ 和活动系 $S_e(E\text{-}X_eY_eZ_e)$，E 点为平台质心，E 点的绝对坐标为 $(E_x,E_y,E_z)^{\mathrm{T}}$，$S_e$ 可视为以 E 点为原点、与 S_o 平行的坐标系绕其自身的 Z、Y、X 轴依次转过 α、β、γ 后所得。输入运动为 $\theta_{\mathrm{in}}(\theta_{yi},\theta_{xi})^{\mathrm{T}}$，驱动力为 $T_{\mathrm{in}}(T_{yi},T_{xi})^{\mathrm{T}}(i=1,3)$，输出运动以平台位移 $H_e(E_x,E_y,E_{zyi},\alpha,\ \beta,\ \gamma)^{\mathrm{T}}$ 表示。

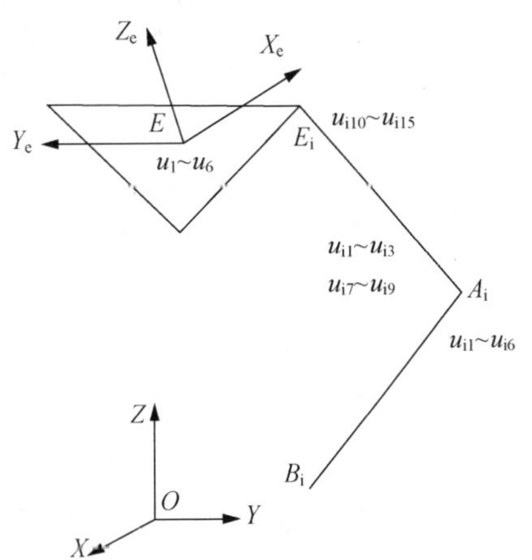

图 1　机器人结构与系统坐标

该机器人的平台设为刚性架，3 条腿均设成弹性杆。在平台上设单元 0，在 B_iA_i、A_iE_i 杆上分别设单元 $i1$ 和 $i2(i=1,3)$。这样整个机器人系统共设 7 个单元。

如图 1 所示，腿 i 的节点弹性变形可用 $U_i=(u_{i1},u_{i2},\cdots,u_{i15})^{\mathrm{T}}$ 共 15 个系统坐标表示（i=1，3），即 A_i 点的弹性移动为 $(u_{i1},u_{i2},u_{i3})^{\mathrm{T}}$，$E_i$ 点的弹性移动为 $(u_{i13},u_{i14},u_{i15})^{\mathrm{T}}$，$B_iA_i$ 杆在 A_i 处的弹性转动为 $(u_{i4},u_{i5},u_{i6})^{\mathrm{T}}$；$A_iE_i$ 杆在 A_i 处的弹性转动为 $(u_{i7},u_{i8},u_{i9})^{\mathrm{T}}$，$A_iE_i$ 杆在 E_i 处的弹性转动为 $(u_{i10},u_{i11},u_{i12})^{\mathrm{T}}$。由腿部弹性变形引起的平台位移用 $U_{\mathrm{e}}=(u_1,u_2,\cdots,u_6)^{\mathrm{T}}$ 6 个系统坐标表示（图 1）。取 $U_{\mathrm{e}i}=(u_{i13},u_{i14},u_{i15})^{\mathrm{T}}$，显然，$U_{\mathrm{e}i}$ 可以表示为 U_{e} 的函数，因此每条腿上的独立弹性运动坐标只有 12 个。这样机器人各部位的弹性运动系统坐标共有 42 个，其中腿部 36 个，平台 6 个。

单元 $i1$ 和 $i2$ 的单元坐标用 $\Delta_{ij}=(\delta_{ij1},\delta_{ij2},\cdots,\delta_{ij12})^{\mathrm{T}}(j=1,2;i=1,3)$ 表示，如图 2 所示，取 $\Delta_i=(V_{i1},V_{i2})^{\mathrm{T}}$。单元 0 的单元坐标与其系统坐标一致。则单元坐标与系统坐标之间的关系为

$$\Delta_i=T_iU_i$$

$$T_i=\begin{bmatrix}0&0&0&0&0\\0&0&0&0&0\\R_{i1}^{\mathrm{T}}&0&0&0&0\\0&R_{i1}^{\mathrm{T}}&0&0&0\\R_{i2}^{\mathrm{T}}&0&0&0&0\\0&0&R_{i2}^{\mathrm{T}}&0&0\\0&0&0&0&R_{i2}^{\mathrm{T}}\\0&0&0&R_{i2}^{\mathrm{T}}&0\end{bmatrix}\tag{1}$$

式中，0 为 3×3 阶零矩阵；R_{i1}、$R_{i2}\in\mathrm{R}^{3\times3}$ 为 B_iA_i 和 A_iE_i 杆相对绝对坐标系 S_o 的姿态变换矩阵。

由于 E_i 点在腿上与在平台上的位移应一致，因此 $U_{\mathrm{e}i}$ 可表示为

$$U_{\mathrm{e}i}=J_{\mathrm{e}i}U_{\mathrm{e}}\tag{2}$$

式中，$J_{\mathrm{e}i}\in\mathrm{R}^{3\times6}$，限于篇幅，其具体表达式略去。

式(2)即平台与各腿之间的运动协调方程。

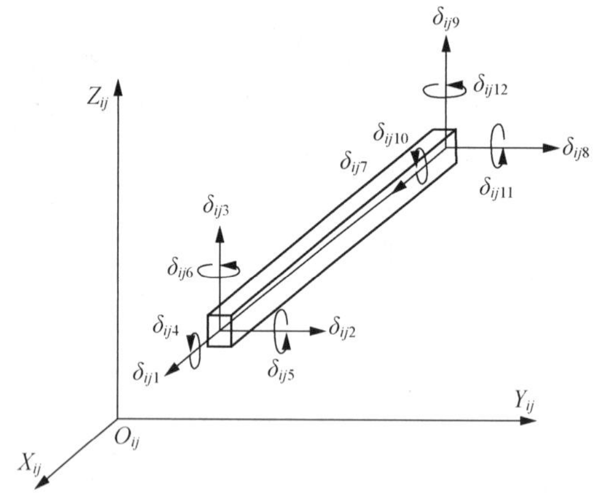

图 2　腿部各杆上的单元坐标

3. 单元弹性动力学方程

单元 0 为刚性架，可以直接写出以系统坐标表示的动力学方程为

$$M_{\mathrm{e}}\ddot{U}_{\mathrm{ea}}=P_{\mathrm{e}}+F_{\mathrm{e}}+F_{\mathrm{e}}'\tag{3}$$

式中，$M_{\rm e}=\begin{bmatrix} m_{\rm e} & 0 & 0 & \\ 0 & m_{\rm e} & 0 & \mathbf{0}_{3\times3} \\ 0 & 0 & m_{\rm e} & \\ & \mathbf{0}_{3\times3} & & I_{eo} \end{bmatrix}$；$F_{\rm e}^{'}=-\begin{bmatrix}\Omega I_{eo}\omega \\ 0_{3\times1}\end{bmatrix}$；$P_{\rm e}$为平台在 E 点受到的外力；$F_{\rm e}$为平台在E_i处所受腿部的关节力的合力在 E 点的等效力；

其中，$m_{\rm e}$、I_{eo}为平台的质量和平台在绝对坐标系相对于 E 点的转动惯量；ω为平台的绝对角速度；Ω为ω的反对称矩阵。

对于腿部弹性杆，本文采用文献[6]中的单元位移模型，则单元$i1$和$i2$的弹性动力学方程为

$$M_{ij}\ddot{\Delta}_{ij{\rm a}}+K_{ij}\Delta_{ij}=P_{ij}+F_{ij},(j=1,2;i=1,3) \tag{4}$$

式中，$V_{ij{\rm a}}=V_{ij}+V_{ij{\rm r}}$，其中，$V_{ij{\rm a}}$、$V_{ij{\rm r}}$为对应于$\Delta_{ij}$的结点处的绝对加速度和刚体加速度；$M_{ij}$、$K_{ij}\in{\rm R}^{12\times12}$，其意义与构成见文献[6]。

第 i 腿上的弹性动力学方程由单元$i1$和$i2$的弹性动力学方程组合得到

$$M_i\ddot{\Delta}_{i{\rm a}}+K_i\Delta_i=P_i+F_i \tag{5}$$

式中，$M=\begin{bmatrix}M_{i1} & 0\\ 0 & M_{i2}\end{bmatrix}$；$K_i=\begin{bmatrix}K_{i1} & 0\\ 0 & K_{i2}\end{bmatrix}$；$P_i=\begin{bmatrix}P_{i1}\\ P_{i2}\end{bmatrix}$；$F_i=\begin{bmatrix}F_{i1}\\ F_{i2}\end{bmatrix}$。

将(5)改成关于系统坐标的方程如下：

$$\overline{M}_i\ddot{\overline{U}}_{i{\rm a}}+\overline{K}_i\overline{U}_i=\overline{P}_i+\overline{F}_i \tag{6}$$

式中，$\overline{U}_i=(u_{i1},u_{i2},\cdots,u_{i12},u_1,u_2,\cdots,u_6)^{\rm T}$；$\overline{M}_i=B_i^{\rm T}T_i^{\rm T}M_iT_iB_i$；$\overline{K}_i=B_i^{\rm T}T_i^{\rm T}K_iT_iB_i;\overline{P}_i=B_i^{\rm T}T_i^{\rm T}P_i;\overline{F}_i=B_i^{\rm T}T_i^{\rm T}F_i$；$B_i=\begin{bmatrix}I_{12\times12} & 0_{12\times6}\\ 0_{3\times12} & J_{{\rm e}i}\end{bmatrix}$；关节$B_i$与$E_i$处的集中质量与转动惯量应在此时加到矩阵$T_i^{\rm T}M_iT_i$上对应于$u_{i1}\sim u_{i15}$的对角线上。

4. 系统弹性动力学方程

将$\overline{M}_i$分解为

$$\overline{M}_i=\begin{bmatrix}M_{i11} & M_{i12}\\ M_{i21} & M_{i22}\end{bmatrix}$$

式中，$M_{i11}\in{\rm R}^{12\times12}$；$M_{i12}\in{\rm R}^{12\times16}$；$M_{i21}\in{\rm R}^{6\times12}$；$M_{i22}\in{\rm R}^{6\times6}(i=1,3)$；$\overline{K}_i$同$\overline{M}_i$。

将$\overline{U}_i$分解为

$$\overline{U}_i=[U_i^0\ \ U_{\rm e}]^{\rm T}$$

式中，$U_i^0=(u_{i1},u_{i2},\cdots,u_{i12})^{\rm T}$。

与$\overline{U}_i$相对应将$\overline{P}_i$和$\overline{F}_i$分解为

$$\overline{P}_i=[P_i^0,P_i^{\rm e}]^{\rm T},\qquad \overline{F}_i=[F_i^0,F_i^{\rm e}]^{\rm T}$$

采用系统广义坐标为 U，则可将式(3)和式(6)装配到一起，形成系统弹性动力学方程为

$$M\ddot{U}_{\rm a}+KU=P+F^{'} \tag{7}$$

或

$$M\ddot{U}+KU=P+F^{'}+Q \tag{8}$$

式中，

$$M_{42\times42}=\begin{bmatrix} M_{111} & 0 & 0 & M_{112} \\ 0 & M_{211} & 0 & M_{212} \\ 0 & 0 & M_{311} & M_{312} \\ M_{121} & M_{221} & M_{321} & M_{e}+\sum_{i=1}^{3}M_{i22} \end{bmatrix}$$

K 与 M 构造方法相同，只是没有 K_e 项；

$$U_{42\times1}=[U_1^0,U_2^0,U_3^0,U_e]^T$$
$$=(u_{11},u_{12},\cdots,u_{112},u_{21},u_{22},\cdots,u_{212},u_{31},u_{32},\cdots,u_{312},u_1,u_2,\cdots,u_6)^T$$

$$P=[P_1^0,P_2^0,P_3^0,P_e+\sum_{i=1}^{3}P_i^e]^T,\quad F'=\begin{bmatrix}0_{36\times1}\\ F_e'\end{bmatrix},\quad Q=-M\ddot{U}_r$$

各单元方程的 $\overline{F}_i$ 项互相抵消，其中单元 0 与 $i2(i=1,3)$ 之间在 E_i 处的作用力也在装配时抵消，即：

$$F_e+\sum_{i=1}^{3}F_i^e=[0]_{6\times1}$$

式(8)是一个二阶微分方程组，对于给定的机器人名义运动，可以求出机器人各节点的弹性运动。目前有许多数值方法可以求解式(8)，如振型叠加法，直接积分法等。本文采用 New mark 积分法进行求解，得到了腿上各结点的弹性运动及平台运动误差规律。

5. 数值例

已知一 3-TRS 型机器人的结构参数如下(单位：长度 m，质量 kg，力 N，密度 kg/m^3，弹性模量 Pa，时间 s)。

各杆材料均为钢，密度为 $\rho=7.8\times10^3$，弹性模量为 $E=20\times10^{10}$，各杆长度均 0.2，厚度为 0.003，宽度为 0.003， A_i、E_i 处的集中质量均为 0.02；平台为一三角形平板，质量为 0.044； B_i 点在绝对坐标系 S_o 中的坐标(B_{ix}， B_{iy})、E_i 点在动参考系 S_e 中的坐标(p_i， q_i)及基座结构参数 ψ_i 如表 1 所示。

表 1　坐标及基座结构参数表

i	B_{ix}	B_{iy}	p_i	q_i	ψ_i
1	−0.27	−0.16	−0.1	−0.06	−1.05
2	0.27	−0.16	0.1	−0.06	1.05
3	0	0.32	0	0.12	3.14

以平台位移 H_e 表示机器人的名义运动，则已知平台的名义运动为

$$E_x=0.01\sin(4t),\quad E_y=0.01\cos(4t),\quad E_z=0.01,\quad \alpha=\beta=\gamma=0$$

则平台的弹性运动如图 3、图 4 所示。

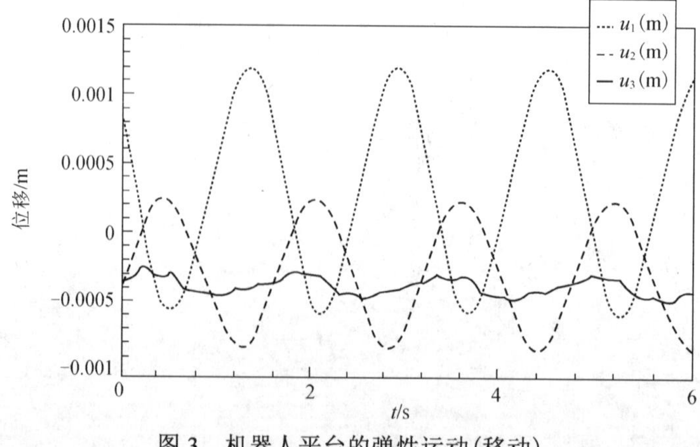

图 3　机器人平台的弹性运动(移动)

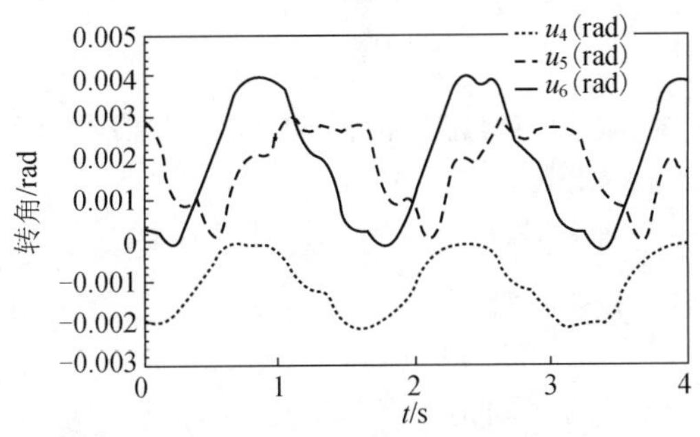

图 4　机器人平台的弹性运动(转动)

6. 结论

本文首次用KED法通过平台与腿部的运动协调方程简便地建立了3-TRS型空间并联机器人的弹性动力学模型，推导出具体的弹性动力学方程，由这些方程可以求出对于给定名义运动的机器人弹性运动。本文为弹性并联机器人的动力学分析与设计打下了基础。

参考文献

[1] Sunada W H, Dubowsky S. On the dynamic analysis and behavior of industrial robotic manipulators with elastic members.J. Mechanism，Transmissions, and Automation in Design，1983, 105(1): 42-51

[2] Gaultier P E, Cleghorn W L, A spatially translating and rotating beam finite element for modeling flexible manipulators. Mechanism and Machine Theory, 1992, 27(4): 415-433

[3] 方跃法，黄真．六自由度并联机器人的弹性动力模型．机械科学与技术，1990，9(1)：62-69

[4] Fattah A, Angeles J. Direct kinematics of a 3-dof spatial parallel manipulator with flexible legs.ASME 1994, DE-Vol. 72, 285-291

[5] 蔡胜利，白师贤．3-TRS 型并联机器人的动力学研究．机械科学与技术，1996，15(1)：51-56

[6] 余跃庆．高速空间连杆机构运动弹性动力学分析、综合及特性的系统研究．北京：北京工业大学，1989

(原载《机械设计》，1998，15(4)：22-24)

§ 73 Dynamic Modeling and Inverse Dynamic Analysis of Flexible Parallel Robots

Du Zhaocai, Yu Yueqing

College of Mechanical Engineering & Applied Electronics Technology, Beijing University of Technology, Beijing, 100124 *China*

Abstract: *This paper presents a method for the dynamic modeling of parallel robots with flexible links and rigid moving platform based on finite element theory. The relation between elastic displacements of links is investigated, taking into consideration the coupling effects of elastic motion and rigid motion. The kinematic and dynamic constraint conditions of elastic displacements of flexible parallel robots are presented. The Kineto-Elastodynamics theory and Timoshenko beam theory are employed to derive the equations of motion, considering the effects of distributed mass, lumped mass, rotary inertia, shearing deformation, bending deformation, lateral deformations and all the dynamic coupling terms. The dynamic behavior due to flexibility of links is well illustrated through numerical simulation. Compared with the results of SAMCEF software simulation, the numerical simulation results show good coherence and the advantages of the method. The flexibility of links is demonstrated to have significant impact on system performance and stability. A method for the inverse dynamic analysis of flexible parallel robots is presented.*

Keywords: *flexible parallel robot; flexible link; dynamic modeling; inverse dynamic analysis*

1. Introduction

The parallel robot has been an advanced topic in robotics research. Parallel robots are widely used in many applications[1], such as entertainment, home services, flying machines, submarines, assembling robots, etc. Planar parallel robots are good candidates for microminiaturization into microdevices. Compared with serial robots, parallel robots are provided with a series of advantages in terms of heavy payload, small error, high positional accuracy, ease of control, and so on. Currently, many industries generally use serial robots in operations. Results are good, but both accuracy and throughput could be significantly improved by using parallel robots[2].

Several researchers have studied parallel robots, but most of the researches have been restricted to the rigid parallel robot [3,4]. Few investigations[5,6] have been concerned with the flexible parallel robot.

The trend towards higher operating speed and use of less material requires that some phenomena which used to be omitted have to be taken into account in dynamic analysis, and it is necessary to consider links' flexibility and coupling effects of the flexible links' elastic displacement. The dynamics of flexible robots working at high speed has been studied by many researchers[7-9], and a number of approaches have been developed to predict the elastic dynamic behavior of flexible serial robots. Some researchers have proposed an efficient procedure for computer generation of symbolic modeling equations for planar serial robots with rigid and flexible links [10,11]. Because of the complexity resulting from the presence of multi-closed loops and the limitation of computer facilities accessible, this method may not be suitable for parallel robots with flexible links and rigid moving platform.

In recent years, parallel robots have received more and more attention. Although several investigators have used finite element techniques to model flexible parallel robots, they did not include all the influences below [12,13]:

(a) Lumped mass, rotary inertia.

(b) Shearing deformation, bending deformation, lateral deformation.

(c) All the dynamic coupling terms.

Till now, a practical method to enable designers to predict the elastic dynamic behavior of parallel robots with flexible links and rigid moving platform has not been available. It is believed that a comprehensive dynamic model is crucial in the design process, in performance evaluation and for control purposes.

The Kineto-Elastodynamics (KED) theory studies moving mechanisms, taking into account deformations of the flexible links due to external and internal loads. The elastic deformations of the links play a significant role in high-speed opertations because the links are usually lighter in weight, and the internal forces are greater.

The objective of the investigation in this paper is to develop a simple and efficient method for dynamic modeling and inverse dynamic analysis of flexible parallel robots. This is achieved using the KED theory [14-17] and considering the elastic displacement of links and dynamic coupling effects. The effects of distributed mass, lumped mass, rotary inertia, shearing deformation, bending deformation and lateral deformation are all taken into account. The concept of the kinematic and dynamic constraint conditions of elastic displacement for flexible parallel robots is used to decouple moving platform's motion equations from those of the sub-chains. The position error and orientation error of moving platform resulted from the links' elastic displacement are calculated. Based on the dynamic model, a method for the inverse dynamic analysis of flexible parallel robots is introduced.

2. Dynamic equations

2.1 Model of flexible beam element

A flexible parallel robot can be divided into several parts which are composed of equal cross-section beam elements. The equal cross-section beam element is usually used to describe a links' elastic displacement. A two-node finite beam element representing a portion of link i of the flexible parallel robots is shown in Fig. 1. The element nodal displacements, or generalized coordinates, are expressed in matrix form as

$$\boldsymbol{u}=\{u_1,u_2,u_3,u_4,u_5,u_6,u_7,u_8\}^{\mathrm{T}} \tag{1}$$

where, u_j, u_{j+4} (j=1,2,3and 4) are axial displacements along the $\bar{x}$ axis, transverse displacements along the $\bar{y}$ axis, and the rotary displacements and curvature displacements with respect to the $\bar{z}$ axis, of nodes 1 and 2, respectively.

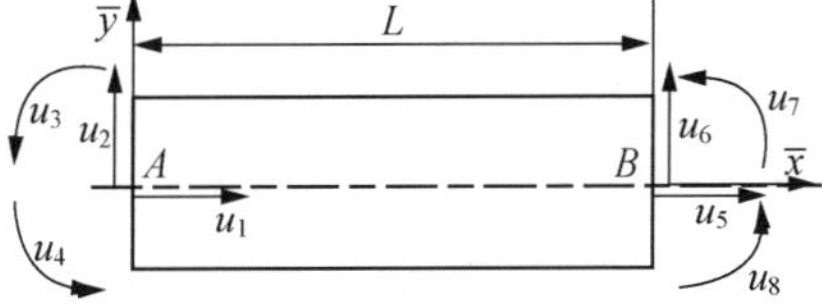

Fig.1　Model of a flexible beam element

The displacements of a point in the element include axial, transverse, rotary and curvature displacements, expressed as: $S_1(x,t)$, $S_2(x,t)$, $S_3(x,t)$ and $S_4(x,t)$. These can be described with a set of interpolation functions and generalized coordinates

$$S_i(x,t) = \boldsymbol{N}_i^{\mathrm{T}} \cdot \boldsymbol{u} \qquad (i=1,2) \tag{2}$$

$$S_3(x,t) = (\partial \boldsymbol{N}_2/\partial x)^{\mathrm{T}} \cdot \boldsymbol{u} = \boldsymbol{N}_3^{\mathrm{T}} \cdot \boldsymbol{u} \tag{3}$$

$$S_4(x,t) = (\partial^2 \boldsymbol{N}_2/\partial x^2)^{\mathrm{T}} \cdot \boldsymbol{u} = \boldsymbol{N}_4^{\mathrm{T}} \cdot \boldsymbol{u} \tag{4}$$

where, $\boldsymbol{N}_1$ and $\boldsymbol{N}_2$ are the vectors of quintic Hermite polynomials and a linear polynomial, respectively.

The elastic motion of a beam element is shown in Fig. 2. Oxy is a global reference frame and $A\bar{x}\bar{y}$ is a local reference frame attached to the left end of link i. So the $\bar{x}$ axis is always directed along the axis of link i in its rigid body configuration (shown in solid lines) which is oriented by angle θ. It is assumed that the deformed position (shown in dashed lines) transforms two nodes, 1 and 2, from their rigid body position A, B and C to their deformed configuration A', B' and C', respectively.

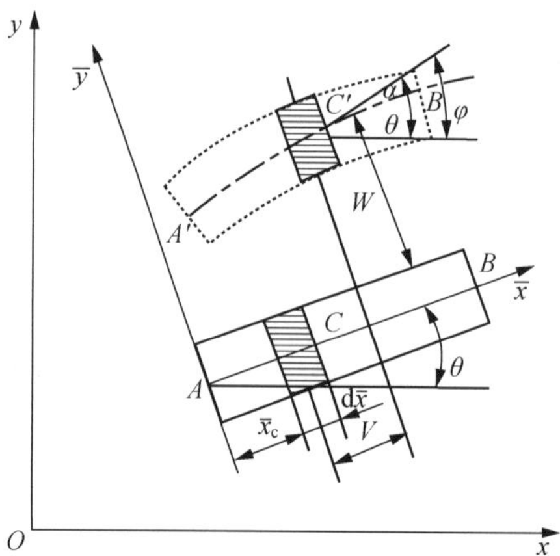

Fig.2　Elastic motion of a beam element

Now we can derive the dynamic equations of flexible parallel robots by applying the basic beam element developed above.

2.2　Kinetic energy and potential energy of the beam element

The beam element described in Fig. 2 contains a beam with lumped mass attached to both endpoints. The lumped mass physically represents the effect of the actuator mass or payload on the dynamic response. This should not be simply neglected. The total kinetic energy of the element depends on generalized coordinates. Then, considering translating kinetic energy $T_{\mathrm{e}1}$, rotating kinetic energy $T_{\mathrm{e}2}$ and the kinetic energy $T_{\mathrm{e}3}$ of the lumped mass attached to the endpoints of element, the total kinetic energy T_{e} of the element can be described as

$$T_{\mathrm{e}} = T_{\mathrm{e}1} + T_{\mathrm{e}2} + T_{\mathrm{e}3} \tag{5}$$

where,

$$T_{\mathrm{e}1} = \rho A(v_{\mathrm{A}}^2 L + v_{\mathrm{A}}\dot{\theta}L^2 \sin\theta + \dot{\theta}^2 L^3/3)/2 + \dot{\boldsymbol{u}}^{\mathrm{T}} \cdot \bar{\boldsymbol{m}} \cdot \dot{\boldsymbol{u}}/2 + \dot{\theta}^2 \boldsymbol{u}^{\mathrm{T}} \cdot \bar{\boldsymbol{m}} \cdot \boldsymbol{u}/2 + \dot{\theta}\dot{\boldsymbol{u}}^{\mathrm{T}} \cdot \boldsymbol{b} \cdot \boldsymbol{u} + \boldsymbol{u}^{\mathrm{T}} \cdot \boldsymbol{Y} + \dot{\boldsymbol{u}}^{\mathrm{T}} \cdot \boldsymbol{Z}$$

$$T_{\mathrm{e}2} = \rho I \dot{\theta}^2 L/2 + \dot{\boldsymbol{u}}^{\mathrm{T}} \cdot \boldsymbol{F} + \dot{\boldsymbol{u}}^{\mathrm{T}} \cdot \bar{\boldsymbol{m}}_{\mathrm{r}} \cdot \dot{\boldsymbol{u}}/2$$

$$\begin{aligned} T_{\mathrm{e}3} = {} & (m_{\mathrm{A}} + m_{\mathrm{B}})v_A^2/2 + m_{\mathrm{B}}\dot{\theta}^2 L^2/2 + m_{\mathrm{B}}\dot{\theta}L v_{\mathrm{A}} \sin\theta + (J_{\mathrm{A}} + J_{\mathrm{B}})\dot{\theta}^2/2 + \dot{\theta}^2 \boldsymbol{u}^{\mathrm{T}} \cdot \bar{\boldsymbol{m}}_{\mathrm{c}} \cdot \boldsymbol{u}/2 \\ & + \dot{\boldsymbol{u}}^{\mathrm{T}} \cdot \bar{\boldsymbol{m}}_{\mathrm{c}} \cdot \dot{\boldsymbol{u}}/2 + \boldsymbol{u}^{\mathrm{T}} \cdot \boldsymbol{Y}_{\mathrm{c}} + \dot{\theta}\dot{\boldsymbol{u}}^{\mathrm{T}} \cdot \boldsymbol{b}_{\mathrm{c}} \cdot \boldsymbol{u} + \dot{\boldsymbol{u}}^{\mathrm{T}} \cdot \boldsymbol{Z}_{\mathrm{c}} + \dot{\boldsymbol{u}}^{\mathrm{T}} \cdot \bar{\boldsymbol{m}}_{\mathrm{J}} \cdot \dot{\boldsymbol{u}}/2 + \dot{\theta}\dot{\boldsymbol{u}}^{\mathrm{T}} \cdot \boldsymbol{Z}_{\mathrm{J}} \end{aligned}$$

ρ, A and L are density of material, the area of cross-section and the length of the element, respectively. v_{A} is the absolute velocity of node A. θ is the angle of $\bar{x}$ axis of the local reference frame with respect to x axis of the global reference frame. I is the moment of inertia of the cross-section with respect to

$\bar{z}$ axis passing through the centroid of the element. m_A, m_B, J_A and J_B are lumped mass and lumped rotary inertia at the endpoints of the element, respectively.

The total potential energy V_e of the element is composed of the bending-shearing strain energy V_{e1} due to transverse deformations, tensile-compression strain energy V_{e2} due to axial deformations and transverse deformations

$$V_e = V_{e1} + V_{e2} \tag{6}$$

where,

$$V_{e1} = EJ_Z \boldsymbol{u}^T \cdot (\boldsymbol{\Omega}_1 + \bar{\boldsymbol{k}}_1^\lambda + \bar{\boldsymbol{k}}_2^\lambda + \bar{\boldsymbol{k}}_3^\lambda) \cdot \boldsymbol{u}/2$$

$$V_{e2} = \boldsymbol{u}^T \cdot (EA\boldsymbol{\chi}_1 + \boldsymbol{k}_N) \cdot \boldsymbol{u}/2$$

where, E is tensile modulus of elasticity. J_Z is area moment of inertia of the cross-section with respect to z axis.

2.3　Dynamic equations of element

The Lagrangian principle is employed in deriving the motion equations of the element

$$\mathrm{d}(\partial T_e/\partial \dot{u})/\mathrm{d}t - \partial T_e/\partial u + \partial V_e/\partial u = Q_e \tag{7}$$

By substituting Eqs. (5) and (6) into Eq. (7), and performing the required differentiation and algebraic manipulators, the motion equations of the element can be written in matrix form

$$\boldsymbol{M}_e \cdot \ddot{\boldsymbol{u}} + \boldsymbol{C}_e \cdot \dot{\boldsymbol{u}} + \boldsymbol{K}_e \cdot \boldsymbol{u} = \boldsymbol{p}_e + \boldsymbol{f}_e + \boldsymbol{q}_e \tag{8}$$

where,

$$\boldsymbol{M}_e = \boldsymbol{m} + \boldsymbol{m}_c + \boldsymbol{m}_r + \boldsymbol{m}_J$$

$$\boldsymbol{C}_e = 2\dot{\theta}(\boldsymbol{b} + \boldsymbol{b}_c)$$

$$\boldsymbol{K}_e = EJ_Z(\boldsymbol{\Omega}_1 + \bar{\boldsymbol{k}}_1^\lambda + \bar{\boldsymbol{k}}_2^\lambda + \bar{\boldsymbol{k}}_3^\lambda) + EA\boldsymbol{\chi}_1 + \boldsymbol{k}_N + \ddot{\theta}(\boldsymbol{b} + \boldsymbol{b}_c) - \dot{\theta}^2(\boldsymbol{m} + \boldsymbol{m}_c)$$

$$\boldsymbol{p}_e = \boldsymbol{Y} + \boldsymbol{Y}_c - \dot{\boldsymbol{Z}} - \dot{\boldsymbol{Z}}_c - \dot{\boldsymbol{F}} - \ddot{\theta}\boldsymbol{Z}_J$$

$\boldsymbol{M}_e$, $\boldsymbol{C}_e$ and $\boldsymbol{K}_e$ are the mass matrix, damping matrix and stiffness matrix of the element, respectively. Subcript e represents the elemental property. $\boldsymbol{f}_e$ is the force vector exerted by adjacent elements. $\boldsymbol{q}_e$ is the external force vector. $\boldsymbol{p}_e$ is the inertia force vector of the element. Except for $\boldsymbol{f}_e$ and $\boldsymbol{q}_e$, all the terms in Eq. (8) are given in reference[17].

2.4　Kinematic constraint conditions

AS shown in Fig.3, a parallel robot is composed of a moving platform, namely the end-effector, connected to the base with several independent kinematic chains. Each of these chains contains many indepentent passive joints and actuated joints.

The relation between the actual configuration (shown as a solid line) and the nominal configuration (shown as a dashed line) can be described using the motion of point P on moving platform, as shown in Fig. 4.

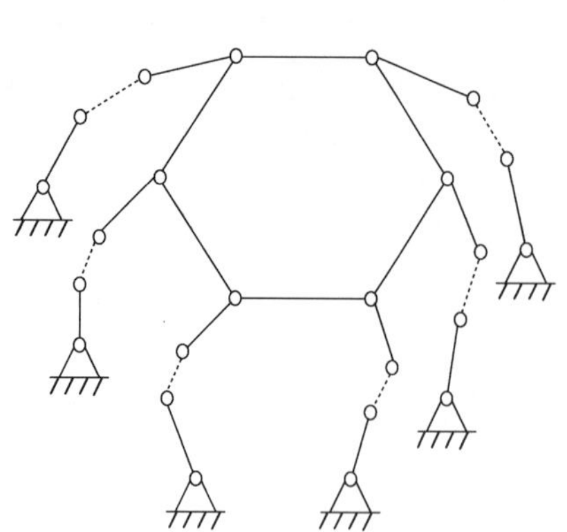
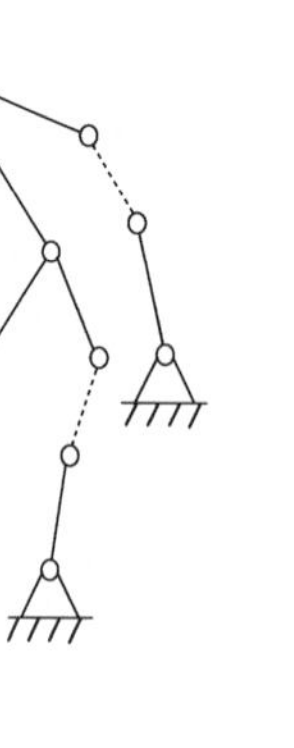

Fig.3　A bridged general view of parallel robots

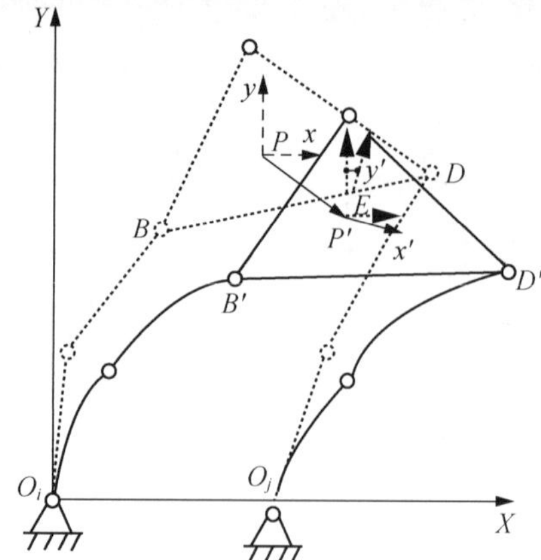

Fig.4　Relation between the actual configuration and nominal configuration

(δ_x, δ_y) and ε are x, y axial displacements and angular displacement of moving platform changing from the nominal configuration to actual configuration, respectively. The local reference frame Pxy is attached to moving platform. The position vector of the endpoint of sub-chain j in actual configuration can be written as

$$\begin{Bmatrix} x'_{\mathrm{D}} \\ y'_{\mathrm{D}} \\ 1 \end{Bmatrix} = \boldsymbol{R}_{\mathrm{P'P}} \begin{Bmatrix} x_{\mathrm{D}} \\ y_{\mathrm{D}} \\ 1 \end{Bmatrix} \tag{9}$$

where,

$$\boldsymbol{R}_{\mathrm{P'P}} = \begin{Bmatrix} 1 & \varepsilon & -\delta_x \\ -\varepsilon & 1 & -\delta_y \\ 0 & 0 & 1 \end{Bmatrix}$$

$(x'_{\mathrm{D}}, y'_{\mathrm{D}})$ and $(x_{\mathrm{D}}, y_{\mathrm{D}})$ are position vectors of the endpoint of sub-chain j in actual configuration and nominal configuration, respectively. $\boldsymbol{R}_{\mathrm{P'P}}$ is the transformation matrix from the global reference frame to the local reference frame $P'x'y'$.

The position vector $\boldsymbol{DD'}$ can be expressed as

$$\boldsymbol{DD'} = \begin{pmatrix} U_{jx} \\ U_{jy} \end{pmatrix} = \begin{pmatrix} x'_{\mathrm{D}} \\ y'_{\mathrm{D}} \end{pmatrix} - \begin{pmatrix} x_{\mathrm{D}} \\ y_{\mathrm{D}} \end{pmatrix} \tag{10}$$

where, $\boldsymbol{DD'}$ represents the position vector of the endpoint of the sub-chain j which is changing from the nominal configuration to the actual configuration. U_{jx} and U_{jy} are x, y axial elastic displacements of the endpoint of the sub-chain j, respectively.

By substituting Eqs.(9) and (10) into Eq.(11), the kinematic constraint conditions of elastic displacements are obtained

$$\begin{Bmatrix} U_{jx} \\ U_{jy} \\ 1 \end{Bmatrix} = \begin{Bmatrix} 0 & \varepsilon & -\delta_x \\ -\varepsilon & 0 & -\delta_y \\ 0 & 0 & 1 \end{Bmatrix} \begin{Bmatrix} x_{\mathrm{D}} \\ y_{\mathrm{D}} \\ 1 \end{Bmatrix} \tag{11}$$

2.5　Dynamic constraint conditions

The position vector of point P on moving platform can be expressed as

$$\begin{pmatrix} x'_P \\ y'_P \\ \beta' \end{pmatrix} = \begin{pmatrix} x_P \\ y_P \\ \beta \end{pmatrix} + \begin{pmatrix} \delta_x \\ \delta_y \\ \varepsilon \end{pmatrix} \tag{12}$$

where, (x'_P, y'_P, β') and (x_P, y_P, β) are the position vectors of point P in the actual configuration and the nominal configuration, respectively.

The dynamic constraint conditions of the flexible planar parallel manipulator are obtained using Newton-Euler formula.

$$\begin{bmatrix} m_P & 0 & 0 \\ 0 & m_P & 0 \\ 0 & 0 & I_P \end{bmatrix} \begin{pmatrix} \ddot{x}'_P \\ \ddot{y}'_P \\ \ddot{\beta}' \end{pmatrix} = \begin{pmatrix} \sum_{j=1}^{N} f_{jx} \\ \sum_{j=1}^{N} f_{jy} \\ \sum_{j=1}^{N} M_j \end{pmatrix} + \begin{pmatrix} \sum F_{ox} \\ \sum F_{oy} \\ \sum M_o \end{pmatrix} \tag{13}$$

where,

$$\sum_{j=1}^{N} M_j = \sum_{j=1}^{N} \left[\left(f_{jx}, f_{jy} \right) \cdot \begin{pmatrix} \sin\phi_j \\ -\cos\phi_j \end{pmatrix} \right] L_j$$

m_P, I_P are mass and rotary inertia of moving platform, respectively. f_{jx}, f_{jy} and M_j are x, y axial internal forces and internal moment exerted on moving platform by sub-chain j, respectively. $\sum F_{ox}, \sum F_{oy}$ and $\sum M_o$ are x, y axial resultant external forces and the resultant external moment exerting on moving platform, respectively. Φ_j is the inclination angle of x axis of the global reference frame with respect to the vector connecting point P with the endpoint of sub-chain j in the actual configuration. L_j is the distance from point P to the endpoint of sub-chain j. N is the number of sub-chains.

2.6 System dynamic equations

The parallel robot can be conveniently modeled as a system in terms of a set of system generalized coordinates $\boldsymbol{U}$ with respect to the fixed frame Oxy. Therefore a proper transformation between the element and the corresponding system coordinates is essential. This is achieved by applying a linear transformation between the element generalized coordinates $\boldsymbol{u}$ and the corresponding system generalized coordinates $\boldsymbol{U}$ via the appropriate transformation matrix $\boldsymbol{R}$. Thus

$$\boldsymbol{u} = \boldsymbol{R} \cdot \boldsymbol{U} \tag{14}$$

where,

$$\boldsymbol{R} = \begin{bmatrix} \cos\theta & \sin\theta & 0 & 0 & 0 & 0 & 0 & 0 \\ -\sin\theta & \cos\theta & 0 & 0 & 0 & 0 & 0 & 0 \\ 0 & 0 & 1 & 0 & 0 & 0 & 0 & 0 \\ 0 & 0 & 0 & 1 & 0 & 0 & 0 & 0 \\ 0 & 0 & 0 & 0 & \cos\theta & \sin\theta & 0 & 0 \\ 0 & 0 & 0 & 0 & -\sin\theta & \cos\theta & 0 & 0 \\ 0 & 0 & 0 & 0 & 0 & 0 & 1 & 0 \\ 0 & 0 & 0 & 0 & 0 & 0 & 0 & 1 \end{bmatrix}$$

$\boldsymbol{R}$ represents the transformation matrix from the global reference frame to a local reference frame. This matrix is a function of angle θ. $\boldsymbol{U}$ is the expression of $\boldsymbol{u}$ in the global reference frame.

Employing all the motion equations of the basic beam element, the kinematic constraint conditions and dynamic constraint conditions, and expressing in terms of the global coordinates $\boldsymbol{U}$, the system dynamic equations are obtained

$$\boldsymbol{M}\cdot\ddot{\boldsymbol{U}}+\boldsymbol{C}'\cdot\dot{\boldsymbol{U}}+\boldsymbol{K}\cdot\boldsymbol{U}=\boldsymbol{P}+\boldsymbol{Q} \tag{15}$$

where, $\boldsymbol{M}$, $\boldsymbol{C}'$ and $\boldsymbol{K}$ are the mass, the equivalent damping and the stiffness matrix of system, respectively. $\boldsymbol{M}$, $\boldsymbol{C}'$, $\boldsymbol{K}$, $\boldsymbol{P}$ and $\boldsymbol{Q}$ are the functions of θ, $\dot{\theta}$ and $\ddot{\theta}$.

The damping matrix $\boldsymbol{C}'$ in Eq.(15) involves only the equivalent damping of the system. It is generally recognized that the actual damping should contain the structural damping. Therefore, neglecting structural damping in the dynamic model may lead to an unreasonable response. The damping matrix in Eq.(15) should be modified in order to include structural damping in the model whenever present. Towards this objective, the overall system damping matrix is given as

$$\boldsymbol{C}=\boldsymbol{C}'+\boldsymbol{C}_{\mathrm{s}} \tag{16}$$

where,

$$\boldsymbol{C}_{\mathrm{s}}=\alpha_1\boldsymbol{M}+\alpha_2\boldsymbol{K}$$

$\boldsymbol{C}$, $\boldsymbol{C}_{\mathrm{s}}$ represent the total damping and structural damping of the system, respectively. $\boldsymbol{C}_{\mathrm{s}}$ is derived by using the Rayleigh proportional damping method, and α_1, α_2 are Rayleigh proportional damping coefficients.

Substituting $\boldsymbol{C}'$ with $\boldsymbol{C}$ in Eq.(15), the general form of the system dynamic equations are obtained

$$\boldsymbol{M}\cdot\ddot{\boldsymbol{U}}+\boldsymbol{C}\cdot\dot{\boldsymbol{U}}+\boldsymbol{K}\cdot\boldsymbol{U}=\boldsymbol{P}+\boldsymbol{Q} \tag{17}$$

3. Inverse dynamics analysis

The research on inverse dynamics of the flexible parallel robot is quite difficult. The relation between the position variables, orientation variables and the joint variables can not be determined from the kinematic analysis. These variables must be obtained by solving the dynamic equations. All the generalized coordinates except for the position, orientation, velocity and acceleration of the end-effector remain unknown, and all the system mass matrix, stiffness matrix, damping matrix and generalized forces are the functions of generalized coordinates. So it is very difficult to solve the inverse dynamic equations.

There are two solutions for inverse dynamics of flexible robots based on the role of the driving forces (moments) in the inverse dynamics equations. Generally, the driving forces are considered as drive force and constrained force, respectively. For the convenience of description, the solutions are called “driving force method” and “driving constraint method” in this paper.

“Driving constraint method” based on the flexible multi-body theory is an accurate method. The driving forces are used as constraints to synthesize the dynamic equations, so the method is widely used for rigid body system. For the flexible body system, the motion differential equation should be integrated to calculate the driving forces even if there is no redundant rigid body freedom. The main drawback of this method is the difficulty in dynamic modeling for multi-link robots. Because the dynamic model of flexible parallel robots based on the flexible multi-body dynamic theory has not been obtained, this method can not be employed in this paper.

The “driving force method” is an approximation method. Firstly, the rigid body motion variables are approximately determined under the assumption that the actual trajectory is carried out by the rigid robot.

Such an approximation may lead to definite error in the result. Secondly, the "rigid body driving forces" are derived from the rigid-body motion equations. Thirdly, these "rigid body driving forces" are substituted into the dynamic equations of the flexible robot to calculate the elastic motion variables. Lastly, all these variables are substituted into the Eq. (18) to calculate the driving forces.

$$\sum_{r=1}^{k} M_{ir} q_r + \sum_{r,s=1}^{k} \left(\frac{\partial M_{ir}}{\partial q_s} - \frac{1}{2} \cdot \frac{\partial M_{sr}}{\partial q_i}\right) q_s q_r + \sum_{r=1}^{k} K_{ir} \cdot q_r + \frac{\partial V}{\partial q_i} = Q_i \quad (i = 1, 2, \cdots, k) \tag{18}$$

where, M_{ir}, M_{sr} and K_{ir} are component of mass matrix and stiffness matrix, respectively. q_s, q_r are the sth and r^{th} generalized coordinate, respectively. V is the system potential energy. Q_i is the ith component of the generalized forces with respect to generalized coordinates. k is the number of generalized coordinates.

In order to increase the accuracy of the results, "modified driving force method" is presented here. The object is achieved by performing iterative computations. As we know, the position and orientation vector $\boldsymbol{S}$ of the end-effector is determined by joint variables θ and elastic deformation of links, thus $\boldsymbol{S}$ can be expressed as

$$\boldsymbol{S} = \boldsymbol{S}(\theta, \boldsymbol{U}) \tag{19}$$

Joint variables $(\theta, \dot{\theta}, \ddot{\theta})$ and elastic deformation $(\boldsymbol{U}, \dot{\boldsymbol{U}}, \ddot{\boldsymbol{U}})$ of links are determined by joint driving forces (moments) $\boldsymbol{\tau}$, thus

$$\boldsymbol{F}(\tau) = \boldsymbol{W} \cdot \boldsymbol{\tau} = f(\theta, \dot{\theta}, \ddot{\theta}, \boldsymbol{U}, \dot{\boldsymbol{U}}, \ddot{\boldsymbol{U}}) \tag{20}$$

where, $\boldsymbol{W}$ is coefficient matrix.

The simultaneous equations constituted by Eqs. (19) and (20) are the universal model of inverse dynamics of flexible robots[18]. Due to the complexity of these equations, this model is not suitable for theoretical analysis. Generally, some assumptions are presented to simplify the calculation and obtain the approximate result. In this paper, an iterative computing algorithm is presented to increase the calculating accuracy. Firstly, the trajectory of the end-effector is assumed to be realized by the rigid robot, thus the rigid joint variables θ_i (original value) and "rigid body driving forces (moments)" are calculated and then the elastic deformation U_i is obtained. Secondly, θ_i and U_i are substituted into Eq. (19) to calculate the position and orientation vector $\boldsymbol{S}_i$ of the end-effector. Because θ_i is derived from the assumption, this will result in the error of the position and orientation vector of the end-effector. The error can be expressed as

$$\Delta \boldsymbol{S} = \boldsymbol{S}_i(\theta_i, U_i) - \boldsymbol{S}_{i-1}^{*}(\theta_{i-1}^{*}, U_{i-1}^{*}) \tag{21}$$

where, $\boldsymbol{S}_{i-1}^{*}(\theta_{i-1}^{*}, U_{i-1}^{*})$ is the position and orientation vector calculated in step $i-1$, and $\boldsymbol{S}_0^{*}(\theta_0^{*}, U_0^{*}) = \boldsymbol{S}(\theta, U)$. If the error is less than the given accuracy $\boldsymbol{\varepsilon}$, θ_i and U_i will be considered as the required values, otherwise let

$$\boldsymbol{S}_i^{*}(\theta_i^{*}, U_i^{*}) = \boldsymbol{S}_{i-1}^{*}(\theta_{i-1}^{*}, U_{i-1}^{*}) - \Delta \boldsymbol{S} \tag{22}$$

Repeat the above-mentioned iterative process until the error $\Delta \boldsymbol{S}$ is less than the prescribed accuracy $\boldsymbol{\varepsilon}$. Lastly, the joint variables θ and elastic deformation U are obtained and then the driving forces (moments) are achieved.

4. Numerical simulation and analysis

Because of the complexity of manufacture and control, it is a challengeable task to design and produce a flexible parallel robot, namely all the links are flexible and moving platform is rigid, fulfilled the predefined requirements and adequately revealed the intrinsical characteristics. So far there has been no practicable flexible parallel robots for the purpose mentioned above. Therefore the numerical example of a flexible planar 3-RRR parallel robot is presented here. Generally, R stands for revolute, therefore RRR represents a kinematic chain composed of, starting from the ground, three rotational joints. With these nomenclature, the actuated joint is underlined. Therefore, a 3-RRR robot is composed of three RRR kinematic chains. A typical 3-RRR planar robot is shown in Fig. 5.

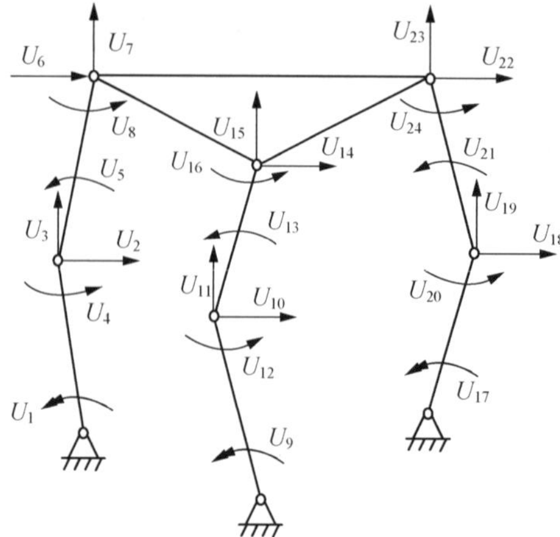

Fig.5　Generalized coordinates of 3-RRR

Each link is made of steel with mass density of 7800kg/m^3, elastic modulus of 2.1×10^{11}Pa, Poisson's ratio of 0.3. The length of each link is 0.2m, and the cross-section is 0.003m×0.003m. The lumped mass attached to each endpoint of the links is 0.04kg. The length of each edge of the triangular moving platform is 0.042m, and point P is the centroid of moving platform. The mass of moving platform is 0.1kg. The coordinates of the fixed hinge are (−0.3, 0), (0.15, 0.1) and (0.2, 0), respectively.

The motion of point P is described as

$$\begin{cases} X = 0.042\times\cos(\pi\cdot t/2) \\ Y = 0.25 + 0.042\times\sin(\pi\cdot t/2) \\ \varphi = 0.01\times\cos(\pi\cdot t/10) \end{cases} \qquad (t = 0\sim4\text{s})$$

where, X, Y represent x, y axial coordinates of the point P, respectively. φ represents the orientation angle of moving platform. t represents time.

In order to verify the validity of the method, the results are compared with SAMCEF software simulation results. The position errors and orientation errors of point P, shown in Figs. 6~8, are expressed in a global frame. The orientation error can not be calculated by using SAMCEF software, so there is only a numerically calculated result shown in Fig. 8. The results are analyzed as follows. Compared with the results of SAMCEF software simulation, the numerical simulation results show good correspondence and demonstrate the accuracy of the method. The difference between the software simulation results and the numerical simulation results is less than 10%. The dynamic characteristics of flexible parallel robots are illustrated using the model. So the model is useful for dynamic analysis of flexible parallel robots.

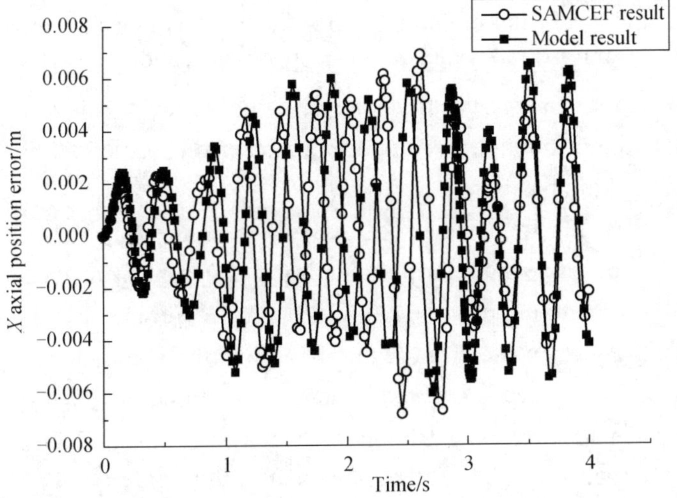

Fig.6　*X* axial position error of point *P*

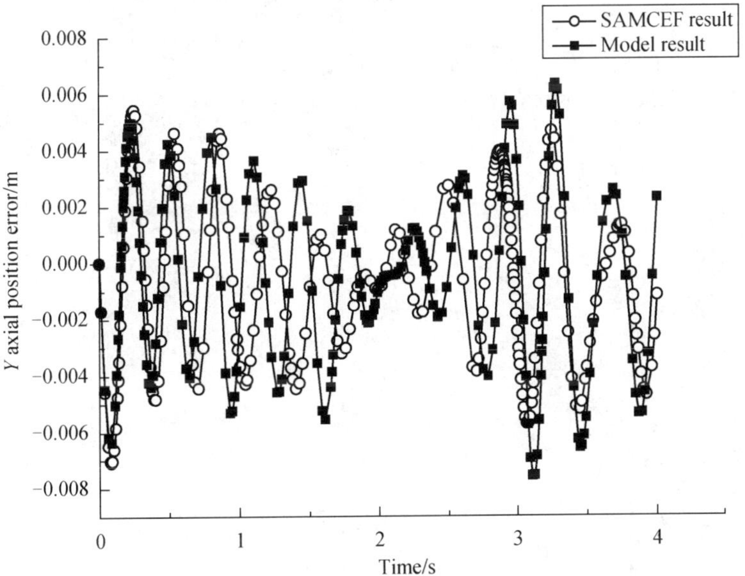

Fig.7　*Y* axial position error of point *P*

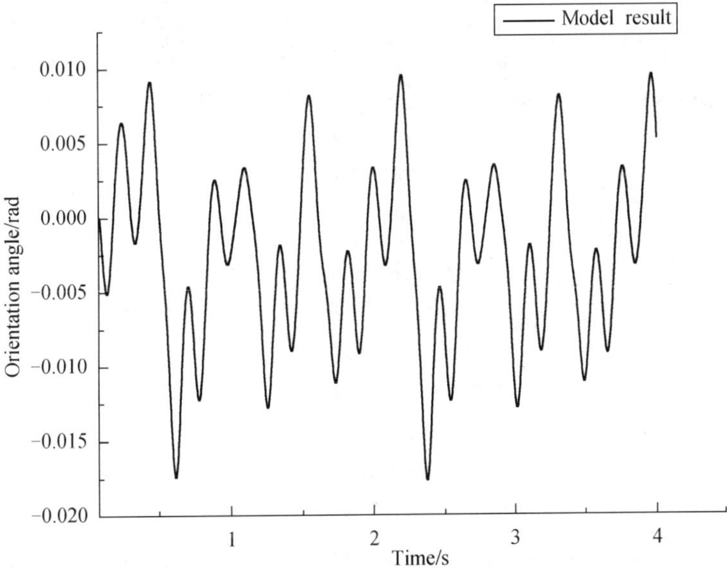

Fig.8　Orientation error of point *P*

The maximum position errors and orientation error due to elastic displacement of links are remarkable. The x, y axial position errors are 6mm and 8mm, respectively, and the orientation error is −0.015 rad. Moreover, the position errors of some positions are less, while the orientation error is greater. So it is necessary to analyze both the position errors and orientation error. Orientation error should be taken into account in selecting the working position.

As shown in Figs. 6~8, the frequencies of oscillations of position errors and orientation error are remarkable, and the errors of any position are dramatically different from those of other positions. The results are useful in selecting working positions to fulfill given requirements.

Moreover, the actual trajectory oscillates regularly around the nominal trajectory. So the conclusion can be drawn that the actual trajectory is essentially an elastic oscillation.

In order to shorten the paper, only the driving moment of the 1st sub-chain of flexible parallel robot is shown in Fig. 9 (shown in real lines). The driving moment of the rigid one (shown in dashed lines) is also presented.

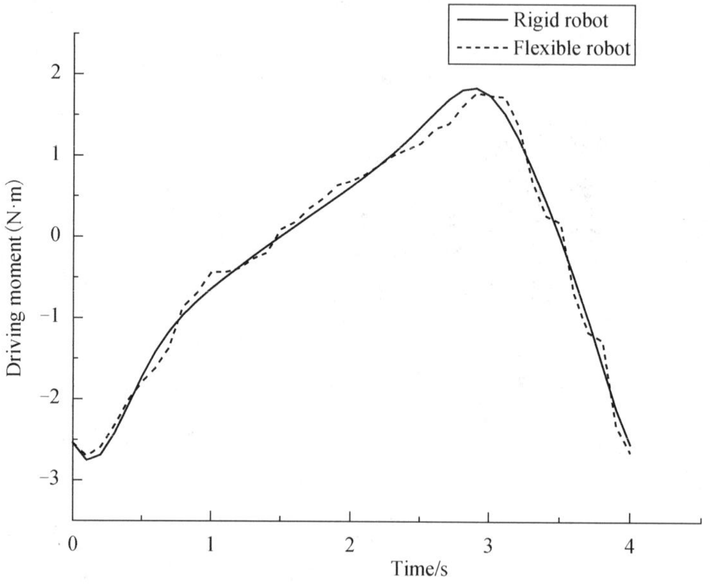

Fig.9　The driving moment of flexible robot

The driving moment of flexible robot oscillates around the driving moment of rigid robot. The oscillating amplitude is about 0.2Nm. The data and their changing pattern are coincident with the dynamic characteristics of flexible robots. The results verify the validity of the inverse dynamics method presented in this paper.

5. Conclusions

(1) An approach to dynamic modeling of flexible parallel robots is presented using the kinematic and dynamic constraint conditions of elastic displacements proposed in this paper. It is applicable for dynamic modeling of spatial parallel robots with various kinds of kinematic pairs.

(2) The links' flexibility and the coupling effects of elastic motion and rigid motion have a significant impact on system performance and stability.

(3) The dynamic response of flexible parallel robots is drastically different from the response of rigid ones.

(4) Position errors and orientation error are important performance criteria to measure the capacity of flexible parallel robots. These errors can indicate the motion stability.

(5) The analysis of the position errors and orientation error is useful to control the vibration of flexible parallel robots.

(6) The method presented for the inverse dynamic analysis is valid and effective.

Acknowledgments

This research is supported by National Natural Science foundation of China (50575002), Beijing Natural Science foundation (3062004), Beijing Science and Technology Committee (KM200610005003), Beijing Education Committee (PHR(IHLB)). The authors also thank Drs. Edmund and Rhoda Perozzi, both of Beijing University of Technology, for assistance in polishing the English.

References

[1] Lebret G, Liu K, Lewis F L. Dynamic analysis and control of a Stewart platform manipulator. Journal of Robotic Systems, 1993,10(5): 629-655

[2] Gabriel P. Dynamic finite-element analysis of a planar high-speed, high-precision parallel manipulator with flexible links. Master thesis, Graduate department of Mechanical and Industrial Engineering University of Toronto, Toronto, 2003

[3] Liu K, Lewis F L, Lebret G, et al.. The singularities and dynamics of a Stewart platform manipulator. Journal of Interlligent and Robotic systems, 1993, 8(3):287-308

[4] Liu K, Lewis F L, Fitzgerald M. Solution of nonlinear kinematics of a parallel-link constrained Stewart platform manipulator. Circuits, Systems and Signal Processing, 1994, 13(2-3):167-183

[5] Wang X Y. Dynamic modeling, experimental identification, and active vibration control design of a "smart parallel manipulator". Doctor thesis,Toronto: Graduate department of Mechanical and Industrial Engineering University of Toronto,2005

[6] Wang X Y, James K M. Dynamic modeling of a flexible-link planar parallel platform using a substructuring approach. Mechanism and Machine Theory, 2006, 41: 671-687

[7] Book W J. Modeling, design, and control of flexible manipulator arms: A tutorial review. Proceedings of the 29th IEEE Conference on Decision and Control, IEEE Control Systems Society, Honolulu, Hawaii, 1990: 500-506

[8] Gaultier P E, Cleghorn W L. Modeling of flexible manipulator dynamics: A literature survey. Proceedings of the 1st National Applied Mechanism and Robot Conference, Cincinnati, Ohio, USA, 1989: 1-10

[9] Santosha K D, Peter E. Dynamic analysis of flexible manipulators, a literature review. Mechanism and Machine Theory, 2006, 41: 749-777

[10] Wang D, Vidyasagar M. Modeling a class of multilink manipulators with the last link flexible. IEEE Transactions on Robotics and Automation, 1992, 8(1):33-41

[11] Lin J, Lewis F L. A symbolic formulation of dynamic equations for a manipulator with rigid and flexible links. The International Journal of Robotics Research, 1994, 13(5):454-466

[12] Benosman M, Le V G.. Joint trajectory tracking for planar multi-link flexible manipulator: Simulation and experiment for a two-link flexible manipulator. Proceedings of International Conference on Robotics and Automation, IEEE Robotics and Automation society, Washington, D.C., 2002: 2461-2466

[13] Fattah A, Misra A K, Angeles J. Dynamics of a flexible-link planar parallel manipulator in Cartesian space. Proceedings of the 20th Design Automation Conference, ASME Design Engineering Division, Minneapolis, Minnesota, 1994: 483-490

[14] Fraid M, Lukasiewicz S A. Dynamic modeling of spatial manipulators with flexible links and joints. Computers and Structures, 2000, 75(4): 419-437

[15] Jerzy Z, Plosa S W. Dynamics of systems with changing configuration and with flexible beam-like links. Mechanism and Machine Theory, 2000, 35: 1515-1534

[16] Yang J, Sadler P. On issues of elastic-rigid coupling in finite element modeling of high-speed machines.

Mechanism and Machine Theory, 2000, 35: 71-82

[17] Zhang C, Huang Y Q, Wang Z L, et al. Analysis and Design of Elastic Linkages. Beijing: China Machine Press, 1997

[18] Guo J F. The method of linearizing dynamic model and solving normal dynamic problems of flexible robots. Chinese Journal of Mechanical Engineering (English Edition), 1992, 5(1): 53-61

(in *International Journal of Advanced Robotic Systems*, 2008, 5(1): 115-122)

§ 74　基于 Virtual Lab 的柔性并联机器人仿真平台

苏祥　余跃庆　杜兆才　杨建新

(北京工业大学，北京　100022)

摘　要：为了实现柔性并联机器人的快速可视化建模，提供柔性并联机器人动力学分析的新途径，针对柔性并联机器人系统内刚体、柔体耦合的难点，利用 Virtual Lab 软件对 VBA 的支持及其处理机械系统弹性动力学问题的优势，结合数据库技术、参数化建模原理和柔性并联机器人动力学仿真的特点，对 Virtual Lab 软件进行二次开发，建立柔性并联机器人动力学仿真平台，可实现柔性并联机器人动力学特性的分析。该平台操作简单，建模效率高，计算速度快，便于机械工程师在机械设计中使用。为柔性并联机器人结构优化设计及运动学、动力学规划指标的确定提供科学依据。

关键词：虚拟工程试验室；柔性并联机器人；动力学

1. 引言

由于现代机械高速、精密、轻型化的要求，并联机器人的研究中考虑构件柔性因素的影响具有重要的理论和现实意义[1,2]。

由于柔性并联机器人的主体结构是个多环机构，分支运动链的杆件均为柔性杆，平台为刚体，柔性并联机器人属于刚柔耦合的复杂系统。开展计算机辅助分析与仿真时沿袭传统的分析方法无法完成高效、高精度建模，鉴于并联机器人动力学建模的复杂性以及在考虑柔性时的特殊性，必须提供一个专用的分析平台。

国外已成功开发一批机构动力学分析与设计通用软件，如 LMS Virtual Lab、ADAMS、RecueDYN、SIMPACK 等，但其对于分析柔性并联机器人动力学特性的特殊要求专用性不强，往往存在缺乏与 CAD 技术的无缝结合及需要 FEA 软件支持，进行跨平台操作等问题，分析过程冗烦。

国内对机构分析与仿真通用软件系统的研究与开发仍相当薄弱，很少涉及动力学，机构的柔性分析领域还存在空白。

由于 Virtual Lab 软件将柔体的概念引入到多刚体分析，为并联柔性机器人动力学特性分析可行性。所以本文基于 LMS Virtual Lab 对 VBA (Visual Basic for Application) 的支持，开发出柔性并联机器人动力学仿真平台，用户在该平台上简单的交互操作之后就可以实现高效快速地建立高精度柔性并联机器人仿真模型，通过仿真算例的验证分析平台具备强大的通用性、自动性、准确性、有效性和稳定性，可以为并联机器人研究与设计提供科学的依据。

2. 二次开发的基本原理概述

Virtual Lab 提供的是基于 OLE Automation 的编程接口自动化接口[3]，使应用者可以在整个机构仿真过程中编写脚本语言操作。包括导入 DADS 文体定义文件，直接创建机构实体模型，对仿真模型求解，并生成后处理信息。Virtual Lab Motion 自动化程序接口基于对 CATIA/CAA 的支持[4]，它的功能与应用于 DADS 系统的指令有很大的不同。Virtual Lab 默认继承了大部分 CATIA 的函数，但 CATIA 提供的函数并不能解决动力学应用。对于这些不能解决的问题将应用 Motion 特有的接口创建和编辑分析元素，以及特殊的过程如导入中性文件、模型求解。

3. 柔性并联机器人仿真平台的设计

3.1　柔性并联机器人仿真模型与参数数据库

在建立模型的过程中首先涉及机器人的杆件的尺寸参数和初始位形参数，然后建立不同支链、运动副、集中质量，其使用的数据信息分别存入在各自对象的数据表中，以备建模过程中引用及修改。Analysis Document 指向不同的柔性并联机器人分析任务，作为不同分析任务的唯一标识，Part Document 指向装配成机器人的不同构件，构件的任何结构参数都从上一级 Part Document 对象继承，对其 Value 属性进行修改，Update 方法更新工程，同时完成数据库中参数值的修改。数据库中数据按照 Virtual Lab 的对象继承关系存储，采用 Microsoft Access 2003 来创建模型信息数据库，Microsoft Access 2003 是微软 Office 2003 的组件之一， 是 Microsoft 公司推出的在 Windows 环境下运行的关系型数据库管理系统，它可以方便快捷地建立用户想要的数据库。编写数据库操作函数，通过 ADO(ActiveX Data Object)的方式对数据库进行读写。ADO 是 Microsoft 数据库应用程序开发的接口，是建立在 OLEDB 之上的高层数据库访问技术[5]。

3.2 平台工具箱及柔性并联机器人杆件和支链的建立

仿真系统所有工具采用标准 Windows 图形用户界面驱动，如图 1 仿真系统工具箱按有限元分析及机械动力学仿真的逻辑顺序设置，依次为模型建立、约束加载、中性文件生成、求解和后处理工具箱。在柔性并联机器人分析模型中会遇到不同截面形状、尺寸，不同材料杆件的建立，同时会有重复建立相同杆件、支链及运动副的情况，为了避免这种相似性、重复性的工作，通过 Virtual Lab 提供的接口函数编写并联机器人的结构建模工具，如图 1 用户界面可以快捷地建立 10 种不同截面的杆件和支链组，截面类型包括圆形、圆环形、矩形、矩形环、U 形、“十”形、T 形、“工”形。在建立过程中并能自动对柔性并联机器人不同支链分组编号。如图 2 所示是柔性并联机器人矩形截面杆三维参数化建立对话框。

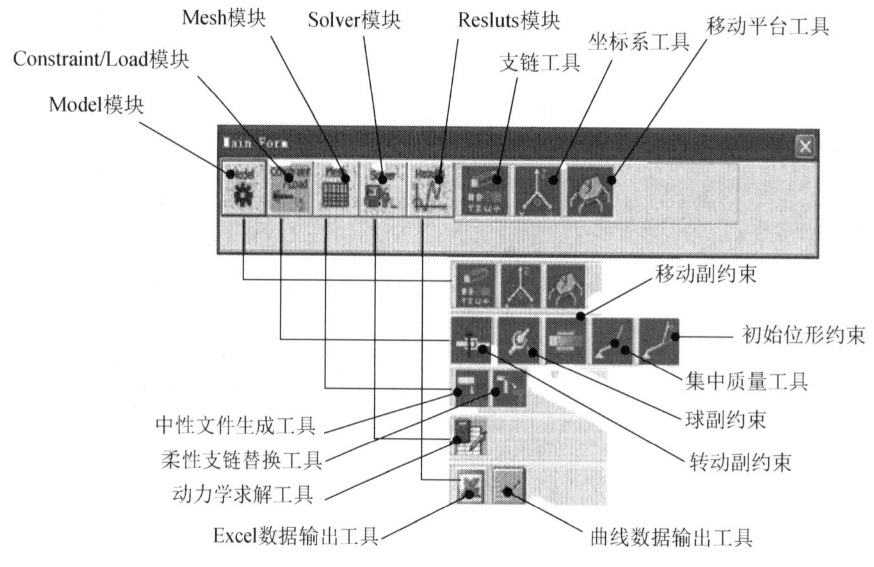

图 1　柔性并联机器人仿真平台工具箱

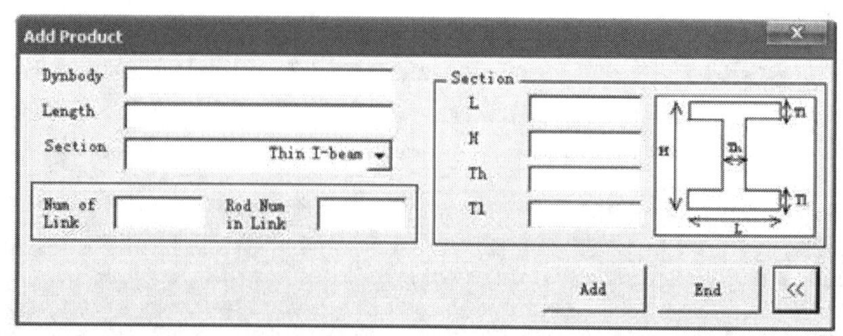

图 2　杆件和支链建立界面

3.3　柔性并联机器人基座和动平台的建立

基座是通过在空间不同点建立 6 个自由度可控制的坐标系，并将坐标系对象和 6 个参数写入当前编辑模型的数据库。由于使用这些不同的坐标系可以完成对空间任意位形的线和面元素的选取，所以这些坐标系将作为定义运动副和后处理过程数据输出的定义元素。动平台通过输入局部坐标系下平台铰点坐标生成平台实体，并在铰点建立坐标系。

3.4　杆件中性文件的生成

性体的建立是刚柔耦合多体系统模型建立过程的难点。Virtual Lab/Flex 允许在同一个平台下直接继承部件的几何属性和物理属性创建柔性体部件，多刚体系统模型中，构件均为刚体，其构件刚度须施加在关节节点上；而刚柔耦合多体动力学系统模型中，其最大的特点是柔性体本身能够反映自身的刚度特性，关节节点处不包括柔性体力学参数(如刚度、阻尼等)，所以要通过定义运动副位置的虚刚体指定柔性体与刚性体的连接方式，在柔性体的转动中心(与刚性体的联接处)必须有节点存在，如果在联接处柔性体为空洞，则需在此处创建一个节点，并使用刚性区域处理此节点(外部节点)与其周围的节点。杆件中性文件的生成流程图如图 3 所示。

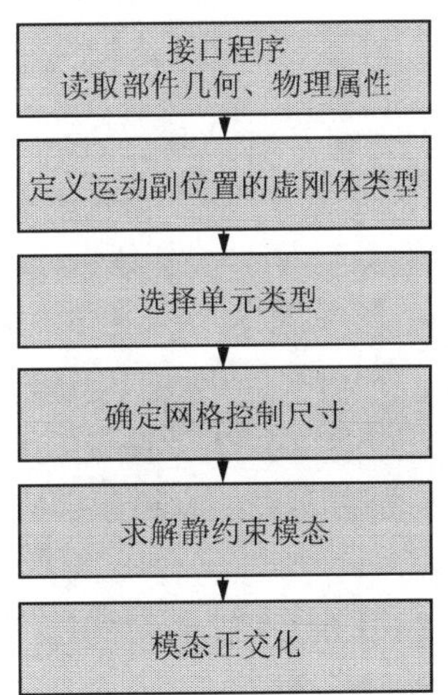

图 3　杆件中性文件的生成流程图

考虑柔性并联机器人部件多为细长杆，平台设置了实体单元和梁单元。中性文件的化生成过程包括构件的模态计算和模态截断，这个过程的自动化也是平台得以实现快速建模的关键。柔性部件 CraigBampton 模态综合方法，其特点是选取固定边界正则模态和约束模态来表示柔性体的变形，正交正则后的 Craig2Bampton 模态能够解决未修正时存在的缺点，前 6 阶刚体模态能被剔除掉，并且可以在不影响计算精度的要求下略去高阶模态以提高计算速度。

4. Virtual Lab API 对象简介(程序设计)

Virtual Lab API 采用面向对象的方法，所有的函数都有相关对象的方法和属性。用户通过在应用程序中对这些对象方法和属性的操作，就可以在自己开发的应用程序中实现几乎所有的 Virtual Lab 功能。下面是运用 VBA 语言描述在柔性并联机器人仿真工程中插入多体的函数部分代码。

```
Function Add DynBody(Dir As String,Dynbody As String)' Dir 为新建三维多体文档保存路径;
                                                        Dynbody 为此多体的唯一标识
Dim documents1 As Documents
Set documents1 = CATIA. Documents
…
Dim product2 As Product
Set product2 = products1. Item (Dynbody & ". 1" ) ' 声明部件级对象 product2 指向标
                                                   识为 Dynbody 的多体
```

```
…
Dim analysisEntities1 As Analysis Entities
Set analysisEntities1 = dynElementManager1. GetAnalys2
isEntitiesForSet (analysisDocument1, "Bodies" )  ' 声明实体类 analysisEntities1,
                                                   并返回 analysisDocument1 文档
                                                   对象
…
dynBody1. Name = Dynbody                           ' 给 dynBody 的 Name 属性赋值
dynBody1. SetExistingProduct product2
dynBody1. SetParameterValue
" F IXED. TO. GROUND", False                       ' 多体自由度不受约束
dynBody1. SetParameterValue " FLEXIBLE", True      ' dynBody1 为柔性体
…
partDocument2. SaveAs Dir & " \ " & Dynbody & ". CAT2Part"   ' 以 CATPart 格式保
                                                              存新建立的多体文
                                                              档到指定的工作目录
End Function
```

5. 应用实例

5.1　3-RRR 平面柔性并联机器人结构参数

以 3-RRR 平面柔性并联机器人为例进行分析，参数为：各杆的材料均为钢，密度为 7800kg/m^3，弹性模量为 2.1×1011Pa，泊松比为 0.13，长度均为 0.12m，截面积均为 4mm×4mm。平台的质量为 0.15kg。机座的坐标分别为(−0.13, 0)、(−0.115, −0.11)和(0.12, 0)。平台中心点(目标点)的运动规律为($t = 0$～4s)下文公式，式中 X、Y 分别为 x、y 方向的线位移；α为平台角位移。

$$\begin{cases} X = 0.042\times\cos(\pi t) \\ Y = 0.25 + 0.042\times\sin(\pi t) \\ \alpha = 0.01\times\cos(\pi t/10) \end{cases}$$

5.2　仿真结果

所有的仿真计算结果均可用数组、曲线、表格等方式显示，限于篇幅，仅列出几个比较典型的仿真结果，如目标点的弹性位移、速度、应力等。

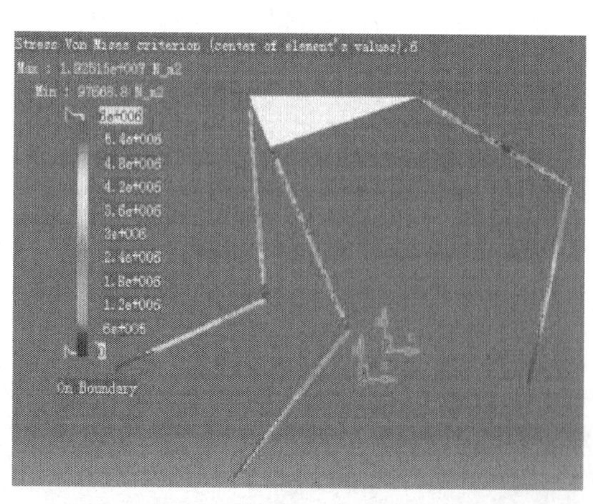

图 4　0.8s 时的应力云图

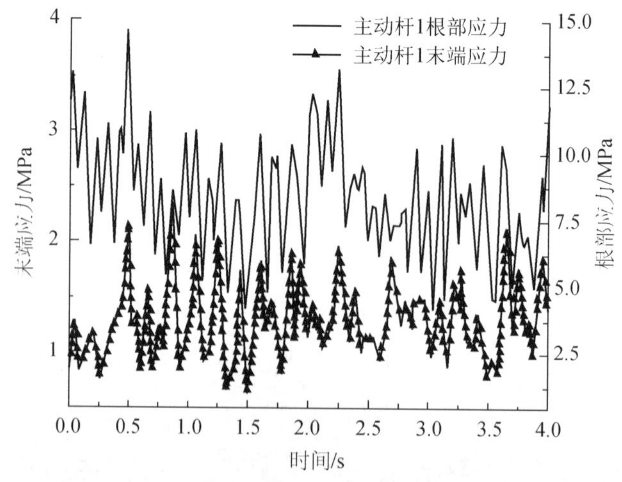

图 5　第一支链主动杆末端的应力

从图 4 中可以直观地看出并联机器人杆件的应力情况，在杆件靠近基座以及运动副的一端动应力集中，由于本算例属于轻质的并联机器人且工作空间比较小，整个过程最大动应力在 10MPa 左右，从图 5 第一支链主动杆根部和末端的应力变化趋势可以看出在仿真起始时刻都有应力突变的现象，在整个过程中承受交变应力，符合实际样机在正常工况下结构应力状况。

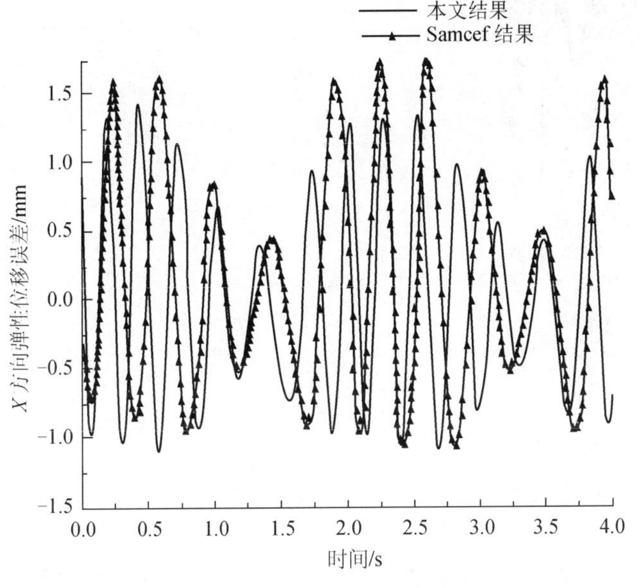

图 6　目标点 X 方向弹性位移误差

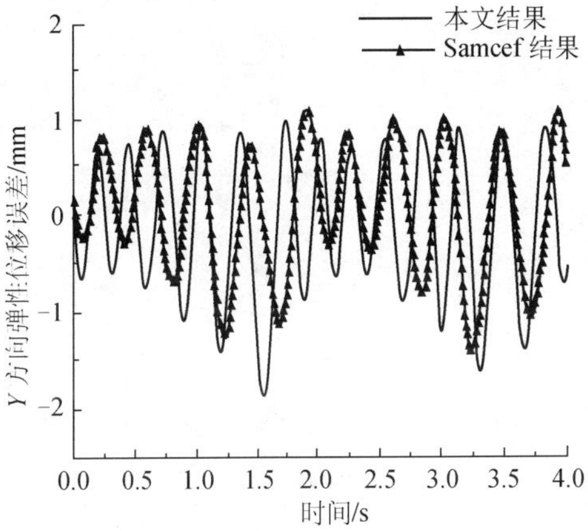

本文结果
Samcef 结果
Y 方向弹性位移误差/mm
时间/s

图 7　目标点 Y 方向弹性位移误差

图 6、图 7 为本仿真平台与机械动力学软件 Samcef 求解的柔性并联机器人平台目标点 X、Y 方向位移误差对比，误差在零附近即刚性位移附近波动，误差数量级在 1 毫米左右。通过对比可以看出，两者的解基本一致。由于篇幅限制本文仅列出了如图 8、图 9 目标点 X 方向的速度和加速度，从图 8、图 9 可以看出，本仿真平台与 Samcef 求解的结果对比进一步验证了本仿真平台对于柔性并联机器人求解的可靠性。

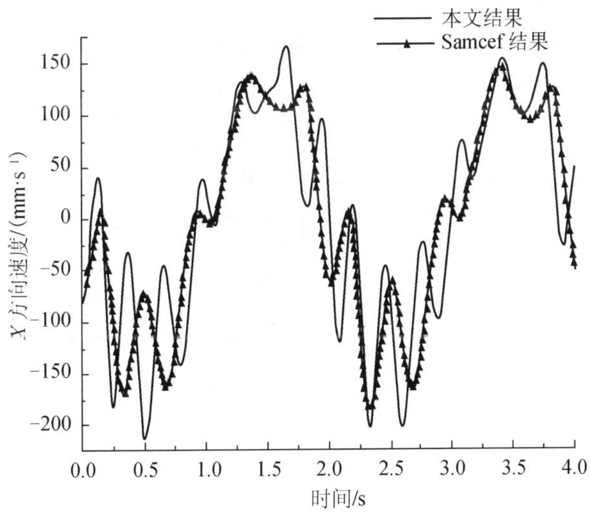

图 8　目标点 X 方向速度

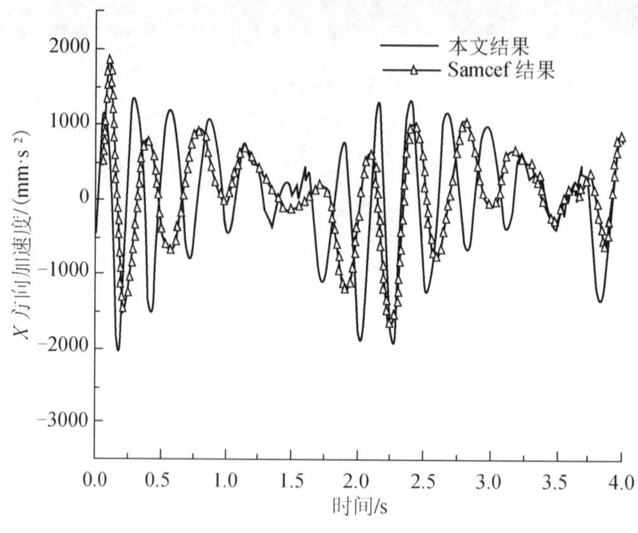

图 9　目标点 X 方向加速度

6. 结论

利用 LMS Virtual Lab 软件解决刚体、柔体耦合的机械系统动力学问题的优点及其对 VBA 的支持，开发了柔性并联机器人动力学仿真平台。给出了柔性并联机器人仿真的开发过程。开发的仿真平台可以快速对柔性并联机器人的运动学和动力学特性仿真，并结合典型的 3 - RRR 柔性并联机器人动力学算例与机械动力学软件 Samcef 仿真的结果进行对比，验证了仿真系平台具有可靠的运行稳定性、可靠性。仿真结果充分体现了柔性并联机器人的各种性能，为柔性并联机器人的研究提供了一种新颖而有效的建模工具和仿真方法，具有很好的实用性。

首次开发了在 Virtual Lab 软件环境下的柔性并联机器人仿真平台。以同一个软件平台下建模分析，避免了多个软件间的数据交换和协同操作。操作简单，计算效率高，便于指导工程实践。

参考文献

[1] 余晓流，岑豫皖，潘紫微，等．并联机器人的理论及应用研究．安徽工业大学学报，2003 (10)：290-294

[2] 蔡胜利，余跃庆，白师贤．弹性平面并联机器人的 KED 分析．机械科学与技术，1997：261-265

[3] 丁岩．新一代的 CATIA V5．CAD/CAM 制造业信息化，2003 (4)：211-217

[4] 甄中锋．基于 CATIA 冲模标准件库的开发与应用．哈尔滨理工大学学报．2003 (12)：8-10

[5] 杨德华，税清才，周喜军．基于 CATIA 软件对 VBA 的支持进行飞机翼面的造型设计．航空计算技术，2002 (3)：7-10

(原载《计算机仿真》，2008，25(4)：164-168)

§ 75　3-RRC 并联柔性机器人的动力学分析

刘善增　余跃庆　杨建新　苏丽颖

（北京工业大学，北京　100022）

摘　要：基于 Bernoulli-Euler 梁理论、有限元原理、KED 方法和 Lagrange 方程，建立了 3-RRC 并联柔性机器人的弹性动力学方程。在此基础上，利用 Newmark 积分方法对其动力学方程进行了求解，分析了 3-RRC 并联柔性机器人的动力学响应和驱动杆件最大动应力的变化规律。这些内容，对进一步研究 3-RRC 并联柔性机器人的动态特性、动力学优化设计、系统仿真和控制都具有重要的指导意义。

关键词：并联柔性机器人；动力学分析；KED 方法；动应力

1. 引言

自从 1978 年，澳大利亚著名机构学教授 Hunt 提出把 6 自由度的 Stewart 平台机构作为机器人机构以来，并联机器人技术得到了广泛推广。对并联机器人的深入研究引起了国际学者的广泛关注，并联机构学理论已经成为机构学研究领域的热点之一。随着机器人技术不断向高速度、高加速度、高精度和轻量化等的发展，将机器人构件假定为刚体的传统分析与设计方法不再适用，考虑机构构件及关节弹性变形影响的并联柔性机器人动力学研究日益成为机器人研究领域的新课题。运动弹性动力分析(Kineto-Elastodynamic Analysis，KED)是一种把机构作为运动着的弹性系统，研究机构在外力和刚体惯性力激励下的振动，并在此基础上求出机构的位移、速度、加速度、应力、应变等运动学、动力学参数的动力学分析方法。KED 研究的一个主要目的是在给定机构名义运动(即机构刚体运动)规律的前提下，确定机构的弹性运动响应。

Wang 等[1]对具有柔性关节的 6 自由度 RTS 并联机器人的运动学和动力学问题进行了研究。Wang 等[2]建立了含有柔性杆件的平面 3-PRR 并联机构的动力学模型，分析了动平台的响应和连杆末端的振动。Piras[3]利用有限元理论与 KED 分析方法研究了 3-PRR 平面并联机器人的固有频率等问题。蔡胜利等[4,5]对 3-RRR 柔性并联机器人的动力学问题进行了深入分析。黄真，方跃法[6]应用弹性系统的虚功原理，提出了计算并联机器人操作器弹性位姿误差的虚功方法。罗继曼等[7]采用有限单元法建立了新型 3-TPS 并联机器人的弹性动力学方程，通过实例分析了机构第一阶固有频率在工作空间的分布。

本文针对空间 3-RRC 并联柔性杆件机器人的运动特点，利用 KED 方法建立了其弹性动力学方程。通过算例分析了 3-RRC 并联柔性机器人的动力学响应和驱动杆件最大动应力的变化规律。

2. 弹性动力学方程

空间三平移 3-RRC 并联柔性机器人的机构，如图 1 所示。该机构的动平台 $P_1P_2P_3$、静平台 $B_1B_2B_3$ 平台均为长方形，并通过三个分支相连，每条分支链的构件依次通过两个 R 副(转动副)和 C 副(圆柱副)连接组成，其中 $B_iC_i(i=1,2,3)$ 为驱动构件。各分支 $B_iC_iP_i$ 中三运动副的轴线相互平行，且皆平行于静平台 $B_1B_2B_3$。为了便于讨论，分别建立与动平台固结的运动坐标系 $P-X'Y'Z'$ 和固定坐标系(即系统坐标系) $O-XYZ$。其中坐标系的原点 P 和 O 分别位于动、静平台的几何中心，轴 Z' 和 Z 分别垂直于动、静平台向上，轴 X'、Y' 和 X、Y 分别垂直于动、静平台的边。显然，支链 $B_1C_1P_1$ 只能在平面 OXZ 中运动，而支链 $B_2C_2P_2$ 和 $B_3C_3P_3$ 只能在平面 OYZ 中运动。由于系统结构设计和操作任务的需要，各支链中的杆件一般仅在本身运动平面内受力和产生弹性变形(忽略关节摩擦，且不考虑构件的扭转变形)。所以，此空间 3-RRC 柔性并联机器人的弹性动力学方程可通过仅考虑各支链杆件运动平面内的变形得到，这样既可以简化系统建模的复杂性，也可提高求解效率。

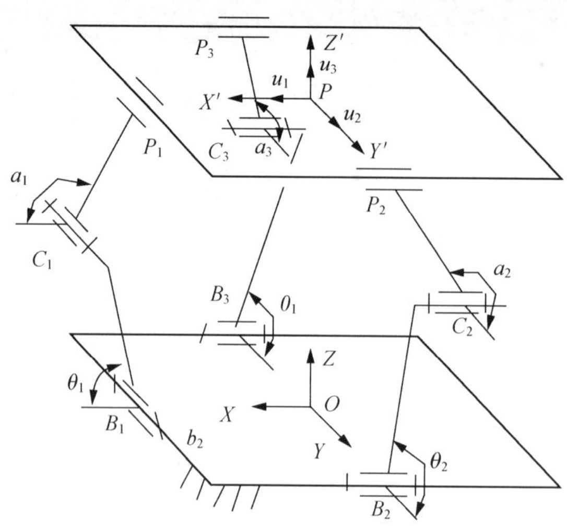

图 1　3-RRC 并联机器人

2.1　系统单元划分

典型的梁单元模型[8]，如图 2 所示，此单元划分了 2 个节点分别标为 1、2，广义坐标 v_i 、w_i 、β_i 、m_i $(i=1,2)$ 分别表示节点 1 和 2 处的纵向位移、横向位移、弹性转角、曲率。固定在单元上的坐标系 $O\text{-}XZ$ 称为单元坐标系。假定 3-RRC 并联柔性机器人机构中的杆件 B_iC_i 、 C_iP_i $(i=1,2,3)$ 为柔性杆，静平台 $B_1B_2B_3$ 和动平台 $P_1P_2P_3$ 为刚性架，忽略关节的弹性变形。这样，可在杆件 B_iC_i 和 C_iP_i 上分别设柔性单元 i_1 和 i_2 $(i=1,2,3)$ ，整个系统共设立 6 个柔性单元。支链 $B_iC_iP_i$ $(i=1,2,3)$ 中杆件 B_iC_i 作为悬臂梁看待[8]，又节点 C_i 、 P_i 处分别为回转副和圆柱副。因此，杆件 B_iC_i $(i=1,2,3)$ 单元的广义坐标为 4 个，即单元坐标系统下节点 B_i 处的曲率 δ_{i1} 和节点 C_i 处的纵向位移 δ_{i2} 、横向位移 δ_{i3} 、弹性转角 δ_{i4} 或系统坐标下节点 B_i 处的曲率 u_{i1} 和节点 C_i 处的 $X(Y)$ 向位移 u_{i2} 、Z 向位移 u_{i3} 、弹性转角 u_{i4} ，如图 3 所示。杆件 C_iP_i $(i=1,2,3)$ 单元的广义坐标为 6 个，即单元坐标系统下节点 C_i 处的纵向位移 δ_{i5} 、横向位移 δ_{i6} 、曲率 δ_{i7} 和节点 P_i 处的纵向位移 δ_{i8} 、横向位移 δ_{i9} 、弹性转角 δ_{i10} 或系统坐标下节点 C_i 处的 $X(Y)$ 向位移 u_{i2} 、Z 向位移 u_{i3} 、弹性转角 u_{i5} 和节点 P_i 处的 $X(Y)$ 向位移 u_{i6} 、Z 向位移 u_{i7} 、弹性转角 u_{i8} ，如图 3 所示。

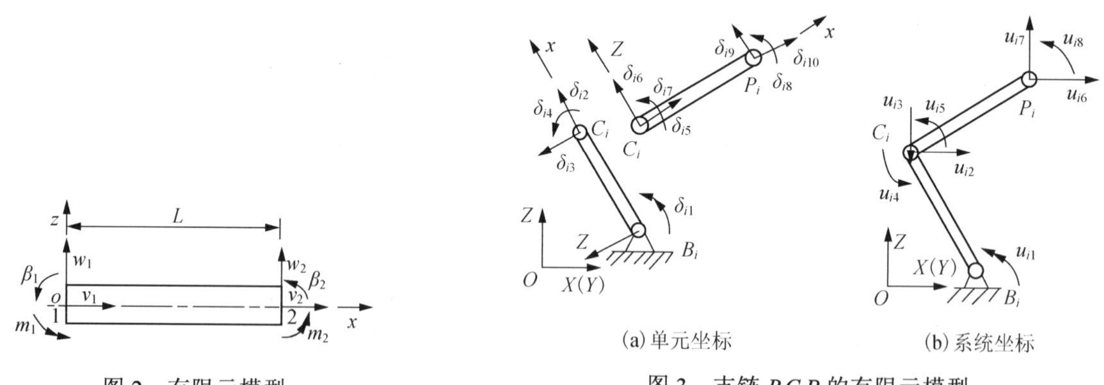

(a) 单元坐标　　(b) 系统坐标

图 2　有限元模型

图 3　支链 $B_iC_iP_i$ 的有限元模型

由于支链 $B_iC_iP_i$ $(i=1,2,3)$ 的弹性变形而引起动平台 $P_1P_2P_3$ 的位移改变量用 $U_\mathrm{p}=(u_1,u_2,u_3)^\mathrm{T}$ 三个系统坐标表示(不考虑构件的扭转变形，动平台 $P_1P_2P_3$ 仅有三个平移自由度)，如图 1 所示。那么，系统的运动协调条件为 $u_{i7}=u_3$ ， $u_{i6}=u_1$ $(i=1)$ ， $u_{i6}=u_2$ $(i=1,2,3)$ 。这样，整个 3-RRC 并联柔性机器人的运动可用 21 个系统坐标表示，支链 $B_iC_iP_i$ $(i=1,2,3)$ 中 18 个，动平台 $P_1P_2P_3$ 上 3 个。设支链 $B_1C_1P_1$ 中杆件 B_1C_1 和杆件 C_1P_1 与系统坐标系 $O\text{-}XYZ$ 中 X 轴正方向的夹角分别为 θ_1 和 α_1 ；支链 $B_iC_iP_i$ $(i=2,3)$ 中的杆件 B_iC_i 、 C_iP_i 与 Y 轴正方向的夹角分别为 θ_i 和 α_i 。则对于支链 $B_iC_iP_i$ 存在如下矩阵转换关系：

$$\delta_i = [B_i]U_i \qquad (i=1,2,3) \tag{1}$$

式中，$[B_i] \in \mathrm{R}^{10\times8}$ 为坐标变换矩阵，是此并联机构位形角度 θ_i 和 α_i 的函数；$\delta_i = (\delta_{i1}\ \delta_{i2}\ \cdots\ \delta_{i10})^{\mathrm{T}}$，$U_i = (u_{i1}\ u_{i2}\ \cdots\ u_{i8})^{\mathrm{T}}$，如图 3 所示。

2.2 单元位移

如图 2 所示，柔性杆件采用 Bernoulli-Euler 梁单元进行离散。节点数可根据精度要求任意选取，本文按照 2 节点表述。单元内纵向变形 v 和横向变形 w 分别采用一次线性插值函数和五次 Hermit 插值函数表示。那么，单元内任一点的弹性位移可以用单元结点位移表示为

$$\begin{Bmatrix} v \\ w \end{Bmatrix} = N_{2\times8}\delta_{8\times1} \tag{2}$$

式中，

$$N = \begin{bmatrix} N_1 & 0 & 0 & 0 & N_2 & 0 & 0 & 0 \\ 0 & N_3 & N_4 & N_5 & 0 & N_6 & N_7 & N_8 \end{bmatrix}_{2\times8}, \quad N_i(i=1,2,\cdots,8)$$

称为单元位移形态函数或简称为单元位移函数[8]，$\delta_{8\times1} = (v_1\ w_1\ \beta_1\ m_1\ v_2\ w_2\ \beta_2\ m_2)^{\mathrm{T}}$，如图 2 所示。

2.3 单元动能与势能

假定每个截面处的质量都集中在轴线上，忽略截面转动的动能、剪切和屈曲的变形能，则单元的动能和势能可以表示为

$$\begin{cases} T = \dfrac{1}{2}\displaystyle\int_0^L \rho A(\dot{v}^2 + \dot{w}^2)\mathrm{d}x \\ U = \dfrac{1}{2}\displaystyle\int_0^L EIw''^2\mathrm{d}x + \int_0^L EAv'^2\mathrm{d}x \end{cases} \tag{3}$$

式中，L、ρ、A、I 和 E 分别是单元长度、质量密度、截面面积、截面惯性矩和材料的拉压弹性模量。$\dot{v}$、$\dot{w}$ 分别为任意点纵向位移 v 和横向位移 w 对时间 t 的导数；v'、w'' 分别为 v 对 x 的一阶导数和 w 对 x 的二阶导数。将式(2)代入式(3)，并化简得

$$\begin{cases} T = \dfrac{1}{2}\dot{\delta}^{\mathrm{T}}M_{\mathrm{e}}\dot{\delta} \\ U = \dfrac{1}{2}\delta^{\mathrm{T}}K_{\mathrm{e}}\delta \end{cases} \tag{4}$$

式中，M_{e}、$K_{\mathrm{e}} \in \mathrm{R}^{8\times8}$ 分别是单元质量矩阵和单元刚度矩阵。

2.4 弹性动力学方程

(1) 动平台为刚性架，其弹性动力学方程为

$$M_0\ddot{U}_0 = F_0 \tag{5}$$

式中，$M_0 = m_0 I$，F_0 为动平台所受外力的等效力，其中，m_0 为动平台的质量，$I \in \mathrm{R}^{3\times3}$ 单位阵。

(2) 单元弹性动力学方程

将式(4)代入 Lagrange 方程：

$$\frac{\mathrm{d}}{\mathrm{d}t}\left(\frac{\partial T}{\partial \dot{\delta}}\right) - \frac{\partial T}{\partial \delta} + \frac{\partial V}{\partial \delta} = F \tag{6}$$

得到单元动力学方程：

$$M_{\mathrm{e}}\ddot{\delta} + K_{\mathrm{e}}\delta = F_{\mathrm{e}} \tag{7}$$

式中，F_{e} 为单元的广义力列阵。

(3) 系统弹性动力学方程

根据式(7)即可列出各单元的动力学方程，然后利用系统运动协调条件把各单元的动力学方程和式(5)组合起来，再利用式(1)并引入阻尼[9]即可得到系统的弹性动力学方程为

$$M\ddot{U}+C\dot{U}+KU=F \tag{8}$$

式中，M、$K\in \mathrm{R}^{21}$ 分别为系统的总体质量距阵、总体刚度矩阵，U、$F\in \mathrm{R}^{21\times 1}$ 分别为系统的弹性位移列阵和系统等效力。阻尼矩阵 U、R∈R21×21，这种阻尼称为 Rayleigh 阻尼，而这个矩阵称为比例阻尼矩阵，γ_1 和 γ_2 是 Rayleigh 阻尼比例系数。$\gamma_1 M$ 和 $\gamma_2 K$ 分别把阻尼与节点速度和应变速度联系起来。式(8)中的质量矩阵 M 和刚度矩阵 K 是机构“凝固”在某一位置时计算出来的，所以它们是机构位形的函数；F 除了和外力变化规律有关外，也和机构的位形有关。

3. 方程求解

由于式(8)是一个耦合的变系数二阶微分方程组。对其采用 KED 分析时，需要利用时间离散化方法求解，即把机构的运动时间 T 分为若干个时间单元(即 $\varDelta_t = T/n$)，在每个时间单元 $\varDelta_t$ 内，把式(8)作为常系数二阶微分方程组进行处理求解。在实用的有限元分析中，常用的求解方法有：振型叠加法、直接/逐步积分法等。振型叠加法只适用于线性系统，直接积分法可适用于非线性系统。直接积分法中较常用的方法有中心差分法、Houbolt 法、Wilson 法、Newmark 法等，由于 Newmark 法的数值误差最小[9]，所以，本文采用 Newmark 法进行方程式(8)的求解。已知时刻 t 的解，推导 $t+\varDelta_t$ 时刻方程式(8)的解时，Newmark 积分格式采用如下

假定：

$$\dot{U}_{t+\varDelta_t}=\dot{U}_t+[(1-\gamma)\ddot{U}_t+\gamma\ddot{U}_{t+\varDelta_t}]\varDelta_t \tag{9}$$

$$U_{t+\varDelta_t}=U_t+\dot{U}_t\varDelta_t=\left[\left(\frac{1}{2}-\beta\right)\ddot{U}_t+\beta\ddot{U}_{t+\varDelta_t}\right]\varDelta_t^2 \tag{10}$$

式中，$0\leqslant\gamma\leqslant 1$ 和 $0\leqslant 2\beta\leqslant 1$ 是根据积分精度和稳定性要求来确定的参数。由算法稳定性分析知，当 $\gamma\geqslant 0.5$，$\beta\geqslant 0.25(\gamma+0.5)^2$ 时，Newmark 积分是无条件稳定的，这时可以根据精度要求选择时间步长 $\varDelta_t$。

又 $t+\varDelta_t$ 时刻未知量 $U_{t+\varDelta_t}$、$\dot{U}_{t+\varDelta_t}$ 和 $\ddot{U}_{t+\varDelta_t}$ 满足系统动力学方程式(8)，即

$$M\ddot{U}_{t+\varDelta_t}+CU_{t+\varDelta_t}+KU_{t+\varDelta_t}=F_{t+\varDelta_t} \tag{11}$$

式(9)～式(11)称为 Newmark 法的基本公式。这样，由式(10)可通过 $U_{t+\varDelta_t}$ 求出 $\ddot{U}_{t+\varDelta_t}$，把 $\ddot{U}_{t+\varDelta_t}$ 代入式(9)可得到由 $U_{t+\varDelta_t}$ 表示的 $\dot{U}_{t+\varDelta_t}$。然后，把由 $U_{t+\varDelta_t}$ 表示的 $\dot{U}_{t+\varDelta_t}$ 和 $\ddot{U}_{t+\varDelta_t}$ 的表达式代入式(11)就可求得 $t+\varDelta_t$ 时刻的系统弹性位移向量 $U_{t+\varDelta_t}$，再利用式(9)和式(10)即可得到 $t+\varDelta_t$ 时刻的速度 $\dot{U}_{t+\varDelta_t}$ 和加速度 $\ddot{U}_{t+\varDelta_t}$。

在方程式(8)求解的基础上，即可对机构中驱动构件的动应力进行求解。由于并联机构中驱动构件的动应力一般比较大，下面对 3-RRC 并联柔性机器人中驱动构件动应力、动平台运动误差等作进一步分析。其中，驱动构件动应力的计算采用文献[8]、文献[9]中介绍的方法进行。

4. 算例分析

已知机构参数：材质为钢，密度 $\rho=7800\mathrm{kg/m^3}$，拉压弹性模量 $E=21\times 10^{10}\mathrm{Pa}$；杆长 $l_{i1}=l_{i2}=0.15\mathrm{m}(i=1,2,3)$，截面为矩形，厚 $h=0.007\mathrm{m}$，宽 $b=0.015\mathrm{m}$；$b_1=0.15\mathrm{m}$，$b_2=0.12\mathrm{m}$，$l_1=0.24\mathrm{m}$，$l_2=0.20\mathrm{m}$，动平台质量 $m_0=1.0\mathrm{kg}$；$\gamma_1=0.002$，$\gamma_2=0.000\ 01$[2]；$\varDelta_t=0.1\mathrm{s}$，$\gamma=0.528$，$\beta=0.2642$，$T=8\mathrm{s}$。

操作任务：动平台上点 P 的运动轨迹如下(单位：m)：

$$
\begin{cases}
x_p = 0.10 - 0.18\dfrac{t}{10} - 0.04\left(\dfrac{t}{10}\right)^2 \\
y_p = 0.06 - 0.14\dfrac{t}{10} + 0.04\left(\dfrac{t}{T}\right)^2 \quad (1 \leqslant t \leqslant T) \\
z_p = 0.08 + 0.84\dfrac{t}{10} - 0.84\left(\dfrac{t}{10}\right)^2
\end{cases}
\tag{12}
$$

图 4 反映了动平台 $P_1P_2P_3$ 在 X、Y、Z 方向上的位置误差。分析可知，动平台 $P_1P_2P_3$ 在 X、Y、Z 方向上的位置误差的变化规律有很大不同，其中，X、Y、Z 方向上的最大误差分别为−0.0028m、−0.0027m、+0.0038m。显然，动平台 $P_1P_2P_3$ 在 X、Y、Z 方向上的位置误差随着动平台的运动位置和运动规律的改变而变化。

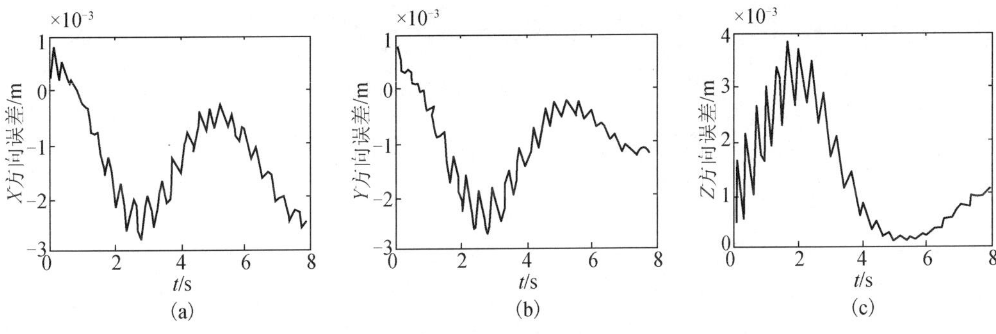

图 4　动平台的位置误差

图 5 给出了动平台 $P_1P_2P_3$ 在 X、Y、Z 方向上的振动速度变化曲线。分析可知，动平台 $P_1P_2P_3$ 在 X、Y、Z 方向上的振动速度有很大不同，且在 X、Y、Z 方向上的振动速度随着动平台运动位置的改变而改变。显然，动平台 $P_1P_2P_3$ 的振动速度是与其位置误差的变化规律相对应的。

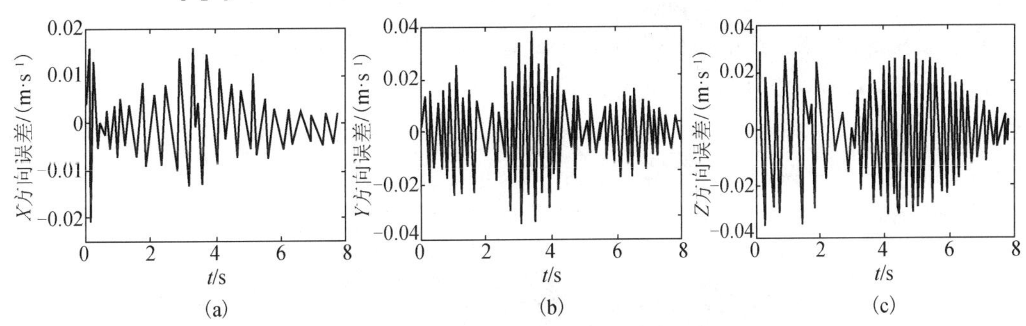

图 5　动平台的振动速度

图 6 给出了动平台 $P_1P_2P_3$ 在 X、Y、Z 方向上振动加速度的变化曲线。分析可知，动平台 $P_1P_2P_3$ 在 X、Y、Z 方向上的振动加速度也有很大不同，且在 X、Y、Z 方向上的振动加速度随着动平台运动位置的改变而改变，时大时小。这是由动平台的运动位置和运动规律共同决定的结果。

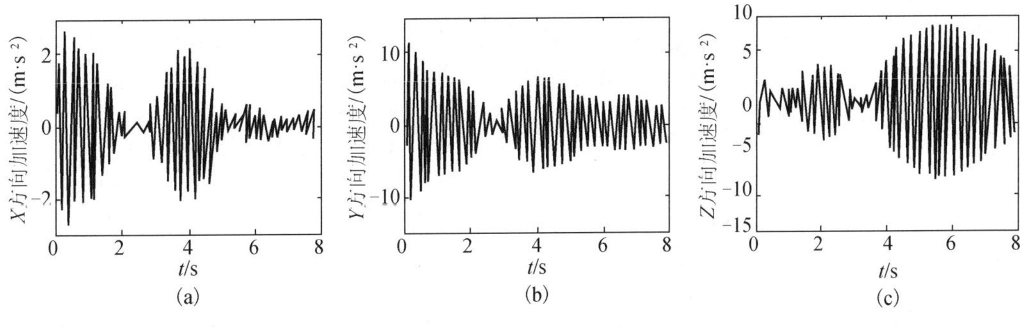

图 6　动平台的振动加速度

图 7 给出了 3-RRC 并联柔性机器人驱动杆件 B_iC_i $(i=1,2,3)$ 中最大动应力 $\max\sigma_i$ 的变化曲线，这里的最大动应力皆发生在驱动杆件 B_iC_i 根部的截面上。在 t=0～8s 机构运动的整个过程中，驱动杆件 B_1C_1、B_2C_2、B_3C_3 上最大动应力的最大值分别为 8.5878MPa、77.122MPa、35.655MPa。显然，驱动杆件 B_1C_1、B_2C_2、B_3C_3 上的最大动应力在机构运动的整个过程中是不断改变且发生振荡的，这与柔性杆件的运动特性相符。

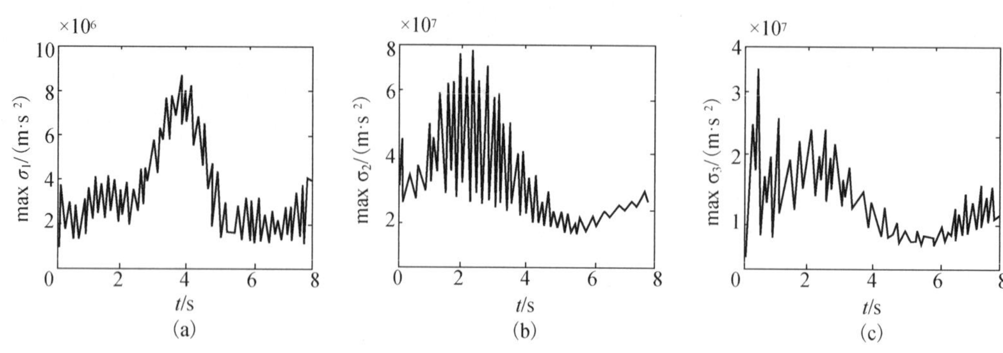

图 7　驱动杆件 B_iC_i 中最大动应力曲线图

5. 结论

本文给出了 3-RRC 并联柔性机器人的弹性动力学方程，并利用 Newmark 积分方法对动力学方程进行了求解。通过算例，分析了 3-RRC 并联柔性机器人的弹性运动和驱动杆件最大动应力的变化规律。这些研究内容，对进一步研究 3-RRC 并联柔性机器人的动态特性、动力学优化设计、系统仿真和控制等都具有重要的实际意义。

参考文献

[1] Wang S C, Hikita H, Kubo H, et al. Kinematics and dynamics of a 6 degree-of-freedom fully parallel manipulator with elastic joints. Mechanism and Machine Theory,2003,38(5):439-461

[2] Wang X Y, Mills James K. Dynamic modeling of a flexible-link planar parallel platform using a substructuring approach. Mechanism and Machine Theory,2006,41(6):671-687

[3] Piras G, Cleghorn W L, et al. Dynamic finite-element analysis of a planar high-speed, high-precision parallel manipulator with flexible links. Mechanism and Machine Theory, 2005, 40(7):849-862

[4] 蔡胜利，余跃庆，白师贤．弹性平面并联机器人的 KED 分析．机械科学与技术，1997，16(2)：261-265

[5] 杜兆才，余跃庆，杨建新．32RRR 柔性并联机器人的动态应力分析．机械设计与研究，2006(专刊)，22(22)：211-213

[6] 黄真，方跃法．并联机器人的弹性位姿误差分析．机械科学与技术，1991(2)：54-61

[7] 罗继曼，蔡光起，孙光复，等．新型 3-TPS 并联机器人考虑弹性力学的动力学分析．组合机床与自动化加工技术，2005，10：1-3

[8] 张策，黄永强，王子良，等．弹性连杆机构的分析与设计．2 版．北京：机械工业出版社，1997，59-61

[9] 巴特 KJ，威尔逊 EL．有限元分析中的数值方法．林公豫，罗恩，译．北京：科学出版社，1985：308-363

[10] 刘迎春，余跃庆．柔性机器人协调操作系统的动力特性分析．机械设计与研究，2004，20(1)：25-28

（原载《振动与冲击》，2008，27(2)：157-161）

§ 76 Dynamic Modeling and Analysis of a 3-RRS Parallel Manipulator with Flexible Links

Liu Shanzeng[1, 2], Yu Yueqing[2], Su Liying[2], Liu Qingbo[2], Si Guoning[2]

[1] *School of Mechanical and Electrical Engineering, China University of Mining and Technology, Xuzhou* 221116, *China*

[2] *College of Mechanical Engineering and Applied Electronics Technology, Beijing University of Technology, Beijing* 100124, *China*

Abstract: *The dynamic modeling and solution of the 3-RRS spatial parallel manipulators with flexible links were investigated. Firstly, a new model of spatial flexible beam element was proposed, and the dynamic equations of elements and branches of the parallel manipulator were derived. Secondly, according to the kinematic coupling relationship between the moving platform and flexible links, the kinematic constraints of the flexible parallel manipulator were proposed. Thirdly, using the kinematic constraint equations and dynamic model of the moving platform, the overall system dynamic equations of the parallel manipulator were obtained by assembling the dynamic equations of branches. Furthermore, a few commonly used effective solutions of second-order differential equation system with variable coefficients were discussed. Newmark numerical method was used to solve the dynamic equations of the flexible parallel manipulator. Finally, the dynamic responses of the moving platform and driving torques of the 3-RRS parallel mechanism with flexible links were analyzed through numerical simulation. The results provide important information for analysis of dynamic performance, dynamics optimization design, dynamic simulation and control of the 3-RRS flexible parallel manipulator.*

Keywords: *flexible robot; parallel manipulator; dynamic analysis; kineto-elastodynamics analysis; driving torque*

1. Introduction

The parallel manipulator is typically made of two rigid bodies (a base and a moving platform), one movable and the other fixed, connected to each other through at least two independent kinematic chains. Such a manipulator owns the advantages of high mechanical stiffness, wide bandwidth and large load-weight ratio. Therefore, it is very popular in many industrial applications[1-5]. There have been many reports of research on the kinematics of parallel manipulators, but few subjects dynamics have been investigated. Moreover, most researches on the dynamics of parallel manipulators are based on rigid links. In some applications, however, link flexibility needs to be considered[6 8]. When a direct-drive arm for laser cutting, for instance, tracks a curved trajectory at a high speed with an acceleration of over 3G, the minimum tracking error should be less than 0.2mm. Thus, mechanical vibration has to be controlled to achieve satisfactory performance. Modeling of flexible mechanisms has attracted much attention in recent years. However, most researches reported were on serial mechanisms, i.e., open-loop mechanisms, while less on closed-loop structures, i.e., four-bar linkage mechanisms. Dynamic modeling of parallel mechanisms, characterized by multiple closed-loop chains, has not been studied extensively[7-11]. Fattah et al. [7] presented a method of modeling the dynamics of a 3-DOF spatial parallel manipulator with flexible links. The natural orthogonal complement of constraint matrix was used to derive the minimum number of motion equations and to eliminate the nonworking kinematic constraint forces caused by the kinematic coupling of links. The effect of geometric nonlinearities in elastic deformations has been considered in the formulated model. In Ref.[8], a sub-structuring modeling procedure was introduced for developing a dynamic model of a planar parallel platform. Piras et al. [9] presented the results of a dynamic finite element analysis on a 3-PRR planar parallel robot with flexible links. Results showed that, for a given high-speed motion, the configuration of the mechanism exerted a significant influence on the nature of resultant elastic vibrations. Wang et al.[10] investigated the kinematics and dynamics in a 6-DOF RTS fully parallel manipulator with elastic joints. Du and Yu[11] established the standard dynamics formulation including equivalent torque of elastic moment with generalized input according to the principle of virtual work and Lagrange method.

Deformation of the elastic links is taken into account in kineto-elastodynamics（KED）studies of moving mechanisms due to external inertial loads[9,12]. The flexible deformation of the links plays a significant role in high-speed operation because the links are usually lighter in weight and hence has lower structural stiffness than the heavier links. The finite element code used here is based on the linear theory of KED, because it is assumed that the small-amplitude structural vibrations of the mechanism do not exert a significant effect on its rigid-body motion. Therefore, the influence of elastic deformations on the rigid-body motion is ignored, and the motion equations are solved for prescribed normal motions. However, the influence of the prescribed rigid-body motion on the elastic deformations is accounted for. The aim of this paper is to derive the dynamic equations of a 3-RRS parallel manipulator with flexible links. Axial, transverse（in two planes）and torsional deformation of the links is considered in the mathematical model of the manipulator. Furthermore, the dynamic responses of the movable platform and the driving torques of the flexible parallel mechanism are analyzed.

2. Dynamic equations

A spatial 3-RRS parallel mechanism with revolute actuators is illustrated in Fig.1. The manipulator consists of three identical legs $B_iC_iP_i$, where, i=1, 2, 3, a rigid moving triangular platform $P_1P_2P_3$, and a fixed platform $B_1B_2B_3$, assumed rigid as well. Each leg contains two flexible links that are coupled by a revolute joint. The legs are connected to platform $P_1P_2P_3$through spherical joints and coupled to the base through revolute joints. This manipulator has three rigid degrees of freedom and three motors located on the fixed platform $B_1B_2B_3$to drive the actuated joints. A basal Cartesian coordinate frame designated as the O-XYZ frame is fixed at the center of the base platform with the Z-axis pointing vertically upward and the Y-axis pointing the pin joint 1, B_1. Similarly, a coordinate frame P-$X'Y'Z'$ is assigned to the center of the

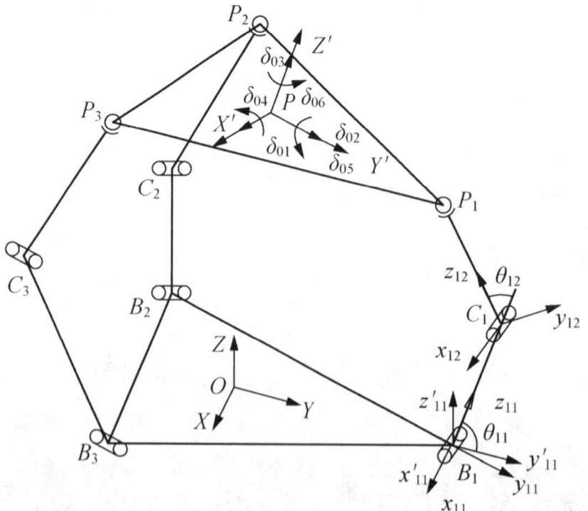

Fig.1　Sketch map of spatial 3-RRS parallel manipulator

upper platform, with the Z'-axis normal to the platform and the Y'-axis pointing the ball joint 1, P_1. The local frame B_i-$x'_{i1}y'_{i1}z'_{i1}$ (i=1, 2, 3) is fixed on the base platform with its z'_{i1}-axis pointing vertically upward and its x'_{i1}-axis being co-linear with the direction of the revolute joint axis, as shown in Fig.1. Moreover, Fig.1 includes two reference coordinate frames B_i-$x_{i1}y_{i1}z_{i1}$ and C_i-$x_{i2}y_{i2}z_{i2}$ (i=1, 2, 3) attached to the first and the second links of the ith leg, respectively. The x_{i1}-axis is co-linear with the direction of the first revolute joint axis, the z_{i1}-axis points from B_i toward C_i, and the y_{i1}-axis is perpendicular to both the x_{i1}-axis and the z_{i1}-axis. The x_{i2}-axis is co-linear with the direction of the second revolute joint axis, the z_{i2}-axis points from C_i toward P_i, and the y_{i2}-axis is perpendicular to both the x_{i2}-axis and the z_{i2}-axis.

2.1 Spatial flexible beam element

In order to model the spatial 3-RRS parallel manipulator, a new model of spatial flexible beam element is proposed, as shown in Fig.2, where, δ_1~δ_3 and δ_{10}~δ_{12}, δ_4~δ_6 and δ13~δ15, δ_7~δ_9 and δ_{16}~δ_{18} are the axial or transverse displacements, rotary angles and curvatures at nodes A and B, respectively. It is supposed that a spatial flexible beam element is subject to axial, lateral (in two planes) and torsional deformation. A point in the element will have elastic displacements in x, y, z directions and around x, y, z directions. They can be defined as $W_x(x, t)$, $W_y(x, t)$, $W_z(x, t)$, $\psi_x(x, t)$, $\psi_y(x, t)$ and $\psi_z(x, t)$. These deflection variables can be described uniquely by a set of interpolation functions and generalized coordinates, and expressed as follows:

$$W_x(x,t) = \boldsymbol{N}_{\mathrm{A}}^{\mathrm{T}}\boldsymbol{\delta} \tag{1}$$

$$W_y(x,t) = \boldsymbol{N}_{\mathrm{B}}^{\mathrm{T}}\boldsymbol{\delta} \tag{2}$$

$$W_z(x,t) = \boldsymbol{N}_{\mathrm{C}}^{\mathrm{T}}\boldsymbol{\delta} \tag{3}$$

$$\psi_x(x,t) = \boldsymbol{N}_{\mathrm{D}}^{\mathrm{T}}\boldsymbol{\delta} \tag{4}$$

$$\psi_y(x,t) = \left(\frac{\partial \boldsymbol{N}_C}{\partial x}\right)^{\mathrm{T}}\boldsymbol{\delta} = \dot{\boldsymbol{N}}_{\mathrm{C}}^{\mathrm{T}}\boldsymbol{\delta} \tag{5}$$

$$\psi_z(x,t) = \left(\frac{\partial \boldsymbol{N}_B}{\partial x}\right)^{\mathrm{T}}\boldsymbol{\delta} = \dot{\boldsymbol{N}}_{\mathrm{B}}^{\mathrm{T}}\boldsymbol{\delta} \tag{6}$$

where, δ=$[\delta_1\ \delta_2\ \ldots\ \delta_{18}]^{\mathrm{T}}$ is the generalized coordinates of the element displacement, as shown in Fig.2, $\boldsymbol{N}_{\mathrm{A}}$, $\boldsymbol{N}_{\mathrm{B}}$, $\boldsymbol{N}_{\mathrm{C}}$ and $\boldsymbol{N}_{\mathrm{D}}\in \mathrm{R}^{18\times1}$ are the vectors of interpolation polynomials[12,13].

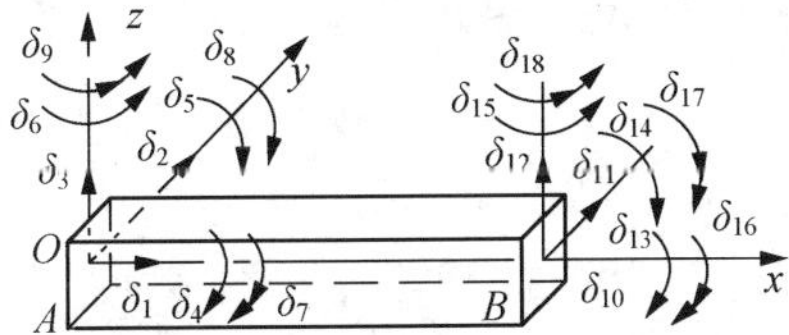

Fig.2 Sketch map of spatial flexible beam element

In terms of the O-XYZ frame, the element nodal deflection vector is defined as

$$\boldsymbol{u} = \begin{bmatrix} u_1 & u_2 & u_3 & \cdots & u_{16} & u_{17} & u_{18} \end{bmatrix}^{\mathrm{T}} \tag{7}$$

whereas, referred to the o-xyz frame, the nodal deformation is expressed as

$$\boldsymbol{\delta} = \boldsymbol{R}\boldsymbol{u} \tag{8}$$

where, $\boldsymbol{R}$ is the transformation matrix from the global frame O-XYZ to the element frame o-xyz.

Fig.3 shows the finite element model of a $B_iC_iP_i$ branch. A total of two elements are employed, one for each link. The corresponding placement of nodes is shown in Fig.3. There are coincident nodes (point C_i) at the revolute connection between B_iC_i and C_iP_i. Boundary conditions for zero translational displacement and rotation angle are imposed at node C_i (cantilever hypothesis[12,14] for the link of B_iC_i).

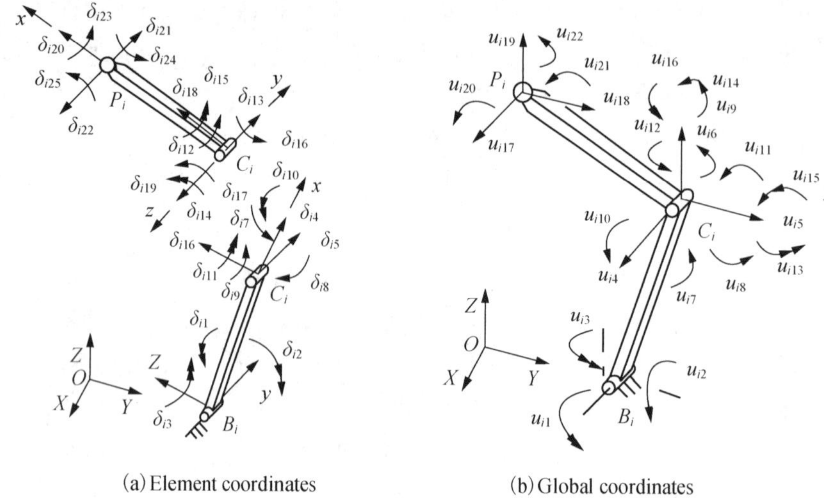

Fig.3　Finite element model of $B_iC_iP_i$ branch

Before the dynamic equations of 3-RRS parallel manipulator can be obtained, it is necessary to derive the kinetic and elastic deformation energy of the spatial flexible beam element.

2.2　Kinetic energy

The kinetic energy of the spatial flexible beam element is expressed as

$$E_{\mathrm{k}}=\frac{1}{2}\int_0^L \rho A\left[\left(\frac{\mathrm{d}W_{\mathrm{ax}}(x,t)}{\mathrm{d}t}\right)^2+\left(\frac{\mathrm{d}W_{\mathrm{ay}}(x,t)}{\mathrm{d}t}\right)^2+\left(\frac{\mathrm{d}W_{\mathrm{az}}(x,t)}{\mathrm{d}t}\right)^2\right]\mathrm{d}x+\frac{1}{2}\int_0^L \rho I_{\mathrm{p}}\left(\frac{\mathrm{d}\psi_{\mathrm{ax}}(x,t)}{\mathrm{d}t}\right)^2\mathrm{d}x \tag{9}$$

where, L is the length of the beam element, A is the cross-sectional area, ρ is the material density, and I_{p} is the area polar moment of inertia around x-axis, and $W_{\mathrm{ax}}(x,t)$, $W_{\mathrm{ay}}(x,t)$, $W_{\mathrm{az}}(x,t)$ and $\psi_{\mathrm{ax}}(x,t)$ are the absolute displacements and angular displacement of a point in the element[15].

Substituting Eq. (9) for Eqs. (1)~(4) and performing the integration, one obtains

$$E_{\mathrm{k}}=\frac{1}{2}\boldsymbol{\delta}^{\mathrm{T}}\boldsymbol{m}_{\mathrm{e}}\boldsymbol{\delta} \tag{10}$$

where, $\boldsymbol{m}_{\mathrm{e}}$ is the element mass matrix[15], and $\boldsymbol{m}_{\mathrm{e}}=\rho A\int_0^L \boldsymbol{N}\boldsymbol{N}^{\mathrm{T}}\mathrm{d}x$, $\boldsymbol{N}=[\boldsymbol{N}_{\mathrm{A}}\quad \boldsymbol{N}_{\mathrm{B}}\quad \boldsymbol{N}_{\mathrm{C}}\quad \boldsymbol{N}_{\mathrm{D}}]$.

2.3　Elastic deformation energy

The elastic deformation energy of the element is composed of axial deformation energy, lateral bending deformation energy and torsional deformation energy. So, the total elastic deformation energy is expressed as follows:

$$E_{\mathrm{p}}=\frac{1}{2}E\int_0^L\left[A\left(\frac{\partial W_x(x,t)}{\partial x}\right)^2+I_z\left(\frac{\partial^2 W_y(x,t)}{\partial x^2}\right)^2+I_y\left(\frac{\partial^2 W_z(x,t)}{\partial x^2}\right)^2\right]\mathrm{d}x+\frac{1}{2}\int_0^L GI_{\mathrm{p}}\left(\frac{\partial \psi_x(x,t)}{\partial x}\right)^2\mathrm{d}x \tag{11}$$

where, E is the elastic modulus, G is the shear modulus, and I_z and I_y are the area inertia moments of the cross-section along z-axis and y-axis.

Substituting Eq. (11) for Eqs. (1)~(4) and performing the integration, one obtains

$$E_{\mathrm{p}}=\frac{1}{2}\boldsymbol{\delta}^{\mathrm{T}}\boldsymbol{k}_{\mathrm{e}}\boldsymbol{\delta} \tag{12}$$

where, $\boldsymbol{k}_{\mathrm{e}}$ is the element stiffness matrix[15], and

$$\boldsymbol{k}_{\mathrm{e}}=E\left[A\int_{0}^{L}\dot{\boldsymbol{N}}_{\mathrm{A}}\dot{\boldsymbol{N}}_{\mathrm{A}}^{\mathrm{T}}\mathrm{d}x+I_{z}\int_{0}^{L}\ddot{\boldsymbol{N}}_{\mathrm{B}}\ddot{\boldsymbol{N}}_{\mathrm{B}}^{\mathrm{T}}\mathrm{d}x+I_{y}\int_{0}^{L}\ddot{\boldsymbol{N}}_{\mathrm{C}}\ddot{\boldsymbol{N}}_{\mathrm{C}}^{\mathrm{T}}\mathrm{d}x\right]+GI_{\mathrm{p}}\int_{0}^{L}\dot{\boldsymbol{N}}_{\mathrm{D}}\dot{\boldsymbol{N}}_{\mathrm{D}}^{\mathrm{T}}\mathrm{d}x .$$

2.4　Dynamic model of element

In order to obtain the dynamic equations of parallel manipulator system, the dynamic models of elements should be derived firstly. Then, the equations of the parallel mechanism can be obtained through assembly of the equations of its elements with a standard finite element procedure.

With the nodal displacement δ assumed as the generalized coordinates, Lagrange equation is expressed as

$$\frac{\mathrm{d}}{\mathrm{d}t}\left(\frac{\partial E_{\mathrm{k}}}{\partial\dot{\boldsymbol{\delta}}}\right)-\frac{\partial E_{\mathrm{k}}}{\partial\boldsymbol{\delta}}+\frac{\partial E_{\mathrm{p}}}{\partial\boldsymbol{\delta}}=\boldsymbol{f}_{\mathrm{e}} \tag{13}$$

where, $\boldsymbol{f}_{\mathrm{e}}$ is the vector for generalized external nodal forces including the inertia forces in rigid-body motion[10].

Substituting Eqs. (10) and (12), Eq. (13) becomes

$$\boldsymbol{m}_{\mathrm{e}}\ddot{\boldsymbol{\delta}}+\boldsymbol{k}_{\mathrm{e}}\boldsymbol{\delta}=\boldsymbol{f}_{\mathrm{e}} \tag{14}$$

Substituting Eq. (8) and premultiplying by $\boldsymbol{R}^{\mathrm{T}}$, the element equations are expressed in terms of the *O-XYZ* frame as

$$\boldsymbol{M}_{\mathrm{e}}\ddot{\boldsymbol{u}}+\boldsymbol{K}_{\mathrm{e}}\boldsymbol{u}=\boldsymbol{F}_{\mathrm{e}} \tag{15}$$

where, the element matrices are $\boldsymbol{M}_{\mathrm{e}}=\boldsymbol{R}^{\mathrm{T}}\boldsymbol{m}_{\mathrm{e}}\boldsymbol{R}$, $\boldsymbol{K}_{\mathrm{e}}=\boldsymbol{R}^{\mathrm{T}}\boldsymbol{k}_{\mathrm{e}}\boldsymbol{R}$, $\boldsymbol{F}_{\mathrm{e}}=\boldsymbol{R}^{\mathrm{T}}\boldsymbol{f}_{\mathrm{e}}$.

2.5　Dynamic model of moving platform

The moving platform is considered as a rigid body. Its motion equations are expressed in terms of the *P-X'Y'Z'* frame as

$$\boldsymbol{M}_{0}\ddot{\boldsymbol{\delta}}_{0}=\boldsymbol{F}_{0} \tag{16}$$

where, $\boldsymbol{M}_{0}=\begin{bmatrix} m_{0}[\boldsymbol{I}]_{3\times3} & 0_{3\times3} \\ 0_{3\times3} & \boldsymbol{J}_{3\times3}\end{bmatrix}$, m_0 is the mass of the moving platform, $[\boldsymbol{I}]$ is 3×3 identity matrix, $\boldsymbol{J}$ is the moment of inertia matrix of the moving platform about the *P-X'Y'Z'* frame, $\delta_0=[\delta_{01}\ \delta_{02}\ \cdots\ \delta_{06}]^{\mathrm{T}}$ is the displacement deflection vector of the moving platform about the *P-X'Y'Z'* frame induced by the flexible deformation of the links, and $\boldsymbol{F}_0$ is the vector of generalized external forces including the inertia forces of nominal motion.

Then, the motion equation of the moving platform is expressed in terms of the *O-XYZ* frame as

$$\boldsymbol{R}_{0}^{\mathrm{T}}\boldsymbol{M}_{0}\boldsymbol{R}_{0}\ddot{\boldsymbol{U}}_{0}=\boldsymbol{R}_{0}^{\mathrm{T}}\boldsymbol{F}_{0} \tag{17}$$

where, $\boldsymbol{R}_0$ is the transformation matrix from the global frame *O-XYZ* to the local frame *P-X'Y'Z'*, $\boldsymbol{U}_0\in\mathrm{R}^{6\times1}$ is the displacement deflection vector of the moving platform about the *O-XYZ* frame due to the flexible deformation of the flexible links.

2.6　Kinematic constraint equations

The mechanism joints are considered as ideal holonomic connections. It is assumed that the position coordinates of the ball joints at point P_i, where, i=1, 2, 3, in the *O-XYZ* frame are $(x_{Pi}, y_{Pi}, z_{Pi})^{\mathrm{T}}$. Thus, the displacement constraint equation between the moving platform $P_1P_2P_3$ and the legs $B_iC_iP_i$, where, i=1, 2, 3, can be expressed as

$$\boldsymbol{U}_{Pi} = \begin{bmatrix} 1 & 0 & 0 & 0 & z_{Pi} & -y_{Pi} \\ 0 & 1 & 0 & -z_{Pi} & 0 & x_{Pi} \\ 0 & 0 & 1 & y_{Pi} & -x_{Pi} & 0 \end{bmatrix} \boldsymbol{U}_0 \tag{18}$$

where, $\boldsymbol{U}_{P_i} = \begin{bmatrix} u_{i_{17}} & u_{i_{18}} & u_{i_{19}} \end{bmatrix}^{\mathrm{T}}$ is the displacement deflection of point P_i, where, i=1, 2, 3, in the O-XYZ frame.

Now, the kinematic constraint equations allow us to assemble the equations of all the flexible links to obtain the governing motion equations of the parallel manipulator.

2.7 Dynamic model of parallel manipulator

If Eqs. (15) and (17) are expanded to system size, all the element equations with kinematic constraint equations are combined, and proportional damping is incorporated, then the complete dynamic equation of the system is expressed as

$$\boldsymbol{M}\ddot{\boldsymbol{U}} + \boldsymbol{C}\dot{\boldsymbol{U}} + \boldsymbol{K}\boldsymbol{U} = \boldsymbol{F} \tag{19}$$

where, $\boldsymbol{M}$, $\boldsymbol{C}$ and $\boldsymbol{K}$ are the total mass, damping and stiffness matrices of the system, respectively, $\boldsymbol{F}$ is the generalized external force vector of the system including the inertia forces of rigid-body motion, and $\boldsymbol{U}$ is the vector of the system's generalized coordinates in terms of O-XYZ frame. All of them are time-dependent. Rayleigh damping has been introduced into Eq. (19), with the following formula of the damping matrix $\boldsymbol{C}$ as linear combination of the mass and stiffness matrices[12-14,16]:

$$\boldsymbol{C} = \lambda_1 \boldsymbol{M} + \lambda_2 \boldsymbol{K} \tag{20}$$

where, λ_1 is the mass damping coefficient, and λ_2 is the stiffness damping coefficient. The magnitude of the Rayleigh coefficients is largely determined by the energy dissipation characteristics of the structural materials.

3. Solutions of dynamic equations

Mathematically, Eq. (19) represents a second-order linear differential equation system with variable coefficients and, in principle, the solutions to the equations can be obtained with the standard procedures of solving differential equations with constant coefficients. However, the procedures proposed for solving the general system of differential equations will become very expensive if the order of the matrices is large. In practical finite element analysis, we are therefore mainly interested in two methods of solution: direct integration and mode superposition. A few commonly used effective methods of direct integration are central difference, Houbolt, Wilson θ, and Newmark methods. In the solution the time span under consideration, T, is subdivided into n equal time intervals Δt (i.e. $\Delta t = T/n$), and in the employed integration scheme, an approximate solution at times 0, Δt, $2\Delta t$, …, t, $t+\Delta t$, T is established. Owing to its least numerical errors, the Newmark method appears to be the most effective[16]. In the following discussion we will seek the solution of Eq. (19) using the Newmark method. The Newmark integration scheme can be interpreted as the extension of the linear acceleration method. The following assumptions are used[16]:

$$\dot{\boldsymbol{U}}_{t+\Delta t} = \dot{\boldsymbol{U}}_t + \left[(1-\mu_1)\ddot{\boldsymbol{U}}_t + \mu_1 \ddot{\boldsymbol{U}}_{t+\Delta t} \right] \Delta t \tag{21}$$

$$\boldsymbol{U}_{t+\Delta t} = \boldsymbol{U}_t + \dot{\boldsymbol{U}}_t \Delta t + \left[\left(\frac{1}{2} - \mu_2 \right) \ddot{\boldsymbol{U}}_t + \mu_2 \ddot{\boldsymbol{U}}_{t+\Delta t} \right] \Delta t^2 \tag{22}$$

Where, $0\leqslant\mu_1\leqslant1$ and $0\leqslant2\mu_2\leqslant1$, and μ_1 and μ_2 are parameters that can be determined by integral precision and stability. The Newmark integration is unconditionally stable provided that $\mu_1\geqslant0.5$ and $\mu_2\geqslant 0.25(\mu_1+0.5)^2$.

In addition to Eqs. (21) and (22), in order to obtain displacements, velocities and accelerations at time $t+\Delta t$, dynamic Eq. (19) at time $t+\Delta t$ is also considered:

$$\boldsymbol{M}\ddot{\boldsymbol{U}}_{t+\Delta t}+\boldsymbol{C}\dot{\boldsymbol{U}}_{t+\Delta t}+\boldsymbol{K}\boldsymbol{U}_{t+\Delta t}=\boldsymbol{F}_{t+\Delta t} \tag{23}$$

Solving Eq. (19) for $\ddot{\boldsymbol{U}}_{t+\Delta t}$ in terms of $\boldsymbol{U}_{t+\Delta t}$, and then substituting $\ddot{\boldsymbol{U}}_{t+\Delta t}$ into Eq. (21), we obtain equations for $\dot{\boldsymbol{U}}_{t+\Delta t}$ and $\ddot{\boldsymbol{U}}_{t+\Delta t}$, each in terms of the unknown displacement $\boldsymbol{U}_{t+\Delta t}$ only. These two relations for $\dot{\boldsymbol{U}}_{t+\Delta t}$ and $\ddot{\boldsymbol{U}}_{t+\Delta t}$ are substituted into Eq. (23) to calculate $\boldsymbol{U}_{t+\Delta t}$ at time $t+\Delta t$. After that, with Eqs. (21) and (22), $\dot{\boldsymbol{U}}_{t+\Delta t}$ and $\ddot{\boldsymbol{U}}_{t+\Delta t}$ at time $t+\Delta t$ can also be calculated.

4. Numerical simulation

The distance between revolute joint center B_i and point O is expressed as $OB_i=R$, where, $i=1, 2, 3$. The distance between ball joint center P_i and point P is expressed as $PP_i=r$, where, $i=1, 2, 3$. The lengths of the links B_iC_i and C_iP_i are l_{i1} and l_{i2}, respectively, where, $i=1, 2, 3$. The position coordinate of point P in the O-XYZ frame is denoted by $(x_P, y_P, z_P)^{\mathrm{T}}$, and the orientation coordinate of the moving platform by means of Z-Y-X Euler angles is denoted by (α, β, γ). The inertia moments of the moving platform about X'-, Y'-, and Z'-axis are denoted by $J_{X'}$, $J_{Y'}$, and $J_{Z'}$, respectively.

The parameters of the 3-<u>R</u>RS parallel mechanism are specified as: each link is made of steel, mass density $\rho=7.80\times10^3$ kg/m^3, elastic modulus $E=211$GPa, shear modulus $G=80$GPa, $l_{i1}=l_{i2}=0.15$ m $(i=1,2,3)$, the cross-section is 1.5 mm×5 mm, $m_0=0.152$ kg, $J_{X'}=1.06\times10^{-2}$ kg·m^2, $J_{Y'}=2.74\times10^{-4}$ kg·m^2, $J_{Z'}=1.09\times10^{-2}$ kg·m^2, $r=0.10$ m, $R=0.12$ m, $\lambda_1=2.0\times10^{-3}$, $\lambda_2=3.0\times10^{-4}$, $\Delta t=0.01$s, $\mu_1=0.528$, $\mu_2=0.2642$, and $T=1$ s. In this simulation, the moving platform is set to move on a desired trajectory given as

$$\begin{cases}\beta=\dfrac{[-2+7s(t)]\pi}{180}\\ \gamma=\dfrac{[-1+3s(t)]\pi}{180}\\ z_{\mathrm{P}}=0.015s^3(t)+0.01s^2(t)+0.18\end{cases} \tag{24}$$

where, $s(t)$ is a time function that takes values between 0 and 1. Suppose that a cycloid motion is selected for time function:

$$s(t)=\frac{t}{T}-\frac{1}{2\pi}\sin\frac{2\pi t}{T},\qquad 0\leqslant t\leqslant T \tag{25}$$

where, T is the traveling time.

Fig.4 illustrates the displacement errors of the moving platform in the global frame O-XYZ, wherein, ε_X, ε_Y and ε_Z refer to the position errors in directions X, Y and Z, respectively; ε_γ, ε_β and ε_α refer to the orientation errors around X-, Y- and Z-axis, respectively. With these preconditions, it is found that the maximum position error is −7.2 mm in direction Z, and the maximum orientation error is −0.055 rad around Y-axis. Hence, we should not ignore the influence of elastic links, especially when the moving platform moves at a relatively high speed. It is necessary for us to analyze the displacement errors of the flexible parallel manipulator.

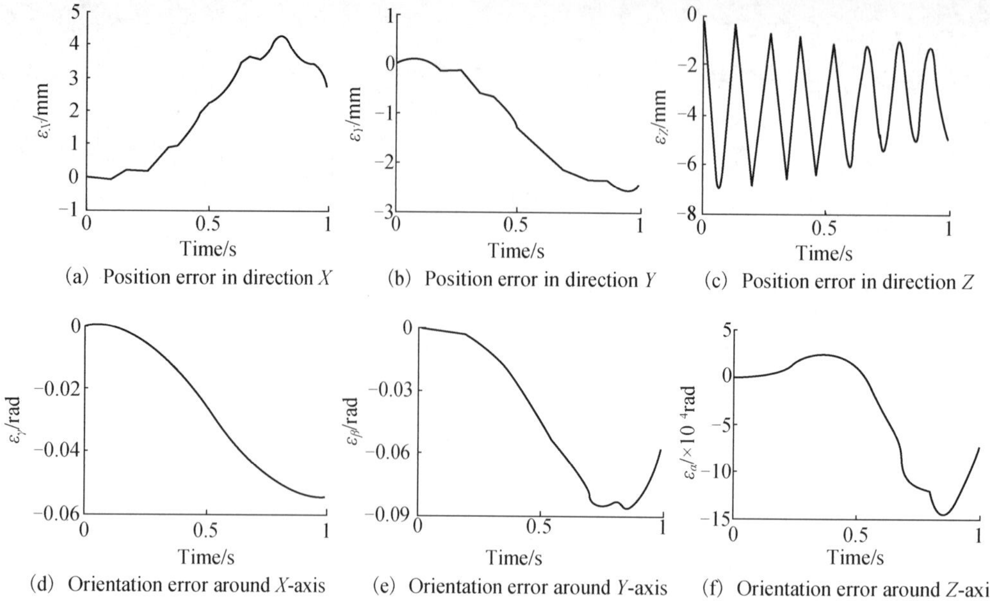

Fig.4 Displacement errors of the moving platform

Figs.5 and 6 show the results of the velocity and acceleration simulation of the moving platform, respectively. v_X, v_Y and v_Z represent the velocities in directions X, Y and Z, and ω_γ, ω_β and ω_α refer to the angular velocities around X-, Y- and Z-axis, respectively. a_X, a_Y and a_Z refer to the accelerations in X, Y and Z directions, and a_γ, a_β and a_α refer to the angular accelerations around X-, Y- and Z-axis, respectively. From these figures, it is observed that the motion of the moving platform is complicated. Therefore, in order to make the manipulator to carry out desired motions actually, there is necessity to develop the motion control algorithms for the flexible parallel manipulator.

Fig.7 shows the results of driving torque simulation when the traveling time T equals 1 s for the 3-RRS parallel manipulator, in which τ_1, τ_2 and τ_3 refer to the driving torques of the driving links B_1C_1, B_2C_2 and B_3C_3, respectively. The value analysis of the driving torque is shown in Table 1.

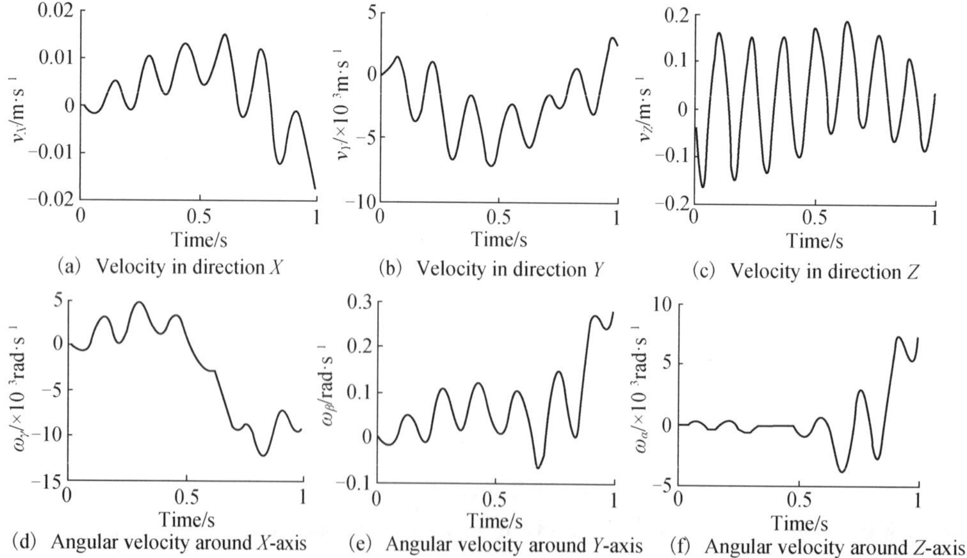

Fig.5 Velocities and angular velocities of moving platform

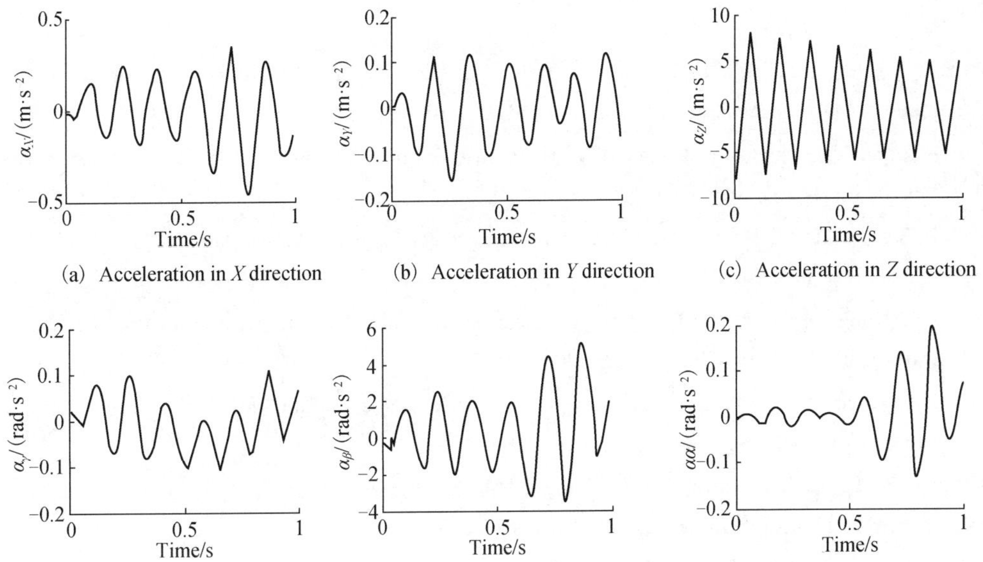

(a) Acceleration in *X* direction　(b) Acceleration in *Y* direction　(c) Acceleration in *Z* direction

(d) Angular acceleration around *X*-axis　(e) Angular acceleration around *Y*-axis　(f) Angular acceleration around *Z*-axis

Fig.6　Acceleration and angular acceleration of moving platform

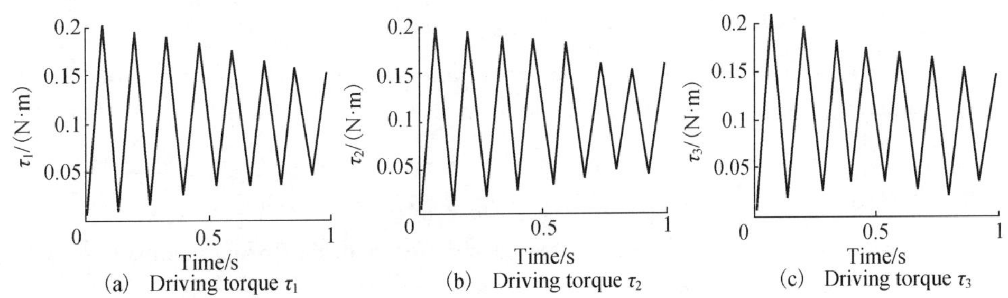

(a) Driving torque τ_1　(b) Driving torque τ_2　(c) Driving torque τ_3

Fig.7　Time-histories of driving torques

Table 1　Value analysis of driving torques

Item	$\tau_1/(\mathrm{N \cdot m})$	$\tau_2/(\mathrm{N \cdot m})$	$\tau_3/(\mathrm{N \cdot m})$
Maximum	0.200 7	0.199 9	0.207 3
Mean	0.102 8	0.103 5	0.100 8

5. Conclusions

(1) A new spatial beam element is presented and the dynamic equations of a 3-RRS parallel manipulator with flexible links are derived.

(2) The dynamic responses of the moving platform and driving torques of the 3-RRS parallel mechanism with flexible links are analyzed through numerical simulation. The results show that the link flexibility exerts a significant effect on displacement errors, velocities, accelerations and driving torques of the parallel manipulator.

(3) A method for the dynamic analysis, simulation, optimization design and control of the 3-RRS flexible parallel mechanism is established.

References

[1] Liu Xinjun, Wang Jinsong, Pritschow G. A new family of spatial 3-DOF fully-parallel manipulators with high rotational capability. Mechanism and Machine Theory, 2005, 40(4): 475-494

[2] Huang Z, Zhao Y S, Zhao T S. Advanced Spatial Mechanism. Beijing: Higher Education Press, 2006: 90-114 (in

Chinese)

[3] Liu S Z, Yu Y Q, Du Z C, et al. Recent development and current status of parallel manipulators. Modular Machine Tool and Automatic Manufacturing Technique, 2007, 7(401): 4-10 (in Chinese)

[4] Liu S Z, Yu Y Q. Dynamic design of a planar 3-DOF parallel manipulator. Chinese Journal of Mechanical Engineering, 2008, 44(4): 47-52 (in Chinese)

[5] Liu S Z, Yu Y Q, Liu Q B, et al. Dynamic analysis of a 3-RRS parallel manipulator. China Mechanical Engineering, 2008, 19(15): 1778-1781 (in Chinese)

[6] Liu Z Y, Hong J Z, Liu J Y. Complete geometric nonlinear formulation for rigid-flexible coupling dynamics. Journal of Central South University of Technology, 2009, 16(1): 119-124

[7] Fattah A, Angeles J, Arun K M. Dynamic of a 3-DOF spatial parallel manipulator with flexible links. IEEE International Conference on Robotics and Automation, 1995: 627-631

[8] Wang X Y, James K M. Dynamic modeling of a flexible-link planar parallel platform using a substructuring approach. Mechanism and Machine Theory, 2006, 41(6): 671-687

[9] Piras G, Cleghorm W L, Mills J K. Dynamic finite-element analysis of a planar high-speed, high-precision parallel manipulator with flexible links. Mechanism and Machine Theory, 2005, 40(7): 849-862

[10] Wang S C, Hiromitsu H, Hiroshi K, et al. Kinematics and dynamics of a 6 degree-of-freedom fully parallel manipulator with elastic joints. Mechanism and Machine Theory, 2003, 38(5): 439-461

[11] Du Z C, Yu Y Q. Dynamic modeling and inverse dynamic analysis of flexible parallel robots. International Journal of Advanced Robotic Systems, 2008, 5(1): 115-122

[12] Zhang C, Huang Y Q, Wang Z L, et al. Analysis and Design of Elasto-Linkage. 2nd ed. Beijing: China Machine Press, 1997: 1-88 (in Chinese)

[13] Zhang X P, Yu Y Q. A new spatial rotor beam element for modeling spatial manipulators with joint and link flexibility. Mechanism and Machine Theory, 2000, 35(3): 403-421

[14] Yang Z J, Sadler J P. Large-displacement finite element analysis of flexible linkages. Journal of Mechanical Design, 1990, 112(6): 175-182

[15] Liu S Z. Dynamics of 3-DOF spatial flexible parallel robots. Beijing: Beijing University of Technology, 2009: 24-157 (in Chinese)

[16] Bathe K J, Wilson E L. Numerical Methods in Finite Element Analysis. Englewood Cliffs: Prentice-Hall, INC., 1976: 308-362

(in *Journal of Central South University of Technology*, 2010, 17: 323-331)

6.2　特性分析与改善

§77　弹性并联机器人输入运动规划

蔡胜利　余跃庆　白师贤

（北京工业大学，北京　100022）

摘　要：本文研究了弹性并联机器人的输入运动规划方法。本方法以机器人平台的输出运动误差为目标，规划机器人的输入运动。数值例结果表明，这种规划方法可以显著降低机器人输出运动误差。

关键词：弹性机器人；并联机器人；输入运动规划；误差

1. 引言

带弹性构件的机器人由于构件的振动，会使其输出运动产生误差，因而不能精确实现预定轨迹。如何消除或降低这个误差是弹性机器人领域的一个重要问题。为了降低机器人输出运动误差，可以采用闭环控制法，通过反馈在控制方案中进行补偿[1,2]；也可以采用开环控制法，即直接规划机器人的输入运动和输入力。文献[3,4]导出了刚体运动和弹性运动耦合的弹性机器人逆动力学方程，可以同时求出驱动力和输入运动，这种方法用于复杂的机器人时，其方程会过于复杂，不便求解。

同时，尽管弹性机器人动力学研究已很深入，但几乎所有文献都是以串联机器人为对象的，对弹性并联机器人的研究还很少见，文献[5]用 KED 方法建立了一种平面三自由度并联机器人的弹性动力学方程，并给出了其求解方法。本文将采用输入运动规划法，降低平面并联机器人的输出运动误差，即给机器人预加一个附加输入运动，使之产生的附加输出运动与机器人的弹性运动互相抵消，从而得到预期的机器人运动精度。

2. 机器人系统弹性动力学方程

如图 1 所示为一个三自由度平面并联机器人，其各关节均为 R 副。三条腿上的杆均设为弹性杆，平台为刚性架。该机器人的结构自由度为 3，故需 3 个驱动器，这 3 个驱动器安装在 B_i 处，驱动力为 $T_{\text{in}}=\left(T_{\theta1},T_{\theta2},T_{\theta3}\right)^{\text{T}}$。机器人腿部变形可表示为 $U_1=\left(U_1,U_2,U_3\right)^{\text{T}}$，其中 $U_i=\left(u_{i1},u_{i2},\cdots,u_{i5}\right)^{\text{T}}$ (i=1,3)，由腿部变形引起的平台弹性运动可表示为 $U_{\text{e}}=\left(u_1,u_2,u_3\right)^{\text{T}}$（图 1），则系统的弹性运动可表示为 $U=\left(U_1,U_{\text{e}}\right)^{\text{T}}$，共含 18 个系统坐标。

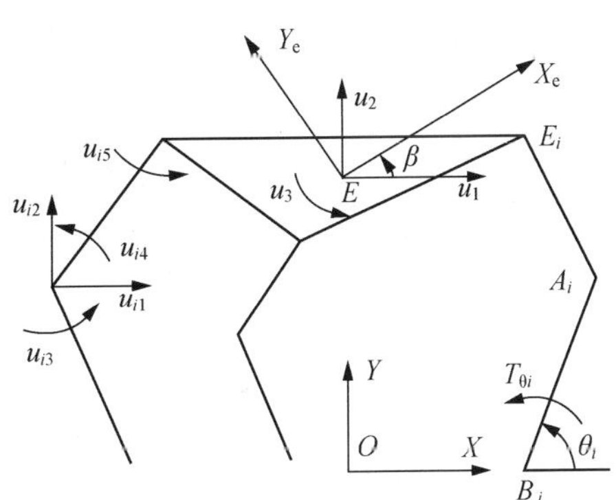

图 1　机器人结构与系统坐标

在文献[5]中导出了该机器人弹性动力学方程：

$$M\ddot{U}+KU=P+Q \tag{1}$$

式中，$Q=-M\ddot{U}_{\rm r}$；M，$K\in{\rm R}^{18\times18}$；P，Q，$\ddot{U}_{\rm r}\in{\rm R}^{18\times1}$；$M$、$K$ 分别为系统的质量矩阵和刚度矩阵，P、Q 分别为广义外力列阵和刚体惯性力列阵，$\ddot{U}_{\rm r}$ 为刚体加速度列阵。

在式(1)中，P 是机器人所受外力，若机器人所受外力仅为驱动力时，则 P=0。

对应于式(1)的机器人运动的 KES 方程为

$$KU=P+Q \tag{2}$$

3. 减少机器人输出运动误差

减少平台运动误差是带弹性腿的并联机器人运动规划的一项重要目标。由式(1)可以求出 U，其中 $U_{\rm e}$ 即为平台的弹性运动。本文采用输入运动规划法降低其输出运动误差。其基本思路是给机器人加上一个附加刚体运动，使之与其弹性运动相互抵消。

如图 2 所示，设机器人输入位移为 $\theta=(\theta_1,\theta_2,\theta_3)^{\rm T}$，输出位移为 $S_{\rm e}=(E_x,E_y,U)^{\rm T}$。若机器人平台预期运动位置为 $S_{\rm e}$，则加上输入位移变量 $W\theta=(W\theta_1,W\theta_2,W\theta_3)^{\rm T}$ 后，机器人的刚体运动位置变为 $\dot{S}_{\rm e}=\left(\dot{E}_x,\dot{E}_y,\dot{U}\right)^{\rm T}$，输入运动规划的目的是使加入弹性运动后使平台由误差位置 $\dot{S}_{\rm e}$ 回复到预期位置 $S_{\rm e}$，即 $S_{\rm e}=\dot{S}_{\rm e}+U_{\rm e}$，也即 $E_x=u_1+\dot{E}_x$，$E_y=u_1+\dot{E}_y$，$U=u_3+\dot{U}$。

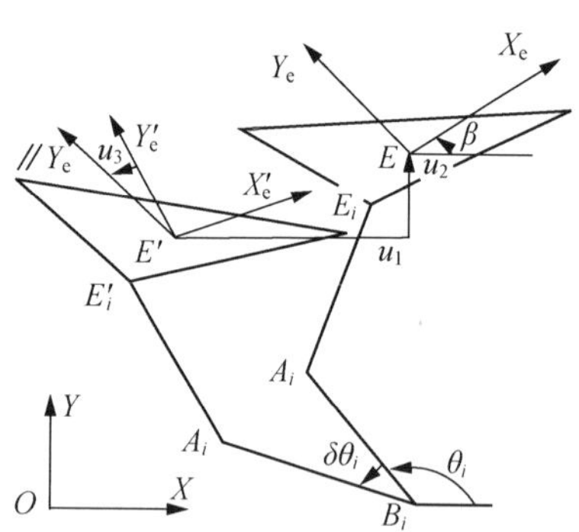

图 2　输入运动规划法示意图

根据机器人运动分析可得

$$S_{\rm e}=f(\theta) \tag{3}$$

$$\dot{S}_{\rm e}=J\dot{\theta} \tag{4}$$

对于输入移变量 $W\theta$，可产生输出位移变量 $WS_{\rm e}=(WE_x,WE_y,WU)^{\rm T}$，$WS_{\rm e}$ 可以由式(3)求出，但由于 $WS_{\rm e}$ 相对 $S_{\rm e}$ 来说是一个微小量，故也可以由下式近似求得

$$WS_{\rm e}=JW\theta \tag{5}$$

输入运动规划的目的是在机器人输入位移中加上 $W\theta$，使其产生的 $WS_{\rm e}$ 与 $U_{\rm e}$ 相互抵消，即

$$WS_{\rm e}+U_{\rm e}=0 \tag{6}$$

加上 $W\theta$ 后，式(1)变为

$$\left(M+\frac{\partial M}{\partial\theta}\cdot W\theta\right)\ddot{U}+\left(M+\frac{\partial K}{\partial\theta}\cdot W\theta\right)U=-\left(M+\frac{\partial M}{W\theta}\cdot W\theta\right)\left(\ddot{U}_{\rm r}+\frac{\partial\ddot{U}_{\rm r}}{\partial\theta}\cdot W\theta\right) \tag{7}$$

从理论上讲，联立求解式(5)～式(7)可以求出 $W\theta$，但由于式(7)的非线性，即便采用 KES 方程代替，也极难求解，因此必须采用简化方法。本文将采用迭代法，求得 $W\theta$。具体做法是：

(1) 在给定时刻，根据机器人的刚体运动，用 KES 方程求出 U_e，即

$$U_e = K_e(P+Q) \tag{8}$$

其中 K_e 是 K^{-1} 的下 3 行组成的矩阵，即：$K^{-1} = \begin{bmatrix} K_{1_{15\times18}} \\ K_{e_{3\times18}} \end{bmatrix}$；

(2) 取 $WS_e = -U_e$，则 $\dot{S}_e = S_e + WS_e$；

(3) 由式(5)求出 $W\theta, \dot{\theta} = \theta + W\theta$；

(4) 将这个 $\dot{\theta}$ 输入机器人刚体运动方程求出新的 $\dot{M}$，$\dot{K}$ 和 $\ddot{U}_r$，在求解中采用近似法构造刚体速度和加速度，即

$$\dot{S}_e = \left(S_e(t+\Delta t) - S_e(t)\right)/\Delta t$$

$$\ddot{S}_e = \left(\dot{S}_e(t+\Delta t) - \dot{S}_e(t)\right)/\Delta t$$

将这些值代入式(1)中，求出新的 U_e；

(5) 取 $X_e = \left(X_x, X_y, X_U\right)^{\mathrm{T}} = WS_e + U_e$ 即输出位移误差，再取 $\overline{X} = \overline{X_e^{\mathrm{T}} W X_e}$，其中 W 为加权矩阵，判断 $\overline{X} \leqslant X_0$？(其中 X_0 为给定误差值)，若不成立，则转(2)再次计算；若成立则结束计算，取这时的 $W\theta$ 为输入运动预加值，将此时的 U 代回弹性单元 B_iA_i 中，可以求得应加的驱动力 T_{in}。这样，输入运动和驱动力均已确定，即可转入下一时刻的运算。

由数值例的求解得知，这种方法可以仅需几次迭代即可得到满足精度要求的结果。

4. 数值例

一弹性平面并联机器人的结构参数及名义运动规律同文献[5]中数值例。弹性运动见文献[5]。

取 W 为单位矩阵，$X_0 = 10^{-6}$，经过输入运动规划，机器人平台的输出误差 X_e 如图 3 所示，应加的附加输入运动如图 4 所示。可以看到输出位移误差已降低到极小范围。此外还可以看到，平台弹性运动中的低频振动部分被附加刚体运动抵消，而高频振动部分未被抵消。

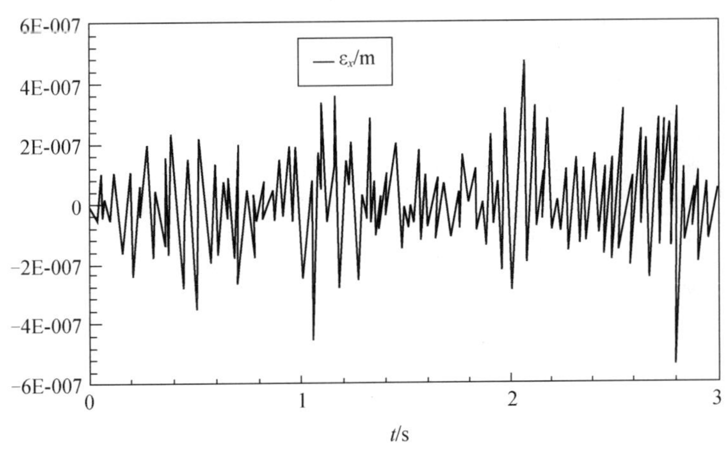

图 3　机器人平台的输出运动误差

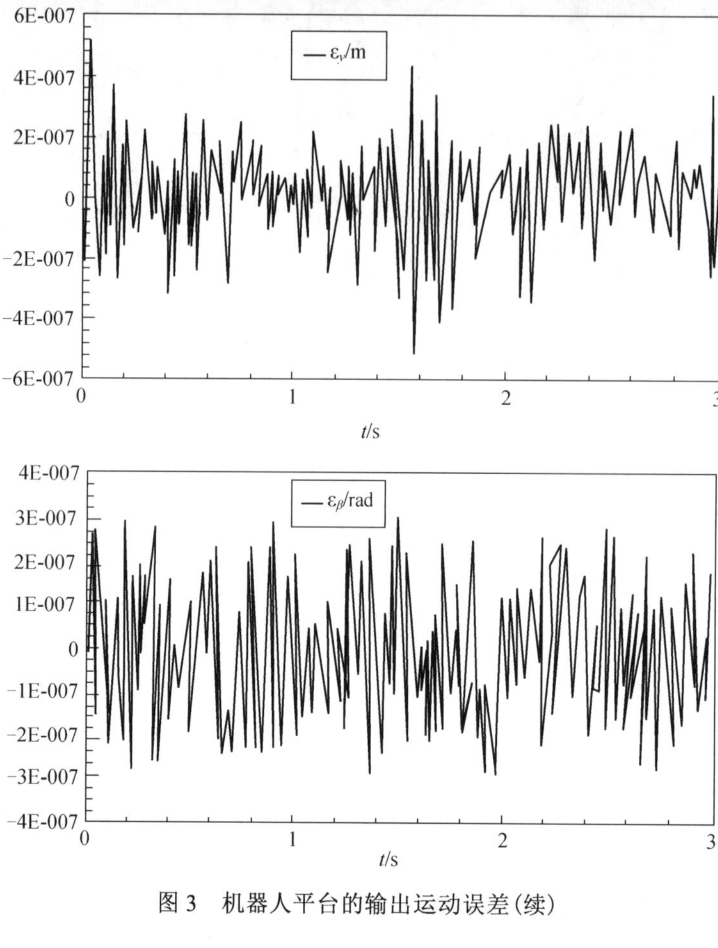

图 3　机器人平台的输出运动误差(续)

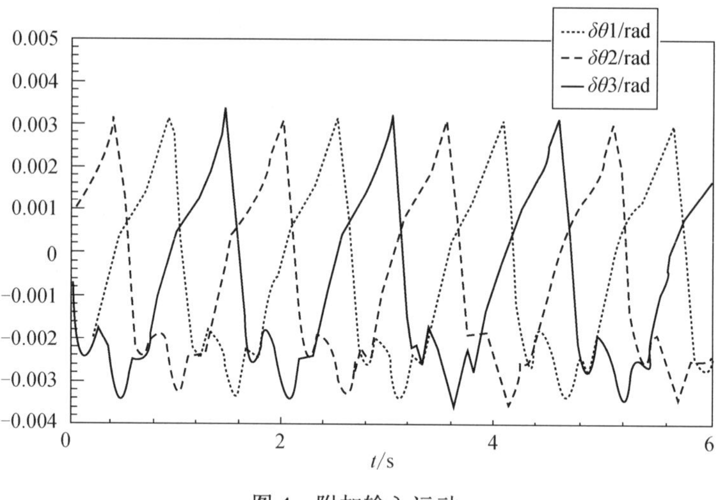

图 4　附加输入运动

5. 结论

本文采用输入运动规划法，即加入附加输入运动，降低了弹性并联机器人平台的输出运动误差，这种方法计算简单、有效，而且计算精度可调。从数值例结果来看，这种方法能有效地降低机器人平台的输出运动误差，有一定的应用前景。

参考文献

[1] Moulin H, Bayo E. On the accuracy of end-point trajectory tracking for flexible arms by noncausal inverse dynamic

solutions. J. of Dynamics, Measurement, and Controll, 1991, 113: 320-324

[2] Kokkinis T, Sahraian M. Inverse dynamics of a flexible robot arm by optimal control. J of Mechanical Design, 1993, 115: 289-293

[3] Xi F, Fenton G. On inverse statics and dynamics problems of flexible link manipulators. ASME paper, 1994, DE-72: 169-176

[4] 郭吉丰，许大中，李培玉，等．挠性机器人逆动力学显式模型．机械工程学报，1994(30)：86-92

[5] 蔡胜利，余跃庆，白师贤．弹性平面并联机器人的 KED 分析．机械科学与技术．1997，16(2)：261-265

（原载《机械设计与研究》1997，3：24-25）

§78 冗余驱动消减弹性并联机器人振动的研究

蔡胜利 余跃庆 白师贤
（北京工业大学，北京 100022）

摘 要：研究了弹性并联机器人运动过程中的振动控制问题。首次提出将冗余驱动用于弹性并联机器人减振，通过规划冗余驱动力达到了抑制机器人平台弹性振动的目的，数值模拟的结果证明了此方法不但效果明显，而且简便易行。

关键词：弹性；并联机器人；振动；冗余驱动

1. 引言

弹性并联机器人在运动过程中，由于构件的弹性，会使其平台产生弹性振动，因而引起输出运动误差，不能精确实现预定轨迹。如何抑制平台的弹性振动，从而消除或降低输出运动误差，是弹性并联机器人领域的一个重要问题。

在弹性串联机器人领域，振动控制问题得到了较为深入的研究，有许多方法被提出。首先，可以直接从弹性机器人反向动力学求解。例如，采用闭环控制法，通过反馈在控制方案中进行补偿[1]；也可以采用开环控制法，即直接规划机器人的输入运动和输入力[2]。利用输入脉冲规划[3]和冗余度[4]对弹性机器人进行减振是两种新的方法，目前正日益受到重视。

在并联机器人方面，由于弹性动力学分析刚刚开始[5]，尚无文献涉及减振问题。因此这方面的研究必须从头开始。冗余驱动能明显改善并联机器人的运动学性能(如回避奇异位形)与动力学性能(如降低关节内力、输入力或能耗)。本文将在此基础上把冗余驱动引入弹性并联机器人中，以平台的弹性运动为目标函数规划驱动力，从而实现减振的目的。

2. 机器人系统弹性动力学方程

如图 1 所示为一个三自由度平面并联机器人，其各关节均为 R 副。三条腿上的杆均设为弹性杆，平台为刚性架。一般来说，该机器人的结构自由度为 3，故需 3 个驱动器，这 3 个驱动器大多安装在 B_i 处，即：$T_{\text{in}}=(T_{\theta1},T_{\theta2},T_{\theta3})^{\text{T}}$，这时机器人没有冗余驱动。当 A_i 处也加上 3 个驱动器时，$T_{\text{in}}=(T_{\theta1},T_{\theta2},T_{\theta3},T_{\alpha1},T_{\alpha2},T_{\alpha3})^{\text{T}}$，则驱动器数多于机器人的结构自由度数，此即冗余驱动，T_{in} 中的 6 个元素有 3 个是冗余的，可根据需要任意选择。冗余驱动器只输入力，不干涉该处机器人的关节运动，预计加上冗余驱动可明显降低并联机器人的弹性运动。

机器人腿部变形可表示为$U_i=(U_1,U_2,U_3)^{\text{T}}$，其中$U_i=(u_{i1},u_{i2},\cdots,u_{i5})^{\text{T}}(i=1,3)$，由腿部变形引起的平台弹性运动即输出运动误差可表示为$U_{\text{e}}=(u_1,u_2,u_3)^{\text{T}}$（图 1），则系统的弹性运动可表示为$U=(U_1,U_{\text{e}})^{\text{T}}$，共含 18 个系统坐标。

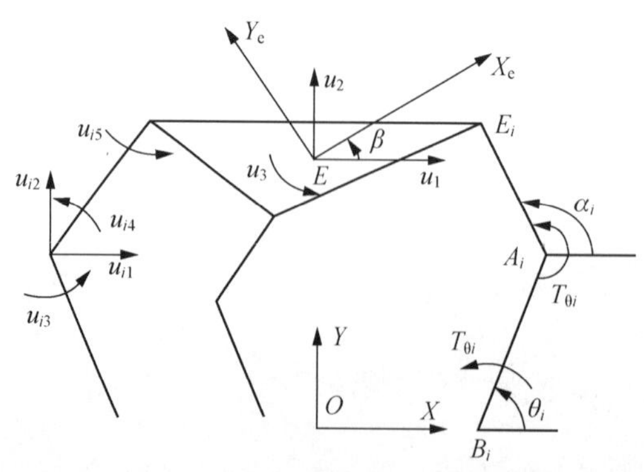

图 1

在不考虑阻尼的情况下，系统弹性动力学方程为

$$M\ddot{U}+KU=P+Q \tag{1}$$

式中，$Q=-M\ddot{U}_{\mathrm{r}}$；$M$，$K\in\mathrm{R}^{18\times18}$；$P$，$Q$，$\ddot{U}_{\mathrm{r}}\in\mathrm{R}^{18\times1}$；$M$，$K$ 分别为系统的质量矩阵和刚度矩阵；P，Q 分别为广义外力列阵和刚体惯性力列阵；$\ddot{U}_{\mathrm{r}}$ 为对应于 U 的刚体加速度列阵。

式(1)是一个二阶微分方程组，对于给定的机器人名义运动和受力，通过积分可求解其腿部构件和平台的弹性运动。

在式(1)中，P 是机器人所受外力，若机器人所受外力仅为驱动力时，则对于不带冗余驱动的机器人，

$$P=0 \tag{2}$$

而对于冗余驱动机器人，

$$P=(0,0-T_{\alpha1},T_{\alpha1},0,0,0,-T_{\alpha2},T_{\alpha2},0,0,0,-T_{\alpha3},T_{\alpha3},0,0,0,0)^{\mathrm{T}} \tag{3}$$

3. 冗余驱动消减机器人弹性运动的研究

由于冗余驱动器的输入力可以任意选取，因此可根据机器人的性能要求选择优化目标，对输入力进行优化。对于刚性机器人，冗余驱动的主要目标是驱动力或关节内力。而对于弹性机器人来说，降低输出位移误差，即平台的弹性运动无疑是十分重要的目标之一，故可将冗余驱动用于降低机器人平台的弹性运动，取 $T_{\alpha}=(T_{\alpha1},T_{\alpha2},T_{\alpha3})^{\mathrm{T}}$ 为优化变量，优化目标为

$$\min f=U_{\mathrm{e}}^{\mathrm{T}}WU_{\mathrm{e}} \tag{4}$$

式中，$W\in\mathrm{R}^{3\times3}$ 为加权矩阵，约束条件为式(1)。

解这个优化问题，可直接调用优化程序，求出各个时刻平台的最小弹性运动和应输入的驱动力。但这个过程是非常复杂的，可以用简化方法代替。

对应于式(1)的机器人运动的 KES 方程为

$$KU=P+Q \tag{5}$$

可以用式(5)作为约束条件求解 T_{α}，以此时的 T_{α} 代替真正的最优解，这样做可以提高计算效率，同时也不会带来很大的误差。对带自变量边界约束的问题(冗余驱动力有限制)，可以以式(5)为约束条件，调用优化程序直接求解式(4)；而对于不带自变量边界约束的问题(冗余驱动力无限制)，可以用下述方法简化。由式(5)得

$$U=K^{-1}(P+Q) \tag{6}$$

将 K^{-1} 分解为 $[Kl K_{\mathrm{e}}]^{\mathrm{T}}$，其中 $Kl\in\mathrm{R}^{15\times18}$，$K_{\mathrm{e}}\in\mathrm{R}^{3\times18}$，即 K_{e} 是 K^{-1} 的下 3 行组成的矩阵，则

$$U_{\mathrm{e}}=K_{\mathrm{e}}(P+Q) \tag{7}$$

故式(4)可写为

$$f=U_{\mathrm{e}}^{\mathrm{T}}WU_{\mathrm{e}}=(P+Q)^{\mathrm{T}}K_{\mathrm{e}}^{\mathrm{T}}WK_{\mathrm{e}}(P+Q)=P^{\mathrm{T}}K_{\mathrm{e}}^{\mathrm{T}}WK_{\mathrm{e}}P+2P^{\mathrm{T}}K_{\mathrm{e}}^{\mathrm{T}}WK_{\mathrm{e}}Q+Q^{\mathrm{T}}K_{\mathrm{e}}^{\mathrm{T}}WK_{\mathrm{e}}Q \tag{8}$$

取

$$K_{\mathrm{e}}^{*}=[-k_{\mathrm{e}3}+k_{\mathrm{e}4},-k_{\mathrm{e}8}+k_{\mathrm{e}9},-k_{\mathrm{e}13}+k_{\mathrm{e}14}] \tag{9}$$

式中，k_{ei} 为 K_{e} 的第 i 列，$K_{\mathrm{e}}^{*}\in\mathrm{R}^{3\times3}$。则式(8)可化为

$$f-T_{\alpha}^{T}K_{\mathrm{e}}^{*\mathrm{T}}EK_{\mathrm{e}}^{*}T_{\alpha}+2T_{\alpha}^{T}K_{\mathrm{e}}^{*\mathrm{T}}WK_{\mathrm{e}}Q\ \mathrm{I}\ Q^{T}K_{\mathrm{e}}^{\mathrm{T}}WK_{\mathrm{e}}Q \tag{10}$$

由于 f 的二阶梯度矩阵均正定，故 f 有极小值，且 f 取极小值的充要条件为 f 对 T_{α} 的导数为零，即

$$\partial f/\partial T_{\alpha}=2K_{\mathrm{e}}^{*\mathrm{T}}WK_{\mathrm{e}}^{*}T_{\alpha}+2K_{\mathrm{e}}^{*\mathrm{T}}WK_{\mathrm{e}}Q=0 \tag{11}$$

所以

$$T_{\alpha}=-K_{e}^{*-1}K_{e}Q \tag{12}$$

由式(12)可得到满足最小输出位移的冗余驱动器的输入力近似值。可以看到，将式(12)代回式(10)中可得 $f=0$，这是因为 f 是关于三个变量的加权平方和，而优化问题中自变量也为三个，因此不带边界约束的自变量可以满足优化目标取极小值为零，这也是目标函数中加权矩阵 W 在式(12)中不起作用的原因。此外，用此方法求得的 T_{α} 实际上虽然只是用KES方程为约束求得的近似解，但可使以KED方程为约束的优化目标降为极小，因此这种方法是有效的。将此 T_{α} 代入式(3)中，再将 P 代入式(1)中，可求得机器人平台的真实弹性运动。

4. 数值例

取一弹性平面并联机器人的结构参数和名义运动规律同文献[5]中数值例。则不带冗余驱动时机器人平台的弹性运动见文献[5]，加入冗余驱动(冗余驱动力无限制)后机器人平台的弹性运动和应加的驱动力如图 2～图 4 所示。比较二者的结果可以看到，加入冗余驱可将平台的弹性运动降低到极小范围，弹性运动幅值降低了两个数量级。

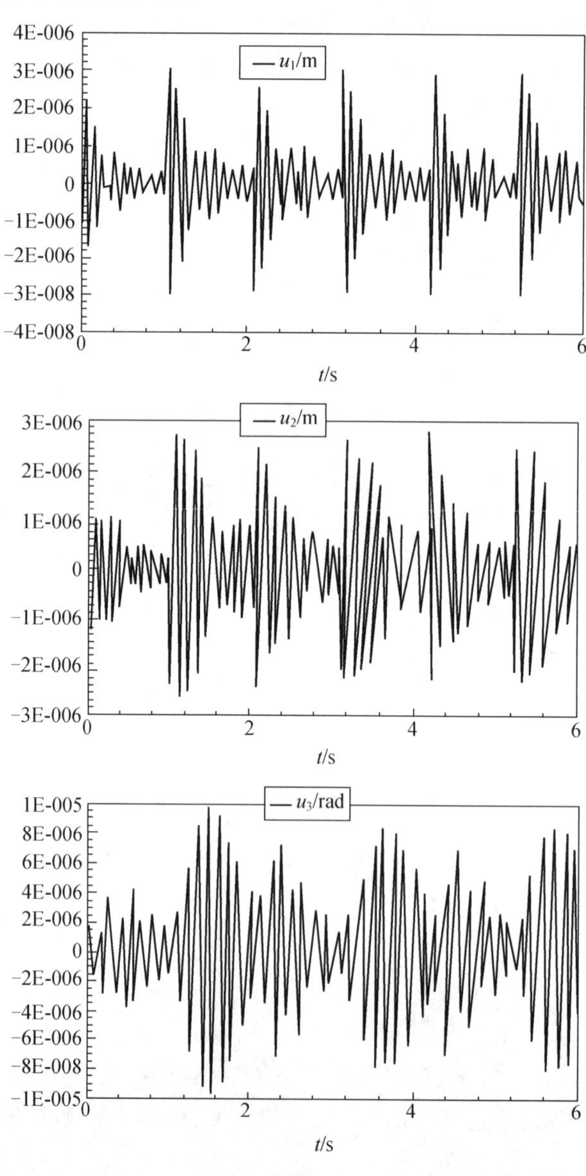

图 2

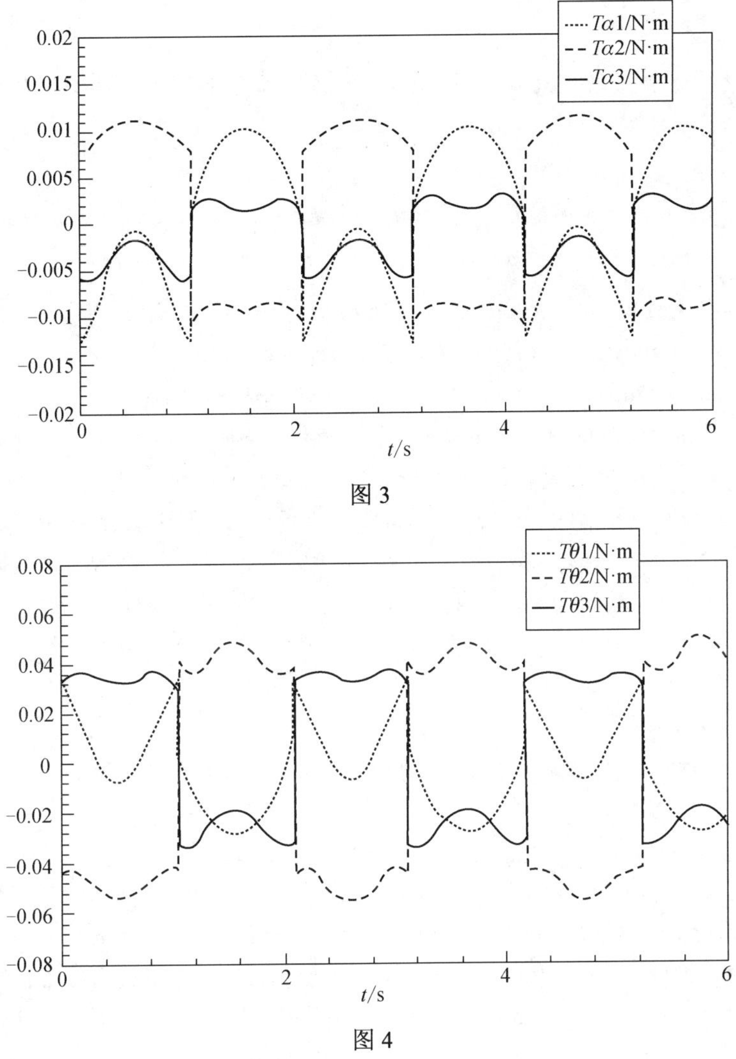

图 3

图 4

5. 结论

本文讨论了弹性并联机器人的减振问题，提出了一种有效的控制方法。首次提出并采用冗余驱动法对弹性并联机器人进行了减振，从数值例中可以看到，加入冗余驱动可显著降低弹性机器人平台的弹性运动。同时，虽然本文所采用的求冗余驱动力的方法为一种近似方法，但其效果令人满意，故此方法是可行的。可以预计，冗余驱动在弹性并联机器人领域有广泛的应用前景。

参考文献

[1] Bayo E. Computed torque for the position control of open-chain flexible robots. Int. Conf. on Robotics and Automation, IEEE, 1988, 316-321

[2] Asada H, Ma Z, Tokumaru H. Inverse dynamics of flexible robot arms: modeling and computation for trajectory control. J. Dynamic Systems, Measurement and Control, 1990, 112: 177-185

[3] Singer N, Seering W. Using a causal shaping techniques to reduce robot vibration. Int. Conf. on Robotics and Automation, IEEE, 1988, 1434-1439

[4] Barbieri E, Wang Q. An example of optimal set-point relegation for self- motion control in redundant flexible robots. Int. Conf. on Robotics and Automation, IEEE, 1990, 632-637

[5] 蔡胜利，余跃庆，白师贤．弹性平面并联机器人的 KED 分析．机械科学与技术，1997(2)

（原载《机械科学与技术》1997，16(6)：941-944）

§ 79 Analysis of the Dynamic Stress of Planar Flexible-Links Parallel Robots

Du Zhaocai, Yu Yueqing, Yang Jianxin

Robotics and Mechanisms Lab, College of Mechanical Engineering & Applied Electronics Technology, Beijing University of Technology, Beijing 100022, *China*

Abstract: *This paper presents a method for the dynamic stress analysis of planar parallel robots with flexible links and a rigid moving platform. The finite element-based dynamic model of flexible parallel robots is proposed. The relation between elastic deformations and elastic displacements of the flexible links is investigated, considering the coupling effects of elastic motion and rigid motion. The elastic deformations of links are calculated. Considering the effects of bending-shearing strain and tensile-compression strain, the dynamic stress of the links and its position are derived by using the Kineto-Elastodynamics theory and the Timoshenko beam theory. Due to the flexibility of the links, the dynamic stresses are well illustrated through numerical simulation. Compared with the results of the finite element software SAMCEF, the numerical simulation results show the good coherence and advantages of the analysis method. The dynamic stress analysis is demonstrated to have a significant impact on the analysis, design and control of flexible parallel robots.*

Keywords: *parallel robots; flexible-links; dynamic model; elastic displacement; elastic deformation; dynamic stress*

1. Introduction

The research of parallel robots has been a hot topic. These robots are widely used in many applications, such as entertainment, home services, submarines, assembly, etc. Planar parallel robots are good candidates for microminiaturization into micro-devices. Compared with serial robots, parallel robots have many advantages in terms of heavy payload, small error, high positional accuracy, ease of control, and so on. Currently, many industries generally use serial robots in operations, and the results are good. However, both the accuracy and the throughput can be significantly improved by using parallel robots.

For a robotic system in many applications, high speed, high payload and high accuracy are the predominating criteria. To increase the operation speed and payload ratio, lightweight or flexible robots are more widely used. The trend towards a higher working speed and less material requires that some phenomena that used to be omitted have to be taken into account in dynamic analysis, and it is necessary to consider the flexibility of the links and coupling effects of the flexible links' elastic displacements[1-3]. The dynamics of flexible parallel robots working at a high speed has been studied by many researchers[4-10]. However, most of the researches have been restricted to dynamic modeling[4,5], kinematic error analysis[6,7], dynamic characteristic analysis[8,9] and vibration control[10].

The dynamic stress of components is one of the most important dynamic parameters. If the dynamic stress exceeds the permissible stress, the flexible parallel robot will be destroyed. On the other hand, alternate stress may result in fatigue break-down of the robot, which should be treated carefully. Neglecting dynamic stress analysis in the design and control of flexible robots may lead to meaningless response. It is believed that the dynamic stress analysis is crucial in the design process, the dynamic behavior evaluation and for control purposes.

The dynamic stress of elastic mechanisms or flexible robots has been studied by a few researchers. Zhang et al.[11] studied the dynamic stress of the flexible beam element of planar elastic linkages. Liu[12] calculated the dynamic stress of planar flexible manipulators in a special case. However, they did not analyze the relation between the elastic deformations and the elastic displacements. Till now, no practical approach has been developed to analyze the relation between the dynamic stress and the elastic displacements of flexible robots' links.

The end-effector and the affiliated equipment of joints connecting the moving platform with sub-chains are fixed on the moving platform, and the moving platform should remain rigid to fulfill all kinds of tasks. Therefore, the flexible parallel robot is essentially a multi-closed-loop mechanism composed of flexible links and a rigid moving platform, which forms a complicated nonlinear dynamic system. Compared with the rigid multi-body systems or the flexible multi-body systems, flexible parallel robots have relatively complex kinematic and dynamic performance because of their multi-closed-loop structure and rigid moving platforms[13]. Due to the complexity of dynamic modeling and calculation, flexible parallel robots have been studied by few researchers. Currently, any research on the dynamic stress of a flexible parallel robot has not been obtained due to these reasons.

The purpose of this paper is to develop a simple and practical method to analyze the dynamic stress of flexible parallel robots. The dynamic stress analysis is on the basis of the dynamic model of flexible parallel robots proposed in this paper. The dynamic model is obtained by using the Kineto-Elastodynamics (KED) method[11,14] and the Timoshenko beam theory by considering the elastic displacement of links and the dynamic coupling effects. The effects of distributed mass, lumped mass, rotary inertia, shear deformation, bending deformation and lateral deformations are all taken into account. The concepts of the kinematic and dynamic constraint conditions for the elastic displacement of flexible parallel robots are used to decouple the rigid platform's motion equations from those of the sub-chains. Iterative equations are used to decouple the elastic deformations from elastic displacements.

The dynamic stress is calculated, considering the effects of bending-shearing strain and tensile-compression strain. The value, position and characteristic of the dynamic stress of flexible links are investigated. The method presented in this paper can be a practical analytical tool for the design and control of flexible parallel robots.

2. System dynamic equations

2.1 Structure of flexible parallel robots

A flexible parallel robot is composed of a rigid moving platform, namely the end-effector, linked to the base with many independent kinematic chains. Each of these chains contains some flexible links, independent actuated or passive joints. The abridged general view of parallel robots is shown in Fig. 1.

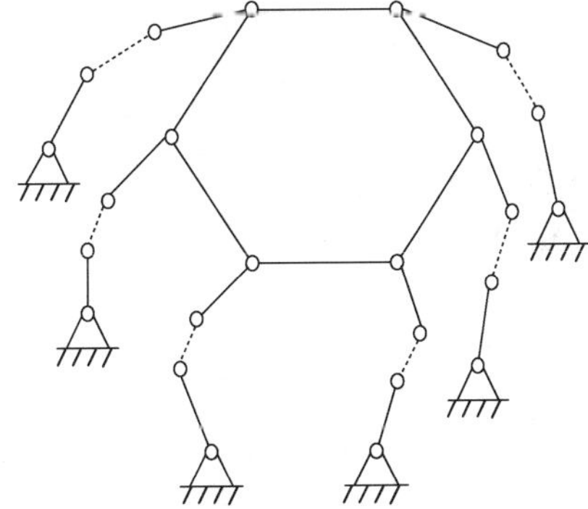

Fig. 1　The abridged general view of parallel robots

2.2 System motion equations

The KED theory studies motion mechanisms, taking into account the elastic deformations of the flexible links because of the external and internal loads. The elastic deformations of the links play a significant role in high-speed operations because the links are usually lighter in weight, and the internal forces are greater.

Each flexible link can be divided into several parts that are composed of equal cross-section beam elements. The equal cross-section beam element is usually used to describe a links' elastic displacement. A 2-node finite beam element that represents a portion of link i of the flexible parallel robot is shown in Fig. 2.

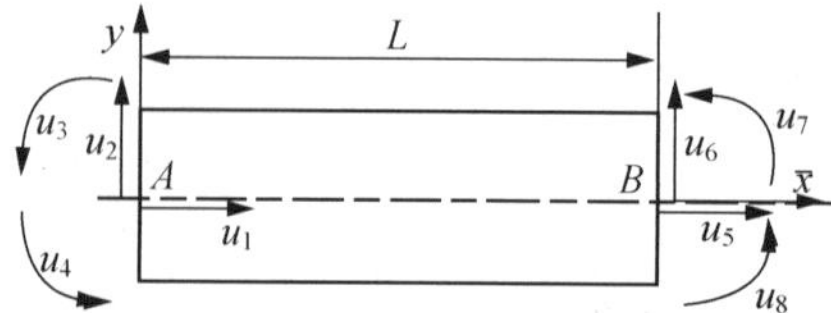

Fig. 2 Model of a flexible beam element

The element nodal displacements, or the generalized coordinates, are assembled in a matrix form as

$$\boldsymbol{u}_{\mathrm{e}}=\{u_1,u_2,u_3,u_4,u_5,u_6,u_7,u_8\}^{\mathrm{T}} \tag{1}$$

where, u_j, u_{j+4} (j =1,2,3,4) are the axial deflections ($\bar{x}$ -direction), transverse deflections ($\bar{y}$ -direction), angular deflections and curvature deflections (about $\bar{z}$ -direction), of the left and right nodes, respectively.

Consider an element that can be deformed in its axial and transverse directions. The position vector $\boldsymbol{u}_x$ of any point on the deformed element centerline at any time is given with respect to the non-deformed (rigid-body) configuration of this point and can be written as

$$\boldsymbol{u}_x=\boldsymbol{N}(x)\cdot\boldsymbol{u}_{\mathrm{e}} \tag{2}$$

where, $N(x)$, which is the function of x only, is the shape-function matrix of the element.

The KED theory and the finite element analysis method are used to derive the system potential energy V_{e} and system kinetic energy T_{e} by considering the effects of distributed mass, lumped mass, rotary inertia, shear deformation, bending deformation and lateral deformation. Since V_{e} and T_{e} are the functions of generalized coordinates $\boldsymbol{u}_{\mathrm{e}}$ and/or its first derivative with respect to time $\dot{\boldsymbol{u}}_{\mathrm{e}}$, the flexible element motion equations are derived by using Lagrangian principle

$$\mathrm{d}(\partial T_{\mathrm{e}}/\partial\dot{\boldsymbol{u}}_{\mathrm{e}})/\mathrm{d}t-\partial T_{\mathrm{e}}/\partial\boldsymbol{u}_{\mathrm{e}}+\partial V_{\mathrm{e}}/\partial\boldsymbol{u}_{\mathrm{e}}=\boldsymbol{Q}_{\mathrm{e}} \tag{3}$$

Substituting the system potential energy and system kinetic energy into Eq. (3), and performing the required differentiation and algebraic manipulators, the flexible element motion equations can be written in a matrix form as

$$\boldsymbol{m}_{\mathrm{e}}\cdot\ddot{\boldsymbol{u}}_{\mathrm{e}}+\boldsymbol{c}_{\mathrm{e}}\cdot\dot{\boldsymbol{u}}_{\mathrm{e}}+\boldsymbol{k}_{\mathrm{e}}\cdot\boldsymbol{u}_{\mathrm{e}}=\boldsymbol{p}_{\mathrm{e}}+\boldsymbol{q}_{\mathrm{e}} \tag{4}$$

where, $\boldsymbol{m}_{\mathrm{e}}$, $\boldsymbol{c}_{\mathrm{e}}$ and $\boldsymbol{k}_{\mathrm{e}}$ are the element mass matrix, element damping matrix and element stiff matrix, respectively. $\dot{\boldsymbol{u}}_{\mathrm{e}}$ and $\ddot{\boldsymbol{u}}_{\mathrm{e}}$ are the element elastic velocity vector and the element elastic acceleration vector, respectively; and $\boldsymbol{p}_{\mathrm{e}}$, $\boldsymbol{q}_{\mathrm{e}}$ are the element inertia force vector and the element load vector, respectively.

Superimposing the motion equations of all elements and expressing in a global frame gives the system motion equations as

$$\boldsymbol{M}\cdot\ddot{\boldsymbol{U}}+\boldsymbol{C}\cdot\dot{\boldsymbol{U}}+\boldsymbol{K}\cdot\boldsymbol{U}=\boldsymbol{P}+\boldsymbol{Q} \tag{5}$$

where, $\boldsymbol{M}$, $\boldsymbol{C}$ and $\boldsymbol{K}$ are the global mass matrix, global damping matrix and global stiff matrix, respectively. $\boldsymbol{U}$, $\dot{\boldsymbol{U}}$ and $\ddot{\boldsymbol{U}}$ are the global generalized coordinate vector, the elastic velocity vector, the elastic acceleration vector of the robot, respectively; and $\boldsymbol{P}$, $\boldsymbol{Q}$ are the system inertia force vector and the system load vector, respectively.

2.3　System kinematic constraint conditions

Since the multi-closed-loops of the parallel robot are formed by the moving platform, the motions of the sub-chains are independent. The relation between the actual configuration (shown as a solid line) and the nominal configuration (shown as a dashed line) can be described using the motion of point P on the platform, as shown in Fig. 3.

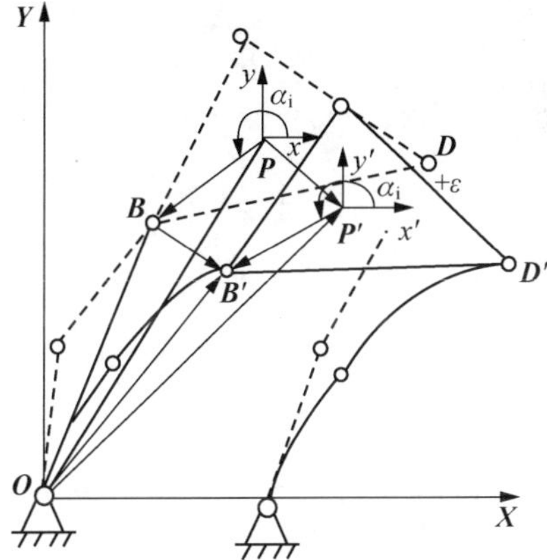

Fig. 3　Relation between actual configuration and nominal configuration

Position vector $\boldsymbol{OB}$ and $\boldsymbol{OB}'$ represent the position of the endpoint of sub-chain i in the nominal configuration and the actual configuration, respectively. They can be described as

$$\boldsymbol{OB}=\boldsymbol{OP}+\boldsymbol{PB}=\begin{pmatrix} X_{\mathrm{P}} \\ Y_{\mathrm{P}} \end{pmatrix}+\begin{pmatrix} \|\boldsymbol{PB}\|\cdot\cos\alpha_i \\ \|\boldsymbol{PB}\|\cdot\sin\alpha_i \end{pmatrix} \tag{6}$$

$$\boldsymbol{OB}'=\boldsymbol{OP}'+\boldsymbol{P'B'}=\begin{pmatrix} X_{\mathrm{P}}+\delta_x \\ Y_{\mathrm{P}}+\delta_y \end{pmatrix}+\begin{pmatrix} \|\boldsymbol{P'B'}\|\cdot\cos(\alpha_i+\varepsilon) \\ \|\boldsymbol{P'B'}\|\cdot\sin(\alpha_i+\varepsilon) \end{pmatrix} \tag{7}$$

where, $(X_{\mathrm{P}},Y_{\mathrm{P}})^{\mathrm{T}}$ and α_i are the position of point P and the orientation angle of the position vector connecting point P to the endpoint of sub-chain i, respectively; $(\delta_x,\delta_y)^{\mathrm{T}}$ and ε are the linear displacement and angular displacement of point P from the nominal configuration to the actual configuration; and $\|\boldsymbol{PB}\|$ and $\|\boldsymbol{P'B'}\|$ are the distance from point P to the endpoint of sub-chain i in the nominal configuration and the actual configuration, respectively.

The moving platform is considered as a rigid body, thus

$$\|\boldsymbol{PB}\|=\|\boldsymbol{P'B'}\| \tag{8}$$

The position vector $\boldsymbol{BB}'$ represents the position vector of the endpoint of sub-chain i changing from the nominal configuration to the actual configuration. From Eqs. (6) and (7), $\boldsymbol{BB}'$ can be described as

$$\boldsymbol{BB}'=\begin{pmatrix} \delta_x \\ \delta_y \end{pmatrix}+\begin{pmatrix} \|\boldsymbol{PB}\|\cdot[\cos(\alpha_i+\varepsilon)-\cos\alpha_i] \\ \|\boldsymbol{PB}\|\cdot[\sin(\alpha_i+\varepsilon)-\sin\alpha_i] \end{pmatrix} \tag{9}$$

Because there is a kinematic pair connecting sub-chain i with the moving platform, the rigid displacements of the endpoint of sub-chain i (on the moving platform) are always equal to the elastic displacements of these points (on the sub-chain), thus

$$\boldsymbol{BB}'=\begin{pmatrix}U_{ix}\\U_{iy}\end{pmatrix} \tag{10}$$

where, U_{ix}, U_{iy} are the elastic displacements of the endpoint of sub-chain i in the x and y axes resulting from the links' flexibility, respectively.

Integrating Eqs. (9) and (10), using the Taylor expansion formula and retaining the first-order item, the elastic displacements of the endpoint of sub-chain i can be approximately expressed as

$$\begin{pmatrix}U_{ix}\\U_{iy}\end{pmatrix}=\begin{pmatrix}\delta_x\\\delta_y\end{pmatrix}+\begin{pmatrix}\left(-\|\boldsymbol{PB}\|\cdot\sin\alpha_i\right)\varepsilon\\\left(\|\boldsymbol{PB}\|\cdot\cos\alpha_i\right)\varepsilon\end{pmatrix} \tag{11}$$

Eqs. (6)~(11) are applicable to sub-chain j, thus

$$\begin{pmatrix}U_{jx}\\U_{jy}\end{pmatrix}=\begin{pmatrix}\delta_x\\\delta_y\end{pmatrix}+\begin{pmatrix}\left(-\|\boldsymbol{PD}\|\cdot\sin\alpha_j\right)\varepsilon\\\left(\|\boldsymbol{PD}\|\cdot\cos\alpha_j\right)\varepsilon\end{pmatrix} \tag{12}$$

where, U_{jx}, U_{jy} are x, y axial elastic displacements of the endpoint of sub-chain j resulting from the links' flexibility, respectively; $\|\boldsymbol{PD}\|$ is the distance from point P to the endpoint of sub-chain j; and α_j is the orientation angle of the position vector connecting point P to the endpoint of sub-chain j.

Eq. (11) in conjunction with Eq. (12) is used to derive the system kinematic constraint conditions with respect to elastic displacements:

$$\begin{pmatrix}U_{jx}\\U_{jy}\end{pmatrix}=\begin{pmatrix}U_{ix}\\U_{iy}\end{pmatrix}+\begin{pmatrix}\left(-\|\boldsymbol{PD}\|\cdot\sin\alpha_j+\|\boldsymbol{PB}\|\cdot\sin\alpha_i\right)\varepsilon\\\left(\|\boldsymbol{PD}\|\cdot\cos\alpha_j-\|\boldsymbol{PB}\|\cdot\cos\alpha_i\right)\varepsilon\end{pmatrix} \tag{13}$$

2.4 System dynamic constraint conditions

Taking the rigid moving platform as the subject and using Newton-Euler equation, the system dynamic constraint conditions are expressed as

$$\begin{bmatrix}m_{\mathrm{P}}&0&0\\0&m_{\mathrm{P}}&0\\0&0&I_{\mathrm{P}}\end{bmatrix}\begin{pmatrix}\ddot{x}'_{\mathrm{P}}\\\ddot{y}'_{\mathrm{P}}\\\ddot{\beta}'\end{pmatrix}=\begin{pmatrix}\sum\limits_{k=1}^{N}f_{kx}\\\sum\limits_{k=1}^{N}f_{ky}\\\sum\limits_{k=1}^{N}M_k\end{pmatrix}+\begin{pmatrix}\sum F_{ox}\\\sum F_{oy}\\\sum M_o\end{pmatrix} \tag{14}$$

where,

$$\sum_{k=1}^{N}M_k=\sum_{k=1}^{N}\left[\left(f_{kx},f_{ky}\right)\cdot\begin{pmatrix}\sin\phi_k\\-\cos\phi_k\end{pmatrix}\cdot\|\boldsymbol{L}_k\|\right]$$

m_{P}, I_{P} are the mass and rotary inertia of the moving platform, respectively; x'_{P}, y'_{P} and β' are the actual linear displacements and actual angular displacement of point P in the x and y axes, respectively; f_{kx}, f_{ky} and M_k are the x, y axial internal forces and internal moment exerted on the moving platform by sub-chain k, respectively; $\sum F_{ox}$, $\sum F_{oy}$ and $\sum M_o$ are the x, y axial external resultant forces and external resultant moment exerted on the moving platform, respectively; ϕ_k is the inclination angle of the x axis of the global reference frame with respect to the vector connecting point P with the endpoint of sub-chain k in the actual configuration; $\|\boldsymbol{L}_k\|$ is the distance from point P to the endpoint of sub-chain k; and N is the number of sub-chains.

Integrating system motion equations, system kinematic constraint conditions and system dynamic constraint conditions, the dynamic equations of flexible parallel robots are obtained.

3. Elastic deformations of links

The relation between the elastic deformations and the elastic displacements of element i is shown in Fig. 4.

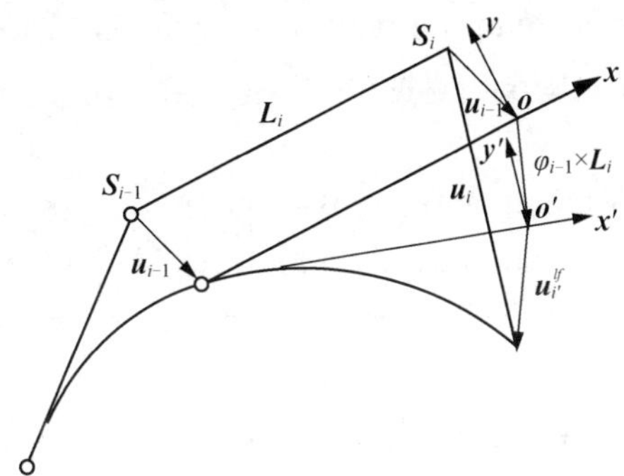

Fig. 4　Relation between elastic deformations and elastic displacements

The elastic displacement vector $\boldsymbol{u}_i$ of the endpoint of element i is composed of three parts [15]: the elastic displacement $\boldsymbol{u}_{i-1}$ because of the elastic displacement of the endpoint of element i−1; the elastic displacement because of the elastic angular displacement of the endpoint of element i−1; and the elastic displacement of the endpoint of element i because of its own flexibility. Thus, it can be described as

$$\boldsymbol{u}_i = \boldsymbol{u}_{i-1} + \varphi_{i-1} \times \boldsymbol{L}_i + \boldsymbol{u}_i^{\mathrm{lf}} \tag{15}$$

$$\varphi_{i-1} = \varphi_{i-2} + \varphi_{i-1}^{\mathrm{lf}} \tag{16}$$

where, φ_{i-1} and φ_{i-2} are the sum of the elastic angular displacements of the endpoint of element i and i−1, respectively; $\boldsymbol{L}_i$ is the position vector of element i; $\varphi_{i-1}^{\mathrm{lf}}$ is the elastic angular displacement of the endpoint of element i−1 because of its own elastic deformation; $\varphi_{i-1} \times \boldsymbol{L}_i$ is the displacement of the endpoint of element i due to the tilting of element i−1; and $\boldsymbol{u}_i^{\mathrm{lf}}$ is the elastic deformation of the endpoint of element i because of its own flexibility.

The boundary condition of Eq. (15) can be described as

$$\boldsymbol{u}_0 = 0 \tag{17}$$

where, $\boldsymbol{u}_0$ is the elastic displacement of the framed joint.

Using reference frame oxy and $o'x'y'$, Eq. (15) can be written as

$$\begin{pmatrix} \boldsymbol{u}_i(x) \\ \boldsymbol{u}_i(y) \end{pmatrix}_{oxy} = \begin{pmatrix} \boldsymbol{u}_{i-1}(x) \\ \boldsymbol{u}_{i-1}(y) \end{pmatrix}_{oxy} + \begin{pmatrix} \|\boldsymbol{L}_i\|\cos\varphi_{i-1} - \|\boldsymbol{L}_i\| \\ -\|\boldsymbol{L}_i\|\sin\varphi_{i-1} \end{pmatrix}_{oxy} + \boldsymbol{R}_{oo'} \cdot \begin{pmatrix} u_{i'}^{\mathrm{lf}}(x) \\ u_{i'}^{\mathrm{lf}}(y) \end{pmatrix}_{o'x'y'} \tag{18}$$

where, $\begin{pmatrix} \boldsymbol{u}_i(x) \\ \boldsymbol{u}_i(y) \end{pmatrix}_{oxy}$ and $\begin{pmatrix} \boldsymbol{u}_{i-1}(x) \\ \boldsymbol{u}_{i-1}(y) \end{pmatrix}_{oxy}$ are the elastic displacement vectors of the endpoints of element i and $i-1$, respectively; $\begin{pmatrix} \|\boldsymbol{L}_i\| \cdot \cos\varphi_{i-1} - \|\boldsymbol{L}_i\| \\ -\|\boldsymbol{L}_i\| \cdot \sin\varphi_{i-1} \end{pmatrix}_{oxy}$ is the displacement vector of the endpoint of element i because of the total elastic angular displacements of element $i-1$; $\boldsymbol{R}_{oo'}$ is the transformation matrix from reference frame $o'x'y'$ to reference frame oxy; $\begin{pmatrix} \boldsymbol{u}_{i'}^{lf}(x) \\ \boldsymbol{u}_{i'}^{lf}(y) \end{pmatrix}_{o'x'y'}$ is the elastic deformation vector of element i because of its own flexibility; and the subscript oxy and $o'x'y'$ denote that the variables are expressed in reference frames oxy and $o'x'y'$, respectively.

4. Dynamic stress

Usually, longitudinal force, transverse force and bending moment are simultaneously exerted on the cross-section of links. Therefore, bending stress, tensile stress and shearing stress exist on the cross-section. Because the longer and thinner links are commonly used for flexible robots, the shearing stress is far lower than the bending stress and tensile stress. Therefore, the shearing stress used to be omitted by many researchers.

Generally, the shearing stress acting on the cross-section of links cannot be distributed symmetrically, thus the cross-section may be warped, and then it will not remain on the plane. Usually, the shearing stress changes along the link, and the cross-section may not be equally warped. Therefore, there should be an additional normal stress in the link because of the warping of the cross-section. Since the additional normal stress is quite low because the height of the cross-section is far less than the length of the link, the additional normal stress is neglected by many researchers. To obtain the accurate dynamic stress, the effects of bending-shearing strain and tensile-compression strain are all taken into account in this paper. As a result, the shearing stress and additional normal stress are all included in the dynamic stress results.

The bending stress $\sigma_{\mathrm{b}}(x,t)$ of the element can be expressed as

$$\sigma_{\mathrm{b}}(x,t) = \pm Eh\sum_{i}\phi_i''(x)u_i^{\mathrm{lf}}(t) \qquad (i=2,3,4,6,7,8) \tag{19}$$

where, x is the distance from the left end of the element to the given point; t is the time; E is the elastic modulus; h is the distance from the symmetrical axis to the surface of the element; $u_i^{\mathrm{lf}}(t)$ is the elastic generalized coordinates of the element; and $\phi_i(x)$ and $\phi_i''(x)$ are the element shape-function[11] and its second derivative with respect to x, respectively.

The tensile stress $\sigma_{\mathrm{p}}(x,t)$ of the element can be expressed as

$$\sigma_{\mathrm{p}}(x,t) = \frac{E}{L}(u_5^{\mathrm{lf}}(t) - u_1^{\mathrm{lf}}(t)) \tag{20}$$

Thus, the absolute value of the dynamic stress (normal stress) $\sigma(x,t)$ can be expressed as

$$\sigma(x,t) = \frac{E}{L}\left|u_5^{\mathrm{lf}}(t) - u_1^{\mathrm{lf}}(t)\right| + Eh\left|\sum_{i}\phi_i''(x)u_i^{\mathrm{lf}}(t)\right| \tag{21}$$

Because the tensile stress of the element is a constant, the maximal dynamic stress must occur on the node or the position in which the first derivative of the bending stress with respect to x is 0, thus

$$\frac{\partial\sigma_{\mathrm{b}}}{\partial x} = Eh\sum_{i}\phi_i'''(x)u_i^{\mathrm{lf}}(t) = 0 \qquad (i=2,3,4,6,7,8) \tag{22}$$

Because $\phi_i(x)$ adopted in this paper is a quintic polynomial, Eq. (22) can be described as a quadratic equation with respect to x

$$A\mathrm{e}^2 + B\mathrm{e} + C = 0 \tag{23}$$

where, coefficients A, B and C are the functions of $u_i^{\mathrm{lf}}(t)$, and

$$\begin{cases} A = 120(u_6^{\mathrm{lf}} - u_2^{\mathrm{lf}}) - 60L(u_3^{\mathrm{lf}} + u_7^{\mathrm{lf}}) + 10L^2(u_8^{\mathrm{lf}} - u_4^{\mathrm{lf}}) \\ B = 120(u_2^{\mathrm{lf}} - u_6^{\mathrm{lf}}) + 8L(8u_3^{\mathrm{lf}} + 7u_7^{\mathrm{lf}}) + 4L^2(3u_4^{\mathrm{lf}} - 2u_8^{\mathrm{lf}}) \\ C = 20(u_6^{\mathrm{lf}} - u_2^{\mathrm{lf}}) - 4L(3u_3^{\mathrm{lf}} + 2u_7^{\mathrm{lf}}) + L^2(u_8^{\mathrm{lf}} - 3u_4^{\mathrm{lf}}) \end{cases}$$

Substituting the result of Eq. (23) into Eq. (21) and comparing with the dynamic stress of the node, the maximal dynamic stress of the element can be obtained. By calculating and comparing with the maximal dynamic stress of every element one by one, the system maximal dynamic stress and its position can be obtained. By calculating and comparing the maximal dynamic stress of every position within the motion process, the system maximal dynamic stress and its position within the process of the motion can be obtained.

The orders of matrices and vectors in the system dynamic equations are remarkable. Furthermore, all the matrices and vectors are composed of geometrical parameters, sectional parameters and material parameters. All these parameters have nonlinear and coupling effects on system dynamic stress that cannot be described by using an analytical formula, and thus the effects should be analyzed by using numerical simulation.

5. Numerical simulation and analysis

The numerical example of a flexible planar 3-RRR parallel robot is shown in Fig. 5.

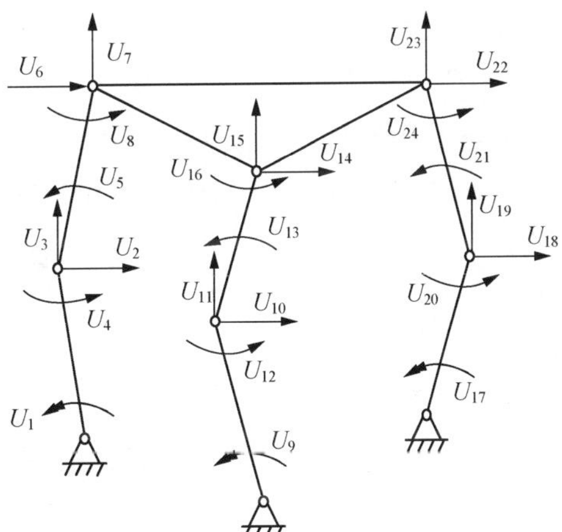

Fig. 5　Generalized coordinates of 3-RRR

Each link is made of steel with mass density of 7800 kg/m^3, elastic modulus of 2.1x10^{11} Pa, and Poisson's ratio of 0.3. The length of each link is 0.2 m, and the cross-section is 4 mm×4 mm. The lumped mass attached to each endpoint of links is 0.03 kg. The length of each edge of the triangular moving platform is 0.042 m, and point P is the centroid of the platform. The mass of the platform is 0.1 kg. The coordinates of the ground hinge are (0.3, 0), (0.15, 0.1) and (0.2, 0), respectively. Three actuators are fixed on three framed joints, respectively. Twenty-four system generalized coordinates are used to describe the elastic displacements.

The prescribed motion of point P is

$$\begin{cases} X = 0.042 \times \cos(\pi \cdot t) \\ Y = 0.25 + 0.042 \times \sin(\pi \cdot t) \quad (t = 0 \sim 4\mathrm{s}) \\ \theta = 0.01 \times \cos(\pi \cdot t/10) \end{cases}$$

where, X, Y are the x, y axial coordinates of point P, respectively; and θ is the orientation angle of the moving platform.

The framed links are active links, and they can be regarded as cantilevers. Thus, the maximal dynamic stress should occur close to the ground hinges; similarly, the side links are passive links and should be considered as simply supported beam, so the maximal dynamic stress should occur close to the middle part of the links.

Supposing L' represents the length of the link, the results show that the maximal dynamic stresses of the active links and the passive links occur within $[0,0.15L']$ and $[0.4L',0.6L']$, respectively. It verifies that the hypotheses of the cantilever and the simply supported beam are valid and the numerical simulation results are correct.

All the maximal dynamic stresses of active links are far higher than those of passive links. The dynamic stresses of the 2nd and 3rd sub-chains are shown in Figs. 6 and 7, respectively. To verify the validity of this method, the results are compared with SAMCEF software simulation results.

The numerical simulation results show good coherence and accuracy of the method. The differences between the software simulation results and numerical simulation results are less than 9%. Thus, the method can be used to analyze dynamic stress.

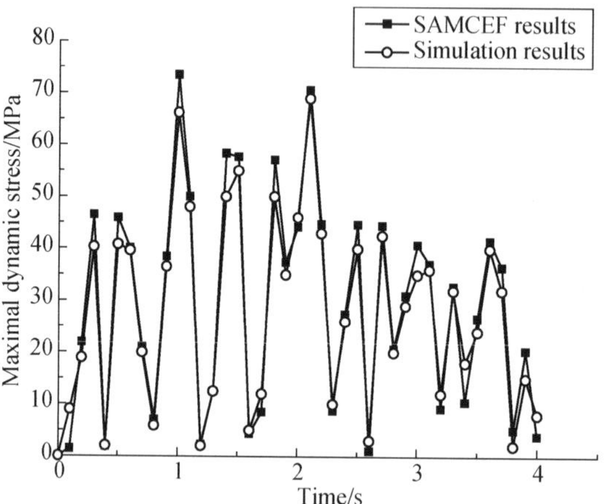

Fig. 6 Maximal dynamic stress of the 2nd sub-chain

As shown in Figs. 6 and 7, the maximal dynamic stresses of active links change significantly with the motion 1.1~103.7 MPa. The values fluctuate frequently.

When the maximal dynamic stress of a certain sub-chain is remarkable, the stresses of the other sub-chains are usually quite low. Each sub-chain alternately reaches its peak value. This regularity is determined by the special task and the configuration of the robot. Therefore, the maximal dynamic stress analysis can verify the feasibility of the task and the rationality of robot configuration.

When t = ls, all the maximal dynamic stresses of the sub-chains increase simultaneously and reach their local peak values. It shows that the system frequency is close to the frequency of sympathetic vibration. So the maximal dynamic stress analysis can be used to forecast the characteristic of sympathetic vibration.

When $2.7\text{s} \leqslant t \leqslant 4\text{s}$, all the maximal dynamic stresses of the sub-chains are relatively low. Therefore, the proper working position can be selected according to the system stress condition.

As shown in Figs. 6 and 7, the maximal dynamic stress of the 3rd sub-chain is relatively high. By properly adjusting the design parameters, its stress condition may be improved. It shows that the dynamic stress analysis may provide the optimal design with the basic information and necessary guidance.

Compared with other examples, the motion errors are relatively small (about 5 mm), but the maximal dynamic stresses of links are relatively high and are close to the admissible stress. To obtain better performances, the maximal dynamic stress should be taken into account.

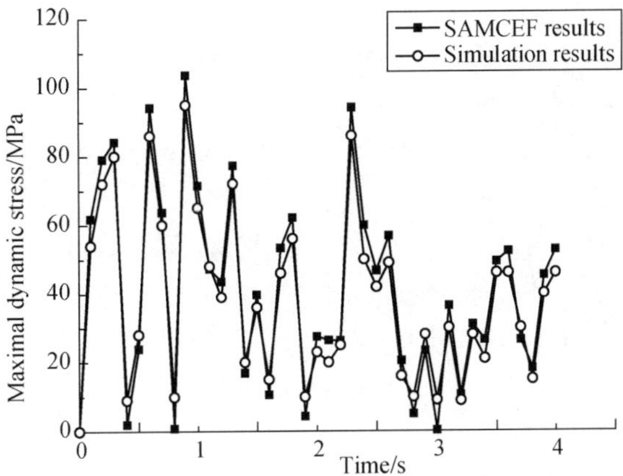

Fig. 7　Maximal dynamic stress of the 3rd sub-chain

6. Conclusions

The dynamic stress of links varies significantly with system motion.

The maximal dynamic stress analysis can be used to

(1) verify the validity of the hypotheses of the cantilever (active links) and simply supported beam (passive links);

(2) estimate the feasibility of the task;

(3) verify the rationality of the configuration;

(4) predict the characteristic of sympathetic vibration;

(5) select the proper working position;

(6) provide the optimal design process with the basic information and the necessary guidance.

The maximal dynamic stress should be taken into account in the process of analysis, design and optimization.

Acknowledgements

This study was supported by the National Natural Science Foundation of China (Grant No. 50575002), Beijing Natural Science foundation (3062004), Beijing Science and Technology Committee (KM200610005003), and Beijing Education Committee (PHR (IHLB)).

References

[1] Santosha K D, Peter E. Dynamic analysis of flexible manipulators: a literature review. Mechanism and Machine Theory, 2006, 41: 749-777

[2] Book W J. Modeling, design, and control of flexible manipulator arms: a tutorial review. Proceedings of the 29th IEEE Conference on Design and Control, 1990: 500-506

[3] Gaultier P E. Modeling of flexible manipulator dynamics: a literature survey, 1st Nat. Applied Mechanics Conference, Cincinnati, 1989, 2C-3: 1-10

[4] Kang B, Mills J K. Dynamic modeling of structurally-flexible planar parallel manipulator, Robotica, 2002, 20: 329-339

[5] Wang XY, James K M. Dynamic modeling of a flexible-link planar parallel platform using a substructuring approach. Mechanism and Machine Theory, 2006, 41: 671-687

[6] Gabriel P. Dynamic finite-element analysis of a planar high-speed, high-precision parallel manipulator with

flexible links. Canada, Toronto: Graduate Department of Mechanical and Industrial Engineering University of Toronto, 2003

[7] Gabriel P, Cleghorn W L, Mills J K. Dynamic finite-element analysis of a planar high-speed, high-precision parallel manipulator with flexible links. Mechanism and Machine Theory, 2005, 40(7):849-862

[8] Fattah A, Misra A K, Angeles J. Dynamics of a flexible-link planar parallel manipulator in cartesian. Space, ASME, Design Engineering Division, 20th Design Automation Conference, 1994,69-2 483-490

[9] Fattah A, Angeles J, Arun K M. Dynamics of a 3-DOF spatial parallel manipulator with flexible links. IEEE International Conference on Robotics and Automation, 1995: 627-632

[10] Wang X Y. Dynamic Modeling, Experimental identification, and active vibration control design of a"smart parallel manipulator". Canada, Toronto: Graduate Department of Mechanical and Industrial Engineering University of Toronto, 2005

[11] Zhang C, Huang Y Q, Wang Z L, et al. Analysis and Design Of Elastic Linkages. Beijing: China Machine Press, 1997

[12] Liu Y C. Kinematics and dynamics of redundant flexible cooperative robots. Doctoral thesis, Beijing: College of Mechanical Engineering and Applied Electronics Technology, Beijing University of Technology, 2004

[13] Yang Z, Sadler J P. On issues of elastic-rigid coupling in finite element modeling of high-speed machines. Mechanism and Machine Theory, 2000, 35: 71-82

[14] Yu Y Q, Li Z. Modern Dynamics of Machinery. Beijing: Press of Beijing University of Technology, 2001

[15] Vukobratovic M, Potkonjak V. Dynamics of manipulation robots: Theory and Application. Beijing: Science Press, 1990

(in *Frontiers of Mechanical Engineering in China*, 2007, 2(2): 152-158)

§80　柔性机器人的动态应力计算及疲劳特性分析

杜兆才　余跃庆

（北京工业大学，北京　100022）

摘　要： 为了描述柔性机器人的动态应力状况和疲劳特性，将柔性机器人的动态应力计算与疲劳特性分析相结合，形成一种柔性机器人动态应力疲劳分析方法。分析了柔性机器人杆件的弹性变形与弹性位移的关系，计算了杆件的弹性变形及动态应力，通过计算杆件动态应力造成的疲劳损伤，预测其疲劳寿命，并根据疲劳强度计算杆件的工作安全系数。以柔性平面 3-RRR 并联机器人为例，说明杆件的动态应力计算和疲劳特性分析对动力学分析和设计的重要意义。

关键词： 柔性机器人；弹性变形；弹性位移；动态应力；疲劳损伤；疲劳寿命

1. 引言

高速、轻型化的柔性机器人具有操作速度高、加速度大、能耗低、结构紧凑、驱动器小等优点，因此，柔性机器人的研究已成为机器人研究领域的热点[1]。柔性机器人的特点和研究难点在于：由于杆件的弹性变形与系统的动力学状态有关，柔性机器人的运动学分析与动力学分析发生耦合，无法脱离动力学分析而单独进行运动学分析[2]。

现有的研究主要集中在动力学建模、动力学方程求解方法改进、弹性运动误差分析、固有频率特性分析、参数特性分析、优化设计等方面。其中,Wang[3]、Kang 等[4]和 Gabriel[5]针对柔性机器人的运动学、动力学特点，根据研究的侧重点，分别建立了适用于控制和动力学计算的动力学模型。岳士岗等[6]改进了求解动力学方程的瞬态动响应的数值求解方法。黄真等[7]分析了柔性并联机器人的弹性位姿误差。Gabriel[5]分析了柔性机器人的振型及固有频率特性。张绪平等[8]分析了集中质量对柔性空间串联机器人振动特性的影响。杜兆才等[9]研究了动平台惯性参数对柔性并联机构动力学特性的影响及优化设计。吴振彪[10]提出了柔性机器人的单目标及多目标优化设计方法。

因为大多数动力学性能指标的分析比较复杂，所以，同运动学方面的研究相比，关于动力学问题的研究还不够丰富和完善，其中，关于柔性机器人动态应力的研究则更少。刘迎春[11]计算了特殊情况下的柔性平面机器人杆件的最大动态应力。

为了取得较好的动力学性能,从而设计出最优的系统，必须进行柔性机器人的动力学分析。在各种动力学参数中,最重要的是杆件的动态应力，高速运动的机器人大多在循环变化的载荷下工作，有时会发生一系列低阶谐振或共振现象，杆件承受的动态应力水平较高并循环变化，可能导致杆件的疲劳破坏。疲劳破坏是柔性机器人杆件的主要失效形式，进行疲劳特性分析可以为合理地确定杆件结构和工作寿命提供依据。所以，研究杆件的动态应力是非常必要的[12]。

若柔性机器人的动力学研究采用基于静强度的无限寿命设计思想，则材料的许用应力被限制得很低，而且，通常需要采取降低工作速度或增大杆件截面积的方法，以降低动态应力值，从而导致柔性机器人的性能无法充分发挥。如果将动力学分析得到的杆件动态应力作为疲劳应力谱，采用疲劳强度和有限寿命设计思想，将会大大提高柔性机器人的潜力。

研究柔性机器人杆件的动态交变应力及其疲劳特性对柔性机器人的设计和控制具有重要的意义，但目前，还未发现这方面的研究。

本文首先利用柔性机器人的动力学方程求解各节点的弹性位移，然后，求出各杆件的弹性变形，在此基础上，求解杆件动态应力，最后，根据动态应力分析疲劳特性。

2. 杆件弹性变形分析

柔性机器人的动力学方程为[13,14]

$$\boldsymbol{M}\cdot\ddot{\boldsymbol{U}}+\boldsymbol{C}\cdot\dot{\boldsymbol{U}}+\boldsymbol{K}\cdot\boldsymbol{U}=\boldsymbol{P}+\boldsymbol{Q} \tag{1}$$

式中，$\boldsymbol{U}$、$\dot{\boldsymbol{U}}$、$\ddot{\boldsymbol{U}}$ 分别为系统的弹性位移列阵、弹性速度列阵、弹性加速度列阵；$\boldsymbol{M}$、$\boldsymbol{C}$、$\boldsymbol{K}$ 分别为系统的质量矩阵、阻尼矩阵和刚度矩阵；$\boldsymbol{P}$ 为与牵连惯性力和哥氏惯性力相对应的系统广义力列阵；$\boldsymbol{Q}$ 为系统外力列阵。

求解式(1)，可得到柔性机器人各节点的弹性位移。机器人各节点的弹性位移由两部分组成[15]：本身的弹性变形以及相邻节点弹性位移产生的牵连运动的位移。而杆件的动态应力仅与杆件自身弹性变形有关，所以，需要分析杆件弹性变形与杆件弹性位移的关系。杆件的第 $i-1$ 单元和第 i 单元的弹性变形与弹性位移的关系如图 1 所示。

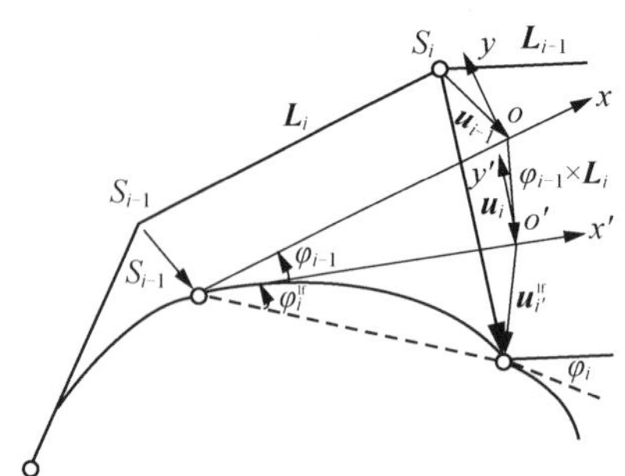

图 1　单元弹性变形与弹性位移的关系

单元 i 末端的弹性线位移 $\boldsymbol{u}_i$ 由以下各部分组成：由单元 $i-1$ 末端的弹性线位移造成的单元 i 的整体平移；由单元 $i-1$ 末端的弹性角位移产生的单元 i 的末端线位移；由单元 i 本身的弹性变形产生的单元 i 的末端线位移 $\boldsymbol{u}_i^{\text{lf}}$。于是，单元 i 末端的弹性线位移 $\boldsymbol{u}_i$ 与单元 i 的弹性变形的关系可表示为

$$\boldsymbol{u}_i=\boldsymbol{u}_{i-1}+\varphi_i\times\boldsymbol{L}_i+\boldsymbol{u}_i^{\text{lf}} \tag{2}$$

$$\varphi_i=\varphi_{i-1}+\varphi_i^{\text{lf}} \tag{3}$$

式中，$\boldsymbol{u}_i$ 和 $\boldsymbol{u}_{i-1}$ 分别为单元 i 和单元 $i-1$ 末端的弹性线位移；φ_i 和 φ_{i-1} 分别为单元 i 和单元 $i-1$ 末端的累积弹性角位移；$\boldsymbol{L}_i$ 为单元 i 的位置向量；$\varphi_{i-1}\times\boldsymbol{L}_i$ 为由于单元 $i-1$ 的倾斜而产生的单元 i 的末端线位移；$\boldsymbol{u}_i^{\text{lf}}$ 为在力和力矩作用下，由于单元 i 的弹性而产生的单元 i 末端的弹性变形；φ_i^{lf} 为由于单元 i 的弹性变形而产生的单元 i 末端的弹性角位移。

递推式(2)的边界条件是

$$\boldsymbol{u}_0=0 \tag{4}$$

分别以点 O 和 O' 为原点建立坐标系 Oxy 和 $O'x'y'$，于是，式(2)可以写为

$$\begin{bmatrix}u_i(x)\\u_i(y)\end{bmatrix}_{Oxy}=\begin{bmatrix}u_{i-1}(x)\\u_{i-1}(y)\end{bmatrix}_{Oxy}+\boldsymbol{R}_{OO'}\begin{bmatrix}u_{i'}^{\text{lf}}(x)\\u_{i'}^{\text{lf}}(y)\end{bmatrix}_{O'x'y'}+\begin{bmatrix}\|\boldsymbol{L}_i\|\cos\phi_{i-1}-\|\boldsymbol{L}_i\|\\-\|\boldsymbol{L}_i\|\sin\phi_{i-1}\end{bmatrix}_{Oxy} \tag{5}$$

$$\boldsymbol{R}_{OO'}=\begin{pmatrix}\cos\phi_{i-1}&-\sin\phi_{i-1}\\\sin\phi_{i-1}&\cos\phi_{i-1}\end{pmatrix} \tag{6}$$

式中，$\begin{pmatrix}u_i(x)\\u_i(y)\end{pmatrix}_{Oxy}$ 和 $\begin{pmatrix}u_{i-1}(x)\\u_{i-1}(y)\end{pmatrix}_{Oxy}$ 分别为在 Oxy 坐标系中表示的单元 i 和单元 $i-1$ 末端的弹性线位移矢量；$\begin{pmatrix}\|\boldsymbol{L}_i\|\cos\phi_{i-1}-\|\boldsymbol{L}_i\|\\-\|\boldsymbol{L}_i\|\sin\phi_{i-1}\end{pmatrix}_{Oxy}$ 为在 Oxy 坐标系中表示的由于单元 $i-1$ 的累积弹性角位移引起的单元 i 末端的位移矢量；$\boldsymbol{R}_{OO'}$ 为从 $O'x'y'$ 坐标系到 Oxy 坐标系的坐标转换矩阵；$\begin{pmatrix}u_{i'}^{\text{lf}}(x)\\u_{i'}^{\text{lf}}(y)\end{pmatrix}_{O'x'y'}$ 为在 $O'x'y'$ 坐标系中

表示的单元 i 本身的弹性变形，各分量就是待求的弹性变形量。

根据杆件各单元的弹性变形量，可求出杆件的动态应力。

3. 杆件的动态应力分析

杆在弯曲时，以中性层为对称轴，横截面上一部分受拉应力，另一部分受压应力。所以，梁单元任意截面的外边缘的弯曲应力为

$$\sigma_{\mathrm{b}}(x,t)=\pm Eh\sum_{i}\varphi_i''(x)u_i^{\mathrm{lf}}(t)\text{，}\quad i=2,3,4,6,7,8 \tag{7}$$

式中，t 为时间；x 为动态应力发生的位置；E 为弹性模量；h 为中性层到截面外边缘的横向距离；$\phi_i(x)$ 为位移的型函数。

单元中的拉压应力为

$$\sigma_{\mathrm{p}}(x,t)=\frac{E}{L}\left[u_5^{\mathrm{lf}}(t)-u_1^{\mathrm{lf}}(t)\right] \tag{8}$$

因此，梁单元任意截面上边缘和下边缘的应力分别为

$$\sigma(x,t)=\frac{E}{L}\left[u_5^{\mathrm{lf}}(t)-u_1^{\mathrm{lf}}(t))\ \pm Eh(\sum_{i}\varphi_i''(x)u_i^{\mathrm{lf}}(t))\right] \tag{9}$$

由式(9)可求得杆件任意位置的动态应力。逐个计算各时刻的动态应力，即得到杆件的任意位置在整个运动过程中的动态应力。

大多数研究者通常关注杆件的最大动态应力值是否超过材料的屈服极限或强度极限，以静强度校核作为杆件应力状况的判断指标。柔性机器人的结构和运动特点限制了它的载荷，同时，也决定了机器人杆件承受的是高频变幅交变应力，应力值超过材料屈服极限的可能性较小，因此，必须重视动态交变应力可能造成的疲劳损伤，要深入分析柔性机器人杆件的动态应力疲劳特性。

4. 动态应力下的疲劳分析方法

通常，柔性机器人的速度快、循环周期多，而且，机器人的几何约束也会限制杆件的弹性变形量，所以，材料一般不可能进入塑性变形阶段，其疲劳状态属于低应力高循环的高周疲劳。高周疲劳曲线为

$$(\sigma_{-1})^m N_0=(\sigma_i)^m N_i=C \tag{10}$$

式中，σ_{-1} 为对称循环的疲劳持久极限；N_0 为循环基数；σ_{-1}、N_0 均为材料的特性常数；N_i 为工作应力循环总数；σ_i 为应力循环为 N_i 时的条件疲劳极限；m、C 是材料常数。

柔性机器人杆件的动态应力谱一般是非稳定非对称的变幅应力谱，需要将非对称循环的应力折算成对称循环的应力幅：

$$\sigma_{-1\mathrm{a}}=\sigma_{\mathrm{ra}}+\psi_{\sigma}\sigma_{\mathrm{rm}} \tag{11}$$

式中，$\sigma_{-1\mathrm{a}}$ 为折算成对称循环的应力幅；σ_{ra}、σ_{rm} 分别为非对称循环应力幅和平均应力；ψ_{σ} 为与材料有关的折算系数。

考虑有效应力集中系数等影响的第 i 个应力幅 $\sigma_{\mathrm{d}i}$ 为

$$\sigma_{\mathrm{d}i}=\left[\frac{K_{\sigma}}{\varepsilon_{\sigma}\beta}\sigma_{-1\mathrm{a}}\right]_i \tag{12}$$

式中，K_{σ} 为有效应力集中系数；ε_{σ} 为尺寸系数；β 为表面质量系数。

应力幅是造成累积疲劳损伤的主要因素，所以，需要统计出应力循环的应力幅。雨流计数法[13]根据材料的应力—应变行为进行统计，是国内外普遍认为符合疲劳损伤规律的计数法，具有较高的

精确度。因此，采用雨流计数法统计应力循环，余下的半循环如构成了发散—收敛型谱，将无法再形成全循环，可采用雨流计数法的第二阶段计数方法处理成应力循环。

在循环应力作用下，疲劳损伤逐步积累，最后达到疲劳破坏，疲劳损伤理论是预测构件疲劳寿命的唯一理论依据，最常用的是 Palmgren-Miner 线性累积损伤理论。但因为实际的疲劳损伤不能简单地线性叠加，前面的应力循环会影响后继应力循环造成的损伤，而且，后继的应力循环也会影响前面已经形成的损伤。所以，杆件的实际寿命一般要小于 Palmgren-Miner 线性累积损伤理论估算出的结果。因此，本文采用考虑了载荷间相互作用效应的 Corten-Dolan 累积损伤理论：

$$N_{\mathrm{f}} = N_1 \Big/ \sum_{i=1}^{k} \alpha_i \left(\sigma_i / \sigma_{\max}\right)^d \tag{13}$$

式中，N_{f} 为循环应力作用下材料破坏时的总循环数；N_1 为在最大循环应力 $\sigma_{\max}$ 作用下材料破坏时的循环数；α_i 为循环应力 σ_i 的循环百分数；k 为循环数；d 为材料常数。

根据疲劳累积损伤理论，不对称循环变幅交变应力情况下的工作安全系数为

$$n_\sigma = \frac{\sigma_{-1}}{\sigma_{\mathrm{d}\max}^{\mathrm{m}} \sqrt{\left(N/N_0\right) \sum_{i=1}^{k} \left(\sigma_{\mathrm{d}i}/\sigma_{\mathrm{d}\max}\right)^{\mathrm{m}} \left(n_i/N\right)}} \tag{14}$$

式中，N 为工作应力循环的总数；n_i 为第 i 个应力水平 σ_i 的循环数；$\sigma_{\mathrm{d}\max}$ 为最大应力幅。

杆件的工作安全系数应大于或等于规定的安全系数，所以，杆件疲劳强度计算的判据为

$$n_\sigma \geqslant [n] \tag{15}$$

式中，$[n]$ 为规定的安全系数。

5. 数值算例与分析

以柔性平面 3-RRR 并联机器人为例进行计算和分析，机器人的参数如下：

各杆材料均为钢，密度为 7800kg/m^3，弹性模量为 210GPa，泊松比为 0.3；各杆长均为 0.2m，横截面为 4mm×4mm 的矩形；各杆端部集中质量为 0.04kg；机座的坐标分别为(−0.3，0)、(0.15，0.1)、(0.2，0)；三角形动平台的各边长均为 0.042 m，动平台质量为 0.1 kg，动平台质心的运动规律 ($t = 0 \sim 4$s) 为

$$\begin{cases} X = 0.042\cos(\pi t/2) \\ Y = 0.25 + 0.042\sin(\pi t/2) \\ \beta = 0.01\cos(\pi t/10) \end{cases} \tag{16}$$

式中，X、Y 分别为动平台质心的 x、y 轴坐标；β 为动平台的方位角。

机器人的广义坐标设置见图 2。

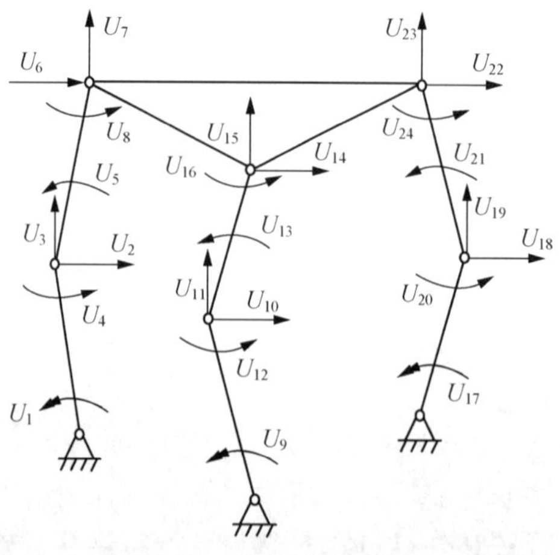

图 2　平面并联 3-RRR 机器人广义坐标设置

本文仅列出第二、第三支链主动杆最危险部位（驱动端根部）的动态应力（图 3 和图 4）。

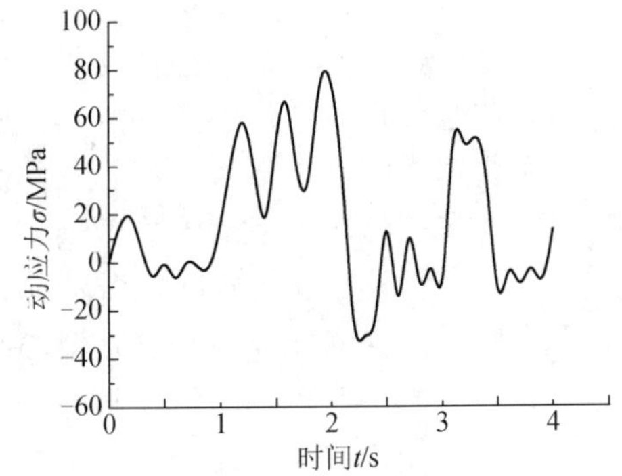

图 3　第二支链主动杆根部的动态应力

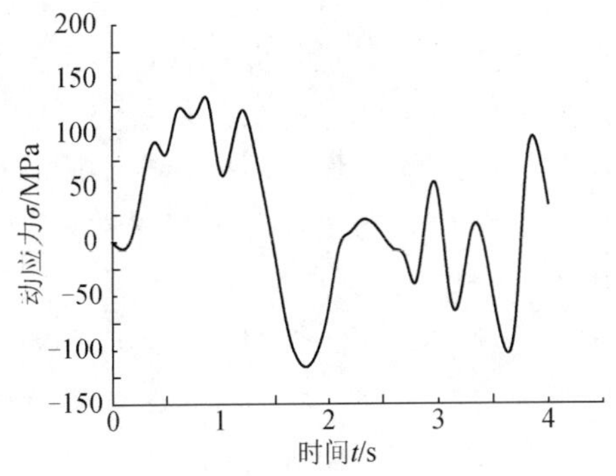

图 4　第三支链主动杆根部的动态应力

由图 3 和图 4 可知，各杆在不同时刻的动态应力值有较大的差别。最大值约为 153MPa，绝对值的最小值约为 1MPa。在整个运动过程中，各杆的动态应力值和动态应力变化速率都与其他杆有较大差别。

由于第三支链的应力较大，应用雨流计数法，从图 4 中过滤出所有应力循环，并采用雨流法的第二阶段计数法将余下的半循环处理成全循环，见表 1。

表 1　应力谱的各级应力循环（单位：MPa）

序号	最小应力	最大应力	平均应力	应力幅	折算对称循环应力
1	61.5	105.0	83.25	21.75	46.73
2	112.6	135.7	124.15	11.55	48.8
3	38.8	136.9	87.85	49.05	75.41
4	−66.8	22	−22.4	44.4	37.68
5	107.7	70.9	−18.4	89.3	83.78
6	−72.9	26.4	−23.25	49.65	42.68
7	−119.9	153.8	16.95	136.85	141.94
8	−10.6	107.2	48.3	58.9	73.39
9	0	33.5	16.75	16.75	21.78

根据表 1 的数据，求出第三支链主动杆的疲劳寿命为 5.5221×10^5 次，另两杆的疲劳寿命分别为 1.359×10^6 次和 3.0104×10^6 次。由疲劳强度计算出的第三支链主动杆工作安全系数为 2.07，另两杆的工作安全系数分别为 2.27 和 2.83。

在一个运动周期内，所有杆件的动态应力值均未超过屈服极限，但均出现超过持久极限的现象，都使杆件受到一定程度的疲劳损伤。可见，仅从动态应力值是否超过屈服极限的角度来分析杆件的动态应力状况是不全面的，应根据杆件承受的变幅动态交变应力的特点，评价杆件受到的疲劳损伤，并计算其疲劳寿命。

从动态应力数值和疲劳特性的角度分析，第二支链主动杆的动态应力状况最好，动态应力余量较大，疲劳寿命较长，工作安全系数较高，而其他杆件的情况稍差。这是由具体的工作任务和机器人的位形共同决定的。可见，分析动态应力数值和疲劳特性，可以检验工作任务是否可行及机器人的位形是否合理。

根据累积损伤理论的计算结果，第三个支链主动杆的疲劳寿命最短，该杆是整个系统的最薄弱环节，将最早出现疲劳失效，从而导致系统崩溃。所以，在设计时，可通过适当调整该杆的几何结构、截面或材料参数的办法，改善其动态应力状况，提高该杆的疲劳寿命，从而提高机器人系统的动力学性能和疲劳寿命。由此可见，研究杆件的动态应力，可为机器人的优化设计提供必要的准备和指导。

6. 结论

通过分析可知，将疲劳分析技术引入柔性机器人的设计中是可行的，将运动弹性动力学分析方法和疲劳分析技术结合起来，可形成一种柔性机器人弹性动力疲劳分析方法，为柔性机器人的设计提供指导。在运动过程中，杆件在不同时刻的动态应力值及变化速率的差别很大，不同杆件的动态应力状况也有很大的差别。只有同时考虑动态交变应力值及由动态交变应力造成的疲劳损伤，才能正确评价杆件的动态应力状况。分析杆件的动态交变应力可用于：①计算疲劳损伤，预测杆件的疲劳寿命；②评价工作任务的可行性；③验证机器人位形的合理性；④为优化设计提供必要的准备和指导。所以，研究杆件的动态交变应力特性有重要的意义。

参考文献

[1] Dwivedy S K, Eberhard P. Dynamic analysis of flexible manipulators, a literature review. Mechanism and Machine Theory, 2006, 41: 749-777

[2] Yang Z, Sadler J P. On issues of elastic-rigid coupling in finite element modeling of high-speed machines. Mechanism and Machine Theory, 2000, 35: 71-82

[3] Wang X Y. Dynamic modeling, experimental identification, and active vibration control design of a "smart parallel manipulator". Canada, Toronto: Graduate Department of Mechanical and Industrial Engineering University of Toronto, 2005

[4] Kang B, Mills J K. Dynamic modeling of structurally-flexible planar parallel manipulator. Robotica, 2002, 20(3): 329-339

[5] Gabriel P. Dynamic finite-element analysis of a planar high-speed, high-precision parallel manipulator with flexible links. Canada, Toronto: Graduate Department of Mechanical and Industrial Engineering University of Toronto, 2003

[6] 岳士岗，余跃庆，白师贤．多杆柔性机器人动力学方程的瞬态动响应数值求解方法．机器人，1995，17(5)：269-273

[7] 黄真，方跃法．并联机器人的弹性位姿误差分析．机械科学与技术，1991，10(2)：54-61

[8] 张绪平，余跃庆．集中质量对柔性空间机器人振动特性的影响．机械科学与技术，1999，18(1)：80-82

[9] 杜兆才，余跃庆，苏丽颖．动平台惯性参数对柔性并联机构动力学特性的影响及优化设计．光学精密工程，2006，14(6)：1009-1016

[10] 吴振彪．柔性结构机器人优化设计．机器人，1989，3(1)：12-16

[11] 刘迎春．冗余度柔性协调操作机器人的运动学和动力学研究．北京：北京工业大学，2004

[12] 徐灏．疲劳强度．北京：高等教育出版社，1990：52-123

[13] 张策，黄永强，王子良．弹性连杆机构的分析与设计．北京：机械工业出版社，1997：80-102

[14] 余跃庆，李哲．现代机械动力学．北京：北京工业大学出版社，2001：153-201

[15] 武科布拉托维奇．操作机器人动力学——理论与应用．北京：科学出版社，1990：68-125

（原载《中国机械工程》，2007，18(24)：2985-2989）

§81　柔性并联机器人频率特征分析

杜兆才　余跃庆　刘善增

（北京工业大学，北京　100022）

摘　要：为了描述柔性并联机器人的弹性动力学性能，分析了机器人振动频率的特征。计算了机器人在整个运动过程中的频率，绘制了机器人在工作空间内的基频图，可用于选择机器人的工作位置，以避免产生共振或低阶谐振。讨论了频率求解精度、收敛性与单元横向弹性位移型函数以及单元数量之间的关系。计算实例表明，不同位形的机器人的频率差别很大。在奇异位形处，基频为零。研究频率特性可为柔性机器人的分析、设计、控制提供指导。

关键词：柔性并联机器人；频率；精度；收敛性；奇异位形

1. 引言

并联机器人具有高速度、高加速度、承载能力强、能耗低、误差小、精度高、易于控制等优点，在机器人学领域占有十分重要的地位。

高速、轻型化是当今世界机械产品的主要标志和发展趋势，柔性并联机器人中的轻质、细长杆件在高速运动时表现出了刚性并联机器人所没有的柔性性能[1-3]：杆件的弹性变形影响原设计的精度；杆件的动态应力使杆件的强度设计成为一个不可忽视的问题；杆件的弹性振动会导致整个机器人的冲击、噪声和疲劳。考虑杆件弹性因素的柔性并联机器人的研究具有重要的理论和现实意义，已经引起越来越多的研究者[4-7]的重视。

由于柔性并联机器人是一个多闭环、多柔体与刚体混合的非线性动力学系统，其动力学建模方法远比刚性并联机器人和柔性串联机器人复杂，目前，这方面的研究在国际上尚处于起步阶段,相应的理论和实验研究还很不成熟[1]。

固有频率是柔性机器人的特有属性，也是表征动力学特性的重要参数，通过分析频率可以了解其振动特点、奇异位形、刚度等信息，为机器人的设计、工作任务规划、避振等提供有益的准备和必要的指导：

(1) 在某种程度上，固有频率表征了系统的刚度，通过求解固有频率，可以了解系统的刚度。

(2) 固有频率是杆件参数的函数，所以，可选择合理的杆件参数，以获得预期的频率值，避免共振或低阶谐振。

(3) 固有频率也是机器人位形的函数，而机器人在实现同一个工作任务时，通常有多种基解位形。因此，可以选择恰当的基解位形，以获得理想的固有频率，避免共振或低阶谐振。

(4) 固有频率值在整个运动过程中不断变化，所以，可由此选择机器人的工作位置和工作区域。

(5) 可以对照固有频率确定驱动参数，如电机转速等，以免接近共振区域。

(6) 根据固有频率值及其变化规律，可以判断工作任务是否合理，即工作任务是否会激发共振或低阶谐振，以便合理地规划工作任务。

(7) 可根据固有频率，判断外界干扰是否处于系统的共振区域，以便采取避振、隔振等措施。

而且，通过分析频率的求解精度、收敛性与单元横向弹性位移型函数以及单元数量之间的关系，可以验证柔性机器人动力学建模的合理性、可行性和准确性。因此，研究机器人的频率的特征有重要的意义。

下面针对机器人系统内刚体和柔性体的运动学耦合特点，采用一套适用于刚体、弹性体耦合的有限元建模方法[8,9]，利用运动弹性动力学理论，建立机器人的弹性动力学模型，并在此基础上，分析机器人的频率特征及计算精度问题。

2. 动力学模型

由于并联机器人的末端操作器及相关的关节配套装置(位于各支链与动平台的连接处)均安装在动平台上，为使柔性并联机构能够正常工作，动平台必须为刚体，而各杆件均为柔性杆，所以，柔性并联机器人实质上是一个多闭环、多柔体与刚体混合的非线性动力学系统，需要采用一种特殊的弹性广义坐标设置方法，该方法适用于既包含刚体又包含弹性体的系统，见图 1。

各弹性构件都是连续的弹性体。从理论上讲，要描述连续的弹性系统的振动性态，必须求解系统中各点的弹性位移。那么，弹性系统就是无限多自由度的系统。但在绝大多数情况下，如果将弹性系统当作无限多自由度系统来研究，会给计算、分析等造成巨大的困难，这就需要采用近似的简化方法。其中，有限元法具有适用性广、运算模式统一等优点，所以，大多数研究者普遍采用有限元模型[10,11]。为了精确表达各杆件的弹性振动特性，梁单元的横向弹性位移用五次 Hermite 多项式插值描述，见图 2。

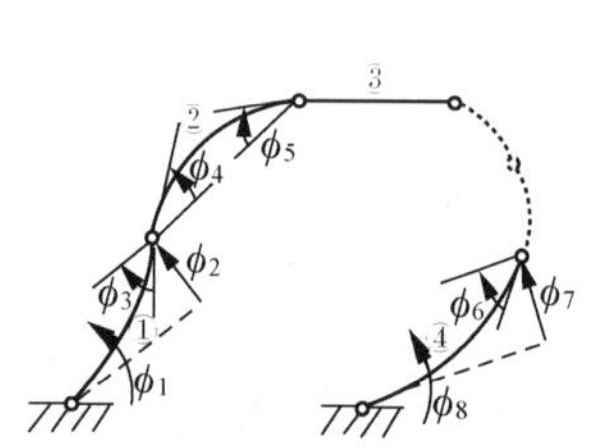

图 1　柔性并联机器人的系统弹性广义坐标

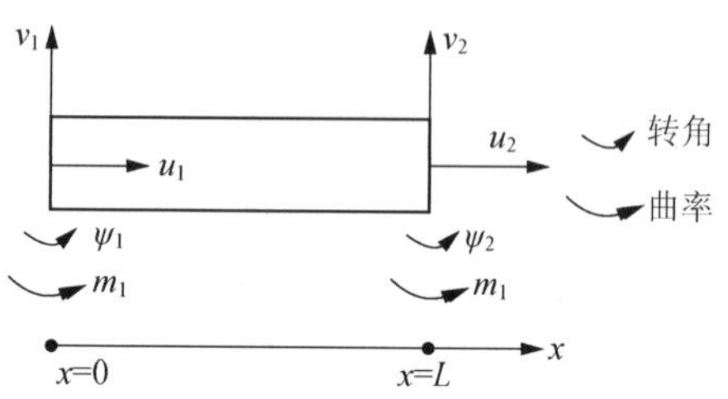

图 2　梁单元的结点坐标设置

梁单元上任意一点的横向弹性位移 u_y 为

$$u_y = A + Bx + Cx^2 + Dx^3 + Ex^4 + Fx^5 \tag{1}$$

式中，系数 A、B、C、D、E、F 仅与时间有关；x 为该点到梁单元左端的距离。

由式(1)可计算出任意一点的弹性转角和弹性曲率

$$\partial u_y / \partial x = B + 2Cx + 3Dx^2 + 4Ex^3 + 5Fx^4 \tag{2}$$

$$\partial^2 u_y / \partial x^2 = 2C + 6Dx + 12Ex^2 + 20Fx^3 \tag{3}$$

图 3 描述了梁单元的刚性位形与弹性位形的关系。

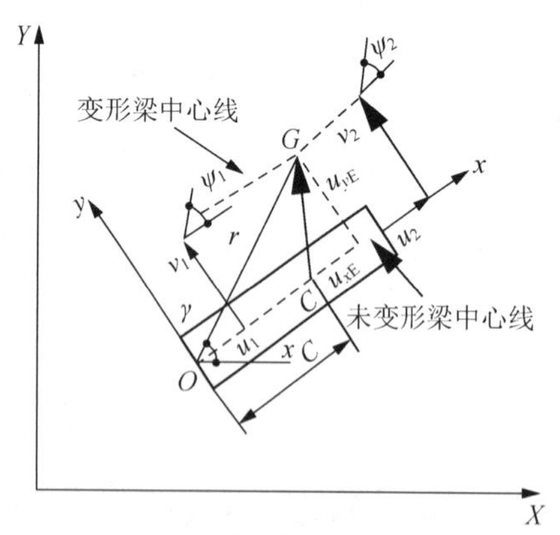

图 3　梁单元的弹性位形与刚性位形

由图 3 可得变形后的梁单元中心线上任一点 G 的弹性位移和弹性速度，根据运动弹性动力学理论，求出梁单元的弹性动能和弹性应变能，将梁单元的动能和应变能代入弹性体的 Lagrange 方程，就得到梁单元的运动微分方程

$$\boldsymbol{M}_{\mathrm{e}} \cdot \ddot{\boldsymbol{\phi}}_{\mathrm{e}} + \boldsymbol{C}_{\mathrm{e}} \cdot \dot{\boldsymbol{\phi}}_{\mathrm{e}} + \boldsymbol{K}_{\mathrm{e}} \cdot \boldsymbol{\phi}_{\mathrm{e}} = \boldsymbol{P}_{\mathrm{e}} \tag{4}$$

式中，$\boldsymbol{M}_{\mathrm{e}}$、$\boldsymbol{C}_{\mathrm{e}}$和$\boldsymbol{K}_{\mathrm{e}}$分别为单元的质量、阻尼和刚度矩阵；$\boldsymbol{\phi}_{\mathrm{e}}$、$\dot{\boldsymbol{\phi}}_{\mathrm{e}}$和$\ddot{\boldsymbol{\phi}}_{\mathrm{e}}$分别为单元的弹性位移、弹性速度和弹性加速度列阵；$\boldsymbol{P}_{\mathrm{e}}$为单元广义力列阵。

设机器人的全局广义坐标向量为$\boldsymbol{\phi}$，第i个单元的局部广义坐标向量为$(\boldsymbol{\phi}_{\mathrm{e}})_i$，单元的局部坐标变量可以表示为全局坐标变量的线性组合

$$(\boldsymbol{\phi}_{\mathrm{e}})_i = \boldsymbol{S}_i \cdot \boldsymbol{\phi} \quad (i = 1, \cdots, N_{\mathrm{E}}) \tag{5}$$

$$\boldsymbol{\phi} = \{\phi_1, \phi_2, \phi_3, \phi_4, \phi_5, \phi_6, \phi_7, \phi_8\}^{\mathrm{T}} \tag{6}$$

式中，$\boldsymbol{S}_i$是第i个单元的转换矩阵；N_{E}是单元的个数。

利用坐标转换矩阵，以全局广义坐标$\boldsymbol{\phi}$为变量将第i个单元的运动微分方程改写成

$$(\boldsymbol{M}_{\mathrm{e-g}})_i \cdot \ddot{\boldsymbol{\phi}} + (\boldsymbol{C}_{\mathrm{e-g}})_i \cdot \dot{\boldsymbol{\phi}} + (\boldsymbol{K}_{\mathrm{e-g}})_i \cdot \boldsymbol{\phi} = (\boldsymbol{P}_{\mathrm{e-g}})_i \tag{7}$$

$$(\boldsymbol{M}_{\mathrm{e-g}})_i = \boldsymbol{S}_i^{\mathrm{T}} \cdot (\boldsymbol{M}_{\mathrm{e}})_i \cdot \ddot{\boldsymbol{S}}_i \tag{8}$$

$$(\boldsymbol{C}_{\mathrm{e-g}})_i = \boldsymbol{S}_i^{\mathrm{T}} \cdot (\boldsymbol{C}_{\mathrm{e}})_i \cdot \dot{\boldsymbol{S}}_i \tag{9}$$

$$(\boldsymbol{K}_{\mathrm{e-g}})_i = \boldsymbol{S}_i^{\mathrm{T}} \cdot (\boldsymbol{K}_{\mathrm{e}})_i \cdot \boldsymbol{S}_i \tag{10}$$

$$(\boldsymbol{P}_{\mathrm{e-g}})_i = \boldsymbol{S}_i^{\mathrm{T}} \cdot (\boldsymbol{P}_{\mathrm{e}})_i \tag{11}$$

将各单元的方程装配起来，就得到了系统的动力学模型

$$\boldsymbol{M} \cdot \ddot{\boldsymbol{\phi}} + \boldsymbol{C} \cdot \dot{\boldsymbol{\phi}} + \boldsymbol{K} \cdot \boldsymbol{\phi} = \boldsymbol{P} \tag{12}$$

$$\boldsymbol{M} = \sum_{i=1}^{N_{\mathrm{E}}} (\boldsymbol{M}_{\mathrm{e-g}})_i \tag{13}$$

$$\boldsymbol{C} = \sum_{i=1}^{N_{\mathrm{E}}} (\boldsymbol{C}_{\mathrm{e-g}})_i \tag{14}$$

$$\boldsymbol{K} = \sum_{i=1}^{N_{\mathrm{E}}} (\boldsymbol{K}_{\mathrm{e-g}})_i \tag{15}$$

$$\boldsymbol{P} = \sum_{i=1}^{N_{\mathrm{E}}} (\boldsymbol{P}_{\mathrm{e-g}})_i \tag{16}$$

式中，$\boldsymbol{M}$、$\boldsymbol{C}$和$\boldsymbol{K}$分别为系统的质量、阻尼和刚度矩阵；$\boldsymbol{\phi}$、$\dot{\boldsymbol{\phi}}$和$\ddot{\boldsymbol{\phi}}$分别为系统的弹性位移、弹性速度和弹性加速度列阵；$\boldsymbol{P}$为系统广义力列阵。

3. 频率特性分析

机器人的频率和振型由自身的动态特性参数决定

$$(\boldsymbol{K} - \omega^2 \boldsymbol{M}) \cdot \boldsymbol{A} = 0 \tag{17}$$

式中，ω为机构的固有频率；对于具有n个弹性自由度的系统，可以求出n阶固有频率。$\boldsymbol{A}^{(i)}$为第i阶固有振型，是与ω_i $(i = 1, 2, \cdots, n)$对应的特征向量。

求解固有频率归结为刚度矩阵$\boldsymbol{K}$相对于质量矩阵$\boldsymbol{M}$的广义特征值问题，其解为

$$\det(\boldsymbol{M}^{-1} \cdot \boldsymbol{K} - \omega^2 \boldsymbol{I}) = 0 \tag{18}$$

机器人的固有频率取决于系统的刚度矩阵和质量矩阵，由于二者均为机器人位形的函数，所以，机器人的固有频率是时变的，必须在整个运动过程中或工作空间内分析频率特性才有意义。

4. 仿真与分析

柔性并联机器人的动力学研究属于前沿课题，由于在驱动、控制等方面存在较大的技术难度，国际上尚未出现包含刚性动平台的各杆件均为柔性的并联机器人样机，北京工业大学与清华大学合作研制的柔性并联机器人样机正处于研发阶段，所以，需要用仿真实验来验证。

以平面 5R 柔性并联机器人为例，参数如下：各杆件的材料均为铝，密度为 2700kg/m^3，弹性模量为 7×10^{10}Pa，长度分别为 0.1m、0.2m、0.2m 和 0.1m。固定铰链的坐标分别为(0, 0)和(0.4, 0)。柔性杆和刚性杆的截面分别为 2.5mm×2.5mm 和 10mm×10mm。末端操作器固接在刚性杆(动平台)的中点 Q。

点 Q 的运动规律为

$$\begin{cases} X_Q = 0.3 + 0.01\cos(2\pi t/T_i) \\ Y_Q = 0.01\sin(2\pi t/T_i) \end{cases} \quad (i = 1,\cdots,9)$$

$$T_1 = T_9 = 1/3\,\text{s}\,,\quad T_2 = T_8 = 1/4\,\text{s}\,,\quad T_3 = T_7 = 1/5\,\text{s}\,,\quad T_4 = T_6 = 1/6\,\text{s}\,,\quad T_5 = 1/7\,\text{s}$$

式中，X_Q 和 Y_Q 分别为点 Q 的 X 、Y 方向的位移；T_i 为运动时间。

由于基频(第一阶固有频率)通常在系统的固有频率中占有主导地位，决定了系统频率特性，而高阶频率的作用相对要弱得多，不起决定作用。所以，图 4 给出了基频在整个运动过程中的变化情况。

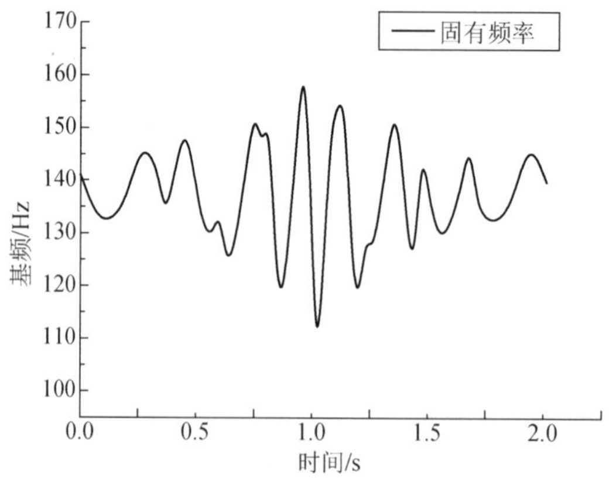

图 4　平面 5R 柔性并联机器人的基频

由图 4 可知，机器人的频率在运动过程中的变化较大，由此，可根据图 4 选择适当的工作位置，以避免机器人发生共振或低阶谐振现象。

因为并联机器人的刚度通常较大，所以，可能有较高的基频。而当机器人位于刚度较小的位形或奇异位形附件时，基频又很低，接近于 0。一旦机器人位于不完全约束的位形，系统就具有了刚性自由度，基频为 0。所以，基频在整个工作空间内的差别很大。为了研究基频在工作空间内的分布规律，即在各种位形时的基频分布规律，分别以(0.26m, −0.05m)和(0.31m, 0m)为两个顶点，在机器人的工作空间内选择一块 0.05m×0.05m 的空间，计算机器人在该工作空间内的频率，见图 5 和图 6。

当机器人位于奇异位形时，系统会增加一个瞬时的刚性自由度。此时，即使所有的驱动关节均锁定，动平台也会产生微小的运动，所以，基频为 0。由此可以判定，零基频对应着机器人的奇异位形。由图 5 可知，零基频的位形即为奇异位形[12]，这是基频图的一个重要用途。此外，还可根据图 5 和图 6 合理地选择机器人的工作位置，以免产生共振或低阶谐振。

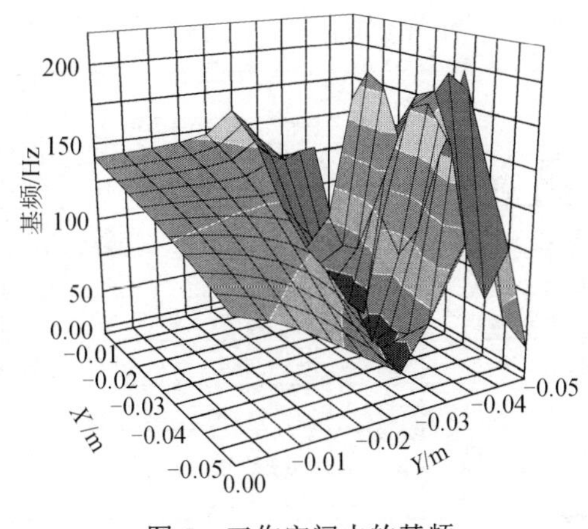

图5 工作空间内的基频

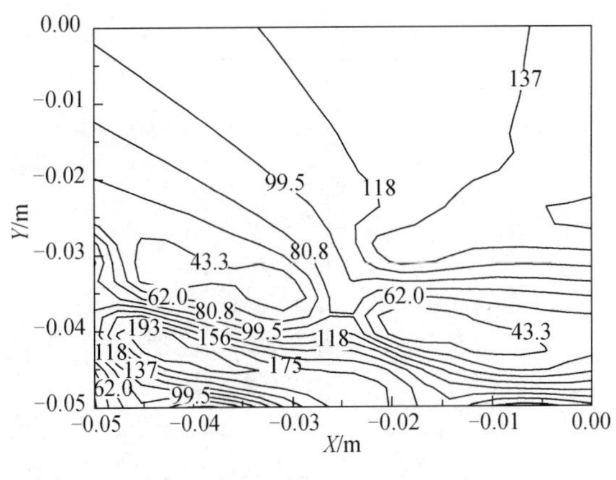

图6 基频分布图

5. 计算精度分析

在有限元方法中，采用的弹性位移假定只能保证弹性位移的解是连续稳定的，而且，有限元法的指导思想是通过采用足够多的单元来达到满意的近似程度，所以，必须分析采用的单元数量及横向弹性位移型函数能否确保得到精确收敛的动态特性解。由于固有频率是弹性系统的固有属性，体现了系统弹性振动特性，因此，通过对频率解的精度及收敛性分析可以判定单元的数量及横向弹性位移型函数是否适当。

当动平台上的目标点分别位于(0.26m, -0.05m)、(0.29m, -0.02m)和(0.31m, 0m)时，计算系统的前八阶固有频率，见表 1。对于每个位置，表的第一、第二列分别表示将每个杆件设为一个单元和两个单元的情况，第三列表示前两列计算结果的相对误差。

表1 不同机器人位形的固有频率的计算精度

目标点位置/m	(0.26, -0.05)			(0.29, -0.02)			(0.31, 0)		
单元数量	一	二	误差/%	一	二	误差%	一	二	误差%
一阶频率/Hz	19	18	3.0	82	80	2.5	141	137	2.9
二阶频率/Hz	181	177	2.3	170	165	3.0	251	246	2.0
三阶频率/Hz	879	869	1.2	937	918	2.1	930	919	1.2
四阶频率/Hz	3628	3593	1.0	3689	3627	1.8	3701	3667	0.9
五阶频率/Hz	6944	6846	1.4	6977	6925	0.8	6981	6912	1.0
六阶频率/Hz	6984	6867	1.7	7030	6942	1.3	7043	6949	1.4
七阶频率/Hz	15307	15006	2.0	15309	14946	2.5	15313	14986	2.2
八阶频率/Hz	15317	15113	1.3	15315	15013	2.0	15326	15009	2.1

由表 1 可知，分别将每个杆件设为一个单元和两个单元时，前八阶固有频率的差别很小。将每个杆件设为两个单元时，精度仅提高了约 3%。而计算量增加了 33%。因此，从精度的角度分析，将每个杆件设为一个单元是可行的。

很多研究者通常用三次多项式描述单元的横向弹性位移，这样可以在保证相应的计算精度的情况下，大大地简化计算和缩短计算时间。由此，可将每个杆件仍设为一个单元，但单元的横向弹性位移用三次多项式表示。表 2 列出了这种情况下的固有频率计算结果，对于每个位置，表的第一、第二列分别表示横向弹性位移采用三次多项式和五次多项式的情况，第三列表示前两列计算结果的相对误差。

表 2　不同的横向位移型函数的固有频率的计算精度

目标点位置/m	(0.26, −0.05)			(0.29, −0.02)			(0.31, 0)		
单元数量	三次	五次	误差/%	三次	五次	误差%	三次	五次	误差%
一阶频率/Hz	20	19	5.3	86	82	4.9	145	141	2.8
二阶频率/Hz	198	181	9.4	181	170	5.3	266	251	6.0
三阶频率/Hz	1023	879	16.4	1028	937	9.7	1016	930	9.2
四阶频率/Hz	4234	3628	16.7	4255	3689	15.3	4297	3701	16.1
五阶频率/Hz	8098	6944	16.6	8064	6977	15.6	8089	6981	15.9
六阶频率/Hz	8126	6984	16.4	8236	7030	17.2	8301	7043	17.9
七阶频率/Hz	18566	15307	21.3	18601	15309	21.5	18616	15313	21.6
八阶频率/Hz	18956	15317	23.8	18926	15315	23.6	18688	15326	21.9

由表 2 可知，用三次多项式描述单元横向弹性位移时，固有频率计算结果偏差较大。这个结论与 Cleghorn 等[13]的研究吻合，即采用较高次数的多项数描述单元横向位移时，设定较少的单元就可得到系统固有频率的收敛解，否则，必须采用较多的单元。

对于大多数的柔性并联机器人而言，由于很多杆件(尤其是被动杆件)满足铰接-铰接边界条件，其曲率就设为 0，所以，用五次多项式描述单元的横向位移并不会显著地增加系统的弹性自由度。由此可见，在柔性并联机器人动力学建模时，用五次多项式描述单元的横向位移比较合理。

6. 结论

(1) 柔性并联机器人在运动过程中或不同位形时的频率差别很大，必须在整个运动过程中或工作空间内分析频率特性才有意义。

(2) 根据频率图可以判定奇异位形及接近奇异位形的工作空间。还可以根据机器人的固有频率值及其变化规律确定杆件的参数、选择机器人的基解位形和工作区域、规划工作任务、选择驱动参数、采取避振或隔振措施等，以避免发生共振或低阶谐振现象。

(3) 采用五次多项式描述单元的横向弹性位移时，使用较少的单元即可获得频率的收敛解，增加单元不能显著地提高频率解的精度。采用三次多项式描述单元的横向弹性位移时，必须使用较多的单元，否则，频率解发散。由此可见，柔性机器人动力学建模时，采用五次多项式描述单元的横向弹性位移是合理、可行的，求解的稳定性较好，精度较高。

参考文献

[1] Santosha K D, Peter E. Dynamic analysis of flexible manipulators, a literature review. Mechanism and Machine Theory, 2006, 41(7): 749-777

[2] Book W J. Modeling, design, and control of flexible manipulator arms: a tutorial review. Proceedings of the 29th IEEE Conference on Design and Control, Honolulu, Hawaii, 1990: 500-506

[3] Gaultier P E. Modeling of flexible manipulator dynamics: a literature survey. 1st Nat. Applied Mechanics Conference, Cincinnati, 1989, 2C-3: 1-10

[4] Wang X Y. Dynamic Modeling, Experimental Identification, And Active Vibration Control Design Of A "Smart Parallel Manipulator". Toronto, Canada: Graduate Department of Mechanical and Industrial Engineering University of Toronto, 2005

[5] Wang X Y, James K M. Dynamic modeling of a flexible-link planar parallel platform using a substructuring approach. Mechanism and Machine Theory, 2006, 41: 671-687

[6] Fattah A, Misra A K, Angeles J. Dynamics of a flexible-link planar parallel manipulator in cartesian space. Proceedings of 20th ASME Conference on Design Automation, Minneapolis, MN, 1994, 69: 483-490

[7] Kang B, Mills J K. Dynamic modeling of structurally-flexible planar parallel manipulator. Robotica, 2002, 20: 329-339

[8] Cleghorn W L, Fenton R G. Finite element analysis of high-speed flexible mechanism. Mechanism and Machine Theory, 1981, 16(4): 407-424

[9] Cleghorn W L. Analysis and Design of High-Speed Flexible Mechanism. Toronto, University of Toronto, 1980

[10] 张策，黄永强，王子良，等. 弹性连杆机构的分析与设计. 北京：机械工业出版社，1997

[11] 余跃庆，李哲. 现代机械动力学. 北京：北京工业大学出版社，2001

[12] 周双林，邹慧君，郭为忠，等. 平面闭链五杆机构柔性工作空间的研究，机械工程学报，2000，36 (11)：10-15

[13] Cleghorn W L, Konzelman C J. Comparative analysis of finite element types used in flexible mechanism models. Proceeding of the 8th OSU Applied Mechanisms Conference, St Louis, Mo., 1983: 301-307

(原载《机械设计与研究》，2007，23(3)：49-53)

§82　含弹性杆件的并联机器人刚度分析

杜兆才　余跃庆　刘善增

（北京工业大学，北京　100022）

摘　要：通过分析包含弹性杆件的并联机器人的刚度系数的性质，计算了机器人在各方向上的刚度，绘制了最小刚度系数的变化曲线，研究了刚度与奇异位形、机器人的固有频率及弹性振动振幅的关系。计算实例表明，刚度系数和奇异位形、机器人的固有频率有密切的联系，可用于预测含弹性杆件的并联机器人的弹性动力学特性和响应，不需要进行弹性动力学计算，计算时间节省94%。

关键词：弹性杆件；并联机器人；刚度；固有频率；振幅

1. 引言

并联机器人具有刚度大、误差小、精度高、承载能力高、自重载荷比小、易于控制等优点，因而扩大了机器人的应用领域，并联机器人也成为了机器人学领域的重要研究课题。

高速、轻型化是当今世界机械产品的主要标志和发展趋势，并联机器人中的轻质、细长杆件在高速运动时表现出了刚性并联机器人所没有的柔性性能[1,2]，考虑杆件弹性因素的柔性并联机器人的研究具有重要的理论和现实意义，已经引起越来越多的研究者的重视[3-6]。由于柔性并联机器人是一个多闭环、多柔体与刚体混合的非线性动力学系统，其动力学建模方法远比刚性并联机器人和柔性串联机器人复杂，动力学方程的规模往往过于巨大，求解非常困难。动力学模型中的各矩阵、向量的构成比较复杂，维数通常较高，即便对于结构比较简单的机器人，也至少有数十维，不便于分析动力学特性，而且，计算结果的物理意义不清晰、不直观，不利于深入分析和应用。

机器人的刚度是一个重要的动力学参数，通过分析机器人的刚度可以了解其承载能力、奇异位形、振动频率及振幅等，因此，研究机器人的刚度有重要的意义。Gosselin[7]通过刚度分析确定了并联机器人的奇异位形，Liu等[8]研究了球面3自由度并联机器人刚度指标的优化设计；Huang等[9]研究了并联机床的刚度估计；Simaan等[10]研究了并联机器人的刚度控制方法；Huang等[11,12]提出了空间柔性并联机构刚度矩阵的边界条件及建立方法。上述研究从各个侧面研究了并联机器人的刚度特性，但目前还没有关于刚度与固有频率关系的研究。

本文研究了机器人在各方向上的刚度，绘制了刚度系数的变化曲线，分析了刚度与机器人基频、振动振幅的关系。在不进行运动弹性动力学分析的情况下，借助刚度分析，简单地预测机器人的基频。

2. 机器人刚度分析

机器人末端操作器的速度和各驱动关节的速度存在如下关系

$$\dot{\boldsymbol{x}} = \boldsymbol{J} \cdot \dot{\boldsymbol{q}} \tag{1}$$

式中，$\dot{\boldsymbol{x}}$为操作速度矢量；$\boldsymbol{J}$为雅克比矩阵，表示关节空间向操作空间运动速度传递的广义传动比；$\dot{\boldsymbol{q}}$为关节速度矢量。

由于速度可以看成是单位时间内的微分运动，因此，雅克比矩阵也可看成是关节空间的微分运动向操作空间的微分运动之间的转换矩阵，即

$$\mathrm{d}\boldsymbol{x} = \boldsymbol{J} \cdot \mathrm{d}\boldsymbol{q} \tag{2}$$

式中，$\mathrm{d}\boldsymbol{x}$、$\mathrm{d}\boldsymbol{q}$为末端、关节微分运动矢量。

关节驱动力$\boldsymbol{\tau}$与末端操作力$\boldsymbol{F}$之间的关系为

$$\boldsymbol{\tau} = \boldsymbol{J}^{\mathrm{T}} \cdot \boldsymbol{F} \tag{3}$$

关节空间的力与关节位移的微分关系为

$$\mathrm{d}\boldsymbol{\tau} = \boldsymbol{K}_{\mathrm{q}} \cdot \mathrm{d}\boldsymbol{q} \tag{4}$$

式中，$\boldsymbol{K}_{\mathrm{q}}$ 为关节空间的刚度矩阵，是对角矩阵，通常是常数。

作用在末端操作器上的力与操作器上目标点位移的微分关系为

$$\mathrm{d}\boldsymbol{F} = \boldsymbol{K}_{\mathrm{P}} \cdot \mathrm{d}\boldsymbol{x} \tag{5}$$

式中，$\boldsymbol{K}_{\mathrm{P}}$ 为操作空间的刚度矩阵。

利用 Salisbury 等[13]的方法对式(3)进行微分，并利用式(2)和式(5)，得

$$\mathrm{d}\boldsymbol{\tau} = \boldsymbol{J}^{\mathrm{T}} \cdot \mathrm{d}\boldsymbol{F} = \boldsymbol{J}^{\mathrm{T}} \cdot \boldsymbol{K}_{\mathrm{P}} \cdot \mathrm{d}\boldsymbol{x} = \boldsymbol{J}^{\mathrm{T}} \cdot \boldsymbol{K}_{\mathrm{P}} \cdot \boldsymbol{J} \cdot \mathrm{d}\boldsymbol{q} \tag{6}$$

同式(4)比较，有

$$\boldsymbol{K}_{\mathrm{P}} = (\boldsymbol{J}^{\mathrm{T}})^{-1} \cdot \boldsymbol{K}_{\mathrm{q}} \cdot \boldsymbol{J}^{-1} \tag{7}$$

由式(7)可知，$\boldsymbol{K}_{\mathrm{P}}$ 是一个半正定的对称矩阵，矩阵的特征值代表在此特征值对应的特征向量方向上的刚度系数。

系统刚度矩阵的条件数为

$$k_{\mathrm{C}} = \|\boldsymbol{K}_{\mathrm{P}}\| \cdot \|\boldsymbol{K}_{\mathrm{P}}\|^{-1} \tag{8}$$

k_{C} 常作为评价机器人的局部刚度的指标。

由式(8)可得到机器人的全局刚度指标：

$$\eta_{\mathrm{C}} = \frac{\int_W (1/k_{\mathrm{C}})\mathrm{d}W}{\int_W \mathrm{d}W} \tag{9}$$

式中，W 为机器人的可达工作空间。

刚度矩阵的条件数可以表示刚度矩阵求逆的数值稳定性，因此，用它作为刚度指标来衡量机器人的刚度有一定的合理性，但该指标不便于定量地表示刚度值的大小，以及沿某方向、绕某轴的刚度。

刚度矩阵的特征值和特征向量可通过式(10)求解：

$$(\boldsymbol{K}_{\mathrm{P}} - K_i\boldsymbol{I}) \cdot v_i = \boldsymbol{0} \quad (i = 1, \cdots, n) \tag{10}$$

式中，K_i、v_i 为刚度矩阵的第 i 个特征值和特征向量；$\boldsymbol{I}$ 为单位矩阵；n 为系统的自由度。

根据矩阵特征值和特征向量的含义和性质，刚度矩阵的特征值可作为沿对应的特征向量方向的刚度系数，而对应的特征向量分别表示各个刚度的主方向向量，对于空间满秩机构而言，就是分别沿 X、Y、Z 轴方向及绕 X、Y、Z 轴的向量。

3. 与固有频率的关系

运用运动弹性动力学理论及有限元方法，建立的柔性并联机器人的动力学模型通常如下所示：

$$\boldsymbol{M} \cdot \ddot{\boldsymbol{U}} + \boldsymbol{C} \cdot \dot{\boldsymbol{U}} + \boldsymbol{K} \cdot \boldsymbol{U} = \boldsymbol{P} \tag{11}$$

式中，$\boldsymbol{U}$、$\dot{\boldsymbol{U}}$、$\ddot{\boldsymbol{U}}$ 为系统弹性位移、弹性速度和弹性加速度列阵；$\boldsymbol{M}$、$\boldsymbol{C}$、$\boldsymbol{K}$ 为系统质量、阻尼和刚度矩阵；$\boldsymbol{P}$ 为系统广义力及外力列阵。

机器人的频率和振型由系统的 $\boldsymbol{K}$ 和 $\boldsymbol{M}$ 决定：

$$(\boldsymbol{K} - \omega^2\boldsymbol{M}) \cdot \boldsymbol{A} = \boldsymbol{0} \tag{12}$$

式中，ω 为机构的固有频率；$\boldsymbol{A}^{(i)}$ 为第 i 阶固有振型，是与 ω_i $(i = 1, 2, \cdots, n)$ 对应的特征向量。

对于具有 n 个弹性自由度的系统，可以求出 n 阶固有频率，第一阶固有频率(基频)的值最小。基频通常在系统的固有频率中占有主导地位，决定了系统的动力学特性，而高阶频率的作用相对要弱

得多，不起决定作用。

这类问题也称为矩阵 $\boldsymbol{K}$ 相对于矩阵 $\boldsymbol{M}$ 的广义特征值问题，其解为

$$\det(\boldsymbol{M}^{-1}\cdot\boldsymbol{K}-\omega^2\boldsymbol{I})=0 \tag{13}$$

当机器人位于奇异位形时，系统会增加一个瞬时的刚性自由度。此时，即使所有的驱动关节均锁定，动平台也会失去控制，产生微小的运动，所以，系统的刚度矩阵的最小特征值必定为 0。由式(13)可知，如果 $\boldsymbol{K}$ 的一个特征值为 0，那么，不论 $\boldsymbol{M}$ 如何变化，固有频率的最小值，即基频，也必定为 0。

当机器人位于奇异位形附近时，机器人的动力学性能很差，接近于失控状态，受到很小的力也会产生较大的位移，所以，此时至少有一个方向上的刚度很小，系统的刚度矩阵的最小特征值也就很小，系统的基频也必定较小。

由式(13)可知，固有频率就是矩阵 $\boldsymbol{M}^{-1}\cdot\boldsymbol{K}$ 的特征值，基频不仅取决于刚度矩阵 $\boldsymbol{K}$，还要受 $\boldsymbol{M}^{-1}$ 的影响，只要 $\boldsymbol{K}$ 的最小特征值为 0，基频就为 0，也就是说，刚度和基频同时达到了最小值 0。但由于 $\boldsymbol{K}$ 和 $\boldsymbol{M}^{-1}$ 的变化通常不同步，刚度和基频无法同时达到最大值。

需要注意的是：由于研究的前提条件不同，分别用两种方法得到的 $\boldsymbol{K}_{\mathrm{P}}$ 和 $\boldsymbol{K}$ 的含义不同，但它们都表征系统的刚度特性，二者之间有一定的联系，尤其是位于奇异位形或其附近区域时。将二者进行比较，有一定的合理性和可行性。

4. 仿真与分析

以平面 5R 柔性并联机器人为例，见图 1。

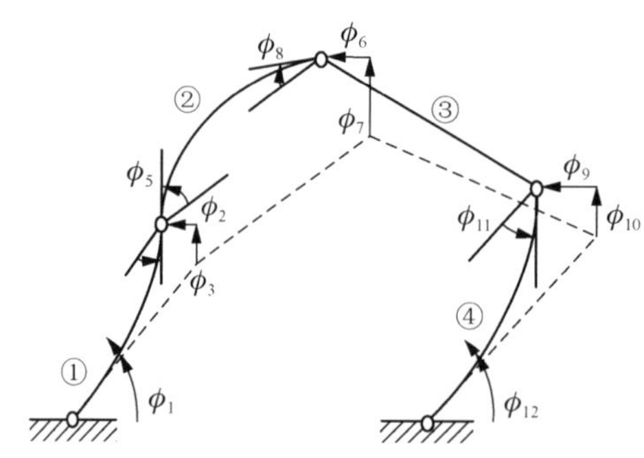

图 1　系统弹性广义坐标设置

机器人的参数如下：各杆件的材料均为铝，密度为 2700kg/m^3，弹性模量为 7×10^{10}Pa，长度分别为 0.1m、0.2m、0.2m 和 0.1m。固定铰链的坐标分别为(0,0)和(0.4,0)。弹性杆和刚性杆的截面分别为 2.5mm×2.5mm 和 10mm×10mm。末端操作器固接在刚性杆(活动平台)的中点 Q。

点 Q 的运动轨迹为一条线段：

$$\begin{cases} X_Q=0.2667 \\ Y_Q=9.6t^2 \end{cases}$$

式中，X_Q、Y_Q 为点 Q 的 X、Y 方向的位移；t 为运动时间。

图 2 和图 3 分别给出了系统的最小刚度系数和基频随运动过程的变化规律。

由图 2 和图 3 可知，当点 Q 运动到(0.26667m,0.042m)时，系统的最小刚度和基频同时达到了最小值 0。该点是机器人的奇异点，所以，用最小刚度系数和基频可以判断机器人的奇异点。在奇异位形附近，最小刚度系数和基频均较小。此外，二者并未同时达到最大值，而且变化也不同步，这说明基频的变化不仅取决于刚度，还受质量的影响。

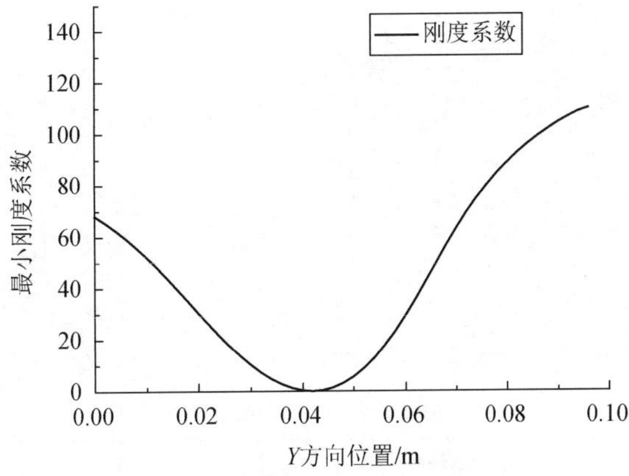

图 2　系统最小刚度系数

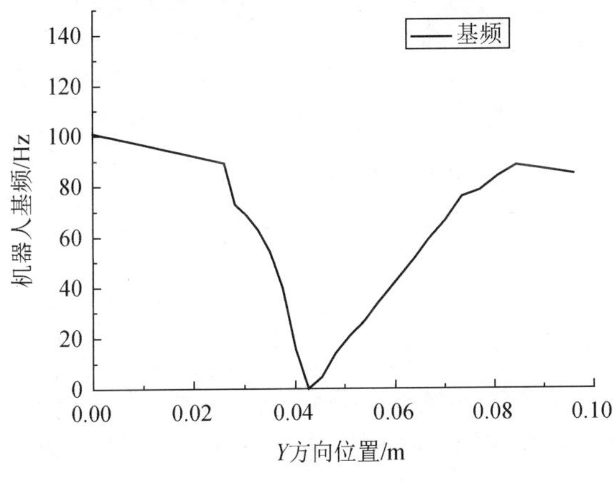

图 3　机器人基频

用最小刚度系数来评价系统刚度有一些缺陷：

(1) 将弹性杆件假设成简单的线性弹簧，不够精确；

(2) 分析的是机器人的静刚度；

(3) 得到的刚度系数表示沿某主刚度方向的刚度。

基于以上 3 个原因，较低的刚度系数未必意味着机器人的弹性振动振幅会较大。点 Q 在 X，Y 方向的弹性位移如图 4 和图 5 所示。

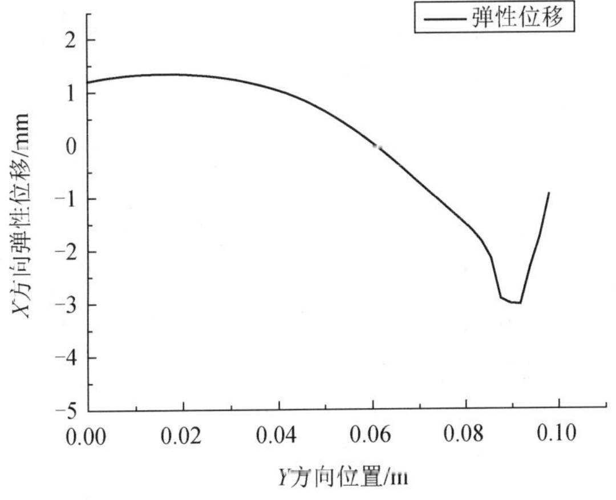

图 4　点 Q 在 X 方向的弹性位移

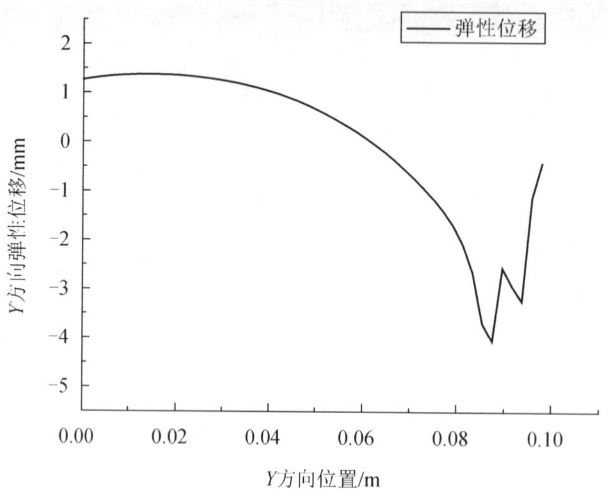

图 5　点 Q 在 Y 方向的弹性位移

尽管有上述缺陷，还应看到：很多研究者用有限元法建立柔性并联机器人的动力学模型，其刚度矩阵至少在十维以上，计算困难而且计算时间长，计算结果的物理意义不清晰，不便于理解和应用。采用最小刚度系数及其对应的特征向量能提供柔性机器人第一阶模态的大致信息，同动辄数十维的特征向量相比，大大地缩短了计算时间，物理意义明确。对算例而言，计算时间缩短了 94%以上。

5. 结论

在奇异位形处，某个主方向的刚度系数必定为 0，机器人的基频也为 0。

在奇异位形附近，沿某个主方向的刚度系数很小，机器人的基频也很小。

最小的刚度系数和机器人基频的变化并不同步，它们可以同时达到最小值 0，但通常不能同时达到各自的最大值。

最小的刚度系数与机器人的基频紧密相关，用它们可以预测柔性机器人的弹性动力学特性和响应。

参考文献

[1] Santosha K D, Peter E. Dynamic analysis of flexible manipulators, a literature review. Mechanism and Machine Theory, 2006, 41: 749-777

[2] Book W J. Modeling, design, and control of flexible manipulator arms: a tutorial review. Proceedings of the 29th IEEE Conference on Design and Control. Hawaii, USA: Institute of Electrical and Electronics Engineers, 1990: 500-506

[3] Wang X Y. Dynamic Modeling, Experimental Identification, And Active Vibration Control Design Of A "Smart Parallel Manipulator". Canada, Toronto: Graduate Department of Mechanical and Industrial Engineering University of Toronto, 2005

[4] Wang X Y, James K M. Dynamic modeling of a flexible-link planar parallel platform using a substructuring approach. Mechanism and Machine Theory, 2006, 41: 671-687

[5] Fattah A, Misra A K, Angeles J. Dynamics of a flexible-link planar parallel manipulator in cartesian space. Proceedings of the 20th Design Automation Conference. Minnesota, USA: American Society of Mechanical Engineers, 1994: 483-490

[6] Kang B, Mills J K. Dynamic modeling of structurally-flexible planar parallel manipulator. Robotica, 2002, 20: 329-339

[7] Gosselin C. Stiffness mapping for parallel manipulator. IEEE Transactions on Robotics and Automation, 1990, 6(3): 377-382

[8] Liu X J, Jin Z L, Gao F. Optimum design of 3-DOF spherical parallel manipulators with respect to the condition and stiffness indices. Mechanism and Machine Theory, 2000, 35:1257-1267

[9] Huang T, Zhao X Y, Zhou L H, et al. Stiffness estimation of a parallel kinematic machine. Science in China (Series E), 2001, 44(5): 473-485

[10] Simaan N, Shoham M. Geometric interpretation of the derivatives of parallel robots' Jacobian matrix with application to stiffness control. Journal of Mechanical Design, 2003, 125(3): 33-42

[11] Huang S G, Schimmels J M. The bounds and realization of spatial stiffness achieved with simple springs connected in parallel. IEEE Transactions on Robotics and Automation, 1998, 14(3): 466-475

[12] Huang S G, Schimmels J M. Achieving an arbitrary spatial stiffness with springs connected in parallel. ASME Journal of Mechanical Design, 1990, 120(4): 520-526

[13] Salisbury J K, Craig J. Articulated hands: force control and kinematic issues. Journal of Robotics Research, 1987, 6(2): 72-83

（原载《机械设计》，2007，24(9)：32-34）

§ 83 柔性并联机器人动力学特性的灵敏度分析

杜兆才[1,2] 余跃庆[1] 苏丽颖[1]

(1. 北京工业大学，北京 100022；2. 北京航空制造工程研究所，北京 100024)

摘 要：为了获得精确的柔性并联机器人动力学特性的灵敏度分析结果，通过对柔性并联机器人动力学模型的分析，提出了基于微分法的动力学特性灵敏度分析方法，计算精度比差分法提高 25%，计算时间缩短了 86%。分析了柔性并联机器人动力学特性对各设计参数的灵敏度。柔性并联机器人的动力学特性对连架杆的截面积、构件集中质量及各杆件截面的厚度比较敏感。利用灵敏度微分法计算了设计参数发生微小变化后的动态响应值及固有频率值，在误差小于 7%的情况下，计算时间缩短了 95%。以 3-RRR 柔性平面并联机器人为例，说明微分法是准确、有效的。分析动力学特性灵敏度对柔性并联机器人的弹性动力综合和优化设计有重要意义。

关键词：柔性并联机器人；动力学特性；灵敏度；微分法

1. 引言

与串联机器人相比，并联机器人具有高速、高加速度、承载能力强、能耗低、误差小、精度高等一系列优点，广泛地应用于多个领域。并联机器人常作为精密光学仪器[1,2]、高精密实时测量仪器[3]、快速精密加工机床[4]等的平台。

高速、轻型化是当今世界机械产品的主要标志和发展趋势，轻型化的并联机器人在高速、重载工作条件下，各杆件会产生弹性变形，导致并联机器人的运动和动力性能降低。因此，分析和设计柔性并联机器人时，必须考虑其弹性动力学特性[5]。

为了得到预期的柔性并联机器人动力学特性，经常需要反复修改设计参数。如果设计者掌握了各设计参数对柔性并联机器人动力学特性的影响程度及其规律，即动力学特性灵敏度，便可快速地设计出合理的机器人。此外，由于机器人不可避免地存在加工误差、安装误差、材料不均匀性误差以及磨损等情况，这些因素都将对设计参数产生影响，进而影响到机器人的动力学特性。可见，分析动力学特性对设计参数的灵敏度对于柔性并联机器人的分析与优化设计具有重要意义。柔性并联机器人实质上是一个多闭环、多柔体与刚体混合的非线性动力学系统，其运动规律比多刚体系统或多柔体系统复杂。目前，柔性并联机器人的理论和实验研究还很不成熟，关于柔性并联机器人动力学特性灵敏度的研究尚未见诸文献。

常用的动力学特性灵敏度分析方法有结构动力学方法、矩阵摄动法、差分法和微分法等[6-13]。通常，微分法的计算精度较高，一般情况下的计算量不大，比较有效[6]。

本文在柔性并联机器人运动弹性动力学(Kineto-Elastodynamics，KED)分析的基础上，利用微分法推导出柔性并联机器人动力学特性的灵敏度计算公式，分析柔性并联机器人的动力学特性对各设计参数的灵敏度。

2. 柔性并联机器人的动力学方程

并联机器人的主体结构是个多环机构，末端操作器安装在动平台上，平台由数条并联的分支运动链与固定机座相连。由于各杆件均为柔性杆，而为了完成各种工作任务，动平台必须为刚体，因此，柔性并联机器人属于刚体、柔体混合的复杂系统。可采用 KED 方法[14,15]和有限元理论，建立柔性并联机器人的运动微分方程

$$\boldsymbol{M}\cdot\ddot{\boldsymbol{U}}+\boldsymbol{C}\cdot\dot{\boldsymbol{U}}+\boldsymbol{K}\cdot\boldsymbol{U}=\boldsymbol{F}+\boldsymbol{Q} \tag{1}$$

式中，$\boldsymbol{U}$、$\dot{\boldsymbol{U}}$ 和 $\ddot{\boldsymbol{U}}$ 分别为系统弹性位移、速度、加速度列阵；$\boldsymbol{M}$、$\boldsymbol{C}$ 和 $\boldsymbol{K}$ 分别为系统质量、阻尼、

刚度矩阵；$\boldsymbol{F}$ 和 $\boldsymbol{Q}$ 分别为系统惯性力和外力列阵。上述矩阵均是机器人运动位置的函数，所以，方程(1)是一个变系数二阶微分方程组。

由于柔性并联机器人的各支链通过动平台发生相互作用，所以，以动平台为研究对象，并建立 Newton-Euler 方程，可以清晰地体现整个系统的动力约束关系

$$\boldsymbol{M}_{\mathrm{P}} \cdot \ddot{\boldsymbol{s}}_{\mathrm{P}} = \sum_{k=1}^{N} \boldsymbol{f}_k + \boldsymbol{Q} \tag{2}$$

式中，$\boldsymbol{M}_{\mathrm{P}}$、$\boldsymbol{s}_{\mathrm{P}}$ 分别为动平台的质量矩阵和位移列阵；N 为支链的数量；$\sum_{k=1}^{N} \boldsymbol{f}_{\mathrm{k}}$ 为各支链作用于动平台的合力矢量。式(2)即为柔性并联机器人的动力约束条件。

各支链与动平台的连接点的位移可以明确地表达整个系统的运动约束关系，所以，以支链与动平台的连接点为研究对象，由于动平台上该点的刚体位移与支链上该点的弹性位移相等，因此，有

$${}^{i}\boldsymbol{U} = \boldsymbol{\varphi}_i\left(\boldsymbol{s}_{\mathrm{P}}\right) \tag{3}$$

$${}^{j}\boldsymbol{U} = \boldsymbol{\varphi}_j\left(\boldsymbol{s}_{\mathrm{P}}\right) \tag{4}$$

式中，${}^{i}\boldsymbol{U}$、${}^{j}\boldsymbol{U}$ 分别为支链 i、j 与动平台连接点的弹性位移；$\varphi_i(\boldsymbol{s}_{\mathrm{P}})$ 和 $\varphi_j(\boldsymbol{s}_{\mathrm{P}})$ 分别为支链 i、j 与动平台连接点的刚性位移。

将式(3)和式(4)联立

$${}^{i}\boldsymbol{U} = {}^{j}\boldsymbol{U} + \varphi_{ij}\left(\boldsymbol{s}_{\mathrm{P}}\right) \tag{5}$$

式中，$\varphi_{ij}(\boldsymbol{s}_{\mathrm{P}})$ 为支链 i、j 与动平台连接点的相对位移。式(5)为柔性并联机器人的运动约束条件。

由式(5)可得到动平台的位移

$$\boldsymbol{s}_{\mathrm{P}} = \psi\left(\boldsymbol{U}\right) \tag{6}$$

式中，$\psi(\boldsymbol{U})$ 为系统弹性位移的函数。

将系统运动微分方程(1)与系统动力约束条件(2)和系统运动约束条件(5)联立，即得到柔性并联机器人的动力学方程。

3. 动力学特性的灵敏度分析

通常，人们普遍关注柔性并联机器人目标点的弹性位移，所以，首先分析目标点弹性位移对设计参数的灵敏度。

柔性并联机器人的设计参数包括构件几何尺寸参数、截面参数、材料特性参数等，用 p 表示设计参数，将动平台位移方程(6)对 p 求导，得

$$\frac{\partial \boldsymbol{s}_{\mathrm{P}}}{\partial p} = \frac{\partial \psi(\boldsymbol{U})}{\partial \boldsymbol{U}} \cdot \frac{\partial \boldsymbol{U}}{\partial p} \tag{7}$$

由式(7)可知此，动平台位移的灵敏度是系统广义坐标灵敏度的函数。

将系统的运动微分方程(1)对 p 求导，得

$$\boldsymbol{M} \cdot \frac{\partial \ddot{\boldsymbol{U}}}{\partial p} + \boldsymbol{C} \cdot \frac{\partial \dot{\boldsymbol{U}}}{\partial p} + \boldsymbol{K} \cdot \frac{\partial \boldsymbol{U}}{\partial p} = \frac{\partial \boldsymbol{F}}{\partial p} + \frac{\partial \boldsymbol{Q}}{\partial p} - \ddot{\boldsymbol{U}} \cdot \frac{\partial \boldsymbol{M}}{\partial p} - \dot{\boldsymbol{U}} \cdot \frac{\partial \boldsymbol{C}}{\partial p} - \boldsymbol{U} \cdot \frac{\partial \boldsymbol{K}}{\partial p} \tag{8}$$

由于 $\boldsymbol{Q}$ 表示真实作用着的外载荷，不包括虚加的惯性载荷，所以，$\boldsymbol{Q}$ 与设计参数无关，于是，$\frac{\partial \boldsymbol{Q}}{\partial p} = 0$。

由于通常要采用精确的有限元分析方法建立柔性并联机器人的动力学方程，所以，方程(1)中的

$\boldsymbol{C}$ 为 Coriolis 阻尼，$\dfrac{\partial \boldsymbol{C}}{\partial p} \neq 0$，这与大多数研究者假设的 $\dfrac{\partial \boldsymbol{C}}{\partial p} = 0$ 不同，不失一般性。

将方程(8)整理为

$$\boldsymbol{M} \cdot \frac{\partial \ddot{\boldsymbol{U}}}{\partial p} + \boldsymbol{C} \cdot \frac{\partial \dot{\boldsymbol{U}}}{\partial p} + \boldsymbol{K} \cdot \frac{\partial \boldsymbol{U}}{\partial p} = \frac{\partial \boldsymbol{F}}{\partial p} - \ddot{\boldsymbol{U}} \cdot \frac{\partial \boldsymbol{M}}{\partial p} - \dot{\boldsymbol{U}} \cdot \frac{\partial \boldsymbol{C}}{\partial p} - \boldsymbol{U} \cdot \frac{\partial \boldsymbol{K}}{\partial p} \tag{9}$$

方程(9)即为用微分法求解柔性并联机器人运动微分关系的灵敏度方程。

将动力约束方程(2)对 p 求导，得

$$\boldsymbol{M}_{\mathrm{P}} \cdot \frac{\partial \ddot{\boldsymbol{s}}_{\mathrm{P}}}{\partial p} = \sum_{k=1}^{N} \frac{\partial \boldsymbol{f}_{\mathrm{k}}}{\partial p} + \frac{\partial \boldsymbol{Q}}{\partial p} - \frac{\partial \boldsymbol{M}_{\mathrm{P}}}{\partial p} \cdot \ddot{\boldsymbol{s}}_{\mathrm{P}} \tag{10}$$

由于平台质量一般不作为设计参数，且与其他构件的设计参数无关，所以，有 $\dfrac{\partial \boldsymbol{M}_{\mathrm{P}}}{\partial p} = 0$，则式(10)整理为

$$\boldsymbol{M}_{\mathrm{P}} \cdot \frac{\partial \ddot{\boldsymbol{s}}_{\mathrm{P}}}{\partial p} = \sum_{k=1}^{N} \frac{\partial \boldsymbol{f}_{\mathrm{k}}}{\partial p} \tag{11}$$

式(11)即为系统动力约束关系的灵敏度方程。

将方程(9)和方程(11)联立，即得到柔性并联机器人弹性位移的灵敏度方程，它们分别与方程(1)和方程(2)具有相同的结构形式，可采用相同的方法求解。$\boldsymbol{U}$、$\dot{\boldsymbol{U}}$ 和 $\ddot{\boldsymbol{U}}$ 可通过方程(1)、方程(2)和方程(5)求解，各参量对 p 的导数可通过方程(1)中各参量的表达式[14]求解。

通常，用逐步积分法求解方程(9)和方程(11)，主要计算工作量在于求解广义刚度矩阵的逆矩阵。由于在动力分析过程中，已完成了这部分计算量。所以，在动力分析的基础上，可迅速求出柔性并联机器人弹性位移的灵敏度。

而且，方程(9)和方程(11)的格式及计算方法统一，便于实现编程计算，可快速计算针对不同设计参数的灵敏度。

对于给定的工作任务，构件几何尺寸的变化必然导致各构件运动规律的变化，此时，必须重新分析机器人的刚性、弹性运动规律，重新计算所有的参量以及广义刚度矩阵的逆矩阵，才能求解灵敏度，计算过程复杂，计算量大，且很难得到预期的灵敏度值。所以，通常不改变构件的几何尺寸参数，大多以截面参数或材料特性参数为设计参数。

应当引起重视的是，通常被忽视的构件集中质量对柔性机器人的动力学特性有重要的影响[16]。而且，构件集中质量比其他设计参数更便于调整。所以，可利用这个优点，将构件集中质量作为设计参数，分析柔性并联机器人动力学特性对构件集中质量的灵敏度，进而调整和控制系统的动力学特性。

在灵敏度分析的基础上，可以求出设计参数的微小变化导致的弹性位移变化量。设弹性位移 U_k 是系统弹性位移列阵 $\boldsymbol{U}$ 的第 k 个分量，其中，$k = 1, \cdots, N_{\mathrm{s}}$，$N_{\mathrm{s}}$ 为系统弹性位移广义坐标的个数。U_k 是杆件长度 L_i、截面积 A_i、材料弹性模量 E_i、材料密度 ρ_i 和时间 t 的函数，即

$$U_k = f(L_i, A_i, E_i, \rho_i, t) \tag{12}$$

由于各参数的变化较小，为了提高计算效率，运用多元函数的泰勒展开公式表示弹性位移变化量 ΔU_k，并略去各参数的二阶及以上的高阶微量的影响，有

$$\Delta U_k = \sum \left(\frac{\partial f}{\partial L_i} \right) \cdot \Delta L_i + \sum \left(\frac{\partial f}{\partial A_i} \right) \cdot \Delta A_i + \sum \left(\frac{\partial f}{\partial E_i} \right) \cdot \Delta E_i + \sum \left(\frac{\partial f}{\partial \rho_i} \right) \cdot \Delta \rho_i \tag{13}$$

在弹性位移对各参数的灵敏度已知的情况下，根据各参数的变化量，通过式(13)，可得到弹性位移的变化量。

由于通常不改变构件长度，而且，材料弹性模量和密度属于材料的固有属性，其数值一般很稳

定，很难实现材料弹性模量值和密度值的微小、连续的变化，所以，通常只能改变构件的截面形式和大小。于是，式(13)可简化为

$$\Delta U_k = \sum \frac{\partial f}{\partial A_i} \cdot \Delta A_i \tag{14}$$

一方面，由式(14)可得到构件截面参数的微小变化导致的弹性位移的变化量。另一方面，可将弹性位移变化量看作各构件截面积变化量ΔA_i的加权求和函数，为了实现预期的弹性位移变化量，可根据弹性位移对各构件截面参数的灵敏度，适当调整各构件截面参数的变化量，使之在实现预定的弹性位移变化量时，可同时使其他指标达到最优，例如，机器人的总质量最小等，为后续的优化设计奠定基础。

机器人的频率和振型分析是动力学分析的主要内容之一，它们由机器人自身的动态特性参数决定。对于无阻尼的情况，有

$$(\boldsymbol{K} - \omega^2 \boldsymbol{M}) \cdot \boldsymbol{A} = \boldsymbol{0} \tag{15}$$

式中，ω为机器人无阻尼振动的固有频率；对于具有n个弹性自由度的系统，可求出n阶固有频率。$\boldsymbol{A}^{(i)}$为第i阶固有振型，是与ω_i $(i=1,2,\cdots,n)$对应的特征向量。

利用固有振型的正交性，有

$$\omega_i^2 = \frac{\left[(\boldsymbol{A}^{(i)})^{\mathrm{T}} \cdot \boldsymbol{K} \cdot \boldsymbol{A}^{(i)}\right]}{\left[(\boldsymbol{A}^{(i)})^{\mathrm{T}} \cdot \boldsymbol{M} \cdot \boldsymbol{A}^{(i)}\right]} = \frac{K_i}{M_i} \qquad (i=1,2,\cdots,n) \tag{16}$$

式中，K_i和M_i分别为系统第i阶主刚度、主质量。

由于机器人系统存在阻尼，所以，实际的固有频率为

$$\omega_{\mathrm{d}i}^2 = (1-\xi_i^2)\omega_i^2 \tag{17}$$

式中，$\omega_{\mathrm{d}i}$和ξ_i分别为阻尼振动的第i阶固有频率和阻尼系数。

将式(17)对p求导，可得第i阶固有频率的灵敏度

$$\frac{\partial \omega_{\mathrm{d}i}}{\partial p} = \left(1-\xi_i^2\right)\left(\frac{\omega_i}{\omega_{\mathrm{d}i}}\right)\left(\frac{\partial \omega_i}{\partial p}\right) - \left(\frac{\xi_i}{\omega_{\mathrm{d}i}}\right)\left(\frac{K_i}{M_i}\right)\left(\frac{\partial \xi_i}{\partial p}\right) \tag{18}$$

4. 数值算例与分析

以柔性平面3-$\underline{\text{R}}$RR并联机器人为例进行计算和分析。机器人参数如下：各杆的材料均为钢，密度为7800kg/m^3，弹性模量为2.1×10^{11}Pa，泊松比为0.3，长度均为0.2m，截面积均为3mm×3mm。每根杆端部的集中质量均为0.04kg。三角形动平台的边长均为0.042m，动平台质量为0.1kg。机座的坐标分别为(−0.3, 0)、(0.15, 0.1)和(0.2, 0)。

目标点为动平台中心点，运动规律$(t=0\sim4\text{s})$为

$$\begin{cases} X = 0.042\times\cos\left(\dfrac{\pi t}{2}\right) \\ Y = 0.25 + 0.042\times\sin\left(\dfrac{\pi t}{2}\right) \\ \beta = 0.01\times\cos\left(\dfrac{\pi t}{10}\right) \end{cases}$$

式中，X、Y、β分别为动平台质心的x、y轴坐标和动平台的方位角。

机器人的广义坐标设置如图1所示。

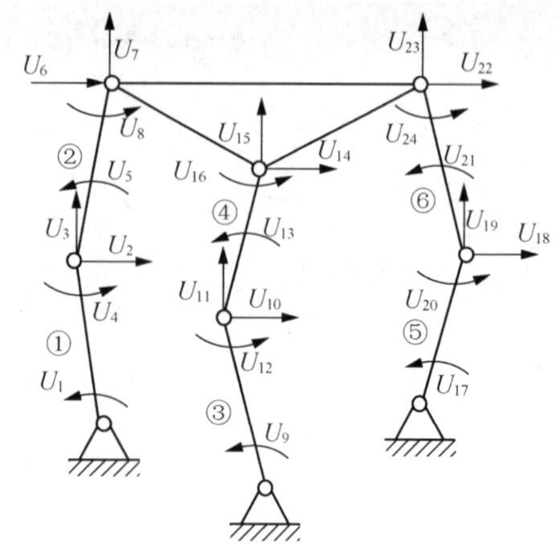

图 1　平面 3-RRR 并联机器人广义坐标设置

以杆件截面积为设计参数，各杆件截面积同时变化，分别用微分法和差分法(差分步长取 0.2mm^2)计算目标点弹性位移和系统频率对杆件截面积的灵敏度，见图 2 和图 3。

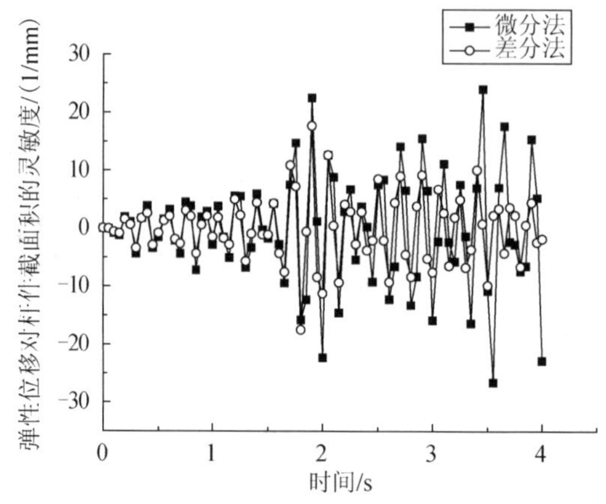

图 2　不同方法计算的弹性位移灵敏度

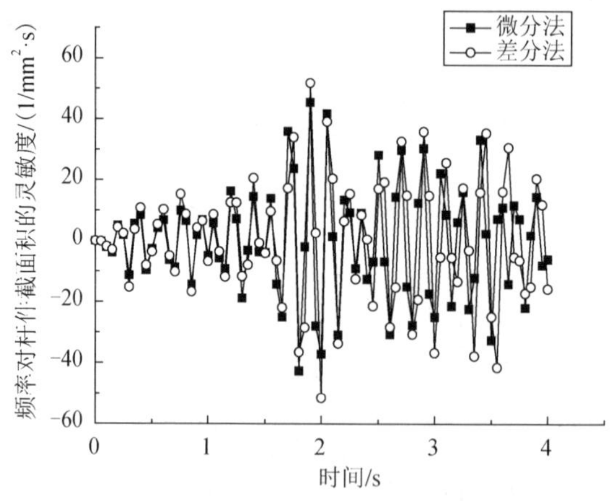

图 3　不同方法计算的频率灵敏度

由图 2 和图 3 可知，微分法和差分法计算的灵敏度曲线虽有一定偏差，但曲线趋势基本一致。增大或缩小差分步长，二者曲线的差异并未缩小。这说明差分法不可避免地存在截断误差和舍入误差，使差分法求解灵敏度的精度要低于微分法。以灵敏度值的均方根为衡量标准，微分法的精度比差分法高 25%以上。而且，微分法的计算时间仅为差分法的 14%。

图 4 和图 5 分别列出了目标点弹性位移和系统频率对连架杆及其他杆件截面积的灵敏度。

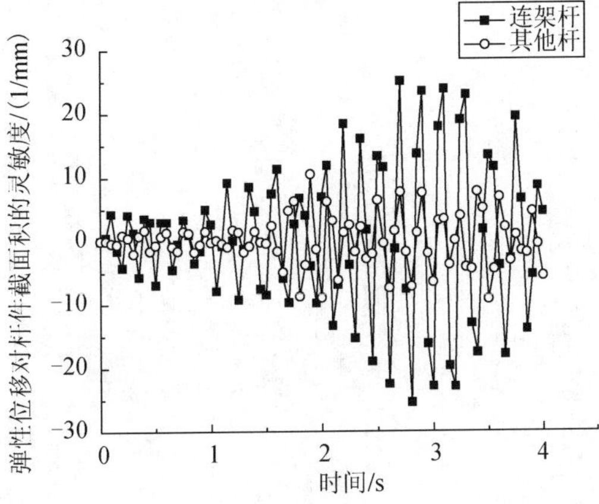

图 4　弹性位移对杆件截面积的灵敏度

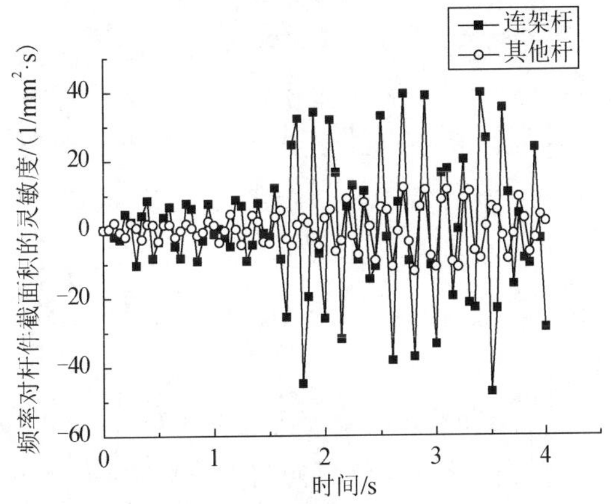

图 5　频率对杆件截面积的灵敏度

由图 4 和图 5 可知，目标点弹性位移和系统频率对连架杆的截面积变化比较敏感，对其他杆截面积变化不敏感。这是因为各杆件的截面参数在系统的质量、阻尼、刚度等矩阵中占有不同的地位，导致各杆件截面参数对系统动力学特性的影响程度各异。优化设计时，要重视对各支链连架杆截面积参数的控制。

图 6 和图 7 分别给出目标点弹性位移和系统频率对连架杆截面的高度和厚度的灵敏度。

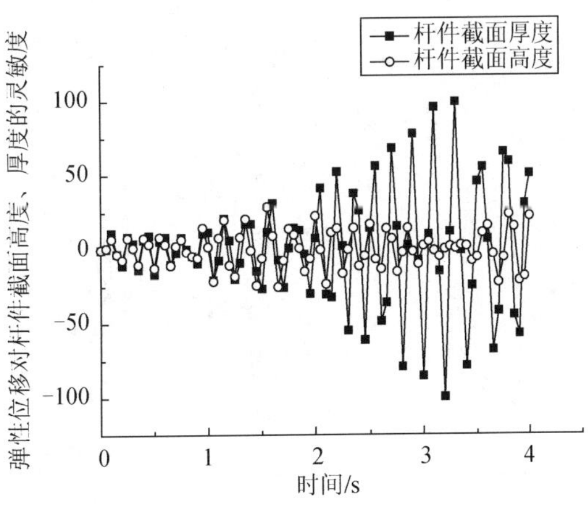

图 6　弹性位移对杆件截面高度、厚度的灵敏度

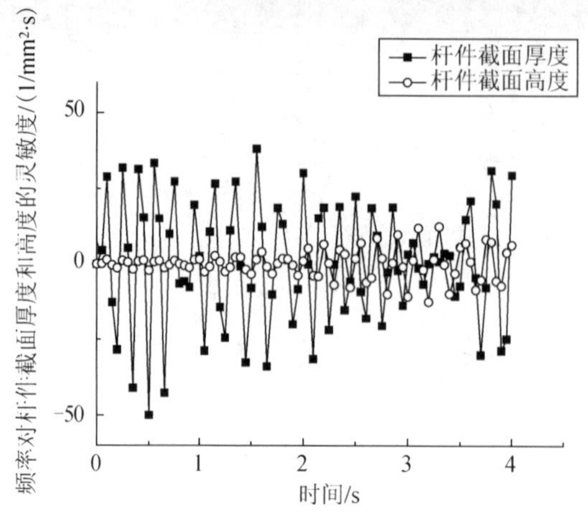

图 7　频率对杆件截面高度、厚度的灵敏度

由图 6 和图 7 可知，目标点弹性位移和系统频率对杆件截面高度不敏感，但对截面厚度很敏感。在机器人的弹性动力综合与优化设计中，应着重控制杆件截面的厚度。

图 8 和图 9 给出目标点弹性位移和系统频率对连架杆端部集中质量的灵敏度。

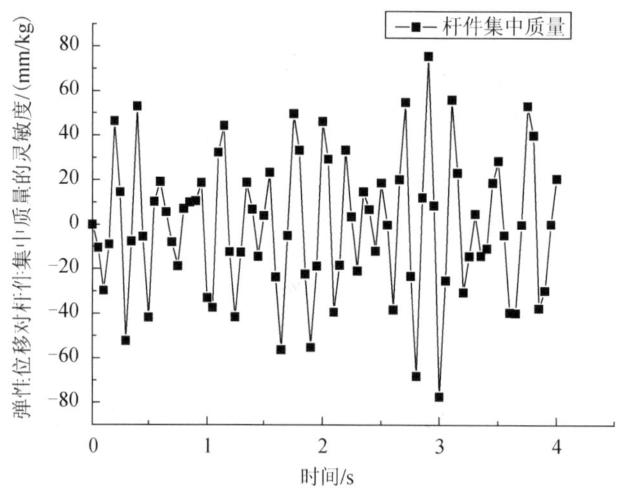

图 8　弹性位移对连架杆端部集中质量的灵敏度

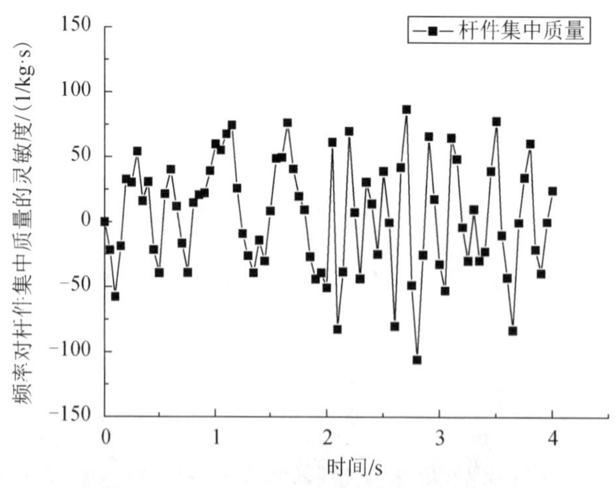

图 9　频率对连架杆端部集中质量的灵敏度

由图 8 和图 9 可知，目标点弹性位移和系统频率对杆件集中质量比较敏感。通过改变构件的集中质量，可以有效地调整目标点的弹性位移。

分别采用 KED 分析法、微分灵敏度法和差分灵敏度法(差分步长取 $0.2mm^2$)计算杆件截面积发生微小变化后的目标点弹性位移和系统频率，见图 10 和图 11。

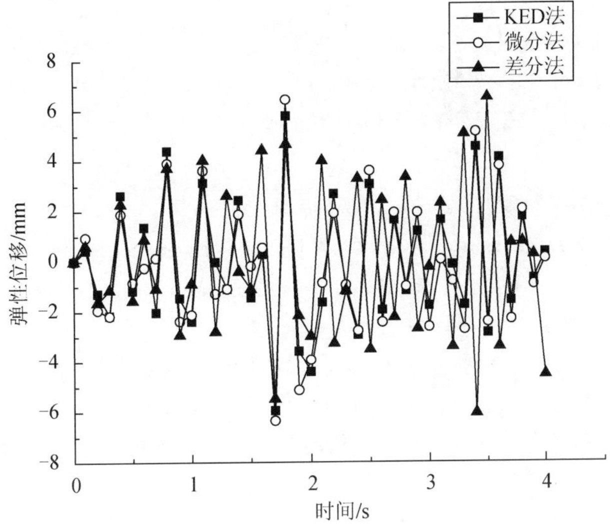

图 10　杆件截面积微小变化后的弹性位移

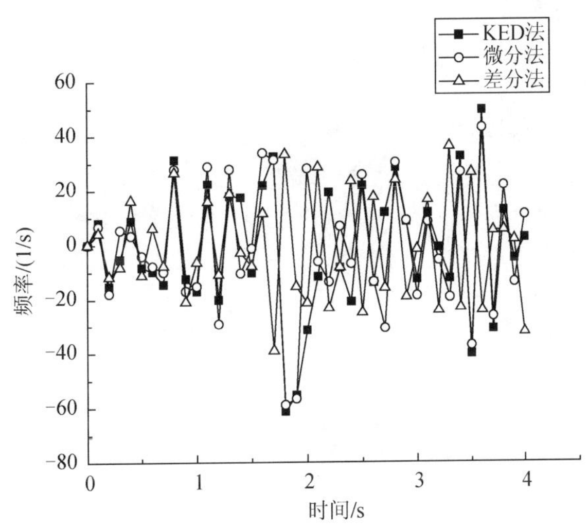

图 11　杆件截面积微小变化后的系统频率

由图 10 和图 11 可知，与 KED 分析结果相比，微分灵敏度法的计算结果的误差小于 7%，计算时间约为 KED 法的 5%，这进一步说明用微分法计算灵敏度的精度要高于差分法。

5. 结论

利用微分法可以快速准确地计算柔性并联机器人的动力学特性灵敏度，且比差分法的计算量小，计算时间约为差分法的 1/7，计算精度提高约 25%。微分法计算简捷、物理意义明确，对工程实践有现实指导意义。

用微分灵敏度法还可估算设计参数发生微小变化后的柔性并联机器人动力学特性值。在误差小于 7%的情况下，计算时间约为 KED 法的 5%。

弹性位移和系统频率的灵敏度随着机器人运动位置而变化，变化幅度较大。较小的灵敏度意味着较稳定的位形和动力学特性，灵敏度分析可用于选择机器人工作位置和优化区域。

柔性并联机器人目标点弹性位移对连架杆的截面积、构件的集中质量比较敏感，且对杆件截面厚度很敏感。在弹性动力综合和优化设计时，要着重控制这 3 个设计参数。

分析动力学特性的灵敏度为柔性并联机器人的弹性动力学综合和优化设计奠定了基础。

参考文献

[1] 金振林，高峰．6-SPS球平台并联机器人及其局部力和运动传递性能分析．光学 精密工程，2001，2(9)：63-66

[2] 赵铁石，高英杰，杨铁林，等．混合型四自由度并联平台机构及其位置分析．光学 精密工程，2000，2(8)：42-45

[3] 刘得军，车仁生，罗小川，等．坐标测量机的新发展——并联运动机构坐标测量机．光学 精密工程，2000，10(5)：497-502

[4] 田小静，郑魁敬，赵永生．5-UPS/PRPU并联机床工作空间分析．光学 精密工程，2005，11(13)：109-113

[5] PIRAS G. Dynamic Finite-Element Analysis Of A Planar High-Speed, High-Precision Parallel Manipulator With Flexible Links, Graduate Department of Mechanical and Industrial Engineering University of Toronto, Toronto, Canada, 2003

[6] 于德介，刘福祥．弹性连杆机构的灵敏度分析与动力修改．机械科学与技术，1997，16(9)：842-846

[7] 荣辉，范培卿，丁洪生．六自由度并联平台的灵敏度分析与参数优化．机械设计与研究，2007，23(1)：34-36

[8] 张利，黄文振，周志革．灵敏度方法在连杆机构动态响应重分析中的应用．上海交通大学学报，2000，34(3)：378-380

[9] 黄田，李亚，李思维，等．一种三自由度并联机构几何误差建模_灵敏度分析及装配工艺设计．中国科学(E辑)，2002，32(5)：628-635

[10] 李小雷，陈爱萍，苏铁熊，等．基于FEM组合结构动态灵敏度分析．内燃机工程，2006，27(1)：51-55

[11] 陈龙珠，王建民，葛炜．结构动力参数灵敏度的合理分析．土木工程学报，2003，36(11)：50-54

[12] 马迅，过学迅，赵幼平．闵晓炜．基于有限元法的结构优化与灵敏度分析．机械科学与技术，2002，21(4)：558-561

[13] 张义民，陈力奋．振动系统特征值问题的矩阵灵敏度分析．振动、测试与诊断，2002，22(1)：24-28

[14] 张策，黄永强，王子良，等．弹性连杆机构的分析与设计．北京：机械工业出版社，1997

[15] 余跃庆，李哲．现代机械动力学．北京：北京工业大学出版社，2001

[16] 张绪平，余跃庆．集中质量对柔性空间机器人振动特性的影响．机械科学与技术，1999，1：80-82

（原载《机械科学与技术》，2008，27(2)：165-170）

§84　动平台惯性参数对柔性并联机构动力学特性的影响及优化设计

杜兆才　余跃庆　苏丽颖

（北京工业大学，北京　100022）

摘　要：利用柔性并联机构的动力学模型，定性地分析了动平台质量、转动惯量对柔性并联机构的动态响应、动态应力及固有频率的影响，以动平台惯性参数边界条件、运动误差、固有频率、动态应力、驱动力矩等限制条件作为约束方程，将机构总质量函数和弹性变形能函数采用线性加权组合成多目标函数，进行多目标优化设计，确定了动平台的最佳惯性参数。通过对平面 3-RRR 柔性并联机构算例的分析和讨论，说明了动平台惯性参数在柔性并联机构的动力学分析和设计中的重要作用。

关键词：动平台；惯性参数；动态响应；固有频率；动态应力；优化设计

1. 引言

并联机构具有高速度、高加速度、承载能力强、能耗低、误差小、精度高、易于控制等一系列优点，在机构领域中占有十分重要的地位，已成为机器人学和机构学领域的热门研究课题。并联机构广泛地应用于多个领域，常作为高精密实时测量仪器[1]、精密光学仪器[2,3]、快速精密加工机床[4]等的平台，天文望远镜普遍采用并联机构作为方位调整机构。

高速、轻型化是当今世界机械产品的主要标志和发展趋势，并联机构中的轻质、细长杆件在高速运动时表现出了刚性并联机构所没有的柔性性能，杆件的弹性变形影响原设计的精度；杆件的动态应力使杆件的强度设计成为一个不可忽视的问题；杆件的弹性振动会导致整个机构的冲击、噪声和疲劳。考虑杆件弹性因素的柔性并联机构的研究具有重要的理论和现实意义，已经引起越来越多的研究者的注意[5-7]。由于并联机构的末端操作器(如测量设备、光学仪器、加工设备、天文望远镜等)及相关的关节配套装置(位于各支链与动平台的连接处)均安装在动平台上，为使柔性并联机构能够正常工作，动平台必须为刚体，而各杆件均为柔性杆。所以，柔性并联机器人实质上是一个多闭环、多柔体与刚体混合的非线性动力学系统，其运动规律比多刚体系统或多柔体系统复杂。目前，柔性并联机构的理论和实验研究还很不成熟[8-11]，关于动平台惯性参数对动力学特性的影响的研究尚未见诸文献。通常，动平台的质量相对较大，而且安装在动平台上的末端操作器及关节配套装置的质量分布比较分散，导致动平台转动惯量较大。由于动平台将各支链连接成一个整体，动平台的惯性参数必然对机构的动力学特性产生不可忽视的影响。本文旨在研究柔性并联机构的动平台惯性参数对其动力学特性的影响及规律，并针对机构总质量、弹性变形能等目标提出优化策略，为柔性并联机构的设计和控制提供参考和指导。

2. 柔性并联机构动力学模型

并联机构的主体结构是个多环机构，动平台由数条并联的分支运动链与固定机座相连，见图 1。

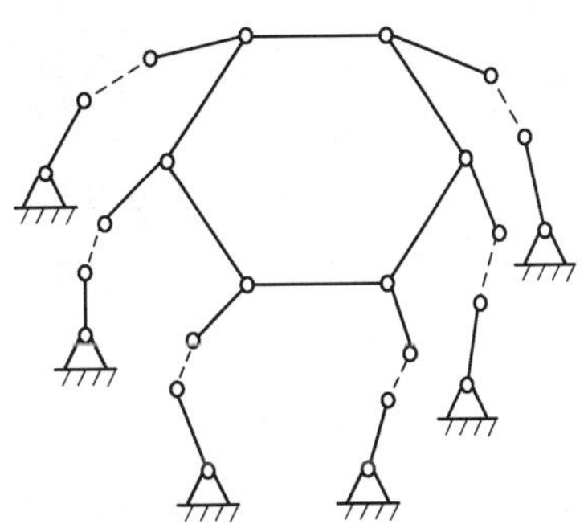

图 1　并联机构结构简图

首先，采用 KED 方法[12,13]和有限元理论，建立柔性并联机构的运动微分方程

$$\boldsymbol{M}\cdot\ddot{\boldsymbol{U}}+\boldsymbol{C}\cdot\dot{\boldsymbol{U}}+\boldsymbol{K}\cdot\boldsymbol{U}=\boldsymbol{F}+\boldsymbol{Q} \tag{1}$$

式中，$\boldsymbol{U}$、$\dot{\boldsymbol{U}}$、$\ddot{\boldsymbol{U}}$ 分别为系统弹性位移、弹性速度、弹性加速度；$\boldsymbol{M}$、$\boldsymbol{C}$、$\boldsymbol{K}$ 分别为系统的质量、阻尼和刚度矩阵；$\boldsymbol{F}$ 为系统惯性力；$\boldsymbol{Q}$ 为系统外力。

其次，以动平台为研究对象，建立整个系统的动力约束关系

$$\boldsymbol{M}_{\mathrm{P}}\cdot\ddot{\boldsymbol{s}}_{\mathrm{P}}+\boldsymbol{M}_{\mathrm{R}}\cdot\ddot{\boldsymbol{s}}_{\mathrm{R}}=\sum_{k=1}^{N}\boldsymbol{f}_k+\boldsymbol{Q} \tag{2}$$

式中，$\boldsymbol{M}_{\mathrm{P}}$、$\boldsymbol{M}_{\mathrm{R}}$ 分别为动平台的质量和转动惯量；$\boldsymbol{s}_{\mathrm{P}}$、$\boldsymbol{s}_{\mathrm{R}}$ 分别为动平台的线位移和角位移；N 为支链个数；$\sum_{k=1}^{N}\boldsymbol{f}_k$ 为各支链作用于动平台的合力。式(2)即为柔性并联机构的动力约束条件。

然后，以各支链与动平台的连接点为研究对象，建立整个系统的运动约束关系

$${}^{i}\boldsymbol{U}={}^{j}\boldsymbol{U}+\phi_{ij}(\boldsymbol{s}_{\mathrm{P}},\boldsymbol{s}_{\mathrm{R}}) \tag{3}$$

式中，${}^{i}\boldsymbol{U}$、${}^{j}\boldsymbol{U}$ 分别为支链 i、j 与动平台连接点的弹性位移；$\phi_{ij}(\boldsymbol{s}_{\mathrm{P}},\boldsymbol{s}_{\mathrm{R}})$ 为支链 i、j 与动平台连接点的相对运动关系，是动平台线位移和角位移的函数。式(3)即为柔性并联机构的运动约束条件。

最后，将系统运动微分方程(1)与系统动力约束条件(2)和系统运动约束条件(3)联立，即得到柔性并联机构的动力学方程，该方程为“增广”的运动微分方程，格式同方程(1)一致，它真实地描述了柔性并联机构的动力学特性，可由此求解柔性并联机构的频率特性及动力响应。

3. 动平台惯性参数对动力学特性的影响

3.1　对动态响应的影响

为了精确地反映柔性并联机构的动力学特性，分析动平台惯性参数对动力学特性的影响，在推导机构的动力学方程时，必须考虑动平台惯性参数的影响作用，则机构的动力学方程可改写为

$$(\boldsymbol{M}_{\mathrm{L}}+\boldsymbol{M}_{\mathrm{P}}+\boldsymbol{M}_{\mathrm{R}})\cdot\ddot{\boldsymbol{U}}+\boldsymbol{C}\cdot\dot{\boldsymbol{U}}+\boldsymbol{K}\cdot\boldsymbol{U}=(\boldsymbol{F}_{\mathrm{L}}+\boldsymbol{F}_{\mathrm{P}}+\boldsymbol{F}_{\mathrm{R}})+\boldsymbol{Q} \tag{4}$$

式中，下标含 L 的项为不考虑动平台惯性参数影响的各项；下标含 P、R 的项分别为受动平台质量、转动惯量影响的各项。

如果不考虑动平台惯性参数的影响，则机构的动力学方程变为

$$\boldsymbol{M}_{\mathrm{L}}\cdot\ddot{\boldsymbol{U}}_{\mathrm{L}}+\boldsymbol{C}\cdot\dot{\boldsymbol{U}}_{\mathrm{L}}+\boldsymbol{K}\cdot\boldsymbol{U}_{\mathrm{L}}=\boldsymbol{F}_{\mathrm{L}}+\boldsymbol{Q} \tag{5}$$

由方程(4)和方程(5)可知，动平台的惯性参数对机构动力学方程中的质量和惯性力均产生了影响。动平台的质量或转动惯量增大，一方面会导致系统的质量增大，使系统弹性位移减小；另一方面，也会导致其产生的惯性力增大，产生系统弹性位移增大的趋势。所以，系统弹性位移的变化取决于系统质量和惯性力的相对增幅。如果系统质量的相对增幅较大，则系统弹性位移减小；反之，则系统弹性位移增大。

从系统的能量角度分析，动平台的质量或转动惯量增大会产生两方面的影响：一方面，动平台伴随各杆件振动时会消耗更多的能量，导致分配给各杆件的弹性动能和弹性势能减小，进而导致机构弹性振动的振幅减小及振动频率降低；另一方面，驱动器又必须提供更多的能量以实现预期的运动规律，系统的弹性动能和弹性势能也会随之增大，加剧了系统的振动。振幅及振动频率的变化取决于系统弹性振动总能量和动平台吸收能量的相对增幅。如果弹性振动总能量的相对增幅较大，则系统振动加剧；反之，则系统振动减弱。

3.2　对动态应力的影响

杆件任意截面上的最大正应力的绝对值为

$$\sigma(\bar{x},t)=\frac{E}{L}\left|u_5^{\mathrm{lf}}(t)-u_1^{\mathrm{lf}}(t)\right|+Eh\left|\sum_i \varphi_i''(\bar{x})u_i^{\mathrm{lf}}(t)\right| \quad (i=2,3,4,6,7,8) \tag{6}$$

式中，L 为单元长度；E 为弹性模量；$u_i^{\mathrm{lf}}(t)$ 为弹性变形各分量；h 为中性层到最外表面的横向距离；$\bar{x}$ 为应力发生的位置；t 为时间；$\phi_i(\bar{x})$ 为弹性位移的型函数，可通过位移假定导出[12,13]；$\varphi_i''(\bar{x})$ 为型函数对 $\bar{x}$ 的二阶导数。

由式(6)可知，动态应力取决于杆件的弹性变形，而弹性变形 $u_i^{\mathrm{lf}}(t)$ 是弹性位移 $\boldsymbol{U}$ 的函数，通常，弹性位移越大，则弹性变形越大。所以，动平台惯性参数对动态应力的影响通常类似于对弹性位移的影响。

3.3 对固有频率的影响

柔性并联机构无阻尼弹性振动固有频率为

$$\det\left|\omega^2\boldsymbol{I}-\left(\boldsymbol{M}_{\mathrm{L}}+\boldsymbol{M}_{\mathrm{P}}+\boldsymbol{M}_{\mathrm{R}}\right)^{-1}\boldsymbol{K}\right|=0 \tag{7}$$

在此基础上，求解柔性并联机构的阻尼振动的固有频率

$$\omega_{\mathrm{d}i}=\sqrt{1-\xi_i^2}\cdot\omega_i \tag{8}$$

式中，$\omega_{\mathrm{d}i}$ 和 ω_i 分别为阻尼振动和无阻尼振动的第 i 阶固有频率；ξ_i 为第 i 阶相对阻尼系数。

方程(7)和方程(8)说明，如果动平台惯性参数增大，则系统质量增大，会导致系统振动频率降低。

通常用改变杆件各种参数的办法来调整系统频率，以避免柔性机构产生低阶谐振现象或共振现象[12,13]，改善机构的工作状况。由式(7)和式(8)可知，也可通过改变动平台惯性参数的办法调整系统的固有频率。相比之下，这种方法的分析过程更简单、易行、快捷，有利于工程实践。

由方程(4)～方程(8)可知，在保持动平台质量不变的前提下，通过改变动平台的质量分布形式或末端操作器及平台配套装置的质量分配方式等办法，可以改变动平台的转动惯量，由此改变机构的动力学特性和动态响应。这种方法可用于严格限制动平台质量的情况。同样地，对于需要保持动平台转动惯量不变的情况，也可通过类似的办法调整动平台的质量，以得到预期的机构动力学特性和动力响应。

综上所述，动平台惯性参数将对柔性并联机构的动力学特性产生多方面的影响。深入研究动平台惯性参数的影响可以为柔性并联机构的控制和设计提供参考和指导，摸索出便于工程实践的设计方法。

4. 优化设计

4.1 优化目标一：机构总质量最小

通常，构件质量越小，则惯性力越小，在同样的运动学条件下动力学特性越好[14]，同时，关节副反力越小，关节驱动力矩下降，有可能使关节驱动装置小型化。目标函数可写为

$$\min\ W=\sum_{k=1}^{n}\rho_k A_k L_k+M_{\mathrm{P}} \tag{9}$$

式中，W 为机构总质量(本文中各杆件质量不变，优化目标即为动平台质量)；ρ_k、A_k 和 L_k 分别为第 k 个杆件的密度、截面积和长度；n 为杆件的数量。

4.2 优化目标二：总变形能最小

从某种意义上讲，多个关节把弹性杆件和刚性平台连接起来构成了柔性并联机构，动平台会影响各支链杆件的弹性运动，进而影响到系统的柔性，而系统动态响应、固有频率、动态应力与机构

系统的柔性密切相关，所以，可把变形能作为机构柔性的特征值。变形能越小，则柔性越小，或者说构件的弹性变形不超过许用值及运动精度要求时承载能力越大。因此，目标函数为

$$\min\ T=\sum_{k=1}^{n}T_k \tag{10}$$

式中，T 和 T_k 分别为总变形能和第 k 个杆件的变形能。

4.3 优化策略

在实际的设计中，单独追求质量轻或柔性小并不合理，必须采用优化策略综合考虑质量和柔性的因素。把总变形能限制在一个合理的范围内，一方面保证机构具有一定的刚度以便完成操作任务，另一方面要求机构能尽可能多地吸收一些变形功，具有一定的能容量，使机构能在特殊运动条件下实现特定的工作载荷[14]。所以，优化目标函数 $f(x)$ 为两个优化目标的线性加权组合

$$f(x)=\alpha\cdot W(x)+\beta\cdot T(x) \tag{11}$$

式中，α 和 β 为加权因子，反映了两个分目标函数所占的比重，加权因子的选择不仅要考虑对系统柔性、总质量的综合控制，也要兼顾使变量变化对目标函数的灵敏度尽量趋向一致，以便得到比较理想的优化结果；x 为设计参变量，包括动平台的质量和转动惯量。

4.4 约束条件

首先，将机构末端操作器的运动误差小于预定误差作为主要约束条件；其他的约束条件可以是动平台惯性参数的边界条件、固有频率约束、动态应力约束、驱动力矩约束等。固有频率约束是将固有频率限制在一定范围内，以免引起共振或低阶谐振；动态应力约束是保证杆件最大应力不超过其许用应力；驱动力矩约束是保证各关节驱动力矩不超过驱动装置的额定值。约束条件可写为

$$s_{\mathrm{P}}\leqslant s_{\mathrm{P}}^{(\mathrm{H})} \tag{12}$$

$$s_{\mathrm{R}}\leqslant s_{\mathrm{R}}^{(\mathrm{H})} \tag{13}$$

$$M_{\mathrm{P}}^{(\mathrm{L})}\leqslant M_{\mathrm{P}}\leqslant M_{\mathrm{P}}^{(\mathrm{H})} \tag{14}$$

$$M_{\mathrm{R}}^{(\mathrm{L})}\leqslant M_{\mathrm{R}}\leqslant M_{\mathrm{R}}^{(\mathrm{H})} \tag{15}$$

$$\omega^{(\mathrm{L})}\leqslant \omega\leqslant \omega^{(\mathrm{H})} \tag{16}$$

$$\sigma_i\leqslant \sigma_i^{(\mathrm{H})} \tag{17}$$

$$\tau_j\leqslant \tau_j^{(\mathrm{H})} \tag{18}$$

式(12)～式(18)中，ω、σ_i 和 τ_j 分别为系统固有频率、第 i 个杆件的动态应力和第 j 个关节的驱动力矩；上标(L)和(H)分别为下限和上限。

5. 数值算例与分析

由于系统的质量矩阵的秩和惯性力列阵的维数较高，构成均比较复杂，所以，无法用数学推导的方法并以显式的形式确定动平台惯性参数对系统动力学特性及动力响应的影响，只能通过数值算例进行分析。

对平面 3-RRR 柔性并联机构进行计算和分析，该机构的参数如下：

各杆的材料均为钢，密度为 7800kg/m^3，弹性模量为 2.1×10^{11}Pa，泊松比为 0.3，长度均为 0.2m，截面积均为 3mm×3mm。每根杆端部的集中质量均为 0.04kg。三角形动平台的边长均为 0.042m。机座的坐标分别为 $(-0.3, 0)$、$(0.15, 0.1)$ 和 $(0.2, 0)$。

目标点为动平台中心点，运动规律为

$$\begin{cases} X = 0.042 \times \cos(\pi \cdot t) \\ Y = 0.25 + 0.042 \times \sin(\pi \cdot t) \qquad (t = 0 \sim 4\text{s}) \\ \beta = 0.01 \times \cos(\pi \cdot t/10) \end{cases}$$

式中，X 和 Y 分别为动平台质心的 x、y 轴坐标；β 为动平台的方位角。

将机构划分为 6 个单元，共设置 24 个广义坐标，见图 2。

由于基频通常在整个机构系统的固有频率中占有主导地位，决定了系统的动力特性，而高阶频率的作用相对要弱得多，不起决定作用。所以，图 3 给出了柔性并联机构的基频平均值随着动平台质量(转动惯量随之改变)变化的规律。

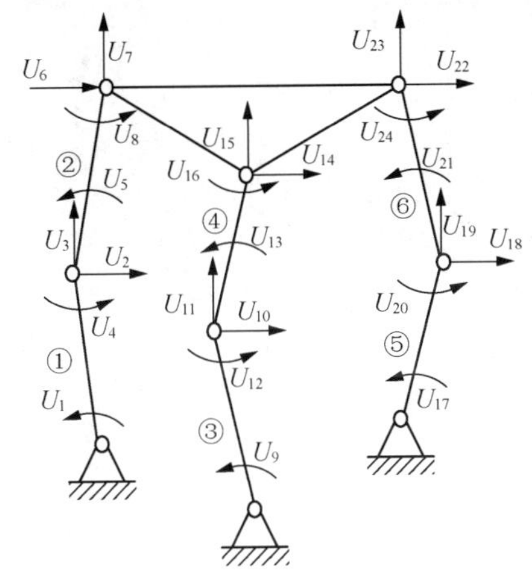

图 2　平面 3 RRR 并联机构广义坐标设置

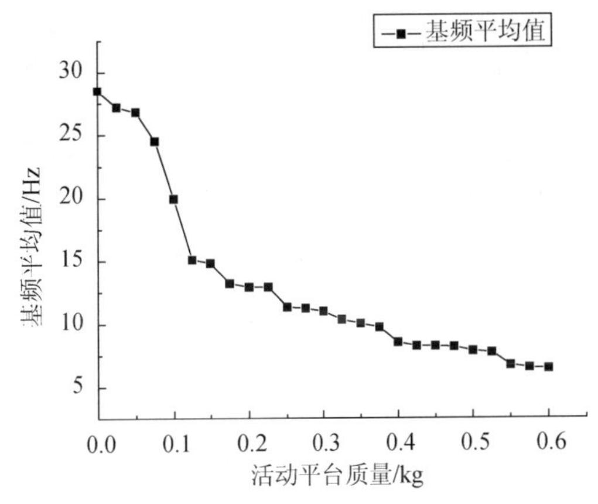

图 3　基频与动平台质量的关系

由图 3 可知，动平台惯性参数的增加会导致机构的柔性增大，因此，基频随着动平台惯性参数的增加而递减。

图 4 和图 5 分别给出了动平台质量为 0kg、0.1kg(转动惯量随之变化)时，柔性并联机构基频随时间变化的情况。

由图 4 和图 5 可知，如果不考虑动平台惯性参数，基频会偏高，频率随时间的波动比较平缓。而考虑和增大动平台惯性参数时，基频降低，频率波动也加剧，这主要是由于较大的动平台惯性参数在机构系统的弹性振动过程中，会周期性地吸收和释放更多的弹性振动能量。当吸收能量时，会导致系统振动频率降低；当释放能量时，又可能造成振动频率的波动加剧。

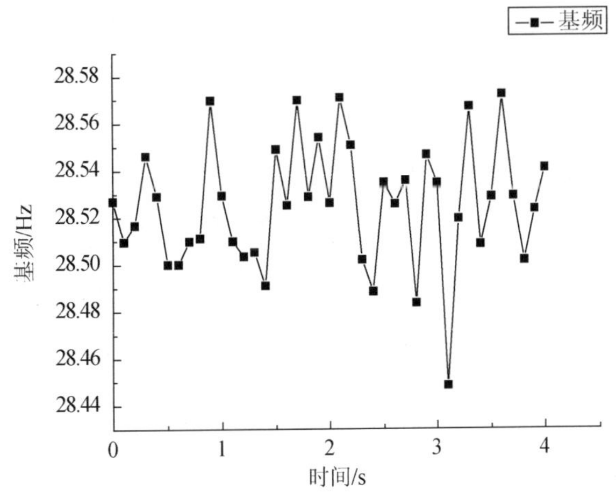

图 4　不计动平台质量时的基频

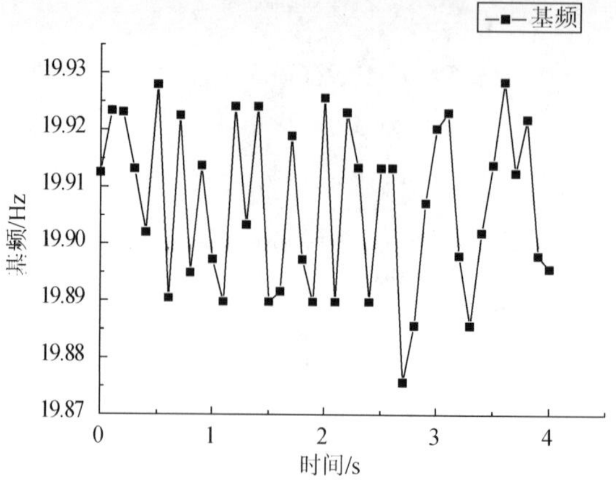

图 5　动平台质量为 0.1kg 时的基频

综上所述，动平台惯性参数对柔性并联机构的固有频率有着重要的影响。

图 6～图 8 分别给出了动平台质量为 0kg、0.1kg、0.2kg(转动惯量随之变化)时，柔性并联机构目标点运动误差随时间变化的情况。

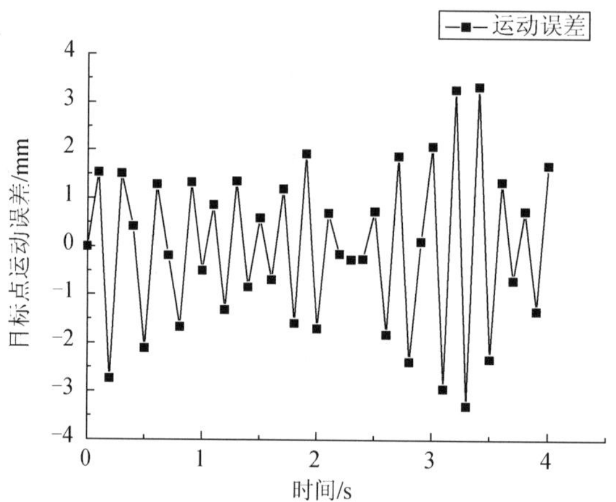

图 6　不计动平台质量时的运动误差

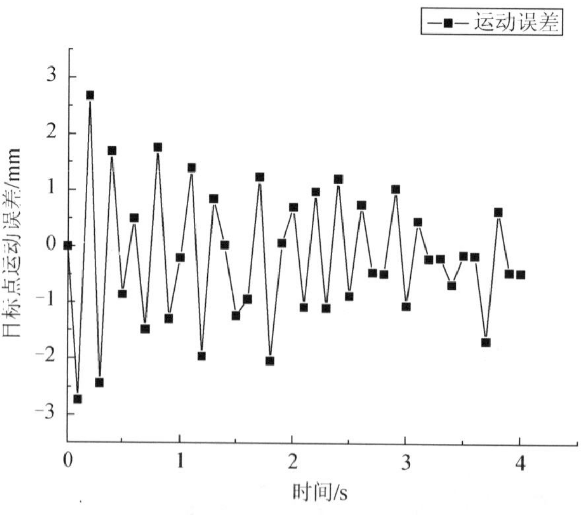

图 7　动平台质量为 0.1kg 时的运动误差

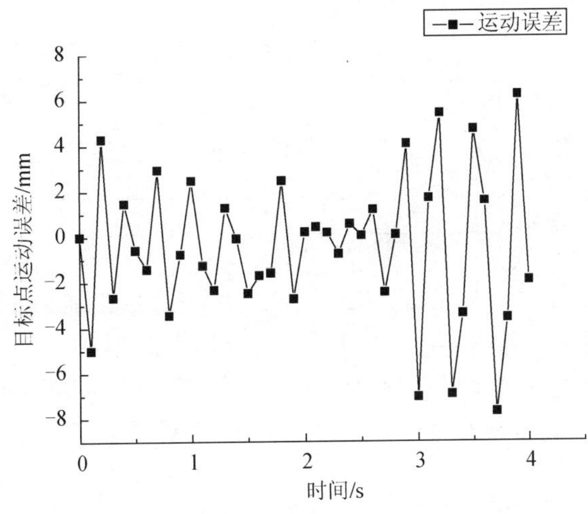

图 8　动平台质量为 0.2kg 时的运动误差

由图 6～图 8 可知，动平台质量分别为 0kg、0.1kg、0.2kg 时，目标点的最大运动误差分别为 3.3mm、-2.7mm、-7.7mm，误差波动逐渐减缓。这是由于动平台惯性参数的变化同时影响系统质量和惯性力。当动平台质量从 0kg 变化到 0.1kg 时，系统质量的相对增幅较大，导致运动误差减小；当动平台质量从 0.1kg 变化到 0.2kg 时，系统惯性力的相对增幅较大，导致运动误差增大。同时，由于较大的动平台质量、转动惯量在运动时会吸收和释放更多的弹性振动能量，起到了抑制运动波动的作用，因此，随着动平台惯性参数的增大，目标点运动误差的波动逐渐减缓。

在各支链中，主动杆的最大动态应力均远大于从动杆的最大应力。表 1 分别给出了动平台质量为 0kg、0.1kg、0.2kg、0.4kg(转动惯量随之变化)时，各支链主动杆的最大动态应力。

表 1　各支链主动杆的最大动态应力

平台质量/kg	动态应力/MPa		
	主动杆一	主动杆二	主动杆三
0	99.9	91.4	161.0
0.1	116.9	131.8	154.2
0.2	81.2	109.3	155.8
0.4	190.2	241.0	235.1

通常，杆件的弹性变形越显著，则杆件的动态应力越大。由表 1 可知，当动平台质量(转动惯量)较小时，如 0～0.2kg，动平台质量(转动惯量)增大并不一定会导致杆件动态应力始终随之增大，说明此时的杆件弹性变形并不随着动平台质量(转动惯量)的增大而增大。但当动平台质量(转动惯量)超过某个值时，如 0.4kg，杆件动态应力则持续增大，说明这种情况下的杆件弹性变形会一直随着动平台质量(转动惯量)的增大而增大，应避免动平台质量的继续增大。

由图 6～图 8 和表 1 可知，动平台惯性参数对柔性并联机构动态响应(运动误差)和动态应力的影响与末端负载对柔性串联机构的影响有明显的不同[15]。主要原因是并联机构属于多环系统，动平台惯性参数对各分支运动链的运动影响程度各异，而各分支运动链有复杂的运动耦合关系，当各运动链的运动耦合关系导致部分弹性变形或弹性位移相互抵消时，系统的动态应力、运动误差会减小；反之，则增大。可见，动平台惯性参数对柔性并联机构运动误差和动态应力有重要的影响，其影响不仅取决于动平台惯性参数的数值，更主要地取决于各分支运动链的运动耦合关系。

将动平台质量限制在 0.2～0.4kg，动态应力限制在 200MPa 内，目标点线位移误差和角位移误差分别限制在 5mm 和 0.017rad 内，进行优化计算，优化解见表 2。

表 2　优化解的比较

	加权因子		优化解	
	α	β	质量/kg	惯量/(kg·m^2)
方案一	1	0	0.216	1.135×10^{-5}
方案二	0.75	0.25	0.237	1.243×10^{-5}
方案三	0.5	0.5	0.254	1.367×10^{-5}
方案四	0.25	0.75	0.318	1.418×10^{-5}
方案五	0	1	0.389	1.486×10^{-5}

方案一为总质量最轻的单目标函数的优化结果；方案五为变形能最小的单目标函数的优化结果；它们的优化结果分别代表总质量最轻而柔性最大、总质量最大而柔性最小。方案二、三、四将总质量较轻和变形能较小两个目标结合起来进行优化。其中，方案二、四分别侧重于总质量较轻、应变能较小，方案三以同样的权重考虑两个目标。随着质量权重的降低及变形能权重的增加，在满足各约束条件的前提下，质量递增，而柔性递减。所以，可通过调整加权系数的办法获得满足各方面要求的最佳结构，具体的调整方法将在后续文章中给出。以方案三为例，质量比方案一仅增加了 17.6%，获得了满足各约束条件的质量较轻且变形能较小的最佳结构。因此，多目标优化的策略是合理、可行的，能够获得满意的结果。

6. 结论

借助于平面 3-RRR 柔性并联机构的数值算例，说明动平台质量、转动惯量是重要的设计参数，对于柔性并联机构的动态响应、动态应力和频率特性具有重要的影响。为了得到预期的动力学特性，选用合理的动平台惯性参数是非常必要的。

以动平台惯性参数为设计变量，以动平台惯性参数边界条件、运动误差、固有频率、动态应力、驱动力矩等限制条件作为约束方程，针对机构总质量和弹性变形能等多个目标进行优化设计，可得到质量轻且变形能小的最优结构。多目标优化策略为柔性并联机构的优化设计及后续的弹性动力综合和控制的研究奠定了基础。

致谢

感谢北京市教委拔尖人才项目和科技发展项目对本课题的支持。

参考文献

[1] 刘得军，车仁生，罗小川，等．坐标测量机的新发展——并联运动机构坐标测量机．光学 精密工程，2000，8(5)：497-502

[2] 金振林，高峰．6－SPS 球平台并联机器人及其局部力和运动传递性能分析．光学 精密工程，2001，9(1)：63-66

[3] 赵铁石，高英杰，杨铁林，等．混合型四自由度并联平台机构及其位置分析．光学 精密工程，2000，8(1)：42-45

[4] 田小静，郑魁敬，赵永生．5-UPS/PRPU 并联机床工作空间分析．光学 精密工程，2005 13(增刊)：109-113

[5] BOOK W J. Modeling, design, and control of flexible manipulator arms: a tutorial review. Proceedings of the 29th IEEE Conference on Design and Control, 1990: 500-506

[6] GAULTIER P E. Modeling of flexible manipulator dynamics: a literature survey. 1st Nat. Applied Mechanics Conference, Cincinnati, 1989, 2C-3: 1-10

[7] Kang B, Mills J K. Dynamic modeling of structurally-flexible planar parallel manipulator. Robotica, 2002, 20: 329-339

[8] Yang Z, Sadler J. P. On issues of elastic-rigid coupling in finite element modeling of high-speed machines. Mechanism and Machine Theory, 2000, 35: 71-82

[9] Fattah A, Misra A K, Angeles J. Dynamics of a flexible-link planar parallel manipulator in cartesian space, ASME, Design Engineering Division, 20th Design Automation Conference, 1994, 69-2: 483-490

[10] WANG X Y. Dynamic Modeling, Experimental Identification, And Active Vibration Control Design Of A "Smart Parallel Manipulator", Graduate Department of Mechanical and Industrial Engineering University of Toronto, Toronto, Canada, 2005

[11] PIRAS G. Dynamic Finite-Element Analysis Of A Planar High-Speed, High-Precision Parallel Manipulator With Flexible Links, Graduate Department of Mechanical and Industrial Engineering University of Toronto, Toronto, Canada, 2003

[12] 张策，黄永强，王子良，等. 弹性连杆机构的分析与设计. 北京：机械工业出版社，1997

[13] 余跃庆，李哲. 现代机械动力学. 北京：北京工业大学出版社，2001

[14] 吴振彪. 柔性结构机器人优化设计. 机器人，1989，3(1)：12-16

[15] 张绪平，余跃庆. 集中质量对柔性空间机器人振动特性的影响. 机械科学与技术，1999，18(1)：80-82

(原载《光学 精密工程》，2006，14(6)：1009-1016)

§85　3-RRS 柔性并联机器人的振动特性分析

刘善增　余跃庆　杜兆才　杨建新

（北京工业大学，北京　100022）

摘　要：基于有限元法、Lagrange 方程和运动协调条件，建立了 3-RRS 柔性并联机器人的弹性动力学模型。分析了含有 Rayleigh 阻尼的 3-RRS 柔性并联机器人的振动特性。通过算例，揭示了系统阻尼固有频率与模态衰减系数的变化规律。研究 3-RRS 柔性并联机器人系统的振动特性可为此类机器人的机构优化设计、控制和工程应用提供指导。

关键词：柔性并联机器人；动力学；Rayleigh 阻尼；振动特性

1. 引言

随着并联机器人技术不断向高速度、高加速度、高精度和轻量化等方向发展，开展考虑机构构件及关节弹性变形的并联弹性动力学研究具有非常重要的意义[1-6]。G Piras[1]利用有限元理论与 KED 分析方法研究了具有柔性杆的 3-PRR 平面并联机器人的动力学问题，给出了第一阶固有频率随机器人位形的变化曲线，并分析了机构位形、几何刚度和动力学项对系统弹性振动的影响。Shao-ChiWang 等[2]对具有柔性关节的 6 自由度 RTS 并联机器人的运动学和动力学问题进行了研究。XiaoyunWang 等[3]分析了平面 3-PRR 并联机构动平台的响应和连杆末端的振动问题。方跃法[4]、蔡胜利[5]和 DuZhaocai[6]等从不同的方面对并联机器人的弹性动力学问题进行了研究。

任何系统的自由振动都将在阻尼的作用下衰减并最终停止。因此，在对系统作动力响应分析时，阻尼是不可忽视的一个重要方面。本文在提出一种空间柔性梁单元的基础之上，建立了一种 3-RRS 柔性并联机器人的弹性动力学方程，对含有 Rayleigh 阻尼的 3-RRS 柔性并联机器人的振动特性进行了分析。

2. 动力学建模

空间 3-RRS 柔性并联机器人的机构，见图 1。动平台（上）和静平台（下）通过 3 条支链相连，其动、静平台均设为等边三角形，动平台通过球面副（S 副）与各支链连接，静平台通过转动副（R 副）与各支链连接，其中 B_i 处转动副的轴线与 C_i（$i=1,2,3$）处转动副的轴线对应平行。分别设立与动平台固结的局部坐标系 $O_P-X'Y'Z'$ 和系统坐标系 $O-XYZ$。其中坐标系的原点 O_P 和 O 分别位于动、静平台的几何中心，轴 Z' 和 Z 分别垂直于动、静平台向上，轴 X'、Y'与 X、Y 分别平行和垂直于动、静平台的边 P_2P_3 与 B_2B_3。局部定坐标系 $B_i-x'_{i1}y'_{i1}z'_{i1}$（$i=1,2,3$）的 x'_{i1} 轴与 B_i 处转动副轴线一致，z'_{i1} 垂直于静平台 $B_1B_2B_3$ 向上，y'_{i1} 轴同时垂直于 x'_{i1} 和 z'_{i1} 轴。坐标系 $B_i-x_{i1}y_{i1}z_{i1}$（$i=1,2,3$）与各支链杆件 B_iC_i 一同运动，其 x_{i1} 轴和 z_{i1} 轴分别与 B_i 处转动副轴线及杆件 B_iC_i 矢量一致，y_{i1} 轴同时垂直于 x_{i1} 和 z_{i1}。坐标系 $C_i-x_{i2}y_{i2}z_{i2}$（$i=1,2,3$）与各支链杆件 C_iP_i 一同运动，其 x_{i2} 轴和 z_{i2} 轴分别与 C_i 处转动副轴线及杆件 C_iP_i 矢量一致，y_{i2} 轴同时垂直于 x_{i2} 和 z_{i2} 轴，见图 1。

2.1　系统单元划分及坐标建立

典型空间梁单元有限元模型，如图 2 所示。固定在单元上的坐标系 *o-xyz* 称为单元坐标系。此单元划分了 2 个节点分别为 *A*、*B*。假定空间梁单元发生轴向、横向（两个方向）和扭转变形，并用δ_1～δ_3 与δ_{10}～δ_{12}、δ_4～δ_6 与δ_{13}～δ_{15}、δ_7～δ_9 与δ_{16}～δ_{18} 分别表示节点 *A*、*B* 处的弹性位移、弹性转角和曲率。假定 3-RRS 柔性并联机器人机构中的构件 B_iC_i 和 C_iP_i（$i=1,2,3$）为柔性杆，并在杆件 B_iC_i 和 C_iP_i 上分别设单元 i_1 和 i_2（$i=1,2,3$）；静平台 $B_1B_2B_3$ 和动平台 $P_1P_2P_3$ 为刚性架，忽略关节柔性和摩擦。这样，系统共设立 6 个柔性梁单元。

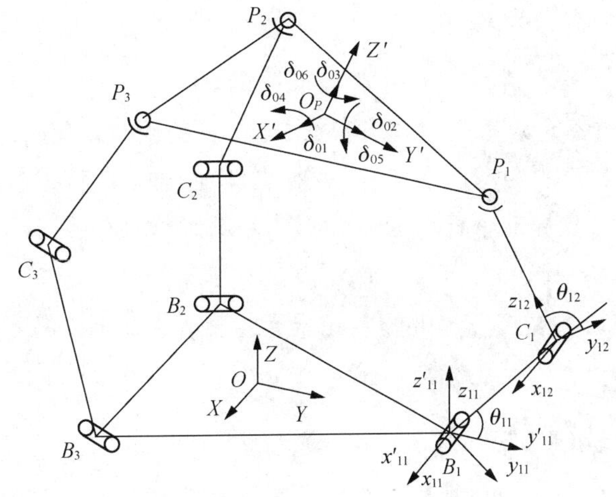

图 1　3-RRS 并联机器人简图

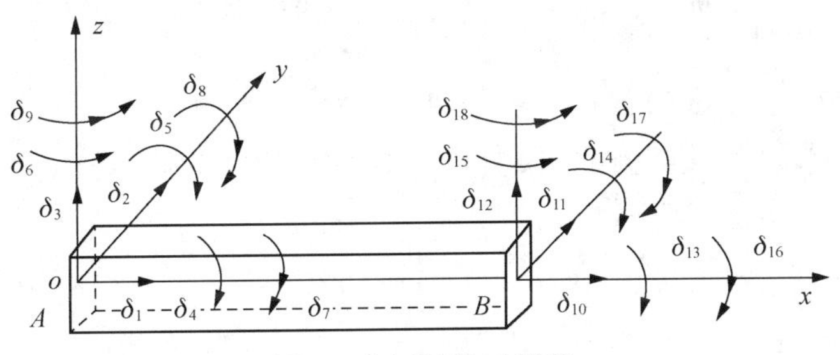

图 2　空间梁单元模型

驱动构件 B_iC_i $(i=1,2,3)$ 作为空间悬臂梁看待，则杆件 B_iC_i 中节点 B_i 的弹性位移和转角方向的节点变形均为零。节点 C_i 处为转动副，则绕此转动副轴线方向的曲率为零；节点 P_i 处为球面副(等效于 3 个汇交不共面的转动副)，梁的曲率也为零。因此，杆件 B_iC_i 的广义坐标为 11 个，杆件 C_iP_i 的广义坐标为 14 个。这样，支链 $B_iC_iP_i$ 的节点变形可用 25 个单元坐标 $\delta^i=\left[\delta_{i1},\delta_{i2},\cdots,\delta_{i25}\right]^{\mathrm{T}}$ 或 22 个系统坐标 $U_i=\left[u_{i1},u_{i2},\cdots,u_{i22}\right]^{\mathrm{T}}$ 表示，如图 3 所示。由各支链弹性变形引起的动平台 $P_1P_2P_3$ 的位移改变量可用 6 个系统坐标 $U_0=\left[u_{01},\cdots,u_{06}\right]^{\mathrm{T}}$ 表示或 6 个局部坐标 $\delta_0=\left[\delta_{01},\cdots,\delta_{06}\right]^{\mathrm{T}}$ 表示，如图 1 所示。

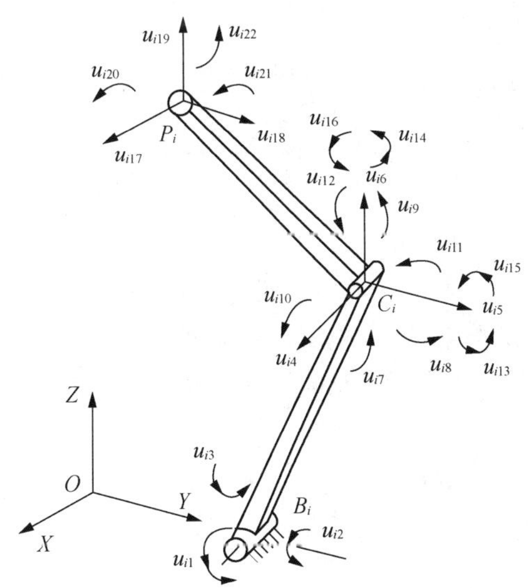

图 3　支链 $B_iC_iP_i$ 的有限元系统坐标设置

设支链 $B_iC_iP_i$ $(i=1,2,3)$ 中的杆件 B_iC_i 与轴 y_{i1}' 的夹角为 θ_{i1}，杆件 B_iC_i 与 C_iP_i 的夹角为 θ_{i2}，如图 1

所示。坐标轴 OX 与 OB_i 的夹角为 θ_{0i} (i=1,2,3)，则单元坐标 δ^i 与系统坐标 U_i 之间的转换关系为

$$\delta^i = B_i U_i \quad (i=1,2,3) \tag{1}$$

式中，矩阵 $B_i \in \mathrm{R}^{25\times 22}$ 中的各元素为 θ_{0i}、θ_{i1}、θ_{i2} (i=1,2,3)的函数，其值随机构位形的不同而改变。

假定，坐标系 $O_P - X'Y'Z'$ 的姿态由定坐标系 $O - XYZ$ 通过绕 Z 轴转 α 角，绕 Y 轴转 β 角，绕 X 轴转 γ 角得到。则系统坐标 U_0 到局部坐标 δ_0 变换关系为

$$\delta_0 = B_0 U_0 \tag{2}$$

式中，B_0 为坐标转换矩阵 $B_0 \in \mathrm{R}^{6\times 6}$，其中的各元素为 α、β、γ 的函数。

2.2　弹性动力学方程

(1) 动平台 $P_1P_2P_3$ 作为刚性架，其在局部坐标系 $O_P - X'Y'Z'$ 下的动力学方程为

$$M_0 \ddot{\delta}_0 = F_0 \tag{3}$$

式中，$M_0 = \begin{bmatrix} m_0 [I]_{3\times 3} & 0_{3\times 3} \\ 0_{3\times 3} & J_{3\times 3} \end{bmatrix}$，$m_0$ 为动平台的质量，$[I]$ 为单位矩阵，J 为动平台，$P_1P_2P_3$ 在局部坐标系 $O_P - X'Y'Z'$ 中的惯性矩阵；$\delta_0 = [\delta_{01},\cdots,\delta_{06}]^{\mathrm{T}}$；$F_0$ 为动平台在点 O_P 处受到的广义力。

利用式(2)和式(3)可以得到系统坐标系下动平台的动力学方程为

$$B_0^{\mathrm{T}} M_0 B_0 \ddot{U}_0 = B_0^{\mathrm{T}} F_0 \tag{4}$$

(2) 单元与支链的动力学方程。

梁单元的横向弹性位移、轴向弹性位移和绕 x 轴的弹性角位移分别采用五次埃尔米特插值函数、线性插值函数和三次插值函数表示。单元的动能包括其平动动能和绕其轴线的转动动能，通过求解化简，则单元的动能可表示为

$$T = \dot{\delta}^{\mathrm{T}} M_{\mathrm{e}} \dot{\delta} / 2 \tag{5}$$

式中，$M_{\mathrm{e}} \in \mathrm{R}^{18\times 18}$ 为单元质量矩阵；$\delta = [\delta_1, \delta_2, \cdots, \delta_{18}]^{\mathrm{T}}$ 为单元广义坐标，如图 2 所示。

梁单元的势能包括其受弯矩、轴向力和扭矩作用发生弯曲、拉伸/压缩和扭转的变形能。通过求解化简，则单元的势能可表示为

$$V = \delta^{\mathrm{T}} K_{\mathrm{e}} \delta / 2 \tag{6}$$

式中，$K_{\mathrm{e}} \in \mathrm{R}^{18\times 18}$ 为单元刚度矩阵。

将式(5)和式(6)代入 Lagrange 方程

$$\frac{\mathrm{d}}{\mathrm{d}t}\frac{\partial T}{\partial \dot{\delta}} - \frac{\partial T}{\partial \delta} + \frac{\partial V}{\partial \delta} = F$$

可得到梁单元的动力学方程为

$$M_{\mathrm{e}} \ddot{\delta} + K_{\mathrm{e}} \delta = F_{\mathrm{e}} \tag{7}$$

式中，F_{e} 为单元广义力列阵，$F_{\mathrm{e}} \in \mathrm{R}^{18\times 1}$，包括刚体惯性力。

构件 B_iC_i 的广义坐标为 11 个，构件 C_iP_i 的广义坐标为 14 个，则单元坐标系下支链 $B_iC_iP_i$ 的动力学方程为

$$M_{\mathrm{e}}^i \ddot{\delta}^i + K_{\mathrm{e}}^i \delta^i = F_{\mathrm{e}}^i \quad (i=1,2,3) \tag{8}$$

式中，$\delta^i = [\delta_{i1}, \cdots, \delta_{i25}]^{\mathrm{T}}$；$M_{\mathrm{e}}^i \in \mathrm{R}^{25\times 25}$；$K_{\mathrm{e}}^i \in \mathrm{R}^{25\times 25}$；$F_{\mathrm{e}}^i \in \mathrm{R}^{25\times 1}$。

把式(1)代入式(8)可得到系统坐标下支链 $B_iC_iP_i$ 的动力学方程为

$$M^i \ddot{U}_i + K^i U_i = F^i \quad (i=1,2,3) \tag{9}$$

式中，$M^i = B_i^{\mathrm{T}} M_{\mathrm{e}}^i B_i, K^i = B_i^{\mathrm{T}} K_{\mathrm{e}}^i B_i, M^i \in \mathrm{R}^{22\times22}, K^i \in \mathrm{R}^{22\times22}, F^i = B_i^{\mathrm{T}} F_{\mathrm{e}}^i \in \mathrm{R}^{22\times1}$。这里矩阵 B_i 中的各元素为各杆方向角的函数，当把机构“凝固”后，矩阵 B_i 的各元素均为已知常数，则 $\ddot{\delta}_i = B_i \ddot{U}_i$。

(3) 运动协调关系。

设动平台 $P_1P_2P_3$ 上点 P_i (i=1,2,3) 在系统坐标系 $O-XYZ$ 中的坐标为 $\left(x_{pi}, y_{pi}, z_{pi}\right)$，则动平台 $P_1P_2P_3$ 与支链 $B_iC_iP_i$ (i=1,2,3) 之间的位移协调关系[4]可以表示为

$$U_{pi} = \begin{bmatrix} 1 & 0 & 0 & 0 & z_{pi} & -y_{pi} \\ 0 & 1 & 0 & -z_{pi} & 0 & x_{pi} \\ 0 & 0 & 1 & y_{pi} & -x_{pi} & 0 \end{bmatrix} U_0 \tag{10}$$

或简记为

$$U_{pi} = J_i U_0 \quad (i=1,2,3) \tag{11}$$

式中，U_{pi} 为支链 $B_iC_iP_i$ 中 P_i 点的弹性位移矢量，$U_{pi} = \left[u_{i17}, u_{i18}, u_{i19}\right]^{\mathrm{T}}$；$U_0$ 为由支链变形引起的动平台 $P_1P_2P_3$ 的位移改变量，$U_0 = \left[u_{01}, \cdots, u_{06}\right]^{\mathrm{T}}$；$J_i$ 为位移协调矩阵，$J_i \in \mathrm{R}^{3\times6}$。

(4) 系统弹性动力学方程。

由式(4)、式(9)和式(11)即可进行系统弹性动力学方程的装配[7,8]，并引入阻尼[9,10]形成系统的弹性动力学方程为

$$M\ddot{U} + C\dot{U} + KU = F \tag{12}$$

式中，M 和 K 分别为系统总体质量矩阵、总体刚度矩阵，$M\in\mathrm{R}^{63\times63}$、$K\in\mathrm{R}^{63\times63}$；$U$ 和 F 分别为系统的弹性位移列阵和系统广义力，$U\in\mathrm{R}^{63\times1}$、$F\in\mathrm{R}^{63\times1}$；阻尼矩阵 $C=\gamma_1 M + \gamma_2 K$，这种阻尼称为 Rayleigh 阻尼，$\gamma_1$ 和 γ_2 是 Rayleigh 阻尼比例系数。

3. 阻尼系统振动特性分析

由式(12)得到阻尼系统自由振动方程为

$$M\ddot{U} + C\dot{U} + KU = 0 \tag{13}$$

引入如下矩阵恒等式

$$M\dot{U} - M\dot{U} = 0 \tag{14}$$

将式(13)和式(14)合并为如下矩阵方程

$$A\dot{Y} + BY = 0 \tag{15}$$

式中，$A = \begin{bmatrix} 0 & M \\ M & C \end{bmatrix}$；$B = \begin{bmatrix} -M & 0 \\ 0 & K \end{bmatrix}$；$Y = \begin{bmatrix} \dot{U} \\ U \end{bmatrix}$。

式(15)即为 3-RRS 柔性并联机器人的齐次状态方程。

设方程式(15)具有如下形式的解

$$Y = \psi \mathrm{e}^{pt} \tag{16}$$

把式(16)代入式(15)，得

$$pA\psi + B\psi = 0 \tag{17}$$

如果 K 非奇异，则 B 可逆。用 B^{-1} 左乘式(17)得

$$(D - \lambda I)\psi = 0 \tag{18}$$

式中，$\lambda=1/p$；矩阵 $D=-B^{-1}A$ 为动力矩阵。

齐次方程式(18)有非零解的条件是

$$\det(D-\lambda I)=0 \tag{19}$$

对于弱阻尼系统，求解式(19)可得到 $2N(N=63)$ 个具有负实部的复特征值[8]。设这 $2N$ 个复特征值为 $\lambda_1,\bar{\lambda}_1,\lambda_2,\bar{\lambda}_2,\cdots,\lambda_N,\bar{\lambda}_N$ 。则第 k 对特征值中的 λ_k 可写为

$$\lambda_k=\mu_k+\mathrm{j}v_k$$

则

$$p_k=\frac{1}{\lambda_k}=n_k+\mathrm{j}\omega_{\mathrm{d}k} \tag{20}$$

式中， $n_k=\dfrac{\mu_k}{\mu_k^2+v_k^2};\omega_{\mathrm{d}k}=\dfrac{-v_k}{\mu_k^2+v_k^2}$ 。

由于式(15)的解具有 e^{pkt} 的形式

$$\mathrm{e}^{pkt}=\mathrm{e}^{nkt}\cdot\mathrm{e}^{\mathrm{j}\omega\mathrm{d}kt} \tag{21}$$

显然，对于阻尼系统，n_k 必为负值，因此 u_k 也为负值。n_k 称为第 k 阶模态衰减系数，$\omega_{\mathrm{d}k}$ 为第 k 阶阻尼振动频率或阻尼固有频率。可见阻尼将使自由振动的周期增大，频率降低。因此，每一对具有负实部的共轭特征值对应着一种自由衰减振动，特征值的实部和虚部分别确定了这种振动的振幅衰减快慢及振动频率。

4. 算例分析

设 3-RRS 中动、静平台的几何中心到各个顶点的距离分别为 $O_PP_i=r$，$OB_i=R(i=1,2,3)$；各杆件 B_iC_i 和 C_iP_i 的长度分别为 l_{i1} 和 $l_{i2}(i=1,2,3)$；动平台上点 O_P 在系统坐标系 $O-XYZ$ 中的位置坐标为 (x_p,y_p,z_p)；动平台 $P_1P_2P_3$ 在坐标系 $O_P-X'Y'Z'$ 中绕坐标轴 $X'Y'Z'$ 的主转动惯量分别为 $J_{X'},J_{Y'},J_{Z'}$ 。

(1) 衰减系数与振动频率分析。

系统参数：材质为钢，密度 $\rho=7800\mathrm{kg/m^3}$ ，拉压弹性模量 $E=21\times10^{10}\mathrm{N/m^2}$ ，剪切弹性模量 $G=8.0\times10^{10}\mathrm{N/m^2}$，阻尼系数 $\gamma_1=0.002$， $\gamma_2=0.0003$；构件杆长 $l_{i1}=l_{i2}=0.15\mathrm{m}(i=1,2,3)$；矩形截面，厚 $h=0.004\mathrm{m}$，宽 $b=0.005\mathrm{m}$；$r=R=0.10\mathrm{m}$，动平台质量 $m_0=0.152\mathrm{kg}$，$J_{X'}=0.0106\mathrm{kg\cdot m^2}$，$J_{Y'}=0.000274\mathrm{kg\cdot m^2}$，$J_{Z'}=0.0109\mathrm{kg\cdot m^2}$，$T=1\mathrm{s}$。

动平台的运动规律为

$$\begin{cases}\beta=10\pi t/180\\ \gamma=15\pi t/180 \qquad (0\leqslant t\leqslant T)\\ z_p=0.10+0.12t^3\end{cases} \tag{22}$$

对于给定的操作任务，3-RRS 柔性并联机器人前 5 阶模态衰减系数 n_k (分别标记 n_k ，$k=1,2,\cdots,5$) 的变化曲线，如图 4 所示。显然，系统的各阶模态衰减系数是随系统机构位形的改变而变化的。分析这些模态衰减系数的变化曲线知，在机构运动过程中的各个时刻点总有 $n_5<n_4<n_3<n_2<n_1<0$，且各阶模态衰减系数在各个时刻点的值相差悬殊。整个运动过程中各模态衰减系数的平均值 $\bar{n}_k$ $(k=1,2,\cdots,5)$ 的数据分析，见表 1。分析这些数据知，系统自由振动时低阶频率的振幅衰减较慢，而高阶频率的振幅衰减较快。由于这种振幅衰减是按指数规律衰减的，所以即使系统阻尼很小，高阶频率振幅的衰减也会非常显著。

对于给定的操作任务，3-RRS 柔性并联机器人系统前 5 阶阻尼固有频率 $f_{\mathrm{d}k}(k=1,2,\cdots,5)$ 和无阻尼固有频率 $f_k(k=1,2,\cdots,5)$ 的变化曲线，见图 5， $f_{\mathrm{d}k}=\omega_{\mathrm{d}k}/(2\pi),f_k=\omega_k/(2\pi)$。系统前 5 阶阻尼固有频率的平均值 $\bar{f}_{\mathrm{d}k}$ 和无阻尼固有频率的平均值 $\bar{f}_k$ 的数据分析，见表 1。显然，阻尼使系统自由振动频率降低，即系统振动周期增大。前几阶阻尼固有频率 $f_{\mathrm{d}k}$ 和无阻尼固有频率 f_k 的变化曲线比较接近，如前 5 阶频率平均值 $\bar{f}_k$ 和 $\bar{f}_{\mathrm{d}k}$ 的最大偏差为 0.093Hz，最大相对偏差为 0.16%。所以，当阻尼较小时，

计算系统固有频率可以不考虑阻尼的影响得到其近似解。

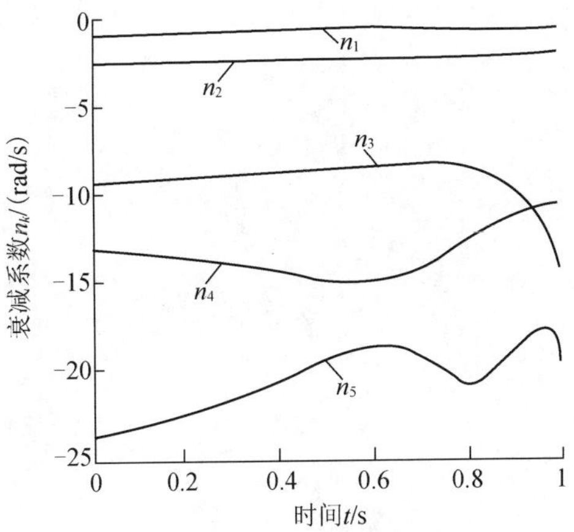

图 4　模态衰减系数变化曲线图

表 1　系统振动特性数据分析表

类别	阶次 k				
	1	2	3	4	5
衰减系数平均值 $\bar{n}_k$ /(rad/s)	−0.949	−2.526	−9.317	−13.94	−20.74
阻尼频率平均值 $\bar{f}_{dk}$ /Hz	12.642	20.640	39.610	48.441	59.034
无阻尼频率平均值 $\bar{f}_k$ /Hz	12.643	20.644	39.638	48.492	59.127

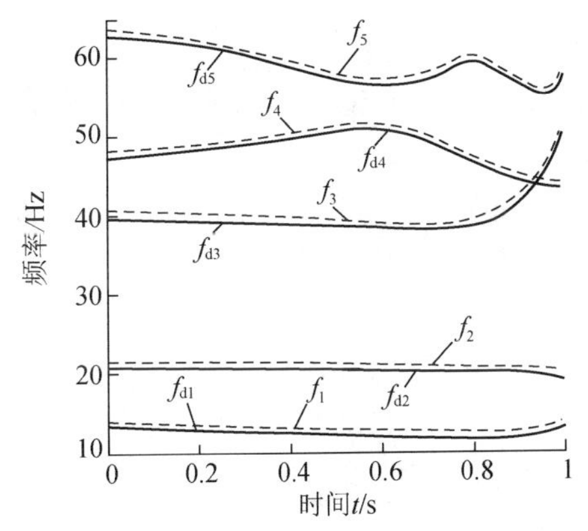

图 5　系统振动频率变化曲线图

(2) 振动响应分析。

为了考察 3-<u>R</u>RS 柔性并联机器人的振动响应，假定某瞬时系统静止于上述 t=T 时刻的位置，动平台上点 O_P 受到作用力 F_T=$[5,5,-7]^T$ N，作用时间Δt=0.01s。

图 6 反映了 3-<u>R</u>RS 柔性并联机器人动平台 $P_1P_2P_3$ 在冲击载荷 F_T 作用下 X、Y、Z 各方向加速度 a_x、a_y、a_z 的响应曲线。图 7 给出了动平台 $P_1P_2P_3$ 在冲击载荷 F_T 作用下绕 X、Y、Z 轴各方向角加速度 ε_x、ε_y、ε_z 的响应曲线(动平台的振动位移和速度变化曲线与图 6 和图 7 中的曲线类似，在此略去)。分析这些曲线可知，动平台 $P_1P_2P_3$ 在 F_T 作用下的动态响应很快衰减，如在τ=1.5s 时加速度和角加速度的副值都近似为 0(这时的振动位移和速度也近似为 0)；这些曲线的变化也符合前面对衰减系数与振动频率分析。可见由于阻尼的存在，系统的能量很快转变为热能等被消耗。

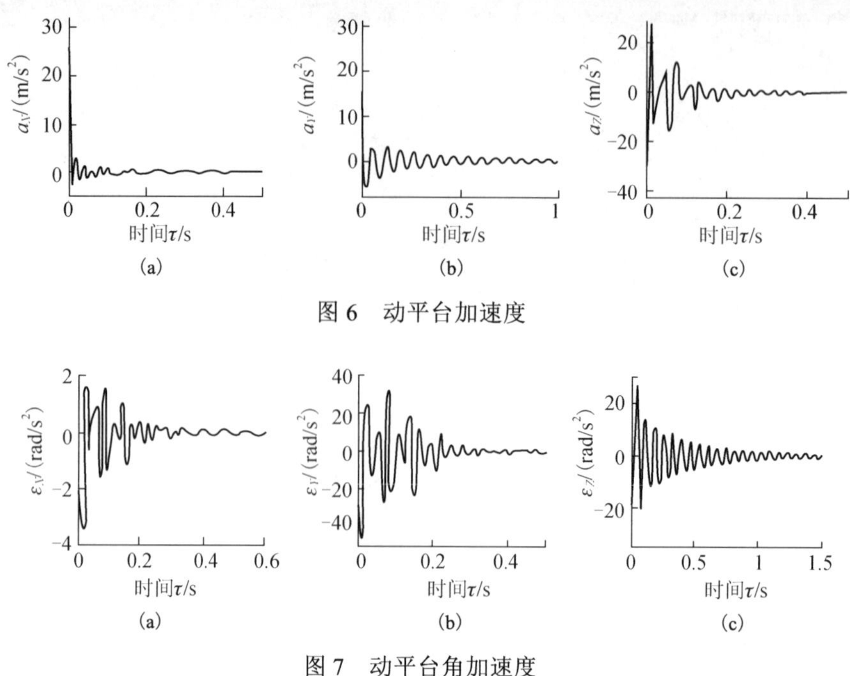

图 6　动平台加速度

图 7　动平台角加速度

5. 结论

本文基于一种空间柔性梁单元的有限元模型，给出了 3-RRS 柔性并联机器人的弹性动力学方程。对含有 Rayleigh 阻尼的 3-RRS 柔性并联机器人的振动特性进行了分析，通过算例揭示了模态衰减系数、无阻尼固有频率和阻尼固有频率的变化特点等。

参考文献

[1] Piras G,et al. Dynamic finite element analysis of a planar high speed,high-precision parallel manipulator with flexible links. Mechanism and Machine Theory, 2005, 40 (7):849-862

[2] Wang S C,et al. Kinematics and dynamics of a 6 degree of freedom fully parallel manipulator with elastic joints. Mechanism and Machine Theory, 2003, 38 (5): 439-461

[3] Wang X Y,Mills J K. Dynamic modeling of a flexible2link planar parallel platform using a sub-structuring approach. Mechanism and Machine Theory, 2006, 41 (6): 671-687

[4] 方跃法，黄真．六自由度并联机器人的弹性动力学模型．机械科学与技术，1990，9(1)：62-69

[5] 蔡胜利．冗余驱动的弹性并联机器人动力学研究．北京工业大学，1996

[6] Du Z C,Yu YQ. Dynamic modeling and analysis of flexible planar parallel robots. Proc. of the 7th Int. Con. on Frontier of Design and Manufacturing,2006: 463-468

[7] 唐锡宽，金德闻．机械动力学．高等教育出版社，1984

[8] 张策，黄永强，王子良等．弹性连杆机构的分析与设计．2 版．北京：机械工业出版社，1997

[9] 倪振华．振动力学．西安：西安交通大学出版社，1989

[10] 巴特 K J，威尔逊 E L．有限元分析中的数值方法．林公豫，罗恩，译．北京：科学出版社，1985

（原载《机械科学与技术》，2008，27(7)：861-865）

§86　高速柔性平面 3-RRR 并联机器人实验系统开发

张学涛　杨建新　余跃庆

（北京工业大学，北京　100022）

摘　要：以“IPC+PMAC”为控制核心、“RTLinux”为开发平台建立了高速柔性平面 3-RRR 并联机器人的实验系统，实现了包括机器人回零限位、轨迹规划与控制、系统状态监测等主要功能。通过实验与仿真结果对比验证，该系统具有稳定性高、开放性好、实时性强等特点，可满足高速、高加速、大柔性平面 3-RRR 并联机器人的实验要求。

关键词：高速；柔性；并联机器人；实验系统

1. 引言

与串联机器人相比，并联机器人具有刚度大、结构稳定、承载能力强、精度高、易控制等优点，在航空航天、数控机床、定位测量等领域有着广泛的应用前景，极大地促进了机器人学的发展[1]。并联机器人在重载条件下，其运动关节及各杆件的弹性变形已不容忽略，而随着机构高速化、轻型化的发展趋势，各构件的弹性变形使得并联机器人的运动学和动力学性能极大地恶化，直接制约了并联机器人的发展与应用[2]。因此，考虑弹性变形的实际影响，开展并联机器人柔性领域的研究，具有十分重要的研究价值。

三自由度并联机器人因其构件少、结构简单、容易解耦、控制方便、工作空间大、经济性好等优点，在微动机构、操作手、生产装配线等工业生产领域应用广泛，近年来逐步成为并联机器人的研究新热点[3]。国内外已相继开展了对三自由度并联机器人的研究，但主要成果大多集中在刚性机器人的理论分析方面，对于柔性机器人特别是实验方面的研究还尚不充分[4]。因此，开发柔性三自由度并联机器人实验平台，为相关研究提供实验支持，具有十分重要的现实意义。

基于上述考虑，本文以平面 3-RRR 并联机器人为研究对象，开发了一套高速柔性并联机器人实验系统。利用“IPC+PMAC”的主从式分布控制结构[5]，实现了并联机器人模型解算及多轴同步的控制要求；利用 RTLinux 操作系统的实时性和开放性，实现了实验系统的功能模块化设计[6]要求。最后，对系统性能进行了综合测试，通过实验结果与仿真结果对比验证，本实验系统完全达到开发要求，可以为高速柔性平面 3-RRR 并联机器人的后续研究提供实验保障，同时也可以为其他柔性并联机器人的实验研究提供相关借鉴。

2. 机构描述

平面 3-RRR 并联机器人主要由基础平台 $A_1A_2A_3$、动平台 $B_1B_2B_3$ 以及连接基础平台与动平台的三条运动支链 $A_iD_iB_i(i=1,2,3)$ 组成，动平台可以实现沿 X 轴、Y 轴方向的平动及绕 Z 轴方向的转动，如图 1 所示。

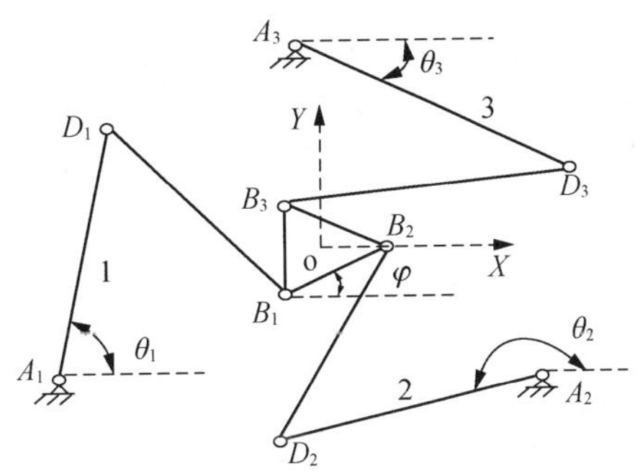

图 1　平面 3-RRR 并联机器人机构

3. 实验系统硬件结构

实验系统硬件结构总体上采用 IPC+PMAC 的主从分布式控制结构，即由下位机 PMAC 完成系统的硬件控制任务，如电机驱动、编码器采集等；由上位机 IPC 完成用户操作、状态监控等系统任务。实验系统硬件结构如图 2 所示。

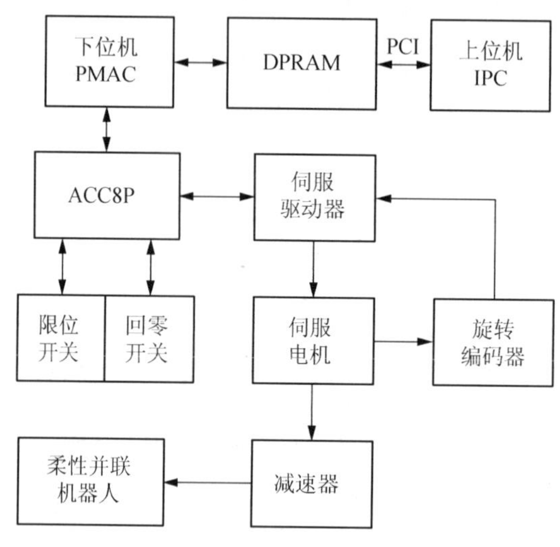

图 2　实验系统硬件结构

3.1　实验系统硬件介绍

IPC 与 PMAC 共同构成的控制单元是实验系统的核心部分。本系统中选用的四轴 Turbo PMAC I 型卡，采用 PCI 总线方式与 IPC 通信。PMAC 内部集成的双端口内存 DPRAM，可以实现 PMAC 与 IPC 间的“无握手”高速数据传输，避免了端口等待响应的时间，有利于保证本系统的实时性控制要求。PMAC 模拟输入输出端口 JMACH(J8)，外部可以提供四路通道，即可连接四个驱动轴。由于本系统为三自由度并联机器人控制，故只使用了其中三路通道，由 ACC8P 转接板与三路伺服驱动器相连。

伺服驱动器、伺服电机、旋转编码器构成的伺服系统，是实验系统的执行单元，用以驱动并联机器人各轴运动并向上层反馈运动过程中的电机状态信息。本系统伺服驱动器采用速度控制模式，即由旋转编码器将电机速度信息反馈给伺服驱动器完成速度环半闭环控制，将电机位置信息反馈给 PMAC 完成位置环半闭环控制。这种控制方式的精度及响应速度都极高，结合 PMAC 的控制器灵活特性，有利于保证并联机器人多轴联动时的控制精度。

3.2　系统功能硬件实现

除了上述硬件完成的基本控制功能外，本系统由硬件实现的重要功能还包括机器人的回零和限位。

回零是保证并联机器人控制精度的重要功能，通常在执行运动程序前操作，其目的在于让各驱动轴找到机构零点。限位是保证并联机器人工作范围的重要功能，其目的在于保护机构安全工作，不发生奇异位形。本系统的机构回零和限位功能由非接触式接近开关来实现。PMAC 发出回零指令后，机器人将参照回零接近开关的位置执行回零操作，回零操作完毕后，机器人各驱动臂将停留在回零接近开关之上，指示灯显亮。当并联机器人驱动臂运动到极限位置时，限位接近开关指示灯亮，这时触发 PMAC 卡上限位标志，发送电机停止指令。

最终开发完成的柔性平面 3-RRR 并联机器人实验系统如图 3 所示。

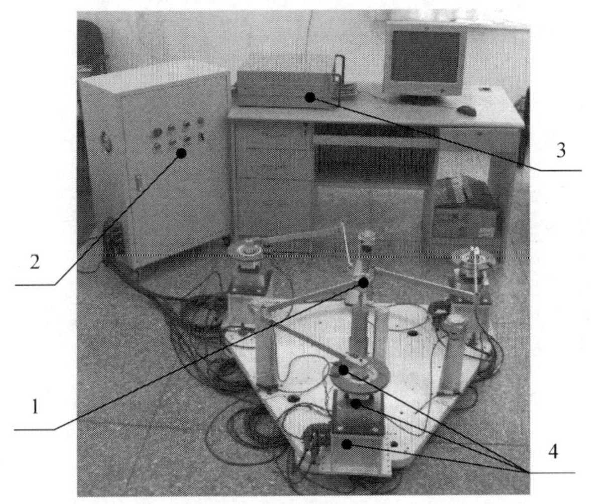

图 3　柔性平面 3-RRR 并联机器人实验系统

1. 柔性平面 3-RRR 并联机器人；2. 控制柜；
3. 工控机(内插 PMAC)；4. 电机、减速器、接近开关

4. 实验系统软件架构

实验系统软件架构总体上是基于“RTLinux”开发平台，按照系统层次化、功能模块化的设计要求实现的。图 4 为实验系统软件架构。

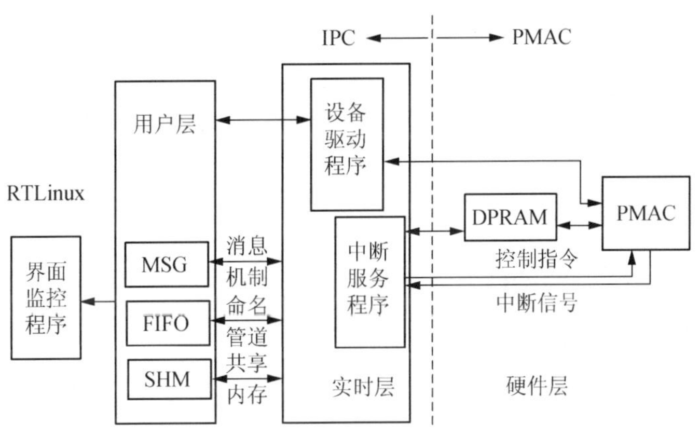

图 4　实验系统软件架构

本系统软件架构总体上可划分为三个层次：用户层、实时层和硬件层。用户层主要负责系统的非实时性任务，如界面监控、运动规划等，并通过消息机制、命名管道、共享内存三种进程间通信方式与实时层进行通信。实时层主要负责系统中实时性要求较高的任务，如运动控制、硬件状态监测等。当 RTLinux 实时内核加载后，主机通过不断查询来自外部的硬件中断信号，调用内部的中断服务程序，来实现对硬件中断请求的实时响应。硬件层主要负责与主机实时层通信，实现在 RTLinux 环境下系统各硬件设备如 PMAC 等的各项功能。PMAC 与主机实时层之间的通信，包括 I/O 和 DPRAM 两种方式，由实时层下的设备驱动程序模块具体实现。系统启动总体流程如图 5 所示。

设备驱动程序模块是本系统中最重要的程序模块之一，用于实现主机与 PMAC 在 RTLinux 下的通信功能。本系统 PMAC 采用 PCI 总线通信方式，典型的 PCI 设备驱动程序包括查找设备、初始化(基地址设定、各种寄存器赋初值等)和接口函数(PMAC 和 RTLinux 之间通信、访问 PCI 设备的 I/O 空间和寄存器空间等)。设备驱动程序模块将具体的硬件端口操作屏蔽起来，只向系统提供一个与硬件无关的接口，在系统启动和退出时，通过加载和卸载该模块，即可实现 PMAC 在 RTLinux 下通信功能，这种设计也有利于程序模块在不同系统间的移植与扩展。设备驱动程序模块的主要函数及说

明如下段程序所示：

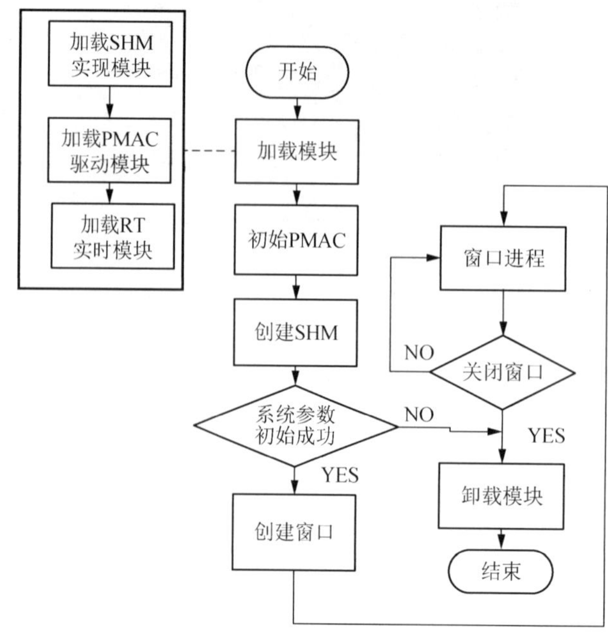

图 5　系统启动总体流程

```
init_module() /*设备驱动模块标准入口函数 cleanup_module() 为标准出口函数*/
{
struct pci_dev *dev=NULL; /* 结构体定义 PCI 设备 */
dev=pci_find_device(PMAC_VENDOR,PMAC_ID,dev);
/* 厂商和设备 ID 查询 */
/* PCI 设备可以实现 6 块配置空间,每块空间可以是 I/O 空间或寄存器空间,负责内核启动时初始化 PCI
   设备 */
   pmac_dev.host=pci_resource_start(dev, 1);
/* PMAC 主机基地址和范围 */
pmac_dev.range=pci_resource_end(dev, 1) - pmac_dev.host;
pmac_dev.dpr=pci_resource_start(dev, 0);
/* 双端口内存基地址和大小 */
pmac_dev.size=pci_resource_end(dev, 0) - pmac_dev.dpr;
pci_enable_device(dev); /* 使能 PCI 设备 */
/* 物理地址映射到虚拟地址,便于软件访问 */
pmac_dev.dpr_vadd=ioremap(pmac_dev.dpr,pmac_dev.size);
pmac_initialize() /* PMAC 初始化函数 */}
```

5. 实验与数值仿真

利用开发的实验系统进行了高速柔性平面 3-RRR 并联机器人实验分析，验证系统的整体性能。实验中涉及的柔性平面 3-RRR 并联机器人主要结构参数如表 1 所示。

表 1　柔性平面 3-RRR 并联机器人结构参数

	杆长 L/mm	截面 S/(mm×mm)	材料
各主动杆	400	23×3	铝
各被动杆	400	23×3	铝
	边长 A/mm	厚度 H/mm	材料
动平台	80	25	铝
基础平台	900	35	铸铁

运动插补运算、硬件控制与数据采集周期均由 PMAC 的 CPU 定时器设定为 2.2ms。实验的目标轨迹是以动平台中心点为目标点，走一个圆心(0，0)、半径 100mm 的整圆。由于系统在执行运动前必须进行机构回零操作，以便让各运动轴找到系统零点，故而实验中轨迹规划共分为三个阶段，如表 2 所示。

表 2　目标点各运动阶段轨迹规划

运动阶段	轨迹描述	起点/mm	终点/mm	规划加速度 a/(mm/s^2)	规划速度 v/(mm/min)	规划时间 t/s
起始阶段	从机构零点沿 X 轴运动到圆轨迹起点	(0,0)	(100,0)	20 000	8 000	0.757
目标阶段	沿圆心(0,0)，半径 100 的整圆轨迹	(100,0)	(100,0)	20 000	8 000	4.711
结束阶段	从圆轨迹终点沿 X 轴运动回机构零点	(100,0)	(0,0)	20 000	8 000	0.757

对实验中采集到的动平台位姿信息进行处理，得到动平台实际轨迹如图 6 所示。可以看出：由于高速、柔性等因素的影响，动平台目标点实际轨迹与理想轨迹之间存在着明显的位形误差。目标点各时刻实际位置在名义位置附近波动，更直观地说明了整个高速运动过程中的各杆件弹性振动导致并联机器人运动学性能发生改变。

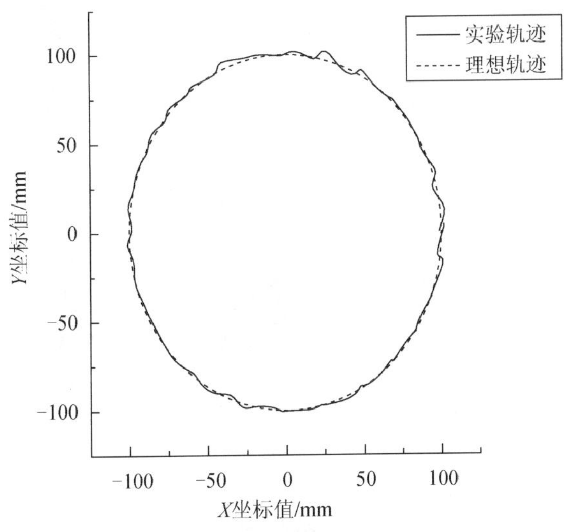

图 6　目标点实验轨迹与理想轨迹

同时利用动力学仿真软件 SAMCEF Mecano 对实验系统进行了数值仿真，如图 7 所示。经对比发现，目标点各时刻 X 和 Y 方向的实验误差与仿真误差曲线趋势和幅值基本吻合，如图 8 和图 9 所示，证明了实验轨迹符合高速柔性并联机器人的运动特性，系统实验效果良好。

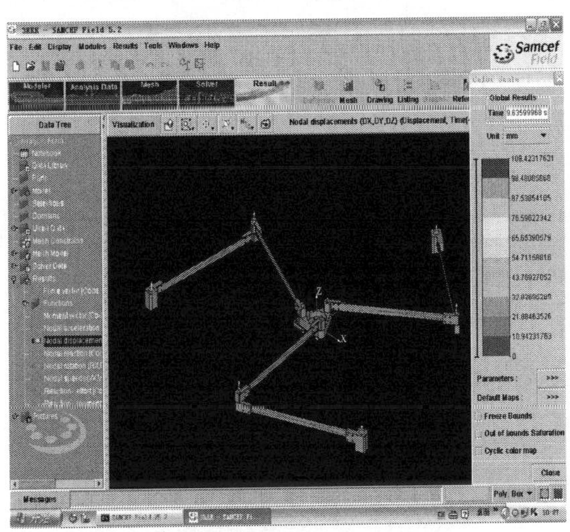

图 7　SAMCEF Mecano 仿真界面

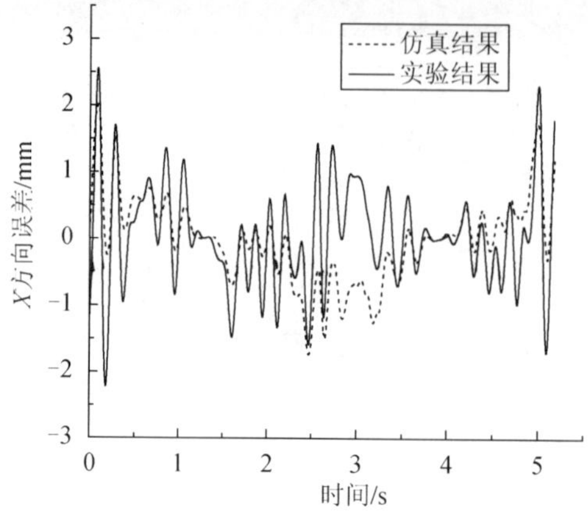

图 8　目标点各时刻 *X* 方向位置误差曲线

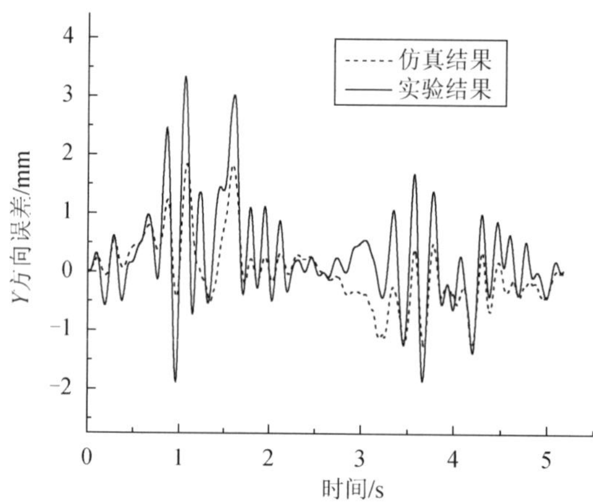

图 9　目标点各时刻 *Y* 方向位置误差曲线

6. 结论

针对高速柔性平面 3-RRR 并联机器人，在操作系统 RTLinux 上开发了以“IPC+PMAC”为控制核心的实验系统，整个系统结构清晰，功能完善，具有良好的开放性、实时性和稳定性。设计完成了该并联机器人的高速、高加速实验，并利用动力学仿真软件 SAMCEF Mecano 进行了数值仿真。通过实验结果与仿真结果对比验证，所开发的实验系统能够满足高速柔性系统的设计要求，可以为高速柔性平面 3-RRR 并联机器人的研究提供可靠的实验支持。

参考文献

[1] J.P Merle. Parallel Robots. Kluwer Academic Publishers, 2000

[2] 冯志友，李永刚，张策，等．并联机器人机构运动与动力分析研究现状与展望．中国机械工程，2006，17(9)：979-984

[3] 杨斌久，蔡光起，罗继曼，等．少自由度并联机器人的研究现状．机床与液压，2006(5)：202-205

[4] Wang X Y, Mills J K. Dynamic modeling of a flexible-link planar parallel platform using a substructuring approach. Mechanism and Machine Theory, 2006, 41(6): 671-687

[5] 郑右非，赵新华．基于 PMAC 的 3-RRRT 并联机器人控制系统的研究与开发．天津理工大学学报，2005，21(4)：49-51

[6] 李峰厚，叶佩青，游华云，等．基于 RTLinux 的开放式数控系统研究．组合机床与自动化加工技术，2001(7)：1-3

（原载《机械设计与研究》，2008，24(5)：39-41，46）

§ 87　An Experimental Study on the Dynamics of a 3-RRR Flexible Parallel Robot

Yu Yueqing, Du Zhaocai, Yang Jianxin, Li Yuan

College of Mechanical Engineering and Applied Electronics Technology,Beijing University of Technology, Beijing 100124, *China*

Abstract: *This paper presents an experimental study on the dynamics of flexible parallel robots. First, a theoretical study on the dynamic modeling and numerical solution of parallel robots with flexible links is introduced briefly. Second, the experiment setup that includes the test-bed mechanism of a 3-RRR flexible parallel robot and the hardware and software structures of a control system are then developed. Finally, the experimental study is presented to show the good agreement between the theoretical analysis and experimental results.*

Keywords: *Dynamics; experiment; flexible link; parallel robot*

1. Introduction

Compared with serial robots, parallel robots are provided with a series of advantages in terms of higher velocity, higher acceleration, heavier payload, smaller error, higher positional accuracy, ease of control, etc.. Therefore, they are widely used in many applications, such as machine tools, flying machines, submarines, assembling robots, entertainment, home services, medical device, etc.[1]. Planar parallel robots are good candidates for microminiaturization into microdevices[2].

The parallel robot has been an advanced topic in robotics and mechanisms in recent years. Several researchers addressed the structural and kinematic analysis of Stewart platform parallel manipulators[3,4]. Some researchers focused on the dynamics of a parallel robot[5,6]. However, most of these research were restricted to rigid parallel robots.

For modern mechanisms and machines, high speed and light weight are the chief criteria and intending trend. In order to increase the working speed and payload ratio, lightweight robots are more widely used. For the lightweight robots, which work at high speed and support heavy payload, the motion error and elastic vibration because of structural flexibility deteriorate the kinematic and dynamic capability. Therefore, it is necessary to consider the link flexibility in the dynamic analysis and design of both serial and parallel manipulators. The dynamics of flexible serial robots that work at high speed has been studied by many researchers[7], and a number of approaches were developed to predict the dynamic behavior of flexible robots[8,9]. Some researchers have proposed an efficient procedure for computer generation of symbolic modeling equations for planar serial robots with rigid and flexible links[10,11]. Because of the complexity that results from the presence of multi-closed loops and the limitation of computer facilities accessible, this method may not be suitable for parallel robots with flexible links.

The flexible parallel robot is a complicated nonlinear dynamics system because of multi-closed loop mechanism that is composed of flexible links and a rigid moving platform. In contrast with rigid multi-body systems, parallel robots with flexible links have relatively complicated kinematic and dynamic performance. Because of the complexity, a few investigations were concerned with the dynamics of flexible parallel robots. Based on the dynamics of a flexible multi-body system, the dynamic modeling approach was developed for the flexible link parallel manipulators[12]. By using a natural orthogonal complement method, a model for the planar parallel manipulator was proposed, and the effect of structural flexibility on motion accuracy was investigated[13]. A simplified model was established for the convenience of control[14]. Applied with the finite element method, a dynamic modeling procedure was developed for a 3-PRR planar parallel robot with flexible links[15].

However, most previous works focused on the modeling and simulation, and some studies addressed the vibration control of the flexible parallel robots[16,17]; very little experimental research has been done recently[18].

An experimental study on the dynamics of flexible parallel robots is presented in this study. For the completeness of this study in a self-contained form, a brief theoretical study on the dynamic modeling and numerical solution of flexible parallel robots is presented first based on the previous work[19]. A test-bed mechanism of a 3-RRR flexible parallel robot is designed, and the hardware and software structures of the control system are then developed. Finally, an experimental study is presented to test the effectiveness of both the theoretical analysis and experimental system.

2. Theoretical analysis

A general flexible parallel robot is composed of a rigid moving platform, namely the end effector, which is connected to the base with many independent kinematic subchains. Each of these subchains contains some flexible links. For the structural feature of flexible parallel robots, the process of dynamic modeling can be presented briefly as follows.

Firstly, a beam element of a flexible link is employed. The kinetic energy and strain energy of the element are derived. Then, the Lagrange equation is applied to generate the differential motion equations of the element.

Secondly, the kinematic and dynamic constraints of a flexible parallel robot system are derived to describe the relationship among the elastic displacements of flexible links and moving platform of the robot system.

Finally, all the motion equations of link elements are assembled to generate the dynamic equations of the kinematic subchains in the parallel robot. Integrating these equations with the kinematic and dynamic constraints, the dynamic equations of the whole flexible parallel robot system can be obtained in the following form

$$\boldsymbol{M}\times\ddot{\boldsymbol{U}}+\boldsymbol{C}\times\dot{\boldsymbol{U}}+\boldsymbol{K}\times\boldsymbol{U}=\boldsymbol{P}+\boldsymbol{Q}$$

$$\begin{Bmatrix}\boldsymbol{U}_{jx}\\ \boldsymbol{U}_{jy}\\ \boldsymbol{1}\end{Bmatrix}=\begin{Bmatrix}0 & \varepsilon & -\delta_x\\ -\varepsilon & 0 & -\delta_y\\ 0 & 0 & 1\end{Bmatrix}\begin{Bmatrix}x_D\\ y_D\\ 1\end{Bmatrix}$$

$$\begin{bmatrix}m_{\mathrm{p}} & 0 & 0\\ 0 & m_{\mathrm{p}} & 0\\ 0 & 0 & I_{\mathrm{p}}\end{bmatrix}\begin{pmatrix}\ddot{x}'_p\\ \ddot{y}'_p\\ \ddot{\beta}'\end{pmatrix}=\begin{pmatrix}\sum_{j=1}^{N} f_{jx}\\ \sum_{j=1}^{N} f_{jy}\\ \sum_{j=1}^{N} M_{jx}\end{pmatrix}+\begin{pmatrix}\sum F_{ox}\\ \sum F_{oy}\\ \sum M_{o}\end{pmatrix} \tag{1}$$

where, $\boldsymbol{M}$, $\boldsymbol{C}$, and $\boldsymbol{K}$ are the mass, damping, and stiffness matrixes of the flexible parallel robot system, respectively. $\boldsymbol{P}$ is the inertia force vector of the robot. $\boldsymbol{Q}$ is the external force vector. (δ_x,δ_y) and ε are the displacements in x- and y-axes and the angular displacement of the moving platform changing from the nominal configuration to the actual configuration, respectively. U_{jx} and U_{jy} are the elastic displacements of the endpoint in subchain j in the x- and y-axes, respectively. (x_D, y_D) is the position vectors of the endpoint of subchain j in the nominal configuration. m_{p} and I_{p} are the mass and rotary inertia of the moving platform, respectively. (x'_p, y'_p) is the position vector of a point P on the moving platform in the actual configuration, and β' is the orientation angle of the moving platform in the actual configuration. f_{jx}, f_{jy}, and M_j are the internal forces and moment exerted on the moving platform by subchain j in the x- and y-axes, respectively. $\sum F_{ox}$, $\sum F_{oy}$, and $\sum M_0$ are the resultant external forces and moment exerting on the moving platform in the x- and y-axes, respectively.

Details about the governing and inverse solution of dynamic equation (1) can be seen in Ref. [19].

A numerical example of a planar 3-RRR flexible parallel robot that is shown in Fig. 1 is presented here to investigate the dynamic response of flexible robots. Each link is made of steel with a mass density of 7.8×10^3 kg/m^3, elastic modulus of 2.1×10^{11} Pa, and Poisson's ratio of 0.3. The length of each link is 0.2 m, and the cross section is 0.003m×0.003m. The lumped mass attached to each endpoint of the links is 0.04 kg. The length of each side of the triangular moving platform is 0.042 m, and point P is the center of the moving platform. The mass of the moving platform is 0.1 kg. The coordinates of the three fixed hinges on the frame are (−0.3, 0), (0.15, 0.1), and (0.2, 0), respectively.

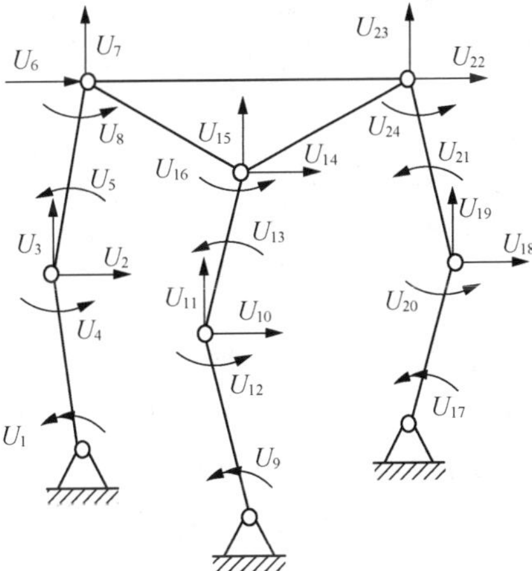

Fig.1　Generalized coordinates of a planar 3-RRR parallel robot

The motion of point P and the moving platform can be described as

$$\begin{cases} X = 0.042\times\cos\left(\dfrac{\pi\cdot t}{2}\right) \\ Y = 0.25 + 0.042\times\sin\left(\dfrac{\pi\cdot t}{2}\right) (t = 0 \sim 4\mathrm{s}) \\ \varphi = 0.01\times\cos\left(\dfrac{\pi\cdot t}{10}\right) \end{cases}$$

where, X and Y represent the coordinates of the point P in the x- and y-axes, respectively. φ represents the orientation angle of the moving platform. t represents the time duration.

The numerical results that use the modeling method developed earlier are presented in Figs. 2 and 3. In order to test the validity of the analytical method, the simulation results that use the commercial software SAMCEF[20], which is useful in the dynamic modeling and simulation of the complicated rigid and flexible multi-body system, are also shown for comparison.

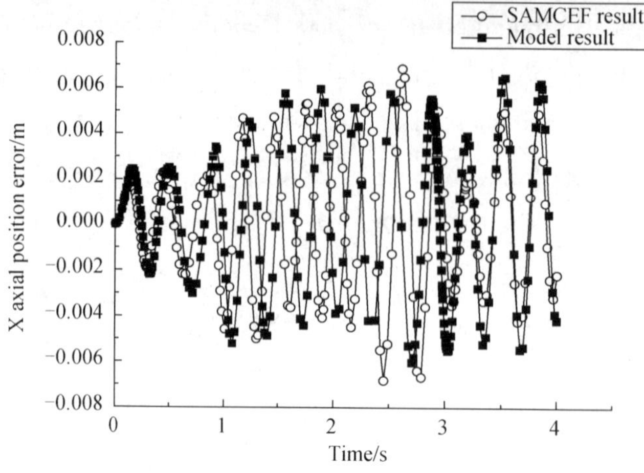

Fig.2 Position error of point P in the x-axis

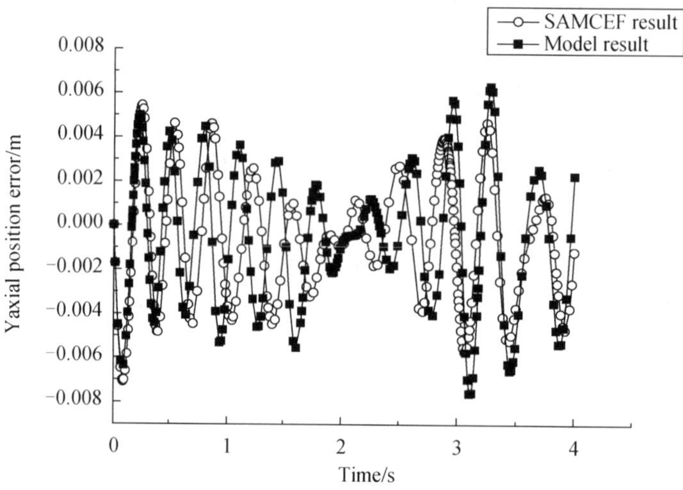

Fig.3 Position error of point P in the y-axis

It can be seen in the figures that the numerical solution of this study shows a good coherence and accuracy compared with that obtained by the SAMCEF. This result indicates that the dynamic model presented earlier is useful to the dynamic analysis of flexible parallel robots and, therefore, can be applied in the following part of this study.

3. Experiment setup

An experimental study is now presented to test the dynamic model and investigate further the dynamic characteristics of flexible parallel robots. First, the test-bed mechanism of a 3-RRR parallel robot is designed according to the experimental requirements. Second, the hardware and software structures of the control system are developed. Finally, the experiment is carried out, and the results are discussed.

3.1 Robot mechanism

The sketch of a planar 3-RRR flexible parallel robot mechanism is shown in Fig. 4.

The main structure of the 3-RRR parallel robot is a multi-loop mechanism, which is made up of the frame platform $A_1A_2A_3$, the moving platform with triangle form $B_1B_2B_3$, and the three kinematic subchains $A_iD_iB_i$ (i=1,2,3), which connect the moving platform to the frame platform. The revolute pairs are used as the connections among the moving platform, coupler links, side links, and frame platform. The platform of a robot can achieve a planar motion with the translation along the x-and y-axes and the rotation around the

z-axis. The material of coupler links of a robot is chosen as steel with the density of 7.8×10^3 kg/m^3 and the elastic modulus of 2.1×10^{11} Pa, but the materials of the side links, as well as the moving platform, of the robot mechanism are selected here as aluminum with the density 2.71×10^3 kg/m^3 and the elastic modulus of 7.1×10^{10} Pa. This way, the moving platform and side links can be considered as rigid bodies, and the coupler links are elastic ones. This choice is close to the prototype and suitable to the operation in experiment. The corresponding simulation can be obtained based on the theoretical method, but the simulation result is different from that in Section 2. The dimension parameters of the robot mechanism are also changed according to the test-bed mechanism and listed in Table 1. A photograph of the test bed of the planar 3-RRR flexible parallel robot in experiment is shown in Fig. 5.

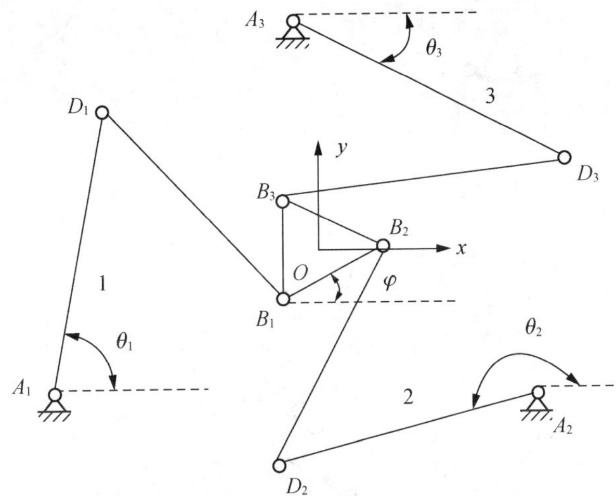

Fig.4　Planar 3-RRR parallel robot mechanism

Table 1　Dimension parameters of the robot mechanism

Parameter	Dimension/mm
Length of side links	400
Thickness of side links	6
Width of side links	23
Length of coupler links	400
Thickness of coupler links	2
Width of coupler links	23
Side length of moving platform	80
Thickness of moving platform	25
Side length of frame platform	900

3.2　Control system

3.2.1　Hardware system

The experimental setup of the planar 3-RRR flexible parallel robot is shown in Fig. 6. In order to meet the requirements of a complicated process and multiaxis synchronous control of the parallel robot, "IPC+PMAC" master-slave-distributed control mode is applied to the hardware structure of the control system. PMAC controller is used for the real-time control of the hardware. The host computer is used to perform the user's operation and monitor the system status. The linear wire displacement sensors, ENC-9266ADP patch board, and ENC-9266 collection board are applied in the collection unit, the signal amplification unit, and the host-communication unit, respectively, to collect the actual position and orientation of the parallel robot during motion. The hardware structure of the control system is presented as follows.

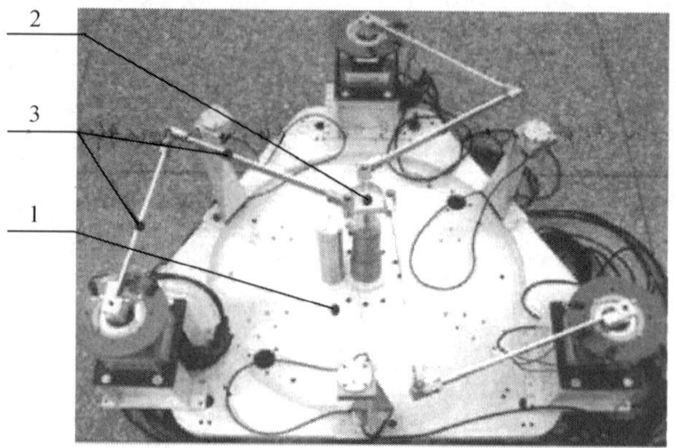

Fig. 5　Planar 3-RRR flexible parallel robot

1. Frame platform; 2. Moving platform; 3. Kinetic branched chains

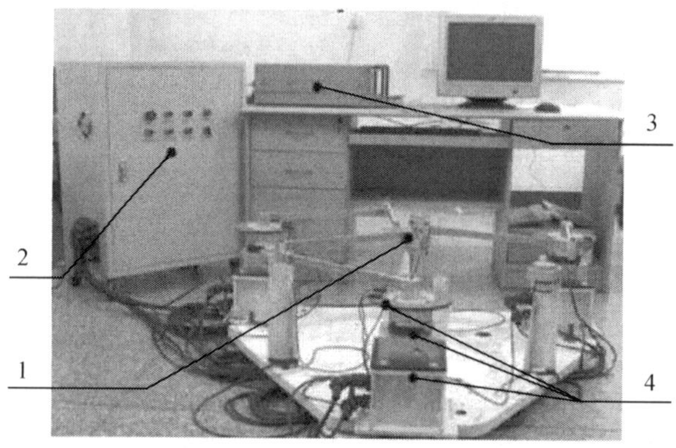

Fig. 6　Experimental equipments of a planar 3-RRR flexible parallel robot

1. Planar 3-RRR flexible parallel robot; 2. Control cabinet; 3. Industrial Personal Computer-IPC（interpolation PMAC）; 4. Motor, gear box and position switch

（1）Industrial PC: As the upper computer of the master-slave- distributed control system, the IPC provides upward the platform for interaction between the user and the experimental system and cooperates downward with the lower computer to perform the control function. In order to reduce or avoid the impact of electromagnetic interference and mechanical vibration that may exist in the surrounding environment and enhance the reliability of the control system, it is required that the IPC have the characteristics such as low power consumption, solid-state reliability, good sealing, etc. Therefore, Yanhua 610E made in Taiwan is chosen here.

（2）Controller-turbo PMAC: According to the requirements of high precision, high reliability, and high real-time nature, Turbo PMAC I card is selected here as the lower computer to constitute the central unit of the control system with a high-layer computer. The CPU of this card is composed of digital signal processors（Motorola DSP563000）and gate-array integrated circuit（DSP-GATE）. The four-axis PMAC card is applied in this control system. The PCI bus is adopted as the communication between the card and the IPC. The analog input and output ports（JMACH）of the card are connected to the DSP-GATE. This card provides four external channels and can be connected to four servo drivers. Because the robot controlled is a 3-degree-of-freedom parallel mechanism, three channels are used to connect the three servo drivers by changing lanes on board the ACC8P. The input and output signals of each channel include command output signals of analog voltage of the control system, feedback signals of the encoder, zeroing signals, spacing signals, etc.

Table 2　Servo system

Name	Type	Main technical parameters
Servo motor	MSMD082P1G	Power 750W, Speed 3000r/min
Servo driver	MDDDT3530	Single/three phases, 200V
Rotary encoder	5-wire increment	Resolution 2500 p/r, Four times frequency division

(3) Actuator-servo system: The servo system includes the servo drivers, servo motors, rotary encoders, etc. It is the implementation unit of the control system to drive the parallel robot. Considering the maximum input torque, inertia, volume, braking performance, etc., the Panasonic ac servo system is selected here, and the main technical parameters are listed in Table 2. According to the parameters of robot mechanism, a planetary speed reducer PS90-010 that is produced by SYNTRON with a speed ratio of 10:1 is selected here.

(4) Collection unit-displacement wire sensor: A displacement wire sensor (known as a linear wire encoder), which converts mechanical displacement into linear output digital/analog quantity, is used here to collect the actual position and orientation of the moving platform in the 3-RRR parallel robot. It transmits data to the upper computer through the conversion unit and communication unit. Compared with other displacement sensors, the wire linear encoder has merit of small size, easy assembly, good economy, etc.

According to requirements of data collection in the experimental system, HLS-S-10-004-Z-2-CH004 9601 C linear wire encoder HONTKO made in Taiwan is chosen here. The measurement range is 0~1000 mm, the maximum sampling frequency is 50 kHz, the signal resolution is 0.04 mm/pulse or 0.01 mm/pulse by four times frequency division, and the linear accuracy is ±1 pulse. The assembly of the linear wire encoder in the parallel robot is shown in Fig. 7. In order to measure the actual position and orientation of the moving platform, respectively, the outlet sides of three linear wire encoders are uniformly distributed at points D, E, and F in a circle with a radius of 351.01 mm on the frame, the pull sides are hinged on point O at the center of the moving platform, and point C on the moving platform, respectively.

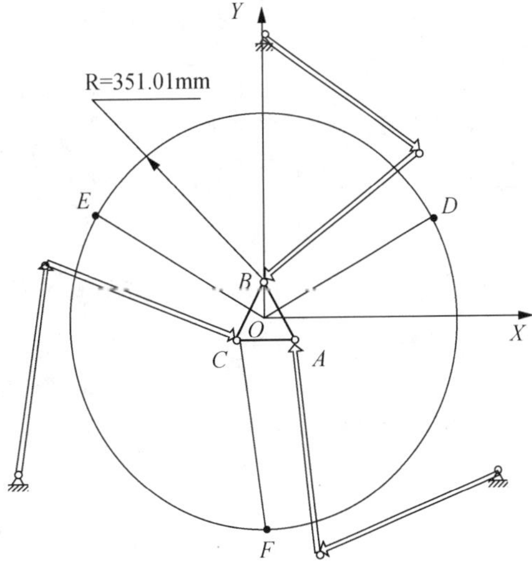

Fig.7　Linear wire encoder

3.2.2　Software system

The "Windows + RTLinux" dual-system framework is adopted in the software structure of the control system. VACS4 (the CNC control system of a parallel machine tool) developed by Tsinghua University, Beijing, China, is used in this control software. According to the structural characteristics and working requirements of the planar 3-RRR flexible parallel robot, the corresponding function modules of VACS4 are expanded.

4. Results and discussions

The experiment is carried out as follows. The center of the moving platform of the planar 3-RRR flexible parallel robot is taken as the target point to trajectory a nominal circular with center (0 mm, 0 mm) and a counterclockwise radius of 100 mm. The trajectory planning is divided into three phases shown in Table 3. The requirements of working space, speed, and acceleration of the robot in experiment are determined, referring to the theoretical simulation in Section 2.

Table 3　Trajectory planning of the target point

Motion phase	Trajectory description	Start point /mm	End point /mm	Planning acceleration /(mm/s^2)	Planning speed /(mm/min)	Planning time /s
Start-up phase	Motion from zero point to start point of circle along axis x	(0, 0)	(100, 0)	20 000	10 000	0.604
Target phase	Anti-clockwise circular with center (0,0), and radius of 100	(100,0)	(100,0)	20 000	10 000	3.768
End phase	Motion from end point of circular to zero point alone axis x	(100,0)	(0,0)	20 000	10 000	0.604

Fig. 8 is a photo recording the experimental result of trajectory planning of the target point. An evident deviation from the experimental trajectory to the nominal one can be seen in the figure. This experimental result shows directly that the flexibility of links has a significant impact on the dynamic response of flexible parallel robots.

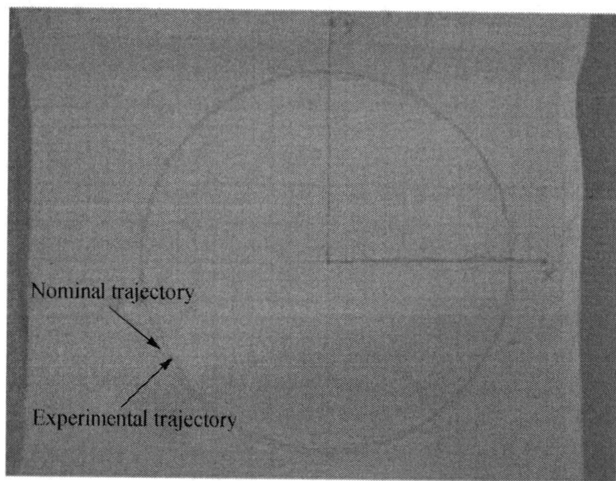

Fig.8　Experimental and nominal trajectory

A comparison between the experimental result and theoretical one of the target point trajectory is shown in Fig. 9. It can be known from the figure that the experimental trajectory of the target point is consistent with the theoretical one. This result indicates that both the analytical method and the experimental system developed this paper can be believed to be valid in the dynamic analysis of flexible parallel robots.

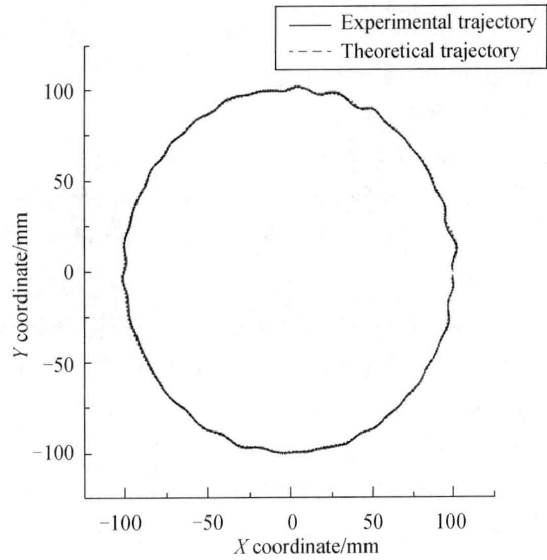

Fig.9　Experimental and theoretical trajectory of the target point

Moreover, the experimental results and theoretical simulation for the position errors of the moving platform in the x- and y-axes are presented in Figs. 10 and 11, respectively. It can be seen that although the elastic vibrations of the flexible parallel robot in the experimental result and that in the theoretical one are similar in most stages, there is still a deviation in the range of 2.4~3.3s, especially in Fig.10. The experimental result of the maximum position errors in the x- and y-axes are 2.4mm and 4.0mm, respectively, while the corresponding theoretical values are 4.0mm and 3.6 mm, respectively. Table 4 gives a comparison of motion distortion between the numerical simulation and experimental result. Some discussion about these deviations can be explained as follows.

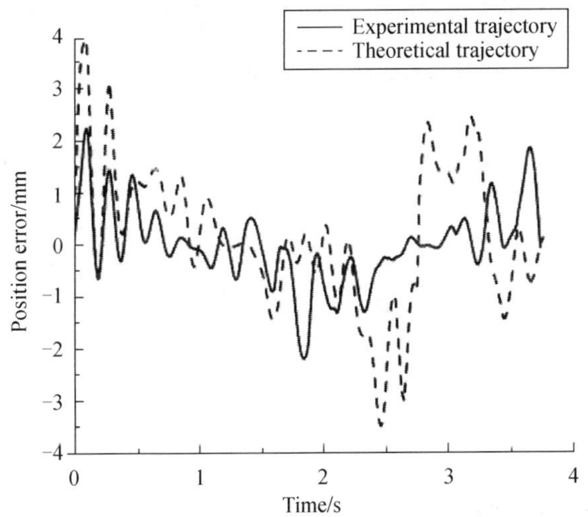

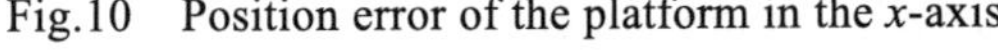

Fig.10　Position error of the platform in the x-axis

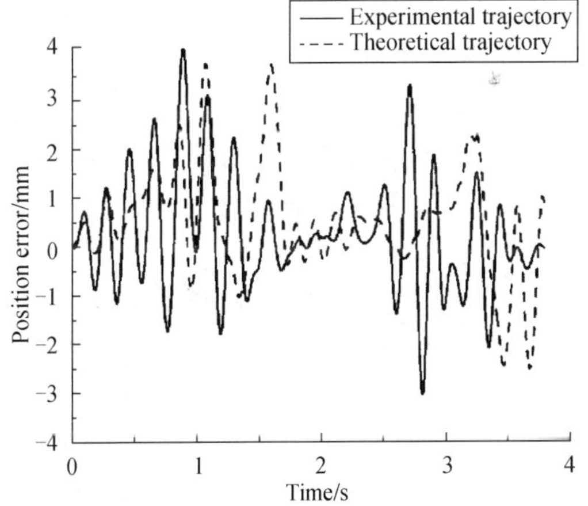

Fig.11　Position error of the platform in the y-axis

Table 4　Comparison of motion distortion (mm)

Motion distortion	Maximum	Arithmetic mean	Root mean square value	Largest difference between peak and valley
Experimental results	4.3	1.7	1.8	5.7
Theoretical simulation	3.9	1.9	2.0	6.6

(1) The linear wire encoder imposes tension forces on the moving platform of the robot, and these forces may change unusually because of friction and working angle restriction of the encoder when the

platform of the robot moves into some ranges far from the center. This may be the main reason of the distortion in experiment during this stage of 2.4~3.3 s in Fig. 10. This special effect cannot be included in the dynamic modeling of a flexible parallel robot.

(2) There are some discrepancies between the experimental mechanism and the analytical model. For example, the lumped mass at link end that is considered in the theoretical analysis is different from the joint devices in the experimental. As a result, the experimental result seems smaller than the theoretical simulation.

(3) There are some inevitable errors in manufacturing and assembly of links and joints in the experiment robot mechanism. Thus, it is difficult to ensure that the joints and links move in one plane. The position error on the z-axis cannot be avoided in the experimental test bed, but it cannot be included in the dynamic model of the planar parallel robot.

(4) The joint bearing clearances and friction of the mechanism have effects on the experiment, but these complicated factors have not been considered in the theoretical analysis.

(5) The fluctuation of the crank speed, as well as the coaxial error between the driving shafts and motor shafts, may lead to the systematic errors in the experimental study.

5. Conclusions

A comprehensive study on the experiment of flexible parallel robots has been presented in this paper, which is based on the dynamic analysis of a planar 3-RRR parallel robot. The effectiveness of both the theoretical analysis and experimental system was shown in the experimental study. The analytical and experimental approaches that are presented in this study can be useful to the further investigation into the dynamic analysis and design of flexible parallel robots.

References

[1] Lebret G, Liu K, Lewis F L. Dynamic analysis and control of a Stewart platform manipulator. J. Robot. Syst., 1993, 10(5): 629-655

[2] Gabriel P, Cleghorn W L, Mills L K.Dynamic finite-element analysis of a planar high-speed, high-precision parallel manipulator with flexible links. Mech. Mach. Theory, 2005, 40(7): 849-862

[3] St-Onge B M, Gosselin C M. Singularity analysis and representation of the general Gough-Stewart platform. Int. J. Robot. Res., 2000, 19(3): 271-288

[4] Merlet J P.An initiative for the kinematics study of parallel manipulators. Proc. Workshop Fundam. Issues Future Res. Direction for Parallel Mech. Manipulators, 2002: 2-9

[5] Wang J G, Gosselin C M. A new approach for the dynamic analysis of parallel manipulators. Multi-body Syst. Dyn., 1998,2(3): 317334

[6] Tsai L W. Solving the inverse dynamics of a Stewart-Gough manipulator by the principle of virtual work. ASME Trans. J. Mech. Design, 2000, 122(5): 3-9

[7] Santosha K D, Peter E.Dynamic analysis of flexible manipulators, a literature review. Mech. Mach. Theory, 2006, 41:749-777

[8] Fraid M, Lukasiewicz S A. Dynamic modeling of spatial manipulators with flexible links and joints. Comput. Struct., 2000, 75(4): 419-437

[9] Jerzy Z, Plosa S W.Dynamics of systems with changing configuration and with flexible beam-like links. Mech. Mach. Theory, 2000, 35: 1515-1534

[10] Wang D, Vidyasagar M. Modeling a class of multilink manipulators with the last link flexible. IEEE Trans. Robot. Autom., 1992, 8(1): 33-41

[11] Lin J, Lewis F L.A symbolic formulation of dynamic equations for a manipulator with rigid and flexible links. Int. J. Robot. Res., 1994, 13(5): 454-466

[12] Lee J D, Geng Z. Dynamic model of a flexible Stewart platform. Comput. Struct.,1993. 48(3):367-374

[13] Fattah A, Misra A K, Jorge A. Dynamics of a flexible-link planar parallel manipulator in Cartesian space. Proc. 20th ASME Design Autom. Conf., 1994: 483-490

[14] Kang B, Mills J K. Dynamic modeling of structurally-flexible planar parallel manipulator. Robotica, 2002, 20(3): 329-339

[15] Wang X Y, James K M.Dynamic modeling of a flexible-link planar parallel platform using a sub structuring approach. Mech. Mach. Theory, 2006, 41: 671-687

[16] Wang X Y, James K M. FEM dynamic model for active vibration control of flexible linkages and its applications to a planar parallel manipulator. Appl. Acoust., 2005, 66: 1151-1161

[17] Zhang X, Mills J K, Cleghorn W L. Vibration control of elas- todynamic response of a 3-PRR flexible parallel manipulator using PZT transducers. Robotica, 2008, 26(5): 655-665

[18] Wang X Y, Mills L K. Experimental model analysis of flexible linkage in a smart parallel platform. Proc. 7th Cansmart Meeting-Int. Workshop Smart Mater. Struct., 2004: 37-46

[19] Du Z C, Yu Y Q, Zhang X P. Dynamic modeling of planar flexible parallel manipulators. Chinese J. Mech. Eng. (Chinese Edition), 2007, 43(9): 96-101

[20] Granville D, Reginster P, Lombard Y. SAMCEF DESIGN, a new object oriented environment for the design of mechanical systems. Eur. Space Agency (Special Pub.), 2001,(468): 309-315

(In *IEEE Transaction on Robotics*, 2011, 27(5): 992-997)

第 7 章　欠驱动机器人动力学与控制

引　言

目前在工业生产中所使用的机器人均为刚性全驱动机器人，其优点是可以较容易地建立起机器人的运动学模型和动力学模型，在控制上也较容易保证机械臂和末端执行机构的定位与操作精度。但研究表明，这种刚性全驱动机器人所操作负载的重量通常只有其自重的 5%～10%，而在工作中移动机器人手臂所消耗的能量通常为其所操作负载的 8～20 倍。为减轻机器人重量，节约材料和驱动能源，人们主要沿着两条思路进行探索。一方面，从机器人的机构设计角度出发，尽量减少构件所用材料，进行结构优化设计，因此，以柔性构件为主要结构的柔性机器人应运而生，成为机器人领域的前沿课题之一，本书第 4～6 章已经详细讨论了柔性机器人的问题，本章不再赘述。

另一方面，由于机器人的机械臂惯性和转动惯量较大，所以驱动它们的驱动器(通常为电机)容量也较大，且耗能高，重量大，占去了机器人总重量的很大比重。因此，为了降低机器人的总重量，人们考虑放弃机器人中某些关节上的笨重电机，使之成为无驱动的自由关节或被动关节，这显然比减少杆件材料对降低机器人整体重量的影响更加直接和有效，因此，就产生了这种具有非驱动关节的欠驱动机器人(Underactuated Robot)，成为机器人领域的研究新方向之一，也是本章的主要研究内容。

同时，人们发明机器人的主要目的就是要让它像人的手臂一样代替人从事复杂的劳动，欠驱动机器人正是实现这一目标的必然产物。人们在对人和动物劳动过程的研究中发现，其每一个关节并不是时刻都被其肌肉所驱动的，有些关节经常是处于非直接驱动状态，其运动是由其他关节的动力耦合实现的。这种运动方式既可使动作协调，也能节约驱动能量，因此人们从人和动物的动力耦合驱动模式中得到启发，提出了减少驱动电机数量的欠驱动机器人，这在机械结构和应用范围上比传统全驱动机器人提高了一大步，也是类人机器人的主要形式之一。

另外，欠驱动机器人在外太空开发及核能设备维护等领域具有广阔的应用空间。在这种场合中，人不易接近机器人，设备不易维修；而这种欠驱动机器人质量轻，驱动力矩小，节约能源，结构简单，储存空间小，可在狭小空间内灵活作业。除此以外，这种欠驱动机器人还可以作为全驱动机器人的容错系统，当全驱动机器人的某些电机出现故障时，可将其转换成欠驱动系统仍能继续完成一定任务。所以，研究和发展欠驱动机器人不仅具有重要的理论意义，而且具有广阔的应用前景。

在欠驱动机器人系统中，由于机器人的某些关节缺少驱动器，这些关节就退化为自由运动的被动关节，从而使控制输入数少于机器人系统的自由度，这种欠驱动机器人在动力学上异于通常的全驱动机器人，退化成为二阶非完整动力系统，在通常情况下，这种机器人是无法正常工作的，必须借助恰当的控制策略来完成预定任务，这在很大程度上加大了研究难度。因此，关于欠驱动机器人的研究主要集中在应用反馈线性化技术、模糊控制、滑动模控制、非线性控制等方法进行部分欠驱动刚性机器人的理论研究，但多数都是以两级或三级倒立摆为研究对象的，虽然也属于二阶非完整系统，但由于倒立摆有重力作用，其被动关节也直接受到重力的驱动，利用其重力势能可使其控制问题大大简化，但该被动关节不是完全自由的，因此，并非纯粹的欠驱动机器人。实际上，完全在水平面内运动的欠驱动机器人，由于各构件重力对平面运动不起作用。因此，这才是真正意义上的欠驱动机器人，而这方面的研究却很少，本章主要以此为对象进行研究。

在水平运动欠驱动机器人的研究中，主要都是针对含有一个被动关节的两自由度机械臂开展的，对三自由度以上的机器人研究相对较少，主要原因是，两自由度机械臂中只依靠一个主动关节的运动来耦合驱动一个被动关节，这样，无论是动力学耦合还是控制策略都比较容易实现。而对于三自由度以上的机械臂来说，需要用两个或多个主动关节的运动共同耦合驱动一个被动关节，两主动关节之间的关系较为复杂，相应的控制策略比较难制定，很难取得比较好的控制效果。但实际上，多个主动关节运动所能提供的耦合空间比一个主动关节要大得多，因此其耦合作用也应该比一个关节要好，只要能深入探索两主动关节之间的关系，总结出规律，根据此制定出相应的控制策略，完全可以得到比两自由度机器人更好的运动效果。当然，这一工作有一定困难，但从科学研究的角度就更值得去探索，本章内容就是在此方面开展的一系列研究工作。

在欠驱动机器人的研究中，为了达到比较好的控制效果，人们往往在被动关节上增加或安装一个制动器，在某些运动时间内对被动关节采取制动，但是，从广义上讲，制动也是驱动的一种特殊形式，有了制动器之后，该被动关节就不是自由关节了，而是受着一种特殊驱动的作用，因此，从这个意义上说，该机器人也不是真正意义上的欠驱动系统。虽然可能控制效果较好，但这就已经失去了欠驱动机器人的研究意义和学术价值。另外，从实际应用的角度来说，欠驱动机器人本来就是为了减轻机器人的重量而采取去掉某些电机的方法产生的，如果在没有电机的关节上再增加与电机重量相当的制动器，那么减重的目的完全没有达到，从而失去了欠驱动机器人存在的意义。从另一个角度讲，用制动器控制被动关节的作用显然没有直接在该关节上安装电机或驱动器的控制效果好，但如果将制动器改换成电机的话，该机器人系统就又变回成全驱动机器人了，这显然是无意义的。因此，无论从理论研究上还是从实际应用上，增加制动器的方法都是不合理而且没有意义的，它仅仅是在实验室研究过程中的一个临时性措施，本章研究中有时也采取此方法，但主要是以含有完全自由关节的真正欠驱动机器人为对象开展的。

从国内外相关研究状况可知，大多是在全驱动柔性机器人和欠驱动刚性机器人这两个领域分别进行研究的，然而，柔性机器人和欠驱动机器人在满足机器人的轻型化设计要求方面的一致性，使得两者结合成为可能和必然，这就构成了欠驱动柔性机器人这一新的机器人形式，也拓展出了欠驱动柔性机器人这一新的研究方向。只要充分认识欠驱动机器人和柔性机器人各自特点，借鉴两个领域的研究成果，就可以综合发挥两种机器人的优势，综合提高机器人系统的动力学性能和工作品质，本章研究在此方面进行了一些尝试。

本章主要讨论了欠驱动机器人的运动规划及轨迹跟踪控制问题，由 13 篇论文组成。其中，文 88 应用模糊控制方法研究了水平运动的欠驱动两关节刚性机器人位置控制问题，制定了有效控制策略，通过实验实现了该欠驱动机器人关节位置的精确控制。文 89 针对平面 2R 欠驱动机器人的轨迹跟踪问题，提出了一种基于模糊理论的智能控制方法，从仿真和实验两个层面上实现了该欠驱动机器人末端多种轨迹的跟踪控制。文 90 设计了一种基于遗传算法的模糊控制器，仿真结果显示出其在无制动器的两关节机械臂水平运动规划上的优越性。文 91 则将此方法拓展到欠驱动三关节机械臂的运动规划和轨迹跟踪上，也取得了较好效果。文 92 进一步研究了欠驱动三关节平面机器人的避障控制问题。文 93 将遗传算法与变结构控制方法结合到一起，设计了一种部分稳定规划器，有效实现了欠驱动三关节平面机器人的最优运动生成和轨迹跟踪控制，具有良好的稳定性和自适应性。在以上理论研究的基础上，文 94～文 97 在研制的水平运动欠驱动三自由度机器人平台上，从实验研究角度将欠驱动机器人运动控制水平提升到了一个新的高度。文 94 基于分层控制思想提出一种模糊控制系统，在实验上实现了水平运动的欠驱动三关节机器人在操作空间中机械臂末端点到点的位置控制。文 95 完成了该欠驱动机器人末端的圆弧和直线轨迹跟踪实验。文 96 提出了一种多输出控制策略，实现了两主动关节同时耦合控制一个被动关节的目的，使跟踪精度提高到了一个新水平。文 97 提出了一种双模态模糊 PID 复合控制算法同时实现了水平运动的四关节欠驱动机器人的位置和姿态控制，使该问题研究更加深入。以上研究都是围绕欠驱动刚性机器人开展的，文 98 将研究工作拓展到了欠驱动柔性机器人，分析了主动与被动关节的加速度耦合，以及被动关节与驱动力矩的动力学耦合效应，并针对欠驱动柔性机器人，提出了柔性杆弹性变形与主动关节及被动关节的动力学耦合指标。文 99 以平面三自由度欠驱动柔性机器人为研究对象，基于假设模态动力学模型，分步分析了欠驱动系统的状态可控性和振动可控性。在此基础上，文 100 开展了欠驱动柔性机械臂的位置控制研究，提出了一种分段位置控制策略，从仿真和试验两方面完成了 2R 欠驱动柔性机器人的位置控制。

本章主要在水平运动的二、三及四关节欠驱动刚性机器人的运动规划与轨迹跟踪方面进行了比较系统的研究，并在二关节欠驱动柔性机器人的位置控制上开展了基础性研究，而欠驱动机器人动力学与控制是机器人领域的一个新的研究方向，研究难度大，控制效果不理想，因此，还有许多问题有待深入研究，例如，将冗余度机器人与欠驱动机器人以及柔性机器人结合，开发欠驱动冗余度柔性机器人研究新方向；具有避障等性能的四关节欠驱动平面机器人位置规划和轨迹跟踪；具有多个被动关节和多自由度及冗余自由度的欠驱动机器人运动规划与动力控制；含有多关节的欠驱动柔性机器人运动规划和轨迹跟踪控制等。

§88　基于模糊控制的 2R 欠驱动机器人位置控制

方道星　余跃庆　陈炜

（北京工业大学，北京　100022）

摘　要：基于模糊控制理论，研究 2R 欠驱动机器人关节的位置控制问题。在被动关节附加电磁制动器以控制关节间的耦合状态。根据电磁制动器的工作状态，将欠驱动机器人的位置控制分为两个阶段。第一阶段，制动器解锁，利用被动关节加速度与驱动关节转矩间的动力学耦合效应，间接控制被动关节沿预定轨迹运动到预定位置，同时总结模糊控制规则，设计用于控制被动关节运动的模糊控制器。第二阶段，制动器锁定，然后驱动关节运动到预定位置。设计并搭建了基于可编程多轴运动控制卡的试验控制系统。最后通过试验成功实现 2R 欠驱动机器人关节的位置控制。试验数据表明，模糊控制方法对于机器人被动关节具有较高的位置控制精度，鲁棒性良好，并且不依赖于机器人动力学模型，实时控制的计算量小，体现出智能控制的优越性。

关键词：欠驱动机器人；模糊控制；位置控制；控制系统

1. 引言

当今世界，机器人技术迅猛发展。出于轻质、低耗等目的，人们将机器人中某些关节的驱动装置省略，减轻了重量，提高了机械臂的比刚度。关节退化为自由运动的被动关节，产生了含有被动关节的欠驱动机器人[1]，非常适合能源紧张而需要尽量减少驱动的场合，如水下机器人、太空机器人等；另外，在全驱动机器人某些驱动装置失效的情况下，将失效关节作为被动关节控制，可以满足应急使用[2]。欠驱动机器人是当前机器人研究领域的热点[3]。

但是，由于机器人某个或某些关节缺少驱动器，产生了独立控制变量(驱动单元）少于系统自由度(关节数)的情况。这时被动关节的加速度仅受到来自其他关节的动力学约束。这样的系统属于二阶非完整系统，控制上的难度大大增加。在位置控制和运动控制方面，欠驱动机器人缺乏对任意状态空间轨迹的跟踪能力，运动轨迹的生成比一般常规系统要难得多[4]。因此，机器人必须借助恰当的控制策略才能完成预定任务[5]。

世界各国从 20 世纪 80 年代末开展这方面的研究。Arai 等[6]通过在被动关节施加制动器并运用前馈加 PID 反馈的方法，实现了 2R 欠驱动机器人的位置控制。Bergerman 等[7]研究了带有欠驱动臂的 3R 机器人。Yu 等[8]运用施加在被动关节上的摩擦作用控制被动关节的自由和锁定，并开发了两种位置控制算法。我国的朱齐丹等[9]利用平均值法对欠驱动机器人模型进行简化，提出了一种非线性闭环反馈控制方法。陈炜等[10,11]研究了具有柔性臂的欠驱动机器人，在动力学建模、动力学耦合特性分析、位置控制和振动控制等方面进行了深入研究。

目前已有的控制方法都基于精确的动力学模型，虽然达到了较高的控制精度，但同时具有一定的局限性：建模困难，实时控制算法复杂，控制效果受动力学模型精度的影响；当各项控制参数整定后，控制器对系统参数的变化和外部干扰比较敏感，难以适应实际的应用场合。

本文采用模糊控制方法研究具有两个转动副的 2R 欠驱动机器人的位置控制。与传统控制方法相比，该方法不依赖于被控对象的数学模型，具有响应快、鲁棒性好等优点，适合于欠驱动机器人这类非线性系统的控制。搭建了 2R 欠驱动机器人试验装置，最后通过试验实现了对机器人关节位置的精确控制。

2. 2R 欠驱动机器人动力学模型

2R 欠驱动机器人模型如图 1 所示。由于本文研究的是平面机器人，故重力矩阵项不用考虑，其动力学方程可写为

$$m(\theta)\ddot{\theta}+F(\theta,\dot{\theta})\dot{\theta}+f(\dot{\theta})=\tau \tag{1}$$

式中，m 为质量惯性矩阵；F 为刚度矩阵；f 为阻尼矩阵；τ为机器人关节转矩。

动力学方程用矩阵形式表达如下

$$\begin{pmatrix} m_{11} & m_{12} \\ m_{21} & m_{22} \end{pmatrix}\begin{pmatrix} \ddot{\theta}_1 \\ \ddot{\theta}_2 \end{pmatrix}+\begin{pmatrix} F_1 \\ F_2 \end{pmatrix}\begin{pmatrix} \dot{\theta}_1 \\ \dot{\theta}_2 \end{pmatrix}+\begin{pmatrix} f_1 \\ f_2 \end{pmatrix}=\begin{pmatrix} \tau_1 \\ 0 \end{pmatrix} \tag{2}$$

式中，下标 1 为驱动关节，2 为被动关节。欠驱动机器人的被动关节无转矩输入，其运动受到了二阶非完整约束。但是被动关节加速度与驱动关节输入转矩之间存在动力学耦合关系，可以通过控制驱动关节的输入转矩，间接控制被动关节的运动，完成欠驱动机器人的位置控制。

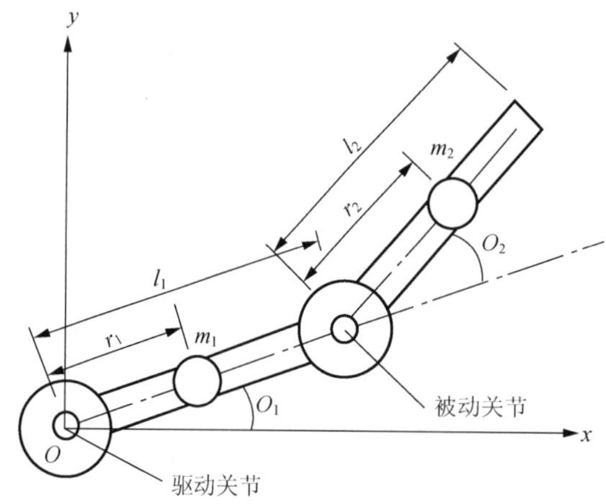

图 1　2R 欠驱动机器人模型示意图

3. 关节运动模糊控制方法

3.1　被动关节的控制规则

在被动关节上附加制动器以控制机械臂间的动力耦合作用。当制动器解锁时，被动关节是自由的。此时利用与驱动关节之间的动力耦合作用，间接控制被动关节沿一条预定的轨迹运动。当被动关节到达预定位置时，制动器啮合并锁定被动关节，消除机械臂间的动力耦合作用。采用比例积分微分 PID 控制使驱动关节运动到预定位置，最终实现两个关节的位置控制，完成点到点操作任务。

制动器解锁时，被动关节的运动轨迹并不是任意的，必须同时满足下面的运动边界条件，即

$$\theta_2^{\mathrm{d}}(t_1)=\theta_2^{0},\quad \theta_2^{\mathrm{d}}(t_2)=\theta_2^{\mathrm{end}},\quad \dot{\theta}_2^{\mathrm{d}}(t_1)=\dot{\theta}_2^{\mathrm{d}}(t_2)=0 \tag{3}$$

式中，θ_2^{d} 为预定的被动关节角度；θ_2^{0} 为被动关节初始位置；θ_2^{end} 为被动关节目标位置；t_1,t_2 为制动器解锁，锁定时刻。

选定的被动关节运动轨迹表达式如式(4)，轨迹曲线如图 2 所示。

$$\theta_2^{\mathrm{d}}(t)=\begin{cases} \theta_2^{0}, & 0\leqslant t\leqslant t_1 \\ \theta_2^{0}+\left(\theta_2^{0}-\theta_2^{\mathrm{end}}\left[\dfrac{t-t_1}{t_2-t_1}-\dfrac{1}{2\pi}\sin\dfrac{2\pi(t-t_1)}{t_2-t_1}\right]\right), & t_1\leqslant t\leqslant t_2 \\ \theta_2^{\mathrm{end}}, & t_2\leqslant t\leqslant t_3 \end{cases} \tag{4}$$

式中，t_1 时刻制动器解锁，利用动力耦合关系，驱动关节带动被动关节沿预定轨迹转动。t_2 时刻被动关节到达预定位置 θ_2^{end}，角速度 $\dot{\theta}_2^{\mathrm{end}}$ 为零，此时制动器锁定。t_3 时刻驱动关节到达预定位置 θ_1^{end}。

在以前的研究中，机械臂之间的动力学耦合关系是通过模型精确求出的。实际上人们即使没有模型概念，也可以根据自己的控制经验，抽象地利用这种耦合特性，反复转动驱动关节调整被动关

节到达某一角度。模糊控制即是模仿人类决策行为的一种智能控制方法，它仅通过对输入和输出信号的检测，利用语言变量将操作者的控制经验和知识描述成控制规则，然后按照人的思维过程改变系统的特性。基于模糊控制理论，可设计适用于 2R 欠驱动机器人的模糊控制器。

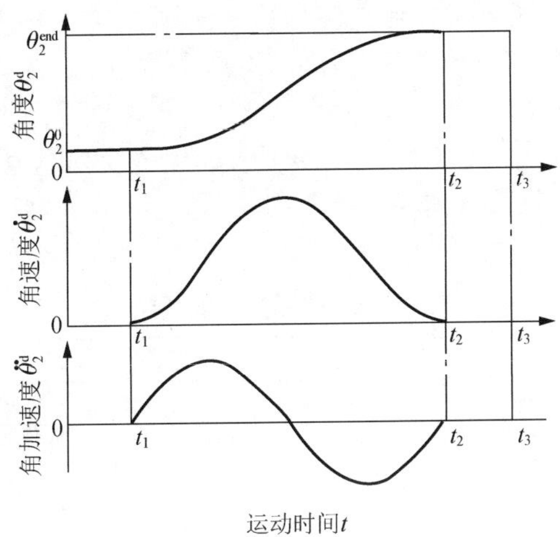

图 2　被动关节运动曲线

3.2　模糊控制器的结构

采用通用的二维模糊控制器结构，如图 3 所示。控制器输入为被动关节预定角度 θ_2^d 与实际角度 θ_2 的误差 e 及其变化率 η，输出为驱动关节转矩 τ。

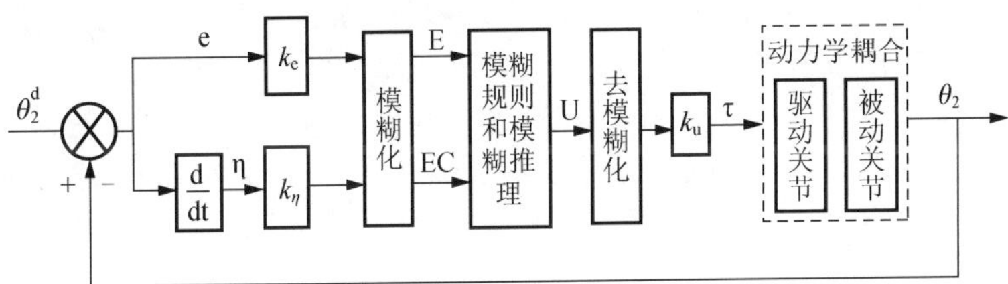

图 3　二维模糊控制器结构

3.3　输入量的模糊化

精确输入量 e 和 η 需要分别乘以量化因子 k_e 和 k_η 转换到各自的论域范围。这里设定模糊控制器的输入量标准论域皆为{−6,−5,−4,−3,−2,−1,0,1,2,3,4,5,6}。将输入量论域划分成“负大”、“负中”、“负小”、“零”、“正小”、“正中”、“正大” 7 个模糊子集，即{NB,NM,NS,ZO,PS,PM,PB}。各模糊子集的隶属函数采用具有良好抗干扰能力的高斯函数，函数曲线如图 4 所示。根据输入变量值和隶属函数，获得输入变量在各个模糊子集的语言值 E 和 EC。

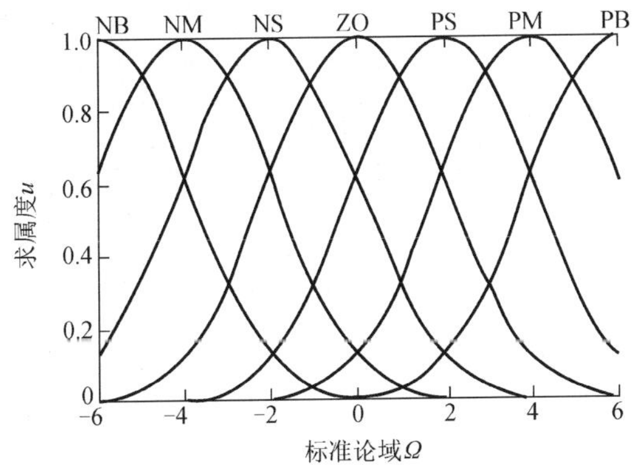

图 4　隶属函数曲线

3.4 模糊控制规则

根据控制经验总结出控制规则：假设被动关节转动方向为正，当检测到被动关节角度误差为正且误差变化率为正时，驱动关节应该反向输出转矩，利用动力耦合作用使被动关节产生正向角加速度，补偿角度正误差；反之，应该正向加大驱动关节的输出转矩，补偿被动关节角度负误差。规则选取的总体原则是：当误差较大时，选择控制量以消除误差为主；当误差较小时，选择控制量要防止超调，以系统的稳定性为主[12]。

输出变量取与输入变量一样的模糊子集，即 U={NB,NM,NS,ZO,PS,PM,PB}，同样采用高斯隶属函数。由于 E 和 EC 分别定义为 7 个模糊子集，因此共有 49 条规则。通过总结控制经验得出的模糊控制规则如表 1 所示。

表 1　模糊控制规则表

U \ EC E	模糊子集						
	NB	NM	NS	ZO	PS	PM	PB
NB	PB	PB	PB	PB	PM	0	0
NM	PB	PB	PB	PB	PM	0	0
NS	PM	PM	PM	PM	0	NS	NS
ZO	PM	PM	PS	0	NS	NM	NM
PS	PS	PS	0	NM	NM	NM	NM
PM	0	0	NM	NB	NB	NB	NB
PB	0	0	NM	NB	NB	NB	NB

3.5 模糊控制器查询表

模糊控制器的推理算法采用 Mamdani 方法，去模糊化则采用精度较高的重心法。根据以上控制规则、模糊推理和去模糊化方法，可计算得到模糊控制器查询表，如表 2 所示。此查询表存放于计算机储存器中。每一个控制周期中，计算机将所采集到的被动关节角度实测误差 e 和误差变化率 η 转换到各自的离散论域中，由表 2 查到相应的控制输出值 u，再乘以量化因子 k_u 便得到驱动关节的输出转矩值 τ。由于查询表可离线计算，所以在线实时控制的计算量很小。

表 2　模糊控制器查询表

u \ EC E	论域												
	−6	−5	−4	−3	−2	−1	0	1	2	3	4	5	6
−6	6	6	4	4	4	4	3	3	2	1	1	0	0
−5	6	6	4	4	4	4	3	3	2	1	1	0	0
−4	6	6	4	4	4	4	3	3	1	0	0	−2	−2
−3	6	6	4	4	4	4	3	3	1	0	0	−2	−2
−2	6	6	4	4	3	3	1	1	1	0	0	−2	−2
−1	6	6	5	5	2	2	0	−1	−1	−2	−2	−5	−5
论域 0	5	5	2	2	1	1	0	−1	−1	−2	−2	−5	−5
1	5	5	2	2	1	1	1	−2	−2	−5	−5	−6	−6
2	2	2	0	0	−1	−1	−1	−3	−3	−4	−4	−6	−6
3	2	2	0	0	−1	−3	−3	−4	−4	−4	−4	−6	−6
4	2	2	0	0	−1	−3	−3	−4	−4	−4	−4	−6	−6
5	0	0	−1	−1	−2	−3	−3	−4	−4	−4	−4	−6	−6
6	0	0	−1	−1	−2	−3	−3	−4	−4	−4	−4	−6	−6

4 2R 欠驱动机器人试验研究

4.1 试验装置及控制系统

2R 欠驱动机器人试验装置如图 5 所示，关节与机械臂均为刚性。机械结构采用模块化设计，各结构部件之间由螺钉连接，方便拆卸与安装。机械臂末段加工有负载安装孔，可附加质量不等的负载。第 1 关节为驱动关节，采用交流伺服电动机加行星减速器驱动。第 2 关节为被动关节，转轴安装电磁离合器作为制动器。机器人结构参数见表 3。

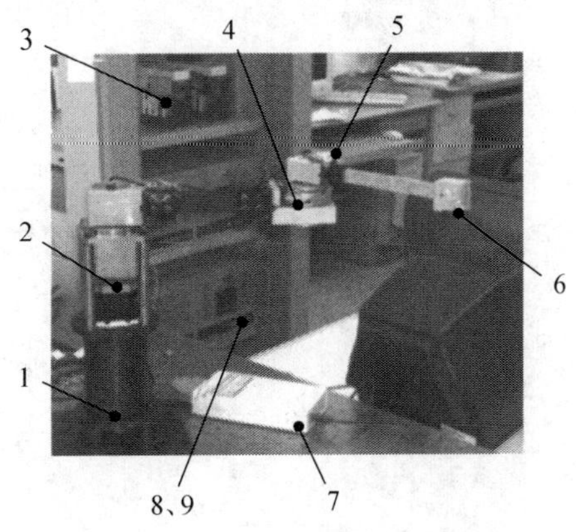

图 5　2R 欠驱动机器人试验装置

1. 伺服电动机；2. 减速器；3. 电动机驱动器；4. 电磁离合器；5. 速度陀螺仪；6. 末端负载；7. A/D 信号采集盒；8. 工控 PC 机；9. 多轴运动控制卡

表 3　机器人结构参数

参　　数	驱动机械臂	被动机械臂
总长 l/mm	273	240
质心距 r/mm	164	53
质量 m/g	2912	471
转动惯量 I/(g·m^2)	36.06	1.244

试验控制系统如图 6 所示。电动机驱动器运行在转矩控制模式下。PMAC 卡(可编程多轴运动控制卡)置于工控机 ISA 卡槽内，实时获取控制软件的指令，通过内置的 16 位数/模转换单元向电动机驱动器发送转矩控制信号。

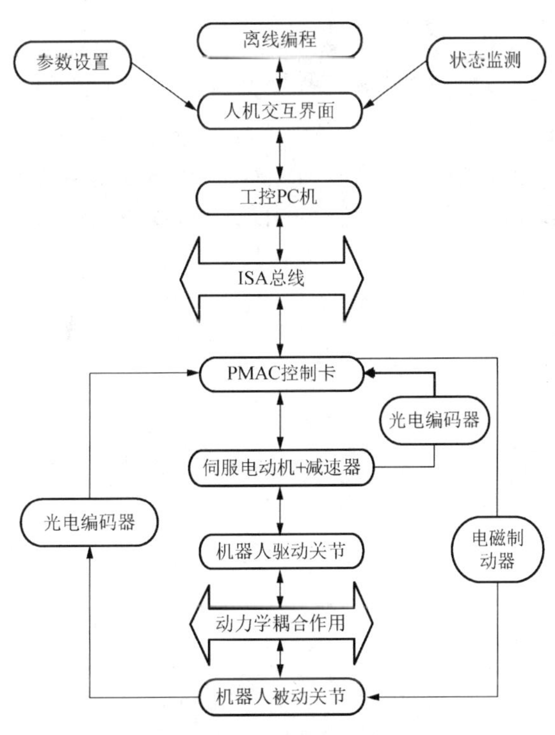

图 6　试验控制系统框图

电动机的光电编码器将驱动关节角度信息反馈到 PMAC 卡。但对于被动关节，高精度光电编码器的结构尺寸和质量都较大，不便于安装，故采用轻便、小巧的高精度速度陀螺仪检测角速度，其灵敏度达到了 $4\mathrm{mV}\cdot(°)^{-1}\cdot\mathrm{s}^{-1}$。陀螺仪固定于被动关节转轴上，随关节转动时输出角速度信号。A/D 信号采集盒实时将信号采集至工控机。将测得的角速度值积分后可以得到关节转动角度。

利用 Visual C++6.0 编制了试验控制软件。软件界面如图 7 所示，界面负责响应用户指令、控制参数设置、试验数据保存以及数据实时显示。该软件通过调用 PMAC 卡提供的动态库 Pcomm32 中的函数，可以实时与 PMAC 卡进行数据交换，实现各种试验控制指令。

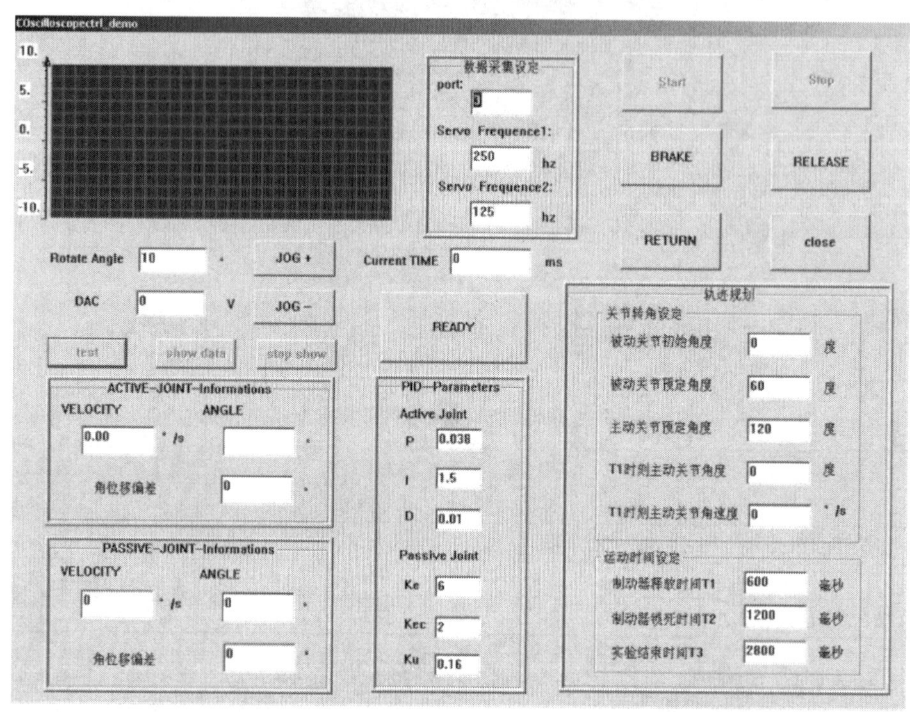

图 7　试验控制界面

4.2　被动关节的阶跃响应

被动关节转角 θ_2 的阶跃响应如图 8 所示。首先在末端负载质量为 150g 的情况下，整定控制器的量化因子（k_e=4.2, k_η=2.5）和比例因子（k_u=0.7），使系统的阶跃响应达到要求。如图 8 实线所示，上升时间 t_r=0.56s，稳态误差 ε=1.3%，最大超调量为 2.8%。在控制器参数不变的前提下，将末端负载质量加大到 300g。如图 8 虚线所示，上升时间 t_r=0.58s，稳态误差 ε=1.5%，最大超调量为 2.9%。系统动态响应依然很快，超调很小，表现出对负载变化较强的适应能力。

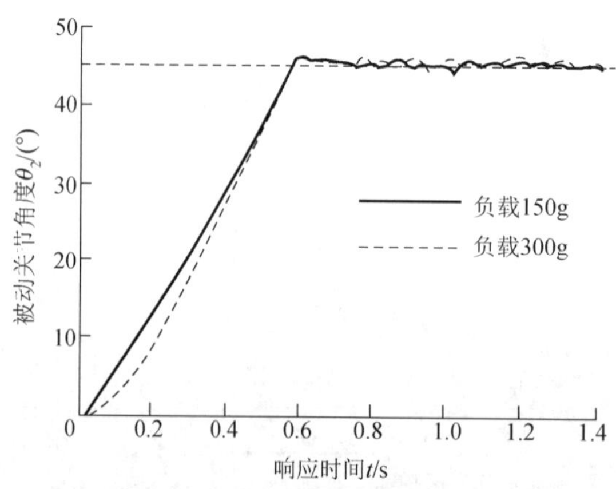

图 8　被动关节的阶跃响应

4.3　被动关节的位置控制

在第一组试验中，选定末端负载质量为 150g，关节初始位置 $\theta_1^0=0°$，$\theta_2^0=0°$，目标位置 $\theta_1^{end}=90°$，$\theta_2^{end}=60°$。选定 t_1=0s，t_2=1.2s，控制周期 t_c=8ms。试验结果如图 9～图 11 和表 4 所示(间隔 2 个采样点显示 1 个被动关节轨迹试验数据)。

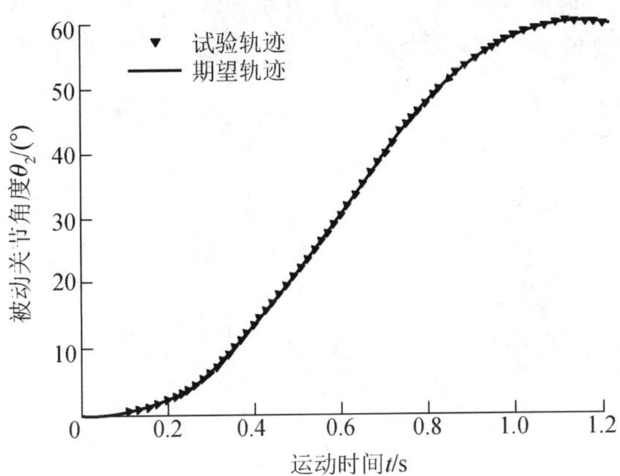

图 9　150g 负载下被动关节的运动轨迹

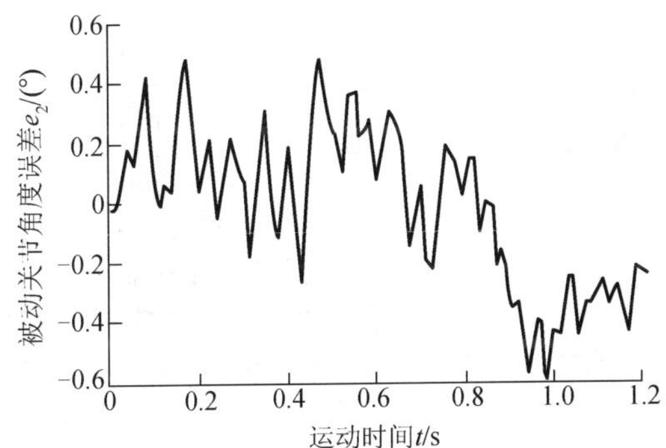

图 10　150g 负载下被动关节的轨迹跟踪误差

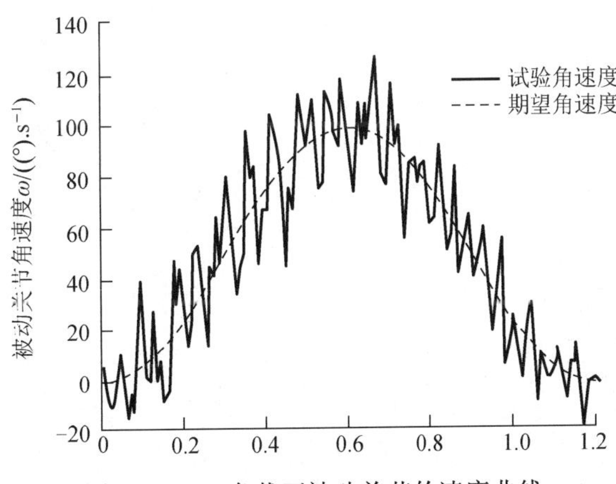

图 11　150g 负载下被动关节的速度曲线

表 4　150g 负载下的试验数据

正向最大误差 e_{max}^{+}	负向最大误差 e_{max}^{-}	最终定位误差 e_{end}	标准偏差 e_{sd}
0.48	−0.59	−0.21	0.25

试验结果表明，采用模糊控制方法可以控制被动关节精确地沿着预定轨迹转动到预定位置。第

一阶段的控制结束时，被动关节角速度 $\dot{\theta}_2$ 接近于零。但是试验跟踪曲线不够平滑，这是因为模糊控制本质是一种非线性 PD 控制，动态性能好，控制过程会出现不平滑现象。如图 10 所示的跟踪误差在试验前段时间为正值，而后段时间为负值，主要是由于被动关节存在摩擦转矩，关节转动和停止都要经过一段摩擦死区，影响了跟踪精度。

在−90°～90°范围内，被动关节预定角度 θ_2^{end} 每间隔 15°做一次试验，结果如图 12 所示。被动关节误差最大绝对值仅为 0.24°。试验表明，对于不同的被动关节目标位置，控制器都可实现高精度控制。

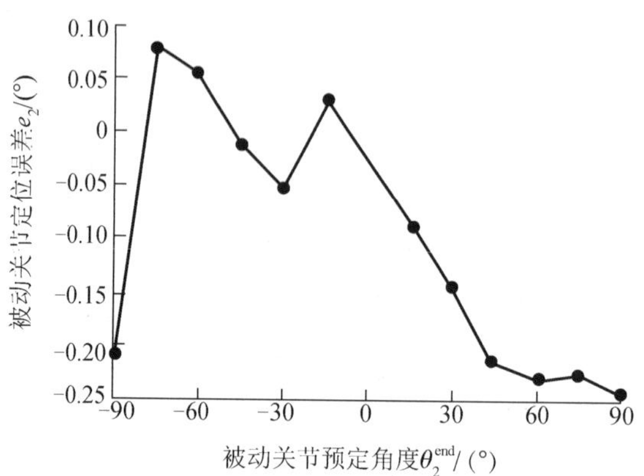

图 12　被动关节定位误差

在第二组试验中，增大机器人末端负载至 300g，不改动任何控制参数，试验结果如表 5 和图 13～图 15 所示。

表 5　300g 负载下的试验数据

正向最大误差 $e_{\max}^{+}$	负向最大误差 $e_{\max}^{-}$	最终定位误差 e_{end}	标准偏差 e_{sd}
0.45	−0.61	−0.22	0.27

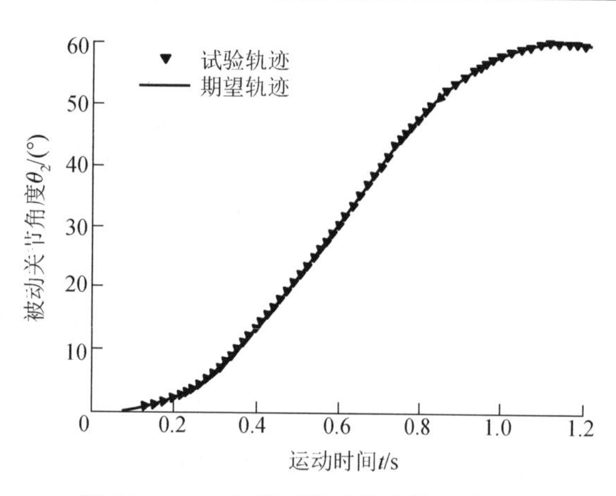

图 13　300g 负载下被动关节的运动轨迹

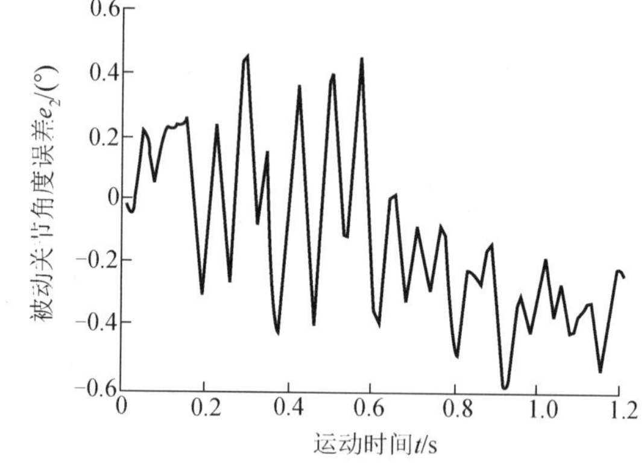

图 14　300g 负载下被动关节的轨迹跟踪误差

尽管负载增大一倍，控制对象的惯量变化范围很大，但是试验各项指标的变化均在 8%以内，被动关节依然精确地到达预定位置。所设计的模糊控制器对负载的变化并不敏感，表现出较强的对环境变化的适应能力，具有一定的鲁棒特性。同时发现被动关节角速度的抖动频率有所增加，这是由于机械臂末端负载加大后，欠驱动臂的质心距随之增加，动力耦合指标[13]增大，因此关节间的动力耦合程度更强烈，被动关节的抖动加剧。

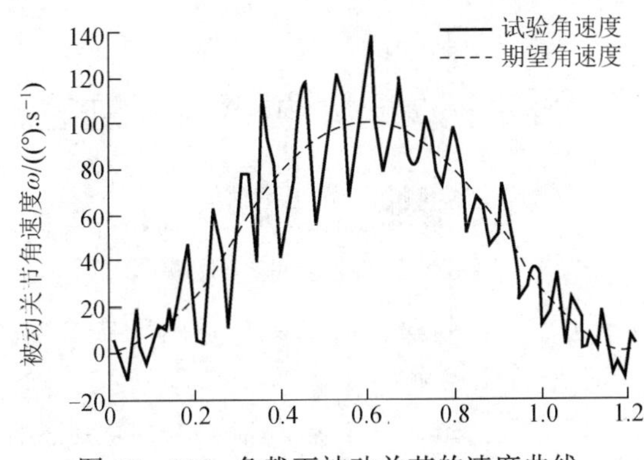

图 15　300g 负载下被动关节的速度曲线

5. 结论

(1) 采用模糊控制理论并结合一定的控制策略，可以完成 2R 欠驱动机器人被动关节位置的精确控制。该方法不依赖机器人动力学模型，算法简单，实时计算量小。

(2) 在不同外界载荷作用下，不改变控制器的参数，此控制方法仍然具备良好的稳定性能，控制器对末端负载质量的变化表现出较好的适应性，适合实际应用场合。

(3) 利用 PMAC 控制卡作为控制器，所搭建的试验控制系统功能完备，可以实现关节动力控制、控制参数设置、数据实时采集等功能，满足欠驱动机器人控制试验的要求。

参考文献

[1] Spong M W. Underactuated mechanical systems// International Workshop on Control Problems in Robotics and Automation, San Diego, 1997: 1-15

[2] 栾南，明爱国.含有非驱动关节机器人的学习控制. 机器人, 2002(3): 25-31

[3] 王磊.具有非驱动臂的机器人控制方法研究.哈尔滨：哈尔滨工程大学，2003

[4] 陈炜，余跃庆，张绪平. 欠驱动机器人研究综述. 机械设计与研究，2005，21(4)：21-26

[5] 周祥龙，赵景波. 欠驱动非线性控制方法综述. 工业仪表与自动化装置，2004，5(8)：10-13

[6] Arai H, Tachi S. Position control of a manipulator with passive joints using dynamic coupling. IEEE Transactions on Robotics and Automation, 1991, 7(4): 528-534

[7] Bergerman M ，Lee C, XU Y. Experimental study of an underactuated manipulator. Pittsburgh Pennsylvania: Carnegie Mellon University, 1995: 83-85

[8] Yu K H, Shito Y, Inooka H. Position control of an underactuated manipulator using joint friction. Non-linear and Automation, 1998, 33(4): 604-607

[9] 朱齐丹，席志红. 具有非驱动关节机器人的位置闭环控制.哈尔滨工程大学学报，2002，23(4)：67-72

[10] 陈炜，余跃庆，张绪平，等. 欠驱动柔性机器人的动力学建模与耦合特性. 机械工程学报，2006，42(6)：16-23

[11] 陈炜，余跃庆，张绪平，等. 欠驱动柔性机器人的建模与仿真. 中国机械工程，2006，17(9)：931-936

[12] 诸静. 模糊控制原理与应用. 北京：机械工业出版社，2003

[13] Bergerman M, Lee C, Xu Y. Dynamic coupling of underactuated manipulators// Proceedings of the 4th IEEE Conference on Control Applications, September, 1995: 500-505

(原载《机械工程学报》2008, 44(1): 144-149)

§ 89　2R 平面欠驱动机器人轨迹控制研究

方道星　余跃庆　周　刚　丁　立
（北京工业大学，北京　100022）

摘　要：针对 2R 平面欠驱动机器人的轨迹控制问题，提出了基于模糊理论的智能控制方法。相比于目前的控制方法，模糊控制不依赖于机器人动力学模型，实时计算量小，鲁棒性良好。搭建了 2R 欠驱动机器人试验装置及其控制系统，完成了机器人末端多种轨迹的跟踪试验。试验结果显示该方法具有较高的控制精度与优良的鲁棒特性。

关键词：欠驱动机器人；非完整约束；模糊控制；轨迹跟踪

1. 引言

欠驱动机器人是一类含有被动关节、控制输入数目少于系统自由度数目、能用较少的驱动装置完成复杂任务的机械系统[1-4]。

由于欠驱动机器人的被动关节缺少驱动器，不能直接控制被动关节，因此欠驱动机器人缺乏对任意状态空间轨迹的跟踪能力，运动轨迹的生成比一般常规系统要难得多[5]。机器人必须借助适当的控制策略才能完成预定任务[6]。

国外，De Luca 等[7]给出了欠驱动机械系统短时间局部可控的条件；Arai 等[8,9]通过在被动关节施加制动器，对 2R 欠驱动机器人的位置和轨迹跟踪控制问题进行了研究；Suzuki 等[10]通过主动关节的周期运动来控制被动关节渐近稳定到平衡点。国内，朱齐丹等[11]提出了非线性闭环反馈控制方法；何广平等[12]针对欠驱动机器人的动力学耦合奇异问题展开了研究。陈炜等[13]以具有柔性杆的欠驱动机器人为研究对象，在动力学建模、动力学耦合特性分析、位置和振动控制等方面进行了深入研究。

目前欠驱动机器人的研究大多集中在被动关节的位置控制上。在实际应用中，欠驱动机器人末端轨迹控制也是十分重要的。

本文以 2R 平面欠驱动机器人为研究对象，将模糊控制方法应用于对机械臂末端轨迹的控制。

2. 动力学模型

2R 欠驱动机器人模型如图 1 所示。由于本文研究的是平面机器人，故重力矩阵项不用考虑，其动力学方程为

$$M(\theta)\ddot{\theta}+F(\theta,\dot{\theta})\dot{\theta}+f(\dot{\theta})=\tau \tag{1}$$

式中，M、F、f 分别为系统的质量惯性矩阵、刚度矩阵、阻尼矩阵；θ为机械臂关节角度矩阵；τ为机器人关节转矩。

式(1)可写成如下分块形式

$$\begin{bmatrix} M_{11} & M_{12} \\ M_{21} & M_{22} \end{bmatrix}\begin{bmatrix} \ddot{\theta}_1 \\ \ddot{\theta}_2 \end{bmatrix}+\begin{bmatrix} F_1 \\ F_2 \end{bmatrix}\begin{bmatrix} \dot{\theta}_1 \\ \dot{\theta}_2 \end{bmatrix}+\begin{bmatrix} f_1 \\ f_2 \end{bmatrix}=\begin{bmatrix} \tau_1 \\ 0 \end{bmatrix} \tag{2}$$

式中，下标 1 为驱动关节；下标 2 为被动关节。

欠驱动机器人在模型上与全驱动系统相似，但被动关节无转矩输入，其加速度约束具有不可积特性，其运动受二阶非完整约束，因此，无法从运动学角度直接控制被动关节的运动。但是，驱动关节加速度、被动关节加速度之间存在耦合关系，可以通过直接控制驱动关节的加减速，利用耦合关系间接控制被动关节的运动。由于这时关节的运动直接与输入转矩相关，因此应从动力学角度控制欠驱动机器人的运动。

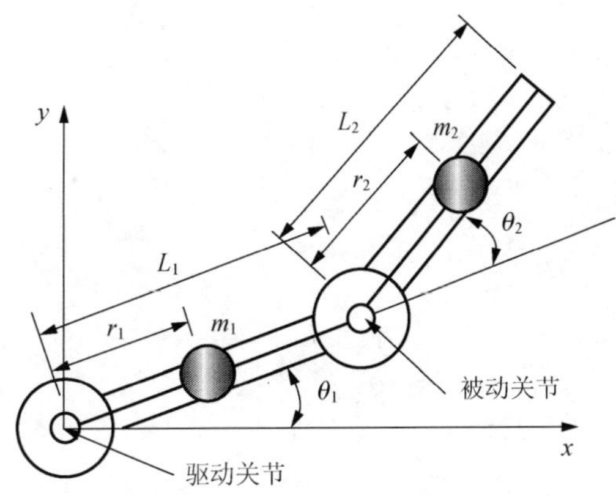

图 1　机器人模型示意图

3. 轨迹的路径坐标

机器人末端运动轨迹为操作空间内一条连续的曲线。首先需要对此曲线进行数学描述，作为机器人控制的依据。由于路径坐标系[14,15]对规则曲线的表达简单清晰，便于模糊控制方法的描述，因此采用路径坐标系确定末端运动轨迹。假设机器人操作空间是 n 维，那么路径坐标系由表示路径长度的标量参数 s 和垂直于 s 的矢量参数 $x_1,x_2,\cdots,x_{n-1}$ 所组成，如图 2 所示。在路径坐标系中，轨迹上的任意一点 $p\in \mathrm{R}^n$ 可表示为

$$p=[\,x_1, x_2, \cdots, x_{n-1}, s]^{\mathrm{T}}=[x^{\mathrm{T}}\quad s]^{\mathrm{T}} \tag{3}$$

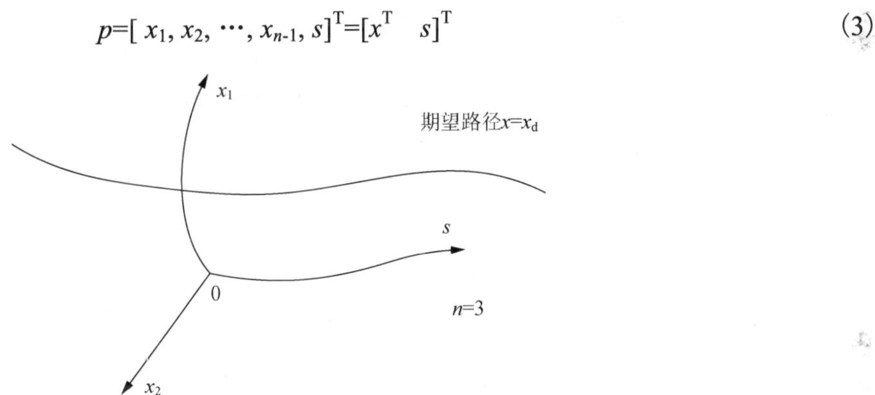

图 2　路径坐标系

设 s_0、s_{f} 分别为轨迹的起点与终点，在操作空间中机器人预定轨迹可表示为

$$q=q\,([\,x_{\mathrm{d}}^{\mathrm{T}}\quad s]^{\mathrm{T}}),\qquad s_0\leqslant s\leqslant s_{\mathrm{f}} \tag{4}$$

这里所讨论的预定轨迹的路径坐标参数 x_{d} 均为常数。由于研究的是平面欠驱动机器人(n=2)，因此机器人操作空间被约束在二维平面内。为实现机器人实时轨迹跟踪控制，必须通过传感器连续检测机器人末端在路径坐标中的实际位置 $p=[x^{\mathrm{T}}\quad s]^{\mathrm{T}}$，将实际位置与预定位置 $p_{\mathrm{d}}=[x_{\mathrm{d}}^{\mathrm{T}}\quad s]^{\mathrm{T}}$ 相比较可得到位置误差 e，采用预定的控制算法及时抑制它的偏离，即可完成机器人末端轨迹跟踪任务。

4. 模糊控制方法

4.1　轨迹跟踪的控制规则

当 2R 平面机器人跟踪操作空间中的连续轨迹时，具有 8 种不同的位形，如图 3 所示。根据实际手动控制经验可得出结论：当机器人末端跟踪轨迹时，如图 3（a）～图 3（d）与图 3（e）～图 3（h）所示两组位形下分别具有相同的控制规则，并且图 3（a）～图 3（d）与图 3（e）～图 3（h）位形的控制规则相反。

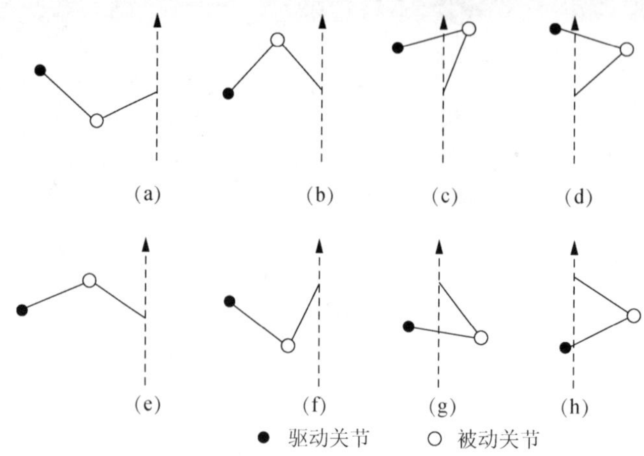

图 3　2R 平面机器人位形示意图

以如图 3（a）所示位形为例，可总结出如下控制规则(图 4)：假设机器人末端运动方向为正，实时检测两关节角度值，经运动学计算后可获得末端实际路径坐标 $p=[x^{\mathrm{T}}\ \ s]^{\mathrm{T}}$，同时可得路径参数误差 $e=x_{\mathrm{d}}-x$。当 e 为正大且误差变化率 c 为正大时，驱动关节应正向加大输出转矩，产生正向角加速度，利用动力耦合间接控制 x 加速度 $\ddot{x}$ 的方向指向预定轨迹，可减小末端路径参数 x 的正误差；反之，应反向输出驱动关节转矩，补偿末端路径坐标的负误差。

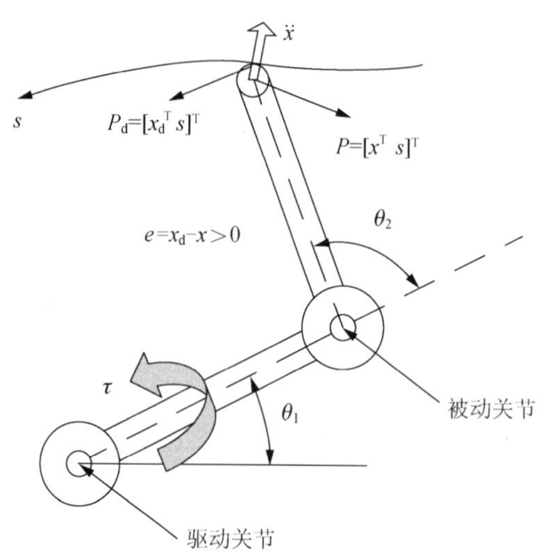

图 4　2R 欠驱动机器人控制规则示意图

轨迹跟踪开始之前，机器人末端必须以一定的初速度 $\dot{s}_0$ 沿预定轨迹方向运动。由式(2)可推导出一个关于 $\dot{s}^2$ 的线性微分方程：

$$\frac{\mathrm{d}\dot{s}^2}{2\mathrm{d}s}=f(s)\dot{s}^2+g(s) \tag{5}$$

式中，$f(s)$、$g(s)$ 为关于 s 的函数。

$\dot{s}_0$ 的求解有以下两种情况：①若 $g(s)<0$（$s_0\leqslant s\leqslant s_{\mathrm{f}}$），则完成整个轨迹跟踪任务必须满足：

$$\dot{s}_0>\sqrt{\int_{s_0}^{s}2g(\psi)\exp(-\int_{\chi_0}^{\psi}2f(\sigma)\mathrm{d}\sigma)\mathrm{d}\psi} \tag{6}$$

式中，ψ、σ为积分过程中的中间变量。

②若 $g(s)\geqslant 0$（$s_0\leqslant s\leqslant s_{\mathrm{f}}$），只要满足 $\dot{s}_0>0$，机器人末端就可以顺利抵达轨迹终点。

为使末端达到预定初速度，可以在被动关节安装电磁离合器，控制机械臂间的耦合作用：轨迹跟踪之前，离合器制动并锁定被动关节，驱动关节加速；机器人末端获得初速度进入预定轨迹后，离合器放松。通过上述控制规则即可完成操作空间内整个轨迹跟踪任务。

4.2　模糊控制器的结构

采用的通用二维模糊控制器结构如图 5 所示。控制器输入为末端预定路径坐标 $p_d=[x_d^T \quad s]^T$ 与实际路径坐标 $p=[x^T \quad s]^T$ 的误差 e 及其变化率 c，输出为驱动关节转矩 τ。

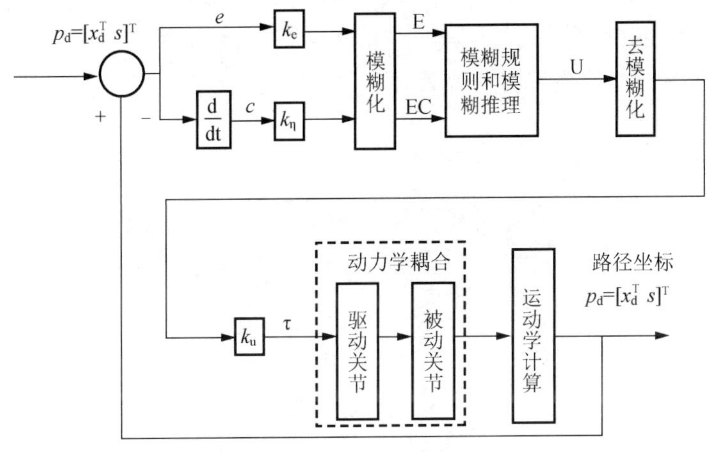

图 5　模糊控制器结构图

输入量的模糊化需要将精确输入量 e 和 c 分别乘以量化因子 k_e 和 k_c 转换到各自的论域范围。这里设定模糊控制器输入量标准论域皆为{−6,−5,−4,−3,−2,−1,0,1,2,3,4,5,6}。将输入量论域划分成“负大”、“负中”、“负小”、“零”、“正小”、“正中”、“正大”7 个模糊子集，即{NB,NM,NS,ZO,PS,PM,PB}。采用具有良好抗干扰能力的高斯隶属函数描述各模糊子集。根据输入变量值和隶属函数，获得输入变量在各个模糊子集的语言值 E 和 EC。

4.3　模糊控制规则

输出变量取与输入变量一样的模糊子集，即 U={NB,NM,NS,ZO,PS,PM,PB}，同样采用高斯隶属函数。由于 E 和 EC 分别定义为 7 个模糊子集，因此共有 49 条规则。根据控制经验总结出的模糊控制规则如表 1 所示。

表 1　模糊控制规则表

U		EC						
		NB	NM	NS	ZO	PS	PM	PB
E	NB	NB	NB	NB	NB	NM	0	0
	NM	NB	NB	NB	NB	NM	0	0
	NS	NM	NM	NM	NM	0	PS	PS
	ZO	NM	NM	NS	0	PS	PM	PM
	PS	NS	NS	0	PM	PM	PM	PM
	PM	0	0	PM	PB	PB	PB	PB
	PB	0	0	PM	PB	PB	PB	PB

4.4　模糊控制器查询表

模糊控制器的推理算法采用 Mamdani 方法，去模糊化则采用精度较高的重心法。根据表 1 模糊控制规则表控制规则、模糊推理和去模糊化方法，可得到模糊控制器查询表。此查询表存放于计算机存储器中。每一个控制周期中，计算机将所采集到的路径坐标误差 e 和误差变化率 c 转换到各自的离散论域中，由查询表得出相应的控制输出值 U，再乘以量化因子 k_u 得到驱动关节的输出转矩值 τ。

由于查询表可离线计算，在线控制时计算量很小，所以控制系统具有很强的实时性。

5. 试验研究

5.1　试验装置及控制系统

2R 欠驱动机器人试验装置如图 6 所示，其机械结构采用模块化设计，使用标准零件连接关节和机械臂，方便安装更多的关节。关节与机械臂均为刚性，其中第一关节为驱动关节，采用 400W 交流伺服电机加行星减速器驱动。被动关节上面载有电磁离合器，底端安装有高精度光电编码器(3600P/R)，用于检测关节角度与角速度。机械臂末段加工有负载安装孔，可附加质量不等的负载。机器人各项结构参数见表 2。

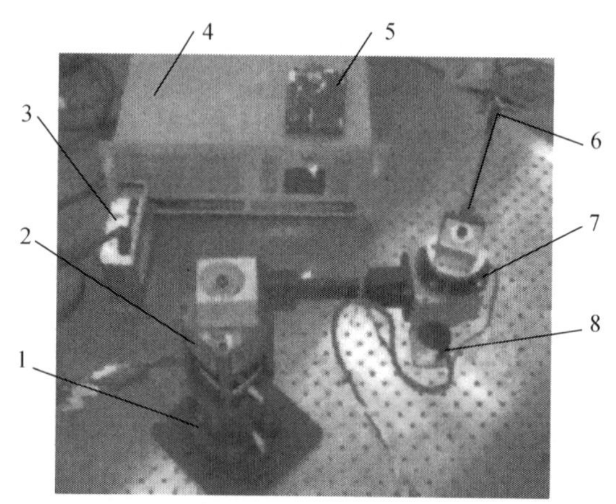

图 6　2R 欠驱动机器人试验装置

1. 伺服电机；2. 行星减速器；3. 电机驱动器；4. 工控机；5. DSP 控制板；6. 末端负载；7. 电磁离合器；8. 光电编码器

表 2　机器人结构参数

参数	驱动机械臂	被动机械臂
总长 L/mm	273	240
质心距 r/mm	164	53
质量 m/g	2912	471
转动惯量 I/(kg·m^2)	36.060×10^{-3}	1.244×10^{-3}

如图 6 所示，为实现底层硬件的开放，控制器采用合众达公司的 DSP 控制板，其主处理器为 F2812DSP 芯片。控制程序的在线调试和仿真通过 JTAG 标准测试接口及仿真器来实现，只要在其专用的集成开发环境 CCS 中编译好程序，用下载线通过 JTAG 接口就可以把控制程序拷录到 DSP 的程序存储器中。

利用 VC++开发了试验监控软件。监控界面负责控制指令输入、试验数据保存以及状态实时显示等功能。监控软件与控制器的通信由 DSP 内部的 SCI 串行通信模块实现。驱动关节的伺服电机设置为转矩控制模式，此模式下驱动器的输入电压信号可直接控制电机输出转矩。试验开始时，DSP 控制器实时响应上位 PC 机指令，并将光电编码器采集到的各关节位置与速度信息代入控制算法得到输出转矩值，转矩指令经 D/A 转换后送至电机驱动器。通过对驱动关节电机转矩的控制，实现对机器人末端运动轨迹的闭环控制，整个控制系统结构如图 7 所示。

为实现 x 对 x_d 的跟踪，参数 s 需频繁加速或减速，因此很难直接控制参数 s 的大小，完成轨迹跟踪的时间取决于路径的形状以及末端初速度 $\dot{s}_0$。

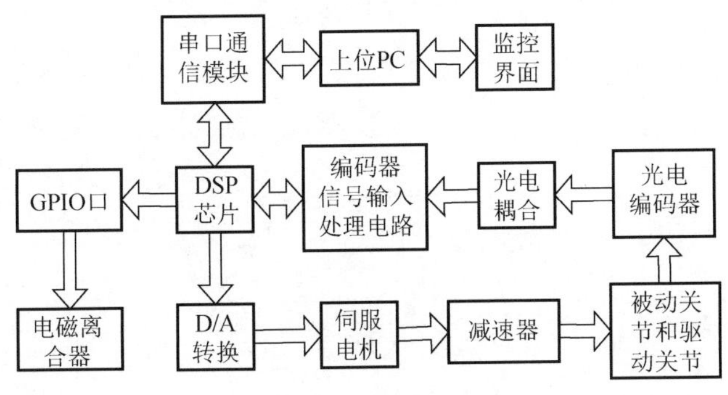

图 7　试验控制系统框图

5.2　直线跟踪（试验 a）

当预定轨迹为直线时，路径坐标系空间即为笛卡儿坐标系空间，直线上各点坐标 $p=[x \quad y]^{\mathrm{T}}$，参数表达式如下

$$\left.\begin{aligned} x&=L_1\cos\theta_1+L_2\cos(\theta_1+\theta_2)\\ y&=L_1\sin\theta_1+L_2\sin(\theta_1+\theta_2)\end{aligned}\right\} \tag{7}$$

试验 a 中，预定直线轨迹为 x_{d}=0.38m，直线范围为−0.05m≤y≤0.25m，末端初速度 $\dot{s}_0$=0.4m/s，结果如图 8 和图 9 所示。编写了图形软件，根据记录下的关节运动试验数据可以复现整个试验运动轨迹。

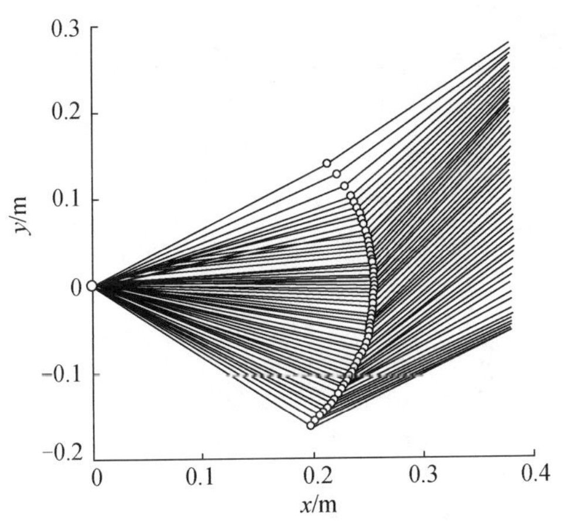

图 8　直线跟踪的试验运动轨迹

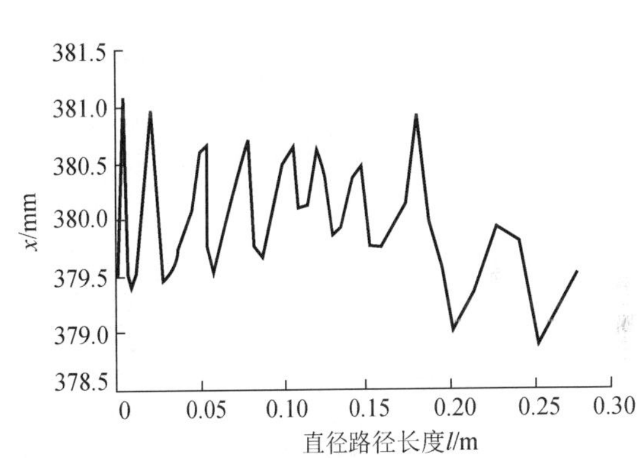

图 9　直线跟踪的试验结果

5.3　圆弧跟踪（试验 b）

当预定轨迹为圆弧时，路径坐标系空间即为极坐标系空间，如图 10 所示。圆弧上各点坐标为 $p=[r \quad \alpha]^{\mathrm{T}}$，其参数表达式如下

$$\begin{cases} r=\sqrt{(x-x_0)^2+(y-y_0)^2}\\ \alpha=\arctan(y-y_0)/(x-x_0)\end{cases} \tag{8}$$

试验 b 中，预定圆弧半径 r_{d}=0.3m，圆心坐标为 x_0=0.1m、y_0=0.1m，转动角度为−40° ≤α≤90° ，末端初速度 $\dot{s}_0$=0.3m/s。结果如图 11 和图 12 所示，其中，点 1 为圆心。

上述试验过程中，轨迹误差控制在 2.5mm 之内。试验结果说明，无论预定轨迹为圆弧还是直线，控制器都可以精确跟踪，达到了较高的控制精度。但是试验跟踪曲线抖动较大，这是由于模糊控制本质是一种非线性 PD 控制，动态响应快，且不具备积分作用，系统稳态误差很难减至理想程度；

另外，被动关节摩擦、试验平台的水平度，以及减速器传动误差等因素都会对试验结果产生影响。

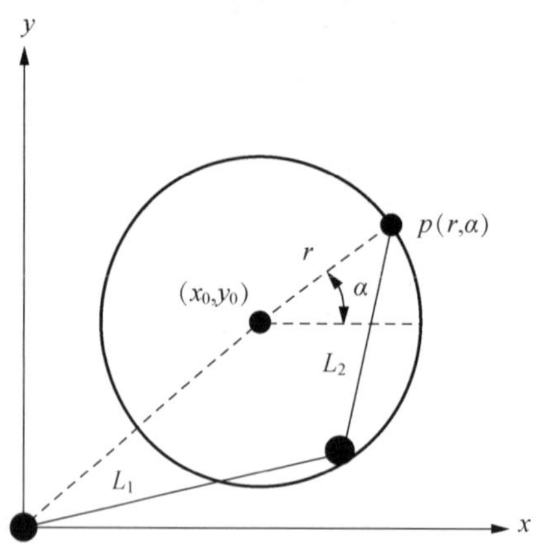

图 10　极坐标下轨迹示意图

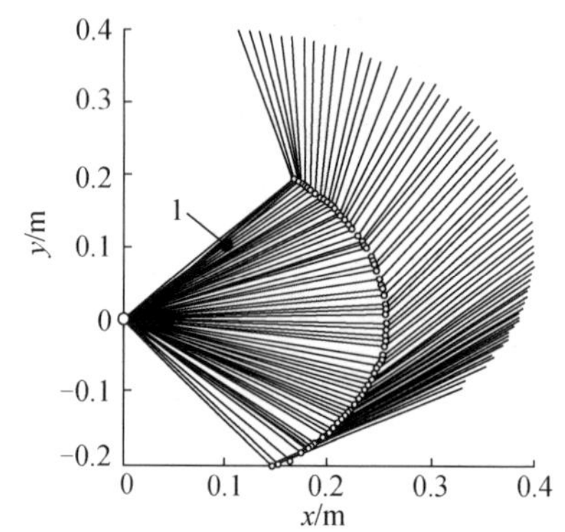

图 11　圆弧跟踪的试验运动轨迹

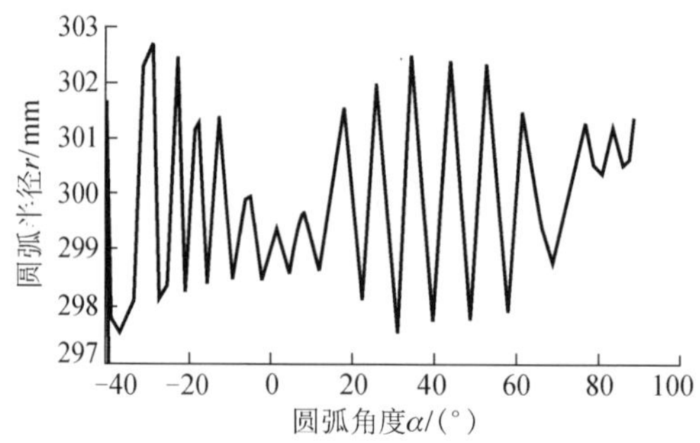

图 12　圆弧跟踪的试验结果

5.4　复杂轨迹跟踪（试验 c、试验 d）

复杂轨迹由若干简单轨迹组合而成，因此只要将上述直线与圆弧的跟踪试验相结合，欠驱动机器人便可完成一些较复杂的轨迹跟踪任务。试验 c 为跟踪一条折线，第一条直线为 x_{d1}=0.38m，第二条直线与原点垂直距离为 0.40m，夹角 ω=45°，末端初速度 $\dot{s}_0$=0.4m/s。跟踪最大误差 4.4mm 出现在拐点处，直线部分的误差控制在 2mm 之内，如图 13 所示。

试验 d 跟踪的轨迹由两条直线与一条圆弧组成，预定直线为 x_d=0.38m，y_d=0.40m，预定圆弧半径 r=0.28m，圆心坐标 x_0=0.1m、y_0=0.12m，末端初速度 $\dot{s}_0$=0.4m/s。轨迹跟踪过程中，末端最大误差 2.4mm，如图 14 所示，其中，点 1 为圆心。

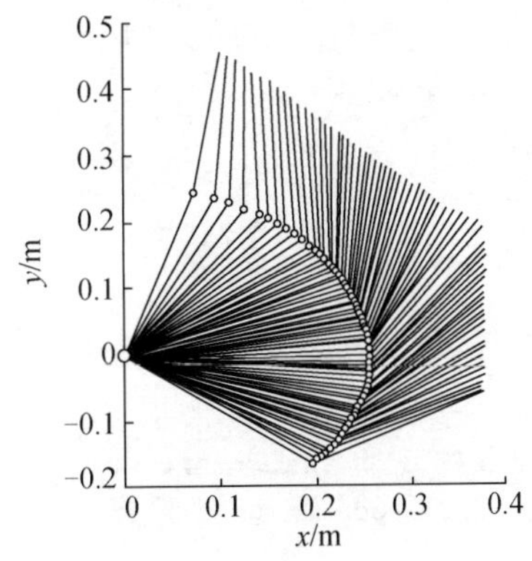

图 13　折线轨迹的跟踪试验

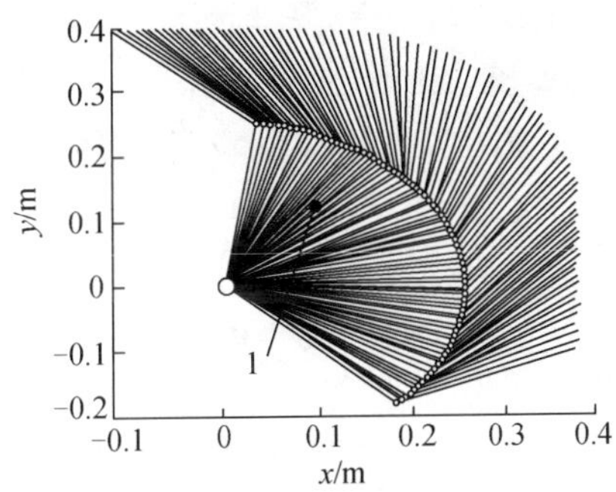

图 14　混合轨迹的跟踪试验

5.5　鲁棒特性（试验 e、试验 f）

模糊控制具有良好的动态响应品质，并对过程参数的变化有较强适应性。试验 e 在运动中改变预定直线参数：x_{d1}=0.38m，x_{d2}=0.35m，末端初速度 $\dot{s}_0$=0.4m/s，结果如图 15 所示。第一阶段，稳态误差ε为 0.8%，控制参数突变后，系统调整时间 280ms，超调量为 1.8%，第二阶段稳态误差ε为 1.1%。

试验 f 在运动中改变预定圆弧半径：r_{d1}=0.30m，r_{d2}=0.32m，末端初速度 $\dot{s}_0$=0.3m/s，结果如图 16 所示。第一阶段，稳态误差ε为 1.1%；参数发生突变后，系统调整时间为 320ms，超调量为 2.8%，第二阶段稳态误差ε为 1.3%。

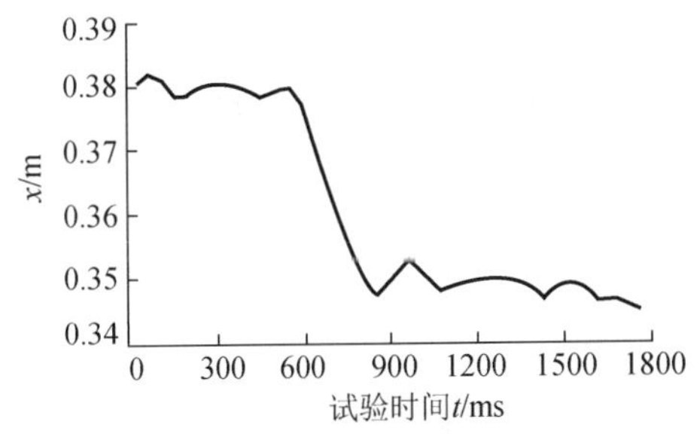

图 15　直线参数变化下的试验结果

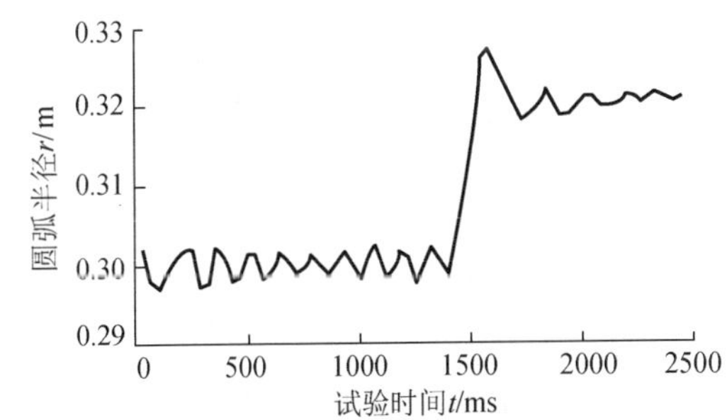

图 16　圆弧参数变化下的试验结果

由试验结果可看出，当控制参数发生突变时，系统经小幅超调、短暂调整后逐步收敛，重新进入稳态阶段，继续保持正常工作。控制器表现出了较强的对环境变化的适应能力，具有良好的鲁棒特性。

6. 结论

从智能控制角度出发，研究了 2R 欠驱动机器人的轨迹控制问题。运用模糊控制理论和路径坐标系，设计了适用于平面 2R 欠驱动机器人轨迹跟踪的模糊控制器，通过搭建的试验装置实现了对末端轨迹跟踪的控制。试验结果表明，对于多种轨迹跟踪任务，模糊控制方法均可达到较高的控制精度，具备良好的鲁棒特性，体现出智能控制的优越性。

参考文献

[1] Spong M W. Underactuated mechanical systems/ / International Workshop on Control Problems in Robotics and Automation. San Diego, 1997: 1215

[2] Reyhanoglu M, Schaft A, Clamroch N H, et al. Dynamics and control of a class of underactuated mechanical systems. IEEE Transactions on Automatic Control, 1999, 44(9): 1663-1671

[3] JainA, Rodriguez G. An analysis of the kinematics and dynamics of underactuated manipulators.IEEE Transactions on Robotics and Automation, 1993, 9(4): 411-422

[4] 栾楠，明爱国，赵锡芳，等．含有非驱动关节机器人的学习控制．机器人，2002，24(2)：144-148

[5] 陈炜，余跃庆，张绪平．欠驱动机器人研究综述．机械设计与研究，2005，21(4)：22-26

[6] 周祥龙，赵景波．欠驱动非线性控制方法综述．工业仪表与自动化装置，2004(5)：10-13

[7] De Luca A, Lannitti S. A simple STLC test for mechanical systems underactuated by one control// Proceedings of IEEE International Conference on Robotics and Automation. Washington, DC, 2002: 1735-1740

[8] Arai H, Tachi S. Position control of a manipulator with passive joints using dynamic coupling. IEEE Transactions on Robotics and Automation, 1991, 7(4): 528-534

[9] Arai H, Tanie K, TACHI S. Path tracking control of a manipulator with passive joints// IEEE/ RSJ International Workshop on Intelligent Robots and Systems IROS'91. Osaka, Japan: IEEE, 1991: 923-928

[10] Suzuki T, Koinuma M, Nakamura Y. Chaos and nonlinear control of a nonholonomic free-joint manipulator// Proceedings of the IEEE International Conference on Robotics and Automation. Minneapolis, MN, 1996: 2668-2675

[11] 朱齐丹，席志红．具有非驱动关节机器人的位置闭环控制．哈尔滨工程大学学报，2002，23(4)：67-72

[12] 何广平，陆震，王凤翔．欠驱动机器人的动力学耦合奇异研究．航空学报，2005，26(2)：240-245

[13] 陈炜，余跃庆，张绪平，等．基于控制的欠驱动柔性机器人的建模与仿真．中国机械工程，2006，17(9)：931-936

[14] Pfeiffer F, Johanni R. A concept for manipulator trajectory control. Robotics and Automation, 1987, 3(3): 115-123

[15] Shin K G, McKay N D. Minimum-time control of robotic manipulators with geometric path constraints. IEEE Trans., Automation Control, 1985, 30(6): 531-541

（原载《中国机械工程》2008, 19(9): 1016-1021）

§ 90　A New Fuzzy Method for the Motion Control of Underactuated Robots Based on Genetic Algorithm

Liu Qingbo, Yu Yueqing, Xia Qixiao, Su Liying

College of Mechanical Engineering & Applied Electronics Technology, Beijing University of Technology, Beijing 100022, China

Abstract: *A new fuzzy method for the motion control of underactuated robots is proposed in this paper. The control objective is to move the end-effector from a given position to a target point. A new fuzzy controller for the motion control of underactuated robots is present. The best fuzzy control rules and optimal membership functions are automatically generated off-line by the global optimization of genetic algorithm. Because the proposed method does not make any hypothesis about the degree of freedom and unconsidering the rigorous linearizations to the original nonlinear system, it can be used without modification for arms with a large number of degree of freedom. At last, numerical simulations which are carried on the planar 2R underactuated robots show the effectiveness of the proposed method.*

1. Introduction

Control of underactuated robots without potential forces has attracted more and more attention in recent years[1-3].An underactuated manipulator has passive joints equipped with no actuators, in contrast to a conventional manipulator that has one actuator at each of the joints. In industry, there is wide interest in the use of passive joints when there is a need for fewer control axes and a reduction in weight and energy consumption, particularly in lightweight manipulators. In other contexts, they can act as a fault tolerance for fully-actuated manipulators when there are failures in some of the joint actuators. However, these systems present control challenges due to the loss of linear controllability and full state feedback linearising property. Also these systems do not satisfy Brockett's necessary condition[4] and thus there does not exist any continuous state-feedback control law that can asymptotically stabilize such a system at a given equilibrium. Thus, controlling of this kind of robots is a challenging task and still an open problem. It is necessary to explore new control techniques to overcome the problem.

The main difficulty of controlling such kind of manipulator is obviously due to the reduced dimension of the input space. However, a great of useful conclusions have been obtained in the past few years. In Ref.[5] an oscillatory stabilizing feedback is designed for rest-to-rest motion task, based on a Poincaré map analysis. Arai and Tachi[6] proposed a method of controlling theoretically and experimentally the position of a two-link underactuated manipulator with a brake at the passive joint by using the coupling characteristics of manipulator dynamics. In Ref.[7] De Luca showed that the system fails to satisfy the weakest existing sufficient conditions for small time local controllability（STLC）, which implies that the design of feasible motion trajectories is an open problem. Smooth feedback is not possible because the drift term tends to zero with the generalized velocities. The iterative state steering technique[7], consisting of the repeated application of open-loop commands, guarantees the stabilization at a desired configuration. A numerical motion planner and a trajectory controller based on time-scaling have been proposed for the same system in Ref.[8]. The control solutions have been obtained above are limited to case-by-case study only and very complicated when they are used.

If the system to be controlled has complex nonlinear dynamics and nonholonomic properties, it is not easy to control the system using conventional methods. Fuzzy controllers can provide a new way to control the nonlinear systems[9-11]. Fuzzy systems have become popular components of consumer products because they are inexpensive to implement, able to solve difficult non-linear control problems, and exhibit robust behavior. Designers are especially attracted to fuzzy systems because fuzzy systems allow them to capture domain knowledge quickly using rules that contain fuzzy linguistic terms. These attributes allow products with embedded fuzzy systems to be both cost effective and high performance. As a result, fuzzy logic significantly simplifies the design complexity.

The ability to translate information supplied in linguistic terms into a computer-usable form has made fuzzy logic systems popular for implementing complex process control. However, most only represent the "best guesses" of human experts, and can therefore be improved using feedback to tune the initial fuzzy rule bases. Automatic rule base generation and optimal input and out membership functions have been attempted using neural networks[12-14] and fuzzy clustering[15]. These systems learn to control the targeted process through training—examples are presented and the system is modified based upon performance evaluation. Unfortunately, the number of rules must generate.

To overcome the above deficiencies, a genetic design of fuzzy logic control method is proposed in this paper, the genetic algorithm is utilized to generate the optimal fuzzy control rules and the membership functions. A genetic algorithm[16-18] is a probabilistically guided optimization technique modeled after the mechanics of genetic evolution. Unlike many classical optimization techniques, genetic algorithms do not rely on computing local derivatives to guide the search process. Genetic algorithms also include random elements, which helps avoid getting trapped in local minima.

This paper proposes an automatic fuzzy system design method for underactuated robots that is based on genetic algorithm.The rest of the paper are organized as follows: in section 2 the dynamic equation of underactuated robots are built, the design of fuzzy logic controller and genetic design for the best fuzzy control rules and the optimal membership functions generating are discussed in detail in section 3, numerical simulations are taken in section 4 and some discussions and conclusions are made in section 5.

2. Dynamic equation

Consider the dynamics of an n-degree-of–freedom mechanical system; the kinetic energy of the manipulator is defined as

$$K=\frac{1}{2}\sum_{j=1}^{n}\sum_{i=1}^{n}d_{ij}(q)\dot{q}_i\dot{q}_j=\frac{1}{2}\dot{q}^{\mathrm{T}}D(q)\dot{q} \tag{1}$$

Where, $q\in \mathrm{R}^n$ and $\dot{q}\in \mathrm{R}^n$ are the vectors of joint positions and joint velocities of the manipulator, respectively, and $D(q)\in \mathrm{R}^{n\times n}$ is the *inertia* matrix of the manipulator. The matrix is $D(q)$ symmetric and positive definite for each $q\in \mathrm{R}^n$.

The Lagrange function L of the system is given by

$$L=K-V \tag{2}$$

Where, V is the potential energy. The Lagrange equation is defined as follows

$$\frac{\mathrm{d}}{\mathrm{d}t}\frac{\partial L}{\partial \dot{q}}-\frac{\partial L}{\partial q}=\tau \tag{3}$$

Where, $\tau\in \mathrm{R}^{n\times 1}$ are generalized forces. The dynamic equations in matrix-vector form are given by

$$D(q)\ddot{q}+C(q,\dot{q})\dot{q}=\tau \tag{4}$$

Where, $C(q,\dot{q})\dot{q}$ represent the element of Coriolis, Centrifugal and viscous friction vector. Decompose the active and passive variables from Eq. (4) we can get

$$D_{aa}\ddot{q}_a + D_{qp}\ddot{q}_p + h_a = \tau_a \tag{5a}$$

$$D_{pa}\ddot{q}_a + D_{pp}\ddot{q}_p + h_p = 0 \tag{5b}$$

Where, a stands for active joints, p is the passive joints variables, τ_a are the active joint torques. h is the element of Coriolis, Centrifugal and viscous friction vector and with the expression as follows

$$h = \dot{D}(q)\dot{q} - \frac{1}{2}\dot{q}^{\mathrm{T}}\frac{\partial}{\partial q}[D(q)]\dot{q} \tag{6}$$

Eq. (5b) represents a dynamic constraint on the system. Usually the necessary and sufficient condition (Ref. [5]) for the partial integrability for the constraint is not satisfied. Hence the system is often second-order nonholonomic system.

3. Fuzzy controller design based on GA method

3.1　Fuzzy sets and fuzzy logic

A fuzzy set is a generalization of the classical notion of a set. Whilst the characteristic function of a classical set can take values of either 0 or 1, which means that an object either belongs to or does not belong to a given set, the characteristic function (called membership function in fuzzy set theory) of a fuzzy set can take on values in the interval [0,1]. For example, suppose that it is desired to interpret the linguistic value comfortable regarding a room temperature T (deg F) in a universe of discourse [20,120]. Using a classical set, this can be interpreted by a characteristic function, 11. If p (T) = 0 then the temperature T does not belong to the set (i.e., the temperature is not comfortable), however, if p (T) = 1 then the temperature T belongs to the set (i.e., the temperature is comfortable).

Approximate reasoning is one of the most important concepts of fuzzy logic. It represents inference rules whose premises contain fuzzy propositions. Unlike inference in classical logic, in its computation inference, approximate reasoning uses fuzzy sets which represent the meaning of a collection of fuzzy propositions. For instance, let the membership function μ_A and μ_B represent the meaning of a fuzzy proposition "x is A" and the meaning of an if-then fuzzy rule " if x is A then y is B", respectively, where A and B are fuzzy sets. Then, one can compute the membership function representing the meaning of the conclusion "y is B". Now considering a collection of L fuzzy if-then rules:

Rule (i): if x is A (i) then y is B (i),　i=1, ⋯,L

Where, A (i) and B (i), i = 1, ⋯, L, are fuzzy sets of the variables x and y, respectively. Given a crisp value x^* of the variable x, then the fuzzy set B representing y resulting from the firing of the fuzzy rules is given by

$$\mu_B(y) = \max_i(\min(\mu_{A(i)}(x^*), \mu_{B(i)}(y))) \tag{7}$$

To determine the corresponding crisp value of y, a defuzzification procedure is applied to the inferred fuzzy set B. One of the most used defuzzification scheme is the center-of-area (COA) method. Applying COA to Eq. (7) yields:

$$y^* = \frac{\sum_{i=1}^{L} y_i \min(\mu_{A(i)}(x^*), \mu_{B(i)}(y))}{\sum_{i=1}^{L} \min(\mu_{A(i)}(x^*), \mu_{B(i)}(y))} \tag{8}$$

Where, y_i represents a crisp value for which the membership function $\mu_{B(i)}(i=1,\cdots,L)$ reaches its maximum.

3.2　Fuzzy controller design for underactuated robots

Considering an underactuated system with n position error variables $\{e_j|j=1,\cdots,n\}$, where e_j can be stated as

$$e_j = q_{dj} - q_j \quad (j = 1,\cdots,n) \tag{9}$$

Fig.1 is the block diagram fuzzy logic controller for underactated robots, where FLCs stand for fuzzy logic controllers and $\tau_a \in R^{m\times 1}$ are the torques of active joints. The input space is created with a fuzzy rule base such that the position error is taken and converted into a grade of membership functions with the linguistic variables:{ NB, NS, ZO, PM, PB }. And the consequent part of FLCs are with linguistic variables {NB, NM, NS, NO, PO, PS, PM, PB}.

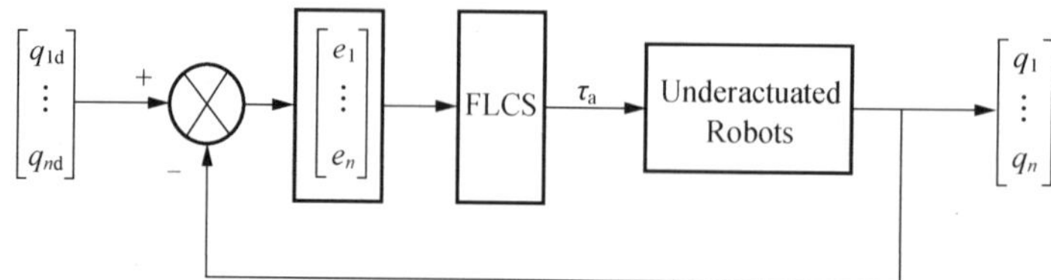

Fig.1　Fuzzy logic controller for underactuated robots

The designed fuzzy logic controller is also applicable for underactuated robots with more degree of freedom, because the MIMO (multi-input-multi-output) fuzzy system can be regarded as composition of MISO (multi-input-single-output) fuzzy logic controllers[19], the proposed method as shown in Fig.1 can be extended to more general cases.

3.3　Genetic design of fuzzy controllers

Genetic algorithms[20] are adaptive heuristic search algorithm premised on the evolutionary ideas of natural selection and genetic. The basic concept of GAs is designed to simulate processes in natural system necessary for evolution, specifically those that follow the principles of survival of the fittest first laid down by Charles Darwin. As such they represent an intelligent exploitation of a random search within a defined search space to solve a problem.

Fig.2 describes the GA process when it is used. Whereas genetic algorithms include a variety of operators (i.e. selection, crossover and mutation), the basics of genetic algorithm can be described as follows. Given some initial population and the terminal generation, proceed as follows:

(1) Sort the population from the best to worst according to given cost function.

(2) Selection rules: Select the individuals, called parents that contribute to the population at the next generation.

(3) Crossover rules: Combine two parents to form children for the next generation.

(4) Mutation rules: Apply random changes to individual parents to form children.

(5) Terminal condition judgment: If satisfied the algorithm terminated, otherwise return to (1).

Fig.3 describes the block diagram of generating the optimal fuzzy rules using GA method. r is the referenced input, here it denotes the desired joint angels. Fitness function is the objective that needed to be optimized. The fitness function is the driving force behind the GA. The evaluation function is called from the GA to determine the fitness of each solution string generated during the search. In this paper, the fitness function is defined as follows

$$\min E = \sum_{i=1}^{N} e_i w e_i^{\mathrm{T}} \tag{10}$$

Where, $e=[q_{1d}-q_1,\cdots,q_{nd}-q_n]^{\mathrm{T}}$ is the position error between the desired joint angels and the real values, N is the final discrete time instant. Matrix $w=\mathrm{diag}[w_1,\cdots,w_n]$ denotes the weights of controlled error $(w_1,\cdots,w_n>0)$.

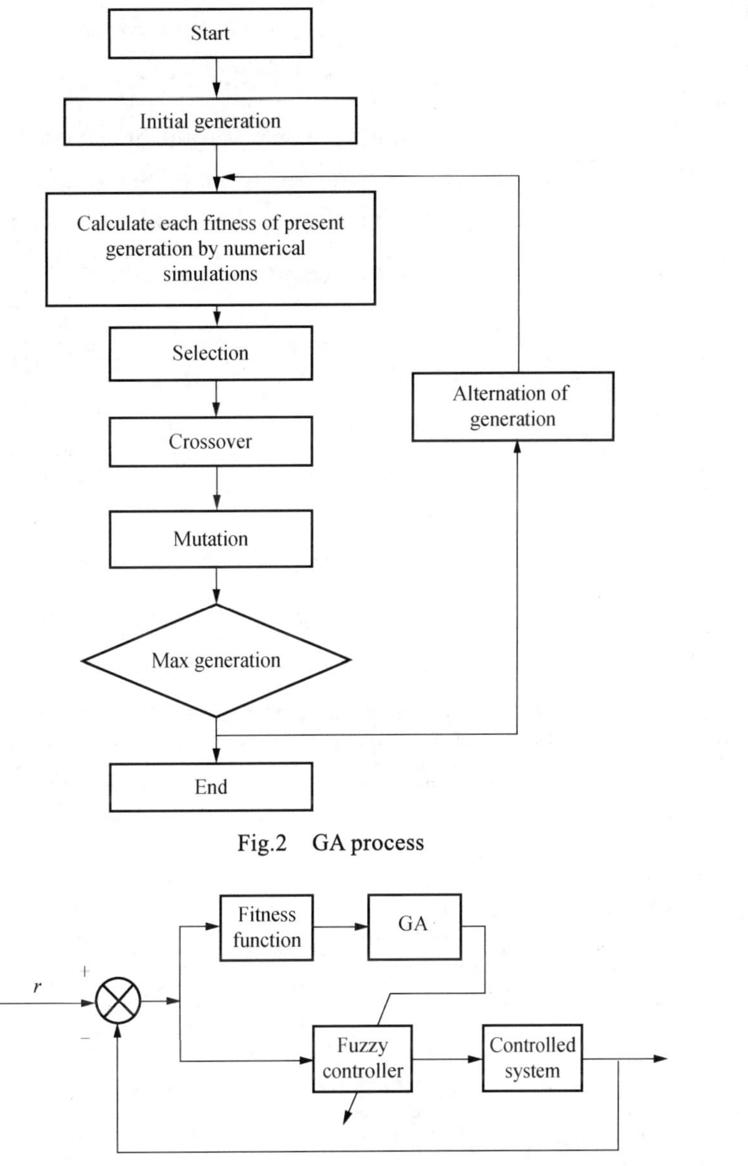

Fig.2　GA process

Fig.3　System diagram of optimizing fuzzy controller using genetic algorithm

4. Experiment simulation

To test the performance of the proposed controller, numerical simulations are taken on the planar 2R underactuated robots. The first joint is active but the second is passive.

Fig.4 is the schematic diagram of planar 2R underactuated robot. From the Lagrange equation, the dynamic equations for planar 2-DOF underactuated robot with a passive revolute joint at the second joint can be obtained as follows

$$\begin{pmatrix} m_{11} & m_{12} \\ m_{21} & m_{22} \end{pmatrix}\begin{pmatrix} \ddot{q}_1 \\ \ddot{q}_2 \end{pmatrix}+\begin{pmatrix} h_1 \\ h_2 \end{pmatrix}=\begin{pmatrix} \tau_1 \\ 0 \end{pmatrix} \tag{11}$$

Where,

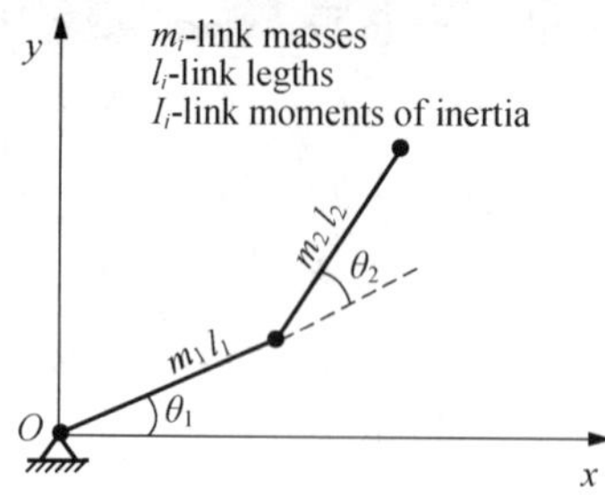

Fig.4　2R underactuated robot

$$m_{11} = I_1 + I_2 + 2m_2 l_1 l_{c2} \cos q_2 + m_2 l_1^2$$

$$m_{12} = m_{21} = I_2 + m_2 l_1 l_{c2} \cos q_2$$

$$m_{22} = I_2$$

$$h_1 = -m_2 l_1 l_{c2} \sin(q_2)(2\dot{q}_1\dot{q}_2 + \dot{q}_2^2) + \mu_1\dot{q}_1$$

$$h_2 = m_2 l_1 l_{c2} \sin(q_2)\dot{q}_1^2 + \mu_2\dot{q}_2$$

The dynamic parameters of the underactuated robot in Fig.1 are listed in Table 1. The size of a population is 50. The maximum number of generations is 300. The weight matrix w=diag {[100 100]}.

Table 1　Setting parameters of simulations

Conditions	Setting values
Simulation time/s	15
Sample interval/s	0.01
Mass of each link/kg	$m_1=m_2=1$
Length of each link/m	$l_1=l_2=0.5$
Distance between center of gravity and each joint/m	$l_{c1}=0.25$ $l_{c2}=0.25$
Friction of each joint/ (N·S·m^{-2})	$\mu_1=0,\mu_2=0.05$
Initial joint angels/rad	[0,0]
Desired joint angels/rad	[π/3,π/4]

Table 2　Fuzzy control rules generated by GA

u		e_1				
		NB	NS	ZO	PS	PB
e_2	NB	NO	NM	NM	NO	NB
	NS	NS	NO	NO	NS	NO
	NO	NS	NO	NO	PO	PO
	PS	NB	NB	NO	NO	NO
	PB	NS	NB	NO	NS	NO

The fuzzy controller FLC uses typical triangular membership functions. The input fuzzy sets e_1 and e_2 of FLC have the same linguistic variables:{ NB, NS, ZO, PS, PB}, the output u has totally eight linguistic variables:{ NB, NM, NS, NO, PO, PS, PM, PB}. The Quantitative factor is 2 and scale coefficient is 0.8.The evolutionary history of GA is shown in Fig.5 and the best fuzzy control rules are obtained in Table 2. Fig.6 is the optimal membership functions which are generated by genetic algorithm.

Figs.7~12 describes the control results of the whole process. The final joint angles are（1.0787, 0.78127）which are very close to the desired values.Figs.8 and 9 show the value of joint angles and joint angular velocities respectively. Fig.10 shows the value of joint accelerations in the whole process. It is obvious in Figs.9 and 10 that the system turns to be stable at last. Fig.11 describes the control torque of active joint. Fig.12 is the position error of the manipulator with the final value { e_1 =−0.0287, e_2=0.0041282}.The simulation results show a good performance of the designed controller.

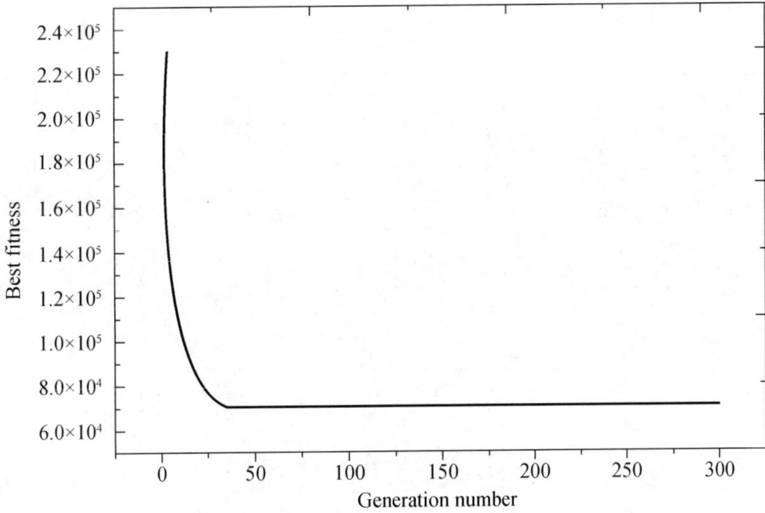

Fig.5　Evolutionary history of GA

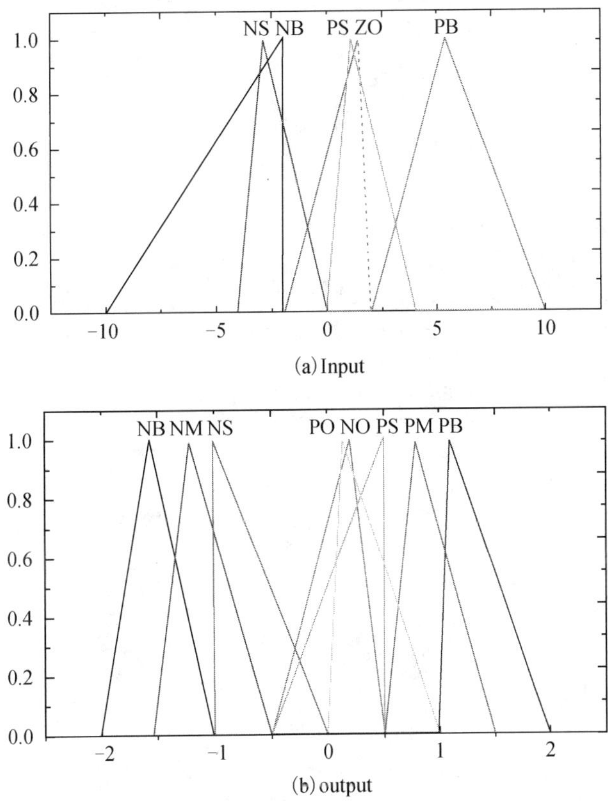

Fig.6　Input (a) and output (b) membership functions

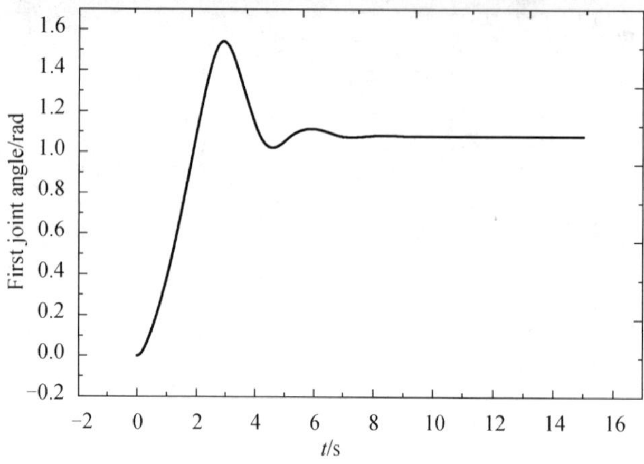

Fig.7　Joint angle of active link

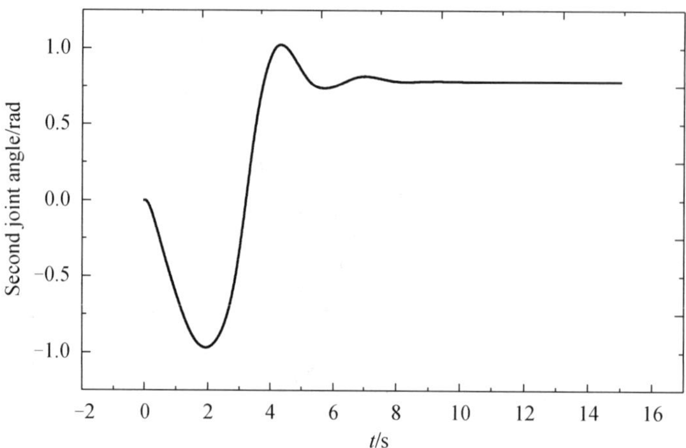

Fig.8　Joint angle of passive link

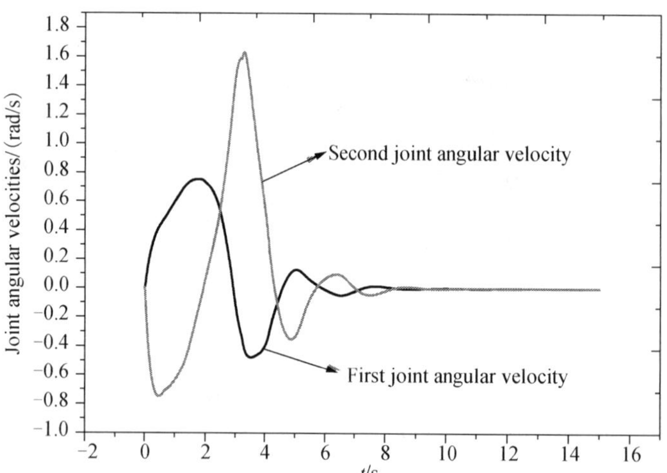

Fig.9　Time responses of joint angular velocities

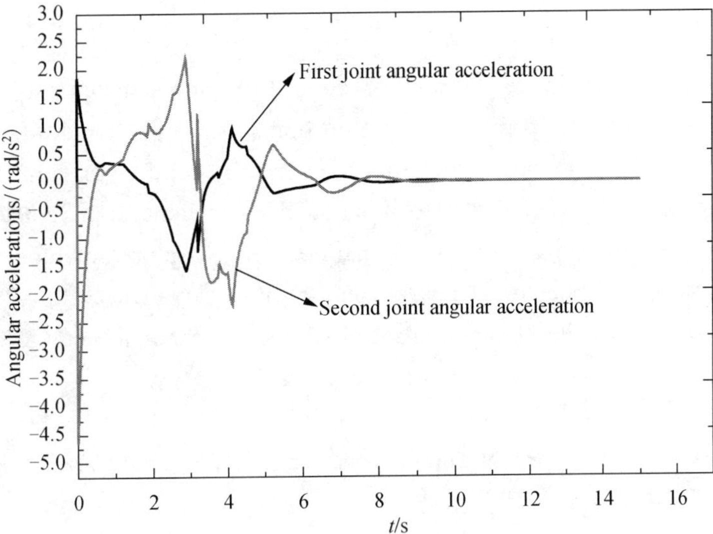

Fig.10　Time response of joint angular accelerations

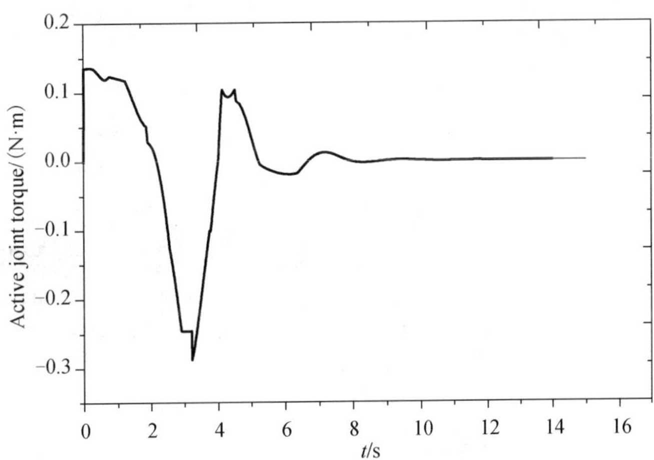

Fig.11　Control torque of active joint

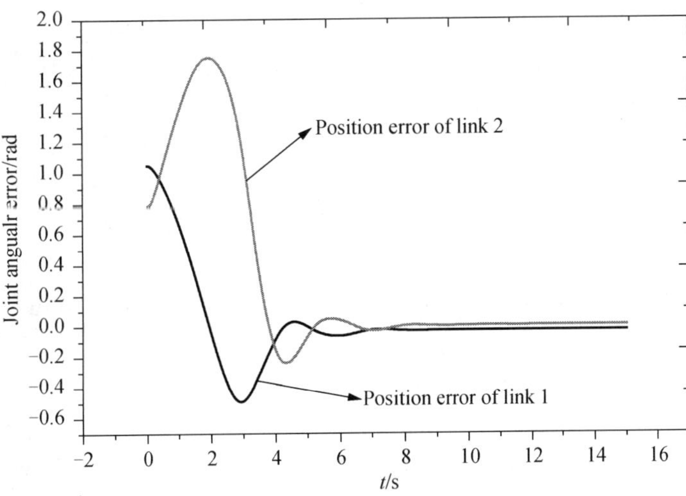

Fig.12　Control error of joint angles

5. Conclusions

A new kind of fuzzy controller for the motion control of underactuated robots is built in this paper. Genetic algorithm is utilized to determine membership function positions and the best fuzzy control rules simultaneously. Because of the global optimization ability of genetic algorithm, the proposed method is very simple and computationally very fast, also it is equally applicable to underactuated robots with more degree of freedoms. Other extensions to this work that need to be explored include applying this method to more complex tasks such as trajectory tracking and obstacle avoidance. In all the proposed method provides an effective way for the intelligent control of second-order nonholonomic systems.

References

[1] Mahindrakar A D, Rao S, Banavar R N. Point-to-point control of 2R planar horizontal underactuated manipulator. Mechanism and Machine Theory, 2006, 41(7): 838-844

[2] Mahindrakar A D, Banavar RN, Reyhanoglu M. Controllability and point-to-point control of 3-DOF planar horizontal underactuated manipulators. International Journal of Control, 2005, 78, (1): 1-13

[3] Spong M W. Underactuated mechanical systems. International Workshop on Control Problems in Robotics and Automation, San Diego, California, 1997:1-15

[4] Brockett R W. Asymptotic stability and feedback stabilization. Differential Geometric Control Theory, 1983, (12):181-208

[5] Nakamura Y, Suzuki T, Koinuma N. Nonlinear behavior and control of a nonholonomic free-joint manipulator. IEEE Trans Robotics and Automation, 1997, 13 (6):853-862

[6] Arai H, Tachi S. Position control of a manipulator with passive joints using dynamic coupling. IEEE Trans.Robot.Automat, 1991, 7: 528-534

[7] DeLuca A, Mattone R, Oriolo G. Stabilization of underactuated robots: Theory and experiments for a planar 2R manipulator.1997 IEEE Int. Conf on Robotics and Automation, 1997: 3274-3280

[8] Arai H, Tanie K, Shiroma N. Time-scaling control of an underactuated manipulator. Proceedings of the 1998 IEEE International Conference on Robotics & Automation. Leaven, Belgium, 1998:2619-2626

[9] Begovich O, Sanchez E N, Maldonado M. Takagi-sugeno fuzzy scheme for real-time trajectory tracking of an underactuated robot. IEEE Trans. on Control Systems Technology, 2002, 10(1):14-20

[10] Kim J H, Oh S J. A fuzzy PID controller for nonlinear and uncertain systems. Soft Computing, 2000, 4: 123-129

[11] Muscato G. Fuzzy control of an underactuated robot with a fuzzy microcontroller. Microprocessors and Microsystems, 1999,23(6): 385-391

[12] Ichikawa R, Nishimura K, Kunugi M, et al. Auto-tuning method of fuzzy membership functions using neural network learning algorithm, Proc. of the 2nd Int. Conf. on Fuzzy Logic and Neural Networks (IIZUKA'92), 1992: 345-348

[13] Jang R. Fuzzy Controller Design without Domain Experts. Proc. IEEE Int. Conf. on Fuzzy Systems (FUZZ-IEEE'92), 1992: 289-296

[14] Jang R. Self-learning fuzzy controllers based on temporal back propagation. IEEE Trans. on Neural Networks, 1992, 3(5): 714-723

[15] Hirota K, Yoshinari Y. Identification of fuzzy control rules based on fuzzy clustering method. 5th Fuzzy System Symposium, 1989: 253-258

[16] Karr C. Design of an adaptive fuzzy logic controller using a genetic algorithm. Proc. of the Int. Conf. of Genetic Algorithms (ICGA'91), 1991: 450-457

[17] Karr C, Gentry E. A genetics-based adaptive pH fuzzy logic controller. Proc. of the Int. Fuzzy Systems and Intelligent Control Conf. (IFSICC'92), Louisville, KY, 1992: 255-264

[18] Karr C, Sharma S, Hatcher W, et al. Control of an exothermic chemical reaction using fuzzy logic and genetic

algorithms. Proc. of the Int. Fuzzy Systems and Intelligent Control Conf. (IFSICC'92), Louisville, KY, 1992: 246-254

[19] Martins A P, Carvalho A S. Contribution of fuzzy logic to control an industrial process. 6th IEEE International Conference on Fuzzy Systems, FUZZ-IEEE'97 Barcelona, 1997: 105-110

[20] Gen M, Cheng R W. Genetic Algorithms and Engineering Optimization. Beijing: Tsing Hua University Press, 2004: 1

(in *2008 IEEE World Congress on Computational Intelligence*, Hong Kong, 2008: 999-1003)

§ 91　Motion Planning and Trajectory Tracking of Underactuated Three-link Robots

Liu Qingbo, Yu Yueqing, Xu Zihong, Su Liying, Liu Shanzeng

College of Mechanical Engineering & Applied Electronics Technology,Beijing University of Technology, Beijing 100022, China

Abstract: *A new method for motion planning and trajectory tracking of underactuated three-link planar robots with a passive rotational third joint is proposed. One fundamental feather is to use the switching of partly stable controllers (PSC) in order to fulfill the control objective. The dynamic model of this kind of underactuated robot system is built based on Lagrange method. Different objective functions are given for motion planning and trajectory tracking. The genetic algorithm (GA) is utilized to get the optimum control actions for a given time-frame with the available set of elemental controllers. Penalty method is utilized when there are constraints and then the constrained optimizations change to be unconstrained ones. Because the proposed method does not make any hypothesis about the degree of freedom, it can be used without modification for arms with a large number of degree of freedom. At last numerical simulations are carried out to illuminate the validity of the proposed method.*

1. Introduction

Underactuated robots are those which have fewer control inputs than the degrees of freedom of the system. As far as underactuated manipulators are concerned, they have one or more joints without actuators, namely these joints are passive or free. Underactuated robots are important from the viewpoint of energy saving, lightweight, and compactness due to fewer actuators.

An extensive amount of research on the kinematics and dynamics of robots has been carried out for regular (full actuated) manipulators. There is an independent generalized force for each degree of freedom that can be applied by a control actuator. But for underactuated robots, the generalized coordinates are not independent and the control objective can be realized only by the dynamic coupling between the active and passive joints[1]. In most cases, the underactuated manipulators with 2 or more degree of freedoms are a second-order nonholonomic system [2]. That is to say that the systems have accelerations-dependent constraints which are not integrable to obtain velocity or configuration dependent constraints. However control of such kind of system is a complicated task because of the intrinsic characteristics such as complex nonlinear dynamic, nonholonomic behaviours and lack of linearizability exhibited in this kind of nonlinear systems [3].

Motion planning and trajectory tracking are the two major research fields of underactuated manipulators. Many valuable conclusions have been gotten in recent years. An oscillatory stabilizing feedback is designed by Nakamura [2] for rest-to-rest motion task, based on a Poincaré map analysis. Martínez[4] derived dynamic model of underactuated brachiation robot and analysed the nonlinear dynamics and control problem of system. De Luca[5] showed that the system fails to satisfy the weakest existing sufficient conditions for small time local controllability (STLC), which implies that the design of feasible motion trajectories is an open problem. Smooth feedback is not possible because the drift term tends to zero with the generalized velocities. Arai[6] obtained position control of planar underactuated 3R manipulator using feedback control method. Wang et al.[7] presented a stable hierarchical sliding-mode control method of a class of second-order underactuated systems. Arai and Tachi[8] proposed a method of controlling theoretically and experimentally the position of a two-link underactuated manipulator with a brake at the passive joint by using the coupling characteristics of manipulator dynamics. The iterative state steering technique[5], consisting of the repeated application of open-loop commands, guarantees the stabilization at a desired configuration. A numerical motion planner and a trajectory controller based on time-scaling have been proposed for the same system[9]. The control solutions have been obtained above are limited to case-by-case study only and very complicated when they are used.

Because of the intrinsic characteristics of the second-order nonholonomic system, there are few issues about collision-free motion planning and trajectory tracking of underactuated manipulators. Kevin[10] proposed a method for collision-free trajectory planning of a 3-dof robot with a passive joint, the problem of planning feasible trajectories in the robot's six-dimensional state space are decoupled into the computationally simpler problems of planning path in the three-dimensional configuration space and time scaling the paths according to the manipulator dynamics. A kind of operational coordinates are defined as a kind of operational coordinate system based on the desired path, then the equation of the motion of the manipulator is described in terms of the path coordinates [11], at last the trajectory tracking to the desired path is realized by the dynamic coupling.

Based on above work, motion planning and trajectory tracking of underactuated robots are mainly discussed in this study. The algorithms are also effective when there are obstacles in configuration space. The rest of the paper are organized as follows: In section 2 the dynamic model of underactuated 3R robots is built, motion planning and trajectory tracking of underactuated robots are discussed in section 3 and numerical simulations are carried out in section 4. Finally some discussions and conclusions are made in section 5.

2. Dynamic equation

Consider a planar 3R underactuated manipulator as shown in Fig.1. Assume that the manipulator moves in the horizontal plane and the gravity force does not work. All joints are rotational ones and the third joint is free.

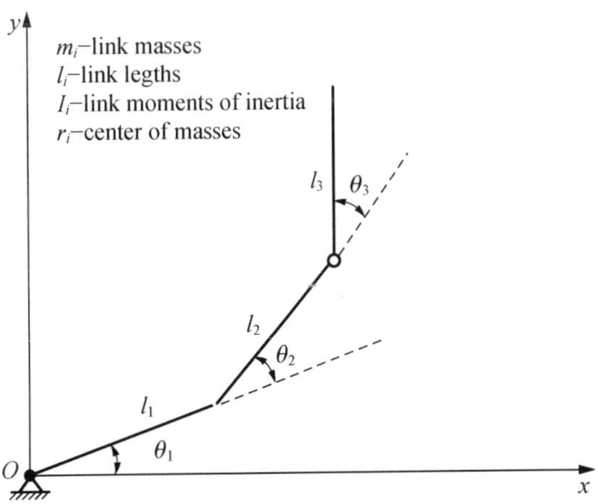

Fig. 1　Planar 3R underactuated manipulator

Let $q_i (i=1,2,3)$ be the each joint angles and $q=[\theta_1,\theta_2,\theta_3]^{\mathrm{T}}$ be the generalized coordinates. Using Lagrange method, the dynamic model of planar 3R underactuated can be obtained as follows

$$M(\theta)\ddot{\theta}+h(\theta,\dot{\theta})=\tau \tag{1}$$

Where, $\dot{\theta}$ and $\ddot{\theta}$ are the joint angular velocities and joint angular accelerations, respectively. $M(\theta)\in \mathrm{R}^{3\times 3}$ is the inertia matrix which is symmetric and positive definite by a suitable choice of manipulator parameters. $h(\theta,\dot{\theta})\in \mathrm{R}^{3\times 1}$ denotes the element of Coriolis, Centrifugal and viscous friction vector. $\tau \in \mathrm{R}^{3\times 1}$ indicates the generalized forces matrix. The dynamic equation (1) can be rewritten as

$$\begin{bmatrix} m_{11} & m_{12} & m_{13} \\ m_{21} & m_{22} & m_{23} \\ m_{31} & m_{32} & m_{33} \end{bmatrix}\begin{bmatrix} \ddot{q}_1 \\ \ddot{q}_2 \\ \ddot{q}_3 \end{bmatrix}+\begin{bmatrix} h_1 \\ h_2 \\ h_3 \end{bmatrix}=\begin{bmatrix} \tau_1 \\ \tau_2 \\ 0 \end{bmatrix} \tag{2}$$

Each parameter in Eq. (2) is given by

$$m_{11}=a_1+a_2+a_3+2b_1\cos(q_2)+2b_2\cos(q_2)$$
$$+2b_3\cos(q_3)+2b_4\cos(q_2+q_3)$$

$$m_{12}=a_2+a_3+(b_1+b_2)\cos(q_2)+2b_3\cos(q_3)$$
$$+b_4\cos(q_2+q_3)$$

$$m_{13}=a_3+b_3\cos(q_3)+b_4\cos(q_2+q_3)$$

$$m_{31}=m_{13};m_{22}=a_2+a_3+2b_3\cos(q_3)$$
$$m_{23}=a_3+b_3\cos(q_3);m_{32}=m_{23};m_{33}=a_3$$

$$h_1=-b_4(\dot{q}_2+\dot{q}_3)(2\dot{q}_1+\dot{q}_2+\dot{q}_3)\sin(q_2+q_3)$$
$$-(2\dot{q}_1+\dot{q}_2)\dot{q}_2(b_1+b_2)\sin(q2)-b_3(2\dot{q}_1+2\dot{q}_2+\dot{q}_3)a_3\sin(q_3)$$
$$h_2=\dot{q}_1^{\,2}\{(b_1+b_2)\sin(q_2)+b_4\sin(q_2+q_3)\}$$
$$-2b_3\dot{q}_1\dot{q}_3\sin(q_3)-2b_3\dot{q}_2\dot{q}_3\sin(q_3)-b_3\dot{q}_3^{\,2}\sin(q_3)$$
$$h_3=\dot{q}_1^{\,2}(b_3\sin(q_3)+b_4\sin(q_2+q_3))$$
$$+2\dot{q}_1\dot{q}_2b_3\sin(q_3)+b_3\dot{q}_2^{\,2}\sin(q_3)$$

Where, $a_i(i=1,2,3),b_j(j=1,2,3,4)$ are the constants and with the following expressions:

$$a_1=m_1r_1^2+m_2l_1^2+m_3l_1^2+I_1$$
$$a_2=m_2r_2^2+m_3l_2^2+I_2,\quad a_3=m_3r_3^2+I_3$$
$$b_1=m_2l_1r_2,\quad b_2=m_3l_1l_2,\quad b_3=m_3l_2r_3,\quad b_4=m_3l_1r_3$$

The zero external torque in the last row of Eq. (2) represents the dynamic constraint on the system. The passive joint variable q_3 appear in the inertia matrix and the gravitational terms are absent in Eq. (2). As a result of the necessary and sufficient condition [12] for the partial integrability is not satisfied. Hence the system is a second-order nonholonomic system.

3. Motion planning & trajectory tracking

The objective of motion planning is to find a feasible motion from the initial state to the desire state. Here partly stable controllers are adopted.

3.1 Partly stable controller

The Eq. (1) can be rearranged as follows in order to get the desired second-order derivatives:

$$\ddot{q}=M(q)^{-1}\{\tau-h(q,\dot{q})\} \tag{3}$$

Expanding Eq. (3) gives expression of each control variable:

$$\begin{bmatrix} \ddot{q}_1 \\ \ddot{q}_2 \\ \ddot{q}_3 \end{bmatrix} = M(q)^{-1} \left\{ \begin{bmatrix} \tau_1 \\ \tau_2 \\ \tau_3 \end{bmatrix} - \begin{bmatrix} h_1 \\ h_2 \\ h_3 \end{bmatrix} \right\} \tag{4}$$

From Eq.（4）we can devise partly stable controllers for underactuated system. For the n degree of freedom underactuated mechanical system with m actuators, C_n^m partly stable controllers（PSCs）can be designed totally. For 3*RRR* robot with one passive joint, 3 partly stable controllers can be obtained.

Control law 1:

$$\begin{bmatrix} \ddot{q}_1 \\ \ddot{q}_2 \\ \ddot{q}_3 \end{bmatrix} = \begin{bmatrix} \ddot{q}_{1\mathrm{d}} + k_{\mathrm{v}1}(\dot{q}_{1\mathrm{d}} - \dot{q}_1) + k_{\mathrm{p}1}(q_{1\mathrm{d}} - q_1) \\ \ddot{q}_{2\mathrm{d}} + k_{\mathrm{v}2}(\dot{q}_{2\mathrm{d}} - \dot{q}_2) + k_{\mathrm{p}2}(q_{2\mathrm{d}} - q_2) \\ -m_{33}^{-1}(h_3 + m_{31}\ddot{q}_1 + m_{32}\ddot{q}_2) \end{bmatrix} \tag{5}$$

Control law 2:

$$\begin{bmatrix} \ddot{q}_1 \\ \ddot{q}_3 \\ \ddot{q}_2 \end{bmatrix} = \begin{bmatrix} \ddot{q}_{1\mathrm{d}} + k_{\mathrm{v}1}(\dot{q}_{1\mathrm{d}} - \dot{q}_1) + k_{\mathrm{p}1}(q_{1\mathrm{d}} - q_1) \\ \ddot{q}_{3\mathrm{d}} + k_{\mathrm{v}3}(\dot{q}_{3\mathrm{d}} - \dot{q}_3) + k_{\mathrm{p}3}(q_{3\mathrm{d}} - q_3) \\ -m_{32}^{-1}(h_3 + m_{31}\ddot{q}_1 + m_{33}\ddot{q}_3) \end{bmatrix} \tag{6}$$

Control law 3:

$$\begin{bmatrix} \ddot{q}_2 \\ \ddot{q}_3 \\ \ddot{q}_1 \end{bmatrix} = \begin{bmatrix} \ddot{q}_{2\mathrm{d}} + k_{\mathrm{v}2}(\dot{q}_{2\mathrm{d}} - \dot{q}_2) + k_{\mathrm{p}2}(q_{2\mathrm{d}} - q_2) \\ \ddot{q}_{3\mathrm{d}} + k_{\mathrm{v}3}(\dot{q}_{3\mathrm{d}} - \dot{q}_3) + k_{\mathrm{p}3}(q_{3\mathrm{d}} - q_3) \\ -m_{31}^{-1}(h_3 + m_{32}\ddot{q}_2 + m_{33}\ddot{q}_3) \end{bmatrix} \tag{7}$$

Where, q_{id}, $\dot{q}_{id}$ and $\ddot{q}_{id}(i=1,2,3)$ are the desired joint angles, joint angular velocities and joint angular accelerations respectively. $k_{vi}>0$, $k_{pi}>0(i=1,2,3)$ are the derivative and position gain coefficients.

Define the error terms $e_i = q_{id} - q_i$ and $\dot{e}_i = \dot{q}_{id} - \dot{q}_i$. Error functions of controlled variables for Eq.（5）can be gotten.

Control law 1:

$$\ddot{e}_1 + k_{\mathrm{v}1}\dot{e}_1 + k_{\mathrm{p}1}e_1 = 0 \tag{8a}$$

$$\ddot{e}_2 + k_{\mathrm{v}2}\dot{e}_2 + k_{\mathrm{p}2}e_2 = 0 \tag{8b}$$

Eqs.(8a) and (8b) are differential equations with constant coefficients. The controlled variable q_1 and q_2 can be converge to zero in finite time if the gain coefficients k_{vi} and k_{pi} are chosen property, but q_3 can not be controlled in Eqs.（8a) and (8b). This can be compensated in Eqs.(6) and（7). So the control objective can be achieved by the proper switching of control laws. This process is based on the evolutionary computation for searching the best combination of PSCs from a set of elemental controllers.

3.2　Best switching sequence searching

Genetic algorithms are adaptive heuristic search algorithm premised on the evolutionary ideas of natural selection and genetic. The basic concept of GA is to simulate processes in natural system necessary for evolution, specifically those that follow the principles of survival of the fittest first laid down by Charles Darwin. As such they represent an intelligent exploitation of a random search within a defined search space to solve a problem.

Fig.2 describes the GA process when it is used. Whereas genetic algorithms include a variety of operators（i.e. selection, crossover and mutation), the basics of genetic algorithm can be described as follows: Given some initial population and the terminal generation, proceed as follows.

(1) Sort the population from the best to worst according to given cost function.

(2) Selection rules: Select the individuals, called parents that contribute to the population at the next generation.

(3) Crossover rules: Combine two parents to form children for the next generation.

(4) Mutation rules: Apply random changes to individual parents to form children.

(5) Terminal condition judgment: If satisfied the algorithm terminated, otherwise return to (1).

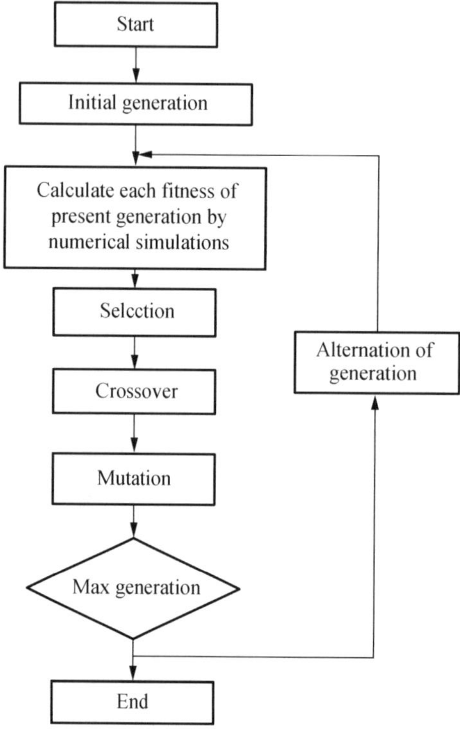

Fig. 2　GA process

3.3　Generating an initial population

To solve the general problem with optimum switching of available PSCs, first define the total time span T. The genes of a chromosome are represented as controller indices. For $3RRR$ underactuated robot, control law 1 to control law 3 can be expressed as the binary codes 1, 2 and 3. So each individual can be coded as shown in Fig.3. Then the initial population is generated by a random set of M "individual", here M is the population size.

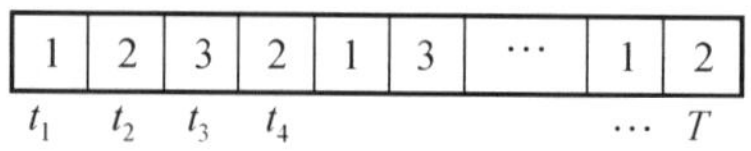

1	2	3	2	1	3	…	1	2
t_1	t_2	t_3	t_4				…	T

Fig.3　Coding of genes with control indices

3.4　Fitness function of motion planning

The fitness function is the driving force behind the GA. The evaluation function is called from the GA to determine the fitness of each solution string generated during the search process. In this paper, the fitness function is defined as follows when there are no obstacles in workspace:

$$\min \quad E = \sum_{i=1}^{N} e_i^{\mathrm{T}} w e_i \tag{9}$$

Where, $e_i = [q_1 - q_{1d}, \cdots, q_n - q_{nd}, \dot{q}_1 - \dot{q}_{1d}, \cdots, \dot{q}_n - \dot{q}_{nd}]^{\mathrm{T}}$, N is the final discrete time instant. Matrix $w = \mathrm{diag}\left[w_1, w_2, \cdots, w_{2n}\right]$ denotes the weights of controlled error $(w_1, \cdots, w_{2n} > 0)$. When there are obstacles in workspace the fitness function is state:

$$\begin{aligned} &\min \quad E = \sum_{i=1}^{N} e_i^{\mathrm{T}} w e_i \\ &\text{s.t.} \quad d > 0 \end{aligned} \tag{10}$$

Where, d is the minimum distance from the obstacle to the manipulators (If the obstacles intersect with one of the manipulators then the minimum distance between the manipulators and the obstacles is negative, i.e, d<0). The meanings of other parameters are the same as that in Eq. (9).

3.5　Fitness function of trajectory tracking

Trajectory tracking of second or high order nonholonomic systems is a challenge area and few issues can be found in this field. The purpose of this part is to devise a universal method of geometry path trajectory tracking for systems with high-order nonholonomic constraints in Cartesian space. The control objective is to move the underactuated manipulators from initial state to desired state along a specified path. Assume that tracking error between the factual path and the desired trajectory is min_d, and then the objective function can be obtained as follows

$$\begin{aligned} &\min \quad E = \sum_{i=1}^{N} e_i^{\mathrm{T}} w e_i \\ &\text{s.t.} \quad \left|\min\_d\right| \leqslant \varepsilon \end{aligned} \tag{11}$$

Where, $\varepsilon > 0$ denotes the infinitesimal real value and the meanings of other parameters are the same as that in Eq. (9).

3.6　Constrained function optimization

Objective functions (10) and (11) are constrained optimizations which have been studied for many years. Evolutionary computation techniques have received considerable attention regarding their robustness in solving complex optimization problems involving no differentiable and discontinuous nonlinearity and high dimension. There are three major methods to deal with the constraint optimization problems: rejecting methods, repairing methods and penalty methods. In this paper the penalty methods are adopted, and then the fitness function (10) turns to be unconstraint optimization:

$$\text{Fitness1} = \begin{cases} E, & d > 0 \\ E + \lambda \times d, & d \leqslant 0 \end{cases} \tag{12}$$

Where, $\lambda \in \mathrm{R}^1$ is the common penalty parameter. Under this conversation, the overall objective function when there are obstacles is Eq. (12), which serves as a fitness function in evolutionary algorithm. Similar treatment can be done on Eq. (11) and gives:

$$\text{Fitness2} = \begin{cases} E, & \left|\min\_d\right| \leqslant \varepsilon \\ E + \lambda_1 \times \left|\min\_d\right|, & \left|\min\_d\right| > \varepsilon \end{cases} \tag{13}$$

Where, $\lambda_1 \in \mathrm{R}^1$ denotes the penalty parameter. Now the constraint optimizations turn to be unconstraint ones and the best solutions can be obtained by evolutionary algorithms.

4. Numerical simulation

Numerical simulations are carried out here to test the performance of the proposed method. The whole simulation process contains two parts which adopt different fitness functions.

4.1 Motion planning

To test the legality of Eqs. (9) and (12), the same initial state and desire state are adopted. The dynamic parameters of the underactuated robot in Fig.1 are listed in Table.1. The size of a population is 100. The maximum number of generations is 300. The obstacle is a circle which the center is located at (0.5, 0.5) with a radius of 0.06m. The gains are selected as $[k_{v1}\ k_{v2}\ k_{v3}\ k_{p1}\ k_{p2}\ k_{p3}]=[2\ 4\ 2\ 4\ 8\ 14]$, the weight matrix $w=\text{diag}([10^4\ \ 10^4\ \ 10^4\ \ 100\ \ 100\ \ 100])$ and the penalty operator $\lambda=4000$.

Table 1 Setting parameters of simulations

Conditions	Setting values
Simulation time/s	10
Sample interval/s	0.01
Mass of each link/kg	$m_1=m_2=m_3=0.3$
Length of each link/m	$l_1=l_2=l_3=0.3$
Distance between center of Gravity and each joint/m	$l_{c1}=0.15$, $l_{c2}=l_{c3}=0.15$
Initial state	[0 0 0 0 0 0]
Desired state	[1 1 1 0 0 0]

Fig.4 is the evolutionary history of GA when there are obstacles in workspace. It can be shown from Fig.4 that the fitness values are met the desired values within an acceptable level of generations.

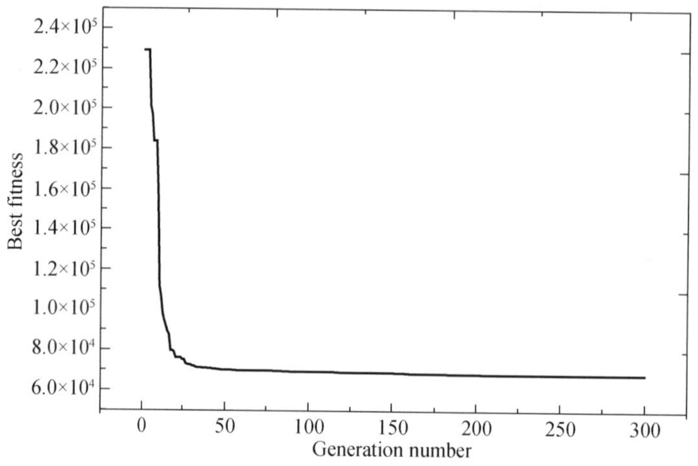

Fig.4 Evolutionary history of GA

Figs.5 ~ 7 are the simulation results when there are obstacles. Figs.5 and 6 show the values of joint angles and joint angular velocities, respectively. It is obvious in Figs.5 and 6 that the system turns to be stable at last. The final joint angles are (1.042, 1.022, 1.025) which are very close to the desired value. Fig.7 is the motion diagram of underactuated system when there are obstacles and it is obviously that the linkages steer clear of the obstacle successfully. Fig.8 is the optimum results using Eq. (9) when there are no obstacles in workspace and the simulation parameters are the same with that of Fig.7. It can be seen that the proposed method is effective for both cases when there are obstacles and no obstacles in workspace.

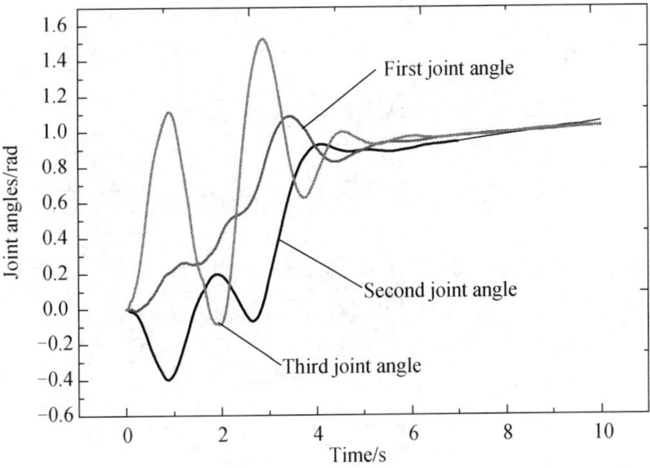

Fig.5　Joint angles

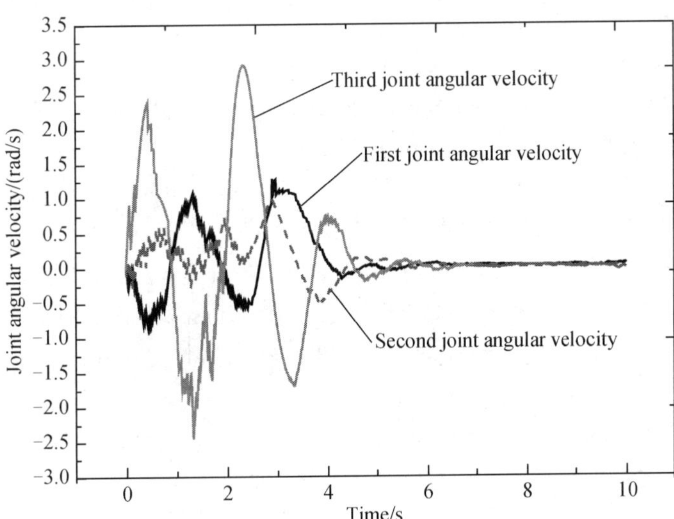

Fig.6　Joint angular velocity

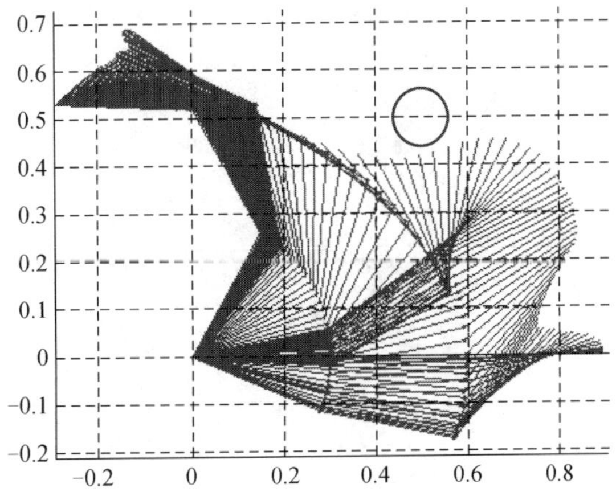

Fig.7　Rest-to-rest planning: with obstacles in workspace

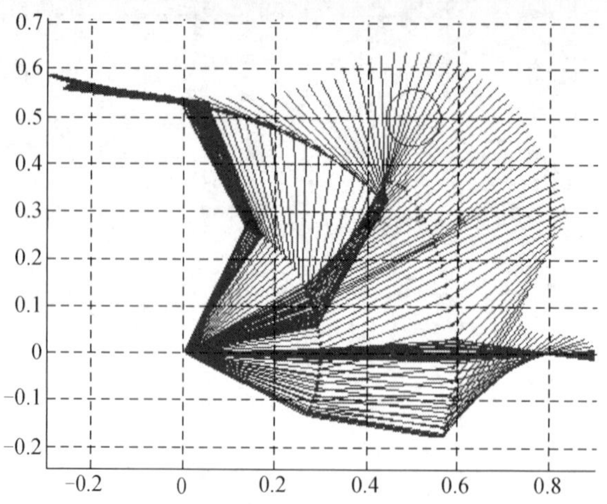

Fig.8　Rest-to-rest planning: without obstacles in workspace

4.2　Trajectory tracking

The dynamic parameters of the underactuated robot are listed in Table 1. The only difference is that the initial joint angles are [−0.4 0.5 −0.4] and the desired joint angles are [0.4 −0.5 0.4]. A line segment trajectory from the initial point to the desired point is tracked by the switching of PSCs. The best switching sequence is obtained by optimization of Eq.（13）using GA method. Let gain coefficients k_{vi}, k_{pi} and matrix w with the same value as that in part 4.1. The penalty operator $\lambda_1 = 800$.

Figs.9 and 10 show the responses of joint angles and joint angular velocities, respectively. The final joint angles are [0.41 −0.48 0.42] and the relative error is less than 3%. Fig.11 is the motion diagram of the underactuated robots. The maximum distance from the endpoint of manipulators to the desired path is 0.019 m, which means that the method is effective in trajectory tracking of underactuated robots.

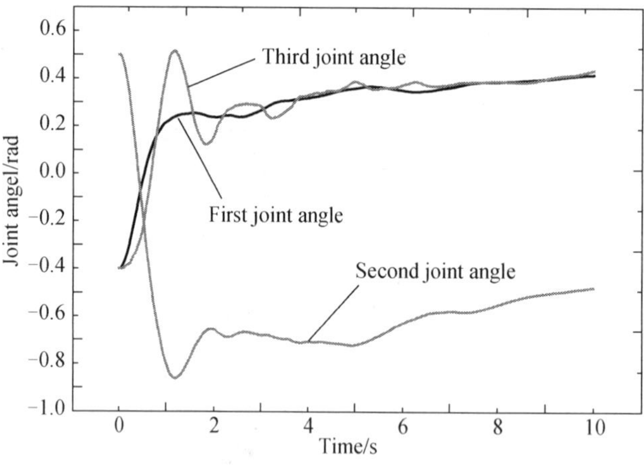

Fig.9　Joint angles

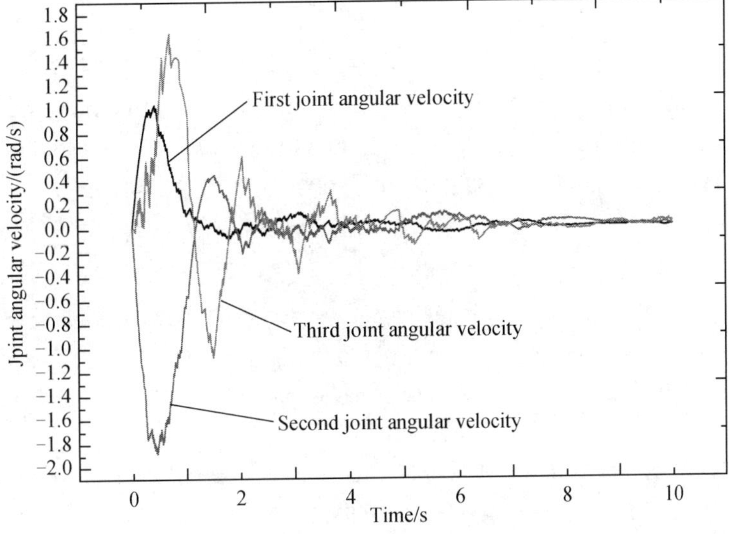

Fig.10　Joint angular velocities

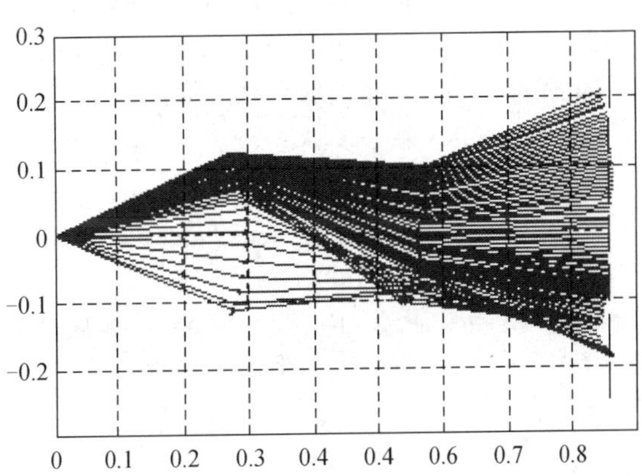

Fig.11　Trajectory tracking of a line segment

5. Conclusions

Motion planning and trajectory tracking of underactuated robots are investigated. A universal method is proposed to solve this kind of problem. The partly stable controllers are derived and the goals are fulfilled by the switching of the partly stable controllers. Penalty method is utilized when there are constraints and then the constrained optimizations change to be unconstrained ones. At last the best solutions are obtained by Genetic algorithm.

One of the major advantages of the proposed method is that the rigorous linearization or deformations of the original nonlinear system in the whole process are not considered. Another advantage of the proposed method is that it does not make any hypothesis about the degree of freedom and so it can be used without modification for arms with a large number of degrees of freedom.

The trajectory planner is effective in motion planning and trajectory tracking of underactuated robots. The major distinction is the diverse of the fitness functions. However there are still improvements of the method: First considering the influence of friction for passive joints which makes it more closely as reality, and then investigating other effective algorithms in dealing with the constrained optimization problems are our future research.

Acknowledgments

This work is supported by National Natural Science Foundation of China (Grant NO. 50575002&60705036), Beijing Natural Science Foundation (Grant NO.3062004), Beijing Education Committee Funding Project (Grant NO.KM200610005003) and PHR (IHLB).

References

[1] Bergerman M, Lee C, Xu Y S. Dynamic coupling of underactuated manipulators. Proc. of the IEEE Conference on Control Applications, 1995, 10: 500-505

[2] Nakamura Y, Suzuki T, Koinuma N. Nonlinear behavior and control of a nonholonomic free-joint manipulator. IEEE Trans Robotics and Automation, 1997,13 (6) : 853-862

[3] Bergerman M, Xu Y. Lu Y. Control of cooperative underactuated manipulators: a robust comparison study. Procs. of 1st Workshop on Robots and Mechatronics. Hong Kong, 1998, I: 279-286

[4] Hiroshi O, Antonio M, Minore H. Analysis of the dynamics and nonlinear control of underactuated brachiation robots. Proceedings of the 36th SICE Annual Conference. International Session Papers, 1997: 1137-1142

[5] De Luca A, Mattone R, Oriolo G. Stabilization of underactuated robots: Theory and experiments for a planar 2R manipulator. IEEE Int. Conf. on Robotics and Automation, 1997: 3274-3280

[6] Arai H, Tanie K, Shiroma N. Nonholonomic control of a three-dof planar underactuated manipulator. IEEE Transactions on Robotics and Automation, 1998, (14): 681-695

[7] Wang W, Yi J, Zhao D. Design of a stable sliding-mode controller for a class of second-order underactuated systems. Control Theory and Applications, 2004, 151 (6): 683-690

[8] Arai H, Tachi S. Position control of a manipulator with passive joints using dynamic coupling. IEEE Trans. Robot. Automat. 1991, 7: 528-534

[9] Arai H, Tanie K, Shiroma N. Time-scaling control of an underactuated manipulator. Proceedings of the 1998 IEEE International Conference on Robotics & Automation. Leaven, Belgium, 1998: 2619-2626.

[10] Lynch K M, Shiroma N, Arai H. Collision-free trajectory planning for a 3-DOF robot with a passive joint. The International Journal of Robotics Research, 2000, 19 (12) : 1171-1184

[11] Arai H, Tanie K. Path tracking control of a manipulator with passive joints. IEEE/RSJ International Workshop on Intelligent Robots and Systems. Osaka, Japan, 1991: 923-928

[12] Oriolo G, Nakamura Y Free-joint manipulators: motion control under second-order nonholonomic constraints. Proc. IEEE/RSJ IROS' 91, 1991: 1248-1253

(in *Proceedings of 17th IFAC World Congress*, Seoul, Korea,2008: 2242-2247)

§ 92　Obstacle Avoidance of a Class of Underactuated Robot Manipulators: GA Based Approach

Liu Qingbo[1], Yu Yueqing[1], Su Liying[1], Zhang Milan[2]

[1]*College of Mechanical Engineering & Applied Electronics Technology, Beijing University of Technology, Beijing* 100124, *China*

[2]*College of Mechanical Electronic and Control Engineering, Beijing Jiaotong University, Beijing* 100044, *China*

Abstract: *This paper presents a practical collision-free motion planning method for a general underactuated robot manipulator. First the dynamic properties of underactuated robot manipulator are analyzed, and then the collision avoidance problem is formulated and solved as a position-based force control problem. Virtual generalized force representing the intrusion of the arm into the obstacle dangerous zone is computed in real time using a virtual spring-damper model. The partly stable controllers are adopted and the energy based fitness function is built, then the best switching sequence of partly stable controllers is obtained by genetic algorithm. Because the proposed method does not make any hypothesis about the degree of freedom, it can be used without modification for arms with a large number of degree of freedom. At last numerical simulations are carried out to illuminate the validity of the proposed method.*

Keywords: *underactuated robots; obstacle avoidance; motion planning; genetic algorithm*

1. Introduction

Underactuated robots are those which have fewer control inputs than the degrees of freedom of the system. As far as the underactuated manipulators are concerned, they have one or more joints without actuators, namely these joints are passive or free. Hyper-redundant (snake-like) robots with passive joints, legged robots with passive joints, gymnastic robots (Acrobot), fault tolerance robot systems, undersea vehicles and mobile robots are some examples of the underactuated systems[1,2]. However, control of such kind of system is a complicated task because of the intrinsic characteristics such as complex nonlinear dynamic, nonholonomic behavior and lack of linearizability exhibited in this kind of nonlinear systems[3]. It is necessary to explore new control techniques to overcome the problem.

An extensive amount of research on the kinematics and dynamics of robots has been carried out for regular (full actuated) manipulators. There is an independent generalized force for each degree of freedom that can be applied by a control actuator. But for underactuated robots, the generalized coordinates are not independent and the control objective can be realized only by the dynamic coupling between the active and passive joints[4]. In most cases, the underactuated manipulators with two or more degrees of freedom are second-order nonholonomic systems[1]. That is to say that the systems have accelerations-dependent constraints which are not integrable to obtain velocity or configuration dependent constraints.

Collision-free motion planning of manipulators is a weakness of current robotic technology. Many typical methods for manipulators in collision-free motion planning are based on graph searching in finite discrete C-space[5,6]. Kando pointed out that describing entire C-space representation is a waste of time when the environment frequently changes, because it is not always necessary prior to path searching[5]. In his method, collision-freeness is checked only on grid points of the discrete C-space and whose arc/edges denote adjacent relations between the grid points, then a graph search method call bi-direction heuristic front-to-front algorithm is applied to find paths. Lozano proposed slice projection method to describe the entire C-space[7], it is practically difficult to compute slice projection of manipulators with more the 4 degrees of freedom. Although this method is more effective than other methods needed for the entire resolution of the discrete C-space representation, its computational cost increases exponentially as DOF resolution of the discrete C-space increases. Lynch et al. proposed a method for collision-free trajectory planning of a 3-DOF robot with a passive joint[8], the problem of planning feasible trajectories in the robot's six-dimensional state space are decoupled into the computationally simpler problems of planning path in the three-dimensional configuration space and time scaling the paths according to the manipulator dynamics. Ando[9] proposed a practical path planning method than can find collision-free paths quickly for a general robot manipulator. In his method global search tries to find a sequence of intermediate goals and serial local search tried to sequentially find local paths between each two adjacent sub-goals.

Even though many researchers have carried out considerable numbers of studies in collision-free trajectory planning for full actuated systems; there are few researches for underactuated robots. From this point of view, this paper presents a universal method for collision avoidance of underactuated robot manipulators. The rest of the paper is organized as follows: in section 2 the dynamic model of underactuated robots is introduced, the collision-free trajectory planners are discussed in section 3, best switching sequence searching of partly stable controllers are discussed in section 4 and numerical simulations are carried out in section 5, finally some discussions and conclusions are made in section 6.

2. Dynamic equation

Consider the dynamics of an n-degree-of-freedom mechanical system with m actuators; the kinetic energy of the manipulator is defined as

$$K=\frac{1}{2}\sum_{j=1}^{n}\sum_{i=1}^{n}m_{ij}(q)\dot{q}_i\dot{q}_j=\frac{1}{2}\dot{q}^{\mathrm{T}}M(q)\dot{q} \tag{1}$$

Where, $q\in\mathrm{R}^n$ and $\dot{q}\in\mathrm{R}^n$ are the vectors of joint positions and joint velocities of the manipulator, respectively, and $M(q)\in\mathrm{R}^{n\times n}$ is the inertia matrix of the manipulator. The matrix $M(q)$ is symmetric and positive definite for each $q\in\mathrm{R}^n$ .The Lagrange function L of the system is given by

$$L=K-V \tag{2}$$

Where, V is the potential energy. The Lagrange equation is defined as follows

$$\frac{\mathrm{d}}{\mathrm{d}t}\left(\frac{\partial L}{\partial\dot{q}}\right)-\frac{\partial L}{\partial q}=\tau \tag{3}$$

Where, $\tau\in\mathrm{R}^{n\times1}$ are generalized forces. The dynamic equations in matrix-vector form are given by

$$M(q)\ddot{q}+C(q,\dot{q})\dot{q}=\tau \tag{4}$$

Where, $C(q,\dot{q})\dot{q}$ represent the element of Coriolis, Centrifugal and viscous friction vector. Decompose the active and passive variables from Eq. (4) we can get

$$M_{\mathrm{aa}}\ddot{q}_{\mathrm{a}}+M_{\mathrm{ap}}\ddot{q}_{\mathrm{p}}+h_{\mathrm{a}}=\tau_{\mathrm{a}} \tag{5a}$$

$$M_{\mathrm{pa}}\ddot{q}_{\mathrm{a}}+M_{\mathrm{pp}}\ddot{q}_{\mathrm{p}}+h_{\mathrm{p}}=0 \tag{5b}$$

Where, a stands for active joints, p is the passive joints variables, τ_{a} are the active joint torques, h is the element of Coriolis, Centrifugal and viscous friction vector and with the expression as follows

$$h = M(q)\dot{q} - \frac{1}{2}\dot{q}^{\mathrm{T}}\frac{\partial}{\partial q}(M(q))\dot{q} \tag{6}$$

Eq. (5b) represents a dynamic constraint on the system. Usually the necessary and sufficient condition for the partial integrability for the constraint is not satisfied. Hence the system is often second-order nonholonomic system. From Eq. (5b) we may solve for $\ddot{q}_{\mathrm{p}}$ as

$$\ddot{q}_{\mathrm{p}} = -M_{\mathrm{pp}}^{-1}(q)[M_{\mathrm{pa}}(q)\ddot{q}_{\mathrm{a}} + h_{\mathrm{p}}] \tag{7}$$

We choose $\ddot{q}_{\mathrm{a}}$ as control input, Eq. (5b) can be rewritten as

$$\begin{cases} \ddot{q}_{\mathrm{a}} = u \\ \ddot{q}_{\mathrm{p}} = J(q)\ddot{q}_{\mathrm{a}} + R(q,\dot{q}) \end{cases} \tag{8}$$

Where,

$$\begin{cases} J(q) = -M_{\mathrm{pp}}^{-1}(q)M_{\mathrm{pa}}(q) \\ R(q,q) = -M_{\mathrm{pp}}^{-1}h_{\mathrm{p}} \end{cases} \tag{9}$$

Note that if $(q,\dot{q}) = (q_{\mathrm{e}},0)$ is an equilibrium solution we refer to q_{e} as an equilibrium configuration. Eqs. (8) can be expressed in the usual nonlinear control system form by defining the following state variables

$$x_1 = q_{\mathrm{a}}, x_2 = q_{\mathrm{p}}, x_3 = \dot{q}_{\mathrm{a}}, x_4 = \dot{q}_{\mathrm{p}} \tag{10}$$

Then the state equations are given by

$$\begin{cases} \dot{x}_1 = x_3 \\ \dot{x}_2 = x_4 \\ \dot{x}_3 = u \\ \dot{x}_4 = J(x_1,x_2)u + R(x_1,x_2,x_3,x_4) \end{cases} \tag{11}$$

Eqs. (11) defines a drift vector field $f(x)=(x_3,x_4,0,R(x_1,x_2,x_3,x_4))$ and control vector fields $g_i(x)=(0,0,e_i,J_i(x_1,x_2))$, where e_i denotes the ith standard basis vector in R^m and $J_i(x_1,x_2)$ denotes the ith column of the matrix function $J(x_1,x_2)$, $i=1,\cdots,m$, according to the standard control system form

$$\dot{x} = f(x) + \sum_{i=1}^{m} g_i(x)u_i \tag{12}$$

We first demonstrate that the second-order nonholonomic system, defined by Eqs. (8), does satisfy certain nonlinear controllability properties[10,11]. In particular, we show that the system is strongly accessible.

Theorem 1: Let $n-m \geqslant 1$. The underactuated robot system, defined by Eqs. (8) is strongly accessible.

Theorem 2: Assume that $R_i(q,0)=0, \forall q \in Q$, for some $i \in \{1,\cdots,n-m\}$, let $n-m \geqslant 1$ and let $(q_{\mathrm{e}},0)$ denote an equilibrium solution. Then the underactuated system, defined by Eqs. (8) is not asymptotically stabilized to $(q_{\mathrm{e}},0)$ using time-invariant continuous (static or dynamic) state feedback law.

Theorem 3: Let $n-m \geqslant 1$ and let $(q_{\mathrm{e}},0)$ denote an equilibrium solution, the underactuated system, defined by Eqs. (8) is small time locally controllable at $(q_{\mathrm{e}},0)$ if there exists a set of $n-m$ pairs of indexes $(i_k,j_k) \in I_m^2, i_k \neq j_k, k \in I_{n-m}$, such that

$$\mathrm{dimspan}\{H_{i_k j_k}(q_{\mathrm{e}}), k \in I_{n-m}\} = n-m \tag{13}$$

and

$$H_{i_k j_k}(q^{\mathrm{e}}) = 0, \forall k \in I_{n-m} \tag{14}$$

Accessibility and controllability analysis are very important and necessary for the control of underactuated robot manipulators. In the next section we mainly describe the obstacle avoidance strategy of underactuated robot manipulators.

3. Collision free trajectory planning

Robotic manipulators are basically positioning devices that can carry payloads by their end-effectors from initial positions and orientations to target destinations along prescribed Cartesian paths. A robotic system must have the ability to cope with complex environments, including when there are obstacles in workspace. In this paper collision avoidance is accomplished with the help of modification of the generalized forces which are generated by the virtual spring-damper model.

3.1 Virtual spring-damper model

For every reachable object in the manipulator workspace, we define a dangerous zone displaced from the object surface by a user-specified stand-off distance. Inside the dangerous zone, there are fictitious springs with natural length and user-defined constant stiffness coefficient, in parallel with dampers with user-specified constant damping coefficient k_p occupying the space between the object surface and the dangerous zone boundary, a typical example for underactuated manipulators is shown in Fig. 1.

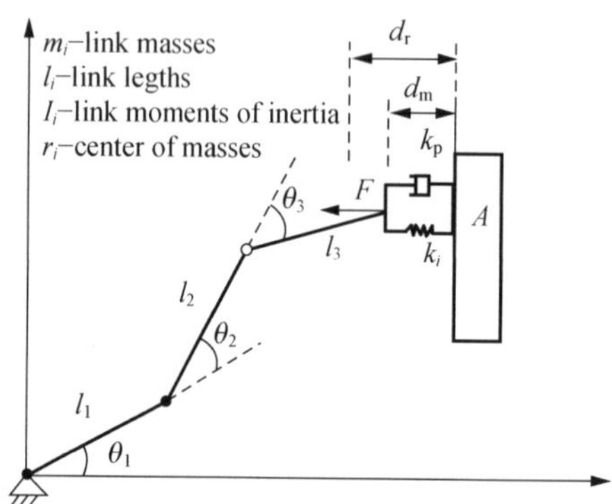

Fig.1　Planar 3RR$\bar{\text{R}}$ underactuated manipulator

When the obstacle detection system does not detect intrusion into any dangerous zones ($d_m \geqslant d_r$), the user-specified nominal path is executed and the arm performs an obstacle-free motion. As soon as any point on the arm enters the dangerous zone which is determined by the obstacle detection system ($d_m < d_r$), a virtual intrusion force is generated and is exerted on the arm at the intrusion point (Fig. 1, A is the obstacle) to cause deviation from the nominal path. The magnitude of this force is related directly to the extent and the rate of intrusion into the dangerous zone, the intrusion force F can be computed as

$$F = k_i e + k_p \frac{\mathrm{d}e}{\mathrm{d}t} \tag{15}$$

Where, k_i is the stiffness coefficient, k_p is the damping coefficient, e is the compression deformation of the virtual spring and with the expression of $e = d_r - d_m$, $k_i e$ represents the compressive force due to the spring, while the term $k_p(\mathrm{d}e/\mathrm{d}t)$ is the resistive force due to the damper. When the manipulators are in the safety zone the compression deformation equals to zero, so we can get the expression of e in the whole workspace:

$$e = \begin{cases} 0, & d_m \geqslant d_r \\ d_r - d_m, & d_m < d_r \end{cases} \tag{16}$$

From Fig.2 it can be shown that the virtual intrusion force F is always along the line of shortest length PQ connecting the closest points P on the obstacle and on the arm Q, where $d_{\rm m}=|PQ|$.

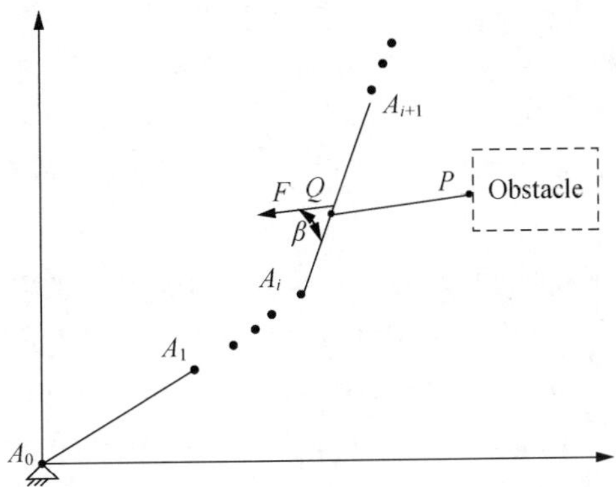

Fig.2　Local schematic diagram between obstacle and robot manipulators

3.2　Modification of generalized forces

We can get the value of the virtual intrusion force by Eq.（16）.Considering the situation when the arms interfere with dangerous zone as shown in Fig.2, then the nonholonomic constraints equations of the dynamic model can be modified as follows

$$M_{\rm pa}{}^{i+1}\ddot{\theta}_{\rm a}^{i+1}+M_{\rm pp}{}^{i+1}\ddot{\theta}_{\rm p}^{i+1}+h_{\rm p}^{i+1}=\tau_{\rm v} \tag{17}$$

Where, $i+1$ stands for the intrusion force F acting on the passive link A_iA_{i+1}, $\tau_{\rm v}$ is the virtual passive torques generated by the intrusion force and has the expression:

$$\tau_v=F\times|A_iQ|\times\sin(\beta) \tag{18}$$

Where, β is the included angel between link A_iA_{i+1} and PQ. If A_iA_{i+1} is active link, the intrusion force F will be acted on the nearest passive joint of A_i and the equivalent virtual torque on joint A_i can easily be gotten. Eq.（17）is the basis of collision-free motion planning for underactuated manipulators.

3.3　Partly stable controllers

The objective of motion planning is to find a feasible motion from the initial state to the desire state. Here partly stable controllers are adopted[12]. For each link we can design partly stable controllers as:

$$\ddot{q}_i=\ddot{q}_{\rm id}+k_{{\rm v}i}(\dot{q}_{\rm id}-\dot{q})+k_{{\rm p}i}(q_{\rm id}-q_i) \tag{19}$$

Where, $q_{\rm id}$, $\dot{q}_{\rm id}$ and $\ddot{q}_{\rm id}(i=1,\cdots,n)$ are the desired joint angel positions, joint angular velocities and joint angular accelerations respectively. $k_{{\rm v}i}>0$, $k_{{\rm p}i}>0$ are the derivative and position gain coefficients. For n degree of freedom underactuated mechanical system with m actuators, C_n^m partly stable controllers can be designed totally. Define the error $e_i=q_{\rm id}-q_i$ and $\dot{e}_i=\dot{q}_{\rm id}-\dot{q}_i$. Error function of controlled coordinate for each case can be gotten:

$$\ddot{e}_i+k_{{\rm v}i}\dot{e}_i+k_{{\rm p}i}e_i=0 \tag{20}$$

It can be seen from Eq.（20）that each control law guarantee the control variables converge to the desired value in finite time if the coefficients $k_{{\rm v}i}$ and $k_{{\rm p}i}$ are chosen properly. The control objective is to move the robot system to the desired configuration, and can be achieved by the proper switching of the control laws. This process is based on the evolutionary computation for searching the best combination of partly stable controllers from a set of elemental controllers.

4. Best switching sequence searching using ga method

Genetic algorithms[13] are adaptive heuristic search algorithm premised on the evolutionary ideas of natural selection and genetic. The basic concept of GA is designed to simulate processes in natural system necessary for evolution, specifically those that follow the principles of survival of the fittest first laid down by Charles Darwin. As such they represent an intelligent exploitation of a random search within a defined search space to solve a problem.

Fig.3 describes the GA process when it is used. Whereas Genetic algorithms include a variety of operators (i.e. selection, crossover and mutation), the basics of Genetic algorithm can be described as follows. Given some initial population and the terminal generation, proceed as follows:

(1) Sort the population from the best to worst according to given cost function.

(2) Selection rules: Select the individuals, called parents that contribute to the population at the next generation.

(3) Crossover rules: Combine two parents to form children for the next generation.

(4) Mutation rules: apply random changes to individual parents to form children.

(5) Terminal condition judgment: If satisfied the algorithm terminated, otherwise return to (1).

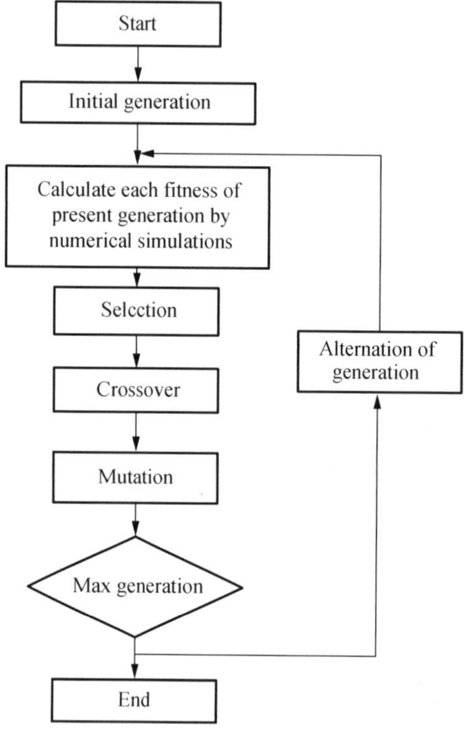

Fig.3　GA process

The fitness function is the driving force behind the GA. The evaluation function is called from the GA to determine the fitness of each solution string generated during the search. In this paper, when there are no obstacles in workspace, the fitness function is defined as follows

$$\min E = \sum_{i=1}^{N} e_i w e_i^{\mathrm{T}} \tag{21}$$

Where, $e=[q_1-q_{1\mathrm{d}},\cdots,q_n-q_{n\mathrm{d}},\dot{q}_1-\dot{q}_{1\mathrm{d}},\cdots,\dot{q}_n-\dot{q}_{n\mathrm{d}}]^{\mathrm{T}}$, N is the final discrete time instant. Matrix $w=\mathrm{diag}\left[w_1,w_2,\cdots,w_{2n}\right]$ denotes the weights of controlled error $(w_1,w_2\cdots,w_{2n}>0)$.

5. Underactuated robot manipulator example

5.1　Controllability and stabilizability analysis

Consider a planar 3RR$\bar{\text{R}}$ (the last joint is free, i.e., with no actuator) robot as shown in Fig.1, the robot with three revolute joints, moving on a horizontal plane so that gravity can be ignored. Define the following constants

$$
\begin{aligned}
&a_1 = m_1 r_1^2 + m_2 l_1^2 + m_3 l_1^2 + I_1 \\
&a_2 = m_2 r_2^2 + m_3 l_2^2 + I_2 \\
&a_3 = m_3 r_3^2 + I_3 \\
&b_1 = m_2 l_1 r_2 ; b_2 = m_3 l_1 l_2 \\
&b_3 = m_3 l_2 r_3 ;\ b_4 = m_3 l_1 r_3
\end{aligned} \tag{22}
$$

From part 2 the dynamic equation of 3R underactuated robot can written as

$$
\begin{bmatrix} m_{11} & m_{12} & m_{13} \\ m_{21} & m_{22} & m_{23} \\ m_{31} & m_{32} & m_{33} \end{bmatrix} \begin{bmatrix} \ddot{q}_1 \\ \ddot{q}_2 \\ \ddot{q}_3 \end{bmatrix} + \begin{bmatrix} h_1 \\ h_2 \\ h_3 \end{bmatrix} = \begin{bmatrix} \tau_1 \\ \tau_2 \\ 0 \end{bmatrix} \tag{23}
$$

Where,

$$
\begin{aligned}
m_{11} &= a_1 + a_2 + a_3 + 2b_1 \cos(q_2) + 2b_2 \cos(q_2) \\
&\quad + 2b_3 \cos(q_3) + 2b_4 \cos(q_2 + q_3) \\
m_{12} &= a_2 + a_3 + (b_1 + b_2)\cos(q_2) + 2b_3 \cos(q_3) \\
&\quad + b_4 \cos(q_2 + q_3) \\
m_{21} &= m_{12} \\
m_{22} &= a_2 + a_3 + b_3 \cos(q_3) \\
m_{13} &= a_3 + b_3 \cos(q_3) + b_4 \cos(q_2 + q_3) \\
m_{31} &- m_{13} \\
m_{22} &= a_2 + a_3 + 2b_3 \cos(q_3) \\
m_{23} &= a_3 + b_3 \cos(q_3) \\
m_{32} &= m_{23} \\
m_{33} &= a_3 \\
h_1 &= -b_4(\dot{q}_2 + \dot{q}_3)(2\dot{q}_1 + \dot{q}_2 + \dot{q}_3)\sin(q_2 + q_3) \\
&\quad - (2\dot{q}_1 + \dot{q}_2)\dot{q}_2(b_1 + b_2)\sin(q2) - b_3(2\dot{q}_1 + 2\dot{q}_2 \\
&\quad + \dot{q}_3)a_3 \sin(q_3) \\
h_2 &= \dot{q}_1^2\{(b_1 + b_2)\sin(q_2) + b_4 \sin(q_2 + q_3)\} \\
&\quad - 2b_3\dot{q}_1\dot{q}_3 \sin(q_3) - 2b_3\dot{q}_2\dot{q}_3 \sin(q_3) - b_3\dot{q}_3^2 \sin(q_3) \\
h_3 &= \dot{q}_1^2(b_3 \sin(q_3) + b_4 \sin(q_2 + q_3)) \\
&\quad + 2\dot{q}_1\dot{q}_2 b_3 \sin(q_3) + b_3\dot{q}_2^2 \sin(q_3)
\end{aligned}
$$

According to **Theorems 1 ~ 3,** we now can state the following results which characterize the controllability and stabilizability properties of the constrained $3RR\bar{R}$ underactuated robot manipulator.

Proposition: let M^e denote the equilibrium manifold and let $(q^e, 0) \in M^e$ denote an equilibrium solution. The following hold for the constrained manipulator dynamics described by Eq. (23)

(1) The system is strongly accessible since the space spanned by vectors $\text{span}\{g_1, g_2, [f, g_1], [f, g_2], [g_2, [f, g_1], [f, [g_2, [f, g_1]]]\}$ has six dimensions at any $(q, \dot{q}) \in M$.

(2) The system is small time locally controllable at $(q^e, 0)$ since the sufficient conditions for STLC of **Theorem 3** are satisfied.

(3) There exist both time-invariant piecewise analytic feedback laws and time-periodic continuous feedback laws which asymptotically stabilize $(q^e, 0)$.

(4) There is no time-invariant continuous feedback law which asymptotically stabilizes the close loop to $(q^e, 0)$.

5.2　Numerical simulation

The virtual spring-damper method (VSDM) is compared with switching computed torque method (CTM) which was proposed by Udawatta et al.[15] to show the advantage of the propose method.

To solve the general problem with optimum switching of available PSC, first define the total time span T. The genes of a chromosome are represented as controller indexes. For $3RR\bar{R}$ underactuated robot, 3 PSC can be obtained.

Control law 1:

$$\begin{bmatrix} \ddot{q}_1 \\ \ddot{q}_2 \\ \ddot{q}_3 \end{bmatrix} = \begin{bmatrix} \ddot{q}_{1d} + k_{v1}(\dot{q}_{1d} - \dot{q}_1) + k_{p1}(q_{1d} - q_1) \\ \ddot{q}_{2d} + k_{v2}(\dot{q}_{2d} - \dot{q}_2) + k_{p2}(q_{2d} - q_2) \\ -m_{33}^{-1}(\tau_v + h_3 + m_{31}\ddot{q}_1 + m_{32}\ddot{q}_2) \end{bmatrix} \tag{24}$$

Control law 2:

$$\begin{bmatrix} \ddot{q}_1 \\ \ddot{q}_3 \\ \ddot{q}_2 \end{bmatrix} = \begin{bmatrix} \ddot{q}_{1d} + k_{v1}(\dot{q}_{1d} - \dot{q}_1) + k_{p1}(q_{1d} - q_1) \\ \ddot{q}_{3d} + k_{v3}(\dot{q}_{3d} - \dot{q}_3) + k_{p3}(q_{3d} - q_3) \\ -m_{32}^{-1}(\tau_v + h_3 + m_{31}\ddot{q}_1 + m_{33}\ddot{q}_3) \end{bmatrix} \tag{25}$$

Control law 3:

$$\begin{bmatrix} \ddot{q}_2 \\ \ddot{q}_3 \\ \ddot{q}_1 \end{bmatrix} = \begin{bmatrix} \ddot{q}_{2d} + k_{v2}(\dot{q}_{2d} - \dot{q}_2) + k_{p2}(q_{2d} - q_2) \\ \ddot{q}_{3d} + k_{v3}(\dot{q}_{3d} - \dot{q}_3) + k_{p3}(q_{3d} - q_3) \\ -m_{31}^{-1}(\tau_v + h_3 + m_{32}\ddot{q}_2 + m_{33}\ddot{q}_3) \end{bmatrix} \tag{26}$$

Control laws 1 ~ 3 can be expressed as the bit string codes 1, 2 and 3. So each individual can be coded as shown in Fig.4. Then the initial population is generated by a random set of M "individual", here M is the population size.

1	2	3	2	1	3	···	1	2
t_1	t_2	t_3	t_4			···		T

Fig.4　Coding of genes with control indices

The dynamic parameters of the planar $3RR\bar{R}$ underactuated robot in Fig.1 are listed in Table 1. The size of a population is 100. The maximum number of generations is 300. The obstacle is a circle which centered at (0.5, 0.55) with a radius of 0.06m. The gains are $[k_{v1}\ k_{v2}\ k_{v3}\ k_{p1}\ k_{p2}\ k_{p3}] = [2\ 4\ 4\ 6\ 8\ 15]$, the weight matrix $w = \text{diag}([10^4\ \ 10^4\ \ 10^4\ \ 100\ \ 100\ \ 100])$ and d_r=10cm, k_i=0.3, k_p=0.2.

Table 1　Setting parameters of simulations

Conditions	Setting values
Simulation time/s	10
Sample interval/s	0.01
Mass of each link/kg	$m_1=m_2=m_3=0.3$
Length of each link/m	$l_1=l_2=l_3=0.3$
Distance between center of Gravity and each joint/m	$l_{c1}=0.15,\ l_{c2}=l_{c3}=0.15$
Initial state	[0 0 0 0 0 0]
Desired state	[1 1 1 0 0 0]

Figs.5 and 6 are the simulation results using virtual spring-damper method. Fig.5 shows the values of joint angles. The final joint angles are (1.042, 1.022, 1.025) rad which are very close to the desired value. Fig.6 is the motion diagram of underactuated system when there are obstacles and it is obviously that the linkages steer clear of the obstacle successfully.

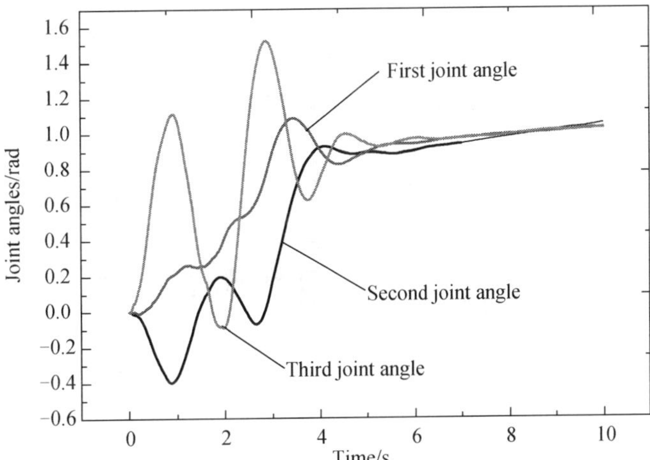

Fig.5　Time responses of joint angles using VSDM

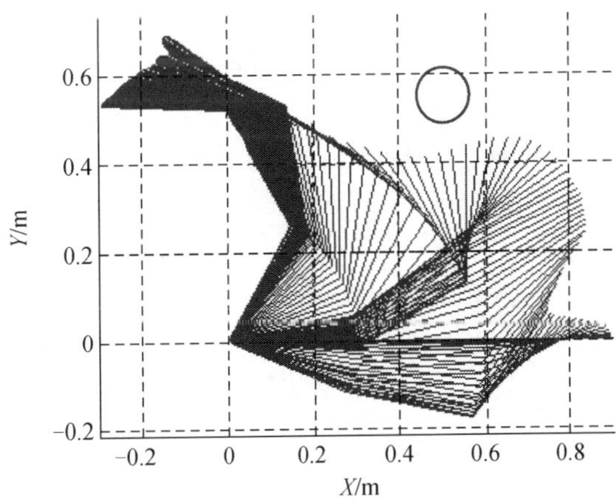

Fig.6　Rest-to-rest planning using VSDM: with obstacles in workspace

Figs.7 and 8 are the simulation results using computed torque method[14]. The final joint angles are (1.191, 1.123, 1.052) rad. Fig.8 is the motion diagram of the underactuated robots. Although the linkages can steer clear of the obstacle, the relative errors of final joint angles are larger than that using VSDM, which means that the VSDM is more effective than CTM in collision-free trajectory planning of underactuated robot manipulators.

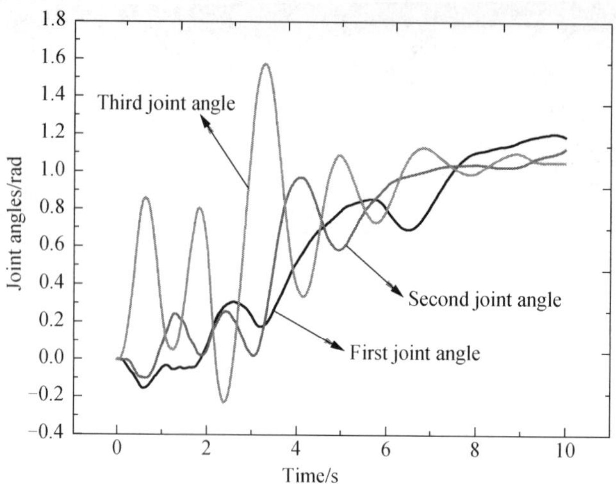

Fig.7　Time responses of joint angles using CTM

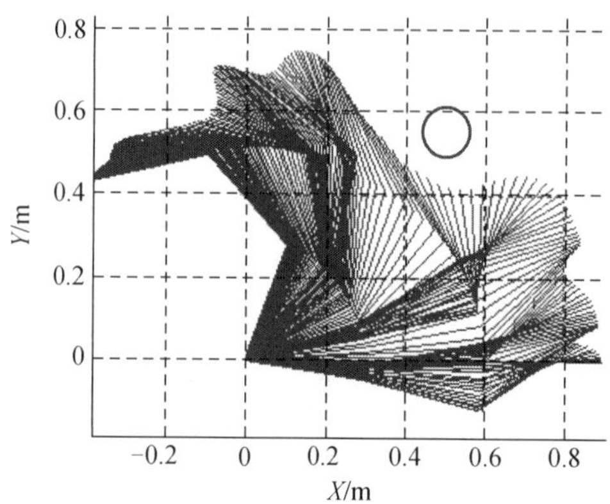

Fig.8　Rest-to-rest planning using CTM: with obstacles in workspace

6. Conclusions

Dynamics analysis and obstacle avoidance of underactuated robot manipulators based on genetic algorithm is developed in this paper. This approach is based on representing the proximity of the arm to workspace obstacles by virtual force which is generated by the virtual spring-damper model. The partly stable controllers are derived and the goals are fulfilled by the switching of the partly stable controllers.

One of the major advantages of the proposed method is that the rigorous linearization or deformations of the original nonlinear system in the whole process are not considered. Because of the global optimization ability of genetic algorithm, it is equally applicable to model-based and sensor-based collision avoidance. Furthermore the proposed approach can be applied to both stationary and moving obstacles and also to multiple moving arms.

Acknowledgements

This work is supported by National Natural Science Foundation of China (Grant NO.50575002& 60705036), Beijing Natural Science Foundation (Grant NO.3062004), Beijing Education Committee Funding Project (Grant NO.KM200610005003) and PHR (IHLB).

References

[1] Nakamura Y, Suzuki T, Koinuma N. Nonlinear behavior and control of a nonholonomic free-joint manipulator. IEEE Trans Robotics and Automation, 1997，13 (6):853-862

[2] Spong M W. Underactuated mechanical systems. International Workshop on Control Problems in Robotics and Automation, San Diego, California, 1997：1-15

[3] Bergerman M, Xu Y, Lu Y. Control of cooperative underactuated manipulators: a robust comparison study. Procs of 1st workshop on Robots and Mechatronics. Hong Kong, 1998, i: 279-286

[4] Bergerman M, Lee C, Xu Y S. Dynamic coupling of underactuated manipulators. Proc. of the IEEE Conference on Control Applications, 1995: 500-505

[5] Kando K. Motion planning with six degrees of freedom by multi strategic bidirectional heuristic free-space enumeration. IEEE Transaction of Robotics and Automation, 1991, 7(3):267-277

[6] Hasegawa T, Terasaki H. Collision avoidance: divide-and-conquer approach by space characterization and intermediate goals. IEEE Transaction on Systems, Man and Cybernratics, 1988,18(3):337-347

[7] Lozano P T. A simple motion planning algorithm for general robot manipulators. IEEE Journal of Robotics and Automation,1987, RA-3 (3): 224-238

[8] Lynch K M, Shiroma N, Arai H. Collision-free trajectory planning for a 3-DOF robot with a passive joint. The International Journal of Robotics Research, 2000, 19(12):1171-1184

[9] Audo S. A fast collision-free planning method for a general robot manipulator. Proceeding of the 2003 IEEE International Conference on Robotics & Automation,2003: 2871-2877

[10] Luca A D, Mattone R, Oriolo G. Steering a class of redundant mechanisms through end-effector generalized forces. IEEE Trans. Robot. Automat., 1998, 14(2): 329-333

[11] Reyhanoglu M, van der Schaft A J. Dynamics and control of second-order nonholonomic systems. Benelux Meeting, Mierlo, The Netherlands, 1996

[12] Udawatta L, Watanabe K, Izumi K, et al. Control of underactuated robot manipulators using switching. Computed torque method: GA based approach. Soft Computing - A Fusion of Foundations, Methodologies and Applications 2003, 8(1)

[13] Gen M, Cheng R W. Genetic Algorithms and Engineering Optimization. Beijing: TsingHua University Press, 2004: 1

[14] Udawatta L, Watanabe K, Izumi K, et al. Obstacle avoidance of three-DOF underactuated manipulator by using switching computed torque method. Trans. on Control, Automation and Systems Engineering, 2002, 4(4): 347-355

（in *International Journal of Computational Intelligence Systems*, 2008, 1(4): 353-360）

§93　欠驱动机器人最优运动轨迹生成与跟踪控制

刘庆波[1, 2]　余跃庆[1]　苏丽颖[1]

(1. 北京工业大学，北京　100124；

2. 航天科工惯性技术有限公司，北京　100070)

摘　要：以被动关节自由的欠驱动机器人为研究对象，对其最优运动规划与轨迹跟踪控制问题进行研究，控制目标为实现欠驱动机器人关节的任意位置控制。对欠驱动机器人系统的可控性条件进行分析，提出部分稳定规划器的思想，利用遗传算法对建立的适应度函数进行全局优化，得到部分稳定规划器的最优切换顺序。利用变结构控制方法进行反馈控制，实现了期望轨迹的精确跟踪。提出的方法一方面利用遗传算法的全局搜索能力，不必考虑机器人的严格线性化，能够快速、准确地实现路径寻优，且具有很好的稳定性；另一方面采用的变结构控制方法能够对系统干扰及参数变化具有良好的自适应性，因此本方法可以很容易推广到多自由度欠驱动机器人系统控制当中。通过末关节为被动关节的平面 3 自由度机器人进行仿真，仿真结果证明了方法的有效性。

关键词：欠驱动机器人；可控性；运动规划；轨迹跟踪；遗传算法；变结构控制

1. 引言

欠驱动机械系统是一类所含有驱动器的数目少于系统自由度的非线性系统，它能够利用较少的驱动装置完成复杂的任务，具有重量轻、成本低等众多优点，特别是在太空和水下机器人系统以及仿生机器人等研究领域具有广阔的应用前景，因此越来越成为人们研究的热点[1-3]。

由于欠驱动机器人的被动关节不受驱动力作用，受到二阶非完整约束[4]，因此如何使被动关节满足运动要求是首要关键问题。目前常用的方法主要是利用主、被动关节的动力学耦合作用，通过恰当的控制策略使欠驱动机器人实现特定运动。邓秀娟等[5]应用位形流形最小嵌入模型,对带有二阶非完整约束的欠驱动机器人动力学建模和控制进行研究。Magubdajer 等[6]在考虑摩擦的情况下对平面 2 自由度欠驱动机器人位置控制方法进行了研究，整个控制过程分为两个阶段，最终实现了 2R 欠驱动机器人的位置控制。高丙团等[7]针对具有动能对称性的欠驱动机械系统，提出了一种闭环全局坐标变换方案。该方案将欠驱动机械系统的动力学转换成具有结构特征的级联规范型，并分别给出了 Pendubot、倒立摆系统和 TORA 系统的级联规范型。Luca 等[8]运用幂零的方法实现了平面 2R 欠驱动机器人的位置控制。Hong[9]基于欠驱动机械臂的平均系统非线性模型，提出一种振动输入控制方法，这种方法在分析系统动态特性时是很有效的，但是由于建立系统的平均系统模型复杂，因此实际应用受到很大限制。Scherm 等[10]基于非线性运动规划技术提出一种数字控制方法，这种方法只对少自由度简单欠驱动机械臂比较有效。以上这些方法大多进行的是特例研究，实现起来比较困难且不便推广到具有更多自由度的欠驱动机器人系统。

欠驱动机器人控制的难点在于输入控制维数的降低，目前为止对被动关节自由的欠驱动机器人(被动关节不含制动器)的运动规划与跟踪控制仍是一个开放课题。鉴于此，本文针对被动关节自由的欠驱动机器人系统，提出了一种适用于欠驱动机器人的新的轨迹规划和跟踪方法，首先对其可控性条件进行分析，提出部分稳定规划器的方法，然后利用遗传算法实现其最优运动规划，并进行反馈跟踪控制，最后给出结论。

2. 动力学模型与可控性分析

2.1　动力学模型

采用 Lagrange 方法，n 自由度机械臂系统的动力学表达式可写为

$$\frac{\mathrm{d}}{\mathrm{d}t}(\frac{\partial L}{\partial \dot{q}}) - \frac{\partial L}{\partial q} = \tau \tag{1}$$

式中，L 为拉格朗日函数；q 为关节广义坐标，此处为关节角度坐标；τ 为关节广义驱动力。

对于平面欠驱动机器人，通过式(1)可得到系统动力学模型为

$$M(q)\ddot{q} + h(q,\dot{q}) = \tau \tag{2}$$

式中，M 表示惯性矩阵，且为正定对称矩阵，h 表示哥氏力和离心力项，τ 表示关节驱动力矩。将主动关节和被动关节进行分离可以得到以下形式：

$$M_{\mathrm{aa}}\ddot{q}_{\mathrm{a}} + M_{\mathrm{ap}}\ddot{q}_{\mathrm{p}} + h_{\mathrm{a}} = \tau_{\mathrm{a}} \tag{3}$$

$$M_{\mathrm{pa}}\ddot{q}_{\mathrm{a}} + M_{\mathrm{pp}}\ddot{q}_{\mathrm{p}} + h_{\mathrm{p}} = \tau_{\mathrm{p}} \tag{4}$$

式中，$\ddot{q}_{\mathrm{a}}$、$\ddot{q}_{\mathrm{p}}$ 分别表示主被动关节角加速度，τ_{a} 表示主动关节驱动力矩，τ_{p} 表示被动关节驱动力矩且有 $\tau_{\mathrm{p}} = 0$。式(4)即为系统应当满足的动力学约束方程，一般情况下不满足可积性条件[4]，即为二阶非完整系统，本文当中的运动规划正是基于此非完整约束方程展开的。

2.2　可控性分析

系统的可控性是反映控制输入驾驭状态运动能力的重要概念。全驱动刚性机器人的每个关节由单独的电机驱动，系统在全工作空间是状态可控的[11]，然而，欠驱动机器人却不再拥有这一特性。欠驱动机器人大都属于非完整约束系统，有效的控制策略是必不可少的，而在控制过程中，首先涉及的就是状态可控性分析问题。

系统的状态可控性分为线性可控性和非线性可控性。理论上已证明，当欠驱动机器人存在重力势能或被动自由度处有弹性势能或摩擦力时，系统在平衡点是线性可控的[12,13]，但是，这时的可控性不存在全局性和等价关系，只是局部可控的。由于大部分欠驱动机器人系统都不具有线性可控性，因此，需要采用非线性局部可控性判定方法。下面首先了解若干可控性的定义。

考虑如下非线性仿射系统

$$\dot{\boldsymbol{x}} = \boldsymbol{f}(\boldsymbol{x}) + \sum_{i=1}^{m} \boldsymbol{g}_i(\boldsymbol{x})\boldsymbol{u}_i, \qquad \boldsymbol{x}(0) = \boldsymbol{x}_0 \tag{5}$$

式中，$\boldsymbol{x} = (x_1,\cdots,x_n)$ 为光滑流形 $\boldsymbol{M}$ 的局部坐标，$\boldsymbol{f}$、$\boldsymbol{g}_i$ 分别为漂移向量和输入向量场。系统可表达为 $\sum=(\boldsymbol{M},F=\{\boldsymbol{f},\boldsymbol{g}_1,\cdots,\boldsymbol{g}_m\},\boldsymbol{U})$，其可控性问题就是确定一定的区域或点集 $\boldsymbol{K}$，使系统能在适当的控制作用下，满足轨迹从某一初始点经过一定时间运动到 $\boldsymbol{K}$ 的某一指定点。

定义 1　当且仅当对每个 $\boldsymbol{x}_0,\boldsymbol{x}_{\mathrm{f}} \in \boldsymbol{M}$ 和所有的 $T \geqslant 0$，都存在一个允许的输入 $\boldsymbol{u}:[0,T] \to \boldsymbol{U}$，并满足 $\boldsymbol{x}(t) = \boldsymbol{x}_0$，$\boldsymbol{x}(T) = \boldsymbol{x}_{\mathrm{f}}$，那么非线性系统(5)是可控的。定义 $\varepsilon = \left\{(\boldsymbol{x},\boldsymbol{u}) \in \boldsymbol{M} \times \mathbf{R}^m : \boldsymbol{f}(\boldsymbol{x}) + \sum_{i=1}^{m} \boldsymbol{g}_i(\boldsymbol{x})u_i = 0\right\}$ 为平衡点的集合，令 $(\boldsymbol{x}^{\mathrm{e}},\boldsymbol{u}^{\mathrm{e}}) \in \varepsilon$ 为系统(5)的平衡点，将其线性化

$$\dot{\boldsymbol{Z}} = \boldsymbol{A}\boldsymbol{Z} + \boldsymbol{B}\boldsymbol{v} \tag{6}$$

式中，$\boldsymbol{B} = \boldsymbol{g}(\boldsymbol{x})\big|_{x=x^{\mathrm{e}}} = \left[\boldsymbol{g}_1(\boldsymbol{x}^{\mathrm{e}})\boldsymbol{g}_2(\boldsymbol{x}^{\mathrm{e}})\cdots\boldsymbol{g}_m(\boldsymbol{x}^{\mathrm{e}})\right]$，$\boldsymbol{A} = \left.\frac{\mathrm{d}\boldsymbol{f}(\boldsymbol{x})}{\mathrm{d}\boldsymbol{x}}\right|_{(\boldsymbol{x}^{\mathrm{e}},\boldsymbol{u}^{\mathrm{e}})} = \left.\left\{\frac{\partial \boldsymbol{f}(\boldsymbol{x})}{\partial \boldsymbol{x}} + \sum_{i=1}^{m}\frac{\partial \boldsymbol{g}_i(\boldsymbol{x})}{\partial \boldsymbol{x}}\boldsymbol{u}_i\right\}\right|_{(\boldsymbol{x}^{\mathrm{e}},\boldsymbol{u}^{\mathrm{e}})}$ 且 $\boldsymbol{Z} = \boldsymbol{x} - \boldsymbol{x}^{\mathrm{e}}$，$\boldsymbol{v} = \boldsymbol{u} - \boldsymbol{u}^{\mathrm{e}}$。则当且仅当 $\mathrm{rank}(\boldsymbol{C}) = \mathrm{rank}[\boldsymbol{B} \quad \boldsymbol{AB} \quad \cdots \quad \boldsymbol{A}^{n-1}\boldsymbol{B}] = 2n$ 时，系统(5)在平衡点是线性可控的。若线性系统(6)在每个平衡点都是可控的，则系统(5)是线性可控的。由于欠驱动机器人系统不具有线性可控性，因此给出局部可控性定义。

定义 2　设控制系统(5)从 $\boldsymbol{x}_0$ 出发并在 t 时刻内能到达的集合定义为 $\mathrm{Reach}^V(\boldsymbol{x}_0,T)$，同时在 $[0,T]$ 内定义可达状态集合 $\mathrm{Reach}^V(\boldsymbol{x}_0,\leqslant T) = \bigcup_{0\leqslant t\leqslant T}\mathrm{Reach}^V(\boldsymbol{x}_0,t)$ 和 $\mathrm{Reach}^V(\boldsymbol{x}_0) = \bigcup_{t>0}\mathrm{Reach}^V(\boldsymbol{x}_0,t)$。令

$\boldsymbol{x}_0 \in \boldsymbol{M}$， $\mathrm{int}(\boldsymbol{U})$ 为集合 $\boldsymbol{U}$ 的内部，有以下结论成立。

（1）若 $\boldsymbol{x}_0 \in \mathrm{int}\left(\mathrm{Reach}^V\left(\boldsymbol{x}_0\right)\right)$，则系统是局部可控的。

（2）若存在 $T>0$，对 $t\in\left(0,T\right]$，$x_0 \in \mathrm{int}\left(R^V\left(x_0,\leqslant T\right)\right)$，则系统自 x_0 是小时间局部可控(Small time local controllable，STLC)的。若 $\mathrm{Reach}^V\left(\boldsymbol{x}_0\right)=\boldsymbol{M}$，则系统全局可控。

定义 3　对系统式(5)来说，定义矢量集合序列

$$G_1=\left(g_i, i=1,2,\cdots,m\right)$$

$$G_k=\left(\left(X,\left(f,Y\right)\right), X\in G_i, X\in G_j, k=i+j\right),\qquad k\geqslant 2$$

$$G=\bigcup_{i\geqslant 2} G_i$$

若存在整数 $k^*\geqslant 2$，满足

$$\dim\left(\mathrm{span}\left(X\left(x^{\mathrm{e}}\right), X\in\bigcup_{i=2}^{k^*} G_i\right)\right)=n-m \tag{7}$$

那么系统在平衡点 x^{e} 是强可达的，即系统在平衡点 x^{e} 满足 STLC 的必要条件[3]。

以图 1 所示的 3R 欠驱动机器人末端关节被动情况为例，根据式(2)～式(4)可得系统动力学方程：

$$\begin{bmatrix} m_{11} & m_{12} & m_{13} \\ m_{21} & m_{22} & m_{23} \\ m_{31} & m_{32} & m_{33} \end{bmatrix}\begin{bmatrix} \ddot{q}_1 \\ \ddot{q}_2 \\ \ddot{q}_3 \end{bmatrix}+\begin{bmatrix} h_1 \\ h_2 \\ h_3 \end{bmatrix}=\begin{bmatrix} \tau_1 \\ \tau_2 \\ 0 \end{bmatrix} \tag{8}$$

以图 1 所示主动关节加速度 $\ddot{q}_1$ 和 $\ddot{q}_2$ 为控制变量，运用部分反馈线性化控制方法，将式(8)转换为

$$\begin{cases} \ddot{q}_1=u_1 \\ \ddot{q}_2=u_2 \\ \ddot{q}_3=J\left(q_{\mathrm{r}}\right)u+R\left(q_{\mathrm{r}},\dot{q}_{\mathrm{r}}\right) \end{cases} \tag{9}$$

式中，$u=\left(u_1 \quad u_2\right)^{\mathrm{T}}$，$q_{\mathrm{r}}=\left(q_{\mathrm{a}},q_{\mathrm{p}}\right)^{\mathrm{T}}$；$R\left(q,\dot{q}\right)=-\dfrac{h_3\left(q,\dot{q}\right)}{m_{33}}$，$m_{33}\neq 0$；$J\left(q\right)=\left[J_1\left(q\right) \quad J_2\left(q\right)\right]=-m_{33}^{-1}\cdot\left[m_{31} \quad m_{32}\right]$。

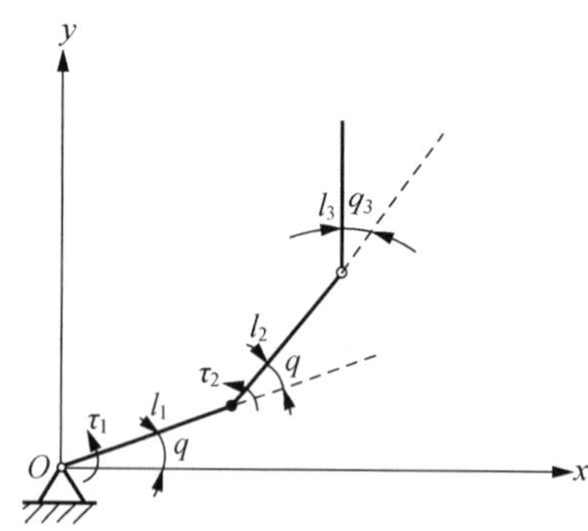

图 1　3R 欠驱动机器人

定义状态矢量 $\boldsymbol{x}=\left(x_1,x_2,\cdots,x_6\right)^{\mathrm{T}}=\left(q_1,q_2,q_3,\dot{q}_1,\dot{q}_2,\dot{q}_3\right)^{\mathrm{T}}$

则由式(5)、(8)、(9)得到仿射非线性系统的一般形式为

$$\dot{\boldsymbol{x}}=\boldsymbol{f}\left(\boldsymbol{x}\right)+\boldsymbol{g}_1\left(\boldsymbol{x}\right)u_1+\boldsymbol{g}_2\left(\boldsymbol{x}\right)u_2 \tag{10}$$

式中，$\boldsymbol{f}\left(\boldsymbol{x}\right)=\left(x_4,x_5,x_6,0,0,R\left(\boldsymbol{x}\right)\right)^{\mathrm{T}}$；$\boldsymbol{g}_1\left(\boldsymbol{x}\right)=(0,0,0,1,0,J_1\left(x_2,x_3\right))^{\mathrm{T}}$；$\boldsymbol{g}_2\left(\boldsymbol{x}\right)=\left(0,0,0,0,1,J_2\left(x_3\right)\right)^{\mathrm{T}}$。

令 $(\boldsymbol{q}_{\mathrm{r}},\dot{\boldsymbol{q}}_{\mathrm{r}})=(\boldsymbol{q}_{\mathrm{r}}^{\mathrm{e}},0)$ 为式(9)的平衡解，则在平衡位形 $\boldsymbol{q}_{\mathrm{r}}^{\mathrm{e}}$ 有 $R(\boldsymbol{q}_{\mathrm{r}},0)=0$。状态空间流形为 $\boldsymbol{M}=S^1\times S^1\times S^1\times R^3$。

根据定义 1，按式(6)计算系统(10)关于平衡点 $(\boldsymbol{x}^{\mathrm{e}},0)$ 的 $\boldsymbol{A}$、$\boldsymbol{B}$ 矩阵，可得状态可控性矩阵的秩 $\mathrm{rank}(\boldsymbol{C})=4<6$，显然系统(10)在任何平衡点都不是线性可控的。

根据定义 2 及定义 3，讨论系统(10)的局部可控性，证明系统在平衡点满足 STLC。首先，考虑 $E(\boldsymbol{x})=\mathrm{span}\left\{\boldsymbol{g}_1,\boldsymbol{g}_2,[\boldsymbol{f},\boldsymbol{g}_1],[\boldsymbol{f},\boldsymbol{g}_2],[\boldsymbol{f},[\boldsymbol{g}_1,[\boldsymbol{f},\boldsymbol{g}_2]]],[\boldsymbol{g}_1,[\boldsymbol{f},[\boldsymbol{g}_1,[\boldsymbol{f},\boldsymbol{g}_2]]]]\right\}$，可以证明对任何的 $(\boldsymbol{q}_{\mathrm{r}},\dot{\boldsymbol{q}}_{\mathrm{r}})\in\boldsymbol{M}$，此分布可张成一个六维空间，因此系统(10)是局部可达的[14]。另外计算式(10)的下列李代数

$$[\boldsymbol{f},\boldsymbol{g}_1](\boldsymbol{x})=(-1,0,-J_1(\boldsymbol{x}),0,0,*))^{\mathrm{T}}\qquad [\boldsymbol{f},\boldsymbol{g}_2](\boldsymbol{x})=(0,-1,-J_2(\boldsymbol{x}),0,0,*)^{\mathrm{T}}$$

$$[\boldsymbol{g}_1,[\boldsymbol{f},\boldsymbol{g}_2]](\boldsymbol{x})=(0,0,0,0,0,\beta_1(\boldsymbol{x}))^{\mathrm{T}}\qquad [\boldsymbol{g}_1,[\boldsymbol{f},\boldsymbol{g}_1]](\boldsymbol{x})=(0,0,0,0,0,\beta_2(\boldsymbol{x}))^{\mathrm{T}}$$

$$[\boldsymbol{g}_2,[\boldsymbol{f},\boldsymbol{g}_2]](\boldsymbol{x})=(0,0,0,0,0,\beta_3(\boldsymbol{x}))^{\mathrm{T}}$$

这里，$\beta_1(\boldsymbol{x})$、$\beta_2(\boldsymbol{x})$ 和 $\beta_3(\boldsymbol{x})$ 都是不为零的表达式。由上述理论知，集合 $G=\left\{[\boldsymbol{g}_1,[\boldsymbol{f},\boldsymbol{g}_2]],[\boldsymbol{g}_1,[\boldsymbol{f},\boldsymbol{g}_1]],[\boldsymbol{g}_2,[\boldsymbol{f},\boldsymbol{g}_2]]\right\}$，应用条件式(7)得 $\dim\left(\mathrm{span}\left\{[\boldsymbol{g}_1,[\boldsymbol{f},\boldsymbol{g}_2]](\boldsymbol{x}^{\mathrm{e}})\right\}\right)=1$，显然，对所有 $x_2\in S^1\setminus\{x_2=n_1\pi,n_1=0,\pm1,\cdots\}$ 和 $x_3\in S^1\setminus\{x_3=\pm n_2\pi,n_2=0,\pm0.5,\pm1,\cdots\}$，系统式(10)在平衡点满足 STLC 的充分条件和必要条件。这时可以说，3DOF 欠驱动机器人的 RR$\bar{\mathrm{R}}$ 系统在平衡点附近，在有限的时间内，通过控制的作用，可以找到一条轨迹，满足从任意起始点出发，到任意终点结束。本文就是以 RR$\bar{\mathrm{R}}$ 为实例对象方法介绍的，其他构型或者更高自由度的欠驱动机器人可以作类似本文的处理。

3. 最优运动规划

3.1　部分稳定规划器

由式(2)可得

$$\ddot{q}=M(q)^{-1}\{\tau-h(q,\dot{q})\}\tag{11}$$

式(11)给出了关节角加速度的表达式，对机器人的每个关节可以通过下式进行运动规划：

$$\ddot{q}_i=\ddot{q}_{i\mathrm{d}}+k_{\mathrm{v}i}(\dot{q}_{i\mathrm{d}}-\dot{q}_i)+k_{\mathrm{p}i}(q_{i\mathrm{d}}-q_i)\tag{12}$$

式中，$k_{\mathrm{v}i}$、$k_{\mathrm{p}i}\,(i=1,\cdots,n)$ 分别为微分和比例增益，且大于零。$\ddot{q}_{i\mathrm{d}}$、$\dot{q}_{i\mathrm{d}}$、$q_{i\mathrm{d}}$ 为期望的关节角加速度、关节角速度和关节角度。闭环系统方程为

$$\ddot{e}_i+k_{\mathrm{v}i}\dot{e}_i+k_{\mathrm{p}i}e_i=0\tag{13}$$

式中，$e_i=q_i-q_{i\mathrm{d}}$，这样易知 $(e_i,\dot{e}_i)=(0,0)$ 是全局渐进稳定的平衡点，即从任何初始条件 $(q_{i0},\dot{q}_{i0})$ 出发，总有 $(q_i,\dot{q}_i)\to(q_{i\mathrm{d}},\dot{q}_{i\mathrm{d}})$，对于全驱动机器人的运动规划问题，可以按照式(12)对每个关节进行运动规划，通过选择合适的 $k_{\mathrm{v}i}$ 和 $k_{\mathrm{p}i}$ 能够保证每个关节到达期望状态。但对欠驱动机器人而言，单独由式(12)得到的各个关节角度、角速度及角加速度并不一定能够满足系统动力学方程约束条件(式(4))，因此单关节的规划不能保证实现整个欠驱动机器人的运动规划，必须进行改进，具体方法如下。

根据式(12)共可以设计 C_n^m 个部分稳定规划器，其中每个部分稳定规划器含有 m 个关节规划律，其余的 $n-m$ 个关节的运动规律可以通过非完整约束方程求出。通过这 C_n^m 个规划器的不断切换使各个关节最终达到期望状态。下面要解决的关键问题就是如何确定部分稳定规划器的切换顺序。本文采用遗传算法进行优化，进而得到部分稳定规划器的最优切换顺序。

3.2　基于遗传算法的最优路径规划

遗传算法[15](Genetic Algorithm，GA)是一种基于生物进化原理构想出来的搜索最优解的仿生算法，它模拟基因重组与进化的自然过程，通过一系列遗传操作直至得到最后的优化结果。遗传算法提供了一种求解复杂系统优化问题的通用框架，它不依赖于具体问题的领域，对问题的种类具有很强的鲁棒性，成为求解全局优化问题的有力工具之一。

图 2 为遗传算法解决优化问题流程图。遗传算法通常要解决以下问题，确定编码方案，初始群体产生，适应度函数标定，选择遗传操作方式及相关控制参数，停止准则确定等。

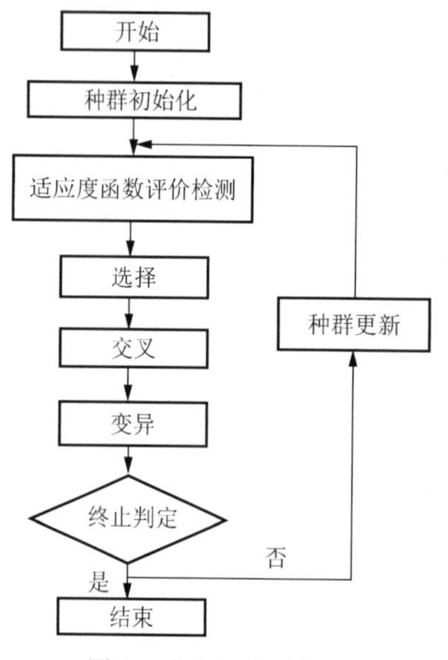

图 2　遗传算法流程图

(1) 编码方法及种群的初始化。编码是应用遗传算法时要解决的首要问题，编码的好坏直接影响到选择、较差、变异等遗传操作。本文采用位串编码方式，即将各部分稳定控制器用编号 0，1，2，…，C_n^m来表示，这些编号组成遗传空间的基向量，然后依次以基矢量为基础随机产生若干个初始串结构数据，每个串结构数据成为一个个体，若干个体构成一个初始群体。

以 3RR$\overline{\text{R}}$欠驱动机器人为例简单介绍一下遗传算法的编码及种群的初始化，如果设定仿真时间为t'，采样周期为t_{sample}，本文的采用的编码方式可以用图 3 来表示。

1	2	3	2	1	3	…	1	2
t_1	t_2	t_3	t_4	t_5	t_6	…	…	t'

图 3　遗传算法的编码

图 3 描述了一个个体的编码形式，其中 1,2,3 为个体的基因，分别表示部分稳定规划器，每个个体的长度为$\text{int}\left(t'/t_{\text{sample}}\right)$,在进行优化时可以产生若干个这样的个体，即构成了初始种群。

(2) 适应度值评价检测。适应度函数是根据目标函数确定的用于区分群体中个体好坏的标准，是进行自然选择的唯一依据，对欠驱动机器人系统建立能量函数如式(14)所示，本文中针对函数式(14)的个体适应度的概率来决定当前群体中各个个体遗传到下一代群体中的几率大小。

$$\text{fitness}(P)=\alpha\sum_{i=1}^{N}\|\tau\|_2+\sum_{i=1}^{N}E_i^{\text{T}}wE_i \tag{14}$$

式中，$w=\text{diag}\left[w_1,w_2,\cdots,w_{2n}\right]$，$N$为离散时间段数，$E=[q_1-q_{1\text{d}}\cdots q_n-q_{n\text{d}}\ \ \dot{q}_1-\dot{q}_{1\text{d}}\cdots\dot{q}_n-\dot{q}_{n\text{d}}]^{\text{T}}$，$\alpha$为大于零的加权系数，$\tau=(\tau_1\ \tau_2\cdots\tau_m)^{\text{T}}$表示主动关节驱动力矩，适应度函数(14)一方面能够保证在有限时间内各个关节到达期望值，另一方面由于含有力矩项，能够保障在整个规划过程中使得主动关

节驱动力矩尽可能的小。

(3) 遗传操作。包括选择，交叉，变异等操作，确定选择因子，交叉因子，变异因子。采用随机竞争选择，使得选择误差尽可能的小，交叉使用单点交叉方式，变异采用高斯近似变异。

(4) 终止条件判定。主要通过设定最大中止代数，算法停止执行前的最长时间及允许误差等参数来进行中止条件的判断。

4. 轨迹跟踪控制

非完整系统满足 Brockett 条件即不存在光滑的状态反馈控制律使得系统镇定在平衡点上[16]，因此我们可以从两个方面来克服 Brockett 条件的限制，其中一条途径是采用非连续反馈控制律使系统收敛至平衡点[17];另一条解决途径是采用周期时变反馈控制律使系统渐近镇定。滑模变结构控制是一种非连续控制方法，其非线性表现为控制的不连续性，即一种使系统“结构”随时间变化的开关特性，该控制特性可以迫使系统沿着规定的状态轨迹作小幅度的上下振动，最终到达期望状态，即所谓的“滑动模态”运动[18,19]。

变结构系统的综合可分为两个步骤：首先涉及适当的切换函数使得系统进入滑动模后具有良好的动态特性，其次要设计变结构控制规律使得系统在有限时间内达到切换流形并保持在它上面运动。

针对欠驱动机器人系统，选择滑模到达律为

$$\dot{s}=-k\text{sign}(s),k=\text{diag}(k_i)(k_i>0) \tag{15}$$

式中，s 表示理想滑动模，sign() 为符号函数，易知满足 $s^{\mathrm{T}}\dot{s}<0$，即在滑动面上系统渐近稳定。对于到达律(15)，容易验证当 $t\geqslant t_0+\max(k_i^{-1}\,|\,s_i(t_0)\,|)$ 时，系统将进入滑动模运动。

选取切换函数：

$$s=e_x+\lambda\int_{t_0}^{t_f}e_x\mathrm{d}t \tag{16}$$

$$e=\begin{bmatrix}x_1-x_{1\mathrm{p}}\\ \vdots\\ x_n-x_{n\mathrm{p}}\\ \dot{x}_1-\dot{x}_{1\mathrm{p}}\\ \vdots\\ \dot{x}_n-\dot{x}_{n\mathrm{p}}\end{bmatrix},\lambda=\text{diag}(\lambda_1,\lambda_2,\cdots,\lambda_{2n}) \tag{17}$$

式中，$x_{i\mathrm{p}}$ 及 $\dot{x}_{i\mathrm{p}}(i=1,\cdots,n)$ 表示理想轨迹，λ_i 为设计参数且为大于零的正数，$-\lambda$ 表示滑动线在相平面上的斜率，同时也表示 $s=0$ 的一特征根。

在理想情形下，系统进入滑动模运动后，由于系统的状态轨线保持在其上面，即满足 $s=0$,从而有 $\dot{s}=0$，针对式(10)所示的3自由度欠驱动机器人系统，系统在切换流形上应满足

$$\dot{s}=\frac{\partial s}{\partial t}+\frac{\partial s}{\partial x}(f(x)+g(x)u)=0 \tag{18}$$

因此由式(15)～式(18)可以得到等效控制量

$$u_{\mathrm{eq}}=g(x)^{+}\{-k\text{sign}(s)+\dot{x}_{\mathrm{p}}-\lambda e-f(x)\} \tag{19}$$

由式(19)得到的控制量是唯一确定的，且能够保证系统一旦进入滑动模态，对系统干扰及参数变化具有完全的自适应性，证明过程如下。

考虑如式(10)所示不确定仿射控制系统：

$$\dot{x}=f(x)+\Delta f(x)+[g(x)+\Delta g(x)]u \tag{20}$$

式中，$\Delta f(x)$ 和 $\Delta g(x)$ 为不确定函数，选取切换函数为 $s=s(t,x)$，根据式(18)可以得到

$$\dot{s}=\frac{\partial s}{\partial t}+\frac{\partial s}{\partial x}\{f(x)+\Delta f(x)+[g(x)+\Delta g(x)]u\} \tag{21}$$

因此有等效控制法及式(21)可得等效控制量满足

$$u_{\mathrm{eq}}=-(\frac{\partial s}{\partial x}g)^{-1}[\frac{\partial s}{\partial t}+\frac{\partial s}{\partial x}(f+\Delta f+\Delta g u_{\mathrm{eq}})] \tag{22}$$

式中，假定 $g\frac{\partial s}{\partial x}$ 可逆，将此等效控制量代入式(20)，可得滑动模满足

$$\dot{x}=[I-g(\frac{\partial s}{\partial x}g)^{-1}\frac{\partial s}{\partial x}](f+\Delta f+\Delta g u_{\mathrm{eq}})-g(\frac{\partial s}{\partial x}g)^{-1}\frac{\partial s}{\partial t} \tag{23}$$

因此当满足

$$\Delta f+\Delta g u_{\mathrm{eq}}=g(\frac{\partial s}{\partial x}g)^{-1}\frac{\partial s}{\partial x}(\Delta f+\Delta g u_{\mathrm{eq}}) \tag{24}$$

滑动模方程(23)与干扰无关，即滑动模关于未知扰动或不确定性具有不变性。记 $g_{\mathrm{s}}=\mathrm{span}(g)$ 为由 g 的列矢量张成的子空间，如果 Δf、Δg 满足下列条件：

$$\Delta f,\Delta g\in g_{\mathrm{s}} \tag{25}$$

也即存在 K_1, K_2 使得

$$\Delta f=gK_1,\Delta g=gK_2 \tag{26}$$

则此时式(26)显然成立，对式(10)所示的 3 自由度欠驱动机器人，容易验证满足条件：

$$\begin{cases}\mathrm{rank}(g,\Delta f)=\mathrm{rank}(g)\\ \mathrm{rank}(g,\Delta g)=\mathrm{rank}(g)\end{cases} \tag{27}$$

也即满足式(25)、式(26)，由此证明了按式(19)所示的等效控制律在机器人的模型跟踪控制当中能够保证对系统干扰及参数变化具有完全的自适应性。

5.3 RR$\overline{\mathrm{R}}$ 欠驱动机器人数值仿真

为验证方法的有效性，以图 1 所示 3RR$\overline{\mathrm{R}}$ 欠驱动机器人为例进行仿真，设定仿真时间 10s，采样周期 10ms，$w=\mathrm{diag}([10^4\ \ 10^4\ \ 10^4\ \ 100\ \ 100\ \ 100])$，$\alpha=1000$，$[k_{v1}\ k_{v2}\ k_{v3}\ k_{p1}\ k_{p2}\ k_{p3}]=[2\ 4\ 2\ 4\ 8\ 14]$，$\lambda=\mathrm{diag}(10\ \ 10\ \ 10\ \ 5\ \ 5\ \ 5)$，$k=\mathrm{diag}(8\ \ 8\ \ 8\ \ 4\ \ 2\ \ 2)$，交叉概率为 0.9，变异率为 0.05。系统起始和期望角速度均为 0，运动规划目标为从初始角度式$[0\ \ 0\ \ 0]$rad 到$[1\ \ 1\ \ 1]$rad，为验证滑模反馈控制的抗干扰性及对参数变化的自适应性，反馈控制时假定被动关节初始角度为 0.05rad，即具有 0.05rad 的偏差，其余仿真参数如表 1 所示。

表 1　仿真参数设置

仿真参数	设定值
群体个数	100
中止代数	300
各连杆质量/kg	0.3
各连杆长度/m	0.3
质心与关节距离/m	0.15

图 4～图 9 为经过遗传算法得到的最优运动轨迹与经过反馈控制后的结果对比图，图 4～图 9 中实线为按照第 2 节得到的最优运动轨迹，虚线为按照第 3 节进行跟踪控制结果。由仿真结果可知，根据第 2 节得到关节最终规划误差为(0.01407 0.01029 0.00954)rad，与期望值相对误差在 2%以内，根据第 3 节设计的控制律能保证在有干扰条件下控制系统精确的跟踪期望轨迹，图 7～图 9 为规划

关节角速度与控制结果对比图，图 10、图 11 为按式(19)所得的等效控制量，可知系统最终趋于稳定状态。通过以上数值分析说明利用遗传算法进行欠驱动机器人路径规划的有效性，同时也说明按照第 3 节设计的反馈控制律能精确实现欠驱动机器人期望轨迹跟踪任务。

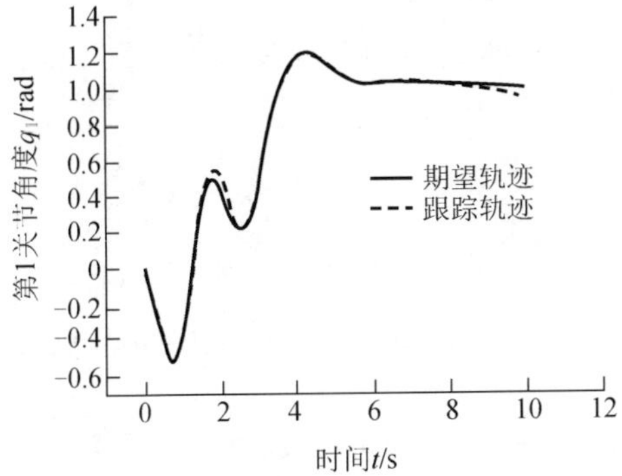

图 4　第 1 关节期望轨迹与跟踪轨迹曲线

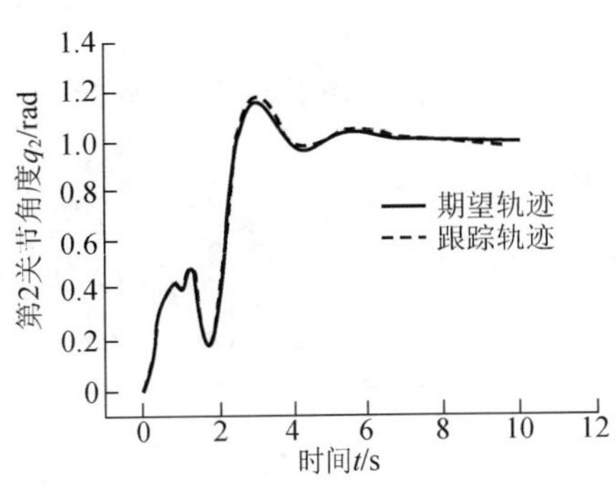

图 5　第 2 关节期望轨迹与跟踪轨迹曲线

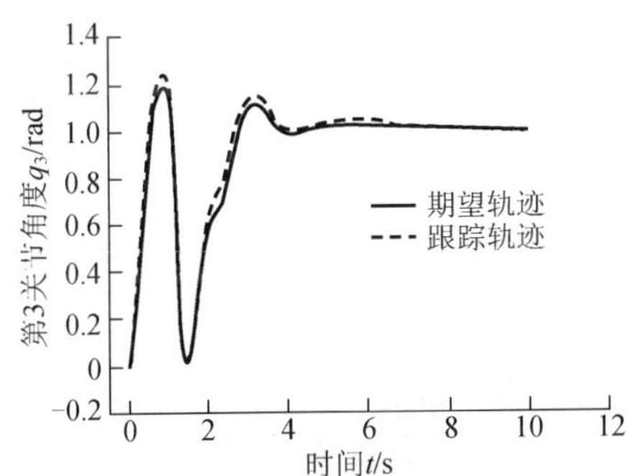

图 6　第 3 关节期望轨迹与跟踪轨迹曲线

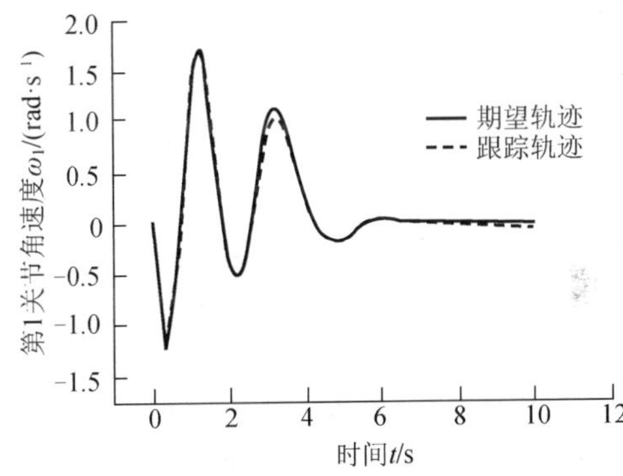

图 7　第 1 关节期望角速度期望轨迹与跟踪轨迹曲线

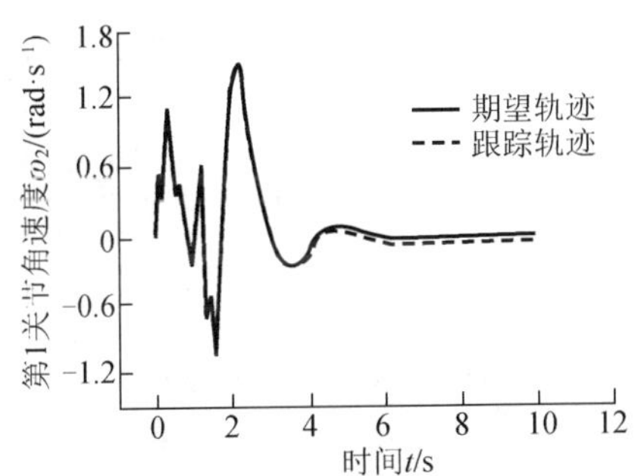

图 8　第 2 关节期望角速度期望轨迹与跟踪轨迹曲线

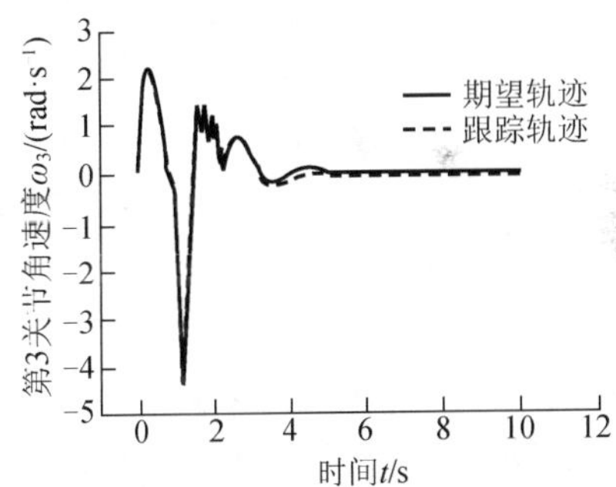

图 9　第 3 关节期望角速度期望轨迹与跟踪轨迹曲线

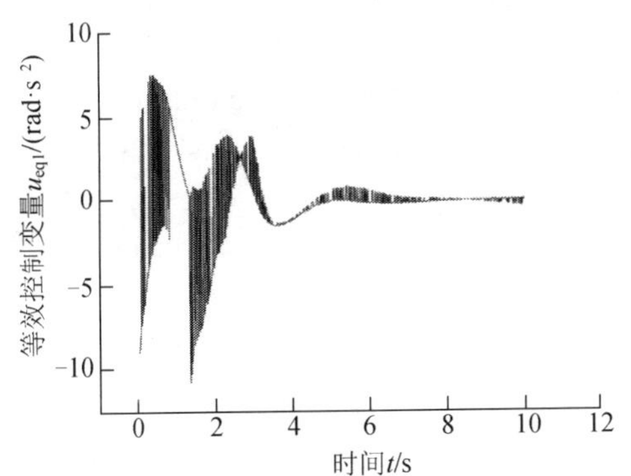

图 10　等效控制变量 u_{eq1} 随时间变化曲线

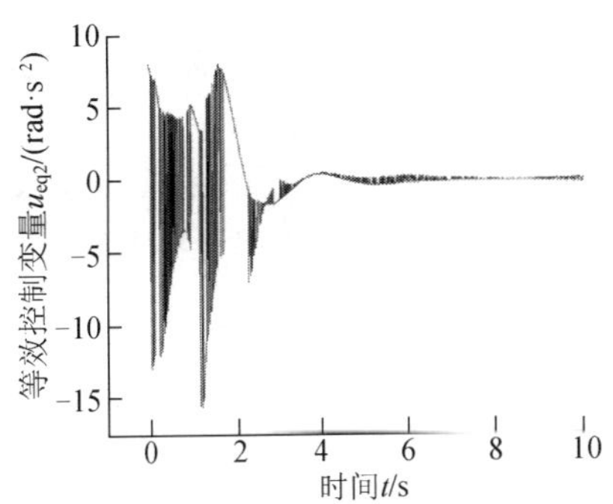

图 11　等效控制变量 u_{eq2} 随时间变化曲线

6. 结论

（1）本文提出的轨迹规划和轨迹跟踪方法，能够快速、准确地实现欠驱动机器人的运动规划及轨迹跟踪任务，且具有很好的稳定性。

（2）该方法可以推广到多自由度欠驱动机器人系统的运动控制当中，只需要做类似本文的处理。

（3）本文为欠驱动机器人的智能运动控制提供了新思路。

参考文献

[1] 刘盛平，吴立成，陆震. PPR 型平面欠驱动机械臂的点位控制. 控制理论与应用，2007，24(3)：435-439

[2] Ichida K, Izumi K. Watanabe K. A switching control based fuzzy energy region method for underactuated robots, 2005. IEEE Workshop on Advanced Robotics and its Social Impacts, pages: 190- 195

[3] Manindrakar AD, Banavar RN. Controllability and point-to-point control of 3-DOF planar horizontal underactuated manipulators. International Journal of Control, 2005, 78(1): 1-13

[4] Nakamura Y, Suzuki T, Koinuma N. Nonlinear behavior and control of a nonholonomic free-joint manipulator. IEEE Trans Robotics and Automation, 1997, 13 (6): 853-862

[5] 邓秀娟，陆震. 基于微分几何的欠驱动机器人动力学建模和控制. 机械工程学报，2007：43(10)：132-137

[6] Magubdajer A D, Rao S, Babavar R N, Point-to-point control of 2R planar horizontal underactuated manipulator. Mechanism and Machine Theory, 2006, 41(7): 838-844

[7] 高丙团，陈宏钧，张晓华. 欠驱动机械系统的三类级联规范型. 控制与决策，2006，21(6)：685-688

[8] De Luca A, Mattone R, Oriolo G. Control of underactuated mechanical systems: Application to the planar 2R robot. In 35th IEEE Conf on Decision and control. 1996: 1455-1460

[9] Hong K S，An Open-loop control for underactuated manipulators using oscillatory input： steering capability of an unactuated joint. IEEE Transactions on Control Systems Technology. 2002, 10(3): 469-480

[10] Scherm N, Heimann B. Dynamics and control of underactuated manipulation systems: a discrete-time approach.Journal of Robotics and Systems, 2000, 30(2): 237-248

[11] Tosunoglu S, Lin S H, Tesar D. Accessibility and controllability of flexible robotic manipulators. ASME Journal of Dynamic Systems, Measurement, and Control, 1992, 114: 50-58

[12] Popescu C. Nonlinear Control of Underactuated Horizontal Double Pendulum. Florida Atlantic University, 2002

[13] Suzuki T, Miyoshi W, Nakamura Y. Control of 2R underactuated manipulator with friction// Proceedings of IEEE Conference on Decision and Control, Tampa, Florida, USA: IEEE Press, 1998: 2007-2012

[14] Reyhanoglu M, van der Schaft A, McClamroch N H, et al. Nonlinear control of a class of underactuated systems// Proceedings of the IEEE Conference on Decision and Control, Kobe, Japan, IEEE Press, 1996: 1682-1687

[15] 王小平，曹立明. 遗传算法——理论，应用与软件实现. 西安：西安交通大学出版社，2002.

[16] Brockett RW. Asymptotic stability and feedback stabilization// Differential Geometric Control Theory. Pages 181-191

[17] Mahindrakar A, Banavar R N. Discontinuous feedback control of a 3 link planar PPR underactuated manipulator, Proc of the 40th IEEE Conference on Decision and Control Orlando, Florida USA, December, 2001: 2424-2429

[18] Slotine J E, Li W, Applied Nonlinear Control, (ISBN0-13-040890-5), 1991

[19] 谢光汉，章云，蔡自兴. 机器人轨迹跟踪的滑模变结构控制. 机器人，1999，21(1)：46-49

（原载《机械工程学报》2009，45(12)：15-21,28）

§94　水平运动的三自由度欠驱动机器人位置控制研究

任志全　余跃庆　周军

（北京工业大学，北京　100124）

摘　要：以水平运动的三自由度欠驱动机器人为研究对象，对其位置控制问题进行研究。基于分层控制思想提出一种模糊控制系统，将欠驱动机器人末端位置控制问题进行分解，末端位置由主动关节的旋转与被动关节的伸展或收缩组成。第 1 关节按照规划的曲线运动，第 2 关节和第 3 关节通过动力学耦合作用运动到期望位置。主动关节 2 的控制力矩或控制电压通过对模糊逻辑控制器的输出量进行加权求得。采用所设计的模糊控制系统不仅从理论上进行了仿真分析，而且在实验上实现了在操作空间中机器人末端点到点的位置控制。

关键词：欠驱动机器人；位置控制；模糊理论；摩擦；动力学耦合

1. 引言

欠驱动机器人是一类含有被动关节、控制输入少于系统自由度的机械系统，由于系统中某个或某些关节不具有驱动装置，所以减轻了机器人的重量也降低了成本，同时也减少了能源的消耗，非常适用于对能源和重量有要求的场合，如水下机器人、太空机器人等，同时当全驱动机器人的某个关节驱动装置失灵时，可以将其处理成被动关节，实现操作任务，诸多优点使这种机器人不仅具有理论研究价值而且具有较好的应用前景，成为机器人研究领域的新热点[1,2]。

欠驱动系统为 2 阶非完整系统，具有特殊的非线性结构，满足 Brockett 条件[3]，即不存在光滑的状态反馈控制率使系统镇定在平衡点上，所以用于控制全驱动机器人的控制系统对欠驱动机器人无效，因此在控制系统设计时要依据动力学模型，利用动力学影响实现被动关节的控制[4]。到目前为止，国内外一些学者就欠驱动机器人运动控制问题进行了研究。De Luca 和 Iannitti[5]研究了欠驱动机器人系统的小范围局部可控性(STLC)问题，从理论上证明了可以通过适当的控制策略实现其类似全驱动机器人的控制。Arai 等[6]运用反馈控制策略实现对平面 3R 机器人的位置控制。Bullo[7]研究了欠驱动系统局部指数稳定性。这些成果大都侧重于欠驱动机器人的控制方面，而控制策略的提出往往依赖于对系统动力学特性的深入分析。Yoshikawa 等[8]将平面 3 杆运动方程转换成 2 阶链形式，而后对其进行轨迹控制。Martinez 等[9]以 Acrobot 为例，将欠驱动动力学方程转换成便于控制设计的阶梯规范形式，指出这些规范形式是在特定条件下得到的，是否分部可积取决于系统的惯性矩阵，以 Acrobot 等为例进行说明。De Luca 等[10]分析了串联机械臂运动规划、轨迹跟踪和设定点调节的可行性，用动力学反馈线性化的方法有效地解决了 4 自由度 2 被动关节机器人和欠驱动 3R 第三关节被动时机器人的运动规划问题[11]。滦楠等[12]提出了一种基于学习的动力学前馈方法，解决了欠驱动系统由于系统不可控造成的反馈控制失效、运动轨迹难以实现的问题。以上这些方法基本都要用到大量的数学知识，实现起来比较困难。刘庆波等[13,14]运用模糊控制理论分别对 2R 欠驱动机器人与 3R 欠驱动机器人进行了位置分析，此类文献均需要复杂的模糊控制规则，因此其控制规则制定比较困难。以上文献主要集中在理论和仿真分析，到目前为止，能够应用于实验的比较少见。

本文以水平运动的 $3RR\overline{R}$ 欠驱动机器人为研究对象，基于简单的模糊控制规则对其运动控制进行研究。基于拉格朗日方程建立 3R 动力学模型并分析其控制原理，运用该控制原理不仅对 3R 欠驱动机器人位置控制进行了数值仿真分析，而且在实验上实现了操作空间中 3 自由度机械人末端点到点的位置控制。

2. 动力学模型

3R 欠驱动机器人模型如图 1 所示，其中第 1 关节与第 2 关节为主动关节，第 3 关节为被动关节。

由于本文研究的是平面机器人，故不考虑重力矩阵项，所以基于拉格朗日方程建立其动力学方程为

$$M(\theta)\ddot{\theta}+F(\theta,\dot{\theta})=\tau \tag{1}$$

式中，M 为质量惯性矩阵；F 表示包括哥氏力、离心力和摩擦阻尼在内的与角速度及其乘积有关的项；θ 为关节角度矩阵；τ 为关节驱动力矩。将式(1)展开写成如下分块形式：

$$\begin{pmatrix} M_{11} & M_{12} & M_{13} \\ M_{21} & M_{22} & M_{23} \\ M_{31} & M_{32} & M_{33} \end{pmatrix}\begin{pmatrix} \ddot{\theta}_1 \\ \ddot{\theta}_2 \\ \ddot{\theta}_3 \end{pmatrix}+\begin{pmatrix} F_1 \\ F_2 \\ F_3 \end{pmatrix}=\begin{pmatrix} \tau_1 \\ \tau_2 \\ 0 \end{pmatrix} \tag{2}$$

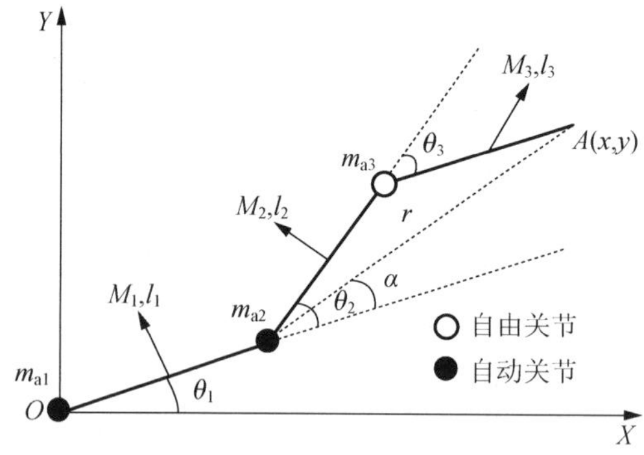

图 1　3R 欠驱动机器人

由式(2)可知，欠驱动机器人在模型上与全驱动机器人的相似，但被动关节无转矩输入，其加速度约束具有不可积特性，即运动受二阶非完整约束。因此，无法从运动学角度直接控制被动关节的运动。但是驱动关节加速度与被动关节加速度之间存在耦合关系，可以通过控制驱动关节的加减速，利用耦合关系间接控制被动关节的运动。由于这时关节的运动与输入转矩相关，所以应从动力学的角度实现欠驱动机器人的运动控制。

3. 控制原理

由图 1 可知，机器人连杆末端点的任意位置由关节角度 θ_1、位置向量 r 和角度 α 唯一确定。因此，通过控制这 3 个参数，可以使机器人的末端点到达操作空间的任意位置。从图 1 中的几何关系可得出位置向量 r 和角度 α 的计算公式，即：

$$r=\sqrt{l_2^2+l_3^2-2l_2l_3\cos(\pi-\theta_3)} \tag{3}$$

$$\alpha=\arctan\left(\frac{l_2\sin\theta_2+l_3\sin(\theta_2+\theta_3)}{l_2\cos\theta_2+l_3\cos(\theta_2+\theta_3)}\right) \tag{4}$$

机器人从初始位置 (X_0,Y_0) 运动到期望位置 $(X_{\rm d},Y_{\rm d})$，相对应的位置参数由 $(\theta_{10},\theta_{20},\theta_{30},r_0,\alpha_0,)$ 变化到 $(\theta_{1\rm d},\theta_{2\rm d},\theta_{3\rm d},r_{\rm d},\alpha_{\rm d},)$。记任意位置参数为 $(\theta_1,\theta_2,\theta_3,r,\alpha,)$，$\Delta r=r-r_{\rm d}$，$\Delta\alpha=\alpha-\alpha_{\rm d}$。控制原理如图 2 所示。

具体控制过程如下：首先设定末端点 A 的期望位置，本文研究的对象是 3 自由度机器人，运动过程存在冗余自由度，其运动学反解有多组值，因此从实验的角度分析，并基于关节运动速度、位置以及便于操作者观察等方面综合考虑选择其中一组，然后对主动关节 1 进行运动学控制，同时利用主动关节 2 与被动关节 3 的动力学耦合作用实现关节 2 与关节 3 的控制。在机器人的整个运动过程中，主动关节 1 加速和减速均对被动关节 3 产生动力学耦合作用，此耦合作用的影响看作是对被动关节 3 的干扰，通过主动关节 2 对被动关节 3 的实时控制予以消除。

图中 FLC1 和 FLC2 均为模糊逻辑控制器，FUN 为加权平均函数，输入变量为位置差 Δr、角度差 $\Delta\alpha$ 和连杆 2 与连杆 3 的相对位置。输出变量 u_1 为单独考虑位置差 Δr 时关节 2 的控制力矩(或控制

电压)，输出变量 u_2 为单独考虑角度差 $\Delta\alpha$ 时关节 2 的控制力矩(或控制电压)，通过加权平均函数 FUN 得出主动关节 2 控制力矩(或控制电压) τ 。

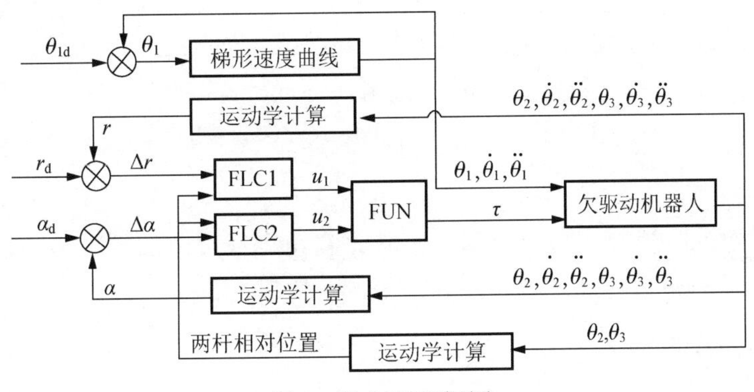

图 2　控制原理框图

3.1　FLC1 规则确定

机器人的连杆 2 相对于连杆 3 的位置共有 16 种情况[14]，具体位形如图 3 所示。其中，当两杆相对位置为(a)、(e)、(i)、(m)、(c)、(g)、(k)、(o)时，记为 flag = 1；其他相对位置时记为 flag = 2 。根据欠驱动机器人控制的手动规则以及图 1～图 3，可以总结出 FLC1 的模糊控制规则，如表 1 所示。表中{NB,NS,ZO,PS,PB}为隶属度函数模糊语言变量值。

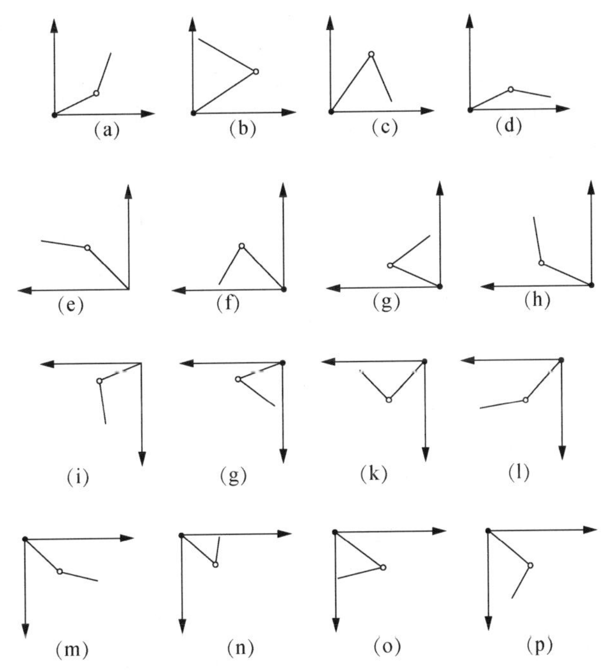

图 3　连杆 3 相对于连杆 2 不同构型

表 1　FLC1 模糊控制规则表

	Δr	NB	NS	ZO	PS	PB
flag = 1	u_1	PB	PS	ZO	NS	NB
flag = 2	u_1	NB	NS	ZO	PS	PB

3.2　FLC2 规则确定

将连杆 2 与连杆 3 看成一个整体，并且单独考虑角度差 $\Delta\alpha$ 的变化对关节 2 的控制力矩(或控制电压)，可以得出 FLC2 的控制规制，如表 2 所示。

表 2　FLC2 模糊控制规则表

$\Delta\alpha$	NB	NS	ZO	PS	PB
u_2	PB	PS	ZO	NS	NB

根据表 1 与表 2，可以将控制量 u_1 和 u_2 简化为式(5)的形式，即：

$$u_1=\begin{cases}-\Delta r, & \text{flag}=1\\ \Delta r, & \text{flag}=2\end{cases},\quad u_2=-\Delta\alpha \tag{5}$$

设计 FUN 函数为对控制量 u_1 和 u_2 的简单加权，得出主动关节的控制力矩，即：

$$\tau=k_1u_1+k_2u_2 \tag{6}$$

式中，k_1 和 k_2 为各自的加权系数。

4. 仿真

仿真的对象为图 1 所示的平面 3R 欠驱动机器人，即第 1 关节与第 2 关节为主动关节，第 3 关节为被动关节。考虑到主动关节与被动关节中摩擦力对运动控制的影响，采用粘性摩擦模型，模型如式(7)所示：

$$f=\mu\dot{\theta} \tag{7}$$

式中，f 为摩擦力矩，$\mu>0$ 为性摩擦系数，$\dot{\theta}$ 为关节角速度。仿真的相关参数如表 3 所示。

表 3　仿真模型参数

m_1	m_2	m_3	m_{a1}	m_{a2}	m_{a3}	l_1	l_2	l_3	μ_1	μ_2	μ_{31}	μ_{32}
0.25	0.20	0.20	0.78	0.81	0.51	250	200	200	0.11	0.11	0.02	0.03

表中质量的单位为千克(kg)，长度的单位为毫米(mm)；m_1、m_2 和 m_3 分别为杆 1～杆 3 的质量；m_{a1}、m_{a2} 和 m_{a3} 分别为各个关节的集中质量；l_1、l_2 与 l_3 分别为各连杆的长度；μ_1 与 μ_2 分别为主动关节 1 与主动关节 2 的摩擦系数；μ_{31} 与 μ_{32} 分别为被动关节 3 顺时针转动与逆时针转动时的摩擦系数。机器人的操作任务从初始位置 $A_0\,(650,0)$ 运动到期望位置 $A_d\,(270,520)$，从实验的角度分析，并基于关节运动速度、位置以及便于操作者观察等方面综合考虑，从反解所得的解中选择一组，具体数值如表 4 所示。

表 4　仿真位置参数

	θ_1	θ_2	θ_3	α	γ	x	y
初始值	0°	0°	0°	0°	400	650	0
期望值	45°	56°	–52°	30°	360	270	520

设定关节 1 的运动规律为梯形速度曲线，关节 1 角加速度如式(8)所示：

$$\ddot{\theta}=\begin{cases}16^\circ/s^2, & 0<t\leqslant 1\\ 0^\circ/s^2, & 1<t\leqslant 2.8\\ 16^\circ/s^2, & 2.8<t\leqslant 3.8\end{cases} \tag{8}$$

式中，时间 t 的单位为秒(s)。由式(8)可得出速度曲线。根据上述控制原理，设定加权系数 k_1=23.19、k_2=1.61，可得图 4～图 7 所示的控制结果仿真曲线。

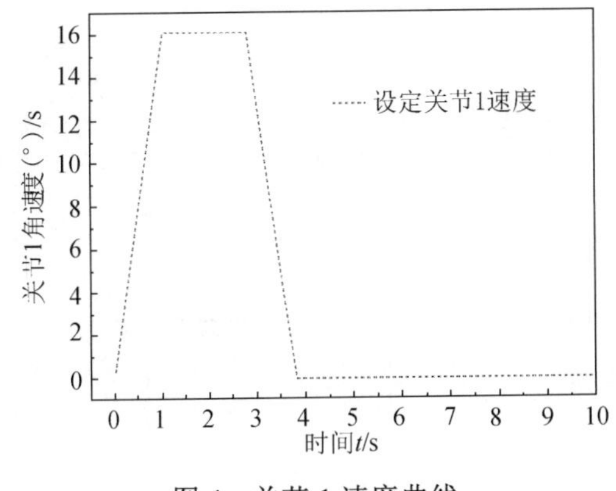

图 4　关节 1 速度曲线

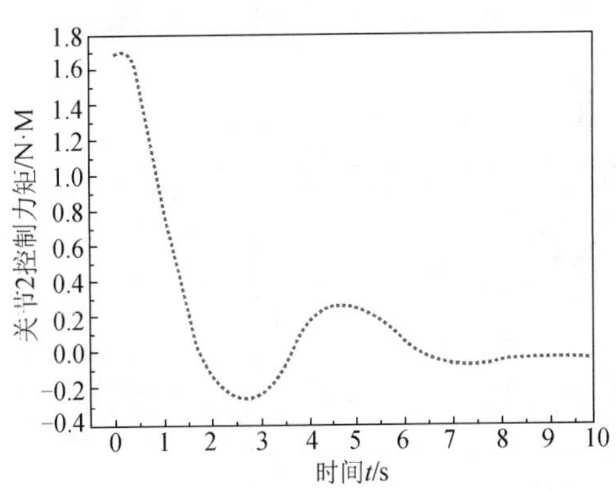

图 5　关节 2 控制力矩

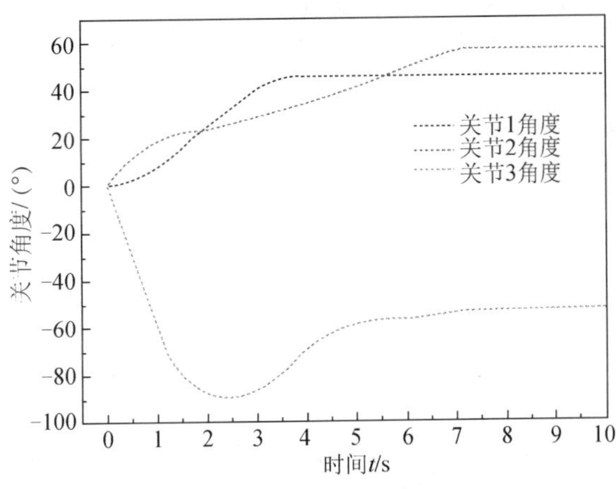

图 6　关节角度曲线

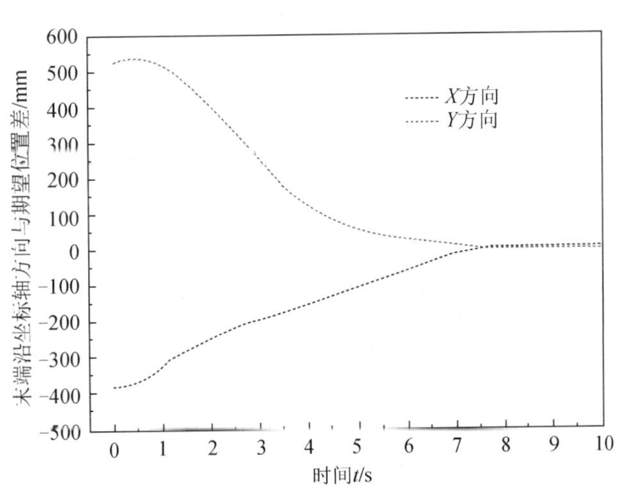

图 7　实际位置与期望位置差值曲线

从图 5 可以看出，主动关节 2 的控制力矩最终趋于 0。图 6 是关节角度曲线，各个关节角度最终趋于稳定值。从初始时刻到 1s 左右，被动关节 3 在主动关节 1 与主动关节 2 的共同作用下迅速运动；由于主动关节 1 从 1s 到 2.8s 之间按照规划的曲线匀速运动，所以不对被动关节 3 产生耦合作用，此段时间内被动关节 3 的运动主要受主动关节 2 的控制；在 3～4s，主动关节 2 角度曲线的斜率变化不大，即角速度变化比较小，故而加速度和减速度的绝对值不大，所以通过动力学耦合作用对被动关节 3 的运动影响较小，此时间段被动关节 3 的角度变化较大主要是受到主动关节 1 减速运动过程的影响；在时间 $t>3.8$s 以后，关节 1 运动到期望位置后停止运动，所以其曲线变为一条直线，关节 2 与关节 3 通过动力学耦合作用继续运动，从图中可以看出在 $t>8s$ 后关节 2 与关节 3 趋于稳定值。

图 7 是机器人末端的实际位置与期望位置差值曲线，由图中可知机器人的末端趋近于期望位置，说明主动关节 1 的运动对被动关节 3 运动影响通过主动关节 2 的控制得到较好的解决，同时说明该控制方法具有较好的鲁棒性。仿真结果及误差值如表 5 所示。

表 5　仿真结果及误差分析

	θ_1	θ_2	θ_3	α	γ	x	y
仿真终值	45.00°	56.70°	−52.52°	30.43°	358.70	270.25	523.96
仿真与期望绝对误差	0°	0.70°	0.53°	0.43°	1.30	0.25	3.96
仿真与期望相对误差	0%	1.25%	1.01%	1.40%	0.35%	0.06%	0.76%

从表 5 可知，机器人末端位置相对误差最大值为 0.76%，关节角度最大的相对误差为 1.25%。运动过程中位置控制参数 (θ_1,α,r) 的最大相对误差为 1.40%，整体的相对误差均在 2% 以内，说明比较精确地实现了机器人的操作任务。

5. 实验

5.1　实验装置及控制系统

欠驱动机器人实验系统如图 8 所示，水平运动的 4R 欠驱动机器人主要由机械结构和电器控制两部分组成。由于本实验只考虑 3 个关节的运动，因此在运动过程中与基座相连接的连杆保持静止。主动关节 1 与主动关节 2 选用 maxon 无刷直流伺服电机和行星式减速器，被动关节 3 安装有电磁离合器，每一个关节上都附有一个高精度增量式编码器（初始为 10000P/R，细分后为 40000P/R），用来实时检测关节角度。各个连杆上的限位开关用来限制连杆的位置，起到限位保护的作用，当连杆接触到限位开关，电机将停止运动。机器人的结构参数（连杆长度和质量）与数值仿真设定值相同，具体如表 3 所示。

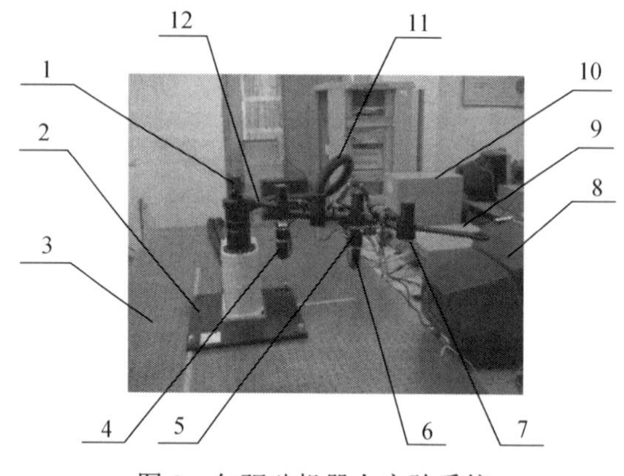

图 8　欠驱动机器人实验系统

1. 编码器; 2. 基座; 3. 实验平台; 4. 第 1 关节伺服电机; 5. 减速器; 6. 第 2 关节伺服电机; 7. 电磁离合器; 8. 彩色显示器; 9. 电脑主机; 10. 控制柜; 11. 浪纹管; 12. 连杆

实验系统中的控制器采用固高科技（深圳）有限公司研制的 GT-400-SV 系列伺服运动控制器，该运动控制器可以同步控制四个运动轴，实现多轴协调运动，提供的 C 语言函数库和 Windows 动态链接库可以辅助实现较复杂的运动控制任务。

5.2　位置控制实验

利用 Visual C++6.0 编制了实验控制软件，该软件可以实现对机器人的位置控制并能实时显示相关位置信息，其界面如图 9 所示，图 10 是控制系统框图。

在 VC 环境下进行离线编程，关键代码如下(按第 3 小节所述控制原理)：

`u2= alpha_d-alpha;`　　// u2 与数值仿真中 u_2 相同，alpna_d 为角度 α 期望位置，alpha 为角度 α

`if (cos(angel3)*sin(angel3)>=0)`　　// angel3 为关节角度 θ_3 ,不等式 cos(angel3)*sin(angel3) >=0 对应 $flag=1$ 时连杆 3 相对连杆 2 的构型

`u1=- delta_r;`　　// u1 与数值仿真中 u_1 相同,delta_r 等同于 Δr，此式是模糊规则 FLC1 简化形式

`if (cos(angel3)*sin(angel3)<0)`　　//判断条件对应 flag = 2 时连杆 3 相对连杆 2 的构型

`u1=delta_r;`　　//此式是模糊规则 FLC1 简化形式

`u= k2*u1+ k1*u2;`　　//u 为关节 2 的控制力矩 τ ,k1 和 k2 分别为加权参数和 k_2

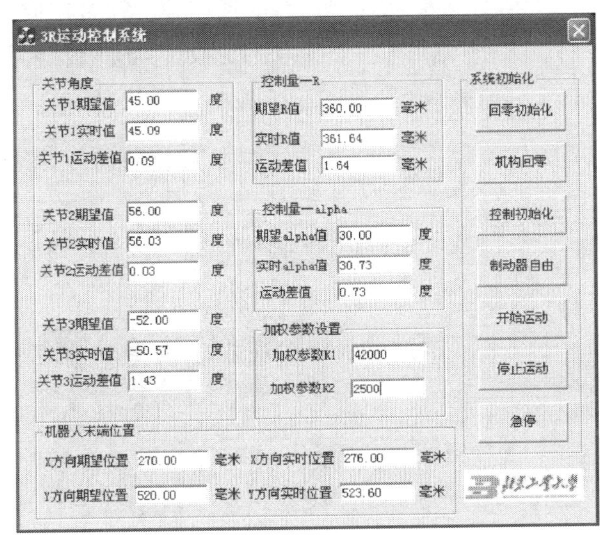

图 9　运动控制系统软件界面

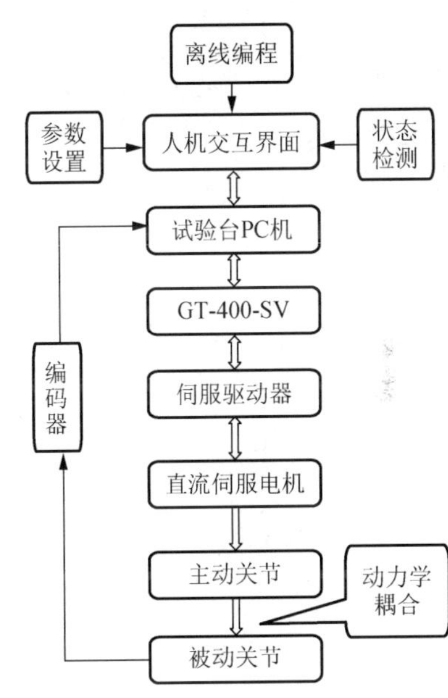

图 10　控制系统框图

系统初始化后，设定电机运动为力矩控制模式。由于采用增量式编码器，所以应对机器人进行机构回零操作。设定机器人控制的期望值并调整加权系数为 k_1 =42000， k_2 =2500。控制实验过程如图 11 所示，相应的实验结果曲线如图 12～图 15 所示。

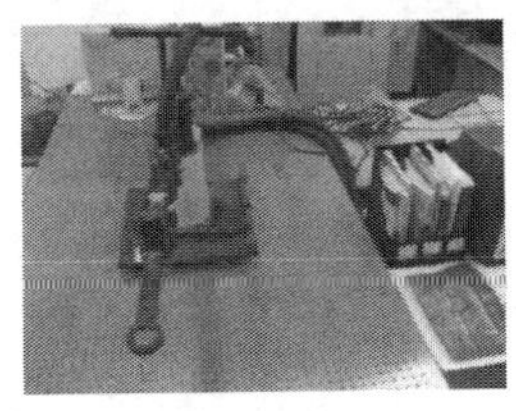

(a) 初始状态

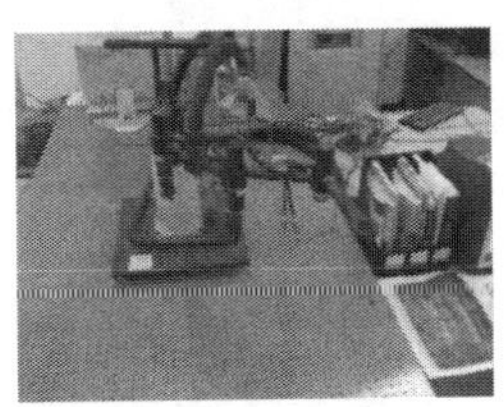

(b) 中间状态

(c) 最终状态

图 11　机器人运动过程

图 11 (a) 为进行机构回零后的位形，即运动初始状态。图 11 (b) 为中间状态，此时连杆 1 按照规划的梯形速度曲线运动到期望位置并停止运动，连杆 3 与连杆继续运动到期望位置，最终状态如图 11 (c) 所示。

图 12 是关节 1 角速度曲线，在 3～4s 之间实际关节角速度与理论关节角速度差值较大，主要有两方面原因：一方面是由于控制卡本身存在零点漂移问题，即同一个控制电压在电机顺时针运动与逆时针运动时产生的运动状态不一致；另一方面连杆 2 和连杆 3 的运动对连杆 1 有一定的影响，同

时控制系统的延时使得实验曲线整体滞后于理论曲线。

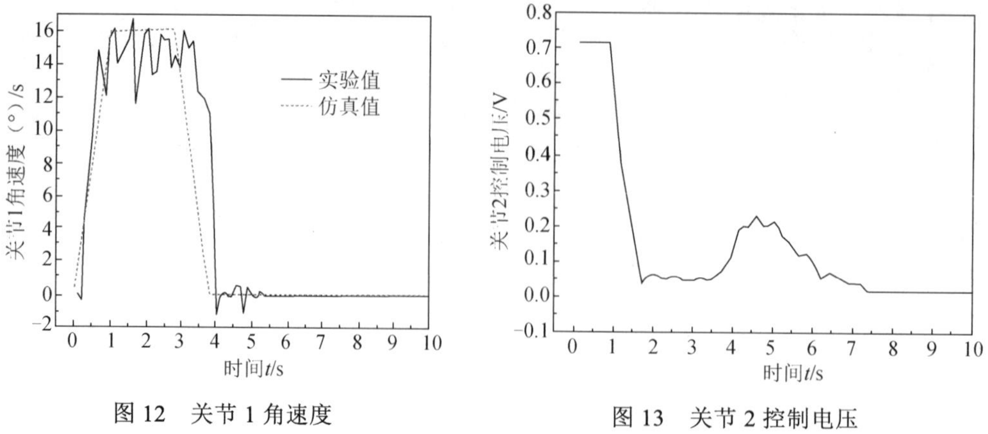

图 12　关节 1 角速度　　　　图 13　关节 2 控制电压

当关节 2 的电机控制电压高于 0.72V 或者更大值时，末杆具有较高的速度和加速度，使得末杆快速运动并接触到限位开关，进而电机停止运动造成不可控制。所以，在实验过程中限制电压的最大值，故而图 13 中电压曲线开始一段时间内为一段直线。

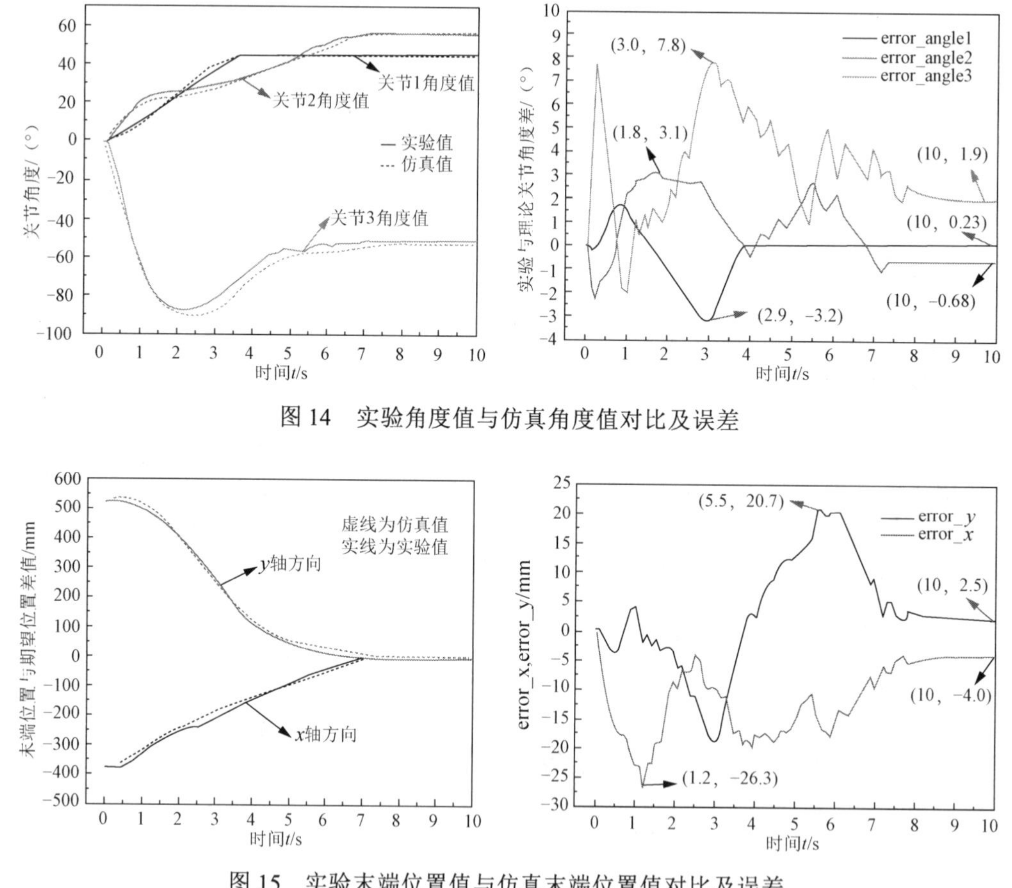

图 14　实验角度值与仿真角度值对比及误差

图 15　实验末端位置值与仿真末端位置值对比及误差

从图 14 中可知各个关节均趋于稳定值，并且曲线形式与仿真所得的形式相似。与仿真曲线相比较，实验曲线相对滞后，同样是由控制系统的延时造成的。在 3s 左右时差值最大，主要是受主动关节 1 中电机在 3～4s 的速度及加速度的影响。由图 15 可以看出，关节末端位置趋于期望值，并且与仿真曲线形式相似。实验的最终位置参数值和误差值如表 6 所示。

表 6　实验参数值及误差分析

参数	θ_1	θ_2	θ_3	α	γ	x	y
期望值	45°	56°	−52°	30°	360	270	520
实验值	45.09°	56.03°	−50.57°	30.73°	361.64	276.00	523.60
实验与期望绝对误差	0.09°	0.03°	1.43°	0.73°	1.64	6.00	3.60
实验与期望相对误差	0.22%	0.05%	2.74%	2.60%	0.46%	2.22%	0.69%
实验与仿真绝对误差	0.09°	0.67°	1.95°	0.40°	2.34	6.25	0.36
实验与仿真相对误差	0.22%	1.18%	3.71%	1.31%	0.65%	2.31%	0.07%

由表 6 中可以看出，与期望值相比较，在操作空间机器人末端位置相对误差最大值为2.22%，在关节空间中关节角度最大的相对误差为2.74%，运动过程的位置控制参数(θ_1,α,r)最大的相对误差为2.60%，整体的相对误差均在3%以内。说明实验很好的实现机器人的操作任务，验证了理论方法的有效性与可靠性。与数值仿真值相比较，在操作空间机器人末端位置相对误差最大值为 2.31%，在关节空间中关节角度最大的相对误差为3.71%，运动过程的位置控制参数(θ_1,α,r)最大的相对误差为1.31%，整体相对误差均在4%以内。

从数值仿真与实验所得的结果可以看出，在相同控制原理下，通过调整数值仿真中机器人的结构参数、控制参数及实验研究中控制机器人所需的相关参数，实现了实验曲线与仿真曲线形状相似，主要具有两方面意义：一方面通过实验验证了理论方法的有效性，另一方面理论仿真所得的结果和机器人的相关参数对将来数值分析具有基础作用，同时对将来的实验研究具有指导意义。

6. 结论

从智能控制角度出发，研究了水平运动的 3R 欠驱动机器人的位置控制问题。运用模糊控制理论设计了适用于二阶非完整约束欠驱动机器人的控制系统，通过简单的模糊控制规则，采用控制量加权方法得出主动关节的控制力矩或控制电压，具有规则简单、实时计算量小及容易调节参数等优点。不仅进行了数值仿真分析而且进行了实验研究，结果表明水平运动的 3R 欠驱动机器人均以较高的精度实现了操作空间中点到点的位置控制任务。

虽然本文研究的对象是水平运动的欠驱动机器人，但是对于在 3 维空间中运动的机器人而言，由于在控制过程中可以利用重力，所以更容易实现机器人的操作任务。因此从这个角度分析，该控制原理应该适用于 3 维空间中运动的机器人。

参考文献

[1] Mahindaker A D, Rao S, Banavar R. N. Point-to-point control of 2R planar horizontal underactuated manipulator. Mechanism and Machine Theory, 2006, 41 (7): 838-844

[2] Mahindaker A D, Banavar R. N. M.rey hanoglu.Controllability and point-to-point control of 3-DOF planar horizontal underactuated manipulators. International Journal of Control, 2005, 78 (1): 1-13

[3] Brockett R W. Asymptotic Stability And Feedback Stabilization, Differential Geometric Control Theory. Birkhauser, Boston: MA: Birkhauser, 1983

[4] Oriolo G, Nakamura Y. Control of mechanical systems with second-order nonholonomic constraints: underactuated manipulators. Proc. of 30th Conf. on Decision and Control. New York, USA: IEEE, 1991, 2398 - 2403

[5] De Luca A, Iannitti S. A simple STLC test for mechanical systems underactuated by one control. Proc. of IEEE International Conference on R & A. 2002, 5: 1735-1740

[6] Arai H,Tanie K, Shiroma N. Nonholonomic control of a three-DOF planar underactuated manipulator. IEEE Transactions on Robotics and Automation, 1998, 14 (5): 681-695

[7] Bullo F. Nonlinear control of mechanical systems: a riemannian geometry approach. California: California Institute of Technology, 1999

[8] Yoshikawa T, Kobayashi K, Watanabe T. Design of a desirable trajectory and convergent control for 3-DOF manipulator with a nonholonomic constraint. IEEE International Conference on Robotics and Automation. Piscataway, NJ, USA: IEEE, 2000, Vol.2. 1805-1810

[9] Martínez S, Cortés J, Bullo. Motion planning and control problems for underactuated robots. Proceedings of the 39th IEEE Conference on Decision and Control. Piscataway, NJ, USA: IEEE 2000. 2162-2167

[10] Alessandro De Luca, Giuseppe Oriolo. Motion planning and trajectory control of an underactuated three-link robot via dynamic feedback linearization. Proceedings of the 2000 IEEE International Conference on Robotics & Automation. Piscataway, NJ, USA: IEEE. 2000, 2789-2795

[11] Alessandro De Luca, Giuseppe Oriolo. Motion planning under Gravity for underactuated three-link robots. Proceedings of the IEEE/RSJ International Conference on Intelligent Robots and systems. Piscataway, NJ, USA: IEEE, 2000, 139-144

[12] 滦南，明爱国，赵锡芳，等．欠驱动机器人的最优轨道生成与实现．上海交通大学学报，2002，36(10)：1422-1452

[13] Liu Q B, Yu Y Q, Su L Y. A new method for position control of planar 3-dof underactuated robots. Proceedings of the 7th World Congress on Intelligent Control and Automation. Piscataway, NJ, USA: IEEE. 2008, 960-965

[14] 刘庆波，余跃庆．基于遗传算法的欠驱动机器人模糊控制器设计．系统仿真学报，2008，20(8)：2097-2100

（原载《机器人》2010，32(6)：741-748）

§ 95　含有一个自由关节的机械臂轨迹跟踪实验

刘一宏　余跃庆

（北京工业大学，北京　100124）

摘　要： 以含有一个自由关节的三自由度机械臂为研究对象，对其轨迹跟踪问题进行了实验研究。依据模糊控制理论设计了一种简单的模糊控制方法，该方法具有参数调整容易，实时计算量小等优点。搭建了 3R 欠驱动机械臂实验装置及其控制系统，利用主、被动关节间的动力学耦合作用，在该实验系统上实现了机械臂的圆弧轨迹跟踪任务，结果表明，实验具有较高的控制精度。

关键词： 欠驱动机械臂；模糊控制；轨迹跟踪；动力学耦合

1. 引言

欠驱动机械臂是一类含有被动关节，控制输入数目少于系统自由度数目，能用较少的驱动装置完成复杂任务的机械系统[1,2]。欠驱动系统本质是非线性系统，满足 Brockett 条件[3]，即不存在光滑的状态反馈控制律使系统镇定在平衡点上，因此欠驱动系统的控制问题要比一般的非线性问题更加复杂和困难，成为现如今国际上的前沿课题。

目前，国内外学者就欠驱动机械臂控制问题进行了研究。Oriolo 和 Nakamura 论证了含有自由关节的动力学约束一般情况下是不可积的，因此为二阶非完整系统[4]。De Luca 等[5]给出了欠驱动机械系统短时间局部可控的条件。Hong 基于欠驱动机械臂的平均系统非线性模型，提出一种振动输入控制方法[6]。Arai 等[7]运用反馈控制策略实现对平面 3R 机械臂的位置控制。滦楠等[8]解决了欠驱动系统由系统不可控造成的反馈控制失效、运动轨迹难以实现的问题。以上这些方法基本都要用到大量的数学知识，实现起来比较困难。Liu 等[9]运用模糊控制理论分别对 2R 欠驱动机械臂与 3R 欠驱动机械臂进行了位置分析，此类文献均需要相当复杂的模糊控制规则，制定比较困难。以上文献主要集中在理论和仿真分析上，实验上也仅仅局限在位置控制，对轨迹跟踪控制的研究比较少见，然而，对轨迹跟踪问题的研究在焊接、装配等生产过程中具有较广泛的实际应用价值，因此，有必要做深入的研究。

下面将主要针对含有一个自由关节的 3R 机械臂轨迹跟踪问题进行实验研究。首先，针对机械臂末端圆弧轨迹跟踪任务设计一种简单的模糊控制方法；其次，搭建欠驱动机械臂实验平台，并开发针对轨迹跟踪实验的控制软件；最后，通过实验完成欠驱动机械臂末端圆弧轨迹跟踪控制任务。

2. 控制原理

3R 欠驱动机械臂如图 1 所示，其中第 1 关节与第 2 关节为主动关节(实心圆)，第 3 关节为被动关节(自由关节)(空心圆)。A(x, y)点表示机械臂末端。

由于被动关节无扭矩输入，因此，无法直接控制被动关节的运动。但是驱动关节加速度与被动关节加速度之间存在耦合关系，所以可以利用耦合关系，通过控制驱动关节的运动间接地控制被动关节运动。由于驱动关节的运动与输入扭矩相关，所以，可以通过调节加载在驱动关节上的扭矩控制被动关节的运动来实现整个欠驱动机械臂的运动控制。

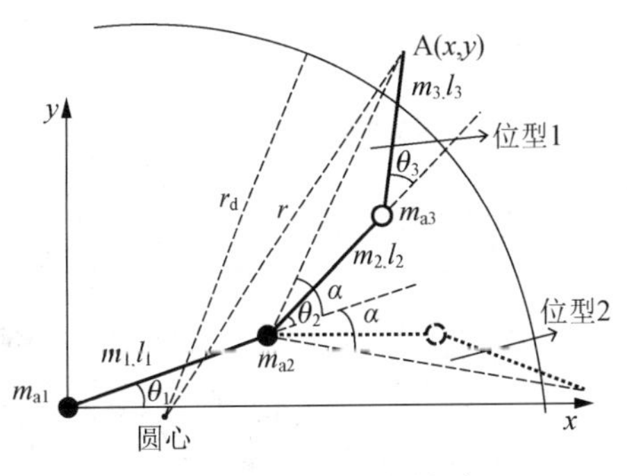

图 1　3R 欠驱动机械臂

圆弧轨迹跟踪的控制思路是连杆 1 以规划的速度运动，依靠连杆 2 来耦合连杆 3，使末端沿着规划的轨迹运动，整个实验过程被动关节完全自由。

如图 1 所示：曲线 s 表示被跟踪圆弧，r_{d} 表示圆弧半径，

r 表示末端到圆心的距离，α 为机械臂位型参数。由于关节 1 是按照规划的速度运动，所以只要时刻保证 r 等于 r_d，那么末端就会在圆弧上运行。记 $\Delta r = r - r_d$。控制原理框图如图 2 所示。

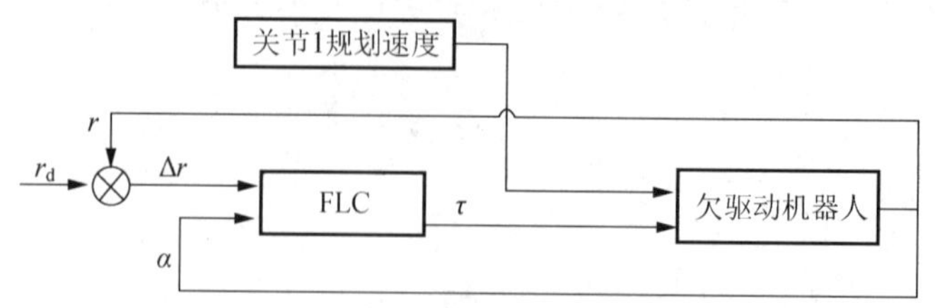

图 2　轨迹跟踪控制原理框图

图 2 中 FLC 表示模糊逻辑控制器，τ 表示关节 2 的控制力矩(或控制电压)。

具体控制过程如下：主动关节 1 按照规划的速度进行控制，将位置差 Δr 和机械臂位型参数 α 实时地反馈给 FLC，通过 FLC 规则将输入变量转化为输出变量 τ 实时地作用于主动关节 2 上，再由动力学耦合作用间接控制关节 3 的运动，从而达到期望的目的。

下面分析图 2 中 FLC 模糊逻辑控制器的控制规则。

引入机械臂位型参数 α，所以机械臂位型可以分为两种情况，如图 1 所示位型 1(α>0)与位型 2(α<0)。将位型 1 的情况记为 flag=1，将位型 2 的情况记为 flag=2，把 α=0 的情况归到 flag=2 中。规定关节的力矩(或电压)逆时针为正，顺时针为负。根据图 1 和图 2 可以总结出 FLC 的模糊控制规则，如表 1 所示。表中{NB，NS，ZO，PS，PB}为隶属度函数模糊语言变量值。

表 1　FLC 模糊控制规则表

Δr		NB	NS	ZO	PS	PB
τ	flag = 1	NB	NS	ZO	PS	PB
	flag = 2	PB	PS	ZO	NS	NB

根据上表，可以将控制量 τ 简化为式(1)的形式：

$$\tau = \begin{cases} k \cdot \Delta r, & \text{flag} = 1 \\ -k \cdot \Delta r, & \text{flag} = 2 \end{cases} \tag{1}$$

式中，k 为控制量系数。

在实验的过程中，需要根据实验结果，反复不断地调整 k 值，以达到最好的控制效果。

3. 实验研究

上文已经分析了圆弧轨迹跟踪的控制原理，并制定了简单的模糊控制规则，下面通过实验来实现欠驱动机械臂轨迹跟踪任务。

实验是以欠驱动机械臂实验系统为基础的，我们先对搭建的实验系统进行简单的介绍。

3.1　实验系统

实验系统由硬件部分与软件部分组成，下面分别对这两部分进行介绍。

3.1.1　硬件部分

欠驱动机械臂实验平台如图 3 所示，该平台为水平运动的 4R 欠驱动机械臂系统。由于所研究的是 3R 欠驱动问题，所以只用到末端的 3 个关节。在运动过程中与基座相连接的连杆始终保持静止。主动关节 1 与主动关节 2 选用 maxon 无刷直流伺服电机和行星式减速器，被动关节 3 安装有电磁离合器，每一个关节上都附有一个高精度增量式编码器(初始为 10000P/R，细分后为 40000P/R)，用来实时检测关节角度。各个连杆上的限位开关用来限制连杆的位置，起到限位保护的作用，当连杆接触到限位开关，电机将停止运动。

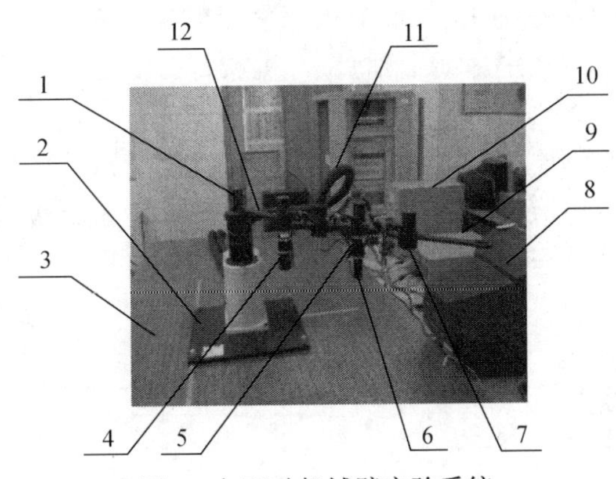

图 3　欠驱动机械臂实验系统

1. 编码器; 2. 基座; 3. 实验平台; 4. 第 1 关节伺服电机; 5. 减速器; 6. 第 2 关节伺服电机;
7. 电磁离合器; 8. 彩色显示器; 9. 电脑主机; 10. 控制柜; 11. 浪纹管; 12. 连杆

实验平台中的控制器采用固高科技(深圳)有限公司研制的 GT-400-SV 系列伺服运动控制器，该运动控制器可以同步控制四个运动轴，实现多轴协调运动，提供的 C 语言函数库和 Windows 动态链接库，可以辅助实现较复杂的运动控制任务。

3.1.2　软件部分

利用 Visual C++6.0 开发了实验控制软件，可以实现对机械臂轨迹跟踪实验的控制并能实时显示相关信息。该控制软件界面由参数设置、数据反馈与控制操作按钮三部分组成。其中，参数设置是对控制电压系数 k 以及被跟踪圆弧基本参数(圆心坐标、半径)进行设置；数据反馈是将实验过程中的数据(各个关节角度值、末端位置、半径及半径误差)实时地反馈到控制界面上，有利于操作者对实验过程的观测；控制操作按钮的作用是在参数设置好以后，对实验进行控制操作，其中的“开始运动”按钮下有详细的实验控制程序。

控制软件界面与控制系统框图分别如图 4 和图 5 所示。

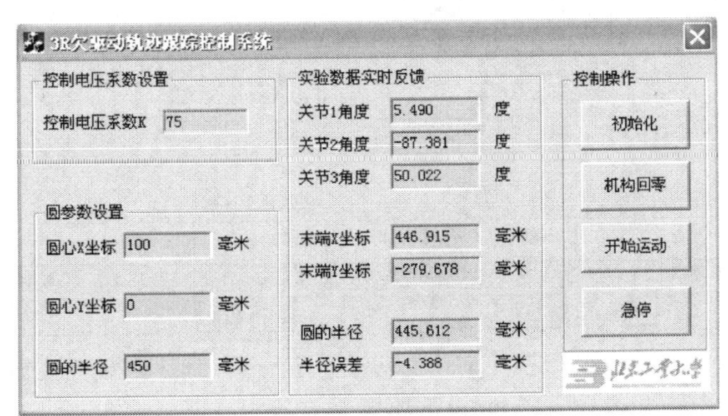

图 4　控制系统界面

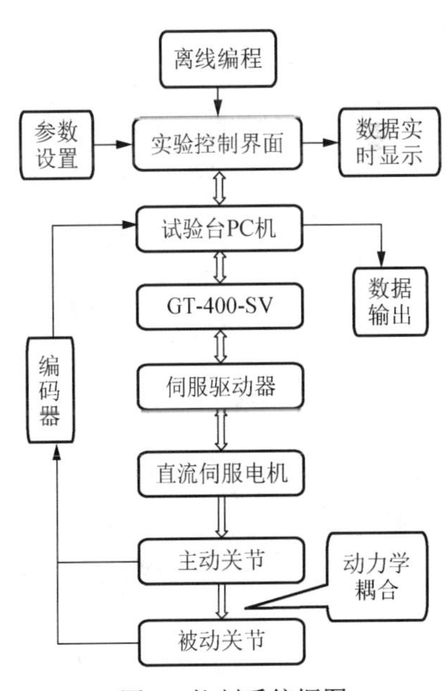

图 5　控制系统框图

3.2　圆弧轨迹跟踪实验

依据之前分析的圆弧轨迹跟踪控制原理与策略，并通过搭建的实验系统可进行如下实验。

被跟踪圆弧的具体参数为：圆心在(100,0)处，坐标单位为 mm，半径为 450mm，圆心角范围为 −135°～45°，即 180°圆弧(图 9 中虚线半圆弧)。机械臂在初始位置时关节 1 角度为−90°，关节 2 角度与关节 3 角度均为 0°，设定关节 1 以速度 7.2°/s 逆时针匀速运动到 90°，在实验过程中，经过反复摸索与调节，最终选定控制量系数 k=75(对应式(1)中的 k)，设定每 20ms 读取一次各编码器反馈值(即各关节角度值)，通过各个关节角度值可以求出机械臂末端位置与误差等其他实验数据，通过这些实验数据绘制的实验结果曲线如图 6～图 9 所示。

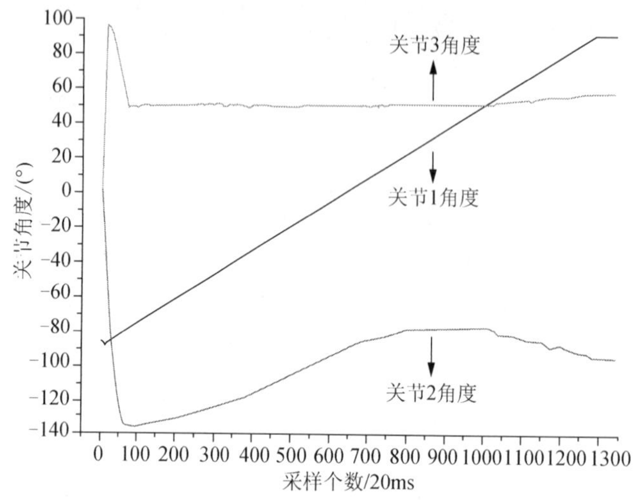

图 6　关节角度

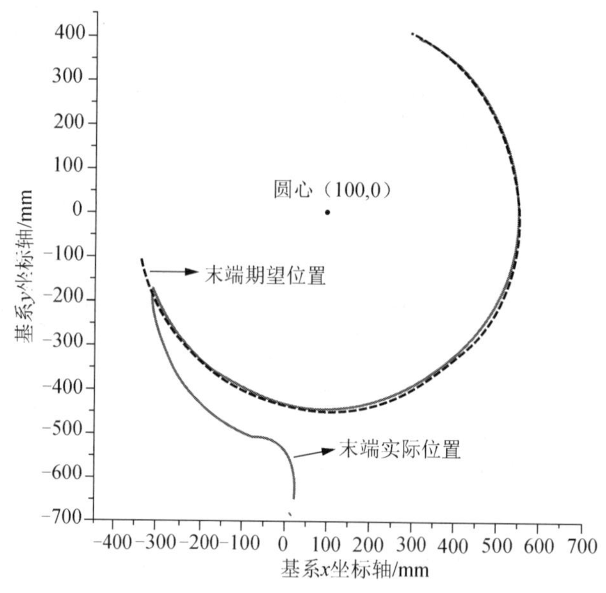

图 7　末端轨迹曲线

图 6 与图 7 分别为实验整个过程的关节角度曲线与末端轨迹曲线，图 8 与图 9 分别为对应到任务圆弧的半径绝对误差曲线与末端跟踪曲线，其数据点范围为 225～1151。对照图 7 分析，图 6 中刚开始关节角度值变化剧烈，其原因是由于起初末端并不在圆上，杆 2 对杆 3 有较强的动力学耦合作用，待关节角度变化趋于稳定时，末端即沿着圆弧运动。下面分析跟踪误差。

图 8 表示对应任务圆弧的半径绝对误差曲线，该误差在−5.748～5.879mm，与被跟踪圆弧半径相比，相对误差在 1.307%以内，误差的平均值为−2.386mm，误差的标准差为 3.3001mm。图 9 表示末端跟踪轨迹与任务圆弧的比较，从图中可以看到实验达到了较高的控制精度。

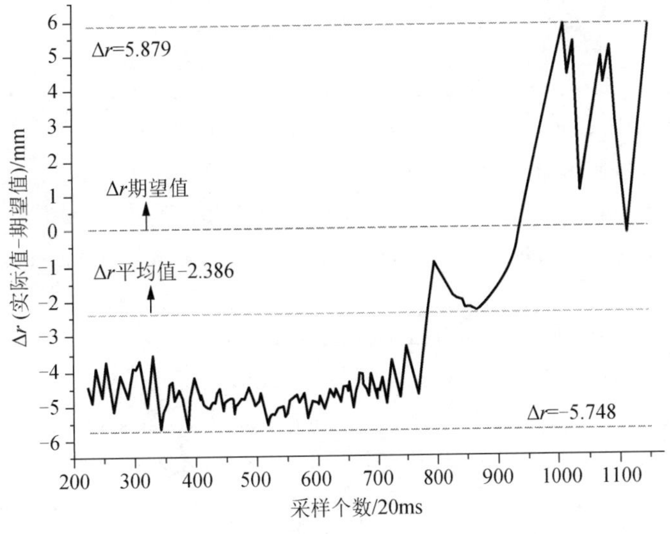

图 8　半径绝对误差

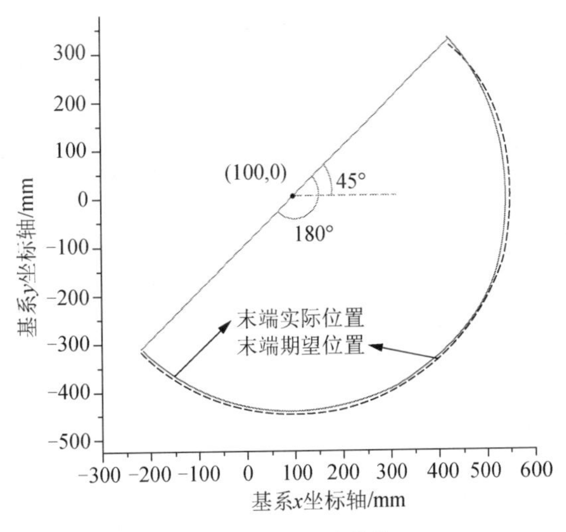

图 9　末端跟踪曲线

通过末端圆弧轨迹跟踪的实验结果，可以看到，实验曲线抖动比较剧烈，这是由于模糊控制本质是一种非线性 PD 控制，动态响应快，且不具备积分作用，系统稳态误差很难减至理想程度；另外，关节摩擦、实验系统的水平度、机械结构误差、驱动电机的动力性能以及减速器传动误差等因素都会对实验结果产生较大影响。

4. 结论

以上对 3R 平面欠驱动机械臂轨迹控制问题进行了研究。运用模糊控制理论，设计了一种适用于 3R 平面欠驱动机械臂末端圆弧轨迹跟踪的模糊控制方法，该方法具有原理简单、实时计算量小以及参数调节容易等优点。采用该方法并通过搭建的实验系统实现了机械臂末端圆弧轨迹跟踪的控制实验，结果表明，实验达到了较高的控制精度。但是，在实验过程中，实验设备水平度、机械结构误差等一些因素对实验结果有一定的影响，如何进一步地减小实验误差，提高精度，将是我们今后需要重点解决的问题之一。另外，本文仅针对末端圆弧轨迹跟踪进行了实验研究，今后将针对末端椭圆、直线及任意曲线跟踪问题展开进一步的研究工作。

参考文献

[1] Mahindrakar A D, Rao S, Banavar R N. Point-to-point control of a 2R planar horizontal underactuated manipulator. Mechanism and Machine Theory, 2006, 41(7): 838-844

[2] Mahindrakar A D, Banavar R N, Reyhanoglu M. Controllability and point-to-point control of 3-DOF planar horizontal underactuated manipulators. International Journal of Control, 2005, 78(1): 1-13

[3] Brockett R W. Asymptotic Stability and Feedback Stabilization, Differential Geometric Control Theory. New York: Birkaeuser, 1983: 181-191

[4] Oriolo G, Nakamura Y. Control of mechanical systems with second-order nonholonomic constraints: Underactuated manipulators//IEEE Conference on Decision and Control. Piscataway, NJ: IEEE, 1991: 2398-2403

[5] De Luca A, Iannitti S. A simple STLC test for mechanical systems underactuated by one control //IEEE International Conference on Robotics and Automation. Piscataway, NJ: IEEE, 2002: 1735-1740

[6] Hong K S. An open-loop control for underactuated manipulators using oscillatory input: Steering capability of an unactuated joint. IEEE Transactions on Control Systems Technology, 2002, 10(3): 469-480

[7] Arai H, Tanie K, Shiroma N. Nonholonomic control of a three-DOF planar underactuated manipulator. IEEE Transactions on Robotics and Automation, 1998, 14(5): 681-695

[8] 滦南，明爱国，赵锡芳，等. 欠驱动机器人的最优轨道生成与实现. 上海交通大学学报，2002，36(10)：1422-1425

[9] Liu Q B, Yu Y Q, Su L Y. A new method for position control of planar 3-DOF underactuated robots //7th World Congress on Intelligent Control and Automation. Piscataway, NJ: IEEE, 2008: 9049-9054

（原载《机械设计与研究》，2011，27(5)：31-34）

§ 96 欠驱动机械臂多轴耦合控制轨迹跟踪实验

张雨 余跃庆
（北京工业大学，北京 100124）

摘 要：对于水平 3 自由度欠驱动机器人的末端轨迹跟踪，两主动关节同时耦合控制被动关节是研究的一个难点。文章以模糊控制为理论基础，采用多输出控制策略，编制出了多输出模糊控制器，在水平三自由度欠驱动机械臂实验台上进行末端轨迹控制，实现了两主动关节同时耦合控制被动关节的目的。所得实验结果与单输出控制策略的末端轨迹控制进行了对比分析，结果表明，多输出控制比单输出控制有更高的控制精度。

关键词：欠驱动机器人；模糊控制；轨迹跟踪；多输出控制

1. 引言

欠驱动机器人是一类驱动装置数少于系统自由度的机械系统，用较少的驱动完成多自由度动作并达到预设的目标。欠驱动系统本质是非线性系统，满足 Brockett 条件，即系统中的约束条件不能表达为仅包含时间 t 的广义坐标和广义动量的形式。因此，必须以主、被动关节的动力学耦合作用，通过恰当的控制策略使欠驱动机器人实现轨迹跟踪和运动规划[1-4]。

国内外对平面欠驱动机器人的研究已经有了一定的成果。Oriolo 等[5]论证了含有自由约束的动力学模型一般情况下是不可积的。Arai 等运用时间尺度法，在被动关节处加制动器，实现了无重力情况下平面 2R 欠驱动机器人的位置控制[6]。赖旭芝研究了 Acrobot 控制的控制理论，针对其中存在的问题，提出了基于模糊控制、变结构控制和 LQR 控制的智能控制方法[7]。日本东京大学的 Suzuki 等通过实验研究了带有非驱动关节的两关节机器人[8]，根据运动中非驱动臂的位置与期望位置的差值调整输入电压，实现两臂的控制，绘出了非驱动臂末端轨迹的相平面图。陈炜等[9]以具有柔性杆的欠驱动机器人为研究对象，在动力学建模、动力学耦合特性分析、位置和振动制等方面进行了深入研究。刘庆波研究了平面 2R 欠驱动系统的轨迹规划和控制方法，他采用了时间尺度法对两杆进行了双向轨迹规划[10]。刘一宏研究了平面 3R 含有一个自由关节机械臂的末端圆弧轨迹跟踪实验，并得到较好的实验精度。

以上文献主要集中在理论研究和仿真分析上，实验上仅仅局限于位置控制。刘一宏等[11]基于模糊算法实现了平面三自由度欠驱动末端轨迹跟踪，但其工作主要集中在单轴耦合控制模式。从理论层面上，多轴耦合控制是两个主动关节同时耦合被动关节，同时作用会使末端轨迹振动周期缩短，振幅减小，使末端轨迹趋于平缓，能达到更高的实验精度。从控制层面上，多轴耦合控制比较复杂，需要设计两个模糊控制器，同时接受末端轨迹反馈，以达到多轴耦合提高实验精度的目的。所以有必要在多轴耦合控制层面上做进一步的研究。

以下本文采用多轴耦合的控制策略对平面 3R 的欠驱动机械臂(最后一个关节为自由关节)进行圆弧轨迹跟踪实验研究。首先，以模糊控制为理论基础，采用多轴输出控制策略，编制多轴输出模糊控制器。然后，针对已有的欠驱动机械臂实验平台，进行末端圆弧轨迹跟踪实验。最后，对实验结果与文献分析比较得出结论。

2. 控制策略

3R 平面欠驱动机械臂如图 1 所示，其中第 1 关节与第 2 关节为主动关节(实心圆)，第 3 关节为被动关节即自由关节(空心圆)。E 点表示机械臂末端。欠驱动系统本质是非线性系统，必须以主、被动关节的动力学耦合作用，使欠驱动机器人实现轨迹跟踪和运动规划。控制思路为通过两主动关节同时耦合连杆 3 以达到末端轨迹跟踪的目的。

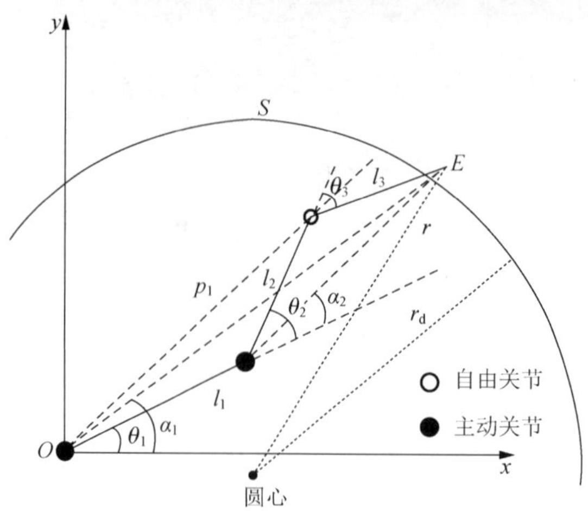

图 1　多轴耦合控制原理模型图

图 1 中坐标系为基系直角坐标系，关节 1 位于坐标原点处。E 为机器人的末端，S 为规划的末端轨迹。p_1 为关节 1 与关节 3 的连线。α_1 为关节 1 和末端 E 之间的连线与 x 坐标轴的夹角，α_2 为关节 2 和末端 E 之间的连线与杆 1 的夹角，α_1、α_2 是机器人的位形参数。与单输出控制相比多输出控制多了一个位形参数 α_1，这样末端轨迹误差和两个位形参数通过模糊控制器就能同时反馈到两个主动关节上，以达到两主动关节同时耦合被动关节的目的。

首先，规定关节角速度、角加速度、关节控制力矩(或控制电压)逆时针方向为正，顺时针方向为负。轨迹跟踪的控制思路为起始阶段关节 1 正向转动，在运动过程中同时利用主动关节 1、2 和被动关节 3 之间的动力学耦合作用控制关节 3 的角度，最终实现末端跟踪规划的轨迹，并且确保整个过程中末端的速度不为零。因为末端的速度始终不为零，所以只要保证 $\Delta r=0$，就能使得末端跟踪指定的圆弧轨迹。

具体控制过程如图 2 所示：通过安装在各关节上的位置传感器(编码器)得到各关节角度，然后依据各关节角度通过运动学计算得出末端到圆心的距离 r 与位形参数 α_1、α_2，由 r 和 r_d 得出 Δr，将 Δr 和 α_1 作为 FLC1 的输入量，将 Δr 和 α_2 作为 FLC2 的输入量，通过 FLC 规则得到关节 1 的控制力矩 τ_1 和关节 2 的控制力矩 τ_2，进而作用于关节 1 和关节 2，并通过动力学耦合关系进一步控制关节 3。

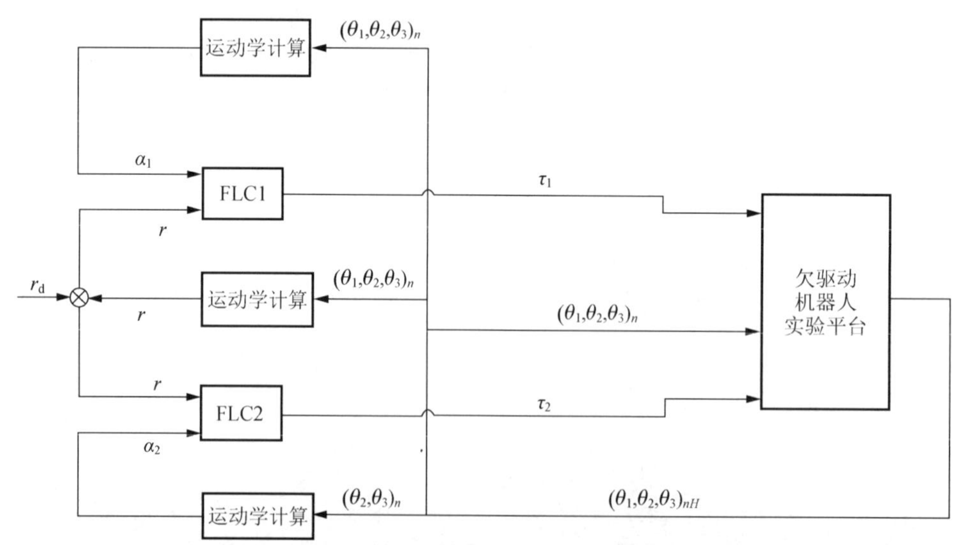

图 2　多轴耦合圆弧轨迹控制流程图

图 2 中 FLC 规则为模糊控制的核心部分，具体分析如下：a 是机器人的位形参数，平面 3R 欠驱动机械臂耦合控制一共可分为 16 种位形，可以将这 16 种位形分为两种情况：当 $a<0$ 时，记为 Flag=1；

当 $a \geqslant 0$ 时，记为 Flag=2。根据实际手动控制经验可以总结出模糊控制规则，如表 1 所示。表 1 中，{NB、NS、ZO、PS、PB}为隶属度函数模糊语言变量值[12]。

表 1　FLC 模糊控制规则表

	d	NB	NS	ZO	PS	PB
Flag=1	τ_1	PB	PS	ZO	NS	NB
Flag=2	τ_2	NB	NS	ZO	PS	PB

从表 2～表 4 中可以看出，输出量 τ_1 和 τ_2 与输入量 d 在各自论域上均分成 5 个模糊集合。当 Flag=1 时，τ_1 和 τ_2 值的正负与 d 的相反；当 Flag=2 时，τ_1 和 τ_2 值的正负与 d 的相同。

根据 FLC 控制规则，可以将控制量 τ_1、τ_2 简化为式(1)、式(2)的形式：

$$\tau_1=\begin{cases}\tau_0 - k_1 \cdot \Delta r, & \text{Flag}=1 \\ \tau_0 + k_1 \cdot \Delta r, & \text{Flag}=2\end{cases} \tag{1}$$

$$\tau_2=\begin{cases}k_2 \cdot \Delta r, & \text{Flag}=1 \\ k_2 \cdot \Delta r, & \text{Flag}=2\end{cases} \tag{2}$$

式(1)中，τ_0 为保证末端沿着规划轨迹运动而加载在关节 1 上的起始力矩(或起始电压)，k_1 为关节 1 的控制量系数；式(2)中，k_2 为关节 2 的控制量系数。根据关节 1 或关节 2 不同的位型角度设置不同的 k 值，以达到最好的控制效果。

然后根据 FLC 规则设计分层多输出模糊控制器，使关节 1 和关节 2 的控制电压都根据模糊控制规则来确定其大小和方向。而在单输出控制策略里只有一个模糊控制器 FLC1，主动关节 1 的电压是已经规划好的，即按照一定的规律无反馈的输出 τ_1 是一个固定值或是一个随时间变化的一次或多次函数，而在多轴耦合控制策略里增加了对 τ_1 控制的模糊控制器，突破了单一输出的控制模式。

3. 实验研究

3.1　实验系统

试验系统为"电子计算机+运动控制器+伺服电机"的开放式结构。实验系统框图如图 3 所示，将实验平台设计为控制和操作平台两个部分。欠驱动实验操作平台如图 4 所示，主动关节 1 与主动关节 2 选用 maxon 无刷直流伺服电机和行星式减速器，被动关节 3 安装有电磁离合器，每一个关节上都附有一个高精度增量式编码器(初始为 10000P/R，细分后为 40000P/R)，用来实时检测关节角度，以及反馈到模糊控制器中用以计算末端位置，第一主动杆长为 250mm，其他两杆长为 200mm。各个连杆上装有限位开关用来限制连杆的位置，起到限位保护的作用，当连杆接触到限位开关，电机将停止运动。

控制器是控制系统的核心，本文所用系统采用固高科技(深圳)有限公司开发研制的"GT-400-SV 系列"伺服运动控制器。首先，在控制系统厂商提供的 C++函数库的基础上，利用 Visual C++ 6.0 编制实验控制界面，界面可以显示在实验台 PC 机显示器上，实现在 PC 机上对本实验的参数设置、数据实时显示及具体操作；然后，输入相关参数，PC 机给伺服运动控制器发送运动指令，并通过伺服驱动器使主动关节的直流伺服电机运动，主动关节通过动力学耦合控制被动关节；同时，编码器实时监测各个关节的角度值并返回给 PC 机；最后，PC 机输出关节角度，末端坐标关节电压等数据做进一步分析研究。

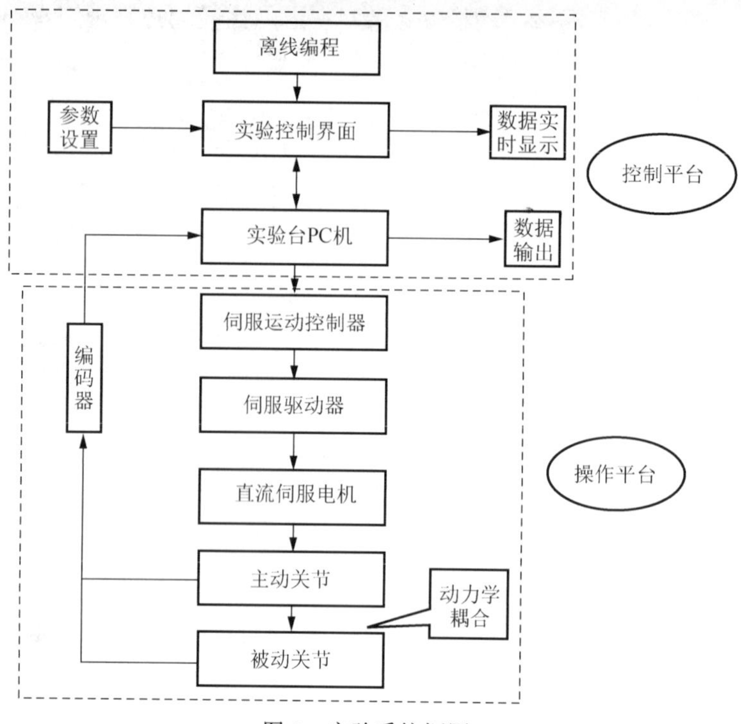

图 3　实验系统框图

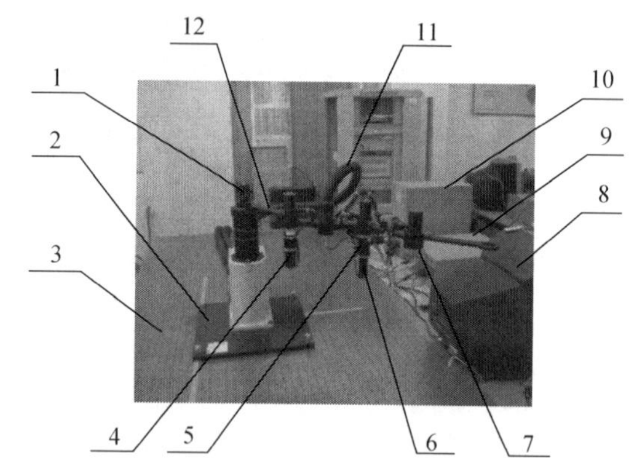

图 4　欠驱动机械臂实验系统

1. 编码器; 2. 基座; 3. 实验平台; 4. 第 1 关节伺服电机; 5. 减速器; 6. 第 2 关节伺服电机; 7. 电磁离合器; 8. 彩色显示器; 9. 电脑主机; 10. 控制柜; 11. 浪纹管; 12. 连杆

3.2　实验结果与分析

通过上节对多轴耦合圆弧轨迹跟踪原理的分析，可以做以下实验。被跟踪圆弧实验参数为：圆心(100,0)，半径为 450mm，机械臂在初始位置时关节 1 角度为 90°，关节 2 角度与关节 3 角度均为 0°。在实验中，设定每 20ms 读取一次各编码器反馈值经过机器语言计算算出各关节的关节角度，再通过运动学计算可以求出机械臂末端位置与误差等实验数据，通过这些实验数据绘制的实验结果曲线并与文献[11]比较得到如下结果。

由图 5 可以看出本文末端轨迹更加平缓。图 6 显示实验台三关节的角度变化，文献[11]中关节 1 的角度曲线明显是条直线，可以判定主动关节 1 的反馈电压是规划好的，主动关节 1 的角度才会随时间的变化而线性变化，只有主动关节 2 的反馈电压是末端误差和位形通过模糊控制器所得，呈现无规律的曲线。而本文实验不管是主动关节 1 的电压还是主动关节 2 的电压是通过不同的模糊控制器所得。

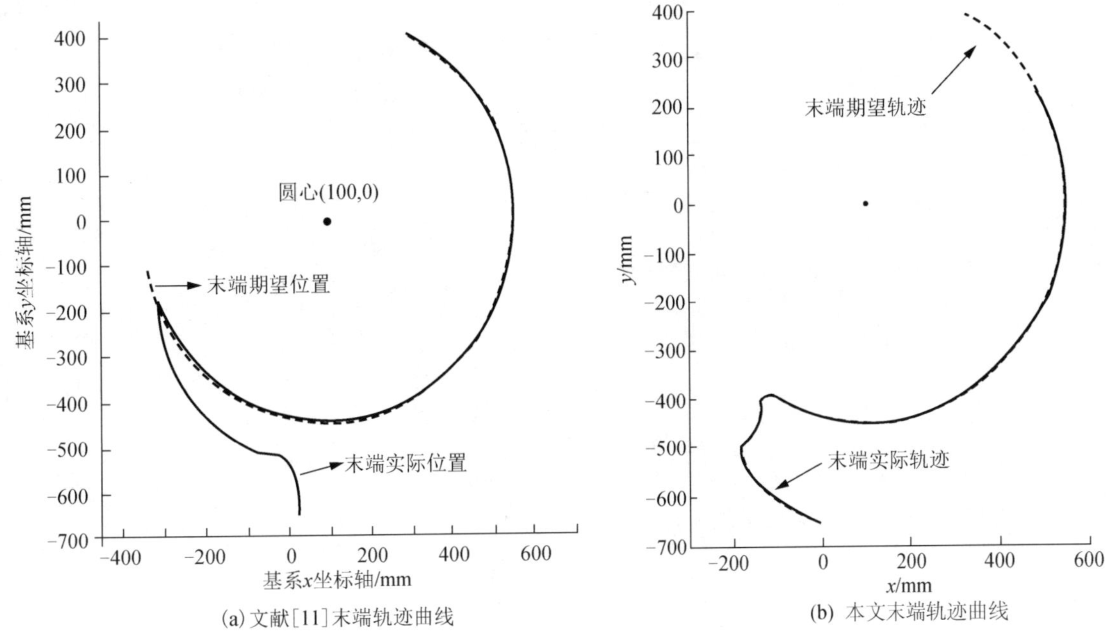

(a) 文献[11]末端轨迹曲线　　(b) 本文末端轨迹曲线

图 5　末端轨迹跟踪曲线图

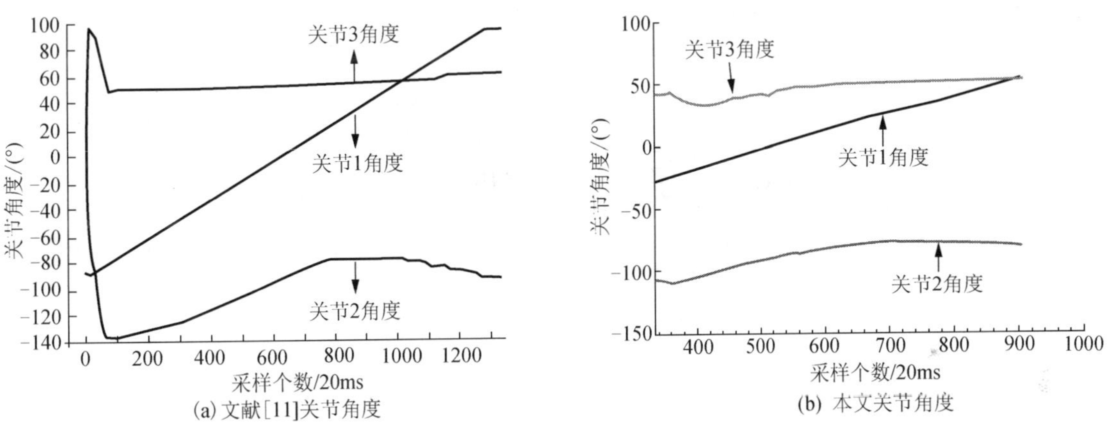

(a) 文献[11]关节角度　　(b) 本文关节角度

图 6　关节角度

由图 7 和图 8 两主动关节电压的变化进一步说明在整个轨迹跟踪过程中都是两主动关节同时耦合末端轨迹。同时作用会使末端轨迹振动周期缩短，振幅减小，使末端轨迹趋于平缓，能达到更高的实验精度。由以下实验结果证明。

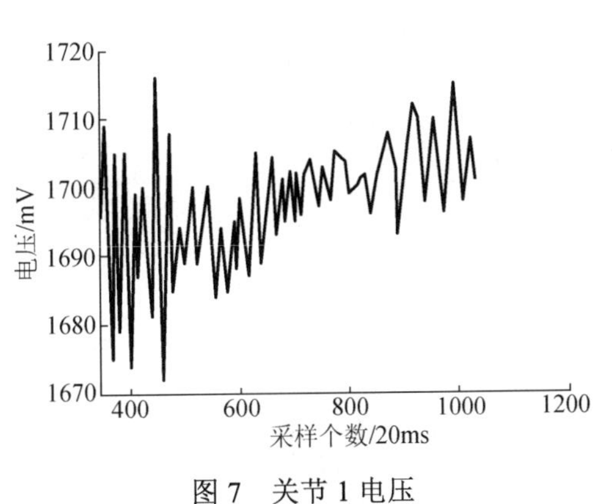

图 7　关节 1 电压

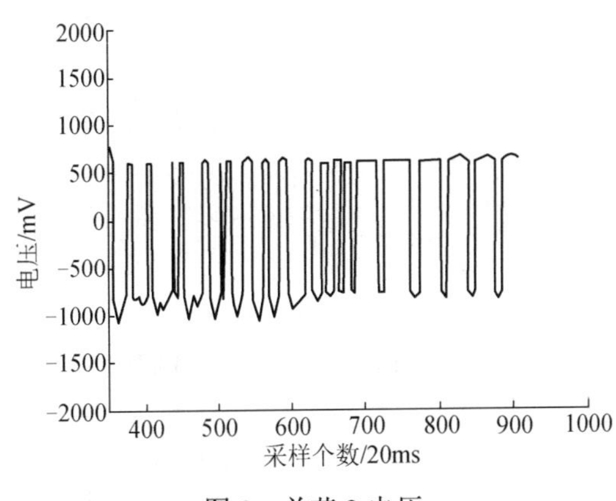

图 8　关节 2 电压

由图 9 可得知本文实验圆的末端轨迹半径绝对误差在−2.393～1.218mm，与被跟踪圆弧半径相比，相对误差在 0.532%之内，误差的平均值为−0.231mm，误差的标准差为 0.312mm。而文献[11]中圆的末端轨迹半径绝对误差在−5.748～5.879mm，相对误差在 1.307%以内，误差的平均值为−2.386mm，误差的标准差为 2.134mm，如表 2 所示。由此可见在相同的试验条件下本文所用的多轴耦合控制策略较单输出控制策略所得实验结果有很大的提高。

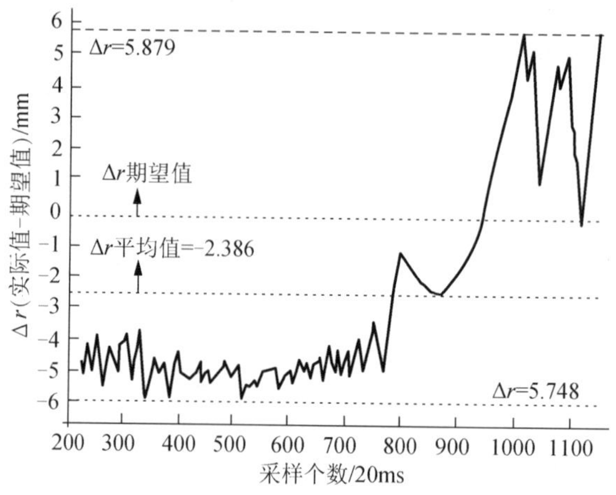

(a) 文献[11]实验末端轨迹误差

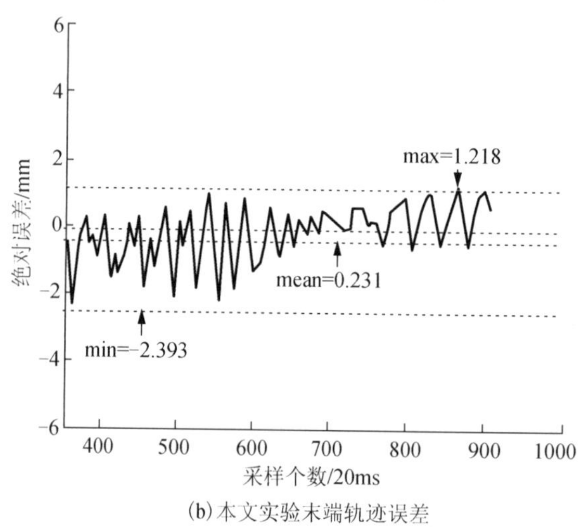

(b) 本文实验末端轨迹误差

图 9　实验误差

表 2　实验结果分析

参数	本文	文献[11]
误差区间/mm	−2.39～1.218	−5.748～5.879
最大相对误差/mm	0.532%	1.307%
误差平均值/mm	−0.231	−2.386
标准差/mm	0.312	2.134

4. 结论

根据模糊控制原理，把误差量同时反馈到两主动关节上，设计出了多轴耦合的平面 3R 欠驱动机械臂轨迹跟踪的模糊控制器。采用该控制方法实现了机械臂末端圆弧轨迹跟踪的控制实验，达到了较高的实验精度。与文献[11]实验对比，结果表明在相同的实验条件下本文实验在末端轨迹的各个实验指标都有较大的提高，说明了本文的多轴耦合控制策略的优越性。

参考文献

[1] Mahindraker A D, Rao S, Banavar R N. Point-to-point control of a 2R planar horizontal underactuated manipulator. Mechanism and Machine Theory, 2006, 41(7): 838-844

[2] Mahindraker A D, Banavar R N, Reyhanoglu M. Controllability and point-to-point control of 3-DOF planar horizontal underactuated manipulators. International Journal of Control, 2005, 78(1): 1-13

[3] Udawatta L, Banavar R N, Reyhanoglu M. Control of underactuated robot manipulators using switching computed torque method: GA based approach. Soft Computing-A Fusion of Foundations, Methodologies and Applications, 2003, 8(1): 51-60

[4] Brockett R W. Asymptotic Stability and Feedback Stabilization, Differential Geometric Control Theory. New York: Birkaeuser, 1983

[5] Oriolo G, Nakamura Y. Control of mechanical systems with second-order nonholonomic constrains: underactuated manipulator // IEEE Conference on Decision and Control. Brighton: IEEE, 1991: 2398-2403

[6] Arai H, Tanie K, Shiroma N. Feedback control of a 3-DOF planar underactuated manipulator // Proceeding of the 1997 IEEE International conference on Robotics and Automation Albuquerque. New Mexico, 1997, 4

[7] 赖旭芝．一类非完整欠驱动机械系统的智能控制．长沙：中南大学．2001

[8] Oriolo G, Nakamura Y. Control of mechanical systems with second-order nonholonomic constrains: Underactuated Manipulators // IEEE Conference on Decision and Control. Brighton, 1991: 2398-2403

[9] 陈炜，余跃庆，张绪平，等．基于控制的欠驱动柔性机器人的建模与仿真．中国机械工程，2006，17(9)：931-936

[10] 刘庆波．水平运动的欠驱动机器人运动规划与控制研究．北京：北京工业大学，2009

[11] 刘一宏，余跃庆．含有一个自由关节的机械臂轨迹跟踪实验．机械设计与研究，2011，27(5)：31-34

[12] 朱齐丹，席志红．具有非驱动关节机器人的位置闭环控制．哈尔滨工程大学学报，2002，23(4)：67-72

（原载《机械设计与研究》，2014，30(3)：34-37）

§97 平面 4 自由度欠驱动机器人的位置和姿态控制

余跃庆 梁 浩 张 卓
（北京工业大学，北京 100124）

摘 要：基于模糊控制理论，研究水平运动的 4 自由度欠驱动机器人位置和姿态控制问题。平面 4 自由度欠驱动机器人是具有冗余度和欠驱动双重特征的复杂二阶非完整系统，利用主动关节和被动关节加速度之间的耦合作用控制被动关节的运动，同时实现机械臂末端的轨迹跟踪和末杆的姿态控制。根据分层控制思想，提出双模态模糊 PID 复合控制算法，针对两个子任务分别设计控制器。通过 MATLAB 和 ADAMS 的联合仿真验证算法的有效性，在基于可编程多轴运动控制卡的试验台上实现平面 4 自由度欠驱动机器人的位置和姿态控制试验。仿真和试验结果表明，所设计的模糊 PID 复合控制器对平面 4 自由度欠驱动机器人末杆的位置和姿态控制是可行、有效的。

关键词：欠驱动机器人；4 自由度；位置和姿态控制；模糊控制

欠驱动机器人是指独立控制输入数目少于系统自由度的机械系统。由于减少了驱动装置，即存在被动关节或者自由关节，使得机械臂具有轻质、低耗[1,2]等优点，在水下、航天等微重力环境具有重要应用前景[3, 4]。受人体运动学启发，在运动过程中通常很多关节都处于近似非驱动状态，因此欠驱动关节的研究对实现仿生机器人优美、自然的运动是不可或缺的。当欠驱动机器人的关节数目大于机器人操作空间所需自由度，系统为被动冗余机器人，拥有非完整冗余特性[5]，有利于完成机器人避障等任务。当某个驱动电动机出现故障时，可以把失控关节作为欠驱动关节来处理达到容错。因此，欠驱动机器人具有很高的理论研究价值和应用前景，成为了机器人研究领域的前沿课题。

但是，由于某个或某些关节缺少驱动装置，欠驱动机器人属于二阶非完整系统，其被动关节的加速度仅受到来自其他关节的动力学约束，且约束一般情况下都是完全不可积的[6]。因此，只能利用主、被动关节的动力学耦合作用，通过恰当的控制策略完成任务，控制难度大大增加。

目前，国内外学者就欠驱动机器人的运动控制问题进行了一些研究。Bergerman 等[7]详细讨论了欠驱动刚性机器人的动力学耦合特性，并提出了主、被动关节之间的动力学耦合量化指标。何广平等[8]分析了具有被动冗余度的机器人主、被动关节之间的运动学耦合，提出了可用于用运动学规划的耦合指标，并研究了此类机器人的运动学奇异性。Banavar 等[9]对平面 3R 两主动关节欠驱动机器人的可控性进行了研究，指出了除了第一关节为被动关节，其他情况都满足小时间局部可控性的充分条件。以上成果集中于对欠驱动系统的可控性和耦合指标等基础理论的研究，依赖于系统精确的动力学模型。

Arai 等[10]运用反馈控制策略实现了平面 3R 机器人的位置控制。何广平等[11]提出了一种欠驱动机械臂的动力学操作性指标，并基于非线性控制技术完成了对欠驱动冗余机械臂的自运动流形控制。陈炜等[12]利用 PID 方法提出 2R 柔性欠驱动机械臂的分段位置控制策略。刘庆波等[13]利用遗传算法和变结构控制方法对欠驱动机器人的最优运动规划与轨迹跟踪控制问题进行了研究。方道星、张雨等[14, 15]基于模糊控制理论针对欠驱动机械臂的位置控制和轨迹跟踪进行了仿真和试验研究。以上成果主要是关于欠驱动机器人的位置控制或者轨迹跟踪控制。相比之下，同时实现欠驱动机器人位置和姿态的控制难度更大，具有更高的理论意义和学术价值。

要实现位置和姿态控制，水平运动的全驱动机器人至少需要 3 个自由度。而对于欠驱动机器人而言，由于至少存在一个自由关节，因此，具有三个自由度的机器人很难同时实现其位置和姿态的控制。本文以具有 4 关节的欠驱动机械手为对象进行研究，以末杆的姿态控制和末端的轨迹跟踪控制为目标，基于模糊控制理论设计控制器。利用 ADAMS 和 MATLAB 联合仿真对控制器进行分析，并从试验上实现平面 4R 欠驱动机器人的位置和姿态控制。

1. 动力学模型

平面 4R 欠驱动机器人模型如图 1 所示，其中第一关节、第二关节和第三关节为主动关节，第四关节为被动关节。需要指出的是，这里的被动关节是完全自由的，控制过程中不使用制动器，而且，本文研究的是水平运动的欠驱动机器人，重力势不能发挥作用，这些都使控制难度大大增加，但更符合欠驱动机器人的工作要求和真实环境，也更具有研究的学术价值和实际意义。

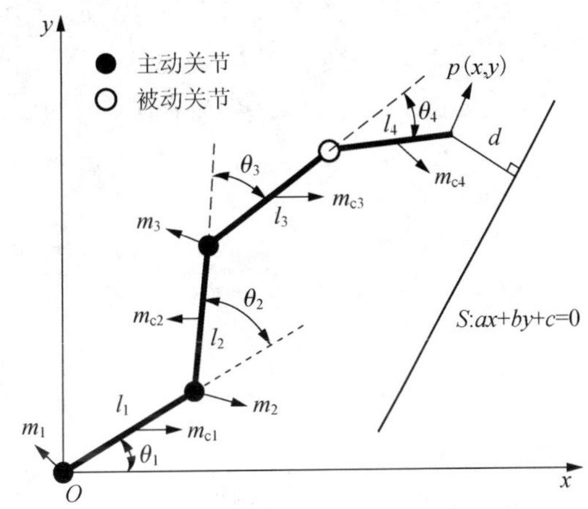

图 1　4R 欠驱动机器人示意图

对图 1 中参数做以下规定：关节角度、角加速度、关节控制力矩(或控制电压)逆时针方向为正，顺时针方向为负；θ_1、θ_2、θ_3、θ_4 代表四个关节的转角。曲线 S 表示欠驱动系统运动平面内任意曲线(本文以直线为例)。d 表示机械手臂被动关节中心点(即末杆靠近基座的端点，以下称近端点)到曲线 S 的法向距离。规定原点 O 所在一侧的点到 S 的法向距离为负，另一侧的点到 S 的法向距离为正。

应用拉格朗日方程，可建立 4 自由度欠驱动机器人系统的动力学方程为

$$\boldsymbol{M}(\boldsymbol{\theta})\ddot{\boldsymbol{\theta}} + \boldsymbol{F}(\boldsymbol{\theta},\dot{\boldsymbol{\theta}}) = \boldsymbol{\tau} \tag{1}$$

式中，$\boldsymbol{M}$ 为质量惯性矩阵，$\boldsymbol{F}$ 表示包括哥氏力、离心力和摩擦阻尼在内的与角速度及其乘积相关的项，$\boldsymbol{\theta}$ 是关节角度矩阵，$\boldsymbol{\tau}$ 是关节驱动力矩矩阵，将式(1)展开写成如下分块形式

$$\begin{pmatrix} M_{11} & M_{12} & M_{13} & M_{14} \\ M_{21} & M_{22} & M_{23} & M_{24} \\ M_{31} & M_{32} & M_{33} & M_{34} \\ M_{41} & M_{42} & M_{43} & M_{44} \end{pmatrix}\begin{pmatrix} \ddot{\theta}_1 \\ \ddot{\theta}_2 \\ \ddot{\theta}_3 \\ \ddot{\theta}_4 \end{pmatrix} + \begin{pmatrix} h_1 \\ h_2 \\ h_3 \\ h_4 \end{pmatrix} = \begin{pmatrix} \tau_1 \\ \tau_2 \\ \tau_3 \\ 0 \end{pmatrix} \tag{2}$$

由式(2)可知，此欠驱动机器人动力学模型具有加速度约束不可积特性，即运动受到二阶非完整约束，因此无法从运动学角度直接控制被动关节的运动。但是驱动关节的输入转矩和被动关节的加速度之间存在耦合关系，可以通过控制驱动关节的输入转矩，间接控制被动关节的运动，实现欠驱动关节末端杆件的位姿控制。

2. 控制器设计

本文研究对象是具有 4 个自由度的平面机器人，对于位置和姿态控制来说，运动过程中存在冗余自由度，其运动学反解有多组值，存在自运动空间，这有利于从动力学角度完成对欠驱动机器人的控制。基于此考虑，进行相应的机器人运动控制器设计。

由图 1 可知，机器人末杆的任意位姿由末杆端点 p 的坐标(x,y)和末杆在操作空间的姿态角度 $\theta = \theta_1 + \theta_2 + \theta_3 + \theta_4$ 唯一确定。因此，将位姿控制分解为末端的轨迹跟踪控制和末杆的姿态控制两部分。其中，轨迹跟踪控制器通过关节 1 和关节 3 来耦合控制被动关节使末端 p 跟踪目标轨迹；姿态

控制器通过主动关节 2 耦合控制末杆的姿态参数 θ 为目标值 θ_d。

将欠驱动机械臂的运动分解为主动杆的旋转运动和被动杆的伸展或收缩运动。被动杆的伸缩是主动杆对其动力学耦合作用的表现。要实现对末端的轨迹跟踪控制，就是要通过控制主动杆的旋转来耦合控制被动杆的伸展或伸缩，使近端点到目标轨迹 S 的法向距离 d 恒为零，并确保末端点的速度大于零。这里我们只考虑轨迹的形成，不对速度和加速度作定量要求。同理，通过控制主动关节 2 的旋转，利用动力学耦合作用间接控制末杆，使末杆的姿态偏差 $\Delta\theta$ 等于零，其中 $\Delta\theta=\theta-\theta_d$。

由于不同的位形参数下主、被动关节的耦合规律不同，以耦合作用的基本单元二连杆为例说明两种基本位形。如图 2 所示，规定位形参数 α 为被动杆到主动杆所在直线所成的锐角，逆时针为正，顺时针为负。则位形 1 中 $\alpha<0$，记为 Flag=1；位形 2 中 $\alpha>=0$，记为 Flag=2。

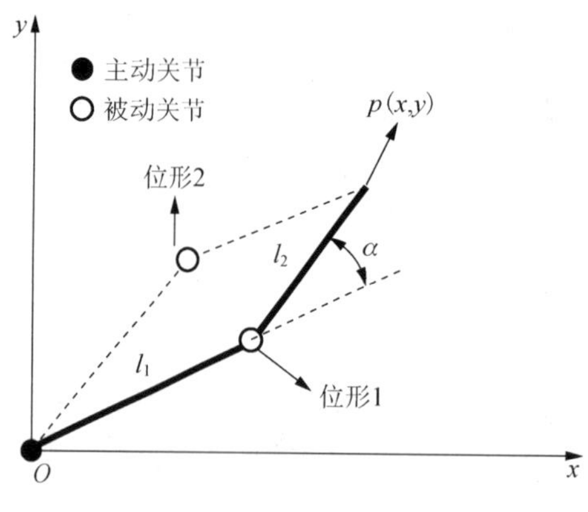

图 2　二连杆示意图

控制原理图如图 3 所示。轨迹跟踪控制过程为：通过主动关节 1、3 分别对末端轨迹偏差进行调控，两控制层之间相互对立。将 τ_1、τ_3 分开考虑，单独计算 τ_1 时，视杆 1 和杆 2 相对静止，把二者看成一个整体，将 d 和 α_1 作为输入变量反馈给模糊控制器 1，得到关节 1 的输入转矩 τ_1；单独计算 τ_3 时，将 d 和 α_3 作为输入变量反馈给模糊控制器 3，得到关节 3 的输入转矩 τ_3；最后通过主动关节 1 和 3 的共同作用使末端跟踪目标轨迹。为了保证末端点轨迹跟踪的速度不等于零，在第 1 关节反馈电压 τ_1 的基础上添加基本控制力矩(或基本控制电压)τ_0，使机械手保持前进。

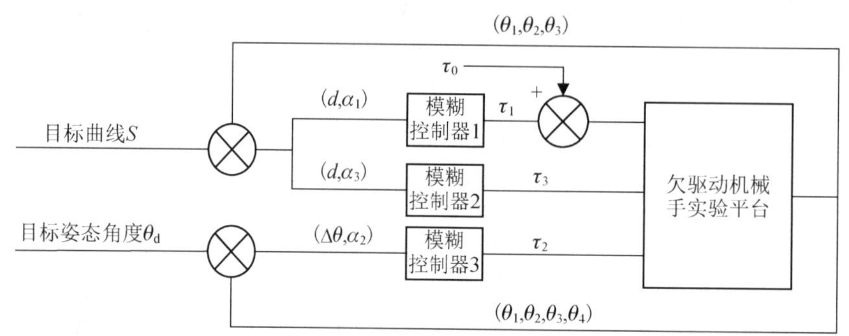

图 3　控制原理框图

姿态控制过程为：将姿态偏差 $\Delta\theta$ 和位形参数 α_2 作为输入变量反馈给模糊控制器 3，从而得到主动关节 2 的控制力矩(或控制电压)。通过主动关节 2 控制末杆的伸展和收缩，使姿态参数 θ 为目标值。

轨迹跟踪和姿态控制相互影响，通过各自的实时控制对误差予以消除。

2.1　位置控制器设计

由于 Mamdani 型二维模糊控制器缺少积分环节，导致模糊控制器在平衡点附近存在盲区，无法消除一定的稳态误差。而 PID 控制具有积分环节，能够有效地消除稳态误差，有比模糊控制更好的稳态性能。下面结合 Mamdani 型模糊控制器和 PID 控制器各自的优点设计了一种 F-PID 复合控制器，示意图如图 4 所示。

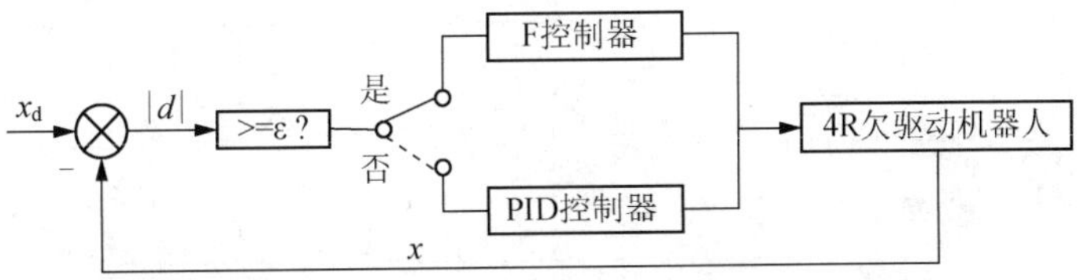

图 4 F-PID 复合控制器示意图

F 控制器部分即为一个 Mamdani 型二维模糊控制器。其结构框图如图 5 所示。取控制器的输入量为机械手末端到目标曲线的法相距离 d 及其变化率 η，输出量为两主动关节的控制力矩(或控制电压)τ_1、τ_3。

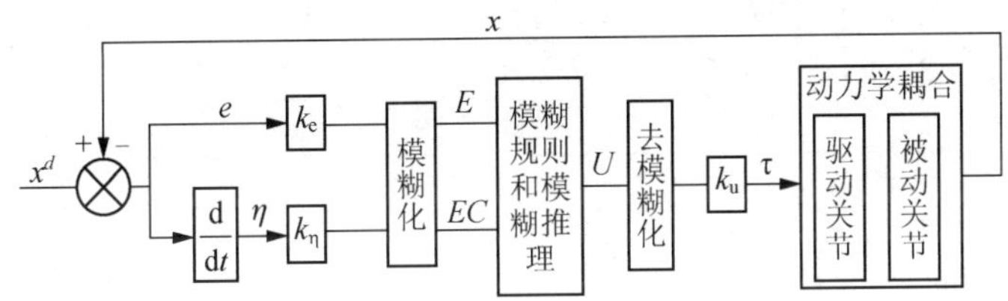

图 5 Mamdani 型二维模糊控制器的的结构框图

精确量 d 和 η 分别乘以相应的量化因子 k_e 和 k_η 转化到各自的论域范围。设定输入量 d 和输出量 τ 论域为[−3，3]，输入量 η 的论域为[−1,1]。将输入量 d 和输出量 τ 的论域划分成“负大”、“负中”、“负小”、“零”、“正小”、“正中”、“正大”7 个模糊子集，即{NB, NM, NS, ZO, PS, PM, PB}。将输入量 η 的论域划分为“负”、“零”、“正”三个模糊子集，即{N, ZO, P}。为了精确地表达动力学耦合规律，采用符合人脑特点、具有良好抗干扰能力的高斯函数作为隶属度函数，函数曲线如图 6、图 7 所示。

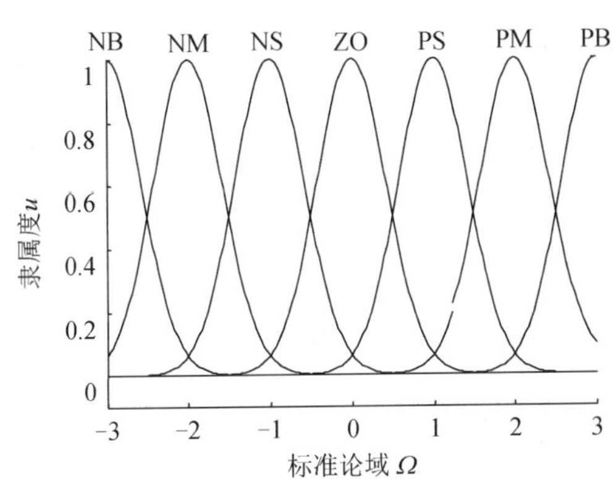

图 6 输入量 d 和输出量 τ 的隶属度函数曲线

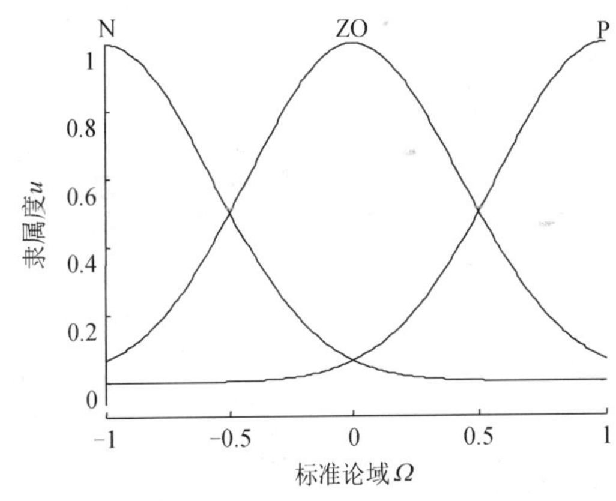

图 7 输入量 η 的隶属度函数曲线

结合动力学耦合规律和控制经验总结出模糊控制规则：当末端误差和误差变化率均为正时，对驱动关节施加较大反向转矩，利用动力学耦合作用使被动关节产生反向加速度，以补偿正向误差；当末端误差和误差变化率均为负时，对驱动关节施加较大正向转矩，以补偿负向误差。其他中间情况，根据以下原则酌情而定：当误差较大时，调节控制变量以消除误差为主；当误差较小时，调节控制量防止超调，以控制系统的稳定性为主[16]。

模糊规则采用 If…then…形式表示，根据手动控制经验总结得到形如：“If d is NB, η is N and Flag is 1,then τ is PM”的 42 条规则。两种位形情况下的模糊控制规则如表 1 和表 2 所示。模糊推理采用 Mamdani 模型中的 max-min 合成法。去模糊化采用精度较高的重心法。

表 1　FLC1、FLC3 模糊控制规则表(Flag=1)

d \ τ \ η	NB	NM	NS	ZO	PS	PM	PB
N	PM	PS	ZO	NM	NM	NB	NB
ZO	PB	PB	PM	ZO	NM	NB	NB
P	PB	PB	PM	PM	ZO	NS	NM

表 2　FLC1、FLC3 模糊控制规则表(Flag=2)

d \ τ \ η	NB	NM	NS	ZO	PS	PM	PB
N	NM	NS	ZO	PM	PM	PB	PB
ZO	NB	NB	NM	ZO	PM	PB	PB
P	NB	NB	NM	NM	ZO	PS	PM

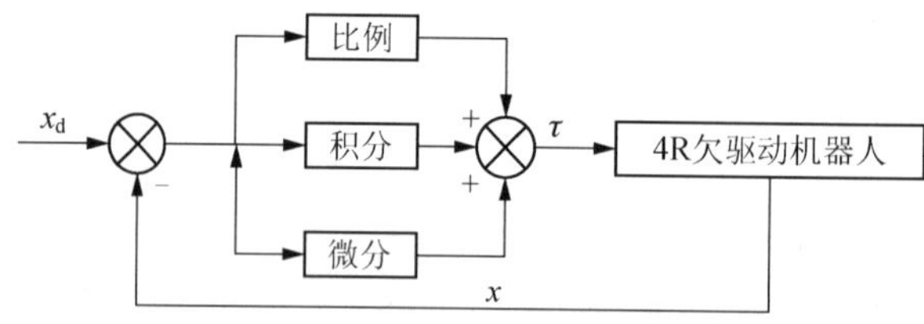

图 8　PID 控制器结构图

PID 控制器结构图如图 8 所示。为了满足动力学耦合规律，PID 参数试凑的原则是：当 Flag=1 时，k_p、k_i、k_d 均取负值；当 Flag=2 时，k_p、k_i、k_d 均取正值。

2.2　姿态控制器设计

以 $\Delta\theta$ 及其变化率 η_θ 和 α_2 为输入变量，以关节 2 的输入力矩 τ_2 (控制电压)为输出变量设计 F-PID 控制器，通过关节 2 间接控制末杆的姿态。两种位形情况下的模糊控制规则如表 3 和表 4 所示。

为了满足动力学耦合规律，PID 参数试凑的原则是：当 Flag=1 时，k_p、k_i、k_d 均取正值；当 Flag=2 时，k_p、k_i、k_d 均取负值。

表 3　FLC2 模糊控制规则表(Flag=1)

$\Delta\theta$ \ τ \ η_θ	NB	NM	NS	ZO	PS	PM	PB
N	NM	NS	ZO	PM	PM	PB	PB
ZO	NB	NB	NM	ZO	PM	PB	PB
P	NB	NB	NM	NM	ZO	PS	PM

表 4　FLC2 模糊控制规则表(Flag=2)

$\Delta\theta$ \ τ \ η_θ	NB	NM	NS	ZO	PS	PM	PB
N	PM	PS	ZO	NM	NM	NB	NB
ZO	PB	PB	PM	ZO	NM	NB	NB
P	PB	PB	PM	PM	ZO	NS	NM

3. 控制仿真

利用 ADAMS/Controls 模块，可以将 ADAMS 程序和控制分析软件 MATLAB 有机地连接起来，实现将复杂的控制引入 ADAMS 的机械系统虚拟样机中。利用三维样机模型代替繁琐的方程直观地描述机械系统，避免了以往利用动力学方程进行数值仿真时繁琐的数学计算。

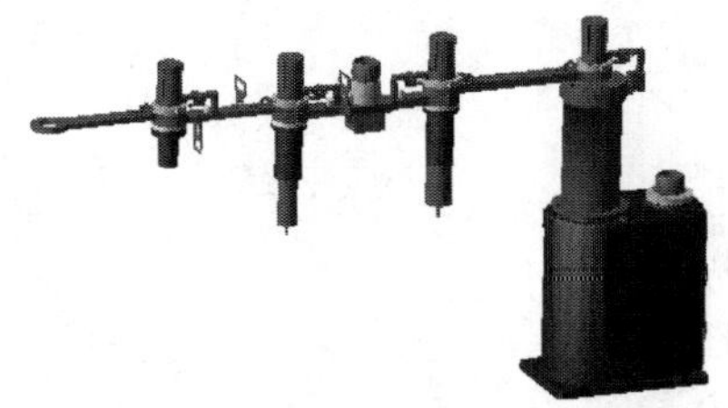

图 9　水平 4R 欠驱动机械手三维模型

三维样机模型如图 9 所示。在靠近电动机的三个转动副上添加力矩以代替电动机转矩；在最后一个转动副处不施加力矩代表自由关节。考虑各关节摩擦力对运动控制的影响，在各关节处添加阻尼器，采用黏性摩擦，数学模型如式(3)所示：

$$f = \mu \cdot \dot{\theta} \tag{3}$$

式中，f 为摩擦力矩，μ 为黏性摩擦因数，$\dot{\theta}$ 为关节角速度。

三维模型的相关参数和试验装置保持一致。m_1、m_2、m_3、m_4 分别为 1.20kg、0.81kg、0.78kg、0.51kg；m_{c1}、m_{c2}、m_{c3}、m_{c4} 分别为 0.25kg、0.25kg、0.20kg、0.20kg；l_1、l_2、l_3 和 l_4 分别为 250mm、250mm、200mm、200mm；μ_1、μ_2、μ_3、μ_4 分别为 0.25、0.24、0.24、0.18。

控制任务按一般性原则选取。不妨设定各关节角初始角度为：$\theta_1 = -56^\circ, \theta_2 = 0^\circ$，$\theta_3 = 90^\circ$，$\theta_4 = -105^\circ$。控制目标为：末杆近端点跟踪直线 x= 596mm，末杆目标姿态 $\theta = -56^\circ$。联合仿真的控制系统框图如图 10 所示。

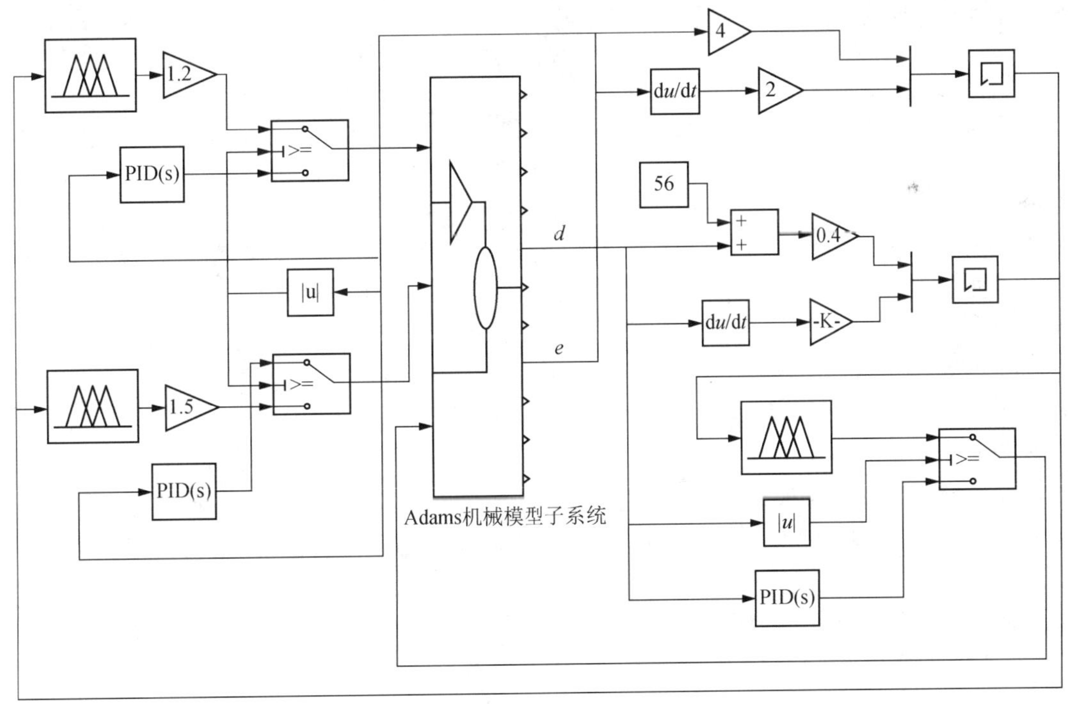

图 10　MATLAB/Simulink 控制系统框图

利用 MATLAB 模糊控制工具箱设定输入输出变量的隶属度函数及模糊控制规则，然后在 Simulink 中调用各模糊控制相对应的 fis 文件以完成模糊控制算法。仿真结果如图 11～图 13 所示。从图中可以看出大约 4 s 后系统趋于平稳，取 4～24 s 为误差统计区间，此阶段仿真误差值统计结果如表 5 所示。

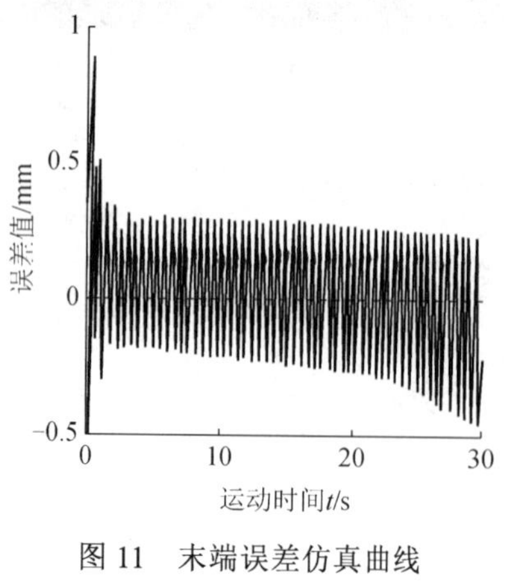

图 11　末端误差仿真曲线

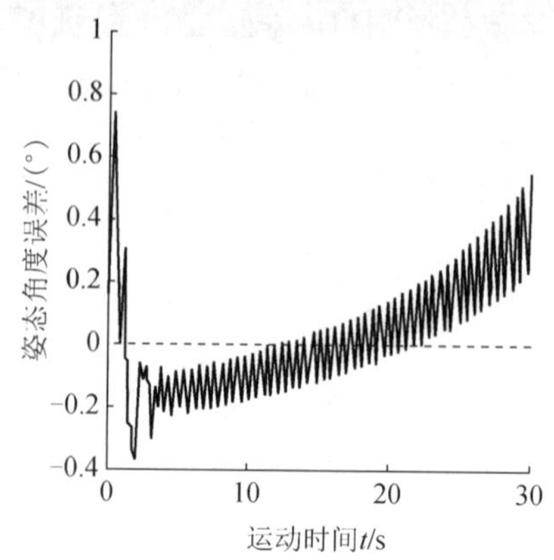

图 12　末杆姿态偏差仿真曲线

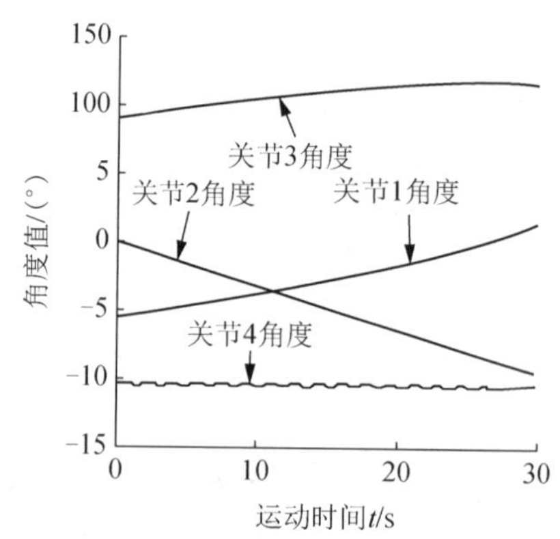

图 13　各关节角度仿真曲线

表 5　仿真误差值统计(4~24s)

	误差区间	误差平均值	标准差	最大相对误差
末端点	(−0.26mm，0.45mm)	0.01mm	0.16	0.08%
姿态	(−0.26°，0.52°)	0.02°	0.21	0.92%

由图 11 可以看出，约在 4 s 之后末端轨迹跟踪误差开始趋于稳定，在期望值附近做微小振荡，振幅小于 0.5mm。从表 4 可以看出，末端偏差与期望位置距原点的距离相比，最大相对误差为 0.08%，绝对误差区间为(−0.26mm, 0.45mm)，说明控制器能很好地完成对 4 自由度欠驱动机械臂末端的轨迹跟踪控制，克服了姿态调控过程中对其产生的干扰。

由图 12 可以看出，末杆姿态误差呈高频低幅趋势变化，误差绝对值在 1° 以内。从表 4 可以看出，姿态角度与目标姿态角度相比，最大相对误差为 0.92%，绝对误差区间为(−0.26°, 0.52°)，说明姿态控制器具有较好的控制精度。姿态误差有增大趋势，这主要是由于主动关节的基本控制转矩 τ_0 对末杆产生使其姿态角度增大的耦合作用，而姿态控制器在轨迹跟踪控制器的干扰下调控能力相对较弱。

位姿控制过程中，整体相对误差小于 1%，达到了一定精度。由于轨迹跟踪控制和姿态控制相互影响，说明该控制算法具有较强的抗干扰能力。仿真过程的参数设置和仿真结果对试验具有指导意义。

4. 试验研究

4.1　试验装置和控制系统

所用到的 4R 欠驱动机器人试验系统为“PC+运控器+伺服电动机”的开放式结构。试验平台如图 14 所示。主要由机械结构和电器控制两部分组成。机械结构部分主要由 4 自由度的串联机械臂组成，主动关节 1、2、3 选用 Maxon 无刷直流伺服电动机和行星式减速器，末端关节无驱动，但安装有电磁离合器。电磁离合器只作保持末杆初始角度之用，运动控制过程开始后，离合器立即释放，第 4 关节完全自由。每个关节上都配有一个高精度增量式光电编码器(初始为 10000P/R，细分后为 40000P/R)，用以实时检测各关节角度。杆上均装有限位开关，防止运动碰撞。机器人的结构参数如表 3 所示。

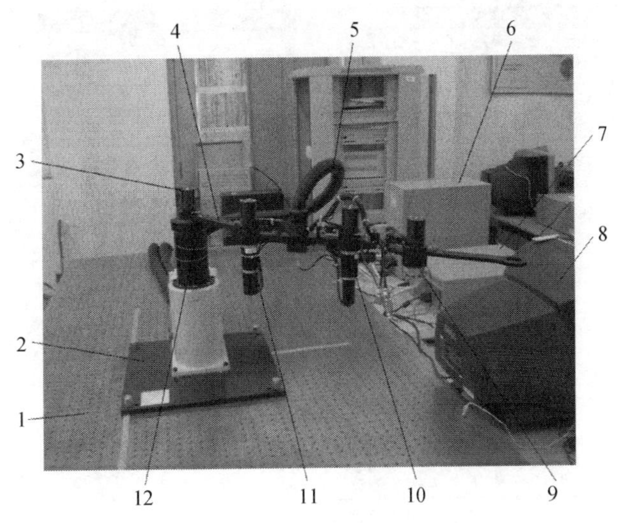

图 14　4R 欠驱动机器人试验系统

1.实验平台；2.基座；3.编码器；4.连杆；5.浪纹管；6.控制柜；7.电脑主机；8.彩色显示器；9.电磁离合器；10.第 3 关节伺服电动机；11.第 2 关节伺服电动机；12.第 1 关节伺服电动机

控制系统框图如图 15 所示。电气控制部分采用固高科技的 GT-400-SV 系列伺服运动控制器。该运控器采用基于 DSP 与 FPGA 的结构，提供高性能的控制与计算能力，可以同步控制 4 个运动轴以实现多轴协调运动。利用系统提供的 C 语言库函数库和 Windows 动态链接库可以实现复杂的运动控制任务。

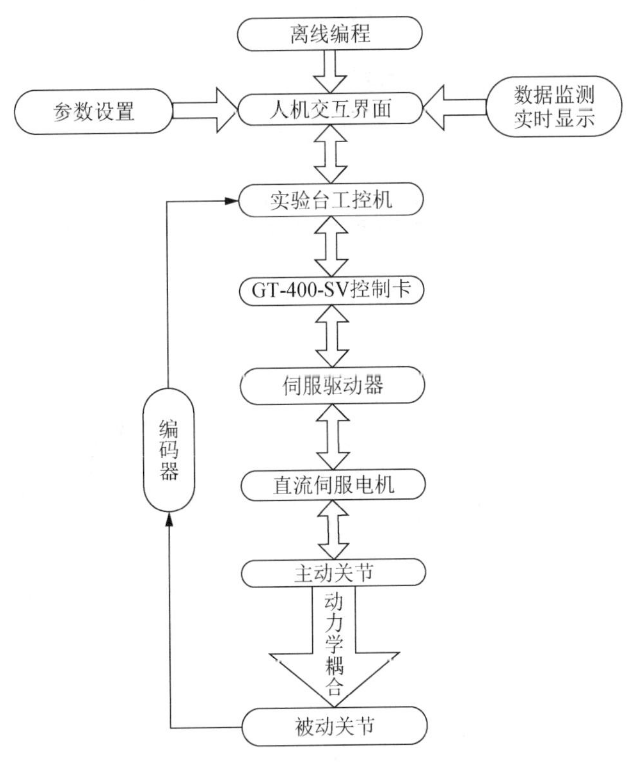

图 15　试验控制系统框图

4.2　试验及结果分析

利用 Visual C++6.0 开发了试验控制软件，可以通过界面进行参数设置和试验结果数据的保存和数据曲线的实时显示,其界面如图 16 所示。该软件通过调用 GT-400SV 卡提供的动态链接库，实时与 GT-400SV 卡进行数据交换，实现各种试验控制指令。

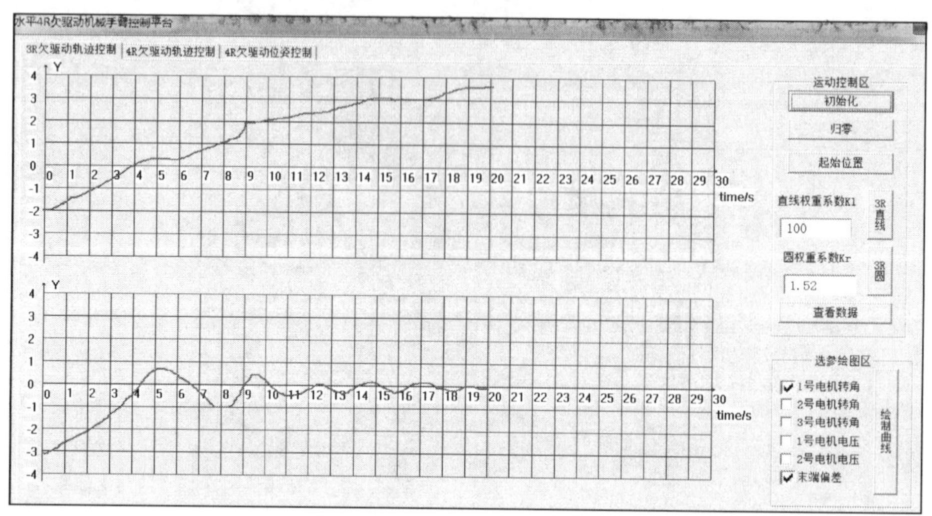

图 16　运动控制系统软件界面

本试验利用 engine 模块在 VC++6.0 环境下调用 MATLAB 模糊控制箱实现模糊控制算法。系统初始化后，设定电动机为力矩控制模式。由于采用的是增量式编码器，所以首先对机器人进行机构回零操作。之后设定各关节的初始角度为：$\theta_1=-56°$，$\theta_2=0°$，$\theta_3=90°$，$\theta_4=-105°$。

试验结果曲线如图 17～图 20 所示，表 6 为 4～24s 的试验数据统计结果。从图 17、图 18 可以看出，在试验的前 4s，各项误差指标波动幅度较大；4s 之后，末端点误差和末杆姿态角度开始稳定在零附近。由于调控过程中，姿态控制和轨迹跟踪相互影响和作用，说明该控制器具有较好的动态性能和抗干扰能力。

表 6　试验误差值统计(4~24s)

	误差区间	误差平均值	标准差	最大相对误差
末端点	(−2.21mm, 1.66mm)	−0.11mm	0.64	0.39%
姿态	(−2.36°, 1.98°)	−0.21°	0.82	4.2%

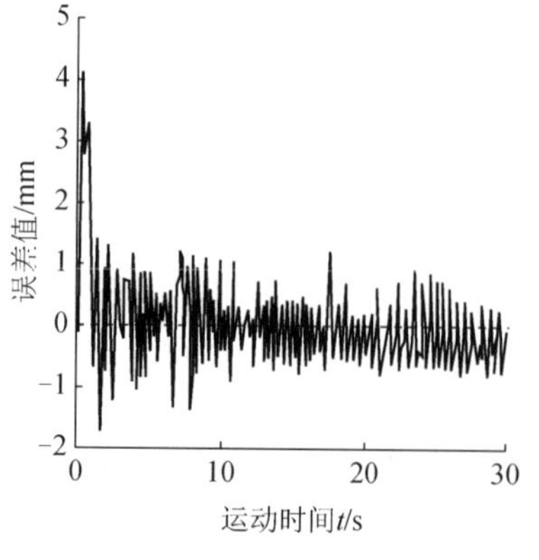

图 17　末端误差试验曲线

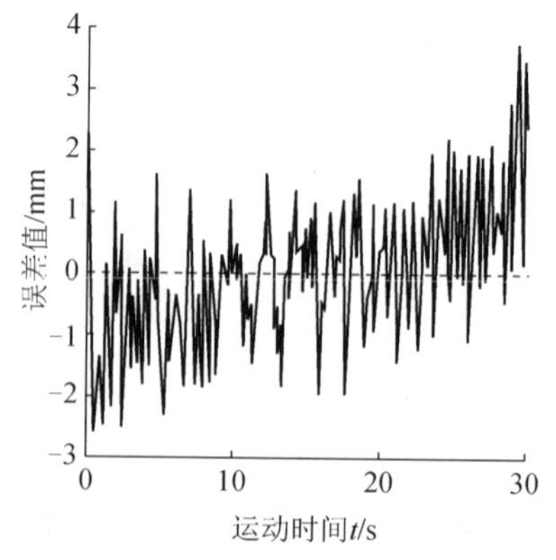

图 18　末杆姿态偏差试验曲线

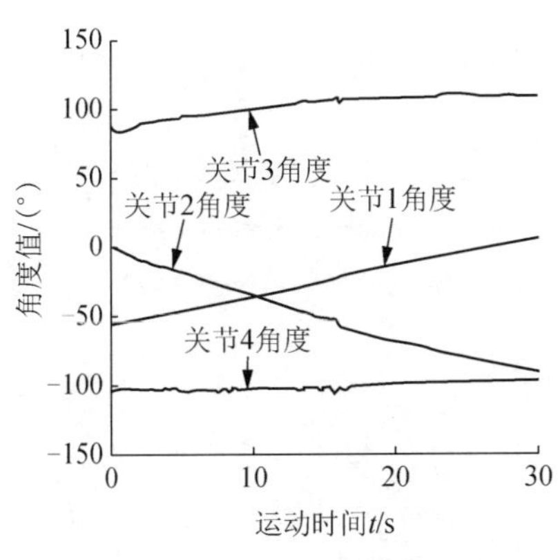

图 19　各关节角度试验曲线

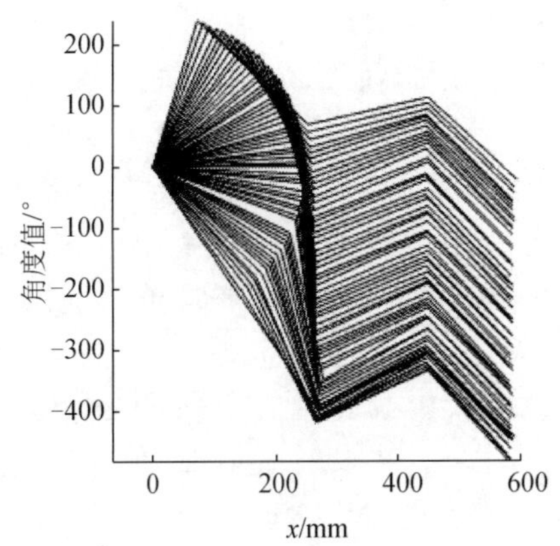

图 20　位姿控制试验结果

从表 6 可以看出，与期望值相比，在操作空间中机器人的末端位置误差为(−2.21mm, 1.66mm)，与期望位置距原点的距离相比，最大相对误差仅为 0.39%，位置控制精度很高；末杆姿态误差为(−2.36°, 1.98°)，与期望角度相比，最大相对误差为 4.2%。总体上看，试验较好地实现了对 4R 欠驱动机械手的位姿控制，验证了理论方法的有效性和可靠性。

对试验结果和仿真结果进行对比分析。从图 11 和图 17 可以看出，二者的末端误差曲线最终都是稳定在零附近做小幅波动。从图 12 与图 18 可以看出，二者的末杆姿态偏差曲线整体都是呈上升趋势，这是主动关节 1 的基础运行力矩对末杆产生使姿态角度增大的耦合作用，而姿态控制器调节能力不足。从图 13 和图 19 可以看出，二者的各关节角度曲线基本吻合。以上结果表明，在相同控制原理和策略下，试验和仿真结果的末端误差曲线、末杆姿态偏差曲线以及各关节角度曲线趋势相似，相互验证了仿真和试验控制器的正确性。

从图 11 和图 17 的对比可以看出，仿真曲线中的末端误差的振动频率明显大于试验曲线。这主要是由于试验控制系统的延时性所导致，也将影响末端轨迹跟踪的控制精度。从表 5 和表 6 对比可以看出，试验结果中的末端误差在区间为(−2.21mm, 1.66mm)，较仿真结果中的末端误差区间(−0.26mm, 0.45mm)大，但是考虑到试验平台的结构误差、杆件的水平度等客观因素，此结果已经达到了较高的水平。

5. 结论

(1) 从智能控制角度出发，提出了双模态模糊 PID 控制方法，设计了复合控制器，从仿真和试验两个层面，首次实现了水平运动 4 自由度欠驱动机器人位置与姿态的同时控制，达到了较高精度。

(2) 控制任务选取遵循一般性原则，所设计的控制器具有通用性，可以用来进行圆弧等其他曲线及姿态的控制，具有参数调节简单、方便等优点。

参考文献：

[1] 陈炜，余跃庆，张绪平. 欠驱动机器人研究综述. 机械设计与研究，2005, 21(4): 22-26

[2] Spong M. Underactuated Mechanical Systems. Berlin：Springer，1998

[3] Bergerman M, Yangsheng X. Robust control of underactuated manipulators: analysis and implementation // Systems, Man, and Cybernetics, 1994. Humans, Information and Technology, 1994 IEEE International Conference on, October 2-5, 1994, San Antonio, Texas, 1994:925-930

[4] Jain A, Rodriguez G. An analysis of the kinematics and dynamics of underactuated manipulators. Robotics and Automation, IEEE Transactions on. 1993, 9(4): 411-422

[5] 何广平，陆震，王凤翔. 欠驱动余度机械臂的非完整冗余特征研究. 宇航学报, 2005, 26(2): 143-147

[6] Brockett R W. Asymptotic Stability and Feedback Stabilization, Differential Geometric Control Theory. New York:

Birkauser: 1983: 181-191

[7] Bergerman M, Lee C, Yangsheng X. Dynamic coupling of underactuated manipulators. //Proceedings of the 4th IEEE Conference on Control Applications, September 28-29, 1995, Albany, New York, 1995 (1): 500-505

[8] 何广平，陆震，王凤翔. 被动冗余度空间机器人运动学综合. 机器人, 2000, 22(6): 439-445

[9] Mahindrakar A D, Banavar R N. Controllability properties of a planar 3R underactuated manipulator. // Proceedings of the International Conference on Control Applications, Glasgow, United kingdom, 2002, (1): 489- 494

[10] Arai H, Tanie K, Shiroma N. Nonholonomic control of a three-DOF planar underactuated manipulator. Robotics and Automation, IEEE Transactions on, 1998, 14(5): 681-695

[11] 何广平，杨泽勇，范春辉. 欠驱动冗余度机械臂的动态自重构. 机械工程学报, 2005(4): 158-162

[12] 陈炜，余跃庆，张绪平. 2R 欠驱动柔性机器人的动力学建模与耦合特性. 机械工程学报, 2006(06): 16-23

[13] 刘庆波，余跃庆，苏丽颖. 欠驱动机器人最优运动轨迹生成与跟踪控制. 机械工程学报, 2009(12): 15-21

[14] 方道星，余跃庆，陈炜. 基于模糊控制的 2R 欠驱动机器人位置控制. 机械工程学报, 2008(1): 144-149

[15] 张雨，余跃庆. 欠驱动机械臂多轴耦合控制轨迹跟踪实验. 机械设计与研究, 2014, 30(3): 34-37

[16] 诸静. 模糊控制原理与应用. 北京: 机械工业出版社, 2003

（原载《机械工程学报》，2015，51(6)：45-53）

§98　欠驱动柔性机器人的动力学建模与耦合特性

陈炜　余跃庆　张绪平　苏丽颖

（北京工业大学，北京　100022）

摘　要：运用有限元方法，建立了具有柔性杆的欠驱动机器人的动力学一般模型。以此模型为基础，分析了系统的主动与被动关节的加速度耦合和被动关节与驱动力矩的动力学耦合效应，并针对欠驱动柔性机器人，提出了柔性杆弹性变形分别与主动关节、被动关节动力学耦合的新指标。将欠驱动柔性机器人的被动关节加速度耦合和力矩耦合仿真结果与刚性系统相比较，在某个驱动器位置，柔性系统得到较大的耦合值，说明此时柔性系统更加有利于能量的传递，体现了杆件的弹性变形对系统动力学特性的影响。同时，数值仿真还表明这些动力学耦合指标对欠驱动机器人的结构设计、位形设计、驱动装置位置及系统控制都具有重要意义。

关键词：欠驱动机器人；柔性；动力学；建模；耦合

1. 引言

欠驱动机器人是指独立控制输入少于系统自由度的机器人[1]，对欠驱动机械臂而言，则指某个或某些关节不具有驱动装置，即关节是被动的，也称自由的[2]。

欠驱动机器人由于驱动器的减少，具有质量轻、成本低和能耗低等众多优点，因此，吸引了大批学者的关注，成为机器人研究领域的新热点。例如，Martínez 等[3]分析了欠驱动非线性系统的动力学和控制问题。De Luca 等[4]研究了欠驱动机器人系统的小范围局部可控性问题。Arai 等[5]运用反馈控制策略实现对平面欠驱动 3R 机器人的位置控制。Bullo 等[6]研究了欠驱动系统的局部指数稳定性。这些成果大都侧重于欠驱动机器人的控制方面，而控制策略的提出往往依赖于对系统动力学特性的深入分析。Bergerman 等[7]首次对欠驱动刚性机器人的动力学耦合进行了详细的讨论，提出了主、被动关节动力学耦合的量化指标，说明动力学耦合不但可以对欠驱动机械臂的设计提供理论依据，而且对驱动器的位形安排及控制策略的提出等都有很重要的价值意义。在文献[8]中，他利用 3-DOF 机器人的冗余度，通过主、被动关节的耦合作用实现对被动关节的最优控制。何广平等[9]分析了具有冗余度的欠驱动机器人的主、被动关节之间的运动学耦合，得到了可用于运动学规划的耦合指标，并研究了此机器人的运动学奇异问题。

目前开展的绝大部分研究都是以欠驱动刚性机器人为研究对象，然而，随着对现代机械的高速、高精度、重载和轻量化等要求的提出，机器人零部件的弹性变形已经不容忽视。有关柔性机器人的运动学、动力学和控制策略的研究在全驱动机器人方面已经取得了令人满意的成果，但关于欠驱动柔性机器人的研究还未展开。

这里首次运用有限元方法，得到较为完善的具有若干被动关节，并考虑机器人杆件变形的多杆平面机器人的一般模型。以此模型为基础，分析了欠驱动柔性机器人的多种动力学耦合效应，最后给出的仿真算例表明这些动力学耦合在机器人结构设计、位形设计及系统控制中具有重要意义，并进一步说明杆件的柔性变形对各种耦合指标的影响。

2. 动力学模型

柔性机器人的建模方法有很多，如集中参数法、有限元法和假设模态法等。采用有限元法建立欠驱动柔性机器人的动力学模型，此方法是把无限个自由度的连续体理想化为有限个自由度的单元集合体，使问题简化为适合数值解法的结构性问题。

为了便于说明，以水平欠驱动机器人为研究对象，其中 n 个转动关节中有 $m\,(m<n)$ 个主动关节，$n-m$ 个被动关节，如图 1 所示，填充黑色的表示主动关节，未填充的表示被动关节。

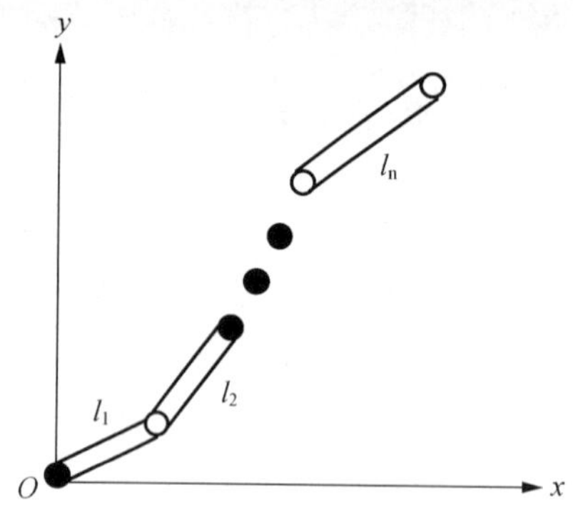

图 1　平面欠驱动机器人示意图

2.1　柔性梁单元的动能和势能

采用有限元方法建立柔性机器人动力学模型时，首先将系统划分为若干单元，这里欠驱动机械臂可以看成是由柔性梁单元构成的系统[10]，梁单元用于描述臂的弹性变形。对图 1 所示的系统进行单元划分，设第 i 杆有 n_i 个单元，系统总单元数为 n_e。

下面分别计算柔性梁单元的动能和势能，其中它的动能包括梁单元的动能、杆两端集中质量的动能。为了得到以上各动能，首先需要确定梁单元上任意一点的速度[10]。

假设柔性梁单元是等断面的，单元上任一点的轴向和横向变形分别用线性插值和五次埃尔米特插值多项式表示为

$$V = \boldsymbol{\phi}_x^{\mathrm{T}} \boldsymbol{u} \quad W = \boldsymbol{\phi}_y^{\mathrm{T}} \boldsymbol{u} \tag{1}$$

式中，$\boldsymbol{\phi}_x^{\mathrm{T}}, \boldsymbol{\phi}_y^{\mathrm{T}}$ 为型函数，是位置的函数；$\boldsymbol{u}$ 为单元广义坐标列阵，描述了梁单元在两端结点处的轴向变形、横向变形、弹性转角和弹性变形曲率；$\boldsymbol{u} = \begin{bmatrix} u_1 & u_2 & \cdots & u_8 \end{bmatrix}^{\mathrm{T}}$。

这样，梁单元上任一点 c 的绝对速度表达为

$$\boldsymbol{v}_{\mathrm{c}} = (v_{\mathrm{A}x} + \dot{V} - \dot{\theta} W)\boldsymbol{i} + \left[v_{\mathrm{A}y} + \dot{W} + \dot{\theta}(x_{\mathrm{c}} + V) \right] \boldsymbol{j} \tag{2}$$

式中，$\dot{\theta}$ 为关节角速度；$\dot{W}, \dot{V}$ 为横向、轴向位移对时间的一阶导数；$\boldsymbol{i}, \boldsymbol{j}$ 为动坐标系的单位矢量；$v_{\mathrm{A}x}, v_{\mathrm{A}y}$ 为单元左端点 A 的速度在动坐标系 x 轴和 y 轴的分量。

于是，得梁单元的动能为

$$T_1 = \frac{1}{2} \rho A \int_0^l \boldsymbol{v}_{\mathrm{c}}^2 \mathrm{d}x \tag{3}$$

式中，ρ 为杆件材料密度；A 为杆件断面面积；l 为单元长度。

由于 T_1 积分得到的值已经包括梁单元中刚体的转动动能，因此梁单元断面的转动动能 T_2 只包含弹性变形引起的转动动能

$$T_2 = \frac{1}{2} \int_0^l \frac{\mathrm{d}}{\mathrm{d}t} \left(\frac{\partial W}{\partial x} \right) \mathrm{d}J_{\mathrm{c}} \tag{4}$$

式中，$\dfrac{\mathrm{d}}{\mathrm{d}t}\left(\dfrac{\partial W}{\partial x}\right)$ 为弹性转角对时间的变化率，可称为弹性变形运动的角速度；$\mathrm{d}J_{\mathrm{c}}$ 为微段 $\mathrm{d}x$ 绕自身质心转动的转动惯量；

$$\mathrm{d}J_{\mathrm{c}} = \int_F y^2 \mathrm{d}m = \int_F y^2 \rho \mathrm{d}x \mathrm{d}F = \rho I \mathrm{d}x \tag{5}$$

式中，I 为单元横断面对通过质心的轴的惯性矩。

设梁单元左右两端集中质量的动能包括平动动能和转动动能，其中单元集中质量的平动动能为

$$T_3 = \frac{1}{2} m_{\mathrm{L}} \boldsymbol{v}_{\mathrm{L}}^2 + \frac{1}{2} m_{\mathrm{R}} \boldsymbol{v}_{\mathrm{R}}^2 \tag{6}$$

式中，m_{L}、m_{R} 为单元左右两端点的集中质量；$\boldsymbol{v}_{\mathrm{L}}, \boldsymbol{v}_{\mathrm{R}}$ 为单元左右两端点的绝对速度。

单元集中质量的转动动能为

$$T_4 = \frac{1}{2} J_{\mathrm{L}} \dot{\boldsymbol{\phi}}^2(0,t) + \frac{1}{2} J_{\mathrm{R}} \dot{\boldsymbol{\phi}}^2(l,t) \tag{7}$$

式中，$\dot{\boldsymbol{\phi}}(0,t)$、$\dot{\boldsymbol{\phi}}(l,t)$ 为单元两端点的绝对角速度；$J_{\mathrm{L}}, J_{\mathrm{R}}$ 为梁单元两端点的集中转动惯量。

综上，柔性梁单元的动能就是以上各动能之和

$$T_{\mathrm{f}} = T_1 + T_2 + T_3 + T_4 \tag{8}$$

将式(3)～式(7)代入式(8)，得到考虑单元左右两端集中质量的均质等断面柔性梁单元总动能的表达式

$$\begin{aligned} T_{\mathrm{f}} = & \frac{1}{2} \rho A \left(v_{\mathrm{A}x}^2 l + v_{\mathrm{A}y}^2 l + \frac{1}{3} \dot{\theta}^2 l^3 + v_{\mathrm{A}y} \dot{\theta} l^2 \right) \\ & + \frac{1}{2} m_{\mathrm{L}} \left(v_{\mathrm{A}x}^2 + v_{\mathrm{A}y}^2 \right) + \frac{1}{2} m_{\mathrm{R}} \left(v_{\mathrm{A}x}^2 + v_{\mathrm{A}y}^2 + \dot{\theta}^2 l^2 \right) \\ & + 2 v_{\mathrm{A}y} \dot{\theta} l + \frac{1}{2} \left(J_{\mathrm{L}} + J_{\mathrm{R}} \right) \dot{\theta}^2 + \frac{1}{2} \dot{\theta} \boldsymbol{u}^{\mathrm{T}} \boldsymbol{m} \boldsymbol{u} \\ & + \frac{1}{2} \dot{\boldsymbol{u}}^{\mathrm{T}} \boldsymbol{m}_{+} \dot{\boldsymbol{u}} + \dot{\theta} \dot{\boldsymbol{u}}^{\mathrm{T}} \boldsymbol{B} \boldsymbol{u} + \boldsymbol{u}^{\mathrm{T}} \boldsymbol{Y}_{+} + \dot{\boldsymbol{u}}^{\mathrm{T}} \boldsymbol{Z}_{+} + \dot{\theta} \dot{\boldsymbol{u}}^{\mathrm{T}} Z_{\mathrm{J}} \end{aligned} \tag{9}$$

式中，

$$\boldsymbol{m} = \bar{\boldsymbol{m}} + \bar{\boldsymbol{m}}_{\mathrm{c}}$$

$$\boldsymbol{m}_{+} = \bar{\boldsymbol{m}} + \bar{\boldsymbol{m}}_{\mathrm{r}} + \bar{\boldsymbol{m}}_{\mathrm{c}} + \bar{\boldsymbol{m}}_{\mathrm{J}}$$

$$\boldsymbol{B} = \boldsymbol{b} + \boldsymbol{b}_{\mathrm{c}}$$

$$\boldsymbol{Y}_{+} = \boldsymbol{Y} + \boldsymbol{Y}_{\mathrm{c}}$$

$$\boldsymbol{Z}_{+} = \boldsymbol{Z} + \boldsymbol{Z}_{\mathrm{c}}$$

其中，$\bar{\boldsymbol{m}}$ 为单元质量矩阵，对等断面梁单元：$\bar{\boldsymbol{m}} = pA\boldsymbol{\Psi}_1$；$\bar{\boldsymbol{m}}_{\mathrm{r}}$ 为弹性变形转动动能对应的质量矩阵：$\bar{\boldsymbol{m}}_{\mathrm{r}} = pI\boldsymbol{\Psi}_2$；$\boldsymbol{\Psi}_1, \boldsymbol{\Psi}_2$ 为仅与单元长度 l 有关的矩阵；$\boldsymbol{Y}, \boldsymbol{Z}$ 为与 A 点速度 $v_{\mathrm{A}x}$ 和 $v_{\mathrm{A}y}$ 及关节角速度 $\dot{\theta}$ 有关的列阵；$\bar{\boldsymbol{m}}_{\mathrm{c}}, \boldsymbol{b}_{\mathrm{c}}, \boldsymbol{Y}_{\mathrm{c}}, \boldsymbol{Z}_{\mathrm{c}}$ 为与集中质量有关的矢量或矩阵；$\bar{\boldsymbol{m}}_{\mathrm{J}}, \boldsymbol{Z}_{\mathrm{J}}$ 为与集中转动惯量有关的矢量或矩阵。

柔性梁单元的势能包括轴向变形势能和横向弯曲变形势能，表示为

$$V_{\mathrm{f}} = \frac{1}{2} \int_0^l EI \left[W''(x,t) \right]^2 \mathrm{d}x + \frac{1}{2} \int_0^l EA \left[V'(x,t) \right]^2 \mathrm{d}x \tag{10}$$

式中，E 为材料弹性模量；$W''(x,t)$ 为任意点横向位移对 x 的二阶导数；$V'(x,t)$ 为任意点轴向位移对 x 的一阶导数。

令 $\boldsymbol{K} = EI\boldsymbol{\Omega}_1 + EA\boldsymbol{X}_1$，$\boldsymbol{\Omega}$、$\boldsymbol{X}_1$ 是仅与单元长度 l 有关的矩阵，则式(10)可以化简为

$$V_{\mathrm{f}} = \frac{1}{2} \boldsymbol{u}^{\mathrm{T}} \boldsymbol{K} \boldsymbol{u} \tag{11}$$

因此，式(9)和式(11)就是柔性梁单元的总动能和总势能表达式。

2.2　欠驱动柔性机器人动力学方程

利用上述求得的梁单元的动能和势能，可以求出各单元的运动方程。将拉格朗日方程用于弹性广义坐标列阵 $\boldsymbol{u}$，得

$$\frac{\mathrm{d}}{\mathrm{d}t}\left(\frac{\partial T_{\mathrm{f}}}{\partial \dot{\boldsymbol{u}}}\right)-\frac{\partial T_{\mathrm{f}}}{\partial \boldsymbol{u}}+\frac{\partial V_{\mathrm{f}}}{\partial \boldsymbol{u}}=\boldsymbol{f}_{\mathrm{w}}+\boldsymbol{f}_{\mathrm{n}} \tag{12}$$

将式(9)、式(13)代入式(14)中，整理得单元运动方程为

$$\boldsymbol{m}_{\mathrm{e}}\ddot{\boldsymbol{u}}+\boldsymbol{c}_{\mathrm{e}}\dot{\boldsymbol{u}}+\boldsymbol{k}_{\mathrm{e}}\boldsymbol{u}=\boldsymbol{f}_{\mathrm{w}}+\boldsymbol{f}_{\mathrm{g}}+\boldsymbol{f}_{\mathrm{n}} \tag{13}$$

式中，$\boldsymbol{m}_{\mathrm{e}}$ 为单元质量矩阵，$\boldsymbol{m}_{\mathrm{e}}\in\mathbf{R}^{8\times8}$；$\boldsymbol{c}_{\mathrm{e}}$ 为单元阻尼矩阵，$\boldsymbol{c}_{\mathrm{e}}\in\mathbf{R}^{8\times8}$；$\boldsymbol{k}_{\mathrm{e}}$ 为单元刚度矩阵，$\boldsymbol{k}_{\mathrm{e}}\in\mathbf{R}^{8\times8}$；$\boldsymbol{f}_{\mathrm{g}}$ 为单元刚性惯性力对应的广义力，$\boldsymbol{f}_{\mathrm{g}}\in\mathbf{R}^{8\times1}$；$\boldsymbol{f}_{\mathrm{n}}$ 为相邻单元相作用产生的广义力，$\boldsymbol{f}_{\mathrm{n}}\in\mathbf{R}^{8\times1}$；$\boldsymbol{f}_{\mathrm{w}}$ 为其他外载荷所产生的广义力，$\boldsymbol{f}_{\mathrm{w}}\in\mathbf{R}^{8\times1}$。

为求出系统动力学方程，需要将单元广义坐标转换到整体坐标下，进而通过协调矩阵装配成系统运动方程。由于欠驱动系统中的被动关节没有电动机驱动，看作为回转副，与它相邻的单元分属不同的杆，具有不同的弹性转角，而在被动关节结点处，梁的弹性变形曲率为零，如图 2 所示。这与通常将全驱动机器人机械臂看作悬臂梁是不同的，由此，欠驱动系统方程的协调矩阵与全驱动系统也是不同的，即使对同一欠驱动机器人，如果被动关节的选取不同，系统方程的协调矩阵也是不同的。

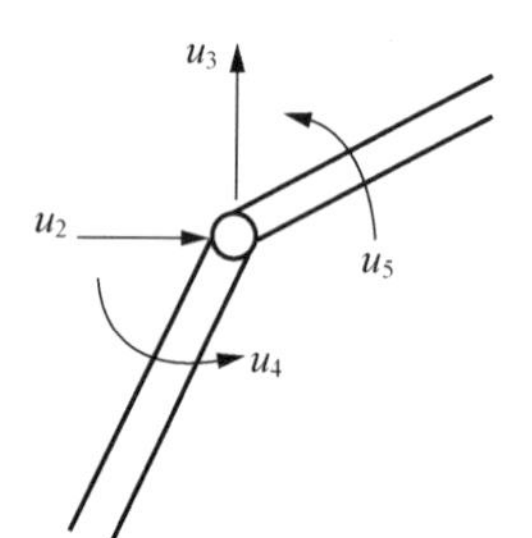

图 2　被动关节处的弹性广义坐标设置

将各个柔性梁单元的动力学方程装配起来，得到以整体广义坐标表示的系统运动方程为

$$\boldsymbol{m}'\ddot{\boldsymbol{U}}+\boldsymbol{c}\dot{\boldsymbol{U}}+\boldsymbol{k}\boldsymbol{U}=\boldsymbol{F}_{\mathrm{w}}+\boldsymbol{F}_{\mathrm{g}} \tag{14}$$

式中，$\boldsymbol{U}$ 为系统整体广义坐标列矩阵；$\boldsymbol{m}'$ 为系统质量矩阵；$\boldsymbol{c}$ 为系统阻尼矩阵；$\boldsymbol{k}$ 为系统刚度矩阵；$\boldsymbol{F}_{\mathrm{w}}$ 为与外加负载有关的系统广义矢量；$\boldsymbol{F}_{\mathrm{g}}$ 为在整体坐标系中与牵连惯性力和哥氏力相对应的广义力。

由于单元到系统的装配过程中考虑了被动关节与主动关节的区别，因此，式(16)是含有欠驱动特性的系统运动方程。

欠驱动系统的被动关节是不受驱动力的，这些关节通常利用与驱动关节的耦合作用产生运动，因此，被动关节的关节变量与各驱动关节变量密切相关。而在上述系统运动方程中，各系数矩阵 $\boldsymbol{m}'$、$\boldsymbol{c}$、$\boldsymbol{k}$ 都是各关节变量的显函数，因此，为了求得弹性变形，还需要导出关于各关节变量的动力学方程。

将各柔性梁单元的动能和势能加以集合，并将单元的速度表达式展开，注意 n 连杆机器人共有 n_{e} 个柔性梁单元，则系统的总动能为

$$T_{\mathrm{s}}=\sum_{i=1}^{n_{\mathrm{e}}}T_{\mathrm{f}} \tag{15}$$

同理，系统的总势能为

$$V_{\mathrm{s}}=\sum_{i=1}^{n_{\mathrm{e}}}V_{\mathrm{f}} \tag{16}$$

将式(17)、式(18)代入拉格朗日方程，得到以关节变量为广义坐标的动力学方程为

$$\boldsymbol{D}\ddot{\boldsymbol{q}}+\boldsymbol{S}\dot{\boldsymbol{q}}+\boldsymbol{H}+\boldsymbol{F}_{\mathrm{u}}=\boldsymbol{\tau} \tag{17}$$

$$
\begin{aligned}
\boldsymbol{F}_{\mathrm{u}}=\sum_{i=k}^{n}\Bigg\{\sum_{j=1}^{n_k}\Bigg[&\left(\sum_{h=1}^{i}\ddot{\theta}_h\right)\boldsymbol{u}_j^{\mathrm{T}}\boldsymbol{m}\boldsymbol{u}_j+2\left(\sum_{h=1}^{i}\dot{\theta}_h\right)\dot{\boldsymbol{u}}_j^{\mathrm{T}}\boldsymbol{m}\boldsymbol{u}_j\\
&+\ddot{\boldsymbol{u}}_j^{\mathrm{T}}\boldsymbol{B}\dot{\boldsymbol{u}}_j+\dot{\boldsymbol{u}}_j^{\mathrm{T}}\boldsymbol{B}\dot{\boldsymbol{u}}_j+\dot{\boldsymbol{u}}_j^{\mathrm{T}}\left(\frac{\partial \boldsymbol{Y}_{+j}}{\partial\dot{\theta}_k}\right)+\boldsymbol{u}_j^{\mathrm{T}}\frac{\mathrm{d}}{\mathrm{d}t}\left(\frac{\partial \boldsymbol{Y}_{+j}}{\partial\dot{\theta}_k}\right)\\
&+\ddot{\boldsymbol{u}}_j^{\mathrm{T}}\left(\frac{\partial \boldsymbol{Z}_{+j}}{\partial\dot{\theta}_k}\right)+\dot{\boldsymbol{u}}_j^{\mathrm{T}}\frac{\mathrm{d}}{\mathrm{d}t}\left(\frac{\partial \boldsymbol{Z}_{+j}}{\partial\dot{\theta}_k}\right)\\
&+\ddot{\boldsymbol{u}}_j^{\mathrm{T}}\boldsymbol{Z}_{1j}-\boldsymbol{u}_j^{\mathrm{T}}\left(\frac{\partial \boldsymbol{Y}_{+j}}{\partial\theta_k}\right)-\dot{\boldsymbol{u}}_j^{\mathrm{T}}\left(\frac{\partial \boldsymbol{Z}_{+j}}{\partial\theta_k}\right)\Bigg]\Bigg\}
\end{aligned}
\tag{18}
$$

式中，n_k 为第 k 杆的单元个数；$\boldsymbol{D}$ 为惯性矩阵；$\boldsymbol{S}\dot{\boldsymbol{q}}+\boldsymbol{H}$ 为科氏力及离心力项；$\boldsymbol{F}_{\mathrm{u}}$ 为刚柔耦合影响项列阵；$\boldsymbol{q}$ 为含被动关节的关节变量矩阵，$\boldsymbol{q}=\begin{bmatrix}q_1 & q_2 & \cdots & q_n\end{bmatrix}^{\mathrm{T}}$；$\boldsymbol{\tau}$ 为关节的驱动力矩阵，其中被动关节的驱动力矩为零；$\boldsymbol{\tau}=\begin{bmatrix}\tau_1 & \tau_2 & \cdots & \tau_n\end{bmatrix}^{\mathrm{T}}$。

将动力学模型式(19)中的驱动关节和欠驱动关节变量分离，$\boldsymbol{q}=\begin{bmatrix}\boldsymbol{q}_{\mathrm{a}} & \boldsymbol{q}_{\mathrm{p}}\end{bmatrix}^{\mathrm{T}}$，$\boldsymbol{\tau}=\begin{bmatrix}\boldsymbol{\tau}_{\mathrm{a}} & \boldsymbol{\tau}_{\mathrm{p}}\end{bmatrix}^{\mathrm{T}}$，其中 $\boldsymbol{q}_{\mathrm{a}}\in\mathbf{R}^{m\times1}$，$\boldsymbol{q}_{\mathrm{p}}\in\mathbf{R}^{(n-m)\times1}$ 分别为主、被动关节变量，$\boldsymbol{\tau}_{\mathrm{a}}\in\mathbf{R}^{m\times1}$，$\boldsymbol{\tau}_{\mathrm{p}}\in\mathbf{R}^{(n-m)\times1}$ 分别为主、被动关节驱动力矩，且 $\boldsymbol{\tau}_{\mathrm{p}}=\begin{bmatrix}0 & 0 & \cdots & 0\end{bmatrix}^{\mathrm{T}}$。这样，式(19)可表达为

$$
\begin{pmatrix}\boldsymbol{D}_{\mathrm{aa}} & \boldsymbol{D}_{\mathrm{ap}}\\ \boldsymbol{D}_{\mathrm{pa}} & \boldsymbol{D}_{\mathrm{pp}}\end{pmatrix}\begin{bmatrix}\ddot{\boldsymbol{q}}_{\mathrm{a}}\\ \ddot{\boldsymbol{q}}_{\mathrm{p}}\end{bmatrix}+\begin{bmatrix}\boldsymbol{F}_{\mathrm{ca}}\\ \boldsymbol{F}_{\mathrm{cp}}\end{bmatrix}+\begin{bmatrix}\boldsymbol{F}_{\mathrm{ua}}\\ \boldsymbol{F}_{\mathrm{up}}\end{bmatrix}=\begin{bmatrix}\boldsymbol{\tau}_{\mathrm{a}}\\ \boldsymbol{\tau}_{\mathrm{p}}\end{bmatrix}
\tag{19}
$$

式(21)即是以关节变量为广义坐标的具有柔性杆的系统动力学方程，其中 $\boldsymbol{D}=\begin{pmatrix}\boldsymbol{D}_{\mathrm{aa}} & \boldsymbol{D}_{\mathrm{ap}}\\ \boldsymbol{D}_{\mathrm{pa}} & \boldsymbol{D}_{\mathrm{pp}}\end{pmatrix}$ 为惯性矩阵，具有对称特性，是 $\boldsymbol{q}$ 的函数；$\boldsymbol{S}\dot{\boldsymbol{q}}+\boldsymbol{H}=\begin{bmatrix}\boldsymbol{F}_{\mathrm{ca}}\\ \boldsymbol{F}_{\mathrm{cp}}\end{bmatrix}$ 包括哥氏力和离心力等，$\boldsymbol{F}_{\mathrm{u}}=\begin{bmatrix}\boldsymbol{F}_{\mathrm{ua}}\\ \boldsymbol{F}_{\mathrm{up}}\end{bmatrix}$ 为刚柔耦合影响项列阵，它们都是 $\boldsymbol{q}$ 和 $\dot{\boldsymbol{q}}$ 的函数。

综上所述，具有柔性杆件的欠驱动机器人的动力学模型即为式(16)和式(19)或式(21)的组合。虽然，此模型与欠驱动刚性机器人的模型形式类似，但是，它描述了欠驱动柔性机器人的欠驱动特性，体现了弹性变形与关节变量之间的耦合关系，同时式(21)还表现出主被动关节之间的相互关系，因此，欠驱动柔性机器人的动力学模型比欠驱动刚性机器人和全驱动柔性机器人都复杂得多。

3. 动力学耦合特性分析

由上述分析可知，欠驱动柔性机器人的动力学模型是高度复杂的非线性微分方程组，式(21)中被动关节的驱动力矩为零，其加速度受到二阶非完整约束，要得到系统动态响应的解析解是根本不可能的。一般而言，缺少驱动装置的系统是无法正常工作的，目前，已取得的欠驱动刚性机器人的研究成果都是通过有效的控制或人为施加约束使被动关节运动。但是，欠驱动机器人在控制策略上却与全驱动系统大相径庭，许多全驱动机器人的典型控制方法对欠驱动系统却不再适用。这是因为，全驱动机器人的雅可比矩阵从笛卡儿空间向关节空间映射时依赖于运动学参数，而欠驱动机器人则依赖于动力学参数。目前，最常用的控制方法就是利用主被动关节之间的动力学耦合作用间接驱动被动关节。由此可见，深入地研究系统动力学特性对开发适用于欠驱动机器人的控制方法具有重要意义。

这里研究的欠驱动柔性机械臂综合了欠驱动机器人和柔性机器人两方面特点，详细的动力学特性分析显得更加必要。首先，结合式(16)、式(21)，将系统的广义坐标统一写成 $\boldsymbol{q}=\begin{bmatrix}\boldsymbol{q}_{\mathrm{a}} & \boldsymbol{q}_{\mathrm{p}} & \boldsymbol{q}_{\mathrm{f}}\end{bmatrix}^{\mathrm{T}}$，$\boldsymbol{q}_{\mathrm{f}}$ 为包含所有单元弹性广义坐标的列阵，这样，考虑杆件柔性的欠驱动机器人的动力学模型可以表达

为

$$\begin{pmatrix} \boldsymbol{D}_{\mathrm{aa}} & \boldsymbol{D}_{\mathrm{ap}} & \boldsymbol{D}_{\mathrm{af}} \\ \boldsymbol{D}_{\mathrm{pa}} & \boldsymbol{D}_{\mathrm{pp}} & \boldsymbol{D}_{\mathrm{pf}} \\ \boldsymbol{D}_{\mathrm{fa}} & \boldsymbol{D}_{\mathrm{fp}} & \boldsymbol{D}_{\mathrm{ff}} \end{pmatrix} \begin{bmatrix} \ddot{\boldsymbol{q}}_{\mathrm{a}} \\ \ddot{\boldsymbol{q}}_{\mathrm{p}} \\ \ddot{\boldsymbol{q}}_{\mathrm{f}} \end{bmatrix} + \begin{bmatrix} \boldsymbol{b}_{\mathrm{a}} \\ \boldsymbol{b}_{\mathrm{p}} \\ \boldsymbol{b}_{\mathrm{f}} \end{bmatrix} = \begin{bmatrix} \boldsymbol{\tau}_{\mathrm{a}} \\ \boldsymbol{\tau}_{\mathrm{p}} \\ \boldsymbol{F}_{\mathrm{f}} \end{bmatrix} \tag{20}$$

主动关节维数为 m，被动关节维数为 $n-m$，弹性广义坐标的维数为 r。注意式(20)的惯性矩阵 $\boldsymbol{D}$ 已经与式(21)中的不同，矩阵 $\boldsymbol{D}$ 的各元素是 $\boldsymbol{q}_{\mathrm{a}}$、$\boldsymbol{q}_{\mathrm{p}}$ 和 $\boldsymbol{q}_{\mathrm{f}}$ 的函数，矩阵仍具有对称特性。

3.1 主动关节和被动关节之间的耦合

欠驱动柔性机器人的模型与欠驱动刚性机器人相似，其被动关节也需要通过与主动关节的动力学耦合间接获得驱动，因此，这种耦合规律对系统控制策略的提出非常重要。这里，借鉴欠驱动刚性机器人动力学耦合分析方法[7,11]，在此基础上深入分析欠驱动柔性机器人的动力学特性，讨论各种耦合情况，及其杆件柔性变形对系统的影响。

由于弹性变形很小，因此忽略弹性变形对惯性矩阵的影响，认为 $\boldsymbol{D}(\boldsymbol{q})=\boldsymbol{D}(\boldsymbol{q}_{\mathrm{r}})$，下标 r 指刚性关节角。由式(20)的第二行

$$\boldsymbol{D}_{\mathrm{pa}}\ddot{\boldsymbol{q}}_{\mathrm{a}} + \boldsymbol{D}_{\mathrm{pp}}\ddot{\boldsymbol{q}}_{\mathrm{p}} + \boldsymbol{D}_{\mathrm{pf}}\ddot{\boldsymbol{q}}_{\mathrm{f}} + \boldsymbol{b}_{\mathrm{p}} = 0 \tag{21}$$

由于 $\boldsymbol{D}_{\mathrm{pp}}$ 总是正定的[8]，则

$$\ddot{\boldsymbol{q}}_{\mathrm{p}} = -\boldsymbol{D}_{\mathrm{pp}}^{-1}\boldsymbol{D}_{\mathrm{pa}}\ddot{\boldsymbol{q}}_{\mathrm{a}} - \boldsymbol{D}_{\mathrm{pp}}^{-1}\boldsymbol{D}_{\mathrm{pf}}\ddot{\boldsymbol{q}}_{\mathrm{f}} - \boldsymbol{D}_{\mathrm{pp}}^{-1}\boldsymbol{b}_{\mathrm{p}} \tag{22}$$

令

$$\tilde{\ddot{\boldsymbol{q}}}_{\mathrm{p}} = -\boldsymbol{D}_{\mathrm{pp}}^{-1}\boldsymbol{D}_{\mathrm{pa}}\ddot{\boldsymbol{q}}_{\mathrm{a}} = \boldsymbol{D}_{\mathrm{c}}\ddot{\boldsymbol{q}}_{\mathrm{a}} \tag{23}$$

这里的 $\boldsymbol{D}_{\mathrm{c}}\left[(n-m)\times m\right]$ 能唯一表达主动、被动关节之间的关系。假设 $m \geqslant n-m$，定义

$$\lambda_{\mathrm{c}} = \prod_{i=1}^{\min[m,(n-m)]} \sigma_i \tag{24}$$

为欠驱动柔性机械臂的耦合指标，σ_i 为矩阵 $\boldsymbol{D}_{\mathrm{c}}$ 的奇异值。λ_{c} 描述了主被动关节的加速度耦合量化关系，它可以用作驱动器、机器人位形及机器人结构参数的设计工具，并且为欠驱动机器人系统的实时控制提供理论依据。尽管欠驱动柔性机器人与刚性机器人的模型形式相近，但是，这里的惯性矩阵 $\boldsymbol{D}$ 却是完全不同的，因此，得到的耦合指数 λ_{c} 也是不同的。

(1) 单关节耦合指标。将式(24)写成如下形式

$$\tilde{\ddot{\boldsymbol{q}}}_{\mathrm{p}_i} = \boldsymbol{D}_{\mathrm{c}_{i,1}}\ddot{\boldsymbol{q}}_{\mathrm{a}_1} + \cdots + \boldsymbol{D}_{\mathrm{c}_{i,m}}\ddot{\boldsymbol{q}}_{\mathrm{a}_m} \tag{25}$$

式(27)单独考虑第 i 个被动关节与第 j 个主动关节之间的耦合关系，令

$$\lambda_{\mathrm{c}_{i,j}} = \left|\boldsymbol{D}_{\mathrm{c}_{i,j}}\right| \tag{26}$$

对第 i 个被动关节来说，$\lambda_{\mathrm{c}_{i,j}}$ 越大表示它与第 j 个主动关节的动力学耦合越大。单关节耦合指标可以决定用哪个主动关节来驱动被动关节。由于 $\lambda_{\mathrm{c}_{i,j}}$ 只能局部度量某个关节耦合效应，并且都是关节变量的函数，相互间很难比较大小，因此，有必要提出全局意义的耦合指标。

(2) 全局耦合指标。全局耦合指标是用来度量关节空间所有点的关节之间的耦合关系。它的定义如下

$$\lambda_{\mathrm{c}}^{\mathrm{g}} = \frac{\int_{\Theta}\lambda_{\mathrm{c}}^{2}\mathrm{d}\Theta}{\int_{\Theta}\mathrm{d}\Theta} \tag{27}$$

式中，Θ 为机器人的整个关节空间，分母表示关节空间的容积[12]。在机器人某一特定位形，全局耦

合指标越大表明主动关节越容易驱动被动关节。λ_c^g 不但关心全部关节空间的耦合，而且考虑了关节间的局部耦合。全局耦合指标 λ_c^g 可以用作设计和规划操作臂路径的工具，并可以用作优化机器人结构参数的设计工具，如设计某杆件的长度满足全局耦合指标最大。

(3) 被动关节与主动关节驱动力矩之间的耦合。由式(22)的第一行，得

$$\ddot{\boldsymbol{q}}_{\mathrm{a}} = \boldsymbol{D}_{\mathrm{aa}}^{-1}(\boldsymbol{\tau}_{\mathrm{a}} - \boldsymbol{D}_{\mathrm{ap}}\ddot{\boldsymbol{q}}_{\mathrm{p}} - \boldsymbol{D}_{\mathrm{af}}\ddot{\boldsymbol{q}}_{\mathrm{f}} - \boldsymbol{b}_{\mathrm{a}}) \tag{28}$$

将此结果代入式(22)第二行，有

$$\hat{\ddot{\boldsymbol{q}}}_{\mathrm{p}} = -\boldsymbol{T}_{\mathrm{pp}}\boldsymbol{D}_{\mathrm{pa}}\boldsymbol{D}_{\mathrm{aa}}^{-1}\boldsymbol{\tau}_{\mathrm{a}} = \boldsymbol{T}_{\mathrm{pa}}\boldsymbol{\tau}_{\mathrm{a}} \tag{29}$$

式中，$\boldsymbol{T}_{\mathrm{pp}} = \left[\boldsymbol{D}_{\mathrm{pp}} - \boldsymbol{D}_{\mathrm{pa}}\boldsymbol{D}_{\mathrm{aa}}^{-1}\boldsymbol{D}_{\mathrm{ap}}\right]^{-1}$。仍然用 $\boldsymbol{T}_{\mathrm{pa}}$ 的奇异值来表示被动关节与驱动力矩之间的耦合，则

$$\lambda_{\tau} = \prod_{i=1}^{\min[m,(n-m)]} \sigma_i\left(\boldsymbol{T}_{\mathrm{pa}}\right) \tag{30}$$

λ_{τ} 从另一个角度描述了主动、被动关节之间的耦合关系，说明了力矩在主被动关节之间的传递关系。被动关节与驱动力矩之间的耦合指标 λ_{τ} 对机器人的设计和控制非常重要，它可作为优化指标实现欠驱动机器人的最优控制。

由上述分析可知，探索被动关节与主动关节及其驱动力矩的耦合作用，是为了找到被动关节间接从主动关节获得驱动力矩能力的规律，并量化这种传递能力。当耦合指标最大化时，有利于被动关节从主动关节得到最大的驱动作用。

3.2　柔性杆和主、被动关节变量之间的耦合

式(22)为欠驱动柔性机器人系统动力学模型，体现了弹性广义坐标对系统的影响，下面详细分析此柔性系统的动力学特性。

由式(22)第三行，得

$$\ddot{\boldsymbol{q}}_{\mathrm{f}} = \boldsymbol{D}_{\mathrm{ff}}^{-1}(\boldsymbol{F} - \boldsymbol{D}_{\mathrm{fa}}\ddot{\boldsymbol{q}}_{\mathrm{a}} - \boldsymbol{D}_{\mathrm{fp}}\ddot{\boldsymbol{q}}_{\mathrm{p}} - \boldsymbol{b}_{\mathrm{f}}) \tag{31}$$

设

$$\tilde{\ddot{\boldsymbol{q}}}_{\mathrm{f}} = \boldsymbol{D}_{\mathrm{da}}\ddot{\boldsymbol{q}}_{\mathrm{a}} + \boldsymbol{D}_{\mathrm{dp}}\ddot{\boldsymbol{q}}_{\mathrm{p}} \tag{32}$$

式中，$\boldsymbol{D}_{\mathrm{da}}$ 为柔性杆弹性广义坐标与主动关节的耦合矩阵：

$$\boldsymbol{D}_{\mathrm{da}} = -\boldsymbol{D}_{\mathrm{ff}}^{-1}\boldsymbol{D}_{\mathrm{fa}} \tag{33}$$

$\boldsymbol{D}_{\mathrm{dp}}$ 为柔性杆弹性广义坐标与被动关节的耦合矩阵：

$$\boldsymbol{D}_{\mathrm{dp}} = -\boldsymbol{D}_{\mathrm{ff}}^{-1}\boldsymbol{D}_{\mathrm{fp}} \tag{34}$$

对第 i 个弹性广义坐标

$$\tilde{\ddot{\boldsymbol{q}}}_{\mathrm{f}_i} = \boldsymbol{D}_{\mathrm{da}_{i,1}}\ddot{\boldsymbol{q}}_{\mathrm{a}} + \cdots + \boldsymbol{D}_{\mathrm{da}_{i,m}} + \boldsymbol{D}_{\mathrm{dp}_{i,1}} + \cdots + \boldsymbol{D}_{\mathrm{dp}_{i,(n-m)}} \tag{35}$$

定义 $\gamma_{\mathrm{da}_{i,j}} = \left|\boldsymbol{D}_{\mathrm{da}_{i,j}}\right|$ 和 $\gamma_{\mathrm{dp}_{i,k}} = \left|\boldsymbol{D}_{\mathrm{dp}_{i,k}}\right|$ 分别表示第 i 个弹性广义坐标与第 j 个主动关节及与第 k 个被动关节的耦合关系。此耦合指标量化了弹性变形与各关节变量的加速度耦合程度，它是欠驱动柔性机器人所特有的。尽管研究机器人的弹性变形是发展的必然趋势，但在实际应用中却希望这种变形带来的影响最小。这里分析柔性杆和主、被动关节耦合关系的目的，刚好与第一种情况相反，是使该耦合效应达到最小，因此，弹性杆和关节变量之间的耦合分析为控制柔性杆弹性变形提出理论依据。

4. 仿真算例

现对第 2 杆为柔性具有一个被动关节的平面 2R 机械臂建立动力学模型，分析讨论系统的各种耦合

情况，并用仿真结果进行说明。如图 3 所示，机械臂各杆都是均质的，质量为 m_1=2kg，m_2=0.5kg，长度为 l_1=0.3m，l_2=0.3m。刚性杆的质心在杆中心，l_{c1}=0.15m，转动惯量为 $J_1=0.1\,\mathrm{kg\cdot m^2}$。对刚性杆来说，被动关节的位置不同时，杆件两端的集中质量及其转动惯量也不同，如只考虑右端集中质量，当杆右端为主动关节时，m_{Ra}=0.08kg，$J_{Ra}=0.1\,\mathrm{kg\cdot m^2}$；当杆右端为被动关节时，$m_{Rp}$=0.04kg，$J_{Rp}=0.05\,\mathrm{kg\cdot m^2}$。这里，假设柔性杆末端负载的集中质量和集中转动惯量与刚性杆 1 右端是被动关节时的情况相等。

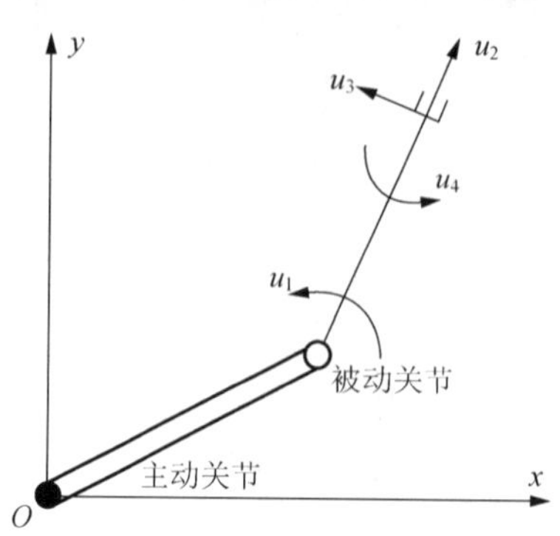

图 3　平面 2R 机器人(杆 2 柔性)

将此柔性机器人的柔性杆划分为一个单元，这样，弹性广义坐标的设置随被动关节的位置而不同。当关节 2 被动时，弹性广义坐标分别为：杆 2 左端弹性转角 u_1，末端 x 和 y 方向弹性位移 u_2 和 u_3，及末端弹性转角 u_4，图 3 给出此种位形的示意图。当关节 1 被动时，杆 2 左端为弹性曲率 u_1'，其余与关节 2 被动时的弹性广义坐标设置相同。

由于系统惯性矩阵是对称的，矩阵各元素都是随杆的质量和转动惯量、杆两端的集中质量和集中转动惯量及关节变量而变化的。如果给定质量和转动惯量这些参数，无论哪个关节被动，耦合矩阵 $\boldsymbol{D}_{\mathrm{c}}$ 都只是关节变量 q_2 的函数。另外，由于系统是两杆机械臂，当一个关节被动时，$m=(n-m)=1$，不论如何选取被动关节，式(25)的耦合矩阵 $\boldsymbol{D}_{\mathrm{c}}$ 都是不为零的数值，即 $\boldsymbol{D}_{\mathrm{pp}}$ 总是可逆的，因此，自由关节总是可以通过动力学耦合进行控制。

假设机器人的每个关节的工作空间都是 0°～360°，图 4 表示被动关节处于不同位置时主、被动关节耦合指数 λ_{c} 随 q_2 的变化情况。可以看出无论如何选取被动关节，耦合曲线都与余弦函数曲线形状类似，即两杆接近重合时，λ_{c} 值最小，而两杆成一条直线时，λ_{c} 值最大。当关节 2 被动时，刚、柔两机器人的耦合指数都远远大于关节 1 被动的情况。而当关节 1 被动时，柔性系统的耦合指数 λ_{c} 所有值都比相应的刚性系统的小；而关节 2 被动时，柔性耦合指数在两杆重合时小于刚性情况，在两臂成一条直线时，柔性耦合又大于刚性耦合。

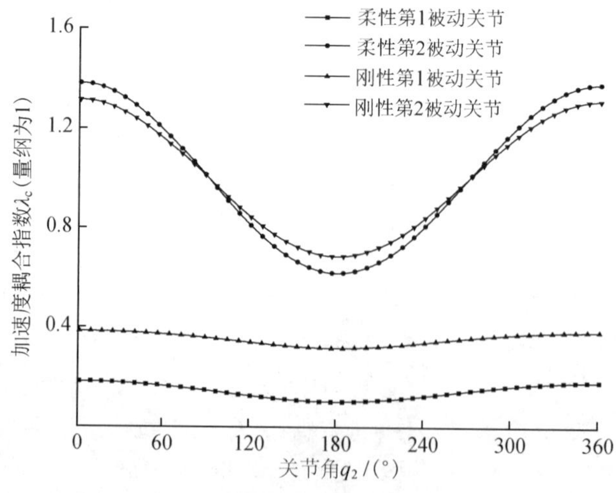

图 4　主、被动关节的加速度耦合关系

表 1 列出了主被动关节加速度全局耦合指标 λ_c^g 的数值，通过比较可得出与图 3 同样的规律，说明此全局耦合指标可以用以衡量欠驱动机器人的主被动关节的加速度耦合关系。将柔性系统的 λ_c^g 值与相应的刚性系统比较，可看出机器人杆件柔性变形对主被动关节加速度耦合的影响作用，当关节 1 被动时，柔性系统 λ_c^g 小于刚性系统，而关节 2 被动时，柔性系统 λ_c^g 大于刚性系统。

表 1　主、被动关节全局加速度耦合指标

被动关节	刚性耦合指数 λ_{cr}^g	柔性耦合指数 λ_{cf}^g
1	0.126	0.022
2	1.049	1.072

由于主被动关节加速度耦合指标反映了加速度从主动关节传递到被动关节的能力，因而从节省能量的角度来说，无论对欠驱动刚性系统还是对柔性系统，选取第 2 关节作为被动关节是较经济和实用的，而且，此种位形的欠驱动柔性机器人又比刚性机器人的传递能力强。

图 5 表示被动关节与主动关节驱动力矩之间的耦合关系，图中曲线形状与加速度耦合情况相类似。可以看出，不论被动关节如何选取，两柔性系统力矩耦合指数的规律近似，同理，两刚性系统的曲线也近似。

当两杆运动接近接近重合时，刚、柔力矩耦合指数 λ_τ 都达到最小值，且关节 1 被动时的值比关节 2 被动时小，而且，柔性耦合指数比刚性指数大。当两杆近似成一条直线时，力矩耦合都达到最大，这里柔性系统的最大值都比刚性系统大，并且不论刚、柔系统，关节 2 被动时，得到的力矩耦合比关节 1 被动时大，这与分析加速度耦合指标所得的结论一致。

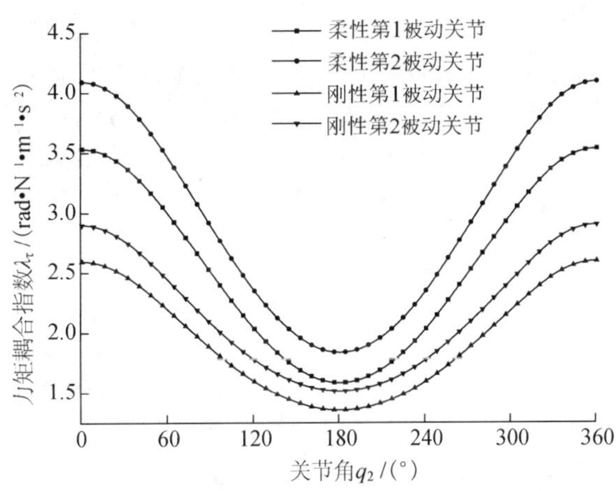

图 5　被动关节与驱动力矩的耦合关系

表 2 的全局耦合指标 λ_τ^g 量化了力矩耦合关系，说明关节 2 被动时的 λ_τ^g 值远大于关节 1 被动的情况，并且表明无论哪个关节自由运动，柔性全局耦合指标 λ_τ^g 值都比刚性系统大，进一步证明欠驱动柔性系统对驱动力矩的传递能力比欠驱动刚性系统强。

表 2　被动关节与驱动力矩的全局耦合指标

被动关节	刚性力矩耦合指数 $\lambda_{\tau r}^g$	柔性力矩耦合指数 $\lambda_{\tau f}^g$
1	3.873	6.852
2	4.814	9.168

表 3 和表 4 分两种情况列出了各弹性广义坐标分别与主动和被动关节之间加速度耦合关系。由惯性矩阵可知，集中质量对弹性变形与主、被动关节的耦合有着重要的影响。尽管系统只有第 2 杆为柔性杆，但各弹性坐标与两个关节都存在耦合。另外，不论哪个关节为被动，弹性广义坐标与关节 2 的加速度耦合都是定值，而与关节 1 的耦合情况是随时间变化的，又因为此系统惯性矩阵的各

项只是关节 2 角位移的函数，因此这种变化又是通过关节 2 的位形间接变化的，表明关节变量是弹性变形变化的重要因素。

比较表 3、表 4 可以看出，当关节 1 被动时，杆 2 左端的弹性转角曲率和被动关节 1 的耦合及其变化程度最大，而与主动关节 2 的耦合效应也远远大于两表中的其他值。另外，从表中杆 2 末端横向和纵向变形与各关节的耦合情况，可以看出，y 方向弹性变形与各关节的耦合值大于 x 方向的值，这间接反映了机器人杆件弹性变形主要是由横向变形决定的。而末端弹性转角随被动关节的位置变化不大。

表 3　关节 1 被动时弹性广义坐标与关节之间的耦合指标

弹性广义坐标		弹性转角	弹性转角曲率	轴向弹性位移	横向弹性位移	弹性转角
被动关节 1	γ_{dp} 最大值	5.696	—	0.167	0.571	1.005
	γ_{dp} 最小值	0.0	—	0.0	0.029	0.995
主动关节 2	γ_{da} 最大值	2.349	—	0.0	0.112	0.974
	γ_{da} 最小值	2.349	—	0.0	0.112	0.974

表 4　关节 2 被动时弹性广义坐标与关节之间的耦合指标

弹性广义坐标		弹性转角	弹性转角曲率	轴向弹性位移	横向弹性位移	弹性转角
主动关节 1	γ_{da} 最大值	—	207.908	0.167	0.560	1.007
	γ_{da} 最小值	—	128.600	0.0	0.032	0.995
被动关节 2	γ_{dp} 最大值	—	106.568	0.0	0.095	0.977
	γ_{dp} 最小值	—	106.568	0.0	0.095	0.977

由上述分析可知，关节 2 被动时，各弹性广义坐标与关节之间的加速度耦合值及耦合程度相应于另一种驱动器位置要小得多并且较稳定，因此，弹性变形与各关节的耦合从另一方面衡量了驱动器位置的优劣。又由于杆件的弹性变形会对机械臂末端精确定位造成一定影响，因此，从消除或最小化弹性变形带来的不利因素这一角度出发，此处提出的柔性耦合指标，也为系统控制策略的确定提供了理论依据。

5. 结论

运用有限元方法首次建立了考虑杆件柔性的欠驱动机器人的动力学一般模型，并对欠驱动柔性机器人系统的多种动力学耦合效应进行了详细的分析，通过仿真取得如下结论。

(1) 欠驱动柔性机器人的动力学模型是高度复杂的强非线性方程组，它既描述了系统的欠驱动特性，也体现了系统杆件弹性变形与关节变量之间的耦合关系。

(2) 主、被动关节的加速度耦合指标和力矩耦合指标反映了被动关节间接获得驱动作用的规律，它们二者的全局耦合指标量化了这些规律。仿真结果说明欠驱动柔性系统更加有利于能量传递。

(3) 所提出的杆件柔性变形与各关节之间的加速度耦合指标是欠驱动柔性机器人模型所特有的，它量化了各弹性坐标与主被动关节的耦合关系，反映了各个弹性坐标所占比重，并为驱动器位形设计和系统控制策略设计提供了理论依据。

综上所述，基于有限元方法的欠驱动柔性杆的动力学模型为系统的动力学分析提供了理论基础，而各种动力学耦合指标则从不同角度体现了欠驱动柔性机器人系统的动力学特性，它们对系统的位形设计、驱动装置安排、结构设计及控制策略选择都具有重要意义。

参考文献

[1] 栾楠，明爱国，赵锡芳，等. 欠驱动机器人的最优轨道生成与实现. 上海交通大学学报，2002，36(10)：1422-1425

[2]　王磊．具有非驱动臂的机器人控制方法研究．哈尔滨：哈尔滨工程大学，2003

[3]　Martínez S, Bullo F, Cortés J. Motion planning and control problems for underactuated robots.Springer Tracts. in Advanced Robotics, 2003, 4: 59-74

[4]　De Luca A, Iannitti S. A simple STLC test for mechanical systems underactuated by one control// IEEE International Conference on R & A.Washington, DC, 2002, 5: 1735-1740

[5]　Arai H, Tanie K, Shiroma N. Nonholonomic control of a three-DOF planar underactuated manipulator. IEEE Transactions on Robotics and Automation, 1998, 14(5): 681-695

[6] Bullo F.Nonlinear control of mechanical systems: a riemannian geometry approach. Pasadena, California: California Institute of Technology, 1999

[7]　Bergerman M, Lee C, Xu Y.Dynamic coupling of underactuated manipulators //IEEE Conference on Control Applications.1995, 10: 500-505

[8]　Bergerman M, Terra M H. Optimal control of underactuated manipulators via actuation redundancy// IEEE Conference on Robotics and Automation. 2001, 5: 2114-2119

[9]　何广平，陆震，王凤翔．被动冗余度空间机器人运动学综合．机器人，2000，22(6)：439-445

[10]　张策，贾永强，王子良，等．弹性连杆机构的分析与设计．2 版．北京：机械工业出版社，1997

[11]　Bergerman M. Dynamic and Control of Underactuated Manipulators. Pittsburgh, Pennsylvania: Carnegie Mellon University, 1996

[12] Gosselin C, Angeles J. A global performance index for the kinematic optimization of robotic manipulators. Trans. of ASME. J. of Mech. Des., 1991,113 (9): 220-226

（原载《机械工程学报》2006，42(6)：16-23）

§ 99　欠驱动柔性机器人的振动可控性分析

陈炜　余跃庆　张绪平　苏丽颖
（北京工业大学　北京　100022）

摘　要：欠驱动柔性机器人的可控性分析是对其进行有效控制的关键问题。本文以具有柔性杆的3DOF平面欠驱动机器人为例，分两步分析系统的可控性。首先，忽略杆件的弹性变形，研究欠驱动刚性系统在不同驱动电机位置的状态可控性；然后，考虑柔性因素，研究欠驱动柔性系统的结构振动可控性。结果表明振动可控性是随机器人关节位形和驱动电机位置而变化的，并且欠驱动刚性机器人的状态可控性对相应的柔性系统的振动可控性有很重要的影响。最后，将上述研究方法扩展到具有一个被动关节的 N 自由度平面欠驱动柔性机器人。

关键词：欠驱动；柔性杆；振动可控性

1. 引言

为了使机器人满足轻质、低耗和高速等特性，一方面人们尝试直接去掉关节的驱动装置，研究含有被动关节的欠驱动机器人；另一方面人们从机构设计角度出发，研究具有柔性构件的柔性机器人。目前，国内外的研究在这两方面取得了大量有价值的成果，欠驱动机器人和柔性机器人也逐渐发展为机器人研究领域的两个重要分支。但是，在机器人的实际应用中，构件柔性和欠驱动两方面问题有可能同时出现，因此，随着研究继续向纵深发展，将会出现二者的结合，即欠驱动柔性机器人的产生。然而，欠驱动或柔性任何一个因素的引入都会改变机器人的性质，从而增大控制设计的难度，甚至使机器人变为不可控系统。

系统的可控性是反映控制输入驾驭状态运动能力的重要概念。全驱动刚性机器人的每个关节由单独的电机驱动，系统在全工作空间是状态可控的[1]，然而，欠驱动机器人或柔性机器人却不再拥有这一特性。首先，欠驱动机器人大都属于非完整约束系统，有效的控制策略是必不可少的，而在控制过程中，首先涉及的就是状态可控性分析问题。Mahindrakar 等[2]证明了 3R 两输入水平欠驱动机器人的可控性，说明除了关节 1 被动外，其他情况都是小时间局部可控的（Small-time local controllability, STLC）。De Luca 等[3]研究了具有 n 个转动关节和 n–1 个控制输入的欠驱动机器人的 STLC，得出直接建立在系统惯性矩阵上的充分条件。Arai 等[4]用输入轨迹证明平面 3R 第三被动关节欠驱动系统的可控性。

其次，柔性机器人本质上是一个无穷维分布参数系统，运动时其构件会产生弹性振动，而系统的驱动装置数目与相应的刚性系统相同，可能存在驱动输入不能影响某些振动模态的情形[5]，这时系统的结构振动是不完全可控的。因此，为了保证系统的稳定性,首先需要进行振动可控性分析。Balas 最早[5]提出柔性机器人的振动可控性概念。继而，López-Linares 等[6]证明柔性机器人的振动可控性是依赖于关节位形的，说明在振动不可控位形，所有的驱动输入都不能影响机械臂的至少一个振动模态。Konno 等[7,8]分析了空间柔性机械臂的结构振动可控性，提出模态可达性概念，说明若某一特定模态的可达性很小，相应的振动模态将很难控制。

由上述分析可知，状态可控性和振动可控性分析对欠驱动机器人和柔性机器人控制的重要性，但是，目前的研究只分别在两个单独的领域展开。本文将这一研究进行扩展，分析具有柔性杆欠驱动机器人的可控性。但是，就本文的研究对象来说，状态可控性和振动可控性分析是密切相关的，需要同时予以讨论。因为若不满足状态可控性，机器人不能实现轨迹运动，则无从谈及振动可控性；若不满足振动可控性，即使是状态可控的，系统依然不能稳定工作。然而，同时考虑欠驱动和柔性两个因素分析机器人系统的可控性，一方面增加了分析的难度，另一方面，现有的方法还不够完善，鉴于此，本文提出一个简单可行的方法，即先忽略杆件的弹性变形，研究欠驱动刚性系统在不同驱动电机位置的状态可控性；之后，再记入柔性杆件的影响，详细讨论系统在各种驱动位置的振动可控性。

2. 欠驱动柔性机器人的动力学模型

如图 1 所示的平面 n 自由度欠驱动柔性机器人，n 个转动关节中 m($m<n$)个关节是主动的，$n-m$ 个是被动的。图中填充黑色的表示主动关节，未填充的表示被动关节。采用假设模态法建立具有柔性杆的欠驱动机器人的动力学模型为[9]

$$\begin{bmatrix} \boldsymbol{D}_{\mathrm{aa}}(\boldsymbol{q}) & \boldsymbol{D}_{\mathrm{ap}}(\boldsymbol{q}) & \boldsymbol{D}_{\mathrm{af}}(\boldsymbol{q}) \\ \boldsymbol{D}_{\mathrm{pa}}(\boldsymbol{q}) & \boldsymbol{D}_{\mathrm{pp}}(\boldsymbol{q}) & \boldsymbol{D}_{\mathrm{pf}}(\boldsymbol{q}) \\ \boldsymbol{D}_{\mathrm{fa}}(\boldsymbol{q}) & \boldsymbol{D}_{\mathrm{fp}}(\boldsymbol{q}) & \boldsymbol{D}_{\mathrm{ff}}(\boldsymbol{q}) \end{bmatrix} \begin{pmatrix} \ddot{\boldsymbol{q}}_{\mathrm{a}} \\ \ddot{\boldsymbol{q}}_{\mathrm{p}} \\ \ddot{\boldsymbol{q}}_{\mathrm{f}} \end{pmatrix} + \begin{pmatrix} \boldsymbol{b}_{\mathrm{a}}(\boldsymbol{q},\dot{\boldsymbol{q}}) \\ \boldsymbol{b}_{\mathrm{p}}(\boldsymbol{q},\dot{\boldsymbol{q}}) \\ \boldsymbol{b}_{\mathrm{f}}(\boldsymbol{q},\dot{\boldsymbol{q}}) \end{pmatrix} + \begin{bmatrix} 0 & 0 & 0 \\ 0 & 0 & 0 \\ 0 & 0 & \boldsymbol{K}_{\mathrm{f}} \end{bmatrix} \begin{pmatrix} \boldsymbol{q}_{\mathrm{a}} \\ \boldsymbol{q}_{\mathrm{p}} \\ \boldsymbol{q}_{\mathrm{f}} \end{pmatrix} = \begin{pmatrix} \boldsymbol{\tau}_{\mathrm{a}} \\ 0 \\ \boldsymbol{F}_{\mathrm{f}} \end{pmatrix} \tag{1}$$

式中，$\boldsymbol{q}=\begin{bmatrix}\boldsymbol{q}_{\mathrm{a}} & \boldsymbol{q}_{\mathrm{p}} & \boldsymbol{q}_{\mathrm{f}}\end{bmatrix}^{\mathrm{T}} \in \mathbf{R}^{N\times 1}$，$\boldsymbol{q}_{\mathrm{a}} \in \mathbf{R}^{m\times 1}$ 为主动关节角变量，$\boldsymbol{q}_{\mathrm{p}} \in \mathbf{R}^{(n-m)\times 1}$ 为被动关节角变量，$\boldsymbol{q}_{\mathrm{f}}$ 为柔性杆弹性广义坐标阵列，维数为 $N-n$；$\boldsymbol{K}_{\mathrm{f}} \in \mathbf{R}^{(N-n)\times(N-n)}$ 为刚度矩阵，是对角阵；$\boldsymbol{\tau}=\begin{bmatrix}\boldsymbol{\tau}_{\mathrm{a}} & 0 & \boldsymbol{F}_{\mathrm{f}}\end{bmatrix}^{\mathrm{T}}$，$\boldsymbol{\tau}_{\mathrm{a}} \in \mathbf{R}^{m\times 1}$ 为主动关节的驱动力矩，$\boldsymbol{F}_{\mathrm{f}}$ 为弹性广义坐标对应的广义力列阵，设式(1)中的 $\boldsymbol{q}_{\mathrm{a}}$、$\boldsymbol{q}_{\mathrm{p}}$ 描述关节的相对运动，则 $\boldsymbol{F}_{\mathrm{f}}$ 的所有元素为 0。下面以杆 3 柔性的平面 3DOF 欠驱动机器人为例，分析系统的状态可控性和振动可控性。根据驱动输入位置的不同，此机器人对应着 3 个控制系统，用符号分别表示为 $\mathrm{RR\bar{R}}$、$\mathrm{R\bar{R}R}$ 和 $\mathrm{\bar{R}RR}$，其中 R 表示主动关节，$\bar{\mathrm{R}}$ 表示被动关节。按照第 1 节的分析思路，首先忽略机器人动力学模型的弹性部分，分析欠驱动刚性机器人的状态可控性，然后在此基础上，考虑弹性部分，分析柔性系统的振动可控性。

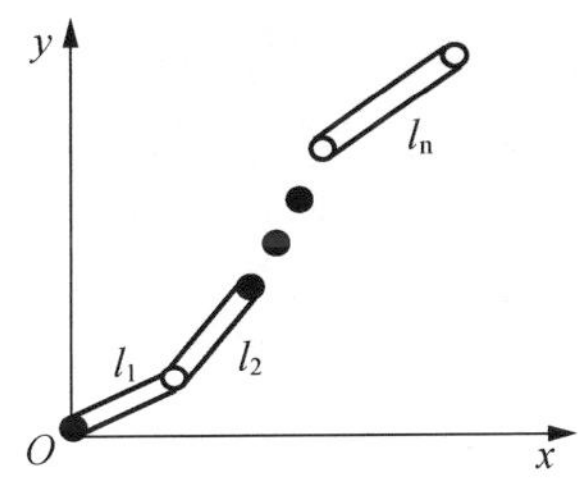

图 1　平面欠驱动机器人

3. 3DOF 欠驱动刚性机器人的状态可控性

系统的状态可控性分为线性可控性和非线性可控性。若线性系统有一点可控，则所有的点都可控。理论上已证明，当欠驱动机器人存在重力势能或被动自由度处有弹性势能或摩擦力时，系统在平衡点是线性可控的[10-12]，但是，这时的可控性不存在全局性和等价关系，只是局部可控的。由于大部分欠驱动机器人系统都不具有线性可控性，因此，需要采用非线性局部可控性判定方法，如 STLC 方法等。下面首先了解若干可控性的定义[2,13-15]。

3.1　定义

考虑如下非线性仿射系统

$$\dot{\boldsymbol{x}} = \boldsymbol{f}(\boldsymbol{x}) + \sum_{t=1}^{m} \boldsymbol{g}_i(\boldsymbol{x})\boldsymbol{u}_i, \qquad \boldsymbol{x}(0)=\boldsymbol{x}_0 \tag{2}$$

式中，$\boldsymbol{x}=(x_1,\cdots,x_n)$ 为光滑流形 $\boldsymbol{M}$ 的局部坐标，$\boldsymbol{f}$、$\boldsymbol{g}_i$ 分别为漂移向量和输入向量场。系统可表达为 $\sum=(\boldsymbol{M},F=\{\boldsymbol{f},\boldsymbol{g}_1,\cdots,\boldsymbol{g}_m\},\boldsymbol{U})$，其可控性问题就是确定一定的区域或点集 $\boldsymbol{K}$，使系统能在适当的控制作用下，满足轨迹从某一初始点经过一定时间运动到 $\boldsymbol{K}$ 的某一指定点。

定义 1　当且仅当对每个 $\boldsymbol{x}_0,\boldsymbol{x}_{\mathrm{f}} \in \boldsymbol{M}$ 和所有的 $T \geqslant 0$，都存在一个允许的输入 $\boldsymbol{u}:[0,T] \to \boldsymbol{U}$，并满

足 $\boldsymbol{x}(t)=\boldsymbol{x}_0$，$\boldsymbol{x}(T)=\boldsymbol{x}_{\mathrm{f}}$，那么非线性系统(2)是可控的。定义 $\varepsilon=\left\{(\boldsymbol{x},\boldsymbol{u})\in\boldsymbol{M}\times\mathbf{R}^{m}:\boldsymbol{f}(\boldsymbol{x})+\sum_{i=1}^{m}\boldsymbol{g}_i(\boldsymbol{x})u_i=0\right\}$ 为平衡点的集合，令 $(\boldsymbol{x}^{\mathrm{e}},\boldsymbol{u}^{\mathrm{e}})\in\varepsilon$ 为系统(2)的平衡点，将其线性化

$$\dot{\boldsymbol{Z}}=\boldsymbol{A}\boldsymbol{Z}+\boldsymbol{B}\boldsymbol{v} \tag{3}$$

式中，$\boldsymbol{B}=\boldsymbol{g}(\boldsymbol{x})\big|_{\boldsymbol{x}=\boldsymbol{x}^{\mathrm{e}}}=\left[\boldsymbol{g}_1(\boldsymbol{x}^{\mathrm{e}})\boldsymbol{g}_2(\boldsymbol{x}^{\mathrm{e}})\cdots\boldsymbol{g}_m(\boldsymbol{x}^{\mathrm{e}})\right]$，$\boldsymbol{A}=\dfrac{\mathrm{d}\boldsymbol{f}(\boldsymbol{x})}{\mathrm{d}\boldsymbol{x}}\bigg|_{(\boldsymbol{x}^{\mathrm{e}},\boldsymbol{u}^{\mathrm{e}})}=\left\{\dfrac{\partial\boldsymbol{f}(\boldsymbol{x})}{\partial\boldsymbol{x}}+\sum_{i=1}^{m}\dfrac{\partial\boldsymbol{g}_i(\boldsymbol{x})}{\partial\boldsymbol{x}}\boldsymbol{u}_i\right\}\bigg|_{(\boldsymbol{x}^{\mathrm{e}},\boldsymbol{u}^{\mathrm{e}})}$。

且 $\boldsymbol{Z}=\boldsymbol{x}-\boldsymbol{x}^{\mathrm{e}}$，$\boldsymbol{v}=\boldsymbol{u}-\boldsymbol{u}^{\mathrm{e}}$。则当且仅当 $\mathrm{rank}(\boldsymbol{C})=\mathrm{rank}[\boldsymbol{B}\quad\boldsymbol{AB}\quad\cdots\quad\boldsymbol{A}^{n-1}\boldsymbol{B}]=2n$ 时，系统(2)在平衡点是线性可控的。若线性系统(3)在每个平衡点都是可控的，则系统(2)是线性可控的。

由于大多数欠驱动机器人系统不具有线性可控性，因此，继续给出非线性局部可控性定义。设控制系统(2)从 $\boldsymbol{x}_0$ 出发并在 T 时刻内能到达的集合定义为 $\mathrm{Reach}^{V}(\boldsymbol{x}_0,T)$，同时在 $[0,T]$ 定义能达状态集合 $\mathrm{Reach}^{V}(\boldsymbol{x}_0,\leqslant T)=\bigcup_{0\leqslant t\leqslant T}\mathrm{Reach}^{V}(\boldsymbol{x}_0,t)$ 和 $\mathrm{Reach}^{V}(\boldsymbol{x}_0)=\bigcup_{t>0}\mathrm{Reach}^{V}(\boldsymbol{x}_0,t)$。

定义 2　令 $\boldsymbol{x}_0\in\boldsymbol{M}$，$\mathrm{int}(\boldsymbol{U})$ 为集合 $\boldsymbol{U}$ 的内部，有

(1) 若 $\boldsymbol{x}_0\in\mathrm{int}\left(\mathrm{Reach}^{V}(\boldsymbol{x}_0)\right)$，则系统是局部可控的。

(2) 若存在 $T>0$，对 $t\in(0,T]$，$x_0\in\mathrm{int}\left(R^{V}(x_0,\leqslant T)\right)$，则 Σ 自 x_0 是 STLC 的。

(3) 若 $\mathrm{Reach}^{V}(\boldsymbol{x}_0)=\boldsymbol{M}$，则 Σ 自 $\boldsymbol{x}_0$ 是全局可控的。

3.2　线性可控性分析

对 3DOF 欠驱动机器人来说，首先考虑关节 3 被动的情况，将方程(1)中的柔性项和刚柔耦合项去掉，3DOF 欠驱动刚性机器人 RR$\bar{\mathrm{R}}$ 系统的动力学模型为

$$\begin{bmatrix}D_{11}(\boldsymbol{q}_{\mathrm{r}}) & D_{12}(\boldsymbol{q}_{\mathrm{r}}) & D_{13}(\boldsymbol{q}_{\mathrm{r}})\\ D_{21}(\boldsymbol{q}_{\mathrm{r}}) & D_{22}(\boldsymbol{q}_{\mathrm{r}}) & D_{23}(\boldsymbol{q}_{\mathrm{r}})\\ D_{31}(\boldsymbol{q}_{\mathrm{r}}) & D_{32}(\boldsymbol{q}_{\mathrm{r}}) & D_{33}(\boldsymbol{q}_{\mathrm{r}})\end{bmatrix}\begin{pmatrix}\ddot{q}_1\\ \ddot{q}_2\\ \ddot{q}_3\end{pmatrix}+\begin{pmatrix}b_1(\boldsymbol{q}_{\mathrm{r}},\dot{\boldsymbol{q}}_{\mathrm{r}})\\ b_2(\boldsymbol{q}_{\mathrm{r}},\dot{\boldsymbol{q}}_{\mathrm{r}})\\ b_3(\boldsymbol{q}_{\mathrm{r}},\dot{\boldsymbol{q}}_{\mathrm{r}})\end{pmatrix}=\begin{pmatrix}\tau_1\\ \tau_2\\ 0\end{pmatrix} \tag{4}$$

式中，$\boldsymbol{q}_{\mathrm{r}}=\begin{bmatrix}\boldsymbol{q}_{\mathrm{a}} & \boldsymbol{q}_{\mathrm{p}}\end{bmatrix}^{\mathrm{T}}$ (r 表示刚性)。设主动关节加速度为控制输入，运用部分反馈线性化控制方法，将式(4)转换为

$$\begin{cases}\ddot{q}_1=u_1\quad \ddot{q}_2=u_2\\ \ddot{q}_3=J(\boldsymbol{q}_{\mathrm{r}})\boldsymbol{u}+R(\boldsymbol{q}_{\mathrm{r}},\dot{\boldsymbol{q}}_{\mathrm{r}})\end{cases} \tag{5}$$

式中，$\boldsymbol{u}=\begin{bmatrix}u_1 & u_2\end{bmatrix}^{\mathrm{T}}$，$J(\boldsymbol{q}_{\mathrm{r}})=\begin{bmatrix}J_1(\boldsymbol{q}_{\mathrm{r}}) & J_2(\boldsymbol{q}_{\mathrm{r}})\end{bmatrix}=-D_{33}^{-1}\cdot\begin{bmatrix}D_{31} & D_{32}\end{bmatrix}$，$R(\boldsymbol{q}_{\mathrm{r}},\dot{\boldsymbol{q}}_{\mathrm{r}})=-D_{33}^{-1}\cdot b_3(\boldsymbol{q}_{\mathrm{r}},\dot{\boldsymbol{q}}_{\mathrm{r}})$，且满足 $D_{33}\neq 0$。设 $(\boldsymbol{q}_{\mathrm{r}},\dot{\boldsymbol{q}}_{\mathrm{r}})=(\boldsymbol{q}_{\mathrm{r}}^{\mathrm{e}},0)$ 为式(5)的平衡解，则在平衡位形 $\boldsymbol{q}_{\mathrm{r}}^{\mathrm{e}}$ 有 $R(\boldsymbol{q}_{\mathrm{r}},0)=0$。定义状态矢量 $\boldsymbol{x}=\{x_1,x_2,x_3,x_4,x_5,x_6\}=\{q_1,q_2,q_3,\dot{q}_1,\dot{q}_2,\dot{q}_3\}$，则系统状态方程为

$$\dot{\boldsymbol{x}}=\boldsymbol{f}(\boldsymbol{x})+\boldsymbol{g}_1(\boldsymbol{x})u_1+\boldsymbol{g}_2(\boldsymbol{x})u_2 \tag{6}$$

式中，$\boldsymbol{f}(\boldsymbol{x})=(x_4,x_5,x_6,0,0,R(\boldsymbol{x}))^{\mathrm{T}}$，$\boldsymbol{g}_1(\boldsymbol{x})=(0,0,0,1,0,J_1(\boldsymbol{x}))^{\mathrm{T}}$，$\boldsymbol{g}_2(\boldsymbol{x})=(0,0,0,0,1,J_2(\boldsymbol{x}))^{\mathrm{T}}$，状态空间流形为 $\boldsymbol{M}=S^1\times S^1\times S^1\times R^3$。按照式(3)计算系统(6)关于平衡点 $(\boldsymbol{x}^{\mathrm{e}},0)$ 的 $\boldsymbol{A}$、$\boldsymbol{B}$ 矩阵，得状态可控性矩阵的秩 $\mathrm{rank}(\boldsymbol{C})=4<6$，显然系统(6)在任何平衡点都不是线性可控的。

3.3　局部可控性分析

下面根据定义 2，讨论系统(6)的局部可控性，证明系统在平衡点满足 STLC 必要和充分条件。首先，考虑分布 $E(\boldsymbol{x})=\mathrm{span}\left\{\boldsymbol{g}_1,\boldsymbol{g}_2,[\boldsymbol{f},\boldsymbol{g}_1],[\boldsymbol{f},\boldsymbol{g}_2],\left[\boldsymbol{f},\left[\boldsymbol{g}_1,[\boldsymbol{f},\boldsymbol{g}_2]\right]\right],\left[\boldsymbol{g}_1,\left[\boldsymbol{f},\left[\boldsymbol{g}_1,[\boldsymbol{f},\boldsymbol{g}_2]\right]\right]\right]\right\}$，可以证明对任何的 $(\boldsymbol{q}_{\mathrm{r}},\dot{\boldsymbol{q}}_{\mathrm{r}})\in\boldsymbol{M}$，此分布可张成一个六维空间，因此系统(6)是局部可达的[14]。

下面给出 STLC 必要和充分条件。对系统(2)来说，定义矢量场的集合序列 $G_1=\{\boldsymbol{g}_i,i=1,\cdots,m\}$，

$G_k = \{[X,[\boldsymbol{f},Y]], X \in G_i, X \in G_j, k = i + j\}, k \geqslant 2$，$G = \bigcup_{i\geqslant 2} G_i$[15]。若存在整数 $k^* \geqslant 2$，满足

$$\dim(\mathrm{span}\left\{X(\boldsymbol{x}^{\mathrm{e}}), X \in \bigcup_{i=2}^{k^*} G_i\right\}) = n - m \tag{7}$$

那么系统在平衡点 $\boldsymbol{x}^{\mathrm{e}}$ 是强可达的，即系统在平衡点 $\boldsymbol{x}^{\mathrm{e}}$ 满足 STLC 的必要条件。另外，令 $B_{\mathrm{r}}(X)$ 表示包含 $\boldsymbol{f},\boldsymbol{g}_1,\cdots,\boldsymbol{g}_m$ 矢量场的最小李代数，B 表示 $B_{\mathrm{r}}(X)$ 中的任意括号，$\delta^0(B)$，$\delta^1(B)$，$\cdots$，$\delta^m(B)$ 指 $\boldsymbol{f},\boldsymbol{g}_1,\cdots,\boldsymbol{g}_m$ 各自出现在括号 B 中的次数。对不含摩擦力及重力势能的欠驱动机械系统[14]，凡满足 $\sum_{i=1}^{m}\delta^i(B) - \delta^0(B) = 0$ 的括号为好括号(Good bracket)；满足 $\sum_{i=1}^{m}\delta^i(B) - \delta^0(B) = 1$，且 $\delta^0(B)$ 为奇数，$\delta^i(B)$ 为偶数的括号为坏括号(Bad bracket)。若所有的坏括号可以写成 G 中所含坏括号的线性组合，那么，应用 Bianchini 和 Stefani 条件，可以得到系统在平衡点 STLC 的充分条件[15-17]。

定理 1　由式(6)定义的系统在平衡点 $(x_1^{\mathrm{e}}, x_2^{\mathrm{e}}, x_3^{\mathrm{e}}, 0,0,0)$ 满足 STLC 的充分和必要条件。

证明　计算式(6)的下列李代数

$$[\boldsymbol{f},\boldsymbol{g}_1](\boldsymbol{x}) = (-1,0,-J_1(\boldsymbol{x}),0,0,*))^{\mathrm{T}} \qquad [\boldsymbol{f},\boldsymbol{g}_2](\boldsymbol{x}) = (0,-1,-J_2(\boldsymbol{x}),0,0,*)^{\mathrm{T}}$$

$$[\boldsymbol{g}_1,[\boldsymbol{f},\boldsymbol{g}_2]](\boldsymbol{x}) = (0,0,0,0,0,\beta_1(\boldsymbol{x}))^{\mathrm{T}} \qquad [\boldsymbol{g}_1,[\boldsymbol{f},\boldsymbol{g}_1]](\boldsymbol{x}) = (0,0,0,0,0,\beta_2(\boldsymbol{x}))^{\mathrm{T}}$$

$$[\boldsymbol{g}_2,[\boldsymbol{f},\boldsymbol{g}_2]](\boldsymbol{x}) = (0,0,0,0,0,\beta_3(\boldsymbol{x}))^{\mathrm{T}}$$

这里，$\beta_1(\boldsymbol{x})$，$\beta_2(\boldsymbol{x})$ 和 $\beta_3(\boldsymbol{x})$ 都是不为零的表达式。

由上述理论知，集合 $G = \{[\boldsymbol{g}_1,[\boldsymbol{f},\boldsymbol{g}_2]], [\boldsymbol{g}_1,[\boldsymbol{f},\boldsymbol{g}_1]], [\boldsymbol{g}_2,[\boldsymbol{f},\boldsymbol{g}_2]]\}$，$[\boldsymbol{g}_1,[\boldsymbol{f},\boldsymbol{g}_1]]$ 和 $[\boldsymbol{g}_2,[\boldsymbol{f},\boldsymbol{g}_2]]$ 是坏括号，应用条件(7)得 $\dim\left(\mathrm{span}\{[\boldsymbol{g}_1,[\boldsymbol{f},\boldsymbol{g}_2]](\boldsymbol{x}^{\mathrm{e}})\}\right) = 1$，显然，对所有的 $x_2 \in S^1 \setminus \{x_2 = n_1\pi, n_1 = 0, \pm 1, \cdots\}$ 和 $x_3 \in S^1 \setminus \{x_3 = \pm n_2\pi, n_2 = 0, \pm 0.5, \pm 1, \cdots\}$，$G$ 中的坏括号可以表示成 $[\boldsymbol{g}_1,[\boldsymbol{f},\boldsymbol{g}_2]]$ 在平衡点 $\boldsymbol{x}^{\mathrm{e}}$ 处的线性组合，因此，系统(6)在平衡点满足 STLC 的充分条件和必要条件。这时可以说，3DOF 欠驱动机器人的 $\mathrm{RR\bar{R}}$ 系统在平衡点附近，在有限的时间内，通过控制的作用，可以找到一条轨迹，满足从任意起始点出发，到任意终点结束。

同理，按照上述分析方法，可以判别 3DOF 欠驱动刚性机器人 $\mathrm{R\bar{R}R}$ 和 $\mathrm{\bar{R}RR}$ 系统的状态可控性。显然 $\mathrm{R\bar{R}R}$ 和 $\mathrm{\bar{R}RR}$ 系统都不是线性可控的，但 $\mathrm{R\bar{R}R}$ 系统满足 STLC 充分和必要条件；而对 $\mathrm{\bar{R}RR}$ 系统来说，由于 $[\boldsymbol{g}_1,[\boldsymbol{f},\boldsymbol{g}_2]] = 0$，不满足条件(7)，因此，$\mathrm{\bar{R}RR}$ 系统不是 STLC 的。

4. 3DOF 欠驱动柔性机器人的振动可控性

柔性构件在运动中产生的高频弹性振动，不但影响末端的定位精度，甚至可能导致整个系统失稳，造成误操作。因此，为了实现柔性系统的可靠操作，仅仅满足刚性系统的状态可控性是不够的，还需要进一步研究系统的振动可控性。这里提出的刚性系统分析基础上的振动特性研究，是对欠驱动柔性机器人的振动可控性分析的一个新途径。目前，有关全驱动柔性机器人振动可控性的研究方法都是引入若干假设，将系统模型简化为线性的，然后利用可控性矩阵进行判定。虽然经过简化后的模型不能全面地反映柔性系统的本质特征，但是此基础上的关于结构振动定性和定量的分析对振动控制策略的确定是十分有指导意义的。下面在第 2 节欠驱动刚性系统不同驱动输入情况下状态可控性分析的基础上，记入柔性杆件弹性广义坐标的影响，详细讨论欠驱动柔性机器人系统在各种驱动输入位置的振动可控性。

4.1　振动可控性矩阵

对(1)所述的具有柔性杆的欠驱动机器人，假设对其第 i 柔性杆的振型函数截取前 k_i 阶，系统所有的弹性广义坐标的维数为 $l = \sum_{i=1}^{n} k_i$。将动力学模型(1)第 2 式改写为

$$\ddot{\boldsymbol{q}}_{\mathrm{p}}=-\boldsymbol{D}_{\mathrm{pp}}^{-1}(\boldsymbol{D}_{\mathrm{pa}}\ddot{\boldsymbol{q}}_{\mathrm{a}}+\boldsymbol{D}_{\mathrm{pf}}\ddot{\boldsymbol{q}}_{\mathrm{f}}+\boldsymbol{b}_{\mathrm{p}}) \tag{8}$$

代入式(1)的第 1 式和第 3 式，得

$$\begin{cases}(\boldsymbol{D}_{\mathrm{aa}}-\boldsymbol{D}_{\mathrm{ap}}\boldsymbol{D}_{\mathrm{pp}}^{-1}\boldsymbol{D}_{\mathrm{pa}})\ddot{\boldsymbol{q}}_{\mathrm{a}}+(\boldsymbol{D}_{\mathrm{af}}-\boldsymbol{D}_{\mathrm{ap}}\boldsymbol{D}_{\mathrm{pp}}^{-1}\boldsymbol{D}_{\mathrm{pa}})\ddot{\boldsymbol{q}}_{\mathrm{f}}+(\boldsymbol{b}_{\mathrm{a}}-\boldsymbol{D}_{\mathrm{ap}}\boldsymbol{D}_{\mathrm{pp}}^{-1}\boldsymbol{b}_{\mathrm{p}})=\boldsymbol{\tau}_{\mathrm{a}}\\(\boldsymbol{D}_{\mathrm{fa}}-\boldsymbol{D}_{\mathrm{fp}}\boldsymbol{D}_{\mathrm{pp}}^{-1}\boldsymbol{D}_{\mathrm{pf}})\ddot{\boldsymbol{q}}_{\mathrm{a}}+(\boldsymbol{D}_{\mathrm{pf}}-\boldsymbol{D}_{\mathrm{fp}}\boldsymbol{D}_{\mathrm{pp}}^{-1}\boldsymbol{D}_{\mathrm{pf}})\ddot{\boldsymbol{q}}_{\mathrm{f}}+(\boldsymbol{b}_{\mathrm{f}}-\boldsymbol{D}_{\mathrm{fp}}\boldsymbol{D}_{\mathrm{pp}}^{-1}\boldsymbol{b}_{\mathrm{p}})+\boldsymbol{K}_{\mathrm{f}}\boldsymbol{q}_{\mathrm{f}}=0\end{cases} \tag{9}$$

组成新的动力学方程为

$$\begin{bmatrix}\boldsymbol{M}_{\mathrm{aa}}(\boldsymbol{q}) & \boldsymbol{M}_{\mathrm{af}}(\boldsymbol{q})\\ \boldsymbol{M}_{\mathrm{fa}}(\boldsymbol{q}) & \boldsymbol{M}_{\mathrm{ff}}(\boldsymbol{q})\end{bmatrix}\begin{bmatrix}\ddot{\boldsymbol{q}}_{\mathrm{a}}\\ \ddot{\boldsymbol{q}}_{\mathrm{f}}\end{bmatrix}+\begin{bmatrix}\boldsymbol{h}_{\mathrm{a}}(\boldsymbol{q},\dot{\boldsymbol{q}})\\ \boldsymbol{h}_{\mathrm{f}}(\boldsymbol{q},\dot{\boldsymbol{q}})\end{bmatrix}+\begin{bmatrix}0 & 0\\ 0 & \boldsymbol{K}_{\mathrm{f}}\end{bmatrix}\begin{bmatrix}\boldsymbol{q}_{\mathrm{a}}\\ \boldsymbol{q}_{\mathrm{f}}\end{bmatrix}=\begin{bmatrix}\boldsymbol{\tau}_{\mathrm{a}}\\ 0\end{bmatrix} \tag{10}$$

方程(10)的第 1 式表示欠驱动柔性机器人全部主动关节的运动情况，而第 2 式则表示柔性杆件的弹性变形运动情况。当 $\ddot{\boldsymbol{q}}_{\mathrm{a}}=\dot{\boldsymbol{q}}_{\mathrm{a}}=\{0\}$ 和 $\ddot{\boldsymbol{q}}_{\mathrm{f}}=\dot{\boldsymbol{q}}_{\mathrm{f}}=\{0\}$ 时，弹性广义坐标 $\boldsymbol{q}_{\mathrm{f}}$ 为零。

为了对复杂柔性系统的可控性展开分析，现引入两个假设条件[7,8]：(1)仅考虑系统的静态特性，忽略系统的离心力和哥氏力，$\boldsymbol{h}(\boldsymbol{q},\dot{\boldsymbol{q}})=0$，认为惯性矩阵对时间的导数 $\dot{\boldsymbol{M}}(\boldsymbol{q})=\dot{\boldsymbol{M}}(\boldsymbol{q}_{\mathrm{r}},\boldsymbol{q}_{\mathrm{f}})=0$；(2)假设在惯性矩阵中，弹性变形 $\boldsymbol{q}_{\mathrm{f}}$ 的影响很小，将其忽略，有 $\boldsymbol{M}(\boldsymbol{q})=\boldsymbol{M}(\boldsymbol{q}_{\mathrm{r}})$。这时，欠驱动柔性机器人的近似方程为

$$\begin{bmatrix}\boldsymbol{M}_{\mathrm{aa}}(\boldsymbol{q}_{\mathrm{r}}) & \boldsymbol{M}_{\mathrm{af}}(\boldsymbol{q}_{\mathrm{r}})\\ \boldsymbol{M}_{\mathrm{fa}}(\boldsymbol{q}_{\mathrm{r}}) & \boldsymbol{M}_{\mathrm{ff}}(\boldsymbol{q}_{\mathrm{r}})\end{bmatrix}\begin{bmatrix}\ddot{\boldsymbol{q}}_{\mathrm{a}}\\ \ddot{\boldsymbol{q}}_{\mathrm{f}}\end{bmatrix}+\begin{bmatrix}0 & 0\\ 0 & \boldsymbol{K}_{\mathrm{f}}\end{bmatrix}\begin{bmatrix}\boldsymbol{q}_{\mathrm{a}}\\ \boldsymbol{q}_{\mathrm{f}}\end{bmatrix}=\begin{bmatrix}\boldsymbol{\tau}_{\mathrm{a}}\\ 0\end{bmatrix} \tag{11}$$

给定主动关节角的位形 $\boldsymbol{q}_{\mathrm{a}}$，有

$$\begin{bmatrix}\ddot{\boldsymbol{q}}_{\mathrm{a}}\\ \ddot{\boldsymbol{q}}_{\mathrm{f}}\end{bmatrix}=-\boldsymbol{M}^{-1}\begin{bmatrix}0 & 0\\ 0 & \boldsymbol{K}_{\mathrm{f}}\end{bmatrix}\begin{bmatrix}\boldsymbol{q}_{\mathrm{a}}\\ \boldsymbol{q}_{\mathrm{f}}\end{bmatrix}+\boldsymbol{M}^{-1}\begin{bmatrix}\boldsymbol{\tau}_{\mathrm{a}}\\ 0\end{bmatrix} \tag{12}$$

式中，$\boldsymbol{M}^{-1}=\begin{bmatrix}(\boldsymbol{M}^{-1})_{\mathrm{aa}} & (\boldsymbol{M}^{-1})_{\mathrm{af}}\\ (\boldsymbol{M}^{-1})_{\mathrm{fa}} & (\boldsymbol{M}^{-1})_{\mathrm{ff}}\end{bmatrix}$。方程(12)的第 2 式表达了 $\ddot{\boldsymbol{q}}_{\mathrm{f}}$ 和 $\boldsymbol{\tau}_{\mathrm{a}}$ 的关系，由此可以研究系统的振动可控性，展开式(12)的第 2 式，并写成状态方程形式为

$$\begin{bmatrix}\ddot{\boldsymbol{q}}_{\mathrm{f}}\\ \dot{\boldsymbol{q}}_{\mathrm{f}}\end{bmatrix}=\begin{bmatrix}0 & -(\boldsymbol{M}^{-1})_{\mathrm{ff}}\boldsymbol{K}_{\mathrm{f}}\\ \boldsymbol{I}_{l\times l} & 0\end{bmatrix}\begin{bmatrix}\dot{\boldsymbol{q}}_{\mathrm{f}}\\ \boldsymbol{q}_{\mathrm{f}}\end{bmatrix}+\begin{bmatrix}(\boldsymbol{M}^{-1})_{\mathrm{fa}}\\ 0\end{bmatrix}\boldsymbol{\tau}_{\mathrm{a}} \tag{13}$$

简化得

$$\dot{\boldsymbol{Z}}=\boldsymbol{A}\boldsymbol{Z}+\boldsymbol{B}\boldsymbol{\tau}_{\mathrm{a}} \tag{14}$$

式中，$\dot{\boldsymbol{Z}}=\begin{bmatrix}\dot{\boldsymbol{q}}_{\mathrm{f}} & \boldsymbol{q}_{\mathrm{f}}\end{bmatrix}^{\mathrm{T}}$，$\boldsymbol{A}=\begin{bmatrix}0 & -(\boldsymbol{M}^{-1})_{\mathrm{ff}}\boldsymbol{K}_{\mathrm{f}}\\ \boldsymbol{I}_{l\times l} & 0\end{bmatrix}$，$\boldsymbol{B}=\begin{bmatrix}(\boldsymbol{M}^{-1})_{\mathrm{fa}}\\ 0\end{bmatrix}$。

若振动可控性矩阵的秩 $\mathrm{Rank}(\boldsymbol{\Gamma})=\begin{bmatrix}\boldsymbol{B} & \boldsymbol{AB} & \cdots & \boldsymbol{A}^{2l-1}\boldsymbol{B}\end{bmatrix}<2l$，说明系统某些结构振动是不可控的。通常 $\boldsymbol{A}$、$\boldsymbol{B}$ 都是 $\boldsymbol{q}$ 的函数，因此，矩阵 $\boldsymbol{\Gamma}$ 也是依赖于关节位形的；而对欠驱动机器人系统，$\boldsymbol{A}$、$\boldsymbol{B}$ 还随驱动输入的不同而变化，这时，矩阵 $\boldsymbol{\Gamma}$ 还是依赖于驱动输入位置的。

4.2　振动可控性分析

仍然以式(4)所表示的杆 3 柔性的 3DOF 欠驱动机器人为例，分析系统在各驱动装置位置的振动可控性。首先考虑关节 3 被动的情况，假设 $\mathrm{RR\bar{R}}$ 系统不受外界负载，则杆 3 两端的边界条件为简支一自由，截取振型的第一阶模态，即 $l=1$，其动力学方程为

$$\begin{bmatrix}M_{11}(\boldsymbol{q}_{\mathrm{r}}) & M_{12}(\boldsymbol{q}_{\mathrm{r}}) & M_{1\mathrm{f}}(\boldsymbol{q}_{\mathrm{r}})\\ M_{21}(\boldsymbol{q}_{\mathrm{r}}) & M_{22}(\boldsymbol{q}_{\mathrm{r}}) & M_{2\mathrm{f}}(\boldsymbol{q}_{\mathrm{r}})\\ M_{\mathrm{f}1}(\boldsymbol{q}_{\mathrm{r}}) & M_{\mathrm{f}2}(\boldsymbol{q}_{\mathrm{r}}) & M_{\mathrm{ff}}(\boldsymbol{q}_{\mathrm{r}})\end{bmatrix}\begin{bmatrix}\ddot{q}_1\\ \ddot{q}_2\\ \ddot{q}_{\mathrm{f}}\end{bmatrix}+\begin{bmatrix}0 & 0 & 0\\ 0 & 0 & 0\\ 0 & 0 & K_{\mathrm{f}}\end{bmatrix}\begin{bmatrix}\boldsymbol{q}_1\\ \boldsymbol{q}_2\\ \boldsymbol{q}_{\mathrm{f}}\end{bmatrix}=\begin{bmatrix}\tau_1\\ \tau_2\\ 0\end{bmatrix} \tag{15}$$

式中惯性矩阵是经过原始惯性矩阵的变换得到的，它们之间的关系满足

$$M_{ij}(\boldsymbol{q}_r)=D_{ij}(\boldsymbol{q}_r)-D_{i3}(\boldsymbol{q}_r)D_{33}^{-1}(\boldsymbol{q}_r)D_{3j}(\boldsymbol{q}_r),\quad i,j=1,2,3,\mathrm{f} \tag{16}$$

按照式(13)将式(15)写成状态方程的形式为

$$\begin{bmatrix}\ddot{q}_f\\ \dot{q}_f\end{bmatrix}=\begin{bmatrix}0 & -(\boldsymbol{M}^{-1})_{ff}K_f\\ 1 & 0\end{bmatrix}\begin{bmatrix}\dot{\boldsymbol{q}}_f\\ \boldsymbol{q}_f\end{bmatrix}+\begin{bmatrix}(\boldsymbol{M}^{-1})_{f1} & (\boldsymbol{M}^{-1})_{f2}\\ 0 & 0\end{bmatrix}\begin{bmatrix}\tau_1\\ \tau_2\end{bmatrix}\Rightarrow \dot{\boldsymbol{Z}}=\boldsymbol{A}\boldsymbol{Z}+\boldsymbol{B}\boldsymbol{\tau}_a \tag{17}$$

式中

$$\boldsymbol{M}^{-1}=\begin{bmatrix}(\boldsymbol{M}^{-1})_{11} & (\boldsymbol{M}^{-1})_{12} & (\boldsymbol{M}^{-1})_{1f}\\ (\boldsymbol{M}^{-1})_{21} & (\boldsymbol{M}^{-1})_{22} & (\boldsymbol{M}^{-1})_{2f}\\ (\boldsymbol{M}^{-1})_{f1} & (\boldsymbol{M}^{-1})_{f2} & (\boldsymbol{M}^{-1})_{ff}\end{bmatrix}$$

$$\boldsymbol{Z}=\begin{bmatrix}\dot{\boldsymbol{q}}_f & \boldsymbol{q}_f\end{bmatrix}^{\mathrm{T}}$$

$$\boldsymbol{A}=\begin{bmatrix}0 & -(\boldsymbol{M}^{-1})_{ff}\boldsymbol{K}_f\\ 1 & 0\end{bmatrix}$$

$$\boldsymbol{B}=\begin{bmatrix}(\boldsymbol{M}^{-1})_{f1} & (\boldsymbol{M}^{-1})_{f2}\\ 0 & 0\end{bmatrix}$$

计算振动可控性矩阵，有

$$\boldsymbol{\Gamma}_1=\begin{bmatrix}\boldsymbol{B} & \boldsymbol{AB}\end{bmatrix}=\begin{bmatrix}(\boldsymbol{M}^{-1})_{f1} & (\boldsymbol{M}^{-1})_{f2} & 0 & 0\\ 0 & 0 & (\boldsymbol{M}^{-1})_{f1} & (\boldsymbol{M}^{-1})_{f2}\end{bmatrix} \tag{18}$$

由于$\boldsymbol{M}^{-1}$是 q_2 和 q_3 的函数，所以，欠驱动柔性机器人的振动可控性矩阵$\boldsymbol{\Gamma}_1$也是依赖于关节位形 q_2 和 q_3 的，因此，有必要计算系统在所有关节位形的振动可控情况，以便找到振动不可控位形。观察$\boldsymbol{\Gamma}_1$可知，当$(\boldsymbol{M}^{-1})_{f1}\neq(\boldsymbol{M}^{-1})_{f2}$，且$(\boldsymbol{M}^{-1})_{f1}\neq 0$和$(\boldsymbol{M}^{-1})_{f2}\neq 0$时，$\mathrm{Rank}(\boldsymbol{\Gamma}_1)=2$，RR$\bar{\mathrm{R}}$ 系统在平衡点附近是振动可控的。

计算$\boldsymbol{\Gamma}_1$的最小奇异值，可以定量观察振动可控性矩阵随关节位形的变化。设q_2和q_3的运动区间都是$0^\circ\sim360^\circ$，RR$\bar{\mathrm{R}}$ 系统的详细参数如表 1 所示，由于$\boldsymbol{\Gamma}_1$的维数为 2×4，计算得$\boldsymbol{\Gamma}_1$在任何关节位形都有两个值相等的奇异值，它的变化如图 2 所示。可以看出，$\boldsymbol{\Gamma}_1$在各个关节位形的奇异值都是大于零的，$\boldsymbol{\Gamma}_1$的最小奇异值是随关节位形q_2和q_3而变化的，说明系统没有振动不可控位形，即柔性杆 3 的弹性振动都可由主动驱动力矩τ_1和τ_2来控制。当q_3在 90° 和 270° 附近时，也就是杆 3 与杆 2 处于垂直位置时，图中的奇异值取得最小值。

同理，对 R$\bar{\mathrm{R}}$R 系统来说，关节 2 被动，柔性杆 3 的边界条件为固定－自由，按照上述方法可求得振动可控性矩阵$\boldsymbol{\Gamma}_2$，它也是依赖于关节位形$\boldsymbol{q}_2$和$\boldsymbol{q}_3$的函数，维数为 2×4。由于相应的刚性系统是 STLC 的，因此当$\mathrm{Rank}(\boldsymbol{\Gamma}_2)=2$时，系统在平衡点附近是振动可控的。图 3 为 R$\bar{\mathrm{R}}$R 系统可控性矩阵的最小奇异值曲面，观察可知，曲面的所有值都是正的，说明系统可以由主动关节的力矩τ_1和τ_3来控制柔性杆 3 的振动。

表 1　3DOF 欠驱动柔性机器人的参数

	质量/kg			杆长/m			柔性杆 3				材料
	杆 1	杆 2	杆 3	杆 1	杆 2	杆 3	弹性模量/MPa	惯性矩/mm^4	截面高/mm	截面宽/mm	铝
符号	M_1	M_2	M_3	l_1	l_2	l_3	E	I	h	b	
参数	1.0	1.0	0.1	0.5	0.5	0.5	0.677×10^5	6.1728	74.1	1	

另外，$\bar{\mathrm{R}}$RR 系统关节 1 被动，柔性杆 3 的边界条件也为固定－自由，按照上述同样的方法可以计算可控性矩阵$\boldsymbol{\Gamma}_3$。由第 3 节的分析可知，由于刚性 $\bar{\mathrm{R}}$RR 系统在平衡点不满足 STLC，即在平衡点附近，不能通过控制的作用，在有限的时间内，找到一条从起始点出发，到终点结束的轨迹。因此，这里计算的$\mathrm{Rank}(\boldsymbol{\Gamma}_3)$值是不确定并且没有意义的，系统在平衡点附近是振动不可控的，即欠驱动柔性机器人不能由主动关节的力矩τ_2和τ_3控制柔性杆 3 的振动。

综上所述，欠驱动柔性机器人的振动可控性不但依赖于关节位形，同时也依赖于驱动输入位置。而且，欠驱动刚性机器人的可控性对相应柔性系统的振动可控性有着重要的影响，当刚性系统不可控时，相应的柔性系统的振动可控性是不确定且无意义的。

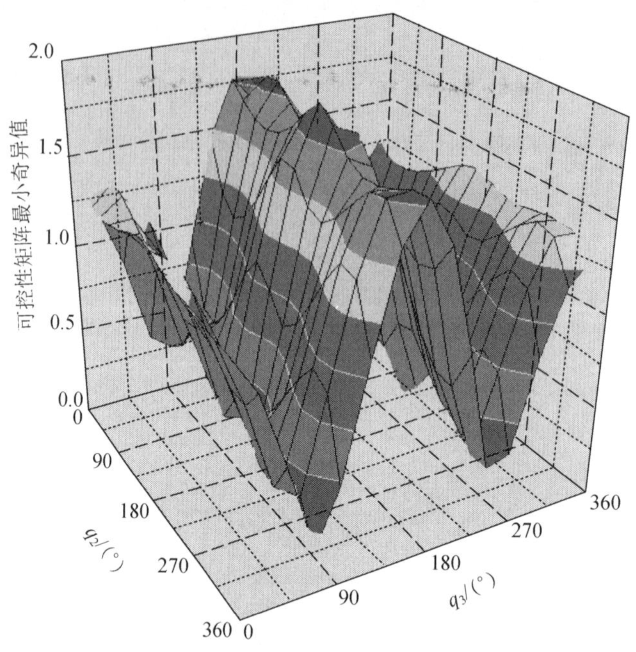

图 2　RR$\bar{\text{R}}$ 系统的可控性最小奇异值

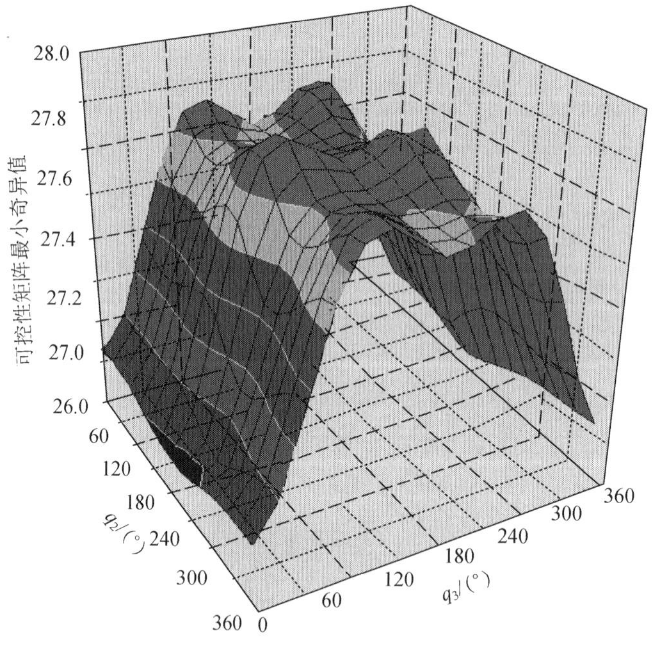

图 3　系统的可控性最小奇异值

4.3　模态可达指数

将系统的状态方程(13)变换成如下规范形式

$$\begin{pmatrix} \dot{\boldsymbol{q}}_{\mathrm{f}}^{*} \\ \ddot{\boldsymbol{q}}_{\mathrm{f}}^{*} \end{pmatrix} = \begin{bmatrix} 0 & \boldsymbol{I}_{k\times k} \\ \boldsymbol{\Omega} & 0 \end{bmatrix} \begin{pmatrix} \boldsymbol{q}_{\mathrm{f}}^{*} \\ \dot{\boldsymbol{q}}_{\mathrm{f}}^{*} \end{pmatrix} + \begin{pmatrix} 0 \\ \boldsymbol{\Lambda} \end{pmatrix} \boldsymbol{\tau}_{\mathrm{a}} \tag{19}$$

式中，$\boldsymbol{\Omega}=-\boldsymbol{\xi}^{-1}\left(\boldsymbol{M}^{-1}\right)_{\mathrm{ff}}\boldsymbol{K}_{\mathrm{f}}\boldsymbol{\xi}=-\mathrm{diag}\left[\Omega_1,\cdots,\Omega_k\right]$，$\boldsymbol{\Lambda}=\boldsymbol{\xi}^{-1}\left(\boldsymbol{M}^{-1}\right)_{\mathrm{fa}}$，其中$\boldsymbol{\xi}$为$\left(\boldsymbol{M}^{-1}\right)_{\mathrm{ff}}\boldsymbol{K}_{\mathrm{f}}$的特征向量矩阵，$\boldsymbol{\Omega}$为$\left(\boldsymbol{M}^{-1}\right)_{\mathrm{ff}}\boldsymbol{K}_{\mathrm{f}}$的特征值对角阵，且$\boldsymbol{\Omega}_1<\boldsymbol{\Omega}_2<\cdots<\boldsymbol{\Omega}_k$。由于状态方程的变换不会影响系统的性质，因此，系统的振动可控性不变，这时，可控性矩阵为

$$\boldsymbol{\Gamma}=\begin{bmatrix}\boldsymbol{\Lambda} & 0 & \boldsymbol{\Omega\Lambda} & 0 & \cdots & \boldsymbol{\Omega}^{2k-1}\boldsymbol{\Lambda}\\ 0 & \boldsymbol{\Lambda} & 0 & \boldsymbol{\Omega\Lambda} & \cdots & 0\end{bmatrix}\tag{20}$$

将式(19)的第 2 式展开，有

$$\ddot{\boldsymbol{q}}_{\mathrm{f}}^{*}=\boldsymbol{\Omega}\cdot\mathbf{q}_{\mathrm{f}}^{*}+\boldsymbol{\Lambda}\cdot\boldsymbol{\tau}_{\mathrm{a}}\tag{21}$$

式(21)表达了每个弹性广义坐标及其加速度和输入力矩之间的关系。在给定关节位形$\boldsymbol{q}$，定义模态可达指数为

$$\alpha_i\left(\boldsymbol{q}\right)=\sqrt{\boldsymbol{\gamma}_i\boldsymbol{\gamma}_i^{\mathrm{T}}}\tag{22}$$

式中，$\boldsymbol{\gamma}_i$为向量$\boldsymbol{\Lambda}$的第i行。文献[7]对模态可达指数$\alpha_i\left(\boldsymbol{q}\right)$物理意义的解释为：若第$i$阶模态是不可达模态，则相应的位形$\boldsymbol{q}$是第$i$阶模态不可达位形。但这里的$i$应为状态方程中所对应的第$i$个弹性广义坐标，而弹性广义坐标列阵$\boldsymbol{q}_{\mathrm{f}}$的顺序是从基座开始，按照对柔性杆选取模态的阶数顺次排列的。因此，若$\boldsymbol{\Lambda}$的某行都是零，则相应于这行的振动模态是不可控的，即所对应的弹性广义坐标是振动不可控的，$\boldsymbol{q}$是它的不可达位形。这里，模态可达指数仍然可以看作一种模态可控性的边界，即使系统是可控的，如果一特定模态的模态可达性很小，相应的振动模态将很难控制[7]。

下面分析 3DOF 欠驱动机器人的 RR$\bar{\mathrm{R}}$ 和 R$\bar{\mathrm{R}}$R 两个系统的模态可达指数变化情况。由于柔性杆 3 只取第一阶模态，矩阵$\boldsymbol{\Lambda}$都是 2×1 矩阵，则求得的模态可达指数为一个数，且刚好与可控性矩阵的奇异值相等，图 2 和图 3 同时也表示了两个系统模态可达指数随关节的变化。比较两个图可知，R$\bar{\mathrm{R}}$R 系统的值远大于 RR$\bar{\mathrm{R}}$ 系统的值，说明对此 3DOF 两输入欠驱动柔性机器人来说，R$\bar{\mathrm{R}}$R 系统比 RR$\bar{\mathrm{R}}$ 系统更加易于抑制柔性杆 3 的弹性振动。

5. 含一个被动关节的 N 自由度平面欠驱动柔性机器人的可控性分析

下面将上述可控性分析方法推广到含一个被动关节的N个自由度平面欠驱动柔性机器人。首先分析相应刚性系统的状态可控性。Kobayash 等[18]分三步对具有一个被动关节的平面N自由度欠驱动刚性机器人的可控性进行了分析：首先，以 2R 欠驱动机器人为例，证明当关节 1 主动，关节 2 被动，即驱动输入为 R$\bar{\mathrm{R}}$ 时，系统是完全可控的，当驱动输入为 $\bar{\mathrm{R}}$R 时，系统是不完全可控的；接着，将研究对象扩展到关节 1 驱动，其余N–1 个关节中一个关节被动的N自由度平面欠驱动机器人，得到在此情况下系统是状态可控的；最后，证明关节 1 被动时，N自由度平面欠驱动机器人是不完全可控的。因此，可以得出对具有一个被动关节的平面N自由度欠驱动机器人来说，除了关节 1 被动的系统不可控外，其余，不论哪个关节被动，系统都是可控的。

基于上述结论，这里给出具有一个关节被动的N个自由度平面欠驱动柔性机器人的振动可控性分析。当机器人的所有杆件都是柔性的，每个杆件都只取第一阶模态时，根据第 4 节提出的两个假设条件，系统的假设模态近似动力学方程为

$$\begin{bmatrix}\boldsymbol{D}_{\mathrm{rr}} & \boldsymbol{D}_{\mathrm{rf}}\\ \boldsymbol{D}_{\mathrm{fr}} & \boldsymbol{D}_{\mathrm{ff}}\end{bmatrix}\begin{pmatrix}\ddot{\boldsymbol{q}}_{\mathrm{r}}\\ \ddot{\boldsymbol{q}}_{\mathrm{f}}\end{pmatrix}+\begin{bmatrix}0 & 0\\ 0 & \boldsymbol{K}_{\mathrm{f}}\end{bmatrix}\begin{pmatrix}\boldsymbol{q}_{\mathrm{r}}\\ \boldsymbol{q}_{\mathrm{f}}\end{pmatrix}=\lambda\begin{pmatrix}\boldsymbol{\tau}\\ 0\end{pmatrix}\tag{23}$$

式中，下标r代表刚性关节变量，f代表弹性坐标，$\boldsymbol{q}_{\mathrm{r}}=\begin{bmatrix}\boldsymbol{q}_{\mathrm{a}} & \boldsymbol{q}_{\mathrm{p}}\end{bmatrix}^{\mathrm{T}}\in\mathbf{R}^{n\times1}$，$\boldsymbol{q}_{\mathrm{f}}\in\mathbf{R}^{n\times1}$。$\boldsymbol{\tau}=\begin{bmatrix}\boldsymbol{\tau}_{\mathrm{a}} & \boldsymbol{\tau}_{\mathrm{p}}\end{bmatrix}^{\mathrm{T}}\in\mathbf{R}^{n\times1}$，$\boldsymbol{K}_{\mathrm{f}}=\mathrm{diag}(k_1\quad k_2\quad\cdots\quad k_n)$；$\lambda\in\mathbf{R}^{n\times n}$，它近似于单位阵，对应于被动关节的那一行元素全为零。将被动关节变量用其他主动关节表示，得

$$\begin{bmatrix} M_{aa} & M_{af} \\ M_{fa} & M_{ff} \end{bmatrix}\begin{pmatrix} \ddot{q}_a \\ \ddot{q}_f \end{pmatrix}+\begin{bmatrix} 0 & 0 \\ 0 & K_f \end{bmatrix}\begin{pmatrix} q_r \\ q_f \end{pmatrix}=\begin{pmatrix} \tau_a \\ 0 \end{pmatrix} \tag{24}$$

式中，$q_a \in \mathbf{R}^{(n-1)\times 1}$，$q_f \in \mathbf{R}^{n\times 1}$，$M \in \mathbf{R}^{(2n-1)\times(2n-1)}$，$\tau_a \in \mathbf{R}^{(n-1)\times 1}$。将式(24)转换成状态方程

$$\begin{pmatrix} \ddot{q}_f \\ \dot{q}_f \end{pmatrix}=\begin{bmatrix} 0 & -\left(M^{-1}\right)_{ff} K_f \\ I & 0 \end{bmatrix}\begin{pmatrix} \dot{q}_f \\ q_f \end{pmatrix}+\begin{bmatrix} \left(M^{-1}\right)_{fa} \\ 0 \end{bmatrix}\tau_a \Rightarrow \dot{Z}=AZ+B\tau_a \tag{25}$$

式中，$Z=\begin{bmatrix}\dot{q}_f & q_f\end{bmatrix}_{2n\times 1}^{T}$，$A=\begin{bmatrix} 0 & -\left(M^{-1}\right)_{ff} K_f \\ I & 0 \end{bmatrix}_{2n\times 2n}$，$B=\begin{bmatrix} \left(M^{-1}\right)_{fa} \\ 0 \end{bmatrix}_{2n\times(n-1)}$。计算振动可控性矩阵

$$\Gamma_{(2n-1)\times[2n\times(n-1)]}=\begin{bmatrix} B & AB & A^2B & \cdots & A^{2n-1}B \end{bmatrix} \tag{26}$$

由上述讨论可知，由于 A，B 都是关节角 q_r 的函数，则模态可控性矩阵 Γ 也是依赖于关节位形的，同时 Γ 也是随驱动输入位置变化的。由于欠驱动刚性机器人并不是在所有关节位形都完全可控的，当关节 1 被动时，系统就不满足 STLC，即在此驱动输入位置，矩阵 Γ 的秩是不确定的和无意义的，其余情况则是可以计算矩阵 Γ 的秩来判断，如果满足 $\text{Rank}(\Gamma)=2n$，相应的系统在平衡点是振动可控的，即可以由主动关节的驱动力矩控制柔性杆的弹性振动。

6. 结论

本文基于欠驱动柔性机器人假设模态动力学模型，分两步分析系统完整的可控性和振动可控性，并以具有柔性杆的平面 3DOF 欠驱动机器人为例进行分析，主要得出如下结论。

(1) 欠驱动刚性机器人的可控性对相应的柔性系统的振动可控性有着重要的影响，欠驱动柔性机器人的振动可控性是依赖于关节位形和驱动输入位置的。当欠驱动刚性机器人可控时，如果满足振动可控性矩阵条件，那么相应的柔性系统是振动可控的；而当欠驱动刚性机器人不可控时，柔性系统的振动可控性是无意义的。

(2) 欠驱动柔性机器人在不同关节位形可控性矩阵的最小奇异值变化图能直观反映系统中柔性杆是否存在振动不可控位形；相应的模态可达指数的大小则说明对振动控制的难易程度。3DOF 欠驱动柔性机器人的仿真结果说明，除特殊点外系统都不存在振动不可控位形，计算模态可达指数并比较，得出 3DOF 欠驱动机器人的 R$\bar{\text{R}}$R 系统比 RR$\bar{\text{R}}$ 系统更加有利于抑制柔性杆 3 的弹性振动的结论。

(3) 将振动可控性方法推广到具有一个被动关节的 N 自由度欠驱动柔性机器人，由于欠驱动刚性机器人在除关节 1 被动外的其他驱动输入位置系统都满足 STLC，因此，相应的柔性系统振动可控性在关节 1 被动的系统是不确定的和无意义的，其他系统若满足 $\text{Rank}(\Gamma)=2N$，系统是振动可控的，即可以由主动关节的驱动力矩控制柔性杆的弹性振动。

参考文献

[1] Tosunoglu S, Lin S H, Tesar D. Accessibility and controllability of flexible robotic manipulators. ASME Journal of Dynamic Systems, Measurement, and Control, 1992, 1 (114): 50-58

[2] Mahindrakar A D, Banavar R N. Controllability properties of a planar 3r underactuated manipulator// Proceedings of the International Conference on Control Applications. 2002, 1: 489-494

[3] De Luca A, Iannitti S. A simple STLC test for mechanical systems underactuated by one control// Proceedings of the IEEE International Conference on Robotics and Automation. 2002, 2: 1735-1740

[4] Arai H, Tachi S. Position control of a manipulator with passive joints using dynamic coupling. IEEE Transactions on Robotics and Automation, 1991, 7 (4):528-534

[5] Balas M. Feedback control of flexible system. IEEE Transaction on Automatic Control, 1978, 23 (4): 673-679

[6] López-Linares S, Konno A, Uchiyama M. Vibration suppression control of flexible robots using velocity inputs//

Proceedings of the IEEE/RSJ/GI International Conference on Intelligent Robots and Systems, '94. IEEE, 1994. 2:1429-1437

[7] Konno A, Uchiyama M, Kito Y, et al. Vibration controllability of flexible manipulators// Proceedings of IEEE International Conference on Robotics and Automation, San Diego: IEEE Press, 1994. 308-314

[8] Konno M, Uchiyama M, Kito Y, et al. Configuration-dependent vibration controllability of flexible-link manipulators. The International Journal of Robotics Research, 1997, 16(4):567-576

[9] Wei Chen. Dynamic modeling and simulation of underactuated flexible robot. Chinese Mechanical Engineering, 2006,17(9):931-936

[10] Popescu C. Nonlinear Control of Underactuated Horizontal Double Pendulum. Florida Atlantic University, 2002

[11] Suzuki T, Miyoshi W, Nakamura Y. Control of 2R underactuated manipulator with friction// Proceedings of IEEE Conference on Decision and Control. Tampa, Florida: IEEE Press, 1998, 2007-2012

[12] Arai H, Tanie K, Shiroma N. Nonholonomic control of a three-DOF planar underactuated manipulator. IEEE Transactions on Robotics and Automation, 1998.14(5):681-695

[13] Sussmann H. A General theorem on local controllability. SIAM Journal on Control and Optimization, 1987, 25(1):158-194

[14] Reyhanoglu M, van der Schaft A, McClamroch N H, et al. Nonlinear control of a class of underactuated systems// Proceedings of the IEEE Conference on Decision and Control. Kobe: IEEE Press, 1996, 1682-1687

[15] Reyhanoglu M, van der Schaft A, McClamroch N H, et al. Dynamics and control of a class of underactuated mechanical systems. IEEE Transaction on Automatic Control. 1999, 44(9):1663-1671

[16] Bianchini R M, Stefani G. Controllability along a trajectory: a variational approach. SIAM Journal on Control and Optimization, 1993,31(4):900-927

[17] Lewis A D, Murray R. configuration controlbility of simple mechanical control systems. SIAM Journal on Control and Optimization, 1997, 35(3):766-790

[18] Kobayashi K, Yoshikawa T. Controllability of underactuated planar manipulators with one unactuated joint. The International Journal of Robotics Research, 2002, 21：555-561

（原载《自动化学报》2007，33(4)：391-398）

§100 2R欠驱动平面柔性机械臂的位置控制策略与试验研究

陈炜[1,2] 余跃庆[3] 赵新华[1] 张西正[2] 侍才洪[2]
（1．天津理工大学，天津 300384；
2．军事医学科学院卫生装备研究所，天津 300161；
3．北京工业大学，北京 100124）

摘 要：针对同时具有被动关节和柔性杆的欠驱动平面机械臂，提出一种简单易行的分段位置控制策略。以2R欠驱动平面柔性机械臂为研究对象，建立机械臂的假设模态动力学模型，分析系统的动力学耦合特性与可控性。通过被动关节处制动器的开闭切换，研究平面柔性机械臂的分段位置控制策略，采用PID方法分别设计各阶段主动、被动关节的控制算法。最后，基于自行开发的欠驱动平面机械臂的试验平台及实时控制系统，完成了2R欠驱动平面柔性机械臂位置控制的试验研究。仿真和试验结果表明，主动关节和被动关节在各阶段都能很好地跟踪目标值，进而实现机械臂的操作任务，验证了所提控制方法的可行性和有效性，以及欠驱动柔性机械臂动力学模型的正确性。

关键词：欠驱动机械臂；柔性；位置控制；PID

1. 引言

欠驱动机械臂是驱动装置数目少于系统自由度个数的一类机器人，具有轻质、低耗、结构紧凑等优点，在太空、深海和核工业具有重要的现实意义[1]。目前，国内外学者在欠驱动机械臂的动力学、可控性、运动规划与控制方法等方面做了广泛的研究，取得一些初步成果[2-6]，为欠驱动机器人的深入研究奠定了理论基础。而近年来模糊控制、神经网络、遗传算法、粒子群等智能控制方法的快速发展，则为实现欠驱动机器人的非建模鲁棒控制提供了新的思路。如Izumi等[7]采用基于模糊能量区域的切换方法实现欠驱动机械臂的位置控制。Xu等[8]采用遗传算法完成欠驱动机械臂惯性参数的辨识。Yu等[9]基于T-S模糊控制方法设计欠驱动机器人的鲁棒控制策略。Mun-Soo等[10]将欠驱动系统分为两个子系统，对每一个闭环子系统都施加滑模控制，并基于解耦控制方法设计整个系统的控制器。

另外，为了满足现代机器人在高速、高精度、重载等方面的发展需求，人们一直尝试从机构设计角度出发，采用轻质的材料将系统设计成柔性机器人。目前，柔性机器人的研究在动力学建模与分析、振动控制、轨迹规划及最优设计等领域取得了大量的成果[11,12]。而随着科学技术的快速发展，柔性机器人的研究由理论分析逐渐扩展到实践应用[13,14]，研究范围也由最初的机械臂拓展到并联机器人、移动机器人等其他机器人领域[15,16]。

综合上述分析可以看出，若将欠驱动和柔性两种特性相结合，研究欠驱动柔性这类机器人，可以综合两方面优势，充分发挥各自的特点，为减少机器人部件、降低重量提供新的思路。但是，上述任何一个因素的引入对系统的建模方法、分析手段、控制策略等方面都提出了更高的要求。首先，由于被动关节的出现，欠驱动机械臂能以较少的控制输入得到在较多位形空间内的运动，但是针对这类典型的二阶非完整约束系统，如何获得类似于甚至优于全驱动机器人的动态性能，这对传统的机器人控制方法提出了挑战。其次，目前欠驱动机械臂的成果大都将其视为刚性系统来研究，如若采用了柔性构件，运动过程中系统各零部件将产生弹性变形，这会直接影响各关节的位置跟踪，特别对于多柔性杆件情况，运动误差逐级放大，更加不容忽视。若此时仍采用刚性系统的建模和分析方法，不但无法解释系统复杂的动力学特性，甚至会产生完全错误的结论。因而，针对欠驱动柔性机器人这一新的研究领域，提出并采用适宜的建模方法与控制策略是十分重要的环节。

本文以2R欠驱动平面柔性机械臂为研究对象，提出了一种简单易行的分段位置控制策略。首先，基于假设模态方法，建立2R欠驱动柔性机械臂的动力学模型，并对系统的动力学耦合特性进行分析；

其次，分析欠驱动机械臂的可控性和柔性杆弹性模态的振动可控性；最后，结合被动关节处制动器的开闭动作，分别从仿真和试验两方面，分阶段完成欠驱动系统的位置控制。

2. 动力学模型与分析

不同于全驱动机器人的雅可比矩阵从笛卡儿空间向关节空间映射时依赖于运动学参数，欠驱动机器人在映射时则依赖于动力学参数[2]。欠驱动机械臂的被动关节常常利用与主动关节的动力学耦合效应产生运动，因而，精确的动力学模型建立与分析是系统控制设计的理论基础。

为了便于实时控制，这里采用假设模态方法建立 2R 欠驱动平面柔性机械臂的动力学模型，其中关节 2 为被动关节，杆 2 为柔性，如图 1 所示。将主动关节、被动关节及弹性变量进行分离，动力学方程为[17]

$$\begin{pmatrix} D_{aa} & D_{ap} & D_{af} \\ D_{pa} & D_{pp} & D_{pf} \\ D_{fa} & D_{fp} & D_{ff} \end{pmatrix}\begin{pmatrix} \ddot{q}_a \\ \ddot{q}_p \\ \ddot{q}_f \end{pmatrix}+\begin{pmatrix} b_a \\ b_p \\ b_f \end{pmatrix}+\begin{pmatrix} 0 & 0 & 0 \\ 0 & 0 & 0 \\ 0 & 0 & K_f \end{pmatrix}\begin{pmatrix} q_a \\ q_p \\ q_f \end{pmatrix}=\begin{pmatrix} \tau_a \\ 0 \\ 0 \end{pmatrix} \tag{1}$$

式中，q_a、q_p 为主、被动关节位置变量；q_f 为柔性杆弹性广义坐标，维数取决于柔性杆个数及截取的模态阶数；D_{ij} 为惯性矩阵各子矩阵，其中下标 i， j 分别为 a、b、f 代表主动、被动和弹性变量项；b_i 为科氏力、离心力、刚柔耦合项列阵，下标 i 分别为 a、b、f；τ_a 为驱动力矩项列阵；K_f 为刚度矩阵，为对角阵。

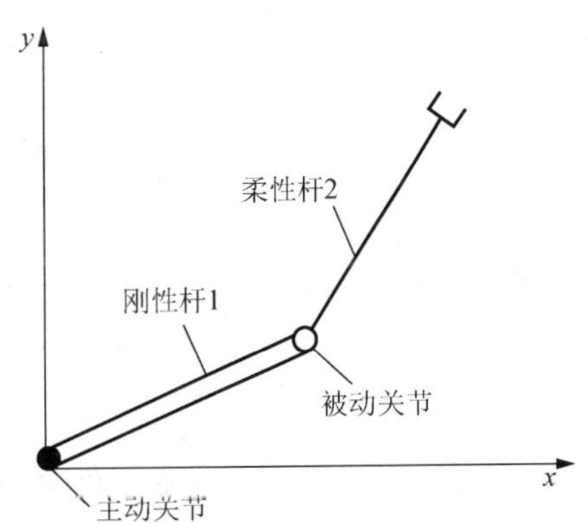

图 1　2R 欠驱动平面柔性机械臂示意图

值得注意的是，在欠驱动柔性机械臂中，由于关节 2 是自由运动的，柔性杆 2 的边界条件取为简支和自由，这与全驱动柔性机械臂柔性杆件通常为固定和自由是完全不同的。

根据欠驱动柔性机械臂动力学耦合特性分析可知[18]，当关节 2 为被动时，主、被动关节之间加速度耦合和力矩耦合都要远远大于关节 1 为被动的情况。因此，当电动机驱动关节 1 运动时，关节 2 可以利用与主动关节的动力学耦合间接获得较大的驱动力。

3. 可控性分析

可控性是反映系统的控制输入驾驭状态运动能力的重要特性。对于欠驱动柔性机械臂来说，一方面，由于被动关节的存在，机器人缺乏对任意轨迹的跟踪能力，具有状态不完全可控性；另一当面，由于杆件的弹性变形，存在驱动器不能影响某些振动模态进而不能控制其振动的情形，即系统的结构振动在所有的工作空间通常是不完全可控的[19]。因此，欠驱动柔性机械臂的可控性分析，应综合考虑这两方面因素，同时讨论状态可控性和振动可控性。针对上述情况，这里采用一个简单的方法，即先忽略柔性杆的弹性变形，研究欠驱动刚性系统的状态可控性；之后，再记入柔性的影响，分析相应的柔性系统的振动可控性。

对 2R 欠驱动平面刚性机器人来说，系统不满足线性可控和少时间局部可控（Small Time Local

Controllability, STLC)，但已有研究证明当关节 1 被动时系统是状态不完全可控的。当关节 2 被动时，系统是状态完全可控的[20]。进一步计算欠驱动柔性机器人柔性杆模态的振动可控性矩阵和模态可达指标可知，当关节 2 被动时，除若干特殊点外，关节 1 的驱动输入可以控制柔性杆 2 的弹性振动[21]，因此对于关节 2 被动，杆 2 柔性的机械臂来说，同时也满足振动可控性条件。

4. 位置控制策略

对欠驱动机器人进行位置控制的关键问题是如何使被动关节按照一定的规律运动。针对欠驱动平面机械臂这类典型的二阶非完整约束系统，Brockeit 等[22]早已证明，缺乏重力作用的欠驱动系统不存在光滑的或连续的时不变状态反馈方法，必须考虑时变和离散的控制方法。目前，欠驱动刚性系统的研究思路大都基于动力学模型，通过主、被动关节的动力学耦合及关节摩擦力，实现它对目标位置的跟踪，进而实现末端操作。这里，借鉴欠驱动刚性系统的控制方法，设计欠驱动柔性机械臂的控制策略。若在关节运动轨迹的起始和结束的瞬时，使主动关节和被动关节同时镇定在平衡点，采用非完整轨迹规划方法和非线性控制方法难度都非常大。因此，为了保证主、被动关节同时得到位置控制，在被动关节安装制动器，借助它的开闭控制关节运动，进而使机器人完成操作任务。根据制动器的工作状态，欠驱动柔性机械臂的位置控制可分为两个阶段。

（1）当制动器锁定时，系统类似于全驱动机器人，采用传统机器人的方法控制主动关节的运动。

（2）当制动器解锁时，被动关节自由运动，通过主、被动关节的动力学耦合间接驱动被动关节，实现被动关节的位置控制。

根据上述思想，可以针对机器人的操作任务，合理设计并组合两个控制阶段，得到满意的控制效果。但是，由于欠驱动机器人柔性杆的存在，系统动力学模型与相应的刚性系统具有本质区别，因此控制过程中控制策略也会不同。

4.1 控制主动关节(被动关节锁定)

被动关节锁定时，有 $\dot{q}_{\rm p}=\ddot{q}_{\rm p}=0$，此时 2R 欠驱动平面柔性机械臂的动力学模型为

$$\begin{pmatrix} D_{\rm aa} & D_{\rm af} \\ D_{\rm fa} & D_{\rm ff} \end{pmatrix}\begin{pmatrix} \ddot{q}_{\rm a} \\ \ddot{q}_{\rm f} \end{pmatrix}+\begin{pmatrix} b_{\rm a} \\ b_{\rm f} \end{pmatrix}+\begin{pmatrix} 0 & 0 \\ 0 & K_{\rm f} \end{pmatrix}\begin{pmatrix} q_{\rm a} \\ q_{\rm f} \end{pmatrix}=\begin{pmatrix} \tau_{\rm a} \\ 0 \end{pmatrix} \tag{2}$$

将式(2)进行变换，消去 $\ddot{q}_{\rm f}$ 并计算主动关节的驱动力矩，得

$$\tau_{\rm a}=\left(D_{\rm aa}-D_{\rm af}D_{\rm ff}^{-1}D_{\rm fa}\right)\ddot{q}_{\rm a}+b_{\rm a}-D_{\rm af}D_{\rm ff}^{-1}\left(b_{\rm f}+K_{\rm f}q_{\rm f}\right) \tag{3}$$

运用反馈线性化控制器对系统(2)进行解耦和线性化，设计 PID 反馈控制器

$$u_{\rm af}=\ddot{q}_{\rm a}=\ddot{q}_{\rm a}^{\rm d}+K_{\rm Da}\left(\dot{q}_{\rm a}^{\rm d}-\dot{q}_{\rm a}\right)+K_{\rm pa}\left(q_{\rm a}^{\rm d}-q_{\rm a}\right)+K_{\rm Ia}\int\left(q_{\rm a}^{\rm d}-q_{\rm a}\right){\rm d}t \tag{4}$$

式中，$q_{\rm a}^{\rm d}$、$\dot{q}_{\rm a}^{\rm d}$、$\ddot{q}_{\rm a}^{\rm d}$ 为主动关节位置、速度、加速度的目标值；$K_{\rm Da}$、$K_{\rm pa}$、$K_{\rm Ia}$ 为主动关节 PID 控制器微分、比例、积分增益矩阵；$u_{\rm af}$ 为主动关节控制器输入。

系统的控制结构如图 2 所示。

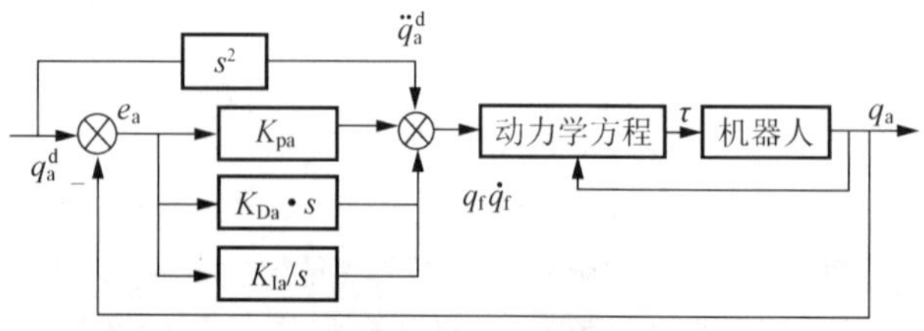

图 2 主动关节控制系统框图

4.2 控制被动关节(被动关节解锁)

被动关节解锁时，控制目标是实现被动关节，即实现关节 2 的位置跟踪，此时系统的动力学模

型如式(1)所示。由于系统中柔性杆的出现，动力学模型需要作相应的变换，将式(1)第三式的 $\ddot{q}_f$ 消去，得到新的动力学方程为

$$\begin{pmatrix} N_{aa} & N_{ap} \\ N_{pa} & N_{pp} \end{pmatrix}\begin{pmatrix} \ddot{q}_a \\ \ddot{q}_p \end{pmatrix}+\begin{pmatrix} b'_a \\ b'_p \end{pmatrix}=\begin{pmatrix} \tau_a \\ 0 \end{pmatrix} \tag{5}$$

式中，

$$N_{aa}=\left(D_{aa}-D_{af}D_{ff}^{-1}D_{fa}\right)$$

$$N_{ap}=\left(D_{ap}-D_{af}D_{ff}^{-1}D_{fp}\right)$$

$$N_{pa}=\left(D_{pa}-D_{pf}D_{ff}^{-1}D_{fa}\right)$$

$$N_{pp}=\left(D_{pa}-D_{pf}D_{ff}^{-1}D_{fp}\right)$$

$$b'_a=b_a-D_{af}D_{ff}^{-1}\left(b_f+K_f q_f\right)$$

$$b'_p=b_p-D_{pf}D_{ff}^{-1}\left(b_f+K_f q_f\right)$$

以 $\ddot{q}_p$ 作为控制输入，将式(5)中 $\ddot{q}_a$ 消去，得到欠驱动柔性机械臂主动关节的驱动力矩

$$\tau_a=\left(N_{ap}-N_{aa}N_{pa}^{-1}N_{pp}\right)\ddot{q}_p^d+b'_a-N_{aa}N_{pa}^{-1}b'_p \tag{6}$$

设计 PID 闭环反馈控制器为

$$u_{pf}=\ddot{q}_p=\ddot{q}_p^d+K_{pp}\left(q_p^d-q_p\right)+K_{Dp}\left(\dot{q}_p^d-\dot{q}_p\right)+K_{Ip}\int\left(\dot{q}_p^d-\dot{q}_p\right)dt \tag{7}$$

式中，q_p^d、$\dot{q}_p^d$、$\ddot{q}_p^d$ 为被动关节位置、速度、加速度的目标值；K_{Dp}、K_{pp}、K_{Ip} 为被动关节 PID 控制器微分、比例、积分增益矩阵；u_{pf} 为被动关节控制器输入。

当被动关节解锁时，欠驱动柔性机械臂的控制系统结构如图 3 所示。可以看出，由于柔性杆的存在，系统的驱动力矩已经发生了改变，因此，得到的控制结果也将与相应的刚性系统有本质区别。

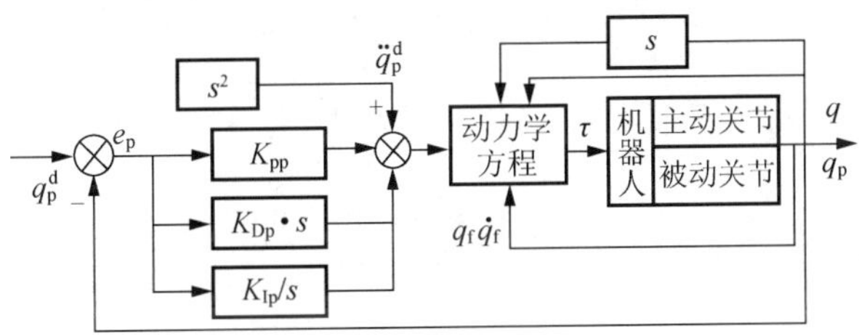

图 3　被动关节解锁后的控制系统框图

5. 试验研究

为了判别欠驱动柔性机械臂控制方法的有效性，下面分别从仿真和试验两方面加以验证。首先对试验装置及试验原理作简要阐述，如图 4 为自行设计的欠驱动机械臂的试验装置，分别由机械臂主体、传感检测和控制系统等部分组成。其中，杆 1 为刚性，杆 2 为柔性，关节 1 主动，关节 2 被动，驱动电动机额定转速为 3000r/min，其编码器分辨率为 10000 个脉冲，减速器传动比为 70∶1。

在欠驱动机器人实时控制的过程中，计算机工控机作为上位机，用于算法实现、人机交互、参数设定和实时操作；PMAC 控制器作为下位机，完成计算机和伺服电动机之间的数据传输，即 PMAC 控制器从伺服电动机驱动器采集电动机运动的位置和速度信息，通过 ISA 总线，将数据传输给计算机。

根据欠驱动机器人的位置控制策略式(6)和式(7)，被动关节 2 解锁时，采用角速度传感器陀螺仪检测它的角速度。陀螺仪输出的是电压信号，此信号会随着角速度的变化而变化。控制过程中，制动器控制被动关节 2 的开启和闭合，其释放和制动的时间分别为 35ms 和 12ms。另外，试验还采用 DRAl01C 动态应变仪，测量并记录运动过程中柔性杆 2 根部的弹性应变，整个试验控制流程的示意图如图 5 所示。

为了保证控制精度，试验过程中采用 QueryPerformanceFrequency () 和 QueryPerforManceCounter () 定时器函数来获得较小的伺服周期，它们可直接对工控机 CPU 的机器周期进行计数，精度可达 1ms。

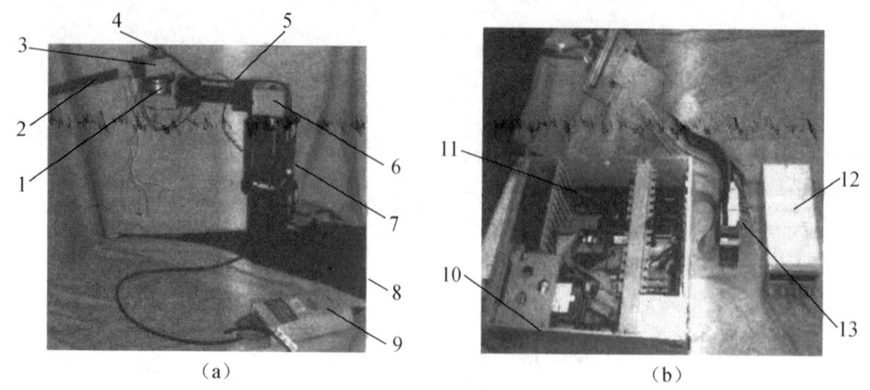

图 4　2R 欠驱动柔性机械臂的试验装置

1. 电磁制动器；2. 柔性杆；3. 被动关节；4. 角速度传感器；5. 刚性杆；6. 主动关节；7. 行星减速器；8. 交流伺服电动机；9. A/D 采集卡；10. 计算机工控机；11. PMAC 卡；12. 直流电源；13. 伺服电动机驱动器

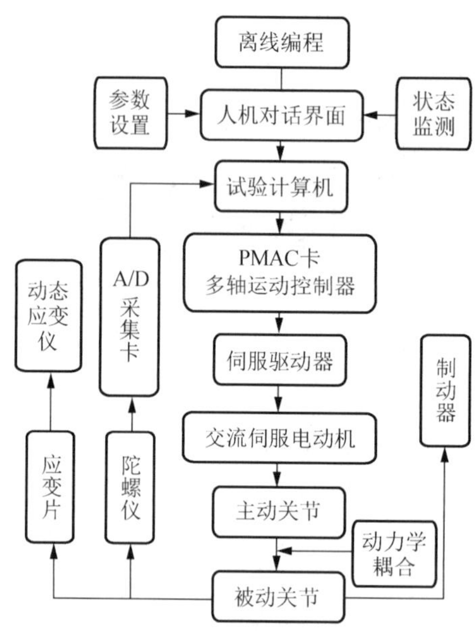

图 5　2R 欠驱动柔性机械臂控制系统示意图

定时之前，先调用 QueryPefformanceFrequency () 函数获取机器内部定时器的时钟频率，然后在需要严格定时的事件发生之前和发生之后分别调用 QueryPerformanceCounter () 函数，利用两次获得的计数之差及时钟频率，计算出事件经历的精确时间。经过测试，制动器解锁和锁定阶段的伺服周期分别为 8ms 和 4ms。

由于 2R 欠驱动柔性机械臂的控制设计是基于动力学模型的，对实时性要求很高，为了提高工作效率和对资源的合理利用，设计时采用了 VC++多线程技术，实现控制中的信号采集、显示和保存等多任务的同步进行。又由于试验控制中涉及关节 1 和关节 2 的目标值、实际值和 PID 控制器的增益等多个参数，因此，根据试验要求设计便于人机交互的软件界面，如图 6 所示。试验的第二阶段，控制对象是 2R 欠驱动柔性机械臂，控制策略体现了欠驱动柔性机械臂主、被动关节之间的动力学特性，图 7 为此阶段控制算法的流程图。

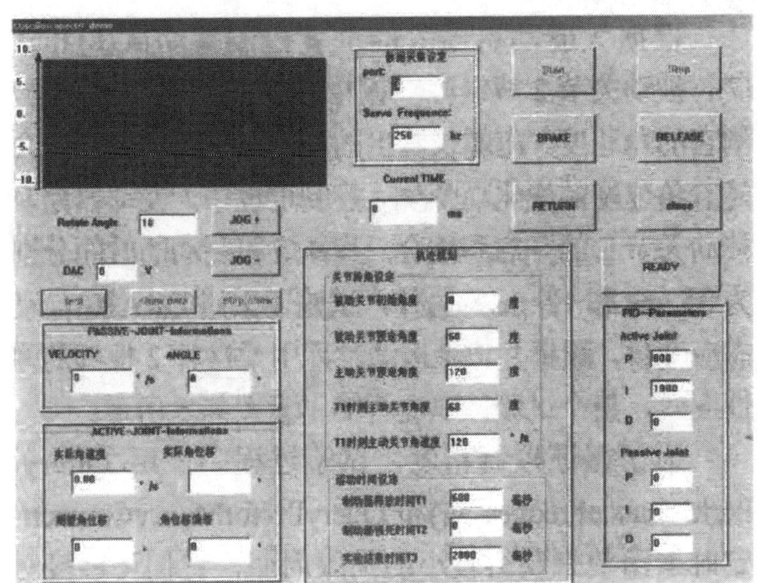

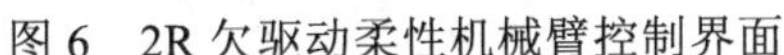
图 6　2R 欠驱动柔性机械臂控制界面

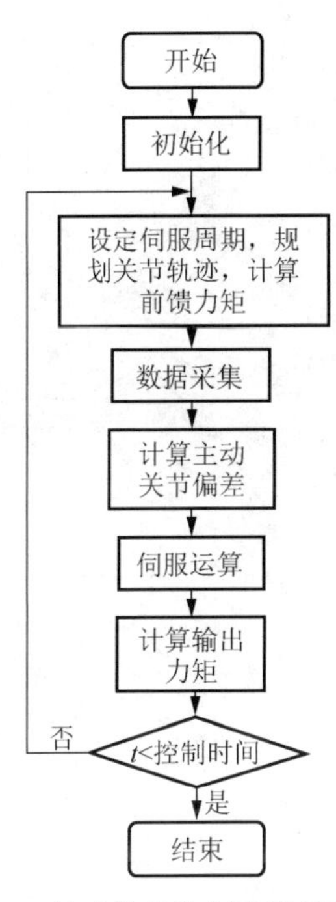

图 7　被动关节控制阶段流程图

6. 仿真与试验结果分析

为了验证所提控制策略的正确性，下面对具有杆 2 柔性，关节 2 被动的 2R 欠驱动平面机械臂进行仿真和试验研究，机械臂的结构参数如表 1 所示。

表 1　2R 欠驱动柔性机器人参数

	质量/kg	杆长/m	质心关节距离/m	右端集中质量/kg	弹性模量/GPa	惯性矩/mm^4	截面参数		材料
							高/mm	宽/mm	
杆 1(刚性)	2.912	0.273	0.164	0.450	205	2500	10	30	钢
杆 2(柔性)	0.015	0.245	—	—	205	6.827	0.600	20	

设机械臂的操作任务分如下三个阶段完成。

(1) 第一阶段(0～0.6s)：主动关节 1 以梯形加速方式快速到达预定位置和速度 $q_{1\text{end}}^{\text{d}}=60°$，$\dot{q}_{1\text{end}}^{\text{d}}=120°/\text{s}$，然后解锁被动关节的制动器。

(2) 第二阶段(0.6～1.4s)：主动关节 1 作运动，被动关节 2 跟踪如下目标位置

$$q_2^{\text{d}}=\left(q_{2\text{end}}^{\text{d}}-q_{20}^{\text{d}}\right)\left[\frac{t-t_1}{\left(t-t_2\right)-t_1}-\frac{1}{2\pi}\sin\frac{2\pi t}{\left(t-t_2\right)-t_1}\right] \tag{8}$$

式中，t_1、t_2 分别为运动起始和终止的延迟时间，t_1=2ms，t_2=4ms；q_{20}^{d}、$q_{2\text{end}}^{\text{d}}$ 分别为被动关节运动的起始位置和终止位置，数值分别为 $q_{20}^{\text{d}}=0°$ 和 $q_{2\text{end}}^{\text{d}}=60°$。

当被动关节 2 到达目标位置时，其速度刚好为 0。

(3) 第三阶段(1.4～2.2s)：锁定制动器，主动关节 1 减速运动到预定位置 $q_{1\text{end}}^{\text{d}}=170°$，此时速度为 $\dot{q}_{1\text{end}}^{\text{d}}=0°/\text{s}$，此阶段结束的同时锁定制动器。

如图 8 和图 9 所示，分别为 2R 欠驱动平面机械臂整个运动过程的位形图和关节 1 运动情况。如图 10 和图 11 所示，分别为关节 2 在第二阶段对目标位置和速度的跟踪情况。可以看出被动关节 2 的位置和速度的仿真结果都能很好地跟踪目标值。而控制的试验结果中，关节 2 对目标位置的跟踪比较好，对目标速度的跟踪则略有滞后，且曲线稍有波动，这主要是由柔性杆 2 的弹性振动、采样

时间长、信号滞后等几方面因素引起的。

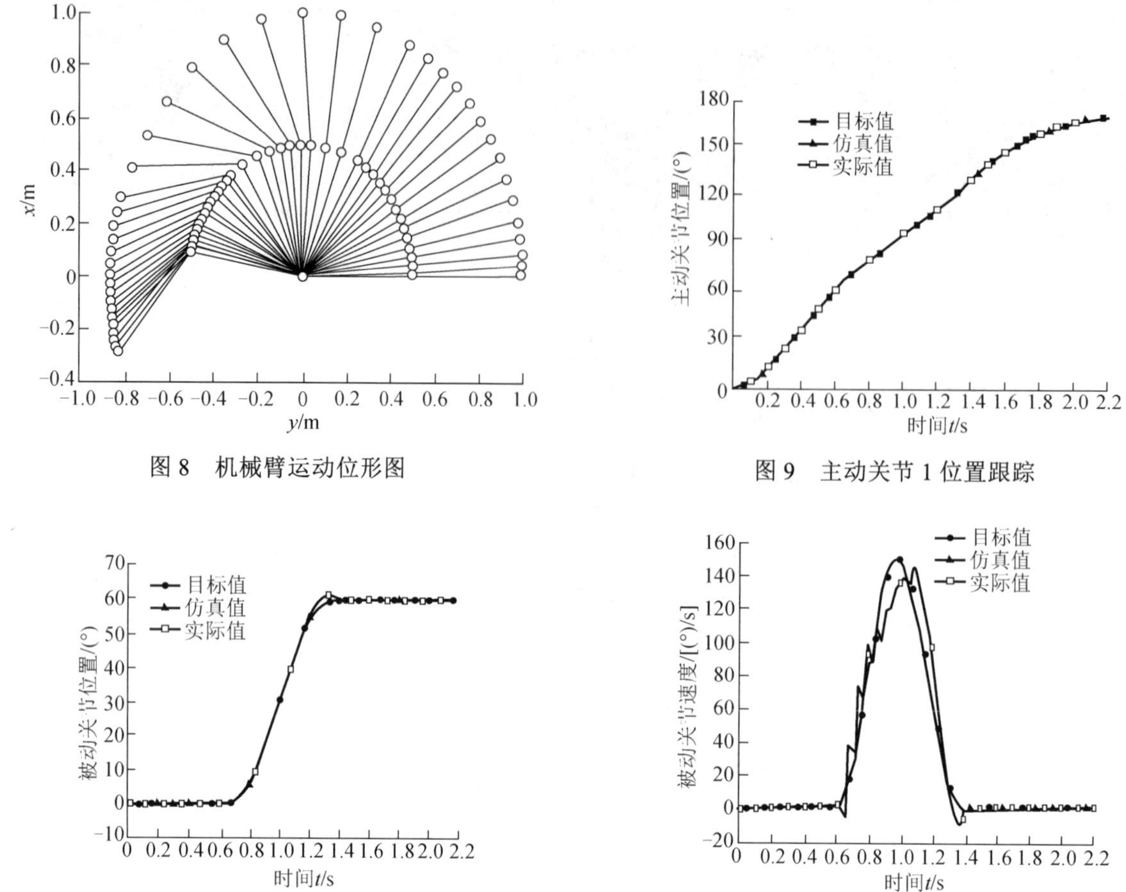

图 8　机械臂运动位形图

图 9　主动关节 1 位置跟踪

图 10　被动关节 2 位置跟踪

图 11　被动关节 2 速度跟踪

图 12 为柔性杆 2 根部的弹性应变的仿真值和实际值。在机械臂启动阶段，制动器是锁定的，柔性杆的应变是负值；而在 0.6～1.4s 时间段，制动器处于解锁状态，柔性杆应变值在 0 附近振动；当到了 1.4～2.2s 时刻，由于实际的试验装置存在很小的间隙，当制动器突然制动时，柔性杆的弹性振动产生突变，因此这时的实际值比仿真值大。但柔性杆在整个运动过程中的应变测量值与仿真结果的曲线形状基本一致，数值也比较接近。

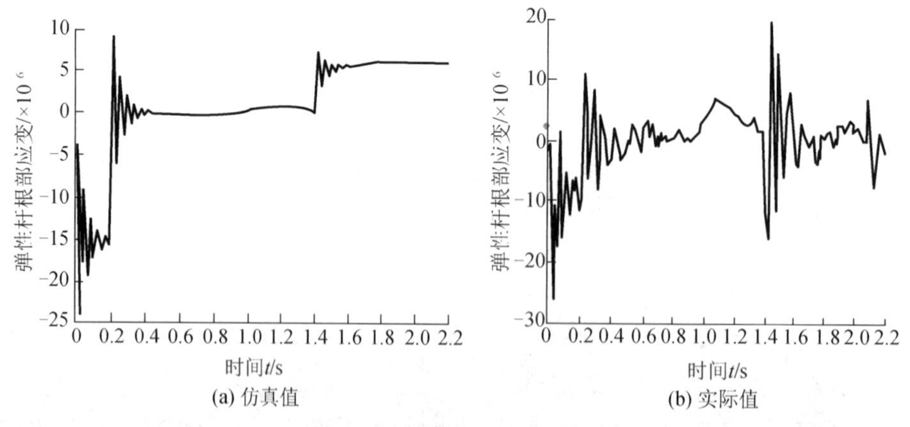

(a) 仿真值　　(b) 实际值

图 12　柔性杆根部的弹性应变

从上述分析可知，在制动器解锁的阶段，被动关节 2 能实现对目标位置的跟踪，完成了欠驱动平面柔性机械臂的操作任务，说明控制方案的可行性。由于机械臂中杆 1 是刚性的，杆 2 是柔性的，而且机械臂末端没有负载，因此杆 2 的弹性变形及其振动对被动关节 2 的位置跟踪影响不很大。而柔性杆 2 根部弹性应变的实际测量值与仿真值在曲线的运行趋势和数量级都比较接近，说明欠驱动平面柔性机械臂假设模态模型的正确性。

7. 结论

(1) 建立了关节 2 为被动、杆 2 为柔性的欠驱动柔性平面机械臂的假设模态动力学模型，完成了系统的动力学耦合特性分析和可控性分析。

(2) 结合被动关节处制动器的开闭切换，采用 PID 方法提出分段位置控制策略并进行仿真研究，当制动器锁定，控制主动关节运动，当制动器解锁，利用动力学耦合控制被动关节的运动。

(3) 开发了欠驱动平面柔性机械臂的试验平台及实时控制系统，完成了 2R 欠驱动平面柔性机械臂位置控制的试验研究。

(4) 仿真和试验结果表明，主动关节和被动关节在各自阶段都能很好地跟踪目标位置，实现了机械臂的操作控制。柔性杆根部弹性振动的仿真值与实测结果比较接近，反映了动力学模型的正确性。

综上所述，欠驱动柔性机械臂的动力学分析及可控性分析为系统控制策略的确定提供了理论基础，而仿真与试验结果不但说明基于分段的位置控制策略的有效性和可行性，同时反映了动力学模型的正确性。

参考文献

[1] Olfati-Saber R.Nonlinear Control of Underactuated Mechanical Systems with Application to Robotics and Aerospace Vehicles.Massachusetts:Massachusetts Institute of Technology, 2001

[2] Bergerman M,Lee C,Xu Y.Dynamic coupling of underactuated manipulators// IEEE Conference on Control Applications. September 28-29, 1995, Albany, New York, 1995, 10: 500-505

[3] Bergerman M.Dynamic and Control of Underactuated Manipulators. Pennsylvania: Carnegie Mellon University, 1996

[4] Mahindrakar A D, Banavar R N. Controllability properties of a planar 3R underactuated manipulator// The International Conference on Control Applications,September, 2002, Glasgow, Scotland UK, 2002: 489-494

[5] Arai H, Tachi S.Position control of a manipulator with passive joints using dynamic coupling. IEEE Transactions on Robotics and Automation, 1991, 7(4): 528-534

[6] Arai H, Tachi S.Dynamic control of a manipulator with passive joints in all operational coordinate space// IEEE International Conference on Robotics and Automation,April 9-11, 1991, Sacramento, CA, 199l, 2: 1188-1194

[7] Izumi K, Kamada Y, Ichida K, et a1. A switching control of underactuated manipulators by introducing a definition of monotonically decreasing energy//IEEE Conference on Industrial Informatics, July 13-16, 2008, Daejeon, Korea, 2008: 383-388

[8] Xu W X, Liu J K.Identification of underactuated manipulator based on genetic algorithm// IEEE International Conference on Industrial Informatics,July 25-27,2012,Beijing,2012:653-656

[9] Yu G, Hsieh H. Robust control of an underactuated robot via T-S fuzzy region model// The 9th World Congress on Intelligent Control and Automation, June 21-25, 201 1, Taipei, 2011: 495-500

[10] Mun-Soo P, Dongkyoung C, Suk-Kyo H. Decoupling control of a class of underactuated mechanical systems based on sliding mode control//SICE.ICASE International Joint Conference, Oct. 18-21, 2006, Busan, 2006: 806-810

[11] Sunada W H,Dubowsky S.The application of finite element methods to the dynamics analysis of flexible spatial and co-planar linkage systems. Transaction of ASME Journal of Machine Design, 1981, 103: 643-651

[12] Zhang X P, Yu Y Q. Motion control of flexible robot manipulators via optimizing redundant configuration. Mechanism and Machine Theory, 2001, 36(7): 884-892

[13] 李守忠，于靖军，宗光华. 基于旋量理论的并联柔性机构构型综合与主自由度分析. 机械工程学报，2010，46(13)：54-60

[14] Li H H, Yang Z Y, Huang T, et a1. Dynamics and optimization of a 2-Dof parallel robot with flexible links// The 7th World Congress on Intelligent Control and Automation, June 25-27, 2008. Chongqing, 2008: l000-1003

[15] Chalfoun J,Bidard C,Keller D,et a1.Design and flexible modeling of a long reach articulated carrier for inspection// IEEE/RSJ International Conference on Intelligent Robots and Systems, October 29-November 2, 2007. San Diego, 2007: 4013-4019

[16] Malzahn J, Phung A S, Hoffmann F, et a1. Vibration control of a multi-flexible-1ink robot arm under gravity//IEEE International Conference on Robotics and Biomimetics, December 7-11, 2011. Phuket, 2011: 1249-1254

[17] 陈炜，余跃庆，张绪平，等．基于控制的欠驱动柔性机器人的建模与仿真．中国机械工程，2006，17(9)：931-936

[18] 陈炜，余跃庆，张绪平，等．欠驱动柔性机器人的动力学建模与耦合特性．机械工程学报，2006，42(6)：16-23

[19] Lopez Linares S, Konno A, Uchiyama M. Vibration controllability of 3D flexible manipulators. ASME Journal of Dynamic Systems, Measurement, and Control, 1997, 119(2): 326-330

[20] Kobayashi K, Yoshikawa T, Controllability of underactuated planar manipulators with one unactuated joint. The International Journal of Robotics Research, 2002, 21(5-6): 555-561

[21] 陈炜，余跃庆，张绪平，等．欠驱动柔性机器人的振动可控性分析．自动化学报，2007，33(4)：391-398

[22] Brockett R W. Asymptotic Stability and Feedback Stabilization. Boston: Birkhauser. 1983

（原载《机械工程学报》，2013，49(23)：80-87）